全国勘察设计注册公用设备工程师
暖通空调专业考试
全程实训手册

（2021 版）

（下册）

房天宇　主编

中国建筑工业出版社

目　录

上　册

第一部分　专题实训篇

下　册

第二部分　阶段测试篇

第三部分　全真模拟篇

第二部分　阶段测试篇

（测试时间：每张试卷 3 小时）

阶段测试Ⅰ·供暖部分专业知识

（一）单项选择题（共40题，每题1分，每题的备选项中只有一个符合题意）

1. 下列关于公共建筑的热工判断说法不正确的是何项？

（A）严寒地区单栋建筑面积为1000m² 的公共建筑，体形系数为0.40时，满足节能规范的要求

（B）严寒A区甲类公共建筑当体形系数为0.30，屋面传热系数为0.40W/(m²·K）时，可进行权衡判断

（C）寒冷地区甲类公共建筑体形系数为0.30，外墙传热系数为0.60W/(m²·K）时，可进行权衡判断

（D）寒冷地区甲类公共建筑体形系数为0.28，南向窗墙面积比为0.50，南外窗传热系数为2.40W/(m²·K）时，可进行权衡判断

2. 严寒地区设置集中供暖的公共建筑和工业建筑，如果不设置值班供暖，利用工作时间内供暖系统蓄热量维持非工作时间内室温应该为下列何项？

（A）必须达到5℃　　（B）必须在0℃以上

（C）10℃　　（D）设计温度

3. 已知各地区室外气象参数如下表所示，下列情况应对围护结构进行内表面结露验算的是哪一项？

地区	供暖室外计算温度（℃）	累年最低日期平均温度（℃）	计算供暖期室外平均温度（℃）	地区	供暖室外计算温度（℃）	累年最低日期平均温度（℃）	计算供暖期室外平均温度（℃）
重庆	5.5	2.9	—	杭州	1.0	−2.6	4.5
长沙	0.9	−2.2	4.8	成都	3.8	0.7	—

（A）杭州地区，围护结构热惰性指标6　　（B）长沙地区，围护结构热惰性指标5

（C）重庆地区，围护结构热惰性指标4　　（D）成都地区，围护结构热惰性指标3

4. 下列关于居住建筑权衡判断的计算，不符合相关标准规定的是哪一项？

（A）建筑物能耗计算的时间步长不应大于1个月，应计算整个供暖期的供暖能耗

（B）建筑物能耗应计算围护结构传热、太阳辐射得热、建筑内部得热、通风损失四部分形成的负荷

（C）参照建筑与设计建筑的能耗计算应采用相同的软件和气象数据

（D）建筑面积包括半地下室的面积，不包括地下室的面积

5. 下列有关工业建筑围护结构最小传热阻计算的说法，错误的是哪一项？

（A）砖石墙体的传热阻需考虑 0.95 的修正系数

（B）相邻房间温差大于 10℃时，内围护结构的最小传热阻应通过计算确定

（C）围护结构最小传热组是根据围护结构内表面不结露、卫生要求以及人体舒适性原则确定的

（D）除外窗、外门和天窗外，设置全面供暖的建筑围护结构最小传热阻不应小于公式计算值

6. 如图所示四个朝向均为外墙，计算该房间冷风渗透耗热量时，下列哪一项说法是正确的？

（A）计算所有朝向外门窗的冷风渗透耗热量

（B）计算冷空气渗透较大的一个朝向外门窗的冷风渗透耗热量

（C）计算冬季较多风向围护结构 1/2 范围内外门窗的冷风渗透耗热量

（D）计算风量较大的两个朝向外门窗的冷风渗透耗热量

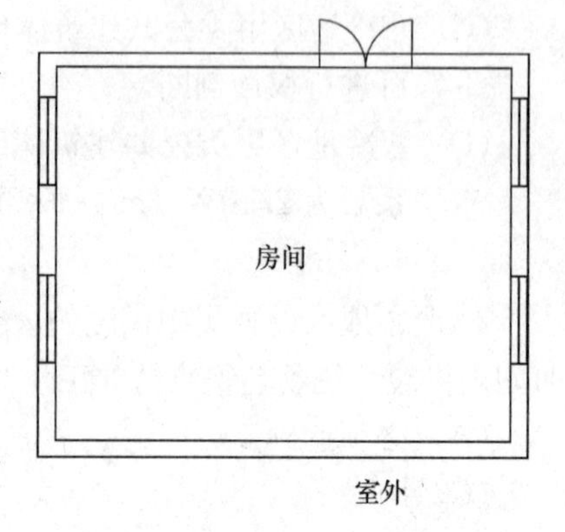

第 6 题图

7. 北京某新建居住小区，做节能报告时，下列何项需权衡判断？

（A）其中一栋 6 层的花园洋房体形系数为 0.30

（B）其中一栋 6 层的花园洋房南向窗墙面积比为 0.50

（C）其中一栋 6 层的花园洋房屋面传热系数为 0.30

（D）其中一栋 6 层的花园洋房夏季天窗的太阳得热系数为 0.50

8. 某 3 层办公楼的散热器重力循环供暖系统，供暖热源高度低于底层散热器 1m，该供暖系统宜采用下列哪种系统形式？

（A）单管上供下回式系统　　　　（B）单管下供上回式系统

（C）双管上供下回式系统　　　　（D）双管下供上回式系统

9. 沈阳某住宅小区采用散热器供暖系统，下列有关供暖系统的设计，不符合相关标准的是哪一项？

（A）室内供暖系统采用共用立管的分户独立循环系统

（B）采用共用立管系统时，每层连接的户数不宜超过 3 户

（C）采用共用立管系统时，立管连接的户内系统总数不宜多于 40 个

（D）室内供暖系统不应采用单管系统

10. 下列有关高层建筑热水供暖系统的说法，错误的是哪一项？

（A）热水供暖系统高度超过 50m 时，宜竖向分区设置

（B）双水箱分层式系统属于开式系统

(C) 采用断流器和阻旋器的分层系统中，需将断流器设置在室外管网静水压线的高度

(D) 高区供水管上设置加压泵时，加压泵出口应设止回阀

11. 某居住小区换热站一次网采用高温水，下列有关高温水的供/回水温度不符合相关标准的是哪一项?

(A) 115℃/40℃　　(B) 120℃/40℃

(C) 130℃/40℃　　(D) 135℃/40℃

12. 下列关于某厂房设置热空气幕的说法，错误的是哪一项?

(A) 大门宽度小于3m时，宜采用单侧送风

(B) 大门宽度为3～18m时，可采用单侧、双侧或顶部送风

(C) 热空气幕的送风温度应根据计算确定，不宜高于70℃

(D) 热空气幕的出口风速应通过计算确定，不宜大于8m/s

13. 下列关于热力网管道附件的设置，说法错误的是哪一项?

(A) 热力网管道干线起点应安装关断阀门

(B) 热力网关断阀应采用单向密封阀门

(C) 热水热力网干线应装设分段阀门

(D) 热水管道的高点应安装放气装置

14. 某6层办公建筑，设计机械循环热水供暖系统时，合理的做法应为下列哪一项?

(A) 水平干管必须保持与水流方向相同的坡向

(B) 采用同程式双管系统，作用半径控制在150m以内

(C) 采用同程单管跨越系统，作用半径控制在120m以内

(D) 采用同程单管系统，加跨越管和温控阀

15. 有关供暖系统的阀门选用，正确的是哪一项?

(A) 热水系统关闭用的阀门可以采用截止阀

(B) 供暖系统调节用的阀门采用闸阀

(C) 系统放水用的阀门选用旋塞阀

(D) 系统排气用的阀门选用闸阀

16. 当建筑采用散热器供暖时，下列说法正确的是哪一项?

(A) 幼儿园设置的散热器可以暗装或加防护罩

(B) 楼梯间散热器应按每层计算热负荷各自设置

(C) 有冻结危险的区域内设置的散热器应单独设置供暖立管

(D) 单管串联散热器每组平均温度均相同

17. 对于供暖系统和设备进行水压试验的试验压力，下列哪项是正确的？

(A) 散热器安装前应进行 0.5MPa 的压力试验

(B) 低温热水地板辐射供暖系统的盘管试验压力为工作压力 1.5 倍，不小于 0.6MPa

(C) 室内热水供暖系统（钢管）顶点的试验压力应不小于该点工作压力的 1.5 倍

(D) 换热站内热交换器的试验压力为最大工作压力的 1.5 倍

18. 热水供暖系统 3 台同型号循环水泵并联运行，若 1 台水泵停止运行，其他 2 台水泵的流量和扬程会如何变化？

(A) 流量减小，扬程增大　　(B) 流量和扬程均减小

(C) 流量增大，扬程减小　　(D) 流量和扬程均增大

19. 当供暖系统供水水质条件较差时，宜首选下列哪种热量表？

(A) 涡轮式热量表　　(B) 电磁式热量表

(C) 超声波式热量表　　(D) 孔板式热量表

20. 天津某新建酒店地下一层设置燃气锅炉房，锅炉房内锅炉台数最多为下列何项？

(A) 3 台　　(B) 4 台　　(C) 5 台　　(D) 6 台

21. 下列哪一种机械循环供暖制式不考虑热水在散热器中水冷却而产生自然作用压力的影响？

(A) 热水垂直上供下回式双管供暖系统

(B) 热水垂直下供下回式双管供暖系统

(C) 立管层数相等的热水垂直上供下回单管跨越式供暖系统

(D) 热水垂直分层布置的水平单管串联跨越式供暖系统

22. 关于蒸汽集中供热系统中与供暖用户连接的热力站设计，正确的是哪一项？

(A) 汽水换热器宜采用带有凝结水过冷段的换热设备，并应设凝结水水位调节装置

(B) 热力站中应采用开式凝结水箱

(C) 凝结水箱的总储水量宜按 30min 最大凝结水量确定

(D) 凝结水泵不应设置备用泵

23. 下列有关某公共建筑内集中供暖输配系统的说法，错误的是哪一项？

(A) 集中供暖系统应采用热水作为热媒

(B) 在选配集中供暖系统循环水泵时，应计算集中供暖系统耗电输热比，并应标注在施工图设计说明中

(C) 集中供暖系统采用变流量水系统时，循环水泵宜采用变速调节控制

(D) 集中供暖系统变速调节循环泵性能曲线宜为平缓型

24. 提供相同热量的情况下，采用不同型号的散热器系统所需的水容量大小比较正确

的是哪一项?

(A) 椭四柱 760 型＞四柱 760 型＞柱翼 750 型＞管翼 750 型

(B) 柱翼 750 型型＞四柱 760 型＞椭四柱 760 型＞管翼 750 型

(C) 柱翼 750 型型＞四柱 760 型＞管翼 750 型＞椭四柱 760 型

(D) 四柱 760 型＞柱翼 750 型型＞管翼 750 型＞椭四柱 760 型

25. 对于采用干式凝结水管的低压蒸汽供暖系统，影响凝结水管排空气口与锅炉的高差的是下列何项?

(A) 蒸汽流速
(B) 蒸汽压力
(C) 凝结水管坡度
(D) 凝结水管长度

26. 对于机械循环热水供暖系统，为实现供暖系统各并联环路之间水力平衡，下列措施中不正确的是哪一项?

(A) 环路布置应力求均匀对称，环路半径不宜过大，负担的立管数不宜过多

(B) 调整管径，使并联环路之间的压力损失相对差额的计算值达到最小

(C) 调整管径，使管道的流速尽可能控制在经济流速及经济比摩阻下

(D) 当调整管径后仍难以平衡时，可采取减小末端设备的阻力特性

27. 关于疏水阀的选型，下列说法正确的是哪一项?

(A) 脉冲式疏水阀宜用于压力较低的工艺设备上

(B) 可调恒温式疏水阀宜用于流量较小的系统

(C) 热动力式疏水阀宜用于流量较大的装置

(D) 恒温式疏水阀仅用于低压蒸汽系统

28. 供气压力稳定且能利用二次蒸汽的高压蒸汽系统，凝结水回收系统宜采用下列哪一种形式?

(A) 开式水箱自流回水
(B) 开式水箱机械回水
(C) 闭式满管回水
(D) 余压回水

29. 下列关于供暖膨胀水箱的说法，错误的是哪一项?

(A) 寒冷地区的膨胀水箱应安装在供暖房间内，如供暖有困难时，膨胀水箱应有良好的保温措施

(B) 膨胀水箱的膨胀管上严禁安装阀门

(C) 膨胀水箱上应设置循环管，循环管应严禁安装阀门

(D) 开式膨胀水箱内的水温不应超过 95℃

30. 单管异程式热水供暖系统立管的压力损失与计算环路总压力损失的比值不宜小于下列哪个值?

(A) 10%
(B) 15%
(C) 50%
(D) 70%

31. 某新建住宅小区设计供暖系统，下列选项中说法正确的是哪一项？
(A) 应以楼栋为对象设置热量表
(B) 热量表宜就近安装在建筑物内
(C) 各楼栋热力入口应安装动态水力平衡阀
(D) 当室内供暖为变流量系统时，应设置自力式流量控制阀

32. 采用变温降法热水供暖系统水力计算是依据下列哪项原理？
(A) 水力等比一致失调 (B) 水力不一致失调
(C) 热力等比一致失调 (D) 热力不一致失调

33. 关于供热管网水力计算的说法，下列不正确的是哪一项？
(A) 热水供热系统多热源联网运行时，应按热源投产顺序对每个热源满负荷运行的工况进行水力计算并绘制水压图
(B) 热水热力网应进行各种事故工况的水力计算，当供热量保证率不满足规范要求时，应加大不利段干线的直径
(C) 对于常年运行的热水供热管网应进行非供暖期水力工况的分析；当有夏季制冷负荷时，还应分别进行供冷期和过渡期水力工况分析
(D) 蒸汽供热管网应根据管线起点压力和用户需要压力确定的允许比摩阻选择管道直径

34. 新建住宅热水辐射供暖系统应设置室温调控装置，下列哪一项措施是不正确的？
(A) 实现气候补偿，自动控制供水温度
(B) 自动控制阀可采用电热式控制阀，也可采用自力式温控阀和电动阀
(C) 不能采用室温传感器时，可采用自动地面温度优先控制
(D) 采用总体控制时应在分水器或集水器的各个分支管上分别设置自动控制阀

35. 安装辐射供暖加热管时，应设置地面填充层伸缩缝，下列规定中不正确的是哪一项？
(A) 供暖平面图中应包括伸缩缝敷设平面图
(B) 当地面面积超过 30㎡或边长超过 6m 时，每隔 5～6m 间距设置伸缩缝，伸缩缝宽度不应小于 5mm
(C) 填充层应有效固定，施工过程中不得拆除和移动伸缩缝
(D) 伸缩缝填充材料为弹性膨胀膏

36. 某多层住宅采用垂直双管供暖系统，若设计未加装温度控制阀，则下列有关运行调节造成的室内温度变化说法错误的是哪一项？
(A) 室外温度降低，总供水干管流量增大，系统总供热量增大，顶层供热量增大比底层多
(B) 室外温度升高，总供水干管流量减小，系统总供热量减小，底层供热量减小比

顶层多

(C) 室外温度降低，供水温度升高，系统总供热量增大，顶层供热量增大比底层多

(D) 室外温度升高，供水温度降低，系统总供热量较小，顶层供热量减小比底层多

37. 热力管网管道的热补偿设计，下列哪项做法是错误的?

(A) 采用铰接波纹管补偿器，且补偿管段较长时，采取减少管道摩擦力的措施

(B) 采用套筒补偿时，补偿器应留有不小于 10mm 的补偿余量

(C) 采用弯管补偿时，应考虑安装时的冷紧

(D) 采用球形补偿器，且补偿管段过长时，在适当地点设导向支座

38. 下列有关锅炉相关规定的表述，错误的是哪一项?

(A) 锅炉可以用额定蒸发量来表征锅炉容量的大小

(B) 锅炉可以用额定功率来表征锅炉容量的大小

(C) 锅炉的给水设计温度采用 20℃

(D) 锅炉每平方米受热面每小时所产生的蒸汽量称为锅炉受热面的蒸发量

39. 某新建热力站宜采用小型热力站的原因不包括下列哪一项?

(A) 热力站供热面积越小，调控设备的节能效果越显著

(B) 水力平衡比较容易

(C) 采用大温差小流量的运行模式，有利于水泵节电

(D) 热工值守要求

40. 关于户式燃气炉供暖系统的设计要求，下列说法错误的是哪一项?

(A) 应选用全封闭式燃烧、平衡强制排烟的系统

(B) 燃气壁挂炉宜直接服务于低温热水地板辐射供暖

(C) 选用 1 级能效的壁挂冷凝式燃气锅炉，供暖额定热负荷时的最低热效率可达到 99%

(D) 应对壁挂炉进行定期的清洗保养

(二) 多项选择题（共 30 题，每题 2 分，每题的各选项中有两个或两个以上符合题意，错选、少选、多选均不得分）

41. 外墙宜采用热惰性大的材料和构造，提高墙体热稳定性可采取的措施为下列哪几项?

(A) 采用外侧为重质材料的复合保温墙体

(B) 采用内侧为重质材料的复合保温墙体

(C) 采用相变材料复合在墙体内侧

(D) 采用蓄热性能好的墙体材料

42. 以下应计入冬季供暖通风系统热负荷的是哪几项?

(A) 通风耗热量
(B) 水分蒸发的耗热量
(C) 居住建筑中的炊事、照明、家电散热量
(D) 公共建筑内较大且放热较恒定的物体的散热量

43. 对于采用加热电缆的住宅辐射供暖系统，其房间热负荷计算应考虑下列哪些因素?
(A) 间歇供暖附加值
(B) 户间传热负荷
(C) 供暖地面类型
(D) 加热电缆型号

44. 限制低温热水地面辐射供暖系统的热水供水温度，主要原因是下列哪几项?
(A) 有利于保证地面温度的均匀
(B) 满足舒适要求
(C) 有利于延长塑料加热管的使用寿命
(D) 有利于保持较大的热媒流速，方便排除管内空气

45. 下列关于地板辐射供暖（供冷）系统安装的做法不合理的是哪几项?
(A) 加热供冷管出地面至分集水器下部阀门接口之间的明装管段外部应加装塑料套管或波纹管，套管应高出面层 150～200mm
(B) 分集水器安装时，集水器按在上侧，分集水器中心间距 200mm
(C) 混凝土填充层施工中，加热供冷管内的水压不应低于 0.4MPa
(D) 加热供冷管弯头中间宜设固定卡，直管段固定点间距宜为 500～700mm

46. 燃气红外辐射供暖系统的发生器布置在可燃物上方，发生器的功率为 50W，发生器与可燃物的距离选择下列哪几个值不符合要求?
(A) 1.2m
(B) 1.5m
(C) 1.8m
(D) 2.5m

47. 进行供暖系统水力计算时，关于系统的总压力损失，下列说法错误的是哪几项?
(A) 热水供暖系统的循环压力，一般宜保持在 10～40kPa
(B) 蒸汽系统最不利环路供气管的压力损失，不应大于起始压力的 25%
(C) 低压蒸汽的总压力损失宜保持在 20～30Pa
(D) 机械循环热水供暖系统中，由于管道内水冷却产生的自然循环压力必须计算

48. 下列关于低压蒸汽供暖，说法正确的是哪几项?
(A) 双管下供下回式系统，运行时有时会产生汽水撞击声
(B) 单管下供下回式系统，其立、支管管径较双管式系统大
(C) 低压蒸汽供暖系统中，锅炉必须安装在底层散热器下，防止散热器内部被凝结水淹没

(D) 低压蒸汽供暖系统采用重力回水时，需要考虑蒸汽压力对凝结水总立管中水位的影响

49. 下列关于供暖系统管道弯曲半径的表述，符合相关规定的是哪几项？
(A) 钢制焊接弯头，不小于外径的3倍
(B) 钢管热搣弯，不小于外径的3.5倍
(C) 钢管冷搣弯，不小于外径的4倍
(D) 钢制冲压弯头，不小于外径的1.5倍

50. 关于供暖管道的热补偿，下列哪几项做法是正确的？
(A) 垂直双管系统连接散热器立管的长度为18m，在立管中间设固定卡
(B) 采用补偿器时，优先选用方形补偿器
(C) 计算管道膨胀量时，管道安装温度取累年最低日平均温度
(D) 供暖系统的干管考虑热补偿，立管不考虑热补偿

51. 分户热计量热水供暖系统采用水平单管跨越管时，散热器上一般应安装下列哪几项装置？
(A) 排空气装置
(B) 热分配表
(C) 热量表
(D) 自动温控阀

52. 关于散热器恒温控制阀的设置规定，下列说法正确的是哪几项？
(A) 散热器恒温控制阀的规格应根据通过恒温控制阀的流量和温差选择确定
(B) 散热器恒温控制阀的规格一般可按接管公称直径直接选择恒温控制阀口径，然后校核计算通过恒温控制阀的压力降
(C) 在水平双管系统中的每组散热器的供水支管上，安装高阻恒温控制阀
(D) 在跨越式垂直单管系统中，采用高阻力两通恒温控制阀

53. 单管跨越式系统散热器串联组数不宜过多的原因是下列哪几项？
(A) 散热器面积增加较大
(B) 恒温阀调节性能很难满足要求
(C) 安装不方便
(D) 重力循环作用压力的影响更明显

54. 下列有关散热器的设计要求合理的是哪几项？
(A) 民用建筑宜选用外形美观、易于清扫的散热器
(B) 放散粉尘或防尘要求较高的工业建筑，应采用易于清扫的散热器
(C) 一般钢制散热器系统，当水温为25℃时，pH＝10～12，O_2 浓度小于或等于0.1mg/L
(D) 采用铜制散热器系统水pH＝5～8.5，Cl^-、SO_4^{2-} 浓度分别不大于100mg/L

55. 下列关于供暖管道刷漆的做法，正确的是哪几项？
(A) 暗装非保温管道表面刷两遍红丹防锈漆
(B) 保温管道表面刷一遍红丹防锈漆
(C) 明装非保温管道刷一遍快干瓷漆
(D) 浴室安装的明装非保温管道表面刷一遍耐酸漆及两遍快干瓷漆

56. 关于集中送风供暖系统的说法，下列哪几项是正确的？
(A) 集中送风供暖时，应尽量避免在车间的下部工作区内形成与周围空气显著不同的流速和温度，应该使回流尽可能处于工作区内，射流的开始扩散区应处于房间的下部
(B) 射流正前方不应有高大的设备或实心的建筑结构，最好将射流正对着通道
(C) 工作区射流末端最大平均风速，一般取 0.15m/s
(D) 房间高度或集中送风温度较高时，送风口处宜设置向下倾斜的导流板

57. 外网采用定流量控制时，采用三通阀混水的地面辐射供暖系统包括下列哪些部件或设备？
(A) 平衡管
(B) 平衡阀
(C) 热计量装置
(D) 换热器

58. 关于辐射供暖试运行、调试的说法，下列哪几项是错误的？
(A) 辐射供暖系统未经调试，严禁运行使用
(B) 辐射供暖系统试运行调试，应在施工完毕后且养护期满后，由施工单位在建设单位配合下进行
(C) 辐射供暖系统室内空气温度检测，宜以房间中央离地 1.1m 高处的空气温度作为评价依据
(D) 辐射供暖系统进出口水温测点应布置在分水器、集水器上

59. 预制轻薄供暖板地面构造包括下列哪几项？
(A) 加热管
(B) 二次分水器
(C) EPE 垫层
(D) 混凝土填充层

60. 关于供热计量方法的说法，下列正确的是哪几项？
(A) 户用热量表法适用分户独立式室内供暖系统及分户地面辐射供暖系统
(B) 散热器热分配计法适用于地面辐射供暖系统
(C) 流量温度法适用于垂直单管跨越式供暖系统
(D) 通断时间面积法适用于按户分环、室内阻力不变的供暖系统，可实现分户和分室温控

61. 现对石家庄某住宅小区供暖系统改造，下列需进行改造是哪几项？

(A) 室外供暖系统热力入口没有加装平衡调节设备
(B) 供热管网的水力平衡度超出 0.9～1.2 的范围
(C) 室外供热管网循环水泵出口总流量低于设计值
(D) 供暖系统的室外管网的输送效率低于 90%，正常补水量大于总循环流量的 0.5%

62. 某蒸汽供暖系统的供汽压力为 0.6MPa，需要减至 0.07MPa。下列哪几项做法是正确的？
(A) 采用两级减压，串联两个减压装置
(B) 应设置旁通管和旁通阀
(C) 可以串联两个截止阀减压
(D) 第二级减压阀应采用波纹式减压阀

63. 关于某居住小区内换热站供暖系统补水泵选择和设置的规定，下列说法正确的是哪几项？
(A) 换热站的设计补水量可按系统水容量的 1%计算
(B) 补水泵宜设置 2 台，补水泵的总小时流量宜为系统水流量的 5%～10%
(C) 当仅设置 1 台补水泵时，严寒及寒冷地区的供暖补水泵，宜设置备用泵
(D) 补水泵的扬程，应保证补水压力比补水点的工作压力高 30～50kPa

64. 下面有关热水供暖系统附件说法，正确的是哪几项？
(A) 自动排气阀的排气口一般接 *DN*15 的排气管，排气管不应设阀门
(B) 当外线热源参数稳定时，宜采用铝合金或不锈钢调压板调整各建筑物入口处供水干管上的压力
(C) 恒温控制阀一般可按接管公称直径直接选择其口径，然后校核通过恒温调节阀的压力降
(D) 方形补偿器安装方便、占用空间小、使用可靠

65. 关于蒸汽锅炉作为热源的规定，下列错误的是哪几项？
(A) 厨房、洗衣、高温消毒以及工艺性湿度控制等必须采用蒸汽的热负荷时，可采用蒸汽锅炉作为热源
(B) 蒸汽热负荷在总热负荷中的比例大于 70%时，可采用蒸汽锅炉作为热源
(C) 供暖总热负荷不大于 1.4MW 时，可采用蒸汽锅炉作为热源
(D) 蒸汽锅炉房内由于建筑空间不足无法设置热交换系统时，供暖可采用蒸汽锅炉作为热源

66. 关于热水供热管网压力工况的说法，下列正确的是哪几项？
(A) 供热系统无论在运行或停止时，用户系统回水管出口处压力，必须高于用户系统的充水高度

(B) 热水热力网的回水压力不应超过直接连接用户系统的允许压力
(C) 热水热力网回水管任何一点的回水压力不应低于 50kPa
(D) 热水热力网循环水泵停止运行时，静态压力不使热力网任何一点的水汽化即可

67. 下列有关小区供热管网水力计算方法合理的是哪几项?
(A) 确定主干线管径时，比摩阻可采用 60～100Pa/m
(B) 支干线允许比摩阻不应大于 300Pa/m
(C) 主干线总阻力损失按经济比摩阻确定
(D) 在主干线各管段管径及阻力损失确定后，方可进行分支管路水力计算

68. 当热力网管道管沟敷设时，下列做法正确的是哪几项?
(A) 半通行地沟净高 1.4m，人行通道宽 0.6m
(B) 管沟坡度为 0.003
(C) 管沟盖板覆土深度为 0.1m
(D) 热力管网管道进入建筑物时，管道穿墙处应封堵严密

69. 锅炉房的供油管道采用双母管时，下列对于每一母管的流量不符合要求的是哪几项?
(A) 锅炉房最大耗油量的 50%
(B) 锅炉房最大耗油量的 75%
(C) 锅炉房最大耗油量和回油量的 50%
(D) 锅炉房最大耗油量和回油量的 75%

70. 关于锅炉房燃气管道的设计，下列哪几项说法是错误的?
(A) 锅炉房燃气管道宜采用单母管，常年不间断供热时宜采用双母管
(B) 为便于操作，锅炉房燃气管道宜地下敷设
(C) 要根据锅炉房具体情况考虑燃气管道上是否安装放散管
(D) 燃气管道的吹扫气体应采用锅炉所用燃气

阶段测试Ⅰ·供暖部分专业案例

1. 严寒地区C区拟建正南、北朝向的5层办公楼，室内外高差为0.6m，层高为4m，该建筑外轮廓尺寸为60m×20m，南侧外窗为14个竖向条形落地窗（每个窗宽2500mm），该建筑的体形系数以及南外墙、南外窗的传热系数[W/(m²·K)]限值应为何项？

(A) 体形系数为0.182，$K_{窗}\leqslant 1.7$，$K_{墙}\leqslant 0.43$

(B) 体形系数为0.182，$K_{窗}\leqslant 1.6$，$K_{墙}\leqslant 0.38$

(C) 体形系数为0.183，$K_{窗}\leqslant 1.7$，$K_{墙}\leqslant 0.43$

(D) 体形系数为0.183，$K_{窗}\leqslant 1.6$，$K_{墙}\leqslant 0.38$

答案：[　　]

主要解题过程：

2. 某机械循环热水供暖系统包括南北两个并联循环环路1和2，系统设计供/回水温度为95℃/70℃，总热负荷为74800W，环路1流量为1196kg/h时的压力损失为4513Pa，环路2流量为1180kg/h时的压力损失为4100Pa，环路1，2的实际流量为下列何值？

(A) 1196kg/h，1180kg/h　　(B) 1264kg/h，1309kg/h

(C) 1309kg/h，1264kg/h　　(D) 1180kg/h，1196kg/h

答案：[　　]

主要解题过程：

3. 接上题，环路内立管采用不等温降方法进行水力计算，若分支环路 1 最远立管的温降取值为 30℃，则实际温降为多少？

(A) 28.4℃ (B) 30℃

(C) 25℃ (D) 31.7℃

答案：[ ]

主要解题过程：

4. 某住宅楼采用分户计量低温热水地板辐射供暖系统，系统供/回水温度为 40℃/30℃，设计温度 20℃。其中一中间层起居室设计围护结构热负荷为 1590W，面积为 30m²。若采用聚苯乙烯塑料板绝热层，木地板面层，加热管采用 PE-X 管，试选择合理的供热管间距，并校验辐射供暖表面平均温度。(间歇附加系数 1.0，不考虑家具遮挡的安全系数)

(A) 采用间距 200mm 的供暖管，供暖表面平均温度 25.1℃，满足规范要求

(B) 采用间距 300mm 的供暖管，供暖表面平均温度 24.8℃，满足规范要求

(C) 采用间距 400mm 的供暖管，供暖表面平均温度 24.4℃，满足规范要求

(D) 采用间距 500mm 的供暖管，供暖表面平均温度 24.1℃，满足规范要求

答案：[ ]

主要解题过程：

5. 某车间采用低压蒸汽供暖系统冬季供暖，系统入口蒸汽压力为 40kPa，在凝水干管始端用三级水封代替疏水阀，已知水封连接点处的蒸汽压力为 20kPa，凝水管内的压力为 2kPa，求最大单级水封高度？（凝水密度取 1000kg/m³）

(A) 0.6m　　(B) 0.8m

(C) 1.0m　　(D) 1.2m

答案：[　　]

主要解题过程：

6. 某上供下回单管顺流式热水供暖系统，供水温度 90℃，回水温度 70℃，设计室温 16℃。立管的总负荷为 20000W，其中：最上层负荷为 2500W，最下层负荷为 2000W，散热器单位面积散热量的特性公式为 $q=0.9\Delta t^{1.2}$。忽略管道的散热量，试计算首层与顶层散热器散热面积的比值是多少？（忽略修正系数）

(A) 0.89　　(B) 1.12

(C) 1.40　　(D) 1.75

答案：[　　]

主要解题过程：

7. 如右图所示为垂直单管跨越式热水供暖机械循环系统，室内设计温度18℃，采用钢制柱型散热器，若各层散热器分支环路阻力数均为 $0.02Pa/(kg \cdot s)^2$，各层跨越管阻力数均为 $0.007Pa/(kg \cdot s)^2$，散热器采用明装，同侧上进下出，试求底层散热器的片数？（单片散热器面积 $0.205m^2$，散热器传热系数 $K=2.442\Delta t^{0.321}$）

（A）24　　（B）29

（C）32　　（D）34

答案：[　　]

主要解题过程：

85℃
4　2000W
3　2000W
2　2000W
a
b
1　2000W
60℃

第7题图

8. 某多层厂房高度为20m，冬季采用蒸汽供暖系统供暖，系统的顶点工作压力为0.1MPa，若在该建筑物一层地面试压，则一层进行系统水压试验时，地面应打压应为多少？（g 取 $9.81m/s^2$）

（A）0.2MPa　　（B）0.3MPa

（C）0.4MPa　　（D）0.5MPa

答案：[　　]

主要解题过程：

9. 某室内供暖系统采用单管水平串联式系统如右图所示，各层层高均 6m，供水温度 95℃（密度 961.92kg/m³），回水温度 70℃（密度 977.81kg/m³），供水立管 ab、bc、cd 段阻力均为 150Pa，对应的回水立管各段段阻力损失同供水段，每层散热器及其支管阻力损失均为 300Pa，计算 3 层散热器环路相对于一层散热器环路的不平衡率？是否满足规范要求？

(A) 13%，满足要求

(B) 33%，不满足要求

(C) 42%，不满足要求

(D) 58%，不满足要求

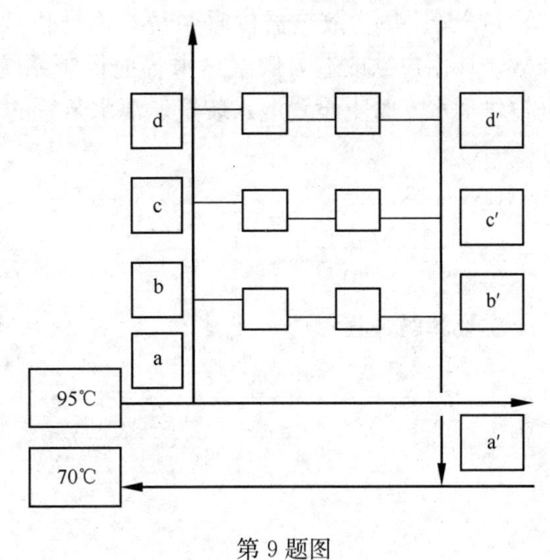

第 9 题图

答案：[　　]

主要解题过程：

10. 某热风供暖集中送风系统，总送风量 10000m³/h(其中从室外补充新风 20%)，室外温度为−12℃，室内温度为 16℃，送风温度为 40℃，空气定压比热取 1.01kJ/(kg·℃)，试计算加热器的加热量及房间围护结构热负荷接近下列何项？(空气密度取 1.2kg/m³)

(A) 加热器的加热量 79.99kW，热负荷 79.99kW

(B) 加热器的加热量 79.99kW，热负荷 98.66kW

(C) 加热器的加热量 98.66kW，热负荷 98.66kW

(D) 加热器的加热量 98.66kW，热负荷 79.99kW

答案：[　　]

主要解题过程：

11. 某用户为散热器供暖系统，设计供/回水温度为75℃/50℃，用户设计热负荷为3kW，该用户欲改造为低温热水辐射供暖系统，户内设计供/回水温度为45℃/35℃，在进户供回水支管上设置混水装置，混水装置的流量应下列何项？[水的比热容为4.187kJ/(kg·K)]

(A) 146.5kg/h　　(B) 166.8kg/h

(C) 182.6kg/h　　(D) 194.4kg/h

答案：[　　]

主要解题过程：

12. 如右图所示某4层办公楼供暖系统设计，热水供热管网的供、回水许用压差为120kPa，系统各层内用设备及管路阻力如图所示。供暖立管ab段阻力15kPa，a′b′段5kPa，其他立管每段2kPa。忽略bb′管路损失，试问供热管网与热用户采用混水泵的直接连接方式时，混水泵的合理扬程是下列何值？（不考虑水泵安全系数，10kPa＝1mH_2O）

(A) 6m　　(B) 8m

(C) 10m　　(D) 12m

答案：[　　]

主要解题过程：

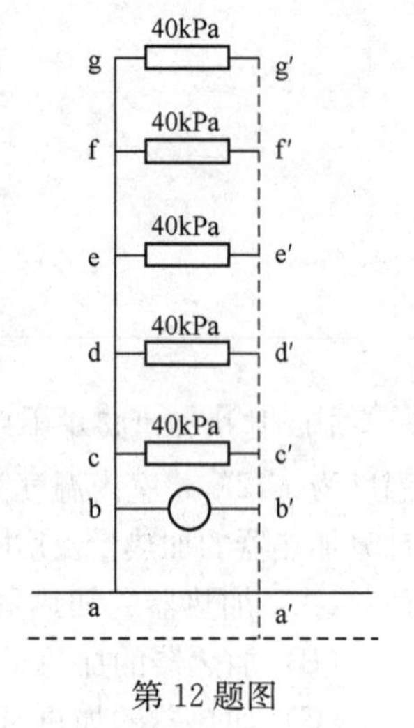

第12题图

13. 石家庄某大空间集中办公室建筑面积为1000m²，用燃气红外线辐射供暖，舒适温度为18℃，辐射管安装高度为4m，距人体头部2.5m，围护结构耗热量为50kW，辐射供暖系统的效率为0.9，求燃气红外线辐射供暖系统热负荷为下列哪一项？

(A) 36～41kW (B) 42～47kW

(C) 48～53kW (D) 54～59kW

答案：[ ]

主要解题过程：

14. 某车间高度为8m，面积2000m²，冬季供暖采用散热器加暖风机形式的热水供暖系统，室内供暖设计温度为18℃，供暖总热负荷为170kW，供暖热媒为75℃/50℃的热水，车间内散热器总散热量为70kW，若采用每台标准热量为6kW，风量为900m³/h的暖风机，求车间内至少需要布置多少台暖风机？（不考虑安全系数）

(A) 25台 (B) 26台

(C) 27台 (D) 28台

答案：[ ]

主要解题过程：

15. 某热水网路设计供/回水温度为110℃/70℃，网路上连接5个供暖热用户，散热器设备为普通铸铁散热器，用户底层地面和热源内循环水泵中心线等高，用户1，2，3，4，5的楼高分别为21m，15m，24m，45m，和24m，则热网静水压曲线高度、用户与热力网合理的连接方式为下列何项？（铸铁散热器按承压40mH_2O计）

（A）静水压曲线高度为27m，用户4与热力网分层式连接，高区（25～45m）间接连接，低区（0～24）直接连接，其他用户与热力网直接连接

（B）静水压曲线高度为32m，用户4与热力网分层式连接，高区（25～45m）间接连接，低区（0～24）直接连接，其他用户与热力网直接连接

（C）静水压曲线高度为32m，用户4与热力网分层式连接，高区（31～45m）间接连接，低区（0～30）直接连接，其他用户与热力网直接连接

（D）静水压曲线高度为53m，所有用户与热力网直接连接

答案：[　　]

主要解题过程：

16. 某室内蒸汽供暖系统，蒸汽入口处表压力为200kPa，最不利环路供汽管道长为300m，系统摩擦压力损失占总压力损失的0.6，最不利环路局部阻力当量长度为50m，求最不利环路总压力损失为下列哪一项？

（A）25kPa　　（B）35kPa

（C）45kPa　　（D）50kPa

答案：[　　]

主要解题过程：

17. 某建筑采用低温热水地板辐射供暖，按60℃/50℃热水设计，最不利环路计算阻力70kPa（其中最不利环路户内阻力为30kPa），由于热源条件改变，热水温度需要调整为50℃/43℃，系统和辐射地板加热管的管径均不变，但需要调整辐射地板的布管间距，调整后最不利环路户内阻力增加为40kPa，热力入口的资用压力应增加为下列何值？

(A) 90～110kPa　　(B) 110～130kPa

(C) 130～150kPa　　(D) 150～170kPa

答案：[　　]

主要解题过程：

18. 某办公楼的供暖设计热负荷为150kW，设计供/回水温度为75℃/50℃，计算阻力损失为30kPa，其入口外网的实际供回水压差为50kPa，该用户的水力失调度应为下列何值？

(A) 1.29　　(B) 1.00

(C) 0.78　　(D) 无法确定

答案：[　　]

主要解题过程：

19. 某办公楼改造后需进行节能评估计算，若基准能耗为 8×10^8kJ，当前能耗为 5×10^8kJ，能耗调整量为 1×10^8kJ，求节能措施的节能量为下列哪一项？

(A) 2×10^8kJ　(B) 3×10^8kJ

(C) 4×10^8kJ　(D) 5×10^8kJ

答案：[　　]

主要解题过程：

20. 某小区热水供暖系统，供回水主干管总长 500m，平均比摩阻为 60Pa/m，局部阻力与沿程阻力的估算比值为 0.5，若最不利热用户的水力稳定性系数不得低于 0.5，试问用户最小的作用压差为下列哪一项？

(A) 10kPa　(B) 15kPa

(C) 18kPa　(D) 20kPa

答案：[　　]

主要解题过程：

21. 重力回水低压蒸汽供暖系统，最远立管Ⅰ上有6组散热器，相邻立管Ⅱ上也有6组散热器，每组散热器的散热量均为5000W，立管Ⅰ和Ⅱ间凝水干管长度为15m，则立管Ⅰ和Ⅱ间凝水干管的管径应为下列何项？

(A) 15mm (B) 20mm

(C) 25mm (D) 32mm

答案：[ ]

主要解题过程：

22. 沈阳某厂区设置燃气锅炉房给整个厂区供暖，供暖设计热负荷为7MW，室外管网损失及锅炉自用系数取1.2，问锅炉房设计容量和台数设计合理的是下列哪一项？

(A) 选两台额定热功率为4.2MW的燃气热水锅炉

(B) 选一台额定热功率为7MW的燃气热水锅炉

(C) 选两台额定热功率为5.0MW的燃气热水锅炉

(D) 选两台额定热功率为6.0MW的燃气热水锅炉

答案：[ ]

主要解题过程：

23. 某燃煤锅炉房有下列负荷：

(1) 散热器供暖系统（95℃/70℃热水）4MW；

(2) 地板辐射供暖系统（50℃/40℃热水）4MW；

(3) 空调系统（60℃/50℃热水）10MW，同时使用率80%；

(4) 集中生活热水系统加热（0.5MPa蒸汽）9MW，同时使用率75%；

(5) 空调加湿（0.2MPa蒸汽）2500kg/h，同时使用率80%；

(6) 游泳池水加热（0.2MPa蒸汽）4300kg/h，同时使用率80%。

如果统一采用蒸汽锅炉，该锅炉房的蒸汽锅炉蒸发量应该不小于下列何项？（输送效率95%）

(A) 38t/h　　(B) 40t/h

(C) 45t/h　　(D) 48t/h

答案：[ ]

主要解题过程：

24. 某公共建筑采用集中热水供暖系统，供暖热负荷为3000kW，设计供回水温度差为Δt=25℃，热力站至供暖末端供回水管道的长度L=1400m。该供暖系为一级泵系统，循环泵为两用一备，扬程为32m，则循环水泵在设计工况点的效率不能低于下列哪一项？

(A) 55.3%　　(B) 65.5%

(C) 67.6%　　(D) 75.6%

答案：[ ]

主要解题过程：

25. 某车间采用集中送风供暖，车间的长×宽×高为10m×10m×10m，普通圆喷嘴送风口的安装高度为5m，工作地带最大平均回流速度为0.5m/s，则送风口直径为下列何值?

(A) 14～15cm (B) 16～17cm

(C) 18～19cm (D) 20～21cm

答案：[ ]

主要解题过程：

阶段测试Ⅱ·通风部分专业知识

（一）单项选择题（共40题，每题1分，每题的备选项中只有一个符合题意）

1. 在进行通风管路水力计算时，需要根据具体情况控制风管的风速，下列关于风管风速的选择不合理的是哪一项？

(A) 地下车库风机入口风速10m/s

(B) 演播室（25dB（A））内空调主风管风速5m/s

(C) 工业厂房排放含有金刚砂的水平风管风速22m/s

(D) 正压送风非金属风管风速12m/s

2. 上海某工厂锻造车间工人，平均每天工作6h，体力劳动强度为Ⅱ级，其接触生产环境的WBGT指数限值应为下列哪一项？

(A) 28℃　(B) 29℃　(C) 30℃　(D) 31℃

3. 下列关于机械送风系统室外进风口的设置不合理的是哪一项？

(A) 设在排风口的上风侧，且应低于排风口

(B) 进风口设在绿化地带时，进风口底部距离室外地坪不宜低于2m

(C) 降温用的进风口，宜设在建筑物的背阴处

(D) 进风口应设在室外空气比较清洁的地点

4. 某厂房高16m，迎风面一侧长20m，若在屋面排放有害气体，则排气筒至少应高出屋面多少？

(A) 2.9m　(B) 5.4m

(C) 6m　(D) 无法确定

5. 关于全面通风送排风口设置的说法错误的是哪一项？

(A) 用于排出氢气与空气混合物的全面排风吸风口上缘至顶棚平面或屋顶的距离不大于100mm

(B) 位于房间下部的排风口，其下缘至地板的间距不大于300mm

(C) 排除比空气轻的有害气体，宜从距离地面2m以上的区域排出

(D) 机械送风室外送风口距离室外地坪不宜小于1m

6. 某车间面积为1000m^2，高度为8m，设置事故通风系统，通风量至少为下列何项？

(A) 66000m^3/h　(B) 72000m^3/h

(C) 78000m^3/h　(D) 96000m^3/h

7. 下列有关自然通风设计的说法错误的是哪一项？

(A) 在房间顶部增加机械送风后，房间的中和面将下移

(B) 在房间顶部增加机械排风后，房间的中和面将下移
(C) 放散热量的厂房，自然通风量应根据热压作用进行计算，但应避免风压造成的不利影响
(D) 自然通风设计中，中和面的位置是可以人为设定的

8. 下列关于避风风帽的说法错误的是哪一项？
(A) 避风风帽是利用风力造成的负压、加强排风能力的装置
(B) 风帽可以安装在屋顶上，进行全面排风
(C) 筒形风帽可以安装在没有热压作用的房间
(D) 风帽排风量的计算与室内外压差无关

9. 下列哪一项关于柜式排风罩的相关描述是错误的？
(A) 当罩内发热量大，采用自然排风时，其最小排风量按中和界面高度不低于排风柜上的工作孔上缘确定
(B) 采用吹吸联合通风柜可以隔断室内的干扰气流，有效控制有害物
(C) 通风柜设置于供暖房间时，为节约供暖能耗，可采用送风式通风柜，送风量取排风量的80%～85%
(D) 排风柜的风速与生产工艺和有害物类型有关

10. 下列各种工况中，排风罩选择不合理的是哪一项？
(A) 采用小型通风柜排出小零件喷漆产生的有害物
(B) 宽度1m的酸洗槽采用单侧槽排风罩控制有害物散逸
(C) 采用接受式排风罩排除热熔铝锭产生的热蒸气及有害气体
(D) 采用下部设吸风口的密闭罩排出斗升式提升机输送冷料时下部收料点的粉尘

11. 下列有关接受罩设计正确的是哪一项？
(A) 接受罩的排风量等于罩口断面上热射流的流量
(B) 横向气流较小的场所，低悬罩排风罩口尺寸应比罩口断面热射流直径扩大150～200mm
(C) 横向气流较大的场所，低悬罩罩口应比热源大出安装高度的一半
(D) 高悬罩排风量为收缩断面热射流流量加上罩口扩大面积的吸入空气量

12. 有关除尘器的压力损失，下列各项中说法错误的是哪一项？
(A) 重力沉降室压力损失一般为50～150Pa
(B) 袋式除尘器运行阻力宜为1200～2000Pa
(C) 冲激式除尘器的压力损失为1400～1600Pa
(D) 水膜除尘器的压力损失一般为600～900Pa

13. 有关旋风除尘器的说法错误的是哪一项？

(A) 设计除尘系统时，旋风除尘器进口含尘浓度不超过 1kg/m³
(B) 分割粒径是指除尘器分级效率为 50%时对应的粉尘粒径
(C) 旋风除尘器入口流速一般为 12～25m/s
(D) 旋风除尘器绝对尺寸放大后，除尘效率、压力损失将降低

14. 下列有关袋式除尘器特性的说法，何项是错误的?
(A) 在不同的清灰方式之间，脉冲喷吹的清灰能力最强，可允许高的过滤风速并保持低的压力损失
(B) 在稳定的初层形成之前，袋式除尘器滤料的除尘效率不高，通常只有 50%～80%
(C) 采用硅酸盐纤维制作滤袋，最高可耐温 800～1000℃，具有很好的耐热和抗化学腐蚀能力
(D) 滤袋的过滤层压力损失与过滤速度和气体密度成正比，与气体黏度无关

15. 下列关于湿式除尘器的说法错误的是哪一项?
(A) 湿式除尘器具有结构简单、投资低、支持干湿法回收干料、除尘效率较高的优点，并能同时进行有害气体的净化
(B) 水浴除尘器可以根据需要和风机备用压力调节插入深度，提高净化效率
(C) 冲激式除尘器对 5μm 的尘粒，除尘效率可达 95%左右
(D) 麻石水膜除尘器可用于处理腐蚀性气体的气体净化，用它处理含有 SO_2 气体的锅炉烟气，使用寿命长

16. 下列关于采用液体吸收法的吸收装置的选用，说法错误的是哪一项?
(A) 对于有悬浮固体颗粒或有淤渣的宜用筛板板式塔
(B) 喷淋塔不适合处理溶解度小的有害气体净化
(C) 文氏洗涤塔不适合对 1μm 以下烟尘的吸收
(D) 喷淋塔对 19μm 以上液滴的吸收效率低于其他吸收装置

17. 采用液体吸收法消除有害气体时，有关吸收剂选用原则错误的是哪一项?
(A) 被吸收组分的溶解度应尽量高，吸收速率尽量快
(B) 为了减少吸收剂的损耗，其蒸气压应尽量低
(C) 黏度要低，比热大，不起泡
(D) 使用中有利于被吸收组分的回收利用

18. 下列何种方式无法灭杀病菌?
(A) 活性炭吸附
(B) 紫外线照射
(C) 30ppm 臭氧
(D) 光触媒

19. 下列何种吸收剂适合去除环境中有恶臭气味的硫化氢?
(A) 苛性钠
(B) 次氯酸钠

(C) 硫酸　　　　(D) 乙二醛

20. 某靠墙设置的炉灶排风罩，长 1.5m，进深 800mm，罩口到灶面 600mm，此排风罩的排风量为下列哪一项？

(A) 1380m^3/h　　　　(B) 1860m^3/h

(C) 2160m^3/h　　　　(D) 2760m^3/h

21. 某一次回风空调系统送风干管及回风干管均为 2000mm×630mm，在预留风量测孔时，下列预留位置不合理的是图中哪一个测点？

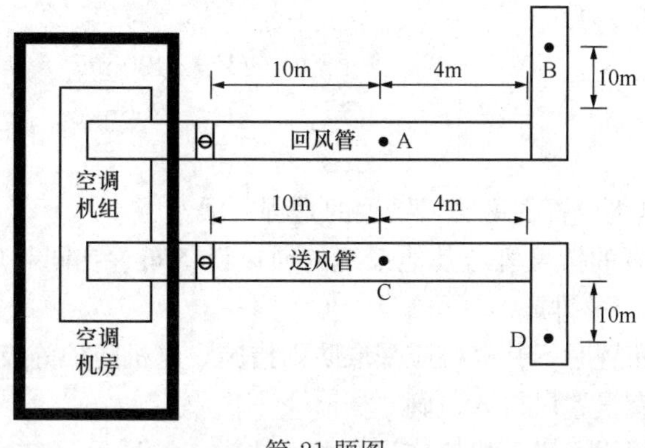

第 21 题图

22. 通风系统验收时，矩形风管弯管制作应设弯管导流片的是下列选项中的哪一个？

(A) 平面边长为 800mm 的内弧形外直角形

(B) 平面边长为 800mm 的内外同心弧形

(C) 平面边长为 500mm 的内斜线外直角形

(D) 平面边长为 500mm 的内外直角形

23. 下列关于通风系统风量、风速、压力的测量方法，错误的是哪一项？

(A) 为了测量直径 500mm 的圆形风管风量，将管道断面划分为 5 个等面积同心环

(B) 直径 500mm 圆形风管风量测量断面距离下游局部阻力构件不应小于 1000mm

(C) 直径 500mm 圆形风管风量测量断面距离上游局部阻力构件不应小于 2500mm

(D) 采用热球风速仪测量风速时，风速探头测杆应与风管管壁垂直，风速探头应侧对气流吹来方向

24. 关于通风空调系统选用变频风机的说法，符合现行国家标准的应是哪一项？

(A) 采用变频风机时，通风机的压力应以系统计算的总压力损失作为额定风压，但风机的电机功率应在计算值上再附加 5%～10%

(B) 采用变频风机时，通风机的压力应以系统计算的总压力损失作为额定风压，但风机的电动机功率应在计算值上再附加 15%～20%

(C) 采用变频风机时，通风机的压力应在系统计算的压力损失上附加 10%～15%

(D) 采用变频风机时，通风机的风量应在系统计算的风量上附加 20%

25. 下列有关通风机选用的说法，错误的是哪一项？

(A) 输送烟气温度为 200～250℃的锅炉引风机材料与一般用途通风机相同

(B) 隧道采用射流通风机，具有可逆转特性，反转后风机性能只降低 5%

(C) 防爆场所需选用叶轮、机壳均为铝板制作的防爆通风机

(D) 一般用途通风机适合输送温度低于 80℃、含尘浓度小于 150mg/m^3 的清洁空气

26. 对一段薄钢板法兰连接的 800mm×400mm 的水平金属风管安装支吊架，下列间距中不符合规定的是哪一项？

(A) 2000mm (B) 2400mm

(C) 2800mm (D) 3200mm

27. 下列关于通风机设置的说法，错误的是哪一项？

(A) 为防毒而设置的排风机与其他系统的通风设备布置在同一风机房时，风机房应设不小于 $1h^{-1}$的排风

(B) 通风机露天布置时，其电机应采取防雨措施，电机防护等级不应低于 IP54

(C) 离心通风机宜设置风机入口阀

(D) 有振动的通风设备进、出口应设置柔性接头

28. 排除有爆炸危险气体的排风系统，下列说法不符合规定的是哪一项？

(A) 排风系统应设置导除静电的接地装置

(B) 排风系统不应布置在地下或半地下室内

(C) 排风管应可采用非金属材料风管

(D) 排风管应直接通向室外安全地点，不应暗设

29. 设有喷淋的商业建筑进行排烟系统的设计，其中有关自然排烟措施不合理的是哪一项？

(A) 空间净高 7m 的商店，经计算确定排烟量为 $9.1\times10^4 m^3/h$，在顶部设置 24m^2 有效通风面积的排烟窗。

(B) 仅走道采用自然排烟，走道两端均设置不小于 2m^2 的自然排烟窗且两侧自然排烟窗的距离不小于走到长度的 1/2。

(C) 建筑面积 150m^2 的商店设置自然排烟窗时，排烟窗开启方向不限

(D) 商业步行街顶棚设置的自然排烟口有效开启面积不小于地面面积的 25%

30. 下列有关排烟系统中排烟口的设置做法，错误的是哪一项？

(A) 排烟口的设置宜使烟流方向与人员疏散方向相反，排烟口与附近安全出口相邻边缘之间的水平距离不应小于 1.5m

(B) 每个排烟口的排烟量不应大于最大允许排烟量

(C) 吊顶采用不燃材料时，非封闭式吊顶可采用吊顶内设排烟口排烟
(D) 侧墙设置的排烟口，吊顶与最近边缘的距离不应大于 0.5m

31. 下列对于排烟系统与通风系统合用时的要求正确的是哪一项？
(A) 排烟风机专用机房内，风机两侧应有 500mm 以上的空间
(B) 当排烟口打开时，合用系统管道上需联动关闭的通风和空调系统的控制阀门不应超过 12 个
(C) 机房内部可设置用于机械加压送风的风机与风道
(D) 设置排烟管道的管道井应采用耐火极限不小于 1h 的隔墙与相邻区域分隔

32. 下列关于防火阀的性能及用途的说法，错误的是哪一项？
(A) 加压送风口可设 280℃温度熔断器关闭装置，输出电信号联动风机开启
(B) 防火类防火阀采用 70℃温度熔断器自动关闭
(C) 防烟防火阀靠感烟火灾探测器控制动作，用于防烟时电信号通过电磁铁关闭，用于防火时 70℃温度熔断器关闭
(D) 排烟防火阀采用 280℃温度熔断器关闭

33. 设置在办公楼走廊吊顶内的水平排烟管道，其耐火极限最低为下列哪一项？
(A) 0.5h　　(B) 1.0h
(C) 1.5h　　(D) 2.0h

34. 设置排烟的场所需要考虑补风措施，下列有关补风系统设计的说法错误的是哪一项？
(A) 设置排烟系统的地下室 $80m^2$ 的食堂需要设置补风系统
(B) 防火门、窗不得用作补风设施
(C) 补风口与排烟口水平距离不应少于 5m
(D) 影剧院的机械补风口设计风速取 6m/s

35. 下列关于人防工程超压排风系统的概念，哪一项是错误的？
(A) 超压排风系统的目的是形成室内超压，实现消洗间和防毒通道的通风换气
(B) 超压排风时必须关闭排风机，靠室内超压向室外排风
(C) 超压排风量即为滤毒通风排气量与防毒通道排气量之和
(D) 防毒通道换气次数越大，滤毒排风量就越大

36. 某防空地下室食品站，战时隔绝防护 CO_2 容许体积浓度为下列何值？
(A) ≤1.5%　　(B) ≤2.0%
(C) ≤2.5%　　(D) ≤3.0%

37. 某额定功率为 800kW 的风冷柴油发电机房，柴油机为水冷系统。经核算，柴油机散热量为 85kW，发电机散热量为 80kW，排烟管散热量为 15kW，水冷冷却水散热量

为 540kW，则机房余热量为多少？

(A) 180kW　(B) 540kW
(C) 720kW　(D) 800kW

38. 下列有关厨房通风系统设计的说法，错误的是哪一项？
(A) 厨房炉灶间应设置局部机械排风
(B) 不具备计算条件时，中餐厨房排风量可按 40～60h^{-1}估算
(C) 厨房排风系统风管风速不应大于 8m/s
(D) 厨房排风管应设不小于 2%的坡度，坡向排水点或排风罩

39. 关于设备机房通风设计，错误的是哪一项？
(A) 通信机房、电子计算机房等场所设置气体灭火后不小于 5h^{-1}的通风
(B) 设置在首层的燃油锅炉间事故通风量不应小于 12h^{-1}
(C) 氨制冷机房事故排风机应采用防爆型
(D) 资料不全时，变电室通风量可按 5～8h^{-1}计算

40. 下列有关暖通空调系统抗振设计，说法错误的是哪一项？
(A) 位于抗震设防烈度为 6 度地区的建筑机电工程，按《建筑机电工程抗震设计规范》GB 50981—2014 采取抗振措施，但可不进行地震作用计算
(B) 矩形截面面积的大于或等于 0.38m^2 的风道可采用抗振支吊架
(C) 防排烟风道、事故通风风道及相关设备应采用抗振支吊架
(D) 重力大于 1.8kN 的空调机组不宜吊挂安装

(二) 多项选择题（共 30 题，每题 2 分，每题的各选项中有两个或两个以上符合题意，错选、少选、多选均不得分）

41. 下列办公环境污染物浓度满足相关环境标准的是哪几项？
(A) 氡含量 200Bq/m^3　(B) 游离甲醛浓度 0.1mg/m^3
(C) 苯含量 0.1mg/m^3　(D) TVOC 含量 0.5mg/m^3

42. 某一般工业区内新建一所工厂，排放有害气体苯，其排气筒高度为 12m，以下排放速率不满足标准的是哪几项？
(A) 0.10kg/h　(B) 0.25kg/h
(C) 0.32kg/h　(D) 0.58kg/h

43. 某电焊机加车间，在进行通风系统设计时，除尘净化后，下列哪几项排风含有电焊烟尘总尘浓度（mg/m^3）不应采用循环空气？
(A) 1　(B) 4
(C) 12　(D) 30

44. 下列关于工业车间环境通风方式合理的是哪几项?
(A) 同时散发热、蒸气和有害气体的生产建筑（房间高度不大于 6m)，除设局部排风外，宜在上部区域设置不小于 $1h^{-1}$的全面排风
(B) 当有害气体和蒸气密度比空气轻，但建筑物散发的显热全年均能行程稳定上升气流时，宜从房间上部区域排出
(C) 送入通风房间的清洁空气应先经过污染区净化环境，再由操作区排至室外
(D) 位于房间下部区域的排风口，其下缘至地板的间距不大于 0.4m

45. 有关热风平衡的说法中，下列正确的是哪几项?
(A) 不论采用何种通风方式，通风房间的空气量要保持平衡
(B) 洁净度要求高的房间利用无组织排风保持房间正压
(C) 产生有害物质的房间利用无组织进风保持房间负压
(D) 要使通风房间温度保持不变，必须使室内的总得热量等于总失热量

46. 对于与防爆有关的通风系统管道设计，说法正确的是哪几项?
(A) 排除有爆炸危险物质的局部排风系统风管内爆炸危险物质浓度不应大于 50%
(B) 净化有爆炸危险粉尘的干式除尘器和过滤器应布置在系统的负压段上
(C) 排除或输送有燃烧或爆炸危险物质的设备和风管均应设置导除静电的接地装置
(D) 设在地下、半地下室内排除有爆炸危险物质的排风设备应设在独立风机房内

47. 下列关于自然通风设计要求，正确的是哪几项?
(A) 室内散热量大于 $35W/m^3$ 时，应采用避风天窗
(B) 散发热量的工业建筑的自然通风量应根据热压和风压综合作用进行计算
(C) 自然通风的建筑，自然间的通风开口的有效面积应不小于房间地板面积的 1/20
(D) 采用通风屋顶隔热时，通风层长度不宜大于 10m，空气层高度不宜大于 20cm

48. 某工业厂房进行通风设计，初始设计 $20m^2$ 进风窗和 $30m^2$ 排风天窗，核算中和面距离地面 2m，但是工艺要求中和面距地 3m 以上。下列哪些措施可以有效实现工艺要求?
(A) 增大排风天窗的面积 (B) 减小进风窗的面积
(C) 增加机械排风 (D) 增加机械送风

49. 下列有关自然通风系统设计的说法，正确的是哪一项?
(A) 利用穿堂风进行自然通风的建筑物，其迎风面与夏季主导风向宜成 60°～90°角，且不应小于 45°
(B) 冬季自然通风的进风口，其下缘距室内地面不宜低于 1.2m
(C) 夏热冬冷地区工艺散热量小于 $23W/m^3$ 的厂房，当屋顶离地面平均高度小于或等于 8m 时，宜采取屋顶隔热措施
(D) 寒冷地区室内散热量大于 $35W/m^3$ 时应采用避风天窗

50. 下列各项中，关于局部排风系统说法正确是哪几项？
(A) 对于多点产尘、阵发性产尘、尘气流速度大的设备适用于大容积密闭罩
(B) 对于发热量不稳定的过程，可选择上下均设排风口的通风柜
(C) 设计槽边排风罩，当圆形槽直径为500～1000mm时，宜采用环形排风罩
(D) 安装高度 H>1m 的接受式排风罩属于高悬罩

51. 下列有关局部排风罩设计的表述，哪几项是正确的？
(A) 高悬罩的罩口尺寸应比热源尺寸大0.8倍罩口高度
(B) 采用顶吸式排风罩时，为了避免横向气流影响，罩口高度尽可能不大于0.3倍的罩口长边尺寸
(C) 采用外部吸气罩排除快速装袋过程散发的污染物时，最小控制点风速可取0.5～1.0m/s
(D) 通风柜发热量大，采用自然排风时，最小排风量按中和面高度不低于排风柜上的工作孔上缘确定

52. 下列关于通风柜设计的说法，正确的是哪几项？
(A) 冷过程通风柜应把排风口设在通风柜下部
(B) 通风柜排风量由柜内污染气体发生量及考虑安全系数的工作孔上所需风量组成
(C) 某水处理水质测定实验室采用通风柜控制有毒有害物的散逸，控制风速为0.5～0.7m/s
(D) 送风式通风柜通风量70%的排风量由上部排风口排出，30%的通风量由室内补入

53. 下列有关外部排风罩的说法，正确的是哪几项？
(A) 上吸式排风罩为了避免横向气流的影响，要求罩口至污染源的距离不大于30%罩口长边尺寸
(B) 工艺条件允许时，应在上吸式排风罩罩口四周设固定或活动挡板
(C) 设在工作台上的侧吸罩可以看成一个假想的大排风罩的一半
(D) 控制风速与罩口尺寸相同时，有法兰边的外部排风罩排风量要大于无法兰边的外部排风罩

54. 下列各项中，关于袋式除尘器的说法正确的是哪几项？
(A) 含尘粒径在0.1μm以上、温度在250℃以下，且含尘浓度低于50g/m^{3}的废气净化宜选用袋式除尘器
(B) 潮湿多雨地区可直接采用大气作为反吹风气源
(C) 采用脉冲清灰方式时，过滤风速不宜大于1.2m/min
(D) 采用非脉冲清灰方式时，过滤风速不宜小于0.6m/min

55. 某除尘系统带有一个吸尘口，风机的全压为2800Pa，系统调试时，发现在吸尘口处无空气流动。可能形成该问题的原因应是下列选项中的哪几项？

(A) 除尘系统管路风速过高
(B) 风机的电机电源相线接反
(C) 风机叶轮装反
(D) 除尘系统管路上的斜插板阀处于关闭状态

56. 某锅炉房采用静电除尘器处理锅炉飞灰，设计额定通风量为 $24000m^3/h$，粉尘比电阻为 $6\times10^4\sim8\times10^{11}$，运行多年后，下列哪些因素可能导致静电除尘器过滤效率降低？
(A) 静电除尘器入口含尘浓度高于 $60g/m^3$
(B) 风机老化，除尘系统风机风量下降
(C) 电路老化，静电除尘器提供给粉尘层的电流下降 10 倍
(D) 电路老化，静电除尘器施加在粉尘层上的电压下降 50%

57. 某工厂除尘装置采用袋式除尘器，其相关说法正确的有哪些？
(A) 不同清灰方式中，气流反吹清灰能力最强，允许较高过滤风速
(B) 粉尘粒径越大，袋式除尘器的除尘效率越高
(C) 滤料采用机织布的条件下，较小的过滤风速有助于提高除尘效率
(D) 气体密度与过滤层的压力损失无关

58. 某医疗垃圾房设置活性炭吸附装置，拟采用固定床吸附，垃圾房面积 $40m^2$，净高 3.5m，排风换气次数不小于 $15h^{-1}$，则适合采用何种形式的固定床吸附装置？
(A) 垂直型　　(B) 圆筒型
(C) 多层型　　(D) 水平型

59. 下列关于吸附法净化有害气体的说法中，错误的是哪几项？
(A) 通过蜂窝轮浓缩净化装置的风涡轮面风速宜为 0.7～1.2m/s
(B) 蜂窝轮浓缩净化装置脱附用的热空气温度宜控制在 120℃以下
(C) 对于吸附剂中吸附气体分压极低的气体，可用热空气再生法进行脱附再生
(D) 吸附剂热力再生法运行费用较低

60. 下列关于除尘系统设计的规定，哪几项是错误的？
(A) 除尘系统的排风量，应按其全部同时工作的吸风点计算
(B) 风管的支管宜从主管的下面接出
(C) 风系统的漏风率宜采用 10%～15%
(D) 各并联环路压力损失的相对差额不宜超过 15%

61. 均匀送风设计时需要满足下列哪些条件？
(A) 保持各侧孔静压相等　　(B) 保持各侧孔流量系数相等
(C) 保持各侧孔间压降相等　　(D) 保持出流角不小于 60°

62. 某酒店设备用房集中设在地下室，在进行通风管道设计时，有关风管布置的说法错误的是哪几项？

(A) 多台设备用房通风机并联运行时，应在各自管路上设置止回或自动关断装置

(B) 对于排除有害气体的通风系统，风管排风口宜设置在建筑物顶端，且宜采用防雨风帽

(C) 燃气锅炉房排风风机应采用防爆型，送风风机可采用非防爆型

(D) 风管与通风机连接处，应设柔性接头，其长度宜为 250～400mm

63. 通风与空调系统的风管系统安装完毕后，关于漏风量测试下列哪几项表述符合《通风与空调工程施工规范》GB 50738—2011 的规定？

(A) 系统中的每节风管应全部进行漏风量测试

(B) 中压系统风管的严密性试验，应在漏光监测合格后，对系统漏风量进行测试

(C) 排烟系统的允许漏风量按高压系统风管确定

(D) 风管的允许漏风量应按风管系统的设计工作压力计算确定

64. 在通风管线验收过程中，下列系统安装情况不满足国家相关标准的是哪几项？

(A) 利用室外风系统的拉锁等金属固定件接入避雷导通系统

(B) 风管穿越防火墙时，设置厚度为 2mm 的钢制防护套管，风管与套管之间采用不燃柔性材料封堵严密

(C) 水平安装的金属风管，按间距 4m 设置支吊架

(D) 易燃易爆环境中输送非易燃易爆物质的风管设置防静电装置

65. 下列关于风管的材料耐火性能的说法，正确的是哪几项？

(A) 普通的通风、空气调节系统的风管，应采用不燃材料制作

(B) 接触腐蚀性气体的风管及柔性接头，可采用难燃材料制作

(C) 风管穿过防火墙时，应在穿过处设防火阀，防火阀两侧各 2m 范围内的风管及其保温材料，应采用不燃材料

(D) 设备和风管的绝热材料宜采用不燃材料，当确有困难时，可采用燃烧产物毒性较小且烟密度等级小于或等于 50mm 的不燃材料

66. 某 10 层商店建筑，设有喷淋，层高 6m，在进行防排烟系统设计时，下列设计措施错误的是哪几项？

(A) 因建筑高度超过 50m，该公共建筑不得采用自然排烟

(B) 因回廊周围房间均设有排烟设施，回廊可不设排烟

(C) 长度 90m 靠外墙的疏散走道，宽度 2m，划分 2 个长度不超过 60m 的防烟分区并设不小于地面面积 2%设置固定窗。

(D) 采用吊顶内排烟，吊顶开孔均匀且开孔率 30%，吊顶内空间高度计入储烟仓

67. 某32层、层高3m的住宅，每个单元只有1个户门，设置合用前室和1个防烟楼梯间，在进行此合用前室和防烟楼梯间防烟系统设计时，下列措施错误的是哪几项？

（A）若合用前室设有2个不同朝向的可开启外窗，楼梯间可不设防烟系统

（B）防烟楼梯间及其合用前室分别设置机械加压送风系统

（C）因前室仅有一个门与房间相通，仅在楼梯间设置机械加压送风系统

（D）防烟楼梯间每层有$1m^2$可开启外窗，楼梯间可采用自然通风系统

68. 关于防空地下室防护通风的设计，下列哪一项是正确的？

（A）穿墙通风管，应采取可靠的防护密闭措施

（B）战时为物资库的防空地下室的滤毒通风，应在防化通信值班室设置测压装置

（C）防爆波活门的额定风量不应小于战时隔绝式通风量

（D）过滤吸收器的额定风量必须大于滤毒通风时的进风量

69. 随着新冠肺炎疫情的暴发，国家要求完善重大疫情防控机制，健全国家公共卫生应急管理体系。在非医疗类公共建筑设计时，若建筑处于发生经空气传播病毒的疫区时，下列通风空调系统运行方案错误的是哪几项？

（A）新风系统宜全天运行，为了防止负压房间空气质量下降，排风系统停止运行

（B）确保新风直接取自室外，禁止从机房、楼道和吊顶内取风

（C）全空气系统应关闭回风阀，采用全新风运行方式，保持空调系统加湿功能

（D）当场所内出现相关患者时，应加大空调系统新风量供应

70. 下列关于直燃溴化锂制冷机房通风量及事故排风量的说法，正确的是哪几项？

（A）燃气直燃溴化锂制冷机房的通风量不应小于$6h^{-1}$，事故通风量不应小于$12h^{-1}$

（B）燃气直燃溴化锂制冷机房的通风量不应小于$3h^{-1}$，事故通风量不应小于$6h^{-1}$

（C）燃油直燃溴化锂制冷机房的通风量不应小于$6h^{-1}$，事故通风量不应小于$12h^{-1}$

（D）燃油直燃溴化锂制冷机房的通风量不应小于$3h^{-1}$，事故通风量不应小于$6h^{-1}$

阶段测试Ⅱ·通风部分专业案例

1. 某150人的会议室建筑面积120m²，净高3.5m。设室外空气中CO_2的体积浓度和房间初始CO_2浓度均为300ppm，每人每小时呼出CO_2为22.6L，若保证当上座率80%时，2h以内任意时刻CO_2浓度均不超过2000ppm，试计算人均最小送风量[m³/(h·人)]为下列何项？

(A) 11　　(B) 12

(C) 13　　(D) 14

答案：[　　]

主要解题过程：

2. 上海市某一生产车间拟采用全面通风系统消除余热余湿，室内设计温度18℃。该车间围护结构的耗热量为200kW，若机械排风量为10kg/s，机械送风量（新风）为8kg/s。若室内再循环送风量为5kg/s，再循环送风温度为25℃，工作区设备的散热量为50kW，则机械送风（新风）系统的设计送风温度为多少？（冬季通风室外计算温度为4.2℃，冬季供暖室外计算温度−0.3℃）

(A) 32～34℃　　(B) 35～37℃

(C) 38～40℃　　(D) 41～43℃

答案：[　　]

主要解题过程：

3. 某工业厂房生产过程始终散发苯、丙酮、醋酸乙烯和醋酸丁酯的有机溶剂蒸汽，设置全面排风系统，已知苯散发量 60g/h，丙酮散发量 450g/h，乙酸乙酯散发量 200g/h，乙酸丁酯散发量 300g/h。若室内消除室内余热所需通风量为 10000m^3/h，消除室内余湿所需通风量为 5000m^3/h，试确定该厂房的通风量为下列哪一项？

(A) 10000mg/m^3 (B) 12500mg/m^3

(C) 14000mg/m^3 (D) 15000mg/m^3

答案：[ ]

主要解题过程：

4. 某厂房建筑面积 2000m^2，高 12m，厂房工作地点设计温度 32℃，室内无强热源，厂房余热量为 360kW，在进行自然通风设计时，进风窗中心距地 1m。若排风窗面积与进风窗面积相等，试计算仅考虑热压作用下的排风天窗的余压（Pa）？[夏季室外通风计算温度为 28℃，空气比热容为 1.01kJ/(kg·K)，进风窗与排风天窗流量系数均为 0.6，g 取 9.8m/s^2]

(A) 0.8～0.9 (B) 1.0～1.1

(C) 1.2～1.3 (D) 1.4～1.5

答案：[ ]

主要解题过程：

5. 接上题，若排风天窗的余压为 1.3Pa，采用横向下沉式天窗（无窗扇有挡雨片），天窗垂直口高 4m，试计算满足自然通风要求的天窗窗孔面积（m^2）。

(A) 56　　(B) 61

(C) 65　　(D) 70

答案：[　　]

主要解题过程：

6. 某教学实验楼三层集中设置 15 台污染物通风柜，合用排风系统，通风柜工作孔尺寸均为长 1m、宽 0.6m。其中 10 台为散发苯的通风柜，每台柜内苯散发量为 0.05m^3/s，5 台为散发极毒污染物的通风柜(每台柜内有害物散发量为 0.03m^3/s，控制柜口面风速不低于 0.75m/s)。若教学实验需要满足 5 台散发苯的通风柜和 5 台散发剧毒污染物通风柜同时运行的需求，试确定通风机设计排风量(m^3/h)至少为多少？（通风柜安全系数 1.2，控制风速取上限，通风系统漏风率 5%）

(A) 16500　　(B) 17700

(C) 18600　　(D) 26300

答案：[　　]

主要解题过程：

7. 设置水泥厂转轮烘干过程设于密闭罩内，其中物料进入罩内带入的环境诱导空气量为0.8kg/s，烘干产生的空气膨胀量为0.4m^3/s，由密闭罩缝隙吸入环境空气量，若环境空气为20℃，密闭罩排风温度为50℃，试问保持烘干温度150℃所需的排风量(m^3/s)最大为多少?

(A) 1.03　(B) 1.12

(C) 1.17　(D) 1.32

答案:[　　]

主要解题过程:

8. 某厂区工业槽宽0.5m，槽长2m，拟采用单侧排风的等高条缝式槽边排风罩，吸风高度为400mm，边缘控制点的控制风速v_x=0.5m/s，试计算可使条缝口吸入速度不低于8m/s的最大条缝口高度(mm)。

(A) 34　(B) 47

(C) 61　(D) 71

答案:[　　]

主要解题过程:

9. 某金属熔化炉，炉内金属温度为 650℃，环境温度为 30℃，炉口直径为 0.65m，散热面为水平面，与炉口上方 1.2m 处设接受罩。若罩口直径比罩口热流直径大 1 倍，热源对流散热量 3200J/s，扩大罩口空气吸入速度 0.6m/s，计算接受罩排风量。

(A) 5600～5699m^3/h　　(B) 5700～5799m^3/h

(C) 6500～6590m^3/h　　(D) 6600～6690m^3/h

答案：[　　]

主要解题过程：

10. 某 40m^2 负压病房，净高 3m，净化要求房间送风换气次数不小于 20h^{-1}。病房门尺寸为双开门 1.3m×2.1m（缝隙 3mm），若病房门关闭时需要保持室内 15Pa 负压，除病房门外无其他缝隙或洞口，试计算确定此负压病房所需机械送排风量。（门缝流量系数 0.83，空气密度 1.2kg/m^3）

(A) 送风量约为 2000m^3/h，排风量为 2400m^3/h

(B) 送风量约为 2035m^3/h，排风量为 2400m^3/h

(C) 送风量约为 2400m^3/h，排风量为 2765m^3/h

(D) 送风量约为 2400m^3/h，排风量为 2800m^3/h

答案：[　　]

主要解题过程：

11. 某通风除尘系统连接 3 个排风罩，其中两个排风罩排风量为 1600m^3/h，一个排风罩排风量为 4000m^3/h。除尘器与风机间连接的圆形风管直径 450mm，长 4m，该段风管有 2 个弯头，2 个变径接头，总局部阻力系数为 0.47。试采用图表法计算此段风管总阻力。（空气按标准状态考虑，空气密度 1.205kg/m^3）

(A) 16Pa
(B) 61Pa
(C) 105Pa
(D) 205Pa

答案：[　　]

主要解题过程：

12. 接上题。除尘器入口前最不利环路风管总阻力为 450Pa，除尘器阻力为 1200Pa。风机出口空气经高 8m 的金属风管送至伞形风帽排入大气，此段风管阻力为 90Pa。该系统通风机参数选用下列何项？（空气按标准状态考虑，空气密度 1.205kg/m^3）

(A) 风机风量 7200m^3/h，风机风压 1700Pa
(B) 风机风量 7500m^3/h，风机风压 1800Pa
(C) 风机风量 7200m^3/h，风机风压 1900Pa
(D) 风机风量 7500m^3/h，风机风压 2000Pa

答案：[　　]

主要解题过程：

13. 某垃圾房排风系统设置循环使用的活性炭吸附装置，若垃圾房建筑面积 $20m^2$，净高 3.5m，排风换气次数不小于 $15h^{-1}$，排风中有害及有异味成分的浓度为 800ppm（分子量 17）。用活性炭吸附，碳层平均动活性为 30%，装置吸附效率 95%，垃圾房全天运行，每周五白天脱附 4h，脱附后残留吸附量为 5%。求此垃圾房吸附装置装碳量。

(A) 280kg
(B) 300kg
(C) 330kg
(D) 400kg

答案：[　　]

主要解题过程：

14. 有一吸收塔处理标准状态下空气和氨气的混合气体。若进口氨气浓度为 0.087kmol/kmol，用水吸收氨气，氨与水的气液平衡关系式为 $Y^*=0.75X$。要求的净化效率为 95%，处理气体流量为 75kmol/h。求实际的供液量（kg/h）。（实际液气比为最小液气比的 1.3 倍）

(A) 962
(B) 1250
(C) 1420
(D) 1600

答案：[　　]

主要解题过程：

15. 某地下设备用房排风系统如右图所示，水泵房排风量1500m³/h，消防泵房排风量2000m³/h。经水力计算，各管段阻力分别是$\Delta P_{13}=104$Pa，$\Delta P_{23}=84$Pa，$\Delta P_{34}=74$Pa。若运行时风机风量为3500m³/h，试计算实际运行时消防泵房的排风量。

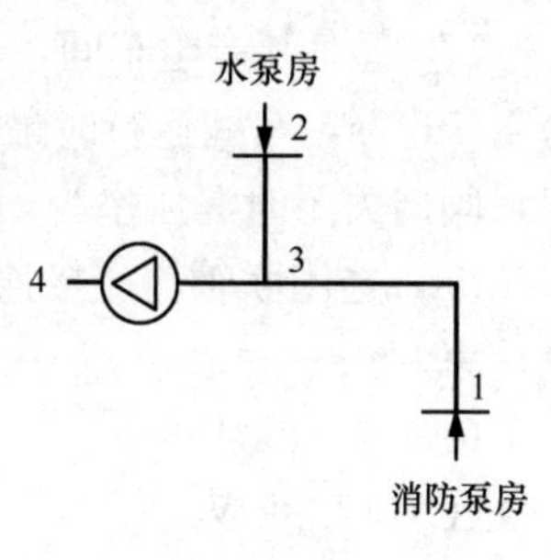

第15题图

(A) 1500m³/h　　(B) 1596m³/h

(C) 1904m³/h　　(D) 2000m³/h

答案：[　　]

主要解题过程：

16. 某除尘系统设计除尘量2000m³/h，排风风管设计压力为－300Pa，已知排风风管长80m，风管尺寸1000mm×450mm，若采用旋风除尘器（漏风率2%）和静电除尘器（漏风率3%）串联的除尘系统，风管漏风刚刚满足严密性检验要求，试计算确定所需通风机的通风量。

(A) 2000m³/h　　(B) 2155m³/h

(C) 2340m³/·h　　(D) 2450m³/h

答案：[　　]

主要解题过程：

17. 青海某产尘车间，其中10个产尘部位合用除尘系统，每个产尘部位的产尘量均为1.5m^3/s，车间运行时最多有8个产尘部位同时运转。每个排尘口设有与工艺联动的阀门，阀门关闭时漏风率为15%，除尘器漏风率5%，忽略风管漏风。除尘系统阻力全压为1000Pa，选用联轴器直接连接全压效率为0.9的离心式通风机，试着计算此通风机的耗电功率。

(A) 14.8kW　　(B) 15.5kW

(C) 17.9kW　　(D) 20.6kW

答案：[　　]

主要解题过程：

18. 某厂房多个排风罩何用排风系统，房间与室外压差为零。当通风机在设计工况全部4个排风罩均开启时，系统设计排风量为5000m^3/h，系统的设计阻力为380Pa。若仅3个排风口开启，系统排风量降为4000m^3/h，若风机性能曲线为$P = 400 - 3.9 \times 10^{-3}G - 1.5 \times 10^{-8}G^2$，效率始终为80%，机械效率为90%。试问采用变频调节能与采用节流调节哪种方式省电，每小时节省多少电量?

(A) 节流调节省电，每小时节电0.12kWh

(B) 节流调节省电，每小时节电0.21kWh

(C) 变频调节省电，每小时节电0.12kWh

(D) 变频调节省电，每小时节电0.21kWh

答案：[　　]

主要解题过程：

19. 某圆形送风管道总送风量为 $8000m^3/h$，采用 8 个等面积的侧孔送风，为了实现均匀送风，采用增大出流角的方式设计风管，若拟定孔口平均流速 4.5m/s（孔口流量系数 0.60），试计算第一个孔口断面的最大全压及最小断面直径。（空气密度 $1.2kg/m^3$）

(A) 最大全压 45.1Pa，最小断面直径 1050mm

(B) 最大全压 45.1Pa，最小断面直径 810mm

(C) 最大全压 16.2Pa，最小断面直径 810mm

(D) 最大全压 16.2Pa，最小断面直径 1050mm

答案：[　　]

主要解题过程：

20. 某首层设置的燃气锅炉房，建筑面积 $100m^2$，净高 5.5m，拟采用双速风机平时低速排风，事故高速排风，经水力计算平时排风时风管阻力 240Pa，风机全压效率 0.85，采用联轴器连接，试问事故排风时风机耗功率是平时通风几倍？

(A) 2　　(B) 4

(C) 6　　(D) 8

答案：[　　]

主要解题过程：

21. 某 $150m^2$ 的地下变电所，室内净高 4.0m，其中设有 4 台功率 600kVA 的变压器，变压器功率因数为 0.95，效率为 0.98，负荷率为 0.75。变电所设计温度 35℃，拟采用机械通风，设计进风量为排风量的 80%，周围房间及走道空气温度 15℃。当地冬季室外通风计算温度为−15℃时，为了防止送风直吹冻坏设备，拟采用变电所空气与室外空气预混送入的方式，使得送风温度不低于 5℃。围护结构耗热量忽略不计，试计算变电室排风量。[空气比热容 1.01kJ/(kg·K)]

(A) $3383m^3/h$　　(B) $3802m^3/h$

(C) $4257m^3/h$　　(D) $4800m^3/h$

答案：[　　]

主要解题过程：

22. 某 10 层办公楼，建筑高度 48m，其合用前室及防烟楼梯间各层平面图如右图所示，所有疏散门均为 1.5m×2.0m 的双扇门（门缝宽度 3mm），电梯门为 1.2m×2.4m 的对开门（门缝宽度 4mm）。若前室各层设置 1 个 1.6m×0.6m 的常闭送风阀，试确定正确的防烟方案并计算合用前室所需正压送风风机的送风量。

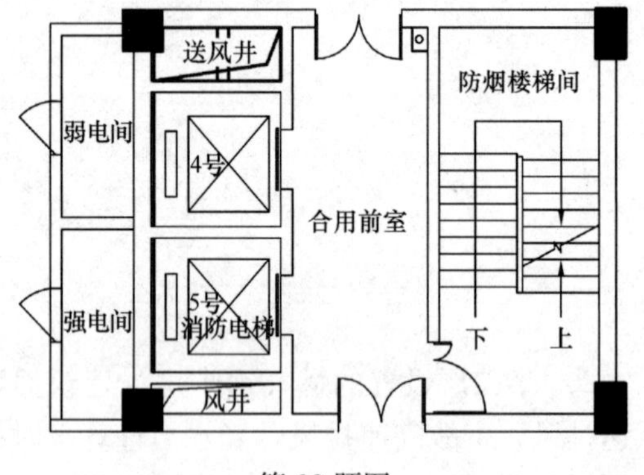

第 22 题图

(A) 合用前室及楼梯间分别正压送风，前室送风口设于图示送风井侧壁，合用前室正压送风风机送风量 $47400m^3/h$

(B) 合用前室及楼梯间分别正压送风，前室送风口设于图示送风井侧壁，合用前室正压送风风机送风量 $56850m^3/h$

(C) 合用前室正压送风，前室送风口设于进入合用前室疏散门的顶部，防烟楼梯间自然通风，合用前室正压送风风机送风量 $60350m^3/h$

(D) 合用前室正压送风，前室送风口设于进入合用前室疏散门的顶部，防烟楼梯间自然通风，合用前室正压送风风机送风量 $72450m^3/h$

答案：[　　]

主要解题过程：

23. 某设有喷淋的办公室，层高5.5m，吊顶后净高4.5m。设计采用机械排烟，若设计烟层厚度为0.6m，烟羽流质量流量为6.4kg/s，房间环境温度为20℃，排烟口设置在吊顶下，试问该房间至少设计几个排烟口？

(A) 1个　　(B) 5个

(C) 10个　　(D) 12个

答案：[　　]

主要解题过程：

24. 某一住宅小区的地下车库，设计的车位数150个，1h出入车辆数为80辆，若小轿车的排气量为1.5m^3/(台·h)，汽车在库内平均运行时间为6min，车库CO的允许质量浓度为30mg/m^3，车库内车的排气温度为500℃，该车库的排风量约为下列何项？

(A) 45000m^3/h　　(B) 55000m^3/h

(C) 65000m^3/h　　(D) 75000m^3/h

答案：[　　]

主要解题过程：

25. 某平时车库战时二等人员掩蔽所的防空地下室，掩蔽 1200 人，清洁区面积为 1000m^2，高 4.5m，防毒通道的净空尺寸为 6m×3m×3m，隔绝防护前的新风量为 15m^3/(P·h)，试计算隔绝防护时间，并判断是否应采取 O_2、吸收 CO_2 或减少战时掩蔽人数等措施。

(A) 隔绝防护时间 2.9h，需采取措施

(B) 隔绝防护时间 2.9h，不需采取措施

(C) 隔绝防护时间 4.35h，需采取措施

(D) 隔绝防护时间 4.35h，不需采取措施

答案：[ ]

主要解题过程：

阶段测试Ⅲ·空调部分专业知识

（一）单项选择题（共40题，每题1分，每题的备选项中只有一个符合题意）

1. 某空气状态变化过程的热湿比为$-\infty$，则该处理过程为下列何项？

（A）等湿加热　　（B）等湿冷却

（C）等焓加湿　　（D）等温加湿

2. 如下图所示，根据热舒适理论，当PMV值的范围在$-1\sim1$之间时，对应国标标准中对期望的热环境分类为下列哪一项？

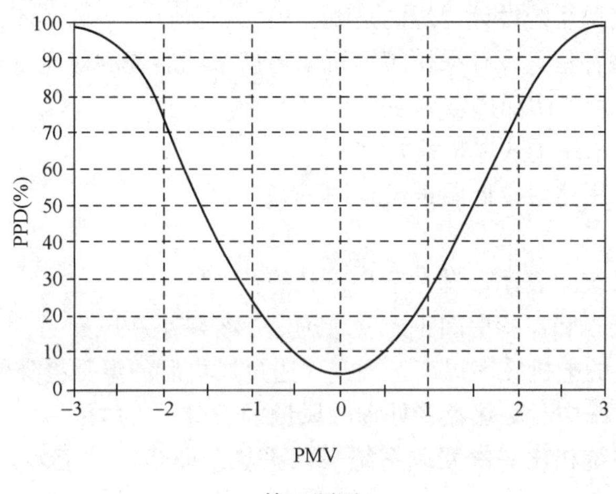

第2题图

（A）A类　　（B）B类

（C）C类　　（D）以上都不是

3. 一台$8000m^3/h$的组合式空调机组设计选用中效2级过滤器，为保证过滤效率，下列机组截面尺寸设计宜取下列哪一项？

（A）1000（W）×800（H）　　（B）1000（W）×1000（H）

（C）1200（W）×800（H）　　（D）1200（W）×1000（H）

4. 下列各项中，对建筑围护结构热惰性指标说法错误的是哪一项？

（A）属于常用的围护结构的热工特性

（B）是表征围护结构对温度波衰减快慢程度的无量纲指标

（C）热惰性指标越大，温度波在围护结构中的衰减越慢

（D）多层围护结构的总热惰性等于各层材料热惰性值之和

5. 某实验楼空调房间，经计算，人体散湿量为2.7kg/h，潮湿表面的散湿量为1.1kg/h，化学反应过程的散湿量为1.5kg/h，新风带入的湿负荷为3.0kg/h，若室内冷

负荷为10kW，则该房间的热湿比为下列哪一项？

(A) 1204kJ/kg (B) 1887kJ/kg

(C) 4337kJ/kg (D) 6792kJ/kg

6. 工业建筑计算空调负荷，下列说法不符合国家规范的是哪一项？

(A) 24h连续生产的工艺设备散热量可按传热稳态方法计算

(B) 透过透明部分进入的太阳辐射得热逐时值可作为相应时刻冷负荷的即时值

(C) 夏季计算外墙传热量，应采用室外计算逐时综合温度

(D) 无外墙的房间，夏季可不计算通过地面传热形成的冷负荷

7. 下列各区域空调系统设计合理的是哪一项？

(A) 靠外墙的播音室，设计采用带风机动力型末端装置的变风量空调系统

(B) 油墨车间采用一次回风空调系统

(C) 医院门诊部采用干式风机盘管

(D) 计算机房采用冰蓄冷低温送风空调

8. 下列全空气系统的表述，哪一项是正确的？

(A) 根据卫生要求和保持房间正压要求确定系统最小新风量

(B) 若空调机组的电机效率提高，则空气通过风机后的温升将降低

(C) 二次回风系统中，冷热盘管处理的风量等于房间送风量

(D) 二次回风系统相比一次回风系统（含再热）而言，由于多了二次回风，因此更耗能

9. 下列关于变风量系统的说法，不正确的是哪一项？

(A) 变风量空调机组送风机的电动机由变频装置驱动，可适应系统风量变化

(B) 变风量空调机组的风机风压与风管系统的布置、末端装置的类型、风口形式等有关

(C) 变风量空调机组的送风量应根据系统的逐时负荷最大值确定

(D) 区域变风量空调机组的送风量应根据区域负荷累计最大值确定

10. 某建筑空调为风机盘管＋新风系统，初期经过调试，各房间均能达到设计工况。系统运行一段时间后，个别房间出现温度升高的问题。下列各项中，哪一项可能是造成此类问题的原因？

(A) 冷水机组蒸发器结垢

(B) 问题房间的风盘风管软接未固定好，出现局部脱落

(C) 新风机表冷器的电动阀故障导致关闭

(D) 问题房间的风机盘管选型偏小

11. 如下图所示，某空调房间采用间接蒸发冷却器处理室外新风，利用室内排风作为

二次风，已知室内设计参数为26℃、70%，室外设计参数为30℃、40%，则新风的极限送风温度接近下列何项？

（A）15℃

（B）20℃

（C）22℃

（D）24℃

间接蒸发冷却器

第11题图

12. 寒冷地区某动物饲养室的空调系统为直流式（全新风系统），昼夜运转，如下图所示，有表冷器、蒸汽加热器及蒸汽加湿器，某个冬天表冷器被冻裂，下列哪一项不能解决此问题？

（A）冬季及时把表冷器中的水泄掉

（B）冬季设预热盘管

（C）将加热器设于进风处

（D）将加湿器设于进风处

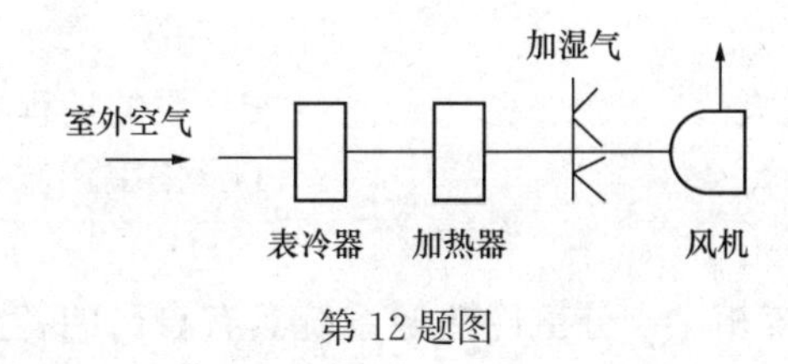

第12题图

13. 下列关于溶液除湿系统的说法，不正确的是哪一项？

（A）溶液除湿器中一般设有冷却装置，用于降低除湿过程中空气的温度

（B）相同条件下，同一种溶液温度越低，其等效含湿量也越低，除湿能力越强

（C）除湿溶液的浓缩再生可以采用低品位的热能

（D）除湿溶液除湿性能的优劣取决于其表面蒸汽压的大小

14. 某5A写字楼室内设计采用地板送风空调系统，下列设计不合理的是哪一项？

（A）地板静压箱高度设置为350mm

（B）静压箱进风口离最远出风口距离为15m

（C）夏季设计工作区风速不大于0.25m/s

（D）地板风口出风温度为17℃

15. 某酒店宴会厅，面积1200m^2，净高10m，空调系统夏季供冷冬季供暖，下列气流组织设计合理的是哪一项？

（A）吊顶设置百叶风口下送风

（B）采用喷口送风，人员活动区位于射流区

（C）风口安装高度大于5m，送风温差采用10～15℃

（D）回风口设在吊顶上

16. 有关受限射流的原理，下列选项中正确的是哪一项?

(A) 送风口贴近顶棚射流时，因射流上部和射流下部存在静压差而形成贴附

(B) 受到贴附的影响，贴附射流较自由射流的射程短

(C) 贴附射流与自由射流规律不同

(D) 一般认为，送风射流的断面积与房间横断面积之比大于 1∶4 为受限射流

17. 下列有关洁净室风管、附件及辅助材料耐火性能的描述，不符合规定的是哪一项?

(A) 净化空调系统、排风系统的风管应采用不燃材料

(B) 排除有腐蚀性气体的风管应采用难燃材料

(C) 排烟系统的风管应采用不燃材料，其耐火极限应大于 1h

(D) 附件、保温材料、消声材料和胶粘剂等均采用不燃材料或难燃材料

18. 某办公建筑，采用一级泵变流量系统，压差旁通调节，冷水泵设计扬程为 56m，设计流量为 $320m^3/h$，阀门调节。实际运行发现，几乎阀门全关才能达到设计流量，造成该现象的原因为下列何项?

(A) 系统实际阻力过大　　(B) 泵的扬程选择过大

(C) 泵的流量选择过大　　(D) 未采用高阻力阀门

19. 与集中冷热源系统相比，分散冷热源系统具有自己的特点，下列各项优缺点中，不属于分散冷热源系统特点的是哪一项?

(A) 适应个性化运行　　(B) 输配系统能耗比很小

(C) 制冷和供热的能效比提高　　(D) 管理难度增加

20. 某工程空调系统如下图所示，制冷机的冷却塔安装在 30m 高的屋顶上，地下室中设有一水池容纳冷却水，为开式系统。制冷机、冷却水泵均在地下室中。冷却水泵的扬程

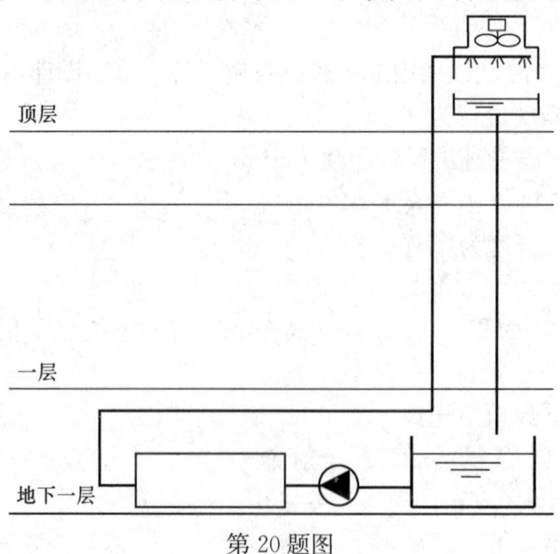

第 20 题图

为 60m，水量为 300m³/h，水泵的电机容量为 75kW，共 3 台。运行后耗电太大，下列哪种改造方法最合理有效？

(A) 增大管道管径减少系统阻力
(B) 冷却水泵改为变频水泵
(C) 将冷却塔的出水管直接连接到泵的吸入口
(D) 将冷却水泵的扬程适当降低

21. 冷却塔标准工况Ⅱ时的 3 级能效，不应低于下列何值？

(A) ≤0.028 (B) ≤0.032
(C) ≤0.040 (D) ≤0.045

22. 下列关于空调水系统定压方式的说法中，哪一项是正确的？

(A) 定压罐不受安装高度的限制，宜优先选用
(B) 高位膨胀水箱使空调系统成为开式系统，使系统能耗增加
(C) 与定压罐相比，高位膨胀水箱使空调系统工作压力增加
(D) 高位膨胀水箱节能、安全可靠、投资低，应优先采用

23. 工业厂房空调系统设计原则，下列正确的是哪一项？

(A) 设计采用大温差型蒸发冷却冷水机组，供回水温差宜小于或等于 10℃
(B) 设计温湿度独立控制系统，采用辐射供冷末端时，供回水温差不应小于 5℃
(C) 舒适性空调采用冷热盘管处理空气时，供回水温差不宜小于 5℃
(D) 工艺性空调系统设专用加热盘管时，供回水温差不宜小于 10℃

24. 下列关于全空气空调系统的控制表述，不符合要求的是哪一项？

(A) 需要控制混风温度时风阀宜采用模拟量调节阀
(B) 采用变风量系统时，风机应采用变速控制方式
(C) 当室内散湿量不大时，宜采用机器露点不恒定的方式控制室内相对湿度
(D) 过渡季宜采用加大新风比的方式运行

25. 有关空调冷却水和冷水的水质指标，下列说法错误的是哪一项？

(A) 冷却水 25℃时的 pH 为 6.8～9.5
(B) 冷却水的总 Fe 含量不大于 2.0mg/L
(C) 循环冷水的浊度不大于 10NTU
(D) 补充冷水的溶解氧不大于 0.1mg/L

26. 夏季或过渡季随着室外空气湿球温度的降低，冷却水温已经达到冷水机组的最低供水温度限制，下列哪种控制方式不能有效避免此问题的发生？

(A) 多台冷却塔联合运行时，采用风机台数控制
(B) 单台冷却塔采用风机变频变速控制

（C）冷却水供回水管之间设置电动旁通阀
（D）冷却水泵采用变频变流量控制

27. 对于空调系统的电加热器，下列说法错误的是哪一项？
（A）与送风机连锁　（B）设置超温报警装置
（C）设置接地及剩余电流保护措施　（D）设无风断电保护

28. 下列有关变风量空调系统压力无关型末端装置的控制，说法错误的是哪一项？
（A）通过室内空气温度为被控参数，调节送风量
（B）通过室内空气温度为被控参数，调节加热盘管热水供水量
（C）温度控制器发出的控制指令直接送往控制风阀
（D）增加控制风阀开度传感器后，可用于变静压系统中

29. 下列各项中，对阻性消声器结构形式选择错误的是哪一项？
（A）当量直径不大于 300mm 时，可选用直管式消声器
（B）当量直径大于或等于 300mm 时，可选用片式消声器
（C）气流流速较低的通风管道系统，可采用迷宫式消声器
（D）对于风量不大、风速不高的通风空调系统，可选用消声弯头

30. 下列空调系统的噪声控制措施不合理的是哪一项？
（A）尽可能采用叶片后向的离心式风机
（B）通风机尽量采用直连或联轴器传动
（C）通风机进出口处的管道应装设柔性接管，其长度一般为 150～200mm
（D）消声器后面的流速不能大于消声器前的流速

31. 关于空调冷水管道的绝热材料，下列何项说法是错误的？
（A）绝热材料的导热系数与绝热层的平均温度相关
（B）保冷材料应进行防结露校核，满足最小防结露厚度要求
（C）绝热材料的厚度选择与环境温度相关
（D）热水管道保温应进行防结露校核

32. 工业管道进行绝热计算时，下列计算参数选择正确的是哪一项？
（A）室外保温经济厚度和热损失计算中，环境温度应取历年平均温度的平均值
（B）室内保温经济厚度和热损失计算中，环境温度应取历年平均温度的平均值
（C）在地沟内保温经济厚度和热损失计算中，根据管道外表面温度不同，环境温度取值不同
（D）在防止人烫伤的厚度计算中，环境温度应取历年最热月最高温度

33. 下列有关空调节能技术措施中不正确的是哪一项？

(A) 对于人员使用数量随机性较大的房间，人数应根据实际的需求来选择
(B) 根据实时的 CO_2 浓度控制实时送入室内的新风量
(C) 严寒地区应对排风热回收装置的排风侧是否出现结霜或结露现象进行核算
(D) 对一些在冬季也需要提供空调冷水的建筑，可考虑采用冷却塔供冷

34. 对公共建筑进行空调系统设计，下列各项设计原则中，不符合国家节能标准的是哪一项?
(A) 设计一次回风定风量全空气系统，采用露点温度送风
(B) 净高 6m 宴会厅，空调气流组织采用上送上回，送风温差为 8℃
(C) 空调风系统风量大于 $10000m^3/h$ 时，控制单位风量耗功率不超过规范限制要求
(D) 设有集中排风的区域，在技术经济合理时设置能量回收装置

35. 某建筑通风空调系统施工完毕进行检测与试验，下列各项说法不符合规定的是哪一项?
(A) 管道冲洗试验，首先冲洗水平干管、立管、支管，后冲洗系统最低处干管
(B) 风机盘管水压试验应缓慢升压至风机盘管的设计工作压力，检查无渗漏后，再升压至规定的试验压力
(C) 通风与空调设备安装外观检查合格后，再进行电气检测与试验
(D) 电加热器的绝缘电阻值应大于 0.5MΩ

36. 下列有关水环热泵空调系统的表述错误的是下列哪一项?
(A) 循环水温宜控制在 15～35℃
(B) 循环水宜采用闭式系统
(C) 辅助热源的供热量，应经热平衡计算确定
(D) 当建筑规模较小时，宜采用变流量系统

37. 有关空调系统调试，下列说法不符合验收规范的是哪一项?
(A) 恒温恒湿空调工程的检测和调整应在空调系统正常运行 12h 及以上，达到稳定后进行
(B) 洁净室洁净度检测应在空态或静态下进行
(C) 冷却塔风机与冷却水系统循环试运行不应小于 2h，运行应无异常
(D) 制冷机组试运转时，正常运转不应少于 8h

38. 空调系统冷热源应根据建筑规模、用途以及国家相关政策，通过综合论证确定，下列各项说法错误的是哪一项?
(A) 当废热或工业余热的温度较高，经技术经济论证合理时，冷源宜采用吸收式冷水机组
(B) 有城市热网的地区，集中空调的热源宜优先采用城市热网
(C) 夏季露点温度较低的地区，宜采用直接蒸发冷却冷水机组作为空调冷源

(D) 夏热冬冷地区的小型建筑，宜采用空气源热泵系统供冷供热

39. 某建筑围护结构采用600kg/m^3的多孔混凝土，供暖期间该围护结构中的保温材料因内部冷凝受潮而增加的重量湿度允许增加，符合规定的是哪一项？

(A) 2%　　(B) 4%

(C) 6%　　(D) 7%

40. 有关围护结构保温设计，不符合国家相关规范的是哪一项？

(A) 可以采用带有封闭空气间层的复合墙体构造设计来提高墙体热阻值

(B) 屋面保温材料应严格控制吸水率

(C) 严寒地区采光顶的冬季综合遮阳系数不宜小于0.4

(D) 地面层热阻的计算只计入结构层、保温层和面层

(二) 多项选择题（共30题，每题2分，每题的各选项中有两个或两个以上符合题意，错选、少选、多选均不得分）

41. 下列有关湿空气的说法，正确的是哪几项？

(A) 湿空气的压力由干空气分压力和水蒸气分压力组成

(B) 水蒸气分压力相同的两股空气，干空气分压力高的空气含湿量低

(C) 每千克水变为水蒸气所需要的汽化潜热为2500kJ/kg

(D) 相对湿度不仅与水蒸气分压力有关，而且与水蒸气饱和分压力有关

42. 下列各项中，有关喷水室有别于表面式空气换热器的特点，描述正确的是哪几项？

(A) 喷水室属于直接接触式的热湿处理设备

(B) 喷水室能对空气进行减湿处理

(C) 喷水室具有空气净化作用

(D) 喷水室对水的卫生要求高

43. 有关组合式空调机组试验工况与设计工况，下列说法错误的是哪几项？

(A) 湿工况试验时，机组机外静压不低于额定值的85%

(B) 测定机组输入功率时，机组进口空气干球温度为14～28℃

(C) 设计选型时，盘管的面风速控制在2.0m/s左右

(D) 设计工况下，风机风量与风压应考虑10%左右的安全系数

44. 下列有关水环热泵系统的说法，正确的是哪几项？

(A) 水环热泵属于直膨式系统

(B) 各房间可以同时供冷供热，灵活性大

(C) 采用开式冷却塔时，宜设置中间换热器

(D) 系统较大时宜采用变流量运行

45. 某房间采用二次回风空调系统，系统处于设计工况下，室内温湿度均能达到设计状态，若某一时刻系统出现波动，则室内参数变化，下列说法正确的是哪几项？

(A) 当室外温度升高，若空调供冷能力不变，室内温度达到设计温度时，相对湿度将增加

(B) 供水管过滤器脏堵导致盘管供水量降低，室内温度达到设计温度时，相对湿度将增加

(C) 增加二次回风的风量，房间温度将降低

(D) 增加二次回风的风量，房间温度分布将会更均匀

46. 某空调房间采用直流式空调机组，冬季空气处理过程如下图所示，则按照空气处理的先后顺序，不可能为该机组结构的，是下列哪几个选项？($t_{W1}>t_N$)

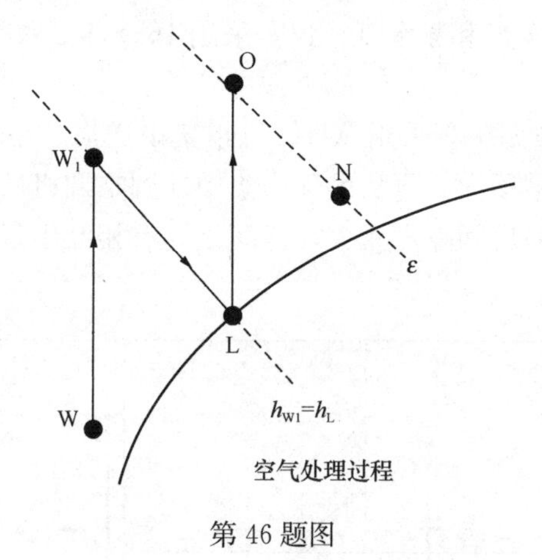

空气处理过程

第 46 题图

①预热段；②再热段；③湿膜加湿段；④高压喷雾加湿段；⑤电热加湿段；⑥全热回收段

(A) ①-③-②　　(B) ①-⑤-②

(C) ⑥-①-④-②　　(D) ⑥-①-⑤-②

47. 有关变风量全空气系统与定风量全空气系统的对比，下列说法正确的是哪几项？

(A) 新风比不变时，变风量系统送入室内的新风量会改变，而定风量系统不变

(B) 室内气流分布情况，变风量系统不如定风量系统稳定

(C) 变风量系统的湿度控制能力强于定风量系统

(D) 变风量系统能耗优于定风量系统

48. 某超高层办公楼设计带末端装置的变风量空调系统，下列设计合理的是哪几项？

(A) 核心筒分别设置外区 AHU 和内区 AHU，内外区房间均设置单风道 VAV 末端装置

(B) AHU 总风量为各房间最大送风量之和

(C) 通过感测房间温度控制调节末端装置电动风阀

(D) 根据房间最小逐时冷负荷确定末端装置的最小送风量

49. 下列有关多联式空调系统新风供给措施合理的是哪几项？

（A）采用热回收装置供给新风，可直接按照室内空调负荷选择室内机

（B）采用多联机空调系统的新风机组处理新风至室内空气状态点等焓线的机器露点，新风可直接送入

（C）室外新风直接接入室内机回风处，回风机处理室内空调负荷和新风负荷

（D）采用排风热回收型的新风机组，其新回风入口应设过滤器

50. 下列关于温湿度独立控制系统的表述中，正确的是哪几项？

（A）在温湿度独立控制空调系统中，采用新风处理系统来控制室内湿度

（B）根据溶液温度的不同，采用溶液除湿的同时，可实现新风的加热或降温

（C）消除室内显热的温度控制系统通常采用冷热辐射装置或干工况末端

（D）干盘管不设置凝水盘和凝水管，仅需采用 16～18℃的冷水即可满足降温要求

51. 如下图所示，某空调工程采用 AHU 机组集中送风、吊顶回风，空调房间的回风经各自的吊顶回风口回至吊顶内，再从吊顶内集中回到空调机房，运行时发现远处的房间空调效果不佳，靠近机房的房间噪声太大，房间之间有相互串音现象。下列改善措施合理的是哪几项？

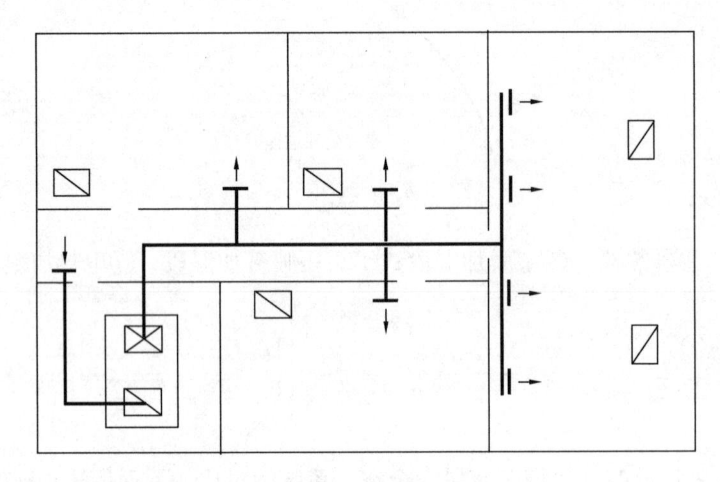

第 51 题图

（A）加大空调机组表冷器冷量，改善空调效果

（B）降低风机转速，以此降低风机噪声

（C）增加空调回风管，并设置各支路调节阀门调节回风平衡

（D）靠近机房出口增加消声器，房间采用消声回风口

52. 下列关于空调风口的使用场所符合要求的是哪几项？

（A）当单位面积送风量较大，且人员活动区内要求风速较小或区域温差要求严格时应采用孔板送风

（B）大型的生产车间、体育馆采用喷射式送风口

(C) 影剧院、会场的送风口可设置在坐椅下，风速低于 0.2m/s，送风温度约为 19℃
(D) 内部诱导型旋流风口不仅适用于层高较高的空调建筑，还适用于地板送风

53. 下列各项气流组织设计中，说法错误的是哪几项？
(A) 空调系统非等温自有射流主体段内，轴心温度与射流出口的温度之比，约为 0.73 倍的轴心速度与射流出口速度之比
(B) 多个送风口自同一平面沿平行轴线向同一方向送出的平行射流，其流动规律与单独送出时的流动规律相同
(C) d=0.5m 的回风口，距离风口 0.25m 远处，回风气流速度为点汇处风速的 25%
(D) 与一般的射流相比，旋转射流的射程短得多

54. 下列关于空调过滤器的过滤效率，不符合规定的是哪几项？
(A) 高中效过滤器在 20%额定风量条件下的过滤效率应达到 70%～95%
(B) 粗效 3 过滤器额定风量下的计数効率≥50%
(C) 高效过滤器采用《高效空气过滤器性能试验方法　效率和阻力》GB/T 6165—2008 规定的计数法检测
(D) 用于生物工程的 A 类、B 类过滤器应在额定风量下检查过滤器的泄露

55. 有关净化空调系统的相关表述，下列正确的是哪几项？
(A) 洁净室内的发尘因素中，主要是人员，占室内产尘量的 80%～90%
(B) 对于严重污染地区大气中≥0.5μm 的含尘浓度，一般工程计算可取 200×10^7 pc/m^3
(C) 其他条件相同时，室内净高越高，单位容积发尘量越小
(D) N3 等级的单向流洁净室，控制平均断面风速为 0.2～0.4m/s

56. 某工业洁净厂房设计洁净空调系统，下列设计原则正确的是哪几项？
(A) 在满足生产工艺和噪声要求的前提下，洁净度要求严格的洁净室宜靠近空调机房
(B) 洁净度要求严格的工序应布置在上风侧
(C) 单向流洁净室的空态噪音不应大于 60dB（A）
(D) 根据室内噪声级要求，净化空调总风管风速宜为 5～7m/s

57. 有关变流量系统与定流量系统，下列各项表述中正确的是哪几项？
(A) 一级泵压差旁通变流量系统与定流量系统均无法做到实时地降低能耗
(B) 一级泵压差旁通变流量系统比定流量系统运行能耗相同
(C) 一级泵变频变流量系统，水泵降至 40Hz 运转时，压差旁通阀不会发生动作
(D) 二级泵系统应能进行自动变速控制，宜根据管道压差的变化控制转速，且压差能优化调节

58. 下列有关控制器的说法，正确的是哪几项？

（A）当采用固态继电器为 ON-OFF 开关调节器时，开关时间最短可为 10ms

（B）比例调节器施加的调节作用是和偏差大小成比例的

（C）比例积分调节器的输出量随着时间的增加而减小

（D）比例积分微分调节器存在一定的偏差输入后才开始输出

59. 某空调水系统设计水泵为两用一备，并联运行。已知每台水泵流量均为 $140m^3/h$，扬程 32m，水泵曲线及管网曲线如右图所示，初始状态时，两台水泵并联运行，管路系统阀门全开，管网曲线为 0a，则对水泵和系统运行状态分析，下列说法正确的是哪几项？（忽略关闭一台水泵支路阀门引起的管网曲线变化）

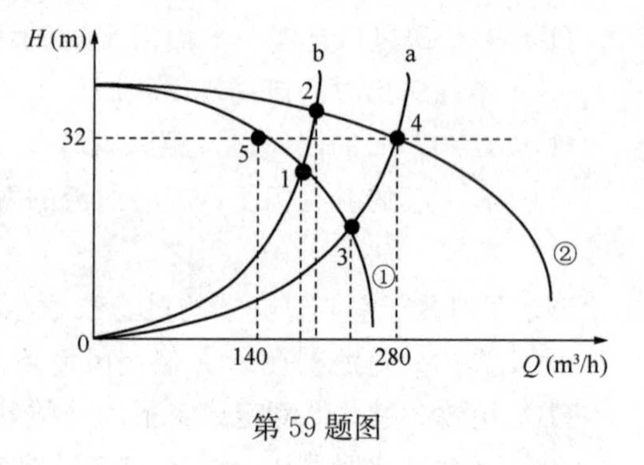

第 59 题图

（A）两台水泵并联运行，系统运行工况点为 4

（B）关闭一台水泵及对应支路的阀门，则系统运行工况点由 4 变为 5

（C）两台水泵变频后转速降低，则系统运行工况点由 4 变为 3

（D）系统干管阀门关小后，则系统运行工况点由 4 变为 2

60. 某工程地上 10 层，地下 4 层，屋面上还有塔楼 3 层，5 层有一计算机房，采用了冷水机组，冷却塔设在塔楼顶上，水泵设置于屋面下的塔楼内，且水泵装在冷却塔的进水管上，如下图所示，结果循环不了，而且还产生严重的振动，下列不能解决此问题是哪几项？

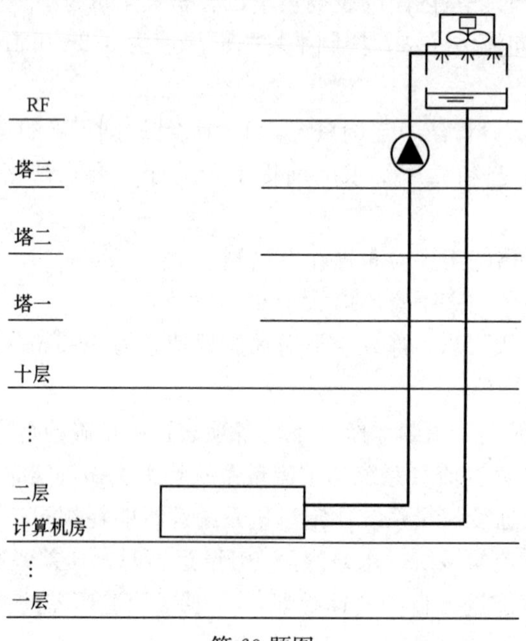

第 60 题图

（A）加大水泵的扬程
（B）加大水泵的流量
（C）将水泵设置在冷却塔的出水管上
（D）将水泵设置于 5 层冷水机组的出水管上

61. 根据国家相关标准，冷却塔标准设计工况按使用条件分为标准工况 1 和标准工况 2，下列各项指标中，标况 1 与标况 2 相同的是哪一项？
（A）出水温度 32℃　　（B）湿球温度 28℃
（C）干球温度 31.5℃　　（D）大气压力 99.4kPa

62. 夏热冬冷地区某度假村项目，采用水源热泵机组，设计一级泵两管制空调系统，夏季供/回水温度为 7℃/12℃，冬季供/回水温度为 45℃/40℃，夏季供冷量为 3300kW，冬季供热量为 2800kW，水泵设置三用一备，则下列关于该系统耗电输冷（热）比说正确的是哪几项？
（A）夏季 ΔT 取值为 5℃　　（B）冬季 ΔT 取值为 10℃
（C）夏季 B 值取值为 28　　（D）冬季 A 值取值为 0.004225

63. 下列各项中，属于针对全空气空调系统的节能控制方式的是哪几项？
（A）应能进行风机、风阀和水阀的启停连锁控制
（B）采用变风量系统时，风机应采用变速控制方式
（C）过渡季宜采用加大新风比的控制方式
（D）采用电动水阀和风速相结合的控制方式

64. 有关空调水系统的水泵控制调节方式，下列不正确的是哪几项？
（A）采用换热器冷却的二次空调水系统的循环水泵宜采用变速调节
（B）变流量一级泵系统水泵变速宜采用系统流量控制
（C）变流量一级泵系统水泵运行台数宜采用压差控制
（D）变流量一级泵系统机组定流量运行时，旁通调节阀应采用流量控制

65. 带有排气热回收功能的冷水机组利用从压缩机排出的高温气态制冷剂向低温处散热更多的原理，通过提高标准冷凝器的水温促使高温制冷剂向热回收冷凝器散热，某工厂空调系统采用该种机组，夏季供冷的同时回收冷凝热，通过检测热水回水温度控制热回收量，系统原理如下图所示。下列说法中正确的是哪几项？（假定：辅助热源供热量充足）
（A）当热水回水温度 T_3 高于设定值时，表明供热过多，可通过调节 V1 阀，增加旁通水量来降低供热量
（B）当热水供水温度 T_2 低于设定值时，表明供热不足，可通过调节辅助加热量以提高供水温度
（C）设定热回收的出水温度 T_1 越高，则机组的 COP 越低
（D）当热回收机组故障时，该系统仍能保证正常的工艺用热

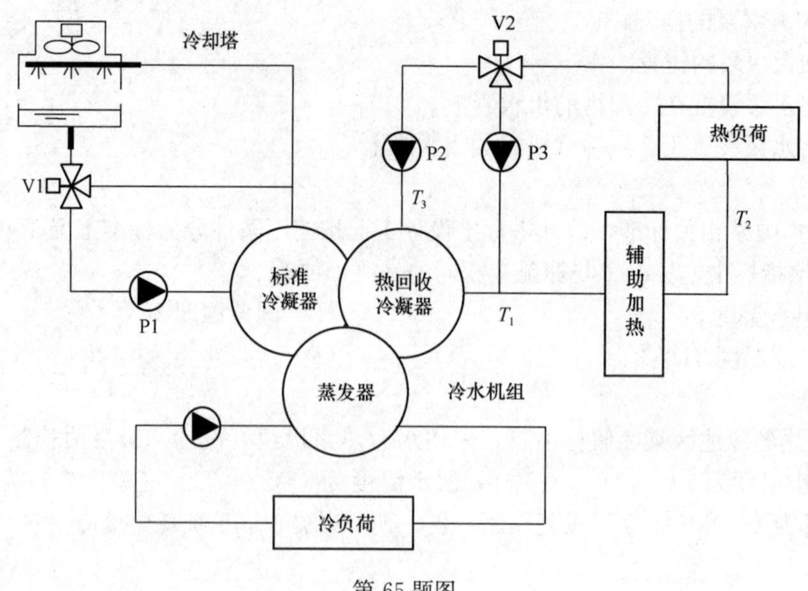

第 65 题图

66. 关于气流再生噪声，下列哪些说法是正确的？

(A) 气流在输送过程中必定会产生再生噪声

(B) 气流再生噪声与气流速度和管道系统的组成有关

(C) 直风管管段不会产生气流再生噪声

(D) 气流通过任何风管附件时，都存在气流噪声发生变化的状况

67. 下列有关冷却塔供冷技术要求的表述，合理的是哪几项？

(A) 在严寒寒冷地区，冷却塔及室外的冷却水管必须考虑防冻结的措施

(B) 冷却塔冬季不运行时，冷却塔与室外管道的水应能泄空

(C) 开式冷却塔通常要求设置热交换器

(D) 冷却塔按照夏季工况选择即可

68. 某大厦一高 15m 的入口中庭设置空调，中庭人员活动区夏季设计温度 24℃，相对湿度 50%，冬季设计温度 22℃。下列有关该中庭区域空调设计合理的是哪几项？

(A) 夏季采用地板送风，保证人员活动区环境参数

(B) 在一定高度设水平射流层阻挡上下空气串通，下部活动区采用上侧送下侧回气流组织形式

(C) 冬季采用地面辐射+底部区域送风

(D) 采用定角度球形喷口由中间高度将冷风送入，人员活动区处在夏季回流区

69. 下列对空调末端装置安装的说法，符合国家相关规定的是哪几项？

(A) 安装变风量末端装置时应设置独立的支吊架

(B) 变风量末端装置与进出风管连接时，可不设置柔性短管

(C) 冷热水管道上的阀门及过滤器应靠近风机盘管安装

(D) 冷凝水管与风机盘管连接时，宜设置透明胶管，长度不宜大于 100mm

70. 下列关于排风热回收的说法中，错误的是哪几项？
(A) 采用排风热回收装置一定能使空调能耗减少
(B) 采用排风热回收装置可能使空调能耗减少
(C) 显热排风热回收装置适用于哈尔滨地区的空调系统
(D) 全热排风热回收装置适用于哈尔滨地区的空调系统

阶段测试Ⅲ·空调部分专业案例

1. 对一股20℃的空气喷入饱和干蒸汽进行加湿处理，控制蒸汽量不使空气超出饱和状态，已知空气状态变化过程的热湿比ε=2638kJ/kg，空气含湿量增加了5g/kg，试问水蒸气的温度为多少，该过程空气焓值增加了多少?

(A) 蒸汽温度20℃，空气焓值增加12.7kJ

(B) 蒸汽温度20℃，空气焓值增加13.2kJ

(C) 蒸汽温度75℃，空气焓值增加12.7kJ

(D) 蒸汽温度75℃，空气焓值增加13.2kJ

答案：[　　]

主要解题过程：

2. 某空调房间采用温湿度独立控制系统，已知房间水蒸气分压力为2000Pa，湿度控制系统送风含湿量为9.5g/kg，送风量为1.3kg/s，则房间湿负荷接近下列何项?

(A) 14kg/h　　(B) 16kg/h

(C) 18kg/h　　(D) 20kg/h

答案：[　　]

主要解题过程：

3. 某西部城市建筑采用间接—直接蒸发冷却空调，送风量为 $11000m^3/h$，已知室外空调计算干球温度为 34℃，湿球温度为 18.5℃，间接冷却段出风温度为 28℃，直接蒸发冷却段出风温度为 16.5℃，相对湿度为 95%，室内设计温度为 26℃，相对湿度为 70%，下列选项中正确的是哪一项?

(A) 除湿 46～49kg/h　　(B) 加湿 46～49kg/h

(C) 除湿 38～41kg/h　　(D) 加湿 38～41kg/h

答案：[　　]

主要解题过程：

4. 上海某办公建筑内一轻型空调房间，设计室内温度为 24℃，南外窗面积为 $4m^2$，内遮阳修正系数为 0.5，无外遮阳，玻璃修正系数为 1.0，传热系数为 $K_{窗}=3.0W/(m^2 \cdot K)$，南外墙面积为 $36m^2$，墙体结构为 20mm 水泥砂浆＋25mm 挤塑聚苯保温板＋200mm 加气混凝土块＋20mm 水泥砂浆，传热系数 $K_{墙}=0.56W/(m^2 \cdot K)$，采用非稳态传热方法计算 14：00 外围护结构形成的冷负荷接近下列何项?

(A) 113W　　(B) 163W

(C) 276W　　(D) 570W

答案：[　　]

主要解题过程：

5. 某厂房内一间办公室设计空调系统，设计房间温度为24℃，与该房间相邻有一间储物室未设计空调，相邻隔墙尺寸为8m×3.5m，隔墙传热系数K=0.9W/(m^2·K)，若已知储物室散热强度约为20W/m^3，该地区夏季室外计算日平均温度为29.6℃，计算通过隔墙的夏季传热冷负荷。

(A) 210～220W (B) 230～240W

(C) 250～260W (D) 270～280W

答案：[ ]

主要解题过程：

6. 某酒店宴会厅采用组合式空调机组一次回风空调系统，设计风机总风量为30000m^3/h，风机全压效率η_1=0.65，电机及传动效率η_2=0.855，若空调机组内部压力损失不超过200Pa，则在满足国家节能要求的情况下，空气通过风机后的温升不超过下列何项？

(A) 0.81～0.90℃ (B) 0.91～1.00℃

(C) 1.01～1.10℃ (D) 1.11～1.20℃

答案：[ ]

主要解题过程：

7. 某工艺性空调夏季室内设计温度为24℃，相对湿度为60%，室内焓值为52.6kJ/kg，室内设计冷负荷为40kW，湿负荷为18kg/h，室温允许波动范围为±0.5℃，采用一次回风全空气系统，最大温差送风，已知夏季室外空气焓值为85kJ/kg，新回风比为1∶3，绘制空气处过程并计算该系统供冷量为下列何项？（表冷器机器露点95%）

(A) 83～87kW (B) 88～92kW

(C) 93～97kW (D) 98～103kW

答案：［ ］

主要解题过程：

8. 某建筑设置变风量空调系统，采用内区单风道＋外区串联风机动力再热型末端装置，并由核心筒内设置的空气处理机组集中进行空气处理。一个外区房间室内设计温度为20℃，热负荷为4kW。已知：末端装置内置风机风量为1200m^3/h，一次风风量调节范围为400～1000m^3/h，室内新风需求为150m^3/h，空气处理机组的新风比为25%，送风温度为14℃，则串联风机动力型末端装置的加热量至少应为下列何项？

(A) 4.3kW (B) 4.8kW

(C) 5.2kW (D) 6.0kW

答案：［ ］

主要解题过程：

9. 某建筑设计温湿度独立控制系统，室外新风与室内排风进行全热交换后，再通过表冷器处理至机器露点送入室内，全热交换效率为65%。已知：室内设计参数为25℃、60%，湿负荷为3.6kg/h，室外干球温度为35℃，室外湿球温度为27℃，新风量为1500m^3/h，排风量为新风量的80%。试求新风机组的表冷器供冷量。(机器露点95%)

(A) 13.6～14.5kW (B) 14.6～15.5kW

(C) 15.6～16.5kW (D) 16.6～17.5kW

答案：[ ]

主要解题过程：

10. 某建筑设计转轮除湿空调系统，要求室内设计温度为16℃，相对湿度为40%，系统原理如下图所示。已知室外干球温度为33℃，相对湿度为60%，系统新风量为16000m^3/h，总送风量为40000m^3/h，前表冷器供冷量Q_1=234.7kW，转轮出口含湿量为1.0g/kg，则转轮除湿量为下列哪一项？(表冷器机器露点考虑为95%)

(A) 250～259kg/h (B) 260～269kg/h

(C) 270～279kg/h (D) 280～289kg/h

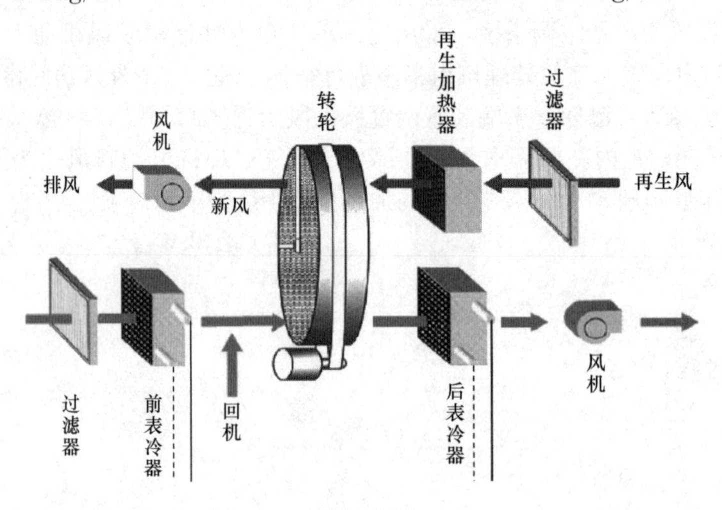

第10题图

答案：[ ]

主要解题过程：

11. 接上题，若房间显热负荷为 80.8kW，转轮处理过程近似为等焓过程，则后表冷器的供冷量为下列何值？

(A) 206～225kW　　(B) 226～245kW

(C) 246～265kW　　(D) 266～285kW

答案：[　　]

主要解题过程：

12. 某办公楼采用多联机空调，将某一层的 5 个房间设置为一个空调系统，室外机高于室内机 50m，房间冷负荷与等效配管长度见下表，若白天 5 个房间空调同时使用，则考虑管长修正后，空调系统供冷量至少应为下列何值？（配管长度及高差容量修正系数见下图）

房间冷负荷与等效配管长度对应表

房间号	1	2	3	4	5
空调冷负荷(W)	4500	4500	4500	4500	5000
等效配管长度(m)	65	75	95	105	105

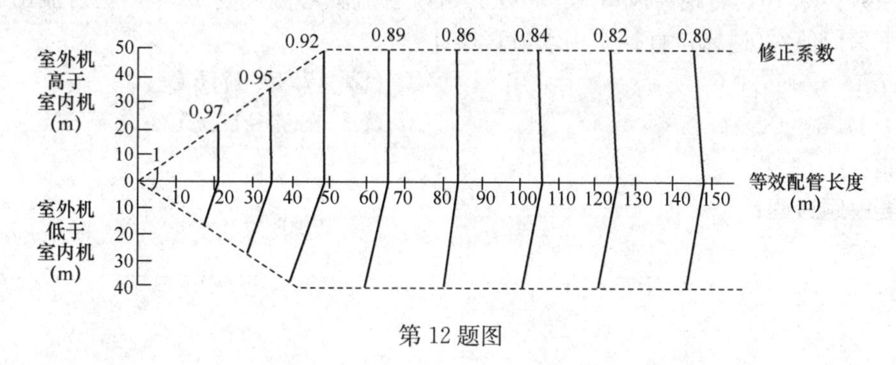

第 12 题图

(A) 15.2kW　　(B) 19.7kW

(C) 23.0kW　　(D) 26.8kW

答案：[　　]

主要解题过程：

13. 某大空间空调设计采用喷口送风平行射流以达到较远的送风距离，送风口直径为 ϕ400，按照出口断面流速均匀分布的等温射流考虑，出口流速为 8m/s，则距离出风口 15m 处的轴心流速及距轴心 1m 处的流速约为下列何项？

(A) 0.80m/s，0.42m/s　　(B) 0.95m/s，0.55m/s

(C) 1.15m/s，0.76m/s　　(D) 1.30m/s，0.93m/s

答案：[　　]

主要解题过程：

14. 某酒店大堂空调设计温度为 24℃，采用 1000mm×120mm 的百叶风口送风，送风紊流系数为 0.16，若距离风口 1.5m 处的送风射流轴心温度为 22℃，则射流出口处的温度为下列何值？(送风口直径采用水力直径计算)

(A) 16.6～17.0℃　　(B) 17.1～17.5℃

(C) 17.6～18.0℃　　(D) 18.1～18.5℃

答案：[　　]

主要解题过程：

15. 某洁净室，面积为 1000m^2，室内有 100 人进行生产，大部分均处于活动状态，若洁净室层高为 3.5m，则室内单位容积发尘量接近下列哪一项？

(A) 15800pc/(min·m^2)　　(B) 18300pc/(min·m^2)

(C) 23600pc/(min·m^2)　　(D) 27400pc/(min·m^2)

答案：[　　]

主要解题过程：

16. 一个 7 级洁净车间，车间面积为 800m^2，车间高度为 3.5m，车间内共计 100 人参与生产，室内设计温度为 24℃，相对湿度为 55%，焓值为 50.1kJ/kg，采用一次回风空调系统，送风温度为 15℃，焓值为 39.1kJ/kg，已知室内冷负荷为 220kW，工艺排风量为 8000m^3/h，维持室内正压需求新风量为 14000m^3/h，为达到洁净要求，换气次数至少需要达到 15h^{-1}，则该空调系统设计送风量应为下列何项？

(A) 22000m^3/h　　(B) 26000m^3/h

(C) 42000m^3/h　　(D) 60000m^3/h

答案：[　　]

主要解题过程：

17. 某项目设计制冷机与蓄冰装置并联的冰蓄冷系统，系统原理如下图所示，蓄冰装置采用复合盘管内融冰式，采用双工况冷水机组，载冷剂为25%浓度的乙烯乙二醇溶液[比热3.65kJ/(kg·K)]，空调工况蒸发器供/回水温度为5℃/10℃，制冰工况蒸发器出水温度为−5.6℃，空调系统设计冷负荷为2000kW，乙二醇循环泵按蓄冷工况选型，设置两用一备，扬程为30m，水泵效率为75%，计算乙二醇循环泵的耗电输冷比，并判断是否满足国家标准？(水泵流量不考虑安全系数，乙二醇溶液密度取1052k/m³)

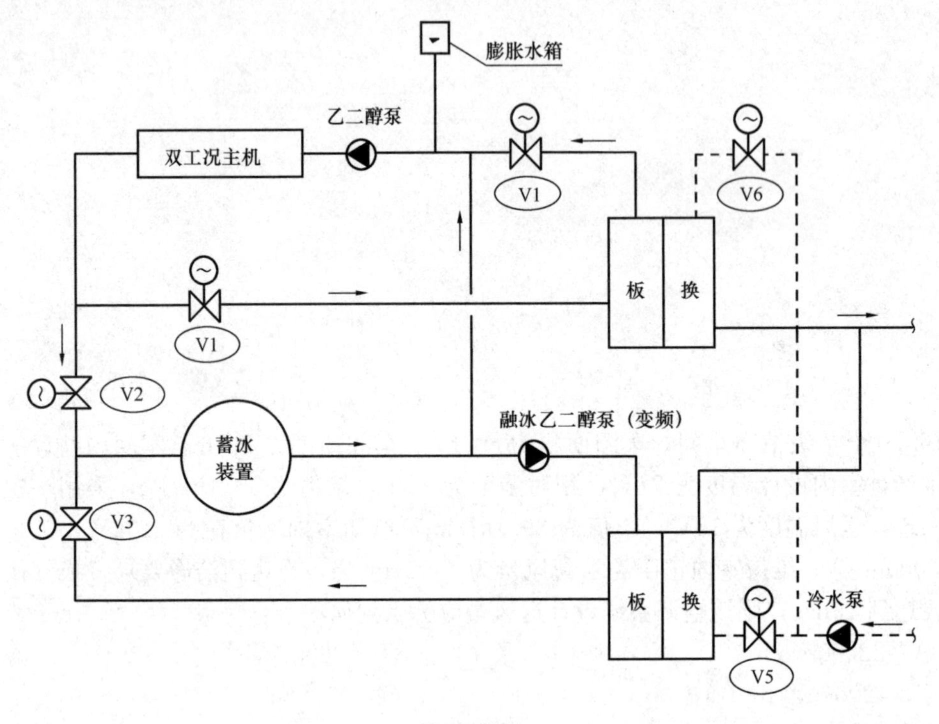

第17题图

(A) 24.4，满足要求　　(B) 35.9，满足要求

(C) 24.4，不满足要求　　(D) 35.9，不满足要求

答案：[　　]

主要解题过程：

18. 如右图所示，某高层建筑空调水系统，管路单位长度阻力损失（含局部阻力）为350Pa/m，冷水机组的压力降0.08MPa，若末端设备的入口点A压力要求不小于0.10MPa，则水泵的扬程至少为下列何项？（g 取 $9.8m/s^2$）

(A) $20.0mH_2O$

(B) $21.5mH_2O$

(C) $22.5mH_2O$

(D) $24.0mH_2O$

答案：[ ]

主要解题过程：

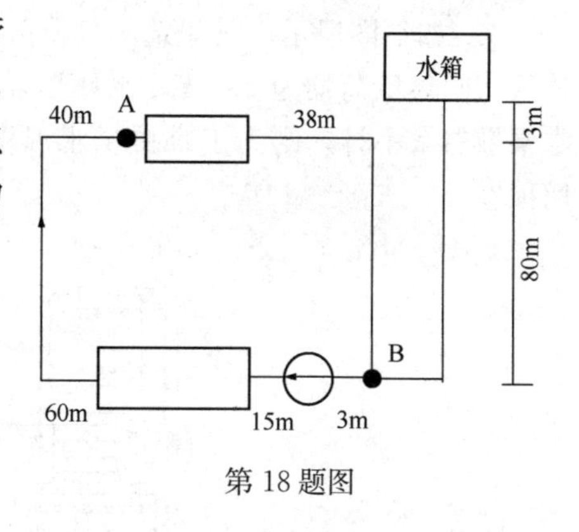

第18题图

19. 某商业会所采用风冷热泵空调系统，冬季供/回水温度为45℃/40℃，末端为风机盘管加新风，新风风量为$3000m^3/h$，房间空调总热负荷为70kW，室内设计温度为18℃，对室内相对湿度没有要求，若新风加热至24℃后送入室内，则供给风机盘管的热水量至少为下列何项？[水的比热容4.18kJ/(kg·K)，空气的比热容1.01kJ/(kg·K)]

(A) $11m^3/h$

(B) $12m^3/h$

(C) $13m^3/h$

(D) $14m^3/h$

答案：[ ]

主要解题过程：

20. 如下图所示，某建筑内外分区，采用水环热泵系统，内区房间冷负荷均为20kW，外区房间热负荷均为15kW，水环热泵机组供冷工况 $COP_c=4.2$，供热工况 $COP_h=3.8$，水泵散热量不计，则为了维持供水温度不变，需要冷却塔/锅炉辅助散热/加热量为下列何项？

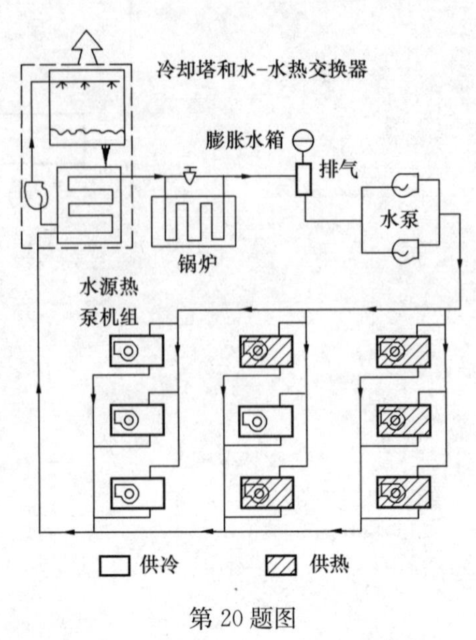

第20题图

(A) 锅炉加热4.3kW　　(B) 冷却塔散热4.3kW

(C) 锅炉加热43.7kW　　(D) 冷却塔散热43.7kW

答案：[　　]

主要解题过程：

21. 某建筑空调冷负荷为3000kW，采用3台螺杆式冷水机组，一级泵变频变流量压差旁通水系统，供/回水温度为6℃/12℃，已知水泵最低运转频率为25Hz，供回水管的压差恒定控制为60kPa，试问调节阀的流量系数接近下列哪一项？

(A) 92.6　　(B) 111

(C) 276　　(D) 333

答案：[　　]

主要解题过程：

22. 某酒店项目，裙房 2 层，层高 5.4m，塔楼客房 18 层，层高 3.6m，现有 3 台通风设备布置于裙房屋面，设备位置及噪声如下图所示，已知声源随距离增加产生的衰减符合公式 $\Delta L = 10\lg\left(\frac{1}{4\pi r^2}\right)$，试问二十层边套客房，标高为 1.5m 处的窗外噪声接近下列何项？

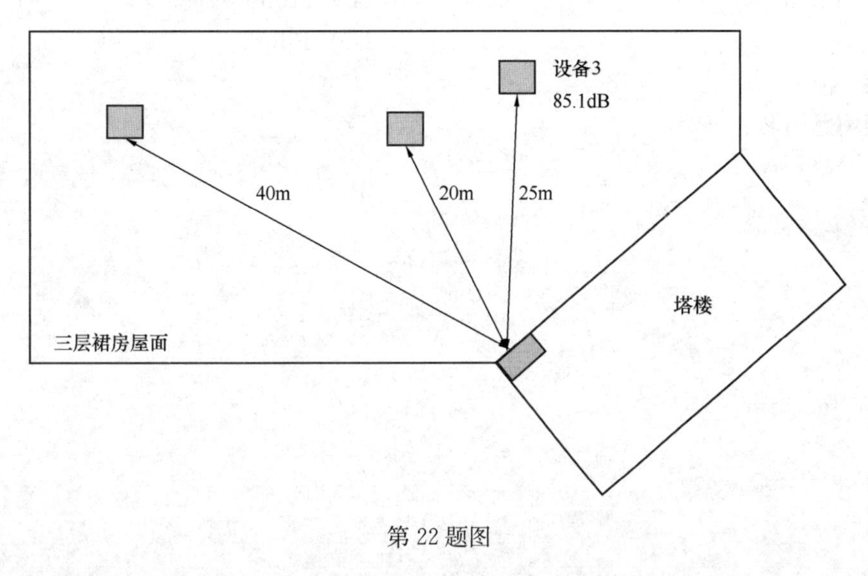

第 22 题图

(A) 40dB　　(B) 42dB

(C) 44dB　　(D) 46dB

答案：[　　]

主要解题过程：

23. 一台风机风量为 6800m³/h，风压为 480Pa，转速为 1450r/min，当该风机转速降至 960r/min 时，风机的声功率级接近下列何项？

(A) 85dB　　(B) 88dB

(C) 92dB　　(D) 97dB

答案：[　　]

主要解题过程：

24. 某空调系统风管采用离心玻璃棉保温，已知离心玻璃棉导热系数满足关系式 $\lambda=0.031+0.00017t_m$，环境参数为：干球温度30℃、相对湿度80%（露点温度为26℃），空调送风温度为16℃，忽略风管管壁热阻，为防止保温外表面结露，保温厚度至少需要多厚？[外表面放热系数 $8W/(m^2\cdot K)$]

(A) 10mm　　(B) 11mm

(C) 12mm　　(D) 13mm

答案：[　　]

主要解题过程：

25. 某全空气空调系统服务4个房间的设计送风量与新风量分别如下表所示。问该空调系统按照节能设计所确定的系统新风比应为多少？

房间用途	房间1	房间2	房间3	房间4	总计
新风量（m^3/h）	1440	1800	1000	2640	6880
送风量（m^3/h）	6000	10000	5000	12000	33000

(A) 20%～21%　　(B) 21%～22%

(C) 22%～23%　　(D) 23%～24%

答案：[　　]

主要解题过程：

阶段测试Ⅳ·制冷部分专业知识

(一) 单项选择题（共40题，每题1分，每题的备选项中只有一个符合题意）

1. 关于蒸汽压缩制冷理论循环的说法，下列哪一项是错误的？

(A) 同一种制冷剂节流前后的温差越小，节流损失越少

(B) 同一种制冷剂采用再冷循环，其性能系数的提高与再冷度的大小有关

(C) 一般来讲，节流损失大的制冷剂，过热损失就小

(D) 一般来讲，P_k/P_{kr}越大过热损失越大，节流损失越大

2. 某蒸气压缩式制冷系统，系统制冷剂采用R22，在机组运行时有“冰塞现象的存在”，则最易产生该现象的部位是哪里？

(A) 冷凝器出口　　(B) 膨胀阀出口

(B) 蒸发器内壁　　(C) 蒸发器出口

3. 某蒸汽压缩式热泵机组器制冷系数为4.1，若热泵压缩功为50kW，则其制热量为下列何项？

(A) 155kW　　(B) 205kW

(C) 225kW　　(D) 255kW

4. 某蒸气压缩式制冷机组运行时压缩机入口吸气压力偏低，首先可以排除下列哪种情况？

(A) 蒸发器的表面结垢严重

(B) 蒸发器的换热面积过大

(C) 膨胀阀损坏

(D) 蒸发器至压缩机的管段阻力过大

5. 下列有关冷库制冷管路设计，不合理的是哪一项？

(A) 采用R717制冷剂的制冷系统，自压缩机排气口至储液器的制冷管道设计压力2.0MPa

(B) 高压侧管道直线段超过60m时，应设置一处管道补偿装置

(C) 融霜用热管应做保温

(D) 穿过墙体、楼板等处的保冷管道，应采取防止管道保冷结构中断的措施

6. 关于制冷剂的描述，错误的是下列哪一项？

(A) R717和R134a的吸水性极强，以二者为制冷剂的制冷系统不必设干燥器

(B) 无机化合物制冷剂和HC_S类制冷剂均为天然制冷剂

(C) 制冷剂的绝热指数越小，其压缩排气温度就越低

(D) 制冷剂的蒸发压力不宜低于大气压力，以避免空气渗入制冷系统

7. 下列关于制冷系统经济运行的说法错误的是哪一项?

(A) 尽可能选择性能优良，尤其是部分负荷条件下性能优异的压缩式冷水机组。

(B) 维持并维护压缩机润滑油系统的可靠运行

(C) 对于系统中的空气分离器应保持良好作用

(D) 多台冷水机组优先采用变频方式控制

8. 下列哪种情况不需要采用双级蒸汽压缩式制冷循环?

(A) 活塞式压缩机的吸气温度为－40℃

(B) 螺杆式压缩机排气温度为140℃

(C) 螺杆式压缩机吸气温度低于－40℃

(D) 活塞式压缩机压力差（$P_k - P_0$）为1.0MPa

9. 某办公建筑采用蓄冷空调，下列有关蓄冷装置的特性及参数选择，说法正确的是哪几项?

(A) 基载冷负荷为500kW时，不需要设置基载机组

(B) 对于双工况制冷机，应按照空调工况进行机组选型

(C) 制冷机的逐时制冷量宜根据白天和夜间的室外温、湿度选用不同的冷凝器入口温度进行计算

(D) 离心式制冷机的最低供冷温度范围为－12～－7℃

10. 某酒店采用溴化锂吸收式冷水机组作为冷源，运行2年后发现机组制冷量明显下降，下列何项不是造成制冷量下降的可能原因?

(A) 机组冷凝温度降低　　(B) 传热管结垢严重

(C) 喷淋系统堵塞　　(D) 机组某些地方泄露

11. 下列有关蒸汽压缩式制冷循环的改善措施，相关做法错误的是哪一项?

(A) 增加系统的再冷度可以提高系统的制冷系数

(B) 带膨胀机的高能效离心式冷水机组较常规机组节能率提高25%～40%

(C) 空调工况带节能器后制冷系数的节能率较蓄冰工况提高的幅度低

(D) 带节能器的三级离心式制冷机组部分负荷下的性能系数提高20%

12. 下列有关溴化锂吸收式制冷机工作原理图及其比焓—浓度图的相关对比，分析错误的是哪一项?

(A) 比焓—浓度图上，制冷剂在气态平衡辅助线下方为液态制冷剂，上方为气态制冷剂

(B) 比焓—浓度图上，气态全部集中在浓度为零的一根纵轴上

(C) 吸收式制冷系统原理图左半部分的制冷循环与蒸汽压缩式相同

(D) 吸收式制冷系统中设置的溶液交换器，可提高循环的热力系数

13. 有关制冷压缩机的名义工况规定，说法错误的是哪一项?

(A) 活塞式制冷压缩机的名义工况与制冷剂的种类有关

(B) 离心式制冷压缩机无名义工况的规定

(C) 螺杆式制冷压缩机根据冷凝压力的不同分为4个类型

(D) 全封闭涡旋式制冷压缩机根据温度的不同分为3个类型

14. 某直燃型溴化锂吸收式冷水机组，制冷量为100%，冷却水温度为32℃，则该机组的*COP*为何值?

(A) 1.3 (B) 1.32

(C) 1.33 (D) 1.385

15. 关于模块式机组特点，下列哪一项是错误的?

(A) 安装自由灵活，更适用于改建工程

(B) 机组可以逐块启动，适用于变流量系统

(C) 机组电耗指标较高，电力增容较大

(D) 一台机组组合的模块数不宜超过8个

16. 下列有关制冷剂的冷凝温度及蒸发温度的选择，说法正确的是哪一项?

(A) 水冷式冷凝器的冷凝温度宜比冷却水的进水温度高5～7℃

(B) 风冷式冷凝器冷凝温度应比夏季空气调节室外计算干球温度高10℃

(C) 卧式壳管式蒸发器的蒸发温度宜比冷水出口温度低2～4℃，但不应低于2℃

(D) 直立管式蒸发器宜比冷水温度低5～7℃

17. 下列有关水环热泵空调系统的表述，错误的是哪一项?

(A) 循环水温宜控制在15～35℃

(B) 循环水宜采用闭式系统

(C) 辅助热源的供热量，应经热平衡计算确定

(D) 当建筑规模较小时，宜采用变流量系统

18. 蒸汽溴化锂吸收式制冷系统中，以下哪种说法是正确的?

(A) 溴化锂是吸收剂，水为制冷剂

(B) 蒸汽是吸收剂，溴化锂溶液为制冷剂

(C) 溴化锂是制冷剂，水为吸收剂

(D) 蒸汽是制冷剂，水为吸收剂

19. 长春一办公建筑空调冷源采用水冷变频螺杆式制冷机组，制冷量为800kW，则其性能系数的最低值为多少?

(A) 4.70 (B) 4.75

(C) 5.00 (D) 5.10

20. 下列设备满足节能要求的是哪一项?
(A) 800kW 水冷式螺杆机组，机组功耗为 150kW
(B) 某用于上海的多联式空调系统，制冷综合性能系数为 4.2
(C) 用于天津地区的风冷（不接风管）的单元式空调机，制冷量为 10kW，能效比为 2.72
(D) 10kW 分体式转速可控型房间空气调节器，制冷季节能源消耗率为 4.2，全年能源消耗率为 3.2

21. 下列有关蒸发式冷凝冷水（热）水机组的说法，错误的是哪一项?
(A) 机组的冷却水用水量一般不到冷却塔用水量的 1/2
(B) 机组的 *COP* 要小于风冷热泵冷水机组
(C) 蒸发式冷凝器传热系数比风冷式冷凝器大
(D) 综合权衡初投资和运行费用比水冷式和风冷式机组要低

22. 有关制冷剂管道设置，下列哪一项是错误的?
(A) 液体制冷剂管道，除特殊要求外，不允许设计成倒 U 形
(B) 制冷压缩机排气水平管应有≥0.01 的坡度，坡向油分离器或冷凝器
(C) 氨制冷系统采用无缝钢管
(D) R410a 制冷剂管道内壁需镀锌

23. 北京市某一办公楼在其屋面安装空气源热泵机组作为冷热源，运行时发现压缩机在热气除霜及重启后产生液击现象，则产生上述现象的原因不可能为下列哪一项?
(A) 没有合理设置气液分离器，使过量气液体进入气缸
(B) 没有装设润滑油加热器，产生了制冷剂迁移的现象
(C) 没有采用封闭式压缩机
(D) 压缩机的余隙容积过大

24. 进行制冷剂管道安装，错误的要求应是下列哪一项?
(A) 从液体干管引出支管，应从干管底部或侧面接出
(B) 有两根以上的支管与干管相接，连接位置应相互错开
(C) 管道穿过墙或楼板应设钢制套管，焊缝不得置于套管内
(D) 管道与套管的空隙大于 10mm 时，应用隔热材料填塞并作为管道支撑

25. 下面有关水（地）源热泵机组能效等级的说法，正确的是哪一项?
(A) 60kW 水环式冷热水型机组性能系数为 4.60，达到二级能效等级
(B) 180kW 地埋管式冷热水型机组性能系数为 4.20，达到一级能效等级
(C) 150kW 地表水式冷热水型机组全年综合性能系数为 5.40，达到一级能效等级
(D) 地下水式冷热风型机组全年综合性能系数为 3.50，达到三级能效等级

26. 关于制冷机房的设计原则，下列哪一项是错误的。
(A) 民用建筑中，R22、R134a 等压缩式制冷装置，可布置在地下室
(B) R717 压缩式制冷装置不得布置地下室
(C) 单独修建的制冷机房宜布置在服务区域主导风向的上风侧
(D) 氨压缩式制冷机房的高度不应低于 4.8m

27. 关于直燃型溴化锂吸收式冷（温）水机组的燃料优劣排序正确的是哪一项?
(A) 轻柴油、液化石油气、人工煤气
(B) 人工煤气、天然气、轻柴油
(C) 液化石油气、轻柴油、天然气
(D) 天然气、人工煤气、轻柴油

28. 下列有关氨制冷压缩机的选择，错误的是哪一项?
(A) 压缩机不另设置备用机
(B) 选用的活塞氨压缩机，当冷凝压力与蒸发压力之比大于 6 时，应采用双级压缩
(C) 选配压缩机时，其制冷量宜大小搭配
(D) 制冷压缩机的系列不宜超过两种

29. 某办公建筑采用冰蓄冷系统，采用冰盘内融冰方式，空调冷水直接进入建筑内的空调末端，基载负荷为 400kW，下列有关其设计的做法正确的是哪一项?
(A) 不需要设置基载机组
(B) 空调的冷水供回水温差采用 5℃温差
(C) 供水温度为 6℃
(D) 蓄冰槽与消防水池合用

30. 下列有关多联机空调机组的相关说法错误的是哪一项?
(A) 可以通过改变制冷剂流量来适应各房间的负荷变化
(B) 能够满足不同功能的建筑以及同一建筑内不同室内要求的分区控制需求
(C) 多联机空调机组适合商场、办公楼及厨房使用
(D) 多联机空调机组室外机在上层时，室内机与室外机的高差可达 100m

31. 计算冷库库房夏季围护结构的热流量时，室外空气计算温度应是下列哪一项?
(A) 夏季空气调节室外计算逐时综合温度
(B) 夏季空气调节室外计算日平均温度
(C) 夏季空气调节室外计算日平均综合温度
(D) 夏季空气调节室外计算干球温度

32. 下列有关冷库制冷压缩机的设计合理的是哪一项?
(A) 选用两台不同系列的制冷压缩机

(B) 洗涤式油分离器的进液口应与冷凝器的出液总管同一高度
(C) 采用蒸发式冷凝器时，其冷凝温度为38℃
(D) 冷库制冷系统辅助设备中冷冻油通过集油器进行排放

33. 下列有关隔热材料的性能及特点，说法错误是哪一项?
(A) 硬质聚氨酯泡沫塑料的阻燃性好
(B) 挤压型聚苯乙烯泡沫板适用于冷库地面
(C) 低密度闭孔泡沫玻璃的抗压强度要大于挤压型聚苯乙烯泡沫板
(D) 膨胀珍珠岩的热导率较其他隔热材料热导率大，隔热效果更好

34. 某商务中心拟采用第二类溴化锂吸收式热泵制取高温热水，下列有关其说法正确的是哪几项?
(A) 高温水热量由吸收器输出
(B) 冷却水带走的热量为冷凝器与吸收器的散热量之和
(C) 冷却源温度越低，驱动热源温度越高
(D) 其供热系数为1.2～2.5

35. 下列有关绿色建筑的评价要求，说法错误的是哪一项?
(A) 绿色建筑评价应以单栋建筑或建筑群为评价对象
(B) 绿色建筑评价5类指标体系包括安全耐久、健康舒适、生活便利、资源节约、环境宜居
(C) 建筑供暖空调系统能耗相比国家现行有关建筑节能标准降低50%，可得15分
(D) 全部卫生器具的用水效率等级达到2级，可得15分

36. 下列关于水蓄冷蓄热系统的设计原则，错误的是哪一项?
(A) 蓄冷水温不宜低于4℃。
(B) 蓄冷蓄热混凝土水槽容积不宜大于100m
(C) 蓄热水池不应与消防水池合用
(D) 循环水泵应布置在储水槽水位以下位置，保证泵的吸入压头

37. 下列有关余热利用设备的选型，做法错误的是哪一项?
(A) 烟气制冷量>50%且具有供暖功能时，宜选用余热型+直燃型
(B) 受机房面积、初投资限制时，宜选用余热补燃型
(C) 单台机组容量大于4600kW时，宜选用余热型+直燃型
(D) 补燃制冷量以总制冷量70%为宜

38. 青岛地区采用下列哪一项的多联式空调机组能效等级指标满足节能标准?
(A) 名义制冷量为20kW的多联式空调机组 *IPLV* 达到3.86
(B) 名义制冷量为90kW的多联式空调机组 *IPLV* 达到3.80

(C) 名义制冷量为35kW的多联式空调机组 *IPLV* 达到3.75
(D) 名义制冷量为50kW的多联式空调机组 *IPLV* 达到3.72

39. 公共浴室的泄水管管径不宜下于下列何项?
(A) 50mm (B) 75mm
(C) 100mm (D) 125mm

40. 某燃气管道的设计压力为1.0MPa，则其管材选型正确的是哪一项?
(A) 聚乙烯管 (B) 球墨铸铁管
(C) 钢管 (D) 钢骨架聚乙烯复合管

(二) 多项选择题(共30题，每题2分，每题的各选项中有两个或两个以上符合题意，错选、少选、多选均不得分)

41. 北京市某酒店的制冷机组增设一回热器来减少节流损失，保证压缩机实现干压缩，下列有关其说法正确的是哪一项?
(A) 可以达到运行节能
(B) 制冷剂可以采用R502
(C) 回热器内的换热过程可以近似看作绝热过程
(D) 达到相同过热度的情况下，增加蒸发面积较增设回热器制冷系数更高

42. 一蒸汽压缩机组为了提高制冷系数，分别考虑设置再冷却器和采用回热循环，在获得的再冷度相同的情况下，下列相关说法正确的是哪几项?
(A) 两者需要的冷却水流量相同
(B) 前者的再冷却器可设置在水冷冷凝器内
(C) 后者需在冷凝器与膨胀阀之间设置回热器
(D) 后者较前者提高的制冷系数大

43. 理想制冷循环中，有关蒸发温度 T_0 及冷凝温度 T_k 的变化，说法正确的是哪几项?
(A) T_0 增加，T_k 不变，制冷系数增加
(B) T_k 增加，T_0 不变，制冷系数增加
(C) T_0 减少1℃，T_k 减少1℃，制冷系数不变
(D) T_0 减少1℃，T_k 减少1℃，制冷系数降低

44. 某蒸汽压缩式冷水(热泵)机组具有制冷工况和制热工况，则关于这两个工况分析正确的是哪几项?
(A) 制冷工况时，压缩机排出的高温高压气态制冷剂进入室外风冷换热器变成低温低压气液混合物
(B) 制热工况时，制冷压缩机排出的高温高压气态制冷剂进入水冷换热器加热空调用水

（C）制冷工况与制热工况共用一个热力膨胀阀
（D）在压缩机的吸气管道上必须设置气液分离器

45. 在制冷机组的实际运行过程中，通常进入压缩机入口侧的制冷剂存在一定过热度，冷凝器出口侧的制冷剂存在一定过冷度，下列相关描述正确的是哪几项？
（A）过热度的存在会导致压缩机的排气温度变高
（B）过热度的存在会导致压缩机的吸气比容变低
（C）过冷度的存在会导致膨胀阀前端出现闪发冷剂气体
（D）过冷度的存在有利于系统制冷量的增加

46. 某双螺杆式压缩机的制冷剂采用 R22，则下列有关其容积效率及轴效率的变化，说法正确的是哪几项？
（A）压缩机的容积效率为实际输气量与理论输气量的比值
（B）随着压比的增加，压缩机的轴效率变大
（C）固定内容积比越大，压比对容积效率的影响就越明显
（D）压比相同的情况下，固定内容积比越大，轴效率就越大

47. 长春市一办公建筑，在初期冷源选择时对离心式冷水机组及直燃式溴化锂吸收式制冷机组进行方案对比，冷水机组的性能系数为 5.2，一次能源的电能转化率为 35%，溴化锂吸收式制冷机的性能系数为 1.3，下列相关说法正确的是哪几项？
（A）冷水机组的性能系数要比直燃式溴化锂吸收式机组性能系数大，故其节能
（B）用电负荷较大的区域可考虑直燃式溴化锂吸收式机组
（C）二者的驱动能源均为电能
（D）二者使用工质不同

48. 采用膨胀阀并且采用干压缩的蒸汽压缩式理论循环 T-S 图中，相关说法正确的是哪几个？
（A）干压缩代替湿压缩增加的耗功量可用图中面积 1231 表示
（B）膨胀阀代替膨胀机损失的膨胀功用图中面积 4564 表示
（C）制冷系数可用图中面积 16bd1/面积 123401
（D）节流过程中降低的冷量为 56ba5

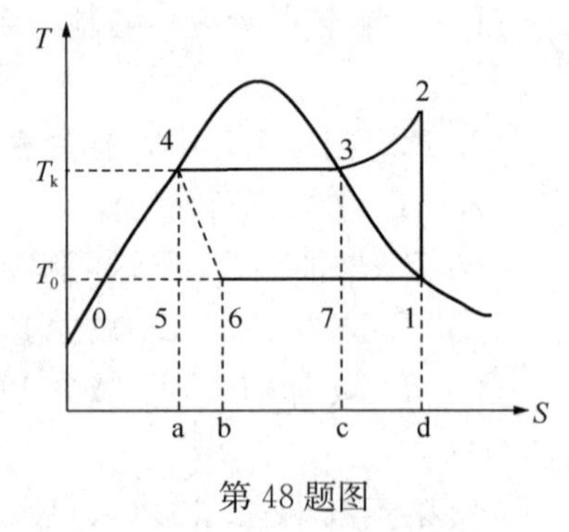

第 48 题图

49. 活塞式压缩机级数的确定是根据制冷剂和设计工况的冷凝压力与蒸发压力之比来确定的，下列做法正确的是哪几项？
（A）以 R717 为制冷剂时，当压缩比＝6 时，应采用单级压缩
（B）以 R717 为制冷剂时，当压缩比＝10 时，应采用双级压缩
（C）以 R22 为制冷剂时，当压缩比＝8 时，应采用单级压缩

(D) 以 R134a 为制冷剂时，只能采用单级压缩

50. 对于地埋管换热系统，下列说法正确的是哪几项？
(A) 传热介质与 U 形管内壁的对流换热热阻，与 U 形管内径成反比关系
(B) 钻孔灌浆回填材料的热阻，与 U 形管的当量直径有关
(C) 制冷工况下，地埋管换热器中传热介质的设计平均温度，通常取 33～36℃
(D) 地埋管的长度，应对供热工况和供冷工况分别计算，取大者

51. 下列有关各类溴化锂机组的特点描述正确的是哪几项？
(A) 第二类溴化锂吸收式热泵热水回路不包括冷凝器侧
(B) 第二类溴化锂的供热性能系数不足 0.5，故第二类溴化锂不节能
(C) 热源种类为 0.4MPa，溴化锂吸收式机型可采用蒸汽双效机组
(D) 溴化锂机组冷凝器内的压力约等于发生器内的压力

52. 某冷水机组蒸发器侧和冷凝器侧的水侧污垢系数为 0.03m^2·℃/kW，该机组与名义工况进行比较，下列说法正确的是哪几项？
(A) 蒸发温度下降　　(B) 冷凝温度下降
(C) 机组制冷量增加　　(D) 机组性能系数下降

53. 下列关于冷水（热泵）机组的选型原则，说法正确的是哪几项？
(A) 机组的总装机容量应根据计算的空调系统冷负荷值直接选定
(B) 空调设计冷负荷大于 528kW 时，一般不宜少于两台
(C) 应采用名义工况 *COP* 较高的产品，同时其 *IPLV* 需符合有关规定
(D) 制冷量大于 1160W 时，宜选用离心式制冷机

54. 下列有关直接蒸发式空调机组的特点，说法错误的是哪几项？
(A) 直接蒸发式空调机组用于大空间时较为节能
(B) 制冷剂直接蒸发冷却空气，能效比高
(C) 直接蒸发式空调机组多采用半封闭式制冷压缩机
(D) 直接蒸发式后期保养较为方便

55. 上海市一办公建筑采用风冷热泵作为冷热源，实际运行中下列相关说法错误的是哪几项？
(A) 冬季室外气温降低，系统耗功增加
(B) 冬季室外温度降低，热泵制热量增加
(C) 冬季运行，可以采用喷气增焓的方法降低压缩机的排气温度
(D) 夏季室外温度增加，系统性能系数增加

56. 下列有关制冷系统物联网+云平台的相关说法正确的是哪几项？

（A）可以提供有手机APP的操作界面
（B）属于物联网开放平台
（C）可以实现机房自我优化的功能
（D）主要特征包括自联网和自节能

57. 溴化锂吸收式制冷机发生溶液结晶的原因是下列哪几项？
（A）吸收器的冷却水温度过低
（B）发生器的加热温度过高
（C）突发停电或控制失灵等意外事件
（D）有少量空气掺入

58. 关于第二类溴化锂吸收式热泵，下列说法正确的是哪几项？
（A）升温型热泵，消耗中温热能，制取少量但温度高于中温热源的热量
（B）消耗少量高温热能，产生大量中温有用热能
（C）冷却源温度越低，对驱动热源温度要求则更低
（D）因供热性能系数低，节能效果低于第一类吸收式热泵

59. 下列关于直燃型溴化锂吸收式冷（温）水机组的排烟系统设计，正确的是下列哪几项？
（A）烟囱高度应按批准的环境影响报告书的要求确定
（B）烟囱的出口宜距冷却塔6m以上或高于塔顶2m以上
（C）在烟囱的最低点应设置水封式冷凝水排水管，排水管管径应通过计算确定
（D）水平烟道宜有1%的坡度坡向机组或排水点

60. 设计R717制冷剂管道系统时，对于压缩机的吸气管、排气管的坡度设置，正确的是下列哪一项？
（A）吸气管坡度应≥0.003，坡向蒸发器
（B）吸气管坡度应>0.005，坡向压缩机
（C）排气管坡度应>0.01，坡向油分离器
（D）排气管坡度应>0.01，坡向压缩机

61. 北京市某蓄冷系统制冷剂采用螺杆式水冷机组空调工况制冷，夜间制冰，该机组的名义工况制冷量为2000kW，下列相关说法正确的是哪几项？
（A）该机组制冰工况下的性能系数的限值为4.5
（B）该机组制冰工况的额定制冷量可为1200kW
（C）该机组制冰工况单位制冷量的耗功要大于空调工况
（D）标准工况下，该机组制冰工况蒸发器侧出水温度为−5.6℃

62. 有关某冷库制冷系统自系统节流装置出口至制冷压缩机吸入口这一管段设计压力

及设计温度的选择正确的是哪几项？

(A) 制冷剂选用R717时，设计压力为1.5MPa，设计温度为43℃

(B) 制冷剂选用R404A时，设计压力为1.8MPa，设计温度为43℃

(C) 制冷剂选用R404A时，设计压力为2.0MPa，设计温度为46℃

(D) 制冷剂选用R507时，设计压力为1.8MPa，设计温度为46℃

63. 下列有关单效型溴化锂吸收式制冷机与双效型溴化锂吸收式制冷机的比较，错误的是哪几项？

(A) 双效溴化锂吸收制冷机发生器内溶液温度较高，更容易发生结晶

(B) 双效型溴化锂吸收式制冷机组中冷凝器中冷却水排走的是高低压发生器冷剂水蒸气的凝结热

(C) 双效型机组的高压发生器中，溶液的最高温度仅与热源温度有关

(D) 双效型机组的低压发生器的溶液压力取决于冷凝器内冷却水的温度

64. 下列食品冷却过程适合采用通风冷却的是哪几项？

(A) 鲜鱼　　(B) 猪肉

(C) 苹果　　(D) 鸡肉

65. 下列有关压缩机的相关工况的规定及分析，说法错误的是哪几项？

(A) 各压缩机的名义工况与制冷剂的种类有关，分为有机制冷剂压缩机名义工况和R717制冷压缩机的名义工况

(B) 热泵用全封闭压缩机名义工况下的吸气温度为-4℃

(C) R22单螺杆式压缩机的绝热效率随着压比的增加而降低

(D) 涡旋式压缩机的容积效率随着压比的增加而减低

66. 下列冷藏方式适合水产品冷藏的有哪几种？

(A) 冷却物冷藏　　(B) 微冻冷藏

(C) 超低温冷藏　　(D) 冰温冷藏

67. 下列关于燃气直燃溴化锂冷水机组机房设置措施正确的是哪几项？

(A) 常压燃气直燃机可设置在二层

(B) 机房应设置独立的送排风系统，且通风装置应防爆

(C) 直燃机房的烟囱出口宜距冷却塔6m以上或高出塔顶2m以上

(D) 机房的外墙、楼地面或屋面应有防爆措施，泄压面积不小于地面面积的10%

68. 太阳能是一种洁净的可再生能源，具有极大的利用潜力。下列有关太阳能用于民用建筑的说法正确是哪几项？

(A) 主动式太阳能建筑需要一定的动力进行热循环，利用效率高，但前期投资偏高

(B) 被动式太阳能建筑需要保证集热、蓄热、保温

(C) 间接得热式太阳能利用措施可采用水墙、附加阳光间或利用楼板家具等作为吸热蓄热体

(D) 相同照度的条件下，太阳光带入室内的热量比大多数人工光源的发热量都少

69. 下列有关排水管道敷设的说法错误的是哪几项?

(A) 排水管道不可以穿越客厅

(B) 排水管道不可以设置于生活饮用水箱上方

(C) 卫生间的排水管道里管可与相邻厨房排水管道立管共用，需计算其排水能力是否满足要求

(D) 排水管道不可以穿越卧式上方

70. 某小区设置预留燃气管线，若市政燃气为高压燃气管道，下列关于调压装置设置措施不合理的有哪几项?

(A) 该小区宜设置专用调压站

(B) 调压站内调压器计算流量应按调压器所承担的管网小时最大输送量的1.2倍确定

(C) 设置在地上落地式单独调压柜，调压柜出口压力不宜大于0.6MPa

(D) 该小区入口调压站应该设置切断阀门

阶段测试Ⅳ·制冷部分专业案例

1. 某氨制冷系统循环过程如右图所示，蒸发器 1 的冷量输出为 7.2kW，蒸发器 2 的冷量输出为 15kW，$h_4=h_5=635.5$kJ/kg，$h_6=1850$kJ/kg，$h_8=1796.6$kJ/kg，则该制冷系统的质量流量为多少？

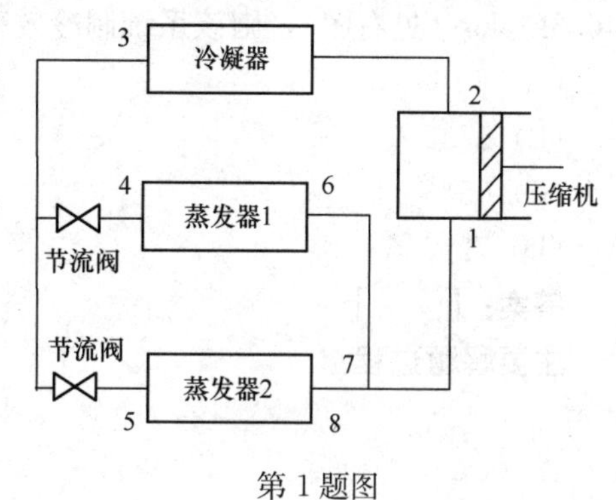

第 1 题图

(A) 0.0059kg/s

(B) 0.0129kg/s

(C) 0.0188kg/s

(D) 0.074kg/s

答案：[　　]

主要解题过程：

2. 接上题，若比容 $v_7=0.65\text{m}^3/\text{kg}$，$v_8=0.62\text{m}^3/\text{kg}$，压缩机容积效率为 0.68，不考虑吸气管路的过热损失，则其所需理论输气量为多少？

(A) 58～59m^3/h　　(B) 60～61m^3/h

(C) 62～63m^3/h　　(D) 64～65m^3/h

答案：[　　]

主要解题过程：

3. 某一制冷系统，蒸发器侧进/出水温度为7℃/12℃，计算循环水流量为60t/h，而系统循环过程中存在传热温差，蒸发温度为 $t_0=4$℃，冷凝温度 $t_k=40$℃，$h_1=380.2$kJ/kg，$h_2=410.5$kJ/kg，$h_4=246.3$kJ/kg（见右图），则该系统制冷效率为多少？

(A) 45%

(B) 57.5%

(C) 65%

(D) 72.1%

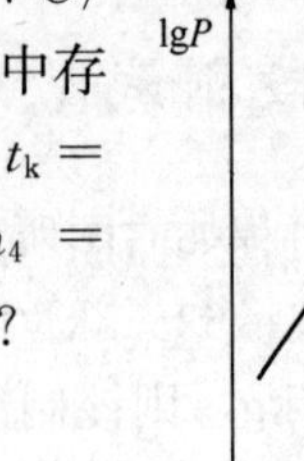

第3题图

答案：[　　]

主要解题过程：

4. 有一台冷冻主机，工质为R717，采用4缸活塞式压缩机，缸径为100mm，活塞行程为80mm，压缩机转速为720r/min，若压缩机的实际输气量为0.0219m^3/s，则压缩机的压缩比接近下列哪一项？

(A) 3　　(B) 4

(C) 5　　(D) 6

答案：[　　]

主要解题过程：

5. 接上题，若该活塞式制冷机组制冷剂流量单位容积制冷量为4600kJ/m³，制冷性能系数为4.8，压缩机理论耗功量为10kJ/kg，指示效率为0.75，摩擦效率为0.85，电动机效率为0.8，试计算该制冷压缩机的电机输入功率。

(A) 13～13.5kW (B) 16.5～17kW

(C) 23～23.5kW (D) 26～26.5kW

答案：[ ]

主要解题过程：

6. 上海市一风冷热泵机组采用全封闭螺杆压缩机，标准工况下制冷量为800kW，输入功率为252kW，冷却风机的电功率为25kW，则该机组的性能系数为多少？是否满足要求？

(A) 2.89，不满足要求 (B) 2.89，满足要求

(C) 3.17，不满足要求 (D) 3.17，满足要求

答案：[ ]

主要解题过程：

7. 某办公楼空调制冷系统拟采用冰蓄冷方式，采用两台相同容量的螺杆式机组，其中白天（6：00～22：00，共16h）蓄冷槽释冷供冷；夜间蓄冷（22：00～6：00，共8h），计算日总冷负荷 Q=48000kWh，采用部分负荷蓄冷方式（制冷机制冰时制冷能力变化率为0.7），该系统的蓄能率约为下列何项？

（A）25％　　（B）35％

（C）55％　　（D）65％

答案：[　　]

主要解题过程：

8. 天津（北纬39°）某食品生产工厂，每年5月份为生产旺季，该工厂内有A和B两个冻结间（无人员长期停留），库温设计均为－10℃，两个冷间共用一套直接冷却系统，蒸发温度设计相同，A冷间围护结构热流量2.4kW，货物热流量1.7kW，电动机热流量1.5kW；B冷间围护结构热流量2.2kW，货物热流量1.9kW，电动机热流量1.5kW，则该系统机械负荷为下列哪一项？

（A）10～12kW　　（B）13～15kW

（C）17～19kW　　（D）20～22kW

答案：[　　]

主要解题过程：

9. 某性能良好的大型全封闭式制冷压缩机，工质为 R22，摩擦效率 $\eta_m = 0.9$，指示效率 $\eta_i = 0.85$，电动机效率 $\eta_e = 0.95$，理论耗功量 $\omega_o = 43.98\text{kJ/kg}$，单位质量制冷量 $q_0 = 272.32\text{kJ/kg}$，制冷剂质量流量 $q_m = 0.5\text{kg/s}$，求压缩机在该工况下的制热量是多少？

(A) 150～155kW (B) 155～160kW

(C) 160～165kW (D) 170～175kW

答案：[ ]

主要解题过程：

10. 某带节能器的螺杆式压缩式制冷机组，制冷剂质量流量的比值 $M_{R1} : M_{R2} = 6 : 1$，下图为系统组成和理论循环，点 1 为蒸发器出口状态，该循环的理论制冷系数 *COP* 接近下列何项？

状态点	1	2	4	5	9
比焓（kJ/kg）	409.09	428.02	440.33	263.27	414.53

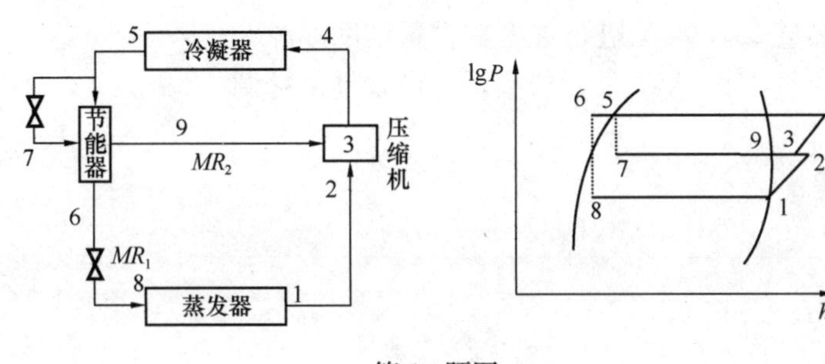

第 10 题图

(A) 4.81 (B) 5.16

(C) 5.48 (D) 6.34

答案：[ ]

主要解题过程：

11. 某吸收式溴化锂制冷机组的制冷量为1200kW，环境温度为35℃，发生器中热媒温度为120℃，蒸发器中被冷却冷水温度为12℃。若溴化锂机组热力完善度为0.45，冷却塔的供/回水温度为32℃/37℃，则冷却水泵的流量应为下列哪一项？［水比热容为4.18kJ/(kg·K)，水泵流量安全余量取10%］

(A) 171t/h　　(B) 212t/h

(C) 378t/h　　(D) 416t/h

答案：［　　］

主要解题过程：

12. 某水源热泵机组系统的冷负荷为380kW，该热泵机组供冷时的 *EER* 为6.2，热负荷为300kW，供热时的 *COP* 为4.8。试问该机组供热时，下列有关机组选型正确的是哪一项？

(A) 应以释热量441.3kW进行选型，设置辅助冷源

(B) 应以释热量319kW进行选型，不设置辅助冷源

(C) 应以吸热量237.5kW进行选型，设置辅助冷源

(D) 应以吸热量459.2kW进行选型，不设置辅助冷源

答案：［　　］

主要解题过程：

13. 一吸收式溴化锂制冷机组，其发生器出口溶液浓度为57%，发生器出口的浓溶液与高压水蒸气的质量流量之比为13.25∶1，则该系统的放气范围为下列哪一项？

(A) 2%　　(B) 4%

(C) 6%　　(D) 8%

答案：[　　]

主要解题过程：

14. 某直燃型溴化锂吸收式冷水机组，蒸发器侧换热量为1300kW，冷凝器侧换热量为1000kW，吸收器侧换热量为1200kW，电力耗量为50kW，一次能源电能转换率为40%，则该机组的性能系数为多少，为几级能效等级？

(A) 1.27；2级　　(B) 1.33；2级

(C) 1.44；1级　　(D) 1.33；1级

答案：[　　]

主要解题过程：

15. 某商业综合体空调冷源采用一台螺杆式冷水机组（1408kW）和三台离心式冷水机组（3164kW），空调冷水泵、冷却水系统的冷却水泵与冷却塔与制冷机组一一对应，具体参数如下表所示。试计算该综合体空调系统的电冷源综合制冷性能系数为下列何项？（电机效率与传动效率为0.88）

(A) 4.34　　(B) 4.49

(C) 4.87　　(D) 5.90

制冷主机				空调水泵			
压缩机类型	额定制冷量(kW)	性能系数(*COP*)	台数	设计流量(m^3/h)	设计扬程(mH_2O)	水泵效率(%)	台数
螺杆式	1408	5.71	1	245	35	75%	1
离心式	3164	5.93	3	545	35	75%	3

制冷主机		冷却水泵				冷却水塔		
压缩机类型	台数	设计流量(m^3/h)	设计扬程(mH_2O)	水泵效率(%)	台数	名义工况下冷却水量(m^3/h)	样本风机配置功率(kW)	台数
螺杆式	1	285	30	75	1	350	15	1
离心式	3	636	32	75	3	800	30	3

答案：[　　]

主要解题过程：

16. 接上题，若该商业综合体位于北京市，试计算电冷源综合制冷性能系数限值并判断该空调系统是否满足相关节能标准要求？

(A) 4.49，不满足节能要求　　(B) 4.49，满足节能要求

(C) 4.57，不满足节能要求　　(D) 4.57，满足节能要求

答案：[　　]

主要解题过程：

17. 现对一土壤源热泵系统进行性能测试，制热工况，蒸发器侧换热量为200kW，土壤侧循环水泵电量为30kW，系统制热系数为3.2，则工况运行过程中，可提供的热量为多少？

(A) 248kW (B) 278kW

(C) 291kW (D) 335kW

答案：[ ]

主要解题过程：

18. 上海一办公楼冷源采用两台螺杆式冷水机组，每台冷水机组的制冷量为750kW，其冷水供/回水温度为7℃/12℃，蒸发器蒸发温度为3℃，若蒸发器外表面的传热系数为1200W/(m^2·K)，则单台蒸发器的外表面传热面积 F 与冷水流量 G 的计算值分别为多少？[水的比热容取4.18kJ/(kg·℃)]

(A) F=100.8m^2；G=92t/h (B) F=125m^2；G=92t/h

(C) F=125m^2；G=129.2t/h (D) F=100.8m^2；G=129.2t/h

答案：[ ]

主要解题过程：

19. 某冷库用来贮存蔬菜，其冷藏间的公称体积为 1200m^3，则该冷库每日的进货质量不应大于多少？

(A) 8t (B) 9.5t

(C) 11t (D) 13.3t

答案：[ ]

主要解题过程：

20. 某溴化锂吸收式冷水机组稀溶液浓度为 60%，浓溶液浓度为 64%，该机组的制冷量为 1000kW，制冷剂在蒸发器进出口的比焓差为 2300kJ/kg，则浓溶液的循环质量为多少？

(A) 0.435kg/s (B) 6.525kg/s

(C) 6.96kg/s (D) 7.36kg/s

答案：[ ]

主要解题过程：

21. 某冷库的冻结间设有 4 台搁架式冻结设备，每台设备能够放置 12 件托盘，现有一批猪肉需要进行冷加工，已知每个托盘能装猪肉 20kg，货物的加工时间为 2h，则该冻结间每日的冷加工能力应是下列哪一项？

(A) 9.1～10.0t　　(B) 10.1～10.9t

(C) 11.0～11.9t　　(D) 12.0～12.9t

答案：[　　]

主要解题过程：

22. 某燃气三联供项目的发电量和余热全部用于冷水机组供冷，全年不间断运行，设天然气消耗量为 116m^3/h，燃气低位热值为 350MJ/m^3，发电机的发电效率为 40%，燃气余热利用率为 67%，若离心冷水机组的 *COP* 为 5.6，余热溴化锂吸收式冷水机组的热力系数为 1.1，则该三联供系统年平均能源综合利用率为下列哪一项？

(A) 77%～79%　　(B) 80%～82%

(C) 83%～85%　　(D) 86%～88%

答案：[　　]

主要解题过程：

23. 北方某冷库设置地面通风防冻系统，该冷库所处城市室外年平均气温约为6℃，已知地面加热层传入冷间的热量为12kW，土壤传给地面加热层的热量为3kW，若该通风加热装置每日运行时间为12h，则地面防冻加热负荷为下列哪一项？

(A) 18.0kW　　(B) 20.7kW

(C) 30.0kW　　(D) 34.5kW

答案：[　　]

主要解题过程：

24. 某32层住宅楼有2个单元，每单元2户。每户厨房燃气双眼灶和热水器各一个，若共设有4根立管，每个单元设一个入口，试确定每根立管根部和单元入口管段的计算流量。(双眼灶额定流量为0.6m^3/h，热水器额定流量为1.1m^3/h)

(A) 单根立管流量9.53m^3/h，单元入口管段计算流量19.06m^3/h

(B) 单根立管流量10.23m^3/h，单元入口管段计算流量19.06m^3/h

(C) 单根立管流量10.45m^3/h，单元入口管段计算流量19.23m^3/h

(D) 单根立管流量10.23m^3/h，单元入口管段计算流量30.9m^3/h

答案：[　　]

主要解题过程：

25. 长春（最冷月平均温度−15.1℃）某高层酒店5～20层为客房标准层，每层有21个卫生间，二十层、二十一层之间为设备夹层，将各卫生间的污水通气管（*DN*100）汇合为一根总管后伸出屋面，则其伸顶通气管的管径不宜小于下列何项？

(A) *DN*150　　(B) *DN*200

(C) *DN*250　　(D) *DN*300

答案：[　　]

主要解题过程：

阶段测试Ⅴ·绿建、水、燃气与规范部分专业知识（1）

（一）单项选择题（共40题，每题1分，每题的备选项中只有一个符合题意）

1. 北京市某写字楼坐北朝南，共20层，层高为3.6m，其南立面每层设置6条宽为2.5m的落地窗，基底尺寸为10m×20m，则下列何项需权衡判断？

（A）屋面传热系数为0.40W/(m^2·K)

（B）外墙传热系数为0.50W/(m^2·K)

（C）南外窗传热系数为1.5W/(m^2·K)

（D）南外窗太阳得热系数为0.35

2. 下列有关小区供暖热源的说法错误的是哪一项？

（A）电力供应充足，且电力需求侧管理鼓励用电时，可直接采用电加热设备作为供暖热源

（B）当供暖系统的设计回水温度小于或等于50℃时，宜采用冷凝式锅炉

（C）采用燃气锅炉作为供暖热源，其热效率为90%

（D）采用蒸汽为热源时，凝结水回收系统可采用开式系统

3. 某工业园区内的生活区冬季采用高压蒸汽供暖系统，下列有关供汽管道的设计，哪一项是正确的？

（A）最不利环路的供气管，压力损失不应大于起始压力的25%

（B）供汽干管的末端直径，不应小于25mm

（C）汽水逆向流动的供汽管的最大允许流速为80m/s

（D）汽水逆向流动的蒸汽管的坡度，不得小于0.002

4. 下列有关管道及设备的绝热计算参数的选择，错误的是哪一项？

（A）室外保温经济厚度计算和热损失计算中，环境温度应取历年的年平均温度的平均值

（B）室内保温经济厚度计算和热损失计算中，环境温度可取为20℃

（C）在防止人身烫伤的厚度计算中，环境温度应取历年最热月平均温度值

（D）在防止设备管道内介质冻结的计算中，环境温度应取冬季历年极端平均最低温度

5. 某汽水换热站，一次网蒸汽压力为0.6MPa的饱和干蒸汽（温度为159℃），则该管道保温材料应采用下列哪一种？

（A）柔性泡沫橡塑制品
（B）硬质聚氨酯泡沫制品
（C）硬质酚醛泡沫制品
（D）离心玻璃棉制品

6. 某商业综合体冬季供暖热源采用燃气锅炉房，共设置3台燃气热水锅炉，单台锅

炉的额定热功率为5.6MW，则下列有关锅炉的热效率符合节能标准的是哪一项？

(A) ≥80%　　(B) ≥86%

(C) ≥88%　　(D) ≥90%

7. 位于沈阳市内的某一医药生产车间，建筑面积为4000m²，下列有关该车间的节能设计需要权衡判断的是哪一项？

(A) 建筑体形系数为0.30

(B) 建筑总窗墙比为0.40

(C) 屋顶透光部分的面积与屋顶总面积之比为0.15

(D) 屋顶透光部分的面积与屋顶总面积之比为0.20

8. 某厂房层高6.5m，计算围护结构耗热量时，冬季室内计算温度的确定，下列哪一项的表述是错误的？

(A) 地面应采用工作地点的温度

(B) 屋顶下的温度可根据温度梯度、房间高度和工作地点温度进行计算确定

(C) 墙面应采用工作地点温度和屋顶下温度的平均值

(D) 门窗应采用工作点的温度

9. 下列关于热水管网设计流量的表述，错误的是哪一项？

(A) 应按用户的供暖通风小时最大耗热量计算，不宜考虑同时使用系数和管网损失

(B) 当采用中央质调节时，闭式热水管网干管和支管的设计流量，应按供暖通风小时最大耗热量计算

(C) 当热水管网兼供生活热水时，干管的设计流量应计入按生活热水小时平均耗热量计算的设计流量

(D) 当热水管网兼供生活热水时，当生活热水用户无储水箱时，可按生活热水小时平均耗热量计算

10. 某小区采用低温辐射供暖分户热计量，通过小区换热站向小区供暖，若小区换热站设置调速水泵，采用一级泵变流量供暖系统，下列哪一项不是变频水泵变频调速主要控制方式？

(A) 控制热力站进出口压差恒定　　(B) 控制管网最不利环路压差恒定

(C) 控制供水温度恒定　　(D) 控制回水温度恒定

11. 下列有关汽车库通风设计措施，说法正确的是哪一项？

(A) 具备自然进风条件的地下车库可不设机械通风系统

(B) 换气次数法计算汽车库送风量，按照高度不大于3m空间体积的$4h^{-1}$换气次数计算

(C) 汽车库送排风量计算可采用稀释浓度法或换气次数法

(D) 严寒和寒冷地区，地下汽车库宜在坡道出入口处设热空气幕

12. 某机械加工厂设两个工作班，每班工作 8h，下面有关该工厂环境噪音限值说法错误的是哪一项？

(A) 生产车间的噪声限值为 85dB (A)

(B) 车间内值班室的噪声限值为 70dB (A)

(C) 电话总机室的噪声限值为 55dB (A)

(D) 脉冲噪声 C 声级峰值不得超过 140dB

13. 山西某新建燃煤锅炉房，锅炉安装容量 15t/h，其周围 100m 范围内仅有 8 栋高 28m 的居住楼，该锅炉房烟囱最低允许高度为下列何项？

(A) 31m　　(B) 40m

(C) 43m　　(D) 45m

14. 工业厂房中，下列哪一项可采用循环空气？

(A) 混合后宜使蒸汽凝结或聚集粉尘的房间，排风含尘浓度约为工作区容许浓度的 25%

(B) 含有难闻气体以及含有危险浓度的致病细菌或病毒的房间

(C) 空气中含有极毒物质的场所

(D) 除尘净化后，排风含尘浓度仍大于或等于工作区容许浓度的 30%

15. 某厨房排油烟系统采用进口有进气箱的 NO12 号离心风机，若风机压力系数为 0.7，比转数为 30，试问风机效率最低为多少可以达到节能评价值？

(A) 75%　　(B) 77%

(C) 79%　　(D) 81%

16. 下列有关隔热降温场所局部送风系统的设置要求不符合规定的是哪一项？

(A) 送风气流宜从人体的前侧上方倾斜吹到头、颈和胸部，也可从上向下垂直送风

(B) 送到人体上的有效气流宽度宜采用 1m

(C) 当工作人员活动范围较大时，宜采用旋转送风口

(D) 对于轻劳动，有效气流宽度可采用 0.6m

17. 某 18 层酒店，其中一～三层为裙房部分，每层层高 5m，上方塔楼部分每层层高 4m，在进行防烟系统设计时，下列做法正确的是哪一项？

(A) 采用自然通风防烟的塔楼防烟楼梯间，应在最高部位设置面积不小于 $1m^2$ 的可开启外窗或开口，其外墙上每 5 层内设置总面积不小于 $2m^2$ 的可开启外窗或开口，且布置间隔不大于 3 层。

(B) 机械加压送风系统的设计风量不应小于计算风量的 1.1 倍

(C) 机械加压送风管道井上的检修门应采用乙级防火门

(D) 采用机械加压防烟的塔楼前室送风量应按门开启时的洞口规定风速送风量与未开启常闭送风阀漏风总量的和确定

18. 下列有关排烟系统的控制要求，不满足规范要求的是哪一项？
(A) 系统中任一常闭加压送风口开启时，加压风机应能自动启动
(B) 加压送风机应设置现场手动启动和消防控制室手动启动两种启动方式
(C) 火灾确认后，火灾自动报警系统应在30s内自动关闭与排烟无关的通风、空调系统
(D) 火灾确认后，全部活动挡烟垂壁应在60s内开启到位

19. 下列有关排烟系统设计，不满足规范要求的是哪一项？
(A) 水平方向设置的机械排烟系统，不应负担多个防火分区
(B) 一个排烟系统负担多个防烟分区的排烟支管上应设置排烟防火阀
(C) 排烟系统与空调系统合用时，排烟口打开时，合用管道上需联动关闭的通风和空调系统的控制阀门不应超过10个
(D) 当吊顶内有可燃物时，吊顶内的排烟管道应采用不燃材料进行隔热，或与可燃物保持不小于150mm的距离

20. 某酒店连通8层的中庭净高40m，层高5m，设计火灾热释放速率4MW，采用机械排烟方式，火灾燃烧面假设为中庭地面，未出现烟层层化现象的最大烟羽流质量流量及此时烟层厚度为下列何项？
(A) 最大烟羽流质量流量33.9kg/s，烟层厚度32.4m
(B) 最大烟羽流质量流量92.5kg/s，烟层厚度24.9m
(C) 最大烟羽流质量流量184.9kg/s，烟层厚度17.5m
(D) 最大烟羽流质量流量418.1kg/s，烟层厚度2.9m

21. 某实验楼中有两间实验室设计工艺性空调，室1空调设计温度为26±0.5℃，室2空调设计温度为24±0.2℃，两个房间相邻，则相邻隔墙的最大传热系数限值为下列何项？
(A) 0.7W/(m^2·K)　　(B) 0.8W/(m^2·K)
(C) 0.9W/(m^2·K)　　(D) 以上均不对

22. 某食品加工工厂二层设置办公区，办公区内设计采用变风量空调系统，下列各项说法中不合理的是哪一项？
(A) 送风末端装置应在送风量改变时，室内温度、风速不受影响
(B) 送风末端装置应在送风量改变时，满足空调区温度、风速的基本要求
(C) 送风末端装置在低送风量时，应能防止产生空气滞留
(D) 送风末端装置在组织热气流时，要保证气流能够进入操作区

23. 某工厂生产车间，由于层高较高欲设计分层空调系统，下列设计原则错误的是哪一项？
(A) 空调区宜采用双侧送风，跨度小于18m时，亦可采用单侧送风

(B) 采用双侧对送射流时，其射程可按相对喷口中点距离的90%计算

(C) 当仅有下部生产区有温湿度要求时，宜减少非空调区向空调区的热转移

(D) 回风口宜布置在送风口的同侧下方

24. 有关公共建筑节能设计中，新风系统设置说法错误的是哪一项?

(A) 设计定风量全空气系统时，宜采取实现全新风运行或可调新风比的措施，并宜设计相应的排风系统

(B) 人员密度相对较大且变化较大的房间，宜根据室内 CO_2 浓度控制新风需求

(C) 室外空气温度较低时，应尽量利用新风系统进行预冷

(D) 夏季为降低新风负荷，室外新风宜经过风机盘管后送入室内

25. 已知一台清水离心泵的流量为12000m^3/h，扬程为40m，则满足相关规定的水泵效率节能评价值的为下列何项?

(A) 87% (B) 88%

(C) 89% (D) 90%

26. 下列各项中，不属于空调冷热源安装验收主控项目的是哪一项?

(A) 设备的混凝土基础应进行质量交接验收，且应验收合格

(B) 设备安装的位置、标高、管口方向应符合设计要求

(C) 冷热源的安装位置应满足设备操作及维修的空间要求，四周应有排水措施

(D) 直接膨胀蒸发冷却器的表面应保持清洁、完整，空气与制冷剂应呈逆向流动

27. 干式风机盘管机组型号为FPG-170，则其水侧阻力实测值不应大于下列何项?

(A) 30kPa (B) 36kPa

(C) 40kPa (D) 44kPa

28. 有关洁净厂房空调通风系统自动控制的内容，下列说法错误的是哪一项?

(A) 洁净区内发生火灾报警时，应关闭有关部位的电动防火阀，停止相应的空调循环风机、排风机及新风机，并应接收其反馈信号

(B) 洁净厂房宜设置净化空调系统等的自动监控装置

(C) 洁净室净化空调系统宜选用定频风机

(D) 净化空调系统的电加热器应设置无风、超温断电保护装置

29. 某纸箱加工工厂位于城市规划的工业区内，其周边均为工业生产或仓储物流，则该纸箱加工厂夜间生产噪声不得超过下列何值?

(A) 50dB (A) (B) 55dB (A)

(C) 60dB (A) (D) 65dB (A)

30. 选用直燃式溴化锂机组，下列说法正确的是哪一项?

(A) 宜按满足夏季冷负荷和冬季热负荷的需求中的机型较大者选择
(B) 当机组供热能力不足时，可加大高压发生器和燃烧器的供热量
(C) 当机组供冷能力不足时，宜采用辅助电制冷等措施
(D) 四管制空调系统在冬季实时冷热负荷变化比值较大时，宜采用直燃式机组

31. 地埋管式冷热水型机组，名义制冷运行时的热源侧的试验工况为下列哪一项？
(A) 进水温度 7℃，单位制冷量水流量为 0.172m^3/kWh
(B) 进水温度 18℃，单位制冷量水流量为 0.103m^3/kWh
(C) 进水温度 25℃，单位制冷量水流量为 0.215m^3/kWh
(D) 进水温度 30℃，单位制冷量水流量为 0.215m^3/kWh

32. 上海市一综合商场，系统采用两台制冷量为 1000kW 变频螺杆式机组白天制冷夜间蓄冰，其空调工况性能系数限值应为下列何项？
(A) 4.4　　(B) 4.94
(C) 5.2　　(D) 5.6

33. 某一地源热泵系统，制热工况下室内热负荷为 800kW，供暖循环泵的电量为 30kW，管道损失为 10kW，机组 *COP* 为 4.5，土壤侧循环泵电量为 30kW，则该系统的释热量为下列何项？
(A) 576.7kW　　(B) 606.7kW
(C) 683kW　　(D) 923kW

34. 北京市某工业园区制冷系统设置冰蓄冷，采用乙烯乙二醇溶液为载冷剂，若在夜间蓄冰时段内有供冷需求，其所处地区电力部门有限电要求，下列叙述不正确的是哪一项？
(A) 多台蓄冷装置并联时，宜采用同程连接
(B) 应保证在电网低谷时段内完成全部预定蓄冷量的蓄存
(C) 蓄冰最大小时取冷量应满足限电时段的最大小时冷负荷的要求
(D) 夜间供冷负荷 300kW，冷机夜间采用同时供冷蓄冷工况，蓄冷速率 1800kW

35. 下列有关冰蓄冷系统载冷剂系统的做法正确的是哪一项？
(A) 制冷机制冰时载冷剂蒸发温度应低于该浓度下溶液的凝固点
(B) 需要选择比热小，密度大的载冷剂
(C) 间接连接的冰蓄冷系统中，载冷剂侧应设置关断阀和旁通阀
(D) 载冷剂管路应设置膨胀箱，且膨胀箱宜开式

36. 某蒸汽压缩式冷水机组制冷量为 100kW，冷却方式为水冷式，冷凝器侧与环境传热温差为 3℃，则名义工况下该机组的冷凝温度为多少？
(A) 27℃　　(B) 29℃

(C) 31℃ (D) 35℃

37. 某水冷螺杆式机组名义工况下制冷量为1000kW，*COP*=5.8，*IPLV*=5.4，该机组的能效等级为几级，是否满足节能要求？

(A) 1级，满足 (B) 2级，满足

(C) 3级，不满足 (D) 不足3级，不满足

38. 北京市综合商场冷源拟采用2台名义制冷量为1500kW的变频离心式机组，下列关于其*COP*及*IPLV*的限值选取正确的是何项？

(A) *COP*=5.5，*IPLV*=5.6 (B) *COP*=5.115，*IPLV*=5.6

(C) *COP*=5.115，*IPLV*=7.28 (D) *COP*=5.5，*IPLV*=7.28

39. 某工业厂区欲申报绿建二星级，下列设备因能效不满足要求而不能得分的是哪一项？

(A) 厂房空调冷源机组能效等级满足为国家标准3级能效等级

(B) 厂房平时通风排风机效率能效等级满足为国家标准2级能效等级

(C) 厂房用热锅炉效率能效等级满足为国家标准2级能效等级

(D) 厂房值班室单元式空气调节机组等级满足为国家标准2级能效等级

40. 某商场餐饮区位于地下一层，下列有关其燃气管道的设置做法不满足规范要求的是哪项？

(A) 用气设备采用高压燃气设备

(B) 用气房间设置燃气浓度检测报警器

(C) 设置独立的机械送排风系统

(D) 大锅灶的炉膛或烟道处设置爆破门

(二) 多项选择题（共30题，每题2分，每题的各选项中有两个或两个以上符合题意，错选、少选、多选均不得分）

41. 某6层住宅楼供暖采用上供下回垂直单管顺流式热水供暖系统，层高为3m，已知供暖系统入口压力为0.33MPa，该供暖系统定点的试验压力不符合规定的是哪几项？

(A) 0.15MPa (B) 0.20MPa

(C) 0.25MPa (D) 0.30MPa

42. 下列有关严寒和寒冷地区既有居住建筑节能改造的表述，正确的是哪几项？

(A) 实施全面节能改造前，应进行相关评估，其主体结构的后续使用年限不应少于30年

(B) 以一个集中供热小区为单位，同步实施对建筑围护结构的改造和供暖系统的全面改造

(C) 全面节能改造后，在保证统一室内热舒适水平的前提下，热源端的节能量不应低于25%

（D）全面节能改造后，集中供暖系统应具有室温调节和热量计量的基本功能

43. 某新建集中供暖住宅小区采用共用立管分户计量，户内系统采用水平双管散热器热水供暖系统，分室温控则下列哪几项是正确的？

（A）热媒热水供/回水温度为95℃/70℃。

（B）在每组散热器的供水支管上安装高阻恒温控制阀

（C）当散热器安装在装饰罩内时，应采用温饱外置式恒温控制阀

（D）户内系统入口装置依次由供水管调节阀、过滤器（户用热量表前）、户用热量表和回水截止阀组成

44. 民用建筑围护结构防潮设计应遵循的基本原则，下列哪几项是正确的？

（A）室内空气湿度不宜过高

（B）地面、外墙表面温度不宜过低

（C）可在围护结构的低温侧设置隔汽层

（D）可采用具有调节空气湿度功能的围护结构材料

45. 辐射供暖供冷工程施工图设计文件应包含且不限于下列哪几项？

（A）房间总热负荷或冷负荷

（B）热媒总供热量或冷媒供冷量、加热电缆供电功率

（C）供暖供冷平面布置图

（D）地面构造及伸缩缝设置示意图

46. 下列关于热水系统供热调节的说法，错误的是哪几项？

（A）热水供热系统应采用热源处集中调节的方法

（B）对于单一供暖热负荷的热水供热系统应采用质调节

（C）对于有生产工艺热负荷的供热系统，应采用局部调节

（D）多热源联网运行的热水供热系统，调节方式的确定应以基本热源为准

47. 下列关于供热管道及设备附件的水压试验的说法，哪几项是正确的？

（A）供热管道的试验压力取工作压力的1.5倍，但不得小于0.6MPa

（B）分汽缸试验压力取工作压力的1.5倍，但不得低于0.6MPa

（C）分水器试验压力取工作压力的1.5倍，但不得低于0.6MPa

（D）换热器试验压力取最大工作压力的1.5倍，但不应低于0.3MPa

48. 下列有关送排风口的设置，不合理的是哪几项？

（A）机械送风进风口下缘设在绿化地带时，不宜小于800mm

（B）排出氢气与空气混合物时，吸风口上缘至顶棚平面或屋顶的距离不大于100mm

（C）CO_2气体灭火房间的气体灭火后的排风口上缘至房间棚顶的距离不大于300mm

（D）事故通风排风口与同高度上的机械送风系统进风口的水平距离不应小于20m

49. 下列关于民用建筑事故通风系统设计符合相关规范要求的是哪几项？
（A）事故通风量按全面排风计算确定，且换气次数不应小于 $12h^{-1}$
（B）事故通风的手动装置应在室内便于操作的地点设置
（C）事故通风排风口与机械送风系统进风口水平距离不应小于 20m
（D）事故通风系统的通风机应与可燃气体泄露、事故等探测器连锁开启，并宜在工作地点设有声、光等报警状态的警示

50. 下列关于工业建筑通风机的配置要求符合规范的是哪几项？
（A）电机功率大于 300kW 的大型离心式通风机应采用高压供电方式
（B）离心通风机宜设风机入口阀
（C）大型通风机露天布置时，其电机应采取防御措施，电机防护等级不应低于 IP54
（D）采用变频通风机时，电机轴功率应按工况参数计算确定，并应在 100%转速计算值上再附加 15%～20%

51. 下列有关袋式除尘器的选用，说法正确的是哪几项？
（A）袋式除尘器的运行阻力宜为 1200～2000Pa
（B）采用回转反吹型袋式除尘器，过滤风速不宜大于 1.2m/min
（C）净化爆炸性粉尘的袋式除尘器，可采用氮气作为清灰气体
（D）袋式除尘器的漏风率应小于 3%，且应满足除尘工艺要求

52. 下列有关设备用房、厨房热加工车间的通风设计不满足节能要求的是哪几项？
（A）对于发热量较大的房间，在保证设备正常工作的前提下，宜采用制冷空调消除室内余热
（B）厨房热加工车间宜采用补风式油烟排气罩
（C）机电设备用房夏季室内计算温度取值不宜低于夏季通风室外计算温度
（D）厨房采用直流式空调送风的区域，夏季室内计算温度取值不宜低于夏季空调室外计算温度

53. 下列防排烟系统部件和设备安装满足相关国家标准要求的是哪几项？
（A）排烟防火阀应顺气流方向关闭，各系统按不小于 30%检查
（B）常闭送风口的手动驱动装置应固定安装在明显可见、距楼地面 1.3～1.5m 之间便于操作的位置
（C）风机外壳至墙壁或其他设备的距离不宜小于 0.6m，且全数检查
（D）挡烟垂壁的型号、规格、下垂的长度和安装位置应符合设计要求，各系统按不小于 30%检查

54. 对某商场一净高 8m，连通 2 层的中庭，其回廊排烟量为 $20000m^3/h$，周围场所最大排烟量为 $24000m^3/h$，下列关于中庭的做法错误的是哪几项？
（A）中庭应设置排烟设施

（B）中庭采用机械排烟方式，选用排烟量为107000m^3/h的排烟风机

（C）中庭采用自然排烟方式，采用60m^2有效开窗面积的自然排烟窗

（D）若中庭火灾热释速率为4MW，在顶部侧墙设置5个1m^2排烟口，设计排烟口中心下烟层厚度1.5m

55. 沈阳某机械加工车间的工艺性空气调节系统设专用加热盘管，下列相关说法正确的是哪几项？

（A）系统冷水供回水温度应根据空气处理工艺要求，并在技术可靠、经济合理的前提下确定

（B）系统供水温度宜为70～95℃

（C）供回水温差不宜小于30℃

（D）高温热水有利于减小加热器面积，获得较高的送风温度

56. 某超高层办公大楼设计变风量空调系统，内区采用单风道变风量末端，下列各项控制方法正确的是哪几项？

（A）室温的控制通过调节送风温度实现

（B）空调机组通过冷却器水路控制阀调节送风温度

（C）调节空调机组送风机转速以保持设定的送风静压

（D）过渡季通过调节新回风阀，实现加大新风比运行

57. 沈阳某商场设计全空气空调系统，下列各项中符合节能设计标准的是哪几项？

（A）送风高度为6m的房间，送风温差采用12℃

（B）夏季空调设计采用机器露点送风

（C）与室外相连的风管上设置可关闭的密闭风阀

（D）人员密度较大且变化较大的房间，通过CO_2浓度检测控制新风量，排风量适宜新风量变化

58. 有关空调水系统的安装与验收，下列各项说法错误的是哪几项？

（A）并联水泵的出口管道进入总管采用顺水流斜向插接，夹角不应大于45°

（B）管道与水泵、制冷机组的接口应为柔性接管，且不得强行对口连接

（C）空调水系统管路冲洗排污2h，目测出口水色和透明度与入口相近，且无可见杂物，可与设备相贯通

（D）对空调凝结水管通水试验进行抽查20%，不渗漏，排水畅通为合格

59. 下列有关组合式空调机组断面风速均匀度，表述正确的是哪几项？

（A）机组断面上任一点的风速与平均风速之差的绝对值不超过20%

（B）测量断面风速均匀度，在距盘管或过滤器迎风断面200mm处，均布风速测点

（C）测量断面风速均匀度，在选项B的基础上，用风速仪测量各点风速，统计所测风速与平均风速之差不超过20%的点数占总点数的百分比

(D) 在选项C的基础上，不应小于20%

60. 对于新建工业厂房吸声设计，下列说法正确的是哪几项？
(A) 当原有吸声较少、混响声较强的各类车间厂房进行降噪处理时，应进行吸声设计
(B) 吸声处理前的室内平均吸声系数，可通过测量房间混响时间或计算求得
(C) 吸声设计的效果应根据实测吸声降噪量进行评价，不应以室内工作人员的主观感觉评价
(D) 吸声降噪设计宜采用空间吸声体的方式，空间吸声体宜靠近声源

61. 下列各项中满足夏热冬暖地区居住建筑空调节能标准的是哪几项？
(A) 采用集中式空调方式的住宅应进行逐时逐项冷负荷计算
(B) 设计采用电机驱动压缩机的蒸汽压缩循环冷水机组作为住宅小区冷源机组时，其能效比不应低于5.3
(C) 采用26kW的多联机作为户式集中空调机组时，其综合性能系数不应低于3.2
(D) 当采用土壤源热泵作为户用空调系统的冷热源时，应进行适宜性分析

62. 北京一办公楼，建筑面积80000m^2，采用全负荷蓄冷系统，下列说法错误的是哪一项？
(A) 系统的蓄能率为100%
(B) 系统蓄冷速率与释冷速率相同
(C) 当蓄能量超过28000kWh时，应采用动态模拟计算软件进行全年逐时负荷计算
(D) 蓄冷系统可达到节能运行的目的

63. 有一台蒸发冷却式冷水机组的制冷量为323kW，当机组的耗功率为下列何项时，该机组能够满足国家规范的节能评价值？
(A) 108kW　　(B) 116kW
(C) 124kW　　(D) 135kW

64. 某蓄冷系统制冷机组采用双工况制冷机，蓄冷方式为外融冰系统，下列相关描述不正确的是哪几项？
(A) 循环水泵的功耗全部以热能的形式进入到水系统中
(B) 系统装置的有效容积大于名义容积
(C) 双工况制冷机组可以同时满足空调工况和蓄冷工况
(D) 释冷液体应选用质量浓度为25%的乙烯乙二醇

65. 某洗浴中心采用螺杆冷水机组＋冰蓄冷制冷系统，下列有关冰蓄冷系统的说法错误的是哪几项？
(A) 冰蓄冷装置和制冷机组的容量，应保证在设计蓄冷时段内完成全部预定的冷量蓄存

（B）基载负荷超过350kW时宜配置基载机组
（C）采用冰盘管外融冰方式，空调系统的冷水供回水温差不应小于8℃
（D）冰蓄冷系统不可用于区域供冷中

66. 沈阳某机械加工车间的工艺性空气调节系统设专用加热盘管，下列相关说法正确的是哪几项？
（A）系统冷水供回水温度应根据空气处理工艺要求，并在技术可靠、经济合理的前提下确定
（B）系统供水温度宜为70～95℃
（C）供回水温差不宜小于30℃
（D）高温热水有利于减小加热器面积，获得较高的送风温度

67. 燃气热电联供工程需要具备以下哪几种功能？
（A）数据的采集和状态监视
（B）负荷预测
（C）能耗统计及分析
（D）自动控制和运行模拟切换

68. 下列有关冷热源的选取，说法错误的是哪几项？
（A）水环热泵机组可以减少电气安装容量
（B）夏热冬冷地区采用土壤源热泵，应按照冷负荷和热负荷的最大值来计算地埋管长度
（C）加热热源采用0.25MPa的蒸汽时，可选用蒸汽单效机组
（D）容积率大于2的建筑群可采用区域供冷

69. 下列关于绿色工业建筑评价的说法正确的是哪几项？
（A）绿色工业建筑评价分为设计评价和运行评价
（B）二星级绿色工业建筑须获得11分必达分，总评分（包括附加分）不低于55分
（C）绿色工业建筑评价体系由节地与可持续发展的场地、节能与能源利用等七类指标构成
（D）绿色工业建筑评价采用权重计分法

70. 下列有关污水处理的做法，符合规范要求的是哪几项？
（A）职工食堂的含油污水，应经过除油装置后才可以排入污水管道
（B）温度高于40℃的排水应设置降温池
（C）化粪池距地下取水构筑物不得小于20m
（D）隔油器设置在设备间时，设备间应有通风排气装置，且换气次数不宜小于$8h^{-1}$

阶段测试Ⅴ·绿建、水、燃气与规范部分专业知识（2）

（一）单项选择题（共40题，每题1分，每题的备选项中只有一个符合题意）

1. 下列关于严寒和寒冷地区居住建筑物供暖能耗的计算参数不正确的是哪一项？

（A）室内计算温度：18℃

（B）换气次数：0.5h^{-1}

（C）供暖系统运行时间：0.00～24：00

（D）设备功率密度：5W/m^2

2. 某工业厂房冬季采用蒸汽散热器供暖系统，下列可采用的散热器是哪一项？

（A）钢制板型散热器

（B）钢制扁管散热器

（C）铸铁散热器内

（D）内防腐型铝制散热器

3. 某厂房采用燃气红外线辐射供暖系统，下列说法正确的是哪一项？

（A）燃气红外线辐射供暖系统的燃料宜采用天然气，不得采用液化石油气、人工煤气等

（B）当由室外向燃烧器提供空气时，系统热负荷应包括加热该空气量所需的热负荷

（C）燃烧器所需空气量可直接来自室外，也可由室内提供

（D）燃气红外线辐射供暖系统的尾气宜通过排气管直接排至室外

4. 下列有关低温热水地面辐射供暖系统管材的技术要求，错误的是哪一项？

（A）施工验收后，发现塑料加热供冷管损坏，可采用卡压式铜制管接头连接

（B）铜质连接件直接与PP-R塑料管接触的表面必须镀镍

（C）加热供冷管必须穿越伸缩缝时，伸缩缝处应设长度不小于150mm的柔性套管

（D）埋地热水塑料加热管材应按使用条件为4级选择

5. 下列有关供暖地沟的表述不符合相关规定的是哪一项？

（A）半通行地沟的净高宜为1.2～1.4m，通道净宽宜为0.5～0.6m

（B）热力管道可与燃气管道同沟敷设，但必须采取可靠的通风措施

（C）地沟沟底宜有顺地面坡向的纵向坡度

（D）半通行地沟和通行地沟应有较好的自然通风

6. 下列关于选择锅炉供热介质的选择，不正确的是哪一项？

（A）一般情况下应尽量以水为锅炉的供热介质

（B）厨房、洗衣房的供热应采用蒸汽锅炉

（C）当蒸汽热负荷在总热负荷中的比例大于70%时，可采用蒸汽锅炉

（D）当蒸汽热负荷比例大，总热负荷也很大时，可分设蒸汽锅炉和热水锅炉

7. 某小区的室外供热管网，设计未注明管网的材质，则下列符合相关规定的是哪一项？

（A）当管径≤40mm时，应使用镀锌钢管
（B）当管径为50～200mm时，焊接钢管
（C）当管径≥200mm时，应使用无缝钢管
（D）当管径≥200mm时，应使用螺旋焊接钢管

8. 下列关于城市热力网管道附件的设置，不符合相关规定的是哪一项？

（A）热力网管道干线、支干线、支线的起点应安装关断阀门
（B）热水热力网及蒸汽热力网干线均应装设分段阀门
（C）热力网的关断阀和分段阀均应采用双向密封阀门
（D）热水、凝结水管道的最高点应安装放气装置

9. 下列关于风管内风速的控制要求错误的是哪一项？

（A）酒店宴会厅全空气空调系统的干管设计风速不超过8m/s
（B）住宅换气系统室内新风干管风速不超过8m/s
（C）工业建筑全面通风引风土建风道内风速不超过12m/s
（D）工业建筑排出含有石灰石的水平风管风速不超过16m/s

10. 下列有关居住区的环境参数不满足相关规范要求的是哪一项？

（A）白天环境噪声50dB（A）
（B）夜间环境突发噪声55dB（A）
（C）总悬浮颗粒物24h平均值0.2mg/m^3
（D）PM2.5的24h平均浓度0.08mg/m^3

11. 某生产车间每班工作10h，接触乙酸乙酯的浓度为200mg/m^3，该生产车间劳动接触乙酸乙酯的限值为下列哪一项？

（A）140mg/m^3　（B）160mg/m^3　（C）200mg/m^3　（D）300mg/m^3

12. 下列有关除尘器选用要求合理的是哪一项？

（A）选用袋式除尘器的运行阻力宜为1000～1500Pa，漏风率应小于4%且满足除尘工艺要求
（B）选用旋风除尘器作为预除尘器，允许操作温度应小于450℃
（C）采用静电除尘器时，粉尘比电阻值应为$1\times10^4\sim4\times10^{10}\Omega\cdot cm$
（D）采用水膜除尘器去除1μm以上粒径的粉尘颗粒

13. 某地下设备用房设置平时通风，计算通风量为3000m^3/h，排风系统计算压力损

失为 200Pa，下列关于该排风系统通风机选型最合理的是哪一项？

(A) 风机变速运行，选用通风量为 3000m³/h、风压为 220Pa 的风机
(B) 风机定速运行，选用通风量为 3300m³/h、风压为 220Pa 的风机
(C) 风机变速运行，选用通风量为 3300m³/h、风压为 240Pa 的风机
(D) 风机定速运行，选用通风量为 3600m³/h、风压为 240Pa 的风机

14. 某地下车库排风系统，经水力计算选择风机排风量 25000m³/h，风压 380Pa，则设备表标注通风机效率时，下列何项为满足相关节能要求的最低风机效率？

(A) η>55%　　(B) η>46%　　(C) η>39%　　(D) η>30%

15. 下列有关内滤分室反吹类袋式除尘器漏风率测试的说法错误的是哪一项？

(A) 袋式除尘器可在现场安装完毕后 3 个月内在工况条件下进行出口粉尘浓度和设备阻力测试
(B) 袋式除尘器漏风率不应大于 2%
(C) 内滤分室反吹类袋式除尘器的反吹阀在装配后应进行试验，卸灰机构运转试验时间不少于 2h
(D) 滤袋安装前必须逐个检查外观质量，完好无损方可安装

16. 某酒店客房层新风系统，设计新风量 12000m³/h，新风机组余压 480Pa，主干管（1250mm×400mm）设在设备层内，分支干管（250mm×800mm）经竖向管井送至各层客房，每个分支干管送风量 4000m³/h，下列做法不满足系统验收要求的是哪一项？

(A) 主干管风管接缝及接管连接处应密封，密封面宜设在风管的正压侧
(B) 主干管风管在进行强度试验时，试验压力应为 1.2 倍的工作压力，且不低于 750Pa
(C) 分支干管的风管法兰角钢采用 30×3mm
(D) 主风管采用 1.0mm 的镀锌钢板制作

17. 下列哪些场所在设计机械排烟系统时，尚应在外墙或屋顶设置固定窗？

(A) 总建筑面积 2500m² 的 3 层丙类厂房
(B) 商店建筑中长度为 50m 的走道
(C) 总建筑面积 1200m² 的歌舞娱乐场所
(D) 建筑内部的中庭

18. 下列有关管道穿越人防围护结构及设备用房设置的要求，错误的是哪一项？

(A) 专供上部建筑使用的空调机房、通风机房宜设置在防护密闭区之外
(B) 穿过防空地下室顶板、临空墙和门框墙的管道，其公称直径不宜大于 150mm
(C) 引入防空地下室的供暖管道，在穿过人防围护结构处应采取可靠的防护密闭措施。
(D) 凡进入防空地下室的管道及其穿过的人防围护结构，均应采取防护密闭措施

19. 深圳某办公楼设置风机盘管加新风空调系统，系统冷源采用两台螺杆式冷水机组，通过一级泵变流量冷水系统为新风机组和风机盘管供应7℃/12℃的冷水，下列有关该空调系统控制要求不合理的是哪一项?

（A）冷水机组和冷水泵采用共用集管连接，机组和水泵一一对应连锁开关

（B）新风机组水路电动阀采用模拟量调节的水路电动两通阀

（C）新风机组应设置防冻保护控制

（D）风机盘管设常闭式两通电动通断阀

20. 夏季或过渡季随着室外空气湿球温度的降低，冷却水温已经达到冷水机组的最低供水温度限制，下列哪种控制方式不能有效避免此问题的发生?

（A）多台冷却塔联合运行时，采用风机台数控制

（B）单台冷却塔采用风机变频变速控制

（C）冷却水供回水管之间设置电动旁通阀

（D）冷却水泵采用变频变流量控制

21. 有关公共建筑设置空气—空气能量热回收装置的措施，错误的是哪一项?

（A）严寒地区设置空气—空气能量热回收时，应校核回收装置排风侧是否结霜或结露

（B）设有集中排风空调系统经技术经济比较合理时，宜设空气—空气能量回收装置

（C）设置空气—空气能量热回收装置时，需考虑回收装置的过滤器设置问题

（D）温和地区适合采用全热回收装置

22. 有关风机盘管机组各项试验项目和方法，符合相关规定的是哪一项?

（A）用气压浸水方法进行盘管耐压试验，保压至少5min

（B）机组在额定电压100%条件下启动和运转试验

（C）测量风侧和水侧的各参数，计算出风侧和水侧的供冷（热）量，两侧热平衡偏差应在10%以内为有效

（D）进行水阻试验，水温可低于12℃，至少进行4组水量下的水阻试验

23. 某商业会所空调面积为2000m²，其中600m²采用全空气系统，1400m²为风机盘管加新风系统，则全年累计工况下，该建筑空调末端能效比高于下列何值才能满足相关规范要求的经济运行标准?

（A）6.0　　（B）7.5　　（C）8.1　　（D）9.0

24. 对某超高层项目空调水系统验收，采用分层试压，下列说法正确的是哪一项?

（A）冷热水系统试验压力为1.5倍工作压力，且不小于0.6MPa

（B）最低点压力升至试验压力后，稳压10min，压力降不得大于0.02MPa，然后降至工作压力，外观无渗漏为合格

（C）采用分层试压时，最低点压力升至试验压力，稳压10min，压力不得降低，然后

降至工作压力，外观无渗漏为合格

(D) 各类耐压塑料管的强度试验应为1.15倍的工作压力

25. 某工业洁净车间采用直流式空调系统，处理室内冷负荷需要风量为2200m³/h，已知该车间有员工20人，维持室内正压风量为1200m³/h，室内排风量为600m³/h，则送入车间的新风量应为下列何值？

(A) 600m³/h　(B) 800m³/h　(C) 1200m³/h　(D) 2200m³/h

26. 某洁净厂房设计通风系统，下列设计错误的是哪一项？

(A) 甲烷储存间的排风与纸箱储存间的排风共用一套系统

(B) 加工车间中产生粉尘的生产线单独设置局部排风

(C) 洁净区域的排风系统应防止室外气流倒灌

(D) 对含有水蒸气和凝结物的排风，应设坡度和排放口

27. 一台单级清水离心泵，其流量为400m³/h，扬程为16m，转速为1470r/min，则该泵的比转速为下列何项？

(A) 224　(B) 500　(C) 9485　(D) 13414

28. 某工业厂房生产车间，每周工作5d，每天工作8h，规范规定的该车间允许的500Hz倍频带允许的声压级为下列何项？

(A) 78dB　(B) 80dB　(C) 83dB　(D) 85dB

29. 在太阳能资源较丰富地区采用太阳能供暖，则该系统的最低太阳能保证率为下列何项？

(A) 35%　(B) 40%　(C) 40%　(D) 50%

30. 已知一台冷热水型水环式热泵机组额定工况运行，该机组全年综合系数 *ACOP* 为4.3，制热系数为4.8，则该机组制冷系数为多少？

(A) 3.7　(B) 3.9　(C) 4.1　(D) 4.7

31. 下列有关蓄冷空调的相关描述，正确的是哪一项？

(A) 冷凝温度降低，制冷量增加

(B) 蒸发温度降低，制冷量增加

(C) 主机上游的主机效率大于主机下游

(D) 空调系统平均冷负荷大于700kW时，蓄冷系统与末端采用间接连接

32. 地埋管地源热泵系统，对地埋管设计不符合规定是哪一项？

(A) 应进行全年动态负荷计算，最小计算周期为1年

(B) 地埋管换热器设计时，环路集管应包括在地埋管换热器长度内

（C）当系统的应用建筑面积为6000m²时，应进行岩土热响应试验
（D）水平地埋管换热器可不设坡度

33. 下列有关水地源热泵系统的设计，说法错误的是哪一项？
（A）水环热泵机组进风温度低于10℃时，应进行预热处理
（B）生活热水的制备可采用水路加热的方式或制冷剂环路加热的方式
（C）平均水温低于10℃的地区，宜设置热回收装置
（D）水环热泵机组正常工作的热源温度范围为20～40℃

34. 下列与节能评价有关说法，正确的是哪一项？
（A）冷水机组节能评价值是指在额定制冷工况和规定条件下，性能系数最小允许值
（B）冷水机组额定能源效率等级标示产品能源效率高低差别的分级方法，依次分为5个等级，5级最高
（C）多联式空调（热泵）机组能效限定值是指在额定工况下，制冷综合性能系数*IPLV*（*C*）的最小允许值
（D）在多联式空调（热泵）机组能源效率等级测试中，*IPLV*（*C*）测试的实测值保留两位小数

35. 下列有关冷库的冷凝器的选用，说法正确的是哪一项？
（A）采用水冷冷凝器时，其冷凝温度不应超过35℃
（B）采用蒸发式冷凝器时，其冷凝温度不应超过39℃
（C）冷凝器冷却水进出口温度差为1.5～3℃
（D）对使用氢氟烃及其混合物为制冷机的中、小型冷库，宜选用风冷冷凝器

36. 下列有关冷库设计室外参数的选择，错误的是哪一项？
（A）计算冷间围护结构热流量时，室外计算温度应采用夏季空气调节室外计算日平均温度
（B）计算冷间围护结构最小总热阻时，室外计算相对湿度应采用最热月的平均相对湿度
（C）计算开门热流量时，室外计算温度应采用夏季通风室外计算温度
（D）计算冷间通风换气流量时，室外相对湿度应采用冬季通风室外计算相对湿度

37. 下列有关冷热源机房的控制说法错误的是哪一项？
（A）应能进行冷水机组、水泵、阀门、冷却塔等设备的顺序启停和连锁控制
（B）应能进行冷水机组的台数控制，宜采用温度控制
（C）应能进行水泵的台数控制，宜采用流量优化控制
（D）宜能按累计运行时间进行设备的轮换使用

38. 沈阳市某商场采用燃气冷热电联供系统，下列相关说法错误的是哪一项？

（A）其余热利用设备宜采用吸收式冷（温）水机组
（B）宜采用并网运行或并网不上网运行的方式
（C）系统发电机组的容量和类型均不宜多于 2 种
（D）燃气冷热电联供系统的年平均能源综合利用率应大于 60％

39. 某建成公共建筑在参评绿色建筑星级评价时，仅“资源节约”章节，暖通专业相关情况如下表所示，问最高可参评几星级绿色建筑？

项目	建筑供暖热负荷	多联机空调机组综合性能系数 *IPLV*（C）	集中供暖系统热水循环水泵耗电输热比	建筑能耗
改变比例	降低 6％	提高 10％	低 30％	降低 11％

（A）基本级　　（B）一星级　　（C）二星级　　（D）三星级

40. 下列有关卫生器具排水设计不符合相关国家标准的是哪一项？
（A）设计存水弯的水封深 50mm
（B）采用活动机械密封替代水封
（C）卫生器具排水管道上只设一道水封
（D）在构造内无存水弯的卫生器具排水口以下设存水弯

（二）多项选择题（共 30 题，每题 2 分，每题的各选项中有两个或两个以上符合题意，错选、少选、多选均不得分）

41. 设计小区热力管网时，其生活热水设计负荷取值正确的是下列哪几项？
（A）干管应采用平均热负荷
（B）干管应采用最大热负荷
（C）当用户有足够容积的储水箱时，支管应采用平均热负荷
（D）当用户无足够容积的储水箱时，支管应采用最大热负荷

42. 锅炉房的外墙、楼地面或屋面应有相应的防爆措施。下列有关锅炉房的防爆措施正确正确的是哪几项？
（A）应有相当于锅炉房占地面积 10％的泄压面积
（B）应有相当于锅炉间占地面积 10％的泄压面积
（C）地下锅炉房采用竖井泄爆时，竖井的净横断面积，应满足泄压面积的要求
（D）泄压面积可将质量≤120kg/m² 的轻质屋顶和薄弱墙的面积包括在内

43. 下列有关锅炉房的相关设计不符合要求是哪几项？
（A）每个新建锅炉房只能设置一根烟囱
（B）新建燃油、燃气锅炉烟囱高度不低于 8m，具体高度按批复的环境影响评价文件确定
（C）新建燃煤锅炉房的烟囱周围半径 200m 距离内有建筑物时，其烟囱应高出最高建

筑物 3m 以上

(D) 对于锅炉排放废气的采样，有废气处理设施的，应在该设施前采样监测。

44. 下列关于换热站内热交换器的设置，哪几项是正确的?

(A) 重要公共建筑的供暖系统，当采用 2 台及以上换热器时应设备用

(B) 宜采用排出的凝结水温度不超过 80℃的过冷式汽水换热器

(C) 采用汽水换热器时，当供热负荷较小时，可采用汽—水混合加热器

(D) 加热介质为蒸汽且热负荷较大时，可采用蒸汽喷射加热器

45. 某工业园区，设置蒸汽供暖热网，下列关于疏水装置的设置，说法正确的是哪几项?

(A) 管道的低点和垂直升高的管段前应设启动疏水和经常疏水装置

(B) 经常疏水装置与管道连接处应设聚集凝结水的短管，短管直径比管道直径小一号

(C) 经常疏水装置排出的凝结水，宜排入凝结水管道

(D) 经常疏水装置排除的凝结水直接排放时，凝结水温度不应大于 35℃

46. 北京市的一个加工车间，建筑面积 2000m^2，工艺要求室内温度不能低于 0℃，厂区内有集中供热，每日两班，每班 16 人，下列关于该车间采取的供暖措施合理的是哪几项?

(A) 设置全室集中供暖

(B) 在固定工作点设置局部供暖

(C) 工作地点不固定时设置取暖室

(D) 按 5℃设置值班供暖

47. 在经济技术合理时，提倡低温供暖、高温供冷，其目的是下列哪几项?

(A) 提高冷热源效率

(B) 可以充分利用天然冷热源和低品位热源

(C) 可以与辐射末端等新型末端配合使用，提高舒适度

(D) 可节约系统的初投资

48. 供热锅炉房设计采用自动监测与控制的运行方式时，下列哪几项表述是正确的?

(A) 降低运行人员工作量，提高管理水平

(B) 提高并使锅炉在高效率运行，大幅度节省运行能耗，且大气污染物较少

(C) 按需供热，提高并保证供暖质量，降低供暖能耗和运行成本

(D) 可通过对锅炉运行参数的分析，对系统故障作出及时判断，并采取相应的保护措施

49. 下列关于严寒地区地下汽车库暖通系统设计措施错误的是哪几项?

(A) 宜在坡道出入口处设热空气幕
(B) 对于单层停放的汽车库可采用换气次数法计算送排风量
(C) 室外排风口应设于建筑下风向，且远离人员活动区，并宜作消声处理
(D) 采用诱导式通风系统时，CO浓度传感器宜分散设置

50. 某机械加工车间，环境产生电焊烟尘 $2mg/m^3$，根据现行的工业企业环境标准，推荐采取下列哪些控制措施？
(A) 一般危害告知
(B) 特殊危害告知
(C) 职业卫生监测
(D) 工程、工艺控制

51. 下列有关长春某新建燃气锅炉污染物排放的说法，错误的是哪几项
(A) 二氧化碳排放限值为 $100mg/m^3$
(B) 汞及其化合物排放限值为 $0.05mg/m^3$
(C) 在烟囱或烟道处检测烟气黑度
(D) 氧含量排放浓度不超过3.5%

52. 下列有关离心除尘器性能要求，正确的是哪几项？
(A) 高效离心式除尘器在冷态试验条件下，压力损失在1600Pa以下测得除尘效率在95%以上，漏风率不大于2%
(B) 普通离心式除尘器在冷态试验条件下，压力损失在1000Pa以下测得除尘效率在80%以上，漏风率不大于2%
(C) 离心除尘器压力损失测试需采用20℃标准工况温度气流进行测试
(D) 除尘器冷态试验基准工况为常温、相对湿度低于70%，试验粉尘为325目医用滑石粉，进口浓度 $3\sim5g/m^3$

53. 某建筑面积为 $300m^2$ 的地下一层燃气锅炉房，层高4.5m，在进行通风系统设计时，下列做法正确的是哪几项？
(A) 应设置独立的送排风系统，通风装置应防爆
(B) 设计平时通风排风量 $10800m^3/h$
(C) 锅炉房不应布置在人员密集场所的上一层、下一层或贴邻
(D) 设置净横断面积不小于 $30m^2$ 的竖井，用于泄爆

54. 下列关于排烟系统设计，说法正确的是哪几项？
(A) 排烟口设置在侧墙时，吊顶与其最近边缘的距离不应大于0.5m
(B) 采用吊顶上部空间进行排烟时，吊顶内应采用不燃材料，且吊顶内不应有可燃物
(C) 当空间净高大于6m时，防烟分区之间可不设置挡烟垂壁
(D) 走道的排烟口可设置在其净空高度的1/2以上

55. 下列有关人防滤毒通风管路上设置取样管和测压管的说法错误的是哪几项？
（A）滤毒室内进入风机的总进风管和过滤吸收器总出风口设 *DN*32 的尾气监测取样管
（B）除乙类防空地下室外，在滤尘器出风管上设置 *DN*15 的空气放射性检测取样管
（C）油网滤尘器前后设置 *DN*32 的压差测量管
（D）滤毒通风管路上的取样管和差压测量管采用热镀锌钢管

56. 有关民用建筑空调设计原则，下列说法正确的是哪几项？
（A）保持空调房间对室外的相对正压，有利于保证室内热湿参数少受外界干扰
（B）采用局部空调能满足环境要求时，不应采用全室性空调
（C）允许温度波动范围为±0.5℃的工艺性空调房间，其外墙传热系数不应大于 1.0W/（m^2·K）
（D）工艺性空调房间不应有东西向外窗

57. 某办公楼设置全空气变风量系统，下列各项系统形式中合理的是哪几项？
（A）内区变风量空调系统＋外区风机盘管
（B）内区变风量空调系统＋外区定风量空调
（C）内外区合用变风量空气处理机组，内区采用单风道变风量末端装置，外区采用再热型变风量末端装置
（D）内外区分设变风量空气处理机组，内外区均设置单风道变风量末端装置

58. 天津市某办公建筑有稳定的热水需求，拟采用地源热泵系统设计时，下列说法正确的是哪几项？
（A）应进行全年动态负荷与系统取热量、释热量计算分析
（B）应选用高效水源热泵机组，并宜采取降低水泵输送能耗等节能措施
（C）水源热泵机组性能应满足地热能交换系统运行参数的要求
（D）宜根据负荷特点，采用部分或全部热回收型水源热泵机组

59. 有关公共建筑空调系统设计的节能措施，下列说法正确的是哪几项？
（A）风盘加新风系统，新风宜经过风机盘管后送出，有利于风机盘管对新风进行降温处理
（B）空气过滤器宜设置阻力检测和报警装置，并方便更换
（C）不应利用土建风道作为送风道和输送冷、热处理后的新风风道
（D）当在室内设置冷却水集水箱时，冷却塔布水器与集水箱设计水位之间的高差不应超过 8m

60. 下列有关洁净室相关设计正确的是哪几项？
（A）洁净室的新鲜空气量应取补偿室内排风量和保持室内正压值所需新鲜空气量之和

(B) 根据洁净度等级要求确定送风量
(C) 需排风的工艺设备宜布置在洁净室的下风侧
(D) 洁净室排风系统应防止室外气流倒灌

61. 某新建民用建筑节能工程验收，下列说法正确的是哪几项?
(A) 风机盘管进场时，应对供冷量、供热量、风量、水阻力、功率及噪声进行复验，复验应为见证取样检验
(B) 绝热材料进场复验次数不得少于 2 次
(C) 风幕机的安装垂直度和水平度的偏差均不应大于 2/1000
(D) 变风量末端装置与风管连接前应做动作试验，确认运行正常后再进行管道连接

62. 有关多联机系统设备和管道的绝热做法正确的是哪几项?
(A) 空调房间的换气次数不宜少于 $5h^{-1}$
(B) 采用侧送风时，回风口宜设在送风口的同侧下方
(C) 采用非闭孔材料保冷时，外表面应设置隔汽层和保护层
(D) 室内允许噪声级为 40dB (A) 时，风管风速小于 5m/s

63. 上海市某办公区拟采用水环热泵空调系统，下列有关其特点的说法正确是哪几项?
(A) 可以实现建筑物内部冷、热转移
(B) 可以独立计量
(C) 运行调节方便
(D) 初投资较低

64. 上海某厂房进行螺杆式制冷压缩机组的负荷试运转测试，下列措施符合要求的是哪几项?
(A) 应按要求供给冷却介质
(B) 机器启动时，油温不应低于 25℃
(C) 调节油压宜大于排气压力 0.15～0.3MPa
(D) 吸气压力不宜低于 0.05MPa，排气压力不应高于 1.6MPa

65. 某燃气型直燃机组成套设备按照要求应配备下列哪些设备?
(A) 吸收器　(B) 吸收泵　(C) 燃烧设备　(D) 烟气热回收器

66. 某工厂采用冷热电联供系统，发电机采用微型燃气机，下列相关说法正确的是哪几项?
(A) 发电设备台数和单机容量，应按发电机组工作时有较高的负载率进行确定，并应充分利用余热能
(B) 联供系统宜选用有降低氮氧化物排放措施的原动机

（C）余热形式为高温烟气

（D）该系统可用于生活热水的制备

67. 下列有关溴化锂吸收式制冷系统的气密性及耐压试验的方法，说法正确的是哪几项？

（A）试验用气体采用洁净空气或氮气等非活性气体

（B）燃气压力小于 3.5MPa 时，加压 4.6kPa 以上，确认配管及燃烧机无异常

（C）燃气压力为 4.5kPa 时，以最高使用压力 1.5 倍以上的气压进行皂液发泡试验

（D）截止阀内部泄露气密性试验在其上有施加 1.5 倍最高使用压力观察是否泄露即可

68. 下列有关某冷库制冷系统自系统节流装置出口至制冷压缩机吸入口这一管段设计压力的选择，错误的是哪几项？

（A）制冷剂选用 R717 时，设计压力为 1.5MPa

（B）制冷剂选用 R404A 时，设计压力为 1.8MPa

（C）制冷剂选用 R404A 时，设计压力为 2.0MPa

（D）制冷剂选用 R507 时，设计压力为 1.8MPa

69. 关于低碳建筑的描述中，以下正确的是哪些项？

（A）节能减排 CO_2 的折算关系为：1kWh 电量换算 0.960kg 的 CO_2

（B）煤的碳强度高于石油

（C）生物质能源的碳强度高于地热能

（D）碳交易被分为配额型交易和项目型交易

70. 关于燃气管道切断阀门的设置，正确的是哪几项？

（A）设置在进口压力大于或等于 0.01MPa 的调压站的燃气进口管道上

（B）设置在进口压力大于 0.4MPa 的调压站燃气出口管道上

（C）设置在用户燃气立管

（D）设置在放散管起点

阶段测试Ⅰ·供暖部分专业知识参考答案及解析

答案汇总列表

题号	答案	题号	答案	题号	答案	题号	答案
1	B	21	C	41	BCD	61	BCD
2	B	22	A	42	ABD	62	ABD
3	B	23	D	43	ABC	63	ACD
4	A	24	C	44	BC	64	ABC
5	D	25	B	45	BCD	65	BCD
6	D	26	D	46	ABC	66	ABC
7	D	27	D	47	BCD	67	AD
8	A	28	C	48	ABD	68	ABD
9	D	29	C	49	BC	69	ABC
10	D	30	D	50	AB	70	BCD
11	D	31	A	51	AD		
12	C	32	B	52	ABC		
13	B	33	D	53	AB		
14	D	34	D	54	ABC		
15	C	35	B	55	AD		
16	C	36	B	56	BD		
17	B	37	B	57	ABC		
18	C	38	D	58	BCD		
19	B	39	D	59	ABC		
20	B	40	B	60	AC		

（一）单项选择题

1. **答案**：B

分析：根据《公建节能》第3.2.1条可知，选项A正确；由第3.3.1条表3.3.1-1可知，选项B不满足本条规定，需进行权衡判断，再根据第3.4.1条表3.4.1-1可知，选项B不满足权衡判断的基本要求，应改善围护结构热工性能，符合表3.4.1-1的要求后方可进行权衡判断，选项B错误；根据表3.3.1-3及表3.4.1-2可知，选项C可进行权衡判断，正确；根据表3.3.1-3及表3.4.1-3可知，选项D可进行权衡判断，正确。

2. **答案**：B

分析：根据《民规》第5.1.5条可知，选项B正确。

3. **答案**：B

分析：根据《复习教材》P8“2. 表面结露验算”，对于冬季室外计算温度低于0.9℃

时，应对围护结构进行内表面结露验算。根据表1.1-12验算选项A、B、C、D的冬季室外计算温度可知，选项A为1℃，选项B为−0.34℃，重庆为3.68℃，成都为1.63℃。因此选项B应进行防潮验算。

4. **答案**：A

分析：根据《严寒和寒冷地区居住建筑节能设计标准》JGJ 26—2018第4.3.4条可知，选项A错误，应为全年的供暖能耗，选项BCD正确。

5. **答案**：D

分析：根据《工规》第5.1.6条可知，选项A正确；根据《复习教材》P5有关围护结构最小传热阻计算的"注"，选项B正确；由式（1.1-5）上方一段可推得选项C的说法正确；根据《工规》第5.1.6条可知，最小传热阻计算公式不适合"外窗、外阳台门和天窗"，而选项D外门是适合的，而且需要考虑0.6的修正系数，D错误。

6. **答案**：D

分析：根据《复习教材》P22"5. 冷风渗透量计入原则"可知，当房间有三面外围护结构时，仅计入风量较大的两面的缝隙。

注：冷风渗透量计入原则中提到的"外围护结构"指的是"有门窗缝隙的外围护结构"。

7. **答案**：D

分析：根据《严寒和寒冷地区居住建筑节能设计标准》JGJ 26—2018第4.1.3条可知，选项A正确；根据第4.1.4条可知，选项B正确；根据表4.2.1-5可知，选项C正确；根据第4.2.2条可知，选项D错误，不应大于0.45。

8. 答案：A

分析：根据《复习教材》P27"在多层建筑中，采用单管系统要比双管系统可靠的多"，选项CD错误，"重力循环宜采用上供下回式，锅炉位置尽可能降低，以增大系统的作用压力。如果锅炉中心与底层散热器中心的垂直距离较小时，宜采用上供下回式重力循环系统，而且最好是单管垂直串联系统。"选项A正确。

9. **答案**：D

分析：根据《严寒和寒冷地区居住建筑节能设计标准》JGJ 26—2018第5.3.2条可知，选项ABC正确，选项D错误。

10. **答案**：C

分析：根据《复习教材》第1.3.5节下方一行可知，选项A正确；双水箱分层式系统利用两个水箱的水位差进行上层循环，水箱即为开式水箱，易使空气进入系统，增加系统腐蚀因素，选项B正确；选项C，阻旋器需设在室外管网静水压线的高度，断流器安装在回水管最高点，错误；选项D，高区供水的加压泵前应设止回阀，防止系统停止时上层热水回落倒空，正确。

11. **答案**：D

分析：根据《严寒和寒冷地区居住建筑节能设计标准》JGJ 26—2018 第 5.2.6 条及条文解释可知，选项 ABC 均符合要求，选项 D 不符合要求。

12. **答案**：C

分析：根据《工规》第 5.6.8.1 条可知，选项 AB 正确；根据第 5.6.8.2 条可知，选项 C 错误；根据第 5.6.8.3 可知，选项 D 正确。

13. **答案**：B

分析：根据《热网规》第 8.5.1 条可知，选项 A 正确；根据第 8.5.3 条可知，选项 B 错误；根据第 8.5.2 条可知，选项 C 正确；根据第 8.5.4 条可知，选项 D 正确。

14. **答案**：D

分析：根据《民规》第 5.9.6 条，选项 A 错误；根据《复习教材》P84，选项 BC 错误；根据 P84，D 正确。

15. **答案**：C

分析：根据《复习教材》P86 可知，对于供暖系统中的阀门选用，关闭用的阀门，高压蒸汽系统采用截止阀，低压蒸汽和热水系统选用闸阀或球阀；调节用的阀门选用截止阀、对夹式蝶阀或调节阀；放水用的阀门选用旋塞或闸阀；放气用的阀门选用恒温自动排气阀、旋塞阀等。

16. **答案**：C

分析：根据《民规》第 5.3.10 条可知，选项 A 错误；根据第 5.3.7.4 条可知，选项 B 错误；根据第 5.3.5 条可知，选项 C 正确；单管串联散热器由于每组进出水温度不同，所以散热器内平均温度也是不同的，选项 D 错误。

17. **答案**：B

分析：根据《建筑给水排水及采暖工程施工质量验收规范》GB 50242—2002 第 8.3.1 条，安装前试验压力为工作压力 1.5 倍，不小于 0.6MPa，选项 A 错误。根据第 8.5.2 条，试验压力为工作压力 1.5 倍，不小于 0.6MPa，选项 B 正确；根据第 8.6.1 条，热水钢管系统顶点试验压力不小于 0.3MPa，选项 C 错误；根据第 13.6.1 条，还要保证蒸汽和热水部分的压力，选项 D 错误。

18. **答案**：C

分析：根据水泵并联特性曲线和阻力特性曲线图，三台水泵并联运行，当停掉一台水泵时，工作平衡点会向左下移动，以工作点为起点做流量的平行线与单泵特性曲线的交点就是两台水泵并联运行时的单泵工况点，如下图所示，A 点为三台水泵并联运行时的单泵工况点，B 点为两台水泵并联运行时的单泵工况点，由 A 到 B 流量增大，扬程减小。

选项C正确。

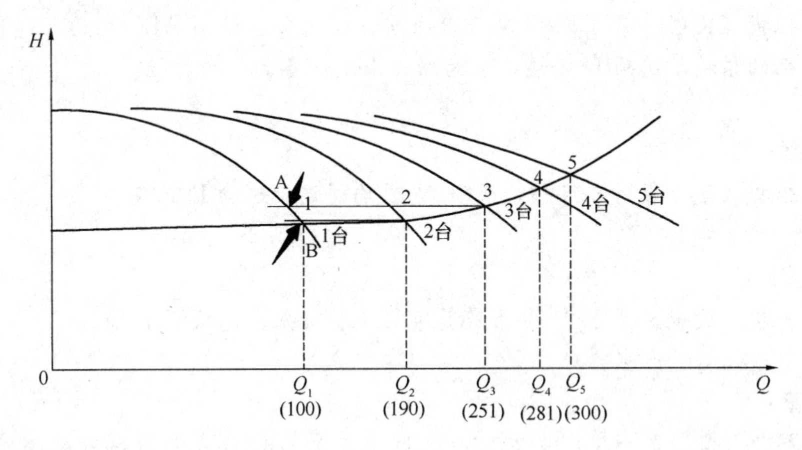

19. **答案：**B

分析：根据《复习教材》P118“当供水水质条件较差时，宜首选电磁式热量表。”。

20. **答案：**B

分析：根据《三版教材》第1.11.1节“2. 锅炉容量和台数的确定”可知，新建非独立锅炉房的锅炉台数不宜超过4台。

21. **答案：**C

分析：根据《民规》第5.9.14条可知，选项ABD均需考虑热水在散热器和管道中冷却而产生自然作用压力的影响。对于选项C，每个立管层数相同，单个立管是一个重力循环作用压头，因此不必考虑散热器中水冷却而产生自然作用压力。

22. **答案：**A

分析：根据《热网规》第10.4.2条可知，选项A正确；根据第10.4.4条可知，选项B错误；根据第10.4.5可知，选项C错误；根据第10.4.7可知选项D错误。

23. **答案：**D

分析：根据《公建节能》第4.3.1条可知，选项A正确；根据第4.3.3条可知，选项B正确；根据第4.3.4条及其条文说明可知，选项C正确，选项D错误，宜为陡降型。

24. **答案：**C

分析：根据《复习教材》表1.8-8，单位热量所需的水容量，椭四柱760型为6.9L，四柱760型为7.8L，柱翼750型为8.8L，管翼750型为7.1L，故选项C正确。

25. **答案：**B

分析：根据《复习教材》图1.3-18可知，选项B正确。

26. **答案：**D

分析：根据《民规》第5.9.11条及其条文说明可知，选项ABC均为实现各并联环路之间水力平衡的措施，选项D错误，应为增大末端设备的阻力特性。

27. **答案：**D

分析：根据《复习教材》可知，选项ABC均错误，选项D正确。

28. **答案：**C

分析：根据《民规》第5.9.19条及其条文说明可知，选项C正确。

29. **答案：**C

分析：根据《复习教材》P99“（3）膨胀水箱的设计要点”可知，选项ABD正确，选项C错误，当水箱没有冻结可能时，可不设循环管，用于空调系统时可不设循环管。选C。

30. **答案：**D

分析：根据《复习教材》P78可知，选项D正确。

31. **答案：**A

分析：根据《供热计量技术规程》JGJ 173—2009第5.1.1条，选项A正确；根据5.1.3条，选项B错误，新建建筑应设置在专用表计小室中；根据5.2.2条，选项C错误，应安装静态水力平衡阀，是否安装动态平衡阀需要根据水力平衡情况和系统形式确定；根据5.2.3条，选项D错误，变流量系统不应设置自力式流量控制阀。

32. **答案：**B

分析：变温降法供暖系统水力计算实质上是按照管道系统阻力计算流量的分配，与水力等比一致失调原理相同。

33. **答案：**D

分析：根据《热网规》第7.2.3条可知，选项A正确；根据第7.2.4条可知，选项B正确；根据第7.2.5条可知，选项C正确；根据第7.2.7可知，选项D错误。

34. **答案：**D

分析：根据《辐射规》第3.8.2条可知，选项A正确；根据第3.8.3条可知，选项B正确，选项D错误；根据第3.8.1条条文说明可知，选项A正确。选D

35. **答案：**B

分析：根据《辐射规》第3.1.15-4条可知，选项A正确；根据第5.4.14-1条可知，选项B错误；根据第5.4.14-3条可知，选项C正确；根据第5.4.14-2条可知，选项D正确。

36. **答案**：B

分析：垂直双管供暖系统，当运行工况偏离设计工况时，会发生水力或热力失调。变流量运行为系统水力工况调节，因此水力稳定性影响较大，距离热力入口越远的末端水力稳定性越差，故变流量调节时，顶层的供热量均比低层要大；变供水温度运行时，自然作用压头是主要影响因素，双管系统顶层的作用压头影响较大，故变供水温度调节时，顶层供热量变化比低层大，即顶层供热量较小比低层多。因此选项B错误。

37. **答案**：B

分析：根据《复习教材》P145可知，选项ACD均正确；选项B还应保留不小于20mm的补偿余量。

38. **答案**：D

分析：根据《复习教材》P149可知，选项AB正确，二者均能表示锅炉的容量；根据表1.11-2下边小注1可知，锅炉的设计给水温度分20℃、60℃、104℃，选项C正确；根据P151可知，选项D错误，注意蒸发量和蒸发率的区别。

39. **答案**：D

分析：根据《热计量规》4.2.5条条文说明可知，选项ABC正确，选项D错误。

40. **答案**：B

分析：根据《复习教材》P162，选项ACD正确，选项B错误。

（二）多项选择题

41. **答案**：BCD

分析：根据《热工规范》第5.1.6条可知，选项BCD正确。

42. **答案**：ABD

分析：根据《复习教材》P15，选项AB正确；根据《民规》第5.2.2条条文说明，选项C错误、选项D正确。

43. **答案**：ABC

分析：根据《辐射规》第3.3.7条及其条文说明表3可知，房间热负荷与选项ABC有关，与电缆型号无关。

44. **答案**：BC

分析：根据《辐射规》第3.3.1条条文说明可知，选项AD为控制供回水温差的原因。

45. **答案**：BCD

分析：根据《辐射规》第5.4.10条，选项A正确；根据第5.4.13条，集水器安装在下，分水器在上，选项B错误；根据第5.7.6条，混凝土填充层施工时，加热供冷管内水压不低于0.6MPa，养护时不低于0.4MPa，选项C错误；根据第5.4.7条，弯头两段宜设固定卡，非中间，选项D错误。

46. **答案**：ABC

分析：《复习教材》表1.4-14可知，最小距离是2.2m，选项ABC不符合要求，选项D符合要求。

47. **答案**：BCD

分析：根据《复习教材》P78，选项A正确；选项B错误，高压蒸汽系统最不利环路供汽管的压力损失，不应大于起始压力的25%；选项C错误，单位长度的压力损失保持在20～30Pa；选项D错误，管道内水冷却产生的自然循环压力可忽略不计，散热器中水冷却产生的自然循环压力必须计算。

48. **答案**：ABD

分析：根据《复习教材》P32可知，选项AB正确；根据P32可知，回水方式有重力回水和机械回水，如果采用机械回水系统则对锅炉位置没有要求，选项C错误；根据P31最后一段可知，选项D正确。

49. **答案**：BC

分析：根据《建筑给水排水及采暖工程施工质量验收规范》GB 50242—2002第3.3.14条可知，选项BC正确，选项AD错误。

50. **答案**：AB

分析：根据《民规》第5.9.5条条文说明可知，选项AB正确，选项CD错误。

51. **答案**：AD

分析：根据《复习教材》图1.9-2（a）可知，选项AD应安装，选项BC不需要安装。

52. **答案**：ABC

分析：根据《复习教材》P106可知，选项AB正确，由《民规》第5.10.4条可知，选项C正确，选项D错误。

53. **答案**：AB

分析：根据《民规》第5.3.4条条文说明可知，选项AB正确，选项CD错误。

54. **答案**：ABC

分析：根据《复习教材》P87～88 可知，选项 ABC 正确，选项 D 错误，pH＝7.5～10。

55. **答案**：AD

分析：根据《复习教材》P86 可知，选项 AD 正确，选项 BC 错误。

56. **答案**：BD

分析：根据《复习教材 2018》"1.5.1 集中送风"可知，选项 A 错误"应处于房间的上部"，选项 B 正确；选项 C 错误，"最小平均风速"，选项 D 正确。

57. **答案**：ABC

分析：根据《复习教材》P41 可知，选项 ABC 正确，选项 D 错误。

58. **答案**：BCD

分析：根据《辐射规》第 6.1.1 条可知，选项 A 正确；由第 6.1.2 条可知，选项 B 错误，表述不完整；由第 6.1.8.1 条可知，选项 C 错误；由第 6.1.9 条可知，选项 D 错误。

59. **答案**：ABC

分析：根据《复习教材》，图 1.4-4 可知，选项 ABC 正确，选项 D 错误。

60. **答案**：AC

分析：根据《民规》第 5.10.2 条及其条文说明可知，选项 A 正确，选项 B 错误，"该方法不适用于地面辐射供暖系统。"选项 C 正确，选项 D 错误，"不能在户内散热末端调节室温"。

61. **答案**：BCD

分析：根据《既有建筑节能改造技术规程》JGJ 129—2012 第 6.1.9 条可知，选项 A 表述不完整；由第 6.1.8 条可知，选项 B 需进行改造；由第 6.1.6 条可知，选项 C 虽然表述不完整，但满足改造条件，正确；由第 6.1.5 条可知，选项 D 需改造。

62. **答案**：ABD

分析：根据《复习教材》P92 中有关设计选用减压阀应注意的问题可知，选项 ABD 正确，选项 B 错误。

63. **答案**：ACD

分析：根据《民规》第 8.5.16.1 可知，选项 D 正确；根据第 8.5.16.2 可知，选项 B 错误，是系统水容量，而不是系统水流量；根据第 8.5.16.3 可知，选项 C 正确；根据第 8.11.5 条可知，选项 A 正确。

64. **答案**：ABC

分析：根据《复习教材》P103倒数第2行可知，选项A正确；根据P102下方有关调压装置的内容可知，选项B正确；根据式（1.8-25）上方文字可知，选项C正确；根据P104中间有关方形补偿器的内容可知，方形补偿器尺寸较大，使用时受到空间的限值，故选项D错误。

65. **答案**：BCD

分析：根据《公建节能》第4.2.6条可知，选项A正确，选项BCD错误。

66. **答案**：ABC

分析：根据《复习教材》P136可知，选项A正确；根据《热网规》第7.4.2可知，选项BC正确；根据第7.4.3.1可知，选项D错误，应有30～50kPa的富裕压力。

67. **答案**：AD

分析：小区供热管网属于街区供热管网，若采用《热网规》应参考第14章。

选项A，根据《复习教材》P129第4行，街区的经济比摩阻可采用60～100Pa/m，正确；

选项B，根据《热网规》第14.2.5条，街区支干线的允许比摩阻不宜大于400Pa/m，错误；

选项C，主干线的总阻力损失需在确定管径后，根据实际比摩阻和当量长度确定，经济比摩阻仅用于初步选取管径所用，错误；

选项D，水力计算时，先计算主干线，再在主干线计算结果基础上确定分支管线，正确。

68. **答案**：ABD

分析：根据《热网规》第8.2.7条可知，选项A正确；根据第8.2.17条可知，选项B正确；根据第8.2.18条可知，选项C错误；根据第8.2.22条可知，选项D正确。

69. **答案**：ABC

分析：根据《锅炉规》第13.2.1条可知，选项ABC均不符合要求，选项D符合要求。

70. **答案**：BCD

分析：根据《锅炉规》第13.3.1条可知，选项A正确；根据第13.3.3条可知，选项B错误，宜架空敷设；根据第13.3.4条可知，选项C错误；根据第13.3.5条可知，选项D错误。

阶段测试Ⅰ·供暖部分专业案例参考答案及解析

答案汇总列表

题号	答案	题号	答案	题号	答案
1	A	11	D	21	C
2	B	12	A	22	D
3	A	13	B	23	B
4	C	14	C	24	D
5	C	15	B	25	A
6	B	16	B		
7	C	17	B		
8	D	18	A		
9	C	19	C		
10	D	20	B		

1. **答案**：A

主要解题过程：建筑面积：60×20×5＝6000m^2。

属于严寒地区甲类公共建筑，建筑外表面积：60×20＋2×（60＋20）×（4×5＋0.6）＝4496m^2。

建筑体积：60×20×（4×5＋0.6）＝24720m^3。

体形系数为：4496/24720＝0.182＜0.4。

满足《公建节能》第3.2.1条的要求。

南向窗墙比：$a=\dfrac{14\times2.5\times(4\times5)}{60\times(4\times5)}=0.583$

根据《公建节能》表3.3.1-2，南外墙传热系数≤0.43，南外窗传热系数≤1.7。

2. **答案**：B

主要解题过程：

$$S_1=\frac{\Delta P_{1j}}{G_{1j}^2}=\frac{4513}{1196^2}=0.00316\text{Pa/(kg}\cdot\text{h)}$$

$$S_2=\frac{\Delta P_{2j}}{G_{2j}^2}=\frac{4100}{1180^2}=0.00295\text{Pa/(kg}\cdot\text{h)}$$

$$G_s=0.86\times\frac{Q}{\Delta t}=0.86\times\frac{74800}{95-70}=2573\text{kg/h}$$

$$\frac{G_{1s}}{G_{2s}}=\frac{1}{\sqrt{S_1}}:\frac{1}{\sqrt{S_2}}=\frac{1}{\sqrt{0.00316}}:\frac{1}{\sqrt{0.00295}}=0.966$$

$$G_{1s}=0.966\times(G_s-G_{1s})$$

$$G_{1s}=1264\text{kg/h}$$

$$G_{2s}=2573-1264=1309\text{kg/h}$$

3. **答案**：A

主要解题过程：

$$\frac{\Delta t_{1s}}{\Delta t_{1j}}=\frac{G_{1j}}{G_{1s}}=\frac{1196}{1264}=0.9462$$

$$\Delta t_{1s}=0.9462\times 30=28.4℃$$

4. **答案**：C

主要解题过程：根据《辐射供暖供冷技术规程》JGJ 142—2012 第 3.3.7 条，考虑附加后的房间热负荷 $Q=\alpha\cdot Q_j+q_h\cdot M=1.0\times 1590+30\times 7=1800$W。

单位面积热负荷 $q=\frac{1800}{30}=60\text{W/m}^2$。

根据《辐射供暖供冷技术规程》JGJ 142—2012 表 B.1.1-3 可知，对于室内温度为 20℃，供回水平均温度为（30+40）/2=35℃的情况，盘管间距为 400mm 时，地面向上散热量与热损失之和为 43.9+16.2=60.1W/m，满足单位面积热负荷需求，因此单位地面面积向上散热量为 43.9W/m²。

验算地表温度 $t_{pj}=t_n+9.82\left(\frac{q_x}{100}\right)^{0.969}=20+9.82\left(\frac{43.9}{100}\right)^{0.969}=24.4℃<29℃$

满足规范要求

5. **答案**：C

主要解题过程：根据《复习教材》P96，水封的高度 $H=\frac{(20-2)\times 1000\times 1.1}{1000\times 9.8}=$ 2.02m。

串联后的水封高度 $h=1.5\times\frac{2.02}{3}=1.01$m。

6. **答案**：B

主要解题过程：最上层散热器占立管的总负荷的比例为 2500÷20000=12.5%，温降为 20×12.5%=2.5℃，散热器平均水温为 90−2.5÷2=88.75℃，平均水温与室温的传热温差为 88.75−16=72.75℃。

最下层散热器占立管的总负荷的比例为 2000÷20000=10%，温降为 20×10%=2℃，散热器平均水温为 70−2.0÷2=71℃，平均水温与室温的传热温差为 71−16=55℃。

散热面积的比值约为：

$$\frac{F_1}{F_d}=\frac{\frac{Q_1}{q_1}}{\frac{Q_d}{q_d}}=\frac{2000}{2500}\times\frac{0.9\times 72.75^{1.2}}{0.9\times 55^{1.2}}=1.12$$

7. **答案**：C

主要解题过程：系统总流量 $G=\frac{0.86Q}{\Delta t}=\frac{0.86\times(2000+2000+2000+2000)}{85-60}=$

275.2kg/h。

设底层散热器的供水温度为 t，对于底层散热器及其跨越管组成的并联环路有 $\dfrac{0.86\times2000}{t-60}=275.2$。

解得 $t=66.25$℃

设单层散热器流量为 G_1，跨越管流量 G_2，由并联环路自用压力相等原则得：$0.02\times G_1^2=0.007\times G_2{}^2=0.007\times(275.2-G_1)^2$

解得 $G_1=102.12$kg/h。

设底层散热器的回水支管温度为 t_h，对于底层散热器本身有 $\dfrac{0.86\times2000}{66.25-t_h}=102.12$

解得 $t_h=49.41$℃。

由题意，根据散热器安装及连接方式，$\beta_2=1$，$\beta_3=1$。底层散热器流量倍数 $a=\dfrac{25}{66.25-49.41}=1.5$。

由《复习教材》表1.8-5可确定流量修正系数为0.95，设片数修正系数为1，则底层散热器片数为：

$$\begin{aligned}n&=\frac{Q}{fK\Delta t_{pj}}\beta_1\beta_2\beta_3\beta_4=\frac{2000}{0.205\times2.442\Delta t_{pj}^{1.321}}\times1\times1\times1\times0.95\\&=\frac{2000\times0.95}{0.205\times2.442\left(\dfrac{66.25+49.41}{2}-18\right)^{1.321}}\\&=29.2\text{ 片}\end{aligned}$$

由表1.8-2查得片数修正系数为1.1，则 $n=29.2\times1.1=32.1$ 片。

根据《09技措》第2.3.3条，热量尾数为 $0.1/32.1=0.3\%$。

舍去尾数，因此底层需要32片散热器。

8. **答案：**D

主要解题过程：根据《建筑给排水及采暖工程施工施工质量验收规范》GB 50242—2002第8.6.1.1条，该系统顶点的试验压力为0.3MPa。若在底层地面试压，则试验压力为：

$$P=0.3+\frac{20\times1000\times9.8}{1000000}=0.496\text{MPa}$$

9. **答案：**C

主要解题过程：根据《民规》第5.9.14条，一层环路和三层环路的重力水头为：

$$H=\frac{2}{3}h(\rho_h-\rho_g)g=\frac{2}{3}\times(2\times6)\times(977.81-961.92)\times9.81=1247\text{Pa}$$

对于双管系统，最不利环路为最远立管最底层，因此机械循环水泵提供的资用压力为最不利环路阻力（双管系统运行时，上层系统比下层系统增加自然作用压头，因此最底层是最不利环路），即最底层环路阻力。

计算平衡率时不考虑公共管路，因此最不利环路阻力为300Pa。对于3层散热器环路，除了水泵提供的资用压头，还有自然作用压头，因此对于并联环路1层与3层，总的资用压力 $P_z = 1247 + 300 = 1547\text{Pa}$。

3层环路的阻力 $P_3 = 150 + 150 + 150 + 150 + 300 = 900\text{Pa}$

3层散热器环路相对于1层散热器环路的不平衡率 $x = \dfrac{P_z - P_3}{P_z} \times 100\% = \dfrac{1547 - 900}{2147} \times 100\% = 41.8\% > 15\%$。

不符合规范要求。

10. **答案**：D

主要解题过程：加热前空气温度 $\Delta t_1 = (-12) \times 0.2 + 16 \times 0.8 = 10.4℃$。

加热空气量 $G = \dfrac{10000 \times 1.2}{3600} = 3.3\text{kg/s}$。

加热空气量 $Q_2 = Gc_p\Delta t_1 = 3.3 \times 1.01 \times (40 - 10.4) = 98.66\text{kW}$。

送风温差 $\Delta t_2 = 40 - 16 = 24℃$。

围护结构热负荷 $Q_2 = Gc_p\Delta t_2 = 3.3 \times 1.01 \times (40 - 16) = 79.99\text{kW}$

11. **答案**：D

主要解题过程：供暖用户设计流量 $G_y = \dfrac{Q}{c_p(\theta_1 - \theta_2)} = \dfrac{3}{4.187 \times (45 - 35)} = 0.072\text{kg/s}$

混水装置设计混合比 $\mu = \dfrac{t_g - \theta_1}{\theta_1 - \theta_2} = \dfrac{75 - 45}{45 - 35} = 3$。

$$G'_h = \mu G_h$$

$$G_y = G_h + G'_h = \frac{1}{\mu}G'_h + G'_h = \left(\frac{1}{\mu} + 1\right)G'_h$$

混水装置设计流量 $G'_h = \dfrac{G_y}{\left(1 + \dfrac{1}{\mu}\right)} = \dfrac{0.072}{1 + \dfrac{1}{3}} = 0.054\text{kg/s} = 194.4\text{kg/h}$

12. **答案**：A

主要解题过程：根据《热网规》第10.3.6.2条可知，混水泵的扬程不应小于浑水点以后用户系统的总阻力。用户系统循环管路为bgg′b′系统，管路最大运行阻力为顶层环路阻力bgg′b′。

$$\Delta p = 2 \times 5 \times 2 + 40 = 60\text{kPa} = 8\text{mH}_2\text{O}$$

13. **答案**：B

主要解题过程：根据《复习教材》P55，$h^2/A = 16/1000 = 0.016$。

查图1.4-19，ε=0.71。$\eta = \varepsilon\eta_1\eta_2 = 0.71 \times 0.9 \times 0.9 = 0.5751$。

$$R = \frac{Q}{\dfrac{CA}{\eta} \times (t_{sh} - t_w)} = \frac{5000}{\dfrac{11 \times 1000}{0.5751} \times (18 + 6.2)} = 0.108$$

$$Q_f = \frac{Q}{1+R} = \frac{50}{1+0.108} = 45.1\text{kW}$$

14. **答案**：C

主要解题过程：

$$t_{pj} = (75+50)/2 = 62.5℃$$

根据《复习教材》P70 有：$\frac{Q_d}{Q_0} = \frac{t_{pj}-t_n}{t_{pj}-15}, Q_d = \frac{6\times(62.5-18)}{62.5-15} = 5.621\text{kW}$

$$N_1 = \frac{170-70}{5.621\times0.8} = 22.2\ 台$$

满足1.5次每小时的换气次数，则：

$$N_2 = \frac{1.5\times8\times2000}{900} = 26.7\ 台$$

取两者大值，即为27台，选C。

15. **答案**：B

主要解题过程：110℃热水汽化压力4.6m，静水压曲线高度应为用户最高充水高度+汽化压力+（3～5）（m）富余量之和，即24+4.6+（3～5）=31.6～33.6m。

取整为32m，且所有直接连接用户不超压。

用户4楼层过高，采用分区连接，高区（25～45m）间接连接，低区（0～24m）直接连接。

低区分层时要考虑保证直连的低区不汽化、不倒空、不超压，故选项C中从30m分区不合适。

16. **答案**：B

主要解题过程：200kPa属于高压蒸汽供暖，根据《复习教材》P82，有：

$$\Delta P_m = \frac{0.25aP}{L} = \frac{0.25\times0.6\times200000}{300} = 100\text{Pa/m}$$

$$\Delta P = \Delta P_m(l+l_d) = 100\times(300+50) = 35000\text{Pa} = 35\text{kPa}$$

17. **答案**：B

主要解题过程：热源条件改变前后的流量比 $\frac{G_2}{G_1} = \frac{\Delta t_1}{\Delta t_2} = \frac{10}{7} = 1.428$。

热源条件改变后最不利环路干管的阻力损失为：

$$\frac{\Delta P_2}{\Delta P_1} = \frac{G_2^2}{G_1^2} = 1.428^2$$

$$\Delta P_2 = 1.428^2\times\Delta P_1 = 1.428^2\times40 = 81.57\text{kPa}$$

热源条件改变后最不利环路资用压力 $\Delta P_z = \Delta P_2 + 40 = 81.57+40 = 121.57\text{kPa}$。

18. **答案：**A

主要解题过程：设计流量 $G_1 = 0.86 \times \frac{Q}{\Delta t} = 0.86 \times \frac{15}{25} = 0.516\text{m}^3/\text{h}$。

实际流量 $G_2 = \sqrt{\frac{50}{30}} \times G_1 = \sqrt{\frac{50}{30}} \times 0.516 = 0.666\text{m}^3/\text{h}$。

水力失调度 $x = \frac{G_2}{G_1} = \frac{0.666}{0.516} = 1.29$。

19. **答案：**C

主要解题过程：根据《公建节能改造》第10.2.1条，有：

$E_{\text{COn}} = E_{\text{baseline}} - E_{\text{pre}} + E_{\text{cal}} = 8 \times 10^8 - 5 \times 10^8 + 1 \times 10^8 = 4 \times 10^8\text{kJ}$

20. **答案：**B

主要解题过程：

$$\Delta P_{\text{W}} = 500 \times 60 \times (1 + 0.5) = 45000\text{Pa} = 45\text{kPa}$$

$$y = \sqrt{\frac{1}{1 + (\Delta P_{\text{W}}/\Delta P_{\text{y}})}}$$

$$0.5 = \sqrt{\frac{1}{1 + (45/\Delta P_{\text{y}})}}$$

$$\Delta P_{\text{y}} = 15\text{kPa}$$

21. **答案：**C

主要解题过程：立管Ⅰ和Ⅱ间凝水干管干式凝水放热量 $Q = 5000 \times 6 = 30\text{kW}$。

根据《复习教材》表1.6-10可知，管径为25mm时通过的凝水放热量为33kW，满足题干要求。

22. **答案：**D

主要解题过程：

根据《复习教材》P157，锅炉房设计容量为：7×1.2=8.4MW。

根据《复习教材》P148，锅炉房的台数不宜少于两台。其中一台检修时，严寒地区不应低于锅炉设计供热量的70%，则单挑锅炉容量为：8.4×0.7=5.88MW。

23. **答案：**B

主要解题过程：耗热量计算所需热量 $Q_1 = (4 + 4) + 10 \times 80\% + 9 \times 75\% = 22.75\text{MW}$。

$$G_1 = \frac{Q_1}{0.7} = \frac{22.75}{0.7} = 32.5\text{t/h}$$

直接输出的蒸汽量为：2500×0.5+4300×0.8=5440kg/h=5.44t/h。

蒸汽锅炉总蒸发量为：(32.5+5.44)÷0.95=39.9t/h。

24. **答案：**D

主要解题过程：根据题意可知，单台泵流量

$$G=\frac{1}{2}\times0.86\times\frac{Q}{\Delta T}=\frac{1}{2}\times0.86\times\frac{3000}{25}=51.6\mathrm{m^3/h}$$

$$A=0.004225,\ B=17,\ \alpha=0.0069。$$

耗电输热比限值：$\dfrac{A\times(B+\alpha\Sigma L)}{\Delta T}=\dfrac{0.004225\times(17+0.0069\times1400)}{25}=0.004506$

水泵在设计工况点的最低效率 $EHR-h=0.003096\Sigma(G\times H/\eta)/Q\leqslant0.0052$

$\eta\geqslant\dfrac{0.003096\Sigma(G\times H)/Q}{0.0052}=\dfrac{0.003096\times103.2\times32/3000}{0.004506}=0.756=75.6\%$

25. **答案**：A

主要解题过程：射流的有效作用长度 $l_x=\dfrac{0.7X}{\alpha}\times\sqrt{A_h}=\dfrac{0.7\times0.37}{0.08}\times\sqrt{100}=32.4\mathrm{m}$。

车间换气次数 $n=\dfrac{380v_1^2}{l_x}=\dfrac{380\times0.5^2}{32.4}2.93\mathrm{h^{-1}}$。

每股射流的空气量 $L=\dfrac{nV}{3600}=\dfrac{2.93\times1000}{3600}=0.81\mathrm{m^3/s}$。

送风口直径 $d_0=\dfrac{0.88L}{v_1\times\sqrt{A_h}}=\dfrac{0.88\times0.81}{0.5\times10}=0.143\mathrm{m}$。

阶段测试Ⅱ·通风部分专业知识参考答案及解析

答案汇总列表

题号	答案	题号	答案	题号	答案	题号	答案
1	B	21	A	41	ABD	61	ABD
2	C	22	A	42	BCD	62	CD
3	B	23	D	43	BCD	63	BD
4	B	24	B	44	AB	64	AC
5	D	25	C	45	ABCD	65	ABC
6	B	26	D	46	BC	66	ABC
7	B	27	A	47	AC	67	ACD
8	D	28	C	48	ABC	68	BD
9	C	29	B	49	ACD	69	ACD
10	B	30	C	50	ABCD	70	AD
11	C	31	D	51	BD		
12	C	32	A	52	AB		
13	D	33	B	53	AB		
14	D	34	D	54	AC		
15	A	35	C	55	BCD		
16	C	36	B	56	AC		
17	C	37	A	57	CD		
18	A	38	C	58	AB		
19	A	39	B	59	CD		
20	B	40	A	60	ABCD		

（一）单项选择题

1. **答案：**B

分析：根据《民规》第6.6.3条条文说明可知，选项A正确；根据《民规》第10.1.5条可知，室内允许噪声25～35dB（A）时，主风管风速3～4m/s，选项B错误；根据《复习教材》表2.7-3可知，选项C正确；根据《复习教材》表2.10-29下方文字可知，选项D正确。

2. **答案：**C

分析：查《民规》附录A可知，上海夏季通风室外计算温度为31.2℃，根据《工作场所有害因素接触限值 第2部分：物理因素》GBZ 2.2—2007第10.1.3条可知，接触时间率为6/8=0.75；由表B1可知，锻造车间为II等劳动强度，根据第10.2.2条和表8可知，*WBGT*指数限制为29+1=30℃。

3. **答案**：B

分析：根据《复习教材》P172 中间部分文字可知，选项 ACD 正确，选项 B 错误，设在绿化地带时，进风口底部距离室外地坪不宜低于 1m。

4. **答案**：B

分析：由《复习教材》式（2.3-7）可计算屋顶动力阴影区最大高度 $H_c=0.3\sqrt{A}=0.3\sqrt{20\times16}=5.4$m。

排放有害物必须高出动力阴影区，因此排气筒至少高出屋面 5.4m。

5. **答案**：D

分析：根据《复习教材》P172 上方关于进风口位置的设置，对于进风口的位置，只有设在绿化地带时，不宜低于 1m，选项 D 错误。

6. **答案**：B

分析：根据《工规》第 6.4.3 条，事故排风量不应小于 $12h^{-1}$。当房间高度大于 6m 时，按 6m 空间高度计算事故排风量，则最小事故排风量为：$L_{min}=1000\times6\times12=72000m^3/h$。

7. **答案**：B

分析：增加机械排风后，根据风量平衡，自然通风的进风量将大于排风量，对应进风余压大小大于排风余压大小，余压越大的孔洞中心距离中和面越远，因此中和面上移，选项 B 错误。

8. **答案**：D

分析：根据《复习教材》P186 中间部分，选项 AB 正确；根据 P187 第一行，选项 C 正确；根据式（2.3-23）关于 ΔP_{ch}的说明，选项 D 错误。

9. **答案**：C

分析：根据《复习教材》P191～P192，选项 AB 正确；送风量取排风量的 70%～75%，选项 C 错误；选项 D 参见表 2.4-2。

10. **答案**：B

分析：根据《复习教材 2018》P191 中间文字可知，选项 A 正确。小型通风柜适合化学实验室、小零件喷漆；根据 P196 可知，对于槽宽大于 700mm 的槽边排风罩，适合采用双侧型，故选项 B 采用单侧型错误；根据 P199 关于接受罩的排风特点可知，选项 C 正确；根据 P190 倒数第二段可知，选项 D 正确。

11. **答案**：C

分析：根据《复习教材》式（2.4-31）可知，选项A错误，还要考虑罩口扩大面积的吸入空气量，同时选项D错误，高悬罩需要考虑为罩口断面上热射流流量与吸入空气量的和，而非收缩断面热射流流量；根据式（2.4-27）上方文字可知，选项B错误，尺寸比热源尺寸扩大150～200mm，而非收缩断面直径；根据式（2.4-27）可知，选项C正确。

12. **答案**：C

分析：根据《复习教材》P208倒数第二句，选项A正确；根据式（2.5-25）后面一段，选项B正确；根据P229第二段，选项C错误，冲激式除尘器的压力损失为1000～1600Pa；根据P230第二段，选项D正确。选C。

13. **答案**：D

分析：根据《复习教材》P209第2段可知，选项A正确；根据式（2.5-16）下方文字可知，选项B正确；根据P211上方有关影响除尘效率主要因素内容可知，选项C正确；由式（2.5-16）上方文字可知，当旋风除尘器绝对尺寸放大后，压力损失基本不变，选项D错误。

14. **答案**：D

分析：根据《复习教材》图2.5-10左边文字可知，选项A正确；根据图2.5-7旁边文字可知，选项B正确；根据P214下方第10种滤料内容可知，选项C正确；根据P218最后一段可知，选项D错误，与过滤速度和气体黏度成正比，与气体密度无关。

15. **答案**：A

分析：根据《复习教材》P228中间部分，缺点是不能干法回收干料，选项A错误；由P229页第一段可知，选项B正确；由P229第二段可知，选项C正确；由P228最后一段可知，选项D正确。

16. **答案**：C

分析：根据《复习教材》P244倒数第2段可知，选项A正确；由表2.6-9可知，选项AD正确，选项C错误，文丘里洗涤塔对烟尘的吸收效率为95%～99%。

17. **答案**：C

分析：参见《复习教材》P241“3. 吸收剂的选择”。选项A原文是“对被吸收组分的溶解度”，选项C应为黏度要低，比热不大，不起泡，错误。

18. **答案**：A

分析：由《复习教材》P244～246可知，紫外线、光触媒及臭氧都具有杀菌作用。活性炭仅为吸附剂，不具有灭杀病菌的功能。

19. **答案**：A

分析：根据《复习教材》表2.6-7可知，硫化氢适合采用苛性钠去除。

20. **答案**：B

分析：由《复习教材》式（2.6-10）可计算排风罩排风量，其中靠墙的长边不计入周长 $L = 1000 \times (1.5 + 0.8 \times 2) \times 0.6 = 1860\text{m}^3/\text{h}$。

按断面风速法计算，$L = 1.5 \times 0.8 \times 0.5 = 0.6\text{m}^3/\text{s} = 2160\text{m}^3/\text{h}$

排风量应取较大值，即 $2160\text{m}^3/\text{h}$。

21. **答案**：A

分析：根据《复习教材》P279最上方文字可知，测点需要在局部阻力之后 $5D$，局部阻力之前 $2D$。回风管上，A点应位于弯头之后不小于10m，因此A不合理。B应位于弯头之前不应小于2m，B合理。CD位于送风管，C应在防火阀后不小于10m，在弯头前不小于4m，C合理。D应在弯头后不小于10m，D合理。

22. **答案**：A

分析：根据《通风验收规范》第4.3.6条。非内外同心弧形式的为选项AC，其中选项A边长大于500mm，因此需要设弯管导流片。

23. **答案**：D

分析：根据《通风验收规范》表E.1.3或《复习教材》表2.9-1可知，选项A正确；根据《通风验收规范》第E.1.2条或《复习教材》图2.9-1可知，选项BC均正确；根据《通风验收规范》第E.1.4条或《复习教材》P283中间内容可知，选项D错误，风速探头应正对气流吹来方向。

24. **答案**：B

分析：根据《复习教材》P271和《民规》第6.5.1条可知，选项A错误，选项B正确；同时，通风量与系统类型有关，选项CD错误。

25. **答案**：C

分析：根据《复习教材》P265关于"高温通风机"的内容可知，选项A正确。根据P265"射流通风机"可知，选项B正确。根据P264通风机用途分类，对于防爆风机，只有在防爆等级高的通风机，其叶轮、机壳才需要均用铝板，选项C错误。根据P264"一般用途通风机"内容可知，选项D正确。

26. **答案**：D

分析：根据《通风施工规范》表7.3.4-1，或《通风与空调工程施工质量验收规范》第6.3.1-1条，该风管支吊架最大间距不应超过3000mm。

27. **答案**：A

分析：根据《工规》第6.8.4条可知，选项A错误，为防毒而设置的排风机不应与其他系统通风机设在同一机房内；根据第6.8.6条可知，选项B正确；根据第6.8.11条可知，选项C正确；根据第6.8.9条可知，选项D正确。

28. **答案**：C

分析：根据《建规》第9.3.9条，选项ABD正确，选项C错误，排风管应采用金属风管。

29. **答案**：B

分析：根据《复习教材》表2.10-23可知，带有喷淋的商店，自然排烟侧窗风速不小于0.78m/s，顶部排烟时按侧窗风速1.4倍计算，可计算所需排烟窗不小于23.2m^2，因此选项A正确；根据P304"自然排烟系统的排烟口面积法"第2款可知，选项B错误，仅走道设自然排烟设施，其间距不小于走到长度的2/3；根据第1款可知，选项D正确；根据表2.10-21可知，选项C正确。

30. **答案**：C

分析：根据《防排烟标准》第4.4.13条可知，选项C错误，吊顶上部空间排烟时，吊顶应采用不燃材料且吊顶内不应有可燃物。

31. **答案**：D

分析：根据《防排烟标准》第4.4.5条可知，选项A错误，排烟风机两侧应有600mm的空间；由第4.4.3条可知，选项B错误，控制阀门不应超过10个；根据第4.4.5条，选项C错误，排烟机房内不应有机械加压送风风机与风道；根据第4.4.11条可知，选项D正确。

32. **答案**：A

分析：参考《建规》第9.3.11条文说明表18。

33. **答案**：B

分析：参考《防排烟标准》第4.4.8-4条。

34. **答案**：D

分析：根据《防排烟标准》第4.5.1条可知，选项A正确；根据第4.5.3条可知，选项B正确；根据第4.5.4条可知，选项C正确；影剧院属于人员密集场所，由第4.5.6条可知，选项D错误，不应大于5m/s。

35. **答案**：C

分析：由根据《复习教材》P327第3段最后一句，选项AB正确；由式（2.11-5）可知，选项C错误，应为之差；换气次数越大，滤毒通风新风量越大，由式（2.11-5）可知，对应超压排风量越大，选项D正确。

36. **答案：** B

分析： 参考《人民防空地下室设计规范》GB 50038—2005 表5.2.4。

37. **答案：** A

分析： 根据《复习教材》式（2.11-11）可知，$Q=85+80+15=180$kW；水冷冷却水散热量与机房余热量无关。

38. **答案：** C

分析： 根据《复习教材》P340"厨房通风"第1）条内容可知，选项A正确；根据P341中间内容可知，选项B正确；根据P341最下方关于"厨房排风系统设计"的第2款可知，选项C错误，风速不应小于8m/s，且不宜大于10m/s；根据P341"厨房排风系统的设计"第1款可知，选项D正确。

39. **答案：** B

分析： 根据《复习教材》P339关于"气体灭火防护区及储瓶间的通风"内容可知，选项A正确；根据P340"锅炉间、直燃机房及配套用房通风量"的第1条可知，选项B错误，首层燃油锅炉事故通风量不小于$6h^{-1}$；根据P340第1行可知，选项C正确；根据P338最后一行可知，选项D正确。

40. **答案：** A

分析： 根据《复习教材》第2.13节第一段，选项A错误，应除甲类建筑外；根据P343上部内容可知，选项BCD均正确。

（二）多项选择题

41. **答案：** ABD

分析： 根据《复习教材》最后一段可知，办公楼环境属于Ⅱ类民用建筑工程。根据表2.1-8可知，选项ABD均满足Ⅱ类民用建筑工程指标，但苯含量超标，不应超过0.09mg/m³。

42. **答案：** BCD

分析： 一般工业区属于二级地区，根据《大气污染物综合排放标准》GB 16297—1996表2第15项查得15m苯排气筒允许排放速率为0.5kg/h，根据附录B3外推公式，$Q=0.5\times\left(\frac{12}{15}\right)^2=0.32$kg/h。根据第7.4条，严格按50%执行，最高允许排放速率为0.16kg/h。

43. **答案**：BCD

分析：由 GBZ 2.1—2019 表 2 可查得电焊烟尘总尘限值为 4mg/m^3，由《工规》第 6.3.2 可知，排风含尘浓度大于等于工作区容许浓度 30%时不应采用循环空气。因此，可采用循环空气的最高浓度为 4×30%=1.2mg/m^3。

44. **答案**：AB

分析：根据《复习教材》P172 倒数第 2 段可知，选项 A 正确；根据 P173 上方第 1 条可知，选项 B 正确；根据 P172 下方第（1）条可知，选项 C 错误，送风应先经过操作区，后由污染区排出；根据 P173 第（6）的第 3）条可知，选项 D 错误，下缘距离地板间距不大于 0.3m。

45. **答案**：ABCD

分析：根据《复习教材》第 2.2.4 节风量平衡和热量平衡可知，选项 ABCD 均正确。

46. **答案**：BC

分析：根据《复习教材》P313 内容可知，选项 BC 正确。选项 A 中不应大于爆炸下限的 50%，选项 D 中，对于排除有爆炸危险物质的排风系统，其设备不应设在地下、半地下室内。

47. **答案**：AC

分析：根据《复习教材》P178 上方第（9）条可知，选项 A 正确；根据第（7）条可知，选项 B 错误，应根据热压作用计算；根据表 2.1-8 下方文字可知，选项 C 正确；根据 P178 第（9）条可知，选项 D 错误，空气层高度宜为 20cm。

48. **答案**：ABC

分析：改变进排风窗的面积可以调整中和面的高度，增大排风窗或减小进风窗均可以增加中和面的高度。增加机械排风后，自然进风余压增大，自然排风余压降低，中和面上升，可以实现工艺要求。增加机械进风后，自然进风余压减小，自然排风余压增大，中和面下降，无法实现工艺要求。

49. **答案**：ACD

分析：根据《民规》第 6.2.1-1 条可知，选项 A 正确，但是《复习教材》P177 下部（3）标书为不宜，此处以《民规》为准；根据 P177（5），冬季自然通风进风口下缘距室内地面不宜小于 4m，选项 B 错误；根据 P178 上部（9），选项 CD 正确。

50. **答案**：ABCD

分析：根据《复习教材》P190 上部的 3），选项 A 正确；根据 P192 第五段，选项 B 正确；根据 P196 第一段最后一句，选项 C 正确；根据《工规》第 6.6.7 条条文说明可知，选项 D 正确。选 ABCD。

51. **答案**：BD

分析：根据《复习教材》式 2.4-30 可知，选项 A 错误，需要比热射流尺寸大 0.8 倍的罩口高度；由式（2.4-9）上方文字可知，选项 B 正确；由表 2.4-3 可知，选项 C 错误，最小控制点风速为 1～2.5m/s；由 P192 最上方一段可知，选项 D 正确。

52. **答案**：AB

分析：由《复习教材》P192 第 3 段可知，选项 A 正确；根据式（2.4-3）可知，选项 B 正确；根据表 2.4-1 可知，选项 C 错误，实验室有毒有害物控制风速为 0.4～0.5m/s；根据 191 中间文字可知，送风式通风柜 70%的排风量单独从上部送入，30%由室内补入，而非 70%排出，选项 D 错误。

53. **答案**：AB

分析：根据《复习教材》式（2.4-9）上面一段可知，选项 A 正确；由表 2.4-5 旁边文字可知，选项 B 正确；由式（2.4-7）下方一段可知，矩形侧吸罩按此计算，选项 C 错误；由 P193 最后一段可知，无法兰的控制点风速为罩口平均速度的 7.5%，而有法兰的为 11%，可知控制点风速相同时，无法兰罩口需求风速大于有法兰的，因此有法兰的排风量小于无法兰的，故选项 D 错误。

54. **答案**：AC

分析：根据《复习教材》P212 第三段，选项 A 正确；根据 P212 最后一句，选项 B 错误；根据 P218 第一句，选项 C 正确、D 错误。

55. **答案**：BCD

分析：选项 BC：三相电动机电源线接反会造成风机反转，而一般风机叶片反转并不会造成风量反吹，而是风量或风压下降，因此风机的电动机的电源相线接反或风机的叶轮装反均会造成吸尘口基本无风；选项 D：斜插板关闭，肯定没有空气流动；选项 A：风速过高情况下会有噪声，与是否有风无关。

56. **答案**：AC

分析：根据《复习教材》P224 下方关于电晕闭塞的情况可知，入口含尘浓度如果过大会导致电晕闭塞降低除尘效率。根据式（2.5-27）可知，处理风量下降，除尘效率会提高。根据式（2.5-26）可知，电流下降 10 倍比电阻将增大 10 倍，即此时粉尘比电阻为 6×10^{5}～8×10^{12}，已经远超设计允许比电阻 1×10^{4}～4×10^{12}，粉尘在收尘器上聚集排斥其他带负电粉尘，因此选项 C 可能降低过滤效率。电压下降 50%，比电阻下降 50%，此时粉尘比电阻为 3×10^{4}～4×10^{11}，依然处于合理比电阻范围内，因此选项 D 不会导致除尘器过滤效率降低。

57. **答案**：CD

分析：根据《复习教材》，选项 A 参见 P212～P213，所述内容为脉冲喷吹类清灰，错误；选项B参见图2.5-14，随着粒径减小，过滤效率还将升高，存在一个过滤效率最低的中间粒径，错误；选项C参见式（2.5-20）下方文字，正确；选项D参见P218最后一句话，正确。

58. **答案**：AB

分析：由题意，垃圾房排风量为40×3.5×15=2100m^3/h，根据《复习教材》表2.6-5，可以采用垂直型或圆筒型吸附装置。

59. **答案**：CD

分析：根据《复习教材》P236最后一段，选项A正确；根据P237中部，选项B正确；根据P237最后一段，选项C错误，对于吸附剂中吸附气体分压极低的气体，可用惰性气体加热到300～400℃进行脱附再生；根据P238中部，热力再生法的设备投资和运行费用均较高，且在每一次再生循环中会有5%～20%的吸附剂被损耗，选项D错误。

60. **答案**：ABCD

分析：由《复习教材》P255最后一行，选项A错误，还要附加非同时工作的15%～20%风量；根据《工规》第6.7.9-4条，宜从上面或侧面接触，选项B错误；根据第6.7.4条，漏风率不宜超过3%，选项C错误；根据第6.7.5条，选项D错误。

61. **答案**：ABD

分析：根据《复习教材》P260～P261可知，选项ABD正确。

62. **答案**：CD

分析：根据《民规》第6.6.9条可知，选项A正确；根据第6.6.18条可知，选项B正确；根据第6.5.10可知，有爆炸危险物质房间的送风及排风均需要采用防爆型，仅送风风机设在独立风机房且送风干管有止回阀时可采用非防爆型，因此选项C不合理；根据第6.6.7条可知，设置柔性接头的长度为150～300mm，选项D错误。

63. **答案**：BD

分析：根据《通风施工规范》。选项A：参见第15.2.1条，均不少于三节；选项B：参见第15.3.1-2条；选项C参见第15.2.3-3条；选项D：参见第15.2.3-1条。

64. **答案**：AC

分析：根据《通风验收规范》第6.2.3条可知，选项A不满足相关规定，严禁与避雷针或避雷网连接；根据第6.2.2条可知，选项B正确；根据第6.3.1-1条，水平风管边长不大于400mm时，支吊架间距不应大于4m，但大于400mm的间距不大于3m，因此选项C错误；根据第6.2.3条，安装在易燃易爆环境的风管必须设置可靠的防静电装置，选项D正确。

65. **答案**：ABC

分析：由《建规》第 9.3.14 条，选项 AB 正确；由第 9.3.13 条，选项 C 正确；由第 9.3.15 条，选项 D 错误，采用难燃材料。

66. **答案**：ABC

分析：根据《防排烟标准》第 4.1.1 条，排烟方式要根据建筑性质等因素确定，优先自然排烟，对建筑高度没有制约条件，因此选项 A 错误；根据第 4.1.3-3 条关于回廊设置排烟的要求可知，商店建筑回廊应设排烟设施；根据第 4.4 条及第 4.1.4-4 条可知，选项 C 划分防烟分区和固定窗的要求正确，但根据第 4.4.15 条关于固定窗面积的要求可知，只有顶层区域要求按地面面积 2%设置固定窗，其他需要按面积不小于 $1m^2$ 设置，因此，选项 C 不合理；根据第 4.2.2 条，吊顶开孔率不大于 25%时，吊顶空间不计入储烟仓厚度，因此选项 D 正确。

67. **答案**：ACD

分析：建筑高度 96m，住宅可采用自然通风防烟，根据《防排烟标准》第 3.1.3 条，每个朝向对于合用前室需要分别有不小于 $3m^2$ 的外窗，选项 A 缺少面积要求，错误；根据第 3.1.5 条，选项 B 防烟系统可行；根据第 3.1.5 条，独立前室可采用选项 C 的措施，合用前室不行，错误；根据第 3.1.3-2 条，楼梯间可自然通风的前提与合用前室送风口有关，而非自身开窗情况，选项 D 错误。

68. **答案**：BD

分析：根据《人民防空地下室设计规范》GB 50038—2005。选项 A 参见第 5.2.13 条；选项 B 参见第 5.2.17 条，其中第 5.2.1.2 条对战时物资库没有应设置滤毒通风的要求，但实际需要设置时，滤毒通风可设置，因此其测压装置也应满足规范要求；选项 C 参见第 5.2.10 条；选项 D 参见第 5.2.16 条文说明。

69. **答案**：ACD

分析：根据《复习教材》P342 第（3）条的第 2）款可知，选项 A 错误，需要保持排风系统正常运行；根据第 1）款可知，选项 B 正确；根据第（2）条可知，选项 C 错误，宜关闭空调通风系统的加湿功能；根据第（5）条可知，选项 D 错误，此时应停止使用空调通风系统。

70. **答案**：AD

分析：参见《民规》虽然民规第 6.3.9 条规定事故通风不宜小于 $12h^{-1}$，但是对于有明确规定不应小于 $6h^{-1}$ 的燃油自燃溴化锂制冷机房，故 D 的说法是正确的，两个条文不矛盾。

阶段测试Ⅱ·通风部分专业案例参考答案及解析

答案汇总列表

题号	答案	题号	答案	题号	答案
1	B	11	B	21	B
2	A	12	D	22	D
3	C	13	D	23	C
4	C	14	B	24	C
5	D	15	C	25	D
6	C	16	D		
7	D	17	A		
8	B	18	D		
9	C	19	B		
10	D	20	D		

1. **答案**：B

主要解题过程：室内CO_2产生量$y = 22.6 \times (150 \times 80\%) = 2712L/h = 0.753L/s$。

CO_2分子量为44，折算质量流量$x = \dfrac{My}{22.4} = \dfrac{44 \times 0.753}{22.4} = 1.479g/s$。

送风含有CO_2的体积浓度为300ppm，折算质量浓度$y_0 = \dfrac{MC_0}{22.4} = \dfrac{44 \times 300}{22.4} = 589mg/m^3 = 0.589g/m^3$。

CO_2浓度随时间的增加而增长，则2h运行的末端时刻最大CO_2质量浓度$y_2 = \dfrac{MC_2}{22.4} = \dfrac{44 \times 2000}{22.4} = 3929mg/m^3 = 3.93g/m^3$。

带入《复习教材》式（2.2-1a）计算经过房间所需送风量$L = \dfrac{1.479}{3.93 - 0.598} - \dfrac{120 \times 3.5}{3600 \times 2} \times \dfrac{3.93 - 0.598}{3.93 - 0.598} = 0.386m^3/s = 1390m^3/h$。

可计算人均新风量$L_0 = \dfrac{1390}{150 \times 80\%} = 11.6m^3/(h \cdot p)$。

因此，选项B满足题设要求。

2. **答案**：A

主要解题过程：根据《工规》第6.3.4-2条，计算冬季消除余热、余湿通风量时，应采用冬季通风室外计算温度。

根据风量平衡式可知自然进风量$G_{zj} = G_{jp} - G_{jj} = 10 - 8 = 2kg/s$。

由《复习教材》，式（2.2-6）可知：

$$\Sigma Q_h + c \cdot G_p \cdot t_n = \Sigma Q_f + c \cdot G_{jj} \cdot t_{jj} + c \cdot G_{zj} \cdot t_w + c \cdot G_{xh} \cdot (t_s - t_n)$$

由题意带入得：

$$200+1.01\times10\times18=50+1.01\times8\times t_{jj}+1.01\times2\times4.2+1.01\times5\times(25-18)$$

解得，$t_{jj}=35.6℃$。

3. **答案：**C

主要解题过程：根据《工业场所有害因素职业接触限值　第1部分：化学有害因素》GBZ 2.1—2019 表1可查得，苯接触限值6mg/m^3，丙酮接触限值300mg/m^3，乙酸乙酯（醋酸乙酯）接触限值200mg/m^3，乙酸丁酯（醋酸丁酯）接触限值200mg/m^3，可计算散发有害物所需通风量分别为：

$$L_1=\frac{60\times1000}{6-0}=10000\text{m}^3/\text{h}$$

$$L_2=\frac{450\times1000}{300-0}=1500\text{m}^3/\text{h}$$

$$L_3=\frac{200\times1000}{200-0}=1000\text{m}^3/\text{h}$$

$$L_4=\frac{300\times1000}{200-0}=1500\text{m}^3/\text{h}$$

苯、丙酮、醋酸乙酯、醋酸丁酯需要考虑通风量叠加：$L_{yh}=10000+1500+1000+1500=14000\text{m}^3/\text{h}$。

厂房通风量应为消除余热、余湿和消除有害物三者所需通风量的最大值，因此厂房通风量为14000m^3/h。

4. **答案：**C

主要解题过程：由题意可计算室内散热量$q_v=\dfrac{360\times1000}{2000\times12}=15\text{W/m}^3$。

由厂房高度12m可查《复习教材》表2.3-3得温度梯度为0.4℃/m，可计算天窗排风温度$t_p=32+0.4\times(12-2)=36℃$。

车间平均温度$t_{np}=\dfrac{t_n+t_p}{2}=\dfrac{32+36}{2}=34℃$。$\rho_w=\dfrac{353}{273+28}=1.173\text{kg/m}^3$，$\rho_p=\dfrac{353}{273+36}=1.142\text{kg/m}^3$，$\rho_{np}=\dfrac{353}{273+34}=1.150\text{kg/m}^3$。

进风窗与天窗流量系数相等，由《复习教材》式（2.3-14）及式（2.3-15）得：

$$\left(\frac{F_1}{F_2}\right)^2=\frac{h_2\rho_p}{h_1\rho_w}=1$$

由进风窗中心高度距地面1m可得：

$$\begin{cases}\dfrac{h_2\times1.142}{h_1\times1.173}=1\\h_2+h_1=12-1=11\end{cases}$$

可解得，$h_2=5.57\text{m}$

由《复习教材》式（2.3-6）计算排风窗孔的余压，其中室内温度为t_{np}。

$$P_b=h_2(\rho_w-\rho_{np})g=5.57\times(1.173-1.15)\times9.8=1.26\text{Pa}$$

5. **答案**：D

主要解题过程：由题意，根据《复习教材》表 2.3-6 可查得此天窗局部阻力系数为 5.35，可按式（2.3-21）计算窗孔流速 $v_t=\sqrt{\dfrac{2\Delta P_t}{\xi\rho_p}}=\sqrt{\dfrac{2\times1.3}{5.35\times1.142}}=0.64\text{m/s}$。

厂房所需通风量 $G=\dfrac{Q}{c\rho_p(t_p-t_w)}=\dfrac{360}{1.01\times1.142\times(36-28)}=39\text{m}^3/\text{s}$。

天窗窗孔面积 $F=\dfrac{G}{v_t}=\dfrac{39}{0.64}=61\text{m}^2$。

6. **答案**：C

主要解题过程：苯为有毒污染物，控制风速 0.5m/s，由题意计算单台通风柜所需排风量：

$$L_{苯}=0.05+0.5\times(1\times0.6)\times1.2=0.41\text{m}^3/\text{s}$$

$$L_{极毒}=0.03+0.75\times(1\times0.6)\times1.2=0.57\text{m}^3/\text{s}$$

由《工规》第 6.6.10 条，多台排风柜合用系统需要按同时使用排风柜总风量确定系统风量，可计算总排风量 $L=5L_{苯}+5L_{极毒}=5\times0.41+5\times0.57=4.9\text{m}^3/\text{s}$。

通风系统漏风率为 5%，因此所需通风机排风量 $L_0=(1+5\%)\times4.9=5.145\text{m}^3/\text{s}=18522\text{m}^3/\text{h}$。

7. **答案**：D

主要解题过程：排风温度和环境的空气密度为：

$$\rho_{20}=\frac{353}{273+20}=1.205\text{kg/m}^3$$

$$\rho_{50}=\frac{353}{273+50}=1.093\text{kg/m}^3$$

$$\rho_{150}=\frac{353}{273+150}=0.835\text{kg/m}^3$$

烘干过程产生的空气量 $G_h=0.835\times0.4=0.334\text{kg/s}$。

设排风量为 L_p，由缝隙进入的空气量为 L_f，由质量守恒和能量守恒得：

$$\begin{cases}L_p\rho_{50}=0.8+0.334+L_f\rho_{20}\\50\times L_p\rho_{50}=20\times0.8+150\times0.334+20\times L_f\rho_{20}\end{cases}$$

即

$$\begin{cases}L_p\times1.093=0.8+0.334+L_f\times1.205\\50\times L_p\times1.093=20\times0.8+150\times0.334+20\times L_f\times1.205\end{cases}$$

解得，$L_p=1.32\text{m}^3/\text{s}$。

8. **答案**：B

主要解题过程：根据《复习教材》P196 可知，该排风罩形式为高截单侧排风。根据式（2.4-11）可知：

$$L=2v_xAB\left(\frac{B}{A}\right)^{0.2}=2\times0.5\times2\times0.5\times\left(\frac{0.5}{2}\right)^{0.2}=0.758\text{m}^3/\text{s}$$

由《复习教材》式（2.4-10）可计算条缝平均高度：

$$h=\frac{L}{v_0 l}=\frac{0.758}{8\times2}=0.0474\text{m}=47.4\text{mm}$$

9. **答案**：C

主要解题过程：

$$1.5\sqrt{\frac{\pi}{4}B^2}=1.5\times\sqrt{\frac{\pi}{4}\times0.65^2}=0.86\text{m}<1.2\text{m}$$

该接受罩为高悬罩，也可根据接受罩位于热源上方1.2m确定为高悬罩。

由《复习教材》式（2.4-23）计算热射流断面直径 $D_z=0.36H+B=0.36\times1.2+0.65=1.082\text{m}$。

由题意，罩口直径 $D=2D_z=2\times1.082=2.164\text{m}$。

由式（2.4-22），得：

$$Z=H+1.26B=1.2+1.26\times0.65=2.019\text{m}$$

由式（2.4-21）：得：

$$L_z=0.04Q^{1/3}Z^{3/2}=0.04\times3.2^{1/3}\times2.019^{3/2}=0.169\text{m}^3/\text{s}$$

由式（2.4-31），得：

$$L=L_z+v'F=0.169+0.6\times\frac{\pi}{4}(2.164^2-1.082^2)=1.823\text{m}^3/\text{s}=6563\text{m}^3/\text{h}$$

10. **答案**：D

主要解题过程：由题意病房所需送风量 $L_j=20\times(40\times3)=2400\text{m}^3/\text{h}$。

保持房间负压，则机械排风量应大于机械进风量，自缝隙流入房间的自然通风量按15Pa压差计算，由《复习教材》式（2.3-1）可计算缝隙压差为：

$$L=\mu F\sqrt{\frac{2\Delta P}{\rho}}=0.83\times[(1.3\times2+2.1\times3)\times0.003]\times\sqrt{\frac{2\times15}{1.2}}=0.111\text{m}^3/\text{s}=400\text{m}^3/\text{h}$$

因此房间排风量 $L_p=L_j+L=2400+400=2800\text{m}^3/\text{h}$。

11. **答案**：B

主要解题过程：由题意，系统总排风量 $Q=1600\times2+4000=7200\text{m}^3/\text{h}=2.0\text{m}^3/\text{s}=2000\times10^{-3}\text{m}^3/\text{s}$。

查《复习教材》图2.7-1，对于流量 $2000\times10^{-3}\text{m}^3/\text{s}$，管径450mm，单位长度摩擦压力损失为4Pa/m。

除尘器与风机间连接风管风速 $v=\dfrac{Q}{F}=\dfrac{7200/3600}{\frac{\pi}{4}\times0.45^2}=12.6\text{m/s}$。

除尘器与风机间连接风管阻力 $P_1=R_m l+\Sigma\xi\dfrac{1}{2}\rho v^2=4\times4+0.47\times\dfrac{1}{2}\times1.205\times12.6^2=61\text{Pa}$。

12. **答案**：D

主要解题过程：系统总阻力 $P=450+1200+61+90=1801\text{Pa}$。

由《复习教材》第 2.8.2 节中“选用通风机注意事项”有关内容，对于除尘系统，风量附加不宜超过 3%，风压附加为 10%～15%。

所选风机风量 $Q'=(1+3\%)Q=(1+3\%)\times7200=7416\text{m}^3/\text{h}$。

所选风机风压 $H=(1+10\%\sim15\%)P=(1+10\%\sim15\%)\times1801=1981\sim2071\text{Pa}$。

13. **答案**：D

主要解题过程：垃圾房通风量 $L=20\times3.5\times15=1050\text{m}^3/\text{h}$。

由题意可计算吸附装置运行时间 $\tau=24\times7-4=164\text{h}$。

计算有害气体的质量分数 $y=\dfrac{CM}{22.4}=\dfrac{800\times17}{22.4}=607\text{mg/m}^3$。

根据活性炭持续工作时间带入相关数值，设装碳量为 W，则有：

$$164=\frac{W\times(0.30-0.05)}{1050\times(607\times10^{-6})\times0.95}$$

解得，$W=397\text{kg}$。

14. **答案**：B

主要解题过程：净化效率为 95%，可计算氨气出口浓度 $Y_2=(1-\eta)Y_1=(1-95\%)\times0.087=0.00435\text{kmol/kmol}$。

计算最小液气比 $\dfrac{L_{\min}}{V}=\dfrac{Y_1-Y_2}{Y_1/m-X_2}=\dfrac{0.087-0.00435}{\dfrac{0.087}{0.75}-0}=0.7125$。

计算实际液气比及液体流量 $L=1.3\left(\dfrac{L_{\min}}{V}\right)\times V=1.3\times0.7125\times75=69.47\text{kmol/h}$。

水的分子量为 18，供液量的质量流量 $G=18\times69.47=1250.5\text{kg/h}$。

15. **答案**：C

主要解题过程：设计工况下，管段 2-3 阻抗 $S_{2-3}=\dfrac{P_{2-3}}{G_{2-3}^2}\times100\%=\dfrac{84}{1500^2}=0.000037\text{Pa/}(\text{m}^3\cdot\text{h})^2$。

管段 1-3 阻抗 $S_{1-3}=\dfrac{P_{1-3}}{G_{1-3}^2}\times100\%=\dfrac{104}{2000^2}=0.000026\text{Pa/}(\text{m}^3\cdot\text{h})^2$。

管段 2-3 与管段 1-3 并联，并联后总阻抗

$$S_{3-1,2}=\left(\frac{1}{\frac{1}{\sqrt{S_{1-3}}}+\frac{1}{\sqrt{S_{2-3}}}}\right)^2=\left(\frac{1}{\frac{1}{\sqrt{0.000026}}+\frac{1}{\sqrt{0.000037}}}\right)^2=0.0000077\text{Pa/}(\text{m}^3\cdot\text{h})^2$$。

由并联管路阻抗关系，得：

$$\frac{G_{1-3}}{G_{3-1,2}}=\frac{\sqrt{S_{3-1,2}}}{\sqrt{S_{1-3}}}=\frac{\sqrt{0.0000077}}{\sqrt{0.000026}}=0.544$$

消防泵房实际排风量 $G_{1-3} = 3500 \times 0.544 = 1904\text{m}^3/\text{h}$。

16. **答案**：D

主要解题过程：根据《通风验收规范》第 4.2.1 条可知，除尘系统漏风率按中压系统考虑，可计算风管允许漏风量 $Q_m = 0.0352P^{0.65} = 0.0352 \times 300^{0.65} = 1.434\text{m}^3/(\text{h} \cdot \text{m}^2)$。

由题意，风系统总漏风量 $L_l = AQ_m = ((1+0.45) \times 2 \times 80) \times 1.434 = 332.7\text{m}^3/\text{h}$。

考虑除尘装置漏风可计算所需风机排风量 $L = L_l \times (1+\varepsilon_1+\varepsilon_2) + L_0 = 2000 \times (1+2\%+3\%) + 332.7 = 2432.7\text{m}^3/\text{h}$。

说明：风管漏风量需要按表面积折算。除尘装置漏风率也可采用连乘方式计算，计算基数可直接采用设计除尘量。

17. **答案**：A

主要解题过程：根据《工规》第 7.1.5 条，除尘系统排风量按同时工作的最大排风来个以及间歇工作的排风点漏风量之和计算。$L = 8 \times 1.5 + 2 \times 1.5 \times 15\% = 12.45\text{m}^3/\text{s}$。

考虑除尘器漏风率可确定风机排风量 $L = 12.45 \times (1+5\%) = 13.07\text{m}^3/\text{s} = 47061\text{m}^3/\text{h}$。

联轴器连接效率为 0.98，可计算风机耗电功率 $N_Z = \frac{LP}{3600\eta\eta_m} = \frac{47061 \times 1000}{3600 \times 0.9 \times 0.98} = 14821\text{W} = 14.8\text{kW}$。

18. **答案**：D

主要解题过程：采用阀门调节，工作点始终在风机上，则风量降低为 $4000\text{m}^3/\text{h}$ 时，风机扬程 $P_{2,1} = 400 - 3.9 \times 10^{-3} \times 4000 - 1.5 \times 10^{-8} \times 4000^2 = 384.16\text{Pa}$。

可计算阀门调节后风机耗电功率 $N_{2,1} = \frac{L_2 P_{2,1}}{3600\eta\eta_m} = \frac{4000 \times 384.16}{3600 \times 0.8 \times 0.9} = 592.8\text{W} = 0.59\text{kW}$。

变速调节，可计算变速后的风压 $P_{2,2} = P_1 \times \left(\frac{L_2}{L_1}\right)^2 = 380 \times \left(\frac{4000}{5000}\right)^2 = 243.2\text{Pa}$。

可计算变速调节后风机耗电功率 $N_{2,2} = \frac{L_2 P_{2,2}}{3600\eta\eta_m} = \frac{4000 \times 243.2}{3600 \times 0.8 \times 0.9} = 375.3\text{W} = 0.38\text{kW}$。

运行 1h 节电量 $\Delta Q = (N_{2,1} - N_{2,2}) \times T = (0.59 - 0.38) \times 1 = 0.21\text{kWh}$。

19. **答案**：B

主要解题过程：由《复习教材》式 2.7-15 可计算测孔静压流速 $v_j = \frac{v_0}{\mu} = \frac{4.5}{0.6} = 7.5\text{m/s}$。

测孔静压 $P_j = \frac{\rho v_j^2}{2} = \frac{1.2 \times 7.5^2}{2} = 33.8\text{Pa}$。

由 P262 增大出流角方式可知，为了保证均匀送风，$v_j/v_d \geqslant 1.73$，则有：

$$v_d \leqslant \frac{v_j}{1.73} = \frac{7.5}{1.73} = 4.34\text{m/s}$$

$$P_d = \frac{\rho v_d^2}{2} \leqslant \frac{1.2 \times 4.34^2}{2} = 11.3\text{Pa}$$

$$P = P_j + P_d \leqslant 33.8 + 11.3 = 45.1\text{Pa}$$

断面 1 直径 $D_1 = \sqrt{\frac{L}{v_d} \cdot \frac{4}{\pi}} \geqslant \sqrt{\frac{8000/3600}{4.34} \times \frac{4}{3.14}} = 0.808\text{m} = 808\text{mm}$。

20. **答案**：D

主要解题过程：燃气锅炉房平时通风不小于 6h^{-1} 换气次数，事故通风不小于 12h^{-1} 换气次数，平时通风量及事故通风量分别为 $L_1 = 100 \times 5.5 \times 6 = 3300\text{m}^3/\text{h}$，$L_2 = 100 \times 5.5 \times 12 = 6600\text{m}^3/\text{h}$。

采用变转速调节，由《复习教材》表 2.8-6 可确定转速比 $\frac{n_2}{n_1} = \frac{L_2}{L_1} = \frac{6600}{3300} = 2$。

运行功率比 $\frac{N_2}{N_1} = \left(\frac{n_2}{n_1}\right)^3 = 2^3 = 8$。

21. **答案**：B

主要解题过程：由题意，设备散热量 $Q = 4 \times (1 - \eta_1)\eta_2 \Phi W = (1 - 0.98) \times 0.75 \times 0.95 \times 600 = 34.2\text{kW}$

设排风量为 G_p，则送入空气量为 $80\% G_p$，由周围空间渗透进入变电所的空气量为 $20\% G_p$，由能量守恒得：

$$c_p G_p t_n = Q_{by} + c_p(80\% G_p)t_{jj} + c_p(20\% G_p)t_{zw}$$

$$1.01 \times G_p \times 35 = 34.2 + 1.01 \times (80\% G_p) \times 5 + 1.01 \times (20\% G_p) \times 15$$

可解得，$G_p = 1.209\text{kg/s}$。

排风温度 35℃，则有：$\rho_{35} = \frac{353}{273 + 35} = 1.146\text{kg/m}^3$。

排风量 $L_p = \frac{1.209}{1.146} = 1.055\text{m}^3/\text{s} = 3800\text{m}^3/\text{h}$。

22. **答案**：D

主要解题过程：建筑高度 48m 的办公楼可采用自然通风防烟。合用前室送风口正对进入合用前室的疏散门或在疏散门顶部送风时，防烟楼梯间可自然通风。因此选项 ABCD 采用的送风方式均合理，但选项 AB 在送风井侧壁设置的送风口被进入合用前室的疏散门遮挡，此排烟方案送风口位置需调整。因此选项 CD 的排烟方案最合理。

通往合用前室有两扇门，根据《防烟排烟》第 3.4.6 条可确定门洞风速：

$$v = 0.6 \times \left(\frac{A_l}{A_g} + 1\right) = 0.6 \times \left(\frac{1}{2} + 1\right) = 0.9\text{m/s}$$

合用前室计算 N1=3，可计算达到规定风速值所需送风量为：

$$L_1 = (2 \times 1.5 \times 2.0) \times 0.9 \times 3 = 16.2\text{m}^3/\text{s}$$

未开启常闭送风阀的漏风总量为：

$$L_3 = 0.083 \times (1.6 \times 0.6) \times (10 - 3) = 0.558\text{m}^3/\text{s}$$

计算送风量 $L_s = 16.2 + 0.558 = 16.76\text{m}^3/\text{s} = 60336\text{m}^3/\text{h}$。

对比表 3.4.2-4 可知，需要按照计算值确定加压送风风机风量，正压送风送风量不小于计算风量的 1.2 倍 $L_{s,f} = 1.2L_s = 1.2 \times 60336 = 72403\text{m}^3/\text{h}$。

23. **答案**：C

主要解题过程：有喷淋的办公室，由《防排烟标准》第 4.6.7 条可确定热释放速率为 1.5MW，按照式（4.6.11-1）参数说明可知 $Q_c = 0.7Q = 0.7 \times 1500 = 1050\text{kW}$。

根据《防排烟标准》第 4.6.12 条计算烟层平均温度与环境温度的差 $\Delta T = \dfrac{KQ_c}{M_\rho c_p} = \dfrac{1 \times 1050}{6.4 \times 1.01} = 162.4\text{K}$。

烟层平均绝对温度 $T = T_0 + \Delta T = 293.15 + 162.4 = 455.6\text{K}$。

计算排烟量 $V = \dfrac{M_p T}{\rho_0 T_0} = \dfrac{6.4 \times 455.6}{1.2 \times 293.15} = 8.2\text{m}^3/\text{s}$。

根据《防排烟标准》第 4.6.14 条计算单个排烟口最大排烟量 $V_{max} = 4.16 \cdot \gamma \cdot d_b^{\frac{5}{2}} \left(\dfrac{T - T_0}{T_0}\right)^{\frac{1}{2}} = 4.16 \times 1 \times 0.6^{\frac{5}{2}} \times \left(\dfrac{455.6 - 293.15}{293.15}\right)^{\frac{1}{2}} = 0.86\text{m}^3/\text{s}$。所需排烟口数量

$$n = \frac{V}{V_{max}} = \frac{8.2}{0.86} = 9.5\text{个} \approx 10\text{个}。$$

24. **答案**：C

主要解题过程：单台小轿车的排气量为 $1.5\text{m}^3/（台 \cdot \text{h}）= 0.025\text{m}^3/（台 \cdot \text{min}）$。由《复习教材》P337 或《民规》条文说明公式（19）～公式（21）可知：

库内汽车排出气体的总量 $M = \dfrac{T_1}{T_0} mtkn = \dfrac{273 + 500}{273 + 20} \times 0.025 \times 6 \times \dfrac{80}{150} \times 150 = 31.7\text{m}^3/\text{h}$。

车库内排放 CO 的量 $G = My = 31.7 \times 55000 = 1743500\text{mg/h}$。

车库所需排风量 $L = \dfrac{G}{y_1 - y_0} = \dfrac{1743500}{30 - 3} = 64574\text{m}^3/\text{h}$。

25. **答案**：D

主要解题过程：根据《人民防空工程设计防火规范》GB 50038—2005 第 5.2.5 条，每人每小时呼出 CO_2 量 20～25L/（P·h），由表 5.2.5 查得，隔绝防护前新风量 $15\text{m}^3/（\text{P} \cdot \text{h}）$ 时，地下室 CO_2 初始浓度 0.18%；由表 5.2.4 查得 CO_2 容许体积浓度 2.5%。

清洁区体积，隔绝防护时间不小于 3h，有：

$$V_0 = 1000 \times 4.5 = 4500\text{m}^3/\text{h}$$

由式（5.2.5）得：

$$\tau = \frac{1000V_0(C - C_0)}{nC_1} = \frac{1000 \times 4500 \times (2.5\% - 0.18\%)}{1200 \times 20} = 4.35\text{h} > 3\text{h}$$

隔绝防护时间满足要求，不需采取相关措施。

阶段测试Ⅲ·空调部分专业知识参考答案及解析

答案汇总列表

题号	答案	题号	答案	题号	答案	题号	答案
1	B	21	C	41	ABD	61	BCD
2	D	22	D	42	ACD	62	AC
3	D	23	A	43	BC	63	ABC
4	C	24	C	44	ABCD	64	BCD
5	D	25	D	45	ABD	65	BCD
6	B	26	D	46	BCD	66	ABD
7	C	27	B	47	ABD	67	ABC
8	B	28	C	48	AC	68	ABC
9	D	29	B	49	BD	69	AC
10	B	30	C	50	ABCD	70	AD
11	C	31	D	51	CD		
12	D	32	C	52	ABCD		
13	A	33	A	53	ABC		
14	C	34	B	54	ABC		
15	C	35	A	55	ABC		
16	A	36	D	56	AB		
17	C	37	A	57	ACD		
18	B	38	C	58	AB		
19	C	39	B	59	AD		
20	C	40	C	60	ABD		

（一）单项选择题

1. **答案**：B

分析：根据《复习教材》第 3.1.1 节热湿比相关内容可知，选项 B 正确。

2. **答案**：D

分析：根据《复习教材》第 3.1.2 节人体热舒适方程和 PMV-PPD 指标相关内容，A、B、C 三类对应的 PMV 指标分别为−0.2～0.2、、−0.5～0.5、−0.7～0.7，而题干中的−1～1 均不属于上述分类。

3. **答案**：D

分析：根据《复习教材》表 3.4-6 可知，中效 2 级过滤器迎面风速宜≤2m/s，计算组合式空调机组的截面积 $A \geqslant 8000/3600/2.0=1.11\text{m}^2$。

4. **答案**：C

分析：根据《复习教材》第 3.1.3 节热惰性指标相关内容，选项 ABD 正确，选项 C 错误。

5. **答案**：D

分析：室内散湿量不包括新风带入的湿负荷，为 2.7＋1.1＋1.5＝5.3kg/h，热湿比为 10×3600/5.3＝6792 kJ/kg。

6. **答案**：B

分析：根据《工规》第 8.2.4-1 条，选项 A 正确；根据第 8.2.4-2 条，选项 B 错误；根据第 8.2.5-2 条，选项 C 正确；根据第 8.2.10 条，选项 D 正确。

7. **答案**：C

分析：根据《民规》第 7.3.7 条及条文说明，播音室对噪声要求较为严格，而风机动力型末端噪声较大，不适合采用，选项 A 不合理；油墨属于易爆物质，根据《工规》第 8.3.16 条，不得采用室内回风，应采用直流式空调系统，选项 B 不合理；医院门诊部对卫生要求较高，采用干式盘管有利于改善卫生条件，选项 C 合理；根据《复习教材》第 3.4.9 节数据中心空调设计温、湿度的影响相关内容，机房低湿度会产生静电，干扰设备运行和损坏电子元件，而低温送风系统除湿能力强，选项 D 不合理。

8. **答案**：B

分析：根据《复习教材》第 3.4.3 节系统最小新风量的确定相关内容，选项 A 错误，还需考虑补充排风量；根据式（3.4-3），选项 B 正确；根据图 3.4-5，选项 C 错误，冷热盘管处理的风量为新风与一次回风的混合风量，房间送风还包括二次回风；根据二次回风系统相关内容可知，选项 D 错误，二次回风避免了冷热抵消现象，因此二次回风系统更加节能。

9. **答案**：D

分析：根据《复习教材》第 3.4.3 节变风量空调系统“2）空气处理装置”可知，选项 AB 均正确；由“3）系统风量的确定”可知，选项 C 正确；选项 D 错误，应按区域逐时负荷最大值确定，而非累计最大值。

10. **答案**：B

分析：选项 A：冷水机组蒸发器结垢会导致换热能力下降，可能导致冷冻水供水温度升高，但结果会造成所有房间温度升高；选项 C 也会导致所有房间温度升高，故选项 AC 错误；选项 D：如果风盘选型偏小，则初期调试时就应该无法达到设计工况，错误；选项 B：风管软接脱落，导致送入房间的风量减少，导致房间温度升高，正确。

11. **答案**：C

分析：新风极限送风温度取决于换热的水温，而水温取决于二次风的湿球温度，本题中二次风采用室内排风，其湿球温度接近22℃，而室外新风的露点温度接近15℃，因此新风间接换热的极限温度为22℃。

12. **答案**：D

分析：由于冬季表冷器不使用，又未设预热盘管，表冷器内有水，直接吸入室外空气而冻结，冬季应将表冷器中的水泄掉，或者是设计时将加热器设于进风处，加热后再设表冷器。

13. **答案**：A

分析：根据《复习教材》第3.4.6节相关内容可知，"在除湿器中，一般设有冷却装置，用于降低除湿过程中溶液的温度"，选项A错误，不是降低空气的温度；根据"1. 除湿溶液除湿性能的基本原理"可知，选项BD正确；选项C正确。

14. **答案**：C

分析：根据《复习教材》第3.4.3节地板送风空调系统相关内容，选项ABD均合理，选项C不合理，地板送风工作区风速要求＜0.2m/s。

15. **答案**：C

分析：根据《民规》第7.4.2-3条，高大空间宜采用喷口送风、旋流风口送风或下部送风，选项A错误；根据第7.4.5-1，选项B错误，宜位于回流区；根据第7.4.10-2条，选项C正确；根据第7.4.12-2条，选项D错误，宜设在房间下部。

16. **答案**：A

分析：根据《复习教材》第3.5.1节受限射流相关内容，选项A正确，选项B错误，贴附射流较自由射流的射程长，选项C错误，射流规律相同，选项D错误，二者相比大于1∶5为受限射流。

17. **答案**：C

分析：根据《洁净规》低6.6.6条，选项ABD正确，选项C错误，耐火极限应大于0.5h。

18. **答案**：B

分析：造成该现象的原因是：设计时估计的系统阻力过大，所以泵的扬程选得太高，达56m。实际上系统的阻力远远没到56m，这是由于设计者考虑的安全余量太大而造成了运行的困难，带来的是耗能多，易有噪声振动，且容易造成流量过载运行引起频繁跳闸，甚至烧毁电机。

19. **答案**：C

分析：根据《复习教材》第 3.3.3 节相关内容可知，与集中冷热源系统相比，选项 AB 属于分散式的优点，选项 D 属于缺点，都是分散式冷热源的特点，而选项 C 错误，分散式相比集中式，能效比是降低的。

20. **答案**：C

分析：水泵耗电主要是由于扬程太高导致，而水泵扬程主要用于克服管网沿程阻力和局部阻力，以及克服系统静水高度，其中需要克服的静水高度高达 30m 以上，是造成扬程过高的主要因素。选项 A：增大管道虽然可以降低部分管网阻力损失，但效果有限，而经济代价大，不合理；选项 B：改为变频水泵也只是降低运行阻力损失，效果不明显，不合理；选项 C：将冷却塔的出水管直接连接到泵的吸入口后，虽然增加了冷却塔出口至原地下水池的一段管道阻力，但可以大大减少需要提升的静水高度，水泵的扬程可以减少 30m 以上，扬程大幅度降低，电机容量减少，节省运行能耗，合理；选项 D：直接降低水泵扬程，可能导致扬程不足，严重的甚至会影响冷却水循环，不合理。

21. **答案**：C

分析：根据《复习教材》表 3.7-10，选项 C 正确。

22. **答案**：D

分析：根据《复习教材》第 3.7.8 节定压设备相关内容，膨胀水箱有结构简单、造价低、水压稳定性好等优点，是设计优先选用的定压设备，选项 A 错误；高位定压膨胀水箱定压，不影响系统是闭式系统，选项 B 错误；工作压力高低取决于定压点位置、定压值大小及水泵扬程等因素，与定压设备的形式无关，选项 C 错误；选项 D 正确。

23. **答案**：A

分析：根据《工规》第 9.9.1-4 条、第 9.5.2 条，选项 A 正确；根据第 9.9.1-3 条，选项 B 错误，不应小于 2℃；根据第 9.9.2-1 条，选项 C 错误；根据第 9.9.2-2 条，选项 D 错误。

24. **答案**：C

分析：根据《民规》第 9.4.4 条及其条文说明可知，选项 ABD 正确，选项 C 错误，当散湿量较大时才宜采用选项 C 的措施。

25. **答案**：D

分析：根据《复习教材》表 3.7-11 与表 3.7-12，选项 D 错误，补充冷冻水对溶解氧的含量没有要求。

26. **答案**：D

分析：根据《民规》第 8.6.3 条及其条文说明可知，选项 ABC 均可解决冷却水温过低的问题，而选项D只能改变冷却水流量，不能改变冷却水水温。

27. **答案**：B

分析：根据《民规》第9.4.9条及条文说明可知，选项ACD均正确，选项B错误，超温时应该直接断电，而不是报警。

28. **答案**：C

分析：根据《复习教材》第3.8.4节变风量系统的控制相关内容可知，选项ABD均正确，选项C错误，温度控制器发出的控制指令并不直接控制风阀，而是送往风量控制器作为设定信号，再与风量传感器检测到的信号进行比较、运算后，得到控制信号送往控制风阀，改变其开度。

29. **答案**：B

分析：根据《工业企业噪声控制设计规范》GB/T 50087—2013第6.3.3条，选项ACD正确，选项B错误，等于300mm时可选用直管式。

30. **答案**：C

分析：根据《复习教材》第3.9.3节"1. 降低系统噪声的措施"相关内容可知，选项ABD正确，选项C错误，一般为100～150mm。

31. **答案**：D

分析：根据《复习教材》式(3.10-5)、式(3.10-6)，可看出与平均温度相关，而平均温度与环境温度相关，选项AC正确；根据第3.10.1节防结露计算相关内容可知，选项B正确；单热管道没有结露风险，选项D错误。

32. **答案**：C

分析：根据《工业设备及管道绝热工程设计规范》GB 50264—2013第5.8.2-1条，选项A错误；根据第5.8.2-2条，选项B错误，可直接取20℃；根据第5.8.2-3条，选项C正确；根据第5.8.2-4条，选项D错误。

33. **答案**：A

分析：根据《复习教材》第3.11.3节空调系统中常用的节能技术和措施相关内容，选项A错误，对于室内人员数量比较稳定的房间，人数应根据实际的需求来选择；选项BCD正确。

34. **答案**：B

分析：根据《公建节能》第4.3.21条，选项A正确，露点送风可以避免再热，产生冷热抵消；根据第4.3.20-2条，选项B错误，送风温差不宜小于10℃；根据第4.3.22条，选项C正确；根据第4.3.25条，选项D正确。

35. **答案**：A

分析：根据《通风与空调工程施工规范》GB 50738—2011 第 15.7.3-2 条，选项 A 错误；根据第 15.9.1-3 条，选项 B 正确；根据第 15.11.1 条，选项 C 正确；根据第 15.11.2 条，选项 D 正确。

36. **答案**：D

分析：根据《民规》第 8.3.9 条及其条文说明可知，选项 ABC 正确，选项 D 错误。

37. **答案**：A

分析：根据《通风与空调工程施工质量验收规范》GB 50243—2016 第 11.1.5 条，选项 A 错误，应正常运行 24h 及以上；根据第 11.1.6 条，选项 B 正确；根据第 11.2.2-3 条及 11.2.2-4 条，选项 CD 正确。

38. **答案**：C

分析：根据《公建节能》第 4.2.1-1 条，选项 A 正确；根据第 4.2.1-3 条，选项 B 正确；根据第 4.2.1-7 条，选项 C 错误；根据第 4.2.1-11 条，选项 D 正确。

39. **答案**：B

分析：根据《热工规范》第 7.1.2 条，选项 B 正确。

40. **答案**：C

分析：根据《热工规范》第 5.1.5-3 条，选项 A 正确；根据第 5.2.5-2 条，选项 B 正确；根据第 5.3.1 条，选项 C 错误，不宜小于 0.37；根据第 5.4.4 条，选项 D 正确。

（二）多项选择题

41. **答案**：ABD

分析：根据《复习教材》第 3.1.1 节相关内容，选项 A 正确；根据式（3.1-2），选项 B 正确；选项 C 错误，2500kJ/kg 是 0℃的水变为水蒸气时的汽化潜热；根据式（3.1-5），选项 D 正确。

42. **答案**：ACD

分析：根据《复习教材》第 3.4.7 节（5）喷水段相关内容，选项 AC 正确；选项 B 错误，空气冷却器也能对空气进行减湿处理；根据第 3.4.1 节相关内容，选项 D 正确。表面式空气换热器属于间接换热处理设备，没有空气净化作用，相比直接接触式的喷水室而言，对水的卫生要求也较低。

43. **答案**：BC

分析：根据《复习教材》第 3.4.7 节试验工况与设计工况相关内容，选项 A 正确，选项 B 错误，机组进口空气干球温度为 5～35℃；选项 C 错误，盘管的面风速控制在

2.5m/s 左右；选项 D 正确。

44. **答案**：ABCD

分析：根据《复习教材》第 3.3.2 节水环式热泵空调系统相关内容，选项 AB 正确；根据《民规》第 8.3.9-2 条及第 8.3.9-4 条，选项 CD 正确。

45. **答案**：ABD

分析：当室外温度升高，其他条件不变时，新风负荷增大，室内冷负荷也因为围护结构得热增加而变大，因此室内全热冷负荷变大，当室温达到设计温度时，说明冷负荷中的显热部分都被处理了，由于全热冷负荷＝显热冷负荷＋潜热冷负荷，又因为空调供冷能力不变，则必然有多余的湿负荷没有处理掉，因此室内相对湿度和含湿量都会增大，选项 A 正确；过滤器脏堵供水量降低，导致盘管供冷量降低（即 C—L 点的焓差缩小），由于室内外状态点没有改变，新回风混合点 C 没有改变，则机器露点 L 将向右移动，空气在 L 点送入室内后沿热湿比变化，室内温度达到设计值时，相对湿度将增大，选项 B 正确；增加二次回风的风量，会增大总送风量，送风温差变小，可以让室内温度更加均匀，但供冷量并没有增大，所以房间温度不会降低，选项 C 错误，选项 D 正确。

46. **答案**：BCD

分析：根据处理过程可知，W-W_1 和 L-O 为等湿加热，对应的是预热段和再热段，W_1-L 为等焓加湿，湿膜加湿和高压喷雾加湿均为等焓加湿，都是有可能的，电热加湿为等温加湿，由于 $t_{W1}>t_N$，因此空气处理过程中也没有全热回收的过程，机组不会含有电热加湿和全热回收功能段。因此，选项 A 可能是机组的结构，选项 BCD 均不可能。

47. **答案**：ABD

分析：变风量系统通过调节送入室内的风量来调节室温，而定风量系统通过调节送风温度来调节室温，风量保持不变，故选项 AB 正确；变风量系统根据室内温度变化调节送风量，而送风参数不变，当室内热湿负荷变化不成比例时，只能适应室内显热负荷变化，就会使房间相对湿度偏离设计点，而定风量系统可以调节送风状态，使送风状态始终处于热湿比线上，控制能力要强于变风量系统，选项 C 错误；变风量系统变风量运行，大量节省风机能耗，节能效果优于定风量系统，选项 D 正确。

48. **答案**：AC

分析：根据《复习教材》第 3.4.3 节变风量空调系统相关内容，可根据建筑朝向和内、外分区等因素，分别设置多台空调机组，选项 A 中分别设置外区和内区 AHU，配合单风道末端装置，可实现内区常年供冷及外区夏季供冷、冬季供热的需求，且能变风量运行，正确；系统总风量应为各房间逐时风量之和的最大值，选项 B 错误；根据 VAV 系统控制原理，可知选项 C 正确；根最小送风量的确定还需考虑最小新风量等其他因素，选项D错误（据《09技术措施》第5.11.4-2条，也可判断选项D)。

49. **答案**：BD

分析：参考《复习教材》第3.4.5节多联机空调系统设计相关内容，热回收效率最高为全热热回收60%，还有40%剩余新风负荷需要承担，因此热回收装置供给新风时，不能直接按照室内空调负荷选择室内机，还应考虑剩余新风负荷，选项A错误，同时选项B正确；选项C会产生与风机盘管加新风空调系统同样的问题，因此《复习教材》也说明实际较少使用；根据《多联机空调系统工程技术规程》JGJ 174—2010第3.4.9条，采用能量回收装置时，其新、回风入口应设过滤器，选项D正确。

50. **答案**：ABCD

分析：根据《复习教材》第3.4.4节“1. 湿度控制系统”可知，选项AB正确；选项CD正确。

51. **答案**：CD

分析：根据题目所述及平面设计图分析，该空调系统采用吊顶回风又无回风管，近端的房间回风量较大，而远端的房间无法正常回风，导致远端房间空调效果不佳，故选项C正确；因无消声措施，吊顶回风使机房和房间连通，造成机房噪声外传，房间串音，故选项D正确；选项A虽然可以增大供冷量，一定程度上改善末端房间空调效果不佳的问题，但会造成近端房间过冷，且不节能，不合理，错误；选项B降低风机转速虽然可以降低一些噪声，机房噪声外传，对房间而言仍然影响较大，且无法改善房间串声问题，还会影响空调制冷效果，故选项B错误。

52. **答案**：ABCD

分析：根据《复习教材》第3.5.2节，“送风口的选型”中的（2）可知，选项A正确；根据“（4）喷射式送风口”可知，选项B正确；根据“（6）座椅下送风口”可知，选项C正确；根据“（5）旋流送风口”可知，选项D正确。

53. **答案**：ABC

分析：根据《复习教材》第3.5.1节相关内容可知，选项A错误，应该是（轴心温度一周围温度）/（出口温度一周围温度）才约为0.73倍的速度衰减；根据平行射流相关内容，选项B错误；根据图3.5-8，选项C错误，应为20%；根据旋转射流相关内容，选项D正确。

54. **答案**：ABC

分析：根据《复习教材》表3.6-2，选项A错误，20%额定风量下，对高中效过滤器的效率没有明确规定；选项B错误，应该是标准人工尘计重效率；根据表3.6-2注2，选项C错误，高效过滤器采用钠焰法检测；根据表3.6-2注3，选项D正确。

55. **答案**：ABC

分析：根据《复习教材》第3.6.3节相关内容，选项ABC正确；选项D错误，应该控制在0.3～0.5m/s。

56. **答案**：AB

分析：根据《洁净规》第4.2.1-2条，选项A正确；根据第4.2.1-3条，选项B正确；根据第4.4.1条，选项C错误，单向流洁净室的空调噪声不应大于65dB（A）；根据第4.4.6条，选项D错误，总风管风速宜为6～10m/s。

57. **答案**：ACD

分析：根据《复习教材》第3.7.2节一级泵压差旁通变流量系统相关内容可知，选项A正确，二者均为台数控制，无法实时降低能耗；选项B错误，一级泵压差旁通变流量系统可以较好地实现“按需供应”，多台机组的系统，但用户的总冷负荷降低时，可以关闭一台或数台主机和水泵，相比定流量系统而言，能够节省运行能耗；选项C正确，水泵降到最低运行频率以后，若用户需求进一步降低，压差旁通才会动作，40Hz既不是水泵可以达到的最小频率，也达不到主机的最小允许流量，因此旁通阀不会动作；根据P479，选项D正确。

58. **答案**：AB

分析：根据《复习教材》第3.8.3节调节器相关内容，选项AB正确；选项C错误，比例积分调节器的输出量随着时间的增加而增大；选项D错误，比例积分微分调节器有微分功能，再输入的瞬间就有接近∞的输出。

59. **答案**：AD

分析：一台水泵运行的曲线为①，两台水泵并联运行的曲线为②，初始状态管网特性曲线为oa，两台水泵并联运行则运行工况点为4，选项A正确；当关闭一台水泵时，运行工况点由4变为3，而不是由4变为5，选项B错误，由此可见，并联水泵系统当只运行一台水泵时，其运行流量要大于单台水泵的设计流量；转速降低数值不同，变频后的曲线也不同，没有具体的变频曲线或者数据，无法判断变频后是否经过3点，而本题曲线中，3点是关闭一台水泵后的工况点，故选项C说法错误；当干管阀门关小时，系统管网阻抗提高，管网曲线由0a变为0b，两台水泵并联运行工况从4变为2，选项D正确。

60. **答案**：ABD

分析：水泵设置在冷水机组出水管上，由于冷却塔与冷水机组的高差不足以克服冷却塔出水及冷水机组的阻力，水泵的吸入口处造成负压，吸入空气引起循环不畅，发生严重的振动。因此要减小水泵入口段的阻力，选项C是解决问题的方法，改造后如下图所示，选项AB均不能解决此问题。选项D虽然水泵吸水口在机组出水管上，则其吸水阻力依然很大，故选项D也不能解决此问题。

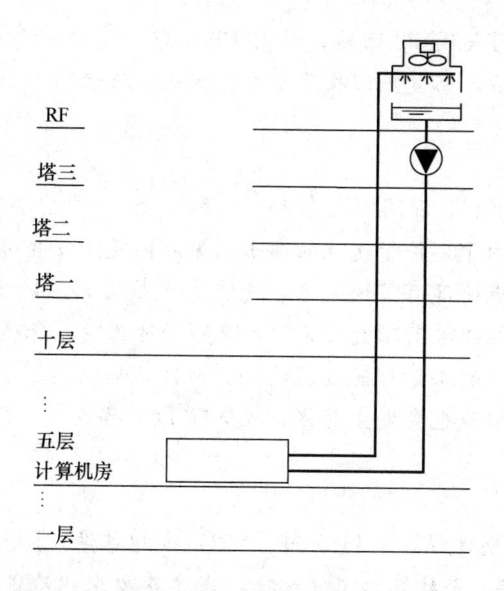

61. **答案：**BCD

分析：根据《复习教材》表 3.7-9，选项 A 不同，标况 1 出水温度为 32℃，标况 2 出水温度为 33℃。

62. **答案：**AC

分析：根据《民规》第 8.5.12 条表 8.5.12-1 注 1，水源热泵机组供回水温差按实际参数确定，因此夏季和冬季 ΔT 均应取 5℃，选项 A 正确，选项 B 错误；根据表 8.5.12-3，选项 C 正确；根据题目条件可求得冬季单台水泵的流量为 $G_{冬}=\frac{0.86\times2000}{5\times3}=114.7\text{m}^3/\text{h}$，根据表 8.5.12-2，选项 D 错误。

63. **答案：**ABC

分析：根据《公建节能》第 4.5.8 条，选项 ABC 均正确；根据第 4.5.9 条，选项 D 错误，属于风机盘管的控制方式。

64. **答案：**BCD

分析：根据《民规》第 8.5.5 条，选项 A 正确；根据第 9.5.7 条和第 9.5.6 条可知，选项 BC 错误，水泵变速宜采用压差变化控制，而运行台数宜采用流量控制；根据第 9.5.5 条，选项 D 错误，旁通调节阀应采用压差控制。

65. **答案：**BCD

分析：根据题意，采用热水回水温度控制，即设定回水温度值，当实际检测的回水温度高于设定温度，即供热过多时，应该减少 V1 阀旁通水量，通过降低冷却水供水温度，达到降低热回收量的目的，故选项 A 错误；当供给末端用热设备的水温不足时，通过辅助加热提高供水温度是可行的，也是本系统设计保证供热的一个措施，故选项 B 正确；设定机组热回收出水温度越高，则冷凝压力越高，机组耗电多，*COP* 低，故选项 C 正确；

当热回收机组故障时，可关闭P2回路，开启P3回路，完全依靠辅助加热设备提供所需热量，待机组维修完毕后，回复热回收节能运行模式，故选项D正确。

66. **答案：** ABD

分析： 根据《复习教材》第3.9.2节和《民规》第10.2.2条条文说明，空气在流过直管段和局部构件时，由于部件受气流的冲击喘振或因气流发生偏斜和涡流，从而产生气流再生噪声。噪声与气流速度有密切关系，气流速度越大，气流噪声的影响也随之加大，同时噪声与管道系统的组成也有很大关系，故选项AB正确，选项C错误；气流再生噪声和噪声自然衰减量是风速的函数，气流通过风管附件，如阀门、三通、弯头时都与风管内的流动不同。因此气流噪声也会发生变化，故选项D正确。

67. **答案：** ABC

分析： 根据《复习教材》第3.11.3节“（2）冷却塔供冷技术”相关内容可知，选项ABC正确，选项D错误，若按夏季工况选择，当冬季要求供冷能力小于夏季时，应复核其冷水供水温度的要求，而不是直接选择。

68. **答案：** ABC

分析： 根据《复习教材》第3.11.3节有关“高大空间的分区空调”的相关内容，选项ABC正确。选项A为分区空调方式，选项B为分层空调方式，选项C为冬季的分区空调方式。而选项D采用球形喷口侧送，虽然是合理的分层空调处理方式，但是由于冬夏季送风冷热不同，使得喷口所形成的回流区范围不同，因此不可采用定角度球形喷口且采用夏季回流区作为送风方式，应根据冬夏季分别考虑送风角度，故选项D错误。

69. **答案：** AC

分析： 根据《通风与空调工程施工规范》GB 50738—2011第9.2.5条，选项AC正确，选项BD错误。

70. **答案：** AD

分析： 根据《民规》第7.3.24条条文说明可知，选项BC正确，选项AD错误。

阶段测试Ⅲ·空调部分专业案例参考答案及解析

答案汇总列表

题号	答案	题号	答案	题号	答案
1	D	11	C	21	A
2	A	12	D	22	C
3	A	13	D	23	B
4	D	14	A	24	B
5	A	15	C	25	B
6	D	16	D		
7	B	17	A		
8	C	18	C		
9	B	19	A		
10	B	20	D		

1. **答案：**D

主要解题过程：根据《复习教材》式（3.1-11），水蒸气的温度 $t_q=\dfrac{\varepsilon-2500}{1.84}=\dfrac{2638-2500}{1.84}=75℃$。

空气增加的焓值 $\Delta h=\varepsilon\Delta d=2638\times\dfrac{5}{1000}=13.19\text{kJ}$。

2. **答案：**A

主要解题过程：根据《复习教材》式（3.1-2），室内含湿量 $d_n=0.622\dfrac{p_q}{p-p_q}=0.622\times\dfrac{2000}{101325-2000}=0.0125\text{kg/kg}$。

房间湿负荷 $W=1.3\times(0.0125-0.0095)\times3600=14\text{kg/h}$。

3. **答案：**A

主要解题过程：查 h-d 图，送风状态含湿量 $d_o=11.2\text{g/kg}$，室内含湿量 $d_n=14.8\text{g/kg}$，$d_o<d_n$，送风对室内除湿，除湿量 $W=\dfrac{G(d_n-d_o)}{1000}=\dfrac{1.2\times11000\times(14.8-11.2)}{1000}=47.5\text{kg/h}$。

4. **答案：**D

主要解题过程：根据《民规》附录表 H.0.1-3，取 $t_{wlq}=32.1℃$，根据表 H.0.2，取 $t_{wlc}=33.4℃$，

根据第 7.2.7-1 条，有：

$$CL_{\mathrm{Wq}}=K_{墙}\ F_{墙}(t_{\mathrm{wlq}}-t_{\mathrm{n}})=0.56\times36\times(32.1-24)=163.3\mathrm{W}$$

$$CL_{\mathrm{Wc}}=K_{窗}\ F_{窗}(t_{\mathrm{wlc}}-t_{\mathrm{n}})=3.0\times4\times(33.4-24)=112.8\mathrm{W}$$

根据第 7.2.7-2 条，$C_z=C_wC_nC_s=1.0\times0.5\times1.0=0.5$。

查附录表 H.0.3 得，$C_{\mathrm{clc}}=0.7$；查表 H.0.4 得 $D_{\mathrm{Jmax}}=210$，则：

$$CL_{\mathrm{C}}=C_{\mathrm{clc}}C_zD_{\mathrm{Jmax}}F_{\mathrm{C}}=0.7\times0.5\times210\times4=294\mathrm{W}$$

则外围护结构形成的冷负荷 $Q=163.3+112.8+294=570.1\mathrm{W}$。

5. **答案**：A

主要解题过程：根据《工规》第 8.2.5-4 条，储物间计算平均温度 $t_{\mathrm{ls}}=t_{\mathrm{wp}}+\Delta t_{\mathrm{ls}}=29.6+3=32.6℃$。

根据第 8.2.9 条，通过隔墙传热形成的冷负荷 $CL=KF(t_{\mathrm{ls}}-t_{\mathrm{n}})=0.9\times8\times3.5\times(32.6-24)=216.7\mathrm{W}$。

6. **答案**：D

主要解题过程：根据《公建节能》第 4.3.22 条，酒店建筑全空气系统单位风量耗功率限值取 0.3，则空调机组余压最大为：

$$H_{余压}\leqslant3600\times W_s\times\eta_{\mathrm{CD}}\times\eta_{\mathrm{F}}=3600\times0.3\times0.855\times0.65=600\mathrm{Pa}$$

根据《复习教材》式（3.4-3），风机温升为：

$$\Delta t\leqslant\frac{0.0008H_{全压}\times\eta}{\eta_{\mathrm{CD}}\times\eta_{\mathrm{F}}}=\frac{0.0008\times(600+200)\times1}{0.65\times0.855}=1.15℃$$

7. **答案**：B

主要解题过程：空气处理过程如下图所示：

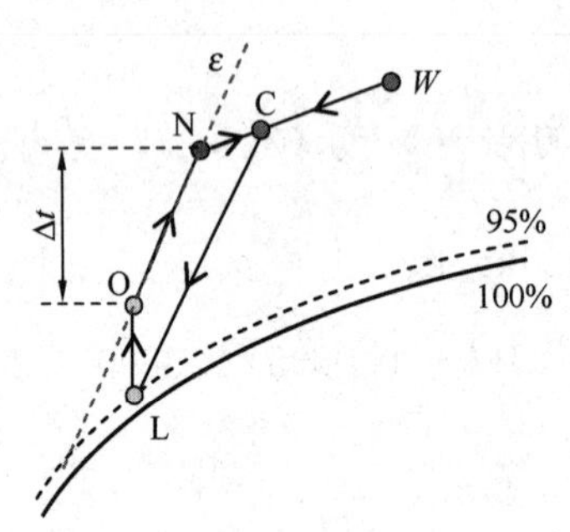

空气处理过程

一次混合点 C 的焓值 $h_{\mathrm{C}}=\dfrac{h_{\mathrm{W}}m+h_{\mathrm{N}}n}{m+n}=\dfrac{85\times1+52.6\times3}{1+3}=60.7\mathrm{kJ/kg}$。

该房间热湿比 $\varepsilon=\dfrac{Q}{W}=\dfrac{40\times3600}{18}=8000\mathrm{kJ/kg}$。

根据《民规》第 7.4.10-3 条表 3，温度允许波动范围为±0.5℃时最大送风温差为 6℃，过室内 N 点做 ε 线与 $t_{\mathrm{o}}=24-6=18℃$的交点为送风状态点 O，过 O 点做等含湿量线与 $\varphi=95\%$交于机器露点 L，查得 $h_{\mathrm{O}}=43.5\mathrm{kJ/kg}$，$h_{\mathrm{L}}=40.4\mathrm{kJ/kg}$。

系统送风量 $G=\frac{Q}{h_N-h_O}=\frac{40}{52.6-43.5}=4.4\text{kg/s}$。

该系统供冷量 $Q=G(h_C-h_L)=4.4\times(60.7-40.4)=89.3\text{kW}$。

8. **答案**：C

主要解题过程：已知室内新风需求为 150 m³/h，空气处理机组的新风比为 25%，则末端装置的一次风量 $L_1=\frac{150}{25\%}=600\text{m}^3/\text{h}$。

串联风机动力型末端的室内回风量 $L_2=1200-600=600\text{m}^3/\text{h}$。

则混合温度 $t_c=\frac{20+14}{2}=17℃$。

串联风机动力型末端的送风温度 $t_o=20+\frac{4\times3600}{1.01\times1.2\times1200}=29.9℃$。

则串联风机动力型末端的加热量 $Q=\frac{1.01\times1.2\times1200\times(29.9-17)}{3600}=5.2\text{kW}$。

9. **答案**：B

主要解题过程：温湿度独立控制系统，新风负担室内全部湿负荷，则送风状态点 L 与室内状态点 N 的湿差 $\Delta d=d_N-d_L=\frac{W}{G}=\frac{3.6\times1000}{1500\times1.2}=2\text{g/kg}$。

查 h-d 图，室内含湿量 $d_N=11.9\text{g/kg}$，故送风状态点含湿量为 $d_L=9.9\text{g/kg}$，与 $\varphi=95\%$相对湿度线交于机器露点 L，查得 $h_L=39.6\text{kJ/kg}$，又查得室外焓值 $h_W=85\text{kJ/kg}$，室内焓值为 $h_N=55.4\text{kJ/kg}$。

根据《复习教材》式（3.11-9），有

$$\rho L_P(h_W-h_N)\eta_h=\rho L_X(h_W-h_{W'})$$

新风经热回收后的焓值

$$h_{W'}=h_W-\frac{\rho L_P(h_W-h_N)\eta_h}{\rho L_L}=85-\frac{1.2\times0.8\times1500\times(85-55.4)\times65\%}{1.2\times1500}$$
$$=69.6\text{kJ/kg}。$$

新风机组表冷器的供冷量 $Q=\rho L_X(h_{W'}-h_L)=\frac{1.2\times1500\times(69.6-39.6)}{3600}=15\text{kW}$。

10. **答案**：B

主要解题过程：该送风系统空气处理过程如下图所示：

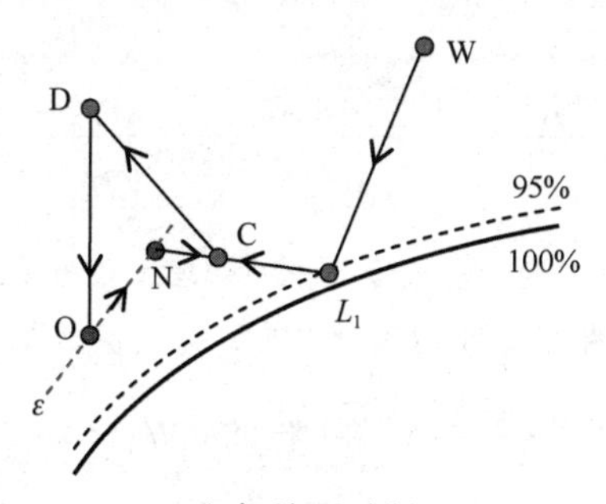

空气处理过程

查 h-d 图得，室外空气焓值为 $h_w=82$kJ/kg，新风经前表冷器处理后的焓值 $h_{L1}=h_w-\frac{Q_{前表冷}\times 3600}{\rho L_X}=82-\frac{234.7\times 3600}{1.2\times 16000}=38$kJ/kg。

查 h-d 图，$h_{L1}=38$kJ/kg 与 $\varphi=95\%$ 交点 L_1 即为前表冷器机器露点，含湿量为 $d_{L1}=9.5$g/kg，系统回风量 $L_H=L_S-L_X=40000-16000=24000\text{m}^3/\text{h}$。

查 h-d 图得，回风含湿量为 $d_N=4.5$g/kg。

新风与回风混合至 C 点（即转轮入口）的含湿量为：

$$d_C=\frac{L_X d_{L1}+L_H d_N}{L_S}=\frac{16000\times 9.5+24000\times 4.5}{40000}=6.5\text{g/kg}。$$

转轮出口含湿量为 $d_D=1.0$g/kg，则转轮除湿量为：

$$W_{转轮}=\rho L_S(d_C-d_D)=1.2\times 40000\times\frac{6.5-1.0}{1000}=264\text{kg/h}。$$

11. **答案**：C

主要解题过程：接上题，空气处理过程如下图所示：

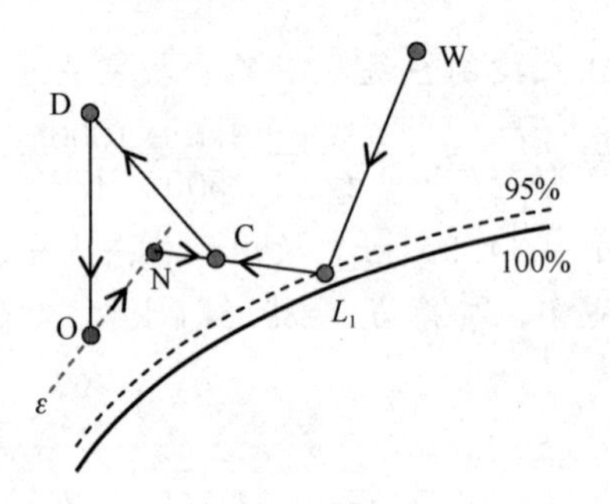

空气处理过程

查 h-d 图，回风焓值为 $h_N=27.5$kJ/kg，则转轮入口焓值

$$h_C=\frac{L_X h_{L1}+L_H h_N}{L_S}=\frac{16000\times 38+24000\times 27.5}{40000}=31.7\text{kJ/kg}。$$

转轮除湿为等焓过程，$h_D=h_C=31.7$kJ/kg。

后表冷器出风温度 $t_O=t_N-\frac{Q_{显热}}{c\rho L_S}=16-\frac{80.8\times 3600}{1.01\times 1.2\times 40000}=10℃$。

查 h-d 图，$t_O=10℃$ 与 $d_D=1.0$g/kg 的交点即为送风状态点 O 点，查得 $h_O=12.5$kJ/kg，则后表冷器的供冷量

$$Q_{后表冷}=\frac{\rho L_S(h_O-h_D)}{3600}=\frac{1.2\times 40000\times(31.7-12.5)}{3600}=256\text{kW}。$$

说明：通过查 h-d 图可知，本题中后表冷器中的处理过程为干工况，也可通过温差计算后表冷的供冷量，查得转轮出口温度（即后表冷的入口温度）为 $t_D=29℃$，则后表冷的供冷量 $Q_{后表冷}=\frac{c\rho L_S(t_O-t_D)}{3600}=\frac{1.01\times 1.2\times 40000\times(29-10)}{3600}=256\text{kW}$。

12. **答案**：D

主要解题过程：根据题设图查得各房间修正系数如下表所示：

房间号	1	2	3	4	5
空调冷负荷（W）	4500	4500	4500	4500	5000
等效配管长度（m）	65	75	95	105	105
容量修正系数	0.89	0.875	0.85	0.84	0.84

则考虑管长及高差修正后的容量 $Q=\dfrac{4500}{0.89}+\dfrac{4500}{0.875}+\dfrac{4500}{0.85}+\dfrac{4500}{0.84}+\dfrac{5000}{0.84}=26803\text{W}=$ 26.8kW。

13. **答案**：D

主要解题过程：根据《复习教材》平行射流相关内容，对于出口断面流速均匀分布的等温射流，不均匀系数 $\varphi=1$，送风射流气体动力特征值 $m=6.88$，根据式（3.5-7），15m 处轴心流速 $v_x=\dfrac{mv_0\sqrt{F_0}}{x}=\dfrac{6.88\times 8\times\sqrt{\dfrac{3.14\times 0.4^2}{4}}}{15}=1.30\text{m/s}$。

根据式（3.5-6），距轴心 1m 处的流速 $v=v_x e^{-\frac{1}{2}\left(\frac{r}{cx}\right)^2}=1.3\times e^{-\frac{1}{2}\left(\frac{1}{0.082\times 15}\right)^2}=0.93\text{m/s}$。

14. **答案**：A

主要解题过程：送风口水力直径 $d_0=\dfrac{2AB}{A+B}=\dfrac{2\times 1\times 0.12}{1+0.12}=0.214\text{m}$。

根据《复习教材》式（3.5-3），得：

$$t_0=t_n-\frac{(t_n-t_x)\times\left(\dfrac{ax}{d_0}+0.145\right)}{0.35}=24-\frac{(24-22)\times\left(\dfrac{0.16\times 1.5}{0.214}+0.145\right)}{0.35}=16.8℃$$

15. **答案**：C

主要解题过程：根据《复习教材》第 3.6.3 节，人员发尘量取 70×10^4 pc/（p·min），根据式（3.6-7），室内单位容积发尘量为：

$$G=\frac{q+\dfrac{q'P}{F}}{H}=\frac{1.25\times 10^4+\dfrac{100\times 70\times 10^4}{1000}}{3.5}=23571\text{pc/(min}\cdot\text{m}^2)$$

16. **答案**：D

主要解题过程：根据《洁净规》第 6.1.5 条，补偿排风及维持正压需求新风量 $L_{X1}=8000+14000=22000\text{m}^3/\text{h}$。

人员需求新风量 $L_{X2}=100\times 40=4000\text{m}^3/\text{h}$。

新风量二者取大值，为 $L_1=22000\text{m}^3/\text{h}$。

根据热湿负荷计算所需风量 $L_2=\dfrac{3600\times Q}{\rho\times(h_n-h_o)}=\dfrac{3600\times 220}{1.2\times(50.1-39.1)}=$

$60000m^3/h$。

根据洁净需求计算所需风量 $L_3 = 800 \times 3.5 \times 15 = 42000m^3/h$。

根据《洁净规》第 6.3.2 条，送风量取三者最大值，$L = 60000m^3/h$。

17. **答案：** A

主要解题过程： 根据《蓄能空调工程技术标准》JGJ 158—2018 表 3.3.4-2，制冰工况蒸发器侧设计流量等同于空调工况，因此根据空调负荷及空调工况蒸发器供回水温度计算载冷剂循环泵流量，单泵流量 $m = \dfrac{Q \times 3600}{2c_p\rho\Delta t} = \dfrac{2000 \times 3600}{2 \times 3.65 \times 1052 \times (10-5)} = 187.5m^3/h = 54.8kg/s$。

根据规范第 3.3.5 条，载冷剂循环泵耗电输冷比 $ECR = 11.136 \times \Sigma\left(\dfrac{mH}{\eta_b Q}\right) = 11.136 \times \dfrac{2 \times 54.8 \times 30}{0.75 \times 2000} = 24.4$。

根据第 3.3.5 条及条文说明，$A=16.469$，$B=30$，$\Delta T=3.4$，则有：

$$\frac{AB}{c_p\Delta T} = \frac{16.469 \times 30}{3.65 \times 3.4} = 39.8 > ECR = 24.4$$

满足规范限值要求。

说明： 本题为并联蓄冷系统，考查知识中的几个注意事项：

(1) 本题中，载冷剂扬程已给出，但考生应该知道，根据《复习教材》表 4.7-13，载冷剂循环泵的扬程取“冷机＋板换”和“冷机＋冰槽”中的大值，当“冷机＋冰槽”的阻力比较大时，循环泵即为“按蓄冷工况选型”，此时规范中的 $\Delta T=3.4$℃，当“冷机＋板换”的阻力比较大时，循环泵即为“按释冷工况选型”，此时规范中的 $\Delta T=5$℃，但无论取多少，都仅仅是规范规定计算限值用的数值，而不是计算流量用的。

(2) 根据《复习教材》表 4.7-13，载冷剂循环泵的流量取冷机的额定流量，又根据《蓄能空调工程技术标准》表 3.3.4-2，双工况冷机蒸发器侧的流量，无论是空调工况还是制冰工况，设计流量均为空调工况设计流量，因此本题循环泵的流量应根据空调负荷和空调工况蒸发器的供回水温差计算得到。

(3) 关于 B 值的选择，主机与冰槽串联时，B 值取冷机＋冰槽＋板换，主机与冰槽并联时，B 值取两两相加的最大值。

18. **答案：** C

主要解题过程： 定压点 B 的压力为 $83mH_2O$。

从 B 点至 A 点的总压力损失为：

$$\Delta P = \Delta P_{冷机} + \Delta P_{管路} = \frac{0.08 \times 10^6}{9.8 \times 1000} + \frac{(3+15+60+80+40) \times 350}{9.8 \times 1000} = 15.23mH_2O$$

净水高度降低了 $\Delta H=80m$，

$$P_{Amin} = P_B + H_{min} - \Delta P - \Delta H$$

$$H_{min} = P_{Amin} - P_B + \Delta P + \Delta H = \frac{0.10 \times 10^6}{9.8 \times 1000} - 83 + 15.23 + 80 = 22.43mH_2O$$

19. **答案**：A

主要解题过程：新风负担的室内热负荷为：

$$Q_x = c_p G(t_o - t_n) = \frac{1.01 \times 1.2 \times 3000 \times (24-18)}{3600} = 6.1\text{kW}$$

风机盘管需要负担的热负荷：$Q_{fcu} = Q - Q_x = 70 - 6.1 = 63.9\text{kW}$。

风机盘管系统需要的热水量 $V = \dfrac{Q_{fcu}}{c\rho(t_g - t_h)} = \dfrac{63.9 \times 3600}{4.18 \times 1000 \times (45-40)} = 11\text{m}^3/\text{h}$。

20. **答案**：D

主要解题过程：循环水流经内区房间吸收的热量总计：$Q_1 = 4 \times 20 \times \left(1 + \dfrac{1}{4.2}\right) = 99\text{kW}$。

循环水流经外区房间排出的热量总计：$Q_2 = 5 \times 15 \times \left(1 - \dfrac{1}{3.8}\right) = 55.3\text{kW}$。

因 $Q_1 > Q_2$，需要冷却塔辅助散热，散热量 $Q = Q_1 - Q_2 = 99 - 55.3 = 43.7\text{kW}$。

21. **答案**：A

主要解题过程：单台水泵设计流量 $V_{50\text{Hz}} = \dfrac{Q}{nc\rho\Delta t} = \dfrac{3000 \times 3600}{3 \times 4.18 \times 1000 \times (12-6)} = 143.5\text{m}^3/\text{h}$。

25Hz 时，水泵流量 $V_{25\text{Hz}} = \dfrac{1}{2} V_{50\text{Hz}} = 71.8\text{m}^3/\text{h}$。

根据《复习教材》第 3.7.2 节，水泵变速运行，达到最低转速时旁通阀开始工作，旁通阀的最大设计流量为一台变速泵的最小允许运行流量，即为 71.8m³/h，根据式（3.8-1）有：

$$C = \frac{316 \times V}{\sqrt{\Delta P}} = \frac{316 \times 71.8}{\sqrt{60 \times 1000}} = 92.6$$

22. **答案**：C

主要解题过程：裙房屋面距离二十层客房的垂直高度 $h = 17 \times 3.6 + 1.5 = 62.7\text{m}$。

三台设备到客房窗外的直线距离分别为：

设备 1：$l_1 = \sqrt{40^2 + 62.7^2} = 74.4\text{m}$；设备 2：$l_2 = \sqrt{20^2 + 62.7^2} = 65.8\text{m}$；设备 3：$l_3 = \sqrt{25^2 + 62.7^2} = 67.5\text{m}$。

三台设备到客房窗外的噪声分别为：

设备 1：$L'_{A1} = L_{A1} + \Delta L_{A1} = 90.3 + 10\lg\left(\dfrac{1}{4 \times 3.14 \times 74.4^2}\right) = 41.9\text{dB}$

设备 2：$L'_{A2} = L_{A2} + \Delta L_{A2} = 83 + 10\lg\left(\dfrac{1}{4 \times 3.14 \times 65.8^2}\right) = 35.6\text{dB}$

设备 3：$L'_{A3} = L_{A3} + \Delta L_{A3} = 85.1 + 10\lg\left(\dfrac{1}{4 \times 3.14 \times 67.5^2}\right) = 37.5\text{dB}$

根据《复习教材》表 3.9-6，三个噪声叠加后的噪声为：

$$L = 41.9 + 1.38 + 0.66 = 44\text{dB}$$

23. **答案**：B

主要解题过程：根据《复习教材》式（3.9-7），转速为 1450r/min 时，声功率级为：

$$L_{W1} = 5 + 10\lg L + 20\lg H = 5 + 10 \times \lg 6800 + 20 \times \lg 480 = 96.9\text{dB}$$

根据式（3.9-5），转速降低后，声功率级为：

$$L_{W2} = L_{W1} + 50\lg\frac{n_2}{n_1} = 96.9 + 50 \times \lg\frac{960}{1450} = 87.9\text{dB}$$

24. **答案**：B

主要解题过程：离心玻璃棉的导热系数为：

$$\lambda = 0.031 + 0.00017t_m = 0.031 + 0.00017 \times \frac{30 + 16}{2} = 0.0349\text{W/(m·K)}$$

防结露保温厚度为 δ，有：

$$\frac{26 - 16}{\frac{\delta}{\lambda}} = 8 \times (30 - 26)\text{ , }\delta = 10.9\text{mm}$$

25. **答案**：B

主要解题过程：根据《公建节能》第 4.3.12 条，有：$X = \frac{6880}{33000} = 0.208$, $Z = \frac{1440}{6000} = 0.24$, $Y = \frac{X}{1 + X - Z} = \frac{0.208}{1 + 0.208 - 0.24} = 0.215 = 21.5\%$。

阶段测试Ⅳ·制冷部分专业知识参考答案及解析

答案汇总列表

题号	答案	题号	答案	题号	答案	题号	答案
1	D	21	B	41	BC	61	ACD
2	B	22	D	42	BC	62	AD
3	D	23	D	43	AD	63	ABC
4	B	24	D	44	BD	64	BCD
5	B	25	C	45	AD	65	ABC
6	A	26	C	46	BCD	66	BD
7	D	27	D	47	BD	67	BCD
8	D	28	B	48	CD	68	ABD
9	C	29	C	49	ABC	69	ACD
10	A	30	C	50	ABC	70	AC
11	C	31	B	51	ACD		
12	A	32	D	52	ABD		
13	C	33	D	53	ABC		
14	C	34	A	54	ACD		
15	B	35	D	55	ABD		
16	C	36	B	56	ABC		
17	D	37	D	57	ABC		
18	A	38	B	58	BD		
19	B	39	C	59	BD		
20	B	40	C	60	AC		

（一）单项选择题

1. **答案**：D

分析：根据《复习教材》P577 中间部分可知，对于同一种制冷剂，节流损失主要与节流前后的温差（T_k-T_0）有关，温差越小，节流损失越少，故选项 A 正确；由 P579 可知，采用再冷循环，可以提高制冷系数，提高的大小与制冷剂的种类及再冷度的大小有关，故选项 B 正确；由 P578 第一段："一般来讲，节流损失大的制冷剂，过热损失就小，而且，P_k/P_{kr}越大，过热损失越小"，故选项 C 正确，选项 D 错误。

2. **答案**：B

分析：冰塞现象应发生在低温侧，故排除选项 A，对于制冷系统，膨胀阀出口侧管路最狭窄，温度最低，故最易发生冰塞现象。

3. **答案**：D

分析：由《复习教材》式（4.1-36），热泵的制热系数等于其制冷系数加1，根据热平衡原理为热泵的制热量等于其制冷量与压缩机耗功的和，故热泵制热系数 $\varepsilon_h = \frac{Q_0 + P}{P} = \frac{Q_0}{P} + 1 = 4.1 + 1 = 5.1$。

制热量 $Q_h = \varepsilon_h \cdot P = 5.1 \times 50 = 255$kW。

4. **答案**：B

分析：蒸发器表面结垢严重，导致蒸发器的传热系数减小，蒸发器内蒸发温度降低，蒸发压力降低，压缩机吸气压力降低，故选项A正确；蒸发器的换热面积过大导致蒸发器内蒸发温度升高，故吸气压力增加，选项B错误；当膨胀阀损坏时，无法根据蒸发器的出口温度来调节膨胀阀开度，选项C正确，选项D：管段阻力过大，压降过大，故吸气压力偏低，正确。

5. **答案**：B

分析：根据《复习教材》表4.9-25可知，设计压力应为2.0MPa，选项A正确；由P750可知，高压侧管道直线段超过50m时应设补偿，而非60m，选项B错误；根据《冷库规》第6.6.4条可知，融霜用热气管应做保温，同时《复习教材》倒数第4行有同样表述，选项C正确；由《冷库规》第6.6.3条可知，选项D正确，《复习教材》倒数第5行有相同表述。

6. **答案**：A

分析：根据《复习教材》P595可知，R134a系统要使用干燥过滤器，由P597可知，氨系统不必设干燥器，故选项A错误；由P596可知，一般把无机化合物的制冷剂和前面介绍的HCs类制冷剂统称为天然制冷剂，故选项B正确；由第4.2.2节（3）、（7）可知，选项CD正确。

7. **答案**：D

分析：根据《复习教材》P639“3. 制冷系统的经济运行”中（1）、（2）、（3）、（6）可知，选项ABC均正确。选项D：多台冷水机组优先采用由冷量优化控制运行台数的方式。

8. **答案**：D

分析：根据《复习教材》P583第一段及第二段可知，当蒸发温度过低、排气温度过高或压比过大时，需要采用双级压缩。吸气温度低于－25～－35℃，需要采用双级压缩，因此选项AC均需要。其中对于活塞式压缩机，压力差大于1.6MPa需要采用双级压缩，选项D不需要。对于螺杆式压缩机，排气温度高大于100℃时，需要采用双级压缩，因此选项B需要采用双级压缩。

9. **答案**：C

分析：根据《民规》第8.7.4条可知，选项A错误，基载冷负荷限值为350kW；根据《蓄冷空调工程技术规程》JGJ 158—2008第3.3.6条可知，选项B错误；根据JGJ 158—2008第3.3.9条可知，选项C正确；根据JGJ 158—2008第3.3.6条文说明表2可知，选项D错误，供冷范围为－15～－6℃。

10. **答案**：A

分析：根据《复习教材》P656可知，制冷量衰减主要原因有6个方面，其中选项BCD均为相关方面。对于吸收式冷水机组，冷凝温度升高会导致机组制冷量下降，反之冷凝温度降低反而会提高制冷量，因此选项A不是造成制冷量下降的可能的原因。

11. **答案**：C

分析：根据《复习教材》式（4.1-23）可知，选项A正确；根据P581可知，选项B正确；根据P582可知，选项C错误，带节能器后空调工况节能率提高4.9%，蓄冰工况节能率提高12.8%，故后者更高；根据P582可知，选项D正确。

12. **答案**：A

分析：根据《复习教材》图4.5-3可知，选项A错误，选项B正确；根据图4.5-1可知，选项C正确；溶液热交换器的作用是使发生器出来的浓溶液将热量传给吸收器出来的冷稀溶液，以减少发生器的耗热量，同时减少吸收器的冷却水消耗量，故其热力系数提高，选项D正确。

13. **答案**：C

分析：根据《复习教材》P610～P611可知，螺杆式压缩机的名义工况根据压缩机的温度分为高温（高冷凝压力）、高温（低冷凝压力）、中温（高冷凝压力）、中温（低冷凝压力）及低温5个类型。

14. **答案**：C

分析：根据《复习教材》图4.5-7（a）查得，对应冷水温度为8.3℃，对应COP为1.385；制冷量为100%时对应$COP=1.36$，冷却水温度为32℃对应COP为1.32，故其$COP=\dfrac{1.385+1.3+1.32}{3}=1.33$。

15. **答案**：B

分析：根据《复习教材》P617中间内容可知，选项ACD正确，模块机组由于模块单元的水系统即蒸发器与冷凝器的进、出水没有相应的隔断措施，不适用于变流量运行。

16. **答案**：C

分析：根据《复习教材》P641可知，选项A中宜比冷却水进出口的平均温度高5～

7℃，错误；选项B比夏季空气调节室外计算干球温度高15℃，错误；选项D为“低4～6℃”，错误。

17. **答案：**D

分析：根据《民规》第8.3.9条及其条文说明可知，选项ABC正确，选项D错误。

18. **答案：**A

分析：根据《复习教材》P644，吸收式制冷采用工质对来实现制冷，常用的工质对有氨和水、溴化锂和水两种。氨—水工质对，氨为制冷剂，水为吸收剂，溴化锂—水工质对，溴化锂溶液为吸收剂，水为制冷剂。

19. **答案：**B

分析：根据《公建节能》表3.1.2可知，长春属于严寒C区，根据表4.2.10查得性能系数*COP*取5.00，根据第4.2.10-3条可知，不低于数值的0.95，故最低值为$5\times0.95=4.75$。

20. **答案：**B

分析：由《复习教材》表4.3-19可知，2级能效等级为节能等级，对于800kW水冷机组，其*COP*不低于5.6，经计算选项A机组*COP*为5.3，不满足节能评价。上海为夏热冬冷地区，由表4.3-23可知，选项B属于节能设备。天津属于寒冷地区，由表4.3-26可知，寒冷地区10kW不接风管的风冷机组能效比不低于2.75，故选项C不满足节能要求。由表4.3-28可知，对于10kW机组，*SEER*不低于4.0，*APF*不低于3.3，故选项D不满足节能评价值。

21. **答案：**B

分析：参考《复习教材》P618～619。

22. **答案：**D

分析：根据《复习教材》P635“1. 制冷剂管道系统的设计”中（6）可知，选项A正确；根据P636“3. 制冷剂管道系统的设计”中（2）第1）条可知，选项B正确；根据P748“2. 冷库制冷剂管道系统的设计”中（2）可知，氨制冷系统管道应采用无缝钢管，选项C正确；根据P634可知，选项D错误，其管内壁不宜镀锌。

23. **答案：**D

分析：根据《复习教材》P608～P609，除霜开始及结束的时，冷凝盘管内积聚的液态制冷剂由于其压力突然降低为吸气压力而涌入压缩机的吸气管，与润滑油混合，沸腾，导致过多的液体进入气缸，产生压缩机液击，选项A正确；压缩机安装处的温度低于室内机组蒸发器的温度会产生制冷剂迁移，选项B正确；压缩机停机后，油加热热不断电继续工作一段时间后，冷冻油中制冷剂含量相应降低；采用封闭式压缩机可以使吸入的湿蒸汽被电动机加热气话，避免湿压缩，选项C正确；压缩机的余隙容积影响压缩机的压缩比及吸气量，与液击现象无关。

24. **答案**：D

分析：根据《复习教材》P638“(2) 制冷剂管道的安装要求”中3)、5) 可知，选项D错误，不得作为管道的支撑。

25. **答案**：C

分析：根据《复习教材》表4.3-21可知，选项AB错误，其给出的是性能系数，非全年综合性能系数，不具有可比性；选项D：对于地下水式冷热风型机组3级指标为3.80W/W，没有达到三级。

26. **答案**：C

分析：根据《复习教材》P642“2. 制冷机房设计及设备布置的原则”(1) 可知，选项AB正确；根据(3) 可知，选项C错误，应为主导风向的下风侧，选项D正确。

27. **答案**：D

分析：根据《复习教材》P657第一段可知，“天然气是直燃型溴化锂吸收式冷（温）水机组的最佳能源；无天然气的低区宜采用人工煤气和液化石油气。当无上述气源时，宜采用轻柴油。”

28. **答案**：B

分析：参考《复习教材》P737，“冷凝压力与蒸发压力之比大于8时，应采用双级压缩”。

29. **答案**：C

分析：根据《民规》第8.7.4-2条可知，选项A错误；由第8.7.6可知，选项B错误，选项C正确；消防水池与冰蓄冷合用，由于需要结冰，影响消防用水量，故选项D错误。

30. **答案**：C

分析：根据《复习教材》，选项AB参见P620～P623。

31. **答案**：B

分析：根据《复习教材》第4.8.7节第一段可知，选项B正确，计算冷间围护结构热流量时，室外计算温度应采用夏季空气调节室外计算日平均温度。

32. **答案**：D

分析：根据《冷库设计规范》GB 50072—2010第6.3.2-3可知，选项A错误；根据第 6.3.4 可知，选项 B 错误；根据第 6.3.5-1 条可知，选项 C 错误；根据第 6.3.9 可知选项 D 正确。

33. **答案：**D

分析：根据《复习教材》表 4.8-25 可知，选项 AB 正确；根据表 4.8-26 可知，选项 C 正确，低密度闭孔泡沫玻璃的抗压强度为 0.5～0.7；挤压型聚苯乙烯泡沫板的抗压强度为 0.25～0.3，故选项 C 正确；热导率大的隔热材料说明传热效果好，故隔热效果差，选项 D 错误。

34. **答案：**A

分析：根据《复习教材》P666 可知，选项 A 正确，选项 B 错误；根据表 4.5-1 可知，选项 CD 错误。

35. **答案：**D

分析：根据《绿色建筑评价标准》GB/T 50378—2019 第 3.1.1 条可知，选项 A 正确；根据第 3.2.2 条可知，选项 B 正确；根据第 9.2.1 条可知，选项 C 正确；根据第 7.2.10 可知，选项 D 错误。

36. **答案：**B

分析：根据《复习教材》P688 可知，选项 B 错误。

37. **答案：**D

分析：根据《复习教材》P678"(4) 余热利用设备的选择"，选项 D 错误，应为 30%～50%。

38. **答案：**B

分析：青岛属于寒冷地区，根据《复习教材》表 4.3-23 可知，选项 B 满足节能标准。

39. **答案：**C

分析：根据《建筑给排水设计标准》GB 50015—2019 第 4.5.12-4 条可知，选项 C 正确。

40. **答案：**C

分析：根据《城镇燃气设计规范》GB 50028—2006（2020 版）表 6.1.6 可知，其管道类型为次高压燃气管道，根据第 6.3.2 条，应采用钢管。

（二）多项选择题

41. **答案：**BC

分析：根据《复习教材》P580 可知，其制冷系数不一定是提高的，故选项 A 正确；

根据P581可知，选项BC正确；选项D：通过T-S图分析，两者应该是相等的，故其错误。

42. **答案**：BC

分析：根据《复习教材》P579～P581可知，再冷器获得的再冷度主要靠冷却水所得，而回热循环获得的再冷度主要靠热交换，故选项A错误；根据P580可知，选项B正确；回热循环中是膨胀阀前与压缩机吸入前的制冷剂液体进行热交换，故设置位置正确；回热循环制冷系数是否提高，根据Δq与ΔW而定，故选项D错误。

43. **答案**：AD

分析：由《复习教材》图4.1-6（b）可知，选项AD正确。

44. **答案**：BD

分析：根据《复习教材》P601，选项A中，高温高压气态制冷剂进入膨胀阀后才会变成低温低压气态混合物；冷水热泵机组一般安装2个不同容量的热力膨胀阀，满足制冷工况与制热工况不同制冷剂流量的要求，选项C错误。

45. **答案**：AD

分析：过热度的存在使得压缩机吸入侧温度升高，故其排气温度升高，选项A正确；过热蒸汽区，吸气温度增加，压力不变，气体比容增加，故选项B错误；由于存在过冷度，冷剂温度与饱和温度存在差值，不容易产生闪发冷剂蒸气，故选项C错误；过冷度增加，制冷剂比焓减少，蒸发器入口侧比焓减小，故制冷量增加，选项D正确。选AD。

46. **答案**：BCD

分析：根据《复习教材》，选项A参见式（4.3-6）；选项BCD参见图4.3-9，压缩机轴功率有个峰值，类似于抛物线，故选项B错误，V_i越大，曲线越平缓，影响越小，故选项C错误；不同的压比，固定容积比对应的轴功率曲线是交替的，故选项D错误。

47. **答案**：BD

分析：设末端侧总负荷为Q，冷水机组的耗功$N=\dfrac{Q}{COP}=\dfrac{Q}{5.2}$。

一次能源输入量$W=\dfrac{N}{\eta}=\dfrac{Q}{5.2\times0.35}=0.55Q$。

直燃式溴化锂吸收式制冷机组：$W=\dfrac{Q}{1.2}=0.83Q$。

故直燃式溴化锂吸收式冷水机组更为节能，选项A错误；直燃式溴化锂吸收式冷水机组时以消耗燃气为一次能源，故可避开用电高峰，对于电力紧张的区域可以考虑采用，选项B正确；二者驱动能源分别为电能和燃气，故选项C错误；根据《复习教材》P642可知，选项D正确。

48. **答案：**CD

分析：由《复习教材》式（4.1-11）及相关文字可知，干压缩代替是压缩后，增加的功量为12371包围的面积，故选项A错误；由P577（1）第2）条，膨胀阀代替膨胀机损失的膨胀功为图中0450，节流过程降低的冷量为56ba5，故选项B错，选项D正确。从P577第1段可知，制冷量为循环低温部分产生的冷量，因此采用节流阀产生的冷量为16bd1，采用膨胀机为15ad1。对于压缩功，由式（4.1-8）可知，采用节流阀的压缩功是123401，相比采用膨胀阀的压缩功增加了0540，故采用膨胀阀压缩功为123451。故采用节流阀时制冷系数为16bd1/123401。

49. **答案：**ABC

分析：参考《复习教材》表4.9-13。

50. **答案：**ABC

分析：根据《地源热泵工程技术规范》GB 50366—2005（2009年版）附录B式（B.0.1-1），选项A正确；根据式（B.0.1-4），选项B正确；根据B.0.2条，选项C正确；根据4.3.3条条文说明，选项D错误，最大吸热量和最大释热量相差较大时，宜通过技术经济比较，设置辅助散热或供热源，然后再计算管长。

51. **答案：**ACD

分析：根据《复习教材》表4.5-1可知，选项A正确；第二类溴化锂的性能系数低于0.5，但是其充分运用了余废热，变废为宝，故其节能；根据表4.5-6可知，选项C正确；发生器内的高压蒸汽被输送至冷凝器，二者相通，及根据图4.5-3可知，选项D正确。

52. **答案：**ABD

分析：根据《蒸气压缩循环冷水（热泵）机组 第1部分：工业或商业用及类似用途的冷水（热泵）机组》GB/T 18430.1—2007可知，冷水机组名义工况蒸发器污垢系数为0.018m^2·℃/kW，冷凝器侧污垢系数为0.44m^2·℃/kW，蒸发器侧污垢系数变大，热阻增加，传热温差增加，蒸发温度减小，选项A正确；冷凝器侧污垢系数降低，热阻减小，传热温差减小，冷凝温度减小，选项B正确；蒸发温度降低，制冷量减小，性能系数减小，故选项C错误，选项D正确。

53. **答案：**ABC

分析：根据《民规》第8.2.1条、第8.2.2条、第8.2.3条可知，选项AC正确，选项D错误。根据《民规》第8.1.5条文说明可知，选项B正确。

54. **答案：**ACD

分析：根据《复习教材》P619“2. 直接蒸发式空调机组”（1）可知，选项ACD错误。

55. **答案**：ABD

分析：冬季气室外气温降低，蒸发温度降低，蒸发压力降低，气体比容增加，制冷剂质量流量降低，系统总耗功减小，制热量减小，故选项AB错误；喷气增焓使得高级压缩吸入口蒸气温度降低，排气温度降低，故选项C正确；夏季室外温度增加，冷凝温度增加，性能系数降低，故选项D错误。

56. **答案**：ABC

分析：根据《复习教材》P641可知，选项ABC正确。

57. **答案**：ABC

分析：根据《复习教材》P655“（4）防止结晶问题”可知，选项ABC正确；选项D错误，未提及有少量空气掺入的情况。

58. **答案**：AC

分析：根据《复习教材》P650倒数第一段可知，选项A正确，选项B错误；由表4.5-1可知，选项C正确；由表4.5-1下方一句话可知，选项D错误，性能系数低，但节能效果显著。

59. **答案**：BD

分析：根据《复习教材》P663“（7）直燃型机组排烟系统”中2）可知：“烟囱的高度应按批准的环境影响报告书的要求确定，但不得低于8m”，选项A错误；烟囱的出口宜距冷却塔6m以上或高于塔顶2m以上，选项B正确；由P664“3）烟囱及烟道材料及安装要求”第④款可知，在烟道和烟囱的最低点，应设置水封式冷凝水排水管，排水管管径为DN25即可，故选项C错误；根据第⑫款可知，选项D正确。

60. **答案**：AC

分析：根据《复习教材》P636～P637可知，选项AC正确。

61. **答案**：ACD

分析：根据《蓄能空调工程技术标准》JGJ 158—2018表3.3.4-1可知，选项A正确；制冰工况制冷量的变化率限值为65%，故最低限值为1300kW，选项B错误；制冰工况下蒸发温度低，系统性能系数低，故单位冷量下耗功变大，选项C正确；根据表3.3.4-2可知，选项D正确。

62. 答案：AD

分析：根据《冷库规》表6.5.2～6.5.3可知，选项AD正确。

63. **答案**：ABC

分析：根据《复习教材》P648可知，由于结晶条件的限制才选用双效型溴化锂吸收式制冷机，表明双效溴化锂不易结晶，故选项 A 错误；选项 B 中冷却水主要排走低压发生器冷剂水蒸气的凝结热，错误；由第 2）条第 4 段可知，选项 CD 均正确。

64. **答案：**BCD

分析：根据《复习教材》表 4.8-4，可知，肉类、禽类、蛋类、水果、蔬菜适合采用通风冷却方式。本题比照历年关于除霜方式出题，重在熟悉《复习教材》结构。

65. **答案：**ABC

分析：根据《复习教材》表 4.3-1 及表 4.3-2 可知，仅为活塞式制冷压缩机的名义工况，故选项 A 错误；根据表 4.3-3 可知，热泵用全封闭压缩机名义工况下的吸气温度分为三种情况，分别为 20℃，10℃，−4℃，故选项 B 错误；根据图 4.3-10 可知，压缩机的绝热效率与压比及内容积比相关，故选项 C 错误，根据图 4.3-11 可知，选项 D 正确。

66. **答案：**BD

分析：根据《复习教材》表 4.8-7 可知，选项 AC 不适合水产品冷藏，其中超低温冷藏仅适合于金枪鱼，而非水产品。

67. BCD

分析：由《复习教材》P660 下方可知，选项 A 错误，直燃机可设置的位置没有地上二层；由 P663 可知，选项 BC 正确；由 P665 可知，选项 D 正确

68. **答案：**ABD

分析：根据《复习教材》P775～P776 有关太阳能建筑的内容可知，选项 AB 正确；选项 C 中利用楼板家具等作为吸热蓄热体属于直接得热式，错误；由 P777 可知，选项 D 正确。

69. **答案：**ACD

分析：根据《建筑给水排水设计标准》GB 50015—2019 第 4.4.2 条可知，选项 ACD 错误，其中卫生间的排水为污水，厨房排水为废水，二者不可以共用一根立管。

70. **答案：**AC

分析：根据《复习教材》P815 可知，选项 A 错误，对于中压及以上压力的燃气必须通过区域调压站或用户专用调压站，才能供气，非“宜”设；选项 BD 正确，选项 C 错误，单独调压柜的出口压力不宜大于 1.6MPa，而非 0.6MPa。

阶段测试Ⅳ·制冷部分专业案例参考答案及解析

答案汇总列表

题号	答案	题号	答案	题号	答案
1	C	11	D	21	C
2	C	12	C	22	C
3	B	13	B	23	A
4	C	14	B	24	B
5	D	15	C	25	D
6	A	16	B		
7	A	17	C		
8	A	18	D		
9	C	19	C		
10	A	20	B		

1. **答案：** C

主要解题过程： 通过蒸发器 1 的质量流量 $MR_1=\dfrac{Q_1}{(h_6-h_4)}=\dfrac{7.2}{(1850-635.5)}=0.0059\text{kg/s}$。

通过蒸发器 2 的质量流量 $MR_2=\dfrac{Q_2}{(h_8-h_5)}=\dfrac{15}{(1796.6-635.5)}=0.0129\text{kg/s}$。

总质量流量为：$MR_1+MR_2=0.0188\text{kg/s}$。

2. **答案：** C

主要解题过程： 比容 $v_1==\dfrac{MR_1\times v_7+MR_2\times v_8}{MR_1+MR_2}=\dfrac{0.0059\times 0.65+0.0129\times 0.62}{0.0059+0.0129}=0.63\text{m}^3/\text{kg}$。

理论输气量 $V=\dfrac{M_R\times v_1}{\eta_v}=\dfrac{0.0188\times 0.63}{0.68}\times 3600=62.7\text{m}^3/\text{h}$。

3. **答案：** B

主要解题过程： 实际工况的制冷系数 $COP=\dfrac{h_1-h_4}{h_2-h_1}=\dfrac{380.2-246.3}{410.5-380.2}=4.42$。

理想循环下制冷系数 $\varepsilon_c=\dfrac{T_0}{T_K-T_0}=\dfrac{4+273}{(40+273)-(4+273)}=7.69$。

制冷循环效率 $\eta_R=\dfrac{\varepsilon_{th}}{\varepsilon_c}=\dfrac{4.42}{7.69}\times 100=57.5\%$。

4. **答案：** C

主要解题过程： 根据《复习教材》式（4.3-1），压缩机的理论输气量 $V_h = \frac{\pi}{240}D^2 SnZ = \frac{3.14}{240} \times 0.1^2 \times 0.08 \times 720 \times 4 = 0.0301\text{m}^3/\text{s}$。

根据式（4.3-6），压缩机的容积效率 $\eta_v = \frac{V_R}{V_h} = \frac{0.0219}{0.0301} = 0.7276$。

根据式（4.3-8），压缩机的压比 $\frac{p_2}{p_1} = \left(\frac{0.94 - \eta_v}{0.085} + 1\right)^m = \left(\frac{0.94 - 0.7276}{0.085} + 1\right)^{1.28} = 4.97$。

5. **答案：** D

主要解题过程： 由上题，该制冷机组压缩机容积效率为 0.7276，理论输气量为 $0.0301\text{m}^3/\text{s}$。根据《复习教材》式（4.3-9），该制冷机组制冷量 $Q_0 = \eta_v V_h q_v = 0.7276 \times 0.0301 \times 4600 = 100.7\text{kW}$。

由式（4.3-22）可知，该压缩机轴功率 $P_e = \frac{Q_0}{COP} = \frac{100.7}{4.8} = 20.98\text{kW}$。

由式（4.3-19）与式（4.3-18）可知，电机输入功率 $P_{in} = \frac{P_e}{\eta_e} = \frac{20.98}{0.8} = 26.225\text{kW}$。

6. **答案：** A

主要解题过程： 上海市属于夏热冬冷地区，根据《公建节能 2015》，800kW 的螺杆机 COP 限值为 3.0，根据第 4.2.12-10 条可知，$COP = \frac{800}{252 + 25} = 2.89$，故不满足要求。

7. **答案：** A

主要解题过程：

$$q_c = \frac{\sum_{i=1}^{24} q_i}{n_2 + \frac{n_1 \cdot c_f}{\xi}} = \frac{48000}{\left(16 + \frac{8 \times 0.7}{1.03}\right)} = 2238.8\text{kW}$$

蓄冷装置有效容积：

$$Q_S = \frac{n_1 \times C_f \times q_c}{\xi} = \frac{8 \times 0.7 \times 2238.8}{1.03} = 12172.1\text{kWh}$$

根据《蓄能空调工程技术标准》JGJ 158—2018 第 3.1.8 条：

$$SR = \frac{Q_S}{\sum_{i=1}^{i=n} q_i} = \frac{12172.1}{48000} \times 100\% = 25.4\%$$

8. **答案：** A

主要解题过程： 由《冷库规》表 6.1.2 查得，$n_1 = 0.86$。冻结间属于冷加工间，根据第 6.1.3 条 $n_2 = 1$。根据《复习教材》式（4.9-2）的注，无呼吸的食品和无人员长期停留的冷间不考虑冷间的通风换气热流量。

根据《冷库规》6.1.4 条，$n_4=1$；根据 6.1.1 条，冻结间不考虑操作热流量；根据《冷库规》式（6.1.2），有：

$$Q=(n_1\Sigma Q_1+n_2\Sigma Q_2+n_4\Sigma Q_4)R$$
$$=[0.79\times(2.4+2.2)+1\times(1.7+1.9)+1\times(1.5+1.5)]\times1.07$$
$$=11.29\text{kW}$$

9. **答案：**C

主要解题过程：根据《复习教材》式（4.3-19），压缩机的理论输气量为：

$$P_{in}=\frac{P_{th}}{\eta_i\eta_m\eta_e}=\frac{W_{th}\times M_{th}}{\eta_i\eta_m\eta_e}\frac{43.98\times0.5}{0.85\times0.9\times0.95}=30.26\text{kW}$$

制冷量 $Q_0=q_0\times M=272.32\times0.5=136.16$kW。

由式（4.3-11）计算系统供应的热量 $Q_h=Q_0+fP_{in}=136.16+0.9\times30.26=163.39$kW。

10. **答案：**A

分析：参见图示，制冷循环的主要能量消耗为：1-2 过程（温升）及 3-4 过程（压缩功）。因此有总耗功为：$M_{R1}(h_2-h_1)+(M_{R1}+M_{R2})(h_4-h_3)$，题设未给出 h_3 状态值，需计算求得。同理，总制冷量为 $M_{R1}(h_1-h_8)$，$h_8=h_6$，题设未给出 h_8 状态值，需计算求得。

主要解题过程：3 点为 9 点和 2 点的混合状态点，根据能量守恒，有：

$$(M_{R1}+M_{R2})h_3=M_{R1}h_2+M_{R2}h_9$$

$$h_3=\frac{M_{R1}h_2+M_{R2}h_9}{(M_{R1}+M_{R2})}=\frac{6M_{R2}\times428.02+M_{R2}\times414.53}{7M_{R2}}=426.09\text{kJ/kg}$$

对节能器列能量守恒公式（按照工质流向，流入节能器的总焓等于流出节能器的总焓），有：

$$(M_{R1}+M_{R2})h_5=M_{R1}h_6+M_{R2}h_9$$

解得 $h_6=238.06$kJ/kg。

$$COP=\frac{Q}{W}=\frac{M_{R1}(h_1-h_8)}{M_{R1}(h_2-h_1)+(M_{R1}+M_{R2})(h_4-h_3)}$$

因 $h_8=h_6$，解得 $COP=4.81$。

11. **答案：**D

主要解题过程：由题意，发生器中热媒温度为 393K，蒸发器中被冷却物温度为 285K，环境温度为 308K。根据《复习教材》式（4.5-7），该吸收式溴化锂制冷机组最大热力系数为：

$$\xi_{max}=\frac{T_0(T_g-T_e)}{T_g(T_e-T_0)}=\frac{285\times(393-308)}{393\times(308-285)}=2.68$$

由式（4.5-8）可计算热力系数 $\xi=\xi_{max}\times\eta_d=2.68\times0.45=1.206$。

根据《复习教材》式（4.5-7），发生器中消耗的热量 $Q_g=\dfrac{Q_0}{\xi}=\dfrac{1200}{1.206}=995\text{kW}$。

冷却水泵水量 $V=\dfrac{(Q_0+Q_g)}{c\Delta t}\times(1+10\%)=\dfrac{(1200+995)}{4.18\times5}\times(1+10\%)=115.5\text{kg/s}=$ 415.9t/h。

12. **答案**：C

主要解题过程：系统向土壤的释热量 $Q_s=380\times\left(1+\dfrac{1}{6.2}\right)=\dfrac{380\times7.2}{6.2}=441.3\text{kW}$。

系统从土壤的吸热量 $Q_r=300\times\left(1-\dfrac{1}{4.8}\right)=\dfrac{300\times3.8}{4.8}=237.5\text{kW}$。

$$\frac{Q_s}{Q_r}=\frac{441.3}{237.5}=1.86>1.25$$

根据《民规》第 8.3.4-5 条条文说明可知，应选取两者较小者，并设置辅助热源。

13. **答案**：B

主要解题过程：根据《复习教材》图 4.5-1，发生器进出溶液质量守恒，有 $m_3=m_7+m_4$

根据式（4.5-15），有：

$$f=\frac{m_3}{m_7}=\frac{m_7+m_4}{m_7}=\frac{\xi_s}{\xi_s-\xi_w}$$

$$\xi_w=\xi_s-\frac{\xi_s m_7}{m_7+m_4}=57\%-\frac{57\%\times m_7}{m_7+13.25m_7}=53\%$$

根据式（4.5-16），放气范围为：$\Delta\xi=\xi_s-\xi_w=57\%-53\%=4\%$。

14. **答案**：B

主要解题过程：根据《复习教材》表 4.5-7 小注可知：

$$COP_0=\frac{\phi_0}{\phi_g+P}=\frac{1300}{(1000+1200-1300-50)+\dfrac{50}{0.4}}=\frac{1300}{850+\dfrac{50}{0.4}}=1.33$$

根据表 4.5-7 可知，能效等级为 2 级。

15. **答案**：C

主要解题过程：冷源设计供冷冷量 $Q_C=1408+3164\times3=10900\text{kW}$。

螺杆机和离心机冷却水泵耗功率分别为：

$$N_1=\frac{G_1H_1}{367.3\eta_1}=\frac{285\times30}{367.3\times0.88\times0.75}=35.3\text{kW}$$

$$N_2=\frac{G_2H_2}{367.3\eta_2}=\frac{636\times32}{367.3\times0.88\times0.75}=84\text{kW}$$

冷源设计耗电功率为：

$$E_C=\frac{1408}{5.71}+\frac{3164\times3}{5.93}+35.3+84\times3+15+30\times3=2239.6\text{kW}$$

根据《公建节能》第2.0.11条及条文说明，得：

$$SCOP=\frac{Q_C}{E_C}=\frac{10900}{2239.6}=4.87$$

16. **答案**：B

主要解题过程：北京属于寒冷地区，根据《公建节能》第4.2.12条，螺杆机 $SCOP$ 限值为4.4，离心机 $SCOP$ 限值为4.5，按照冷量加权，系统限值为：

$$SCOP_0=\frac{1408}{10900}\times4.4+\frac{3164\times3}{10900}\times4.5=4.49<4.87$$

满足节能要求。

17. **答案**：C

主要解题过程：蒸发器侧换热量为200kW，系统运行过程中制热系数 $COP=\frac{200+W}{W}=3.2$。

解得：$W=\frac{200}{2.2}=90.9\text{kW}$。

总制热量为：$Q_h=Q_c+W=200+90.9=290.9\text{kW}$。

18. **答案**：D

主要解题过程：

根据题意可知：$\Delta t_m=\dfrac{(12-3)-(7-3)}{\ln\dfrac{12-3}{7-3}}=6.2℃$

则其传热面积为：$F=\dfrac{750\times1000}{1200\times6.2}=100.8\text{m}^2$

冷冻水计算流量：$G=\dfrac{Q}{c(t_h-t_g)}=\dfrac{750}{4.18\times5}\times\dfrac{3600}{1000}=129.2\text{t/h}$

19. **答案**：C

主要解题过程：根据《复习教材》表4.8-15可知，$\eta=0.5$；由小注2可知，$\eta=0.5\times0.8=0.4$。查表4.8-17得：$\rho=230\text{kg/m}^3$。

根据式（4.8-11）可知：$G=\Sigma V_i\rho_s\eta/1000=1200\times230\times0.4/1000=110.4\text{t}$。

由《复习教材》P727得：$G'=10\%\times G=10\%\times110.4=11\text{t}$。

20. **答案**：B

主要解题过程：根据《复习教材》式（4.5-15）可知：

$$f=\frac{\zeta_s}{\zeta_s-\zeta_w}=\frac{64\%}{64\%-60\%}=16$$

水蒸气的循环质量：$m=\frac{Q}{\Delta h}=\frac{1000}{2300}=0.435\text{kg/s}$。

稀溶液的循环质量 $m_1=m\times\zeta=0.435\times16=6.96$。

浓溶液的循环质量 $m_2=m_1-m=6.96-0.435=6.525\text{kg/s}$。

21. **答案**：C

主要解题过程：根据《复习教材》式（4.8-13），每台设备的冷加工能力为：$G_d=\left(\frac{NG'_g}{1000}\right)\times\left(\frac{24}{\tau}\right)=\left(\frac{12\times20}{1000}\right)\times\left(\frac{24}{2}\right)=2.88\text{t}$。

冻结间每日的冷加工能力为：$G_{总}=4G_d=4\times2.88=11.52\text{t}$。

22. **答案**：C

主要解题过程：年燃气总发热量 $Q_{总}=BQ_L=116\times24\times365\times35=35565600\text{MJ}$。

年发电总量 $W=Q_{总}\times40\%=35565600\times40\%=14226240\text{MJ}$。

年余热总量 $Q_{余}=Q_{总}\times(1-40\%)=35565600\times(1-40\%)=21339360\text{MJ}$。

年余热供冷量 $Q_1=Q_{余}\times67\%\times1.1=21339360\times67\%\times1.1=15727108.32\text{MJ}$。

年平均能源综合利用效率 $\nu=\frac{W+Q_1}{Q_{总}}\times100\%=\frac{14226240+15727108.32}{35565600}\times100\%=84.2\%$

23. **答案**：A

主要解题过程：根据《冷库规》附录 A.0.2，得：

$$Q_f=a(Q_r-Q_{tu})\times\frac{24}{T}=1\times(12-3)\times\frac{24}{12}=18\text{kW}$$

24. **答案**：B

主要解题过程：由题意，每根立管有 32 个用户，每个单元 64 个用户。由《复习教材》表 6.3-4 可知，30 户同时工作系数为 0.19，40 户同时工作系数为 0.18，60 户同时工作系数为 0.176，70 户同时工作系数为 0.174，插值计算对应燃具同时工作系数为：

$$k_{32}=0.19+\frac{0.18-0.19}{40-30}\times(32-30)=0.188$$

$$k_{64}=0.176+\frac{0.174-0.176}{70-60}\times(64-60)=0.1752$$

由式（6.3-2）计算单根立管燃气流量 $Q_{h,32}=\Sigma k_{32}NQ_n=0.188\times32\times(0.6+1.1)=10.23\text{m}^3/\text{h}$。

进楼总管计算流量 $Q_{h,64}=\Sigma k_{64}NQ_n=0.1752\times64\times(0.6+1.1)=19.06\text{m}^3/\text{h}$。

25. **答案**：D

主要解题过程：根据《建筑给水排水设计标准》GB 50015—2019 第 4.7.18 条可知：

$$\frac{1}{4}\pi d_z^2=\frac{1}{4}\pi d^2+\frac{1}{4}\pi d^2\times 20\times \frac{1}{4}$$

解得 $d_z=0.244$m，即汇合通气管管径选用 $DN250$。由第 4.6.15 条可知，其伸顶通气管应放大一径，故为 $DN300$。

阶段测试Ⅴ·绿建、水、燃气与规范部分专业知识（1）参考答案及解析

答案汇总列表

题号	答案	题号	答案	题号	答案	题号	答案
1	B	21	D	41	ABC	61	ACD
2	D	22	A	42	CD	62	BCD
3	A	23	D	43	BCD	63	AB
4	A	24	D	44	ABD	64	ABCD
5	D	25	D	45	ABCD	65	CD
6	D	26	C	46	AB	66	AD
7	D	27	D	47	ABC	67	ABCD
8	D	28	C	48	AC	68	ABCD
9	D	29	B	49	ACD	69	BD
10	C	30	C	50	BCD	70	AD
11	D	31	C	51	AC		
12	C	32	A	52	AD		
13	B	33	A	53	ABC		
14	A	34	D	54	ABCD		
15	B	35	C	55	AD		
16	D	36	D	56	BCD		
17	C	37	D	57	ABD		
18	B	38	C	58	ACD		
19	D	39	A	59	BC		
20	C	40	A	60	ABD		

（一）单项选择题

1. **答案**：B

分析：体形系数为：$\dfrac{(10+20)\times2\times20\times3.6+10\times20=4520}{10\times20\times20\times3.6}=0.31$。

南向外窗窗墙比为：$\dfrac{2.5\times6}{20}=0.75$。

根据《公建节能》表3.3.1-3可知，选项ACD均符合热工性能限值要求，不需权衡判断，选项B不符合限值要求，再根据表3.4.1-2，选项B符合权衡判断的基本要求，可进行权衡判断。选B。

2. **答案**：D

分析：由《公建节能》第4.2.2条可知，选项A正确；由第4.2.4条可知，选项B正确；由表4.2.5可知，选项C正确；由第4.2.21条可知，选项D错误。

3. **答案：**A

分析：由《民规》第5.9.18条可知，选项A正确；由第5.9.12可知，选项B错误；由第5.9.13条表5.9.13可知，选项C错误；由第5.9.6条可知，选项D错误。

4. **答案：**A

分析：由《工业设备及管道绝热工程设计规范》GB 50264—2013第5.8.2条可知，选项A错误，选项BCD正确。

5. **答案：**D

分析：由《工业设备及管道绝热工程设计规范》GB 50264—2013第4.1.6.1条可知，应采用A2级不然绝热保温材料，选项ABC均为B级保温材料，选项D为不燃绝热材料。

6. **答案：**D

分析：根据《公建节能》第4.2.5条表4.2.5可知，选项ABC均不满足节能要求，选项D满足节能要求。

7. **答案：**D

分析：根据《工业建筑节能设计统一标准》GB 51245—2017第4.1.10可知，选项A符合节能要求；由第4.1.11条可知，选项B符合节能要求不需权衡判断；由第4.1.12条可知，选项C符合节能设计要求，选项D需权衡判断。

8. **答案：**D

分析：根据《工规》第5.1.6条及其条文说明可知，选项ABC正确，选项D错误。

9. **答案：**D

分析：根据《锅炉规》第18.1.2条可知，选项ABC正确，选项D错误。

10. **答案：**C

分析：根据《热计量规》第4.2.3条及其条文说明可知，选项ABC为三种主要的变频调速控制方式。

11. **答案：**D

分析：关于地下车库通风的内容需要查《民规》第6.3.8条。由第6.3.8-2条可知，有自然进风的车库可采用自然进风、机械排风的方式，机械排风也属于机械通风，因此选项A的说法错误；由第6.3.8-6条条文说明可知，换气次数法计算送风量不小于$5h^{-1}$换气次数，故选项B错误；由第6.3.8-3条可知，汽车送排风量的计算方法宜采用稀释浓度法，只有单层车库可采用换气次数法，故选项C错误；由第6.3.8-6条可知，选项D正确。

12. **答案**：C

分析：根据《工业企业噪声控制设计规范》GB/T 50087—2013 第 3.0.1 条及第 3.0.2 条可知，选项 C 错误。

13. **答案**：B

分析：由《锅炉大气污染物排放标准》GB 13271—2014 第 4.5 条可知，15t/h 的燃煤锅炉烟囱最低高度为 40m，高出周围 200m 最高建筑物 3m 以上，40－28＝12m＞3m，因此最低烟囱允许高度为 40m。

14. **答案**：A

分析：由《工规》第 6.3.2 条可知，选项 BCD 为不应采用循环空气的要求，而选项 A 为第 6.1.13 条应单独设置排风的情况。而选项 A 的情况没有包含选项 BCD 的任何一种，故选项 A 可采用循环空气。

15. **答案**：B

分析：由题意，根据《通风机能效限定值及能效等级》GB 19761 第 4.5 条可知，节能评价值为 2 级数值，由表 1 可知题设风机 2 级效率为 81％，设置进口风机箱，效率值应下降 4 个百分点，即 77％。

16. **答案**：D

分析：由《工规》第 6.5.8 条可知，选项 D 错误，对于室内散热量小于 23W/m^3 的轻劳动，可采用 0.6m，但不能缺少前提。

17. **答案**：C

分析：由《建筑防排烟系统技术标准》GB 51251—2017 第 3.1.2 条可知，建筑高度大于 50m 的公共建筑防烟楼梯间应采用机械加压送风，因此选项 A 采用自然通风的方式不合理，错误；根据第 3.4.1 条可知，设计风量不应小于计算风量的 1.2 倍，选项 B 错误；根据第 3.3.9 条可知，选项 C 正确；根据第 3.4.2 可知，系统负担高度不大于 24m 时，按第 3.4.5 条计算值确定机械加压送风量，但塔楼部分负担高度超过 24m，应再讲计算值与第 3.4.2 条表列值对比取大值，选项 D 错误。

18. **答案**：B

分析：由《建筑防排烟系统技术标准》GB 51251—2017 第 5.1.2 条可知，选项 A 正确，选项 B 错误。加压送风机的启动还要具有通过火灾报警系统自动启动方式；根据第 5.2.3 条可知；选项 C 正确；根据第 5.2.5 条可知；选项 D 正确。

19. **答案**：D

分析：由《建筑防排烟系统技术标准》GB 51251—2017 第 4.4.1 条可知，选项 A 正确；由第 4.4.10 条可知，选项 B 正确；由 4.4.3 条可知，选项 C 正确；由第 4.4.9 条可知，选项 D 错误。

20. **答案**：C

分析：根据《建筑防烟排烟系统技术标准》GB 51251—2017 第 4.1.3 条条文说明可知，烟层平均温度与环境温度的差小于 15℃时，出现烟层层化现象。根据第 4.6.12 条，机械排烟时，K 取 1。$Q_c = 0.7Q = 0.7 \times 4000 = 2800\text{kW}$。

$$M_\rho \leqslant \frac{K \cdot Q_c}{\Delta T \cdot c_p} = \frac{1 \times 2800}{15 \times 1.01} = 184.8\text{kg/s}$$

火焰极限高度 $Z_1 = 0.166Q_c^{2/5} = 0.166 \times 2800^{2/5} = 3.97\text{m}$。

按《建筑防烟排烟系统技术标准》GB 51251—2017 式（4.6.11-1）核算燃料面到烟尘底部的高度：

$$Z = \left(\frac{M_\rho - 0.0018Q_c}{0.071Q_c^{1/3}}\right)^{3/5} = \left(\frac{184.8 - 0.0018 \times 2800}{0.071 \times 2800^{1/3}}\right)^{3/5} = 22.5\text{m} > Z_1$$

烟层厚度 $H = 40 - 22.5 = 17.5\text{m}$。

21. **答案**：D

分析：根据《民规》第 7.1.7 条表注，表中内墙数值仅适用于相邻空调区的温差大于 3℃时，根据第 7.2.8-2 条条文说明，相邻房间温差大于 3℃时，内墙传热可忽略不计。本题两个房间温差为 2℃，因此对内墙传热系数没有限值要求。

22. **答案**：A

分析：根据《工规》第 8.4.2-6 条，选项 A 错误，应是室内气流分布不受影响；选项 B 正确；根据第 8.4.2-6 条条文说明，选项 CD 正确。

23. **答案**：D

分析：根据《工规》第 8.4.8 条，选项 ABC 正确，选项 D 错误，回风口的布置位置应根据送风的形式而定。

24. **答案**：D

分析：根据《公共节能》第 4.3.11 条，选项 A 正确；根据第 4.3.13 条，选项 B 正确；根据第 4.3.14 条，选项 C 正确；根据第 4.3.16 条，选项 D 错误，新风不宜经过风盘后送出。

25. **答案**：D

分析：根据《清水离心泵能效限定值及节能评价值》GB/T 19762—2007 第 8.2 条，选项 D 正确。

26. **答案**：C

分析：根据《通风与空调工程施工质量验收规范》GB 50243—2016 第 8.2.1-2 条及

第 8.2.1-3 条，选项 AB 正确；根据第 8.3.1-6 条，选项 C 属于一般项目；根据第 8.2.3 条，选项 D 正确。

27. **答案：** D

分析： 根据《干式风机盘管机组》JB/T 11524—2013 第 5.2.5 条，选项 D 正确。

28. **答案：** C

分析： 根据《洁净规》第 9.3.5-2 条，选项 A 正确；根据第 9.4.1 条，选项 B 正确；根据第 9.4.2 条，选项 C 错误；根据第 9.4.3 条，选项 D 正确。

29. **答案：** B

分析： 根据《声环境质量标准》GB 3096—2008 第 4 条，该工厂周边环境为 3 类声环境功能区，根据《工业企业厂界环境噪声排放标准》GB 12348－2008 第 4.1.1 条表 1，选项 B 正确。

30. **答案：** C

分析： 根据《民规》第 8.4.3 条及条文说明，选项 A 错误，按机型较小者选择，选项 B 错误，超过 50%应设置辅助锅炉，选项 C 正确；根据 8.4.5 条，选项 D 错误。

31. **答案：** C

分析： 根据《水（地）源热泵机组》GB/T 19409—2013 第 6.1.2 条，选项 C 正确。注意热源侧的试验工况，不要选择成使用侧的试验工况。

32. **答案：** A

分析： 根据《蓄能空调工程技术标准》JGJ 158—2018 表 3.3.4-1 可知，限值为 4.4，需注意区分双工况机组的性能系数限值要求与机组名义制冷工况要求不同。

33. **答案：** A

分析： 冷凝器侧热负荷 $Q_k = 800 - 30 + 10 = 780\text{kW}$。

蒸发器侧吸热量 $Q_0 = Q_K - \dfrac{Q_K}{COP} = 780 - \dfrac{780}{4.5} = 606.7\text{kW}$。

故释热量 $Q_s = Q_0 - N = 606.7 - 30 = 576.7\text{kW}$。

34. **答案：** D

分析： 选项 A 参见《工规》第 9.7.5-6 条，正确；选项 B 参见第 9.7.6-1 条，正确；选项 C 参见附录 L，正确；选项 D 参见第 9.7.8-1 条，错误，宜另设制冷机供冷。

35. **答案：** C

分析： 根据《蓄冷空调工程技术规程》JGJ 158—2008 第 3.3-21 条可知，选项 AB 错误；根据第3.3.20-1条可知，选项C正确；根据第3.3.24条可知，选项D错误，膨胀箱宜为闭式。

36. **答案**：D

分析：根据《蒸气压缩循环冷水（热泵）机组 第1部分：工业或商业用及类似用途的冷水（热泵）机组》GB/T 18430.1—2007表5可知，水冷式水流量为0.215m³/（h·kW）。流量$G=\frac{0.215\times1000}{3600}=0.06\text{kg/s}$。

$$Q=cm\Delta t=4.187\times0.06\times\Delta t=1$$

解得：$\Delta t=4℃$，$t_h=30+4=34℃$，$t_{pj}=\frac{t_g+t_h}{2}=32℃$。

故冷凝温度$t_K=32℃+3=35℃$。

37. **答案**：D

分析：根据《冷水机组能效限定值及能效等级》GB 15977—2015表1及表2可知，虽然*COP*满足2级能效等级，但是*IPLV*不满足最低限定值，即不足3级，不满足要求。

38. **答案**：C

分析：根据《公共建筑节能设计标准》GB 50189—2015表3.1.2可知，北京属于寒冷地区，根据表4.2.10查得其*COP*限值为5.5×0.93=5.115；根据表4.2.11查得其限值为5.6×1.3=7.28。

39. **答案**：A

分析：根据《绿色工业建筑评价标准》GB/T 50878—2013第5.1.2条，选项BCD均满足要求，选项A应为2级及以上能效等级。

40. **答案**：A

分析：根据《城镇燃气设计规范》GB 50028—2006（2020版）第10.5.1条，选项A错误；根据第10.5.3条第1款和第5款可知，选项BC正确；根据第10.5.5-1条可知，选项D正确

（二）多项选择题

41. **答案**：ABC

分析：由《建筑给水排水及采暖工程施工质量验收规范》GB 50242—2002第8.6.6.1条可知，0.33－3×6×0.01＋0.1＝0.25＜0.30MPa，试验压力取0.30MPa。

42. **答案**：CD

分析：根据《既有居住建筑节能改造技术规程》JGJ/T 129—2012第2.0.3可知，选项A错误；由第2.0.7可知，选项B正确，选项C错误；由第2.0.8可知，选项D正确。

43. **答案**：BCD

分析：根据《民规》第5.3.1条可知，选项A错误；由第5.10.4.1条可知，选项B正确；根据第5.4.10.3条可知，选项C正确；根据《热计量规》第8.11.12条可知，选项D正确。

44. **答案**：ABD

分析：由《热工规范》第4.4.5条可知，选项ABD正确，选项C错误。

45. **答案**：ABCD

分析：由《辐射规》第3.1.13条可知，选项CD正确；由第3.1.14条可知，选项AB正确。

46. **答案**：AB

分析：根据《热网规》第6.0.1条可知，选项A错误；由第6.0.2条可知，选项B错误；由第6.0.6条可知，选项C正确；由第6.0.7条可知，选项D正确。

47. **答案**：ABC

分析：根据《建筑给水排水及采暖工程施工质量验收规范》GB 50242—2002第11.3.1条可知，选项A正确；由第13.3.3条可知，选项BC正确；由第13.6.1条可知，选项D错误。

48. **答案**：AC

分析：由《民规》第6.4.3-1条可知，选项A错误，对于设置在绿化地带时，下缘不小于1m；由第6.3.2条可知，选项B正确，选项C错误，CO_2属于比空气重的气体，应在下方设置排风；由第6.3.9条可知，选项D正确。

49. **答案**：ACD

分析：由《民规》第6.3.9条可知，选项AC正确，选项B错误，应在"室内外"分别设置；由第9.3.4条可知，选项D正确。

50. **答案**：BCD

分析：由《工规》第6.8.10条可知，电机功率大于300kW时"宜"采用高压供电方式，选项A错误；由第6.8.11条可知，选项B正确；由第6.8.6条可知，选项C正确；由第6.8.2-4条可知，选项D正确。

51. **答案**：AC

分析：根据《工规》第7.2.3条可知，选项A正确，选项BD错误，回转反吹型袋式除尘器过滤风速不宜大于0.6m/min，袋式除尘器漏风率应小于4%；根据第7.2.4-2条条文说明可知，选项C正确。

52. **答案：**AD

分析：由《公建节能》第 4.4.5 条可知，选项 BC 正确。选项 A：宜采用“通风”消除余热，错误；选项 D：采用空调送风的区域，夏季室内计算温度不宜低于“夏季通风室外计算温度”，错误。

53. **答案：**ABC

分析：根据《建筑防烟排烟系统技术标准》GB 51251—2017 第 6.4.1-2 条可知，选项 A 正确；根据第 6.4.3 条可知，选项 B 正确；根据第 6.5.2 条可知，选项 C 正确；根据第 6.4.4 条可知，选项 D 错误，应全数检查。

54. **答案：**ABCD

分析：由《建筑防烟排烟系统技术标准》GB 51251—2017 第 4.1.3 条可知，选项 A 正确。根据题设条件，该中庭按第 4.6.5-1 条计算排烟量，且为 107000m^3/h。选项 B：选用排烟风机需考虑为计算排烟量的 1.2 倍，错误；按 0.5m/s 核算排烟窗有效开窗面积不小于 59.4m^2，故选项 C 正确；选项 D：根据附录 B，可查得 4MW，烟层厚度 1.5m，房间净高 8m 时排烟口最大允许排烟量为 2.41 万 m^3/h，侧排时应减半，即 1.205 万 m^3/h，可计算所需排烟口不少于 9 个，错误。选项 D 推测比较复杂，但由选项 AC 正确，可推知选项 BD 必错误。

55. **答案：**AD

分析：根据《工规》第 9.9.1 条，选项 A 正确；根据第 9.9.2-2 条选项 BC 错误，应为 70～130℃，供回水温差不宜小于 25℃；根据 9.9.2-2 条文说明，选项 D 正确

56. **答案：**BCD

分析：根据《民规》第 9.4.4 条，全空气系统室温的控制是通过调节送风温度或送风量来实现的，本题为变风量系统，室内变风量末端是通过调节送风量来调节室内温度的，而一般的定风量系统是通过调节送风温度来调节室温的，故选项 A 错误；变风量系统的空调机组送风温度是通过冷却器水阀控制的，故选项 B 正确；根据《复习教材》P531，“通过对风机转速的调节，维持所设定的送风静压值不变”可知，故选项 C 正确；调节新回风阀加大新风量，可实现过渡季节能运行，故选项 D 正确。

57. **答案：**ABD

分析：根据《公建节能》第 4.3.20-2 条，选项 A 正确；根据第 4.3.21 条，选项 B 正确；根据第 4.3.24 条，选项 C 错误，应为电动风阀，可自动连锁关闭；根据第 4.3.13 条，选项 D 正确。

58. **答案：**ACD

分析：根据《通风与空调工程施工质量验收规范》GB 50243—2016 第 9.2.2-2 条，选项 A 错误，夹角不应大于 60°；根据第 9.2.2-3 条，选项 B 正确；根据第 9.2.2-4 条，

选项C错误，应该是确认出口水色和透明度与入口相近且无可见杂物之后，继续运行2h，水质保持稳定后才可连接；根据第9.2.3-4条，应全数检查，选项D错误。

59. **答案：** BC

分析： 根据《组合式空调机组》GB/T 14294—2008第3.1.10条，选项A错误，均匀度是指不超过20%的点占总测点数的百分比；根据第7.5.12条，选项BC正确；根据第6.3.12条，选项D错误，不应小于80%。

60. **答案：** ABD

分析： 根据《工业企业噪声控制设计规范》GB/T 50087—2013第7.1.1条，选项A正确；根据第7.2.4条，选项B正确；根据第7.2.7条，选项C错误，可采用工作人员主观感觉效果评价；根据第7.3.2-4条，选项D正确。

61. **答案：** ACD

分析： 根据《夏热冬暖地区居住建筑节能设计标准》JGJ 75—2012第6.0.2条，选项A正确；根据第6.0.4条及《公建节能》第4.2.10条，选项B错误，没有冷量大小，不知是否变频，无法判断能效比限值；根据第6.0.5条，选项C正确；根据第6.0.8条，选项D正确。

62. **答案：** BCD

分析： 根据《蓄能空调工程技术标准》JGJ 158—2018第3.1.8条文说明可知，选项A正确；根据第2.0.19条及第2.0.20条可知选项B错误，根据第3.1.9条可知，空调面积80000m^2，故选项C错误；蓄冷系统可以节省运行费用，但是由于系统蒸发温度低，使机组的运行能耗增加，故选项D错误。

63. **答案：** AB

分析： 根据《冷水机组能效限定值及能效等级》GB 19577—2015第4.2条及第4.3条，节能评价值为2.7，当耗功率$\leqslant 323/2.7=119.6$kW时能够达到，故选项AB正确。

64. **答案：** ABCD

分析： 根据《蓄能空调工程技术标准》JGJ 158—2018第3.2.4条可知，选项A错误；根据第3.3.1条条文说明公式（4）可知，选项B错误，名义容积大于有效容积；根据第2.0.14可知，选项C错误，双工况机组是指在两种工况下均能稳定运行的机组；根据P75表1可知，选项D错误，外融冰系统释冷流体为水。

65. **答案：** CD

分析： 根据《民规》第8.7.3可知，选项A正确；根据第8.7.4-2，选项B正确；根据第8.7.6-1条及第8.7.6-2条可知，选项C错误；根据第8.8.2条可知，选项D正确。

66. **答案**：AD

分析：根据《工规》第9.9.1条，选项A正确；根据第9.9.2-2条，选项BC错误，应为70～130℃，供回水温差不宜小于25℃；根据9.9.2-2条文说明选项D正确

67. **答案**：ABCD

分析：根据《燃气热电联供工程技术规范》GB 51131—2016第8.2.2条可知，选项ABCD正确。

68. **答案**：ABCD

分析：根据《民规》8.1.1条可知，机组*COP*较低，故其安装容量较大，选项A错误；根据第8.3.4条可知，需计算吸热量与释热量是否平衡，两者比值在0.8～1.25时按照大值计算埋管长度，超出该范围按照小值计算埋管长度，增设辅助冷热源；根据第8.4.2表8可知，选项C错误，应选择蒸汽双效机组；根据第8.1.3条可知，选项D错误，还需满足综合冷负荷密度不低于60W/m^2。

69. **答案**：BD

分析：由《绿色工业建筑评价标准》GB/T 50878—2013第3.2.2条可知，选项A错误，分为“规划评价”和“全面评价”；由第3.2.7条可知，选项B正确；由第3.2.5条可知，评价体系除了七类指标外，还有技术进步与创新，故选项C错误；由第3.2.6条可知，选项D正确。

70. **答案**：AD

分析：根据《建筑给水排水设计标准》GB 50015—2019第4.9.1条可知，选项A正确；根据第4.10.12-1条可知B，选项错误，应优先考虑热量回收利用；根据第4.10.3条可知，选项C错误，“……不得小于30m”；根据第4.9.2条可知，选项D正确。

阶段测试Ⅴ·绿建、水、燃气与规范部分专业知识（2）参考答案及解析

答案汇总列表

题号	答案	题号	答案	题号	答案	题号	答案
1	D	21	D	41	ACD	61	ABCD
2	C	22	A	42	BCD	62	ABC
3	D	23	C	43	ACD	63	ABC
4	C	24	B	44	BC	64	ABCD
5	B	25	D	45	ACD	65	AC
6	C	26	A	46	BCD	66	AB
7	D	27	A	47	ABC	67	AC
8	B	28	C	48	ABCD	68	BD
9	B	29	A	49	BD	69	BCD
10	D	30	B	50	AB	70	ABCD
11	A	31	C	51	ABCD		
12	B	32	B	52	ABD		
13	B	33	D	53	ACD		
14	B	34	D	54	ABD		
15	B	35	D	55	ABC		
16	B	36	D	56	AB		
17	C	37	B	57	ABCD		
18	C	38	D	58	ABCD		
19	C	39	B	59	BCD		
20	D	40	B	60	CD		

（一）单项选择题

1. **答案**：D

分析：由《严寒和寒冷地区民用建筑节能设计标准》JGJ 26—2018 第 4.3.6 条可知，选项 ABC 正确，选项 D 错误。

2. **答案**：C

分析：由《工规》第 5.3.1.6 条可知，选项 AB 正确；铸铁散热器可用于蒸汽供暖系统，铝制散热器只能用于热水系统不能用于蒸汽系统。

3. **答案**：D

分析：由《工规》第 5.5.3 条可知，选项 A 错误；由第 5.5.4 条可知，选项 B 错误；

由第5.5.7条可知，选项C错误；由第5.5.9条可知，选项D正确。

4. **答案**：C

分析：由《辐射规》第5.4.6条可知，选项A正确；由第5.4.11条可知，选项B正确；由第5.4.12条可知，选项C错误；由第4.4.1条可知，选项D正确。

5. **答案**：B

分析：根据《锅炉规》第18.3.9条可知，选项A正确；由第18.3.12可知，选项B错误；由第18.3.17可知，选项CD正确。

6. **答案**：C

分析：根据《民规》第8.11.9条及其条文说明可知，选项C错误，选项ABD均正确。

7. **答案**：D

分析：根据《建筑给水排水及采暖工程施工质量验收规范》GB 50242—2012第11.1.2条可知，选项ABC均错误，选项D正确。

8. **答案**：B

分析：根据《热网规》第8.5.1条可知，选项A正确；由第8.5.2条可知，选项B错误；由第8.5.3条可知，选项C正确；由第8.5.4条可知，选项D正确。

9. **答案**：B

分析：根据《民规》表6.6.3可知，选项B风速过大，住宅干管风速不超过6m/s，选项CD参考《工规》第6.7.6条。

10. **答案**：D

分析：本题选项AB涉及环境噪声，选项CD涉及环境污染物，需要查取两个标准。由《声环境质量标准》GB 3096—2008第4条可知，居住区属于1类声环境功能区，由表1可知，选项A满足环境要求，由第5.4条可知，突发噪声超过环境噪声限制幅度不大于15dB（A），夜间噪声限值45dB（A），$55-45=10<15$，因此满足突发噪声，故选项B满足标准要求。由《环境空气质量标准》GB 3095—2012第4.1条可知，居住区二类区域。由表1可知，$PM_{2.5}$不满足要求，由表2可知，总悬浮颗粒物满足要求。

11. **答案**：A

分析：由《工业场所有害因素职业接触限值 第1部分 化学有害因素》GBZ 2.1—2019表1查得乙酸乙酯的PC—TWA为200mg/m^3。根据附录A.7.3.1，若每天工作超过8h，需要进行日接触调整。

$$RF=\frac{8}{h}\times\frac{24-h}{16}=\frac{8}{10}\times\frac{24-10}{16}=0.7$$

由第 A.7.3 条可计算长时间工作 $OEL=200\times0.7=140\text{mg/m}^3$。

12. **答案**：B

分析：由《工规》第 7.2.3 条可知，选项 A 错误，运行阻力宜为 1200～2000Pa；由第 7.2.6 条可知，选项 B 正确；由第 7.2.8 条可知，选项 C 错误，应为 $1\times10^4\sim4\times10^{12}\Omega\cdot\text{cm}$；由第 7.2.7 条可知，选项 D 错误，水膜除尘器可去除 $5\mu\text{m}$ 以上粒径的颗粒。

13. **答案**：B

分析：根据《民规》第 6.5.1 条可知，排风风机排风量应附加 5%～10%漏风，风机风量应为 3150～3300m^3/h，定速风机压力在计算压力损失上附加 10%～15%，风机风压应为 220～240Pa，若为变速风机，应选风压 200Pa。选项 A 未考虑漏风；选项 D 漏风量考虑过大；选项 B 定速运行，风压满足要求；选项 C 变速运行风压选择过大。综合评判选项 B 最合理。

14. **答案**：B

分析：由《公建节能》第 4.3.22 条可知，机械通风系统 W_s 限值为 0.27。

$$\eta_F>\frac{P}{3600W_s\eta_{CD}}=\frac{380}{3600\times0.27\times0.855}=0.457$$

15. **答案**：B

分析：考察内滤分室反吹类袋式除尘器，查《内滤分室反吹类袋式除尘器》JB/T 8534—2010。由第 5.1 条可知，选项 A 正确；由表 1 可知，漏风率与过滤面积有关，故选项 B 错误；由第 5.3 条可知，选项 C 正确；由第 4.4.10 条可知，选项 D 正确。

16. **答案**：B

分析：新风系统风管内呈正压，由《通风与空调工程施工质量验收规范》GB 50243—2016 第 4.1.4 条可知，系统属于低压系统，选项 A 正确；根据第 4.2.1-1 条可知，低压系统的强度试验为 1.5 倍的工作压力，选项 B 错误；根据表 4.2.3-5，分支干管长边尺寸为 800mm，采用 30×3mm 的法兰角钢，选项 C 正确；根据表 4.2.3-1 可知，选项 D 正确。

17. **答案**：C

分析：根据《建筑防烟排烟系统技术标准》GB 51251—2017 第 4.1.4 条可知，选项 A 不必设固定窗，任一层建筑面积超过 2500m^2 才需设固定窗，而非总建筑面积；选项 B 不必设固定窗，走道超过 60m 才需要设置；建筑面积 1200m^2 的电影院设置机械排烟后应设置固定窗；靠外墙或贯通至建筑屋顶的中庭需要设固定窗，建筑内部的中庭不必设置固定窗。

18. **答案**：C

分析：人防相关内容需查阅《人民防空地下室设计规范》GB 50038—2005。由第3.1.6条可知，选项ABD正确。由第5.4.1条可知，选项C错误，还应在围护结构内侧设置工作压力不小于1.0MPa的阀门。

19. **答案**：C

分析：根据《民规》第8.5.6-1条，当采用共集管连接时，每台冷水机组进水口或出水口应设置电动两通阀，实现冷水机组和水泵连锁，因此选项A正确；根据第9.4.5-1条和第8.5.6条可知，选项B正确；深圳属于夏热冬暖地区，冬季很难有冻结的可能，第9.4.7条不适用于该地区，因此选项C对于深圳办公楼应考虑新风防冻保护控制不合理；根据第9.4.6条，选项D正确。

20. **答案**：D

分析：根据《民规》第8.6.3条及其条文说明可知，选项ABC均可解决冷却水温过低的问题，而选项D只能改变冷却水流量，不能改变冷却水水温，所以选项D不能解决此问题。

21. **答案**：D

分析：根据《公建节能》第4.3.25条，选项AB正确；根据第4.3.25条条文说明，选项C正确，选项D错误，对于严寒地区和夏季$h_w < h_n$但$t_w > t_n$的温和地区，宜选用显热回收装置，因此选项D关于温和地区适合采用全热回收装置的论断错误，表达过于片面。

22. **答案**：A

分析：根据《风机盘管机组》GB/T 19232—2003第6.2.1-a）条，选项A正确；根据第6.2.2-a）条，选项B错误；根据第6.2.4-b）条，选项C错误；根据第6.2.5-b）条，选项D错误。

23. **答案**：C

分析：根据《空气调节系统经济运行》GB/T 17981—2007第5.6.2条，全年累计工况下，全空气系统能效比限值为6，风盘加新风系统的能效比限值为9，根据公式（11）计算：

$$EER_{tLV} = \frac{\sum A_i EER_{tLV,i}}{A} = \frac{600 \times 6 + 1400 \times 9}{2000} = 8.1$$

24. **答案**：B

分析：根据《通风与空调施工质量验收规范》GB 50243—2016第9.2.3-1条，选项A错误，当工作压力大于1.0MPa时，为工作压力加0.5MPa；根据第9.2.3-2条，选项B正确，选项C错误，工作压力下还需要稳压60min，压力不下降；根据第9.2.3-3条，选项D错误，应为1.5倍，且不小于0.9MPa。

25. **答案**：D

分析：根据《洁净规》第6.1.5条，人员需求新风为20×40=800m^3/h，补偿室内排风并维持室内正压需要新风为1200+600=1800m^3/h，但由于车间采用直流系统，新风经空调机组处理后，还要满足冷负荷的需求，取最大值，送入的新风量应为2200m^3/h。

26. **答案**：A

分析：根据《洁净规》第6.5.3-3条，选项A错误；根据第6.5.2条，选项B正确；根据第6.5.4-1条，选项C正确；根据第6.5.4-4条，选项D正确。

27. **答案**：A

分析：根据《清水离心泵能效限定值及节能评价值》GB/T 19762—2007第A.1条，选项A正确。

28. **答案**：C

分析：根据《工业企业噪声控制设计规范》GB/T 50087—2013第5.2.3条，500Hz倍频带允许的声压级为83dB。

29. **答案**：A

分析：根据《公建节能》表7.2.4可知，选项A正确。

30. **答案**：B

分析：参考《水地源热泵机组》GB/T 19409—2013第3.2条：

$$ACOP = 0.56EER + 0.44COP$$

$$EER = \frac{ACOP - 0.44COP}{0.56} = \frac{4.3 - 0.44 \times 4.8}{0.56} = 3.9$$

31. **答案**：C

分析：根据《蓄能空调工程技术标准》JGJ 158—2018第3.3.7条可知，选项A正确；根据*T-S*图可知，蒸发温度降低，制冷量降低，故选项B错误；根据第3.3.8条可知，选项C正确，选项D错误，应为最大冷负荷。

32. **答案**：B

分析：根据《地源热泵系统工程技术规范》GB 50366—2009第4.3.2条，选项A正确；根据4.3.6条，选项B错误；根据3.2.2A条，选项C正确；根据4.3.7条，选项D正确。

33. **答案**：D

分析：根据《地源热泵系统工程技术规范》GB 50366—2005 第 7.1.5 条条文说明可知，选项 A 正确；根据第 7.1.7 条可知，选项 B 正确；根据第 7.1.8 条可知，选项 C 正确；根据第 7.1.2 条可知，选项 D 错误，制热工况其热源温度应为 15～30℃。

34. **答案**：D

分析：由《冷水机组能效限定值及能源效率等级》GB 19577—2015 第 4.4 条，选项 A 错误；根据第 4.2 条，选项 B 错误；由《多联式空调（热泵）机组能效限定值及能源效率等级》GB 21454—2008 第 3.2 条可知，选项 C 错误，应为"规定的制冷能力试验条件"，非额定工况；由第 7.1 条可知，选项 D 正确。

35. **答案**：D

分析：根据《冷库规》第 6.3.5-1 可知，选项 AB 错误；根据第 6.3.5-2 可知，选项 C 错误，选项 D 正确。

36. **答案**：D

分析：根据《冷库规》第 3.0.7 条可知，选项 D 错误。

37. **答案**：B

分析：根据《公建节能》第 4.5.7 条可知，选项 B 错误，应该为冷量优化控制。

38. **答案**：D

分析：根据《燃气热电联供工程技术规范》GB 51131—2016 第 4.1.2 条可知，选项 A 正确；根据第 4.1.3 条可知，选项 B 正确；根据第 4.3.3 条可知，选项 C 正确；根据第 1.0.4 可知，选项 D 错误，应该为 70%。

39. **答案**：B

分析：根据《绿色建筑评价标准》GB/T 50378—2019 第 3.2.8-3 条，因"建筑供暖热负荷"部分仅满足表 3.2.8 中的一星级标准，而不满足二星级，故最高仅可参评一星级。

40. **答案**：B

分析：根据《建筑给排水设计标准》GB 50015—2019 第 4.3.11 条可知，选项 AD 正确，选项 B 错误；由第 4.3.12 条可知，选项 C 正确；根据第 4.3.10 条可知，选项 D 正确。

（二）多项选择题

41. **答案**：ACD

分析：由《热网规》第 3.1.6 条可知，选项 ACD 正确，选项 B 错误。

42. **答案**：BCD

分析：由《锅炉规》第15.1.2条可知，选项A错误，选项BCD正确。

43. **答案**：ACD

分析：由《锅炉大气污染物排放标准》GB 13271—2014第4.5条可知，选项AC错误，选项B正确；由第5.1.3条可知，选项D错误。

44. **答案**：BC

分析：根据《锅炉规》第10.2.1条可知，选项A错误；由第10.2.3.1条可知；选项B正确；由第10.2.4可知，选项C正确，选项D错误。

44. **答案**：ACD

分析：由《热网规》第8.5.6条可知，选项A正确；由第8.5.7条可知，选项B错误；由第8.5.8条及第4.3.4条条文说明可知，选项CD正确。

46. **答案**：BCD

分析：根据《工规》第5.1.4条及第5.1.5条可知，选项A不合理，选项BCD均符合规范要求。

47. **答案**：ABC

分析：根据《公建节能》第4.1.3条及其条文说明可知，选项ABC正确，选项D错误。

48. **答案**：ABCD

分析：根据《严寒和寒冷地区居住建筑节能设计标准》JGJ 26—2018第5.2.12条及其条文说明可知，选项ABCD正确。

49. **答案**：BD

分析：根据《民规》第6.3.8条可知，选项AC正确，选项B需要与稀释法的计算结果对比，取较大值；根据第5款条文说明可知，选项D错误，传统风管送排风方式的CO传感器宜分散布置，诱导通风时，传感器应设在排风口附近。

50. **答案**：AB

分析：根据GBZ 2.1—2019表2可知，电焊烟尘总尘允许浓度为4mg/m^3，可计算2/4=50%，由第6.5.1条表5可知，属于Ⅱ级接触水平，需要进行一般危害告知，特殊危害告知。

51. **答案**：ABCD

分析：新建锅炉污染物排放需要参考《锅炉大气污染物排放标准》GB 13271—2014，

由表2查得，选项ABC均不满足规定，对于燃气锅炉，二氧化碳没有排放限值，仅限值二氧化硫；汞及其化合物无排放限值限制；对于烟气黑度需在烟囱排放口检测，而非烟囱或烟道处。由第5.2节可知，基准氧含量按3.5%考虑，此含量用于折算实际排放氧含量，并无限值，故选项D的说法错误。

52. **答案**：ABD

分析：由《离心式除尘器》JB/T 9054—2015第5.2节可知，选项AB正确；由第6.4.1条可知，选项C错误，压力损失测试可采用环境气流直接测试；由第6.4.1条可知，选项D正确。

53. **答案**：ACD

分析：根据《锅炉房设计规范》第15.3.7条可知，选项A正确；平时排风不小于$12h^{-1}$，$300\times4.5\times12=16200m^3/h$，选项B错误；根据第15.1.2条可知，选项D正确；根据《建筑防火设计规范》GB 50016—2014（2018年版）第5.4.12-1条可知，选项C正确。

54. **答案**：ABD

分析：根据《建筑防烟排烟系统技术标准》第4.4.12条可知，选项AD正确；根据第4.4.13条可知，选项B正确；根据表4.2.4注2可知，选项C错误，净空高度大于9m时可不设挡烟垂壁。

55. **答案**：ABC

分析：由《人民防空地下室设计规范》GB 50098—2009第5.2.18-1条可知，尾气监测取样管为*DN*15，选项A错误；根据第5.2.18-2条，滤尘器出风管需设*DN*32取样管，选项B错误；由第5.2.18-3条可知，油网滤尘器前后压差测量管为*DN*15，选项C错误；由第5.2.18条可知，均为热镀锌钢管，选项D正确。

56. **答案**：AB

分析：根据《民规》第7.1.5条条文说明，选项A正确；根据第7.1.4条，选项B正确；根据第7.1.7条，选项C错误，不应大于0.8W/（m^2·K）；根据第7.1.10条，选项D错误，房间允许温度波动范围不同，情况不同。

57. **答案**：ABCD

分析：设置全空气变风量系统的重点是注意内外分区的设置，内区需全年供冷，外区夏季供冷冬季供暖，根据《民规》第7.3.8-2条，选项ABCD均正确。

58. **答案**：ABCD

分析：根据《公建节能》第7.3.1条可知，选项A正确；根据第7.3.2条可知，选项B正确；根据7.3.3条可知，选项C正确；根据7.3.4条可知，选项D正确。

59. **答案：** BCD

分析： 根据《公建节能》第4.3.16条可知，选项A错误，宜单独送入；根据第4.3.17-2条可知，选项B正确；根据第4.3.18条可知，选项C正确；根据第4.3.19-4条可知，选项D正确。

60. **答案：** CD

分析： 根据《洁净规》GB 50073—2013第6.1.5条可知，选项A错误，还应不小于人员新风需求；根据第6.3.2条可知，选项B错误，还需比较新风量和根据热湿负荷计算的送风量；根据第6.3.4-2条可知，选项C正确；根据第6.5.4-1条可知，选项D正确。

61. **答案：** ABCD

分析： 根据《建筑节能工程施工质量验收标准》GB 50411—2019第10.2.2条，选项AB正确；根据第10.3.1条，选项C正确；根据第10.3.2条，选项D正确。

62. **答案：** ABC

分析： 根据《多联机空调系统工程技术规程》第3.4.7条第三款和第五款可知，选项AB正确；根据第3.5.2-3条可知，选项C正确；根据表3.6.6可知，选项D错误，风速范围为2～3m/s。

63. **答案：** ABC

分析： 根据《民规》条文说明8.1.1-9可知，选项ABC正确，水环热泵初投资大，故选项D错。

64. **答案：** ABCD

分析： 参考《制冷设备、空气分离设备安装工程施工及验收规范》GB 50274—2010第2.3.3条。

65. **答案：** AC

分析： 根据《直燃型溴化锂吸收式冷（温）水机组》GB/T 18362—2008表3可知，选项AC正确，吸收泵及烟气热回收期应根据情况配备。

66. **答案：** AB

分析： 根据《燃气冷热电联供工程技术规范》GB 51131—2016第6.2.6条及第6.2.7条可知，选项AB正确；根据《工规》表10可知，选项CD错误，余热形式为低温烟气，系统用途为空调及供暖系统。

67. **答案：** AC

分析： 根据《溴化锂吸收式冷（温）水机组安全要求》GB 18361—2001附录A2可

知，选项 A 正确，由表 A1 可知，选项 B 错误，选项 C 正确；由表 A3.2 可知，选项 D 错误

68. **答案**：BD

分析：根据《冷库规》表 6.5.2 可知，选项 BD 正确。

69. **答案**：BCD

分析：选项 A：根据《复习教材》第 5.1.3 节第 2 条第（1）款，应为 1kWh 电量换算 0.959kg 的 CO_2，错误；

选项 B 和选项 C：根据《复习教材》第 5.1.3 节第 2 条第（4）款，正确；

选项 D：根据《复习教材》第 5.1.3 节第 2 条第（6）款，正确。

70. **答案**：ABCD

分析：根据《城镇燃气技术规范》GB 50494—2009 第 6.3.7 条可知，选项 AB 正确；根据第 6.4.8 可知，选项 CD 正确。

第三部分　全真模拟篇

（测试时间：每张试卷 3 小时）

全真模拟1·专业知识（上）

(一) 单项选择题（共40题，每题1分，每题的备选项中只有一个符合题意）

1. 根据《民用建筑热工设计规范》GB 50176—2016 的规定，下列关于各城市的气候分区错误的是哪一项？

(A) 哈尔滨属于严寒A区　　(B) 大庆属于严寒B区

(C) 沈阳属于严寒C区　　(D) 北京属于寒冷A区

2. 下列关于公共建筑权衡判断的说法，正确的是哪一项？

(A) 严寒地区单栋建筑面积为300m^2的公共建筑，体形系数为0.60，可进行权衡判断

(B) 严寒A区甲类公共建筑体形系数为0.20，屋面传热系数为0.40W/(m^2·K)，可进行权衡判断

(C) 寒冷地区甲类公共建筑体形系数为0.25，外墙传热系数为0.60W/(m^2·K)，可进行权衡判断

(D) 夏热冬冷地区乙类公共建筑外墙传热系数为1.5W/(m^2·K)，可进行权衡判断

3. 位于北京市的某工业区，以工艺用蒸汽为主，热源为厂区内的锅炉房，提供0.1MPa的饱和蒸汽。某生产厂房及其附属生产办公楼，设计供暖系统，下列说法中哪一项是不符合相关规定的？

(A) 厂房设置热风供暖系统，采用0.1MPa饱和蒸汽供暖

(B) 宿舍设置散热器供暖系统，采用汽水换热器，75℃/50℃热水供暖

(C) 厂房的值班供暖采用散热器供暖系统，采用0.1MPa饱和蒸汽供暖

(D) 厂区内的行政办公楼设置散热器供暖系统，采用0.1MPa饱和蒸汽供暖

4. 某住宅小区采用燃气锅炉供热，小区供热半径400m，下列有关锅炉工作压力的选用合理的是哪一项？

(A) 工作压力P=5kPa　　(B) 工作压力P=10kPa

(C) 工作压力P=15kPa　　(D) 工作压力P=20kPa

5. 下列关于供暖系统空气的排除，说法错误的是哪一项？

(A) 上行下给式系统应在系统最高点处设置自动排气罐或手动集气罐

(B) 住宅建筑不宜在供暖系统上设手动放风门，避免系统失水

(C) 低压蒸汽系统散热器手动放风门应安装在散热器上部

(D) 高压蒸汽系统在每环蒸汽干管的末端和集中疏水阀前，应设排气装置

6. 关于热水供暖系统热力入口装置及其附件的设置要求，下列说法不正确的哪一项？

(A) 热力入口装置的热量表宜设在回水管上
(B) 供水管上一般应顺水流方向设两级过滤器
(C) 进入流量计前的回水管上应设置滤网规格不小于 60 目的过滤器
(D) 热力入口装置一般均安装水力平衡阀

7. 下列有关减压阀的设计选用错误的是哪一项？
(A) 波纹管式减压阀特别适用于减压为低压蒸汽的供暖系统
(B) 薄膜式减压阀精确度比活塞式和波纹管式减压阀更高
(C) 活塞式减压阀的阀后压力可降至 0.07MPa 以下
(D) 当压力差为 0.1～0.2MPa 时，可以串联两个截止阀进行减压

8. 某工业厂房采用燃气红外线供暖系统供暖，下列关于燃气红外线供暖的说法不符合相关要求的是哪一项？
(A) 燃气红外线辐射供暖严禁用于甲、乙类生产厂房和仓库
(B) 燃气红外线供暖系统可采用液化石油气、人工煤气等作为燃料
(C) 燃气可能出现的最高浓度不超过爆炸下限值的 20%
(D) 当燃烧器设置于室内时，热负荷应包含加热燃烧器所需空气耗热量

9. 某 6 层住宅楼冬季供暖采用上供下回垂直单管（带跨越管）异程式散热器热水供暖系统，经过初调节后系统正常运行。第二年首层某用户私自将散热器改为板辐射供暖系统，下列关于该用户所在立管上房间室温变化的说法，正确的是哪一项？
(A) 房间温度均升高，低楼层的房间（首层用户除外）温度升高更多
(B) 房间温度均降低，低楼层的房间（首层用户除外）温度降低更多
(C) 房间温度均升高，顶层房间温度升高更多
(D) 房间温度均降低，顶层房间温度降低更多

10. 下面有关机械送风室外进风口位置设置错误的是哪一项？
(A) 室外进风口设在排风口的上风侧，且应低于排风口
(B) 进风口底部距离室外绿化地坪 800mm
(C) 应避免进、排风短路
(D) 机械送风进风口应设在室外空气比较洁净的地点

11. 某乙类物质爆炸极限为 30%～85%，对于排除、输送该类物质的通风设备，其排除或输送浓度为下列何项时，应采用防爆型？
(A) 均应采用防爆型　　(B) ≥3%
(C) ≥10%　　(D) ≥25%

12. 下列关于避风天窗选用的说法错误的是哪一项？
(A) 矩形天窗采光面积大，但是建筑结构复杂，造价高

（B）下沉式天窗高度受屋架高度限制，清灰、排水比较困难

（C）普通天窗与避风天窗的差别在于避风天窗无挡风板

（D）选用避风天窗时，需全面考虑天窗的避风性能、单位面积天窗造价等多种因素

13. 下列有关吹吸式排风罩设计措施，表述错误的是哪一项？

（A）为了避免吹出气流溢出排风口外，排风口的排风量应大于排风口前射流的流量，一般为射流末端流量的1.1～1.25倍

（B）吹风口出口流速不宜超过10～12m/s，以免液面波动

（C）排风口上的气流速度不应过大，排风口高度不宜过小，防止污染容易溢入室内

（D）工程上通常采用美国联邦工业卫生委员会推荐的方法、巴杜林计算方法和流量比法进行精确的吹吸罩气流运行计算

14. 某酒店新风系统，对其中两个支管经过水力平衡计算发现压损差超过15%，在进行管道压力平衡调整时，无法实现压力平衡的是哪一项？

（A）减小支管管径　　（B）增大两支管流量

（C）设置风量调节阀　　（D）增大支管风速

15. 下列关于风管连接的做法满足验收要求的是哪一项？

（A）高压矩形风管采用薄钢板法兰连接

（B）风管板材的拼接应采用同缝连接，不得有十字形拼接缝

（C）S形插条连接方式，适用于微压、低压、中压风管

（D）薄钢板法兰插条连接方式，适用于微压、低压、中压风管

16. 某高层酒店24层设有中式高档餐饮区域，下列有关其厨房通风设计措施错误的是哪一项？

（A）厨房通风不具有准确计算条件时，排风量可按40～60h^{-1}估算

（B）采用燃气灶具的密闭厨房内应设烟气的CO浓度检测报警器，并不小于12h^{-1}的事故通风

（C）厨房排风系统风管风速不应小于8m/s，且不宜大于10m/s

（D）厨房排风管宜采用钢板焊接制作，厚度不小于2mm

17. 某会议室净高4m，设置一个防烟分区，设计排烟量40000m^3/h，设计火灾热释放速率1.5MW，考虑空间效果，在吊顶下设置伸出高度1m的透明挡烟垂壁，试问吊顶处至少需要设置几个排烟口？

（A）2　　（B）3　　（C）4　　（D）5。

18. 防空地下室柴油发电机房战时允许染毒，固定电站的控制室为清洁区。下列有关人防地下室柴油发电机房通风量计算说法正确的是哪一项？

（A）柴油发电机房采用空气冷却时，按排除柴油发电机房内有害气体所需通风量计

算进风量

(B) 柴油发电机房采用水冷却时，按消除柴油发电机房内余热计算进风量

(C) 柴油机所需的燃烧空气量直接取用发电机房室内的空气

(D) 柴油发电机房排风量取进风量减去燃烧空气量

19. 室内人体或水体、渗透等产生的散湿量称为房间的湿负荷，下列有关计算散湿量的说法，错误的是哪一项？

(A) 民用建筑一般不计算化学反应过程和围护结构的散湿量

(B) 有水流动的地面表面散湿量通过流动水量和水的初终温差计算确定

(C) 餐厅、宴会厅应考虑食物散湿量

(D) 空调区各种散湿量应按照稳态方法计算，并按累计值确定空调区散湿量

20. 下列有关民用建筑夏季冷负荷计算方法，说法错误的是哪一项？

(A) 按稳态方法计算人体散热量

(B) 按稳态方法计算全天使用的设备散热量

(C) 舒适性空调不计算地面传热形成的冷负荷

(D) 屋顶处于空调区之外时，只计算屋顶进入空调区的辐射部分形成的冷负荷

21. 有关热湿比的描述，下列说法错误的是哪一项？

(A) 热湿比表示空气变化的方向

(B) 向空气中喷入有限的饱和干蒸汽，空气变化接近等温过程

(C) 热湿比为 0 的过程是等焓加湿过程

(D) 过室内 N 点的热湿比线上的任一点都能作为空调的送风状态点

22. 某物理科学研究所实验室设计空调系统，该实验室内振动较大，且实验中会产生大量电磁波，则下列各项空调系统中，不适宜采用的是哪一项？

(A) 风机盘管加新风系统　　(B) 全空气系统

(C) 低温送风系统　　(D) 多联机空调系统

23. 下列关于温湿度独立控制系统的说法，错误的是哪一项？

(A) 温湿度独立控制系统可以满足不同房间热湿比变化的要求

(B) 湿度控制系统采用传统冷凝除湿时，会承担空调系统总负荷的 10%～15%

(C) 湿度控制系统遵从“按需送风就近除湿”的原则

(D) 温度控制系统采用干式风盘，采用 7℃/12℃冷水增大风盘表冷器换热效率，有利于节能

24. 夏热冬冷地区某建筑空调系统设计采用变频离心式冷水机组，按满足节能标准最低限值 *COP* 计算，当机组供冷量大于下列何值时，应采用高压供电？

(A) 6073kW　　(B) 6140kW　　(C) 6320kW　　(D) 6584kW

25. 某房间设计为7级洁净室，则按照国家规范，房间换气次数以为下列哪一项?

(A) 10～15h^{-1}　(B) 15～25h^{-1}　(C) 25～50h^{-1}　(D) 50～60h^{-1}

26. 关于空调冷水管道的绝热材料，下列何项说法是错误的?

(A) 绝热材料的导热系数与绝热层的平均温度相关

(B) 保冷材料应进行防结露校核，满足最小防结露厚度要求

(C) 绝热材料的厚度选择与环境温度相关

(D) 热水管道保温应进行防结露校核

27. 下列各项中，有关空调系统节能设计的说法错误的是哪一项?

(A) 建筑内一些人员短暂停留的区域，冬季降低设计温度，将其设计成为一个参数过渡性区域，既有利于人体舒适又有利于节能

(B) 采用辐射供暖的房间，人体“体感温度”与空气温度存在一定的差值，因此冬季设计温度宜比规定值提高0.5～1.5℃

(C) 在总容量的确定合理的前提下，不同冷热源的设备台数和不同的容量搭配，对实际运行的能耗效果会存在一定的区别

(D) 空调系统全年运行节能设计包含建筑使用情况不断变化的应对问题，也包含气候变化在全年呈周期性变化的应对问题

28. 下列有关净化空调系统风管的制作，说法正确的是哪一项?

(A) 矩形风管小于等于1800mm时，底面不得有拼接缝

(B) N5级洁净室采用的风管，法兰螺栓及铆钉孔的间距不应大于80mm

(C) 矩形风管不得使用薄钢板法兰弹簧夹连接

(D) N1～N7级洁净净化空调的风管不得采用按扣式咬口连接

29. 某商业中心设计空调系统，下列各项设计符合节能标准的是哪一项?

(A) 一个空调风系统负担多个使用空间，按新风量需求最大的房间确定系统新风比

(B) 采用风机盘管+新风系统的区域，新风接入风机盘管回风，一起送入室内

(C) 当室内设置冷却水集水箱时，冷却塔布水器与集水箱设计水位之间的高差不应超过8m

(D) 送风高度为6m时，设计送风温差为8℃

30. 影响溴化锂吸收式制冷机的内部参数有热源温度t_g、冷却介质温度t_w和被冷却介质温度t_c等，下列有关其参数的说法正确的是哪一项?

(A) 稀溶液的浓度由t_c决定　(B) 浓溶液的温度由t_g决定

(C) 稀溶液的浓度由t_w和t_c决定　(D) 浓溶液的浓度由t_w和t_c决定

31. 逆卡诺循环是在两个温度不同的热源之间进行的理想制冷循环，下列关于这两个热源的描述，说法正确的是哪一项?

(A) 是温度可任意变化的热源　(B) 定温热源
(C) 只有一个是定温热源　(D) 温度按一定规律变化的热源

32. 下列有关蒸汽压缩式制冷循环的理解正确是哪一项?
(A) 制冷剂经过膨胀阀节流后变成液相
(B) T-s 图上过程下的面积代表了该过程放出的热量
(C) T-s 图上当某一过程 $\Delta s<0$ 时，该过程为吸热
(D) 基准点取值不同的图或者表，混用时需要进行换算和修正

33. 下列哪种融霜适用于顶置小型空气冷却器?
(A) 热电除霜　(B) 热气除霜　(C) 反向循环除霜　(D) 水除霜

34. 关于空气源热泵冷热水机组的性能表述，下列哪一项是错误的?
(A) 热泵机组中安装了两个相同容量的热力膨胀阀
(B) 机组的制热量随着室外温度的降低而降低
(C) 可采用带经济器的压缩机中间补气热泵循环
(D) 压缩机的吸气管道上必须设置气液分离器

35. 对于同一台冷水机组，如果其他条件不变，机组冷凝器的冷却水侧污垢系数增加，导致的结果是下列哪一项?
(A) 冷凝器的换热能力增大　(B) 冷水机组的耗电量增大
(B) 冷水机组的制冷系数增大　(D) 冷水机组的冷凝温度降低

36. 装配式冷库隔热层采用聚氨酯时，其导热系数的数值不应大于下列何项?
(A) 0.018W/(m·K)　(B) 0.023W/(m·K)
(C) 0.040W/(m·K)　(D) 0.045W/(m·K)

37. 下列有关溴化锂吸收式冷水机组的运行管理，说法错误的是哪一项?
(A) 通过放出或添加冷剂水调整溶液总量与浓度
(B) pH 过高，添加 HBr，pH 过低，添加 LiOH
(C) 按规定观察与记录相关压力与压差数值
(D) 停机期机内充入 0.5MPa 的氮气

38. 下列有关溴化锂吸收式制冷机的热力系数的表达不正确的是哪一项?
(A) 热力系数作为制冷机经济性的评价指标
(B) 热力系数是获得的冷量和散发的热量之比
(C) 最大热力系数随热媒温度的增加而增加
(D) 热力完善度为热力系数与最大热力系数的比值

39. 对于民用建筑的绿色设计，描述错误的是下列哪一项？

（A）采用二次泵系统时，二次泵宜采用变频调速水泵

（B）采用冰蓄冷空调冷源，空调末端为全空气系统形式时，宜采用大温差空调冷水系统

（C）矩形空调通风干管的宽高比不宜大于4，且不应大于10

（D）室内游泳池空调应采用全空气空调系统，并应具备全新风运行功能

40. 下列有关燃气调压站及调压装置的设置，不满足要求的是哪一项？

（A）调压器的计算流量应按调压器所承担的管网小时最大输送量确定

（B）对工业用户燃气锅炉房的进户压力不应大于0.8MPa

（C）调压装置应具有防止压力过高的安全措施

（D）设置调压装置的建筑物应符合国家现行标准的有关防爆要求

（二）多项选择题（共30题，每题2分，每题的各选项中有两个或两个以上符合题意，错选、少选、多选均不得分）

41. 对于高温、强热负荷作业场所应采取隔热、降温措施。下列措施不满足相关规范规定的是哪几项？

（A）人员经常停留或靠近的高温地面或高温壁面，其表面平均温度不应大于50℃

（B）高温环境设置环境温度为24℃的夏季休息室

（C）夏热冬冷地区热辐射强度为500W/m^{2}的工作场所设置局部送风系统，夏季工作地点温度按28～33℃设计计算

（D）特殊高温作业区应采取隔热措施，热辐射强度应小于800W/m^2，室内温度不应大于28℃

42. 某住宅小区设置换热站，采用集中供暖系统。下列有关该系统热量计量的说法正确的是哪几项？

（A）换热站的总管上，应设置计量总供热量的热量计量装置

（B）建筑物的热力入口处，必须设置热计量装置，作为该建筑物供暖耗热量的结算点

（C）室内供暖系统根据设备形式和使用条件设置热计量装置

（D）建筑物有多个入口时，宜采用多个热表的读数相加代表建筑物的耗热量

43. 某既有居住小区为集中热水供暖系统，各户为共用立管的分户独立散热器供暖系统，户型均为两室两厅两卫，建筑面积约为120m^2，下列关于户内系统采用的方式不合理的是哪几项？

（A）下分单管式系统　　（B）下分双管异程式系统

（C）下分双管异程式系统　　（D）章鱼式系统

44. 民用建筑外墙热工设计宜采用热惰性大的材料和构造，以提高墙体的热稳定性，

下列哪几项措施是可行的?

(A) 采用低导热系数的新型墙体材料

(B) 采用内侧为重质材料的复合保温墙体

(C) 采用蓄热性能好的墙体材料

(D) 采用相变材料复合在墙体内侧

45. 某建筑采用垂直单管热水供暖系统，系统运行时，立管Ⅰ的水力失调度为 1.1，立管Ⅱ的水里失调度为 0.9，则与各立管连接的房间室温与设计室温相比，下列哪些说法是正确的?

(A) 与立管Ⅰ连接的房间室温普遍提高，下层房间比上层房间室温更高

(B) 与立管Ⅰ连接的房间室温普遍提高，上层房间比下层房间室温更高

(C) 与立管Ⅱ连接的房间室温普遍降低，下层房间比上层房间室温更低

(D) 与立管Ⅱ连接的房间室温普遍提低，上层房间比下层房间室温更低

46. 某住宅小区采用户式燃气炉作为供暖热源，下列表述正确的是哪几项?

(A) 燃气炉自身应配置完善且可靠的自动安全保护装置

(B) 应具有同时自动调节燃气量和燃烧空气量的功能，并应配置有室温控制器

(C) 配套供应的循环水泵的工况参数，应与供暖系统的要求相匹配

(D) 其热效率不应低于国家标准《家用燃气快速热水器和燃气采暖热水炉能效限定值及能效等级》GB 20665—2015 中的 3 级能效的要求

47. 某城镇供热采用区域锅炉房承担各用热单位供暖热负荷和生活热水热负荷，则关于供热管网的设计流量正确的是哪一项?

(A) 供热干管的设计流量，应计入按生活热水平均时耗热量计算的设计流量

(B) 供热干管的设计流量，应计入按生活热水最大时耗热量计算的设计流量

(C) 供热支管的设计流量，当用户有储水箱时，可按生活热水平均时耗热量计算

(D) 供热支管的设计流量，当用户无储水箱时，可按生活热水最大时耗热量计算

48. 供暖用户与热网间接连接，用户设计供/回水温度为 45℃/35℃，选择供暖系统装置时，符合规定的是哪几项?

(A) 设置两台补水泵，一用一备

(B) 补水量取系统循环水量的 4%～5%

(C) 补水量取系统循环水量的 1%～2%

(D) 补水泵的扬程取补水点压力加 30～50kPa

49. 下列在河北某住宅小区测量的 24h 平均室外空气污染物浓度满足环境要求的是哪几项?

(A) CO 浓度 $3mg/m^3$

(B) SO_2 浓度 $0.1mg/m^3$

(C) PM2.5 浓度 $0.15mg/m^3$

(D) NO_2 浓度 $0.1mg/m^3$

50. 在进行通风房间热风平衡计算时，需要正确考虑房间的通风方式，选取合理的计算参数。下列有关冬季全面通风换气热风平衡计算的说法正确的是哪几项？

（A）当通风与供暖结合时，送风温度不宜低于35℃，不得高于70℃

（B）可利用建筑物内部的空气作为补风

（C）对于允许短时过冷或采用间断排风的室内，需要考虑这部分附加热量

（D）当相邻房间未设有组织进风装置时，可利用部分冷风渗透量作为自然补风

51. 下列关于静电除尘器性能影响因素的说法错误的是哪几项？

（A）入口含尘浓度过高时，静电除尘器会因粉尘电晕闭塞而降低除尘效率

（B）烟气温度越高，静电除尘器的除尘效率越低

（C）电场风速越大，静电除尘器的除尘效率越高

（D）颗粒粒径越小，静电除尘器对其过滤效率越低

52. 下列有关臭氧的消毒净化作用说法正确的是哪几项？

（A）臭氧杀菌后，无残留、无污染，无需再次清洁

（B）30ppm的臭氧对大多数病菌、病毒的灭火时间为0.5～2min

（C）人在臭氧浓度为30ppm的环境中的停留时间为0.5～2min

（D）臭氧具有很强的除霉、腥、臭等异味的功能

53. 根据现行规范，以下关于防烟排烟系统设计和计算的表述中，超出规范要求的是哪几项？

（A）商业建筑内，同一个防火分区应采用同一种排烟方式

（B）办公建筑内，地上与地下楼梯间同用中部核心筒，地下两层的封闭楼梯间正压送风时，应在顶部设置不小于$1m^2$的固定窗

（C）48m高的10层教学楼，当合用前室采用机械加压送风时，防烟楼梯间也同时必须采用机械加压送风系统。

（D）医院的走道采用自然排烟时，应在走道两端（侧）均设置面积不小于$2m^2$的自然排烟窗

54. 某酒店裙房采用机械排烟系统，下列关于机械排烟系统排烟口设置合理的是哪几项？

（A）会议室为满足吊顶净高4m的要求，排烟口设置在侧墙，排烟口高度0.5m，排烟口中心到最小清晰高度0.8m

（B）走道内排烟口设置在净空高度1/2以上

（C）当宴会厅利用吊顶上部空间进行排烟时，吊顶应采用不燃材料且吊顶内不应有可燃物

（D）设置在4层房间面积25～$65m^2$不等的KTV包房，采用仅在走道设置排烟口排烟的方式

55. 某电子信息机房空调系统采用下送上回气流组织方式，下列设计不合理的是哪几项?

(A) 活动地板送风口设置风量调节装置或采用旋流风口

(B) 地板送风口开孔率为25%

(C) 空调送风送到热通道内

(D) 计算机设备热负荷超出风冷能达到的极限时，通常采用液体冷却

56. 某建筑设计变风量空调系统，下列设计合理的是哪几项?

(A) 对换气次数有较高要求的外区房间采用并联风机动力再热型末端

(B) 当房间进深不大时，可不分内外区，设置单风道系统

(C) 内外区设置独立的单风道变风量系统

(D) 当变风量系统与冰蓄冷系统相结合时，变风量末端装置宜采用串联风机动力型

57. 某大厦一高15m的入口中庭设置空调，中庭人员活动区夏季设计温度24℃，相对湿度50%，冬季设计温度20℃，下列有关该中庭区域空调设计合理的是哪几项?

(A) 夏季采用地板送风，保证人员活动区环境参数

(B) 在一定高度设水平射流层阻挡上下空气串通，下部活动区采用上侧送下侧回空调

(C) 冬季采用地面辐射+底部区域送风

(D) 采用定角度球形喷口由中间高度将冷风送入，人员活动区处在夏季回流区

58. 下列关于空调水系统的设计，合理的是哪几项?

(A) 当建筑一些区域常年供冷，另一些区域按季节转换供冷供热时，需采用四管制系统

(B) 两管制系统中，当空调冷水和空调热水系统的流量和管网阻力特性及水泵工作特性不吻合，应分别设置冷水泵和热水泵

(C) 空调热水管道利用自然补偿不能满足要求时，应设置补偿器

(D) 空调凝水遵从“就近排放”原则，就近排入污水、雨水等下水管道

59. 某房间设计温度为25℃，设计一台20000m^3/h的直膨式空调机组低温送风，则下列设计合理的是哪几项?

(A) 出风温度采用5℃

(B) 设计时按2～3℃考虑风机、风管及末端装置的温升

(C) 表冷器迎风面为2m^2

(D) 冷媒通过空气的温升设计为12℃

60. 有关风管系统安装，下列说法符合国家规范的是哪几项?

(A) 当风管穿过需要封闭的防火、防爆的墙体或楼板时，必须设置厚度不小于1.6mm的钢制防护套管

（B）净化空调系统风管的法兰垫料采用乳胶海绵
（C）真空吸尘系统弯管的曲率半径不应小于 4 倍管径，且不得采用褶皱弯管
（D）当设计无要求时，人防工程染毒区的风管应采用大于或等于 3mm 钢板焊接连接

61. 下列有关空气热回收的描述，正确的是哪几项？
（A）板翅式热回收设备体积较大，具体设计中需要解决机房面积较大、管路系统复杂等实际技术问题
（B）溶液循环间接式热回收效率相对较低，但应用灵活方便
（C）严寒地区采用热回收装置，应对排风侧是否出现结霜或结露进行核算
（D）当新风量与排风量不相等时，会导致实际热交换效率偏离额定值

62. 某中间冷却器用于氨制冷系统的多级压缩，下列有关说法正确的是哪几项？
（A）该制冷循环属于一级节流中间不完全冷却循环
（B）可以冷却低压级压缩机的排气，对进入蒸发器的制冷剂液体进行过冷
（C）可以提高压缩机的制冷量
（D）减少节流损失

63. 离心式压缩机运行过程中发生“喘振”的现象，相关原因可能是下列哪几项？
（A）气体流量过大　　（B）气体流量过小
（B）过滤器阻塞　　（D）蒸发温度过低

64. 螺杆式压缩机转速不变、蒸发温度不同工况时，其理论输气量（体积流量）的变化表述，下列哪几项是错误的？
（A）蒸发温度高的工况较之蒸发温度低的工况，理论输气量变大
（B）蒸发温度高的工况较之蒸发温度低的工况，理论输气量变小
（C）蒸发温度变化的工况，理论输气量变化无一定规律可循
（D）蒸发温度变化的工况，理论输气量不变

65. 有关低温送风系统，下列说法正确的是哪几项？
（A）低温送风系统适合与冰蓄冷系统联合应用
（B）空气相对湿度较大的空调区不适合采用低温送风系统
（C）为防止风口结露，宜采用多层百叶风口
（D）系统宜采用矩形风管

66. 对制冷剂的主要热力学性质的要求有下列哪几项？
（A）标准大气压沸点要低于所要求达到的制冷温度
（B）冷凝压力越低越好
（C）单位容积的汽化潜热要大
（D）临界点要高

67. 制冷装置冷凝器工作时进出水温差偏低，冷凝温度与水的温差大，其原因是下列哪几项？

(A) 冷却水流量大　　　　(B) 不凝性气体

(B) 冷凝器表面结垢　　　　(D) 冷凝器积油

68. 下列有关冷热电联供系统各类机组应用范围的选择，说法正确的是哪几项？

(A) 容量为 50000kW 时，选择燃气轮机

(B) 内燃机的发电效率可达 45%

(C) 低温的润滑油冷却水可作为内燃机的余热来源

(D) 微燃机的 NO_x 排放水平小于 9ppm

69. 下列相关内容符合规范要求的是哪几项？

(A) 燃气冷热电联供系统的平均能源综合利用率大于 70%

(B) 能源综合利用率为输出冷量与消耗燃气输入热量的百分比

(C) 原动机可与其他设备的调压装置共用

(D) 联供工程所有燃气设备的计量装置应独立设置

70. 下列关于建筑给水系统设计时所采用的防水质污染措施，正确的是哪些项？

(A) 从生活饮用水管网向消防贮水池补水时，进水管口最低点高出溢流边缘的空气间隙应大于 150mm

(B) 从城镇给水管网的不同管段接出两路至建筑物，与城镇给水管网形成连通管网时，其引入管上应设置倒流防止器

(C) 生活饮用水水箱的进水管采用淹没出流时，可在进水管上设置倒流防止器来防止虹吸回流

(D) 生活饮用水管道严禁与大便器采用非专用冲洗阀直接连接

全真模拟1·专业知识（下）

(一) 单项选择题（共40题，每题1分，每题的备选项中只有一个符合题意）

1. 下列关于民用建筑热工的设计原则，错误的是哪一项？

(A) 严寒地区必须充分满足冬季保温要求，一般可以不考虑夏季防热

(B) 寒冷地区应满足冬季保温要求，部分地区兼顾夏季防热

(C) 夏热冬冷地区一般房间宜设置电扇调风改善热环境

(D) 部分温和地区应考虑夏季防热，可不考虑冬季保温

2. 某厂房建筑面积为800m²，每班作业工人为5人，下列有关供暖设计的说法正确的是哪一项？

(A) 当为轻作业时，室内温度取10℃

(B) 当为中作业时，室内温度取7℃

(C) 当为重作业时，室内温度取5℃

(D) 在工作地点设置局部供暖或设置取暖室

3. 下列关于管道绝热结构设计的说法，错误的是哪一项？

(A) 保温结构应由保温层和保护层组成

(B) 保冷结构应由保冷层、防潮层和保护层组成

(C) 对有振动的设备与管道的绝热结构，应采取加固措施

(D) 绝热结构应考虑可拆卸性，以便于日后维修更换

4. 下列有关热水供暖系统水力计算的说法，错误的是哪一项？

(A) 等温降法的特点是预先规定每根立管的温降相等

(B) 变温降法的特点是在各立管的温降不相等的前提下进行计算

(C) 等压降法的特点是按各立管压降相等作为前提进行水力计算

(D) 等压降法适用于同程式垂直双管系统

5. 寒冷地区的某6层公寓楼，热力入口设置自力式压差控制阀，室内采用上供下回垂直单管跨越式供暖系统，每组散热器进水支管上设置三通温控阀可实现分室温控，设计热煤温度为75℃/50℃。系统运行开始进行了初调节，均按设计工况运行。当小区供水温度为60℃时（管网未作调节），下列说法中正确的是哪一项？

(A) 各楼层室温等比一致降低

(B) 部分楼层室温满足设计工况

(C) 六层的室内温降大于一层室内温降

(D) 六层的室内温降小于一层室内温降

6. 下列关于高压蒸汽供暖系统的说法，不正确的是哪一项?
(A) 高压蒸汽供暖的蒸汽压力一般由管路和设备的耐压强度确定
(B) 按照回水动力不同，高压蒸汽供暖系统可分为重力回水和机械回水
(C) 高压蒸汽供暖系统，散热器蒸汽压力高，表面温度也高，卫生和安全条件较差
(D) 高压蒸汽供暖系统凝结水温度高，容易产生二次蒸汽

7. 下列关于暖风机热风供暖的说法，错误的是哪一项?
(A) 选择暖风机时，其散热量应留有20%～30%的裕量
(B) 室内空气的循环次数应大于等于 $1.5h^{-1}$
(C) 热媒为蒸汽时，每台暖风机应单独设置阀门和疏水装置
(D) 暖风机不能单独供暖

8. 严寒地区某5层办公楼采用垂直双管散热器热水供暖系统，下列哪项措施有利于减轻自然作用压力引起的垂直失调?
(A) 系统设计选用较大的管径，较低的比摩阻
(B) 系统设计选用较小的管径，较高的比摩阻
(C) 散热器供水支管上安装高阻力恒温控制阀
(D) 散热器供水支管上安装低阻力恒温控制阀

9. 某工业生产车间冬季采用小型暖风机供暖，下列关于该暖风机的设置，不正确的是哪一项?
(A) 选择暖风机时，应验算车间内的空气循环次数，宜大于或等于 $1.5h^{-1}$
(B) 宜使暖风机的射流相互衔接，使供暖空间形成一个总的空气环流
(C) 不应将暖风机布置在外墙上垂直向室内吹送
(D) 采用蒸汽型暖风机时，多个暖风机可共用一个疏水装置

10. 下列有关空气质量指数（AQI）的说法，正确的是哪一项?
(A) 空气质量指数级别越小，说明污染越严重，对人体健康影响越明显
(B) 空气质量指数150，表明空气质量中度污染
(C) 空气质量指数比空气污染指数增加了对PM2.5的要求
(D) 空气质量指数的发布频率为1h一次

11. 医疗设施环境，半清洁区与污染区之间的压差为下列何项?
(A) 5Pa (B) 10Pa (C) 15Pa (D) 20Pa

12. 在进行全面通风量计算时，下列做法错误的是哪一项?
(A) 当散入室内的有害物量无法具体计算时，全面通风量可按类似房间换气次数的经验数值进行计算
(B) 计算不允许冻结房间的冬季通风耗热量时，室外温度宜采用冬季供暖室外计算

温度

（C）计算用于补偿消除余热、余湿的通风量时，应采用冬季通风室外计算温度

（D）全面通风量应按照消除室内余热和余湿所需通风量确定

13. 上海某工业厂房设置全面通风排出室内余湿，在进行冬季通风热平衡计算时，室外空气计算温度为多少？

（A）－2.2℃　（B）－0.3℃　（C）4.2℃　（D）5.2℃

14. 哈尔滨某会议中心设有两个大型厨房，下列关于厨房通风设计的说法错误的是哪一项？

（A）一般厨房洗碗间的排风量可按每间 $500m^3/h$ 选取

（B）厨房与餐厅相邻时，送入餐厅的新风量可作为厨房的补风的一部分，但气流进入厨房开口处的风速不宜小于 1m/s

（C）厨房冬季补风应做加热处理，送风温度可按 12～14℃选取

（D）厨房排风风管的水平管段应尽可能短，且应设不小于 2%的坡度坡向排水点或排风罩

15. 某 800mm×320mm 的矩形风管，其风管弯头未设置导流叶片，试问矩形弯头曲率半径至少为多少（mm）？

（A）800　（B）1000　（C）1200　（D）1500

16. 下列有关密闭罩吸风口的设计措施正确的是哪一项？

（A）吸风口应设置在罩内压力较低的部位，消除罩内正压

（B）罩内物料温度 200℃，需上下同时设吸风口

（C）皮带运输机上吸风口至卸料溜槽的距离至少应保持 300～500mm

（D）用于物料粉碎且排风量为 $0.8m^3/s$ 的密闭罩，设计采用直径为 0.7m 的圆形吸风口

17. 以下关于防烟排烟系统控制，说法正确的是哪一项？

（A）机械加压送风系统，应设有测压装置和风压调节措施

（B）当火灾确认后，应开启该防火分区内着火层及其相邻上下层前室及合用前室的常闭机械加压送风口

（C）当火灾确认后，担负两个及以上防烟分区的排烟系统，应打开着火防烟分区及其相邻防烟分区的排烟口（阀）

（D）活动挡烟垂壁应具有火灾自动报警系统自动启动或现场手动启动功能

18. 下列有关暖通空调系统抗震设计，说法错误的是哪一项？

（A）位于抗震设防烈度为 6 度地区的建筑机电工程，按 GB 50981 采取抗震措施，但可不进行地震作用计算

(B) 矩形截面面积大于或等于 0.38m² 的风道可采用抗震支吊架

(C) 防排烟风道、事故通风风道及相关设备应采用抗震支吊架

(D) 重力大于 1.8kN 的空调机组不宜吊挂安装

19. 人防地下室固定电站控制室与发电机房之间应设防毒通道，此防毒通道通风换气次数（h^{-1}）最小为下列何项？

(A) 30　　(B) 40　　(C) 45　　(D) 50

20. 有关人体热平衡与热舒适理论的说法，下列错误的是哪一项？

(A) 人体的对流和辐射散热量，冬季比夏季要低

(B) 相同温度情况下，雨天环境，人体的汗液蒸发量将降低

(C) 低温时，高湿环境会加剧人体的寒冷感

(D) 周围空气流速增大，会加剧人的冷感

21. 某工艺性空调房间，设计空调精度为±0.5℃，则该房间围护结构传热系数限值说法错误的是哪一项？

(A) 顶棚 K 限值为 0.9

(B) 外墙 K 限值为 0.8

(C) 相邻空调区温差大于 3℃时，内墙 K 限值为 0.9

(D) 相邻空调区温差大于 3℃时，楼板 K 限值为 0.9

22. 某建筑大厅内设有一处流动水景，流动水量约为 18000kg/h，经测量，循环流动从入口至出口温降为 0.2℃，则该水面蒸发量接近下列何项？

(A) 6.15kg/h　　(B) 7.47kg/h　　(C) 9.23kg/h　　(D) 10.52kg/h

23. 下列有关空调负荷计算的说法中，错误的是哪一项？

(A) 在白炽灯的瞬间得热量中，辐射热占比约为 80%

(B) 不应把非连续生产设备散热的逐时值直接作为相应时刻冷负荷的即时值

(C) 成年女子的散热量均为成年男子散热量的 75%

(D) 计算餐厅冷负荷时，食物的全热量可按 17.4W/人计算

24. 下列各项中，属于地板送风系统的要求或特点的是哪一项？

(A) 可与冰蓄冷相结合，采用低温送风

(B) 有压静压箱的地板送风空调系统风口灵活性差，不适应房间用途和分隔的变化

(C) 地板送风静压箱可与其他专业管线合用

(D) 根据有压静压箱内的压力大小，静压箱的进风口离最远出风口的距离可达到 30m 以上

25. 某建筑空调为风机盘管＋新风系统，初期经过调试，各房间均能达到设计工况。

系统运行一段时间后，个别房间出现温度升高的问题，下列各项中，哪一项可能是造成此类问题的原因？

(A) 冷水机组蒸发器结垢
(B) 问题房间的风盘风管软接未固定好，出现局部脱落
(C) 新风机表冷器的电动阀故障导致关闭
(D) 问题房间的风机盘管选型偏小

26. 下列有关净化室空调通风系统设计不合理的是哪一项？

(A) 当工艺生产过程不产生有害物时，洁净空调在保证新风和保持室内压差的条件下，应尽量利用回风
(B) 高等级的单向流洁净室设计新风集中处理＋FFU净化空调系统
(C) 生产工艺过程产生大量有害物质，设计局部排风＋直流式净化空调系统
(D) 生产工艺过程产生大量有害物质且无法通过排风系统全部排出，设计直流式净化空调系统

27. 在进行管道绝热计算时，下列有关环境温度的取值不符合规范要求的是哪一项？

(A) 室内保温经济厚度计算中，环境温度可取为20℃
(B) 在地沟内保温经济厚度计算中，当管道外表面温度为80℃时，环境温度取为20℃
(C) 在防止人身烫伤的厚度计算中，环境温度应取历年最热月最高温度值
(D) 在防止管道内介质冻结的计算中，环境温度应取冬季历年极端平均最低温度

28. 某空调系统设计采用镀锌钢管，下列各项连接方式中，不得采用的为哪一项？

(A) 焊接连接　　(B) 螺纹连接　　(C) 卡箍连接　　(D) 法兰连接

29. 下列有关消声器的设计不符合国家相关规范的是哪一项？

(A) 设计阻性消声器应防止高频失效的影响
(B) 扩张室式消声器的消声量，可用增加扩张比的方法提高
(C) 单通道共振式消声器，其通道直径不宜超过250mm
(D) 微穿孔型消声器不能在温度高、湿度大和流速高的介质条件下使用

30. 下列有关制冷系统中回热器的作用，说法错误的是哪一项？

(A) 使制冷剂在蒸发器后进一步过热
(B) 使制冷剂在节流阀前进一步过冷
(C) 提高制冷系数
(D) 可防止压缩机液击

31. 冰蓄冷系统，载冷剂采用质量浓度为25%的乙烯乙二醇溶液，下列哪种管道材质不可以使用？

(A) 镀锌钢管 (B) 焊接钢管 (C) 无缝钢管 (D) 铜管

32. 电机驱动压缩机的蒸汽压缩循环冷水机组，额定冷量为1000kW时，其机组选型应为何项？

(A) 活塞式冷水机组

(B) 螺杆式冷水机组

(C) 离心式冷水机组

(D) 螺杆式冷水机组

33. 下列有关压缩机的相关参数说法正确的是哪一项？

(A) 对于螺杆式制冷压缩机，对于高温机组，有吸气过热度的限值要求

(B) 活塞式压缩机，当压缩机一定时，压比越大，压缩机的容积效率越低

(C) 相对余隙容积一定时，指示效率随着压比的增大而减小

(D) 封闭式制冷压缩机的绝热效率为指示效率、摩擦效率、传动效率的乘积

34. 下列有关制冷压缩机的说法，错误的应是哪一项？

(A) 开启式压缩机会使制冷剂蒸气的过热度减少

(B) 在压比较大的情况下，滚动转子式压缩机的容积效率和等熵效率高于活塞式压缩机

(C) 单螺杆式压缩机，转子旋转一圈，每个基元容积压缩一次

(D) 螺杆式、涡旋式、离心式压缩机均无进、排气阀

35. 下列有关溴化锂吸收式制冷机的特性的说法错误的是哪一项？

(A) 氨-水工质对制冷剂为氨

(B) 吸收式制冷机与由热机直接驱动的压缩式制冷机相比，理想最大热力系数是相同的

(C) 与氨吸收式机相比，系统简单，热力系数也较高

(D) 溶液的循环倍率为稀溶液流量与制冷剂流量的比值

36. 在冷库围护结构设计中，下列哪一项是错误的？

(A) 隔汽层设于隔热层的高温侧

(B) 地面隔热层采用硬质聚氨酯泡沫塑料，其抗压强度大于或等于0.2MPa

(C) 对硬质聚氨酯泡沫塑料隔热层的热导率进行修正

(D) 底层为冷却间，地面不采取防冻措施时，仍需设隔热层

37. 关于制冷剂的描述，错误的是下列哪一项？

(A) R717和R134a的吸水性极强，以二者为制冷剂的制冷系统不必设干燥器

(B) 无机化合物制冷剂和HCS类制冷剂均为天然制冷剂

(C) 制冷剂的绝热指数越小，其压缩排气温度就越低

（D）制冷剂的蒸发压力不宜低于大气压力，以避免空气渗入制冷系统

38. 冷热电三联供辅助热源设备不包括下列哪项？

（A）燃气锅炉　　（B）燃气直燃机

（C）热泵　　（D）烟气余热回收装置

39. 下列说法错误的是哪一项？

（A）厨房和卫生间设置于建筑单元（或户型）自然通风的负压侧

（B）对于非集中供暖空调系统的建筑，应有保障室内热环境的措施或预留条件

（C）地下车库需设置与排风设备联动的二氧化碳浓度监测器

（D）主要功能房间应具有现场独立控制的热环境调节装置

40. 下列关于建筑给水管道施工的说法正确的是哪一项？

（A）管径为 $DN100$ 的镀锌钢管应采用丝接

（B）给水塑料管可采用粘接

（C）管径为 $DN40$ 的铜管宜采用套管焊接

（D）给水铸铁管应采用焊接方式

（二）多项选择题（共 30 题，每题 2 分，每题的各选项中有两个或两个以上符合题意，错选、少选、多选均不得分）：

41. 某工艺用热蒸汽管道保温层施工完毕后，经现场测试，管道表面温度符合要求的是哪几项？

（A）室外架空蒸汽管道，室外干球温度为 20℃时，管道保温结构外表面温度为 45℃

（B）室外架空蒸汽管道，室外干球温度为 25℃时，管道保温结构外表面温度为 50℃

（C）生产车间蒸汽管道，车间干球温度为 30℃时，管道保温结构外表面温度为 55℃

（D）生产车间蒸汽管道，车间干球温度为 35℃时，管道保温结构外表面温度为 60℃

42. 一栋 11 层的公寓楼，采用低温热水地面辐射供暖系统。下列哪些要求是正确的？

（A）分、集水器的分支环路不宜大于 8 路，最大断面流速不宜大于 0.8m/s

（B）加热管流速不宜小于 0.25m/s

（C）分水器前应设置过滤器

（D）分、集水器上均应设置手动或自动排气阀

43. 沈阳市某住宅小区设置散热器供暖系统，下列有关该供暖系统的水力平衡装置的选择正确的是哪几项？

（A）采用静态水力平衡阀时，应根据阀门流通能力及两端压差选择确定平衡阀的直径与开度

（B）采用自力式流量控制阀时，应根据设计流量进行选型

（C）采用自力式压差控制阀时，应根据所需压差选择与管路同尺寸的阀门

(D) 当选用动态平衡电动调节阀时，应保持阀权度 S=0.3～0.5

44. 有关蒸汽凝结水管道的说法，下列正确的是哪一项?
(A) 低压蒸汽放出相同的热量，干式凝结水管管径大于湿式凝结水管管径
(B) 低压蒸汽放出相同的热量，干式凝结水管管径小于湿式凝结水管管径
(C) 由散热器至疏水阀间的高压蒸汽凝结水管管径可通过散热器热负荷估算确定
(D) 疏水器至二次蒸发箱之间的蒸汽凝结水管，应按汽水乳状体进行计算

45. 某住宅小区采用空气源热泵机组供热，下列有关该机组在冬季设计工况下机组制热性能系数（COP）的表述，错误的是哪几项?
(A) 寒冷地区冷热风机组制热性能系数不应小于 2.0，冷热水机组不应小于 2.2
(B) 严寒地区冷热风机组制热性能系数不应小于 2.0，冷热水机组不应小于 2.2
(C) 寒冷地区冷热风机组制热性能系数不应小于 1.8，冷热水机组不应小于 2.0
(D) 严寒地区冷热风机组制热性能系数不应小于 1.8，冷热水机组不应小于 2.0

46. 下列关于室内地面和地下室外墙的防潮措施，符合相关规定的是哪几项?
(A) 建筑室内一层地表面宜高于室外地坪 0.45m 以上
(B) 地面和地下室外墙宜设保温层
(C) 地面面层可采用带有微孔的面层材料
(D) 面层材料宜有较强的吸湿、解湿特性，具有对表面水分湿调节作用

47. 某厂房供暖采用低压蒸汽散热器供暖系统，回水方式为机械回水，下列表述哪几项是正确的?
(A) 锅炉可以不安装在底层散热器以下，只需将凝水箱安装在低于底层散热器和凝结水管的位置
(B) 应在凝水泵的出水口管道上安装止回阀
(C) 凝水泵的最小正压力与蒸汽压力无关
(D) 应在散热器上部安装手动放风门

48. 某住宅小区设置集中热水供暖系统，下列有关该供暖系统的供暖系统形式及热媒参数符合有关规定的是哪几项?
(A) 室内的供暖系统形式，宜采用双管系统，或共用立管的分户独立循环系统
(B) 当采用单管系统时，应在每组散热器的进出水支管之间设置跨越管，散热器应采用低阻力两通或三通调节阀
(C) 散热器系统供水温度不应高于 80℃，供回水温差不宜小于 10℃
(D) 低温地面辐射供暖系统户（楼）内的供水温度不应高于 45℃，供、回水温差不宜大于 10℃

49. 下列关于除尘风管设计的说法正确的是哪几项?

（A）排风中含有木屑的风管直径不应小于 100mm
（B）室内除尘风管挠度不宜超过跨距的 1/300
（C）支管宜从主管的上面或侧面
（D）三通的夹角宜采用 45°～90°

50. 静电除尘器由于局部阻力低，除尘效率高，常作为中效过滤部件，下列有关静电除尘器特性的说法正确的是哪几项?
（A）静电除尘器可处理温度不高于 250℃的气体
（B）静电除尘器适用于微粒控制，对粒径 1～2μm 的尘粒，效率可达 98%～99%
（C）静电除尘器对净化粉尘的比电阻有一定要求，粉尘比电阻值应为 $1\times10^4\sim4\times10^{12}\Omega\cdot cm$
（D）使用静电除尘器处理锅炉飞灰，为了防止电晕闭塞，入口含尘浓度通常不应超过 40～50g/m^3

51. 有关除尘器的压力损失，下列各项中说法正确的是哪几项?
（A）重力沉降室压力损失一般为 50～150Pa
（B）袋式除尘器运行阻力宜为 1200～2000Pa
（C）冲激式除尘器的压力损失为 1400～1600Pa
（D）水膜除尘器的压力损失一般为 600～900Pa

52. 下列关于通风系统进、排风口设置措施，合理的是哪几项?
（A）通风系统进风口处室外空气中有害物浓度不应大于室内工作地点最高允许浓度的 30%
（B）通风进风口应设在排风口的上风侧，且应低于排风口
（C）排风口主管一般至少应高出屋面 0.5m
（D）为防止雨水进入风机，排风口上因应设置风帽

53. 下列关于自然排烟系统排烟窗设置要求正确的是哪几项?
（A）一般情况下，排烟窗与防烟分区内任意一点的水平距离不应大于 30m
（B）防火墙与排烟窗之间的距离应大于 2m
（C）净高大于 9m 的中庭的自然排烟窗应设置集中手动开启装置和自动开启设施
（D）自然排烟窗应采用外开窗

54. 下面有关通风系统抗震设计的说法正确的是哪几项?
（A）抗震设防烈度为 6 度及 6 度以上地区的通风系统必须进行抗震设计
（B）防排烟风管在抗震设防烈度 6 度地区宜采用钢板或镀锌钢板制作
（C）防排烟风道、事故通风风道及相关设备应采用抗震支吊架
（D）180kg 风机吊装时，应采用抗震支吊架

55. 有关集中空调冷热水系统设计，下列各项中符合节能要求的是哪一项？
(A) 当建筑内一些区域的空调系统需要全年供冷、其他区域仅要求按季节进行供冷和供热转换时，可采用分区两管制空调水系统
(B) 冷水水温和供回水温差要求一致且各区域管路压力损失相差不大的中小型工程，宜采用变频变流量一级泵系统
(C) 设计工况下并联环路之间的压力损失的相对差额超过15%时，应采取水力平衡措施
(D) 采用换热器加热的二次空调水系统的循环泵宜采用变速调节

56. 下列各项多联机设计原则，符合国家规范的是哪几项？
(A) 将负荷特性相差较大的房间和区域设为同一套多联机系统
(B) 根据室内机制冷量的总和选择室外机额定制冷量
(C) 室外机布置应远离高温或含腐蚀性、油雾等有害气体的排风
(D) 室内压差控制要求不同的房间

57. 对于压力无关型单风道变风量空调系统末端装置，下列说法正确的是哪一项？
(A) 由箱体、风速传感器、控制器和电动风阀组成
(B) 可将变风量末端作为定风量装置使用
(C) 末端装置的送风量不因系统内静压变化而改变
(D) 根据室内温度高度调节一次风送风量

58. 下列变风量空调系统的设计合理的是哪几项？
(A) 进深6m的空调房间采用单风道变风量空调系统
(B) 房间进深较大，采用外区独立风机盘管＋内区单风道变风量空调系统
(C) 并联型FPB增压风机能耗小于串联型FPB能耗
(D) 变风量末端装置，宜采用压力无关型

59. 某建筑的一次泵空调水系统，设有3台冷水机组和3台与机组连锁的冷水泵，3台同时运行时，冷水泵的运行参数符合设计要求，当1台冷水机组和1台冷水泵运行时，冷水机组处于低负荷状态，却发现建筑内的部分空调房间实际温度高于设计值。产生上述问题的原因分析及应采取的措施，正确的是下列哪几项？
(A) 温度高的房间的末端设备实际冷量不够，应加大末端设备容量
(B) 冷水机组的制冷量不足，应加大制冷机组的容量
(C) 房间的末端设备无自控措施（或自控失灵），应增加（或检修）自控系统
(D) 该冷水泵的水流量不能满足要求，应加大水泵流量或再投入一台泵运行

60. 某大型公共建筑，空调负荷显现出内外分区的特点，则下列空调系统设计合理的是哪几项？
(A) 根据各分区的温湿度和参数要求，设置不同的全空气系统

（B）在全空气系统通往各区域的送风支管上加装再热装置，形成全空气再热系统
（C）设置全空气分区空调系统
（D）设置单组合式机组的单风道变风量空调系统

61. 下列各项中，属于全空气空调系统常用的控制与监测内容的是哪几项？
（A）风机启停状态
（B）盘管防冻保护
（C）空气处理系统的冬、夏自控模式的转换
（D）通过空调送风温度控制盘管水阀开度

62. 为防止溴化锂吸收式制冷机内产生不凝性气体，应采取的措施是下列哪几项？
（A）采用铜镍合金传热管
（B）经常维持机内高度真空
（C）在溶液中加入有效的缓蚀剂
（D）在机组长期不运行时充入氮气

63. 下列关于制冷剂的种类及特性，说法错误的是哪几项？
（A）根据制冷剂的常规冷凝压力 P_k 和标准沸点，可分为高温（高压）、中温（中压）、低温（低压）制冷剂
（B）氨（NH_3）的编号为 R717
（C）非共沸混合物制冷剂可实现非等温制冷，有利于降低功耗，提高制冷系数
（D）有机化合物的序列编号一般按 R500 序号中顺序的规定编号

64. 下列有关双效型溴化锂吸收式制冷机组的特点，说法正确的是哪几项？
（A）可以设置溶液预热器来利用热源蒸汽的凝水热量
（B）较单效型溴化锂吸收器热力系数可以提高 1.1～1.2 倍
（C）冷凝器中冷却水排走的热量为发生器产生的热量之和
（D）高压发生器溶液的最高温度取决于热源温度

65. 关于蓄冷系统的说法，下列选项中正确的是哪几项？
（A）冰蓄冷系统通常能够节约运行费用但不能节约能耗
（B）蓄冷系统不适合于夜间有负荷的建筑
（C）水蓄冷系统的投资回收期通常比冰蓄冷系统短
（D）冰蓄冷系统采用冷机优先策略可最大幅度节约运行费用

66. 采用制冷剂 R502 的单级压缩式制冷回热循环与不采用回热循环相比较，正确的说法是哪几项？
（A）可提高制冷系数
（B）系统的质量流量增加
（C）压缩机的排气温度升高
（D）压缩机的质量流量下降

67. 以下关于直燃型溴化锂吸收式冷（温）水机组制冷工况实测性能的要求，正确的

是哪几项？
(A) 机组的冷水、冷却水的压力损失不大于名义压力损失的105%
(B) 机组实测性能系数不低于名义性能系数的95%
(C) 机组实测制冷量不低于名义制冷量的95%
(D) 机组实测热源消耗量，以单位制冷（供热）量或单位时间量表示，不应高于名义热消耗量的105%

68. 某大学的公共浴室共设置18个淋浴头，相关给水设计正确的是哪几项？
(A) 管道宜布置成环形
(B) 配水管不宜变径，且最小管管径不得小于25mm
(C) 宜采用单管热水供应系统
(D) 宜采用同程布置的方式

69. 燃气的管道选用和连接，错误的做法是哪几项？
(A) 选用符合标准的焊接钢管时，低压、中压燃气管道宜采用普通管
(B) 燃气管道的引入管选用无缝钢管时，其壁厚不得小于3mm
(C) 室内燃气管道宜选用钢管，也可选用符合标准规定的其他管道
(D) 位于地下车库中低压燃气管道，可采用螺纹连接

70. 下列关于绿色工业建筑评价的说法，正确的是哪几项？
(A) 绿色工业建筑评价分为设计评价和运行评价
(B) 二星级绿色工业建筑须获得11分必达分，总评分（包括附加分）不低于55分
(C) 绿色工业建筑评价体系由节地与可持续发展的场地、节能与能源利用等七类指标构成
(D) 绿色工业建筑评价采用权重计分法

全真模拟1·专业案例（上）

1. 石家庄市某工业厂房原供暖系统为高温热水散热器采系统，系统热负荷为120kW，厂房内设计温度为14℃，由于热水系统老化，现改造为燃气红外线辐射供暖，室内设计温度采用12℃可达到散热器供暖同样的效果，空气燃烧器设置于室内，燃烧空气量为0.75kg/s，求改造后燃气红外线供暖热负荷是多少？

(A) 108kW　　(B) 120kW　　(C) 122kW　　(D) 126kW

【答案】

【主要解题过程】

2. 北京地区某住宅楼南向外窗采用水平遮阳，如右图所示。水平遮阳板悬挑长度 $A=1000$mm，窗底到水平遮阳板底长度 $B=2400$mm，试计算该住宅楼南向外窗的遮阳系数是多少？

(A) 0.75　　(B) 0.78

(C) 0.69　　(D) 0.73

【答案】

【主要解题过程】

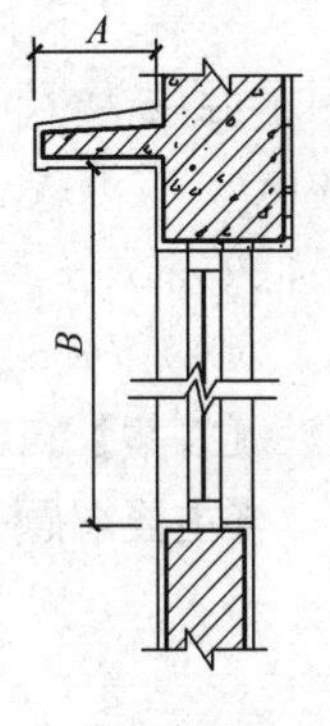

第2题图

3. 某4层办公楼采用垂直双管下供下回式机械循环热水供暖系统，如右图所示，每层散热器间的垂直距离为$h=6$m，供回水温度为95℃/70℃，供水管ab段、bc段和cd段的阻力分别为0.5kPa、0.5kPa和0.5kPa（对应的回水管段阻力相同），散热器A1、A2和A3的水阻力分别为$P_1=P_2=P_3=7.5$kPa。忽略管道沿程冷却和散热器支管阻力，试计算顶层环路相对于底层环路的不平衡率接近下列何项？（$g=9.8\text{m/s}^2$，热水密度$\rho_{95℃}=962\text{kg/m}^3$，$\rho_{70℃}=977.9\text{kg/m}^3$）

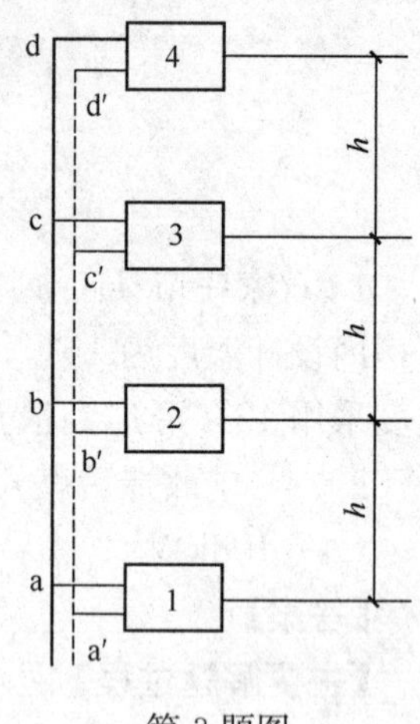

第3题图

(A) 10.8%　　(B) 12.1%

(C) 28.6%　　(D) 40%

【答案】

【主要解题过程】

4. 某中央商务区供暖热水由换热站集中供应，供暖设计热负荷为2000kW，设计供/回水温度为75℃/50℃。设置3台水泵（两用一备）（单台流量为34.4m³/h，扬程为23m）。主干线总长为1000m，循环水泵电动机采用直连方式，计算水泵在设计工况点的最低效率。

(A) 74.3%　　(B) 84.4%　　(C) 87.6%　　(D) 92.8%

【答案】

【主要解题过程】

5. 某住宅小区采用散热器热水供暖系统，热源为小区换热站。已知，供热主干线的到最近楼栋的总长度为 1000m，比摩阻为 60Pa/m，局部阻力损失取沿程损失的 30%，楼栋的阻力损失为 30kPa，求最近楼栋的水力稳定性系数。

(A) 0.43　　(B) 0.53　　(C) 0.63　　(D) 0.73

【答案】

【主要解题过程】

6. 北京某小区供热系统的热媒为 75℃/50℃热水，工作压力为 1.0MPa。某一室外架空水平安装的直管段采用钢管 $DN100$，该管段两端固定卡间距为 60m。拟在该直管段上设置轴向型（Z 形）波纹补偿器，下列选项中哪一项是最合适的？（补偿器型号表达：Z 公称直径（mm）-工作压力（MPa）×10/轴向补偿量（mm））

(A) Z80-10/40　　(B) Z80-10/50　　(C) Z100-10/60　　(D) Z100-10/80

【答案】

【主要解题过程】

7. 长春某建筑面积为 $1200m^2$ 的生产车间冬季室内设计温度 18℃，冬季围护结构耗热量 60kW。车间熔锻区内设有 2 台熔锻炉，每台熔锻炉发热功率 12kW。车间内设置 25kW 值班供暖用散热器，白天连续运行。若房间设置集中排风系统，排风量 0.9kg/s，同时设置送风温度为 20℃的新风系统，新风设置显热热回收（热回收效率 55%），新风量为排风量的 70%。若采用 15 台暖风机作为车间供暖设施，每台暖风机送风量为 $600m^3/h$，试计算确定暖风机的送风温度至少为下列哪一项？［空气比热容为 1.01kJ/(kg·K)］

（A）集中送风温度为 22.3℃　　（B）集中送风温度为 24.1℃

（C）集中送风温度为 24.7℃　　（D）集中送风温度为 25.6℃

【答案】

【主要解题过程】

8. 北京某商业楼总建筑面积为 $16000m^2$ 营业时间为 9：00～22：00。原设计冬季地上采用空调供暖（设计温度 20℃），供暖期 123d，供暖期室外平均温度－0.7℃。空调运行时间为 15h，空调热指标为 $100W/m^2$。实际运行发现能耗较大，考虑将冬季空调供暖改造为热水散热器连续供暖，改造后供暖热指标降至 $50W/m^2$，试问改造后全年耗热量为多少，与改造前相比降低（升高）多少？

（A）改造后全年耗热量为 5800～5900GJ，全年耗热量下降约 1470GJ

（B）改造后全年耗热量为 6300～6400GJ，全年耗热量下降约 980GJ

（C）改造后全年耗热量为 7300～7400GJ，全年耗热量下降约 1100GJ

（D）改造后全年耗热量为 7900～8000GJ，全年耗热量下降约 1590GJ

【答案】

【主要解题过程】

9. 某 $150m^2$ 的变电室，室内净高4.0m，其中设有一台功率为600kVA的变压器，变压器功率因数为0.95，效率为0.98，负荷率为0.75。配电室要求夏季室内设计温度不大于40℃，当地夏季室外通风计算温度为32℃，围护结构冷负荷为3kW，采用机械通风，自然进风的通风方式，空气比热容为1.01kJ/(kg・K)，空气密度为 $1.2kg/m^3$。该配电室平时通风量至少为下列何项？

(A) $3200m^3/h$　　(B) $3600m^3/h$　　(C) $4300m^3/h$　　(D) $4800m^3/h$

【答案】

【主要解题过程】

10. 某150人的会议室建筑面积 $120m^2$，净高3.5m。设室外空气中 CO_2 的体积浓度和房间初始 CO_2 浓度均为300ppm，每人每小时呼出 CO_2 为22.6L，满员时2h以内任意时刻 CO_2 浓度均不超过2000ppm，试计算人均最小送风量（$m^3/(h・人)$）为下列何项？

(A) 11　　(B) 12　　(C) 13　　(D) 14

【答案】

【主要解题过程】

11. 某 $40m^2$ 的负压病房，净高 3m，净化要求房间送风换气次数不小于 $15h^{-1}$。病房门尺寸为双开门 1.3mx2.1m（缝隙 3mm），若病房门关闭时需要保持室内与缓冲间有 5Pa 负压，除病房门外无其他缝隙或洞口，试计算此负压病房所需机械送排风量。（门缝流量系数 0.83，空气密度 $1.2kg/m^3$）

（A）送风量约为 $1570m^3/h$，排风量 $1800m^3/h$

（B）送风量约为 $2030m^3/h$，排风量 $1800m^3/h$

（C）送风量约为 $1800m^3/h$，排风量 $2030m^3/h$

（D）送风量约为 $1800m^3/h$，排风量 $1570m^3/h$

【答案】

【主要解题过程】

12. 某设有喷淋的综合体，其中一个排烟系统承担一～四层 4 个防火分区排烟量，各防火分区内防烟分区划分及各层层高如下图所示，若一层各房间计算烟羽流流量均为 $8.5\times10^4m^3/h$，试计算排烟风机排烟量。

（A）$6.0\times10^4m^3/h$

（B）$7.2\times10^4m^3/h$

（C）$9.1\times10^4m^3/h$

（D）$10.92\times10^4m^3/h$

【答案】

【主要解题过程】

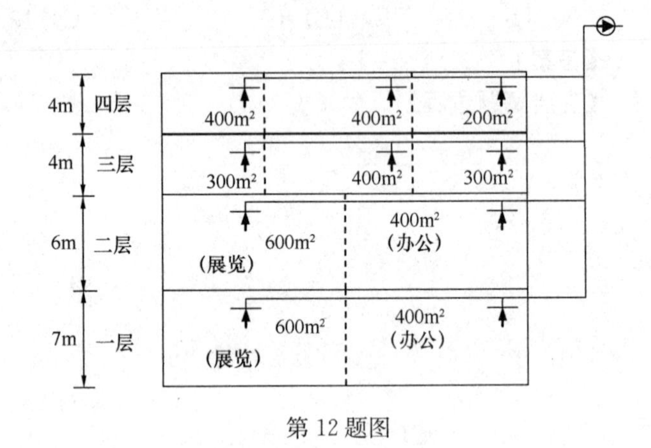

第 12 题图

13. 某娱乐场营业时间为 9：00～21：00，营业期间每小时内平均人数为 60 人，显热散热量为 88W/人，群集系数取 0.9，则按非稳态方法计算 14：00 的人员散热量接近下列何项？

(A) 4210W　　(B) 4220W　　(C) 4230W　　(D) 4240W

【答案】

【主要解题过程】

14. 某地为标准大气压，有一栋办公楼设置单风道变风量系统，室内设计温度均为 24℃，所服务的各空调区室内逐时显热冷负荷如下表所示。已知房间 1 变风量末端最大风量为 $2000m^3/h$，房间 2 变风量末端最大风量为 $3000m^3/h$，房间 3 变风量末端最大风量为 $1500m^3/h$，则一次风的送风温度较为合理的是下列哪一项？

时刻 房间	逐渐时显热负荷（W）								
	9：00	10：00	11：00	12：00	13：00	14：00	15：00	16：00	17：00
房间 1	4340	4560	4535	4410	4190	4050	4000	3960	3935
房间 2	7870	8455	8865	7725	6065	6145	6130	5990	5800
房间 3	2440	2600	2730	2950	3245	3630	3900	3930	3730

(A) 14℃　　(B) 15℃　　(C) 16℃　　(D) 17℃

【答案】

【主要解题过程】

15. 某办公室设计夏季空调系统，室内设计温度为25℃，假设办公室空调区域内的风速均为0.25m/s，为满足空气分布特性指标ADPI约为100%，则工作区内各点的实际温度波动不应超出下列哪一个范围?

(A) 24～25℃ (B) 24～26℃ (C) 24～27℃ (D) 23～27℃

【答案】

【主要解题过程】

16. 某前倾式离心式风机采用皮带传动，风量为8000m^3/h，全压为600Pa，该通风机机械效率为68%，则该风机500Hz频带下的声功率级为下列何项?（风机功率不考虑电机容量安全系数）

(A) 81dB（A） (B) 87dB（A） (C) 93dB（A） (D) 98dB（A）

【答案】

【主要解题过程】

17. 夏热冬冷地区某建筑群包含体育馆、文化馆和酒店三栋单体建筑，设计采用能源中心区域供冷，水系统为二级泵供水系统，配置如下：

（1）配置2台3000kW离心机＋1台1700kW螺杆机；

（2）供/回水温度为7℃/12℃，两管制系统；

（3）一级泵：3台（两用一备）水泵流量为516m^3/h，扬程为20m，水泵效率为η；
2台（一用一备）水泵流量为293m^3/h，扬程为20m，水泵效率为74%；

（4）二级泵：3台（两用一备）水泵流量为207m^3/h，扬程为27m，水泵效率为70%；
3台（两用一备）水泵流量为327m^3/h，扬程为25m，水泵效率为76%；
2台（一用一备）水泵流量为258m^3/h，扬程为28m，水泵效率为73%；

（5）从制冷机房至系统最远端供回水管总长度为800m。

问：为满足国家节能规范，η不应小于下列何项？

（A）57%　（B）62%　（C）67%　（D）72%

【答案】

【主要解题过程】

18. 某N7等级的洁净室，室内0.5μm的粒子浓度限值为352000pc/m^3，室内单位容积发尘量为2.0×10^5pc/(m^3・min)，新风单独处理至满足洁净要求后送入室内，另采用洁净设备循环处理室内空气，采用顶送下回气流组织方式，已知循环设备中粗效过滤器效率为15%，中效过滤器效率为35%，已知循环风量换气次数为60h^{-1}，假定房间内含尘浓度分布均匀一致，安全系数取0.6，则为保证室内洁净度，高效过滤器过滤效率不能低于下列何项？

（A）90%　（B）95%　（C）99%　（D）99.9%

【答案】

【主要解题过程】

19. 某空调系统用的空气冷却式冷凝器，其传热 K 值为 30W/(m^2·℃)（以空气侧为准），冷凝器的热负荷为 $Q=60$kW，冷凝器入口空气温度 $t_{a1}=35$℃，流量为 15kg/s，如果冷凝温度 $t_k=48$℃，空气的比热容为 1.0kJ/(kg·℃)，不考虑污垢及附加系数，则该冷凝器空气侧传热面积为多少？

(A) 170～172m^2 (B) 174～176m^2 (C) 178～180m^2 (D) 182～184m^2

【答案】

【主要解题过程】

20. 使用电热水器和热泵热水器将系统所需热水从 15℃加热到 55℃，电热水器电效率为 90%，热泵 *COP* 为 3.5，热泵热水器和电热水器的耗电量之比为下列何项？

(A) 0.32 (B) 0.45 (C) 2.22 (D) 3.13

【答案】

【主要解题过程】

21. 溴化锂吸收式制冷机，进入发生器的稀溶液流量为 10.9kg/s，浓度为 0.6，在发生器中产生 735g/s 的制冷剂蒸气，剩余 10.2kg/s 的浓溶液，则该制冷剂的循环放气范围为下列何项？

(A) 0.039　(B) 0.044　(C) 0.057　(D) 0.028

【答案】

【主要解题过程】

22. 如右图所示，蒸汽压缩式制冷循环，若采用膨胀机代替膨胀阀，循环由 12341 变为 1234′1，已知 1，2，3，4′ 的比焓分别为 420kJ/kg，450kJ/kg，270kJ/kg，260kJ/kg，则该循环的制冷系数变为原来的多少？

(A) 113%　(B) 143%

(C) 154%　(D) 160%

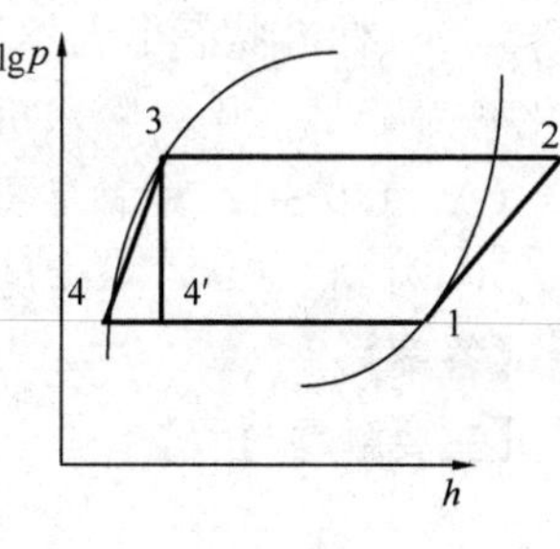

第 22 题图

【答案】

【主要解题过程】

23. 某冷库用来贮存蔬菜，其冷藏间的公称体积为 1200m^3，则该冷库每日的进货质量不应大于多少？

(A) 8t (B) 9.5t (C) 11t (D) 13.3t

【答案】

【主要解题过程】

24. 某直燃型溴化锂吸收式冷水机组，名义工况制冷量为 1125kW，天然气消耗量为 100m^3/h（标准状态下天然气的低位热值 36000kJ/m^3），电力消耗量为 15kW，一次能源转化率为 45%。则该冷水机组制冷时的性能系数为多少，是否满足节能要求？

(A) 1.0～1.1，满足要求 (B) 1.1～1.2，不满足要求

(C) 1.3～1.4，不满足要求 (D) 1.5～1.6，满足要求

【答案】

【主要解题过程】

25. 某图书馆一公共卫生间有大便器（延时自闭冲洗阀）3个，小便器（手动冲洗阀）3个，洗手盆（感应水嘴）2个，则该卫生间给水设计秒流量为多少？

(A) 0.64L/s (B) 1.48L/s (C) 1.84L/s (D) 2.68L/s

【答案】

【主要解题过程】

全真模拟1·专业案例（下）

1. 某办公楼地上6层（层高3.6m），地下2层（层高4m），建筑总长70m，总宽20m。其中北侧外墙自内至外由20mm厚抹灰［$\lambda=0.87W/(m\cdot K)$，$\alpha_{\lambda}=1.0$］、150mm加气混凝土砌块［$\lambda=0.28W/(m\cdot K)$，$\alpha_{\lambda}=1.25$］、40mm厚封闭空气间层［$\lambda=0.67W/(m\cdot K)$］及外贴聚苯保温板［$\lambda=0.03W/(m\cdot K)$，$\alpha_{\lambda}=1.0$］组成。若外墙平均传热系数限值$0.5W/(m^2\cdot K)$，求所需聚苯保温板的最小厚度为多少？

(A) 18mm　　(B) 22mm　　(C) 34mm　　(D) 42mm

【答案】

【主要解题过程】

2. 石家庄市某行政综合办公楼，体形系数为0.27，外墙采用加气混凝土砌块（干密度为$700kg/m^3$）轻质外墙，经计算其热惰性指标为3.7，在满足办公楼基本热舒适的条件下，试计算该围护结构满足《民用建筑热工设计规范》GB 50176—2016的最小传热阻$(m^2\cdot K/W)$。

(A) 0.72　　(B) 0.84　　(C) 0.96　　(D) 1.05

【答案】

【主要解题过程】

3. 北京市某建筑原设计采用散热器供暖，南向中间层一房间室内设计温度为 20℃，南外墙基本耗热量为 200W，南外窗基本耗热量为 300W，冷风渗透耗热量为 500W，南向修正率为 15%。现改造为地板辐射供暖，则房间辐射供暖设计热负荷为下列何值？

(A) 990～1000W　(B) 920～930W　(C) 830～860W　(D) 800～830W

【答案】

【主要解题过程】

4. 机械循环热水供暖系统包括南北两个环路 1 和 2，系统设计供/回水温度为 75℃/50℃，系统总热负荷为 280kW，环路 1 的计算压力损失为 4000Pa，流量为 1kg/s；环路 2 的计算压力损失为 4500Pa，流量为 1.2kg/s，环路 1 的实际流量为多少？

(A) 1.2～1.3kg/s　(B) 1.4～1.5kg/s　(C) 1.6～1.7kg/s　(D) 1.8～1.9kg/s

【答案】

【主要解题过程】

5. 某老旧住宅小区建筑面积 150000m²，采用锅炉房供暖，供暖热指标 55W/m²。锅炉房内有 2 台 7MW 燃煤锅炉，实测锅炉热效率仅为 77%，考虑改造锅炉房为换热站，采用市政热网供暖（耗煤量 34.12×10^{-6} kg/kJ），同时对小区进行节能改造。节能改造后，供暖热指标下降为 45W/m²，试问改造后每天节能量相当于多少标准煤量？（标准煤的低位热值为 29307kJ/kg，室外管网热损失 10%）

（A）12.5～13.0t/d （B）11.5～12.0t/d （C）10.5～11t/d （D）9.5～10t/d

【答案】

【主要解题过程】

6. 天津某建筑面积为 800m² 的生产车间冬季室内设计温度 18℃，冬季围护结构耗热量 32kW。车间设置集中全新风热风供暖，送风量为 1.6kg/s；同时设机械排风系统，排风量为 1.8kg/s。若排风设置显热回收装置用于送风新风预热（显热回收效率 55%，全热回收效率 65%），则送风所需空气加热器加热量为下列何项？[空气比热容 1.01kJ/(kg·K)]

（A）空气加热器加热量为 31～33kW （B）空气加热器加热量为 39～41kW

（C）空气加热器加热量为 51～53kW （D）空气加热器加热量为 57～59kW

【答案】

【主要解题过程】

7. 某厂房建筑面积 2000m^2，跨度 24m，高 12m，厂房工作地点设计温度 32℃，室内无强热源，厂房余热量为 360 kW，在进行自然通风设计时，进风窗中心距地 1m。若排风天窗的余压为 1.3Pa，采用矩形天窗（无窗扇有挡雨片），天窗垂直口高 1.82m，天窗喉门宽度 9m，试计算满足自然通风要求的天窗窗孔面积（m^2）。[夏季室外通风计算温度为 28℃，空气比热容为 1.01kJ/(kg · K)]

(A) 56　　(B) 61　　(C) 65　　(D) 70

【答案】

【主要解题过程】

8. 某散发有害物的冷过程处理工艺，因工作台上无法设置侧吸罩排除有害气体，在污染源上方 500mm 处设置边长 1.8m 的方形外部吸气罩。为了保证污染物有效排出，污染源处需要保证 0.6m/s 的吸气风速，试计算该排风罩的最小排风量。

(A) 7900m^3/h　　(B) 8500m^3/h　　(C) 9200m^3/h　　(D) 11000m^3/h

【答案】

【主要解题过程】

9. 上海某车间利用热压自然通风，该车间有效热量系数为0.4，夏季室内设计温度为35℃。已知车间的侧窗a的开启面积F_a=30m²，侧窗a与天窗b距地面的高度分别为2.14m和13m。若侧窗与天窗的流量系数相同，维持车间距离地面8.14m处余压为0，试问天窗开启面积为下列何项。

(A) 29.5～30.5m²　(B) 31.0～32.0m²　(C) 32.0～32.5m²　(D) 33.5～34.0m²

【答案】

【主要解题过程】

10. 某酒店宴会厅建筑面积700m²，净高9m，设置一次回风全空气空调系统，同时设置顶部全面排风系统。经热负荷计算，消除室内热湿所需空调总送风量为38000m³/h，宴会厅设计工况450人，人均新风量不小于25m³/h且环境新风量不小于3m³/(h·m²)。宴会厅设有6扇通往周边区域的门，为保证形成室内3Pa微正压，每扇门的漏风量不小于200m³/h。试计算全面排风系统排风量。

(A) 10050m³/h　(B) 12150m³/h　(C) 13350m³/h　(D) 14550m³/h

【答案】

【主要解题过程】

11. 某设有喷淋的建筑面积为500m^{2}的办公室，层高5.5m，吊顶后净高4.5m。设计采用机械排烟，若设计烟层厚度为1.0m，烟羽流质量流量为6.4kg/s，房间环境温度为20℃，排烟口吊顶下设置，试问该房间至少设计几个排烟口？

（A）1个　　（B）2个　　（C）3个　　（D）4个

【答案】

【主要解题过程】

12. 某一住宅小区的地下车库排风系统服务区域建筑面积1700m^2，车库净高3.5m。此区域设计的车位数120个，1h出入车数为40辆，若小轿车的排气量为1.5m^3/(台·h)，汽车在库内平均运行时间为6min，车库CO的允许质量浓度为30mg/m^3，车库内车的排气温度为500℃，该车库的排风量约为下列何项？

（A）25748m^3/h　　（B）30600m^3/h　　（C）32185m^3/h　　（D）35700m^3/h

【答案】

【主要解题过程】

13. 某房间夏季室内设计温度为24℃，相对湿度为60%，室内设计冷负荷为40kW，湿负荷为18kg/h，采用一次回风组合式空调机组+新风全热回收系统，已知夏季空调室外计算干球温度为34℃，湿球温度为27℃，新风量为3000m³/h，热回收效率为60%，计算组合式空调机组供冷量为下列何项？

(A) 51～55kW (B) 56～60kW (C) 61～65kW (D) 66～70kW

【答案】

【主要解题过程】

14. 某办公楼设计变风量空调系统，水系统为四管制，冷水供/回水温度为7℃/12℃，热水供/回水温度为60℃/50℃，某一外区房间夏季设计温度为24℃，冬季设计温度为22℃，夏季逐时冷负荷如下表所示，该房间设置并联风机再热型末端装置，一次风可在50%～100%范围内调节，并联风机风量为1150m³/h，冬季开启并联风机，风机送风再热后与一次风混合送入室内供暖。已知一次风送风温度为18℃，为保证冬季房间送风温度为28℃，则再热盘管的热水流量接近下列何值？

时刻 / 房间	逐时冷负荷（W）								
	9：00	10：00	11：00	12：00	13：00	14：00	15：00	16：00	17：00
围护结构冷负荷	1900	2200	2500	2800	3000	3000	2900	2800	2300
照明冷负荷	192	200	217	217	220	234	240	234	224
人员潜热冷负荷	220	220	220	220	220	220	220	220	220
人员显热冷负荷	150	160	170	180	190	200	190	180	170
新风显热冷负荷	900	1000	1100	1200	1300	1300	1200	1100	1000

(A) 330～360kg/h (B) 370～400kg/h (C) 410～430kg/h (D) 440～460kg/h

【答案】

【主要解题过程】

15. 某两管制空调系统，系统水量约为 $75m^3$，冬季供/回水温度为60℃/50℃，定压补水点设在循环水泵入口，则系统的最大膨胀水量接近下列哪一项？

(A) 1145L (B) 1197L (C) 1222L (D) 1320L

【答案】

【主要解题过程】

16. 接上题，经计算选用2台 $2m^3/h$ 的补水泵，平时使用1台，初期上水或事故补水时2台同时运行，水泵变频控制，扬程变化范围为420～630kPa，采用容纳膨胀水量的隔膜式气压罐定压，则选择气压罐的最小总容积不应小于下列哪一项？（不需校核最小的调节水位高度差）

(A) 1170L (B) 1222L (C) 1819L (D) 4248L

【答案】

【主要解题过程】

17. 某洁净车间内有工作人员 50 人，车间有 3 樘双扇密闭门，尺寸为 1800mm×2100mm，已知车间全面排风风量为 $800m^3/h$，若围护结构气密性安全系数取 1.2，为维持室内正压值为 10Pa，需要的新风量至少应为下列何值？

(A) $2000m^3/h$ (B) $2200m^3/h$ (C) $2600m^3/h$ (D) $2800m^3/h$

【答案】

【主要解题过程】

18. 乌鲁木齐市某办公楼设计采用间接蒸发冷却和直接蒸发冷却相结合的蒸发冷却空调机组，已知夏季室内冷负荷 Q=126kW，室内设计参数为 25℃，焓值为 52.8kJ/kg，含湿量为 10.8g/kg，室外设计参数为 34.1℃，湿球温度为 18.5℃。已知间接冷却段冷量为 121.5kW，空调机组送风量为 8.24kg/s，机器露点按 90%考虑且位于房间热湿比线上，问房间湿负荷接近下列何项？

(A) 28～30kg/h (B) 31～33kg/h (C) 34～36kg/h (D) 37～39kg/h

【答案】

【主要解题过程】

19. 一个蔬菜冷藏库，库内温度为5℃、环境温度为30℃，通过围护结构的热流密度为0.5W/m²。若假设库内温度和传热系数不变，则环境温度为40℃时，通过围护结构的热流密度为下列何项？

（A）0.3W/m²　　（B）0.5 W/m²　　（C）0.7W/m²　　（D）0.9W/m²

【答案】

【主要解题过程】

20. 某制冷量为2000kW的溴化锂吸收式冷水机组，热力系数为1.15，冷却水进出口温差为5℃，则冷却水流量为多少？

（A）82.6m³/h　　（B）318m³/h　　（C）644m³/h　　（D）741m³/h

【答案】

【主要解题过程】

21. 一单级氨压缩机在标准工况下的制冷量为 130kW，蒸发温度为－10℃，冷凝温度为 33℃。则该氨压缩机在标准工况下配套冷凝器的热负荷应是下列哪一项？

(A) 141～144kW (B) 145～150kW (C) 151～154kW (D) 155～158kW

【答案】

【主要解题过程】

22. 某一制冷循环理论循环中，制冷系数 ε＝5，制冷剂的冷量输出为 158.5kJ/kg；拟采用增大冷凝面积的方法来达到膨胀阀前 4℃的再冷度，过冷状态的冷剂平均比热为 1.86kJ/(kg·℃)，则其制冷系数提高多少？

(A) 0.23 (B) 0.35 (C) 5.23 (D) 0.23

【答案】

【主要解题过程】

23. 沈阳市某一燃气冷热电联供系统，一次能源消耗量为6000kW作用于燃气机发电机，燃气机的发电效率为$\eta_C=0.6$，发电后燃气热回收的能量作为溴化锂吸收式制冷机的热源，已知热回收后全部作用于溴化锂机组，能量为2000kW，则热回收效率为多少？

(A) 0.7～0.84　　(B) 0.75～0.9　　(C) 0.8～0.84　　(D) 0.85～0.9

【答案】

【主要解题过程】

24. 某办公楼采用蓄冷系统供冷（部分负荷蓄冰方式），空调系统全天运行12h，空调设计冷负荷为3000kW，设计日平均负荷系数为0.75。根据当地电力政策，23：00～次日07：00为低谷电价，当夜间制冰时，冷水机组采用双工况螺杆式冷水机组（制冰工况下制冷能力的变化率为0.7），则选定的蓄冷装置有效容量全天所提供的总冷量（KWh）占设计日总冷量（KWh）的百分比最接近下列何项？（蓄冷槽放大系数取1.03）

(A) 25.5%　　(B) 29.6%　　(C) 31.8%　　(D) 35.5%

【答案】

【主要解题过程】

25. 某28层的塔式住宅，每层8户，每户一个厨房，气源为天然气，厨房内设一双眼灶（燃气额定流量为0.3m^3/h）和一燃气快速热水器（燃气额定流量为1.4m^3/h）。该住宅天然气入户管道的燃气计算流量应为下列哪一项？

(A) 50.1～54.0m^3/h　　(B) 54.1～57m^3/h

(C) 57.1～61m^3/h　　(D) 61.1～65m^3/h

【答案】

【主要解题过程】

全真模拟2·专业知识（上）

（一）单项选择题（共40题，每题1分，每题的备选项中只有一个符合题意）

1. 下列哪一个选项不属于制定建筑围护结构最小传热阻计算公式的原则？

（A）对围护结构的耗热量加以限制　　（B）对围护结构的投资加以限制

（C）防止围护结构的内表面结露　　（D）防止人体产生不适感

2. 在工业建筑内位于顶层、层高为6m的厂房，室内设计供暖温度18℃，屋顶耗热量的室内计算温度应采用哪一项？

（A）18℃

（B）18℃加温度梯度影响

（C）18℃，但屋顶的耗热量增加4%

（D）18℃，但各项围护结构耗热量均增加4%

3. 下列关于供暖热负荷计算的说法正确的是哪一项？

（A）当公共建筑内部有较大且放热较恒定的散热量时，应计入系统热负荷

（B）住宅中，照明应计入热负荷

（C）办公楼室内供暖系统采用间歇调节运行，应对围护结构耗热量进行间歇附加

（D）办公室南外墙（包含窗）面积1500m^2，其中外窗面积800m^2，需要对窗的基本耗热量附加15%

4. 设置集中供暖的民用建筑物，其室内空气与围护结构内表面之间的允许温差与下列何项无关？

（A）围护结构的最小传热阻　　（B）室内空气温度

（C）围护结构内表面换热阻　　（D）围护结构外表面换热阻

5. 下列几栋建于哈尔滨的建筑，哪一栋应进行围护结构热工性能权衡判断？

（A）体形系数为0.3的宾馆，北立面窗墙面积比为0.7，外窗传热系数为2.3W/m^2

（B）体形系数为0.3的商场，西外墙传热系数为0.37W/m^2

（C）体形系数为0.35的商场，屋面传热系数为0.35W/m^2

（D）体形系数为0.35的商场，南侧外墙传热系数为0.33W/m^2

6. 关于工业建筑集中供暖系统热媒及系统的选择，以下说法错误的是哪一项？

（A）厂区只有供暖用热或以供暖用热为主时，应采用热水作热媒

（B）厂区供热以工艺用蒸汽为主时，生活、行政辅助建筑物应采用热水作为热媒

（C）利用余热或可再生能源供暖时，热媒及其参数可根据具体情况确定

（D）严寒及寒冷地区的工业厂房宜采用热风系统进行冬季供暖

7. 在设计某办公楼机械循环热水散热器供暖系统时，下列哪一项措施不符合相关规范要求？

(A) 根据使用单位或区域分别设热量计量装置

(B) 对于有罩的散热器，采用温包外置式恒温控制阀

(C) 各散热器设手动调节阀控制室温

(D) 散热器设自动温度控制阀

8. 为保证热水管网水力平衡，所用平衡阀的安装及使用要求，下列哪一项是错误的？

(A) 建议安装在建筑物入口的回水管道上

(B) 室内供暖系统环路间也可安装

(C) 不必再安装截止阀

(D) 可随意变动平衡阀的开度

9. 某6层建筑采用散热器供暖，各层房间热负荷相同，采用上供下回垂直单管系统，供/回水温度为75℃/50℃，初调节运行时，各楼层均能满足设计要求，运行中期发现系统流量降低，供回水温度不变，以下说法正确的是哪一项？

(A) 各楼层室温相对设计工况的变化呈同一比例

(B) 六层室温比一层的室温高

(C) 六层室温比一层的室温低

(D) 无法确定

10. 甲、乙类生产厂房下列哪一种空气循环方式是正确的？

(A) 允许20%空气量循环　　(B) 允许40%空气量循环

(C) 允许100%空气量循环　　(D) 不应采用循环空气

11. 住宅室内空气污染物游离甲醛的浓度限值是下列何项？

(A) ≤0.5mg/m^3　(B) ≤0.12mg/m^3　(C) ≤0.08mg/m^3　(D) ≤0.05mg/m^3

12. 对右图所示的通风系统在风管上设置测量孔测量风量时，正确的位置应是下列哪项？

(A) A点　　(B) B点

(C) C点　　(D) D点

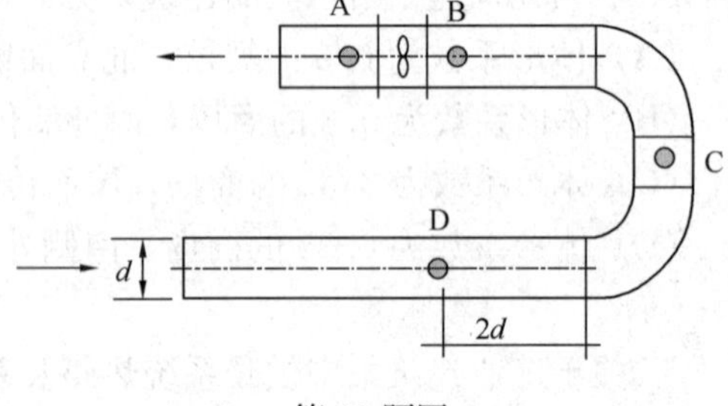

第12题图

13. 关于全面通风的说法，下列哪一项是错误的？

(A) 当采用全面排风消除余热时，应从建筑物内温度最高的区域排风

(B) 复合通风系统应优先使用自然通风，且自然通风量不宜低于联合运行风量的30%

（C）全面通风时，进出房间的体积风量相等
（D）气流组织不好的全面通风，即使风量足够大也不可能达到需要的通风效果

14. 按规范要求，供暖、通风和空气调节系统在一定条件下应采用防爆型设备。下列何项叙述是错误的？
（A）直接布置在有甲、乙类物质场所中的通风、空气调节和热风供暖设备
（B）排除有甲类物质的通风设备，其浓度为爆炸下限 10%及以上时
（C）排除有乙类物质的通风设备，其浓度为爆炸下限 10%及以上时
（D）排除含有燃烧或爆炸危险的粉尘、纤维等丙类物质，其含尘浓度高于或等于其爆炸下限的 50%时的设备

15. 下列有关通风系统抗震设计的说法，错误的是哪一项？
（A）抗震设防烈度为 6 度及 6 度以上地区的通风系统必须进行抗震设计
（B）180kg 风机吊装时，应采用抗震支吊架
（C）防排烟风道、事故通风风道及相关设备应采用抗震支吊架
（D）风道不应穿过抗震缝，当必须穿越时，应在抗震缝两侧各装一个柔性软接头

16. 下列有关防排烟系统和风口设置，不合理的是哪一项？
（A）排烟口应与排烟风机联锁，当任意排烟口开启时，排烟风机应能自动启动
（B）老年人照料设施内的非消防电梯应采取防烟措施
（C）地下汽车库所有排烟口距该防烟分区内最远点的水平距离不应大于 30m
（D）地下建筑面积 $40m^2$ 的歌舞娱乐放映场所排烟口设置在房间内

17. 下列有关事故通风的说法，错误的是哪项？
（A）在可能突然散发大量粉尘的建筑物内，应设置事故通风装置及与事故排风系统相连锁的泄漏报警装置
（B）具有自然通风的单层建筑物，所散发的可燃气体密度小于室内的空气密度时，宜设置事故送风系统
（C）事故通风系统宜由经常使用的通风系统和事故通风系统共同保证
（D）事故排风量宜根据工艺设计条件，通过计算确定

18. 某除尘系统带有一个吸尘口，风机的余压为 2800Pa，系统调试时，发现在吸尘口处无空气流动。可能形成该问题的原因，可以排除下列选项中的哪一项？
（A）除尘系统管路上的斜插板阀处于关闭状态
（B）风机的电机的电源相线接反
（C）风机的叶轮装反
（D）除尘系统管路风速过高

19. 对风管系统安装验收，下列符合规定的是哪一项？

(A) 风管穿越封闭的防火墙时设置厚度不小于 1.6mm 的钢制防护套管，按Ⅰ方案尺量、观察检查

(B) 输送空气温度高于 80℃的风管，应按设计规定采取防烫伤措施，按Ⅰ方案观察检查

(C) 防火阀距防火分区隔墙表面不应大于 200mm，按Ⅰ方案吊垂、手板、尺量、观察检查

(D) 净化空调系统进行风管严密性检验时，根据其工作压力按不同压力系统风管的规定执行

20. 某夏季设空调的外区办公室房间，每天空调系统及人员办公使用时间为 8：00～18：00。对于同一天来说，以下哪一项正确？

(A) 照明得热量与其对室内形成的同时刻冷负荷总是相等

(B) 围护结构的得热量总是大于与其对室内形成的同时刻冷负荷

(C) 人员潜热得热量总是大于与其对室内形成的同时刻冷负荷

(D) 房间得热量的峰值总是大于房间冷负荷峰值

21. 评价人体热舒适的国际标准 ISO 7730 中，预期不满意百分率 PPD 的推荐值及对应的 PMV 为下列哪一项？

(A) PPD＜10%，−0.5≤PMV≤0.5

(B) PPD＝0，PMV＝0

(C) PPD＝5%，PMV＝0

(D) PPD＜10%，−1≤PMV≤1

22. 下列关于空气处理过程的说法错误的是哪一项？

(A) 空气处理过程在 h-d 图上一定是一条连接初始状态和终止状态的直线

(B) 表面式空气换热器处理空气时，只能实现等湿加热、等湿冷却和减湿冷却三种空气状态变化过程

(C) 溶液除湿器冬季可以实现加热加湿

(D) 干式减湿、固体吸湿、液体吸湿都需要考虑吸湿剂的再生

23. 以下热回收装置送排风机的设置位置示意中，特点为新风进入热回收器的气流较均匀，排风气流均匀性较差，新风侧压力总小于排风侧，排风泄漏风量大的是哪一项？

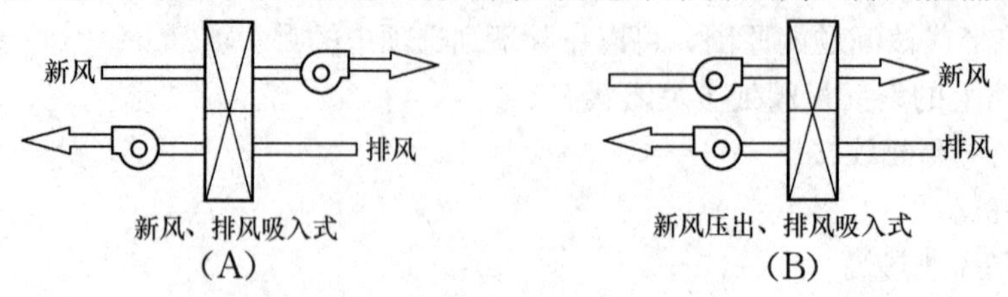

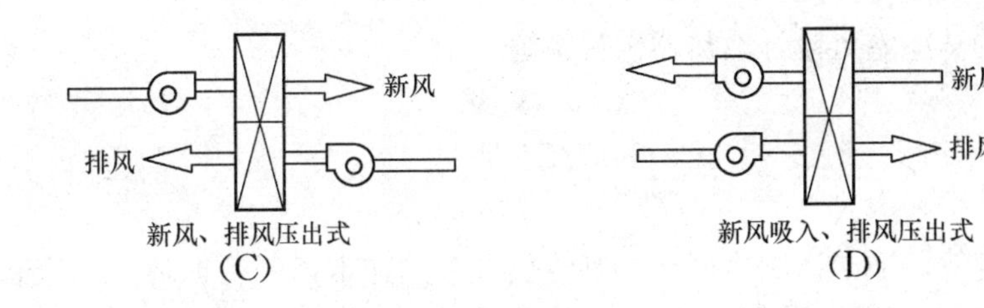

24. 自动加药装置是一种较为先进的化学水处理加药设备，它包括溶液箱、自动加药泵、控制器、单向阀等。下列有关自动加药装置的说法正确的是哪一项?

(A) 自动加药装置加药泵出口压力可以满足的前提下，可设置在系统管路的任意位置

(B) 自动加药装置出口应设泄压阀

(C) 采用自动加药装置系统可使得系统中药剂浓度始终保持均匀，水质稳定

(D) 根据相关国家标准，自动加药装置应保证空调冷却水 pH 保持在 7.5～10

25. 无论选择弹簧隔振器还是选择橡胶隔振器，下列哪一项要求是错误的?

(A) 隔振器与基础之间宜设置一定厚度的弹性隔振垫

(B) 隔振器承受的荷载，不应超过容许工作荷载

(C) 应计入环境温度对隔振器压缩变形量的影响

(D) 设备的运转频率与隔振器垂直方向的固有频率之比，宜为 4～5

26. 采用二级泵变流量系统，机房内设 3 台冷水机组，采用共集管连接 3 台水泵。设计冷水工况 7℃/12℃，运行时发现末端房间温度偏高。下列哪些因素可能导致这一问题?

(A) 平衡管管径小于总供回水管径

(B) 平衡管管径大于总供回水管径

(C) 压差旁通阀设计流量小于单台冷水机组额定流量

(D) 压差旁通阀设计流量大于单台冷水机组额定流量

27. 新风机组实行集中监控，其中送风温度、冷却盘管水量调节、送风机运行状态和送风机启停控制的信号类型，依次为下列哪一项?

(A) AI、AO、DI、DO　　(B) DI、DO、AI、AO

(C) AI、DO、DI、AO　　(D) AI、DI、AO、DO

28. 下列有关空气洁净度等级的说法，正确的是哪一项?

(A) 每立方米空气中包含超细粒子的实测或规定浓度采用 M 描述符

(B) 每立方米空气中包含悬浮粒子的实测或规定浓度采用 U 描述符

(C) 空气洁净度等级是由单位体积空气中不大于某粒径粒子的数量进行区分的

(D) 空气洁净度等级的粒径范围应为 0.1～5Nm，超出粒径范围时可采用 U 描述符或 M 描述符补充说明

29. 下列哪一项级别的洁净室可设计散热器供暖系统？

(A) 1～7 级　　(B) 8～9 级

(C) 9 级　　(D) 都不是

30. 在相同冷热源温度下，逆卡诺制冷循环、有传热温差的逆卡诺制冷循环、理论制冷循环和实际制冷循环的制冷系数分别是 a、b、c、d，试问制冷系数按照大小顺序排列，下列哪一项是正确的？

(A) c、b、a、d　　(B) a、b、c、d

(C) b、c、a、d　　(D) a、c、d、b

31. 关于空气源热泵机组冬季制热量的描述，下列说法正确的是哪一项？

(A) 室外空气越潮湿，机组融霜时间越长

(B) 机组名义工况时的蒸发器水侧的污垢系数均为 $0.086m^2 \cdot C/kW$

(C) 空气源热泵的制冷量随冷水出水温度的升高而增大，随环境温度的升高而减少

(D) 空气源热泵的耗功，随出水温度的升高而增加，随环境温度的降低而减小

32. 武汉某项目选用的地源热泵机组，额定制冷工况和额定制热工况下满负荷运行时的能效比 EER 和 COP 分别为 4.8 和 4.4，则该机组的全年能效系数 $ACOP$ 计算值为下列哪一项？

(A) 4.4　　(B) 4.6　　(C) 4.624　　(D) 4.8

33. 下列有关空调设备的保冷做法，隔汽层的位置哪一项是正确的？

(A) 内侧　　(B) 外侧　　(C) 中间层　　(D) 内侧、外侧均可

34. 冷藏库建筑墙体围护结构组成的设置，由室外到库内的排列顺序，下列哪一项是正确的？

(A) 面层，墙体，隔热层，隔汽层，面层

(B) 面层，墙体，隔热层，防潮层，面层

(C) 面层，墙体，隔汽层，隔热层，面层

(D) 面层，隔热层，墙体，隔汽层，面层

35. 对于相同蓄冷负荷条件下，冰蓄冷系统与水蓄冷系统的特性有以下比较，哪项表述是错误的？

(A) 冰蓄冷系统蓄冷槽的冷损耗小于水蓄冷系统蓄冷槽的冷损耗

(B) 冰蓄冷系统制冷机的性能系数高于水蓄冷系统制冷机的性能系数

(C) 冰蓄冷系统可以实现低温送风

(D) 水蓄冷系统属于显热蓄冷方式

36. 石家庄某办公楼空调系统螺杆机组在 9 月夜间运行时，突然出现如下图所示故障

引起停机，分析以下原因中最可能的选项是哪一项？

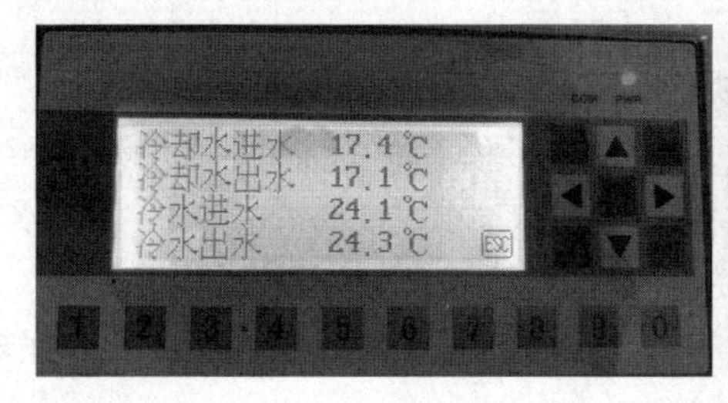

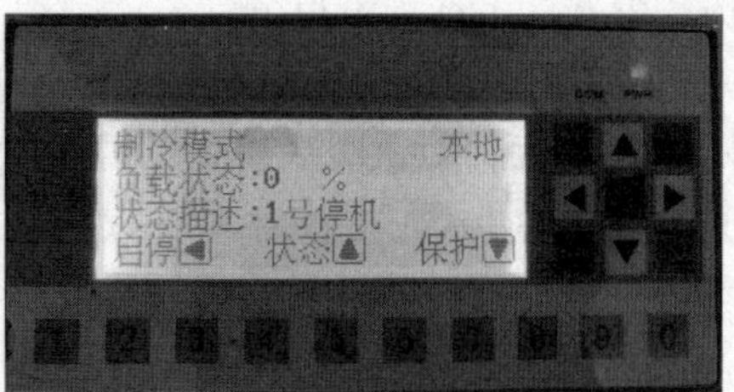

第 36 题图

(A) 管路中冷却水、冷水混水阀门故障
(B) 系统中设备相关过滤器故障
(C) 冷却水管路未设置进水旁通调节阀
(D) 冷水管路未设置压差旁通管

37. 某 16 层建筑，屋面高度 64m，原设计空调冷却水系统的逆流式冷却塔放置在室外地面，现要求放置在屋面，冷却水管沿程阻力为 76Pa/m，局部阻力为沿程阻力的 50%，试问所选用的冷却水泵所增加的扬程应为下列哪一项？

(A) 增加约 640kPa　　(B) 增加约 320kPa
(C) 增加约 15kPa　　(D) 扬程维持不变

38. 在对冷藏库制冷系统的多项安全保护措施中，下列何项做法是错误的？
(A) 制冷剂泵设断液自动停泵装置
(B) 制冷剂泵排液管设止回阀
(C) 各种压力容器上的安全阀泄压管出口应高于周围 60m 内最高建筑物的屋脊 5m，且应防雷、防雨水，防杂物进入
(D) 在氨制冷系统设紧急泄氨器

39. 房屋排水系统设置通气管的作用，下列表述哪一项是错误的？
(A) 保障排水系统内空气流通　　(B) 保障排水系统内压力稳定
(C) 防止排水系统内水封破坏　　(D) 排除排水系统内产生的异味

40. 敷设于某高层建筑竖井中的燃气立管，做法符合要求的应为下列何项？
(A) 竖井内燃气管道的最高工作压力可为 0.4MPa
(B) 与热力管道、卫生间排气管道共用竖井
(C) 竖井每隔 4 层设置防火分隔
(D) 竖井每隔 4 层设置一燃气浓度检测报警器

（二）多项选择题（共30题，每题2分，每题的各选项中有两个或两个以上符合题意，错选、少选、多选均不得分）：

41. 关于供暖热媒的叙述正确的是哪些项？

（A）热水地面辐射供暖系统供水温度宜采用35～45℃

（B）散热器集中供暖热水系统热媒宜采用75～50℃

（C）毛细管网顶棚辐射供暖系统供水温度宜采用30～40℃

（D）吊顶辐射供暖、铝制散热器供暖均应满足水质要求且在非供暖期应充水保养

42. 下列哪些建筑内的散热器必须暗装或装防护罩？

（A）养老院　　（B）幼儿园

（C）精神病院　　（D）法院审查室

43. 地面辐射供暖房间的热负荷计算时，其高度附加值的确定，下列哪几项是正确的？

（A）可不考虑　　（B）房间高度超过4m时要附加

（C）总附加率不超过8%　　（D）每高出1m应附加2%

44. 当热网静水压线小于建筑供暖系统高度时，以下处理方式错误的是哪几项？

（A）设换热器间接连接

（B）采用供水管设止回阀，回水管设阀前压力调节阀的直接连接

（C）回水管设加压泵的直接连接

（D）装混合水泵直接连接

45. 寒冷地区的供暖系统设计，下列哪些说法是正确的？

（A）区域供冷系统宜采用较大的供回水温差，设计供/回水温度宜为5℃/11℃

（B）蒸汽管网的凝结水管道比摩阻可取100Pa/m

（C）户式燃气炉应采用全封闭燃烧、平衡式强制排烟型

（D）高层建筑集中供热，不应采用户式燃气炉

46. 小区集中供热锅炉房的位置，正确的是下列哪几项？

（A）应靠近热负荷比较集中的地区

（B）应有利于自然通风和采光

（C）季节性运行的锅炉房应设置在小区主导风向的下风侧

（D）新建锅炉房原则上宜设置在独立的建筑内，确有困难时，可设置在住宅建筑内

47. 供暖系统的阀门强度和严密性试验，正确的做法应是下列选项中的哪几个？

（A）安装在主干管上的阀门，应逐个进行试验

（B）阀门的强度试验压力为公称压力的1.2倍

（C）阀门的严密性试验压力为公称压力的1.1倍

（D）最短试验持续时间，随阀门公称直径增大而延长

48. 办公楼、商店、旅馆等Ⅱ类民用建筑室内空气污染物浓度限值正确的是下列哪几项？

（A）游离甲醛不大于 0.10mg/m^3　　（B）TVOC 不大于 0.50mg/m^3

（C）苯不大于 0.090mg/m^3　　（D）氨不大于 0.40mg/m^3

49. 下列情况中，哪些需要单独设置排风系统？

（A）散发铅蒸汽的房间　　（B）药品库

（C）洁净手术室　　（D）放映室

50. 下列说法错误的是哪几项？

（A）微波辐射职业接触限值指居民所受环境辐射及接触微波辐射各类作业的限值要求

（B）南京地区从事锻造工作的工人，当接触时间率为 50%时，其 WBGT 限值为 30℃

（C）制定 PC-TWA 所依据的关键效应为致敏作用

（D）测得己内酰胺短时间（15min）接触浓度为 12mg/m^3，符合超限倍数要求

51. 下列房间的排风量计算满足规范要求的是哪几项？

（A）某住宅厨房，5m×2m×2.8m（长×宽×高），排气量为 100m^3/h

（B）某公共浴室的淋浴小间，1.5m×2m×4m（长×宽×高），通风量为 100m^3/h

（C）氨制冷站，15m×12m×5m（长×宽×高），事故通风量为 32940m^3/h

（D）某高温酸镀车间，20m×15m×8m（长×宽×高），排风量为 2000m^3/h

52. 下列有关地下车库通风设计，合理的是哪几项？

（A）组合建筑内的汽车库和地下汽车库的通风系统独立设置，不和其他建筑的通风系统混设

（B）当采用诱导式通风系统时，CO 气体浓度传感器应采用多点分散设置

（C）当车库内 CO 最高允许浓度大于 30mg/m^{3}时，可通过自然通风或机械通风系统将其稀释到允许浓度

（D）汽车库设置送风系统时，送风量宜为排风量的 80%～90%

53. 关于滤筒式除尘器的特点，以下哪些说法是正确的？

（A）除尘效率高，一般在 99%以上

（B）滤筒易于更换

（C）适宜处理粒径小，低浓度的含尘气体

（D）与其他除尘器相比，更适合于净化粘结性颗粒物

54. 下列应在外墙或顶部设置固定窗的部位有哪些？

（A）设置机械加压送风的地下一层防烟楼梯间

(B) 建筑高度为 60m 的实验楼，靠外墙的防烟楼梯间，每五层可开 2.0m^2的外窗
(C) 某办公建筑设置机械加压送风系统的避难 1 层
(D) 某商场长度大于 60m 的内走道

55. 某建筑高 30m，如右图所示楼梯间采用自然通风方式，则下列可行的前室防烟方式为哪几项？
(A) 采用自然通风防烟，在 A 处设置 3m^2 的可开启外窗
(B) 采用机械加压送风，在 B 处设置顶送正压送风口
(C) 采用机械加压送风，在 C 处设置侧送正压送风口
(D) 采用机械加压送风，在 D 处设置顶送正压送风口

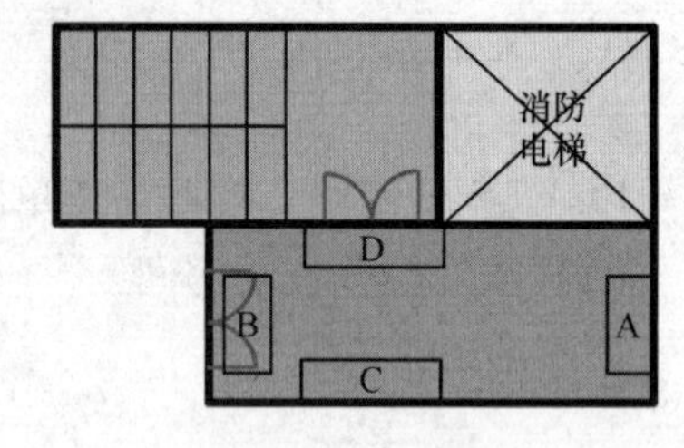

第 55 题图

56. 对于进深较大（超过 10m）的办公室进行空调系统设计时，关于内、外区的说法，下列哪几项是错误的？
(A) 采用变风量全空气系统时，应考虑空调内、外区分区
(B) 采用定风量全空气系统时，不应考虑空调内、外区分区
(C) 采用风机盘管加新风系统时，不应考虑空调内、外区分区
(D) 内、外区是否考虑分区，与上述系统形式无关

57. 下列关于置换通风的说法，正确的是哪些项？
(A) 置换通风不适用在冬季有大量热负荷需要的建筑物外区
(B) 置换通风只针对主要影响室内热舒适的温度进行计算
(C) 夏季置换通风送风温度不宜低于 16℃
(D) 设计中，要避免置换通风与其他气流组织应用于同一空调区

58. 直流式全新风空调系统应用于下列哪几种情况？
(A) 室内散发余热、余湿较多时
(B) 空调区换气次数较高时
(C) 夏季空调系统的回风比焓高于室外空气比焓时
(D) 空调区排风量大于按负荷计算的送风量时

59. 冬季空调采用喷口送热风时，气流会向上弯曲，下列哪些叙述是错误的？
(A) 送风温差越小，则弯曲程度越大
(B) 送风速度越大，则弯曲程度越大
(C) 送风口直径越小，则弯曲程度越大
(D) 送风速度越小，则弯曲程度越大

60. 对照国家标准，高静压（出口静压 30 或 50Pa）风机盘管额定风量试验工况，下列哪几项是错误的？

（A）风机转速高挡，不带风口和过滤器，不供水

（B）风机转速高挡，带风口和过滤器，供水

（C）风机转速中挡，不带风口和过滤器，不供水

（D）风机转速中挡，带风口和过滤器，供水

61. 对于自动控制用的电动两通调节阀，以下哪几项是正确的？

（A）控制空气湿度时，表冷器通常应配置理想特性为等百分比的阀门

（B）蒸汽换热器控制阀宜采用直线型阀门

（C）表冷器所配置的阀门口径与表冷器的设计阻力及设计流量有关

（D）理想等百分比特性的阀门含义是：阀门流量与阀门开度成正比

62. 某工艺洁净室，已知人员需求新风量为 $400m^3/h$，维持室内正压所需新风量为 $240m^3/h$，室内排风量为 $300m^3/h$，则该洁净室的新风量哪几项是错误的？

（A）$240m^3/h$　（B）$300m^3/h$　（C）$400m^3/h$　（D）$540\ m^3/h$

63. 关于蓄冷系统的说法，正确的应是下列选项中的哪几个？

（A）冰蓄冷系统通常能够节约运行费用但不能节约电耗

（B）蓄冷系统不适合于有夜间负荷的建筑

（C）水蓄冷系统的投资回收期通常比冰蓄冷系统短

（D）冰蓄冷系统采用冷机优先策略可最大幅度节约运行费用

64. 关于制冷剂 R410A，下列哪几种说法是正确的？

（A）与 R22 相比，需要提高设备耐压强度

（B）与 R22 相比，可以减少设备耐压强度

（C）与 R22 相比，制冷效率可以提高

（D）与 R22 相比，制冷效率降低

65. 选择离心式制冷压缩机的供电方式时，下列哪些表述是正确的？

（A）额定电压可为 380V、6kV、10kV

（B）采用高压供电会增加投资

（C）采用高压供电会减少维护费用

（D）在供电可靠和能保证安全的前提下，大型离心机制冷站宜采用高压供电方式

66. 关于双效溴化锂吸收式制冷机说法，下列哪几项是正确的？

（A）采用双效循环的溴化锂吸收式制冷机可充分利用低品位热源

（B）双效循环的溴化锂吸收式制冷机的能效比（*COP*）比单效机组高

（C）双效循环的溴化锂吸收式制冷机的能源利用率低于电动冷水机组

(D) 双效循环的溴化锂吸收式制冷机与单效循环相比，可获得更低的制冷温度

67. 离心式压缩机运行过程发生“喘振”现象的原因，可能是下列哪几项？

(A) 气体流量过大
(B) 冷凝器结垢
(C) 制冷系统中有空气
(D) 冷却水温过低

68. 绿色建筑鼓励结合项目特征进行创新设计，有条件时，优先采用被动措施实现设计目标，下列属于被动措施的是哪几项？

(A) 自然通风
(B) 围护结构保温
(C) 新排风热回收技术
(D) 供暖、空调

69. 下列哪些描述是错误的？

(A) 青岛某住宅项目，如果希望获得三星级绿色建筑标识，则必须采用地源热泵系统
(B) 天津某住宅项目，如果希望获得绿色建筑标识，则应该采用地板供暖
(C) 武汉某住宅项目，如果希望获得三星级绿色建筑标识，必须设计顶棚辐射＋地板置换通风的供暖、空调系统
(D) 广州地区某项目，如果希望获得绿色建筑标识，必须100％设计太阳能热水系统

70. 排水管道的以下连接方式，哪些是错误的？

(A) 空调器的冷凝水可以就近接入建筑物的雨水管道中
(B) 居住小区应采用生活排水和雨水分流排水系统
(C) 医院的所有污水应单独排出进行消毒处理
(D) 住宅厨房和卫生间的排水管道应分别独立设置

全真模拟 2·专业知识（下）

（一）单项选择题（共 40 题，每题 1 分，每题的备选项中只有一个符合题意）

1. 为防止可燃粉尘、纤维与供暖散热器接触引起自燃，应控制热媒温度，下列哪一项是正确的？

(A) 0.2MPa 蒸汽　　(B) 供/回水温度 95℃/70℃

(C) 0.3MPa 蒸汽　　(D) 供/回水温度 130℃/70℃

2. 某公共建筑 $500m^2$ 大堂采用地面辐射，计算热负荷为 40kW，但其中 $200m^2$ 的地面被固定式家具及其他摆设物所覆盖，辐射地面单位面积的有效散热量应为多少？

(A) $180W/m^2$　　(B) $133W/m^2$　　(C) $120W/m^2$　　(D) $102W/m^2$

3. 沈阳市设置供暖系统的公共建筑和工业建筑，在非工作时间室内必须保持的温度为下列哪一项？

(A) 必须为 5℃　　(B) 必须保持在 0℃以上

(C) 10℃　　(D) 冬季室内供暖温度

4. 关于围护结构附加耗热量的修正，下列哪一项是错误的？

(A) 朝向修正：考虑日射影响，针对垂直外围护结构基本耗热量的修正率

(B) 风力附加：考虑风速变化，针对垂直外围护结构基本耗热量的修正率

(C) 高度附加：考虑房屋高度影响，针对垂直外围护结构基本耗热量的修正率

(D) 冷风渗透：考虑风压、热压作用，外门、外窗渗透风量确定后，根据室内外空气的温度差计算的耗热量

5. 下列室内供暖系统主干管中，哪一项是可不需要保温的？

(A) 不通行地沟内的供水、回水管道　　(B) 高低压蒸汽管道

(C) 车间内蒸汽凝结水管道　　(D) 通过非供暖房间的管道

6. 热水供暖系统设计中有关水的自然作用压力的表述，下列哪一项是错误的？

(A) 分层布置的水平单管系统，可忽略水在管道中的冷却而产生的自然作用压力影响

(B) 机械循环双管系统，对水在散热器中冷却而产生的自然作用压力的影响，应采取相应的技术措施

(C) 机械循环双管系统，对水在管道中冷却而产生的自然作用压力的影响，应采取相应的技术措施

(D) 机械循环单管系统，如建筑物各部分层数不同，则各立管产生的自然作用压力应计算

7. 根据《公共建筑节能设计规范》GB 50189—2015 有关要求，下列哪一项是正确的？

(A) 建筑窗（不包含透明幕墙）墙面积比小于 0.4 时，玻璃或其他透明材料的可见光透射比不应小于 0.4

(B) 屋顶透明部分的面积不应大于屋顶总面积的 20%

(C) 夏热冬冷地区屋面传热系数 $K=0.7\mathrm{W/(m^2 \cdot K)}$，应进行围护结构热工权衡计算

(D) 寒冷地区建筑体形系数不应大于 0.4，不能满足要求时，必须进行围护结构热工性能的权衡判断

8. 室外高压过热蒸汽管道同一坡向的直线管段上，在顺坡情况下设疏水装置的间距(m)，应为下列哪一项？

(A) $200<L\leqslant300$　　(B) $300<L\leqslant400$

(C) $400<L\leqslant500$　　(D) $500<L\leqslant1000$

9. 某居住建筑采用集中热源分户热计量的预制沟槽保温板的热水辐射供暖方式，其中一使用面积为 $120\mathrm{m^2}$ 的房间热负荷为 3000W，若该居住建筑采用间歇调节运行方式，则实际房间热负荷计算值正确的是何项？

(A) 4440～4740W　　(B) 5040～5340W

(C) 3600～3900W　　(D) 4200～4500W

10. 关于住宅小区锅炉房设置方法，表述正确的是下列何项？

(A) 锅炉房属于丙类明火生产厂房

(B) 燃气锅炉房应有相当于锅炉间占地面积 8%的泄压面积

(C) 锅炉房应置于全年最小频率风向的下风侧

(D) 燃油锅炉房柴油日用油箱应不大于 $1\mathrm{m^3}$

11. 某热水供暖系统的供暖管道施工说明，下列哪项是错误的？

(A) 气、水在水平管道内逆向流动时，管道坡度是 5‰

(B) 气、水在水平管道内同向流动时，管道坡度是 3‰

(C) 连接散热器的支管管道坡度是 1%

(D) 公称管径为 80mm 的镀锌钢管应采用焊接

12. 一通风系统从室外吸风，向零压房间送风，该通风系统安装一离心式通风机定转速运行，系统的风量为 $4800\mathrm{m^3/h}$，系统压力损失为 420Pa，该通风系统的综合阻力数（综合阻抗）为下列何项 $(\mathrm{kg/m^7})$？

(A) 1.83×10^{-5}　　(B) 4.23×10^{-3}

(C) 236　　(D) 548

13. 对每一种有害物设计排风量为：尘，$5m^3/s$；SO_2，$3m^3/s$；HCl，$3m^3/s$；CO，$4m^3/s$。最少全面排风量为下列哪一项？

(A) $15\ m^3/s$　(B) $9m^3/s$　(C) $6m^3/s$　(D) $5m^3/s$

14. 平时为汽车库，战时为人员掩蔽所的防空地下室，其通风系统做法，下列何项是错误的？

(A) 应设置清洁通风、滤毒通风和隔绝通风

(B) 应设置清洁通风和隔绝防护

(C) 战时应按防护单元设置独立的通风空调系统

(D) 穿过防护单元隔墙的通风管道，必须在规定的临战转换时限内形成隔断

15. 下列场所应设排烟设施的是哪一项？

(A) 层高10m的物流厂房内长度为35m的疏散走道

(B) 铝粉厂房内$400m^2$地上铝粉生产用房

(C) 办公建筑内总长度大于60m的避难走道

(D) 设置在四层、建筑面积为$10m^2$的台球社

16. 根据现行防烟排烟设计规范，以下说法正确的是哪一项？

(A) 机械加压送风系统应设有测压装置及风压调节措施

(B) 当吊顶内有可燃物时，吊顶内的排烟管道应采用不燃材料隔热，或与可燃物保持不小于150mm的距离

(C) 一个排烟系统负担多个防烟分区的排烟支管上应设置排烟防火阀

(D) 当采用合用前室时，楼梯间、合用前室应分别独立设置机械加压送风系统

17. 下列有关离心式除尘器性能要求的表述错误的是哪一项？

(A) 在大于15m/s含尘气流流速接触面的部位应采用耐磨措施

(B) 对腐蚀性强的含尘气体除尘应采用防腐措施

(C) 冷态试验粉尘应采用325目医用滑石粉，质量中位径应低于$15\mu m$

(D) 冷态试验粉尘进口浓度为$3\sim5g/m^3$

18. 下列有关工作场所基本卫生要求的说法，正确的是哪一项？

(A) 原材料选择应遵循低毒物质代替有毒物质的原则进行选择

(B) 对于逸散粉尘的生产过程，宜对产尘设备采取密闭措施

(C) 储存酸、碱及高危液体物质储罐区周围应设置排水沟

(D) 工作场所粉尘、毒性的发生源应布置在工作地点的自然通风或进风口的下风侧

19. 以下关于活性炭吸附的叙述，何项是错误的？

(A) 活性炭适于吸附有机溶剂蒸气

(B) 活性炭不适用于对高温、高湿和含尘量高的气体吸附

（C）一般活性炭的吸附性随摩尔容积的下降而减小
（D）对于亲水性（水溶性）溶剂的活性炭吸附装置，宜采用水蒸气脱附的再生方法

20. 计算空气通过风机时引起的温升和下列哪种参数无关？
（A）通过风机的风量　　（B）风机的全压
（C）电动机安装的位置　　（C）电动机效率

21. 相同的表面式空气冷却器，在风量不变的情况下，湿工况的空气阻力与干工况空气阻力相比，下列哪一项是正确的？
（A）湿工况空气阻力大于干工况空气阻力
（B）湿工况空气阻力等于干工况空气阻力
（C）湿工况空气阻力小于干工况空气阻力
（D）湿工况空气阻力大于或小于干工况空气阻力均有可能

22. 采用表冷器对空气进行冷却减湿，空气的初状态参数为：$h_1=50.9$kJ/s，$t_1=25$℃；空气的终状态参数为：$h_2=30.7$kJ/s，$t_2=11$℃。则该处理过程的析湿系数为下列何项？
（A）1.31　　（B）1.68　　（C）1.43　　（D）1.12

23. 一个办公楼采用风机盘管＋新风空调方案，风机盘管采用两通阀控制，循环水泵采用变频定压差控制，为了保持空调水系统的平衡，下列措施和说法中正确的是何项？
（A）每个风机盘管的供水管均设置动态流量平衡阀
（B）每个风机盘管的供水管均设置动态压差平衡阀
（C）每个风机盘管的回水管均设置动态流量平衡阀
（D）没有必要在每个风机盘管上设置动态平衡阀

24. 公共建筑节能设计时，以下哪一项不是进行“节能设计权衡判断”的准入条件？
（A）严寒A区屋面传热系数不应大于0.35W/(m^2·K)
（B）夏热冬冷地区外窗的太阳得热系数不大于0.44
（C）寒冷地区外墙（包括非透光幕墙）的传热系数不应大于0.6W/(m^2·K)
（D）夏热冬冷地区屋面透明部分传热系数不应大于3.0

25. 某冷水机组冷却水系统管路沿程阻力50kPa，局部阻力150kPa，冷却塔置于86m处的屋顶，冷却塔底部基础高1.5m，从冷却塔底部水面到喷淋器出口的高差为2m，冷却塔喷淋室的喷水压力为100kPa，则设计选择冷却水泵的扬程应为何项？
（A）30.2m　　（B）35.2m　　（C）38.4m　　（D）41.4m

26. 某空调系统的末端装置设计的供/回水温度为7℃/12℃，末端装置的回水支管上均设有电动两通调节阀。冷水系统为一次泵定流量系统（在总供回水管之间设有旁通管及

压差控制的旁通阀)。当压差旁通阀开启进行旁通时，与旁通阀关闭时相比较，正确的变化应为下列何项？

（A）冷水机组冷水的进出水温差不变

（B）冷水机组冷水的进出水温差加大

（C）冷水机组冷水的进出水温差减小

（D）冷水机组冷水的进水温度升高

27. 某新风处理机组的额定参数满足国家标准的要求。现将该机组用于成都市某建筑空调系统。该市的冬季和夏季室外空气计算温度分别为1℃和31.6℃，当机组风量、冬季空调热水和夏季空调冷水的供水温度和流量都符合该机组额定值时，下列哪项说法是错误的？

（A）机组的供冷量小于额定供冷量

（B）机组的供热量小于额定供热量

（C）机组的夏季出风温度低于额定参数时的出风温度

（D）机组的冬季出风温度低于额定参数时的出风温度

28. 关于制冷设备及系统的自控，下列何项说法是错误的？

（A）制冷机组的能量调节由自身的控制系统完成

（B）制冷机组运行时，需对一些主要参数进行定时监测

（C）水泵变频控制可利用最不利环路末端的支路两端压差作为信号

（D）多台机组运行的系统，其能量调节除每台机组自身调节外，还需要对台数进行控制

29. 某车间空调系统满足的室内环境要求是：夏季 $t=22\pm1$℃，$\varphi=60\%\pm10\%$；冬季 $t=20\pm1$℃，$\varphi=60\%\pm10\%$；空气的洁净度为：ISO 7（即10000级），车间长10m，宽8m，层高4m，吊顶净高3m，为保证车间的洁净度要求，风量计算时，其送风量宜选下列何项？

（A）1900～2400m^3/h　　（B）2800～2260m^3/h

（C）3600～6000m^3/h　　（D）12000～14400m^3/h

30. 有三种容积型单级制冷压缩机，当实际工况压缩比大于或等于4时，压缩机的等熵效率由低到高的排序应是下列选项中的哪一个？

（A）活塞式压缩机 滚动转子式压缩机 涡旋式压缩机

（B）滚动转子式压缩机 涡旋式压缩机 活塞式压缩机

（C）涡旋式压缩机 滚动转子式压缩机 活塞式压缩机

（D）活塞式压缩机 涡旋式压缩机 滚动转子式压缩机

31. 关于冷水机组的说法，下列何项是错误的？

（A）我国标准规定的蒸发冷却冷水机组额定工况的湿球温度为24℃，干球温度不

限制

(B) 根据《冷水机组能效限定值及能效等级》GB 19577—2015 的规定，容量为1500kW 的水冷式冷水机组 *COP*=6，此产品能源效率为 1 级

(C) 选择冷水机组时不仅要考虑额定工况下的性能，更要考虑使用频率高的时段内机组的性能

(D) *COP* 完全相同的冷水机组，当蒸发器和冷凝器的阻力不同时，供冷期系统的运行能耗也会不同

32. 使用制冷剂为 R134a 的制冷机组，采用的润滑油应是下列哪一项？

(A) 矿物性润滑油

(B) 醇类（PAG）润滑油

(C) 酯类（POE）润滑油

(D) 醇类（PAG）润滑油或酯类（POE）润滑油

33. 压缩式制冷机组膨胀阀的感温包安装位置，下列何项是正确的？

(A) 冷凝器进口的制冷剂管路上

(B) 冷凝器出口的制冷剂管路上

(C) 蒸发器进口的制冷剂管路上

(D) 蒸发器出口的制冷剂管路上

34. 在冰蓄冷空调系统中，对于同一建筑而言，以下哪一种说法是正确的？

(A) 如果要降低空调冷水的供水温度，应优先采用并联系统

(B) 全负荷蓄冷系统的年用电量高于部分负荷蓄冷系统的年用电量

(C) 夜间不使用的建筑应设置基载制冷机

(D) 为重复利用建筑资源，水蓄能系统的蓄热蓄冷水池与消防水池合用

35. 下列有关第一类和第二类溴化锂吸收式热泵机组特点的比较，错误的是何项？

(A) 两者均是由驱动热源和发生器构成驱动热源回路；由低温热源和蒸发器构成低温热源回路

(B) 第一类吸收式热泵机组产生中温有用热能的同时可以实现制冷

(C) 第二类吸收式热泵机组的性能系数较高

(D) 第二类吸收式热泵机组的节能效果显著

36. 下列对于电机驱动制冷压缩机的冷凝器和蒸发器的相关温度的表述中哪一项是正确的？

(A) 蒸发式冷凝器的冷凝温度宜比夏季空调室外计算湿球温度高 8～10℃

(B) 直立管式蒸发器的蒸发温度宜比冷水出口温度低 4～6℃

(C) 水冷卧式壳管式冷凝器的冷却水进出口温差宜为 4～8℃

(D) 风冷式冷凝器的空气进出口温差不应小于 8℃

37. 某冷库采用上进下出式氨泵供液制冷系统，氨液的蒸发量为 838kg/h，蒸发温度

为-24℃，饱和氨液的比容为 $1.49\times10^{-3}m^3/kg$，试问所需氨泵的体积流量约为下列哪一项？

（A）$4\sim5m^3/h$　　（B）$8\sim10m^3/h$

（C）$6\sim7.5m^3/h$　　（D）$1.25m^3/h$

38. 一些关于绿色工业建筑运用的暖通空调技术，错误的是下列何项？

（A）风机、水泵等输送流体的公用设备应合理采用流量调节措施

（B）工艺性空调系统的设计以保证工艺要求和人员健康为主，室内人员的舒适感处于次要位置

（C）工业厂房的通风设计必须合理确定建筑朝向和进、排风口位置

（D）建筑的供暖和空调应优先采用地源（利用土壤、江河湖水、污水、海水等）热泵

39. 系统设置灭菌消毒设施时，医院、疗养所等建筑加热设备出水温度应为下列哪一项？

（A）50～55℃　　（B）55～60℃　　（C）60～65℃　　（D）65～70℃

40. 某商场餐饮区位于地下一层，下列有关其燃气管道及设备的设置，做法不满足规范要求的是哪项？

（A）放置燃气灶的灶台采用难燃材料，同时加防火隔热板

（B）用气房间设置燃气浓度检测报警器

（C）设置独立的机械送排风系统

（D）有外墙的卫生间，安装半密闭式热水器

（二）多项选择题（共 30 题，每题 2 分，每题的各选项中有两个或两个以上符合题意，错选、少选、多选均不得分）

41. 以下关于供暖设备及附件的说法，正确的是哪几项？

（A）当系统水的 pH 为 8 时，铝制散热器与铜制散热器可共同设置在一个热水供暖系统中

（B）减压阀、安全阀均应垂直安装

（C）热动力式疏水阀安装在蒸汽管道的末端

（D）热水供暖系统的膨胀水箱宜设置在回水管上

42. 下面描述正确的有哪几项？

（A）平衡阀能够平衡空调或供暖负荷，可用平衡阀取代电动三通阀或二通阀

（B）可按照管径选择同等公称管径规格的平衡阀

（C）当要求同时实现水力平衡与负荷调节时，可选用带电动自动控制功能的动态平衡阀

（D）集中供暖系统的建筑物热力入口，应安装静态水力平衡装置

43. 有关锅炉及锅炉房的描述，错误的是下列哪几项？

(A) 锅炉房位置的选择应靠近热负荷比较集中的地区

(B) 对于常压、真空热水锅炉，额定出口水温小于或等于 90℃

(C) 燃气锅炉，烟尘的最高允许排放浓度为 35mg/m^3，且烟囱高度不得低于 8m

(D) 民用建筑中，燃油、燃气锅炉房的设计容量应按照各项热负荷最大值叠加确定

44. 如右图所示热水网路示意图，当关闭用户 3 的阀门时，则系统将发生的流量变化状况为下列哪几项？

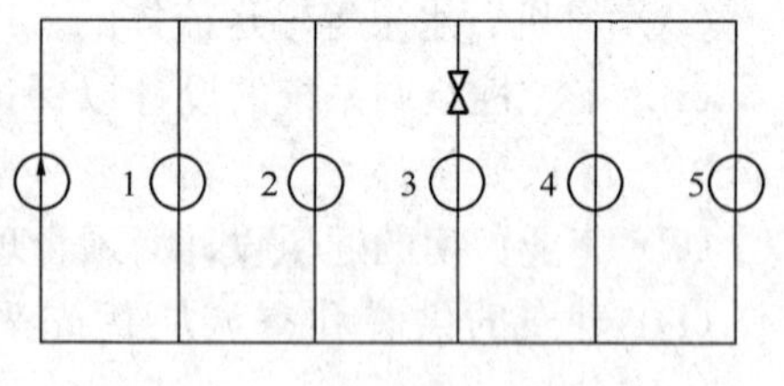

第 44 题图

(A) 用户 1、2 流量增大，用户 1 流量增加的更多

(B) 用户 1、2 流量增大，用户 2 流量增加的更多

(C) 用户 4、5 流量增大，用户 4 流量增加的更多

(D) 用户 4、5 流量等比一致增大

45. 布置锅炉设备时，锅炉与建筑物的合理间距，下列要求哪几项是正确的？

(A) 锅炉操作地点和通道的净空高度不应小于 2m

(B) 产热量为 0.7～2.8MW 的锅炉，炉前净距不宜小于 3m

(C) 产热量为 4.27～14MW 的锅炉，炉前净距不宜小于 4m

(D) 产热量为 29～58MW 的锅炉，炉前净距不宜小于 6m

46. 某 9 层住宅楼设计分户热计量热水供暖系统，下列哪些做法是错误的？

(A) 供暖系统的总热负荷计入向邻户传热引起的耗热量

(B) 计算系统供、回水干管时计入向邻户传热引起的耗热量

(C) 户内散热器片数计算时计入向邻户传热引起的耗热量

(D) 户内系统为双管系统，户内入口设置流量调节阀

47. 关于选择空气源热泵机组的说法，正确的是下列哪几项？

(A) 空气源热泵的冬季设计工况下的机组性能系数应为冬季室外空调计算温度下的性能系数

(B) 对于夏热冬冷和夏热冬暖地区，应根据冬季热负荷选型，不足冷量可由冷水机组提供

(C) 融霜时间总和不应超过运行周期的 20%

(D) 供暖时的允许最低室外温度，应与冬季供暖室外计算干球温度相适应

48. 下列设备和管道安装时，正确的是哪几项？

(A) 热量表安装时，上游侧直管段长度不应小于 5D，下游侧直管段长度不应小于 2D

（B）风管测定孔与前后局部配件间的距离宜分别保持不小于 5D 和 2D 距离
（C）矩形风管平面边长大于 500mm，且曲率半径小于 1 倍的平面边长时，应设置弯管导流叶片
（D）制冷剂管道弯管的弯曲半径不应小于 3.5D

49. 某厂房高 10m，当排出的有害物质需经大气扩散稀释时，通风系统的排风口应高出屋面，下列哪几项是正确的？
（A）0.5m　（B）2m　（C）3m　（D）4m

50. 关于局部排风罩的设计，下列说法正确的是哪几项？
（A）对散发粉尘或有害气体的工艺流程与设备，宜采用密闭罩
（B）多点产尘和阵发性产尘的设备，宜采用大容积密闭罩
（C）密闭罩的吸气口位置，应尽量布置在含尘气流高的部位
（D）密闭罩的吸风口速度不宜大于 2m/s

51. 有关除尘设备的设计选用原则和相关规定，哪几项是错误的？
（A）处理有爆炸危险粉尘的除尘器、排风机应与其他普通型的风机、除尘器分开设置
（B）含有燃烧和爆炸危险粉尘的空气，在进入排风机前采用干式或湿式除尘器进行处理
（C）净化有爆炸危险粉尘的干式除尘器，应布置在除尘系统的正压段
（D）水硬性或疏水性粉尘不宜采用湿法除尘

52. 下面描述中正确的有哪几项？
（A）当变配电室采用冷风降温时，最小新风量应大于或等于 $3h^{-1}$，或大于或等于送风量的 5%
（B）无论制冷机采用何种组分的制冷剂，制冷机房内必须设置事故通风系统
（C）寒冷及严寒地区，汽车库的送风应加热
（D）汽车库送排风量宜按稀释浓度法计算，对于单层停放的汽车库可采用换气次数法计算，并应取两者较大值

53. 下面表述错误的是哪几项？
（A）人防工程内担负两个防烟分区排烟时，排烟系统排烟量应按该最大防烟分区面积乘以每平方米不小于 $120m^3/h$ 计算，但排烟风机的最小排烟风量不应小于 $7200m^3/h$
（B）封闭楼梯间不能自然通风或自然通风不能满足要求时，应采用防烟楼梯间，同时设置机械加压送风系统
（C）工艺设计无相关计算资料时，事故通风量应按照房间实际体积不小于 $12h^{-1}$ 计算
（D）厨房区域排油烟系统不应采用土建风道

54. 关于服务于医疗设施的暖通空调设计和运行，以下说法正确的是哪几项？

(A) 当疫情场所内出现相关患者时，应停止使用空调通风系统

(B) 医院建筑配药室的最小新风量换气次数按 $5h^{-1}$ 计算

(C) 医院内清洁区、半污染区、污染区的机械送、排风系统应按区域独立设置

(D) 应在空调机组内安装臭氧等消毒装置，便于系统运行前全面消毒和运行后的定期消毒

55. 采用二次泵的空调冷水系统主要特点，下列哪几项是正确的？

(A) 可实现变流量运行，二级泵采用台数控制即可、初投资高、运行能耗低

(B) 可实现变流量运行，冷源侧需设旁通管、初投资高、运行能耗较低

(C) 可实现变流量运行，冷源侧需设旁通管、初投资高、各支路阻力差异大可实现运行节能

(D) 可实现变流量运行，一级泵可采用台数控制，末端装置需采用两通阀，一些情况下并不能实现运行节能

56. 在公共建筑中，对于人员密度相对较大且变化较大的房间，空调系统宜采用新风需求控制实现节能，下列哪些做法是正确的？

(A) 根据人员同时在室系数减少总新风量

(B) 在室内布置 CO_2 传感器，根据 CO_2 浓度检测值的变化增加或减少新风量

(C) 在室内布置人体传感器，根据室内人员密度的变化增加或减少新风量

(D) 仅考虑并设定新风系统新风量控制措施

57. 空调系统采用风机盘管加新风系统时，新风不宜经过风机盘管再送入房间，其原因有下列哪几项？

(A) 风机盘管不运行时有可能造成新风量不足

(B) 风机盘管制冷能力会降低

(C) 会导致房间换气次数下降

(D) 室温不易控制

58. 关于风机盘管加新风系统的表述中，下列哪几项是正确的？

(A) 新风处理到室内等温线，风机盘管要承担部分新风湿负荷

(B) 新风处理到小于室内等湿线，风机盘管要承担全部室内显热冷负荷

(C) 新风处理到室内等焓线，风机盘管要承担全部室内冷负荷

(D) 新风处理到小于室内等温线，风机盘管要承担部分室内显热冷负荷

59. 有关地板送风系统，下列说法正确的是哪些项？

(A) 地板送风的送风温度较置换通风低，系统所负担的冷负荷也大于置换通风

(B) 分层空调无论用于冬季还是夏季均有好的节能效果

(C) 地板送风应避免与其他气流组织形式应用于同一空调区

（D）地板送风设计时应将热分层高度维持在室内人员活动区

60. 下列哪几项是溶液除湿空调系统的主要特点？
（A）空气可达到低含湿量，系统复杂，初投资高，可实现运行节能
（B）空气难达到低含湿量，系统复杂，初投资高，运行能耗高
（C）空气可达到低含湿量，可利用低品位热能，可实现热回收，可实现运行节能
（D）空气可达到低含湿量，可利用低品位热能，可实现热回收，无法实现运行节能

61. 某安装柜式空调机组（配带变频调速装置）的空调系统，在供电频率为 50Hz 时，测得机组出口风量为 20000m^3/h、余压 500Pa，当供电频率调至 40Hz 时，下列哪几项是正确的？
（A）出口风量约 16000m^3/h
（B）出口余压约 320Pa
（C）系统的阻力约下降了 36%
（D）机组风机的轴功率约下降了 48.8%

62. 下列哪几项关于过滤器性能的说法是错误的？
（A）过滤器按国家标准效率分类为两个等级
（B）20%额定风量下 B 类高效过滤过滤效率不低于 99.99%
（C）过滤器在工程中多采用计数效率
（D）所有类别的过滤器都应在额定风量下检查过滤器的泄漏

63. 洁净室送、回风量的确定，下列表述中哪几项是错误的？
（A）回风量为送风量减去排风量和渗出量之和
（B）送风量为根据热湿负荷确定的送风量
（C）送风量为保证洁净度等级的送风量
（D）送风量取选项 B 和选项 C 中的大值

64. 大型水冷冷凝器应设置的安全保护装置有下列哪几项？
（A）缺水报警 （B）液位计 （C）压力表 （D）安全阀

65. 保冷（保温）材料应具备下列哪几项特性？
（A）导热系数小 （B）材料中的气孔应为开孔
（C）氧指数大于 30 （D）密度较小

66.《公共建筑节能设计规范》GB 50189—2015 修订了电机驱动的蒸汽压缩冷水（热泵）机组的综合部分负荷性能系数（*IPLV*）计算公式，下列有关 *IPLV* 计算公式的说法错误的是哪几项？
（A）*IPLV* 公式中 4 个部分负荷工况权重是对应 4 个部分负荷的运行时间百分比

(B) 通过 *IPLV* 计算，可以明显判断实际工程项目中冷水机组的能耗情况

(C) *IPLV* 可用于评价多台冷水机组系统中单台或者冷机系统的实际运行能效水平

(D) *IPLV* 应按下式计算，$IPLV=2.3\%\times A+41.5\%\times B+46.1\%\times C+10.1\%\times D$

67. 直燃式溴化锂吸收式制冷机机房设计的核心问题是保证满足消防与安全要求，下列哪几项是正确的?

(A) 多台机组不应共用烟道

(B) 机房应设置可靠的通风装置和事故排风装置

(C) 机房不宜布置在地下室

(D) 保证燃气管道严密，与电气设备和其他管道必要的净距，以及放散管管径大于或等于 20mm

68. 关于蓄冷空调冷水供水温度，下列哪几项说法是正确的?

(A) 水蓄冷空调供水温度采用 4～8℃

(B) 共晶盐蓄冷空调供水温度采用 7～10℃

(C) 内融冰盘管蓄冷空调供水温度采用 2～5℃

(D) 封装式冰蓄冷空调供水温度采用 3～6℃

69. 位于北京的下列空调系统的冷、热源机组按照《绿色建筑评价标准》GB/T 50378—2019 的相关规定，评价分能达到 10 分的是哪几项?

(A) 热源为燃气锅炉，额定蒸发量为 2t/h，锅炉热效率为 92%

(B) 冷源为水冷变频螺杆式机组，名义制冷量为 1163kW，*COP* 为 5.43

(C) 冷源为直燃型溴化锂吸收式冷水机组，名义制冷工况下其 *COP* 为 1.2

(D) 冷热源为多联式空调（热泵）机组，名义制冷量为 28kW，其 *IPLV*（C）为 4.2

70. 设计建筑室内排水系统时，可选用的管材是下列哪几项?

(A) 硬聚氯乙烯塑料排水管

(B) 聚乙烯塑料排水管

(C) 砂模铸造铸铁排水管

(D) 柔性接口机制铸铁排水管

全真模拟 2 · 专业案例（上）

1. 某小区低温热水供暖用户的建筑标高如下图所示，以热力站内循环水泵的中心线为基准面，供暖用户系统采用补水泵定压，用户 2 顶点工作压力为 0.3MPa，若在用户 3 底层地面处进行用户室内采暖系统的水压试验，则试验压力为多少?

（A）0.54MPa （B）0.69MPa （C）0.49MPa （D）0.44MPa

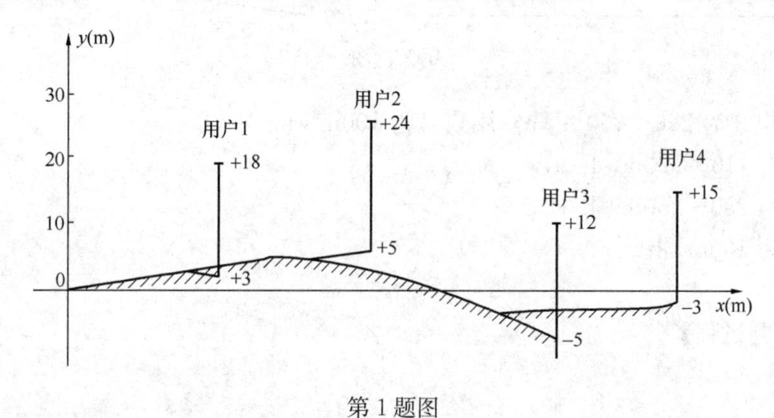

第 1 题图

【答案】

【主要解题过程】

2. 小区总建筑面积 156000m^2，设计供暖热负荷指标为 44.1W/m^2（已含管网损失），室内设计温度为 18℃，该地区的室外设计温度为－7.5℃，供暖期的室外平均温度为－1.6℃，供暖期为 122 天，该小区供暖的全年耗热量应为下列何项?

（A）58500～59000GJ （B）55500～56000GJ

（C）52700～53200GJ （D）50000～50500GJ

【答案】

【主要解题过程】

3. 某热水网路各用户的流量均为 $100m^3/h$，热网在正常时的水压图如下图所示，如水泵扬程保持不变，试求同时关闭用户1和2后，用户3、4的流量各为多少？

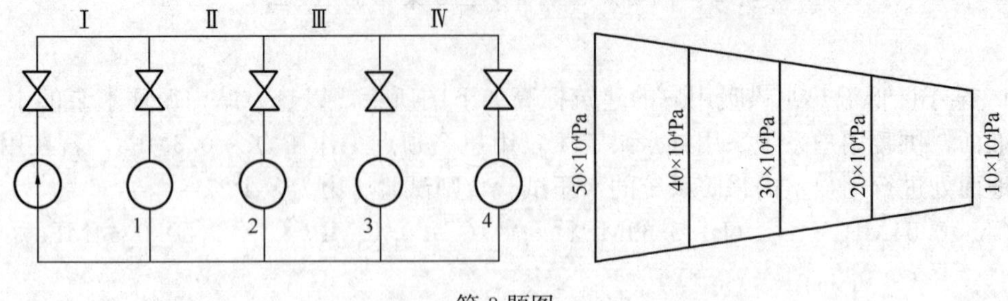

第3题图

（A）用户3为 $250 \sim 260m^3/h$，用户4为 $100m^3/h$

（B）均为 $110 \sim 120m^3/h$

（C）均为 $250 \sim 260m^3/h$

（D）均为 $100m^3/h$

【答案】

【主要解题过程】

4. 计算汽—水换热器的传热面积 F（m^2）为下列何值？

已知：换热量 $Q=15\times10^5$ W；传热系数 $K=2000W/(m^2\cdot℃)$；水垢系数 $\beta=0.9$；一次热媒为0.4MPa的蒸汽（$t=143.6℃$）；二次热媒为95～70℃。

（A）$12<F\leqslant13$　（B）$13<F\leqslant14$　（C）$14<F\leqslant15$　（D）$15<F\leqslant16$

【答案】

【主要解题过程】

5. 某机械循环热水供暖系统包括南北两个并联循环环路1和2，系统设计供/回水温度为95℃/70℃，总热负荷为74800W，水力计算环路1的压力损失为4513Pa，流量为1196kg/h，环路2的压力损失为4100Pa，流量为1180kg/h，如果采用不等温降方法进行水力计算，环路1最远立管温降30℃，则实际温降为多少？

（A）28.4℃ （B）30℃ （C）25℃ （D）31.7℃

【答案】

【主要解题过程】

6. 某丁类生产厂房生产车间建筑面积500m²，厂房高度5.5m。生产过程中产生爆炸危险粉尘的极限浓度范围为23.5～166mg/m³，已知该爆炸危险粉尘产生速率为100mg/s，室内初始含有爆炸危险粉尘0 mg/m³。下列哪一种通风方式满足规范要求？

（A）循环风通风，通风量15000m³/h，风机采用防爆型

（B）循环风通风，通风量31000m³/h，风机采用防爆型

（C）全新风通风，通风量51060m³/h，风机采用非防爆型

（D）全新风通风，通风量62000m³/h，风机采用非防爆型

【答案】

【主要解题过程】

7. 山西太原一栋层高 6m 的散发低毒性物质的热熔厂房，室内供暖计算温度为 16℃，车间围护结构耗热量为 250kW，室内有 10 台发热量为 15kW 热熔炉。室内为稀释低毒性物质的全面机械排风量为 10kg/s，机械送风量为 9kg/s。则车间送风温度应为下列何项？[当地室外供暖计算温度为−10.1℃，空气比热容为 1.01kJ/(kg·K)]

(A) 28.6～29.5℃　(B) 29.6～31.0℃　(C) 33.5～34.6℃　(D) 44.0～45.5℃

【答案】

【主要解题过程】

8. 某工厂通风系统，采用矩形薄钢板风管（管壁粗糙度为 0.15mm）尺寸为 $a\times b=$ 210mm×190mm，在夏季测得管内空气流速 $v=12$m/s，温度 $t=100$℃，该风管的单位长度摩擦压力损失为下列何值？（已知：当地大气压力为 80.80kPa，要求按流速查相关图表计算，不需要进行空气密度和黏度修正）

(A) 7.4～7.6Pa/m　　(B) 7.1～7.3Pa/m

(C) 5.7～6.0Pa/m　　(D) 5.3～5.6Pa/m

【答案】

【主要解题过程】

9. 某金属熔化炉，炉内金属温度为650℃，环境温度为30℃，炉口直径为0.65m，散热面为水平面，于炉口上方1.1m处设圆形接受罩，接受罩的直径为下列何项？

(A) 0.65～1.0m　(B) 1.01～1.30m　(C) 1.31～1.60m　(D) 1.61～1.95m

【答案】

【主要解题过程】

10. 下图所示云南某住宅工程地下机动车库的暖通专业施工图图纸中，其中消防排烟系统的设计违反国家强制性标准《建筑防烟排烟系统技术标准》GB 51251—2017的条文数量为以下哪一项？（其中阀门代号含义：F消防，D阀门，H280℃熔断，S信号反馈，L熔断后联动风机关闭）

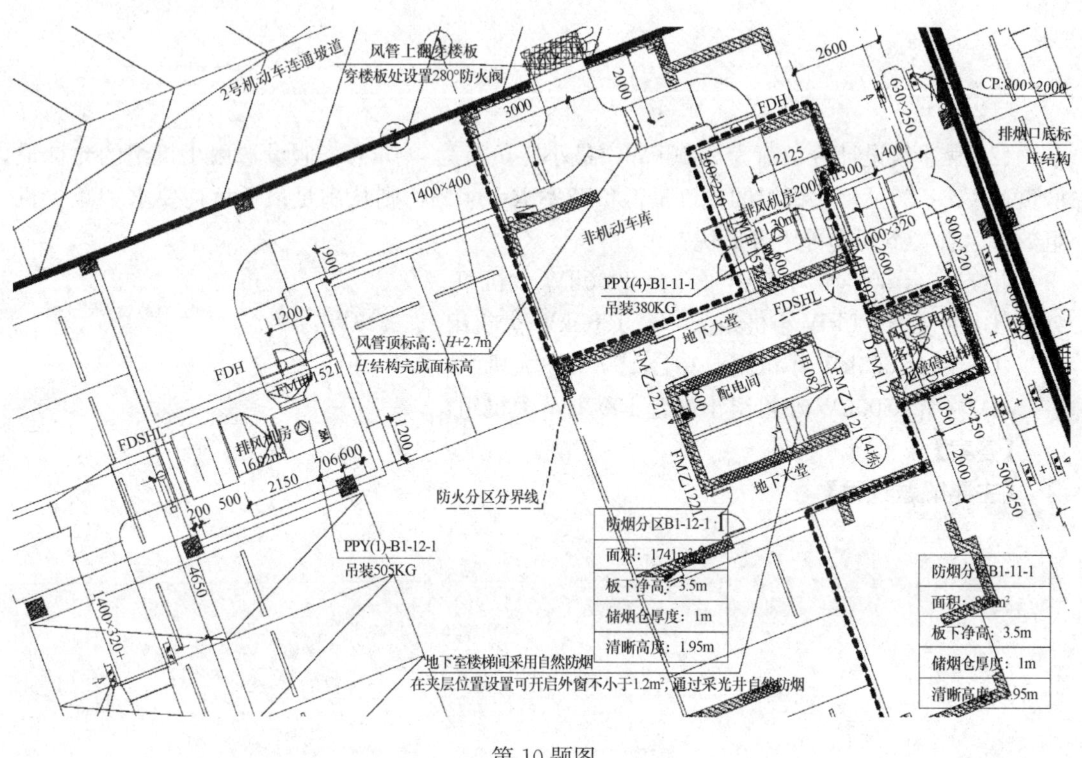

第10题图

(A) 违反3条　(B) 违反2条　(C) 违反1条　(D) 没有违反

【答案】

【主要解题过程】

11. 已知CO_2的室内卫生标准为1000ppm，新风中的CO_2浓度为700mg/m^3，室内CO_2的发生量为30mg/s，最小新风量应为多少（m^3/h)?（不考虑通风气流不均匀等因素）

（A）86　　（B）126　　（C）36　　（D）66

【答案】

【主要解题过程】

12. 某建筑设计冷负荷为2500kW，最小冷负荷为400kW，假设选用小机组的允许最低负荷率r=80%，大机组的允许最低负荷率R=50%，则从满足最低负荷要求和减少机组数量上看，下列哪种组合最优?

（A）一台500kW小机组＋一台2000kW大机组

（B）一台1000kW小机组＋一台1500kW大机组

（C）两台500kW小机组＋一台1500kW大机组

（D）一台500kW小机组＋两台1000kW大机组

【答案】

【主要解题过程】

13. 某空调系统 3 个相同的机组，末端采用手动阀调节，如下图所示。设计状态为：每个空调箱的水流量均为 100kg/h，每个末端支路的水阻力均为 90kPa（含阀门、盘管及支管和附件等）；总供、回水管的水流阻力合计为 $\Delta P_{AC}+\Delta P_{DB}=30$kPa。如果 A、B 两点的供、回水压差始终保持不变。问：当其中一个末端的阀门全关后，系统的水流量为多少？

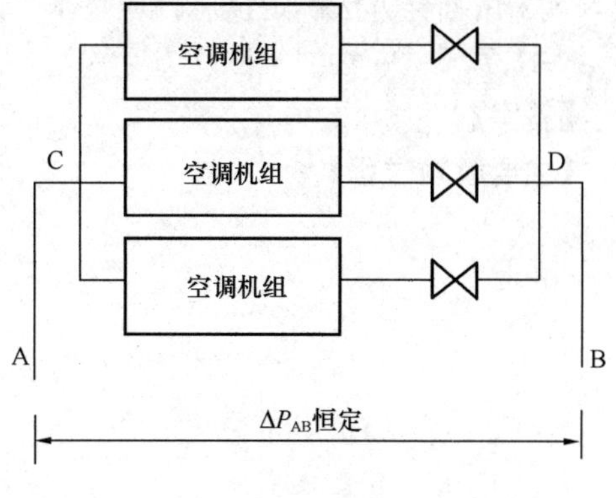

第 13 题图

(A) 190～200kg/h

(B) 201～210kg/h

(C) 211～220kg/h

(D) 221～230kg/h

【答案】

【主要解题过程】

14. 某空调房间夏季总余热量$\sum q=3300$W，总余湿量$\sum W=0.25$g/s，室内空气全年保持温度$t=22$℃，$\varphi=55\%$，含湿量$d=9.3\text{g/kg}_{干空气}$。如送风温差取 8℃，送风量应为下列何值？

(A) 0.3～0.32kg/s　　(B) 0.325～0.34kg/s

(C) 0.345～0.36kg/s　　(D) >0.36kg/s

【答案】

【主要解题过程】

15. 某批次验收中有 115 台风机盘管机组，根据经验估计该批的风量合格率在 95%以上，欲采用抽样方法确定该声称质量水平是否符合实际，则抽样的样本数应为？

(A) 7　　(B) 8　　(C) 9　　(D) 10

【答案】

【主要解题过程】

16. 表冷器处理空气过程，风量 18000m^3/h，空气 $t_1=25$℃，$t_{s1}=20.2$℃，$t_2=10.5$℃，$t_{s2}=10.2$℃，水量为 20t/h，冷水 $t_{w1}=7$℃，水比热 4.2，空气密度 1.2kg/m^3。求冷水终温和表冷器热交换效率系数 ξ_1 应为下列何项？

(A) 11.7～12.8℃，0.80～0.81　　(B) 12.9～13.9℃，0.82～0.83

(C) 14～14.8℃，0.80～0.81　　(D) 14.9～15.5℃，0.78～0.79

【答案】

【主要解题过程】

17. 某大楼的中间楼层有两个功能相同的 A、B 两房间，冬季使用同一个组合空调器送风，A 房间（仅有外墙）位于外区，B 房间位于内区。已知：室外设计空气温度 −12℃，室内设计温度 18℃，A 房间外围护结构计算热损失为 9kW，A，B 房间内均存在稳定发热量为 2kW，两房间送风量均为 3000m³/h，送风温度为 30℃，求两房间的温度。(取整数)

(A) A 房间 22℃，B 房间 32℃　　(B) A 房间 21℃，B 房间 30℃

(C) A 房间 19℃，B 房间 32℃　　(D) A 房间 19℃，B 房间 33℃

【答案】

【主要解题过程】

18. 某车间的内区室内空气设计计算参数为，干球温度 20℃，相对湿度 60%，湿负荷为零，交付运行后，发热设备减少了，实际室内空调冷负荷比设计时减少了 30%，在送风量和送风状态不变（送风相对湿度为 90%）的情况下，室内空气状态应是下列何项？(工程所在地为标准大气压，计算时不考虑围护结构的传热)

(A) 16.5～17.5℃，相对湿度 60%～70%

(B) 18.0～18.9℃，相对湿度 65%～68%

(C) 37.5～38.5kJ/$kg_{干空气}$，含湿量为 8.9～9.1g/$kg_{干空气}$

(D) 42.9～43.1kJ/$kg_{干空气}$，含湿量为 7.5～8.0g/$kg_{干空气}$

【答案】

【主要解题过程】

19. 某办公变风量送风系统设计风量 12000m^3/h，风管 124m，通风系统单位长度平均风压损失为 5Pa/m（包括摩擦阻力和局部阻力）。若设计风压为 650Pa，则所选择的风机在设计工况下效率的最小值应接近以下哪项效率值才能满足节能要求？

(A) 65%　　(B) 71%　　(C) 73%　　(D) 82%

【答案】

【主要解题过程】

20. 某手术室容积：6m×6m×3.3m，有 10 人，室内人员发菌量为 1000 个/（人·min)，采用粗、中效过滤器，滤菌效率分别为 0.5 和 0.95，新风量为 800m^3/h，室内菌数不高于 350 个/m^3，大气含菌量为 2000 个/m^3，则所需通风量（m^3/h）为多少？

(A) 1500　　(B) 1629　　(C) 1853　　(D) 2058

【答案】

【主要解题过程】

21. 对某空调冷却水系统进行改造，采用逆流式玻璃钢冷却塔，冷水机组的冷凝器水阻力为 0.1MPa，冷却塔的进水压力要求为 0.03MPa，冷却塔水池面至布水器喷头高差为 2.5m，利用原有冷却水水泵，水泵扬程为 25m。试问，该冷却水系统允许的管路最大总阻力应是下列何项？

(A) 0.068～0.07MPa (B) 0.079～0.089MPa

(C) 0.09～0.119MPa (D) 20～21m

【答案】

【主要解题过程】

22. 上海市某大型工业园区设冷源系统如下表配置，则该冷源系统的综合制冷性能系数是多少？并判断是否满足相关节能要求。

制冷主机				冷却水泵			冷却水塔	
压缩机类型	额定制冷量	性能系数 *COP*	台数	设计流量 (m^3/h)	设计扬程 (mH_2O)	水泵效率 (%)	名义工况下冷却水量 (m^3/h)	样本风机配置功率 (kW)
螺杆式	1407	5.6	1	300	28	74	400	15
离心式	2813	6.0	3	600	29	75	800	30

(A) 设计冷源综合制冷性能系数为 4.89，大于限定值 4.57，满足节能要求

(B) 设计冷源综合制冷性能系数为 4.57，小于限定值 5.94，不满足节能要求

(C) 设计冷源综合制冷性能系数为 5.94，大于限定值 4.57，满足节能要求

(D) 设计冷源综合制冷性能系数为 4.35，小于限定值 4.55，不满足节能要求

【答案】

【主要解题过程】

23. 某办公楼空调制冷系统拟采用冰蓄冷方式，制冷系统的白天运行10h，当地谷价电时间为23：00～次日7：00，计算日总冷负荷Q＝53000kWh，采用部分负荷蓄冷方式（制冷机制冰时制冷能力变化率C_f＝0.7），则蓄冷装置有效容量为下列何项？

（A）5300～5400kW　　（B）7500～7600kW

（C）19000～19100kWh　　（D）23700～23800kWh

【答案】

【主要解题过程】

24. 下图为闪发分离器的R134a双级压缩制冷循环，问流经蒸发器与流经冷凝器制剂质量流量之比应为下列何值？（该循环主要状态点制冷剂的比焓（kJ/kg）为：h_3＝410.25，h_6＝256.41，h_7＝228.50）

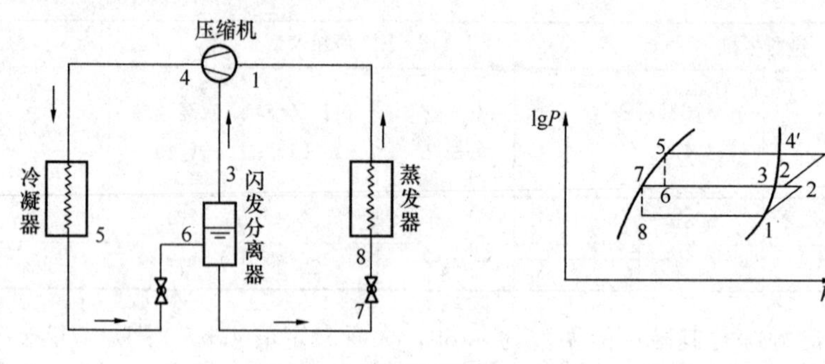

第24题图

（A）0.8～0.87　　（B）0.84～0.85　　（C）0.82～0.83　　（D）0.87

【答案】

【主要解题过程】

25. 当地燃气的密度为 0.518kg/m^3，一座层高为 3m 的住宅，每上一层楼面，室内燃气立管中燃气的附加压头就增加多少?

（A）18.25Pa （B）20.25Pa （C）21.25Pa （D）22.79Pa

【答案】

【主要解题过程】

全真模拟2・专业案例（下）

1. 济南某8层矩形住宅楼（南北朝向，平屋顶），其外围护结构平面几何尺寸为57.6m×14.4m，每层层高均为3m，其中东向外窗为凸窗（凸窗平面几何尺寸为2.5m×1.5m，凸出200mm，每层4个），该朝向外窗设置了展开后可以全部遮蔽窗户的活动式外遮阳。问该朝向的外窗的传热系数K［$W/(m^2 \cdot K)$］及太阳得热系数SC应为何项？

(A) $K \leqslant 2.0$，$SC \leqslant 0.55$　　(B) $K \leqslant 1.7$，$SC \leqslant 0.55$

(C) $K \leqslant 1.7$，SC不作要求　　(D) 应进行权衡判断

【答案】

【主要解题过程】

2. 某建筑采用低温地板辐射供暖，按60℃/50℃热水设计，计算阻力损失70kPa（其中最不利环路阻力损失为30kPa）。由于热源条件改变，热水温度需要调整为50℃/43℃，系统和辐射地板加热管的管径不变，但需要增加辐射地板的布管密度，使最不利环路阻力损失增加40kPa，热力入口的供回水压差为下列何值？

(A) 应增加为90～110kPa　　(B) 应增加为120～140kPa

(C) 应增加为150～170kPa　　(D) 应增加为180～200kPa

【答案】

【主要解题过程】

3. 如下图所示散热器系统，每个散热器的散热量均为 1500W，散热器为铸铁 640 型，传热系数 $K=3.663\Delta t^{0.16}$，单片面积为 0.2m²，散热器明装。计算第一组散热器比第五组散热器片数相差多少？

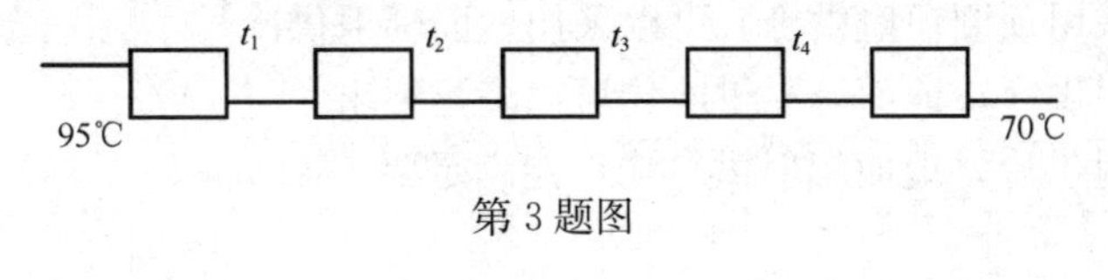

第 3 题图

(A) 9 片　　(B) 10 片　　(C) 11 片　　(D) 12 片

【答案】

【主要解题过程】

4. 如下图所示，验算由分气缸送出的供气压力 P_0 能否使凝结水回到闭式水箱中，求最小供汽压力 P_0 的正确值为下列何项？

已知：(1) 蒸汽管道长度 $L=500$m，平均比摩阻 $\Delta P_m=200$Pa/m，局部阻力按沿程阻力的 20%计。

(2) 凝结水管道总阻力为 0.01MPa。

(3) 疏水器背压 $P_2=0.5P_1$。

(4) 闭式水箱内压力 $P_4=0.02$MPa。

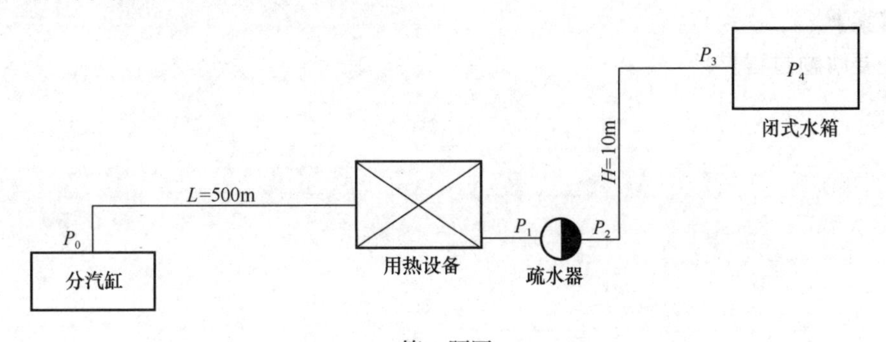

第 4 题图

(A) 0.49～0.5MPa　　(B) 0.45～0.47MPa

(C) 0.37～0.4MPa　　(D) 3.4～3.5MPa

【答案】

【主要解题过程】

5. 某卧室面积为 $20m^2$，其中 $4m^2$ 被家具覆盖，按照辐射供冷的原则计算得出房间的供冷量为 800W，夏季室内计算温度取 26℃，下列关于供冷管的辐射方式正确的是何项？

(A) 可以采用顶棚辐射供冷，不可以采用地面辐射供冷

(B) 不可以采用顶棚辐射供冷，可以采用地面辐射供冷

(C) 顶棚辐射供冷，地面辐射供冷均可以满足要求

(D) 顶棚辐射供冷，地面辐射供冷均不能满足要求

【答案】

【主要解题过程】

6. 某高度为 6m，面积为 $1000m^2$ 的机加工车间，室内设计温度为 18℃，供暖计算总负荷为 94kW，热媒为 95℃/70℃的热水。设置暖风机供暖，并配以散热量为 30kW 的散热器。若采用每台标准热量为 6kW、风量为 $500m^3/h$ 的暖风机，应至少布置多少台？

(A) 16　　(B) 17　　(C) 18　　(D) 19

【答案】

【主要解题过程】

7. 在一般工业区内（非特定工业区）新建某除尘系统，排气筒的高度为 20m，距其 190m 处有一高度为 18m 的建筑物，排放污染物为石英粉尘，排放浓度为 $y=50mg/m^3$，标准工况下，排气量 $V=60000m^3/h$。试问，以下依次列出排气筒的排放速率值以及排放是否达标的结论，正确者应为何项？

（A）3.7kg/h、排放达标　　（B）3.1kg/h、排放达标

（C）3.0kg/h、排放达标　　（D）3.0kg/h、排放不达标

【答案】

【主要解题过程】

8. 除尘器的分级效率为下表所示，问总效率是下列何项？

粒径间隔（μm）	0～5	5～10	10～20	20～40	>40
粒径分布（%）	10	25	40	15	10
除尘器分级效率（%）	65	75	86	90	92

（A）78.25%　（B）79.96%　（C）80.65%　（D）82.35%

【答案】

【主要解题过程】

9. 某生产厂房采用自然通风，厂房有效热量系数为 0.4。进风为厂房外墙 F 的侧窗（μ_j=0.56，窗的面积 F_j=260m^2），排风为顶面的矩形通风天窗（μ_p=0.46），通风天窗与进风窗之间的中心距离 H=15m。若夏季室内工作地点空气计算温度为 35℃，试计算室内平均温度接近下列何项？（注：当地大气压为 101.3kPa，夏季通风室外空气计算温度为 32℃）

（A）32.5℃　　（B）35.4℃　　（C）37.5℃　　（D）39.5℃

【答案】

【主要解题过程】

10. 风道中空气流速测定如右图所示，在测定断面测得 a=30mmH_2O，b=10mmH_2O，测定时大气压力 B=101.3kPa，t=20℃，A 点空气流速应为下列哪一项？

（A）21～22m/s

（B）14.5～15.5m/s

（C）17.5～18.5m/s

（D）12～14m/s

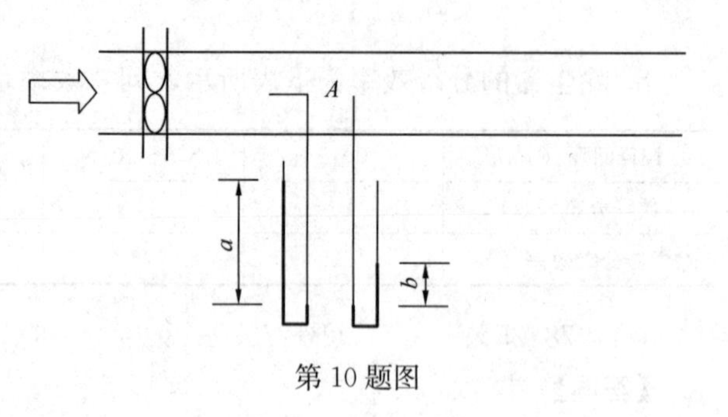

第 10 题图

【答案】

【主要解题过程】

11. 有某一等人员掩蔽部，工程内有效掩蔽空间 $V_0=5000m^3$，战时掩蔽 800 人，其清洁通风标准 $q=10m^3/(P \cdot h)$。试问该工程由清洁通风转入隔绝通风后，是否达到规范要求的隔绝防护时间？工程所能掩蔽的人数为多少？

（A）能够达到设计要求的隔绝防护时间，938 人

（B）不能达到设计要求的隔绝防护时间，938 人

（C）能够达到设计要求的隔绝防护时间，729 人

（D）不能达到设计要求的隔绝防护时间，729 人

【答案】

【主要解题过程】

12. 某地下双层停车库面积为 $1800m^2$，车库层高 6.5m，设计 120 个停车位。若室外大气 CO 浓度为 $2mg/m^3$，车库内汽车的运行时间按 4min 考虑，单台汽车单位时间排气量为 $0.025m^3/min$，车位利用系数为 1.0。若该车库设计采用平时排风兼排烟系统，平时送风兼消防补风系统，则该地下停车库所需计算排风兼排烟量为下列何项较合理？

（A）$37000m^3/h$　（B）$45000m^3/h$　（C）$56000m^3/h$　（D）$63000m^3/h$

【答案】

【主要解题过程】

13. 某医院病房区采用理想的温湿度独立控制空调系统，夏季室内设计参数 t_n＝27℃，φ_n＝60％。室外设计参数：干球温度 36℃、湿球温度 28.9℃［标准大气压、空气定压比热容为 1.01kJ/（kg·K），空气密度为 1.2kg/m^3］。已知：室内总散湿量为 29.16kg/h，设计总送风量为 30000m^3/h，新风量为 4500m^3/h，新风处理后含湿量为 8.0g/kg·$_{干空气}$。问：新风空调机组的除湿量应为下列何项？（查 h-d 图计算）

（A）25～35kg/h　（B）40～50kg/h　（C）55～65kg/h　（D）70～80kg/h

【答案】

【主要解题过程】

14. 接上题，问：系统的室内干式风机盘管承担的冷负荷应为下列何项（盘管处理后空气相对湿度为 90％）？查 h-d 图计算，并绘制空气处理的全过程（新风空调机组的出风的相对湿度为 70％）。

（A）39～49kW　（B）50～60kW　（C）61～71kW　（D）72～82kW

【答案】

【主要解题过程】

15. 某空调的独立新风系统，新风机组在冬季依次用热水盘管和清洁自来水湿膜加湿器来加热和加湿空气。已知：风量为6000m³/h；室外空气参数：大气压力101.3kPa、t_1 ＝－5℃、d_1＝2g/kg$_{干空气}$，机组出口送风参数：t_2＝20℃、d_2＝8g/kg$_{干空气}$，不查焓湿图，试计算热水盘管后的空气温度约为下列何值？

（A）25～28℃　（B）29～32℃　（C）33～36℃　（D）37～40℃

【答案】

【主要解题过程】

16. 某全空气空调系统，冬季室内设计参数为：干球温度18℃、相对湿度30%，新风量为900m³/h，排风量为新风量的80%。冬季室外空调计算参数为：干球温度－10℃，大气压力1013hPa，计算空气密度1.2kg/m³，比热容为1.01kJ/(kg·K)，设置排风显热回收装置，排风显热回收效率为60%，不考虑热回收装置的热损失，请问热回收装置新风送风温度为多少？

（A）－5～－3℃　（B）－3～0℃　（C）0～3℃　（D）3～5℃

【答案】

【主要解题过程】

17. 某双速离心风机，转速由 $n_1=960$r/min 转换为 $n_2=1450$r/min，试估算该风机声功率级的增加为下列何值？

(A) 8.5～9.5dB　　(B) 9.6～10.5dB

(C) 10.6～11.5dB　　(D) 11.6～12.5dB

【答案】

【主要解题过程】

18. 某办公室内一个回风口，设计风量为 3000m³/h，现测得距离风口 0.2m 处风速为 4m/s，则距离回风口 0.5m 处的风速约为下列哪一项？

(A) 0.16m/s　　(B) 0.32m/s　　(C) 0.64m/s　　(D) 1.6m/s

【答案】

【主要解题过程】

19. 某一次回风定风量空调系统夏季设计参数如下表所示，计算该空调系统组合式空调器表冷器的设计冷量接近下列何项？

	干球温度（℃）	含湿量（$g/kg_{干空气}$）	焓值（kJ/kg）	风量（kg/h）
送风	15	9.7	39.7	8000
回风	26	10.7	53.4	6500
新风	33	22.7	91.5	1500

（A）24.7kW　（B）30.4kW　（C）37.6kW　（D）46.3kW

【答案】

【主要解题过程】

20. 某洁净室空气含尘浓度为：0.5μm 粒子 13715pc/m³，按国际标准 ISO 14644—1 规定，其空气洁净等级是下列哪一项？

（A）5 级　（B）5.5 级　（C）5.6 级　（D）6 级

【答案】

【主要解题过程】

21. 重庆某商业建筑用冰片滑落式并联冰蓄冷系统，载冷剂采用−5℃，30%体积浓度的乙烯乙二醇溶液。设计总冷负荷为1700kW。设计供/回水温度为5℃/10℃的一级泵系统，选用2台并联运行的设计流量为150m^3/h、设计扬程为40mH_2O的载冷剂循环泵。问所选载冷剂循环泵的蓄冷工况设计工作点效率应不小于多少？

(A) 84.2%　　(B) 68.1%　　(C) 56.5%　　(D) 48.4%

【答案】

【主要解题过程】

22. 某吸收式溴化锂制冷机组的热力系数为1.1，冷却水进出水温差为6℃，若制冷量为1200kW，则计算的冷却水量为多少？

(A) 165～195m^3/h　　(B) 310～345m^3/h

(C) 350～385m^3/h　　(D) 390～425m^3/h

【答案】

【主要解题过程】

23. 某氨压缩式制冷机组采用带辅助压缩机的过冷器以提高制冷系数。冷凝温度为40℃、蒸发温度为－15℃，过冷器蒸发温度为－5℃。下图所示为系统组成和理论循环，点2为蒸发器出口状态，该循环的理论制冷系数应是下列何项？（注：各点比焓见下表）

比焓点号	2	3	5	6	7	8
比焓（kJ/kg）	1441	2040	686	616	1500	1900

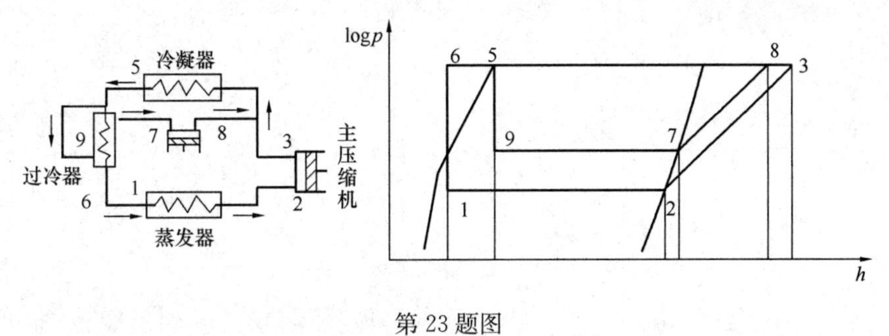

第23题图

（A）2.10～2.30　（B）1.75～1.95　（C）1.36～1.46　（D）1.15～1.35

【答案】

【主要解题过程】

24. 大连市某办公楼设夏季空调系统，采用名义制冷量为824kW的水冷变频螺杆式蒸汽压缩循环冷水机组。若机组部分负荷性能如下表所示，该机组的综合部分负荷性能系数与下列何项最接近，是否满足现行相关节能规范要求？

	负荷率			
	100%	75%	50%	25%
制冷量（kW）	824	624	416	208
机组耗功率（kW）	154	102	66	38

（A）机组部分负荷综合制冷系数为6.01，满足节能要求

（B）机组部分负荷综合制冷系数为6.01，不满足节能要求

（C）机组部分负荷综合制冷系数为6.12，满足节能要求

（D）机组部分负荷综合制冷系数为5.81，不满足节能要求

【答案】

【主要解题过程】

25. 小区建5栋普通住宅塔楼，均为21层，每层8户，每户平均4人。该小区生活给水总管最大平均秒流量应为下列何值？（计算采用如下数据：用水定额 q_0 =130L/(人·日)；用水时间 T=24h；小时变化系数 K_h=2.3）

（A）7～8L/s　　（B）9～10L/s　　（C）11～12L/s　　（D）13～14L/s

【答案】

【主要解题过程】

全真模拟1·专业知识（上）参考答案及解析

答案汇总列表

题号	答案	题号	答案	题号	答案	题号	答案
1	D	21	C	41	ABD	61	ABCD
2	C	22	D	42	ACD	62	BCD
3	D	23	D	43	ACD	63	BCD
4	D	24	D	44	BCD	64	ABC
5	C	25	B	45	AC	65	AB
6	D	26	D	46	ABC	66	CD
7	C	27	B	47	ACD	67	ABCD
8	C	28	B	48	CD	68	CD
9	B	29	C	49	AB	69	AD
10	B	30	D	50	AD	70	BD
11	B	31	B	51	CD		
12	C	32	D	52	ABCD		
13	D	33	A	53	AC		
14	B	34	A	54	BC		
15	D	35	B	55	AB		
16	D	36	B	56	BCD		
17	C	37	D	57	ABC		
18	D	38	B	58	BC		
19	D	39	C	59	BD		
20	A	40	A	60	ACD		

（一）单项选择题

1. **答案：**D

分析：根据《热工规范》附录A.0.1可知，选项AC正确，选项D错误，北京属于寒冷B区；根据附录A.0.2可知，大庆的设计区参考城市为安达，再根据附录A.0.1可知，安达为寒冷B区，选项B正确。

2. **答案：**C

分析：根据《公建节能》第3.1.1条及其条文说明，“乙类建筑只给出规定性节能指标，不再要求作围护结构权衡判断”，选项AD的说法均为错误；由表3.3.1-1及表3.4.1-1可知，选项B错误；根据表3.3.1-3及表3.4.1-1可知，选项C正确。

3. **答案**：D

分析：根据《工规》第5.1.7.2条可知，选项ABC正确，选项D错误。

4. **答案**：D

分析：根据《复习教材》可知，锅炉作用半径为400m时，锅炉工作压力为20kPa，选项D正确。

5. **答案**：C

分析：根据《复习教材》可知，选项ABD均正确，选项C错误。

6. **答案**：D

分析：根据《民规》第5.9.3条及其条文说明可知，选项ABC正确，选项D错误。

7. **答案**：C

分析：根据《复习教材》P86可知，选项ABD正确，选项C错误。

8. **答案**：C

分析：根据《工规》第5.5.2条可知，选项A正确；由第5.5.3条可知，选项B正确；由第5.5.1条可知，选项C错误，不应超过10%；由第5.5.4条可知，选项D正确。

9. **答案**：B

分析：根据《复习教材》P142，由于首层用户私自将散热器改造为地板辐射供暖系统，加大了该用户所在立管的阻力，使该用户所在立管的实际流量低于设计流量，造成立管所带房间温度普遍降低，且下层房间相对上层房间降得更低。

10. **答案**：B

分析：根据《复习教材》P172第（8）条可知，选项ACD正确，选项B错误，设在绿化地带时，不宜低于1m。

11. **答案**：B

分析：由《工规》第6.9.15条可知，"排除、输送或处理由甲乙类物质，其浓度为爆炸下限10%及以上时"应采用防爆型设备。由题意，该乙类物质爆炸下限为30%，30%×10%=3%，因此排除或输送浓度大于或等于3%时，应采用防爆型。

12. **答案**：C

分析：根据《复习教材》第2.3.4节可知，选项C错误，普通天窗无挡风板。

13. **答案**：D

分析：由《复习教材》P199第2）条可知，选项A正确；由第3）条可知，选项B

正确；由第4）条可知，选项C正确；由P197最后一段可知，吹吸气流运动较为复杂，没有精确的计算方法，故选项D的说法错误。

14. **答案**：B

分析：根据《复习教材》第2.7.3节第4条，压力平衡措施主要有调整支管管径、增大排风量和增加支管压力损失。其中增大排风量主要针对压力损失小的支管进行调整，因此选项B不合理。

15. **答案**：D

分析：根据《通风验收规范》第4.2.3-2条可知，选项A错误，薄钢板法兰矩形风管不得用于高压风管；选项B错误，风管板材拼接应错开；根据表4.3.1-2可知，选项C错误，选项D正确，S形插条只适合微压和低压。

16. **答案**：D

分析：根据《复习教材》P341有关换气次数要求可知，中餐厨房换气次数为40～60h^{-1}，选项A正确；由P341最后一行及P342第2行可知，选项B正确；由P341倒数第7行可知，选项C正确；由P341倒数第9行可知，选项D错误，钢板厚度不小于1.5mm，而非2mm。

17. **答案**：C

分析：根据《防排烟标准》附录B可查得单个排烟口最大排烟量为11200m^3/h，40000/11200＝3.57，因此至少4个排烟口。

18. **答案**：D

分析：根据《复习教材》P334“发电机房风量计算的规定”第（1）（2）条可知，选项AB错误，采用空气冷却时按消除柴油发电机房内余热计算进风量，采用水冷却时按排除柴油发电机房内有害气体所需通风量计算进风量；由第（4）条可知，选项C错误，清洁通风时直接采用室内空气，但是隔绝通风时要从机房进风或排风管引入室外空气进行燃烧；由第（3）条可知，选项D正确。

19. **答案**：D

分析：根据《复习教材》P359，选项A正确；由式（3.2-14）可知，选项B正确，其中水的比热和气化潜热为物性参数，并为给定值；由P364可知，选项C正确；由P359中间有关“湿负荷”的说明可知，散湿量应通过各项计算确定，没有给出具体按照稳态方法和非稳态方法，另外，根据式（3.2-12）和式（3.2-14）的内容，人体散湿量考虑人流量变化是按照非稳态计算的，而水体散湿量为稳态计算，因此选项D的说法是错误的。

20. **答案**：A

分析：根据《民规》第7.2.4条及第7.2.5条，人体散热量应按非稳态计算，人员密集区的人体散热量才按稳态方法计算，选项A错误，选项B正确；根据第7.2.6-1条及第7.2.6-3条，选项CD正确。

21. **答案：**C

分析：根据《复习教材》P346热湿比的定义，选项A正确；根据P347，选项B正确，等温加湿过程需要控制住蒸汽量；选项C错误，热湿比为0时，也可能是等焓除湿过程（转轮除湿）；根据P365，选项D正确。

22. **答案：**D

分析：根据《民规》第7.3.11条，该类场所易引起制冷剂泄露、设备损坏、控制器失灵等事故，因此适合采用多联机。

23. **答案：**D

分析：根据《复习教材》P373～374，选项ABC正确，选项D错误，采用7℃/12℃冷水将会产生凝水，而干式风盘无凝水盘和凝水管，将导致漏水现象；另一方面，与采用高温冷冻水相比，7℃/12℃供回水温度对主机节能不利。

24. **答案：**D

分析：根据《公建节能》第4.2.10-2条，满足节能标准的最低*COP*限值为5.9×0.93＝5.487，根据《民规》第8.2.4-1条，供冷量为1200×5.487＝6584.4kW。

25. **答案：**B

分析：根据《洁净规》第6.3.3条，选项B正确。

26. **答案：**D

分析：根据《复习教材》式（3.10-5）、式（3.10-6），可看出与平均温度相关，而平均温度与环境温度相关，选项AC正确；根据P550防结露计算相关内容，选项B正确，单热管道没有结露风险，选项D错误。选D。

27. **答案：**B

分析：根据《复习教材》P558，选项A正确，选项B错误，宜降低2℃；根据P559，选项C正确；根据P560，选项D正确。选B。

28. **答案：**B

分析：根据《通风与空调工程施工质量验收规范》GB 50243—2016第4.2.7-2条，选项A错误；根据第4.2.7-4条，选项B正确；根据第4.2.7-5条，选项C错误，条件满足时可以使用；根据第4.2.7-6条，选项D错误，应为N1～N5级。

29. **答案**：C

分析：根据《公建节能》第4.3.12条，选项A错误，新风比应经计算确定；根据第4.3.16条，选项B错误，新风宜直接送入；根据第4.3.19-4条，选项C正确；根据第4.3.20-2条，送风高度大于5m时，送风温差不宜小于10℃，选项D错误。

30. **答案**：D

分析：根据《复习教材》P647第二段可知，P_0和t_1决定了稀溶液浓度，同时被冷却介质t_c决定了蒸发压力p_0，冷却介质的t_w决定了吸收器内溶液的最低温度t_1，故选D。

31. **答案**：B

分析：根据《复习教材》图4.1-5可知，选项B正确，冷凝过程和蒸发过程均为定温过程。

32. **答案**：D

分析：根据《复习教材》P574可知，节流后状态为低压、低温的气液两相，故选项A错误；根据P575可知，其面积代表了该过程放出或吸入的热量，故选项B错误；$\Delta s<0$时，该过程为放热，故选项C错误；选项D正确。

33. **答案**：A

分析：根据《复习教材》表4.9-24可知，选项A正确。

34. **答案**：A

分析：根据《复习教材》，热泵机组中安装了两个容量不同的容量的热力膨胀阀，以满足制冷和制热工况下不同制冷剂流量的要求，选项A错误；由P600可知，选项BC正确；由于热泵机组在不同的工况下运行，且由冬季除霜工况，所以在压缩机的吸气管道上必须设置气液分离器，故选项D正确。

35. **答案**：B

分析：污垢系数增加，传热组增加，传热系数降低，换热能力降低，传热温差增加，冷凝温增加，根据《复习教材》图4.1-8可知，冷凝温度升高，耗功增加，制冷量减小，制冷系数减小，故选项B正确。

36. **答案**：B

分析：根据《复习教材》P755可知，选项B正确。

37. **答案**：D

分析：根据《复习教材》表4.5-11可知，选项D错误，应为0.1～0.2MPa的氮气。

38. **答案**：B

分析：根据《复习教材》P645可知，选项ACD正确，热力系数为获得的冷量与消耗的热量之比，对于溴化锂吸收式制冷机组，散发的热量为吸收器与冷凝器的换热量之和，故选项B错误。

39. **答案**：C

分析：根据《民用建筑绿色设计规范》JGJ/T 229—2010第9.1.5-3条，选项A正确；根据第9.3.1-3条，选项B正确；根据第9.4.5条，应为且不应大于8，选项C错误；根据第9.4.7条，选项D正确。

40. **答案**：A

分析：根据《复习教材》P818第二段可知，选项A错误，应按照所承担的管网小时最大输送量的1.2倍确定；根据（2）调压装置的设置要求可知，选项BCD正确

（二）多项选择题

41. **答案**：ABD

分析：根据《工规》第4.1.6-1条可知，选项A错误，不应大于40℃；由第4.1.6-2条可知，选项B错误，休息室室内温度为28～30℃；由第4.1.7条注可知，夏热冬冷地区夏季工作地点温度可提高2℃，辐射强度500W/m^{2}的表列夏季温度为26～31℃，提高两度为28～33℃，选项C正确；由第4.1.6-3条可知，选项D错误，热辐射强度应小于700W/m^2。

42. **答案**：ACD

分析：根据《严寒和寒冷地区居住建筑节能设计标准》JGJ 26—2018第5.1.9条及其条文说明可知，选项ACD均正确，选项B错误。

43. **答案**：ACD

分析：根据《复习教材》表1.9-1可知，选项B为合理的户内系统方式，选项ACD均不合理。

44. **答案**：BCD

分析：根据《民用建筑热工设计规范》GB 50176—2016第5.1.5条、第5.1.6条可知，选项A错误，选项BCD正确。

45. **答案**：AC

分析：根据题意，立管Ⅰ的实际流量大于设计流量，对于单管系统来说，上层散热器的主要影响参数是温度，下层散热器的主要影响参数是散热器面积。那么对于本题来说，流量增大的影响对于下层的作用明显大于对上层的作用，所以选项A正确，选项B错误；同样对于流量减少也适用，选项C正确，选项D错误。

46. **答案**：ABC

分析：根据《严寒和寒冷地区居住建筑节能设计标准》JGJ 26—2018 第5.2.3条可知，选项ABC正确；由第5.2.4条可知，选项D错误。

47. **答案**：ACD

分析：根据《锅炉规》第18.1.2条可知，选项ACD正确，选项B错误。

48. **答案**：CD

分析：根据《热网规》第10.3.8条及其条文说明可知，选项AB错误，水泵运行不应少于2台，选项CD正确。

49. **答案**：AB

分析：住宅小区属于二类环境地区，由《复习教材》表2.1-1可知，CO，SO_2 满足要求环境要求。

50. **答案**：AD

分析：根据《复习教材》P171下方第（5）中的第1）款可知，选项A正确；由第3）款可知，可利用“室内的非污染空气”，故选项B错误；由第4）款可知，对于运行短时过冷或采用间断排风的房间，可不考虑热平衡的计算原则，即无需考虑这部分热量，选项C错误；由第5条可知，选项D正确。

51. **答案**：CD

分析：根据《复习教材》。第2.5.4节第5条第（4）款内容，选项AB正确。根据第（5）款可知，电场风速越大，除尘效率越低，选项C错误；根据第（4）款有关粉尘浓度与粒径的影响可知，选项D错误，颗粒小于0.2μm的颗粒在扩散作用下容易被捕获。

52. **答案**：ABCD

分析：根据《复习教材》第2.6.6节第3条可知，选项ABCD均正确。

53. **答案**：AC

分析：根据《防排烟标准》第4.1.2条，同一个防烟分区应采用同一种排烟方式。同一防火分区中不同防烟分区可采用不同的排烟方式，选项A错误；根据第3.3.11条，设置机械加压送风系统的封闭楼梯间，尚应在其顶部设置不小于1m^{2}的固定窗，选项B正确。根据第3.1.3.2条，建筑高度小于50m的公共建筑，当合用前室的机械加压送风口设置在前室的顶部或正对前室入口的墙面时，楼梯间可采用自然通风系统，选项C错误；根据第4.6.3.3条，选项D正确。故超出规范要求的选项为AC。

54. **答案**：BC

分析：根据《防排烟标准》第 4.4.12 条可知，选项 B 正确，选项 AD 错误；排烟口侧墙设置时，排烟口边缘距离吊顶不应大于 0.5m，可核算选项 A 不满足要求。面积小于 $50m^2$ 且应设排烟的场所可在走道设排烟，对于面积为 $50\sim65m^2$ 的房间，依然需要在房间内设排烟口，选项 D 错误；根据第 4.4.13 条可知，选项 C 正确。

55. **答案**：AB

分析：建筑高度 30m，因此自然通风防烟和机械加压送风防烟都可行，满足要求即可。题设情况为合用前室，自然通风需要保证 $3m^2$ 可开启外窗或洞口（选项 A 方案）；若采用机械加压送风，因楼梯间采用自然通风防烟，前室的机械加压送风口位置需要正对进入前室的门（A 的位置朝向 B 所在的门正吹），或者在此门上方顶送（选项 B 方案）。因此合理的方案为 AB。

56. **答案**：BCD

分析：根据《复习教材》P386，串联型用于需要一定换气次数的场合，选项 A 错误；根据 P387，选项 BC 正确；根据 P388，选项 D 正确。

57. **答案**：ABC

分析：根据《复习教材》P561 有关“高大空间的分区空调”部分内容可知，选项 ABC 正确，选项 AC 为分区空调方式，选项 B 为分层空调方式，冬夏均有很好的效果，而选项 D 采用定角度球形喷口侧送，但是由于冬夏季送风冷热不同，虽然夏季能有不错的空调效果，但冬季可能因为热风上浮而造成人员活动区温度达不到标准，故选项 D 错误。

58. **答案**：BC

分析：根据《民规》第 8.5.3 条，选项 A 错误，可采用分区两管制系统；根据第 8.5.11 条，选项 B 正确；根据第 8.5.20-1 条，选项 C 正确；根据第 8.5.23-5 条，选项 D 错误，以防臭味和雨水从空气处理机组的凝水盘外溢。

59. **答案**：BD

分析：根据《民规》第 7.3.13-1 条，选项 A 错误，直膨式蒸发器的送风温度不应低于 7℃；根据第 7.3.13-2 条及条文说明，选项 B 正确；根据第 7.3.13-3 条，选项 C 错误，选项 D 正确，20000/3600/2＝2.78m/s，超过规范推荐的范围。

60. **答案**：ACD

分析：根据《通风与空调工程施工质量验收规范》GB 50243—2016 第 6.2.2 条，选项 A 正确；根据第 6.2.5-2 条，选项 B 错误；根据第 6.2.6-3 条，选项 C 正确；根据第 6.2.10 条，选项 D 正确。

61. **答案：** ABCD

分析： 根据《复习教材》P563～564，选项 ABCD 均正确。

62. **答案：** BCD

分析： 根据《复习教材》P742“辅助设备的选择计算”的第一段可知，选项 BCD 正确；根据表 4.9-20 可知，选项 A 正确。

63. **答案：** BCD

分析： 根据《复习教材》P608 可知，低负荷下运行时，离心式压缩机容易发生喘振，选项 BC 正确；蒸发温度过低，压力过低，比容增加 ，质量流量减小，选项 D 正确。

64. **答案：** ABC

分析： 根据《复习教材》式（4.3-3）及式（4.3-4）可知：理论输气量之和压缩机的类型有关，一旦压缩机制造好，压缩机的理论输气量就是固定值，但是固定输气量会随着压比的变大而减小。

65. **答案：** AB

分析： 根据《复习教材》P703“8. 低温送风空调”可知，选项 A 正确；根据表 4.7-20 可知，选项 D 错误，宜采用圆形或椭圆形风管；根据《民规》7.3.12 条可知，选项 B 正确；根据条文说明第 7.3.13-4 可知，应采用低温送风口。

66. **答案：** CD

分析： 根据《复习教材》P588 可知，应为工作压力下的沸点要求，选项 A 错误；冷凝压力低，制冷量增加，过低会造成与蒸发器压力的差值过小，循环动力不足，选项 B 错误；汽化潜热大，制冷剂充注量较少，有利于环境友好，选项 C 正确；临界点温度高，节流损失小，制冷系数高，故选项 D 正确。选 CD

67. **答案：** ABCD

分析： 冷却水流量大，相同换热量的情况下，进出水温差减小，若进水温度不变，出水温度降低，冷却水平均温度降低与冷凝器内的温差增加，选项 A 正确；不凝性气体存在，冷凝器内压力增加，冷凝温度增加，与冷却水温差加大，选项 B 正确；冷凝器表面结垢，热阻增加，传热系数减小，传热温差增加，选项 C 正确；冷凝器积油在冷凝器表面形成油膜，同样影响传热温差，选项 D 正确。

68. **答案：** CD

分析： 根据《复习教材》表 4.6-1 可知，选项 ABCD 正确。

69. **答案：** AD

分析： 根据《燃气冷热电联供工程技术规范》GB 51131—2016 第 1.0.4 条可知，选项 A 正确；根据第 2.0.2 条可知，选项 B 错误；根据第 5.1.5 条可知，选项 C 错误；根据第 5.1.6 条可知，选项 D 正确。

70. **答案：** BD

分析： 根据《建筑给水排水设计标准》GB 50015—2019 第 3.3.6 条，应为“大于等于 150mm”，选项 A 错误；根据第 3.3.7-1 条，选项 B 正确；根据第 3.3.5 条条文说明，没有提及倒流防止器，选项 C 错误；根据第 3.3.13 条，选项 D 正确。

全真模拟1·专业知识（下）参考答案及解析

答案汇总列表

题号	答案	题号	答案	题号	答案	题号	答案
1	D	21	A	41	ABCD	61	ABC
2	D	22	A	42	ABCD	62	ABCD
3	D	23	C	43	ABD	63	ACD
4	D	24	C	44	CD	64	AD
5	C	25	B	45	BC	65	AC
6	B	26	C	46	BCD	66	ACD
7	D	27	C	47	AB	67	BCD
8	C	28	A	48	ABCD	68	ABCD
9	D	29	D	49	ABC	69	ABD
10	C	30	C	50	BC	70	BD
11	B	31	A	51	ABD		
12	D	32	B	52	ABC		
13	C	33	B	53	AC		
14	B	34	D	54	BD		
15	C	35	B	55	ACD		
16	C	36	B	56	CD		
17	B	37	B	57	ABCD		
18	A	38	D	58	ABCD		
19	B	39	C	59	AC		
20	A	40	B	60	ABC		

（一）单项选择题

1. **答案：**D

分析：根据《民用建筑热工设计规范》GB 50176—2016表4.1.1可知，选项AB正确，选项D错误；根据第4.3.10可知，选项C正确。

2. **答案：**D

分析：根据《复习教材》表1.2-2的表注可知，选项ABC错误，选项D正确。

3. **答案：**D

分析：根据《工业设备及管道绝热工程设计规范》GB 50264—2013第6.1.1条可知，

选项 A 正确；由第 6.1.2 条可知，选项 B 正确；由第 6.2.1 条可知，选项 C 正确；由第 6.2.2 条可知，选项 D 错误。

4. **答案**：D

分析：根据《复习教材》P78～79 可知，选项 ABC 均正确，选项 D 错误，等压降法适用于同程式垂直单管系统。

5. **答案**：C

分析：根据根据题意可知，当小区供水温度降低为 60℃时，系统各部分的流量、阻力均与初调节时相同，那么对于单管系统来说引起垂直失调的原因是由于散热器表面平均温度不同造成的，对于六层散热器温度影响为主要因素，而对于一层散热器面积影响为主要因素。本题考察的是温度对散热器的影响，那么通过以上结论可知，选项 C 正确。

6. **答案**：B

分析：根据《复习教材》P24 可知，选项 A 正确，B 错误；由 P34 可知，选项 CD 正确。

7. **答案**：D

分析：根据《工规》第 5.6.4 条可知，选项 A 正确；由第 5.6.5 条可知，选项 C 正确；由 P67 可知，选项 D 错误，可以单独供暖。

8. **答案**：C

分析：选项 AB 中，系统均采用较大或较小比摩阻管径的做法错误，一般干管采用较小比摩阻，末端采用较大比摩阻可减缓水力失调；根据《民规》第 5.10.4 条可知，选项 C 正确，选项 D 错误；对于双管系统；增大散热器组的阻力同时减小立管和干管的阻力，使散热器组的总阻力占系统总阻力的比例提高，可以有效降低各并联环路之间的不平衡率。选 C。

9. **答案**：D

分析：根据《复习教材》P69 可知，选项 D 错误，选项 ABC 正确。

10. **答案**：C

分析：根据《复习教材》第一行可知，选项 A 错误，AQI 共分一～六级，指数级别越大，表明污染越严重。由《复习教材》表 2.1-5 可知，AQI＝150 时为三级指数级别，轻度污染，选项 B 错误。由表 2.1-3 可知，选项 C 正确，API 评价污染物包括 SO_2，NO_2，PM10，PM2.5，O_3，CO。根据表 2.1-3 最后一列，API 的发布为一小时一次加日报，因此选项 D 错误，缺少日报频率要求。

11. **答案**：B

分析：根据《复习教材》第2.13.1节可知，空气静压从半清洁区、半污染区、污染区依次降低，压差值不小于5Pa。因此半清洁区比半污染区高5Pa静压，半污染区比污染区高5Pa静压，即半清洁区比污染区高10Pa静压。

12. **答案**：D

分析：根据《复习教材》P174倒数第3段第1行可知，选项A正确；由P174最后一行及P175第1行可知，选项BC正确。选项D错误，全面通风量需要按消除余热余湿以及消除有害物所需通风量的较大值确定。

13. **答案**：C

分析：根据《工规》第6.3.4条，冬季消除余热余湿，采用冬季室外通风计算温度，根据附录A.0.1-1可查得上海冬季通风室外计算温度为4.2℃。

14. **答案**：B

分析：根据《复习教材》第2.12.2节第（3）条可知，选项ACD均正确；选项B，气流进入开口处的风速不宜大于1m/s。

15. **答案**：C

分析：根据《民规》第6.6.11条可知，平面边长大于500m且曲率半径小于1.5倍平面边长时，应设弯管导流叶片，800×1.5=1200mm，因此选项C为不设导流叶片的最小曲率半径。

16. **答案**：C

分析：根据《复习教材》P190倒数第2段可知，选项A错误，需要设置在压力较高部位；由倒数第2段可知，选项B错误，超过150℃时，只需设置上部吸风；由P191第1段可知，选项C正确；由P191有关吸风口风速的规定可知，物料粉碎的控制风速为2m/s，因此吸风口直径最小为$d=\sqrt{\frac{4\times 0.8}{\pi\times 2}}=0.714\text{m}$，因此选项D直径过小。

17. **答案**：B

分析：根据《防排烟标准》第5.1.4条，选项A错误；根据第5.1.3.2条，选项B正确；根据第5.2.4条，选项C错误，应仅打开着火防烟分区的排烟口（阀）；根据第5.2.5条，选项D错误。

18. **答案**：A

分析：根据《复习教材》第2.13节第一段，选项A错误，应除甲类建筑外；根据P343上部，选项BCD均正确。

19. **答案**：B

分析：根据《复习教材》第2.11.4节第1条可知，选项B正确。

20. **答案**：A

分析：根据《复习教材》P348，选项A错误，如果周围环境温度（空气温度、围护结构及周围物体的表面温度）升高，则人体的对流和辐射散热量将减少，冬季相比夏季环境温度更低，则对流和辐射量将增大，选项BCD正确。

21. **答案**：A

分析：根据《复习教材》P356，选项A错误，应为0.8；选项BCD正确。

22. **答案**：A

分析：根据《复习教材》式（3.2-14），流动水面散湿量为：

$$G=\frac{G_1\times c\times(t_1-t_2)}{r}=\frac{18000\times4.1868\times0.2}{2450}=6.15\text{kg/h}$$

23. **答案**：C

分析：根据《复习教材》表3.2-1，选项A正确；根据P358，选项B正确；根据P363，选项C错误，应为85%；根据P363，选项D正确。

24. **答案**：C

分析：根据《复习教材》P388，地板风口的出风温度为17～18℃，温度太低会降低舒适性，选项A错误；根据P387～388，选项B错误，地板下设置风管的地板送风系统风口位置固定，灵活性差；根据P388，选项C正确；选项D错误，应控制在15m左右。

25. **答案**：B

分析：选项A，冷水机组蒸发器结垢会导致换热能力下降，可能导致冷冻水供水温度升高，但结果会造成所有房间温度升高，选项C也会导致所有房间温度升高，故AC错误；选项D，如果风机盘管选型偏小，则初期调试时就应该无法达到设计工况，错误；选项B，风管软接脱落，导致送入房间的风量减少，导致房间温度升高，正确。

26. **答案**：C

分析：根据《洁净规》第6.4.3条条文说明，选项ABD正确，选项C错误，如通过局部排风能控制住有害物，则直流式空调系统不合理，若局部排风无法有效控制有害物扩散，则局部排风之外还需要全面排风。

27. **答案**：C

分析：根据《工业设备及管道绝热工程设计规范》GB 50264—2013第5.8.2条，选项ABD正确，选项C错误。

28. **答案**：A

分析：根据《通风与空调工程施工质量验收规范》GB 50243—2016第9.1.1条，选项A正确。

29. **答案**：D

分析：根据《工业企业噪声控制设计规范》GB/T 50087—2013第6.3.2条，选项A正确；根据第6.3.4-1条，选项B正确；根据第6.3.5-1条，选项C正确；根据第6.3.6-2条，选项D错误。

30. **答案**：C

分析：根据《复习教材》P580～P581可知，选项ABD正确；选项C，制冷系数是否提高应根据Δq_0与Δw_c的变化程度来确定。

31. **答案**：A

分析：根据《复习教材》P700可知，选项A错误，乙烯乙二醇的载冷剂管路严禁选用内壁镀锌或含锌的管材。

32. **答案**：B

分析：根据《民规》第8.2.1条可知，选项B正确。

33. **答案**：B

分析：根据《复习教材》表4.3-4可知，只有对于中、低温机组才有吸气过热度的要求，选项A错误；根据612可知，选项B正确；根据图4.3-13可知，选项C错误，存在拐点；根据式（4.3-20）可知，选项D错误。

34. **答案**：D

分析：根据《复习教材》P602，开启式压缩机电动机独立于制冷剂系统之外，因而吸入制冷剂蒸汽的过热度减少；根据图4.3-4和图4.3-5，转子旋转一圈，每个基元容积压缩两次，选项D正确。

35. **答案**：B

分析：根据《复习教材》P643可知，选项A正确；根据P645可知，选项B错误，只有外界的温度条件相同时，选项B才成立；根据P646可知，选项C正确；根据式（4.5-15）可知，选项D正确。

36. **答案**：B

分析：根据《冷库规》，选项A参见第4.4.1条；选项B参见第4.3.1-6条，不应小于0.25MPa；选项C参见第4.3.3条；选项D参见第4.3.13条。

37. **答案：**B

分析：根据《复习教材》P596，一般把无机化合物的制冷剂和HCs类制冷剂统称为天然制冷剂，故选项B正确；由P594最后一段可知，R134a系统要使用干燥过滤器，由P596最后一段可知，氨系统不必设干燥器，故选项A错误；由P588可知，绝热指数越小，压缩机排气温度越低，而且还可以降低其功耗。

38. **答案：**D

分析：根据《复习教材》P679第三行可知，选D。

39. **答案：**C

分析：根据《绿色建筑评价标准》GB/T 50378—2019第5.1.2条条文说明，选项A正确；根据第5.1.6条条文说明，选项B正确；根据第5.1.9条，地下车库应设置与排风设备联动的一氧化碳浓度检测，选项C错误；根据第5.1.8条，选项D正确。

40. **答案：**B

分析：根据《建筑给水排水及采暖工程施工质量验收规范》GB 50242—2002第4.1.3条，应为螺纹连接，选项A错误；根据第4.1.4条，选项B正确；根据第4.1.6条，应为对口焊接，选项C错误；根据第4.1.5条，应为水泥捻口或橡胶圈接口，选项D错误。

(二) 多项选择题

41. **答案：**ABCD

分析：根据《工业设备及管道绝热工程设计规范》GB 50264—2013第5.1.1条可知，选项ABCD均符合要求。

42. **答案：**ABCD

分析：根据《辐射规》第3.5.13条可知，选项A正确；由第3.5.11条可知，选项B正确；由第3.5.14条可知，选项C正确；由第3.5.15条可知，选项D正确。

43. **答案：**ABD

分析：根据《严寒和寒冷地区居住建筑节能设计标准》JGJ 26—2018第5.2.10条可知，选项ABD正确，选项C错误。

44. **答案：**CD

分析：根据《复习教材》表1.6-10可知，选项AB错误；由表1.6-11可知，选项C正确；根据《民规》第5.9.21可知，选项D正确。

45. **答案**：BC

分析：根据《严寒和寒冷地区居住建筑节能设计标准》第5.2.5条可知，选项AD正确，选项BC错误。

46. **答案**：BCD

分析：根据《热工规》第7.3.4条可知，选项A错误，选项BCD正确。

47. **答案**：AB

分析：根据《复习教材》P33可知，选项AB正确，选项C错误；可知，选项D错误。

48. **答案**：ABCD

分析：根据《严寒和寒冷地区居住建筑节能设计标准》JGJ 26—2018第5.3.2条可知，选项AB正确；由第5.3.3条可知，选项CD正确。

49. **答案**：ABC

分析：根据《工规》第6.7.9条，选项ABC正确，选项D夹角宜为15°～45°

50. **答案**：BC

分析：由《复习教材》P223下方"静电除尘器的主要特点"的第3）条可知，选项A错误，最高不超过350℃；由第1）条可知选项B正确；由第5）条可知，适用范围为$10^4 \sim 10^{11}\Omega \cdot cm$，但根据《工规》第7.2.8条可知，应为$1\times10^4 \sim 4\times10^{12}\Omega \cdot cm$，故选项C正确；由P224倒数第2段可知，选项D错误，入口浓度不应超过30～$40g/m^3$。

51. **答案**：ABD

分析：根据《复习教材》P208倒数第二句可知，选项A正确；根据式（2.5-25）后边一段可知，选项B正确；根据P229第二段可知，选项C错误，冲激式除尘器的压力损失为1000～1600Pa；根据P230第二段可知，选项D正确。

52. **答案**：ABC

分析：根据《复习教材》第2.7.5节第2部分第（7）款可知，选项ABC正确，选项D错误，大气中扩散稀释的通风排气，排风口上不应设风帽。

53. **答案**：AC

分析：根据《复习教材》表2.10-21可知，选项AC正确。选项B：防火墙两侧排烟窗之间距离应大于2m；选项D：对于建筑面积大于$200m^2$的房间要求采用外开窗自然排烟。

54. **答案**：BD

分析：由《复习教材》P342 倒数第 3 段可知，选项 A 正确；由倒数第 1 段可知，选项 B 错误，对于多层建筑宜采用钢板或镀锌钢板，而高层建筑为“应”采用；由 P343 第（4）条可知，选项 C 正确；1kg→9.8N，180kg 的风机重力为 180×9.8/1000＝1.764kN，由 P343 第（5）条可知，只对于大于 1.8kN 的风机吊装要求采用抗震支吊架，选项 D 错误。

55. **答案**：ACD

分析：根据《公建节能》第 4.3.5-1 条可知，选项 A 正确；根据第 4.3.5-2 条，选项 B 错误；根据第 4.3.6 条，选项 C 正确；根据第 4.3.7 条，选项 D 正确。

56. **答案**：CD

分析：根据《多联机空调系统工程技术规程》JGJ 174—2010 第 3.4.3 条，选项 A 错误，负荷特性相差较大时宜分别设置多联机系统；根据第 3.4.4 条，选项 B 错误，室外机的额定冷量不能简单根据室内机的冷量总和进行选择，还需进行修正；根据第 3.4.5-2 条及第 3.4.5-3 条，选项 CD 正确。

57. **答案**：ABCD

分析：根据《复习教材》P385，选项 ABD 均正确，若将最大风量和最小风量设成相等，即可将变风量装置作为定风量装置使用；选项 C 为压力无关型末端的特点，如果是压力相关型，则会因为系统内静压变化而影响送风量，正确。

58. **答案**：ABCD

分析：根据《复习教材》P387，进深不大时（一般小于 7m），适合采用单风道变风量空调系统，选项 A 正确；房间进深较大时，内外区需要分别处理，因此可采用“外区独立风机盘管＋内区单风道变风量空调系统”，选项 B 合理；根据《复习教材》P386，选项 C 正确；根据《民规》第 7.3.8 条，选项 D 正确。

59. **答案**：AC

分析：系统冷水机组未处在满负荷工作状态，因此冷机制冷量不是导致问题的原因，选项 B 错误；由于机组与水泵一一对应设置，连锁启停，加入 1 台水泵会导致小温差大流量现象，对于产生的问题没有改观，反而会增加能耗，选项 D 错误；选项 AC 是可能的原因及措施。

60. **答案**：ABC

分析：根据《复习教材》P383～383，选项 ABC 正确；根据 P387，选项 D 错误，单组合式机组的单风道变风量系统无法满足分区空调的需求。

61. **答案**：ABC

分析：根据《复习教材》P530～531，选项 ABC 正确，选项 D 错误，全空气系统是根据回风温度控制水阀的。

62. **答案：** ABCD

分析： 根据《复习教材》P655 可知，产生不凝性气体的主要原因为渗入空气和腐蚀，故选项 ABC 正确；根据 P666 可知，选项 D 正确。

63. **答案：** ACD

分析： 根据《复习教材》P586～P587 可知，选项 ACD 正确。

64. **答案：** AD

分析： 根据《复习教材》P649 可知，选项 A 正确；热力系数可以提高到 1.1～1.2，单效溴化锂吸收式制冷机的热力系数较低，为 0.65～0.7，故选项 B 错误；冷凝器中冷却水排走的主要是低压发生器的冷剂水蒸气的凝结热，选项 C 错误；溶液的最高温度取决于热源温度，溶液的压力与热源温度有关，故选项 D 正确。

65. **答案：** AC

分析： 选项 A：由于蒸发温度低，蓄冷机组效率低于常规制冷机组，再加上蓄冷损耗，因此不能节约电耗，但是由于峰谷电价的影响，能够节约运行费用；选项 B：夜间负荷较大时宜专门设置机载制冷机；根据《复习教材》P683 可知，选项 C 正确；根据 P701 可知，选项错误。

66. **答案：** ACD

分析： 根据《复习教材》表 4.1-1 可知，采用回热循环后 R22 和 R717 的制冷系数减少，R502 制冷系数提高；根据图 4.1-11 可知，回热循环单位质量冷凝热增大，压缩机排气温度升高；由于采用回热循环，压缩机吸气口温度升高，压缩机吸气口比容变大，导致制冷剂质量流量变小。

67. **答案：** BCD

分析： 根据《直燃型溴化锂吸收式冷（温）水机组》GB/T 18362—2008 第 5.3.6 条，选项 A 错误；根据第 5.3.5 条，选项 B 正确；根据第 5.3.1 条，选项 C 正确；根据第 5.3.3 条，选项 D 正确。

68. **答案：** ABCD

分析： 根据《建筑给水排水设计标准》GB 50015—2019 第 6.3.7 条可知，选项 ABC 正确；根据第 5.2.11 条可知，选项 D 正确。

69. **答案：** ABD

分析： 根据《城镇燃气设计规范》GB 50028—2006（2020 版）第 10.2.4-1 条可知，选项 A 错误，中压要求无缝钢管；根据第 10.2.6-2 条可知，选项 B 错误，应为 3.5mm；

根据第 10.2.5 条～第 10.2.8 条可知，选项 C 正确；根据第 10.2.23-3 条可知，选项 D 错误。

70. **答案**：BD

分析：由《绿色工业建筑评价标准》GB/T 50878—2013 第 3.2.2 条可知，选项 A 错误，分为“规划评价”和“全面评价”；由第 3.2.7 条可知，选项 B 正确；由第 3.2.5 条可知，评价体系除了七类指标外，还有技术进步与创新，故选项 C 错误；由第 3.2.6 条可知，选项 D 正确。

全真模拟 1 · 专业案例（上）参考答案及解析

答案汇总列表

题号	答案	题号	答案	题号	答案
1	C	11	C	21	A
2	D	12	D	22	D
3	B	13	C	23	C
4	B	14	B	24	B
5	B	15	C	25	C
6	C	16	A		
7	C	17	B		
8	B	18	B		
9	C	19	D		
10	B	20	A		

1. **答案：** C

主要解题过程： 由《工规》查得石家庄室外供暖设计温度为−6.2℃。由围护结构热负荷计算可知，室内温度发生变化后，热负荷与室内外温差成正比：

$$Q_2 = \frac{Q_1 \times \Delta t_2}{\Delta t_1} = \frac{120 \times [12-(-6.2)]}{14-(-6.2)} = 108\text{kW}$$

由《工规》第 5.5.4 条可知，需要考虑燃烧空气带来的新风热负荷：

$$Q_2' = G \times c_p \times \Delta t = 0.75 \times 1.01 \times [12-(-6.2)] = 14\text{kW}$$

燃气红外线供暖热负荷为：

$$Q = Q_1 + Q_2 = 108 + 14 = 122\text{kW}$$

2. **答案：** D

主要解题过程： 根据《严寒和寒冷地区居住建筑节能设计标准》JGJ 26—2018 附录 D. 0. 1 可知，$x = A/B = 1000/2400 = 0.42$。查表 D. 0. 1 拟合系数 $a=0.65$，$b=-1.00$，$SC_s = ax^2 + bx + 1 = 0.65 \times 0.42^2 - 1.0 \times 0.42 + 1 = 0.69$

3. **答案：** B

主要解题过程： 顶层散热器资用压力为：

$$7.5 \times 1000 + 9.8 \times (977.9 - 962) \times (6+6+6) \times 2/3 = 9369.84\text{Pa}$$

顶层环路相对于底层环路的不平衡率为：

$$\chi = \left| \frac{9369.84 - (0.5 \times 3 \times 2 + 7.5) \times 1000}{9369.84} \right| \times 100\% = 12.1\%\text{Pa}$$

4. **答案：**B

主要解题过程：根据《公建节能》第4.3.3条可确定设计工况点效率最低为：

$$\eta_b \geqslant \frac{0.003096\Sigma(G\times H)}{Q\times A\times(B+\alpha\Sigma L)/\Delta T}=\frac{0.003096\times(34.4\times 32\times 2)}{2000\times 0.004225\times(17+0.0069\times 1000)/25}=84.4\%$$

5. **答案：**B

主要解题过程：根据《复习教材》P138可知，干管压力损失 $\Delta P_w = RL(1+\alpha_j) = 60\times 1000\times(1+0.3) = 78000\text{Pa} = 78\text{kPa}$。

水力稳定性系数 $y=\sqrt{\frac{\Delta P_y}{\Delta P_w+\Delta P_y}}=\sqrt{\frac{30}{78+30}}=0.53$。

6. **答案：**C

主要解题过程：根据《复习教材》P103可知，管道的热伸长量为：$\Delta X = 0.012\times(t_1-t_2)\times L = 0.012\times(75+7.6)\times 60 = 59.47\text{mm}$

7. **答案：**C

主要解题过程：由《工规》表A.0.1-1查得长春冬季供暖室外计算温度为-21.1℃。由题意，新风系统送风量 $G_{jj} = 70\% G_{jp} = 70\%\times 0.9 = 0.63\text{kg/s}$。

由风量平衡可计算，自然进风量 $G_{zj} = G_{jp} - G_{jj} = 0.9 - 0.63 = 0.27\text{kg/s}$。

可计算室温18℃下空气密度 $\rho_n = \frac{353}{273+18} = 1.213\text{kg/m}^3$。

由题意，进行热量平衡时，需要考虑2台熔锻炉稳定发热功率，以及25kW散热器散热量：$60+1.01\times 0.9\times 18=(12\times 2+25)+1.01\times 0.63\times 20+1.01\times 0.27\times(-21.1)+1.01\times\left(15\times\frac{600}{3600}\right)\times 1.213\times(t_s-18)$ 可解得，$t_s = 24.7$℃。

8. **答案：**B

主要解题过程：由《民规》附录1查得，北京冬季空调供暖室外计算温度为-9.9℃，冬季供暖室外计算温度为-7.6℃，冬季通风室外计算温度为-3.6℃。

根据《复习教材》P121，空调供暖设计热负荷为：

$$Q_a = q_a\cdot A_k\cdot 10^{-3} = 16000\times 100\times 10^{-3} = 1600\text{kW}$$

根据《复习教材》P123，改造前空调供暖全年耗热量

$$Q_a^a = 0.0036T_aNQ_a\frac{t_i-t_a}{t_i-t_{o,a}} = 0.0036\times 15\times 123\times 1600\times\frac{20-(-0.7)}{20-(-9.9)} = 7357\text{GJ}$$

改造后供暖热负荷 $Q_h = q_f\cdot F\cdot 10^{-3} = 50\times 16000\times 10^{-3} = 800\text{kW}$。

改造后地上部分全年耗热量 $Q'^a_a = 0.0864NQ_j\frac{t_i-t_a}{t_i-t_{o,h}} = 0.0864\times 123\times 800\times\frac{20-(-0.7)}{20-(-7.6)} = 6376\text{GJ} < 7357\text{GJ}$。

改造后全年耗热量下降，下降幅度 $\Delta Q_a = Q_a^a - Q'^a_a = 7357 - 6376 = 981\text{GJ}$。

9. **答案**：C

主要解题过程：由题意，根据《复习教材》式（2.12-5），设备散热量为：

$$Q=(1-\eta_1)\eta_2\Phi W=(1-0.98)\times0.75\times0.95\times600=8.55\text{kW}$$

消除余热所需通风量为：

$$G=\frac{Q_1+Q_2}{\rho c_p(t_n-t_w)}=\frac{8.55+3}{1.2\times1.01\times(40-32)}=1.191\text{m}^3/\text{s}=4288\text{m}^3/\text{h}$$

10. **答案**：B

主要解题过程：室内 CO_2 产生量 $y=22.6\times150=3390\text{L/h}=0.942\text{L/s}$。

CO_2 分子量为 44，折算质量流量 $x=\dfrac{My}{22.4}=\dfrac{44\times0.942}{22.4}=1.85\text{g/s}$。

送风含有 CO_2 的体积浓度为 300ppm，折算质量浓度 $y_0=\dfrac{MC_0}{22.4}=\dfrac{44\times300}{22.4}=589\text{mg/m}^3=0.589\text{g/m}^3$。

CO_2 浓度随时间的增长而增加，则 2h 运行的末端时刻最大 CO_2 质量浓度为：

$$y_2=\frac{MC_2}{22.4}=\frac{44\times2000}{22.4}=3929\text{mg/m}^3=3.93\text{g/m}^3$$

带入《复习教材》式（2.2-1a）计算经过房间所需送风量为：

$$L=\frac{1.85}{3.93-0.598}-\frac{120\times3.5}{3600\times2}\times\frac{3.93-0.598}{3.93-0.598}=0.497\text{m}^3/\text{s}=1789\text{m}^3/\text{h}$$

可计算人均新风量为：

$$L_0=\frac{1789}{150}=11.9\text{m}^3/(\text{h}\cdot\text{p})$$

11. **答案**：C

主要解题过程：由题意病房所需送风量为：$L_j=15\times(40\times3)=1800\text{m}^3/\text{h}$。

保持房间负压，则机械排风量应大于机械进风量，自缝隙流入房间的自然通风量按 15Pa 压差计算，由《复习教材》式（2.3-1）可计算缝隙压差为：

$$L=\mu F\sqrt{\frac{2\Delta P}{\rho}}=0.83\times[(1.3\times2+2.1\times3)\times0.003]\times\sqrt{\frac{2\times5}{1.2}}$$
$$=0.064\text{m}^3/\text{s}=230\text{m}^3/\text{h}$$

因此，房间排风量 $L_p=L_j+L=1800+230=2030\text{m}^3/\text{h}$。

12. **答案**：D

主要解题过程：根据《防排烟标准》第 4.6.4 条计算系统计算排烟量。

一层净高大于 6m，按单个防烟分区排烟量最大的一个计算排烟量，《防排烟标准》表 4.6.3 表列展览厅排烟量为 91000m³/h，办公排烟量为 63000m³/h，一层房间排烟量应为烟羽流计算流量与表列值之间的较大值，因此展览厅排烟量为 91000m³/h，办公排烟量为 85000m³/h。一层排烟量按排烟量最大的一个房间排烟量确定，因此一层排烟量为

$91000m^3/h$，二层～四层净高均不大于6m，每个防烟分区排烟量按 $60m^3/(h \cdot m^2)$ 且不小于 $15000m^3/h$ 计算。二层仅两个防烟分区，相邻和即为最大排烟量。

展览排烟量：$L_{21}=600\times60=36000m^3/h$。

办公排烟量：$L_{22}=400\times60=24000m^3/h$。

二层排烟量：$L_2=L_{21}+L_{22}=36000+24000=60000m^3/h$。

同理可计算三层排烟量为 $42000m^3/h$，四层排烟量为 $48000m^3/h$。

因此系统所需排烟量为各层最大值，即 $91000m^3/h$。排烟风机排烟量为计算排烟量的1.2倍，即 $L=1.2\times91000=109200m^3/h$。

13. **答案**：C

主要解题过程：该娱乐场所营业时间为12h，计算从营业时刻开始第5个小时的人员散热量，根据《民规》第7.2.7-3条及附录H表H.0.5-1，查得 $C_{clrt}=0.89$。

$$CL_{rt}=C_{clrt}\varphi Q_{rt}=0.89\times0.9\times88\times60=4229W$$

14. **答案**：B

主要解题过程：房间1最大显热负荷为4560W，故需求的送风温度为：

$$t_1=t_n-\frac{Q_1}{c_p\rho L_{1max}}=24-\frac{4564\times3.6}{1.01\times1.2\times2000}=17.2℃$$

房间2最大显热负荷为8865W，故需求的送风温度为：

$$t_2=t_n-\frac{Q_2}{c_p\rho L_{2max}}=24-\frac{8865\times3.6}{1.01\times1.2\times3000}=15.2℃$$

房间3最大显热负荷为3930W，故需求的送风温度至少为：

$$t_3=t_n-\frac{Q_3}{c_p\rho L_{3max}}=24-\frac{3930\times3.6}{1.01\times1.2\times2500}=16.2℃$$

一次风集中处理，送风温度15℃最合理。

15. **答案**：C

主要解题过程：根据《民规》第7.4.1条条文说明，为满足 $ADPI=100\%$，则 $-1.7\leqslant EDT\leqslant1.1$，代入式（29），得：

$$t_i=EDT+7.66(u_i-0.15)+t_n=(-1.7,1.1)+7.66\times(0.25-0.15)+25$$
$$=(24.1,26.9)℃$$

16. **答案**：A

主要解题过程：根据《复习教材》式（2.8-3），风机功率为：

$$N=\frac{L\times P}{3600\times1000\times\eta\times\eta_m}=\frac{8000\times600}{3600\times1000\times0.95\times0.68}=2.1kW$$

根据式（3.9-8），该风机声功率级为：

$$L_W=67+10\lg N+10\lg P=67+10\times\lg2.1+10\times\lg600=98dB(A)$$

根据式（3.9-9），500Hz频带下的声功率级为：

$$L_{W,Hz}=L_W+\Delta b=98-17=81dB(A)$$

17. **答案**：B

主要解题过程：根据《公建节能》第4.3.9条，查各附表得 $\Delta T=5℃$，$A=0.003749$，$B=33$。

$$a=0.016+\frac{1.6}{\Sigma L}=0.016+\frac{1.6}{800}=0.018$$

$$EC(H)R=\frac{0.003096\Sigma(GH/\eta_b)}{Q}$$

$$=\frac{0.003096\times\left(\frac{516\times2\times20}{\eta}+\frac{293\times20}{74\%}+\frac{207\times2\times27}{70\%}+\frac{327\times2\times25}{76\%}+\frac{258\times28}{73\%}\right)}{3000\times2+1700}$$

$$=\frac{0.0083}{\eta}+0.0222$$

$$\frac{A(B+\alpha\Sigma L)}{\Delta T}=\frac{0.003749\times(33+0.018\times800)}{5}=0.0355$$

根据 $\frac{0.003096\Sigma(GH/\eta_b)}{Q}\leqslant\frac{A(B+\alpha\Sigma L)}{\Delta T}$，得：

$$\eta\geqslant\frac{0.0083}{0.0355-0.0222}=0.62$$

18. **答案**：B

主要解题过程：新风不影响室内洁净，依靠回风循环过滤满足洁净要求，根据《复习教材》式（3.6-8），送风含尘浓度需满足 $N_S=aN-\frac{60G}{n}=0.6\times352000-\frac{60\times2.0\times10^5}{60}=11200pc/(m^3\cdot h)$。

串联过滤后的实际送风含尘浓度应保证低于满足洁净所需的浓度，则有：

$$N\times(1-\eta_{粗})(1-\eta_{中})(1-\eta_{高})\leqslant N_S$$

$$\eta_{高}\geqslant1-\frac{N_S}{N\times(1-\eta_{粗})(1-\eta_{中})}=1-\frac{11200}{352000\times(1-15\%)\times(1-35\%)}=94.2\%$$

19. **答案**：D

主要解题过程：根据 $Q=cm(t_{a2}-t_{a1})$，则有 $t_{a2}=35+\frac{60}{15\times1.01}=35+4=39℃$。

则冷凝器面积 $A=\frac{Q}{K\times\frac{t_{a2}-t_{a1}}{\ln\frac{t_k-t_{a1}}{t_k-t_{a2}}}}=\frac{60\times1000}{30\times\frac{39-35}{\ln\frac{48-35}{48-39}}}=183.9m^2$。

20. **答案**：A

主要解题过程：热泵热水器耗电量 $W_1=\dfrac{Q}{COP}=\dfrac{Q}{3.5}$

电热水器耗电量 $W_2=Q\cdot\eta=0.9Q$

二者比值 $\dfrac{W_1}{W_2}=\dfrac{1}{3.5\times0.9}=0.32$

21. **答案**：A

主要解题过程：根据《复习教材》式（4.5-15），循环倍率为：$f=\dfrac{m_3}{m_4}=\dfrac{10.9}{10.9-10.2}=15.57$。

由题意可知：$\xi_s=0.6$，则有 $f=\dfrac{\xi_s}{\xi_s-\xi_w}=\dfrac{0.6}{\xi_s-\xi_w}=15.57$。

解得：$\xi_s-\xi_w=\dfrac{0.6}{15.57}=0.039$。

22. **答案**：D

主要解题过程：根据《复习教材》P577～P578 可知，使用膨胀阀时制冷系数：$\varepsilon_1=\dfrac{h_1-h_4}{h_2-h_1}=\dfrac{420-270}{450-420}=5$。

使用膨胀机时制冷系数：制冷量 $\phi=h_1-h_{4'}=420-260=160\text{kW}$。

功耗为压缩机功耗-膨胀功，故有 $w=(h_2-h_1)-(h_4-h_{4'})=(450-420)-(270-260)=20\text{kW}$。$\varepsilon_2=\dfrac{160}{20}=8$，则 $\dfrac{\varepsilon_2}{\varepsilon_1}=\dfrac{8}{5}\times100\%=160\%$。

23. **答案**：C

主要解题过程：根据《复习教材》表 4.8-15 可知：$\eta=0.5$。由小注 2 可知：$\eta=0.5\times0.8=0.4$。查表 4.8-17：$\rho=230\text{kg/m}^3$。根据式（4.8-11）可知：

$$G=\frac{\sum V_i\rho_s\eta}{1000}=\frac{1200\times230\times0.4}{1000}=110.4\text{t}$$

由《复习教材》P727 得：

$$G'=10\%\times G=10\%\times110.4=11\text{t}$$

24. **答案**：B

主要解题过程：能源消耗量：

$$P=\frac{100\times36000}{3600}+\frac{15}{0.45}=1033.33$$

性能系数 $n=\dfrac{1125}{1033.33}=1.08$。

根据《公建节能》GB 50189—2015 第 4.2.19 条可知，不满足要求。

25. **答案**：C

主要解题过程：查《建筑给水排水设计标准》GB 50015—2019 表 3.7.6 得：$\alpha=1.6$。根据式（3.7.5）及第 3.7.7 条可知，大便器当量为 0.5，秒流量附加 1.2L/s。

当量总数：$N_g=0.5\times3+0.5\times3+0.5\times2=4$。

设计秒流量：$q_g=0.2\times1.6\times\sqrt{4}+1.2=1.84$L/s。

全真模拟1·专业案例（下）参考答案及解析

答案汇总列表

题号	答案	题号	答案	题号	答案
1	C	11	C	21	D
2	D	12	C	22	D
3	C	13	A	23	C
4	A	14	D	24	C
5	A	15	B	25	C
6	D	16	D		
7	A	17	C		
8	D	18	B		
9	D	19	C		
10	B	20	C		

1. **答案**：C

主要解题过程：体形系数：$S=\dfrac{(70+20)\times2\times3.6\times6+70\times20}{70\times20\times3.6\times6}=0.17$。

外墙的传热系数限值：$K=\dfrac{0.5}{1.2}=0.417\text{W}/(\text{m}^2\cdot\text{K})$。

保温材料厚度应满足：

$$\frac{1}{0.417}=0.115+\frac{0.15}{0.28\times1.25}+\frac{0.02}{0.87}+\frac{\delta}{0.03}+0.67+0.04$$

解得，$\delta=33.6\text{mm}$。

2. **答案**：D

主要解题过程：根据《民用建筑热工设计规范》GB 50176—2016 附录A查得，$t_{wn}=-5.3$，$t_{p.min}=-9.6$；根据《复习教材》表1.1-12，可知：

$$t_w=0.3t_{wn}+0.7t_{p.min}=0.3\times(-5.3)+0.7\times(-9.6)=-8.31℃$$

根据《复习教材》式（1.1-5），可知：

$$R_{0.min}=\frac{(t_n-t_w)}{\Delta t_y}R_n-(R_n+R_w)=\frac{(18+8.31)}{3}\times0.11-(0.11+0.04)=0.81\text{m}^2\cdot\text{K/W}$$

考虑密度和温差修正后的围护结构最小值为：

$$R_0=\varepsilon_1\varepsilon_2R_{0.min}=1.3\times1\times0.81=1.05\text{m}^2\cdot\text{K/W}$$

3. **答案**：C

主要解题过程：根据《辐射规》第3.3.1条和第3.3.2条可知：

$$Q_f = Q_d \times \frac{t'_n - t_w}{t_n - t_w} = [(200+300)\times 85\% + 500] \times \frac{18+7.6}{20+7.6} = 858\text{W}$$

4. **答案：**A

主要解题过程：环路 1 的阻力数 $S_1 = \frac{4000}{1^2} = 4000\text{Pa}/(\text{kg}\cdot\text{s})^2$。

环路 2 的阻力数 $S_2 = \frac{4500}{1.2^2} = 3125\text{Pa}/(\text{kg}\cdot\text{s})^2$。

供暖系统总流量 $G_s = \frac{Q}{c\times\Delta t} = \frac{280000}{4187\times 28} = 2.675\ \text{kg/s}$。

环路 1 的实际流量为：

$$\frac{G_{t1}}{G_{t2}} = \frac{1}{\sqrt{S_1}} : \frac{1}{\sqrt{S_2}} = \frac{1}{\sqrt{4000}} : \frac{1}{\sqrt{3125}} = 0.884$$

$$G_{t1} = G_s \times \frac{0.883}{0.883+1} = 2.675 \times \frac{0.883}{0.883+1} = 1.255\text{kg/s}$$

5. **答案：**A

主要解题过程：由题意改造前小区供热量为：

$$Q = 150000\times 55\times(1+10\%) = 9075000\text{W} = 9075\text{kW}$$

每天耗煤量为：

$$m = \frac{QT}{A\eta} = \frac{9075\times(3600\times 24)}{77\%\times 29307} = 34745\text{kg} = 34.745\text{t}$$

改造后小区供热量为：

$$Q' = 150000\times 45\times(1+10\%) = 7425000\text{W} = 7425\text{kW}$$

每天耗煤量为：

$$m' = Q'Ta = 7425\times(3600\times 24)\times(34.12\times 10^{-6}) = 21889\text{kg} = 21.889\text{t}$$

每天节煤量为：

$$\Delta m = m - m' = 34.745 - 21.889 = 12.856\text{t}$$

6. **答案：**D

主要解题过程：由《工规》表 A.0.1-1 查得天津冬季供暖室外计算温度为－7.0℃。由风量平衡可计算，自然进风量 $G_{zj} = G_{jp} - G_{jj} = 1.8 - 1.6 = 0.2\text{kg/s}$。

由题意，进行热量平衡计算：

$$32 + 1.01\times 1.8\times 18 = 1.01\times 1.6\times t_{jj} + 1.01\times 0.2\times(-7.0)$$

可解得，$t_{jj} = 40.9℃$。

直接加热新风所需加热量为：

$$Q = G_{jj}c_p(t_{jj} - t_w) = 1.6\times 1.01\times[40.9-(-7.0)] = 77.4\text{kW}$$

每天热回收装置回收热量：

$$Q_h = G_{jp}c_p(t_{jp} - t_w)\eta_t = 1.8\times 1.01\times[18-(-7.0)]\times 55\% = 25.0\text{kW}$$

空气加热器加热量为：

$$Q_j = Q - Q_h = 77.4 - 25.0 = 52.4\text{kW}$$

7. **答案：** A

主要解题过程： 由题意可计算室内散热量 $q_v = \dfrac{360 \times 1000}{2000 \times 12} = 15\text{W/m}^3$。

由厂房高度 12m 可查《复习教材》表 2.3-3 得温度梯度为 0.4℃/m，可计算天窗排风温度为：

$$t_p = 32 + 0.4 \times (12 - 2) = 36℃$$

$$\rho_p = \frac{353}{273 + 36} = 1.142\text{kg/m}^3$$

由题意，根据《复习教材》表 2.3-6 可查得此天窗局部阻力系数为 4.64，可按式 (2.3-21) 计算窗孔流速 $v_t = \sqrt{\dfrac{2\Delta P_t}{\xi \rho_p}} = \sqrt{\dfrac{2 \times 1.3}{4.64 \times 1.142}} = 0.7\text{m/s}$。

厂房所需通风量为：

$$G = \frac{Q}{c\rho_p(t_p - t_w)} = \frac{360}{1.01 \times 1.142 \times (36 - 28)} = 39\text{m}^3/\text{s}。$$

天窗窗孔面积为：

$$F = \frac{G}{v_t} = \frac{39}{0.7} = 55.7\text{m}^2$$

8. **答案：** D

主要解题过程： 由题意，排风罩口敞开面周长 $P = 4 \times 1.8 = 7.2\text{m}$。

由《复习教材》式 (2.4-9)，得：

$$L = KPHv_x = 1.4 \times 7.2 \times 0.5 \times 0.6 = 3.024\text{m}^3/\text{s} = 10886.4\text{m}^3/\text{h}$$

9. **答案：** D

主要解题过程： 由《工规》附录 A.0.1-1 查得上海夏季室外通风计算温度为 31.2℃。

由《复习教材》式 (2.3-18) 可计算排风温度为：

$$t_p = t_w + \frac{t_n - t_w}{m} = 31.2 + \frac{35 - 31.2}{0.4} = 40.7℃$$

$$\rho_w = \frac{353}{273 + 31.2} = 1.160\text{kg/m}^3$$

$$\rho_p = \frac{353}{273 + 40.7} = 1.125\text{kg/m}^3$$

进风窗与中和面间距 $h_1 = 8.14 - 2.14 = 6\text{m}$。

排风窗与中和面间距 $h_2 = 13 - 8.14 = 4.86\text{m}$。

由式 (2.3-14) 与 (2.3-15)，得：

$$\frac{F_a}{F_b} = \frac{\dfrac{G}{\mu_a\sqrt{2h_1 g(\rho_w - \rho_{np})\rho_w}}}{\dfrac{G}{\mu_b\sqrt{2h_2 g(\rho_w - \rho_{np})\rho_p}}} = \frac{\mu_b}{\mu_a}\frac{\sqrt{h_2\rho_p}}{\sqrt{h_1\rho_w}} = \sqrt{\frac{4.86 \times 1.125}{6 \times 1.160}} = 0.886$$

排风窗面积 $F_b=\dfrac{F_a}{0.886}=\dfrac{30}{0.886}=33.86\text{m}^2$。

10. **答案：**B

主要解题过程：人员新风量及环境新风量之和 $L_r=25\times450+700\times3=13350\text{m}^3/\text{h}$。

保持微正压所需漏风量 $L_z=6\times20=1200\text{m}^3/\text{h}$。

根据风量平衡可计算所需排风量。

$$L_p=L_r-L_z=13350-1200=12150\text{m}^3/\text{h}$$

11. **答案：**C

主要解题过程：有喷淋的办公室，由《防排烟标准》第 4.6.7 条可确定热释放速率为 1.5MW，按照式（4.6.11-1）参数说明可知，$Q_c=0.7Q=0.7\times1500=1050\text{kW}$。

根据《防排烟标准》第 4.6.12 条可计算烟层平均温度与环境温度的差为：

$$\Delta T=\frac{KQ_c}{M_\rho c_p}=\frac{1\times1050}{6.4\times1.01}=162.4\text{K}$$

房间计算排烟量 $V=500\times60=30000\text{m}^3/\text{h}=8.33\text{m}^3/\text{s}$。

根据《防排烟标准》第 4.6.14 条可计算单个排烟口最大排烟量为：

$$V_{max}=4.16\cdot\gamma\cdot d_b^{\frac{5}{2}}\left(\frac{T-T_0}{T_0}\right)^{\frac{1}{2}}=4.16\times1\times1^{\frac{5}{2}}\times\left(\frac{455.6-293.15}{293.15}\right)^{\frac{1}{2}}=3.10\text{m}^3/\text{s}$$

所需排烟口数量为：

$$n=\frac{V}{V_{max}}=\frac{8.3}{3.1}=2.7\text{个}\approx3\text{个}$$

12. **答案：**C

主要解题过程：单台小轿车的排气量 $1.5\text{m}^3/(\text{台}\cdot\text{h})=0.025\text{m}^3/(\text{台}\cdot\text{min})$。由《复习教材》P337 或《民规》条文说明式（19）～式(21) 可知：

库内汽车排出气体的总量：

$$M=\frac{T_1}{T_0}mtkn=\frac{273+500}{273+20}\times0.025\times6\times\frac{40}{120}\times120=15.8\text{m}^3/\text{h}$$

车库内排放 CO 的量：

$$G=My=15.8\times55000=869000\text{mg/h}$$

车库所需排风量：

$$L_1=\frac{G}{y_1-y_0}=\frac{869000}{30-3}=32185\text{m}^3/\text{h}$$

按换气次数法计算所需排风量为：

$$L_2=6\times1700\times3=30600\text{m}^3/\text{h}$$

两者取较大值，则所需排风量为 $32185\text{m}^3/\text{h}$。

13. **答案：**A

主要解题过程：查 h-d 图得，$h_W=84.9\text{kJ/kg}$，$h_N=52.5\text{kJ/kg}$，则新风冷负荷为：

$$Q_X = \frac{\rho L_X(1-\eta)(h_W - h_N)}{3600} = \frac{1.2 \times 3000 \times (1-60\%)(84.9-52.5)}{3600} = 12.96\text{kW}$$

组合式空调机组供冷量为：

$$Q_C = Q_X + Q = 12.96 + 40 = 52.96\text{kW}$$

14. **答案**：D

主要解题过程：根据房间显热负荷及送风温差计算末端装置一次风最大送风量，有：

$$Q_{显热} = Q_{围护结构} + Q_{照明} + Q_{人员显热} = 3000 + 234 + 200 = 3434\text{W}$$

$$L_{max-一次风} = \frac{3.6Q_{显热}}{c_p\rho(t_n - t_o)} = \frac{3.6 \times 3434}{1.01 \times 1.2 \times (24-18)} = 1700\text{m}^3/\text{h}$$

冬季一次风维持最小送风量，为：

$$L_{min-一次风} = 50\% \times L_{max-一次风} = 50\% \times 1700 = 850\text{m}^3/\text{h}$$

为保证冬季送风温度为28℃，风机送风再热后的温度为：

$$t_{再热} = \frac{L_{总}\ t'_o - L_{min-一次风} t_o}{L_{风机}} = \frac{(850+1150) \times 28 - 850 \times 18}{1150} = 35.4℃$$

则再热盘管热水流量为：

$$G = \frac{c_p\rho_{风}\ L_{风机}(t_{再热} - t'_n)}{c(t_2 - t_1)} = \frac{1.01 \times 1.2 \times 1150 \times (35.4-22)}{4.18 \times (60-50)} = 446.8\text{kg/h}$$

15. **答案**：B

主要解题过程：

解法1：

根据《09技术措施》表6.9.6-1，得：

$$V_P = 15.96 \times 75 = 1197(\text{L})$$

解法2：

根据表6.9.6-1注，循环水加热前水温按5℃计，供回水按平均水温 $\frac{60+50}{2} = 55℃$ 计，根据表6.9.6-2查得 $\rho_{5℃} = 1000\text{kg/m}^3$，$\rho_{55℃} = 985.7\text{kg/m}^3$，又根据式（6.9.6-2），系统最大的膨胀水量为：

$$V_P = 1.1 \times \frac{\rho_{5℃} - \rho_{55℃}}{\rho_{5℃}} \times 1000 \times V_C = 1.1 \times \frac{1000-985.7}{985.7} \times 1000 \times 75 = 1197\text{L}$$

16. **答案**：D

主要解题过程：根据《09技术措施》式（6.9.7）中调节容积的解释，气压罐的调节容量为：

$$V_t \geqslant 2\text{m}^3/\text{h} \times 1/4 \times 3/60 = 0.025\text{m}^3$$

根据式（6.9.8），气压罐应吸纳的最小水容积为：

$$V_{Xmin} = V_t + V_P = 25 + 1197 = 1222\text{L}$$

气压罐实际总容积为：

$$V_Z = V_{Zmin} = V_{Xmin} \times \frac{P_{2max} + 100}{P_{2max} - P_0} = 1222 \times \frac{630+100}{630-420} = 4248\text{L}$$

17. **答案**：C

主要解题过程：根据《洁净规》第6.2.3条条文说明，采用缝隙法计算漏风量，室内维持10Pa正压时，密闭门的单位漏风量取6m³/(h·m)，则漏风量为：

$$L_{漏风量}=(1.8\times2+2.1\times3)\times3\times6\times1.1=196\text{m}^3/\text{h}$$

人员需求新风量 $L_{人员}=50\times40=2000\text{m}^3/\text{h}$。

根据第6.1.5条，总需求新风量 $L=\max(L_{漏风}+L_{排风},L_{人员})=\max(196+2400,2000)=2596\text{m}^3/\text{h}$。

18. **答案**：B

主要解题过程：空气处理过程如右图所示，经间接蒸发冷却后的W1点温度为：

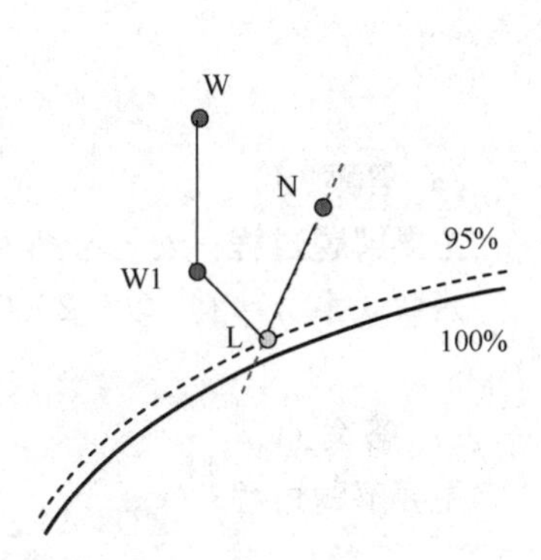

$$t_{w1}=t_w-\frac{Q_{间接}}{c_pG}=34.1-\frac{121.5}{1.01\times8.24}=14.6℃$$

沿室外W点作等湿线与14.6℃等温线相交于W1点，过W1点做等焓线，与室外90%相对湿度线相交于L点，L点为送风机器露点且位于房间热湿比线上，查图得 $h_L=12.5\text{kJ/kg}$，$d_L=8\text{g/kg}$，则房间湿负荷为：

$$W=\frac{Q(d_N-d_L)}{h_N-h_L}=\frac{126\times(0.0108-0.008)}{52.8-12.5}$$

$$=0.00875\text{kg/s}=31.5\text{kg/h}$$

19. **答案**：C

主要解题过程：根据《复习教材》式（4.8-20），得

$$Q_1=KA\alpha(t_w-t_n)$$

则有 $K=\dfrac{Q_1}{A\times\alpha\times(t_w-t_n)}=\dfrac{q}{\alpha\times(30-5)}=\dfrac{0.5}{25\alpha}$

环境温度为40℃时，有

$$\frac{Q_1}{A}=K\alpha(t_w-t_n)=\frac{0.5}{25\alpha}\times\alpha\times(40-5)=0.7\text{W/m}^2$$

20. **答案**：C

主要解题过程：根据《复习教材》式（4.5-6）可知消耗的热量 $Q_g=\dfrac{Q_0}{\varepsilon}=\dfrac{2000}{1.15}=1739\text{kW}$。

故冷却水需要带走的热量 $Q=2000+1739=3739\text{kW}$。

冷却水流量 $G=\dfrac{Q}{c\Delta t}=\dfrac{3739}{4.18\times5}=178.9\text{kg/s}=644\text{kW}$。

21. **答案**：D

主要解题过程：根据《复习教材》P739可知，系统可采用冷负荷系数法进行计算。

由图 4.9-3(a) 可知，冷负荷系数 $\varphi=1.2$。

$$Q_c=\varphi Q_e=1.2\times130=156\text{kW}$$

22. **答案**: D

主要解题过程: 单位质量制冷剂循环耗功 $W=\dfrac{q_0}{\varepsilon}=\dfrac{158.5}{5}=31.7\text{kJ/kg}$。

系统再冷增加的制冷量 $q=C_x m\Delta t_{rc}=1.86\times4\times1=7.44\text{kJ}$。

制冷系数增加值 $\Delta\varepsilon=\dfrac{7.44}{31.7}=0.23$。

23. **答案**: C

主要解题过程: 发电余热 $Q=6000\times(1-0.6)=2400\text{kW}$。

热回收率 $\eta=Q'/Q=2000/2400=0.83$。

24. **答案**: C

主要解题过程:

$$q_c=\frac{\varepsilon\sum_{i=1}^{24}q_i}{n_2+n_i c_f}=\frac{3000\times0.75\times1.03}{12+8\times0.7}=131.63\text{kW}$$

$$Q_s=\frac{n_i c_f q_c}{\varepsilon}=\frac{8\times0.7\times131.63}{1.03}=715.66\text{kWh}$$

$$x=\frac{Q_s}{3000\times0.75}=0.318=31.8\%$$

25. **答案**: C

主要解题过程: 根据《复习教材》式 (6.3-2)，居民生活用气 $k_t=1$ 燃气具额定流量 $Q_n=0.3+1.4=1.7\text{m}^3/\text{h}$。燃气具同时工作系数（查表 5.4-5）$\Sigma k=0.16$。

$$Q_h=k_t(\Sigma k\cdot N\cdot Q_n)=1\times(0.16\times8\times28\times1.7)=60.9\text{m}^3/\text{h}$$

全真模拟2·专业知识（上）参考答案及解析

答案汇总列表

题号	答案	题号	答案	题号	答案	题号	答案
1	B	21	A	41	ABD	61	AC
2	B	22	A	42	ABCD	62	ABC
3	A	23	D	43	BC	63	AC
4	D	24	C	44	BCD	64	AC
5	C	25	C	45	BC	65	AC
6	D	26	A	46	ABD	66	BC
7	C	27	A	47	CD	67	BC
8	D	28	D	48	AC	68	ABC
9	B	29	C	49	ABCD	69	ABCD
10	D	30	B	50	ABC	70	ACD
11	C	31	D	51	BC		
12	D	32	C	52	AD		
13	C	33	B	53	ABC		
14	D	34	C	54	ABD		
15	B	35	B	55	ABD		
16	C	36	C	56	BC		
17	D	37	C	57	AD		
18	D	38	C	58	CD		
19	C	39	D	59	ABC		
20	D	40	D	60	BCD		

（一）单项选择题

1. **答案：**B

分析：确定围护结构最小传热阻的原则，即是约束其内表面温度的条件，除浴室等相对湿度很高的房间以外，内表面温度应该满足内表面不结露的要求，内表面结露可导致耗热量增大和使围护结构易于损坏，既要限制围护结构的耗热量，同时也要防止内表面温度过低，人体向外辐射热过多而产生不适感。具体计算公式可参考《复习教材》第1.1.3节。

2. **答案：**B

分析：根据《复习教材》P18：$t_d = t_g + \Delta t_H (H-2)$。

3. **答案**：A

分析：由《民规》第5.2.2条条文说明可知，选项A正确；选项B错误。计算热负荷时，不经常出现的散热量，可不计算，经常出现但不稳定的散热量，应采用小时平均值。居住建筑内炊事、照明、家电等间歇性散热可作为安全量，不予考虑，公共建筑内较大且放热较恒定的物体的散热量，应予以考虑。根据《民规》第5.2.8条中间歇使用设计和间歇调节运行的区别，选项C错误；根据《复习教材》P19，虽然窗墙面积比（不含窗）为800∶(1500－800)＞1∶1，但是附加量为10%，选项D错误。

4. **答案**：D

分析：《复习教材》P4：围护结构最小传热阻的允许温差公式：$\Delta t_y = \dfrac{R_n}{R_o}(t_n - t_w)$。

5. **答案**：C

分析：《公建节能》第3.4.1条增加了围护结构热工性能权衡判断的准入条件，即当围护结构热工性能不满足第3.3节有关要求时，应先满足第3.4.1条的条件才进行热工性能权衡判断，否则应提高热工参数。

哈尔滨属于严寒A、B区。选项A：外窗传热系数满足表3.3.1-1，但不满足表3.4.1-1的准入条件，故不应进行热工权衡判断；选项B：外墙传热系数满足表3.3.1-1，故无需进行热工权衡判断；选项C：屋面传热系数不满足表3.3.1-1，且不满足表3.4.1-2的准入条件，应进行热工权衡判断；选项D：外墙传热系数满足表3.3.1-1，故无需进行热工权衡判断。

6. **答案**：D

分析：据《工业建筑节能设计统一标准》GB 51245—2017第5.2.2条，热水和蒸汽是集中供暖最常用的两种热媒，蒸汽供暖不利于节能，优先推荐采用热水作供暖热媒。有时生产工艺是以蒸汽为热源，因此也不对蒸汽供暖持绝对否定的态度，当厂区供热以工艺用蒸汽为主时，生产厂房、仓库、公用辅助建筑物可采用蒸汽作为热媒，生活、行政辅助建筑物仍采用热水作为热媒。当利用余热或可再生能源供暖时，热媒及其参数收到工程条件和技术条件的限制，需要根据具体情况确定。

根据《工业建筑节能设计统一标准》GB 51245—2017第5.2.9条，热风供暖风机电耗大，不利于节能运行，严寒及寒冷地区的工业厂房不宜单独采用热风系统进行冬季供暖，宜采用散热器供暖、辐射供暖等系统形式。

7. **答案**：C

分析：由《公建节能》第4.5.3条可知，选项A正确；由《民规》第5.10.4条第3款可知，选项B正确；由第4.5.6条条文说明可知，选项C错误，选项D正确，除末端只设手动风量开关的小型工程以外，供暖空调系统均应具备室温自动调控功能。

8. **答案**：D

分析：根据《复习教材》P105，选项ABC正确，选项D错误，不应随意变动平衡阀开度。

9. **答案**：B

分析：根据《复习教材》P142可知，设计工况下，垂直单管系统不同楼层房间散热器表面温度和传热系数不同（上层房间比下层房间高），因为系统形式，顶层比底层温度供回水平均温度高传热系数大，所以顶层的散热器传热面积比底层较小，则散热器散热量受到流量变化影响较底层小。

10. **答案**：D

分析：参考《工规》第5.3.6条。

11. **答案**：C

分析：参考《住宅建筑规范》GB 50368—2005表7.4.1。

12. **答案**：D

分析：根据《复习教材》P277：按气流方向，应选择在局部阻力之后大于或等于5倍矩形风管长边尺寸（圆形风管直径）及局部阻力之前大于或等于2倍矩形风管长边尺寸（圆形风管直径）直管段上。

13. **答案**：C

分析：根据《复习教材》P171，选项AD正确；由式（2.2-5）可知，选项C错误，应为质量流量；由《民规》第6.4条可知，选项B正确。

14. **答案**：D

分析：根据《工规》第6.9.15条，选项D应为爆炸下限的25%及以上时。

15. **答案**：B

分析：由《建筑机电工程抗震设计规范》GB 50981—2014第1.0.4条可知，选项A正确；1kg相当于9.8N，180kg的风机重力为180×9.8/1000＝1.764kN，由第5.1.5-4条可知，只对于大于1.8kN的风机吊装要求采用抗震支吊架，选项B错误；由第5.1.4条可知，选项C正确；由第5.1.3-1条可知，选项D正确。

16. **答案**：C

分析：根据《防排烟标准》第5.2.2条，选项A正确；根据《建规》第5.5.14条，选项B正确；根据《建规》第8.5.3条，地下建筑面积小于50m^{2}的歌舞娱乐放映场所应设置排烟，根据《防排烟标准》第4.4.12.3条，对于需要设置机械排烟系统的房间，当其建筑面积小于50m^{2}时，可通过走道排烟，排烟口可设置在疏散走道，但设置在房间内也满足规范，不能认为是不合理的，即设置在房间内和走道内皆可。

根据《汽车库、修车库、停车库设计防火规范》GB 50067—2014 第 8.2.6 条，排烟口距该防烟分区内最远点的水平距离不应大于 30m，是指防烟分区内任一点与最近的排烟口之间的水平距离不超过 30m，而不是所有排烟口距最远点均不超过 30m。地下车库防烟分区一般较大，若要求所有排烟口距最远点均不超过 30m，则排烟口将会集中到中间局部，与该条本身保证排烟效果的要求是相悖的。另外，一般地下汽车库设计时，排风系统会与排烟系统合用，排风口布置时要尽量要求均布原则，而不是集中设置。

17. **答案**：D

分析：根据《复习教材》P174，选项 ABC 正确，选项 D 错误，通过计算确定，还需保证换气次数不应小于 $12h^{-1}$。同时，根据《民规》第 6.3.9 条，事故通风量宜按根据放散物的种类、安全及卫生浓度要求，按全面排风计算确定，且换气次数不应小于 $12h^{-1}$。

18. **答案**：D

分析：管路上的插板阀处于关闭状态会使得管路无空气流动，可能引起吸尘口基本无风，故选项 A 不选。电机电源线接反或者风机叶轮装反会使得风量大为减小（并不是气流反向），可能引起吸尘口基本无风，选项 BC 不选。

19. **答案**：C

分析：根据《通风与空调工程施工质量验收规范》GB 50243—2016 第 6.2.2 条，选项 A 错误，应全数检查；根据第 6.2.4 条，选项 B 错误，应为外表面高于 60℃的且位于人员易接触部位的风管；根据第 6.2.7.5 条，选项 C 正确；根据第 6.2.9.2 条，选项 D 错误，N1～N5 级的系统按高压系统风管的规定执行；N6 级～N9 级且工作压力小于等于 1500Pa 的，均按中压系统风管的规定执行。

20. **答案**：D

分析：根据《复习教材》P357：注意得热量和冷负荷的区别以及对流得热量和辐射得热量的区别。得热量不一定等于冷负荷，得热量中的对流成分会直接转化为冷负荷，而辐射成分要经过一段时间间接转化为冷负荷，故冷负荷的峰值小于得热量的峰值，冷负荷的峰值时间晚于得热量的峰值时间。选项 A 项大于，选项 B 有可能等于，选项 C 等于。

21. **答案**：A

分析：根据《复习教材》图 3.1-8，选项 BD 错误；根据《热环境的人类工效学 通过计算 PMV 和 PPD 指数与局部热舒适准则对热舒适进行分析测定与解释》GB/T 18049—2017/ISO7730:2005 附录 A.1，将人体期望热环境分为 A、B、C 三类，其中选项 A 为 B 类期望热环境。

22. **答案**：A

分析：根据《空气调节》P60：可以通过不同的途径，即采用不同空气处理过程方案而得到同一种送风状态，选项 A 正确。根据《复习教材》P374，选项 B 正确。

根据《空气调节》P106：使用盐水溶液处理空气时，在理想条件下，被处理的空气状态变化将朝着溶液表面空气层的状态进行。根据盐水溶液浓度和温度不同，可能实现各种空气处理过程，包括喷水室和表冷器所能实现的各种过程，选项 C 正确；根据《复习教材》P377，选项 D 正确。

23. **答案**：D

分析：选项 A：新风、排风吸入式特点：进入热回收器的气流均匀，在保证新风侧风压大于排风侧时，排风泄漏风量较少；选项 B：新风压出、排风吸入式特点：新风进入热回收器的气流均匀性较差，排风气流较好，由于新风侧风力总大于排风侧，排风泄漏风量少。选项 C：新风、排风压出式特点：进入热回收器的气流均匀性较差，由于新风与排风侧压差较难合理匹配，排风泄漏风量较大。

24. **答案**：C

分析：自动加药系统见《复习教材》第 3.7.8 节相关内容。由 P507 可知，加药装置宜设置在系统压力较低管路，选项 A 错误；由图 3.7-25 可知，泄压阀仅当系统设闭式定压装置时才设置，选项 B 错误；由 P508 可知，选项 C 正确；由表 3.7-11～12 可知，选项 D 错误，冷水系统循环水水质 pH 要求为 7.5～10，冷却水循环水的水质 pH 要求为 6.8～9.5。

25. **答案**：C

分析：根据《民规》第 10.3.3 条、第 10.3.4 条，其中选项 C 是对橡胶隔振器选用的要求。

26. **答案**：A

分析：根据《复习教材》P478，平衡管管径不应小于总供回水管管径，否则可能会产生平衡管压力不平衡，回水倒灌，使得供水温度不断升高进入恶性循环。故选项 A 会导致温度偏高，选项 B 为正确设置方式。变流量调节系统中，压差旁通阀设计流量应不小于单台冷水机组最小流量，与额定流量无关，选项 CD 为无关项。

27. **答案**：A

分析：根据《复习教材》。数字量 D：开关量，双位式；模拟量 A：连续变化的参数。输入量 I：指的是由外界向控制器发送的信号。输出量 O 指的是由控制器对外发出的指令信号。送风温度为连续性监测为 AI；冷却盘管水量调节为连续性控制 AO；送风机运行状态为开关量监测 DI；送风机启停控制为开关量控制 DO。

28. **答案**：D

分析：本题参考《洁净厂房设计规范》GB 50073—2013。由第 2.0.42 条及第 2.0.43 条可知，选项 AB 均错误。M 描述符用于微粒子，U 描述用于超细粒子，而悬浮粒子则采用空气洁净度等级划分。选项C相当于按照小于等于进行区分，与第2.0.12条说法及实际划分等级说法矛盾，应为大于等于或不小于。由第3.0.1-4条可知，选项D正确，注意新规范中0.1～0.5μm应勘误为0.1～5μm。

29. **答案**：C

分析：根据《洁净厂房设计规范》GB 50073—2013第6.5.1条：空气洁净度等级严于8级的洁净室不得采用散热器供暖。条文说明：包括8级及8级别以上的洁净室不应采用散热器，即应该为9级，注意规范条文说明与条文理解的细微差别。

30. **答案**：B

分析：参考《复习教材》P572～580。排序原则为：理想的＞有传热温差的理想的（考虑温差损失）＞理论的（再考虑节流过程的损失和过热损失）＞实际的(再考虑其他的节流损失、换热损失和摩擦损失)。

31. **答案**：D

分析：选项A错，详见《民规》第8.3.1.1条条文说明，应正确理解"室外空气过于潮湿，使得融霜时间过长"：①室外空气潮湿到一定的程度，融霜时间才越长；②在不考虑的范围内或没潮湿到相应的程度，融霜时间不变；选项B错，详见《蒸气压缩循环冷水（热泵）机组　第1部分：工业或商业用及类似用途的冷水（热泵）机组》GB/T 18430.1—2007第4.3.2.2条，应为0.018m^2·℃/kW；选项C详见《复习教材》图4.3-14，冷水温度升高，蒸发压力升高，制冷量增大，耗功增加，环境温度升高，冷凝压力升高，制冷量减少，耗功增加；选项C表述正确，但与题目所问无关，故为错项；选项D正确，出水温度升高，冷凝压力升高，制热量增加，压缩比增加，耗功增加，环境温度降低，蒸发温度下降（甚至结霜），制冷剂流量减小，制热量下降，耗功减小。选项CD详见《红宝书》P2350～P2351。

32. **答案**：C

分析：《水（地）源热泵机组》GB/T 19409—2013第3.2条：$ACOP=0.56EER+0.44COP=4.624$。

33. **答案**：B

分析：《民规》第11.1.7条和《公建节能2015》第4.3.23.5条：采用非闭孔材料保冷时，外表面应设隔汽层和保护层；保温时，外表面应设保护层。

34. **答案**：C

分析：参考《复习教材》图4.8-2。

35. **答案**：B

分析：《复习教材》P684：水蓄冷属于显热蓄冷方式，蓄冷密度小，蓄冷槽体积庞大，冷损耗也大（为蓄冷量的5%～10%），选项D正确。冰蓄冷的蓄冷密度大，故冰蓄冷槽小，冷损耗小（为需冷量的1%～3%），冰蓄冷供水温度接近0℃，可实现低温送风，选项AC正确。冰蓄冷制冰时蒸发温度的降低会带来压缩机的*COP*降低，故冰蓄冷系统制冷机的性能系数高于水蓄冷系统制冷机的性能系数，选项B错误。

36. **答案**：C

分析：由题意，办公楼夜间运行机组突然停机，大概率是因为室外环境温度低且机组在低负荷运行引起机组的冷却水进水温度过低，冷却塔出水温度在一定范围内能使制冷机保持稳定运行，而且能起到明显的节能效果。冷却塔的出水温度最低控制值，可根据选用的制冷剂的性能和参数曲线以及当地的气象条件确定。一般可以采用冷却塔出水温度控制风机的启动或者在冷却塔进水管路上安装电动两通调节阀来旁通部分冷却水量，保证供制冷剂的冷却水混合温度。故选项C中未设置冷却水旁通调节阀，无法对冷却塔的出水温度进行控制是最可能的原因。选项A错误，冷却水和冷水系统不会混合设计，选项B不会引起冷却水进水温度降低，选项D压差旁通管用来解决冷水机组定流量和最小流量运行和用户侧变流量运行之间的问题。

37. **答案**：C

分析：增加的扬程＝64×2×76×1.5＝14592Pa≈15kPa。

38. **答案**：C

分析：根据《冷库设计规范》GB 50072—2010第6.4.3-1条、第6.4.3-2条知，选项AB正确；由第6.4.8条知，选项C应为“压力容器的总泄压管”而不是“每个”压力容器上的泄压管出口，此选项是错误的；由第6.4.15条可知，选项D项正确。

39. **答案**：D

分析：《建筑给水排水设计标准》GB 50015—2019第2.1.52条：通气管使排水系统内空气流通，压力稳定，防止水封破坏而设置。

40. **答案**：D

分析：根据《城镇燃气设计规范》GB 50028—2006（2020版）第10.2.27-2条，竖井内的燃气管道的最高压力为0.2MPa，选项A错误；根据第10.2.27-1条，选项B错误，可以与热力管道共用管井，但不可以与通风管、排气管共用管井；根据第10.2.27-3条，应每隔2～3层做相当于楼板耐火极限的不燃烧体进行防火分隔，选项C错误；根据第10.2.27-4条，每隔4～5层设一燃气浓度检测报警器，选项D正确。

（二）多项选择题

41. **答案**：ABD

分析：根据《民规》第5.4.1条、第5.3.1条、第5.3.6条、第5.4.12条可知，选项ABD正确，选项C应为地面采用的温度，吊顶供水温度宜为40～95℃。

42. **答案**：ABCD

分析：《民规》第 5.3.10 条："幼儿园、老年人和特殊功能要求的建筑的散热器必须暗装或装防护罩"，第 5.3.9 条的说明："特殊功能要求的建筑"指精神病院、法院审查室等。其中如果没详细看过规范的说明，法院审查室很有可能会漏掉。

43. **答案**：BC

分析：根据《民规》第 5.2.7 条，选项 BC 正确，选项 D 错误，每高出 1m 应附加 1%。

44. **答案**：BCD

分析：选项 A 正确，当热网供水压力线或静水压线低于建筑物供暖系统高度时，应采用间接连接，见《城镇供热管网设计规范》CJJ 34—2010 第 10.3.2 条；故选项 BCD 为直接连接皆不满足规范要求。选项 B，无混合装置的直接连接要求热网的只用压差大于供暖系统要求的压力损失。选项 C 错误，只有在当底层散热器存在运行超压情况时，可采用在供水管上设节流，以保证回水管上压力不超过散热器承受的允许压力，但此时用户作用压头不足，才需在回水管上设加压泵，压回外网回水管。选项 D 错误，混合水泵直接连接一般用于"用户与热网水温不符"的高温水供暖系统或当建筑物用户引入口热水管网供回水压差较小不能满足喷射泵正常工作时采用。

45. **答案**：BC

分析：选项 A 错误，见《民规》第 8.8.2 条，一般区域供冷的供回水温差不小于 7℃，供回水温度建议为 5℃/13℃；选项 B 正确，见《城镇供热管网设计规范》CJJ 34—2010 第 7.3.7 条；选项 C 正确，见《民规》第 5.7.3 条；选项 D 错误，在有条件采用集中供热或在楼内集中设置燃气热水机组（锅炉）的高层建筑中，不宜采用户式燃气供暖炉（热水器）作为供暖热源。当采用户式燃气炉作为热源时，应设置专用的进气及排烟通道，见《严寒和寒冷地区居住建筑节能设计标准》JGJ 26—2018 第 5.2.3 条。

46. **答案**：ABD

分析：根据《锅炉房设计标准》GB 50041—2020 第 4.1.1 条，选项 AB 正确；选项 C 中全年运行的锅炉房应设置于总体最小频率风向的上风侧，季节性运行的锅炉房应设置于该季节最大频率风向的下风侧，并应符合环境影响评价报告提出的各项要求，故选项 C 不正确。根据《锅炉房设计标准》GB 50041—2020 第 4.1.2 条和 4.1.4 条，锅炉房宜为独立的建筑物，住宅建筑物内，不宜设置锅炉房，但规范未禁止。

47. **答案**：CD

分析：参考《建筑给水排水及采暖工程施工质量验收规范》GB 50242—2002 第 3.2.4 条～3.2.5 条。选项 CD 正确，选项 A 错误，安装在主干管上起切断作用的阀门，应逐个进行试验，其余的阀门试验应在每批（同牌号、同型号、同规格）数量中抽查 10%，且不少于一个。选项 B 错误，阀门的强度试验压力为公称压力的 1.5 倍。

48. **答案**：AC

分析：根据《复习教材》表2.1-8可知，选项AC正确。

49. **答案**：ABCD

分析：详见《民规》第6.1.6条，条文列举了6种需要单独设置排风系统的情况。选项A属于散发剧毒物质的房间，选项C是属于有卫生防疫要求的房间，选项B和选项D是属于建筑中存有容易起火或爆炸危险物质的房间。

50. **答案**：ABC

分析：选项A错误，参见《工业场所有害因素职业接触限值 第2部分：物理因素》GBZ 2.2—2007附录A.8.1，工业场所微波辐射接触限值适用于接触微波辐射的各类作业，不包括居民所受环境辐射及接受微波诊断和治疗的辐射；选项B错误，参见《工业场所有害因素职业接触限值 第2部分：物理因素》GBZ 2.2—2007第10.2.1条和第10.2.2条，并查附录B，锻造工作属于中等劳动强度，在接触时间率为50%时，WBGT限值为30℃，查《民规》，南京地区室外通风设计温度为31.2℃，大于30℃，将规定增加1℃，故应为31℃；选项C错误，参见《工业场所有害因素职业接触限值 第1部分：化学有害因素》GBZ 2.1—2019附录A.5.1，在备注栏中标（敏）是指已被人或动物资料证实该物质可能有致敏作用，但并不表示致敏作用是制定PC-TWA所依据的关键效应，也不表示致敏效应是制定PC-TWA的唯一依据；选项D正确，参见《工业场所有害因素职业接触限值 第1部分：化学有害因素》GBZ 2.1—2019第6.3.3条及表1第132项，己内酰胺PC-TWA为$5mg/m^3$，15min被超限倍数为3倍，而实测的是PC-TWA的2.4倍<3，正确。

51. **答案**：BC

分析：选项A满足规范要求，根据《民规》第6.3.4-3条，全面换气次数不宜小于$3h^{-1}$，计算排气量为$84m^3/h$；选项B错误，根据《民规》第6.3.6-2条，全面换气次数不宜小于$10h^{-1}$，计算排气量为$120m^3/h$；选项C错误，根据《民规》第6.3.7条第2款4)，事故通风量宜按$183m^3/(h·m^2)$计算且最小排风量不应小于$34000m^3/h$；选项D错误，根据《工规》第6.3.8条，当房间高于6m时，换气次数按$6m^3/(h·m^2)$计算，而不是按$1h^{-1}$计算，故计算排风量为$1800m^3/h$。

52. **答案**：AD

分析：根据《汽车库、修车库、停车库设计防火规范》GB 50067—2014第8.1.5条，设置通风系统的汽车库，其通风系统宜独立设置。其条文说明中明确组合建筑内的汽车库和地下汽车库的通风系统应独立设置，不应和其他建筑的通风系统混设，故选项A正确。

根据《民规》第6.3.8.5条条文说明，选项B错误，当采用常规机械通风方式时，CO气体浓度传感器应采用多点分散设置；当采用诱导式通风系统时，传感器应设在排风口附近；根据《民规》第6.3.8.1条，选项C不合理，当车库内CO最高允许浓度大于$30mg/m^3$时，应设机械通风系统；根据《民规》第6.3.8.3条，选项D正确。

53. **答案**：ABC

分析：详见《复习教材》P219。选项D错误，由于滤筒式除尘器内部滤料折叠层较多，当含尘气体中颗粒物浓度较高时，容易造成滤料折叠区堵塞，使有效过滤面积减少。在净化粘结性颗粒物时，滤筒式除尘器要谨慎使用。

54. **答案**：ABD

分析：根据《防排烟标准》第3.1.2条，选项B为建筑高度大于50m的公共建筑，每5层开窗面积满足规范自然通风要求，防烟楼梯间需设置机械加压送风系统。根据《防排烟标准》第3.3.11条，设置机械加压送风系统的防烟楼梯间需要在顶部设置固定窗，靠外墙的防烟楼梯间，需要在外墙设置固定窗，选项AB正确。选项C规范无要求。根据《防排烟标准》第4.1.4.4条，该部位需设置机械排烟和固定窗。

55. **答案**：ABD

分析：根据《防排烟标准》第3.1.2条和第3.1.3条，共用前室和消防电梯前室合用的“三合一”前室应采用机械加压送风系统，选项A错误（图中不可以采用自然开窗的形式）。根据第3.1.6条，当地下封闭楼梯间与地上楼梯间共用时，不满足首层设置有效面积不小于1.2m^{2}的可开启外窗来自然通风的条件，应设置机械加压送风系统，选项B错误（图中地上地下共用楼梯间）。根据第3.3.12条，设置机械加压送风系统的避难层（间），尚应在外墙设置可开启外窗，其有效面积不应小于避难层（间）地面面积的1%，选项C正确。根据第3.3.10条，采用机械加压送风的场所不应设置百叶窗，且不宜设置可开启外窗，选项D错误（楼梯间设置百叶窗为不应，前室设置可开启外窗为不宜）。

56. **答案**：BC

分析：根据《复习教材》P382：在大型公共建筑中，空调负荷显现出内外分区的特点，冬季内区要供冷，外区要供热，不同的空调分区不仅室内设计参数可能不同，而且送风参数也不同。

57. **答案**：AD

分析：选项A正确，置换通风主要适用于去除冷负荷，《民规》第7.4.7条指出污染源为热源，且对单位面积冷负荷提出了要求；选项B错误，置换通风计算设计原则除了人员活动区垂直温差要求外，还有人体周围风速要求及影响空气质量的污染物浓度要求，详《07节能专篇》第4.2.2条；选项C错误，见《民规》第7.4.7-2条，应为“夏季置换通风送风温度不宜低于18℃”；选项D正确，见《民规》第7.4.7-6条条文说明，其他气流组织形式会影响置换气流的流形，无法实现置换通风。

58. **答案**：CD

分析：参考《民规》第7.3.18条。另外还有：室内散发有毒有害物质，以及防火防爆等要求不允许空气循环使用；卫生或工艺要求采用直流式全新风空调系统。

59. **答案**：ABC

分析：参考《复习教材》P429：阿基米德数 Ar 越大，射流弯曲越大。Ar 与送风温差成正比，与出口流速成反比。

$$Ar=\frac{gd_0(t_0-t_n)}{v_0^2T_n}$$

60. **答案**：BCD

分析：参考《风机盘管》GB/T 19232—2019 表 3。

61. **答案**：AC

分析：选项 A 正确，参考《复习教材》P529：应具有补偿水换热器特性的能力（表冷器的特性为非线性），采用等百分比型阀门更为合理；选项 B 错误，参考《复习教材》P529：当阀权度小于 0.6 时，蒸汽换热器控制阀宜采用等百分比型阀门，当阀权度较大时，以采用直线型阀门；选项 C 正确，参考《民规》第 9.2.5 条及《工规》第 11.2.8.4 条：调节阀的口径应根据使用对象要求的流通能力，通过计算选择确定；选项 D 错误，参考《复习教材》P526：等百分比特性的阀门流量与阀门开度不成正比，而是指阀门相对开度的变化所引起的阀门相对流量的变化，与该开度时的相对流量成正比，即小开度是流量变化小，大开度时流量变化大。

62. **答案**：ABC

分析：根据《洁净厂房设计规范》GB 50073—2013 第 6.1.5 条，按照两者取大值：(1) 补偿室内排风量和保持室内正压值所需新鲜空气量之和＝240＋300＝540m^3/h；(2) 保证供给洁净室内每人每小时的新鲜空气量＝400m^3/h。

63. **答案**：AC

分析：参考《复习教材》P682。选项 A 正确，冰蓄冷利用峰谷电价可节省运行费用，但冰蓄冷主机蓄冰工况 *COP* 低，能耗高，即常说的节钱不节能。选项 B 错误，蓄冷系统可在系统中另设夜间系统。选项 C 正确，冰蓄冷双工况主机为额外投资。选项 D 错误，应为融冰优先策略。

64. **答案**：AC

分析：参考《复习教材》P596、《空气调节用制冷技术》P41：R410A 与 R22 相比，系统压力为其 1.5～1.6 倍，制冷量大 40%～50%。

65. **答案**：AC

分析：根据《复习教材》P608，选项 AC 正确，选项 BD 错误，离心式制冷压缩机的电源一般为三相交流 50Hz（国外有 60Hz 产品），额定电压可为 380V 、6kV 和 10kV 三种。一般来讲，采用高压供电可为用户节省 30%～50%供配电投资，还能减少变压器和线路的电能消耗，降低维护费用。因此，在供电允许和保证安全的情况下，经技术经济比较分析，大型离心式制冷站应采用高压供电方式。

66. **答案**：BC

分析：选项A，详见《复习教材》P648，“有较高温度热源时应采用双效”，因此双效相比与单效，是更能充分利用高品位热源。选项C，见《民用建筑供暖通风与空气调节设计规范宣贯教材》P224，如果选项C中能够增加“*COP*大于5”的描述，就更加完善。选项D，双效与单效的制冷温度是相当的。

67. **答案**：BC

分析：根据《复习教材》P608，离心式压缩机在低负荷运行即气体流量过小时，容易发生喘振，造成周期性的增大噪声和振动，选项A错误。冷凝器换热管内表面积垢，导致传热热阻增大，换热效果降低，使冷凝温度升高或蒸发温度降低，易导致喘振发生，选项B正确。制冷系统中有不凝性气体时，绝热指数升高，空气凝聚在冷凝器上部时，造成冷凝压力和冷凝温度升高，易导致喘振。冷却塔冷水水循环量不足，进水温度过高，会导致喘振发生，选项D错误。

68. **答案**：ABC

分析：根据《民用建筑绿色设计规范》JGJ/T 229—2010第2.0.2条、第2.0.3条可知，选项AB正确，选项D错误。被动式指非机械、不耗能或少耗能的方式；主动式是指消耗能源的机械系统。新排风热回收技术以及一些免费制冷技术都属于被动技术，可参照《近零能耗建筑技术标准》GB/T 51350—2019。

69. **答案**：ABCD

分析：本题的选项中基本上用了“必须”和“应该”的字眼，与《绿色建筑评价标准》GB/T 50378—2019相对照，“控制项”中并没有必须要求采用地源热泵系统、地板供暖系统和顶棚辐射+地板置换通风的供暖、空调系统和可再生能源利用要求。

70. **答案**：ACD

分析：选项A错误，见《民规》第8.5.23.5条，冷凝水管不得与室内雨水系统直接连接；选项B正确，见《建筑给水排水设计标准》GB 50015—2019第4.1.5条；选项C错误，见《建筑给水排水设计标准》GB 50015—2019第4.2.4-3条、第4.4.12条，医院污水必须进行消毒处理，但仅指含有大量致病菌，放射性元素超过排放标准的医院污水应单独排水；选项D错误，见《住宅建筑规范》GB 50368—2005第8.2.7条，住宅厨房和卫生间的排水立管应分别设置。

全真模拟2·专业知识（下）参考答案及解析

答案汇总列表

题号	答案	题号	答案	题号	答案	题号	答案
1	B	21	A	41	BC	61	ABCD
2	B	22	C	42	CD	62	AD
3	B	23	D	43	CD	63	BCD
4	C	24	D	44	BD	64	ACD
5	C	25	B	45	ABC	65	AD
6	A	26	C	46	AB	66	ABCD
7	C	27	B	47	BC	67	BD
8	C	28	B	48	AD	68	ABD
9	A	29	C	49	CD	69	AB
10	D	30	A	50	AB	70	ABD
11	D	31	B	51	BC		
12	C	32	D	52	ABCD		
13	C	33	D	53	ABC		
14	B	34	B	54	BC		
15	D	35	C	55	CD		
16	C	36	B	56	ABC		
17	C	37	B	57	AC		
18	D	38	D	58	ACD		
19	D	39	B	59	AC		
20	A	40	D	60	AC		

（一）单项选择题

1. **答案：**B

分析：《建规》第9.2.1条：在散发可燃粉尘、纤维的厂房内，散热器表面平均温度不应超过82.5℃，选项B刚好82.5℃，选项D平均温度为100℃。输煤廊的供暖散热器表面温度不应超过130℃。

2. **答案：**B

分析：40kW/(500—200) m^2＝133W/m^2，注意本题按全面供暖计算。

3. **答案：**B

分析：根据《复习教材》P18，室内温度必须保持在0℃以上，而利用房间蓄热量不能满足要求时，应按5℃设置值班供暖。

4. **答案：**C

分析：根据《复习教材》P19：高度附加率，应附加于围护结构的基本耗热量和其他附加耗热量上。

5. **答案：**C

分析：详见《复习教材》P85。

6. **答案：**A

分析：根据《民规》第5.9.14条，热水垂直双管供暖系统和垂直分层布置的水平单管串联跨越式供暖系统，应对热水在散热器和管道中冷却而产生自然作用压力的影响采取相应的技术措施。

7. **答案：**C

分析：由《公建节能》第3.2.4条可知，选项A所述内容仅适合甲类共建，并非所有公共建筑，故选项A错误；由第3.2.7条可知，仅对甲类公建有此要求，故选项B错误；由表3.3.1-4可知，屋面传热系数不满足表列要求，但在表3.4.1-1规定的范围内，符合进行热工性能权衡判断条件，故选项C正确；由第3.2.1条可知，体形系数与建筑面积有关，另外本条为强制性条文，不满足要求时应调整建筑体形系数，使其满足要求而非热工性能权衡判断，选项D错误。

8. **答案：**C

分析：参考《锅炉房设计标准》GB 50041—2020第18.4.5条或《供热工程》（第四版）P334，顺坡400～500m，逆坡200～300m设置启动疏水器或经常疏水装置。

9. **答案：**A

分析：根据《辐射供暖供冷技术规程》JGJ 142—2012第3.3.7条，对于采用集中热源分户热计量的热水辐射供暖系统，热负荷计算需考虑间歇运行和户间传热等因素。根据条文说明表3查得间歇运行修正系数为1.2～1.3。因为题目要求计算实际房间热负荷，因此仍需考虑户间传热附加，根据条文说明取平均户间传热量$7W/m^2$。如此，计算实际房间热负荷为（1.2～1.3）×3000＋7×120＝4440～4740W。

注：若考察系统干管，则不需考虑户间传热。

10. **答案：**D

分析：《锅炉房设计标准》GB 50041—2020第15.1.1.1条、《建规》表3.1.1：锅炉间应属于丁类生产厂房；第15.1.1.2条：重油油箱间、油泵间和油加热器及轻柴油的油箱间和油泵间应属于丙类生产厂房；第15.1.2条：锅炉房的外墙、楼地面或屋面，应有相应的防爆措施。并应有相当于锅炉间占地面积10％的泄压面积；第4.1.6条：全年运行的锅炉房应设置于总体最小频率风向的上风侧，季节性运行的锅炉房应设置于该季节最大频率风向的下风侧（小区锅炉房属于季节性）；第6.1.7条：燃油锅炉房室内油箱的总容量，重油不应超过5m³，轻柴油不应超过1m³。

11. **答案**：D

分析：根据《建筑给水排水及采暖工程施工质量验收规范》GB 50242—2002第8.2.1条，选项ABC正确；根据第4.1.3条，选项D错误，管径小于或等于100mm的镀锌钢管应采用螺纹连接；管径大于100mm的镀锌钢管应改用法兰或卡套式专用管件连接；第8.1.2条：焊接钢管的连接，管径小于或等于32mm，应采用螺纹连接；管径大于32mm，采用焊接。

12. **答案**：C

分析：$H=SQ^2$，由所求S单位为kg/m^7，可知H的单位为Pa，Q的单位为m^3/s。即：$420=S\times(4800/3600)^2$，解得$S=236.35$。

13. **答案**：C

分析：《复习教材》P172及《工规》第5.1.13条：当数种溶剂（苯及其同系物、醇类或醋酸酯类）蒸气或数种刺激性气体同时放散于空气中时，应按各种气体分别稀释至规定的接触限值所需要的空气量的总和计算全面通风换气量。除上述有害气体及蒸气外，其他有害物质同时放散于空气中时，通风量仅按需要空气量最大的有害物质计算。针对本题，具有刺激性才叠加：SO_2＋HCl；有毒，无刺激性不能叠加。

14. **答案**：B

分析：根据《人民防空地下室设计规范》GB 50038—2005第5.3.12条、第5.2.1条、第5.1.2条，选项B错误。

15. **答案**：D

分析：由《建规》第8.5.2-4条可知，非高度大于32m的高层厂房疏散走道，只有长度大于40m才设排烟设施，选项A不必设；由《建规》第3.1.1条表1可知，铝粉生产厂房为乙类生产车间，应设置防爆设施，而非排烟设施，选项B不必设；台球社为歌舞娱乐放映游艺场所，由第8.5.3-1条可知，地上4层时，不论建筑面积大于小都需要设排烟，故选项D正确。根据《建规》第2.1.17条，避难走道是指采取防烟措施且两侧设置耐火极限不低于3.00h的防火隔墙，用于人员安全通行至室外的走道，故避难走道应设防烟而不是排烟，同时可详《防排烟标准》第3.1.9条。

16. **答案**：C

分析：根据《防排烟标准》第5.1.4条，选项A错误，机械加压送风系统宜设有测压装置及风压调节措施；根据第4.4.9条，选项B错误，当吊顶内有可燃物时，吊顶内的排烟管道应采用不燃材料隔热，并应与可燃物保持不小于150mm的距离；根据第

4.4.10.2条，选项C正确；选项D为第3.1.5.2条原文，但是建立在防烟楼梯间和合用前室皆设置机械加压送风系统的前提下，若满足第3.1.3.2条的要求，楼梯间也可以采用自然通风系统。

17. **答案**：C

分析：根据《离心式除尘器》JB/T 9054—2015第5.3.1条可知，选项AB正确；由第6.4.1条可知，选项C错误；质量中位径在8～12μm，选项D正确。

18. **答案**：D

分析：根据《工业企业设计卫生标准》GBZ 1—2010：选项A错误，参见第6.1.1条，应是无毒或低毒物质代替有毒物质；选项B错误，参见第6.1.1.3条，应对产尘设备采取密闭措施；选项C错误，参见第6.1.3条，应设置泄险沟（堰）；选项D正确，参见第6.1.4条。

19. **答案**：D

分析：根据《复习教材》P231，选项ABC正确，选项D错误，对于亲水性（水溶性）溶剂的活性炭吸附装置，不宜采用水蒸气脱附的再生方法。

20. **答案**：A

分析：详见《复习教材》式（3.4-3）。

21. **答案**：A

分析：详见《复习教材》P409。

22. **答案**：C

分析：详见《复习教材》式（3.4-11）：析湿系数（换热扩大系数）＝全热/显热＝$(h_1-h_2)/C_p(t_1-t_2)=(50.9-30.7)/1.01\times(25-11)=1.43$。

23. **答案**：D

分析：《公建节能》第4.5.9条：风机盘管应采用电动水阀和风速相结合的控制，宜设置常闭式电动通断阀。一般来说，普通的舒适性空调采用双位阀即可。设置动态平衡阀的投资较高、增加系统阻力，没有必要在每个风机盘管上都设置动态平衡阀。

24. **答案**：D

分析：《公建节能》第3.4.1条为节能设计权衡判断准入条件，选项ABC均为准入条件。但选项D，屋面透明部分内容并非准入要求，规范只对屋面传热系数、外墙（包含非透光幕墙）传热系数、外窗的传热系数和SHGC做了准入规定。

25. **答案**：B

分析：《红宝书》P2039：选择循环水泵时，宜对计算流量和计算扬程附加5%～10%的余量，$H=1.1\times(5+15+2+10)=35.2\text{m}$。

26. **答案**：C

分析：《复习教材》P47：在系统中设置压差控制旁通电动阀，正是为了解决冷水机组对定流量及最小流量运行的安全要求和用户侧变流量运行的实际使用要求的矛盾。当用户需求的水量减少时，旁通阀逐渐开启，让一部分供水直接进入系统回水管。根据末端用户压差变化，多余的7℃冷水通过旁通管流回与回水混合，使得供回水温差降低。

27. **答案**：B

分析：《组合式空调机组》GB/T 14294—2008 第7.2.1条试验工况：供冷进口空气干球温度为35℃，供热进口空气干球温度为7℃。因实际工况夏季风侧温差小，机组供冷量小于额定供冷量，实际出风温度低于额定出风温度，选项AC正确；实际工况冬季温差大，机组供热量大于额定供热量，实际出风温度低于额定出风温度，选项B错误，选项D正确。

28. **答案**：B

分析：根据《复习教材》P639，制冷机组（冷水机组）均配备有完善的控制系统，选项A正确；根据P533，选项B应为连续监测，包括空调冷、热水供回水温度和冷却水供回水温度，供回水压差等；根据P481，选项C正确，水泵变频控制的策略既有采用定温差的调控方式，也有采用系统供回水压差或者系统的总流量需求作为控制参数进行调控；根据P640，选项D正确，多台冷水机组优先采用由冷量优化控制运行台数的方式。

29. **答案**：C

分析：详见《洁净厂房设计规范》GB 50073—2013 表6.3.3，对于7级洁净室，按$15\sim25\text{h}^{-1}$计算，$10\times8\times3\times(15\sim25)=3600\sim6000\text{m}^3/\text{h}$。

30. **答案**：A

分析：详见《复习教材》图4.3-5。

31. **答案**：B

分析：根据《蒸气压缩循环冷水（热泵）机组　第1部分：工业或商业用及类似用途的冷水（热泵）机组》GB/T 18430.1—2007 第4.3.2.1条，选项A正确；根据《冷水机组能效限定值及能源效率等级》GB 19577—2015 第4.2条表2，选项B错误，应为2级；根据《公建节能》第4.2.13条条文说明，选项C正确；选项D正确，污垢系数不同，蒸发温度和冷凝温度不同，制冷量和运行能耗都会不同。

32. **答案**：D

分析：《复习教材》P594：Rl34a与矿物油不相溶，必须使用醇类合成润滑油、醇类合成润滑油和改性POE油。

33. **答案**：D

分析：详见《通风与空调工程施工质量验收规范》GB 50243—2016第8.3.4.4条。

34. **答案**：B

分析：根据《复习教材》P685，选项A错误，串联系统制冷机出水温度低，适合大温差冷水或低温送风技术；根据P681；选项B正确；根据P698；选项C错误，只有在蓄冷周期内存在稳定且一定数量的供冷负荷时，宜配置基载制冷机；根据《蓄冷空调工程技术规程》JGJ158—2018第3.1.12条：具有蓄热功能的水池，严禁与消防水池合用，选项D错误。

35. **答案**：C

分析：《复习教材》P650：第一类吸收式热泵（也称增热型），是以消耗少量高温热能，产生大量中温有用热能；同时，可以实现制冷（性能系数可大于1.2）。第二类吸收式热泵（也称升温型），是以消耗中温热能（通常是废热），制取热量少于但温度高于中温热源的热量。升温能力增大，性能系数下降。选项A正确，选项B正确，选项C错误，选项D正确，第二类吸收式热泵的性能系数较低，但由于是利用排放的60～100℃的废热资源，节能效果显著。

36. **答案**：B

分析：《复习教材》P641：蒸发式冷凝器，宜比夏季空气调节室外计算湿球温度高8～15℃，选项A错误；螺旋管式和直立管式蒸发器的蒸发温度，宜比冷水出口温度低4～6℃，选项B正确；水冷卧式壳管式冷凝器的冷却水进出口温差宜为4～6℃，选项C错误；风冷式冷凝器的空气进出口温差，不应大于8℃，选项D错误。

37. **答案**：B

分析：《复习教材》式（4.9-15）：$q_v = n_x q_z v_z = (7\sim8)\times838\times1.49\times10^{-3} = 8\sim10\text{m}^3/\text{h}$。针对上进下出式氨泵供液制冷系统，循环倍数$n_x$取7～8。

38. **答案**：D

分析：《复习教材》P784～791：采用地源热泵系统应考虑其合理性，工业建筑的工艺性空调要求一般较高或要求较为特殊，采用地源热泵作为冷热源，应对其能提供的保障率进行分析后再采用。

39. **答案**：B

分析：《复习教材》P807：系统不设灭菌消毒设施时，医院、疗养所等建筑加热设备出水温度应为60～65℃，其他建筑出水温度应为55～60℃；系统设灭菌消毒设施时，出水温度均宜相应降低5℃ 。

40. **答案**：D

分析：根据《城镇燃气设计规范》GB 50028—2006（2020版）第10.4.4-4条，选项A正确；根据第10.5.3条，选项BC正确；根据第10.4.5-2条，选项D错误，有外墙的卫生间，可安装密闭式热水器，但不得安装其他类型热水器。

（二）多项选择题

41. **答案**：BC

分析：选项A错误，虽满足了铝制散热器与铜制散热器对系统水的pH要求，但铜制散热器对Cl^-、SO_4^{2-}含量另有要求，见《复习教材》P87；选项B正确，见《复习教材》P92～P93；选项C正确，热动力式、可调双金属片式宜用于流量较小的装置，见《复习教材》P93；选项D错误，应区分热水供暖系统采用的是重力循环系统还是机械循环系统，应区别对待，见《复习教材》P98，重力循环宜接在供水主立管的顶端兼作排气用；机械循环系统时接至系统定压点，一般宜接在水泵吸入口前，如安装有困难时，也可接在供暖系统回水干管上任何部位。

42. **答案**：CD

分析：选项C正确，选项A错误，见《复习教材》P104：实际上动态平衡阀仅起到水力平衡的作用；而常用的电动三通或两通阀节流，又是适应承担负荷变化的需求。若要实现水力平衡与负荷调节合二为一，应选用带电动自动控制功能的动态平衡阀；选项B错误，见《复习教材》P105：根据得出的阀门系数K_v，查找厂家提供的平衡阀的阀门系数数值，选择符合要求规格的平衡阀。按照管径选择同等公称管径规格的平衡阀是错误的做法；选项D正确，见《复习教材》P117及《民规》第5.9.3条。

43. **答案**：CD

分析：选项A正确，见《复习教材》P147；选项B正确，见《复习教材》P149；选项C错误，烟尘的最高允许排放浓度为$20mg/m^3$，见《复习教材》P153；选项D错误，锅炉房的设计容量应根据综合最大负荷确定，见《民规》第8.11.8条条文说明。

44. **答案**：BD

分析：《复习教材》图1.10-8，当用户3的阀门关闭时，水压图的变化如图1.10-8（d）中细线所示。用户3的阀门关闭使系统总阻力数增加，总流量减小，从热源到用户3之间的供水和回水管的水压线变平缓，用户3处供回水管之间的压差增加。用户3处作用压差的增加，相当于所有热用户的作用压差都增加。在整个网路中，除用户3以外的所有热用户的流量增加，呈一致失调。由于用户3之后的阻力数未变，用户4、5的流量呈等比一致增加，用户3以后的供水和回水管水压线变陡。用户3前的热用户1和2流量呈不等比一致增加，用户2比用户1流量增加得更多。

45. **答案**：ABC

分析：根据《锅炉房设计标准》GB 50041—2020 第 4.4.5 条、第 4.4.6 条，选项 D 错误，燃煤锅炉炉前净距不宜小于 5m，燃气（油）锅炉炉前净距不宜小于 4m。

46. **答案**：AB

分析：《复习教材》P111：在确定分户热计量供暖系统的户内供暖设备容量和户内管道时，应考虑户间传热对供暖负荷的附加，但附加量不应超过 50%，且不应计入供暖系统的总热负荷内。选项 AB 错误，不计入；选项 C 正确，户内时应计入；选项 D 正确，可以调节各户流量。

47. **答案**：BC

分析：根据《公建节能》第 4.2.15-2 条条文说明，“应为冬季室外空调或供暖计算温度”。若缺少供暖计算温度的表述，则表明对于用于供暖的空气源热泵，也要采用冬季室外空调计算温度，故选项 A 错误；根据《09 技术措施》第 7.1.1.2 条，选项 B 正确；根据《民规》第 8.3.1-1 条，选项 C 正确；根据《09 技术措施》第 7.1.1.3 条，选项 D 错误，应与冬季空调室外计算干球温度相适应，室外计算干球温度低于−10℃ 的地区，应采用低温空气源热泵机组。

48. **答案**：AD

分析：选项 A 正确，见《供热计量技术规程》JGJ 173—2009 第 3.0.6 条条文说明。选项 B 错误，见《民规》第 6.6.12 条条文说明，应为 $4D$ 和 $1.5D$ 的距离。选项 C 错误，见《民规》第 6.6.11 条，且曲率半径小于 1.5 倍的平面边长时，应设置弯管导流叶片。选项 D 错误，见《通风与空调工程施工质量验收规范》GB 50243—2016 第 8.3.3-2 条。

49. **答案**：CD

分析：根据《复习教材》图 2.7-3，应不低于 $1.3H$，即高出不小于 3m。

50. **答案**：AB

分析：根据《复习教材》P187：选项 AB 正确；选项 C 错误，排风口应设在罩内压力较高的部位，以利于消除罩内正压。为尽量减少把粉状物料吸入排风系统，吸风口不应设在气流含尘高的部位或飞溅区内。选项 D 错误，吸风口速度根据物料的粉碎、粗颗粒物料的破碎和细粉料的筛分按不同的速度确定。

51. **答案**：BC

分析：由《建规》第 9.3.6 条可知，选项 A 正确；由《建规 2014》第 9.3.5 条可知，应采用不产生火法的除尘器，而非干式或湿式，选项 B 错误；由《建规 2014》第 9.3.8 条可知，净化有保证危险粉尘的干式除尘器和过滤器应布置在系统负压段上，选项 C 错误；根据《复习教材》P203 粉尘湿润性相关表述，选项 D 正确，难于被润湿的粉尘称为疏水性粉尘；吸水后能形成不溶于水的硬垢的粉尘称为水硬性粉尘。

52. **答案**：ABCD

分析：选项AB正确，见《复习教材》P338；选项C正确，见《复习教材》P336；选项D正确，见《复习教材》P337及《民规》第6.3.8-3条。

53. **答案**：ABC

分析：根据《人民防空工程设计防火规范》GB 50098—2009第6.3.1条及《防排烟标准》第1.0.2条，选项A错误，担负一个或两个防烟分区排烟时，应按该部分面积每平方米不小于60m³/h计算，但排烟风机的最小排烟风量不应小于7200m³/h；担负三个或三个以上防烟分区排烟时，应按其中最大防烟分区面积每平方米不小于120m³/h计算。根据《建规》第6.4.2.1条，选项B错误，封闭楼梯间不能自然通风或自然通风不能满足要求时，应设置机械加压送风系统或采用防烟楼梯间。根据《工规》第6.4.3条，选项C错误，当房间高度大于6m时，应按6m的空间体积而不是实际空间体积计算；选项D正确，详见《饮食建筑设计标准》JGJ 64—2017第5.2.4-3条。

54. **答案**：BC

分析：根据《复习教材》P341，选项A错误，仅针对疫情传播疫区的其他公共建筑，医疗建筑的隔离病房区和手术区的全直流式空调系统仍应运行；根据《民规》表3.0.6-2，选项B正确，除了配药室按$5h^{-1}$以外，门诊、急诊、放射室和病房按$2h^{-1}$。根据《传染病医院建筑设计规范》GB 50849—2014第7.1.4条，选项C正确。根据《复习教材》P342，空调通风系统投入运行前，应全面消毒；投入运行后，应定期消毒。但根据《综合医院建筑设计规范》GB 51039—2014第7.1.8条，无特殊要求时不应在空调机组内安装臭氧等消毒装置。医用机组送风系统不得采用产生有害作用与物质的部件，特别强调不得使用淋水式等水介入空气的空气处理部件，以及对患者有潜在危害的消毒装置，选项D错误。

55. **答案**：CD

分析：根据《复习教材》P479，《公建节能》第4.3.5条：系统作用半径较大、设计水流阻力较高的大型工程，宜采用变流量二级泵系统，当各环路的设计水流阻力相差较大时，宜按区域或系统分别设置二级泵，甚至采用多级泵系统。二级泵系统的基础立足点仍然是冷水机组保持定水量运行，该系统在整个运行过程中有可能会比一级泵压差旁通控制系统节约一部分二级泵的运行能耗。但若要实现节能，二级泵系统应能进行自动变速控制而非台数控制，宜根据管道压差的变化控制转速，且压差能优化调节。

56. **答案**：ABC

分析：参考《复习教材》P560。另根据《公建节能》第4.3.13条，“排风量也宜适应新风量的变化以保持房间的正压”，故选项D不合理。

57. **答案**：AC

分析：参考《复习教材》P391。

58. **答案**：ACD

分析：《复习教材》P392。注：等焓线是新风是否承担室内冷负荷的分界线；等湿线是风机盘管是否承担新风潜热负荷的分界线；温线是新风是否承担室内显热负荷的分界线。潜热负荷用于去除相应湿负荷。

59. **答案**：AC

分析：选项A正确，见《民规》第7.4.8-1条条文说明；选项B错误，见《公建节能》第5.3.22条文说明，“与全室性空调方式相比，分层空调夏季可节省冷量30%左右，但在冬季供暖工况下运行时并不节能”；选项C正确，见《民规》第7.4.8-4条条文说明，其他气流组织会破坏房间内的空气分层；选项D错误，见《民规》第7.4.8-2条条文说明“工作区的热力分层高度根据热源的坐、站姿确定，维持在室内人员活动区之上，宜为1.2～1.8m”。

60. **答案**：AC

分析：参考《复习教材》P396。

61. **答案**：ABCD

分析：《复习教材》P265及表2.8-6：电机转速与频率的公式：$n=60f(1-s)/p$，当f由50变为40时：$n_2=0.8n_1$；$L_2/L_1=(n_2/n_1)$，得：$L_2=0.8L_1=0.8\times20000=16000\text{m}^3/\text{h}$，选项A正确；由$P_2/P_1=(n_2/n_1)^2$，得：$P_2=0.64P_1=0.64\times500=320\text{Pa}$，选项BC正确；由$N_2/N_1=(n_2/n_1)^3$得：$N_2=0.512N_1$，选项D正确。

62. **答案**：AD

分析：根据《空气过滤器》GB/T 14295—2019、《高效空气过滤器》GB/T 13554—2008及《复习教材》表3.6-2，空气过滤器分为粗效、中效、高中效、亚高效、高效五个等级，选项A错误，选项B正确，选项C正确；选项D错误，对C类、D类、E类、F类过滤器及用于生物工程的A类、B类过滤器应在额定风量下检查过滤器的泄漏。

63. **答案**：BCD

分析：未特殊说明，根据《洁净厂房设计规范》GB 50073—2013第6.1.5条，洁净室送风量理解为保持室内正压，此题选项A负压洁净室非本题考点，根据《洁净厂房设计规范》GB 50073—2013第6.3.2条，洁净室的送风量为三项中的最大值，除了选项BC以外，还应包括补充给室内的新鲜空气量。

64. **答案**：ACD

分析：《冷库设计规范》GB 50072—2010第6.4.2条：冷凝器应设冷凝压力超压报警装置，水冷冷凝器应设断水报警装置，蒸发式冷凝器应增设压力表、安全阀及风机故障报警装置。

65. **答案**：AD

分析：《民规》第11.1.3-5条，《工规》第13.1.4条、第7.9.3.3条、《设备和管道保冷设计导则》GB/T 15586—1995第4.1.6条：阻燃型保冷材料的氧指数应大于等于30。

66. **答案**：ABCD

分析：根据《公建节能》第4.2.13条条文说明，选项ABC均为实际工程中对*IPLV*的错误认识。选项D所述为修订前的*IPLV*计算公式，应采用新的计算公式。

67. **答案**：BD

分析：选项A错误，见《复习教材》P663，同种燃料的多台机组共用烟道，其截面可取各支烟道截面之和的1.2倍。不能与非同种燃料或其他类型设备（如发电机）共用烟道；选项B正确，见P663；选项C错误，见P660，燃油、燃气锅炉应布置在建筑物的首层或地下一层靠外墙部位，但常（负）压燃油、燃气锅炉可设置在地下二层；选项D正确，见P662。

68. **答案**：ABD

分析：本题考察的是《民规》第8.7.6条条文说明的表14：不同蓄冷介质和蓄冷取冷方式的空调冷水供水温度范围。对照后可知，选项A和选项C的数据表中均有，选项A表中数据为4～9，选项C表中数据为3～6，可知选项A正确，选项C错误。

69. **答案**：AB

分析：北京为寒冷地区，根据《绿色建筑评价标准》GB/T 50378—2019第7.2.5条及《公建节能》第4.2.5条、第4.2.10条、第4.2.19条、第4.2.17条可知，选项A正确，要求比节能标准88%提高4个百分点为92%；选项B正确，要求比节能标准4.845提高12%为5.4264。选项C正确，要求比节能标准1.2提高12%为1.344；选项D错误，要求比节能标准3.90提高16%为4.524。

70. **答案**：ABD

分析：根据《建筑给水排水设计标准》GB 50015—2019第4.6.1条：建筑内部排水管道应采用建筑排水塑料管及管件或柔性接口机制排水铸铁管及相应管件。

全真模拟2·专业案例（上）参考答案及解析

答案汇总列表

题号	答案	题号	答案	题号	答案
1	B	11	A	21	A
2	B	12	D	22	A
3	B	13	C	23	C
4	B	14	B	24	B
5	A	15	D	25	D
6	D	16	C		
7	A	17	A		
8	C	18	B		
9	D	19	C		
10	A	20	C		

1. **答案**：B

主要解题过程：根据《建筑给水排水及采暖工程施工质量验收规范》GB 50242—2002 第8.6.1条，热水供暖系统，应以系统顶点工作压力加0.1MPa做水压试验，同时在系统顶点的试验压力不小于0.3MPa。故试验压力为0.3MPa＋0.1MPa＝0.4MPa。若在用户3地面试压，还应加上2用户顶层标高和3用户地面标高，即：0.4MPa＋$24mH_2O$＋$5mH_2O$＝0.69MPa。

2. **答案**：B

主要解题过程：根据《城市供热管网设计规范》CJJ 34—2010式（3.2.1-1）：

$$Q_h^a = 0.0864NQ_h \frac{t_i - t_n}{t_i - t_{oh}} = 0.0864 \times 122 \times 44.1 \times \left(\frac{156000}{1000}\right) \times \frac{18-(-1.6)}{18-(-7.5)}$$

$$=55744\text{GJ}$$

3. **答案**：B

主要解题过程：根据《复习教材》P139，水力工况改变前有：$S_Ⅰ = P_Ⅰ/G_Ⅰ^2 = (50-40)\times 10^4/400^2 = 0.625\text{Pa}/(\text{m}^3\cdot\text{h})^2$，$S_Ⅱ = P_Ⅱ/G_Ⅱ^2 = (40-30)\times 10^4/300^2 = 1.111\text{Pa}/(\text{m}^3\cdot\text{h})^2$，$S_{Ⅲ\text{-}4} = P_{Ⅲ\text{-}4}/G_{Ⅲ\text{-}4}^2 = 30\times 10^4/200^2 = 7.50\text{Pa}/(\text{m}^3\cdot\text{h})^2$。

水力工况改变后有：$S' = S_Ⅰ + S_Ⅱ + S_{Ⅲ\text{-}4} = 0.625+1.111+7.50=9.236\text{Pa}/(\text{m}^3\cdot\text{h})^2$。

系统的总流量为：$G=(P/S')^{0.5}=(50\times 10^4/9.236)^{0.5}=232.67\text{m}^3/\text{h}$。

水力失调度为：$x = G_s/G_g = 232.67/200=1.16$。

因为各用户成比例一致失调，故用户3和4的流量均为$G_{3、4}=100\times 1.16=116\text{m}^3/\text{h}$。

4. **答案**：B

主要解题过程：根据《复习教材》P107及《民规》第8.11.3条，有：$\Delta a=143.6-70=73.6℃$，$\Delta b=143.6-95=48.6℃$。

$$\Delta t_{pj}=\frac{\Delta a-\Delta b}{\ln(\Delta a/\Delta b)}=\frac{25}{\ln(73.6/48.6)}=60.24$$

$$F=\frac{Q}{K\cdot B\cdot\Delta t_{pi}}=\frac{15\times10^5}{2000\times0.9\times60.24}=13.83m^2$$

5. **答案**：A

主要解题过程：

$$S_1=\frac{\Delta P_{1j}}{G_{1j}^2}=\frac{4513}{1196^2}=0.00316Pa/(kg/h)^2,\ S_2=\frac{\Delta P_{2j}}{G_{2j}^2}=\frac{4100}{1180^2}=0.00295Pa/(kg/h)^2$$

$$G_s=0.86\frac{\Sigma Q}{(t_g-t_h)}=0.86\frac{74800}{(95-70)}=2573kg/h$$

$$\frac{G_{t1}}{G_{t2}}=\frac{1}{\sqrt{S_1}}:\frac{1}{\sqrt{S_2}}=\frac{1}{\sqrt{0.00316}}:\frac{1}{\sqrt{0.00295}}=0.966$$

环路1和2和实际流量分别为：$G_{t1}=0.966(G_s-G_{t1})$，$G_{t1}=1264kg/h$，$G_{t2}=2573-1264=1309kg/h$。

根据《复习教材》P79，按照不等温降法，环路1计算的温降调整系数为：$\frac{\Delta t_1}{\Delta t'_1}=\frac{G'_{t1}}{G_{t1}}=\frac{1264}{1196}=1.057$，$\Delta t'_1=\frac{30}{1.057}=28.4℃$。

6. **答案**：D

主要解题过程：根据《工规》第6.9.15条，输送含有爆炸危险的粉尘、纤维等物质，其含尘浓度为爆炸下限25%及以上时，通风系统应采用防爆型。根据《工规》第6.9.2-2条，其他厂房（非甲乙丙类）其含尘浓度为爆炸下限10%及以上时，不得采用循环风。

应采用防爆型设备的室内最低含尘浓度为 $y_2=23.5\times25\%=5.875mg/m^3$。

不得采用循环风的最低含尘浓度为 $y_3=23.5\times10\%=2.35mg/m^3$。

采用防爆型风机的最小通风量为 $L_{fb}=\frac{x}{y_2-y_0}=\frac{100}{5.875-0}=17.02m^3/s=61272m^3/h$。

可采用循环风的最小通风量为 $L_{fb}=\frac{x}{y_3-y_0}=\frac{100}{2.35-0}=42.55m^3/s=153180m^3/h$。

因此，四种通风量下，均不得采用循环风，选项AB错误。并且只有选项D的风机可以采用非防爆型，因此选项C错误。

7. **答案**：A

主要解题过程：根据《工业通风》P22，设置稀释低毒性物质的全面通风，室外计算温度应采用冬季通风室外计算温度，根据《民规》附录A查得 $t_w=-5.5℃$。生产设备总放热量 $\Sigma Q_f=15\times10=150kW$。

由《复习教材》式（2.2-5）列风量平衡：$G_{ZJ}=G_{jp}-G_{jj}=10-9=1kg/s$。

由《复习教材》式（2.2-6）列热平衡：$\sum Q_h + c \cdot G_{jp} \cdot t_n = \sum Q_f + c \cdot G_{jj} \cdot t_{jj} + c \cdot G_{zj} \cdot t_w$。带入数值，得：

$$250+1.01\times10\times16=150+1.01\times9\times t_{jj}+1.01\times1\times(-5.5)$$

解得，$t_{jj}=29.4℃$。

8. **答案**：C

主要解题过程：根据《复习教材》图 2.7-1 及式（2.7-4）、式（2.7-7）：

流速当量直径　$D_v=\dfrac{2ab}{a+b}=\dfrac{2\times210\times190}{210\times190}=199.5\approx200\text{mm}$。

有 $D_v=200\text{mm}$，$v=12\text{m/s}$，查得 $R_{mo}=9\text{Pa/m}$。

温度压力修正：$R_m=K_tK_BR_{m0}=\left(\dfrac{273+20}{273+100}\right)^{0.825}\times\left(\dfrac{80.80}{101.3}\right)^{0.9}\times9=0.81\times0.8\times9=5.83\text{Pa}$。

9. **答案**：D

主要解题过程：根据《复习教材》P198：

$1.5\sqrt{A_p}=1.5\sqrt{\dfrac{\pi B^2}{4}}=1.5\sqrt{\dfrac{\pi 0.65^2}{4}}=0.86<H$，判断为高悬罩。

根据炉口直径 $B=0.65\text{m}$，热源至计算断面距离 $H=1.1\text{m}$，根据式（2.4-23）和式（2.4-30）：

$D_z=0.36H+B=0.36\times1.1+0.65=1.046\text{m}$，$D=D_z+0.8H=1.046+0.8\times1.1=1.926\text{m}$。

10. **答案**：A

主要解题过程：

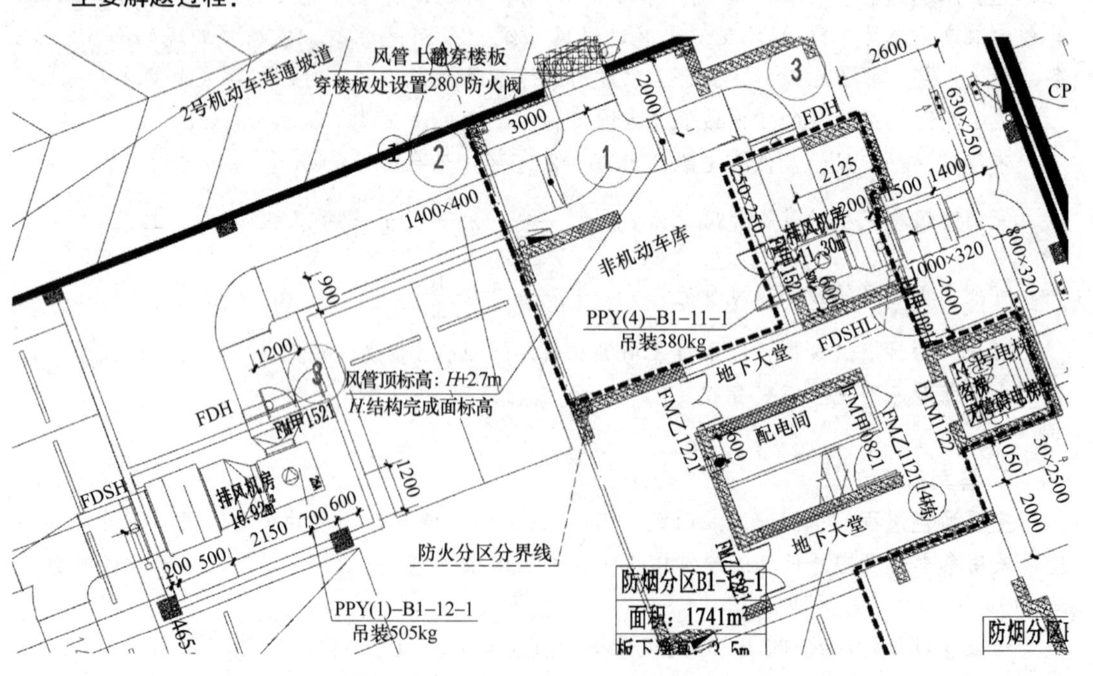

序号	违反条文编号	违反规范内容
1	4.4.1	PPY(1)-B1-11-1与PPY(1)-B1-12-1分别服务于两个不同的防火分区，该两个系统的排出管在图中①处汇总，违反了强制性条文的系统独立原则，机械排烟系统横向按每个防火分区设置独立系统，是指风机、风口、风管都独立设置
2	4.4.10	PPY(1)-B1-12-1系统的排烟管道穿越防火分区分隔②处未设置排烟防火阀FDSH，违反强制性条文
3	5.2.7	消防控制室设备应显示排烟系统的排烟风机、补风机、阀门等设施启闭状态。图中③处的排烟防火阀未设置信号反馈要求，违反强制性标准，阀门代号应改为FSDH

11. **答案：**A

主要解题过程：根据《复习教材》式（2.6-1）：$y_2=\dfrac{M}{22.4}\cdot C=\dfrac{(12+16\times2)}{22.4}\times1000=1964\text{mg/m}^3$。

根据《复习教材》式（2.2-1b）：$L=\dfrac{x}{y_2-y_0}=\dfrac{30\times3600}{1964-700}=85.4\text{m}^3/\text{h}$。

12. **答案：**D

主要解题过程：根据《复习教材》P504：小机组的设计制冷容量为$Q_x=Q_{min}/r$；单台大机组的设计容量为$Q_d=Q_x/R$；大机组的安装台数为$n=(Q_{max}-Q_x)/Q_d$。

小机组设计冷量$Q_x=400/0.8=500\text{kW}$；单台大机组的设计冷量$Q_d=500/0.5=1000\text{kW}$，大机组台数$n=(2500-500)/1000=2$。

13. **答案：**C

主要解题过程：

（1）关闭阀门前，$\Delta P_{AB}=90+30=120\text{kPa}$，$Q_{单}=100\text{kg/h}$，$Q_{总}=300\text{kg/h}$，$S_{单}=\Delta P_{单}/Q_{单}=90/100^2=0.009$，$S_{AB}+S_{DB}=(\Delta P_{AC}+\Delta P_{DB})/Q_{总}{}^2=30/300^2=0.00033$。

（2）阀门关闭后，$\Delta P'_{AB}=120\text{kPa}$，根据《复习教材》式（1.10-26），$S'_{并}=0.00225$，$S'_{总}=S'_{并}+S_{AB}+S_{DB}=0.00225+0.00033=0.00258$。

由$\Delta P'_{AB}=S'_{总}Q'^2_{总}$，可得：$Q'_{总}=215.7\text{kg/h}$。

14. **答案：**B

主要解题过程：方法一：直接计算法

$$\Delta h=1.01\cdot\Delta t+2500\Delta d$$

$$\Sigma q/G=1.01\cdot\Delta t+2500\times\Sigma W/(3600\times G)$$

$$3.3/G=1.01\times8+2500\times0.25\times3.6/(3600\times G)$$

解得$G=0.331\text{kg/s}$

方法二：查h-d图法

已知热湿比线$\varepsilon=\Sigma q/\Sigma W=3300/0.25=13200$，$t=22℃$，$\varphi=55\%$，可得室内状态点的焓，$h_N=45.19\text{kJ/kg}$。由送风温差$\Delta t=8℃$，可知过室内状态点的热湿比线与14℃等温线

交于点O的状态参数为：

h_o=35.04kJ/kg，送风量$G=\Sigma q/(h_N-h_o)=3.3/(45.19-35.04)=0.3251$kg/s。

15. **答案：**D

主要解题过程：计算声称的不合格品数$DQL=115\times(1-0.95)=5.75$，向下取整为5。根据《通风与空调工程施工质量验收规范》GB 50243—2016第7.2.5条可知，风机盘管机组风量为主控项目，按附录B表B.0.2-1确定抽样方案。N=115，介于110和120之间，查表按上限N=120，DQL=5查表，得到抽样方案$(n,L)=(10,1)$。

16. **答案：**C

主要解题过程：根据《复习教材》P408：

$$h_1=58\text{kJ/kg};\ h_2=30\text{kJ/kg};\ G(h_1-h_2)=WC_p(t_{w2}-t_{w1})$$

$$18000\times1.2/3600\times(58-30)=20\times1000/3600\times4.2\times(t_{w2}-7),t_{w2}=14.3℃$$

热交换换热系数$\xi_1=(t_1-t_2)/(t_1-t_{w1})=(25-10.5)/(25-7)=0.805$。

17. **答案：**A

主要解题过程：由题意可知，室内温度18℃为设计温度，题目所要求的是实际室内温度。且A房间外围护结构散热量9kW为设计温度下的散热量，需进行实际室内温度下散热量的修正。

由《复习教材》式(1.2-1)：围护结构散热量$Q=KF\Delta t$，得$\dfrac{Q_{A实际}}{Q_{A设计}}=\dfrac{KF(t_{A实际}+12)}{KF(18+12)}$，得$Q_{A实际}=\dfrac{9(t_{A实际}+12)}{30}$。

根据$Q'=C\rho L\Delta t$，得$Q_{A实际}-2=1.01\times1.2\times3000\times(30-t_{A实际})/3600$。

解得$t_{A实际}$=21.8℃。

同理，B房间只有散热量，则$-2=1.01\times1.2\times3000\times(30-t_{B实际})/3600$。

解得$t_{B实际}$=32℃。

18. **答案：**B

主要解题过程：干球温度20℃，相对湿度60%，查h-d图得室内焓值h_{n1}=42kJ/kg。沿等湿线（热湿比线）与90%相交求得送风状态点O的焓值h_o=35 kJ/kg。

$$\frac{Q}{h_{n1}-h_o}=\frac{0.7Q}{h_{n2}-h_o}$$

$$h_{n2}=0.7(h_{n1}-h_o)+h_o=0.7(42-35)+35=40\text{kJ/kg}$$

由送风状态点O沿等湿度线与等焓线40kJ/kg的交点及为实际室内空气状态点n_2，查h-d图，室内温度为18.0℃，相对湿度65%，含湿量为39.30g/kg$_{干空气}$。

19. **答案：**C

主要解题过程：由《公建节能》第4.3.22条，风量大于10000m^3/h时，风道系统

W_s不宜大于表4.3.22规定的数值。办公建筑变风量系统，W_s限值为0.29，由式(4.3.22)得：

$$\eta_F = \frac{P}{3600W_s\eta_{CD}} = \frac{650}{3600 \times 0.29 \times 0.855} = 0.728 = 72.8\%$$

20. **答案：**C

主要解题过程：送风菌数＋回风菌数＋人员产菌数＝总菌数，设通风量为G，2000×(1－0.5)(1－0.95)×800＋(G－800)×350×(1－0.95)＋1000×10×60＝G×350，求得$G=1883m^3/h$。

21. **答案：**A

主要解题过程：根据《红宝书》P2039，考虑水泵的安全系数：25×0.0098/1.1－0.1－0.03－2.5×0.0098＝0.068MPa。

22. **答案：**A

主要解题过程：由《公建节能》第4.2.12条，当机组类型不同时，其限值应按冷量加权的方式确定。

$$\Sigma Q=1407\times 1+2813\times 3=9846\text{kW}$$

ΣW＝冷机总耗电动率＋冷却水泵耗电功率＋冷却塔耗电功率

＝(1407/5.6＋3×2813/6.0)＋[300×28/(323×0.74)＋3×600×29/(323×0.75)]＋(15＋3×30)

＝2013.4kW

设计冷源系统的$SCOP$为：

$$SCOP = \frac{\Sigma Q}{\Sigma W} = \frac{9846}{2013.4} = 4.89$$

上海市为夏热冬冷地区，由《公建节能》表2.4-3查得所选螺杆式机组单机$SCOP$限值为4.4，离心式机组单机$SCOP$限值为4.6。按冷量加权平均得到冷源系统$SCOP$限值：

$$SCOP_l = \frac{\Sigma(Q_i SCOP_i)}{\Sigma Q_i} = \frac{1407 \times 4.4 + 3 \times 2813 \times 4.6}{9846} = 4.57$$

因此，冷源系统$SCOP$为4.89，大于限定值4.57，满足节能要求。

23. **答案：**C

主要解题过程：根据《复习教材》式(4.7-6)及式(4.7-7)：

(1)制冷机的空调工况制冷量$q_c = Q_l(n_2 + n_1 \times C_f)$，$q_c = 53000/(10 + 8 \times 0.7)$＝3397.44kW；

(2)蓄冷装置有效容量$Q_s = n_1 \times C_f \times q_c$＝8×0.7×3397.44＝19025.6kWh。

24. **答案：**B

主要解题过程：

质量守恒：$m_6 = m_3 + m_7$。

能量守恒：$m_6h_6=m_3h_3+m_7h_7$，即 $256.41m_6=410.25m_3+228.50m_7$，得 $m_3=0.625m_6-0.557m_7$。

可得：$m_6=0.625m_6-0.55_7m_7+m_7$，$m_7/m_6=0.846$。

25. **答案：** D

主要解题过程： 根据《复习教材》式(6.3-1)：计算室内低压燃气管道阻力损失时，应考虑因高程差引起的附加压头：$\Delta H=g(\rho_k-\rho_m)\Delta H=9.8\times(1.293-0.518)\times3=22.785\text{Pa}$。

全真模拟2·专业案例(下)参考答案及解析

答案汇总列表

题号	答案	题号	答案	题号	答案
1	C	11	D	21	C
2	C	12	D	22	B
3	C	13	D	23	D
4	C	14	B	24	B
5	A	15	C	25	C
6	C	16	D		
7	D	17	A		
8	D	18	C		
9	C	19	D		
10	C	20	C		

1. **答案**：C

主要解题过程：(1)济南属于寒冷B区，窗墙面积比=(2.5×1.5×4×8)/(14.4×3×8)=0.35。根据《严寒和寒冷地区居住建筑节能设计标准》JGJ 26—2018表4.1.4，东向窗墙面积比满足限值要求。

(2) 根据《严寒和寒冷地区居住建筑节能设计标准》JGJ 26—2018表4.2.2-5得$K \leqslant 2.0$。

(3) 根据《严寒和寒冷地区居住建筑节能设计标准》JGJ 26—2018第4.2.5条，严寒地区设置凸窗，传热系数限值应比普通窗降低15%：$K' = K(1-15\%) \leqslant 1.7$。

(4) 根据《严寒和寒冷地区居住建筑节能设计标准》JGJ 26—2018第4.2.4条，"当设置了展开或关闭后可以全部遮蔽窗户的活动式外遮阳时，应认定满足本标准第4.2.2条对外窗的遮阳系数的要求"，对遮阳系数不作要求。

2. **答案**：C

主要解题过程：能量平衡关系式：$Q=c\cdot m\cdot \Delta t$，压力损失与流量的关系：$\Delta P=S\cdot m^2$。根据变化前后供热量Q值不变，则有：$m\cdot\Delta t = m'\cdot\Delta t'$。

$$\Delta P'_{干管} = S\cdot m'^2 = S\cdot m^2\cdot\left(\frac{\Delta t}{\Delta t'}\right)^2 = \Delta P_{干管}\cdot\left(\frac{\Delta t}{\Delta t'}\right)^2 = (70-30)\times\left(\frac{60-50}{50-43}\right)^2 = 81.63$$

所以，$\Delta P'=\Delta P'_{干管}+\Delta P'_{最不利}=81.63+30+40=151.63\text{kPa}$。

3. **答案**：C

主要解题过程：根据《复习教材》P89：

$$\frac{1500 \times 5}{95-70}=\frac{1500}{95-t_1}=\frac{1500}{t_4-70}, t_1=90, t_4=75$$

假定 $\beta_1=1$，则第一组散热器片数：

$$F_1=\frac{Q}{K \Delta t_p} \beta_1 \beta_2 \beta_3 \beta_4=\frac{1500 \times 1 \times 1 \times 1 \times 0.83}{3.663\left(\frac{95+90}{2}-18\right)^{1.16}}=2.289 \mathrm{m}^2$$

$n'_1=\frac{2.289}{0.2}=11.45$ 片，查表 1.8-2，得 $\beta_1=1.05$，$n_1=11.45\times1.05=12.02$ 片。

根据《09 技术措施》第 2.3.3 条：$\frac{0.02}{12.02}\times100\%=0.16\%<7\%$，故取 $n_1=12$ 片。

同理，第五组散热器片数：

$$F_5=\frac{Q}{K \Delta t_p} \beta_1 \beta_2 \beta_3 \beta_4=\frac{1500 \times 1.251 \times 1 \times 1 \times 0.83}{3.663\left(\frac{75+70}{2}-18\right)^{1.16}}=4.115 \mathrm{m}^2$$

$n'_5=\frac{4.115}{0.2}=20.58$ 片，查表 1.8-2，$\beta_1=1.1$，$n_1=20.58\times1.1=22.64$ 片。

$\frac{0.64}{22.64}\times100\%=2.8\%>2.5$，故取 $n_5=23$ 片。

$n_5-n_1=23-12=11$ 片。

4. **答案**：C

主要解题过程：根据《复习教材》P94：

$P_2=P_3+P_4+P_Z$，因为 $P_1=2P_2$，所以：

$P_0=P_L+P_1=500\times200\times(1+20\%)/10^6+2\times(0.01+10\times1000\times9.8/10^6+0.02)$
$=0.376\mathrm{MPa}$

5. **答案**：A

主要解题过程：根据《辐射供暖供冷技术规程》JGJ 142—2012 第 3.4.7 条及第 3.1.4 条：

(1) 顶棚辐射供冷时：$q_{dp}=800/20=40\mathrm{W/m^2}$。

$T_{dppj}=t_n-0.175q^{0.976}=26-0.175\times40^{0.976}=19.6℃>17℃$，满足要求。

(2) 地面辐射供冷时：$q_{dm}=800/(20-4)=50\mathrm{W/m^2}$。

$T_{dmpj}=t_n-0.171q^{0.989}=26-0.171\times50^{0.989}=17.8℃<19℃$，不满足要求。

6. **答案**：C

主要解题过程：根据《复习教材》P69：

$$\frac{Q_d}{Q_n}=\frac{t_{pj}-t_n}{t_{pj}-15}=\frac{\frac{95+70}{2}-18}{\frac{95+70}{2}-15}, Q_d=5.73\mathrm{kW}$$

按热负荷算：$n=\frac{Q}{Q_d\times\eta}=\frac{94-30}{5.73\times0.8}=14$ 台。

按换气次数算：$n=\frac{1.5\times6\times1000}{500}=18$ 台。

取大值：18 台。

7. **答案**：D

主要解题过程：(1) 题中的排气筒的排放速度为：$L=(50\times60000)/10^6=3\text{kg/h}$。

(2) 根据《环境空气质量标准》GB 3095—2012 第 4.1 条，一般工业区内（非特定工业区）为二级区域，查《大气污染物综合排放标准》GB 16297－1996 表 2 可知，排气筒高度为 20m 的石英粉尘标准排放限值为 3.1kg/h。

(3) 根据《大气污染物综合排放标准》GB 16297—1996 第 7.1 条：排气筒高度除须遵守表列排放速率标准值外，还应高出周围 200m 半径范围的建筑 5m 以上，不能达到该要求的排气筒，应按其高度对应的表列排放速率标准值严 50％执行。目前仅高出 2m，应严格 50％后为 $3.1\times50\%=1.55\text{kg/h}>3\text{kg/h}$。故排放不达标。

8. **答案**：D

主要解题过程：参考《复习教材》式 (2.5-17)。

根据除尘器分级效率 $\eta=0.65\times10+0.75\times25+0.86\times40+0.95\times15+0.92\times10=82.35\%$。

9. **答案**：C

主要解题过程：根据《复习教材》式 (2.3-19) 及式 (2.3-12)：

根据有效热量系数 $m=0.4$ 可知：$t_p=t_w+(t_n-t_w)/m=32+(35-32)/0.4=39.5℃$；

室内平均温度为：$t_{pj}=(t_p+t_n)/2=(39.5+35)=37.25℃$。

10. **答案**：C

主要解题过程：根据《复习教材》式 (2.9-3)：

$$P_d=P_q-P_j=\frac{\rho v^2}{2}=(30-10)\times9.8=196\text{Pa}$$

$$v=\sqrt{\frac{2\times P_d}{\rho}}=\sqrt{\frac{2\times196}{1.2}}=18.07\text{m/s}$$

11. **答案**：D

主要解题过程：由《人民防空地下室设计规范》GB 50038—2005 表 5.2.4 查得隔绝防护时间 $\tau>6\text{h}$，CO_2 容许浓度为 $C<2.0\%$。由第 5.2.5 条，对于一般掩蔽人员，$C_1=20\text{L/(P·h)}$，根据 $q=10\text{m}^3/(\text{P·h})$ 查表 5.2.5 得初始浓度 $C_0=0.25\%$。

$$t=\frac{1000V_0(C-C_0)}{nC_1}=\frac{1000\times5000(2.0\%-0.25\%)}{800\times20}=5.46\text{h}<6\text{h}$$

因此达不到设计要求的隔绝防护时间。

掩蔽人数 $n=\frac{1000V_0(C-C_0)}{\tau C_1}=\frac{1000\times5000(2.0\%-0.25\%)}{6\times20}=729$ 人。

12. **答案：** D

主要解题过程：

（1）平时量计算：根据《民规》第 6.3.8 条，双层停车库排风量，应按稀释法计算通风量。

气体总量：$M=\frac{T_1}{T_0}\cdot m\cdot t\cdot k\cdot n=\frac{273+500}{273+20}\times0.025\times4\times1\times120=31.7\text{m}^3/\text{h}$。

CO 的量：$G=My=31.7\times55000=1743500\text{mg/h}$。

排风量：$L=\frac{G}{y_1-y_0}=\frac{1743600}{30-2}=62268\text{m}^3/\text{h}$。

（2）消防量计算：根据《汽车库、修车库、停车库设计防火规范》GB 50067—2014 第 8.2.5 条，层高 6.5m，插值求得排烟量为 $35250\text{m}^3/\text{h}$。

（3）平时排风量与消防排烟量取大值，则计算排风兼排烟量不小于 $62268\text{m}^3/\text{h}$。

13. **答案：** D

主要解题过程： 由 $t_n=27℃$，$\varphi_n=60\%$ 查 h-d 图可知室外参数含湿量为：$d_w=22.46\text{g/kg}_{干空气}$；

新风机组的送风量为：$G_x=4500\times1.2=5400\text{kg/h}$；

新风机组除湿量应为：$W=(d_w-d_x)\times G_x=(22.46-8.0)\times5400=78084\text{g/h}=78.084\text{kg/h}$。

14. **答案：** B

主要解题过程： 室内风机盘管为干工况，没有湿量变化，由室内状态点 N（干球温度 36℃、湿球温度 28.9℃）沿等湿线，风机盘管处理到相对湿度为 90%时，查 h-d 图，得风机盘管送风温度为 t_o 为 20.3℃。

$Q=C_p m(t_n-t_o)=1.01\times(30000-4500)\times1.2/3600\times(27-20.3)=57.5\text{kW}$

15. **答案：** C

主要解题过程： 令热水盘管后的送风状态点为 3，则 13 为等湿加热，32 为等焓加湿（见右图）。

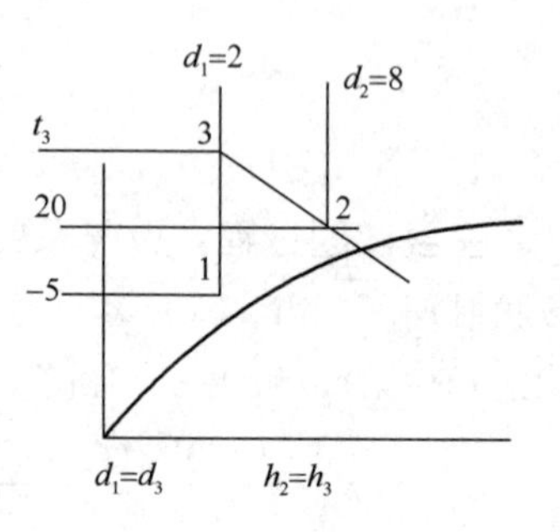

根据《复习教材》式（3.1-4）：

$h_2=1.01t_2+d_2(2500+1.84t_2)=1.01\times20+0.008(2500+1.84\times20)=40.49\text{kJ/kg}$

$h_3=1.01t_3+d_3(2500+1.84t_3)=1.01t_3+d_1(2500+1.84t_3)=1.01t_3+0.002(2500+1.84\times t_3)=h_2=40.49\text{kJ/k}$

解得 $t_3=35.1℃$。

16. **答案**：D

主要解题过程：根据《复习教材》式（3.11-8）：

$C_p\rho L_p\times(t_n-t_w)\times\eta=C_p\rho L_x\times(t_s-t_w)$，得 $0.8\times[18-(-10)]=t_s-(-10)$。得 $t_s=3.44$℃。

17. **答案**：A

主要解题过程：根据《复习教材》式（3.9-5）：

$$L_{w2}=L_{w1}+50\lg\frac{n_2}{n_1}=L_{w1}+50\lg\frac{1450}{960}=L_{w1}+8.95\text{dB}$$

18. **答案**：C

主要解题过程：根据《复习教材》式（3.5-11），$v_2=\frac{r_1^2}{r_2^2}\times v_1=\frac{0.1^2}{0.5^2}\times 4=0.64\text{m/s}$。

19. **答案**：D

主要解题过程：根据《复习教材》式（3.2-15）：

室内冷负荷 $Q_N=G(h_N-h_0)=\frac{8000}{3600}\times(53.4-39.7)=30.4\text{kW}$。

新风冷负荷 $Q_X=G(h_W-h_N)=\frac{1500}{3600}\times(91.5-53.4)=15.9\text{kW}$。

表冷器设计冷量 $Q=Q_N+Q_X=30.4+15.9=46.3\text{kW}$。

20. **答案**：C

主要解题过程：根据《洁净厂房设计规范》GB 50073—2013 第 3.0.1 条：$C_n=10^N(0.1/D)^{2.08}$，$13700=10^N(0.1/0.5)^{2.08}$。

解得 $N=5.59$，N 按 0.1 为最小允许递增量，得 $N=5.6$。

21. **答案**：C

主要解题过程：根据《蓄能空调工程技术标准》JGJ 158—2018 第 3.3.5 条，载冷剂循环泵的耗电输热比应满足：

$$ECR=\frac{N}{Q}=11.136\,\Sigma[m\times H/(\eta_b\times Q)\leqslant A\times B/(C_p\times\Delta T)]$$

蓄冷工况规定的载冷剂计算供回液温差 $\Delta T=3.4$℃。由表 3.3.5-1 查 $A=16.469$，由表 3.3.5-2 查 $B=30$，由附录 B 查得载冷剂密度为 1053.11kg/m^3，比热为 3.574kJ/(kg·K)。

$$\eta_b\geqslant\frac{11.136C_p\Delta T\Sigma mH}{A\times B\times Q}=\frac{11.136\times3.574\times3.4\times\left(2\times150\times1053.11\times\frac{40}{3600}\right)}{16.469\times30\times1700}$$
$$=0.565=56.5\%$$

22. **答案**：B

主要解题过程：根据《复习教材》式（4.5-6），发生器消耗热量 $Q_g=Q_0/\xi=1200/$

1.1=1091kW。

根据《复习教材》图 4.5-1 热量平衡：外部提供的热量 Q_g(发生器)+Q_0(蒸发器)=设备散发的热量 Q_k(冷凝器)+Q_a(吸收器)。

冷却量 $Q=Q_k+Q_a=Q_g+Q_0=1091+1200=2291$kW，$G=Q/(C_p \cdot \Delta t)=2291/(4.18\times6)=91.3kg/s=329$m³/h。

23. **答案**：D

主要解题过程：参考《复习教材》式（4.1-1）：

根据过冷器热平衡关系，$h_5=h_9$，$h_1=h_6$，因此有：

$$(MR_1+MR_2)\times h_9=MR_1\times h_6+MR_2\times h_7$$

$$MR_1/(MR_1+MR_2)=(h_7-h_5)/(h_7-h_6)=(1500-686)/(1500-616)=0.921$$

$$\begin{aligned}\varepsilon=q/w&=(h_2-h_1)\times MR_1/[(h_3-h_2)\times MR_1+(h_8-h_7)\times MR_2]\\&=(1441-616)\times0.921/[(2040-1441)\times0.921+(1900-1500)\times0.079]\\&=1.30\end{aligned}$$

24. **答案**：B

主要解题过程：根据《公建节能》式（4.2.13）计算 $IPLV$ 值：

$$\begin{aligned}IPLV&=1.2\%\times A+32.8\%\times B+39.7\%\times C+26.3\%\times D\\&=1.2\%\times\frac{824}{154}+32.8\%\times\frac{624}{102}+39.7\%\times\frac{416}{66}+26.3\%\times\frac{208}{38}\\&=6.01\end{aligned}$$

大连为寒冷地区，根据《公建节能》第 4.2.11 条，824kW 水冷螺杆机 $IPLV$ 限值为 5.85，变频机组不应低于表列值得 1.15 倍，故该变频水冷螺杆式机组限值为 5.85×1.15=6.73>6.01，因此，该机组不满足节能要求。

25. **答案**：C

主要解题过程：根据《复习教材》式（6.1-2）可知：生活给水最大用水时平均秒流量为：$Q_s=Q_h/3600=m\cdot q_0\cdot k_h/(3600\cdot T)$，所以，$Q_s=(5\times21\times8\times4)\times130\times2.3/(3600\times24)=11.63$L/s。

附　　录

附录一　2021年注册暖通专业考试复习计划

(4个阶段，8个月，35周，245天)

阶段0　备考预复习及资料准备阶段【即日起至2.12】

价值箴言	把握形势　明确目标　资料准备　全面精准
必看推荐	考试攻略、考场报告、资料准备
配合资料	《注册设备师考试攻略100问（2018版）》 《注册设备师暖通&动力专业考试考场年度报告2019》 《全国勘察设计注册公用设备工程师暖通空调专业考试复习教材（2020年版）》 《全国勘察设计注册公用设备工程师暖通空调专业考试必备规范精要选编（2020年版）》（需配合规范汇编准备的规范单行本） 全国勘察设计注册公用设备工程师暖通空调专业考试空白试卷答案解析（2011）
复习要求	1. 教材粗读一遍，了解各小节有什么内容，形成教材体系脉络。 2. 73本规范粗翻一遍，了解各章节有什么内容，形成规范总体认识。 3. 初识真题，了解真题题型和出题角度
作业1	观看2021年视频公开课：5节领航公开课+7节复习指导公开课+5节公开实训课。同时制定属于自己的全程复习计划
作业2	将所有规范和教材各章节内容相对应，做一个教材规范对应表（具体到小节），并在整个复习过程中不断调整及补充，形成思维导图
作业3	以2011年真题空白试卷和答案解析为例，初步认识真题进行摸底考，同时便于预测制定每个复习阶段的提升目标

阶段Ⅰ　教材规范阶段【2.13～6.4（16周112天）】(教材第一遍基础)

价值箴言	复习计划　科学合理　教材规范　贯穿全程
配合资料	《全国勘察设计注册公用设备工程师暖通空调专业考试复习教材（2020年版）》 《全国勘察设计注册公用设备工程师暖通空调专业必备规范精要选编（2020年版）》（需配合规范精编准备的规范单行本） 《全国勘察设计注册公用设备工程师暖通空调专业考试全程实训手册（2021版）》（专题实训篇） 全国勘察设计注册公用设备工程师暖通空调专业考试空白试卷答案解析（2012）
复习要求	1. 学会并使用“教材四支笔复习法”精读教材和“规范重要性分级复习法”复习规范。 2. 根据“教材各章节针对性复习法”，将教材结合规范“由薄看到厚”。 3. 针对教材各章节知识点利用《全程实训手册》专题实训篇进行题目熟悉
必看推荐	2021年注册暖通专业考试规范清单及重要性总结
作业4	根据自身复习情况并结合作业2，将阶段Ⅰ的配套资料（教材+规范+实训手册专题实训篇）合理细化安排到112天的每天复习进程当中

续表

价值箴言	复习计划 科学合理 教材规范 贯穿全程
作业5	完成新旧教材之间的誊移，针对教材每一章节（尤其是针对变动部分）自编单选题、多选题、案例题各不少于一题，注明答案和详细分析
提升建议	2021暖通空调在线注考暖通专业视频培训实战班、精讲班、规范班

阶段Ⅱ 知识点提炼阶段【6.5～8.13（10周70天）】(教材第二遍强化)

价值箴言	真题分类 应对策略 坚持到底 力量无限
配合资料	《全国勘察设计注册公用设备工程师暖通空调专业考试备考应试指南（2021版）》 《全国勘察设计注册公用设备工程师暖通空调专业考试全程实训手册（2021版）》(阶段测试篇) 《全国勘察设计注册公用设备工程师暖通空调专业考试复习教材（2021年版）》 《全国勘察设计注册公用设备工程师暖通空调专业考试必备规范精要选编（2020年版）》(需配合规范精编准备的规范单行本) 全国勘察设计注册公用设备工程师暖通空调专业考试空白试卷（2013）
提升建议	2021暖通空调在线注考暖通专业视频培训实战班、精讲班、规范班、真题班
复习要求	1. 学会并使用"做题四支笔复习法"并配合"分类真题空白卷"练习《备考应试指南》题目，并将所有解析回归到教材和规范出处，强化教材规范知识点。 2. 结合《备考应试指南》的历年真题归类，将教材、规范的知识点提炼出来，提纲挈领，将教材规范"由厚看到薄"。 3. 针对教材各章利用《全程实训手册》第二部分阶段测试篇进行分章测试
作业6	做题复习过程中用四支笔标注法在《备考应试指南》和《全程实训手册》中用不同符号标注出重要题、易错题及需加强题
作业7	在第一阶段教材、规范知识点对应表（或思维导图）的基础上，结合《备考应试指南》将历年真题题号对应进去，直观地显示每个知识点的权重性
作业8	针对2020年规范清单中A类及变动的规范自编单选题、多选题、案例题各不少于一题，注明答案和详细分析

阶段Ⅲ 真题训练阶段【8.14～10.08（8周56天）】(教材第三遍精简)

价值箴言	群体讨论 分享互进 学会放弃 方能成功
配合资料	全国勘察设计注册公用设备工程师暖通空调专业考试空白试卷集（2014～2020） 《全国勘察设计注册公用设备工程师暖通空调专业考试备考应试指南（2021版）》 《全国勘察设计注册公用设备工程师暖通空调专业考试全程实训手册（2021版）》(全真模拟篇) 《全国勘察设计注册公用设备工程师暖通空调专业考试复习教材（2021年版）》 《全国勘察设计注册公用设备工程师暖通空调专业考试必备规范精要选编（2020年版）》(需配合规范精编准备的规范单行本)
提升建议	2021暖通空调在线注考暖通专业视频培训冲刺班、真题班、案例班
复习要求	1. 应用"半点时间把控法"和"题号题眼标记法"坚持每周一套真题按实战训练。 2. 在每周真题实战训练中熟练应用"七种题型分类应对法""多选题答题技巧"和"专业案例通过技巧"。 3. 每套试卷进行分数统计分析（所有题的解析第二遍回归教材规范），提炼失分题并总结原因（错题本），每周保证得分进步

续表

价值箴言	群体讨论　分享互进 学会放弃　方能成功
作业 9	将每套试卷中做完的题、得分、单选题正确率、多选题正确率、犯晕错的题、完全不会的题、需要回顾复习的题进行统计分析
作业 10	对 2018～2020 年的专业知识和专业案例题各考点进行列表总结
作业 11	2021 年考点预测（可以是某个考点、知识点、规范条文、公式、总结等等），30～50 例

阶段Ⅳ　最后提升阶段【10.09～10.15（1周7天）】（教材第四遍总结）

价值箴言	总结提升　高屋建瓴　放下包袱　轻装上阵
提升建议	2021 暖通空调在线注考暖通专业视频培训实战班、冲刺班
复习要求	1. 总结并利用前三个阶段的总结、查漏补缺、考前强化记忆。 2. 根据“考前一周总结提升复习法”进行每日内容复习。 3. 在前三个阶段基础上的总结提升查漏补缺
10 月 23 日、24 日周六、周日考试	

全阶段周复习建议

周次	周六	周日	周一	周二	周三	周四	周五
第 1 周	2.13	2.14	2.15	2.16	2.17	2.18	2.19
	供暖（教材＋规范＋实训手册专题实训篇）(28 天)						
第 2 周	2.20	2.21	2.22	2.23	2.24	2.25	2.26
	供暖（教材＋规范＋实训手册专题实训篇）(28 天)						
第 3 周	2.27	2.28	3.01	3.02	3.03	3.04	3.05
	供暖（教材＋规范＋实训手册专题实训篇）(28 天)						
第 4 周	3.06	3.07	3.08	3.09	3.10	3.11	3.12
	供暖（教材＋规范＋实训手册专题实训篇）(28 天)						
第 5 周	3.13	3.14	3.15	3.16	3.17	3.18	3.19
	通风（教材＋规范＋实训手册专题实训篇）(21 天)						
第 6 周	3.20	3.21	3.22	3.23	3.24	3.25	3.26
	通风（教材＋规范＋实训手册专题实训篇）(21 天)						
第 7 周	3.27	3.28	3.29	3.30	3.31	4.01	4.02
	通风（教材＋规范＋实训手册专题实训篇）(21 天)						
第 8 周	4.03	4.04	4.05	4.06	4.07	4.08	4.09
	空调与洁净（教材＋规范＋实训手册专题实训篇）(28 天)						
第 9 周	4.10	4.11	4.12	4.13	4.14	4.15	4.16
	空调与洁净（教材＋规范＋实训手册专题实训篇）(28 天)						
第 10 周	4.17	4.18	4.19	4.20	4.21	4.22	4.23
	空调与洁净（教材＋规范＋实训手册专题实训篇）(28 天)						
第 11 周	4.24	4.25	4.26	4.27	4.28	4.29	4.30
	空调与洁净（教材＋规范＋实训手册专题实训篇）(28 天)						

续表

周次	周六	周日	周一	周二	周三	周四	周五
第12周	5.01	5.02	5.03	5.04	5.05	5.06	5.07
	制冷（教材＋规范＋实训手册专题实训篇）（21天）						
第13周	5.08	5.09	5.10	5.11	5.12	5.13	5.14
	制冷（教材＋规范＋实训手册专题实训篇）（21天）						
第14周	5.15	5.16	5.17	5.18	5.19	5.20	5.21
	制冷（教材＋规范＋实训手册专题实训篇）（21天）						
第15周	5.22	5.23	5.24	5.25	5.26	5.27	5.28
	绿建、水、燃气（教材＋规范＋实训手册专题实训篇）（7天）						
第16周	5.29	5.30	5.31	6.01	6.02	6.03	6.04
	第Ⅰ阶段小结（7天，含2012年真题）						
第17周	6.05	6.06	6.07	6.08	6.09	6.10	6.11
	供暖（备考应试指南第1章、第7章＋教材规范＋实训手册阶段测试篇）（15天）						
第18周	6.12	6.13	6.14	6.15	6.16	6.17	6.18
	供暖（备考应试指南第1章、第7章＋教材规范＋实训手册阶段测试篇）（15天）						
第19周	6.19	6.20	6.21	6.22	6.23	6.24	6.25
	供暖	通风（13天）					
第20周	6.26	6.27	6.28	6.29	6.30	7.01	7.02
	通风（备考应试指南第2章、第8章＋教材规范＋实训手册阶段测试篇）（13天）						
第21周	7.03	7.04	7.05	7.06	7.07	7.08	7.09
	空调与洁净（备考应试指南第3章、第9章＋教材规范＋实训手册阶段测试篇）（17天）						
第22周	7.10	7.11	7.12	7.13	7.14	7.15	7.16
	空调与洁净（备考应试指南第3章、第9章＋教材规范＋实训手册阶段测试篇）（17天）						
第23周	7.17	7.18	7.19	7.20	7.21	7.22	7.23
	空调与洁净（17天）			制冷（14天）			
第24周	7.24	7.25	7.26	7.27	7.28	7.29	7.30
	制冷（备考应试指南第4章、第10章＋教材规范＋实训手册阶段测试篇）（14天）						
第25周	7.31	8.01	8.02	8.03	8.04	8.05	8.06
	制冷（14天）			绿建、水、燃气（备考应试指南第5章、第6章、第11章＋教材规范＋实训手册阶段测试篇）（4天）			
第26周	8.07	8.08	8.09	8.10	8.11	8.12	8.13
	第Ⅱ阶段小结（7天，含2013年真题）						
第27周	8.14	8.15	8.16	8.17	8.18	8.19	8.20
	2014年试卷测试		2014年试卷消化分析错题总结				
第28周	8.21	8.22	8.23	8.24	8.25	8.26	8.27
	2016年试卷测试		2016年试卷消化分析错题总结				
第29周	8.28	8.29	8.30	8.31	9.01	9.02	9.03
	2017年试卷测试		2017年试卷消化分析错题总结				

续表

周次	周六	周日	周一	周二	周三	周四	周五
第30周	9.04	9.05	9.06	9.07	9.08	9.09	9.10
	2018年试卷测试		2018年试卷消化分析错题总结				
第31周	9.11	9.12	9.13	9.14	9.15	9.16	9.17
	2019年试卷测试		2019年试卷消化分析错题总结				
第32周	9.18	9.19	9.20	9.21	9.22	9.23	9.24
	2020年试卷测试		2020年试卷消化分析错题总结				
第33周	9.25	9.26	9.27	9.28	09.29	09.30	10.01
	冲刺班 2021年预测卷实战		冲刺班2021年预测卷消化分析错题总结				
第34周	10.02	10.03	10.04	10.05	10.06	10.07	10.08
	全程实训手册2021年模拟卷（或阶段测试6）实战			全程实训手册2021年模拟卷（或阶段测试6）消化分析错题总结			
第35周	10.09	10.10	10.11	10.12	10.13	10.14	10.15
	在前三个阶段基础上的总结提升查漏补缺						
10月23日、24日周六、周日考试							

附录二 2021年注册暖通专业考试规范清单及重要性总结

序号	名 称	标准号	重要性分类	备 注
1	民用建筑供暖通风与空气调节设计规范	GB 50736—2012	A类	2013年考试新增
2	工业建筑供暖通风与空气调节设计规范	GB 50019—2015	A类	2017年考试更新
3	建筑设计防火规范	GB 50016—2014（2018年版）	A类	2019年考试更新
4	汽车库、修车库、停车场设计防火规范	GB 50067—2014	B类	2016年考试更新
5	人民防空工程设计防火规范	GB 50098—2009	B类	
6	人民防空地下室设计规范	GB 50038—2005	B类	
7	住宅设计规范	GB 50096—2011	B类	2013年考试新增
8	住宅建筑规范	GB 50368—2005	B类	
9	严寒和寒冷地区居住建筑节能设计标准	JGJ 26—2018	B类	2020年考试更新
10	夏热冬冷地区居住建筑节能设计标准	JGJ 134—2010	B类	
11	夏热冬暖地区居住建筑节能设计标准	JGJ 75—2012	B类	2014年考试更新
12	公共建筑节能设计标准	GB 50189—2015	A类	2016年考试更新
13	民用建筑热工设计规范	GB 50176—2016	B类	2018年考试更新
14	辐射供暖供冷技术规程	JGJ 142—2012	A类	2014年考试更新
15	供热计量技术规程	JGJ 173—2009	B类	2011年考试新增
16	工业设备及管道绝热工程设计规范	GB 50264—2013	C类	2016年考试更新
17	既有居住建筑节能改造技术规程	JGJ/T 129—2012	B类	2016年考试更新
18	公共建筑节能改造技术规范	JGJ 176—2009	C类	2013年考试新增
19	环境空气质量标准	GB 3095—2012	C类	2013年考试新增
20	声环境质量标准	GB 3096—2008	C类	
21	工业企业厂界环境噪声排放标准	GB 12348—2008	C类	
22	工业企业噪声控制设计规范	GB/T 50087—2013	C类	2016年考试更新
23	大气污染物综合排放标准	GB 16297—1996	C类	
24	工业企业设计卫生标准	GBZ 1—2010	C类	
25	工作场所有害因素职业接触限值 第1部分：化学有害因素	GBZ 2.1—2019	C类	2020年考试更新
26	工作场所有害因素职业接触限值 第2部分：物理因素	GBZ 2.2—2007	C类	
27	洁净厂房设计规范	GB 50073—2013	A类	2014年考试更新
28	地源热泵系统工程技术规范	GB 50366—2005（2009版）	A类	
29	燃气冷热电联供工程技术规范	GB 51131—2016	B类	2018年考试新增
30	蓄能空调工程技术标准	JGJ 158—2018	B类	2020年考试更新

续表

序号	名　称	标准号	重要性分类	备注
31	多联机空调系统工程技术规程	JGJ 174—2010	B类	2011年考试新增
32	冷库设计规范	GB 50072—2010	B类	
33	锅炉房设计标准	GB 50041—2020	B类	2021年考试预测更新
34	锅炉大气污染物排放标准	GB 13271—2014	C类	2016年考试更新
35	城镇供热管网设计规范	CJJ 34—2010	A类	
36	城镇燃气设计规范	GB 50028—2006（2020版）	B类	2021年考试预测更新
37	城镇燃气技术规范	GB 50494—2009	C类	2012年考试新增
38	建筑给水排水设计标准	GB 50015—2019	B类	2021年考试预测更新
39	建筑给水排水及采暖工程施工质量验收规范	GB 50242—2002	B类	
40	通风与空调工程施工质量验收规范	GB 50243—2016	B类	2018年考试更新
41	制冷设备、空气分离设备安装工程施工及验收规范	GB 50274—2010	C类	2012年考试新增
42	建筑节能工程施工质量验收标准	GB 50411—2019	B类	2020年考试更新
43	绿色建筑评价标准	GB/T 50378—2019	B类	2020年考试更新
44	绿色工业建筑评价标准	GB/T 50878—2013	C类	2016年考试新增
45	民用建筑绿色设计规范	JGJ/T 229—2010	C类	2013年考试新增
46	空气调节系统经济运行	GB/T 17981—2007	C类	2013年考试新增
47	冷水机组能效限定值及能源效率等级	GB 19577—2015	C类	2018年考试更新
48	单元式空气调节机能效限定值及能源效率等级	GB 19576—2019	C类	2021年考试预测更新
49	风管送风式空调机组能效限定值及能效等级	GB 37479—2019	C类	2020年考试新增
50	房间空气调节器能效限定值及能源效率等级	GB 21455—2019	C类	2021年考试预测更新
51	多联式空调（热泵）机组能效限定值及能源效率等级	GB 21454—2008	C类	2012年考试新增
52	蒸气压缩循环冷水（热泵）机组　第1部分：工业或商业用及类似用途的冷水（热泵）机组	GB/T 18430.1—2007	C类	2012年考试新增
53	蒸气压缩循环冷水（热泵）机组　第2部分：户用及类似用途的冷水（热泵）机组	GB/T 18430.2—2016	C类	2018年考试更新
54	溴化锂吸收式冷（温）水机组安全要求	GB 18361—2001	C类	
55	直燃型溴化锂吸收式冷（温）水机组	GB/T 18362—2008	C类	
56	蒸汽和热水型溴化锂吸收式冷水机组	GB/T 18431—2014	C类	2016年考试更新
57	水（地）源热泵机组	GB/T 19409—2013	C类	2016年考试更新
58	商业或工业用及类似用途的热泵热水机	GB/T21362—2008	C类	2013年考试新增
59	组合式空调机组	GB/T 14294—2008	C类	

续表

序号	名 称	标准号	重要性分类	备注
60	柜式风机盘管机组	JB/T 9066—1999	C类	
61	风机盘管机组	GB/T 19232—2019	C类	2021年考试预测更新
62	通风机能效限定值及能效等级	GB/T 19761—2009	C类	
63	清水离心泵能效限定值及节能评价值	GB/T 19762—2007	C类	
64	离心式除尘器	JB/T 9054—2015	C类	2020年考试更新
65	回转反吹类袋式除尘器	JB/T 8533—2010	C类	
66	脉冲喷吹类袋式除尘器	JB/T 8532—2008	C类	
67	内滤分室反吹类袋式除尘器	JB/T 8534—2010	C类	
68	建筑通风和排烟系统用防火阀门	GB 15930—2007	B类	2013年考试新增
69	干式风机盘管	JB/T 11524—2013	C类	2018年考试新增
70	高出水温度冷水机组	JB/T 12325—2015	C类	2018年考试新增
71	建筑防烟排烟系统技术标准	GB 51251—2017	A类	2019年考试新增
72	工业建筑节能设计统一标准	GB 51245—2017	B类	2021年考试预测新增
73	低环境温度空气源热泵（冷水）机组能效限定值及能效等级	GB 37480—2019	C类	2021年考试预测新增

编者说明：

1. 规范重要性分类：

A类（9本）：重要规范，建议以单行本形式专门安排时间复习，并在教材复习和做题过程中强化；

B类（24本）：一般规范，建议以规范汇编或单行本的形式在复习教材和做题过程中配合查找复习熟悉；

C类（40本）：其他规范，建议不用复习熟悉目录即可，可在做题过程和正式考试中直接查找答案。

2. 表格中“重要性分类”和“备注”栏为考生总结，非官方信息，仅供参考指导复习。

3. 表格中“新增”或“更新”部分建议与规范汇编核对，补充单行本。

4. 执业资格考试适用的规范、规程及标准按时间划分原则：考试年度的试题中所采用的规范、规程及标准均以前一年十月一日前公布生效的规范、规程及标准为准。

5. 2021年《注册公用设备工程师（暖通空调）专业考试主要规范、标准、规程目录》需以8月份左右住房和城乡建设部执业资格注册中心正式颁布的为准，本表格仅供参考。

6. 2021年考试建议配齐所有单行本规范，如选用中国建筑工业出版社《全国勘察设计注册公用设备工程师暖通空调专业考试必备规范精要选编（2020年版）》（以下简称《规范精编2020》）外至少需另行准备的单行本详见下表：

2021 年考试建议除《规范精编 2020》外另行准备的单行本

序号	名　称	标准号	备注
1	民用建筑供暖通风与空气调节设计规范	GB 50736—2012	A 类规范
2	工业建筑供暖通风与空气调节设计规范	GB 50019—2015	A 类规范
3	建筑设计防火规范	GB 50016—2014（2018 版）	2019 年考试更新/A 类规范
4	公共建筑节能设计标准	GB 50189—2015	A 类规范
5	辐射供暖供冷技术规程	JGJ 142—2012	A 类规范
6	地源热泵系统工程技术规范	GB 50366—2005（2009 年版）	A 类规范
7	城镇供热管网设计规范	CJJ 34—2010	A 类规范
8	洁净厂房设计规范	GB 50073—2013	A 类规范
9	建筑防烟排烟系统技术标准	GB 51251—2017	2019 年考试新增/ A 类规范
10	人民防空地下室设计规范	GB 50038—2005	规范精编未收录
11	工作场所有害因素职业接触限值　第 1 部分：化学有害因素	GBZ 2.1—2019	规范精编未收录
12	建筑节能工程施工质量验收标准	GB 50411—2019	规范精编未收录
13	城镇燃气设计规范	GB 50028—2006（2020 版）	2021 年考试预测更新
14	单元式空气调节机能效限定值及能源效率等级	GB 19576—2019	2021 年考试预测更新
15	房间空气调节器能效限定值及能源效率等级	GB 21455—2019	2021 年考试预测更新
16	风机盘管机组	GB/T 19232—2019	2021 年考试预测更新
17	建筑给水排水设计标准	GB 50015—2019	2021 年考试预测更新
18	锅炉房设计标准	GB 50041—2020	2021 年考试预测更新
19	工业建筑节能设计统一标准	GB 51245—2017	2021 年考试预测新增
20	低环境温度空气源热泵（冷水）机组能效限定值及能效等级	GB 37480—2019	2021 年考试预测新增

附录三　近三年真题试卷分支统计分析

2018年真题试卷分值统计分析

题型	第一天知识题量				第二天案例题量		题量小计	分值
	上午单选	下午单选	上午多选	下午多选	上午	下午		
供暖	9	8	7	6	5	6	41	65
通风	9	8	7	7	6	5	42	67
空气调节	8	10	7	7	8	8	48	78
空气洁净技术	2	1	0	2	0	1	6	9
制冷与热泵技术	8	10	8	6	5	4	41	64
绿色建筑	1	1	1	1	0	0	4	6
民用建筑房屋卫生设备和燃气供应	3	2	0	1	1	1	8	11
总计	40	40	30	30	25	25	190	300

注：2018年真题试卷及解析可参考《全国勘察设计注册公用设备工程师暖通空调专业考试备考应试指南（2021版）》。

2019年真题试卷分值统计分析

题型	第一天知识题量				第二天案例题量		题量小计	分值
	上午单选	下午单选	上午多选	下午多选	上午	下午		
供暖	9	9	7	6	5	6	42	66
通风	9	9	6	7	6	5	42	66
空气调节	8	9	7	7	8	8	47	77
空气洁净技术	2	1	0	2	0	1	6	9
制冷与热泵技术	8	10	8	7	5	4	42	66
绿色建筑	1	0	1	0	0	0	2	3
民用建筑房屋卫生设备和燃气供应	3	2	1	1	1	1	9	13
总计	40	40	30	30	25	25	190	300

注：2019年真题试卷及解析可参考《全国勘察设计注册公用设备工程师暖通空调专业考试备考应试指南（2021版）》。

2020 年真题试卷分值统计分析

题型	第一天知识题量				第二天案例题量		题量小计	分值
	上午单选	下午单选	上午多选	下午多选	上午	下午		
供暖	9	9	6	6	5	6	41	64
通风	9	6	7	7	6	5	40	65
空气调节	9	12	8	7	8	8	52	83
空气洁净技术	1	1	1	2	0	1	6	10
制冷与热泵技术	8	9	6	6	5	4	38	59
绿色建筑	1	1	1	1	0	0	4	6
民用建筑房屋卫生设备和燃气供应	3	2	1	1	1	1	9	13
总计	40	40	30	30	25	25	190	300

注：2020 年真题试卷及解析可参考《全国勘察设计注册公用设备工程师暖通空调专业考试备考应试指南（2021 版）》。

附录四　专题实训得分统计分析

篇章	专题实训	正确率
供暖	1.1　供暖热负荷与围护结构节能供暖	
	1.2　供暖系统形式	
	1.3　辐射供暖（供冷）	
	1.4　热风供暖	
	1.5　供暖系统附件	
	1.6　供暖系统水力计算	
	1.7　散热器供暖系统设计	
	1.8　节能改造及热计量	
	1.9　小区热网	
	1.10　水力工况、压力工况分析	
	1.11　锅炉房	
通风	2.1　环境卫生标准与全面通风设计要求	
	2.2　全面通风量计算	
	2.3　自然通风	
	2.4　局部排风与排风罩设计	
	2.5　除尘器	
	2.6　吸收、吸附与净化	
	2.7　通风系统设计与通风机	
	2.8　通风系统施工与验收	
	2.9　建筑防排烟	
	2.10　人防工程	
	2.11　设备用房与民用功能用房通风	
空调	3.1　焓湿图基础与空调冷热负荷专题实训	
	3.2　空气处理过程与焓湿图应用实训	
	3.3　空调风系统（1）：全空气系统	
	3.4　空调风系统（2）：风机盘管加新风系统	
	3.5　空调风系统（3）：焓湿图的理解与深化	
	3.6　气流组织设计	
	3.7　空气洁净技术专题	
	3.8　空调水系统（1）：系统形式	
	3.9　空调水系统（2）：空调系统附件与水泵	
	3.10　空调系统的监测与控制	
	3.11　空调通风保温保冷、消声与隔振	

续表

篇章	专题实训	正确率
制冷	4.1　蒸汽压缩式理论循环的热力计算	
	4.2　制冷剂与载冷剂	
	4.3　压缩机特性及联合运行	
	4.4　*SCOP* 及 *IPLV* 的理解和应用	
	4.5　冷水机组工况与运行分析	
	4.6　制冷剂管道设计	
	4.7　溴化锂吸收式制冷机组	
	4.8　蓄冷技术及应用	
	4.9　冷库专题实训	
	4.10　绿色建筑	
	4.11　室内给水排水与室内燃气	
规范	5.1 《民规》与《工规》专项实训（1）：供暖	
	5.2 《民规》与《工规》专项实训（2）：通风	
	5.3 《民规》与《工规》专项实训（3）：空调	
	5.4 《民规》与《工规》专项实训（4）：制冷	
	5.5 《公建节能》专项实训	
	5.6　节能类规范实训（1）：居住节能、节能改造	
	5.7　节能类规范实训（2）：节能验收、热工规、热计量规	
	5.8　节能类规范实训（3）：管道绝热、空调系统经济运行	
	5.9　技术规程类规范实训（1）	
	5.10　技术规程类规范实训（2）	
	5.11　专业专项类规范实训（1）：冷库、洁净、给水排水	
	5.12　专业专项类规范实训（2）：锅炉房、热网、城镇燃气	
	5.13　施工验收类规范实训	
	5.14　设备机组类与机组能效类规范专题实训	
	5.15　建筑及防火类规范实训	
	5.16　环保卫生标准类规范实训	
	5.17 《建筑防烟排烟系统技术标准》专题实训	

附录五　阶段测试得分统计分析

统计	章节	专业知识（单选题）	专业知识（多选题）	专业案例	总计
正确率%	阶段测试Ⅰ·供暖部分				
	测阶段试Ⅱ·通风部分				
	阶段测试Ⅲ·空调部分				
	阶段测试Ⅳ·制冷部分				
	阶段测试Ⅴ·绿建、水、燃气与规范部分				

注：建议专业知识单选题正确率不低于75%；专业知识多选题正确率不低于50%。专业案例题正确率不低于70%。

附录六 全真模拟得分统计分析

试卷	统计量	知识（上）单选题	知识（上）多选题	知识（下）单选题	知识（下）多选题	案例（上）	案例（下）	总计
全真模拟1	做完的题							
	得分							
	正确率%							
	犯晕错的题							
	完全不会的题							
	需要回顾的题							
	自我总评							
全真模拟2	做完的题							
	得分							
	正确率%							
	犯晕错的题							
	完全不会的题							
	需要回顾的题							
	自我总评							

注：1. 建议专业知识单选题正确率不低于75%；专业知识多选题正确率不低于50%。专业案例题正确率不低于70%。

2. 建议根据本书附录一复习计划安排含本书全真模拟在内的8套试卷，严格按照考试时间进行测试，并按本表进行得分统计分析，进行纵向比较。

全国勘察设计注册公用设备工程师
暖通空调专业考试
全程实训手册

（2021 版）

（上册）

房天宇　主编

中国建筑工业出版社

图书在版编目(CIP)数据

全国勘察设计注册公用设备工程师暖通空调专业考试全程实训手册：2021版：上、下册/房天宇主编. —北京：中国建筑工业出版社，2021.3

ISBN 978-7-112-25959-5

Ⅰ. ①全… Ⅱ. ①房… Ⅲ. ①建筑工程－采暖系统－资格考试－习题集②建筑工程－通风系统－资格考试－习题集③建筑工程－空气调节系统－资格考试－习题集 Ⅳ. ①TU83－44

中国版本图书馆CIP数据核字(2021)第040307号

责任编辑：张文胜

责任校对：焦　乐

全国勘察设计注册公用设备工程师暖通空调专业考试

全程实训手册

(2021版)

房天宇　主编

*

中国建筑工业出版社出版、发行（北京海淀三里河路9号）

各地新华书店、建筑书店经销

北京红光制版公司制版

廊坊市海涛印刷有限公司印刷

*

开本：787毫米×1092毫米　1/16　印张：55¼　字数：1370千字

2021年3月第一版　　2021年3月第一次印刷

定价：**188.00**元（上、下册）

ISBN 978-7-112-25959-5

(37161)

本书编委会

主　　编：房天宇　中国建筑东北设计研究院有限公司

参　　编：（排名不分先后）

封彦琪　河北筑美工程设计有限公司

李春萍　吉林省建苑设计集团有限公司

马　辉　新城控股集团股份有限公司

林星春　上海水石建筑规划设计股份有限公司

杨　光　吉林省建筑科学研究设计院

声　明

前　言

《全国勘察设计注册公用设备工程师暖通空调专业考试全程实训手册》（下称《实训手册》）自2017年首次出版以来，受到广大考生的欢迎与关注。《实训手册》已经成为备战考生在真题资料外的首选参考练习资料，本书编委会（暖通空调在线实训助考团）也时刻关注考生对《实训手册》内容的反馈，相关反馈主要通过“暖通空调在线论坛”进行整理。

在2020年和2019年的暖通空调专业考试中，考题类型强化了工程实践中的理论应用，特别是一些由工程经验改编的题目，更是要求考生提高专业理论的应用水平。本书编委会借助“2019年暖通空调在线培训班”和“2020年暖通空调在线培训班”，通过固定答疑征集了大量考生备考中遇到的实际问题，并且结合这些实际问题和考试方向增补了大量相关自编题，同时对2019版《实训手册》中与《全国勘察设计注册公用设备工程师暖通空调专业考试复习教材（2020年版）》（简称《复习教材》）不一致的部分进行了完善。

在2021年的专业考试中，《复习教材》将在原教材基础上修订发行，《锅炉房设计标准》GB 50041—2020、《城镇燃气设计规范》GB 50028—2006（2020版）、《建筑给水排水设计标准》GB 50015—2019以及《风机盘管机组》GB/T 19232—2019等新的标准规范将被纳入考试推荐书目。

考虑到《实训手册》部分习题老旧，编委会经过讨论决定2020年暂停更新，并讨论规划了2021版《实训手册》的改版方向。在2021年新的参考材料的要求下，2021版《实训手册》对如下方面进行了修订与补充：

（1）实训中增加“备考常见问题”内容，结合多年解答考生在备考过程中的疑问，每个专题整理5～10个备考常见问题，加强考生对相关知识的理解。

（2）实训中增加“案例真题参考”内容，每个专题引用2～3个历年常考案例题，从解答过程和题目反思两个方面，强化考生对案例题的理解能力。为保证考生做真题的新鲜感，近3年真题不引入其中。

（3）规范实训中增加“规范导读”内容，每个专题针对相关规范并结合近年来考试特点，总结了各个规范的学习要点和理解深度，引导考生有重点地阅读规范。

（4）贴近2020年真题，增加新的题目与专题，模考卷增加为2套。

（5）完善每个专题实训前的内容提要，更新专题实训与阶段测试题目。

2021版《实训手册》将进一步贴近2021年专业考试，内容更加完善。在此，感谢暖通空调在线网络培训班对全书题目编写的支持，也对所有参与本书编写的考生、专家及老师以真诚的谢意。对本书如有任何建议、意见和勘误请与本书编委会邮箱 fay _ zf0043@163. com 联系。

本书编委会

2020年12月

2019年版前言

《全国勘察设计注册公用设备工程师暖通空调专业考试全程实训手册》（下称《实训手册》）自2017年首次出版以来，受到广大考生的欢迎与关注。《实训手册》已经成为备战考生在真题资料外的首选参考练习资料，本书编委会（暖通空调在线实训助考团）也时刻关注考生对《实训手册2018》内容的反馈，相关反馈主要通过“暖通空调在线论坛”进行整理。

在2018年的暖通空调专业考试中，降低了理论型题目的考察，增加了贴近实际工程的题目，出现大量有关施工与验收有关的题目。本书编委会借助“2018年暖通空调在线培训班”，通过固定答疑征集了大量考生备考中遇到的实际问题，并且结合这些实际问题和考试方向增补了大量相关自编题，同时对《实训手册2018》中与《全国勘察设计注册公用设备工程师暖通空调专业考试复习教材（第三版—2018）》（以下简称《三版教材2018》）不一致的部分进行了完善。

在2019年的专业考试中，《三版教材2019》将在原教材的基础上修订发行，《工业建筑节能设计统一标准》GB 51245—2017及《建筑防烟排烟系统技术标准》GB 51251—2017两本规范预计会在考试大纲中更新升版。

在2019年新的参考材料的要求下，《实训手册2019》对如下方面进行了修订与补充：

（1）优化专题实训知识点划分。

（2）在原先题目顺序的基础上，专题题目分为“单选题”“多选题”“案例题”三部分，每部分题号独立。

（3）结合读者需求，原第一部分和第二部分合并，使每个实训后紧跟解析。

（4）完善每个专题实训前的内容提要。

（5）针对新增规范对涉及的实训和题目进行调整。

（6）按照《三版教材2018》和2018年新考试大纲完善题目并修订相关解题依据（《实训手册2019》交稿时，《三版教材2019》还未出版）。

《实训手册2019》将进一步贴近2019年专业考试，内容更加完善。在此，感谢暖通空调在线网络培训班对全书题目编写的支持，也对所有参与本书编写的考生、专家及老师以真诚的谢意。对本书如有任何建议、意见和勘误请与本书编委会邮箱 fay_zf0043@163.com 联系。

本书编委会

2018年12月

使 用 说 明

全书分为“专题实训篇”“阶段测验篇”“全真模拟篇”以及“附录”四部分内容。

“专题实训篇”设有5个实训板块、共61个专题。其中供暖、通风、空调及制冷板块由“专题提要”“备考常见问题”“案例真题解析”“专题实训”以及“专题实训参考答案及题目详解”五个部分，规范实训板块由“专题提要”“规范导读”“专题实训”以及“专题实训参考答案及题目详解”四个部分组成。考生在使用专题实训篇时，根据“专题提要”内容学习教材或规范相关内容，结合“备考常见问题”“常见案例解析”及“规范导读”辅助理解，再完成各部分实训练习。所有题目的正确答案均需填写在“记分卡”中，作为自评依据，案例题的解答过程直接写在题目下方空白处。在每个题目前标记了题目类型，即【单选】【多选】和【案例】。评分时，单选题1分/题，多选题2分/题，案例题2分/题。“专题实训篇”为考生准备了“笔记区”，供考生订正错题或记录重要结论使用。

“阶段测试篇”共设置10张试卷，其中按照供暖、通风、空调、制冷设置单科专业知试卷和单科专业案例试卷，共8张。绿建、水、燃气与规范部分共同设置2张专业知识试卷。

“全真模拟篇”设置2套全真模拟卷，每套4张试卷（2张专业知识，2张专业案例）。

“附录”部分提供了专业考试全程备考复习计划、专业考试规范清单及其重要性分级，以及专题实训和阶段测试自我评测表。“全程备考复习计划”按1年的复习周期设置，考生可结合自身情况调整。“专业考试规范清单”建议考生对所有规范进行通读，重要性分级仅作为理解深度的参考依据。

全书的解析内容按照2020年暖通空调专业考试规范大纲编写而成，考虑到本手册主要供2021年考生使用，题目解析还参考了2021年可能新增和升版的规范。为了避免行文繁琐，本书对部分标准、规范以及参考书采用了通俗简称，详细如下：

参考书籍简称列表

简称	书籍信息
《复习教材》	全国勘察设计注册工程师公用设备专业管理委员会秘书处. 全国勘察设计注册共用设备工程师暖通空调专业考试复习教材(2020年版). 北京：中国建筑工业出版社，2020
《二版教材》	全国勘察设计注册工程师公用设备专业管理委员会秘书处. 全国勘察设计注册共用设备工程师暖通空调专业考试复习教材(第二版). 北京：中国建筑工业出版社，2008
《供热工程》	贺平 孙刚 等编著. 供热工程(第四版). 北京：中国建筑工业出版社，2009

续表

简称	书籍信息
《工业通风》	孙一坚 沈恒根 主编. 工业通风(第四版). 北京：中国建筑工业出版社，2010
《空气调节》	赵荣义 等编著. 空气调节(第四版). 北京：中国建筑工业出版社，2007
《空气调节用制冷技术》	严启森 石文星 等编著. 空气调节用制冷技术(第四版). 北京：中国建筑工业出版社，2010
《民规》	《民用建筑供暖通风与空气调节设计规范》GB 50736—2012
《工规》	《工业建筑供暖通风与空气调节设计规范》GB 50019—2015
《公建节能》	《公共建筑节能设计标准》GB 50189—2015
《建规》	《建筑设计防火规范》GB 50016—2014(2018 年版)
《防排烟标准》	《建筑防烟排烟系统技术标准》GB 51251—2017
《车库防火》	《汽车库、修车库、停车场设计防火规范》GB 50067—2014
《辐射规》	《辐射供暖供冷技术规程》JGJ 142—2012
《热网规》	《城镇供热管网设计规范》CJJ 34—2010
《锅炉规》	《锅炉房设计标准》GB 50041—2020
《洁净规》	《洁净厂房设计规范》GB 50073—2013
《冷库规》	《冷库设计规范》GB 50072—2010
《热计量规》	《供热计量技术规程》JGJ 173—2009
《居住节能改造》	《既有居住建筑节能改造技术规程》JGJ 129—2012
《公建节能改造》	《公共建筑节能改造技术规范》JGJ 176—2009
《通风验收规范》	《通风与空调工程施工质量验收规范》GB 50243—2016
《热工规范》	《民用建筑热工设计规范》GB 50176—2016
《09 技术措施》	《全国民用建筑工程设计技术措施——暖通空调动力分册 2009》

目　录

上　册

第一部分　专题实训篇

下　册

第二部分　阶段测试篇

第三部分　全真模拟篇

第一部分　专题实训篇

笔记区

供 暖 实 训

实训 1.1 供暖热负荷及围护结构热工与节能

一、专题提要

1.《复习教材》第 1.1 节、第 1.2 节

2. 热负荷计算原则

3.《公建节能》GB 50189—2015

4.《民用建筑热工设计规范》GB 50176—2016

二、备考常见问题

问题 1: 关于外门的附加耗热量如何理解?

解答: 外门作为围护结构有它本身的基本耗热量和附加耗热量,热负荷耗热量的角度还要考虑冷风渗透耗热量和冷风侵入耗热量。其中外门附加率虽然在《民规》第 5.2.2 条及第 5.2.6 条以围护结构附加耗热量部分表达,但具体根据外门附加率的含义并结合《供热工程》P21 的内容可知,外门附加率实际是冷风侵入耗热量。计算方面,外门附加率是采用附加率的方式通过外门基本耗热量计算冷风侵入耗热量,需要单独计算,对于围护结构耗热量需要考虑的高度附加和间歇附加不应对外门附加率计算后的外门冷风侵入耗热量进行附加。

问题 2:《公建节能》如何进行权衡判断?

解答: 权衡判断是一种性能化的设计方法,先构想出一个虚拟的建筑,即为参照建筑,然后分别计算参照建筑的全年供暖和空调能耗,然后比较做出判断。如果设计的建筑能耗大于参照建筑能耗时,调整部分设计参数,重新计算设计建筑的能耗,直到设计建筑的能耗不大于参照建筑的能耗为止。《公建节能》开始,权衡判断进行之前需要判别是否符合准入条件。不满足准入条件时,不应进行权衡判断,而应调整设计方案。具体流程可参见下图。考试中,对于围护结构热工参数对权衡判断的影响分为无需权衡判断、应进行权衡判断及应修改热工三种情况。

笔记区

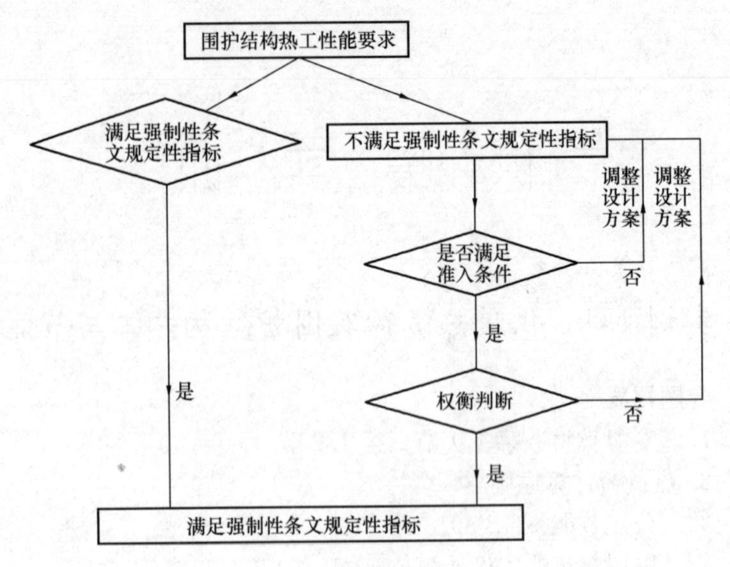

问题2图

问题3：围护结构平壁热阻和围护结构传热阻有何不同？

解答：围护结构平壁热阻和围护结构传热阻的区别在于"平壁"，具体概念可参考《民用建筑热工设计规范》。如果提到的是围护结构平壁热阻就是指围护结构本体的热阻，不包含内外两个表面的传热阻。如果是围护结构热阻就是包含内外两个表面的总传热阻。类似的概念对围护结构平壁传热系数和围护结构传热系数也是一样的。

三、案例真题参考

【例1】 严寒C区某甲类公共建筑（平屋顶），建筑平面为矩形，地上3层，地下1层，层高均为3.9m，平面尺寸为43.6m×14.5m，建筑外墙构造与导热系数如下图所示，已知外墙（包括非透光幕墙）传热系数限值如下表所示，则计算岩棉厚度（mm）理论最小值最接近下列何项？（忽略金属幕墙热阻，不计材料导热系数修正系数）（2016-3-1）

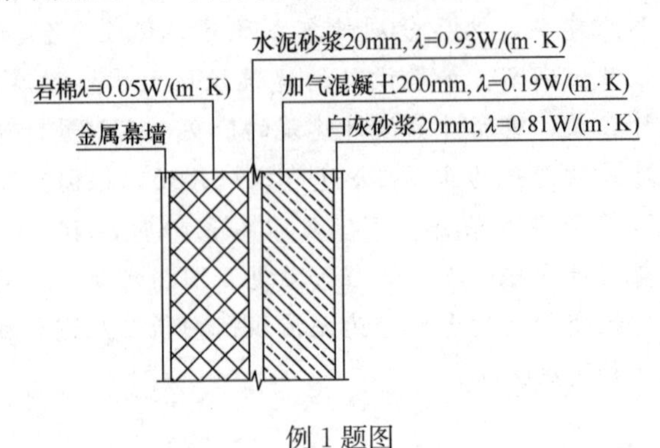

例1题图

（A）53.42　　　　（B）61.34

笔记区

(C) 68.72　　(D) 43.74

体形系数≤0.30	0.30<体形系数≤0.50
传热系数 K [W/(m²·K)]	
≤0.43	≤0.38

【答案】 A

【主要解题过程】

由题意，计算体形系数，确定传热系数：

$$a=\frac{A}{V}=\frac{43.6\times14.5+(43.6+14.5)\times2\times(3.9\times3)}{(3.9\times3)\times43.6\times14.5}=0.27$$

传热系数不应大于 0.43W/(m²·K)，因不计材料导热系数修正，故岩棉厚度应满足下式：

$$\frac{1}{0.43}<\frac{1}{23}+\frac{\delta}{0.05}+\frac{0.02}{0.93}+\frac{0.2}{0.19}+\frac{0.02}{0.81}+\frac{1}{8.7}$$

解得，$\delta>0.053\text{m}=53\text{mm}$，选 A。

【例 2】 一供暖房间的外墙由 3 层材料组成，其厚度与导热系数从外到内依次为：240mm 砖墙，导热系数 0.49W/(m·K)；200mm 泡沫混凝土砌块，导热系数 0.19W/(m·K)；20mm 石灰粉刷，导热系数 0.76W/(m·K)，则该外墙的传热系数[W/(m²·K)]最接近下列哪一项？(2017-3-2)

(A) 0.38　　(B) 0.66

(C) 1.51　　(D) 1.73

【答案】 B

【主要解题过程】 由题意，根据《民规》表 5.1.8-3，泡沫混凝土砌块墙体因灰缝影响，导热系数应修正，修正系数取 1.25。计算传热系数：

$$K=\frac{1}{\frac{1}{\alpha_W}+\Sigma\frac{\delta}{\lambda\cdot a}+\frac{1}{\alpha_N}}=\frac{1}{\frac{1}{23}+\frac{0.24}{0.49}+\frac{0.2}{0.19\times1.25}+\frac{0.02}{0.76}+\frac{1}{8.7}}$$
$$=0.659\text{W}/(\text{m}^2\cdot\text{K})$$

四、专题实训（推荐答题时间 40 分钟）

请将求解答案写于下表中，案例题在题目中书写解题过程

（单选题 1 分，多选题 2 分，案例题 2 分，合计 18 分）

	1	2	3	4	得分
单选题					
多选题	1	2	3		
案例题	1	2	3	4	

笔记区

(一) 单选题(每题1分,共4分)

1.【单选】根据《公共建筑节能设计标准》GB 50189—2015,下列建于哈尔滨的几栋建筑中,哪一栋应进行围护结构热工性能权衡判断?

(A) 体形系数为0.30的宾馆,北立面窗墙面积比为0.7,外窗传热系数为2.3W/(m^2·K)

(B) 体形系数为0.30的商场,西外墙传热系数为0.37W/(m^2·K)

(C) 体形系数为0.35的商场,屋面传热系数为0.35W/(m^2·K)

(D) 体形系数为0.35的商场,南侧外墙传热系数为0.33W/(m^2·K)

2.【单选】下列关于围护结构防潮设计的说法正确的是哪一项?

(A) 防潮验算的方法是根据供暖期保温层内重量湿度允许增量,计算冷凝界面外侧所需的蒸汽渗透阻

(B) 根据供暖室外计算温度和平均相对湿度确定室外空气水蒸气分压力

(C) 供暖期室外平均温度低于0.9℃时,应对围护结构进行内表面结露验算

(D) 供暖期间围护结构中矿棉、岩棉、玻璃棉及其制品的重量湿度的允许增量为5%

3.【单选】长春某工业厂房,冬季室内设计温度为18℃,相对湿度为45%,厂房散热量为20W/m^3,则下列有关厂房窗户设置说法正确的是哪一项?

(A) 外窗采用单层窗,天窗采用单层窗

(B) 外窗采用单层窗,天窗采用双层窗

(C) 外窗采用双层窗,天窗采用单层窗

(D) 外窗采用双层窗,天窗采用双层窗

4.【单选】有关冷风渗入耗热量的计算,下列方法正确的是哪一项?

(A) 渗透冷空气耗热量可通过每米理论渗透冷空气量、门窗全部缝隙长度、冷风渗透压差综合修正系数及门窗缝隙漏风指数确定

(B) 当房间有两面外围护结构时,全部计入其外门、窗缝隙冷风渗透量

(C) 单纯热压作用下建筑物中和面的标高可取建筑物总高度的1/2

(D) 多层民用建筑加热由门窗缝隙渗入室内的冷空气量可采用缝隙法或换气次数法计算

笔记区

（二）多选题（每题2分，共6分）

1.【多选】有关民用建筑冬季供暖通风系统热负荷计算的说法，正确的是哪几项？

（A）围护结构耗热量应包括基本耗热量和附加耗热量

（B）计算热负荷时，居住建筑中炊事、照明、家电等散热可作为安全量不予考虑

（C）公共建筑内较大且放热恒定的热源的散热量，应采用小时平均值

（D）通过相邻房间隔墙的传热量大于该房间热负荷的10%时，应计算穿过隔墙的传热量

2.【多选】下列有关供暖围护结构附加耗热量的说法，正确的是哪几项？

（A）北向外墙在围护结构基本耗热量基础上附加0～10%

（B）公共建筑外门有1个门斗时，短时间开启且无热风幕时，外门附加率按80%×层数计算

（C）采用散热器系统供暖的民用建筑，房间净高大于4m时，每高出1m应附加2%，但总附加率不应大于15%

（D）伸缩缝按外墙基本耗热量的40%计算

3.【多选】沈阳某小区门卫外墙进行围护结构保温设计，供暖室内设计温度18℃，若外墙墙体传热阻为2.0m²·K/W，外墙热惰性指标$D=8$，下列说法正确的是哪几项？（按照《民用建筑热工设计规范》GB 50176—2016计算）

（A）供暖室外计算温度为－15.1℃

（B）室外计算温度为－18.1℃

（C）满足基本热舒适要求的围护结构热阻最小值为1.17m²·K/W

（D）满足内表面不结露的围护结构内外表面与室内空气允许温差限值为3K

（三）案例题（每题2分，共8分）

1.【案例】沈阳某住宅建筑外墙由内到外为20mm水泥砂浆[导热系数0.93W/(m·K)]，200mm蒸压加气混凝土砌块[导热系数0.20W/(m·K)，修正系数1.25]，70mm单面钢丝网片岩棉板厚度[导热系数0.045W/(m·K)，室外侧保温]，保护层、饰面层。若忽略保护层和饰面层热阻影响，试计算外墙传热系数应为下列何项？

（A）0.31～0.32W/(m²·K)

（B）0.36～0.37W/(m²·K)

（C）0.39～0.40W/(m²·K)

笔记区

(D) 0.41～0.42W/(m^2・K)

答案：[　　]

主要解题过程：

2.【案例】北京一民用办公建筑，一间会议室室内设计温度为18℃，平面如下图所示，外窗为双扇平开窗，尺寸（宽×高）为1.5m×2.0m，每米缝隙的冷风渗透量为2.88m^3/(h・m)，求会议室的冷风渗透耗热量是多少？(冷风渗透压差综合修正系数：东向南向0.134，西向0.178，北向0.347)

(A) 241～260W

(B) 301～320W

(C) 491～510W

(D) 560～610W

答案：[　　]

主要解题过程：

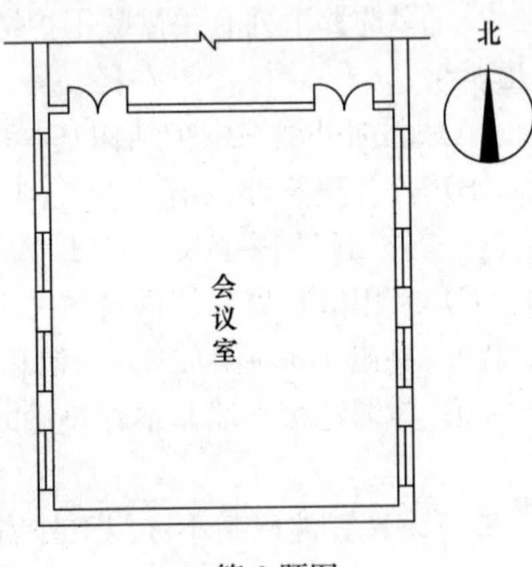

第2题图

3.【案例】某建筑屋面面积为3000m^2，屋面构造层热阻为2.2m^2・K/W，若考虑20%面积种植一般草木，30%种植较茂密的灌木（屋面光斑面<30%），均采用密度为1000kg/m^3的改良土种植，覆土厚度为300mm，采用凹凸型排水板进行排水，则夏季时，该种植屋面热阻值应为下列何项？

(A) 2.81～2.90m^2・K/W　　(B) 2.91～3.00m^2・K/W

(C) 3.01～3.10m^2・K/W　　(D) 3.11～3.20m^2・K/W

答案：[　　]

主要解题过程：

笔记区

4.【案例】天津某4层办公楼的一层设有一间会议室，该会议室东西方向长20m，南北方向长8m，层高5m（无吊顶），冬季室内设计温度20℃，采用散热器供暖。若该阶梯教室仅有北外墙，外墙上6面2m×3m的外窗和一扇直通室外的外门（无热风幕，基本热负荷0.5kW）。若该会议室仅白天连续供暖，围护结构基本热负荷为3kW，冷风渗透热负荷为4kW，试计算会议室供暖热负荷。（朝向修正系数：北向10%，东西向−5%，南向−10%）

(A) 7.82kW (B) 8.71kW

(C) 9.34kW (D) 9.63kW

答案：[ ]

主要解题过程：

五、专题实训参考答案及题目详解

参考答案

（单选每题1分，多选每题2分，案例每题2分，合计18分）

单选题	1	2	3	4
	C	D	C	C
多选题	1	2	3	
	ABD	ABC	BC	
案例题	1	2	3	4
	D	B	C	C

题目详解

（一）单选题

1.《公建节能》第3.4.1条增加了围护结构热工性能权衡判断的准入条件，即当围护结构热工性能不满足第3.3节有关要求时，应先满足第3.4.1条的条件才进行热工性能权衡判断，否则应提高热工参数。哈尔滨属于严寒A、B区。选项A，外窗传热系数不满足表3.3.1-1，也不满足表3.4.1-1的准入条件，故不应进行热工权衡判断；选项B，外墙传热系数满足表3.3.1-1，故不应进行热工权衡判断；选项C，屋面传热系数不满足表3.3.1-1，但满足表3.4.1-2的准入条件，应进行热工权衡判断；选项D，外墙传热系数满足表3.3.1-1，故不进行热工权衡判断。

笔记区

2. 根据《复习教材》表 1.1-13 下方文字可知，选项 A 错误，应计算“冷凝界面内侧”；根据 P8 上方 P_w 的计算说明可知，选项 B 错误，根据“供暖期室外平均温度”和平均相对湿度；根据 P8“2. 表面结露验算”的第 1 条可知，选项 C 错误，“冬季室外计算温度低于 0.9℃”时进行验算；根据表 1.1-13 可知，选项 D 正确。

3. 根据《工规》附录 A 查得长春供暖室外设计温度为—21.1℃，则室内外温差为 39.1℃。根据《复习教材》表 1.1-11 查得，该厂房为干燥环境。根据《复习教材》表 1.1-28 查得，外窗应采用双层窗，天窗应采用单层窗。

4. 根据《复习教材》式（1.2-2）可知，选项 A 错误，内容仅用于计算“渗透冷空气量”；根据 P22“5. 冷风渗透量计入原则”可知，选项 B 错误，当有相对两面外围护物时，仅计入较大的一面缝隙；根据式（1.2-7）关于 h_z 的说明可知，选项 C 正确；民用建筑只可采用缝隙法，不可采用换气次数法，选项 D 错误。

（二）多选题

1. 根据《民规》第 5.2.3 条，选项 A 正确；根据第 5.2.2 条条文说明，选项 B 正确；根据第 5.2.2 条条文说明，公共建筑内较大且放热较恒定物体的散热量，在确定系统热负荷时应予以考虑，另外，根据《复习教材》P15，经常而不稳定的散热量才采用小时平均值，选项 C 错误；根据《民规》第 5.2.5 条，选项 D 正确。选 ABD。

2. 根据《复习教材》P19，选项 ABC 均正确，选项 B 应注意，有 1 个门斗，即两道门，不能理解成一道门而按 65%×层数进行修正；选项 D 应按基本耗热量的 30%计算，错误。

3. 外墙热惰性指标 $D=8$，根据《热工规范》第 3.2.2 条，室外计算温度取供暖室外计算温度，由《热工规范》附录表 A.0.1 查得为－18.1℃。

由《热工规范》附录 B.4 可查得内表面换热阻为 $m^2\cdot K/W$0.11，外表面换热阻为 $0.04m^2\cdot K/W$。满足基本热舒适要求的允许温差为 3K。

按照式（5.1.3），得：

$$R_{min,w}=\frac{t_i-t_e}{\Delta t_w}R_i-(R_i+R_e)$$

$$=\frac{18-(-18.1)}{3}\times 0.11-(0.11+0.04)$$

$$=1.17m^2\cdot K/W$$

题目没有给出房间露点，但 3K 为简单选用满足基本热舒适性要求时的温差限值，与内表面不结露不是同一概念，因此选项 D 错误。

笔记区

（三）案例题

1. 题目无特殊说明，内表面传热系数取 8.7W/（m^2·K），外表面取 23W/（m^2·K）。

沈阳属于严寒地区，由《复习教材》表 1.1-6 可知，用于室外侧的岩棉材料，严寒地区考虑 1.1 的导热系数的修正系数，则有：

$$K=\frac{1}{R_n+R_j+R_w}$$

$$=\frac{1}{\frac{1}{8.7}+\left(\frac{0.02}{0.93}+\frac{0.20}{0.20\times1.25}+\frac{0.07}{0.045\times1.10}\right)+\frac{1}{23}}$$

$$=0.418\text{W/(m}^2\cdot\text{K)}$$

2. 对有相对两面外墙的房间，按最不利的（西向）一面外墙计算：

$$L=L_0lm^b=2.88\times[(1.5\times2+2\times3)\times4]\times0.178^{0.67}$$
$$=32.6\text{m}^3/\text{h}$$

由《民规》附录 A 查得，北京供暖室外计算温度为−7.6℃，对应的密度为：

$$\rho_w=\frac{353}{273+(-7.6)}=1.33\text{kg/m}^3$$

冷风渗透耗热量为：

$$Q=0.28L\rho_wC_p(t_n-t_w)$$
$$=0.28\times32.6\times1.33\times1.01\times[18-(-7.6)]$$
$$=314\text{W}$$

3. 根据《热工规范》第 6.2.5 条计算种植屋面热阻，其中，根据附录 B 表 B.7.1 可得，一般草木附加热阻为 0.3m^2·K/W，较茂密的灌木附加热阻为 0.4m^2·K/W。根据附录 B 表 B.7.2-1 及表 B.7.2-2 可得，种植材料热阻为 0.3/0.51=0.59m^2·K/W，排水层热阻为 0.1m^2·K/W。

夏季，该种植屋面热阻为：

$$R=\frac{1}{A}\sum_i R_{\text{green},i}A_i+\sum_j R_{\text{soil},j}+\sum_k R_{\text{roof},k}$$

$$=\frac{1}{3000}\times(0.3\times3000\times20\%+0.4\times3000\times30\%)$$
$$+0.59+0.1+2.2$$
$$=3.07\text{m}^2\cdot\text{K/W}$$

4. 会议室层高 5m，采用散热器供暖，需考虑 2%的高度附加，北外墙需考虑 10%朝向附加，仅白天供暖需考虑 20%间歇附加率，

笔记区

一扇无热风幕的外门需要考虑外门附加率（冷风侵入）。

$$
\begin{aligned}
Q &= Q_{围护} + Q_{渗透} + Q_{侵入} \\
&= Q_{基本} \cdot (1+\eta_{朝向}) \cdot (1+\eta_{高度}) \cdot (1+\eta_{间歇}) + Q_{渗透} \\
&\quad + Q_{门,基本} \cdot (65\% \times n) \\
&= 3 \times (1+10\%) \times (1+2\%) \times (1+20\%) + 4 \\
&\quad + 0.5 \times (65\% \times 4) \\
&= 9.34\text{kW}
\end{aligned}
$$

笔记区

实训 1.2 供暖系统形式

一、专题提要

1.《复习教材》第 1.3 节

2. 重力与机械循环系统

3. 高、低压蒸汽供暖系统

二、备考常见问题

问题 1：单管顺流式系统散热器温降、平均温度如何计算？

解答：(1) 散热器的平均温度＝（进口温度＋出口温度）/2；(2) 对于上供下回垂直串联系统立管来说，通过每组散热器的流量相同，那么通过每组散热器的温降按各层供暖负荷比例分配，这样就能计算出首层和顶层散热器的平均温度，进而求得散热器面积比。

问题 2：系统的定点工作压力如何确定？

解答：工作压力＝动压＋静压，计算定点时的工作压力，一般认为系统在定点处循环水泵的扬程消耗掉一半，在顶点处刚好是一半的路程。

问题 3：建筑物热力入口处如何设置静态平衡阀、自力式压差控制阀？

解答：同一供暖系统的建筑物内均为定流量系统时，宜设置静态平衡阀；同一供暖系统的建筑物内均为变流量系统时，宜设置自力式压差控制阀；当供热管网为变流量调节，个别建筑物内为定流量系统时，除应在该建筑供暖入口设置自力式流量控制阀外，其余建筑供暖入口仍应采用自力式压差控制阀。

三、案例真题参考

【例 1】 某车间拟用蒸汽铸铁散热器供暖系统，余压回水，系统最不利环路的供气管长 400m，起始蒸汽压力 200kPa，如果摩擦阻力占总压力损失的比例为 0.8，则该管段选择管径依据的平均长度摩擦阻力（Pa/m）应最接近下列何项？（2017-4-6）

(A) 60　　(B) 80

(C) 100　　(D) 120

【答案】 C

【主要解题过程】 由题意，根据《复习教材》式（1.6-5），得：

$$\Delta p_{m}=\frac{0.25ap}{l}=\frac{0.25\times 0.8\times (200\times 10^{3})}{400}=100\text{Pa/m}$$

笔记区

四、专题实训（推荐答题时间 40 分钟）

请将求解答案写于下表中，案例题在题目中书写解题过程
（单选题 1 分，多选题 2 分，案例题 2 分，合计 16 分）

<table>
<tr><td rowspan="2">单选题</td><td>1</td><td>2</td><td>3</td><td>4</td><td rowspan="2">得分</td></tr>
<tr><td></td><td></td><td></td><td></td></tr>
<tr><td rowspan="2">多选题</td><td>1</td><td>2</td><td>3</td><td>4</td><td></td></tr>
<tr><td></td><td></td><td></td><td></td><td rowspan="3"></td></tr>
<tr><td rowspan="2">案例题</td><td>1</td><td>2</td><td></td><td></td></tr>
<tr><td></td><td></td><td></td><td></td></tr>
</table>

（一）单选题（每题 1 分，共 4 分）

1.【单选】某 6 层办公楼的散热器供暖系统，下列哪种系统形式容易出现上热下冷垂直失调现象？

（A）单管上供上回跨越式系统

（B）单管上供下回顺流式系统

（C）双管下供上回系统

（D）单管下供上回式系统

2.【单选】下列关于机械循环供暖系统的说法错误的是哪一项？

（A）单管水平串联系统中，设计时应考虑水平管道热胀补偿的措施

（B）系统较大时，宜采用同程式系统，以便于压力平衡

（C）对单管系统除不要求调节室温外，应加跨越管和恒温控制阀

（D）单管系统中，重力循环作用压力可不予考虑

3.【单选】下图所示蒸汽供暖系统，无汽水撞击声的是哪一项？

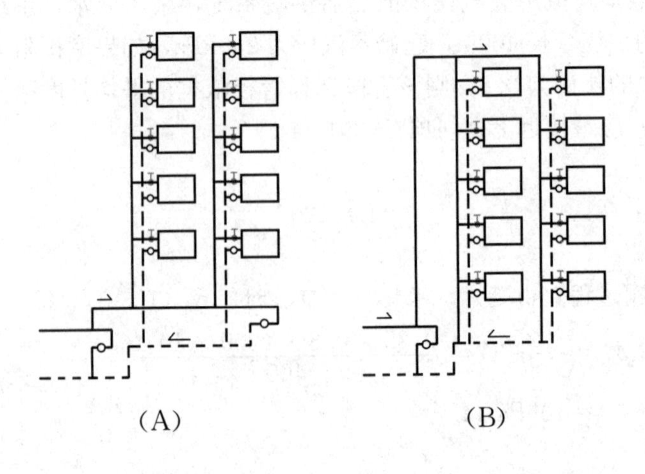

（A）　　　　（B）

笔记区

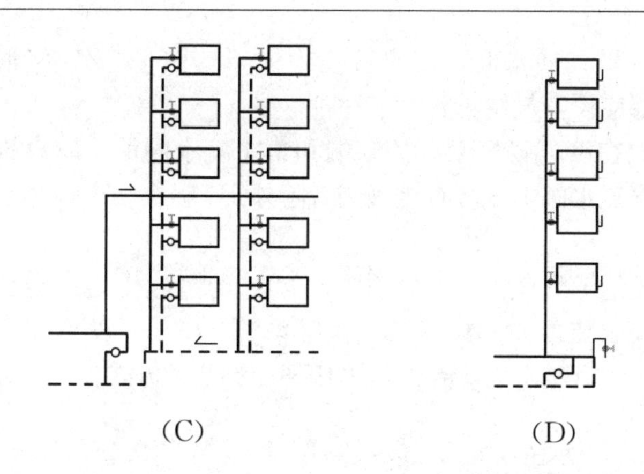

(C)　　　　(D)

4.【单选】下列有关高层建筑热水供暖系统的说法，错误的是哪一项?

(A) 热水供暖系统高度超过 50m 时，宜竖向分区设置

(B) 双水箱分层式系统属于开式系统

(C) 采用断流器和阻旋器的分层系统中，需将断流器设置在室外管网静水压线的高度

(D) 设阀前压力调节器的分层系统，高区供水管上设置加压泵时，加压泵出口应设止回阀

(二) 多选题 (每题 2 分，共 8 分)

1.【多选】下列关于低压蒸汽供暖的说法，正确的是哪几项?

(A) 低压蒸汽供暖系统中，锅炉必须安装在底层散热器下，防止散热器内部被凝结水淹没

(B) 低压蒸汽供暖系统采用重力回水时，需要考虑蒸汽压力对凝结水总立管中水位的影响

(C) 双管下供下回式系统，运行时有时会产生汽水撞击声

(D) 单管下供下回式系统，其立、支管管径较双管式系统大

2.【多选】下列关于高压蒸汽供暖的说法，正确的是哪些?

(A) 根据回水方式的不同，高压蒸汽供暖系统可分为重力回水和机械回水两类

(B) 高压蒸汽供暖的蒸汽压力一般由管路和设备的耐压强度确定

(C) 高压系统的卫生和安全条件较差

(D) 凝结水温度高，容易产生二次蒸汽

3.【多选】关于供暖系统的空气排出，下列说法正确的是哪几个?

(A) 散热器手动放风门在高压蒸汽系统上，应安装在散热器的上部

(B) 散热器手动放风门在低压蒸汽系统上，应安装在散热器高度的 1/3 处

笔记区

(C) 低压蒸汽干式回水时，回水管途中向下弯曲呈“Z”字形时，上部应设空气绕行管

(D) 高压蒸汽在没环蒸汽干管的末端和集中疏水阀前，应设排气装置（疏水阀本体带有排气阀者除外）

4.【多选】某化工厂生产厂房采用 0.3MPa 的蒸汽作为供暖热源，设计带两级减压装置的散热器蒸汽供暖系统（减压后蒸汽压力 80kPa），该供暖系统凝结水回收系统可采用下面哪几种方式?

(A) 加压回水

(B) 设开式水箱的余压回水系统

(C) 凝结水管高出锅炉压力折算静水位高度断面 200～250mm 的重力回水系统

(D) 二次蒸发箱设在距地面约 3m 高处的闭式满管回水系统

（三）案例题（每题 2 分，共 4 分）

1.【案例】某重力循环散热器供暖系统如右图所示，供水温度 95℃（密度 961.92kg/m^3），回水温度 70℃（密度 977.81kg/m^3），不计水在管路中冷却产生的作用力，通过 1 层和 2 层散热器环路系统的重力循环作用压力为下列哪一项?

(A) 498.31 Pa，922.34Pa

(B) 743.82 Pa，311.4Pa

(C) 311.4 Pa，778.61Pa

(D) 892.58 Pa，467.16.4Pa

答案：[ ]

主要解题过程：

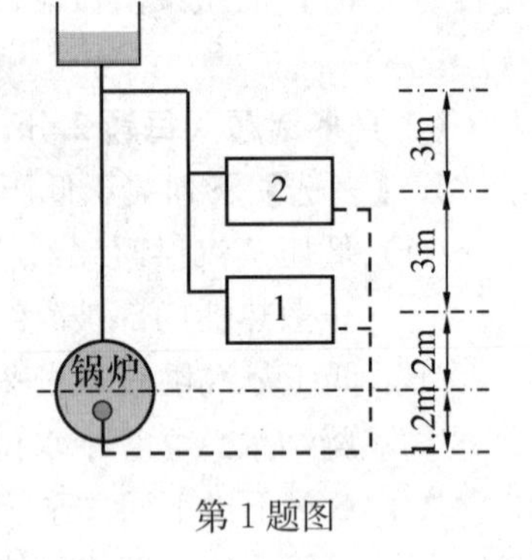

第 1 题图

2.【案例】某厂区采用两种不同压力的高压蒸汽系统满足生产工艺需求。凝结水系统采用余压回水，为使压力不同的两股凝结水顺利合流，避免相互干扰，压力高的凝水管（管径为 *DN*50）采用多孔管顺流向插入压力低的凝水管中（管径为 *DN*80），如右图所示。试求开孔为多少个，插入长度为多少?

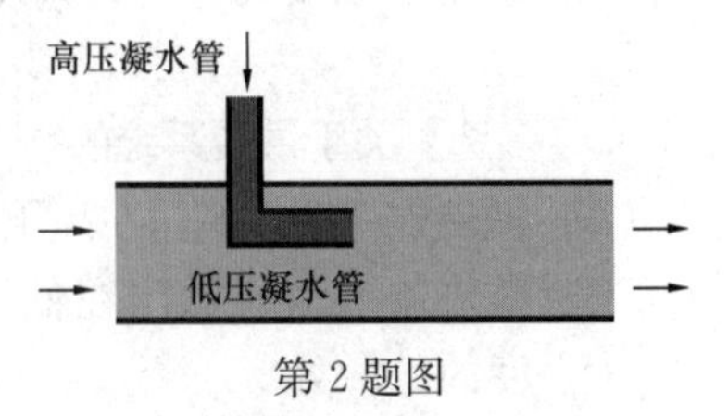

第 2 题图

笔记区

(A) 48，0.3m　　(B) 96，0.6m

(C) 122，0.8m　　(D) 244，1.6m

答案：[　　]

主要解题过程：

五、专题实训参考答案及题目详解

参考答案

（单选每题1分，多选每题2分，案例每题2分，合计16分）

单选题	1	2	3	4
	C	D	B	C
多选题	1	2	3	4
	BCD	BCD	ABCD	ABD
案例题	1	2		
	C	D		

题目详解

（一）单选题

1. 根据《复习教材》P27可知，双管系统比单管系统更容易出现垂直失调。关于热水供暖系统形式的选择原则可参考《09技术措施》表2.4.2。

2. 根据《复习教材》P30可知，选项ABC正确；选项D错误。注意：单管系统分两种情况：建筑物各部分层数不同时，应考虑各立管所产生的重力循环作用压力的影响。

3. 根据《复习教材》P33～P34可知，上供下回式系统运行时不致产生汽水撞击声。因此仅选项B无汽水撞击声。

4. 根据《复习教材》P30第1.3.5节下方一行可知，选项A正确；双水箱分层式系统利用两个水箱的水位差进行上层循环，水箱即为开式水箱，易使空气进入系统，增加系统腐蚀因素，选项B正确；阻旋器需设在室外管网静水压线的高度，断流器安装在回水管最高点，选项C错误；高区供水的加压泵前应设止回阀，防止系统停止时上层热水回落倒空，选项D正确。

（二）多选题

1. 根据《复习教材》P33可知，选项A错误，如果采用机械回水系统则对锅炉位置没有要求；由P32最后一段可知，选项B正确；

笔记区

由P34可知，选项CD正确。

2. 根据《复习教材》P24可知，选项A错误，选项B正确；由P34可知，选项CD正确。

3. 根据《复习教材》P87可知，选项ABCD均正确。

4. 供暖系统的蒸汽压力为0.08MPa，该系统为高压蒸汽系统。根据《复习教材》P34可知，高压蒸汽系统回水可分为余压回水、闭式满管回水、加压回水三种形式。因此选项ABD均正确。

（三）案例题

1. 通过一层的重力循环压力为：

$$\Delta P_1 = gh_2(\rho_h - \rho_g) = 9.8 \times 2 \times (977.81 - 961.92) = 311.44\text{Pa}$$

通过二层的重力循环压力为：

$$\begin{aligned}\Delta P_2 &= g(h_2 + h_3)(\rho_h - \rho_g) \\ &= 9.8 \times (2+3) \times (977.81 - 961.92) \\ &= 778.61\text{Pa}\end{aligned}$$

2. 根据《复习教材》，图1.3-30，有：

$$\begin{aligned}n &= 12.4 \times \text{高压凝水管截面积} \\ &= 12.4 \times \frac{\pi \times 5 \times 5}{4} \\ &= 243.35\end{aligned}$$

取整为244个。

插入长度$L = 244 \times 6.5 = 1586\text{mm} \approx 1.6\text{m}$。

笔记区

实训 1.3 辐射供暖（供冷）

一、专题提要

1.《复习教材》第 1.4 节

2.《民规》《工规》《辐射规》

3. 低温辐射供暖、供冷和燃气红外线供暖

二、备考常见问题

问题 1：《辐射规范》第 3.6.7 条提出“热水地面辐射供暖系统分水器、集水器环路的总压力损失不宜大于 30kPa”。这个 30kPa 具体如何理解？

解答：此 30kPa 包含分集水器的阻力损失、供回水阀门的损失、地盘管环路的损失、地盘管上球阀的损失等，不包括过滤器、热量表和自动调节阀的阻力损失，因为这个三个局部构件的阻力损失很大，所以单列。

问题 2：低温地板敷设供暖，顶层和非顶层住户的单位地面面积散热量和热负荷的关系是怎样的？

解答：对于顶层房间来说，房间热负荷由房间地面向上供热量来承担；对于中间层和最底层房间来说，房间热负荷由本层地面向上散热量和上层地面向下散热量来承担。从热媒供热量的角度来分析，顶层的地板辐射热媒供热量分为两部分，一部分向上用来承担顶层房间热负荷，一部分向下和下层房间地面向上散热量共同来承担下层房间热负荷，依此类推。

问题 3：《复习教材》图 1.4-6 横坐标辐射系数是不是前半部分是乘以 0.01，后半部分不需要？

解答：如下图黑框范围内都需要乘以 0.01。

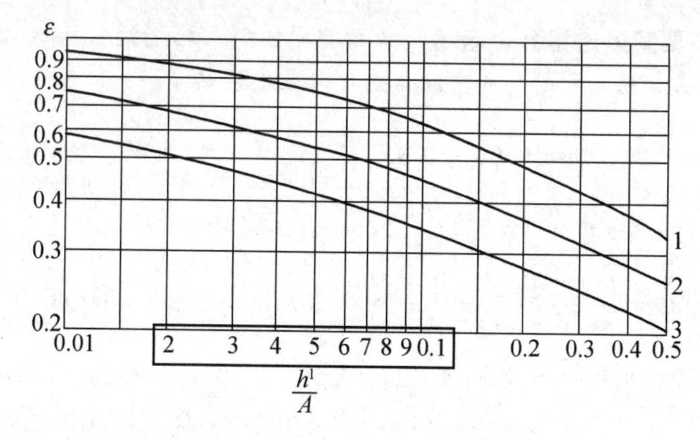

问题 3 图

笔记区

三、案例真题参考

【例 1】 某建筑首层门厅采用地面辐射供暖系统，门厅面积 $F=360m^2$，可敷设加热管的地面面积 $F_j=270m^2$，室内设计计算温度20℃。以下何项房间计算热负荷数值满足保证地表面温度的规定上限值？（2014-4-1）

(A) 19.2kW　　(B) 21.2kW

(C) 23.2kW　　(D) 33.2kW

【答案】 D

【主要解题过程】 门厅属于人员短期停留区域，可查得人员短期停留区域辐射供暖地面温度不得高于32℃，由《复习教材》式(1.4-9) 可知，地表面温度应满足下式：

$$32=20+9.82\times\left(\frac{q_1}{100}\right)^{0.969}$$

可求得 $q_1=123W/m^2$。敷设盘管面积 $270m^2$，因此房间热负荷上限为：

$$Q=q_1\times F_j=123\times 270=33210W=33.2kW$$

【例 2】 寒冷地区某住宅楼采用热水地面辐射供暖系统（间歇供暖，修正系数 $\alpha_1=1.3$）各户热源为燃气壁挂炉，供水/回水温度为45℃/35℃，分室温控，加热管采用 PE-X 管，某户的起居室面积为 $32m^2$，基本耗热量为 0.96kW，查规范水力计算表，该环路的管径(mm) 和设计流速应为下列中的哪一项？注：管径 DO：X_1/X_2（管内径/管外径）(mm)。(2014-3-2)

(A) DO：15.7/20　v：~0.17m/s

(B) DO：15.7/20　v：~0.18m/s

(C) DO：12.1/16　v：~0.26m/s

(D) DO：12.1/16　v：~0.30m/s

【答案】 D

【主要解题过程】 由题意，本题需要按照《辐射规》第 3.3.7 条条文说明考虑间歇附加和户间传热核算室内散热量：

$$Q=0.96\times 1.3+\frac{32\times 7}{1000}=1.472kW$$

供/回水温度 45℃/35℃，可计算供热流量为：

$$G=\frac{1.472}{4.18\times(45-35)}=0.0352kg/s=126.8kg/h$$

由《辐射规》附录 D 可查得，Do15.7/20 管内流速为 0.18m/s，Do12.1/16 管内流速为 0.30m/s。由第 3.5.11 条可知管内流速不宜小于 0.25m/s，因此管径和设计流速为 Do12.1/16 管内流速为 0.30m/s

笔记区

【例 3】 严寒地区某展览馆采用燃气辐射供暖，气源为天然气，已知展览馆的内部空间尺寸为 60m×60m×18m（高），设计布置辐射器总辐射热量为 450kW，按经验公式计算发生器工作时所需最小空气量（m^3/h）接近下列何值？并判断是否设置室外空气供应系统？（2016-3-4）

（A）3140m^3/h，不设置室外空气供应系统

（B）6480m^3/h，设置室外空气供应系统

（C）9830m^3/h. 不设置室外空气供应系统

（D）11830m^3/h，设置室外空气供应系统

【答案】 C

【主要解题过程】 由《复习教材》式（1.4-25）计算发生器所需空气量：

$$L = \frac{Q}{293} \cdot K = \frac{450 \times 1000}{293} \times 6.4 = 9829 \text{m}^3/\text{h}$$

判别与 $0.5h^{-1}$ 换气次数的大小关系，若低于 $0.5h^{-1}$ 换气次数，则由室内供给空气，反之设置室外供应系统。

$$L_{0.5} = 60 \times 60 \times 18 \times 0.5 = 32400 \text{m}^3/\text{h} > L$$

因此不设施之外空气供应系统。

四、专题实训（推荐答题时间 30 分钟）

请将求解答案写于下表中，案例题在题目中书写解题过程

（单选题 1 分，多选题 2 分，案例题 2 分，合计 15 分）

题型					
单选题	1	2	3		得分
多选题	1	2			
案例题	1	2	3	4	

（一）单选题（每题 1 分，共 3 分）

1.【单选】在相同供热条件和地板构造的情况下，同一个房间里，以下列哪一种材料作面层，房间的温度最低？

（A）陶瓷砖　（B）大理石

（C）木地板　（D）地毯

2.【单选】下列关于地板辐射供暖（供冷）水系统的说法，错误

笔记区

的是哪一项？

(A) 加热供冷管和输配管流速不宜小于 0.25m/s

(B) 输配管宜采用与供暖板内加热管相同的管材

(C) 分、集水器最大断面流速不宜大于 0.8m/s

(D) 分、集水器前应设置过滤器

3.【单选】北京某宾馆宴会厅拟采用低温热水辐射供暖系统，辐射管材质采用 PE-RTⅡ型管材，经计算系统的工作压力为 0.8MPa，辐射管公称外径为 $DN20$，则该管材的管系列（S）值及壁厚（Δd）的选择下列何项较为合理？

(A) $S=4$；$\Delta d=2.0$ (B) $S=4$，$\Delta d=2.3$；

(C) $S=5$，$\Delta d=2.0$； (D) $S=5$，$\Delta d=2.3$

（二）多选题（每题 2 分，共 4 分）

1.【多选】采用集中热源的住宅建筑，楼内供暖系统的设计符合规范规定的是哪几项？

(A) 应采用共用立管的分户独立系统形式

(B) 一对共用立管在每层连接的户数不宜超过 4 户

(C) 共用立管接向户内系统的供、回水管应分别设置具有调节功能的关断阀

(D) 采用分户热计量的系统应安装相应的热计量或热量分摊装置

2.【多选】下列有关燃气红外线辐射供暖系统设计的说法，正确的是哪几项？

(A) 燃气红外线辐射供暖严禁用于甲、乙类生产厂房和仓库

(B) 在严寒、寒冷地区采用液化石油气作燃料时，应采取防止燃气因管道敷设环境温度低而再次液化的措施

(C) 采用燃气红外线辐射供暖时，室内计算温度宜低于对流供暖室内空气温度 2～3℃

(D) 当由室内向燃烧器提供空气时，还应计算加热该空气量所需的热负荷

（三）案例题（每题 2 分，共 8 分）

1.【案例】某净高为 5.5m，面积为 $2500m^2$ 的车间，室内设计温度为 14℃，采用燃气红外线辐射系统供暖，加热器的总输入功率为 200kW，车间上部设置屋顶式轴流风机机械排风，则该车间的最小排风量接近下列何值？

笔记区

(A) $3900m^3/h$　　(B) $4900m^3/h$

(C) $6900m^3/h$　　(D) $7900m^3/h$

答案：[　　]

主要解题过程：

2.**【案例】**某住宅顶层住户采用低温热水地面辐射供暖系统（间歇供暖，修正系数为1.2），分室温控。卫生间使用面积为$6m^2$，其中卫生洁具占地面积为$2.7m^2$（无盘管敷设），房间设计温度为16℃，经计算其立面围护结构耗热量为320W，屋顶耗热量为120W，地面传热损失量为100W，冷风渗透耗热量为80W，试问地表平均温度为多少？是否满足限值要求？（卫生间属于短期停留区域）

(A) 27.1℃，满足要求　　(B) 29.2℃，不满足要求

(C) 31.3℃，满足要求　　(D) 32.4℃，不满足要求

答案：[　　]

主要解题过程：

3.**【案例】**北京某五星级酒店会议室，面积为$50m^2$，层高为6m，室内设计温度为16℃。采用热水吊顶辐射供暖，为配合精装造型，辐射板倾斜30°安装，安装面积约为$12.5\ m^2$。已知该房间围护结构耗热量为2500W，门窗缝隙渗入冷空气耗热量为500W，则辐射板有效散热量为下列哪一项？（辐射板流体状态按紊流考虑）

(A) 1140W　　(B) 1235W

(C) 3198W　　(D) 3251W

答案：[　　]

主要解题过程：

笔记区

4.【案例】接上题，若对流传热量按辐射板有效散热量的10%考虑，则辐射面表面平均温度约为下列哪一项？

(A) 46.1～47.0℃ (B) 47.1～48.0℃

(C) 82.1～83.0℃ (D) 83.1～84.0℃

答案：[ ]

主要解题过程：

五、专题实训参考答案及题目详解

参考答案

（单选每题1分，多选每题2分，案例每题2分，合计15分）

单选题	1	2	3	
	D	D	B	
多选题	1	2		
	AD	ABCD		
案例题	1	2	3	4
	C	D	C	C

题目详解

（一）单选题

1. 根据《辐射规》第3.2.4条及其条文说明可知，在同一个房间里，以热阻为0.02m² · K/W左右的大理石、陶瓷砖等作为面层的地面散热量，比热阻为0.10m² · K/W左右的木地板为面层时要高出30%～60%；比热阻为0.15m² · K/W左右的地毯为面层时要高出60%～90%，所以选D。

2. 根据《辐射规》第3.5.11条可知，选项A正确；由第3.5.12条可知，选项B正确；由第3.5.13可知，选项C正确；由第3.5.14条可知，选项D错误。

3. 根据《辐射规》附录C表C.1.2-2可知，S值应为6.3，根据表C.1.3可知，Δd=2.0。

说明：管道壁厚的选择时需注意第C.1.3条的文字说明部分的要求。

（二）多选题

1. 根据《辐射规》第3.5.3.1条可知，选项A正确；由第3.5.3.3可知，选项B错误；由第3.5.3.4可知，选项C错误；由第3.5.3.7可知，选项D正确。

笔记区

2. 根据《工规》第 5.5.2 条可知，选项 A 正确；由第 5.5.3 条可知，选项 B 正确；由第 5.5.4 可知，选项 C D 正确。

（三）案例题

1. 根据《工规》第 5.5.10 条，根据加热器的总输入功率计算车间排风量为：$Q_{排} = 200 \times (20 \sim 30) = 4000 \sim 6000\text{m}^3/\text{h}$。

当厂房净高小于 6m 时，还应满足换气次数不小于 0.5h^{-1} 的要求，则 $Q_{排} = 5.5 \times 2500 \times 0.5 = 6875\text{m}^3/\text{h}$

二者比较可知，该车间的最小排风量为 $6875\text{m}^3/\text{h}$，选 C。

2. 根据《辐射规》第 3.3.5 条，地板辐射供暖不计地板传热损失，因此房间热负荷 $Q = 320 + 120 + 80 = 520\text{W}$。

根据第 3.3.7 条文说明可知：$Q = \alpha Q_j + q_h \cdot M$。

由表 3 下方小注可知，校核地面平均温度时不考虑修正系数，则有：$Q = 1 \times 520 + 7 \times 6 = 562\text{W}$。

由于是顶层，故所需热量为地面向上的供热量。根据《复习教材》式（1.4-4），单位面积所需散热量 $q_x = \dfrac{Q}{F} = \dfrac{562}{6 - 2.7} = 170\text{W}$。

根据《复习教材 2017》式（1.4-5），表面平均温度 $t_{pj} = t_n + 9.82 \times \left(\dfrac{q_x}{100}\right)^{0.969} = 16 + 9.82 \times \left(\dfrac{170}{100}\right)^{0.969} = 32.4℃$。

根据第 3.1.3 条可知，大于 32℃，故不满足要求，选 D。

3. 根据《民规》第 5.4.14-1 条，热水吊顶辐射板倾斜 30°安装，有效散热量应为：$Q = (2500 + 500) \times 1.066 = 3198\text{W}$。

4. 单位面积对流传热量为：$q_d = \dfrac{3198 \times 10\%}{12.5} = 25.6\text{W/m}^2$。

根据《辐射规》第 3.4.1 条式（3.4.1-3），有：

$$t_{pj} = t_n + \left(\frac{q_d}{0.134}\right)^{\frac{1}{1.25}} = 16 + \left(\frac{25.6}{0.134}\right)^{\frac{1}{1.25}} = 82.8℃$$

笔记区

实训1.4 热 风 供 暖

一、专题提要

1.《复习教材》1.5节

2. 集中送风射流计算

3. 暖风机和热空气幕的选择

二、备考常见问题

问题1：《工规》第5.6.4条：选择暖风机或空气加热器时，其散热量应留有20%～30%的余量。按照《复习教材》的公式计算暖风机台数时，不会用到此裕量，那么何种情况下会用到？或者此项内容仅仅会作为选择题的选项吗？

解答：工程选型时，要按照规范考虑富余量。理论计算做题时就按照《复习教材》的公式来计算。

问题2：热风供暖时，体积风量转化为质量流量时，是否应该考虑空气温度引起的密度修正？

解答：热风供暖和空调空气密度均取1.2，不用考虑温度折算，自然通风计算时空气密度必须考虑空气温度折算。

问题3：《复习教材》P70关于小型暖风机的选用："不应将暖风机布置在外墙上垂直向室内吹送"，为什么不应如此设置，理由是什么？

解答：首先，布置在外墙上垂直向室内吹送，不容易形成一个总的空气环流；其次，暖风机宜安装在内墙侧，送风方向宜对外墙侧，有利于减少冷风渗入。

三、案例真题参考

【例1】某寒冷地区（室外供暖计算温度为－11℃）工业厂房，原设计功能为货物存放，厂房内温度按5℃设计，计算热负荷为600kW，采用暖风机供暖系统，热媒为95℃/70℃。现欲将货物存放功能改为生产厂房，在原供暖系统及热媒不变的条件下，使厂房内温度达到18℃，需要对厂房的围护结构进行节能改造。问：改造后厂房的热负荷限值（kW）最接近下列选项的哪一项？（2017-3-4）

(A) 560　　(B) 540

(C) 500　　(D) 330

【答案】C

【主要解题过程】系统改造前后，室内温度不同，暖风机供热量不同。设该系统有暖风机n台，单台暖风机标准供热量为q。热媒平均温度为$t_{pj}=(95+70)/2=82.5℃$，暖风机台数满足下列关系：

笔记区

$$n=\frac{600}{q\times\dfrac{82.5-5}{82.5-15}\times\eta}=\frac{522.6}{q\eta}$$

围护结构改造后，系统未改变，室内温度可达到18℃，此时供热量即为系统热负荷，可求得供热量为：

$$Q=n\times q\times\frac{82.5-18}{82.5-15}\times\eta=\frac{522.6}{q\eta}\times q\times\frac{82.5-18}{82.5-15}\times\eta$$

$$=499.4\text{kW}$$

四、专题实训（推荐答题时间30分钟）

请将求解答案写于下表中，案例题在题目中书写解题过程
（单选题1分，多选题2分，案例题2分，合计10分）

单选题	1	2	得分
多选题	1	2	
案例题	1	2	

（一）单选题（每题1分，共2分）

1.【单选】下列对公共建筑设置热空气的做法，不符合规范要求的是哪一项？

（A）严寒地区经常开启的外门，应采取热空气幕等减少冷风渗透的措施

（B）寒冷地区经常开启的外门，当不设门斗和前室时，宜设置热空气幕

（C）公共建筑的热空气幕送风方式可采用上送式、侧送式、下送式

（D）热空气幕的送风温度应根据计算确定，对于公共建筑的外门，不宜高于50℃

2.【单选】高于10m的空间采用热风供暖时，应采取自上向下的强制对流措施，下列不属于该措施的是哪一项？

（A）加大循环空气量、降低送风温度

（B）调整送风角度

（C）采用下送型暖风机

（D）在顶板下吊装向下送风的循环风机

（二）多选题（每题2分，共4分）

1.【多选】北方某重体力劳动厂房高度H=12m，拟采用集中送

笔记区

热风供暖，要求工作地带全部处于回流区，属于该要求的做法是哪几项?

(A) 送风口安装高度约为6m

(B) 每股射流宽度≤3.5H

(C) 工作地带最大平均回流速度≤0.75m/s

(D) 送风温度取45℃

2.【多选】下列符合暖风机供暖设计要求的是哪几项?

(A) 选择暖风机时，其散热量应留有20%～30%的余量

(B) 室内空气的循环次数宜大于或等于1.5h^{-1}

(C) 热媒为蒸汽时，每台暖风机应单独设置阀门和疏水装置

(D) 大型暖风机不应布置在车间大门附近，吸风口底部距地面高度不宜大于1m

(三) 案例题 (每题2分，共4分)

1.【案例】某高度为8m，面积为1500m^2的车间，室内设计温度为18℃，供暖计算总热负荷为158kW，热媒为85℃/60℃的热水，设置暖风机供暖，并配以散热量为60kW的散热器，若采用每台标准热量为6kW，风量为800m^3/h的暖风机，应至少布置多少台?

(A) 20台　　(B) 21台

(C) 22台　　(D) 23台

答案：[　　]

主要解题过程：

2.【案例】某热风供暖集中送热风系统，总送风量为8000m^3/h(其中从室外补充新风20%)，室外温度为-6.2℃，室内设计温度为18℃，送风温度为40℃，空气定压比热容取1.01kJ/(kg·K)，则空气加热器的加热量为多少?

(A) 68～70kJ　　(B) 70～72kJ

(C) 72～74kJ　　(D) 74～76kJ

答案：[　　]

主要解题过程：

笔记区

五、专题实训参考答案及题目详解

参考答案

（单选每题1分，多选每题2分，案例每题2分，合计10分）

单选题		多选题		案例题	
1	2	1	2	1	2
C	A	ABC	ABC	D	C

题目详解

（一）单选题

1. 根据《民规》第5.8.1条可知，选项A正确；由第5.8.2条可知，选项B正确；由第5.8.3条可知，选项C错误；由第5.8.4条可知选项D正确。

2. 根据《工规》第5.6.3条及其条文说明可知，选项A为减小温度梯度的措施；选项BCD为强制对流措施。

（二）多选题

1. 根据《复习教材》P62、P63可知，选项ABC正确，选项D错误。

2. 根据《工规》：选项A参见第5.6.4条；选项B参见第5.6.5-2条；选项C参见第5.6.5-3条；选项D参见《复习教材》P68最后一行。

（三）案例题

1. 热媒平均温度 $t_{pj}=(85+60)/2=72.5℃$。根据《复习教材》式（1.5-19），暖风机实际散热量为：

$$Q_d=\frac{72.5-18}{72.5-15}\times 6=5.69kW$$

根据热负荷计算，$n=\frac{158-60}{5.69\times 0.8}=21.5$ 台。

根据换气次数不小于 $1.5h^{h^{-1}}$ 计算，$n=\frac{1.5\times 8\times 1500}{800}=22.5$ 台

两者取大值，故至少应布置23台。

2. 根据《复习教材》P68可知，空气加热器加热前的空气温度 $t_1=(-6.2)\times 0.2+18\times 0.8=13.16℃$。经加热器加热后的空气温度 $t_2=40℃$。

加热空气量为：$L=8000\times 1.2\div 3600=2.67kg/s$。

空气加热器的加热量为：$Q=2.67\times 1.01\times (40-13.16)=72.38kJ$。

笔记区

实训 1.5　供暖系统附件

一、专题提要

1.《复习教材》第 1.8 节
2. 减压阀、安全阀
3. 疏水阀
4. 膨胀水箱
5. 除污器、调压装置
6. 补偿器、平衡阀
7. 温控阀、换热器

二、备考常见问题

问题 1：《复习教材》第 1.8 节提到了疏水阀后的余压和背压，请问二者的区别是什么？

解答：这里余压和背压意思一样，阀前压力－疏水阀的最小动作压力就是最大背压。背压值取决于疏水阀后管路的损失＋抬升高度＋凝水箱压力。

问题 2：对于散热器的流量修正系数 β_4，像节能改造这类的温差减少、负荷减少、流量也减少的情况，用不用修正？

解答：根据公式 $G=0.86Q/\Delta T$，带入温差变化值和负荷变化值，综合考虑流量变化情况，来修正 β_4。一般情况下，改造问题不考虑。

问题 3：严寒、寒冷地区换热器台数选择及单台换热器换热量如何计算？

解答：根据《民规》第 8.11.3 条第 2 款，计算单台换热器换热量，即总换热量考虑供热附加；根据《民规》第 8.11.3 条第 3 款，其中一台停止工作时，剩余换热器的换热量不应低于设计供热量（此处为设计热负荷）的百分数，来计算单台换热器换热量，此时的设计供热量为不考虑供热附加的耗热量。最终单台换热器的供热量满足上述两个方面的较大者，换热器台数不宜过多。

三、案例真题参考

【例 1】某蒸汽凝水回水管段，疏水阀后的压力 $P_2=100\text{kPa}$，疏水阀后管路系统的总压力损失 $\Delta P=5\text{kPa}$，回水箱内的压力 $P_3=50\text{kPa}$，回水箱处于高位，凝水被余压压到回水箱内，疏水阀后余压可使凝水提升的计算高度（m）最接近下列何项？（取凝结水密度为 1000kg/m^3、$g=9.81\text{m/s}^2$）（2016-3-3）

(A) 4.0　　(B) 4.5
(C) 5.1　　(D) 9.6

笔记区

【答案】 D

【主要解题过程】 由题意，根据《复习教材》式（1.8-17）可得：

$$h_z = \frac{p_2 - p_3 - p_z}{0.001\rho g} = \frac{100 - 50 - 5}{0.001 \times 1000 \times 9.81} = 4.59\text{m}$$

【例 2】 严寒地区某 10 层办公楼，建筑面积 28000m^2，供暖热负荷 1670kW，采用椭三柱 645 型铸铁散热器系统供暖，热源位于本建筑物地下室换热站，热媒供/回水温度为 95℃/70℃，采用高位膨胀水箱定压。请问计算的膨胀水箱有效容积（m^3）最接近下列何项？(2016-4-3)

(A) 0.8　　(B) 0.9

(C) 1.0　　(D) 1.2

【答案】 C

【主要解题过程】 由题意，根据《复习教材》表 1.8-8 查得椭三柱 645 型铸铁散热器水容量为 8.8m^3/kW，热交换器水容量为 1m^3/kW，室内机械循环管路水容量为 7.8m^3/kW。热源位于本建筑物地下室，因此无室外机械循环管路。可计算系统水容量为 $V_c = 1670 \times (8.8 + 1 + 7.8) = 29392$L。

由 P97，95℃/70℃供暖系统膨胀水箱水容积计算公式得：$V = 0.034V_c = 0.034 \times 29392 = 0.999\text{m}^3$。

四、专题实训（推荐答题时间 60 分钟）

请将求解答案写于下表中，案例题在题目中书写解题过程

（单选题 1 分，多选题 2 分，案例题 2 分，合计 20 分）

单选题	1	2	3	4	得分
多选题	1	2	3	4	
案例题	1	2	3	4	

（一）单选题（每题 1 分，共 4 分）

1.【单选】下面有关热水供暖系统附件的说法，正确的是哪一项？

(A) 集气罐的排气口一般宜接 DN15 的排气管，排气管上不应设阀门

(B) 当外线热源参数稳定时，宜采用铝合金或不锈钢调压板调整各建筑物入口处供水干管上的压力

(C) 恒温控制阀一般可按接管公称直径直接选型

笔记区

(D) 方形补偿器安装方便、占用空间小、使用可靠

2.【单选】下列有关安全阀的设计选型要求，错误的是哪一项？

(A) 微启式安全阀一般适用于介质为液体条件

(B) 弹簧式安全阀最高适用压力 $P \leqslant 4.0$MPa

(C) 重锤式（杠杆式）安全阀一般宜用于温度和压力较高的系统

(D) 安全阀排放压力不小于1.1倍的工作压力

3.【单选】下列有关疏水阀选型，合理的是哪一项？

(A) 热动力式疏水阀用于流量较大的系统

(B) 恒温式疏水阀用于压力较高的工艺设备

(C) 当蒸汽供暖系统运行凝结水量突然增大时，应打开旁通阀排放凝结水

(D) 当供热系统内压力低于50kPa且换热器或其他用户设备内的压力较稳定时，可采用水封取代疏水阀排除凝结水

4.【单选】下列有关平衡阀安装选型要求，错误的是哪一项？

(A) 静态平衡阀的 K_v 在系统运行时保持不变

(B) 带电动自控功能的动态平衡阀可以实现供暖系统的水力平衡与负荷调节

(C) 应按照管径选取同等公称管径的平衡阀

(D) 垂直双管户内独立环路的分户热计量系统，热力入口处可根据水力平衡情况设置自力式压差平衡阀

（二）多选题（每题2分，共8分）

1.【多选】下列有关供暖系统定压装置的说法，正确的是哪几项？

(A) 采用膨胀水箱定压时，膨胀水箱的膨胀管和循环管严禁安装阀门

(B) 膨胀水箱安装高度，应至少高出系统最高点0.5m

(C) 当供暖热源为独立热源且仅供一栋建筑物时，空调系统可与供暖系统共用膨胀水箱

(D) 气压罐定压系统设有泄水电磁阀和安全阀，用于定压系统自动泄水

2.【多选】下列有关除污器的说法，合理的是哪几项？

(A) 锅炉房循环水泵吸入口、换热设备之前应设除污器

(B) 除污器的型号应按照接管流量的80%确定

笔记区

(C) 变角型过滤器出口管径可不大于进管口管径

(D) 自动排污过滤器在额定流量下其阻力小于800Pa

3.【多选】天津市一次网热水供/回水温度为95℃/70℃，小区采用低温辐射供暖系统，系统供/回水温度55℃/45℃，拟建小区换热站，则有关小区换热站设计的说法错误的是哪几项?

(A) 换热站内分水器、集水器应安装压力表和温度计，并应保温

(B) 当需从总管接出分支环路时，宜采用分集水器

(C) 换热器的总台数不应多于4台，一台停供时其余换热器的换热量不应低于设计供热量的70%

(D) 计算换热站内循环水泵扬程时，换热器的阻力一般为1～5kPa

4.【多选】下列有关换热器设计选型的说法，错误的是哪几项?

(A) 当$\Delta t_a/\Delta t_b \leqslant 2$时，换热器内换热流体的对数平均温差可简化为算数平均温差计算，误差不超过3%

(B) 板式换热器适用于汽—水换热，占地面积小

(C) 计算供暖水—水换热器的传热面积时，需要考虑0.8～0.7的水垢系数

(D) 采用水源热泵作为供热热源时，换热器总热量需考虑1.15～1.20的附加系数

(三) 案例题 (每题2分，共8分)

1.【案例】某既有办公楼采用散热器供暖系统，设计供/回水温度75℃/50℃，供暖热水量为3500kg/h，总供回水管内径为52mm，热力入口处设有内径为16mm的节流孔板。经过节能改造后热负荷可降低35%，拟保持供回水温度不变，降低热水量。若热力系统运行保持原设计节流孔板前管道工作压力95kPa不变。试计算改造后节流孔板后管道的工作压力为多少? [水比热容为4.18kJ/(kg·K)，50℃水的密度为988.1kg/m^3，75℃水的密度974.8kg/m^3]

(A) 104～106kPa　　(B) 92～95kPa

(C) 81～83kPa　　(D) 64～66kPa

答案: [　　]

主要解题过程:

笔记区

2.【案例】长春某住宅小区采用低温辐射供暖采暖系统，供/回水温度55℃/45℃。若市政热网供/回水温度为95℃/70℃，小区供暖热负荷为6700kW，换热器水流为逆流，则小区换热站所需换热器面积至少为下列何项？（供暖附加系数为1.15，换热器传热系数为5500W/(m^2·K)，水垢系数为0.75）

(A) 52m^2　　(B) 55m^2

(C) 59m^2　　(D) 64m^2

答案：[　　]

主要解题过程：

3.【案例】已知某综合楼设置散热器供暖系统，换热站位于地下一层设备房内，提供95℃/70℃的热水，采用开式高位膨胀水箱定压。散热器型号为四柱760型，楼栋总热负荷为2000kW，膨胀水箱按国标图制作，则最合理的规格是下列那一项？

	长 (mm)	宽 (mm)	高 (mm)	有效容积 (m^3)
1	900	900	900	0.61
2	1200	700	900	0.63
3	1100	1100	1100	1.15
4	1400	900	1100	1.20

(A) 1号膨胀水箱　　(B) 2号膨胀水箱

(C) 3号膨胀水箱　　(D) 4号膨胀水箱

答案：[　　]

主要解题过程：

4.【案例】某办公楼采用75℃/50℃的散热器供暖系统，南北分为两个环路。若北侧A环路阻力25kPa，热负荷为75kW，南侧B环路阻力为20kPa，热负荷为64kW。试问该系统是否需要在分环设置静态水力平衡阀，若需设置平衡阀，则静态平衡阀阀门系数至少为下列何项？（不平衡率不大于15%，系数a取1.3，热水密度为1000kg/m^3）

(A) 不必设置静态平衡阀

(B) 在A环路和B环路设置平衡阀，阀门系数为1.2

(C) 在A环路设置平衡阀，阀门系数为2.5

(D) 在B环路设置平衡阀，阀门系数为2.5

答案：[ ]

主要解题过程：

笔记区

五、专题实训参考答案及题目详解

参考答案

(单选每题1分，多选每题2分，案例每题2分，合计20分)

单选题	1	2	3	4
	B	D	D	C
多选题	1	2	3	4
	ABC	AC	BCD	ABD
案例题	1	2	3	4
	C	C	C	D

题目详解

(一) 单选题

1. 根据《复习教材》表1.8-12下方文字可知，选项A错误，应设阀门；根据P102下方有关调压装置的内容可知，选项B正确；根据式(1.8-25)上方文字可知，选项C错误，公称直接可直接确定口径，但是型号还要具体用压差进一步确定；根据P104中间有关方形补偿器的内容可知，方形补偿器尺寸较大，使用时受到空间的限值，故选项D错误。

2. 根据《复习教材》P93可知，选项ABC均正确；根据表1.8-6可知，排放压力不小于1.1倍的管道设计压力，而非工作压力，选项D错误。

3. 根据《复习教材》P93中"1. 疏水阀的选型"，热动力式疏水阀宜用于流量较小的装置，选项A错误；脉冲式宜用于压力较高的工艺设备上，选项B错误；根据图1.8-7上方文字可知，选项C错误，旁通阀运行中禁止使用；根据图1.8-6旁边文字可知，选项D正确。

4. 根据《复习教材》P105中有关静态平衡阀的内容可知，运行时静态平衡阀的阻力系数不变，根据P106中关于平衡阀的阀门系数

笔记区

可知，K_v 即为前文提及的阻力系数，故选项 A 正确；由 P105 倒数第 8 行可知，“若要实现水力平衡与负荷调节合二为一，应选用带电动自动控制功能的动态平衡阀”，选项 B 正确；由 P106“3. 平衡阀安装使用要点”上一行可知，选项 C 错误，应根据平衡阀阀门系数选择符合要求规格的平衡阀；分户热计量系统，户内末端需要设置温控阀，运行时此双管系统为变流量系统，因此可根据水力平衡情况设置自力式压差平衡阀，但是不可设置自力式流量控制阀，故选项 D 正确。

（二）多选题

1. 根据《复习教材》P99 中关于“膨胀水箱各配管应按以下要求安装”的内容可知，选项 A 正确；由 P99 第 1 段可知，选项 B 正确；根据 P97 第 1.8.4 节的第 1 段可知，选项 C 正确；根据 P100 关于“气压罐工作原理”内容可知，选项 D 错误，自动泄水主要利用泄水电磁阀，安全阀不用于自动泄水，主要用于自动过压保护。

2. 根据《复习教材》第 1.8.5 节“（1）下列部位应设除污器”的内容可知，选项 A 正确；由 P102 第 9 行可知，除污器接管管径应按接管管径确定，选项 B 错误；由“3. 除污器的特性与安装”中的（2）可知，选项 C 正确，可不大于即为可小于或等于；由（1）的 4）可知，选项 D 错误，0.008MPa 为 8000Pa。

3. 根据《复习教材》P107 倒数第 9 行“2. 设计要点”第 2 条可知，选项 A 正确；根据图 1.89-17 下方第 2 行可知，从总管上接出 2 个以上分支时，宜设分集水器，故选项 B 错误；根据 P109 上方文字可知，台数限定是合理的，天津为寒冷地区，一台停供其他换热器换热量不应低于设计换热量的 65%，故选项 C 错误；根据 P108“设计选型要点”的第（5）条可知，换热器的压力降一般控制在 0.01～0.05MPa，故选项 D 错误。

4. 根据《复习教材》式（1.8-28）下方文字可知，选项 A 错误，误差小于 4%；根据表 1.8-13 可知，板式换热器适合水—水换热，不适合汽—水换热，选项 B 错误；根据式（1.8-27）的参数说明可知，选项 C 正确；根据 P109 第 3 段可知，选项 D 错误，水源热泵的总热量附加系数为 1.15～1.25。

（三）案例题

1. 由题意，供回水温度不变，流量需要按节能改造供热需求量进行调整。

$$G_2=\frac{0.86Q_2}{\Delta t}=\frac{0.86[(1-35\%)Q_1]}{\Delta t}=(1-35\%)\frac{0.86Q_1}{\Delta t}$$
$$=(1-35\%)G_1=(1-35\%)\times 3500=2275\text{kg/h}$$

笔记区

可计算改造后孔板的计算系数 $f=G\left(\frac{D}{d}\right)^2=2275\times\left(\frac{52}{16}\right)^2=24030$。

节流孔板消耗压力 $H=\frac{\left(\frac{f-0.812G}{23.21\times10^{-4}D^2}\right)^2}{\rho}=\frac{\left(\frac{24030-0.812\times2275}{23.21\times10^{-4}\times52^2}\right)^2}{974.8}=12816\text{Pa}=12.82\text{kPa}$。

节流孔板后的工作压力 $P=P_1-H=95-12.82\text{kPa}=82.18\text{kPa}$。

2. 由题意，小区热负荷为6700kW，供暖附加系数1.15，故总换热量 $Q=1.15\times6700=7705\text{kW}$。

逆流换热器对数平均温差为（一般均采用对数平均温差）：

$$\Delta t_{pj}=\frac{\Delta t_a-\Delta t_b}{\ln\frac{\Delta t_a}{\Delta t_b}}=\frac{(95-55)-(70-45)}{\ln\frac{95-55}{70-45}}=31.9℃$$

由《复习教材》式（1.8-27），得：

$$F=\frac{Q}{K\cdot B\cdot\Delta t_{pj}}=\frac{7705\times1000}{5500\times0.75\times31.9}=58.5\text{m}^2$$

3. 供暖系统水容积 $V_c=Q\times\Sigma V'_c=2000\times(7.8+7.8+1)=33200\text{L}=33.2\text{m}^3$。

高位膨胀水箱有效容积 $V=0.034\times33.2=1.13\text{m}^3$。

根据《复习教材》表1.8-9可知，3号膨胀水箱有效容积满足要求，故选项C最合理。

4. 由题意，A环路为最不利环路，可计算B环路的不平衡率 $\varepsilon=\frac{25-20}{25}\times100\%=20\%>15\%$。

因此需要设置静态平衡阀，且在B环路设置平衡阀。

设静态平衡阀的阻力为 Δp，则不平衡率不大于15%时，有：$\frac{25-(20+\Delta p)}{25}\leqslant15\%$，$\Delta p\geqslant1.25\text{kPa}$

B环路的设计流量 $q=\frac{0.86\times64}{75-50}=2.2\text{m}^3/\text{h}$。

根据《复习教材》P106，得：

$$K_V=\alpha\frac{q}{\sqrt{\Delta p}}=1.3\times\frac{2.2}{\sqrt{1.25}}=2.56$$

笔记区

实训 1.6　供暖系统水力计算

一、专题提要

1.《复习教材》第 1.6 节

2. 热水供暖系统水力计算

3. 蒸汽供暖系统水力计算

二、备考常见问题

问题 1：判断供暖系统是否会发生倒空，《复习教材》中采用的是供水管压力，如何理解？

解答：《复习教材》有误，应该是以回水管压力判断系统是否会发生倒空。

问题 2：双管下供上回系统，上供上回系统，最不利环路是否都是最远立管最底层散热器？

解答：一般情况设计中表达的最不利环路都是设计的初始设定条件，实际运行时，最不利环路的判别很复杂，不是简单的定论，因此考试常问的最不利环路都是初始设定条件。

对于一栋建筑来说，热力入口均由地下引入，在自然作用压头的影响下，最容易发生不热的房间就是最远立管最底层散热器所在的房间。即使采用上供上回的系统，热源中心也位于地下，因此上一层房间的自然作用压头均将大于底层房间。在水力稳定性要求下，公共管路均采用较小比摩阻的较大管径，自然作用压头足以克服垂直方向公共立管的阻力，甚至还能提供更富裕的自然作用压头。因此，设计的最不利环路均选为最远立管最底层，这是设计的起点。

下供上回及上供上回系统需要考虑自然作用压头抵抗共用立管阻力的情况。下供上回属于立管同程，自然作用将在垂直方向明显的累加，顶层的资用压头将远高于下供下回，不平衡率较大。上供上回在阻力方面顶层阻力较小，底层阻力较大，具有较大资用压头的顶层反而阻力很小，因此与下供上回类似，也具有较大不平衡率。这两种设计容易失调，设计时要尽可能避免采用。

三、案例真题参考

【例 1】双管下供上回式系统如右图所示，每层散热器间的垂直距离为 6m，供水/回水温度为 85℃/60℃，供水管 ab 段、bc 段和 cd 段的阻力分别为 0.5kPa、1.0kPa 和 1.0kPa（对应的回水管段阻力相同），散热器 A1、A2 和 A3 的水阻力

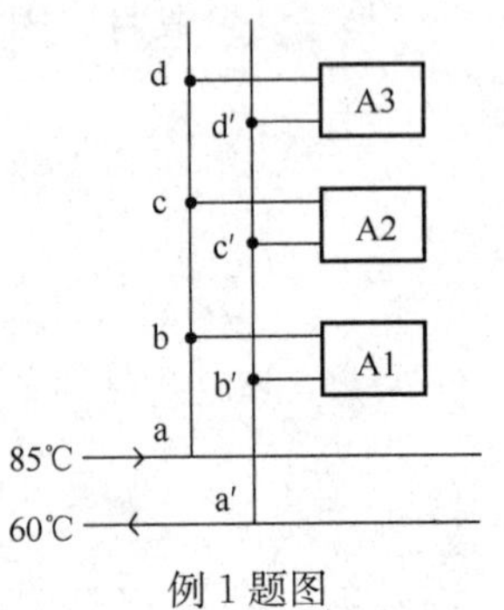

例 1 题图

笔记区

分别为 $P_{A1}=P_{A2}=7.5$kPa 和 $P_{A3}=5.5$kPa。忽略管道沿程冷却和散热器支管阻力，试问设计工况下散热器 A3 环路相对 A1 环路的阻力不平衡率（%）为多少？（取 $g=9.8\text{m/s}^2$，热水密度 $\rho_{85℃}=968.65\text{kg/m}^3$，$\rho_{60℃}=983.75\text{kg/m}^3$）（2014-3-03）

(A) 26～27　　(B) 2.8～3.0

(C) 2.5～2.7　　(D) 10～11

【答案】 D

【主要解题过程】 A1 环路与 A3 环路之间，A1 环路为最不利环路，系统提供最不利环路的资用压力为 A1 环路阻力（不考虑公共段）。A3 环路循环资用压力比 A1 增加因高差产生的自然作用压力，可计算 A3 环路资用压力为：

$$P_{zy}=7.5+\frac{2}{3}\times\frac{(6\times2)\times9.81\times(983.75-968.65)}{1000}=8.68\text{kPa}$$

A3 环路的阻力为：$P_3=5.5+(1+1)\times2=9.5$kPa。

可计算不平衡率为：

$$\varepsilon=\frac{P_{zy}-P_3}{P_{zy}}\times100\%=\frac{8.68-9.5}{8.68}\times100\%=9.4\%$$

四、专题实训（推荐答题时间 40 分钟）

请将求解答案写于下表中，案例题在题目中书写解题过程

（单选题 1 分，多选题 2 分，案例题 2 分，合计 18 分）

单选题	1	2	3	4	得分
多选题	1	2	3	4	
案例题	1	2	3		

（一）单选题（每题 1 分，共 4 分）

1.【单选】关于热水供暖系统设计水力计算中的一些概念，错误的是哪一项？

(A) 当系统压力损失有限制时，应先计算出平均的单位长度摩擦损失后，再选取管径

(B) 不等温降计算法最适用于异程式垂直单管系统

(C) 按各立管压降相等作为假设前提进行水力计算的方法，称为等压降法

(D) 热水供暖系统中，由于管道内水冷却产生的自然循环压力可以忽略不计

笔记区

2.【单选】某公共建筑设计供暖水系统，其中一段长度为 70m 的管路，单位长度摩擦阻力损失为 35Pa/m，热媒流速为 0.5m/s，若该段管路的局部阻力系数之和为 13，则该段管路的压力损失接近下列哪一项？

(A) 2kPa　(B) 3kPa

(C) 4kPa　(D) 5kPa

3.【单选】某 5 层住宅楼户内设分户计量采用地板辐射供暖系统，其供暖系统立管设计为双管下供下回异程式。设计热媒供/回水温度为 45℃/35℃。系统按设计进行初调节后，各楼层室温均能满足设计工况。当该住宅楼入口处供回水压差与设计工况相同时，设计供水温度提高为 60℃时，各楼层室温工况变化正确的是下列哪一项？(初调节后系统未进行变动)

(A) 各楼层室温相对设计工况成等比一致提高

(B) 各楼层室温均能满足设计工况

(C) 五层用户的室温比一层用户的室温低

(D) 五层用户的室温比一层用户的室温高

4.【单选】某 5 层住宅楼供暖系统采用上供下回垂直单管跨越式系统，各楼层室温均能满足设计工况。该供暖系统设置气候补偿器，根据供暖负荷调节供水温度，假定所有房间供暖负荷等比例变化，当各房间供暖负荷等比例降低且最上层房间温度保持不变时，最下层房间温度如何变化？

(A) 室温偏高　(B) 室温偏低

(C) 室温不变　(D) 无法判断

(二) 多选题 (每题 2 分，共 8 分)

1.【多选】关于城镇室外热力管道系统设计，下列说法正确的是哪几项？

(A) 确定热水热力网主干线管径时，经济比摩阻可采用 30～70Pa/m

(B) 蒸汽热力管道供热介质的最大允许设计流速不应大于 35m/s

(C) 蒸汽网凝结水管道设计比摩阻可取 100Pa/m

(D) 热水热力管网输送干线管径为 450mm，采用方形补偿器时，管网局部阻力与沿程阻力的比值可取 0.7

2.【多选】进行供暖系统水力计算时，关于系统的总压力损失，下列说法正确的是哪几项？

笔记区

(A) 热水供暖系统的循环压力，一般宜保持在 10～40 kPa

(B) 蒸汽系统最不利环路供气管的压力损失，不应大于起始压力的 25%

(C) 建筑物内部热水供暖系统各环路压力平衡后的总压力损失的附加值宜采用 10%

(D) 单管异程式热水供暖系统中立管的压力损失不宜小于环路总压力损失的 70%

3.【多选】某 5 层住宅楼供暖系统采用上供下回垂直单管跨越式系统，各楼层室温均能满足设计工况。设计热媒供/回水温度为 95℃/50℃。系统按设计进行初调节后，各楼层室温均能满足设计工况。当该住宅楼入口处供回水压差与设计工况相同时，设计供水温度降低为 75℃时，各楼层室温工况变化正确的是下列哪一项？（初调节后系统未进行变动）

(A) 各楼层室温相对设计工况均降低

(B) 各楼层室温相对设计工况均升高

(C) 五层用户的室温比一层用户的室温低

(D) 五层用户的室温比一层用户的室温高

4.【多选】某工业厂房室内设计高压蒸汽供暖系统，下列说法正确的是哪几项？

(A) 最不利环路汽水逆向流动，比摩阻宜保持在 100～350Pa/m

(B) 汽水同向流动的管路，最大流速不应大于 80m/s

(C) 加热设备后的凝结水管可抬高至加热设备上部

(D) 疏水器至回水箱的蒸汽凝结水管应按汽水乳状体进行计算

（三）案例题（每题 2 分，共 6 分）

1.【案例】如下图所示，B 为铸铁散热器，最大允许工作压力为 600kPa，循环水泵的扬程为 28m，锅炉阻力 8m，求由水泵出口至 B 的管路压力损失至少约为下列哪一项才能安全运行？（$g=10m/s^2$）

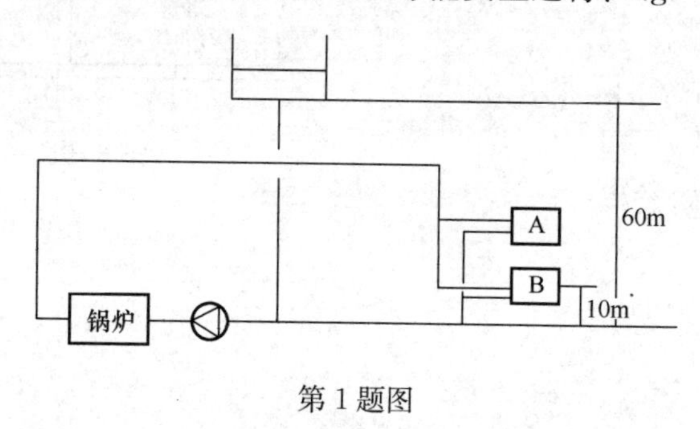

第 1 题图

笔记区

(A) 70kPa　　(B) 80kPa

(C) 90kPa　　(D) 100kPa

答案:［　　］

主要解题过程:

2.【案例】某室内蒸汽供暖系统，蒸汽入口处表压力为300kPa，供气管道最大长度为200m，系统摩擦压力损失约占总压力损失的0.8，已知最不利环路局部阻力当量长度约为42m，若末端散热器的表压力要求不低于200kPa，试计算最不利环路总压力损失，并判断末端散热器表压力是否满足要求?

(A) 72.6kPa，不满足　　(B) 288.5kPa，不满足

(C) 72.6kPa，满足　　(D) 288.5kPa，满足

答案:［　　］

主要解题过程:

3.【案例】如下图所示小区热网，已知主干线AC、BD、CE、DF的压力损失均为$2mH_2O$，3用户支线AM、BN压力损失为$3mH_2O$及2用户支线CG、DH的压力损失为$1.5mH_2O$，用户1和用户2的内部阻力均为$3mH_2O$，用户3的内部阻力为$4mH_2O$，则用户2、3支线的不平衡率分别是多少?

(A) 50%，0%

(B) 25%，25%

(C) 25%，14.3%

(D) 50%，14.3%

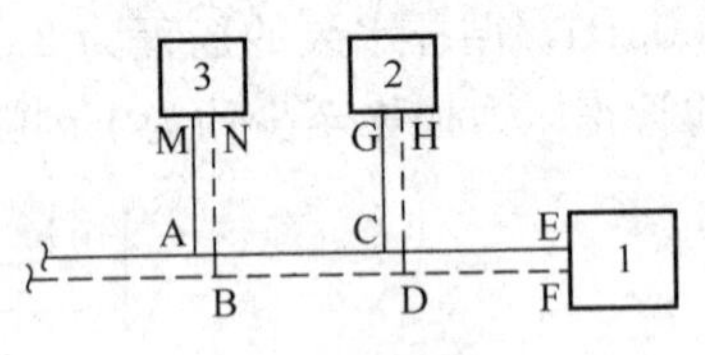

第3题图

答案:［　　］

主要解题过程:

笔记区

五、专题实训参考答案及题目详解

参考答案

（单选每题1分，多选每题2分，案例每题2分，合计18分）

单选题	1	2	3	4
	D	C	D	A
多选题	1	2	3	4
	ACD	ACD	AC	BD
案例题	1	2	3	
	D	C	C	

题目详解

（一）单选题

1. 选项A即为按允许压力降确定管径的计算方法，正确；选项B参见《复习教材》P80，最适合异程式垂直单管系统；根据《复习教材》P80，选项C正确；选项D参见《复习教材》P30，只有机械循环才可以不计。

2. 根据《复习教材》式（1.6-1）有：

$$\Delta p=\Delta p_{\mathrm{m}}+\Delta p_i=Rl+\xi\frac{\rho v^2}{2}$$

$$=35\times70+13\times\frac{1000\times0.5\times0.5}{2}$$

$$=4075\mathrm{Pa}=4.075\mathrm{kPa}$$

3. 关于此类型题的总结：双管系统经过初调节后，供暖系统能够满足设计工况运行。在系统调节未进行变动的前提下，若实际水温降低或温差减小会导致重力循环作用压力差变小，使得顶层环路实际资用压力减小，导致顶层不热，底层过热。反之，若实际水温升高或温差增大会导致重力循环作用压力差变大，使得顶层环路实际资用压力增大，导致顶层过热，底层不热。

4. 关于此类型题的总结：单管系统经过初调节后，供暖系统能够满足设计工况运行。在系统调节未进行变动的前提下，若各楼层负荷等比例增加，当保证最上层房间温度不变时，最下层房间温度偏低。反之，若各楼层负荷等比例减少，当保证最上层房间温度不变时，最下层房间温度偏高。

（二）多选题

1. 根据《热网规》第7.3.2条可知，选项A正确；由第7.3.4条可知，选项B错误；由第7.3.7条可知，选项C正确；由第7.3.8条可知，选项D正确。

2. 根据《复习教材》P78可知，选项ACD正确；选项B错误，

笔记区

其方法只针对高压蒸汽系统。

3. 关于此类型题的总结：单管系统经过初调节后，供暖系统能够满足设计工况运行。在系统调节未进行变动的前提下，若实际水温降低会使得所有房间温度均降低，但靠近供水端的房间温度降低得更多。反之，若实际水温升高会使得所有房间温度均升高，但靠近供水端的房间温度升高得更多。

4. 根据《工规》第5.8.5-2条，选项A错误；根据第5.8.8条第3款1)，选项B正确；根据第5.8.12条，疏水器前的水管不应向上抬升，选项C错误；根据第5.8.13条，选项D正确。

（三）案例题

1. 定压点定压为$60mH_2O$，以定压点为起点，设管路压力损失为P，则B入口工作压力不大于600kPa的条件为：$60mH_2O + 28mH_2O - 8mH_2O - P \leqslant 600kPa + 10mH_2O$

故$P \geqslant 100kPa$。

2. 蒸汽压力300kPa属于高压蒸汽，根据《复习教材》式（1.6-5）及式（1.6-6），得：

$$\Delta p_m = \frac{0.25ap}{l} = \frac{0.25 \times 0.8 \times 0.3 \times 10^6}{200} = 300Pa/m$$

$$\Delta p = \Delta p_m(l + l_d) = 300 \times (200 + 42) = 72600Pa = 72.6kPa$$

则散热器表压力$p = 300 - 72.6 = 227.4kPa > 200kPa$。

满足要求，选C。

3. 热网系统一般忽略自然作用压头的影响，因此可简单采用阻力计算不平衡率。

用户2支线的资用压力$\Delta p_{zy2} = (2+2+3) - 3 = 4$。

用户2支线的实际阻力$\Delta p_{sh2} = 1.5 + 1.5 = 3$。

用户2支线的不平衡率$X_2 = \left|\frac{\Delta p_{zy2} - \Delta p_{sh2}}{\Delta p_{zy2}}\right| \times 100\% = \left|\frac{4-3}{4}\right| \times 100\% = 25\%$。

用户3支线的资用压力$\Delta p_{zy3} = (2+2+2+2+3) - 4 = 7$。

用户3支线的实际阻力$\Delta p_{sh3} = 3 + 3 = 6$。

用户3支线的不平衡率$X_3 = \left|\frac{\Delta p_{zy3} - \Delta p_{sh3}}{\Delta p_{zy3}}\right| \times 100\% = \left|\frac{7-6}{7}\right| \times 100\% = 14.3\%$。

笔记区

实训 1.7 散热器供暖系统设计

一、专题提要

1.《复习教材》第 1.2 节、第 1.3 节、第 1.7 节、第 1.8.1、第 1.9 节

2. 散热器系统设计要点

3. 散热器相关计算

二、备考常见问题

问题 1： 散热器片数选择时，均要按《09 技术措施》中的取舍原则吗？

解答： 目前散热器片数的舍取原则只有《09 技术措施》中提到了，涉及此类题型需参考《09 技术措施》的规定。

问题 2： 关于气候补偿器，能否简要说明一下控制原理？

解答： 气候补偿器一般用于供热系统的热力站中，或者采用锅炉直接供暖的供暖系统中，是局部调节的有力手段（见下图）。气候补偿器可依据室外环境温度变化，以及实际检测供/回水温度与用户设定温度的偏差，自动调整一次侧供水流量或供水温度，间接控制二次侧供水温度，最大化的节约能源，克服室外环境温度变化造成的室内温度波动，达到节能舒适的目的。

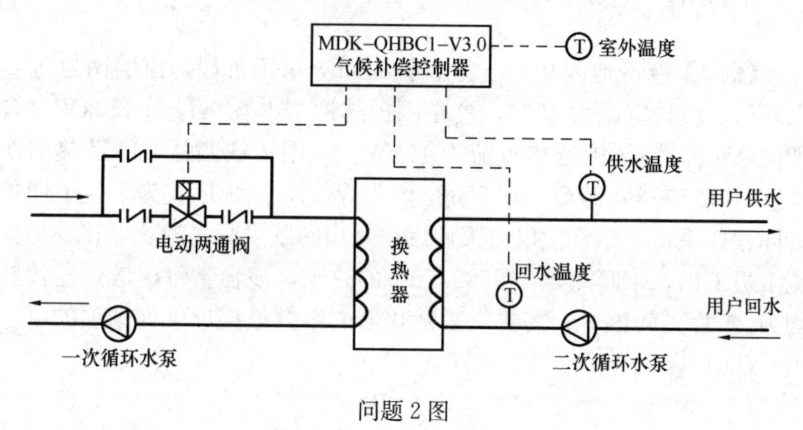

问题 2 图

问题 3： 散热器流量修正系数，当流量增加倍数大于表格中最大值 7 的时候，应该怎么选取？

解答： 无需考虑流量倍数过大的情况。但是当流量倍数达到 7 时，供回水温差仅为 3.5℃，温差再小时已经无法有效供热，设计不应采用。

笔记区

三、案例真题参考

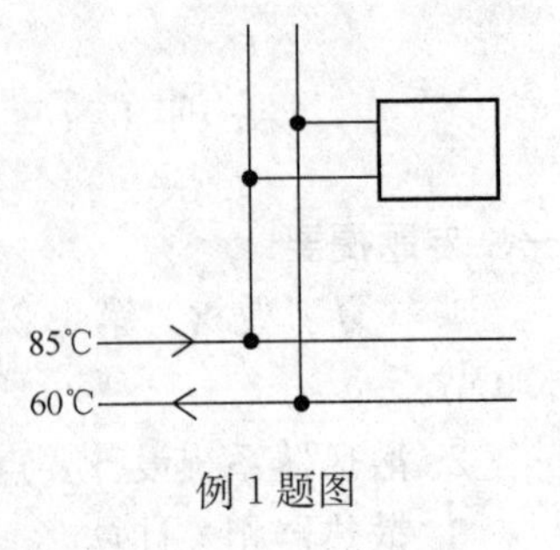

例1题图

【例1】 某住宅室内设计温度为20℃，采用双管上供下回供暖系统，设计供/回水温度85℃/60℃，铸铁柱形散热器明装，片厚60mm，单片散热面积为$0.24m^2$，连接方式如右图所示。为使散热器组装长度≤1500mm，每组散热器负担的热负荷不应大于下列哪一项？（散热器传热系数 $K=2.503\Delta t0.2973$ [$W/(m^2\cdot℃)$]，$\beta_3=\beta_4=1.0$）(2014-4-3)

(A) 1600～1740W　　(B) 1750～1840W

(C) 2200～2300W　　(D) 3100～3200W

【答案】 A

【主要解题过程】 由题意，散热器为同侧下进上出，查得$\beta_2=1.42$，明装$\beta_3=1$。供回水温差为85－60＝25℃，对应为1倍流量倍数，$\beta_4=1$。本题已经给定了单组散热器的长度和片厚，可直接计算满足散热器长度的最大片数$n=\frac{1500}{60}=25$。

由片数修正表，$n\geqslant21$时，$\beta_1=1.1$，则有：

$$Q=\frac{KF\Delta t}{\beta_1\beta_2\beta_3\beta_4}=\frac{\left(0.24\times\frac{1500}{60}\right)\times2.503\times\left(\frac{85+60}{2}-20\right)^{1.2973}}{1.1\times1.42\times1\times1}=1639\text{W}$$

【例2】 寒冷地区某工厂食堂净高4m，一面外墙，窗墙比为0.4，无外门，设计室温为18℃，食堂围护结构基本耗热量为150kW（含朝向修正），冷风渗透热负荷为19kW。采用铸铁四柱760散热器明装[单片散热器公式$Q_1=0.5538\Delta t^{1.316}$(W)]，系统形式为下供下回单管同程式系统，该食堂仅白天使用，采用间歇供暖，散热器接管为异侧上进下出，供暖热媒为95℃/70℃的热水，该食堂每组散热器片数均为25片。问该食堂需要设置散热器的组数最接近下列选项的哪一项？(2017-4-2)

(A) 56　　(B) 62

(C) 66　　(D) 73

【答案】 C

【主要解题过程】 本题需要先确定供热量，再进行散热器计算。食堂仅白天使用，需考虑20%间歇附加。$Q=150\times1.2+19=199\text{kW}$。

由题意，散热器为异侧上进上出，查得$\beta_2=1$，明装$\beta_3=1$，供回水温差为95－70＝25℃，$\beta_4=1$。考虑每组散热器片数均为25片，根据片数修正系数，$\beta_1=1.1$（≥21片），则有：

$$q=\frac{nK\Delta t}{\beta_1\beta_2\beta_3\beta_4}=\frac{25\times 0.5538\times\left(\frac{95+70}{2}-18\right)^{1.316}}{1.1\times 1\times 1\times 1}=3030\text{W}$$

所需组数为：

$$N=\frac{Q}{q}=\frac{199}{3.03}=65.7\text{ 组}$$

四、专题实训（推荐答题时间40分钟）

请将求解答案写于下表中，案例题在题目中书写解题过程

（单选题1分，多选题2分，案例题2分，合计16分）

单选题	1	2	3	4	得分
多选题	1	2	3	4	
案例题	1	2			

（一）单选题（每题1分，共4分）

1.【单选】下列关于散热器安装要求的说法，错误的是哪一项？

（A）幼儿园、老年人和有特殊功能要求的建筑的散热器必须暗装或加防护罩

（B）散热器宜安装在外墙窗台下，当确有困难时，也可靠内墙安装，但应尽可能靠近外窗安装

（C）两道外门之间的门斗内，可设置散热器供暖防冻

（D）安装在装饰罩内的恒温控制阀必须采用外置传感器，传感器应设在能正确反映房间温度的位置

2.【单选】下列有关钢制柱形散热器接管方式，散热量最大的是哪种？

（A）同侧下进上出　　（B）同侧上进下出

（C）异侧下进上出　　（D）异侧上进下出

3.【单选】为了增大散热器的有效散热量，下列措施哪一项是错误的？

（A）散热器外表面涂刷烤瓷漆

（B）散热器背面外墙部位增加保温层

（C）散热器背面外墙部位贴铝箔层

（D）散热器外部加装饰罩，正面设置散热百叶

笔记区

4.【单选】下列与热水供暖散热器的传热系数无关的温度因素是哪一项？

(A) 供暖室外计算温度　　(B) 散热器供水温度

(C) 散热器回水温度　　(D) 供暖房间计算温度

(二) 多选题 (每题 2 分，共 8 分)

1.【多选】下列有关散热器内热媒平均温度的说法，正确的是哪几项？

(A) 低压蒸汽供暖系统的散热器内热媒平均温度为 100℃

(B) 高压蒸汽供暖系统的散热器内热媒平均温度取与散热器进口蒸汽压力相对应的饱和温度

(C) 双管热水供暖系统散热器内热媒平均温度为设计供回水温度的算术平均值

(D) 单管热水供暖系统的散热器内热媒平均温度应经计算确定

2.【多选】某生产厂房生活辅助建筑设计散热器供暖系统，下列说法不合理的是哪几项？

(A) 应根据供暖系统的压力要求，确定散热器的工作压力

(B) 采用钢制散热器热水供暖系统时，在非供暖季节供暖系统应充水保养

(C) 应采用外表面刷金属涂料的散热器

(D) 某厂房辅助用房的真空蒸汽供暖系统，采用薄钢板加工的钢制柱形散热器

3.【多选】下列关于散热器供暖系统，说法正确的是哪几项？

(A) 垂直单管系统和垂直双管系统的垂直失调都是由于重力循环作用压力引起的

(B) 异程式垂直双管循环系统采用下供下回式有利于减轻垂直失调

(C) 异程式垂直双管重力循环的最不利环路是最远立管最底层散热器环路

(D) 分户供暖系统的最不利环路是最远端最顶层用户

4.【多选】工业厂房设计散热器供暖系统时需考虑众多因素，下列说法正确的是哪几项？

(A) 为了使散热器上升的热气流阻止从玻璃窗下降的冷气流，达到舒适的感觉，因此推荐将散热器布置在外窗台下

(B) 两门斗之间人员停留时间不长，因此作为节能考虑，不应在两外门门斗内设置散热器

笔记区

(C) 把散热器布置在楼梯间的底层，可以利用热压作用，使热空气自动上升，从而补偿楼梯间上部耗热量

(D) 暗装供暖管道均应保温，以避免无效热损失

(三) 案例题 (每题 2 分，共 4 分)

1. 【案例】某酒店的多功能会议厅计算供暖热负荷为 6500W，采用四柱 640 型散热器，供暖热媒为热水，供/回水温度为 85℃/60℃，多功能厅为独立环路，酒店围护结构节能改造后，该多功能厅的供暖热负荷降低至 5000W，若原设计的散热器片数与有关修正系数不变，要保证室内温度为原设计温度 18℃，供/回水温度应是下列哪一项？(已知散热器的传热系数计算公式 $K = 2.442\Delta t^{0.321}$，供回水温差为 25℃)

(A) 80℃/55℃　　(B) 75℃/50℃

(C) 70℃/45℃　　(D) 65℃/40℃

答案：[　　]

主要解题过程：

2. 【案例】某 3 层公寓，采用上供下回垂直单管跨越式系统（进流系数 1/3），其中一顶层房间设有 24 片钢制柱形散热器（已知散热器的传热系数计算公式 $K = 2.442\Delta t^{0.321}$，单片面积 0.205m²），采用明装同侧上进下出的安装方式（见下图），若实测自顶层至底层散热器供水温度分别为 72℃、66℃、59℃，顶层房间室内温度为 21℃，试求顶层房间散热器散热量。(进流系数为流进散热器的水流量与通过该立管水流量的比值)

(A) 1501～1550W

(B) 1551～1600W

(C) 1601～1600W

(D) 1651～1700W

答案：[　　]

主要解题过程：

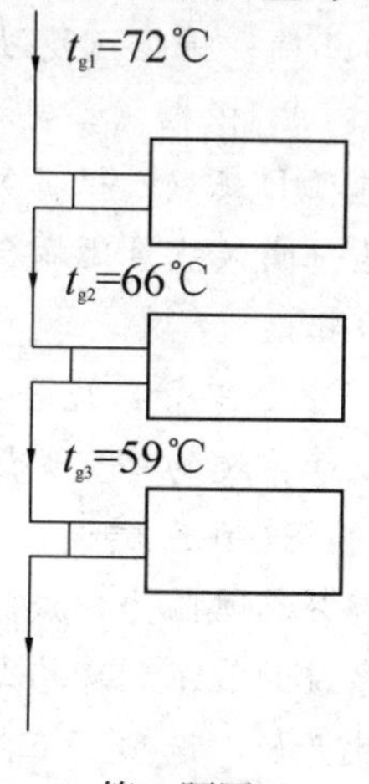

第 2 题图

笔记区

五、专题实训参考答案及题目详解

参考答案

（单选每题1分，多选每题2分，案例每题2分，合计16分）

单选题	1	2	3	4
	C	D	D	A
多选题	1	2	3	4
	BCD	ACD	BC	ACD
案例题	1	2		
	B	B		

题目详解

（一）单选题

1. 根据《复习教材》P88第2条中散热器的布置，根据（3）可知，选项A正确；根据（1），选项B正确；根据（8），选项C错误，门斗之间不应设置散热器，以防冻裂；根据（7），选项D正确。选C。

2. 根据$F=\frac{Q}{K\Delta t}\beta_1\beta_2\beta_3\beta_4$分析，当其他参数相同时，连接修正系数越小，则散热量越大。根据《复习教材》表1.8-3，对于钢制柱形散热器，异侧上进下出修正系数最小，仅为0.99，因此选D。

3. 根据《复习教材》P90可知，选项ABC正确；选项D错误。

4. 根据《复习教材》式（1.8-3）可知，选项BCD正确；选项A错误。

（二）多选题

1. 根据《复习教材》P90，表压≤0.03MPa时散热器内热媒平均温度取100℃，低压蒸汽时表压力≤0.07MPa，选项A错误，选项B正确；根据《复习教材》P90中间部分，选项CD正确。

2. 根据《工规》第5.3.1-1条，选项A正确；根据5.3.1-4条，选项B正确；根据第5.3.1-8条，选项C错误，应刷非金属涂料，实验证明散热量比刷金属涂料增强10%左右；根据第5.3.1-6条，选项D错误。

3. 单管系统垂直失调是由于各层散热器的传热系数不同造成的，双管系统的垂直失调是由于各层散热器的重力循环作用压力不同造成的，选项A错误；采用下供下回式系统，重力循环作用压力会抵消部分环路阻力，减轻垂直失调，选项B正确；重力循环异程式双管系统的最不利环路是通过最远立管底层散热器的循环环路，计算应由此开始，选项C正确；同理，选项D错误。

4. 根据《工规》第5.3.2-1条条文说明，选项A正确；根据第

笔记区

5.3.2-2 条条文说明，选项 B 错误，目的是防止冻裂；根据第 5.3.2-3 条条文说明，选项 C 正确；根据第 5.3.6 条条文说明，选项 D 正确。

（三）案例题

1. 根据《复习教材》式（1.8-1），由题意知散热器面积和修正系数都不变，设散热器面积为 F。

改造前

$$Q_1=\frac{K_1F\Delta t_1}{\beta_1\beta_2\beta_3\beta_4}=\frac{2.442\times F(t_{pj1}-t_n)^{1.321}}{\beta_1\beta_2\beta_3\beta_4}=6500\text{W}$$

改造后

$$Q_2=\frac{K_2F\Delta t_2}{\beta_1\beta_2\beta_3\beta_4}=\frac{2.442\times F(t_{pj2}-t_n)^{1.321}}{\beta_1\beta_2\beta_3\beta_4}=5000\text{W}$$

两式相比

$$Q_1/Q_2=\frac{\left(\frac{85+60}{2}-18\right)^{1.321}}{\left(\frac{t_{g2}+t_{h2}}{2}-18\right)^{1.321}}=\frac{6500}{5000}$$

因此，$t_{g2}+t_{h2}=125℃$。由题意，$t_{g2}-t_{h2}=25℃$

解得：$t_{g2}=75℃$，$t_{h2}=50℃$。

2. 由题意，$t_g=72℃$，设立管流量为 G，顶层散热器回水温度为 t_h，则 $\frac{2}{3}G\times72+\frac{1}{3}G\times t_h=G\times66$。因此，$t_h=54℃$。

散热器平均温差 $\Delta t_{pj}=\frac{t_g+t_h}{2}-t_n=\frac{72+54}{2}-21=42℃$。

片数超过 21 片的片数修正系数为 1.1，同侧上进下出修正系数为 1，明装修正系数为 1。

流量倍数 $a=\frac{25}{t_g-t_h}=\frac{25}{72-54}=1.39$。

钢制柱形散热器流量修正系数 $\beta_4=1+(1.39-1)\times\frac{0.9-1}{2-1}=0.96$。

因此，散热器散热量为：

$$Q=\frac{FK\Delta t_{pj}}{\beta_1\beta_2\beta_3\beta_4}=\frac{(nf)\times(2.442\Delta t_{pj}^{0.321})\times\Delta t_{pj}}{\beta_1\beta_2\beta_3\beta_4}$$

$$=\frac{24\times0.205\times2.442\times42^{1.321}}{1.1\times1\times1\times0.96}=1586\text{W}$$

笔记区

实训 1.8　节能改造及热计量

一、专题提要

1.《复习教材》第 1.9 节

2. 热计量表的选择

3. 邻户传热有关内容

4. 供暖系统节能改造

5. 相关规范：《热计量规》《公建节能改造》《居住节能改造》

二、备考常见问题

问题 1：热计量中的流量温度法为什么只适合单管跨越式，不适合双管系统？

解答：流量温度法的原理是利用每个立管或分户独立系统与热力入口流量之比相对不变的原理，结合现场测出的流量比例和各分支三通前后温差，分摊建筑的总供热量。该流量比例是每个立管或分户独立系统占热力入口流量的比例。双管系统立管流量是根据用户系统实时变化的，所以不能用于双管系统。

问题 2：户用热量表的设置位置，是否都装在供水管上？

解答：一般都设置在回水管上，有利于提高热量表的使用寿命，有利于改善仪表的工作环境。

三、案例真题参考

【例 1】某住宅小区的住宅楼均为 6 层，设计为分户热计量散热器供暖系统，户内为单管跨越式、户外是异程双管下供下回式。原设计供暖热水为 85℃/60℃，设计采用铸铁四柱 660 型散热器。小区住宅楼进行围护结构节能改造，原设计系统不变，供暖热媒改为 65℃/45℃后，该住宅小区的实际供暖热负荷降为原来的 65%。改造后室内的温度（℃）最接近下列何项？[已知原室内温度为 20℃，散热器传热系数 $K=281\Delta t^{0.276}$ W/(m² · K)](2016-4-1)

(A) 16.5　　(B) 17.5

(C) 18.5　　(D) 19.5

【答案】B

【主要解题过程】由题意，仅改变供回水温度，供暖系统未改变，则散热器计算修正系数不变，改变供回水温度前后供热量之比为：

$$\frac{Q_1}{Q_2}=\frac{K_1F\Delta t_{\mathrm{pj},1}}{K_2F\Delta t_{\mathrm{pj},2}}=\frac{2.81F\Delta t_{\mathrm{pj},1}^{1.276}}{2.81F\Delta t_{\mathrm{pj},2}^{1.276}}=\left(\frac{\dfrac{85+60}{2}-20}{\dfrac{65+45}{2}-t_{\mathrm{n}}}\right)^{1.276}=\frac{1}{65\%}$$

解得，室内温度为 17.8℃，接近选项 B。

笔记区

四、专题实训（推荐答题时间30分钟）

请将求解答案写于下表中，案例题在题目中书写解题过程
（单选题1分，多选题2分，案例题2分，合计15分）

单选题	1	2	3			得分
多选题	1	2	3	4	5	
案例题	1					

（一）单选题（每题1分，共3分）

1. 【单选】下列关于热量表的说法，错误的是哪一项？

（A）热量表应根据公称流量选型，并校核在设计流量下的压降

（B）热量表的公称流量可按照设计流量的80%确定

（C）热量表流量传感器的安装位置应符合仪表安装要求，且宜安装在回水管上

（D）集中供热系统的热量结算点必须安装热计量表或热量分配表

2. 【单选】下列关于供热计量方法，说法错误的是哪一项？

（A）散热器热分配计法适用于新建和改造的散热器供暖系统，不适用于地面辐射供暖系统

（B）户用热量表法适用于按户分环的室内供暖系统

（C）流量温度法非常适合既有建筑垂直单管顺流式系统的热计量改造

（D）通断时间面积法能够分摊热量，同时实现分户和分室温控

3. 【单选】对一个商业综合体冷热源进行改造，下列说法错误的是哪一项？

（A）首先应充分挖掘现有设备的节能潜力，不能满足需求时再予以更换

（B）应根据原有冷热源运行记录，对比原设计工况，确定改造方案

（C）冷热源更新改造后，系统供回水温度应能保证原有输配系统和空调末端系统的设计要求

（D）对于冷热需求不同的区域，宜分别设置冷热源系统

（二）多选题（每题2分，共10分）

1. 【多选】下列关于集中供暖系统入口调节阀门设置，正确的是哪几项？

笔记区

(A) 建筑物热力入口应安装静态水力平衡阀，并应对系统进行水力平衡调试

(B) 当时室内供暖系统为变流量系统时，不应设自力式流量控制阀

(C) 静态水力平衡阀或自力式控制阀的规格应经计算确定

(D) 静态水力平衡阀无论建筑规模大小，一并要求安装使用

2.【多选】位于严寒、寒冷地区的住宅小区，下列需进行改造是哪几项?

(A) 供暖系统的室外管网的输送效率低于90%，正常补水量大于正常循环水量的0.5%

(B) 供热管网的水力平衡度超出0.9～1.2的范围时

(C) 供热管网循环水泵出口总流量低于设计值时

(D) 室外供暖系统热力入口没有加装平衡调节设备

3.【多选】沈阳市某区域住宅需进行节能改造，下列哪几项为该建筑围护结构节能改造方案的评估内容?

(A) 建筑物耗热量指标　　(B) 围护结构传热系数

(C) 供热效果　　(D) 系统调节手段

4.【多选】关于北京某综合商场的空调水系统，下列哪几种情况需要对其进行改造?

(A) 系统的实际水量超过设计值的15%

(B) 循环泵的实际运行效率为铭牌值的79%

(C) 实际的供回水温差为设计值的80%

(D) 系统的热源设备无随室外气温变化进行供热量调节的自动控制装置

5.【多选】对采用了热计量的供暖系统进行水力计算，下列说法正确的是哪几项?

(A) 采用热分配表计量时的水力计算与常规的计算方法略有差别

(B) 采用户用热量表计量时，其水力计算方法同上供下回或下供下回双管系统

(C) 采用双管系统的分户热计量的供暖系统，由于住户生活情况不同，系统在运行中是变流量系统

(D) 采用双管系统的分户热计量的供暖系统，热力入口处的压差不变相比于入口流量不变的情况，当立管上某用户关闭，其他用户的管段流量变化情况，前者流量变化幅度小一些

笔记区

(三)案例题(每题2分,共2分)

1.【案例】某公共建筑进行节能改造后,要评估节能改造效果。若基准能耗为6×10^6kJ,当前能耗为4.8×10^6kJ,能耗调整量为0.8×10^6kJ,试计算评估所需节能量。

(A) 1.2×10^6kJ (B) 2.0×10^6kJ

(C) 0.4×10^6kJ (D) 4.0×10^6kJ

答案:[ ]

主要解题过程:

五、专题实训参考答案及题目详解

参考答案

(单选每题1分,多选每题2分,案例每题2分,合计15分)

单选题	1	2	3		
	D	D	B		
多选题	1	2	3	4	5
	ABCD	ABC	AB	BD	BCD
案例题	1				
	B				

题目详解

(一)单选题

1. 根据《热计量规》第3.0.6.1条可知,选项AB均正确;由第3.0.6.2条可知,选项C正确;由第3.0.2条可知,选项D错误。

2. 根据《热计量规》第6.1.2条及其条文说明可知,选项ABC正确,选项D错误,通断时间面积法不能实现分室温控。

3. 根据《公建节能改造》第6.2.1条,选项A正确;根据第6.2.2条,选项B错误,应该进行这个供冷和供暖季节负荷的分析和计算,以确定方案;根据第6.2.4条,选项C正确;根据第6.2.6条,选项D正确。

(二)多选题

1. 根据《热计量规》第5.2.2条及其条文说明可知,选项AD正确;由第5.2.3条可知,选项B正确;由第5.2.4条可知,选项C正确。

2. 根据《居住节能改造》第6.1.5条可知,选项A正确;由第

笔记区

6.1.8条可知，选项B正确；由第6.1.6条可知，选项C正确；由第6.1.9可知，选项D错误。

3. 详见《居住节能改造》第4.2.3条及第4.2.5条。

4. 根据《公建节能改造》：选项ABC参见第4.3.9条及第4.3.10条；选项D参见第4.3.7条。

5. 根据《复习教材》P115～116，选项A错误，计算方法相同，只不过多了两个局部阻力，即热量表和温控阀，选项BCD均正确。

说明：选项D有些读者可能不太理解，该结论可以通过水力工况计算进行验证，这也是变流量系统推荐采用定压差控制的原因。

(三) 案例题

1. 根据《公建节能改造》第10.2.1条可知：

$$
\begin{aligned}
E_{con} &= E_{baseline} - E_{pre} + E_{ca} \\
&= 6\times10^{6} - 4.8\times10^{6} + 0.8\times10^{6} \\
&= 2\times10^{6}\,\text{kJ}
\end{aligned}
$$

笔记区

实训1.9 小 区 热 网

一、专题提要

1.《复习教材》第1.10节

2. 小区热网水力计算

二、备考常见问题

问题1：运行节能中质调节、量调节的结论是：优先质调节（改变供水温度），其次量调节（改变水流量）。这个结论对吗?

解答：这个结论是对的，外网单独使用量调节的情况很少，原因就是流量的调节涉及水力平衡的问题，调节能力有限。一般为质调节或质-量调节。这里运行节能的本质是整个供暖系统的节能，降低供水温度也是一种节能运行。

问题2：混水装置的计算中，如果用户回水温度与热网回水温度不同，如何取值?

解答：计算供暖热负荷热力网设计流量的时需采用户内的回水温度（见下图）。

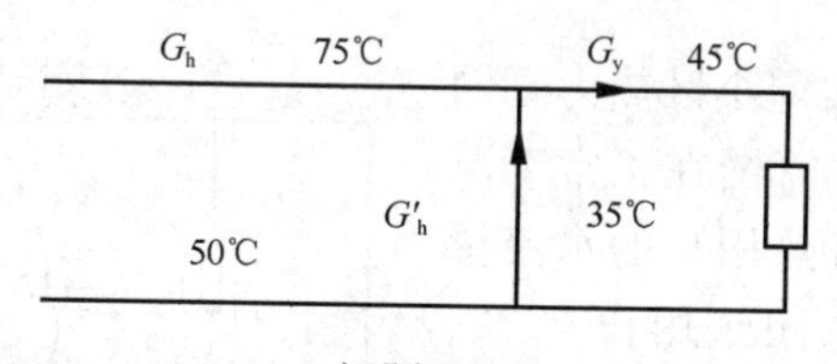

问题2图

混合比的本质是对混合点列能量守恒方程：

$$G_h \times 75 + G'_h \times 35 = (G_h + G'_h) \times 45$$

$$u = \frac{G'_h}{G_h} = \frac{75 - 45}{45 - 35} = 3$$

由推导过程可看出，热负荷热力网的供水温度为75℃，回水的温度为35℃，所以计算热负荷热力网的流量对应的供/回水温度是75℃/35℃，而不是75℃/50℃。

三、案例真题参考

【例1】坐落于北京市的某大型商业综合体的冬季热负荷包括供暖、空调和通风的耗热量，设计热负荷为：供暖2MW，空调6MW和通风3.5MW，室内计算温度为20℃，供暖期内空调系统平均每天运行12h，通风装置平均每天运行6h，供暖期天数为123天，该商业综合体供暖期耗热量（GJ）为多少?（2016-3-5）

笔记区

(A) 51400～51500　　(B) 46100～46200
(C) 44900～45000　　(D) 38100～38200

【答案】 B

【主要解题过程】 由题意，根据《复习教材》式（1.10-8）～式（1.10-10）分别计算供暖、通风、空调供暖期耗热量：

$$Q_h^a = 0.0864NQ_h \frac{t_i - t_a}{t_i - t_{o,h}}$$

$$= 0.0864 \times 123 \times (2 \times 10^3) \times \frac{20-(-0.7)}{20-(-7.6)} = 15940.8\text{GJ}$$

$$Q_v^a = 0.0036T_vNQ_v \frac{t_i - t_a}{t_i - t_{o,v}}$$

$$= 0.0036 \times 6 \times 123 \times (3.5 \times 10^3) \times \frac{20-(-0.7)}{20-(-3.6)} = 8156.2\text{GJ}$$

$$Q_a^a = 0.0036T_aNQ_a \frac{t_i - t_a}{t_i - t_{o,a}}$$

$$= 0.0036 \times 12 \times 123 \times (6 \times 10^3) \times \frac{20-(-0.7)}{20-(-9.9)} = 22071.9\text{GJ}$$

该商业综合体供暖期耗热量为：

$$Q^a = Q_h^a + Q_v^a + Q_a^a = 15940.8 + 8156.2 + 22071.9 = 46168.9\text{GJ}$$

【例 2】 某住宅小区热力管网有 4 个热用户，管网在正常工况时的水压图和各热用户的水流量见右图，如果关闭热用户 2、3、4，热用户 1 的水力失调度应是下列选项的哪一个？（假设循环水泵扬程不变）(2014-4-5)

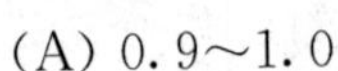

(A) 0.9～1.0
(B) 1.1～1.2
(C) 1.3～1.4
(D) 1.5～1.6

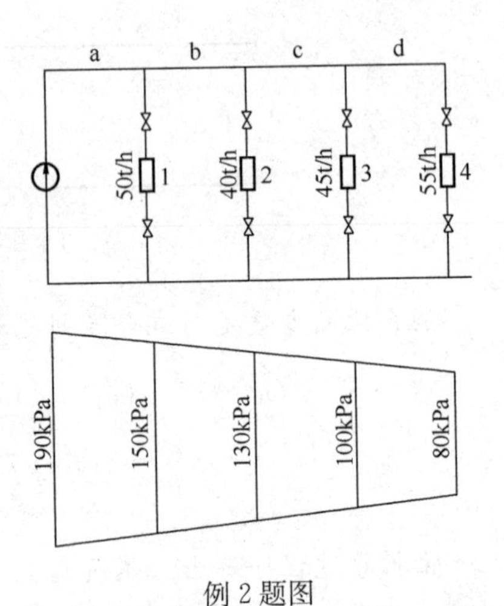

例 2 题图

【答案】 B

【主要解题过程】 由题意，用户 1 设计流量为 50t/h。关闭用户 2、3、4 后系统为用户 1 与干管 a 组成的系统。分别计算用户 1 和干管 a 阻抗：

$$S_1 = \frac{150}{50^2} = 0.06\text{kPa}/(\text{m}^3 \cdot \text{h})^2$$

$$S_a = \frac{190-150}{(50+40+45+55)^2} = 0.001\text{kPa}/(\text{m}^3 \cdot \text{h})^2$$

$$S' = S_1 + S_a = 0.06 + 0.001 = 0.061\text{kPa}/(\text{m}^3 \cdot \text{h})^2$$

循环水泵扬程不变，可计算关闭用户 2、3、4 后系统流量，即用

笔记区

户1流量为：

$$G'_1=\sqrt{\frac{P}{S'}}=\sqrt{\frac{190}{0.061}}=55.8\text{m}^3/\text{h}$$

用户1水力失调度为：

$$x=\frac{G'_1}{G_1}=\frac{55.8}{50}=1.116$$

四、专题实训（推荐答题时间40分钟）

请将求解答案写于下表中，案例题在题目中书写解题过程

（单选题1分，多选题2分，案例题2分，合计16分）

单选题	1	2			得分
多选题	1	2	3	4	
案例题	1	2	3		

（一）单选题（每题1分，共2分）

1.【单选】在进行集中热水供热管网水力设计计算时，正确的做法是哪一项？

(A) 当热力网采用集中“质—量”调节时，计算供暖期热水设计流量，应采用各种热负荷在不同室外温度下的热力网流量曲线叠加得出的最大流量值作为设计流量

(B) 热水热力网供水管道任何一点的压力不应低于供热介质的汽化压力

(C) 开式热水热力网非供暖期运行时，回水压力不应低于直接配水用户热水供应系统的静水压力

(D) 当供热系统多热源联网运行时，全系统的定压补水可在各个热源处分别设置多点定压及补水

2.【单选】下列关于散热器的性能，正确的是哪一项？

(A) 散热器散热量与散热器的流量有关，供回水温差越小，两者的关系曲线越接近线性

(B) 当流量变化相同数值时，设计供回水温差越大，流量的变化对散热器热量影响越小

(C) 散热器流量的增加与流量的减少对散热器散热量影响相同

(D) 散热器的传热性能与散热器本身制造情况和散热器的使用情况有关

笔记区

（二）多选题（每题2分，共8分）

1.【多选】下列有关热水供热管网水力计算的说法，正确的是哪几项？

（A）室外热水供热管网流体的流动处于阻力平方区

（B）室外热水供热管网的局部阻力损失通常采用当量长度法进行计算

（C）主干线各管段比摩阻是根据经济比摩阻范围来确定的

（D）分支管段的比摩阻是根据各分支管段起点和终点间的压力降来确定的

2.【多选】下列有关热水供热管网压力工况的说法，错误的是哪几项？

（A）供热管网的设计压力不应低于各种运行工况的最高压力与地形高差形成的静水压力之和

（B）热水热力网的回水压力不应超过直接连接用户系统的允许压力

（C）热水热力网回水管任何一点的回水压力不应低于50kPa

（D）热水热力网的静压力不应使热力网任何一点的水汽化

3.【多选】下列有关提高热网稳定性的做法中，合理的是哪几项？

（A）适当增大网路干管的管径，在进行网路水力计算时，选用较小的比摩阻

（B）适当增大靠近热源的网路干管的直径，对提高网路的水力稳定性效果更为显著

（C）用户系统水力计算时，选用较大的比摩阻

（D）用户系统水力计算时，还可以采用水喷射器、调压装置等措施

4.【多选】在小区集中供热系统中，相对于蒸汽热媒，采用水作为热媒时，其优点叙述正确的是下列哪几项？

（A）通过质—量调节，既能减少热网热损失，又能较好地满足变化工况的要求

（B）消耗电能少

（C）在水力工况和热力工况短时间失调时，不会引起供暖状况的很大波动

（D）在散热器或热交换器中，温度和传热系数高，可以减少设备面积，降低设备费用

(三)案例题(每题2分,共6分)

笔记区

1.【案例】设计工况下,某街区热水供热管网在连接某热用户的分支点处供水压力为220kPa,回水压力为50kPa,户内系统阻力损失为15 kPa,分支管路长度为500m,则该分支管路最大允许比摩阻是多少?

(A) 59.6Pa/m　　(B) 119Pa/m

(C) 155Pa/m　　(D) 238Pa/m

答案:[　　]

主要解题过程:

2.【案例】某供热管网与热用户之间采用混水装置连接,如右图所示,热用户设计供/回水温度为75℃/50℃,热网供/回水温度为130℃/70℃,若热用户的设计热负荷为340kW,则混水装置的流量应下列何项?[水的比热容为4.187 kJ/(kg·K)]

(A) 1.48kg/s

(B) 2.23kg/s

(C) 2.98kg/s

(D) 7.15kg/s

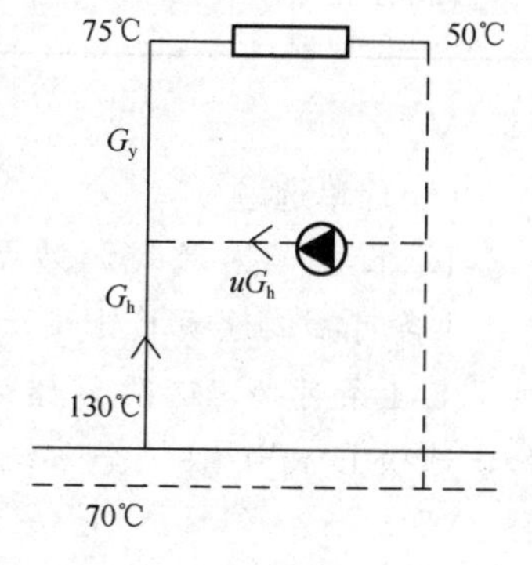

第2题图

答案:[　　]

主要解题过程:

3.【案例】北京市某单层工业厂房,建筑面积1000m²,高8m,采用单层玻璃窗;围护结构耗热量为60kW,由工艺生产热源提供,供暖室内计算温度为12℃;其建筑外围体积为8000m³,通风体积热指标取5W/m³(不包含冷风渗透耗热量),则其通风设计热负荷应为多少?

(A) 603kW　　(B) 624kW

(C) 645kW　　(D) 684kW

答案:[　　]

笔记区

主要解题过程：

五、专题实训参考答案及题目详解

参考答案

（单选每题1分，多选每题2分，案例每题2分，合计16分）

单选题	1	2		
	A	D		
多选题	1	2	3	4
	ABCD	AD	ABCD	AC
案例题	1	2	3	
	B	B	C	

题目详解

（一）单选题

1. 根据《热网规》第7.1.4.3条可知，选项A正确；由第7.4.1条可知，选项B错误，“并应留有30～50kPa的富裕压力”；由第7.4.4条可知，选项C错误，“再加上50kPa”；由第7.4.6条可知，选项D错误，“全系统应仅有一个定压点起作用，但可多点补水。”

2. 根据《复习教材》P142-P143可知，选项ABC错，选项D正确。

（二）多选题

1. 根据《复习教材》P128可知，选项AB均正确；由P129可知，选项CD正确。

2. 根据《热网规》第7.4.11条可知，选项A错误，还应计算事故工况分析和动态水力分析要求的安全裕量；由第7.4.2条可知，选项BC正确；由第7.4.3条可知，选项D错误。

3. 根据《复习教材》P139可知，选项ABCD均正确。

4. 根据《复习教材》P126可知，选项AC正确，选项BD错误，BD属于蒸汽热媒的优点，选AC。

（三）案例题

1. 分支点处，主干线所提供的作用压力水头为 $\Delta P_z = 220 - 50 = 170\text{kPa}$。

笔记区

根据《复习教材》P129，$R_{max}=\dfrac{\Delta Pz-\Delta PY}{2l(1+\alpha)}=\dfrac{170-15}{2l(1+\alpha)}=$ 119Pa/m。

2. 供暖用户设计流量 $G_y=\dfrac{Q}{c_p(\theta_1-\theta_2)}=\dfrac{340}{4.187\times(75-50)}=$ 3.25kg/s。

混水装置设计混合比 $\mu=\dfrac{t_g-\theta_1}{\theta_1-\theta_2}=\dfrac{130-75}{75-50}=2.2$

根据《复习教材》P135，有：

$$G'_h=\mu G_h$$

$$G_y=G_h+G'_h=\frac{1}{\mu}G'_h+G'_h=\left(\frac{1}{\mu}+1\right)G'_h$$

混水装置设计流量 $G'_h=\dfrac{G_y}{\left(1+\dfrac{1}{\mu}\right)}=\dfrac{3.25}{1+\dfrac{1}{2.2}}=2.23\text{kg/s}$。

3. 根据《民规》附录A查得，北京地区冬季室外通风计算温度为−3.6℃，根据《复习教材》式（1.10-3）可知：

$$\begin{aligned}Q_1&=q_t V_w(t_n-t'_{wt})\times10^{-3}\\&=5\times1000\times8\times[12-(-3.6)]=624\text{kW}\end{aligned}$$

根据《复习教材》P22可知：

冷风渗透耗热量 $Q_2=35\%\times60=21\text{kW}$。

总通风设计热负荷 $Q=Q_1+Q_2=624+21=645\text{kW}$。

笔记区

实训 1.10 水力工况、压力工况分析

一、专题提要

1.《复习教材》第 1.10 节

2. 热水网路的水压图分析

二、备考常见问题

问题 1： 关于水压图的几个基本概念。

解答： 水压图本质是对各种压力概念的认识。

(1) 绝对压强（P_{abs}）：将一个容器中的气体完全抽空，该容器中压强就为绝对零点，从绝对零点算起的压强称为绝对压强。

(2) 相对压强（P）：以当地大气压为零点算起的压强值称为相对压强，又称表压。一般来说压力表中的读数都为相对压强。绝对压强和相对压强相差一个当地大气压（P_a）。两者关系式如下：$P = P_{abs} - P_a$。

(3) 真空度（P_v）：当流体中某点的绝对压强小于大气压强 P_a 时，则该点为真空度，其相对压强必为负值。当绝对压强为零时，称为绝对真空。两者关系如下：$P_v = P_a - P_{abs}$

(4) 位压：单位重量液体相对于某一基准面的位置势能，这个位置势能对应的压力即为位压，当前液面距离基准面的高差也称为位置水头。

(5) 静压（P_j）：满液流中，流体对管道侧壁的作用压力，即为静压。

(6) 动压（P_d）：液体在管道内促使流体按速度 v 流动的压力，动压大小为 $P_d = \frac{1}{2}\rho v^2$。动压仅取决于流速，同样的流量，不同管径下流速不同，它们之间的动压也不同。

(7) 全压：静压与动压的和。水力计算时，因液体密度较大，静压远大于动压，因此对于液体的全压常忽略动压影响。但气体密度较小，动压在全压中占比较大，因此气体的全压必须分别计算静压和动压并求和。

(8) 总压：全压与位压的总和。管道系统各点高度位置不同，位压与全压随着流动而不断转换，但总压保持不变。在流体流动过程中会受到沿程阻力和局部阻力影响降低，消耗的总压大小。

三、案例真题参考

【例 1】 某热水供热系统（上供下回）设计供/回水温度 110℃/70℃，为 5 个用户供暖（见下表），用户采用散热器承压 0.6MPa。

笔记区

试问设计选用的系统定压方式（留出了3m水柱余量）及用户与外网连接方式，正确的应是下列何项？（汽化表压取42kPa，$1mH_2O=9.8kPa$，膨胀水箱架设高度小于1m）（2014-4-6）

(A) 在用户1屋面设置膨胀水箱，各用户与热网直接连接

(B) 在用户2屋面设置膨胀水箱，用户1与外网分层连接，高区28～48m间接连接，低区1～27m直接连接，其余用户与热网直接连接

(C) 取定压点压力56m，各用户与热网直接连接，用户4散热器选用承压0.8 MPa

(D) 取定压点压力35m，用户1与外网分层连接，高区23～48m间接连接，低区1～23m直接连接，其余用户与热网直接连接

用户	1	2	3	4	5
用户底层地面标高(m)	+5	+3	−2	−5	0
用户楼高(m)	48	24	15	15	24

注：以热网循环水泵中心高度为基准

【主要解题过程】 选项A：定压需满足用户1不汽化、有富裕的要求，静水压线高度 $H_j=48+3+\frac{42}{9.8}+3=58.3m$。

验算底层最低的用户4底层散热器承压 $P=\frac{(58.3+5)\times 9.8}{1000}=0.620MPa$。

此时用户4底层超压，选项A不合理。

选项B：定压需满足用户2不汽化、有富裕的要求，静水压线高度 $H_j=24+3+\frac{42}{9.8}+3=34.3m$。

验算底层最低的用户4底层散热器承压 $P=\frac{(34.3+5)\times 9.8}{1000}=0.385MPa$。

此时用户4底层不超压。

验算用户1低区直连顶层剩余压力 $P_1=(34.3—28)\times 9.8=61.74kPa<(42+3\times 9.8)kPa=71.4kPa$。

用户1直连部分不满足有富裕要求，因此选项B不合理

选项C：最高点用户剩余压力 $P_1=[56-(48+5)]\times 9.8=3kPa<(42+3\times 9.8)kPa$。

此时用户1顶层不满足不汽化、有富裕的要求，选项C不合理。

选项D：验算底层最低的用户4底层散热器承压 $P=\frac{(35+5)\times 9.8}{1000}=0.392MPa$。

笔记区

此时用户 4 底层不超压。

验算用户 1 低区直连顶层剩余压力 $P_1=(35-23)\times9.8=117.6\text{kPa}>(42+3\times9.8)\text{kPa}=71.4\text{kPa}$。

用户 1 直连部分满足不汽化有富裕要求，因此选项 D 合理。

四、专题实训（推荐答题时间 30 分钟）

请将求解答案写于下表中，案例题在题目中书写解题过程
（单选题 1 分，多选题 2 分，案例题 2 分，合计 15 分）

单选题	1	2	3		得分
多选题	1	2			
案例题	1	2	3	4	

（一）单选题（每题 1 分，共 3 分）

1.【单选】提高热水网络水力稳定性的主要方法，应选择下列哪一项？

（A）网络水力计算时选用较小的比摩阻值，用户水力选用较大的比摩阻值

（B）网络水力计算时选用较大的比摩阻值，用户水力选用较小的比摩阻值

（C）网络水力计算时选用较大的比摩阻值

（D）用户水力选用较小的比摩阻值

2.【单选】某热网供/回水温度为 90℃/70℃，静水高度为 30m，已知一用户建筑高度为 23m，底层地形高度为 2m，供/回水压力为 45m/35m，若用户内采用地板辐射供暖系统，要求工作压力不超过 0.6MPa，则下列用户与热网的连接方式中，不合适的是哪一项？

（A）无混合装置的直接连接

（B）装混合水泵的直接连接

（C）装喷水器的直接连接

（D）间接连接

3.【单选】某厂区供热系统为 4 栋楼供暖（见下图），热网热媒为 110℃/70℃的热水。若用户 1、2 采用低温水供暖，用户 3、4 设计供/回水温度为 110℃/70℃，户内散热器承压值为 0.4MPa，用户 1、2、3、4 的楼高分别为 22m、37m、11m 和 19m，则静水压线为以下何值较为合理？（预留 $3\text{mH}_2\text{O}$ 的余量）

笔记区

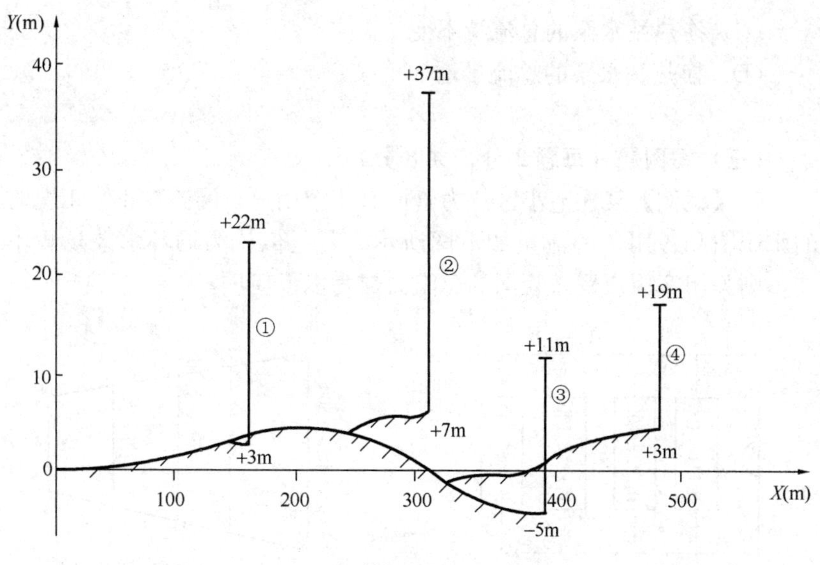

第3题图

(A) $40mH_2O$　　(B) $37mH_2O$

(C) $27mH_2O$　　(D) $25mH_2O$

(二) 多选题 (每题2分, 共4分)

1.【多选】某6层建筑采用垂直单管散热器供暖系统，运行中发现，立管处于超流量运行状态，则对各层用户室温变化的说法不正确的是哪几项?

(A) 六层室温和一层的室温相同

(B) 六层室温比一层的室温高

(C) 六层室温比一层的室温低

(D) 无法确定

2.【多选】某小区换热站共有5个用户均采用直接连接方式并接入小区热网 (见下图)，其中用户1最先接入热网，用户5为最不利环路接入热网。若运行时关小用户3供水干管阀门，假设系统循环水泵扬程不变，则下列分析错误的是哪几项?

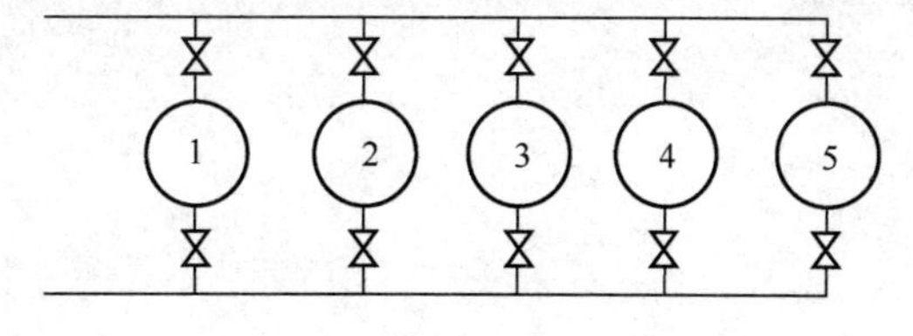

第2题图

(A) 用户1，2的流量增加，并呈一致等比失调

(B) 用户4，5的流量增加，并呈一致等比失调

笔记区

(C) 换热站水泵的总流量不变

(D) 换热站水泵的总流量增加

(三) 案例题(每题2分,共8分)

1.【案例】某住宅小区热力管网有4个用户,网路在正常工况时的水压图和各用户的流量如下图所示。若近似认为循环水泵扬程不变,则关闭2用户后,管网的总阻力数为以下何项?

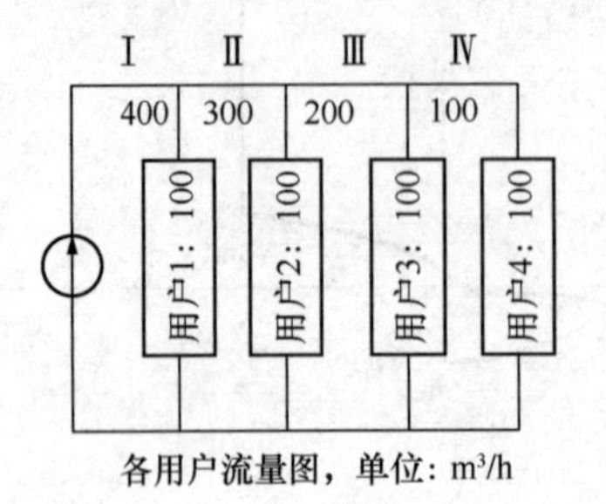

各用户流量图,单位: m^3/h

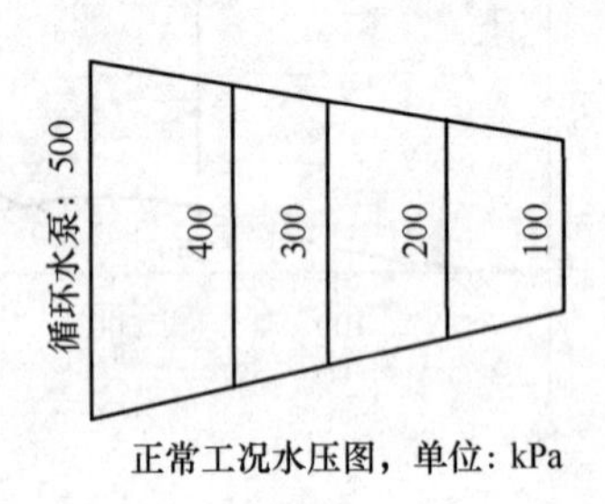

正常工况水压图,单位: kPa

第1题图

(A) $2.94Pa/(m^3 \cdot h)^2$ (B) $3.52Pa/(m^3 \cdot h)^2$

(C) $4.64Pa/(m^3 \cdot h)^2$ (D) $5.43Pa/(m^3 \cdot h)^2$

答案:[ ]

主要解题过程:

2.【案例】接上题,在关闭用户2后,用户3和用户4的水力失调度是多少?

(A) 1.06~1.10 (B) 1.11~1.15

(C) 0.91~0.94 (D) 0.87~0.90

答案:[ ]

主要解题过程:

3.【案例】接上题,关闭用户2后,计算用户1、3、4的流量各为多少?

(A) 用户1: $96m^3/h$,用户3/4: $116m^3/h$

笔记区

(B) 用户 1：100m³/h，用户 3/4：114m³/h

(C) 用户 1：104m³/h，用户 3/4：112m³/h

(D) 用户 1：112m³/h，用户 3/4：108m³/h

答案：[　　]

主要解题过程：

4.【案例】接上题，计算用户 1 与用户 3 的水力稳定性分别为多少？

(A) 用户 1 的水力稳定性为 0.45，用户 3 的水力稳定性为 0.78

(B) 用户 1 的水力稳定性为 0.89，用户 3 的水力稳定性为 0.63

(C) 用户 1 的水力稳定性为 0.93，用户 3 的水力稳定性为 0.75

(D) 用户 1、用户 3 的水力稳定性均为 0.45

答案：[　　]

主要解题过程：

五、专题实训参考答案及题目详解

参考答案

(单选每题 1 分，多选每题 2 分，案例每题 2 分，合计 15 分)

单选题	1	2	3	
	A	A	C	
多选题	1	2		
	ABD	ABD		
案例题	1	2	3	4
	C	B	C	B

题目详解

(一) 单选题

1. 根据《复习教材》P139 可知，选项 BCD 错误，选项 A 正确。

2. 地板辐射供暖系统，要求供水温度不应大于 60℃，而热网供水温度为 90℃，因此需要降温后供给用户，选项 A 不合适；选项 BCD 的连接方式均可满足供水温度要求。

笔记区

说明：本题条件较多，未仔细审题可能会根据条件，从不超压、不倒空、不汽化的基本要求去进行核算验证，直连能满足要求，故得出不宜间接连接的错误结论，但如果能抓住"地板辐射系统"这个关键词，知道有供水温度限制要求的话，很容通过排除法得出正确答案。

3. 用户1、2为低温热水供暖，可采用混水泵连接或间接连接，不考虑汽化压力。用户3、4供水温度110℃，汽化压力42kPa。分别求解用户1、2、3、4采用直接连接时（假定用户1、2为混水泵连接）各楼顶层应保证的最小静水压力。$H_1=22+3=25$m，$H_2=37+3=40$m，$H_3=11+42/9.8+3=18.3$m，$H_4=19+42/9.8+3=26.3$m。其中用户2顶层所需最小静水压力最大，假设以H_2为静水压线，则各建筑底层标高最低的用户3底层散热器承压为：$P_3=(40+5)\times9.8=0.44$MPa>0.4MPa，底层超压。

因此，用户2应间接连接。

用户4顶层所需最小静水压力为其他用户间最大值，假定以H_4为静水压线，则用户3底层散热器压力为：$P_3=(26.3+5)\times9.8=0.31MPa<0.4$MPa，满足要求。

因此，用户2间接连接，静水压力线不低于26.3mH_2O的最小值最合理（案例题作答至此即可）。

验算选项B：静水压力37mH_2O时，用户3低层散热器压力为：$P_3=(37+5)\times9.8=0.4116MPa>0.4$MPa，底层超压。

因此，选项C为最合理答案。

（二）多选题

1. 根据《复习教材》P143可知，设计工况下，不同楼层房间散热器表面温度和传热系数不同，因为系统形式，顶层比底层温度供回水平均温度高，故其温差小，根据图1.10-9散热器散热性能曲线可知，选项C正确，选项ABD均错误。

说明：若考察关于质调节的知识点，应掌握供回水温度影响散热器的传热系数和单位面积的散热量。

2. 根据《复习教材》P141，注意选项A中1，2用户流量并不是一致等比失调，相关内容可参见《复习教材》P116。选项CD：关小用户3的阀门，系统的总阻抗是增加的，当水泵扬程不变时，对应管路的阻力不变，由$P=SG^2$可知，总流量下降，因此选项CD均错误。

（三）案例题

1. 管段表示说明：对于单独的某个管段，直接表示，如管段1、管段2、管段Ⅱ、管段Ⅳ。对于前后连续相接的管路，用起始管段与末尾管段表示，连续相连的始末管段间要包含期间全部的串并联管路，如管段2-3表示管段2、管段Ⅲ、管段3所组成的管段；管段

笔记区

Ⅲ-4表示管段Ⅲ、管段3管段Ⅳ管段4所组成的管段；但是当用户2不关闭时，管段Ⅱ、管段Ⅲ与管段3不能表示为管段Ⅱ-3，因为总体水路上还要包括管段2。

关闭用户2，管段Ⅲ-4的阻力数：$S_{Ⅲ\text{-}4}=\frac{\Delta P_{Ⅲ\text{-}4}}{Q_{Ⅲ\text{-}4}^2}=\frac{300\times10^3}{200^2}=7.5Pa/(m^3\cdot h)^2$。

管段Ⅱ-4阻力数：

$$S_{Ⅱ\text{-}4}=S_Ⅱ+S_{Ⅲ\text{-}4}=\frac{100\times10^3}{300^2}+7.5=8.61Pa/(m^3\cdot h)^2。$$

用户1的阻力数：$S_1=\frac{\Delta P_1}{Q_1^2}=\frac{400\times10^3}{100^2}=40Pa/(m^3\cdot h)^2$。

用户1与管段Ⅱ-4并联后：

$$S_{1\text{-}4}=\left(\frac{1}{\sqrt{S_1}}+\frac{1}{\sqrt{S_{Ⅱ\text{-}4}}}\right)^{-2}=4.02Pa/(m^3\cdot h)^2。$$

干管Ⅰ的阻力数：$S_Ⅰ=\frac{\Delta P_Ⅰ}{Q_Ⅰ^2}=\frac{100\times10^3}{400^2}=0.625Pa/(m^3\cdot h)^2$。

则总阻力数：$S=S_Ⅰ+S_{1\text{-}4}=4.02+0.625=4.645Pa/(m^3/h)^2$。

2. 关闭用户2后，用户3和用户4等比一致失调，则单用户3、4水力失调度与用户3、4共同的水力失调度均相等。

由于关闭前后水泵扬程不变，则关闭用户2后系统总流量$Q'=\sqrt{\frac{\Delta P}{S}}=\sqrt{\frac{500\times10^3}{4.64}}=328.27m^3/h$。

关闭用户2后，用户1与管段Ⅱ—4并联，因此有：

$$\frac{Q'_{Ⅱ\text{-}4}}{Q'_1}=\frac{\frac{1}{\sqrt{S_{Ⅱ\text{-}4}}}}{\frac{1}{\sqrt{S_1}}}=\frac{\frac{1}{\sqrt{8.61}}}{\frac{1}{\sqrt{40}}}=2.155$$

又由

$$Q'=Q'_1+Q'_{Ⅱ\text{-}4}=328.27m^3/h$$

联立后，得：

$$\begin{cases}\frac{Q'_{Ⅱ\text{-}4}}{Q'_1}=2.155\\ Q'_1+Q'_{Ⅱ\text{-}4}=328.27m^3/h\end{cases}$$

解得，$Q'_{Ⅱ\text{-}4}=224.3m^3/h$。

因此水力失调度为：$x=\frac{Q'_{Ⅱ\text{-}4}}{Q_{Ⅱ\text{-}4}}=\frac{224.3}{200}=1.12$。

3. 根据上题计算，已知用户3和用户4的水力失调度为1.12，因此两个户用的流量为：$Q'_3=Q'_4=100\times1.12=112m^3/h$。

用户1的流量为：$Q'_1=Q'-Q'_3-Q'_4=328.09-112-112=104.09m^3/h$。

笔记区

4. 设计工况下，用户1的作用压力为：$\Delta P_{y,1}=400\text{kPa}$。

连接用户1的网路干管的损失为：$\Delta P_{w,1}=500-400=100\text{kPa}$。

用户1的水力稳定性为：

$$y_1=\frac{V_g}{V_{max}}=\sqrt{\frac{\Delta P_{y,1}}{\Delta P_{w,1}+\Delta P_{y,1}}}=\sqrt{\frac{400}{100+400}}=0.89$$

设计工况下，用户3的作用压力为：$\Delta P_{y,3}=200\text{kPa}$。

连接用户3的网路干管的损失为：$\Delta P_{w,3}=500-200=300\text{kPa}$。

用户3的水力稳定性为：

$$y_3=\frac{V_g}{V_{max}}=\sqrt{\frac{\Delta P_{y,1}}{\Delta P_{w,1}+\Delta P_{y,1}}}=\sqrt{\frac{200}{200+300}}=0.632$$

因此用户1的水力稳定性为0.89，用户3的水力稳定性为0.632。

笔记区

实训1.11 锅 炉 房

一、专题提要

1.《复习教材》第1.11节

2. 锅炉房方案布置

3. 锅炉基本特性

4. 锅炉房相关设备选择

二、备考常见问题

问题1：《复习教材》关于锅炉引风机的标准状态是 $B=101.3$kPa，温度为200℃，这与《锅炉大气污染物排放标准》GB 13271—2014中术语的标注状态规定不同，如何理解？

解答：《锅炉大气污染物排放标准》GB 13271—2014中的标准状态是用来计算排放量时规定的标准，题干中所求的锅炉引风机的标准状态下的排烟量。

三、案例真题参考

【例1】 严寒地区某住宅小区的冬季供暖用热水锅炉房，容量为280MW，刚好满足400×104（m^2）既有住宅的供暖。因对既有住宅进行了围护结构节能改造，改造后该锅炉房又多担负了新建住宅270×104（m^2），且能满足设计要求。请问既有住宅的供暖热指标和改造后既有住宅的供暖热指标分别应接近下列选项的哪一个？（锅炉房自用负荷可忽略不计，管网散热损失为供热量的2%；新建住宅供暖热指标35W/m^2）（2014-4-4）

（A）70.0W/m^2 和46.3W/m^2　（B）70.0W/m^2 和45.0W/m^2

（C）68.6W/m^2 和46.3W/m^2　（D）68.6W/m^2 和45.0W/m^2

【答案】 D

【主要解题过程】 设未改造前供暖热指标为 A，改造后热指标为 B，则有：

$$400\times10^4A=\frac{280\times10^6}{1+2\%}$$

$$35\times270\times10^4+400\times10^4B=\frac{280\times10^6}{1+2\%}$$

可解得，$A=68.6\text{W/m}^2$，$B=45\text{W/m}^2$。

【例2】 某项目需设计一台热水锅炉，供/回水温度为95℃/70℃，循环水量为48t/h，设锅炉热效率为90%，分别计算锅炉采用重油的燃料消耗量（kg/h）及采用天然气的燃料消耗量（Nm^3/h）。正确的

笔记区

答案应是下列哪一项？（水的比热容取 4.18kJ/kg、重油的低位热值为 40600kJ/kg、天然气的低位热值为 35000kJ/Nm^3）（2014-3-05）

(A) 135～140，155～160　(B) 126～134，146～154

(C) 120～125，140～145　(D) 110～119，130～139

【答案】A

【主要解题过程】由题意可计算锅炉所需燃料发热量为：

$$Q=\frac{G\cdot c_p\cdot \Delta t}{\eta}=\frac{\left(48\times\frac{1000}{3600}\right)\times 4.18\times(95-70)}{90\%}=1548\text{kJ}$$

若采用重油，所需重油耗量为：

$$M_1=\frac{Q}{q_1}=\frac{1548}{40600}\times 3600=137.3\text{kg/h}$$

若采用天然气，所需天然气耗量为：

$$M_2=\frac{Q}{q_2}=\frac{1548}{35000}\times 3600=159.2\text{Nm}^3/\text{h}$$

四、专题实训（推荐答题时间 60 分钟）

请将求解答案写于下表中，案例题在题目中书写解题过程

（单选题 1 分，多选题 2 分，案例题 2 分，合计 23 分）

单选题	1	2	3	4	5	得分
多选题	1	2	3	4	5	
案例题	1	2	3	4		

（一）单选题（每题 1 分，共 5 分）

1.【单选】下列哪一项不属于燃气锅炉的节能措施？

(A) 采用比例控制的燃烧器　(B) 采用间接式热回收装置

(C) 提高运行控制水平　(D) 定期手动排污

2.【单选】下列关于燃气锅炉的说法，正确的是哪一项？

(A) 燃气锅炉的炉膛和烟道上防爆门面积不小于 0.025m^2/m^2

(B) 燃气调压装置应设置在有围护的露天场地或独立的建（构）筑物内。

(C) 燃气锅炉燃烧工况的好坏，主要取决于燃烧器对燃气的合理配风

(D) 装机总容量 10MW 的燃气锅炉房，烟囱的最低高度是 40m

3.【单选】燃气锅炉房燃气系统的设计，下列做法错误的是哪

笔记区

一项?

(A) 锅炉房外部引入的燃气总管上的总切断阀前应装放散管

(B) 燃气管道宜地下敷设

(C) 放散管排出口应高出锅炉房屋脊 2m 以上

(D) 吹扫气体可采用惰性气体

4. 【单选】锅炉房的供油管道采用双母管时,每一母管的流量宜按下列哪个原则确定?

(A) 锅炉房最大耗油量的 50%

(B) 锅炉房最大耗油量的 75%

(C) 锅炉房最大耗油量和回油量的 50%

(D) 锅炉房最大耗油量和回油量的 75%

5. 【单选】燃气锅炉房的火灾危险性类别属于下列哪一项?

(A) 甲类生产厂房 (B) 乙类生产厂房

(C) 丙类生产厂房 (D) 丁类生产厂房

(二) 多选题 (每题 2 分,共 10 分)

1. 【多选】下列关于锅炉房各指标的名称含义描述正确的是哪些?

(A) 每平方米受热面每小时所产生的散热量称为锅炉受热面的蒸发率

(B) 锅炉的受热面蒸发率越高,表示传热好,锅炉所耗金属量少,锅炉结构紧凑

(C) 锅炉的热效率是一个真实说明锅炉运行热经济性的指标

(D) 金属耗率是指相应于锅炉每吨蒸发量所耗用的金属材料的重量

2. 【多选】某居住小区所需供热量为 14MW,设置两台 10.5MW 的燃气锅炉,下列锅炉热效率不满足要求的是哪几项?

(A) 86% (B) 88%

(C) 90% (D) 92%

3. 【多选】某小区受市政条件影响,热源采用 1 台 3MW 的燃油热水锅炉供应生活热水,关于其设备的相关说法正确的是哪几项?

(A) 采用的锅炉具有全自动控制系统,配有多项安全保护装置

(B) 设备运行采用低过量空气运行

(C) 锅炉房烟囱高度不应低于 30m,且高出周围 200m 范围内最高建筑 3m 以上

笔记区

(D) 锅炉房内设储油间，储油间内设置不超过锅炉房1天计算耗油量的轻柴油油箱

4.【多选】下列关于燃气锅炉房风烟道设计的说法，错误的是哪几项?

(A) 燃气锅炉的烟道和烟囱应采用钢制或混凝土构筑

(B) 烟道内表面的温度宜高于空气露点15℃

(C) 负压燃烧的燃气锅炉，应保证炉膛出口处有10～40Pa的正压

(D) 水平烟道在敷设时宜有1%坡向锅炉或排水点的坡度

5.【多选】某住宅小区采用燃气锅炉房供热，锅炉房进行自动检测与控制，下列哪几项是具体的监控内容?

(A) 实时监测　(B) 自动控制

(C) 按需供热　(D) 健全档案

(三) 案例题 (每题2分，共8分)

1.【案例】某居住小区的热源为燃煤锅炉，小区供暖热负荷为10MW，冬季生活热水的最大小时耗热量为4MW，夏季生活热水的最小小时耗热量为2.5MW，室外供热管网的输送效率为0.92，不计锅炉房自用热。锅炉房的总设计容量以及最小锅炉容量的设计最大值应为下列哪项?(生活热水的同时使用率为0.8)

(A) 总设计容量为11～13MW，最小锅炉容量的设计最大值为5MW

(B) 总设计容量为11～13MW，最小锅炉容量的设计最大值为8MW

(C) 总设计容量为13.1～14.5MW，最小锅炉容量的设计最大值为5MW

(D) 总设计容量为13.1～14.5MW，最小锅炉容量的设计最大值为8MW

答案:[　　]

主要解题过程:

笔记区

2. **【案例】**石家庄市某区域锅炉房采用大型燃煤蒸汽锅炉，燃烧方式为层状燃烧，已知该蒸汽锅炉额定蒸发量为20t/h，求标准状态下锅炉引风机的实际排烟量是多少？

(A) $44200m^3/h$　　(B) $49200m^3/h$

(C) $56000m^3/h$　　(D) $78720m^3/h$

答案：[　　]

主要解题过程：

3. 沈阳某节能住宅小区供暖建筑面积为30万m^2，供暖面积热指标为$40W/m^2$（已包含热网输送效率），利用燃气锅炉满足小区供暖，关于锅炉台数和容量的设计，最合理的是下列哪一项？

(A) 设置3台4.2MW燃气锅炉

(B) 设置1台2.8MW燃气锅炉和1台10.5MW燃气锅炉

(C) 设置2台5.6MW燃气锅炉

(D) 设置2台7MW燃气锅炉

答案：[　　]

主要解题过程：

4. 某锅炉房有1台WNS14-1.0/115/70-Y型热水锅炉，运行时测得锅炉水流量为260t/h，锅炉出口水温为110℃，进口水温为70℃，4h的耗油量为5840kg，燃料的低位发热量为40600kJ/kg，则锅炉的运行效率为多少？

(A) 70%～71%　　(B) 73%～74%

(C) 80%～81%　　(D) 85%～86%

答案：[　　]

主要解题过程：

笔记区

五、专题实训参考答案及题目详解

参考答案

（单选每题 1 分，多选每题 2 分，案例每题 2 分，合计 23 分）

单选题	1	2	3	4	5
	D	C	B	D	D
多选题	1	2	3	4	5
	BCD	ABC	AB	BC	ABCD
案例题	1	2	3	4	
	C	C	A	B	

题目详解

（一）单选题

1. 根据《复习教材》P159～160 可知，选项 ABC 均为燃气锅炉节能措施；选 D 应该是“采用自动排污，尽量减少锅炉排污量，相应就减少了锅炉排污损失”。

定位依据：“燃气锅炉的节能措施”可定位到《复习教材》第 1.11.6 节标题。

2. 根据《复习教材》P155 第一行可知，选项 A 错误，防爆门面积的单位错误，应按房间体积核算，而非面积；根据 P155 上方“燃气调压装置”的内容可知，选项 B 错误，不应设在地下建（构）筑物，需要明确说明“地上独立的建、构筑物”；根据 P155“燃烧器”的内容可知，选项 C 正确；根据 P153 最后一段可知，选项 C 错误，燃油燃气锅炉房的烟囱高度需要根据环评报告确定，《复习教材》表 1.11-7 给出的是燃煤锅炉房，而非燃气。

3. 根据《复习教材》P159 第 2）条可知，选项 A 正确。锅炉房内燃气配管系统设计要求可知，选项 B 错误，宜架空敷设。由吹扫、放散管系统设计可知，选项 CD 正确。

4. 根据《锅炉规》第 13.2.1 条可知，当采用双母管时，每一根母管的流量宜按照锅炉房最大计算耗油量和回油量之和的 75%计算，选项 D 正确。

5. 根据《建规》第 3.1.1 条条文说明表 1 可知，锅炉房为丁类生产厂房，选项 D 正确。

（二）多选题

1. 根据《复习教材》P151 第二段可知，选项 A 错误；由 P152 页第四段、第五段可知，选项 BC 正确；由 P153 页第一段可知，选项 D 正确。

定位依据：各选项均为一些锅炉指标的定义，直接定位到《复习教材》第 1.11.2 条锅炉的基本特性。

笔记区

2. 根据《严寒和寒冷地区居住建筑节能设计标准》JGJ 26—2018 第 5.2.1 条表 5.2.1-1 可知，燃气锅炉热效率不应低于 90%。

3. 根据《复习教材》P155 第 9 行可知，选项 AB 正确。P153 最后一段指出锅炉烟囱高度需要参考《锅炉大气污染物排放标准》GB 13271—2014，其中选项 C 的内容与表 1.11-7 关于燃煤锅炉房烟囱高度一致，但 GB 13271—2014 第 4.5 条提出燃油燃气锅炉烟囱不低于 8m，具体高度按环评文件确定，因此选项 C，错误。根据《锅炉规》第 6.1.7 条，燃油锅炉房室内油箱，轻柴油不应超过 $1m^3$，因此选项 D 错误。对于锅炉房内设储油间的具体规定需参考《建筑防火设计规范》第 5.4.12-4 条。

定位依据：题设“燃油热水锅炉”定位到《复习教材》P155“燃油热水锅炉房”，可确定 AB 两个选项。

4. 根据《复习教材》P158“风烟道及烟囱设计”第 1 条可知，选项 A 正确；根据第 5 条可知，选项 B 正确错误，宜高出烟气露点 15℃；根据“烟囱设计原则”的第 1 条可知，选项 C 错误，需要保证有 20～40Pa 的负压；根据“风烟道设计原则”的第 2 条可知，选项 D 正确

5. 根据《严寒和寒冷地区居住建筑节能设计标准》JGJ 26—2018 第 5.2.12 条及其条文说明可知，选项 ABCD 均正确。

（三）案例题

1. 根据《复习教材》式（1.11-4），得：

$$Q = K_0(K_1Q_1 + K_2Q_2 + K_3Q_3 + K_4Q_4)$$
$$= (10 + 4 \times 0.8)/0.92$$
$$= 14.35\text{MW}$$

根据《民规》第 8.11.8-2 条，单台锅炉的设计容量实际运行负荷率不宜低于 50%。夏季锅炉需要提供的最小供热量为仅生活热水供热，即 2.5MW，则最小锅炉负荷设计容量最大值：$Q = \dfrac{2.5}{0.92 \times 50\%} = 5.44\text{MW}$

2. 根据《复习教材》表 1.11-10，层状燃烧排烟温度为 200℃时，过生空气系数按 1.6 考虑时排烟量为 $2460m^3/h \cdot t$，因此理论排烟量 $V_y^0 = \dfrac{2460 \times 20}{1.6} = 30750m^3/h$。

由题意，过剩空气系数为 1.8 时，实际排烟量 $V_y = 30750 \times 1.8 = 55350m^3/h$。

3. 沈阳属于严寒地区，由题意，锅炉设计容量 $Q = 30 \times 10^4 \times 40 = 12000000\text{W} = 12\text{MW}$。

笔记区

根据《民规》第 8.11.8 条，对于严寒地区，一台锅炉停供，剩余锅炉应保证 70%的供热量（寒冷地区应保证 65%），则 70%×12＝8.4MW。

因此，对于选项 BCD 的锅炉设置方案，均无法保证单台锅炉停供的供热量，只有选项 A 合理。

4. 根据《复习教材》P152 锅炉效率的定义：锅炉的热效率是指每小时送进锅炉的燃料（全部燃烧时）所能产生的热量中被用来产生蒸汽或加热水百分率，有：

$$\eta=\frac{Q_{gl}}{BQ_{dw}^{y}}=\frac{Gc\Delta t}{BQ_{dw}^{y}}=\frac{260000\times4.2\times(110-70)}{\frac{5840}{4}\times40600}=73.7\%$$

笔记区

通 风 实 训

实训 2.1 环境卫生标准与全面通风设计要求

一、专题提要

1.《复习教材》第 2.1 节

2. 室内室外环境标准

3. 全面通风的一般原则与气流组织

4. 事故通风要求

二、备考常见问题

问题 1:《复习教材》表 2.1-8 关于室内环境污染控制指标分为两类建筑，在考试时如何使用该表格?

解答: Ⅰ类民用建筑主要指住宅、医院、老年建筑、幼儿园、学校教室，其他即为Ⅱ类建筑。根据题目给出的建筑类型，确定选用的表格数据。

问题 2:《复习教材》表 2.1-1 对于环境空气污染物浓度限值区分了一级标准和二级标准，第 2.1.4 节关于排放标准中对于污染源分成了一类区、二类区和三类区，这两者是什么关系?

解答:《大气污染物综合排放标准》GB 16297—1996 是基于《环境空气质量标准》GB 3095—1996 编制的，将环境分为一类区、二类区、三类区。但现今考试用的为《环境空气质量标准》GB 3095—2012，此次升版将三类区并入二类区。因此目前考试只能查到一类区和二类区，对于《大气污染物综合排放标准》GB 16297—1996 也直接对应一类区和二类区，而对于三类区的数值已经没有用处了。

三、案例真题参考

【例 1】 某工厂焊接车间散发的有害物质主要为电焊烟尘，劳动者接触状况见下表。试问，此状况下该物质的时间加权平均允许浓度值和是否符合国家相关标准规定的判断，是下列何项?(2011-3-06)

接触时间 (h)	接触焊尘对应的浓度 (mg/m^3)
1.5	3.4
2.5	4
2.5	5
1.5	0 (等同不接触)

笔记区

（A）3.2mg/m³，未超标　（B）3.45mg/m³，未超标

（C）4.24mg/m³，超标　（D）4.42mg/m³，超标

【参考答案】 B

【主要解题过程】 根据《工业场所有害因素职业接触限值　第1部分：化学有害因素》GBZ 2.1—2019表4.2及附录A：

$$C_{\mathrm{TWA}}=\frac{1.5\times 3.4+2.5\times 4+2.5\times 5+1.5\times 0}{8}$$

$$=3.45\mathrm{mg/m^3}<4\mathrm{mg/m^3}$$

小于电焊尘允许浓度（4mg/m³），未超标，选B。

说明： 通过时间加权的方法计算有害物浓度，再查找相关有害物浓度限值，来判断是否超标。

【例2】 某工厂新建理化楼的化验室排放有害气体甲苯，排气筒的高度为12m，试问符合国家二级排放标准的最高允许排放速率接近下列何项？（2011-4-07）

（A）3.49kg/h　　（B）2.30kg/h

（C）1.98kg/h　　（D）0.99kg/h

【参考答案】 D

【主要解题过程】 由《大气污染物综合排放标准》GB 16297—1996表2-15查得新建污染源二级排放标准的15m甲苯排气筒限值为3.1kg/h。由该标准第7.4条可知，当排气筒高度低于15m时，计算结果再严格50%。可计算确定最高允许排放速率为：

$$Q=Q_{\mathrm{C}}\left(\frac{h}{h_{\mathrm{C}}}\right)^2\times 50\%=3.1\left(\frac{12}{15}\right)^2\times 50\%=0.99\mathrm{kg/h}$$

说明： 排气筒高度对应最高允许排放速率计算，注意相关修正内容。

四、专题实训（推荐答题时间40分钟）

请将求解答案写于下表中，案例题在题目中书写解题过程

（单选题1分，多选题2分，案例题2分，合计15分）

单选题	1	2	3	4	5	得分
多选题	1	2	3			
案例题	1	2				

（一）单选题（每题1分，共5分）

1.【单选】雾霾是雾和霾的混合物，其中雾是自然天气现象，主要是微小水滴或冰晶；霾的核心物质是悬浮在空气中的烟、灰尘等物

笔记区

质，对人体健康有伤害。空气环境品质受到人们普遍关注，根据《环境空气质量标准》GB 3095—2012，下列哪项环境空气污染物浓度不符合要求？

(A) 一般工业区总悬浮颗粒物 24h 平均值为 0.25mg/m³
(B) 居民区氮氧化物 1h 平均值为 0.2mg/m³
(C) 特定工业区铅年平均值 0.3μg/m³
(D) 风景名胜区苯并芘年平均值 0.002μg/m³

2.【单选】广州某锤锻车间，工人每日工作时间 6h，则 WBGT 值为下列哪一项？

(A) 26　　(B) 27
(C) 28　　(D) 29

3.【单选】2016 年 3 月，长春新建一个燃气锅炉房，下列污染物排放不符合国家标准的是哪一项？

(A) 颗粒物排放浓度为 15mg/m³
(B) 二氧化硫排放浓度为 100mg/m³
(C) 氮氧化物排放浓度为 150mg/m³
(D) 烟气黑度≤1 级

4.【单选】某工业园区拟新建一氯气生产车间，该车间设有局部排风系统用于控制氯气污染。根据相关规范要求，局部排风系统的排气筒高度最小是多少？

(A) 15m　　(B) 20m
(C) 25m　　(D) 30m

5.【单选】下列有关工业建筑事故通风设置原则的说法，错误的是哪一项？

(A) 事故排风的吸风口应设置在有毒气体或爆炸危险物质散发量可能最大或聚集最多的地点
(B) 事故排风的排风口不得朝向室外空气动力阴影区和正压区
(C) 事故通风可由经常使用的通风系统和事故通风系统共同保证
(D) 工艺设计无相关计算资料时，事故通风量应按实际体积不小于 $12h^{-1}$ 换气次数计算

(二) 多选题 (每题 2 分，共 6 分)

1.【多选】下列有关空气质量指数 (AQI) 的说法，正确的是哪几项？

笔记区

(A) 空气质量指数级别越大，说明污染越严重，对人体健康影响越明显
(B) 空气质量指数 150，表明空气质量中度污染
(C) 空气质量指数与空气污染指数相比，增加了对 PM2.5 的要求
(D) 空气质量指数的发布频率为 1h 一次

2.【多选】下列有关全面排风的说法，正确的是哪几项?
(A) 排除比室内空气重的有害气体，当建筑散发的显热全年均能形成稳定上升气流时，宜从房间上部区域设置排风
(B) 当人员活动区有害气体与空气混合后的浓度未超过卫生标准，且混合后气体的相对密度与空气接近时，可只设上部或下部区域排风
(C) 相对密度小于 0.75 的气体视为比空气轻，相对密度大于或等于 0.75 时，视为比空气重
(D) 距离地面 2m 以下的区域，规定为房间下部区域

3.【多选】为了防治噪声污染，国家制定了相关标准用于声环境质量评价与管理，下列各项相关概念说法正确的是哪几项?
(A) 在昼间时段内测得的最大声压级称为昼间等效声级
(B) 累计百分声级是用于评价测量时间段内噪声强度时间统计分布特征的指标
(C) L_{90}表示在测量的时间内有 90%的时间 A 声级超过的值，相当于噪声的平均峰值
(D) 以行政办公、科研设计、文化教育为主要功能的区域，其夜间环境噪声限值为 45dB（A）

（三）案例题（每题 2 分，共 4 分）

1.【案例】天津一生产车间，作业人员为 50 人，消除余热需要的全面通风量为 $3000m^3/h$，消除余湿所需的全面通风量为 $2500m^3/h$，根据要求，车间内每人所需的新风量为 $20m^3/h$，则该车间的计算全面通风量为多少?

(A) $3000m^3/h$　　(B) $4000m^3/h$
(C) $5500m^3/h$　　(D) $6500m^3/h$

答案：[　　]

主要解题过程：

笔记区

2.【案例】某生产车间拟采用全面通风系统排除有害气体，机械排风量为12kg/s，机械送风量为10kg/s，该车间围护结构的耗热量为300kW，工作区设备的散热量为40kW，其室外计算温度 t_w=5℃，室内设计温度 t_n=18℃，则该通风系统的设计送风温度为多少？（空气比热容为1.01kJ/kg）

(A) 43～45℃　　(B) 45.1～47℃

(C) 47.1～49℃　　(D) 49.1～51℃

答案：[　　]

主要解题过程：

五、专题实训参考答案及题目详解

参考答案

（单选每题1分，多选每题2分，案例每题2分，合计15分）

单选题	1	2	3	4	5
	D	D	B	C	D
多选题	1	2	3		
	AC	ABD	BD		
案例题	1	2			
	A	B			

题目详解

(一) 单选题

1. 由《复习教材》第2.1.1节最后一段可知，风景名胜区属于一类区，一般工业区、居民区、特定工业区属于二类区。根据《复习教材》表2.1-2查得选项D超标。注意：1mg=1000μg。

2. 锤锻车间为Ⅲ级劳动强度（见GBZ 2.2—2007表B.1），广州夏季室外通风设计温度31.8℃，工人接触时间率 $\eta=\frac{6}{8}\times100\%=75\%$。

由表8查得，WBGT值为28℃，增加1℃，29℃。

3. 根据《锅炉大气污染物排放标准》GB 13271—2014第4.3条表2，选项B不符合规定，二氧化硫排放浓度限值为50mg/m³。需要说明的是，表3针对的是重点地区，对于重点地区规范没有直接规定，如果考虑重点地区，题目需要直接指出。

4. 根据《大气污染物综合排放标准》GB 16297－1996表2，排

笔记区

放氯气的排气筒高度不得低于25m。

5. 由《工规》第6.4.4条可知，选项A正确；根据第6.4.5-4条，选项B正确；根据第6.4.2-3条，选项C正确；根据第6.4.3条，选项D错误，当房间高度大于6m时，不是按实际体积计算。

(二) 多选题

1. 根据《复习教材》表2.1-3下方文字可知，选项A正确，AQI共分一～六级，指数级别越大，表明污染越严重；由表2.1-5可知，AQI=150时为三级指数级别，轻度污染，选项B错误；由表2.1-3可知，选项C正确，API评价污染物包括SO_2，NO_2，PM10，PM2.5，O_3，CO，根据表2.1-3最后一列，API的发布为1h一次加日报，因此选项D错误，缺少日报频率要求。

2. 根据《复习教材》P173，选项AB正确，选项C错误；密度为0.75时视为比空气轻，选项D正确。

3. 根据《声环境质量标准》GB 3096—2008第3.3条，选项A错误，不是最大声压级，是等效连续A声级；根据第3.6条，选项B正确，选项C错误，L_{90}相当于平均本底值；根据第4条，该区域属于1类功能区，再根据第5.1条，选项D正确。

(三) 案例题

1. 根据《民规》第6.1.10条条文说明可知，选取消除余热及余湿所需通风量的最大值，即3000m³/h；作业人员所需新风量为$50\times20=1000\text{m}^3/\text{h}<3000\text{m}^3/\text{h}$。

2. 根据风量平衡可得自然通风量$G_{zj}=12-10=2\text{kg/s}$。

自然进风部分所需耗热量$Q_{zj}=c_pG_{zj}(t_n-t_w)=1.01\times2\times(18-5)=26.26\text{kW}$。

设备区的设备散热40kW，承担部分耗热，故通风耗热量$Q=Q_{zj}+Q_w-Q_n=300+26.26-40=286.26\text{kW}$。

通风设计送风温度$t_{jj}=\dfrac{Q}{c_p\times G_{jj}}+t_n=\dfrac{286.26}{1.01\times10}+18=46.34℃$。

笔记区

实训 2.2 全面通风量计算

一、专题提要

1.《复习教材》第 2.2 节

2. 全面通风量计算

3. 热风平衡计算

二、备考常见问题

问题 1:《复习教材》有关，热风平衡计算中，机械通风量是指机械进风量 G_{jj}，还是机械排风量 G_{jp}？

解答：机械通风量是个概念性的词，对于一个系统，可以同时存在机械进风和机械排风。一般的房间通风计算一般结合房间通风的目的，除有明确说明外，对于排热的房间，通风是指排风量。

问题 2:《工规》第 6.1.14 条条文说明中对苯的时间加权平均容许浓度取值是不是有误，按《工作场所有害因素职业接触限值 第 1 部分：化学有害因素》GBZ 2.1—2019 查出来是 6mg/m^3。醋酸乙酯是不是乙酸乙酯，GBZ 2.1—2019 中没有找到醋酸乙酯。

解答：《工规》条文说明中苯的取值不正确，应按 GBZ 2.1—2019 来中的 6mg/m^3 确定。乙酸乙酯的别称为醋酸乙酯，化学式为 $C_4H_8O_2$，GBZ 2.1—2019 表 1 中可查得第 333 项为乙酸乙酯。

问题 3：通风计算的室外计算温度在案例题中选取的依据应该如何判断？比如题目提出采用全面机械排风排除有害气体，但又有热风供暖。热平衡计算时，自然进风的计算温度取供暖室外计算温度还是通风室外计算温度？供暖、排除余热余湿和排除有害气体同时存在时，应该怎样选取室外计算温度？

解答：参考《工规》第 6.3.4 条，即“消除余热余湿时采用冬季通风室外计算温度，消除通风耗热时采用冬季供暖室外计算温度”。采用冬季通风室外计算温度的通风量将大于采用冬季供暖室外计算温度的通风量，因此只有明确提到消除余热余湿时采用冬季通风室外计算温度，其他都采用冬季供暖室外计算温度。对于提到供暖、排出余热余湿和排出有害气体同时存在的情况，考试时一般不会给出如此混乱的判断，一旦出现，因提出消除余热余湿，则采用冬季通风室外计算温度。

三、案例真题参考

【例 1】某生产厂房采用自然进风、机械排风的全面通风方式，室内设计空气温度为 30℃，含湿量为 17.4g/kg，室外通风设计温度为 26.5℃；含湿量为 15.5g/kg，厂房内的余热量为 20kW，余湿量

笔记区

为25kg/h。该厂房排风系统的设计风量应为下列何项？[空气比热容为1.01kJ/(kg·K)](2013-3-08)

(A) 12000～14000kg/h (B) 15000～17000kg/h

(C) 18000～19000kg/h (D) 20000～21000kg/h

【参考答案】 D

【主要解题过程】 按消除余热量计算排风量 $G_1=\dfrac{3600Q}{C_p\Delta t}=\dfrac{3600\times 20}{1.01\times(30-26.5)}=20368\text{kg/h}$。

按消除余湿计算排风量 $G_2=\dfrac{W}{d_n-d_w}=\dfrac{25\times 10^3}{17.4-15.5}=13158\text{kg/h}$。

取两者大值，20368kg/h，因此选项D正确。

说明： 计算余热和余湿所需排风量，取最大值为排风系统排风量。

【例2】 某化工生产车间内，生产过程中散发苯、丙酮、醋酸乙酯和醋酸丁酯的有机溶剂蒸气，需设置通风系统，已知其散发量分别为：苯 $M_1=200\text{g/h}$、丙酮 $M_2=150\text{g/h}$、醋酸乙酯 $M_3=180\text{g/h}$、醋酸丁酯 $M_4=260\text{g/h}$，车间内四种溶剂的最高允许浓度分别为：苯 $S_1=50\text{mg/m}^3$、丙酮 $S_2=400\text{mg/m}^3$、醋酸乙酯 $S_3=200\text{mg/m}^3$、醋酸丁酯 $S_4=200\text{mg/m}^3$，试问该车间的通风量为下列何项？(2013-4-08)

(A) $4000\text{m}^3/\text{h}$ (B) $4900\text{m}^3/\text{h}$

(C) $5300\text{m}^3/\text{h}$ (D) $6575\text{m}^3/\text{h}$

【参考答案】 D

【主要解题过程】 根据《复习教材》第2.2.3节有关内容，当数种溶剂的蒸汽或数种刺激性气体同时放散于室内空气中时，全面通风量应按各种气体分别稀释至规定的接触限值所需空气量的总和计算。

$$L=\left(\frac{200}{50-0}+\frac{150}{400-0}+\frac{180}{200-0}+\frac{260}{200-0}\right)\times 10^3=6575\text{m}^3/\text{h}$$

说明： 多种刺激性气体排除时要叠加考虑。本题初步计算时，若按丙酮不叠加处理，则无答案。复验叠加丙酮后，得到正确答案D。未来考试中，可明确丙酮为刺激性气体。

四、专题实训（推荐答题时间40分钟）

请将求解答案写于下表中，案例题在题目中书写解题过程

（单选题1分，多选题2分，案例题2分，合计18分）

单选题	1	2	3	4	得分
多选题	1	2	3		
案例题	1	2	3	4	

笔记区

(一) 单选题 (共4题，每题1分，共4分)

1. 【单选】下列有关冬季全面通风热平衡计算的说法，正确的是哪一项?

(A) 在允许范围内适当提高集中送风的送风温度，但一般不超过70℃

(B) 最好利用建筑物内部空气作为补风

(C) 全面通风热平衡计算不必考虑冷风渗透量

(D) 对于允许短时间过冷或采用间断排风的室内，可不考虑"热平衡"和"空气平衡"计算原则

2. 【单选】某工业厂房设置了事故通风系统，下列说法错误的是哪一项?

(A) 对事故排风的死角处应采取导流措施

(B) 事故通风装置应与有毒气体监测报警装置连锁

(C) 事故通风的通风机应分别室内及靠近外门的外墙上设置电气开关

(D) 机械补风的补风机与事故通风机应各自单独控制

3. 【单选】下列关于热风平衡计算时散热量的计入原则，不正确的是哪一项?

(A) 冬季不经常散发的散热量，可不计

(B) 冬季经常而不稳定的散热量，应采用小时平均值

(C) 夏季经常而不稳定的散热量，应按最大值考虑

(D) 夏季白班不经常的散热量，均不考虑

4. 【单选】下列有关冬季全面通风热平衡计算，说法正确的是哪一项?

(A) 全面通风热平衡计算不必考虑冷风渗透量

(B) 对于允许短时间过冷或采用间断排风的室内，可不考虑"热平衡"和"空气平衡"计算原则

(C) 消除余热余湿的全面通风耗热量可采用冬季供暖室外计算温度

(D) 计算冬季通风耗热量时，应采用冬季通风室外计算温度

(二) 多选题 (每题2分，共6分)

1. 【多选】设题房间全面通风时，以下说法正确的是哪几项?

(A) 对每班运行不足2h的局部排风系统，当排风量可以补偿并不影响室内安全，且符合环保要求时，可不设机械送风系统

笔记区

(B) 室内含尘气体经净化后其含尘浓度不超过国家规定的容许浓度要求值的30%时，允许使用循环空气
(C) 新冠肺炎隔离区病房采用可采用风机盘管+新风系统，满足环境空气质量标准
(D) 同时散发热、蒸汽和有害气体的生产建筑，除应设置局部排风外，宜在上部区域进行自然或机械的全面排风

2.【多选】设置事故通风系统时，下列说法错误的是哪几项？
(A) 对事故排风的死角处应采取导流措施
(B) 事故通风装置应与有毒气体监测报警装置连锁
(C) 事故通风机的电气开关应设置在靠近外门的外墙上
(D) 机械补风的补风机与事故通风机应各自单独控制

3.【多选】有关热风平衡的说法中，下列正确的是哪几项？
(A) 不论采用何种通风方式，通风房间的空气量要保持平衡
(B) 洁净度要求高的房间利用无组织排风保持房间正压
(C) 产生有害物质的房间利用无组织进风保持房间负压
(D) 要使通风房间温度保持不变，必须使室内的总得热量等于总失热量

(三) 案例题 (每题2分，共8分)

1.【案例】某工业车间使用脱漆剂，各类污染物释放含量为：苯30mg/s，乙酸乙酯600mg/s，一氧化碳50mg/s，松节油150mg/s。若送入清洁空气，消除余热余湿所需通风量为6 m^3/s，根据相关卫生标准，所需全面通风所需空气量至少为下列哪一项？（不考虑安全系数，各污染物浓度限值为：苯6mg/m^3；乙酸乙酯200mg/m^3；一氧化碳20mg/m^3；松节油300mg/m^3）

(A) 6m^3/s (B) 9m^3/s
(C) 13m^3/s (D) 17m^3/s

答案：[ ]

主要解题过程：

2.【案例】某32人办公区设置全面通风，已知人正常活动二氧化碳呼出量为0.03g/(s·人)，送入室内新风含二氧化碳体积浓度为0.01%，则全面通风量至少为下列何项能保证室内二氧化碳浓度不超

笔记区

过 300ppm？（不考虑安全系数，污染物质量—体积换算公式 $Y=\frac{MC}{22.4}$，其中 Y—质量，mg；C—体积，mL/m³；M—分子量，二氧化碳分子量为 44）

（A）1000m³/h

（B）4500m³/h

（C）9200m³/h

（D）11300m³/h

答案：［　　］

主要解题过程：

3.【案例】某车间设有局部排风系统，局部排风量为 0.56kg/s，冬季室内工作区温度为 15℃，冬季通风室外计算温度为－15℃，供暖室外计算温度为－25℃（大气压为标准大气压），空气定压比热 1.01kJ/(kg·K)。围护结构耗热量为 8.8kW，室内维持负压，机械进风量为排风量 90%，求自然通风量和送风温度。

（A）0.03～0.053kg/s，29～32℃

（B）0.03～0.053kg/s，29～32℃

（C）0.054～0.065kg/s，33～36.5℃

（D）0.054～0.065kg/s，36.6～38.5℃

答案：［　　］

主要解题过程：

4.【案例】某会议室建筑面积 50m²，室内净高 4m，设有全面通风系统，有 40 人进入室内（每人每小时呼出 CO_2 约为 40g），室内 CO_2 初始浓度为 500ppm，人员进入后立即开启通风机送入室外空气，若送入室内的空气中 CO_2 体积浓度为 300ppm，试问通风量至少为下列何项（m³/h），能保证经过 30min，室内 CO_2 浓度不超过 1000ppm？

（A）900m³/h　　（B）1000m³/h

（C）1160m³/h　　（D）1200m³/h

笔记区

答案：[ ]

主要解题过程：

五、专题实例参考答案及题目详解

参考答案

（单选题每题1分，多选每题2分，案例每题2分，合计18分）

单选题	1	2	3	4
	D	D	D	B
多选题	1	2	3	
	AD	CD	ABCD	
案例题	1	2	3	4
	B	C	D	A

题目详解

（一）单选题

1. 根据《复习教材》第2.2.1节中（5）可知，选项ABC错误，选项D正确。

2. 根据《工规》第6.4.4条，选项A正确；根据第6.4.6条，选项B正确；根据第6.4.7条，选项C正确；根据第6.4.8条，选项D错误。

3. 根据《复习教材》P172可知，选项ABC均正确，选项D错误。

4. 根据《复习教材》第2.2.1节中（5），选项A错误，计入热负荷的冷风渗透量应考虑在全面通风计算中；选项B为（5）中4）的原文，正确；消除余热余湿的可采用冬季通风室外计算温度，选项C错误；根据《工规》第6.3.4.1条可知，应采用冬季供暖室外计算温度，选项D错误。

（二）多选题

1. 根据《复习教材》第2.2.1节中（4），选项A正确；由P172（7）可知，选项B正确，选项C错误；由《工规》第6.3.8条可知，选项D正确。

2. 根据《工规》第6.4.4条，选项A正确；根据第6.4.6条，选项B正确；根据第6.4.7条，选项C错误；根据第6.4.8条，选项D错误。

笔记区

3. 根据《复习教材》第 2.2.4 节风量平衡和热量平衡可知，选项 ABCD 均正确。

（三）案例题

1. 由《工规》第 6.1.14 条及条文说明，可知：

稀释苯所需通风量 $L_1=\frac{30}{6-0}=5\text{m}^3/\text{s}$。

稀释乙酸乙酯所需通风量 $L_2=\frac{600}{200-0}=3\text{m}^3/\text{s}$。

稀释松节油（刺激性气体）所需通风量 $L_4=\frac{150}{300-0}=0.5\text{m}^3/\text{s}$

稀释数种溶剂或刺激性气体全面通风量需叠加，不包含题中一氧化碳。

$$L=L_1+L_2+L_4=5+3+0.5=8.5\text{m}^3/\text{s}>6\text{m}^3/\text{s}$$

2. 室内二氧化碳（分子量 44）散发量 $x=32\times0.03=0.96\text{g/s}$。

送风中 CO_2 体积浓度为 0.01%，即 100mL/m³，则 $y_0=\frac{44\times100}{22.4}=196.4\text{mg/m}^3=0.1964\text{g/m}^3$。

室内 CO_2 需要保持的浓度为 300ppm，即 300mL/m³，则 $y_2=\frac{44\times300}{22.4}=589.3\text{mg/m}^3=0.5893\text{g/m}^3$。

全面通风量为：

$$L=\frac{x}{y_2-y_0}=\frac{0.96}{0.5893-0.1964}=2.443\text{m}^3/\text{s}=8796\text{m}^3/\text{h}$$

说明：本题有很多单位换算需要总结，其中题目有关污染物质量浓度与体积浓度的换算公式应记录并掌握。其他单位换算如下 $1\text{ppm}=1\text{mL/m}^3=0.0001\%=10^{-6}\text{m}^3/\text{m}^3$，$1000\text{ppm}=1\text{L/m}^3=0.1\%=10^{-3}\text{m}^3/\text{m}^3$，$1\text{g}=1000\text{mg}=1000000\mu\text{g}$。

3. 由题意，机械通风量 $G_{jj}=90\%G_p=90\%\times0.56=0.504\text{kg/s}$。

根据风量质量平衡，自然进风量 $G_{zj}=G_p-G_{jj}=0.56-0.504=0.056\text{kg/s}$。

则由热量平衡方程，得：

$$\Sigma Q+C_pG_pt_n=C_pG_{zj}t_w+C_pG_{jj}t_s$$

冬季局部排风的室外温度采用冬季供暖室外计算温度，即 −25℃。

$$8.8+1.01\times0.56\times15=1.01\times0.056\times(-25)+1.01\times0.504t_s$$

解得，$t_s=36.7$℃。

4. CO_2 的散发量 $x=40\times\frac{40}{3600}=0.444\text{g/s}$。

笔记区

送入空气中CO_2浓度$y_0=\frac{44\times300}{22.4}=589\text{mg/m}^3=0.589\text{g/m}^3$。

室内初始时刻CO_2浓度$y_1=\frac{44\times500}{22.4}=982\text{mg/m}^3=0.982\text{g/m}^3$。

30min后室内CO_2最大值$y_2=\frac{44\times1000}{22.4}=1964\text{mg/m}^3=1.964\text{g/m}^3$。

由《复习教材》式（2.2-1a）可得y_2的计算式：

$$L=\frac{x}{y_2-y_0}-\frac{V_f}{\tau}\cdot\frac{y_2-y_1}{y_2-y_0}$$

$$=\frac{0.444}{1.964-0.589}-\frac{50\times4}{30\times60}\times\frac{1.964-0.982}{1.964-0.589}$$

$$=0.244\text{m}^3/\text{s}=878\text{m}^3/\text{h}$$

笔记区

实训 2.3 自然通风

一、专题提要

1.《复习教材》第 2.3 节

2. 自然通风的基本概念

3. 自然通风量计算

4. 厂房温度及送排风温度计算

二、备考常见问题

问题 1： 自然通风的计算中，自然进风、自然排风，空气标准状态的温度是按照多少取值？

解答： 自然通风不涉及标准状态的温度。一般室内的空气标准状态温度都为 20℃，室外大气计算的空气标准状态温度为 0℃。

问题 2：《复习教材》式（2.3-3）热压作用下的自然通风压差计算中的密度 ρ_n，是指室内工作区的密度，还是室内空气的平均密度？

解答： 此处为自然通风原理的推导过程，重在描述基本概念，不涉及计算，此密度为室内密度。在第 2.3.3 节关于自然通风计算的简化条件第（2）条明确，“整个车间的空气温度都等于车间的平均空气温度 t_{np}”。因此一旦涉及式（2.3-3）的计算，热压作用中的 ρ_{np} 应带入平均空气温度 t_{np} 下的空气密度。

问题 3：《复习教材》中明确有自然通风窗孔和静压法测排风罩罩口流量系数与局部阻力系数为何为两种不同的关系？

解答： 这两种情况的流体力学基本模型不同。自然通风窗孔属于淹没出流型孔口，排风罩罩口属于管口出流型孔口。因此自然通风窗孔的流量系数与局部阻力采用 $u=\dfrac{1}{\sqrt{\xi}}$，排风罩罩口的流量系数与局部阻力采用 $u=\dfrac{1}{\sqrt{1+\xi}}$。

三、案例真题参考

【例 1】 某厂房采用自然通风排除室内余热，要求进风窗的进风量与天窗的排风量均为 $G_j=850\text{kg/s}$；排风天窗窗孔两侧的密度差为 0.055kg/m^3，进风窗的面积为 $F_j=800\text{m}^2$、局部阻力系数 $\zeta_j=3.18$。设：天窗与进风窗之间中心距 $h=15\text{m}$，天窗中心与中和面的距离 $h_j=10\text{m}$，天窗局部阻力系数 $\zeta_p=4.2$，天窗排风口空气密度 $\rho_p=1.125\text{kg/m}^3$，则所需天窗面积为下列何项？（2013-3-10）

(A) $410\sim470\text{m}^2$　　(B) $470\sim530\text{m}^2$

(C) $531\sim591\text{m}^2$　　(D) $591\sim640\text{m}^2$

笔记区

【参考答案】 B

【主要解题过程】 根据《复习教材》式（2.3-15）：

$$F_b = \frac{G_b}{\mu_b\sqrt{2h_2 g(\rho_W - \rho_n)\rho_P}}$$

$$= \frac{850}{\sqrt{\frac{1}{4.2}}\times\sqrt{2\times 10\times 9.8\times 0.055\times 1.125}} = 500\text{m}^2$$

说明：《复习教材》式（2.3-15）为重要公式考点，需要对公式中各符号的含义及代入取值方法有深入了解。本题的做法与“排风天窗窗孔两侧的密度差为0.055kg/m³”的理解有关，若按其本意，该密度差应为 $\rho_W - \rho_p$，但是若如此理解本题无答案。重新校正计算后得知，该密度差实际为 $\rho_W - \rho_{np}$。

【例 2】 河北衡水某车间内有强热源，工艺设备的总散热量为2000kW，热源占地面积和地板面积之比为0.155，热源高度4m，热源的辐射散热量为1000kW，室内工作区温度为33.5℃。采用自然通风方式，屋面设排风天窗，外墙侧窗送风，消除室内余热，全面通风量（kg/s）最接近下列哪一项？［空气比热容为1.01kJ/(kg·℃)］（2017-4-10）

（A）240　　（B）270

（C）300　　（D）330

【参考答案】 A

【主要解题过程】 由题意，热源辐射散热量与总散热量的比值为：$Q_f/Q = 1000/2000 = 0.5$。

根据《复习教材》P184 分别查得 $m_1 = 0.4$，$m_2 = 0.85$，$m_3 = 1.07$，则

$$m = m_1 \cdot m_2 \cdot m_3 = 0.4\times 0.85\times 1.07 = 0.3638$$

由题意，对于消除余热余湿的机械通风系统，室外计算温度采用夏季通风室外计算温度，查《工规》附录 A.1 可知河北衡水夏季通风室外计算温度为30.5℃。

由式（2.3-19），得：

$$t_p = t_w + \frac{t_n - t_w}{m} = 30.5 + \frac{33.5 - 30.5}{0.3638} = 38.75℃$$

由式（2.3-13），全面通风量为：

$$G = \frac{Q}{c(t_p - t_0)} = \frac{2000}{1.01\times(38.75 - 30.5)} = 240\text{kg/s}$$

说明：《复习教材》中关于上部排风温度的三种计算方法都较为重要，其中用到公式的计算更是往年真题中常考点。

笔记区

四、专题实训（推荐答题时间 60 分钟）

请将求解答案写于下表中，案例题在题目中书写解题过程
（单选题 1 分，多选题 2 分，案例题 2 分，合计 24 分）

单选题	1	2	3	4		得分
多选题	1	2	3	4	5	
案例题	1	2	3	4	5	

（一）单选题（每题 1 分，共 4 分）

1. 【单选】上海市室外通风计算温度为 31.2℃，其一服装缝纫车间劳动时间为 6h，该车间 WBGT 限值应为下列何项？

（A）31℃　（B）31.2℃
（C）32℃　（D）32.2℃

2. 【单选】某车间高 12m，车间内散热均匀，平均散热量 35W/m^3，采用屋顶天窗排除室内余热。以下排风口排风温度的确定哪一项是正确的？

（A）按车间平均温度确定
（B）按排风温度与夏季室外通风计算温度允许值确定
（C）按温度梯度法计算确定
（D）按有效热量系数法计算确定

3. 【单选】下列关于自然通风的说法，错误的是哪一项？

（A）自然通风产生的动力来源于热压和风压
（B）以自然进风为主的建筑物的主进风面宜布置在夏季主导风向侧
（C）屋顶处于正压时可考虑设置排风天窗
（D）自然通风中和面以上窗孔余压为正，为排风窗孔

4. 【单选】某厂房车间设置自然通风系统，采用排风天窗排风，若天窗距地面高度为 10m，室内设计温度为 28℃，室内散热均匀，散热量约为 20W/m^3，则排风温度接近下列何项？

（A）29℃　（B）30℃
（C）31℃　（D）32℃

（二）多选题（每题 2 分，共 10 分）

1. 【多选】在有强热源的车间内，有效热量系数 m 值的表述中下列哪些项是正确的？

笔记区

(A) 随着热源的辐射散热量和总热量比值变大，m 值变小
(B) 随着热源高度变大，m 值变小
(C) 随着热源占地面积和地板面积比值变小，m 值变大
(D) 在其他条件相同时，随着热源布置的分散 m 值变大

2.【多选】下列关于自然通风的说法正确的是哪几项？
(A) 自然通风产生的动力来源于热压和风压
(B) 以自然进风为主的建筑物的主进风面宜布置在夏季主导风向侧
(C) 屋顶处于正压时可考虑设置排风天窗
(D) 自然通风中和面以上窗孔余压为正，为排风窗孔

3.【多选】下面有关自然通风设计的措施哪几项是错误的？
(A) 放散粉尘或有害气体时，其背风侧的空气动力阴影区内的外墙上，应避免设置进风口
(B) 夏季自然通风用室外进风口其下缘距室外地坪不宜大于 1.2m
(C) 工艺散热量 $30W/m^3$ 的厂房应采用避风天窗
(D) 散发热量的工业建筑自然通风量应根据热压作用进行计算

4.【多选】下列有关风帽的设置和选用规定，哪几项是错误的？
(A) 排放有害气体的风帽宜布置在空气动力阴影区
(B) 筒形风帽禁止布置在室外空气正压区内
(C) 筒形风帽可装设在没有热压作用的房间
(D) 避风风帽安装在自然通风系统的进口

5.【多选】下列关于自然通风的描述，正确的是哪几项？
(A) 自然通风是以热压和风压作用的不消耗机械动力的、经济的通风方式
(B) 夏季自然通风用的室外进风口，其上缘距室内地面的高度不应大于 1.2m
(C) 自然通风主要在热车间排除余热的全面通风中采用
(D) 屋顶处于正压区时应避免设置排风天窗

(三) 案例题 (每题 2 分，共 10 分)

1.【案例】沿海城市一生产车间，夏季拟采用自然通风排除余热，已知在无风状态下测得，进风侧窗 a 与中和面的距离为 5m，与排风天窗 b 中心距离为 12m，则窗口 a 和窗口 b 的余压为多少？(已知室外空气温度 $t_w=24℃$，空气密度 $\rho_w=1.19kg/m^3$；室内平均温度

t_n=32℃，空气密度ρ_n=1.16kg/m³；室内排风温度t_p=39℃，空气密度ρ_p=1.13kg/m³）

(A) a窗口1.47Pa，b窗口4.12Pa

(B) a窗口−1.47Pa，b窗口4.12Pa

(C) a窗口−1.47Pa，b窗口2.06Pa

(D) a窗口1.47Pa，b窗口2.06Pa

答案：[　　]

主要解题过程：

2.【案例】某车间如下图所示，侧窗进风温度t_w=31℃，车间工作区温度t_n=35℃，散热有效系数m=0.4，侧窗进风面积F_j=50m²，天窗排风口面积F_p=36m²，天窗和侧窗流量系数$\mu_p=\mu_j$=0.6，该车间自然通风量为多少？[空气密度ρ=353/(273+t)]

(A) 30～32kg/s

(B) 42～44kg/s

(C) 50～52kg/s

(D) 72～74kg/s

答案：[　　]

主要解题过程：

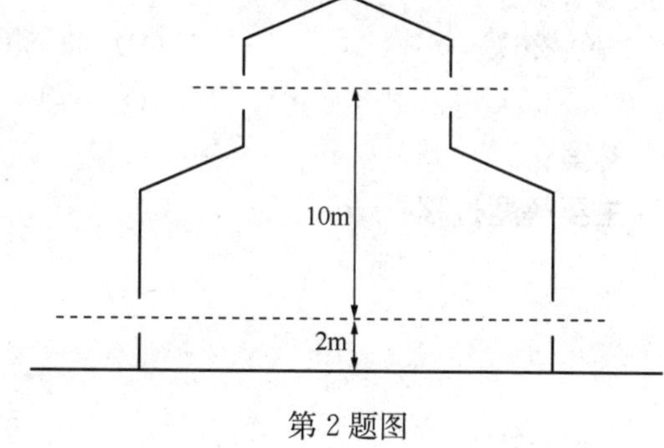

第2题图

3.【案例】某车间工艺设备总散热量为1200kJ/s，工作区温度为t_n=30℃，室外空气计算温度为27℃，有效热量系数m=0.6，通风形式为天窗排风，侧窗进风，则该车间的通风换气量为多少？

(A) 98kg/s　　(B) 170kg/s

(C) 237.6kg/s　　(D) 300kg/s

答案：[　　]

主要解题过程：

笔记区

4.【案例】某厂房通风形式采用自然通风，通风量为60kg/s，进风侧窗面积为50m²，进风侧窗与排风天窗阻力系数为4，两窗之间的中心距为12m，已知室外空气密度 $\rho_w = 1.2kg/m^3$，室内平均温度下的空气密度 $\rho_{np} = 1.14kg/m^3$，室内排风温度下的密度 $\rho_p = 1.12kg/m^3$，则排风天窗面积为多少合理?

(A) 31～35m²　　(B) 36～40m²

(C) 41～45m²　　(D) 46～50m²

答案：[　　]

主要解题过程：

5.【案例】某厂房高度12m，采用屋顶天窗进行排风，室内散热源均匀，散热量为100W/m³，工作区温度为26℃，则该厂房的平均温度取值多少?

(A) 26℃　　(B) 33.5℃

(C) 35℃　　(D) 41℃

答案：[　　]

主要解题过程：

五、专题实训参考答案及题目详解

参考答案

（单选每题1分，多选每题2分，案例每题2分，合计24分）

单选题	1	2	3	4	
	C	C	C	D	
多选题	1	2	3	4	5
	BD	ABD	BC	AD	ACD
案例题	1	2	3	4	5
	C	B	C	B	B

题目详解

（一）单选题

1. 根据《复习教材》P177可知，体力劳动强度为Ⅰ级。接触时

笔记区

间率为 $n=\frac{6}{8}\times100\%=75\%$

由于其通风设计计算温度大于30℃，故根据表2.3-1选取WBGT限值为31+1=32。

2. 根据《复习教材》P183，"当厂房高度不大于15m，室内散热源比较均匀，而且散热量不大于116W/m³时，可用温度梯度法计算排风温度"。

3. 根据《复习教材》第2.3.2节自然通风通风原理第一句话，选项A正确。由P177自然通风原则（2）可知，选项B正确，选项C错误；由图2.3-2旁边文字可知，选项D正确。

4. 根据《复习教材》式（2.3-17）：$t_p=t_n+a(h-2)=28+0.5\times(10-2)=32℃$。

（二）多选题

1. 参考《复习教材》式（2.3-20）及表2.3-4、表2.3-5、图2.3-5。

2. 根据《复习教材》第2.3.2节自然通风通风原理第一句话，选项A正确；由P177自然通风原则（2）可知，选项B正确，选项C错误；由图2.3-2旁边文字可知，选项D正确。

3. 根据《复习教材》P177下方第（2）条可知，选项A正确；由第（4）条可知，选项B错误，"距离室内地面不宜大于1.2m"；由P178上方第9条可知，选项C错误，对于夏热冬冷和工艺散热量大于23W/m³应采用避风天窗，而其他地区设置条件为室内散热量大于35W/m³或不允许天窗孔口倒灌；由第（7）条可知，选项D正确，对于工业建筑只考虑热压即可，而民用建筑需要同时考虑热压和风压作用。

4. 选项A错误，根据《复习教材》式（2.3-8）下面一段"排放气体进入空气动力阴影区内，有害气体会逐渐积聚…"；选项B正确，根据P187第2段"布置筒形风帽时…，禁止风帽布置在正压区内…"；选项C正确，根据P187第一行；避风风帽用于自然通风的排风系统，而非进风，选项D错误。

5. 根据《复习教材》P176自然通风部分第1段，选项AC正确；由第2.3.1-1（4）的内容可知，选项B错误，"应"以"窗口下缘"计算；由（2）的内容可知，选项D正确。

（三）案例题

1. 中和面的余压 $\Delta p_{ox}=0\text{Pa}$。

室内外密度差 $\rho_w-\rho_n=1.19-1.16=0.03\text{kg/m}^3$。

a窗孔的余压，由式（2.3-5），得：

笔记区

$$\Delta P_{ax} = \Delta P_{ox} - gh_1(\rho_w - \rho_n) = 0 - 9.8 \times 5 \times 0.03 = -1.47\text{Pa}$$

同理：b窗孔的余压，由式（2.3-6），得：

$$\Delta P_{bx} = \Delta P_{ox} + gh_2(\rho_w - \rho_n) = 0 + 9.8 \times (12 - 5) \times 0.03 = 2.06\text{Pa}$$

2.
$$t_p = t_w + \frac{t_n - t_w}{m} = 31 + \frac{35 - 31}{0.4} = 41℃$$

$$t_{np} = \frac{t_n + t_p}{2} = \frac{35 + 41}{2} = 38℃$$

$$\rho_p = \frac{353}{273 + 41} = 1.124\text{kg/m}^3$$

$$\rho_w = \frac{353}{273 + 31} = 1.161\text{kg/m}^3$$

$$\rho_{np} = \frac{353}{273 + 38} = 1.135\text{kg/m}^3$$

根据《复习教材》式（2.3-14）、式（2.3-15），$\mu_j = \mu_p$得：

$$\frac{F_j}{F_p} = \sqrt{\frac{h_2\rho_p}{h_1\rho_w}}$$

又因为$h_1 + h_2 = 10\text{m}$，得$h_1 = 3.34\text{m}$。

带入式（2.3-14），得

$$G_j = F_j\mu_j\sqrt{2h_1 g(\rho_w - \rho_{np})\rho_w} = 50 \times 0.6 \times \sqrt{2 \times 3.34 \times 9.8 \times (1.161 - 1.135) \times 1.161} = 42.2\text{kg/s}$$

说明：本题为自然通风常规题，注意所需温度的确定方法，以及密度的计算。另外，在计算中和面时，对应好等号两边的分子和分母。

3.

方法一，根据《复习教材》式（2.3-19）可知：

$$t_p = t_w + \frac{(t_n - t_w)}{m} = 27 + \frac{(30 - 27)}{0.6} = 32℃$$

$$G = \frac{Q}{c_p(t_p - t_w)} = \frac{1200}{1.01 \times (32 - 27)} = 237.6\text{kg/s}$$

方法二，根据式（2.2-2），得：

$$G = \frac{mQ}{c_p(t_n - t_w)} = \frac{0.6 \times 1200}{1.01 \times (30 - 27)} = 237.6\text{kg/s}$$

4. a窗孔的内外压差$|\Delta p_a| = \frac{1}{2}\zeta \cdot \rho \cdot v^2 = 0.5 \times 4 \times 1.2 \times \left(\frac{60}{50 \times 1.2}\right)^2 = 2.6\text{Pa}$。

根据式（2.3-3）可知：

$$\Delta p_b = gh(\rho_w - \rho_n) - |\Delta p_a| = 9.8 \times 12 \times (1.2 - 1.14) - 2.6 = 4.46\text{Pa}$$

根据式（2.3-1b）可知：

$$F_{b}=\frac{G}{\rho_{p}\cdot V}=\frac{G}{\sqrt{\frac{2\Delta P_{b}\cdot\rho_{p}}{\zeta}}}=\frac{60}{\sqrt{\frac{2\times4.46\times1.12}{4}}}=37.97\text{m}^{2}$$

5. 根据《复习教材》表 2.3-3 查得：$a=1.5$℃。由式（2.3-17）得：

$$t_{p}=t_{n}+a(h-2)=26+1.5\times(12-2)=41℃$$

由式（2.3-12）得：

$$t_{np}=\frac{t_{n}+t_{p}}{2}=\frac{41+26}{2}=33.5℃$$

说明：在计算余压时，室内温度采取的是室内平均温度，注意换算。

笔记区

实训 2.4 局部排风与排风罩设计

一、专题提要

1.《复习教材》第 2.4 节

2. 局部排风基本要求

3. 密闭罩、通风柜、侧吸罩、伞型罩、槽边罩、接受罩等排风罩的设置要求

4. 局部排风罩的风量与阻力计算

二、备考常见问题

问题 1：《复习教材》第 2.4 节，接受式排风罩中高悬罩都是圆形罩，而无矩形罩吗?

解答： 接受罩可以是圆形，也可以是矩形，详情可参考《复习教材》式 (2.4-28)、式 (2.4-29)。

问题 2： 如下题所示，接受式排风罩计算罩口气流扩大面积 F' 时，高悬罩的罩口尺寸 D 如何确定?

【例题】 某水平圆形热源（散热面直径 B=1.0m）的对流散热量为 Q=5.466kJ/s，拟在热源上部 1.5m 处设直径为 D=2m 的圆伞形接受罩排除余热。设室内有轻微的横向气流干扰，则计算排风量 (m^3/h)。(罩口扩大面积的空气吸入流速 v=0.5m/s)

解答：《复习教材》式 (2.4-30) 也给出了罩口尺寸，但此罩口尺寸为计算所需的最小罩口尺寸。但是，题干中已经明确给出“直径为 D=2m 的圆形伞形接收罩排除余热”，此罩口为确定尺寸，因此罩口气流扩大面积应根据实际罩口尺寸计算。

问题 3：《复习教材》图 2.4-15 中 a 和 b 表示什么含义，此外图示中各个直线的对应的情况是什么?

解答： 图中 a 表示罩口的长边长度，b 表示罩口短边长度。图示中的直线由下到上依次为圆形、1∶1 风口，1∶1.33 风口等，以此类推，通常容易将最下方的直线看错为 1∶1 风口，实际最下方为圆形风口。

三、案例真题参考

【例 1】 某水平圆形热源（散热面直径 B=1.0m）的对流散热量为 Q=5.466kJ/s，拟在热源上部 1.0m 处设直径 D=1.2m 的圆伞形接受罩排除余热。设室内有轻微的横向气流干扰，则计算排风量应是下列哪一项?（罩口扩大面积的空气吸入流速 v=0.5m/s）(2012-3-10)

(A) 600～700m^3/h (B) 900～1100m^3/h

(C) 1400～1600m^3/h (D) 1700～1800m^3/h

笔记区

【参考答案】D

【主要解题过程】$1.5\sqrt{A}=1.5\sqrt{\frac{\pi B^2}{4}}=1.5\sqrt{\frac{3.14\times 1^2}{4}}=1.329\text{m}\geqslant H=1.0\text{m}$。

此接受罩为底悬罩，由《复习教材》式（2.4-24）计算热射流收缩断面流量：

$$L_0=0.167\times Q^{1/3}\times B^{3/2}=0.167\times 5.466^{1/3}\times 1.0^{3/2}=0.294\text{m}^3/\text{s}$$

由《复习教材》式（2.4-31）计算排风量：

$$L=L_0+v'F'=0.294+0.5\times\frac{3.14}{4}\times(1.2^2-1^2)$$

$$=0.467\text{m}^3/\text{s}=1681\text{m}^3/\text{h}$$

说明：接受式排风罩为本章节难度最大的考点，也是常考考点。在各知识点间，要尤其注意区分高、低悬罩的判定方法，以及各公式的适用场合（高、低悬罩）。

【例 2】有一设在工作台上尺寸为 300mm×600mm 的矩形侧吸罩，要求在距罩口 X=900mm 处，形成 v_x=0.3m/s 的吸入速度，根据公式计算该排风罩的排风量（m^3/h）最接近下列何项？（2016-4-10）

(A) 8942　　(B) 4658

(C) 195　　(D) 396

【参考答案】B

【主要解题过程】根据《复习教材》式（2.4-8）得：

$$L=\frac{1}{2}L'=(5x^2+F)v_x$$

$$=(5\times 0.9^2+0.3\times 0.6)\times 0.3=1.269\text{m}^3/\text{s}=4568.4\text{m}^3/\text{h}$$

说明：侧吸罩的计算案例中，要注意题干中是否有明确采用何种计算方法，若题干中没有明确说明，通常采用图解法，即使用图 2.4-15，而像本题有明确说明，则采用公式法。

【例 3】某化学实验室局部通风采用通风柜，通风柜工作孔开口尺寸为：长 0.8m、宽 0.5m，柜内污染物为苯，其气体发生量为 0.055m^3/s；另一个某特定工艺车间局部通风也采用通风柜，通风柜工作孔开口尺寸为：长 1m、宽 0.6m，柜内污染物为苯，其气体发生量为 0.095m^3/s。问：以上两个通风柜分别要求的最小排风量（m^3/h）最接近下列哪一项？（2017-4-11）

(A) 800，1062　　(B) 832，1530

(C) 1062，1530　　(D) 1062，2156

【参考答案】B

【主要解题过程】根据《复习教材》表 2.4-1 查得有毒污染物的控制风速（下限）为 0.4m/s，可计算化学实验室排风柜排风量为：

笔记区

$$L_1 = L_{0,1} + v_1 F_1 \beta = 0.055 + 0.4 \times (0.8 \times 0.5) \times 1.1$$
$$= 0.231 \mathrm{m^3/s} = 831.6 \mathrm{m^3/h}$$

根据《复习教材》表2.4-2查得苯的控制风速（下限）为0.5m/s，可计算特定工艺（车间）排风柜排风量为：

$$L_2 = L_{0,2} + v_2 F_2 \beta = 0.095 + 0.5 \times (1 \times 0.6) \times 1.1$$
$$= 0.425 \mathrm{m^3/s} = 1530 \mathrm{m^3/h}$$

说明： 苯的毒性确定是本题计算的要点。一般情况认为苯属于剧毒物质，但按剧毒物质解答则此题无答案。最终根据题目结果可确定应按有毒物质计算，因为未来关于苯的毒性，均按有毒物质计算。

四、专题实训（推荐答题时间60分钟）

请将求解答案写于下表中，案例题在题目中书写解题过程

（单选题1分，多选题2分，案例题2分，合计20分）

单选题	1	2	3	4	5	6	得分
多选题	1	2	3	4			
案例题	1	2	3				

（一）单选题（每题1分，共6分）

1.【单选】下列关于排风罩选用的方案不合理的是哪一项？

(A) 采用下排式密闭罩排除斗式提升机输送冷料时所产生的污染物

(B) 采用小型通风柜排除面粉装袋过程中所产生的污染物

(C) 采用接受罩排除砂轮磨削时抛出的磨屑

(D) 采用上部接受罩排除热熔铝锭释放的热量

2.【单选】某水泥厂的转筒烘干机需要设计密闭罩，计算其排风量，非必须考虑的因素是下列哪一项？

(A) 物料下落时带入罩内的诱导空气量

(B) 从孔口或不严密缝隙处吸入的空气量

(C) 因工艺需要鼓入罩内的空气量

(D) 在生产过程中因受热使空气膨胀或水分蒸发而增加的空气量

3.【单选】某酸洗槽，槽长4000mm，槽宽2000mm，液温约40℃，射流末端流量2.5m³/s，送排风口长度与槽长相等，拟采用速度控制法设计吹吸式排风罩排除有害气体。下列相关设计参数选取不

笔记区

合理的是哪一项?

(A) 射流平均速度 1.5m/s (B) 吹风口高度 40mm

(C) 排风口气流速度 3m/s (D) 排风口高度 300mm

4.【单选】某厂房采用电炉炼钢(长 4000mm,宽 3000mm,高 5000mm),电炉炉顶有 Φ1500mm 的热烟气散发口,烟气温度 350℃。若厂房内气流较稳定,下列罩口尺寸选择最合理的是哪一项?

(A) 于距地 6m 设置 Φ1900mm 的圆形接受罩

(B) 于距地 6m 设置 4200mm×3200mm 的矩形接受罩

(C) 于电炉上方 2m 设置 Φ3200m 的圆形接受罩

(D) 于电炉上方 2m 设置 2500mm×2500mm 的矩形接受罩

5.【单选】下列关于通风柜设计的说法,错误的是哪一项?

(A) 为了隔断室内干扰气流,防止柜内形成局部涡流,可采用吹吸联合工作的通风柜

(B) 通风柜内溶解油漆控制笨、二甲苯、甲苯溶解蒸汽时,工作孔上的控制风速取 0.5~0.7m/s

(C) 送风式通风柜用于供暖有要求的房间时,从工作孔上部送入取自室外或相邻房间的补给风,送风量为 70%~75%

(D) 通风柜排风量由柜内污染气体发生量及考虑安全系数的工作孔上所需风量组成

6.【单选】为了保证条缝口上的速度分布均匀,保证槽边排风罩控制效果,需要采用合适的设计措施。下列几种措施不能有效保证上述要求的是哪一项?

(A) 控制条缝口面积和罩横断面积之比不大于 0.3

(B) 当槽长大于 1.5m 的,沿槽长方向分设 2 个或 3 个排风罩

(C) 采用楔形条缝口

(D) 控制条缝口面积和罩横断面积之比不大于 0.5 时,控制条缝末端高度为 1.4 倍条缝口平均高度

(二) 多选题 (每题 2 分,共 8 分)

1.【多选】下列有关柜式排风罩的设计,不合理的是哪几项?

(A) 通风柜的排风量可以由柜内污染气体发生量确定

(B) 冷过程通风柜应把排风口设在通风柜的下部

(C) 用于产热量较大工艺过程的通风柜,应在通风柜上下部均设排风口

(D) 发热过程不稳定过程的通风柜,可上下均设排风口,按固定比例分配排风量

笔记区

2.【多选】下列关于侧吸罩通风量计算的说法，错误的是哪几项？

(A) 对于同样有法兰边的吸气罩，相同情况下风速约为无法兰边吸气口平均流速的11%

(B) 公式法 $L=(10x^2+F)v_x$ 适合各种场合下前面无障碍四周无法兰边圆形吸气口排风量计算

(C) 设在工作台上的侧吸罩排风量可以看成一个假想的大排风罩的排风量

(D) 快速装袋工况下采用侧吸罩，需要保证吸风口最小控制风速为1～2.5m/s

3.【多选】某粗颗粒破碎过程采用密闭罩进行加工，在设计排风系统时，吸风口风速选取不合理的是哪几项？

(A) 1.5m/s
(B) 2.5m/s
(C) 3.5m/s
(D) 4.5m/s

4.【多选】下列关于排风罩材料选取原则，不合理的是哪几项？

(A) 排风罩的材料应根据粉尘或有害气体的温度、磨琢性、腐蚀性等因素选择

(B) 振动及冲击大、温度高的场合适合采用2～3mm钢板制作

(C) 排风罩材料可选用钢板、有色金属、工程塑料、玻璃钢等材料

(D) 排风罩罩体应采用防静电材料制作或采取防静电措施

(三) 案例题（每题2分，共6分）

1.【案例】某金属熔化炉，炉内金属温度为750℃，环境温度为30℃，炉口直径为0.8m，散热面为水平面，在炉口上方0.8m处设置圆形接受罩，罩口直径1.2m，若熔化炉附近横向气流影响较大，则该接受罩排风量为多少？

(A) 0.273～0.323m³/s
(B) 0.312～0.362m³/s
(C) 0.525～0.682m³/s
(D) 1.522～2.167m³/s

答案：[ ]

主要解题过程：

笔记区

2.【案例】某厂房镀铬槽，槽宽 900mm，长 1200mm。为了不影响工艺操作，设置了吸风口高度为 300mm 的槽边排风罩。工艺要求边缘控制风速为 0.4m/s，则下列何种侧吸罩设置最为合理？

（A）采用单侧排风侧吸罩，排风量 3100～3400m^3/h

（B）采用单侧排风侧吸罩，排风量 4800～5000m^3/h

（C）采用双侧排风侧吸罩，总排风量 2500～3000m^3/h

（D）采用双侧排风侧吸罩，总排风量 4200～4400m^3/h

答案：［　　］

主要解题过程：

3.【案例】某涂刷戊甲酸戊酯、乙酸戊酯漆的喷漆车间，采用柜式排风罩排除喷漆过程中产生的污染气体。若柜内污染物产生速率为 1.0m^3/s，通风柜上有 2m^2 的缝隙，在满足工业卫生相关标准条件下，下列何组通风柜的排风量较为合理？

（A）6700m^3/h　　（B）7200m^3/h

（C）7700m^3/h　　（D）8200m^3/h

答案：［　　］

主要解题过程：

五、专题实训参考答案及题目详解

参考答案

（单选每题 1 分，多选每题 2 分，案例每题 2 分，合计 20 分）

单选题	1	2	3	4	5	6
	B	C	B	A	C	D
多选题	1	2	3	4		
	ACD	BCD	CD	BD		
案例题	1	2	3			
	C	C	A			

笔记区

题目详解

(一) 单选题

1. 选项A见《复习教材》P190下数第4行，选项B见《复习教材》图2.4-11下的一段话，对于面粉和制药车间的粉料装袋采用大型通风柜；选项C见《复习教材》P199“6. 接受式排风罩”下面一段话，“高温热源上部的对流气流及砂轮磨削时抛出的磨屑及大颗粒粉尘所诱导的气流”采用接受罩。选项D：由于热熔铝锭属于高温热源，因此在上方设接受罩是合理的。另外，本题可通过排除法确定，选项ACD均为合理方案，初步认定选项B为不合理方案，从而进一步在通风柜中相关内容寻找依据。

2. 根据《复习教材》P190，选项ABD正确；因转筒烘干机工艺不需鼓风，没有自带鼓风机，故不需要考虑。

3. 根据《复习教材》P199第一行，液温为40℃时，射流平均速度为0.75倍槽长，故射流平均速度为1.5m/s，选项A正确。吹风口高度为槽宽的0.01～0.015，吹风口高度为20～30mm，故选项B选取高度过大，不合理。排风口上气流速度不大于射流平均速度的2～3倍，故排风口气流不大于3～4.5m/s，选项C合理。排风口高度需要计算排风量，并在合理范围考虑排风口高度，此过程比较复杂，从单选题角度，选项B选取已经不合理，可直接选B。

具体风量如下：

排风量 $L_p=(1.1\sim1.25)L=(1.1\sim1.25)\times2.5=2.75\sim3.125m^3/s$。

排风口气流速度：$v\leqslant(2\sim3)v_1'=(2\sim3)\times1.5=3\sim4.5m/s$。

排风口高度 $h=\dfrac{L_p}{vl}\geqslant\dfrac{2.75\sim3.125}{(3\sim4.5)\times4}=0.15\sim0.26m$。

4. 距地6m处为距离热源上方6000－5000＝1000mm处设置接受罩，此罩为低悬罩，根据《复习教材》P200可知，罩口尺寸应比热源尺寸扩大150～200mm，故尺寸为1500＋(150～200)＝1650～1700mm，因此选项B选取过大，选项A相对合理。

于电炉上方2m设置接受罩，为高悬罩，则有：

$$D_z=0.36H+B=0.36\times2000+1500=2220mm$$

$$D=D_z+0.8H=2220+0.8\times2000=3820mm$$

因此，选项CD的高悬罩均无法满足最小尺寸要求。

5. 由《复习教材》图2.4-11下方文字可知，选项A正确；根据表2.4-2可知，选项B正确，注意区分表2.4-1针对实验室，表2.4-2针对工艺过程；根据P192表2.4-2上方文字可知，选项C错误，送风量为排风量的70%～75%；根据式2.4-3可知，选项D正确。

6. 根据《复习教材》P196下方文字可知，选项ABC均正确；根据表2.4-6可知，选项D错误，应控制条缝末端高度为1.3倍条缝

笔记区

口平均高度，且始端高度为0.7倍条缝口平均高度。

（二）多选题

1. 选项A参见《复习教材》式（2.4-3），除了污染气体发生量，还需考虑工作孔或缝隙上控制风速要求的风量，错误；选项BCD见191页上数3、4、5段对通风柜排风的说明，其中发热不稳定过程，除了上下均设排风口外，排风量应随柜内发热量变化而改变，这表明选项D按照固定比例分配风量是错误的，同时对于选项C的情况，必须在上部设排风，而非上下部同时设排风口。

2. 由《复习教材》P193最后一段可知，选项A正确；根据图2.4-13旁边文字可知，公式法适用于$x \leqslant 1.5d$的场合，选项B错误；根据式（2.4-7）下面一段可知，选项C错误，假象为大排风罩风量的一半；根据表2.4-3可知，选项D错误，需要保证的是控制点风速，非吸风口风速。

3. 由《复习教材》P191可知，粗颗粒物流破碎过程的吸风口风速不宜大于3m/s，故选项CD不合理。

4. 由《复习教材》无法定位此题，查取《工规》排风罩相关章节，第6.6.9条规定了排风罩材料相关要求，由正文可知，选项A正确，选项D错误，仅在有可能由静电引起火灾爆炸危险的环境，应采用防静电材料或采取防静电措施。由条文说明可知，选项C正确，选项B错误，对于振动及冲击大、温度高的场合适合采用3～8mm的钢板制作。

（三）案例题

1. 由题意，接受罩安装高度不大于1m，因此此罩为低悬罩。

由《复习教材》式（2.4-26）及式（2.4-25），有：

$$\alpha = A\Delta t^{1/3} = 1.7 \times (750-30)^{1/3} = 15.24\text{J}/(\text{m}^2 \cdot \text{s} \cdot ℃)$$

$$Q = \alpha F \Delta t = 15.24 \times \left(\frac{\pi}{4} \times 0.8^2\right) \times (750-30) = 5512\text{W} = 5.51\text{kW}$$

由《复习教材》式（2.4-24），有：

$$L_Z = L_0 = 0.167 Q^{1/3} B^{3/2} = 0.167 \times 5.51^{1/3} \times 0.8^{3/2} = 0.211\text{m}^3/\text{s}$$

按照热源面积考虑热射流断面直径：

$$L = L_Z + v'F' = 0.211 + (0.5 \sim 0.75) \times \left[\frac{\pi}{4}(1.2^2 - 0.8^2)\right] = 0.525 \sim 0.682\text{m}^3/\text{s}$$

2. 槽长900mm，采用双侧排风。吸风口高度为300mm，故为高截罩。因此排风罩为高截面双侧排风侧吸罩。由《复习教材》式

笔记区

(2.4-13)，得：

$$L = 2v_x AB\left(\frac{B}{2A}\right)^{0.2} = 2\times 0.4\times 0.9\times 1.2\times\left(\frac{0.9}{2\times 1.2}\right)^{0.2}$$

$$= 0.710\text{m}^3/\text{s} = 2556\text{m}^3/\text{h}$$

选项 C 更为合理。

实际设计中，工艺边缘控制风速可根据工艺说明利用相关设计手册查得。但是在考试中，若求解需要这个参数，题目必将具体给出。此外，若题目没有给出此参数，建议参考《复习教材》表 2.4-3 的控制风速，原因是《复习教材》P196 第二行有表述："槽边排风罩是外部吸气罩（侧吸罩）的一种特殊形式"。

3. 采用公式法，由《复习教材》式（2.4-7)，得：

$$L = 0.75\times(10x^2 + F)v_x$$

$$= 0.75\times\left(10\times 0.48^2 + \frac{\pi}{4}\times 0.32^2\right)\times 0.52$$

$$= 0.93\text{m}^3/\text{s}$$

由《复习教材》图 2.4-15，确定 b/a 为圆形，$x/D = 1.5$，即 $v_x/v_0 = 0.055$，可计算罩口风速 $v_0 = \frac{v_x}{0.055} = \frac{0.52}{0.055} = 9.45\text{m/s}$。

带法兰的罩口速度为无法兰罩口速度的 75%，带法兰的排风罩风量为：

$$L = v_0 F = 0.75\times 9.45\times\left(\frac{\pi}{4}\times 0.32^2\right) = 0.57\text{m}^3/\text{s}$$

笔记区

实训2.5 除 尘 器

一、专题提要

1.《复习教材》第2.5节

2. 除尘颗粒的基本物理特性

3. 重力沉降室、旋风除尘器、袋式除尘器及电除尘器的特性、影响因素、过滤效率计算及阻力计算

二、备考常见问题

问题1： 关于除尘器的漏风量涉及的规范很多，标准不一，如何选择？不容易从题目看出来考哪本规范，如《通风验收规范》、《工规》，还有其他小规范。

解答： 漏风量涉及的规范可以进行简单的总结，具体题目涉及的规范是可以判别出来的。但是实际考试中，如果题目不提漏风率，可不考虑漏风率的影响。

关于漏风率的总结

规范	设备系统	漏风率
《工规》第6.7.4条	除尘系统(风管)	不宜超过3%
	非除尘系统(风管)	不宜超过5%
《工规》第6.8.2条	风机风量	附加风管和设备漏风率
《工规》第7.2.3条	袋式除尘器	不应小于4%
《通风验收规范》第4.2.1条	风管漏风率	允许漏风量
《通风验收规范》第7.2.3条	空气处理设备	普通空调700Pa静压以下，不应大于2%漏风；净化空调1000Pa静压以下，不应大于1%漏风
《通风验收规范》第7.2.6条	现场组装除尘器	离心式应小于3%，其他应小于5%
JB/T 9054—2015	离心除尘器	≤2%
JB/T 8533—2010	回转反吹类袋式除尘离心器	≤3%
JB/T 8532—2008	脉冲喷吹类袋式除尘器	逆喷、顺喷、环喷。对喷≤3%，其他≤4%
JB/T 8534—2010	内滤分室反吹类袋式除尘器	过滤面积≤2000m^2，漏风率≤2% 过滤面积>2000m^2，漏风率≤3%

问题2： 除尘器漏风率5%是总风量加上还是减去5%。

解答： 漏风率的概念可以是向风管外漏风，也可以是向风管内漏

笔记区

风，如何漏风要看风管本身的压力状态时正压还是负压。除尘器的漏风率一般按其设在负压段考虑，即除尘器漏风率增加了总风量，即 $L=(1+\varepsilon)L_0$。另外一个和除尘器漏风有关的问题是串联除尘器的漏风量如何附加。参考袋式除尘器的漏风率测定，是在标准2000Pa负压情况下测定漏风率，当压力不同时，漏风率还要进行折算。因此严格的漏风量计算应分别折算对应压力工况下的漏风率，再根据乘法原理依次连乘确定总漏风量。但是，工程实际中均忽略压力折算，仅简单采用标准漏风率，而连乘漏风率的结果与连加的结果相差不大。因此考试中按漏风率相加的方式考虑，即 $L=(1+\varepsilon_1+\varepsilon_2)L_0$。

问题3：袋式除尘器滤袋积灰多，阻力变大，风量就变小。除尘器阻力变大，风量一定会变小吗？

解答：从管网曲线来看，$P=SC^2$，除尘器阻力变大，实际表明其阻抗增大。从 G-H 曲线可以看到，风机曲线不变，管网曲线变陡。如此，实际输出流量就是减小的。

三、案例真题参考

【例1】采用静电除尘器处理某种含尘烟气，烟气量 $L=50\text{m}^3/\text{s}$，含尘浓度 $Y_1=12\text{g/m}^3$，已知该除尘器的极板面积 $F=2300\text{m}^2$，尘粒的有效驱进速度 $W_e=0.1\text{m/s}$，计算的排放浓度 Y_2 接近下列何项？(2011-3-11)

(A) 240mg/m^3 (B) 180mg/m^3

(C) 144mg/m^3 (D) 120mg/m^3

【参考答案】D

【主要解题过程】根据《复习教材》式（2.5-27），得：

$$\eta=1-\exp\left(-\frac{FW_e}{L}\right)=1-\exp\left(-\frac{2300\times0.1}{50}\right)=98.99\%$$

$$Y_2=Y_1(1-\eta)=12\times(1-0.9899)=120\text{mg/m}^3$$

说明：关于除尘效率计算内容，为往年案例题常考内容，本题仅为针对《复习教材》中公式的考察，难度较低。

【例2】某除尘系统由旋风除尘器（除尘总效率85%）+脉冲袋式除尘器（除尘总效率99%）组成，已知除尘系统进入风量为 $10000\text{m}^3/\text{h}$，入口含尘浓度为 5.0g/m^3，漏风率：旋风除尘器为1.5%，脉冲袋式除尘器为3%，求该除尘器系统的出口含尘浓度应接近下列何项？（环境空气的含尘量忽略不计）(2014-4-09)

(A) 7.0mg/m^3 (B) 7.2mg/m^3

(C) 7.4mg/m^3 (D) 7.5mg/m^3

【参考答案】B

【主要解题过程】根据《复习教材》式（2.5-4），计算除尘器串

笔记区

联运行时总效率：

$$\eta_T = 1-(1-\eta_1)(1-\eta_2) = 1-(1-0.85)(1-0.99) = 0.9985$$

串联除尘器出口风量 $L_2 = L_1(1+0.015+0.03) = 10000\times1.045 = 10450\text{m}^3/\text{h}$。

根据式（2.5-3），计算除尘器出口含尘浓度：

$$y_2 = \frac{L_1 y_1(1-\eta_T)}{L_2} = \frac{10000\times5000\times(1-0.9985)}{10450} = 7.18\text{mg/m}^3$$

说明：在考察除尘效率时，常常伴随着漏风率的考点。在计算时，若考题中给出相关漏风率时，除尘器出口的空气体积是要考虑附加量的。

四、专题实训（推荐答题时间 30 分钟）

请将求解答案写于下表中，案例题在题目中书写解题过程

（单选题 1 分，多选题 2 分，案例题 2 分，合计 12 分）

单选题	1	2		得分
多选题	1	2		
案例题	1	2	3	

（一）单选题（每题 1 分，共 2 分）

1.【单选】下列有关袋式除尘器性能机理的描述，正确的是哪一项？

(A) 形成稳定的初层前，袋式除尘器的过滤效率通常只能达到 50%～80%

(B) 机械振动清灰适用于以表面过滤为主的滤料，宜采用较高的过滤风速

(C) 当采用针刺毡滤料时，过滤风速对除尘效率影响更多

(D) 袋式除尘器的过滤速度增大 1 倍，其过滤效率将降低 2 倍以上

2.【单选】下列有关旋风除尘器性能机理的描述，错误的是哪一项？

(A) 旋风除尘器出口采用蜗壳比采用圆形弯头时的压力损失小

(B) 结构形式相同的旋风除尘器的压力损失基本相同

(C) 入口流速越高的旋风除尘器过滤性能越好

(D) 旋风除尘器出口管径变大时，除尘效率降低

（二）多选题（每题 2 分，共 4 分）

1.【多选】下列有关除尘器性能的描述，错误的是哪几项？

笔记区

(A) 采用涤纶纤维滤料的袋式除尘器，适用于排气温度为140℃的场合

(B) 粉尘的分割粒径不能衡量不同旋风除尘器效率的优劣

(C) 粉尘比电阻超过 $10^{11}\sim10^{12}$ 范围时，电除尘器的除尘效率将降低

(D) 重力沉降室的压力损失较小，一般为50～150Pa

2.【多选】某静电除尘系统，由于设备增多，静电除尘器的气流处理量增大（气流含尘浓度保持不变），导致除尘器的排放浓度上升，下列哪几项不是引起上述问题的原因？

(A) 气流处理量增大，导致粉尘的比电阻增大

(B) 集尘极清灰振打次数增加，形成粉尘的二次扬尘增多

(C) 电极间的粉尘量增加，形成电晕闭塞

(D) 气流处理量过大，导致设备阻力上升

(三) 案例题（每题2分，共6分）

1.【案例】某工厂设计重力沉降室，通过自然沉降过滤除尘，欲处理烟尘风量为 $180000m^3/h$，初步设计该沉降室的宽度为6m，深度为5m，现已知 $d_p=400\mu m$ 的尘粒密度为 $1000kg/m^3$，烟尘密度为 $4.8kg/m^3$，气体阻力系数取0.44，为保证该粒径的尘粒在沉降室中全部沉降下来，则设计沉降室长度至少应为下列何项？（重力加速度取 $9.8m/s^2$）

(A) 4.5m　　(B) 5.0m

(C) 5.5m　　(D) 6.0m

答案：[　　]

主要解题过程：

2.【案例】对某负压运行的袋式除尘器测定得数据如下：入口风量 $L=12000m^3/h$，入口粉尘浓度为 $4680mg/m^3$，出口含尘空气的温度为32℃，大气压力为101325Pa，设除尘器全效率为98%，除尘器漏风量为3%。试问，在标准状态下，该除尘器出口的粉尘浓度最接近下列哪一项？

(A) $81mg/m^3$　　(B) $87mg/m^3$

(C) $92mg/m^3$　　(D) $102mg/m^3$

答案：[　　]

主要解题过程：

笔记区

3.【案例】某工厂采用电除尘器处理锅炉烟气，已知除尘效率为98%，处理烟气量为40000m^3/h，集尘板总面积为300m^2，试问该电除尘器的有效驱进速度接近下列何项？

(A) 0.05m/s　　(B) 0.10m/s

(C) 0.15m/s　　(D) 0.20m/s

答案：[　　]

主要解题过程：

笔记区

五、专题实训参考答案及题目详解

参考答案

（单选每题1分，多选每题2分，案例每题2分，合计12分）

单选题	1	2		
	D	C		
多选题	1	2		
	AB	ACD		
案例题	1	2	3	
	C	D	C	

题目详解

（一）单选题

1. 根据《复习教材》P212，选项A正确；选项B错误，宜采用较低的过滤风速；根据P217，选项C错误，过滤风速对除尘效率影响更多表现在机织布条件下，而针刺毡滤料，过滤风速主要影响压力损失；根据P218，“过滤速度增大1倍，粉尘通过率可能增大2倍以上”，但是反之过滤效率并非降低2倍，如原过滤效率98%，通过率2%，则速度增大一倍后通过率可能为4%，但是过滤效率只为96%，故选项D错误。

2. 选项A见《复习教材》式（2.5-15）下面一段话“旋风器出口方式采用出口蜗壳比采用圆管弯头时的压力损失下降10%”；选项B见上述一段话的下一段，依然是原话，注意括号中的内容只是对结构形式相同的解释；选项C见P211上数第8行，“若v_0过高，可能增强返混，影响粉尘沉降，反而导致沉降效率下降”，因此入口流速有最适范围，并非越大效率越高；选项D见P211上数第4行，“出口管径变小时，除尘效率提高”，反之为选项D。

（二）多选题

1. 选项A见《复习教材》表2.5-5，其中涤纶耐温低于100℃，但是最高不超过120℃，故选项A不适合；选项B见P211上数第5行，“除尘效率提高（即分割粒径减小）”，由此可以看出分割粒径是可以描述除尘效率高低的，错误；选项C见P224图下面一段，“粉尘比电阻超过10^{11}～10^{12}范围时称为高阻型”，下两行“导致除尘效率降低”，正确；选项D见P208倒数第2行，“一般为50～150Pa”，正确。

2. 根据《复习教材》式（2.5-26）可知，选项A错误，与系统处理风量无关；根据P222倒数12行，清灰时会扬起集尘，影响除尘效率，选项B正确；根据P224可知，选项C错误，形成电晕闭塞的原因是粉尘的计数浓度过高；根据P224可知，选项D错误，处理气

笔记区

体量增大，导致电场风速增大，容易产生二次扬尘，除尘效率下降，而与设备阻力无关。

(三) 案例题

1. 由《复习教材》式 (2.5-11) 可知，沉降速度为：

$$v_s = \sqrt{\frac{4(\rho_p - \rho_g)gd_p}{3C_D\rho_g}} = \sqrt{\frac{4\times(1000-4.8)\times9.8\times0.0004}{3\times0.44\times4.8}} = 1.57\text{m/s}$$

已知沉降室的宽和高，则沉降室内水平气流平均速度为：

$$v = \frac{Q}{WH} = \frac{180000}{6\times5\times3600} = 1.67\text{m/s}$$

为保证该粒径的尘粒全部沉降，需满足：

$$L \geqslant \frac{Hv}{v_s} = \frac{5\times1.67}{1.57} = 5.32\text{m}$$

说明：《复习教材》计算沉降室的公式中的风量单位为 m^3/s，注意单位换算。

2. 入口含颗粒的质量 $m_1 = 12000\times4680/3600 = 15600\text{mg/s}$。

出口含颗粒质量 $m_2 = (1-\eta)\cdot m_1 = (1-0.98)\times15600 = 312\text{mg/s}$。

出风口风量（负压除尘器，漏风率为外界空气进入除尘器漏风量；若未说正压，则实际有空气泄露，一般为负压除尘）$L_2 = (1+0.03)\times12000/3600 = 3.43\text{m}^3/\text{s}$。

出风口粉尘浓度 $C_0 = \frac{m_2}{L_2} = \frac{312}{3.43} = 90.96\text{mg/m}^3$。

排气密度 $\rho = \frac{353}{273+32} = 1.157\text{kg/m}^3$。

换算标准状态粉尘浓度 [《复习教材》P211，式 (2.5-18)]：

$$C_{N0} = \frac{1.293C_0}{\rho} = \frac{1.293\times90.96}{1.157} = 101.6\text{mg/m}^3$$

3. 根据《复习教材》式 (2.5-27)，得：

$$\omega_e = -\frac{L}{A}\ln(1.0-\eta) = -\frac{40000}{3600\times300}\times\ln(1.0-98\%) = 0.145\text{m/s}$$

笔记区

实训 2.6 吸收、吸附与净化

一、专题提要

1.《复习教材》第 2.6 节

2. 活性炭吸附的特点及计算

3. 液体吸收器的特点

二、备考常见问题

问题 1：吸附剂工作的连续时间公式中的动静活性比，《工规》条文说明中给出 0.8～0.9，答题时没有给出按 1 算还是按条文说明中的数值？

解答：从最近一次真题的情况（2016-4-11），考虑动静比是有答案的。需要注意的是动静比 E 的问题，在 2017 年之前，《复习教材》没有关于吸附计算的具体公式，参考《工业通风》中的公式进行计算，并且没有明确动静比是否考虑，因此 2017 年之前的真题中，动静比为 1。但是 2017 年以后，《工规》的实施表明需要考虑动静比的大小。

问题 2：关于吸附剂的吸附能力，《工规》第 7.3.5 条条文说明："对吸附剂再生的利用场合，吸附能力以平衡吸附量和平衡保持量的差计算"，《复习教材》又按"有效吸附量为平衡吸附量减去残留吸附量"。请问"平衡保持量和残留吸附量"是否一样？往年真题大多都为吸附剂不再生吸附器计算，吸附剂再生的吸附器计算公式是否通用？

解答：吸附计算的问题不用纠结公式参数的具体含义，直接带入《工规》公式即可。

三、案例真题参考

【例 1】 含有 SO_2 有害气体的流量为 3000m³/h，其中 SO_2 的浓度为 5.25mg/m³，采用固定床活性炭吸附装置净化该有害气体。设平衡吸附量为 0.15kg/kg 炭，吸附效率为 96%。如有效使用时间（穿透时间）为 250h，所需装炭量为下列何项？（2011-4-11）

(A) 71.5～72.5kg (B) 72.6～73.6kg

(C) 73.7～74.7kg (D) 74.8～78.8kg

【参考答案】 A

【主要解题过程】 由《复习教材》式（2.6-1），题中有害气体浓度为：

$$Y = \frac{CM}{22.4} = \frac{5.25 \times 64}{22.4} = 15\text{mg/m}^3$$

笔记区

由《工业通风》式（5-38）计算活性炭装炭量：

$$W=\frac{V\cdot Y\cdot \eta\cdot t}{q_0}=\frac{3000\times 15\times 0.96\times 250}{150000}=72\text{kg}$$

说明： 本题的核心是考察活性炭装炭量计算公式，此公式在《工规》条文说明中也有提及，需要注意的是，《工规》中公式内有一处打印错误，h并非为符号，而是单位小时，注意修正。本题在现今的考试中应考虑动活性与静活性比的印象，但计算后无答案，这是规范改变对老题目的影响。

$$W=\frac{V\cdot Y\cdot \eta\cdot t}{E\cdot q_0}=\frac{3000\times 15\times 0.96\times 250}{(0.8\sim 0.9)\times 150000}=80\sim 90\text{kg}$$

【例 2】 SO_2浓度为 100ppm 的有害气体，流量为 $5000m^3/h$，选用净化装置的净化效率为 95%，净化后的 SO_2 浓度（mg/m^3）为下列何项？（大气压为 101325Pa）（2014-4-10）

（A）12.0～13.0　　（B）13.1～14.0

（C）14.1～15.0　　（D）15.1～16.0

【参考答案】 C

【主要解题过程】 根据《复习教材》式（2.6-1）计算质量浓度，已知 SO_2摩尔质量为 64，则有：

$$y_1=CM/22.4=100\times 64/22.4=285.5\ \text{mg/m}^3$$

$$y_2=y_1(1-\eta)=285.7\times(1-0.95)=14.3\ \text{mg/m}^3$$

说明： 本章重要计算公式为《复习教材》式（2.6-1），并且应用范围较广，但难度很低，且更多为案例中最基础的一步。

四、专题实训（推荐答题时间 30 分钟）

请将求解答案写于下表中，案例题在题目中书写解题过程

（单选题 1 分，多选题 2 分，案例题 2 分，合计 15 分）

单选题	1	2	3	得分
多选题	1	2	3	
案例题	1	2	3	

（一）单选题（每题 1 分，共 3 分）

1. 【单选】下列关于活性炭吸附的叙述，错误的是哪一项？

（A）活性炭的吸附量随温度上升而下降

（B）对于有机溶剂蒸气的吸附适宜采用活性炭

（C）可以采用活性炭去除气体中的醋酸乙酯、SO_2、HCl 等有害物

（D）活性炭吸附必须避免高温、高湿和高含尘量

笔记区

2.【单选】关于活性炭的特性，下列哪一项叙述是错误的？
(A) 计算吸附剂用量时按动活性设计
(B) 被吸附的物质浓度越高，吸附量也越高
(C) 空气湿度增大，可吸附的负荷升高
(D) 对环乙烷的吸附效果不如对苯的吸附效果

3.【单选】下列有关液体吸收法的叙述，正确的是哪一项？
(A) 结晶是化学吸收法中的吸收剂再生方法
(B) 提高液体吸收法吸收率的要点是要使气、液充分接触
(C) 一般气态污染物在气相介质中的扩散系数随压力上升而增大
(D) 为了减少吸收剂的损耗，其蒸气压应尽量高

(二) 多选题（每题 2 分，共 6 分）

1.【多选】关于活性炭的吸附特性，下列哪几项叙述是正确的？
(A) 在吸附过程中活性炭是吸附质，有害气体是吸附剂
(B) 细孔性活性炭特别适用于吸附低浓度挥发性蒸气
(C) 采用颗粒状活性炭的固定床活性炭吸附装置空塔速度取 0.20～0.60m/s
(D) 工业吸附装置中用活性炭做吸附剂时，通常动活性取80%～90%

2.【多选】用液体吸收装置净化大于 5μm 高浓度粉尘时，要求吸附效率达到 95%～99%，经技术经济比较后可采用下列哪些吸收装置？

(A) 旋风洗涤器　　(B) 文氏管洗涤塔
(C) 喷淋塔　　(D) 喷射洗涤器

3.【多选】下列有关液体吸收法的说法，错误的是哪几项？
(A) 物理吸收的吸收剂可以循环使用，化学吸收的吸收剂不可循环使用
(B) 物质在介质中的扩散能力以扩散系数的大小来表示
(C) 液体吸收法机理基于“双膜理论”
(D) 整个吸收过程中，单位时间、单位相界面上通过气膜所传递的物质量大于通过液膜所传出的物质量

(三) 案例题（每题 2 分，共 6 分）

1.【案例】含有 SO_2 有害气体的流速为 $3000m^3/h$，其中 SO_2 的浓度为 $5.54ml/m^3$。采用固定床活性炭吸附装置净化该有害气体，设

笔记区

平衡吸附量为 0.15kg/kg$_{碳}$，吸附效率为 95%，如装炭量为 50kg，有效使用时间（穿透时间）为下列何项？

(A) 152～162 h　(B) 162～172 h

(C) 172～182 h　(D) 182～192 h

答案：[　]

主要解题过程：

2.【案例】有一吸收塔处理 90%空气（体积分数）和 10%氨气的混合气体。在标准状态下，混合气体的总流量为 0.8m^3/s。用水作吸收剂来吸收氨气，氨气与水的相平衡常数为 0.76，若要求净化效率为 95%，则出口处气相中 NH_3的浓度和最小液气比为多少？（氨的分子量为 17）

(A) 0.10564 kmol/kmol，最小气液比 0.682

(B) 0.10564 kmol/kmol，最小气液比 0.722

(C) 0.0056 kmol/kmol，最小气液比 0.682

(D) 0.0056 kmol/kmol，最小气液比 0.772

答案：[　]

主要解题过程：

3.【案例】某有害气体流量为 65m^3/min，其中有害气体浓度为 15mg/m^3，分子量为 64，采用固定床活性炭吸附装置吸附该有害气体，假设平衡吸附量为 0.15kg/kg，吸附装置的吸附效率为 95%，一次活性炭的装碳量为 80kg，则连续有效使用时间为下列哪一项？

(A) 205～210h　(B) 210～215h

(C) 215～220h　(D) 220～225h

答案：[　]

主要解题过程：

笔记区

五、专题实训参考答案及题目详解

参考答案

(单选每题1分，多选每题2分，案例每题2分，合计15分)

单选题	1	2	3
	C	C	B
多选题	1	2	3
	BCD	BD	AD
案例题	1	2	3
	B	D	C

题目详解

(一) 单选题

1. 选项A见《复习教材》表2.6-4下面的(7)；选项B见表2.6-3下一句话，“活性炭适宜对有机溶剂蒸气的吸附”；选项C查表2.6-3，其中活性炭中无HCl吸附质，HCl适合采用浸渍活性氧化铝吸附，错误；选项D见P234上数第2行。

2. 由《复习教材》P234第9行可知，选项A正确；由P233第(6)条可知，选项B正确；由第(5)条可知，选项C错误，空气湿度增大，可吸附的负荷降低；由第(1)条可知，选项D正确。

3. 根据《复习教材》P238，选项A错误，结晶是物理吸收法中吸收剂的再生方法；选项B正确；根据P240，选项C错误，压力降低扩散系数增大；根据P241，选项D错误。

(二) 多选题

1. 根据《复习教材》P232可知，选项A错误，有害气体是吸附质；根据P233第(8)条可知，选项B正确；根据P235可知，选项C正确；根据P234可知，选项D错误，通常取“静活性的80%～90%”。

2. 根据《复习教材》表2.6-9可知，选项BD符合要求。

3. 参见《复习教材》，根据P238倒数第三段可知，可以采用逆反应、电解等化学分离法使吸收剂再生，故选项A错误；根据P240-(2)扩散和吸收可知，选项B正确；根据式(2.6-3)下方第三行可知，选项C正确；根据P240第四行可知，选项D正确。

(三) 案例题

1. 根据《复习教材》式(2.6-1)：$Y = CM/22.4 = 5.54 \times 64/22.4 = 15.83\text{mg/m}^3$。

吸附剂的连续工作时间为：

笔记区

$$t=\frac{10^6\times S\times W\times E}{\eta\times L\times y_1}=\frac{10^6\times 0.15\times 50\times 1}{0.95\times 3000\times 15.83}=166.2\text{h}$$

2. 由题意，NH_3为出口气相组成，即为《复习教材》式（2.6-7）中Y_2。已知净化效率为95%，即为NH_3的净化效率，故需确定进口处NH_3的浓度Y_1。

其中气相组成为有害物质摩尔浓度与空气摩尔浓度的比值（见《工业通风》P134 例 5-4），混合气体中空气的流量 $V_{空气}=\frac{0.8\times 0.90}{22.4}=0.0321\text{kmol/s}$。

混合气体中氨的流量：$V_{NH_3}=\frac{0.8\times 0.10}{22.4}=0.00357\text{kmol/s}$。

进口处气相中 NH_3 的浓度：$Y_1=\frac{V_{NH_3}}{V_{空气}}=\frac{0.00357}{0.0321}=0.1112\text{kmol/kmol}$。

出口处气相中 NH_3 的浓度：$Y_2=0.1112\times(1-0.95)=0.00556\text{kmol/kmol}$。

进口处液相中NH_3的浓度$X_2=0$，故最小液气比为：

$$\frac{L_{\min}}{V_{空气}}=\frac{Y_1-Y_2}{Y_1/m-X_2}=\frac{0.1112-0.00556}{0.1112/0.76-0}=0.722$$

3. 吸附装置可吸附的有害气体量$G=80\times 0.15=12\text{kg}$。

吸附装置每小时吸附的有害气体量 $g=\frac{65\times 60\times 15\times 0.95}{1000000}=0.055575\text{kg/h}$。

连续有效使用时间 $h=\frac{12}{0.055575}=215.9\text{h}$。

笔记区

实训 2.7 通风系统设计与通风机

一、专题提要

1.《复习教材》第 2.7 节、第 2.8 节

2. 普通通风管路、除尘及净化风管的要求

3. 通风系统的防爆与防腐

4. 通风机的特性与选型

二、备考常见问题

问题 1： 通风系统计算经常出现变风机转速前后系统阻力的变化（如下题）。计算过程中是采用流量—阻力关系“$p=SQ^2$”，还是采用变转速后阻力的变化？

【2014-4-11】【单选】某房间设置一机械送风系统，房间与室外压差为零。当通风机在设计工况运行时，系统送风量为 5000m^3/h，系统的阻力为 380Pa。现改变风机转速，系统送风量降为 4000m^3/h，此时该机械送风系统的阻力（Pa）应为下列何项？

解答： 流量-阻力关系“$p=SQ^2$”与变转速后阻力的变化的计算结果是一样的，差别在于流量—阻力关系是体现管网特性，变转速计算是体现风机特性。这两种计算方法均可以采用。

问题 2：《复习教材》第 2.9 节：“测定风机的全压时，应分别测出出风口端和吸风口端测定截面的全压平均值”，这句话如何理解？

解答： 该句是关于“通风机风量和风压测量”的第 2 条。对于风机来讲，它是提高入口空气全压的设备，入口的全压可能是正值也可能是负值，但是风机相当于数值上增加空气全压的大小。如果简单的测量风机出口的全压，是不对的，因为风机风压不是从零压提升的空气压力。

问题 3：《复习教材》中“要求在大气中扩散稀释的通风排气，其排风口上不应设风帽”，“对于排除有害气体或含有粉尘的通风系统，其风管的排风口宜采用锥形风帽或防雨风帽”，这两句话是否存在矛盾？

解答： 这两句话不矛盾，分别适用于不同的场合。排除有害气体或含有粉尘的气体，有两种措施，即采用大气扩散稀释（有害气体和粉尘是有排放限值），或经除尘设备除尘后排放。对于单纯需要扩散稀释的，排风口不应设风帽；但经净化除尘设备以后，不以扩散为目的时，这种排风口宜采用锥形风帽或防雨风帽。

三、案例真题参考

【例 1】 某民用建筑的全面通风系统，系统计算总风量为

笔记区

$10000m^3/h$，系统计算总压力损失 300Pa，当地大气压力为 101.3kPa，假设空气温度为 20℃。若选用风系统全压效率为 0.65，机械效率为 0.98，在选择确定通风机时，风机的配用电机容量至少应为下列哪一项？（风机风量按计算风量附加 5%，风压按计算阻力附加 10%）（2012-4-11）

（A）1.25～1.4kW （B）1.45～1.50kW

（C）1.6～1.75kW （D）1.85～2.0kW

【参考答案】 D

【主要解题过程】 轴功率为：

$$N_Z = \frac{(10000 \times 1.05) \times (300 \times 1.1)}{3600 \times 0.65 \times 0.98} = 1511\text{W} = 1.511\text{kW}$$

根据《复习教材》表 2.8-5，配用电机的放大倍数 $K=1.30$，所以风机配用电机功率 $N = K \cdot N_Z = 1.30 \times 1.511 = 1.964\text{kW}$。

说明： 通风机功率类计算，是通风机部分最常考到的计算类知识点。一般情况，如果是求解能耗有关的问题，只需要计算 N_Z，即电机轴功率。本题明确提出计算配电机功率，因此需要考虑配电机的放大倍数。

【例 2】 如右图所示排风罩，其连接风管直径 $D=200$mm，已知该排风罩的局部阻力系数 $\xi_Z=0.04$（对应管内风速），蝶阀全开 $\xi_{FK1}=0.2$，风管 A-A 断面处测得静压 $P_{J1}=-120$Pa，当蝶阀开度关小，蝶阀的 $\xi_{FK2}=4.0$，风管 A-A 断面处测得的静压 $P_{J2}=-220$Pa。设空气密度 $\rho=1.20\text{kg/m}^3$，蝶阀开度关小后排风罩的排风量与蝶阀全开的排风量之比为何项？（沿程阻力忽略不计）（2011-3-09）

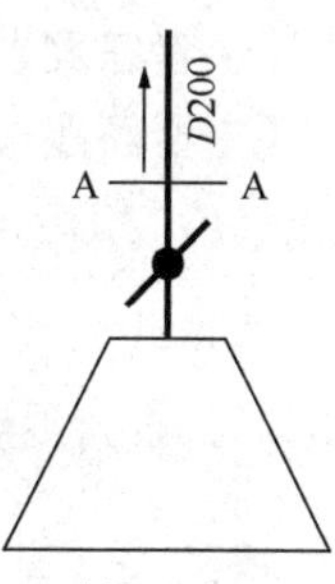

例 2 题图

（A）48%～53% （B）54%～59%

（C）65%～70% （D）71%～76%

【参考答案】 C

【主要解题过程】 由《复习教材》P283 有关静压复得法的计算方法得：

$$\frac{L_2}{L_1} = \frac{\mu F\sqrt{\frac{2}{\rho}} \times \sqrt{|P_{J2}|}}{\mu F\sqrt{\frac{2}{\rho}} \times \sqrt{|P_{J1}|}} = \frac{\frac{1}{\sqrt{1+\xi_{FK2}+\xi_Z}} \times \sqrt{|P_{J2}|}}{\frac{1}{\sqrt{1+\xi_{FK1}+\xi_Z}} \times \sqrt{|P_{J2}|}}$$

$$= \frac{\frac{1}{\sqrt{1+4+0.04}} \times \sqrt{|-220|}}{\frac{1}{\sqrt{1+0.2+0.04}} \times \sqrt{|-120|}} = 67.2\%$$

笔记区

说明： 风量测定类计算为本章中较难的计算类考点，本题中蝶阀开度变化后，局部阻力系数发生变化，通风系统中考虑的局部阻力系数包括蝶阀即排风罩两部分。

【例 3】 某均匀送分管采用保持孔口前静压相同原理实现均匀送风（如右图所示），有 4 个间距为 2.5m 的送风孔口（每个孔口送风量为 $1000m^3/h$）。已知，每个孔口的平均流速为 5m/s，孔口的流量系数均为 0.6，断面 1 处风管的空气平均流速为 4.5m/s。该段风管断面 1 处的全压应是以下何项，并计算说明是否保证出流角 $\alpha \geqslant 60°$？（注：大气压力 101.3kPa、空气密度取 $1.20kg/m^3$）（2014-3-07）

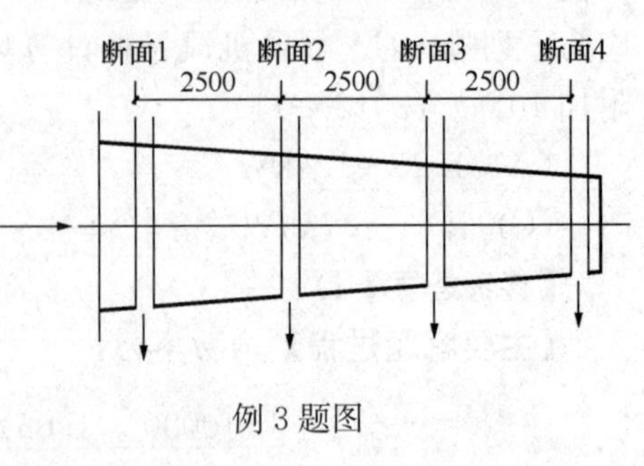

例 3 题图

(A) 10～15Pa 不满足保证出流角的条件

(B) 16～30Pa 不满足保证出流角的条件

(C) 31～45Pa 满足保证出流角的条件

(D) 46～60Pa 满足保证出流角的条件

【参考答案】 D

【主要解题过程】 根据《复习教材》式（2.7-15）求孔口静压流速 $v_j = v_0/\mu = 5/0.6 = 8.33m/s$。

根据式（2.7-10），求风管断面 1 处静压 $P_j = \frac{1}{2}\rho v_j{}^2 = \frac{1}{2} \times 1.2 \times 8.33^2 = 41.63Pa$。

根据式（2.7-11），求风管断面 1 处动压 $P_d = \frac{1}{2}\rho v_d{}^2 = \frac{1}{2} \times 1.2 \times 4.5^2 = 12.15Pa$。

风管断面 1 处全压 $P_q = P_d + P_j = 12.12 + 41.63 = 53.75Pa$。

根据式（2.7-12），求孔口初六与风管轴线间夹角 α：

$$\text{tg}\alpha = \frac{v_j}{v_d} = \frac{8.33}{4.4} = 1.85$$

求得出流角 $\alpha = 61.61° > 60°$，满足出流角条件。

说明： 本题考察的知识点为本章中最难的知识点，需要注意的是管道内全压、静压和动压的含义，及其对应的风速，理解这些内容有助于公式的应用。

笔记区

四、专题实训（推荐答题时间40分钟）

请将求解答案写于下表中，案例题在题目中书写解题过程
（单选题1分，多选题2分，案例题2分，合计20分）

单选题	1	2	3	4	5	6	得分
多选题	1	2	3	4			
案例题	1	2	3				

（一）单选题（每题1分，共6分）

1.【单选】某排烟系统工作压力为1000Pa，管道尺寸为800mm×320mm，则排烟管道的钢板厚度为下列何项较为合理？

（A）0.5mm （B）0.6mm

（C）0.75mm （D）1.0mm

2.【单选】下列关于风管的布置和连接的说法，错误的是何项？

（A）除尘风管宜垂直或倾斜敷设，倾斜敷设与水平夹角宜大于45°

（B）用于排除含有爆炸性或者含有剧毒物质的排风系统，其正压段不得穿过其他房间

（C）对于并联管路，除尘系统要求两支管的压损差不超过10%

（D）对于并联管路，一般的通风系统要求两支管的压损差不超过10%

3.【单选】排除木屑除尘风管直径最小是下列哪一项？

（A）80mm （B）100mm

（C）130mm （D）150mm

4.【单选】关于通风机风压的说法，正确的应是下列哪项？

（A）离心风机的全压与静压数值相同

（B）轴流风机的全压与静压数值相同

（C）轴流风机的全压小于静压

（D）离心风机的全压大于静压

5.【单选】某均匀送风系统采用侧壁孔口出流的方式，若单个孔口平均流出速度为3m/s，孔口流量系数为0.6，下列设计风管断面中能够实现均匀送风的最大流速是哪一项？

笔记区

(A) 1.7m/s (B) 2.8m/s
(C) 3m/s (D) 5m/s

6.【单选】下列关于通风管道系统水力计算的说法，错误的是哪一项?
(A) 通风管道单位长度阻力损失随着输送空气温度的升高而降低
(B) 合流三通的直管和支管的局部压力损失要分别计算
(C) 合流三通内直管和支管的流速相差较大时，直管的局部阻力系数可能会出现负值
(D) 金属风管因比塑料板风管内壁光滑，同流量、同尺寸输送条件下，风管阻力更小

(二) 多选题 (每题2分，共8分)

1.【多选】设计一段均匀送风管道，以下说法正确的是哪几项?
(A) 对于条缝形风口，当孔口面积与风管断面积之比小于0.4时，可近似认为出风是均匀的
(B) 各测孔流量系数相等时，可保证实现均匀送风
(C) 风管中的静压与动压之比越大越好
(D) 空气从孔口流出时，实际流速和出流方向只取决于静压

2.【多选】某机械加工厂房除尘系统采用袋式除尘器，选用离心通风机排出气体，下列关于系统设备选用不合理的是哪几项?
(A) 除尘器位于系统正压段时，不能选用后向式叶片离心通风机
(B) 采用转速通风机时，通风机风量需要考虑不超过3%的总漏风率
(C) 输送含有钢铁屑的水平除尘风管，干管风速一般为6～14m/s
(D) 风机的选用设计工况效率，不应低于风机最高效率的90%

3.【多选】选择通风机时需根据不同工况进行风量、风压和功率的附加，下列说法正确的是哪几项?
(A) 通风机的风量应在系统计算的总风量上附加风管和设备的漏风量
(B) 当计算工况与风机样本标定状态相差较大时，应将风机样本标定状态下的数值换算成风机选型计算工况风量和风压
(C) 采用变频通风机时，风机电动机的 功率应在100%转速计算值上附加15%～20%

笔记区

(D) 通风机输送介质温度较高时，电动机功率应按冷态运行进行附加

4.【多选】当通风机输送的空气密度减小时，下列说法哪些是正确的？

(A) 风机消耗的功率减小　　(B) 风机的效率减小

(C) 风机的全压减小　　(D) 风机的风量减小

(三) 案例题 (每题 2 分，共 6 分)

1.【案例】某离心风机进行参数测定，实测风机进口平均风速为15m/s，进口静压为－150Pa，出口平均风速为 8m/s，出口静压为350Pa，风机全压为下列何项？(空气密度 1.2kg/m^3)

(A) 403.4Pa　　(B) 443.7Pa

(C) 450Pa　　(D) 673.4Pa

答案：[　]

主要解题过程：

2.【案例】某车库设计平时排风兼排烟双速风机，采用箱型风机皮带传动，已知排烟工况风量为 30000m^3/h，压力为 839Pa，转速为660r/min，风机全压效率为 65%，若平时通风工况风机转速为 450r/min，则平时通风工况下，电机功率接近下列何项？(不考虑电机容量安全系数)

(A) 2.4kW　　(B) 3.6kW

(C) 5.3kW　　(D) 7.7kW

答案：[　]

主要解题过程：

3.【案例】某一均匀送风管段，采用等面积侧孔送风如下图所示。若已知末端侧孔要求送风量为 1000m^3/h，孔口尺寸为 200mm×300mm，流量系数 μ=0.6，试计算该侧孔处的静压及侧孔处风管的最小断面直径接近下列何值？

笔记区

(A) 30.6Pa，300mm

(B) 35.6Pa，300mm

(C) 30.6Pa，280mm

(D) 35.6Pa，280mm

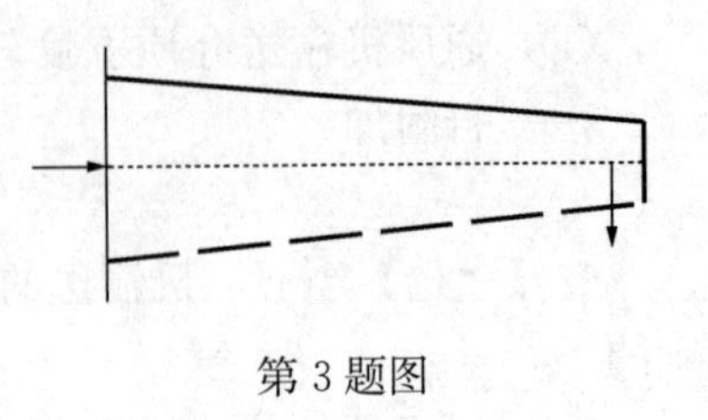

第3题图

答案：[ ]

主要解题过程：

五、专题实训参考答案及题目详解

参考答案

（单选每题1分，多选每题2分，案例每题2分，合计20分）

单选题	1	2	3	4	5	6
	D	D	B	D	B	D
多选题	1	2	3	4		
	AC	BC	ABCD	AC		
案例题	1	2	3			
	A	B	D			

题目详解

（一）单选题

1. 参见《通风验收规范》表4.2.3-1，题目虽然给出工作压力，根据规范表格注2可知，排烟系统风管钢板厚度可按高压系统，因此对于风管长边宽度800mm的排烟管道，其钢板厚度为1.0mm。

2. 选项根据《复习教材》P256中“2. 风管布置”可知，选项AB正确；根据P254中“4. 管道压力损失平衡计算”，选项C正确，选项D错误，一般通风管道的压损差不超过15%。

3. 参考《复习教材》P256页（5）。

4. 全压=静压+动压，选项D正确。

5. 计算静压差形成的流速 $v_j=\dfrac{v_0}{\mu}=\dfrac{3}{0.6}=5\text{m/s}$。

由实现均匀送风基本条件确定风管内最大流速 $v_d\leqslant\dfrac{v_j}{1.73}=\dfrac{5}{1.73}=2.89\text{m/s}$

6. 根据《复习教材》图2.7-2可知，随着空气温度的升高，温度修正系数 K_t 降低，修正后风管单位长度阻力损失降低，因此选项

笔记区

A正确。由P253“2.7.3通风管道系统的设计计算”上部四段可知，选项BC均正确；根据表2.7-1可知，塑料板风管粗糙度远低于薄钢板风管，因此选项D中金属风管更光滑的说法错误。

（二）多选题

1. 根据《复习教材》图2.7-6下方文字（4）的内容，选项A正确；由“2. 实现均匀送风的条件”可知，选项B还要保证出口静压相等，故选项BD均错误；由图2.7-9下方文字可知，选项C正确。

2. 根据《复习教材》表2.8-1上方有关后向式离心通风机的内容可知，离心通风机不能输送含尘气体，但是对于选项A需要具体判别是否输送气体含沉。除尘器位于正压段，则除尘器位于通风机出口段，进入通风机的空气还没有被除尘，因此此时通风机输送了含尘空气，因此选项A正确；根据第2.8.2节可知，选项B错误，选项D正确。选项B中3%的漏风率为风管漏风率，通风机还需要考虑除尘器的漏风，一般袋式除尘器漏风率为5%，因此选项B的考虑3%的总漏风率错误；根据表2.7-3可知，输送含有钢铁屑的水平风管，最小风速为23m/s，因此选项C错误。

3. 根据《工规》第6.8.2-1条，选项A正确；根据第6.8.2-2条，选项B正确；第6.8.2-4条，选项CD正确。

4. 参考《复习教材》表2.8-6。

（三）案例题

1. 根据《复习教材》P266可知，通风机的风压可以用通风机出口气流全压与进口气流全压之差来计算。

进口全压：$P_1 = P_{j1} + P_{d1} = -150 + \dfrac{1}{2} \times 1.2 \times 15^2 = -15\text{Pa}$。

出口全压：$P_2 = P_{j2} + P_{d2} = 350 + \dfrac{1}{2} \times 1.2 \times 8^2 = 388.4\text{Pa}$。

风机全压：$P = P_2 - P_1 = 388.4 - (-15) = 403.4\text{Pa}$。

2. 根据《复习教材》式（2.8-3），排烟工况轴功率为：

$$N_1 = \frac{L_1 \times P_1}{3600 \times 1000 \times \eta \times \eta_m} = \frac{30000 \times 839}{3600 \times 1000 \times 0.65 \times 0.95} = 11.3\text{kW}$$

根据表2.8-6，平时通风工况下的电机功率为：

$$N_2 = N_1 \left(\frac{n_2}{n_1}\right)^3 = 11.3 \times \left(\frac{450}{660}\right)^3 = 3.6\text{kW}$$

3. 根据《复习教材》式（2.7-15）可知，侧孔静压流速为：

$$v_0 = \frac{L_0}{3600 \times f_0} = \mu \cdot v_j$$

$$v_j = \frac{L_0}{3600 \times f_0 \times \mu} = \frac{1000}{3600 \times 0.2 \times 0.3 \times 0.6} = 7.7\text{m/s}$$

笔记区

根据式（2.7-10）可知，侧孔静压为：

$$P_j=\frac{\rho v_j^2}{2}=\frac{1.2\times7.7^2}{2}=35.6\text{Pa}$$

根据 P262，要达到均匀送风的目的，必须使 $\frac{p_j}{p_d}\geqslant3.0\Rightarrow p_d\leqslant\frac{p_j}{3.0}=\frac{35.6}{3.0}=11.87\text{Pa}$。

根据式（2.7-11）空气在风管侧孔处的流速为：

$$v_d=\sqrt{\frac{2P_d}{\rho}}=\sqrt{\frac{2\times11.87}{1.2}}=4.44\text{m/s}$$

侧孔处风管断面直径为：

$$D=\sqrt{\frac{4\times1000}{3600\times4.44\times3.14}}=0.28\text{m}=280\text{mm}$$

笔记区

实训2.8 通风系统施工与验收

一、专题提要

1.《复习教材》第2.7节

2.《通风验收规范》关于风管制作、风管安装相关内容

二、备考常见问题

问题1：测量风管风量或风压时，对在局部阻力之前和之后的测点位置都做了规定（4倍管径、1.5倍管径等）。请问，如果测点在两个局部阻力之间，是不是要同时满足在局部阻力之前和之后的距离要求呢?

解答：是的，这也就间接规定了两个局部阻力点之间最小间距的要求。

问题2：《通风验收规范》表4.1.4和《防排烟标准》表6.3.3有差别，应以哪个为准呢？如果《防排烟标准》的表格仅是针对防排烟风管的，那么排烟风管应该是负压，应该依据哪个呢?

解答：普通风管，以《通风验收规范》为准，进行风管类别的划分。《防排烟标准》中表格沿用的是旧版《通风验收规范》中的划分表格，但这并不影响压力级别划分，对于防排烟管道，是没有微压级别的风管。

此处要注意以下内容，其内容也出现在《防排烟标准》中：根据《通风验收规范》第4.2.1-5条（《防排烟标准》第6.3.3-5条）："排烟系统风管的严密性应符合中压风管的规定"；根据《通风验收规范》表4.2.3-1注2（《防排烟标准》表6.2.1）："排烟系统风管钢板厚度可按高压系统"。

在计算风管允许漏风量时，公式中P带入的工作压力，是带绝对值的正数。因此，对于排烟风管，系统工作压力是负值，但是在带入《防排烟标准》第6.3.3条中的公式时，要带入带绝对值的正值。

三、专题实训（推荐答题时间35分钟）

请将求解答案写于下表中，案例题在题目中书写解题过程

（单选题1分，多选题2分，案例题2分，合计15分）

<table>
<tr><td rowspan="2">单选题</td><td>1</td><td>2</td><td>3</td><td></td><td rowspan="3">得分</td></tr>
<tr><td></td><td></td><td></td><td></td></tr>
<tr><td rowspan="2">多选题</td><td>1</td><td>2</td><td>3</td><td>4</td></tr>
<tr><td></td><td></td><td></td><td></td><td rowspan="3"></td></tr>
<tr><td rowspan="2">案例题</td><td>1</td><td>2</td><td></td><td></td></tr>
<tr><td></td><td></td><td></td><td></td></tr>
</table>

笔记区

(一) 单选题 (每题 1 分，共 3 分)

1.【单选】风管道系统工作压力为 1200Pa，材质采用玻镁复合风管，风管尺寸为 3500mm (b) ×500mm (h)，风管厚度为 18mm，在距风机 3m 处的风管内采取横向加固措施，下列风管内支撑横向加固数量正确的是?

(A) 1 个　(B) 2 个　(C) 3 个　(D) 4 个

2.【单选】下列有关通风系统风量和风压测定仪器的表述，正确的是哪一项?

(A) 标准毕托管广泛应用于含尘污染源排风系统的风压检测

(B) S 形毕托管只适用于比较清洁的排风系统的风压检测

(C) U 形压力计不适用于测量微小压力

(D) 倾斜式微压计常用贡作为测压液体

3.【单选】下列有关对于风管制作质量检查的要求，说法错误的是哪一项?

(A) 风管强度和严密性检查应按合格率不小于 95%的抽样评定方案确定检查数量

(B) 防火风管的本体、框架与固定材料、密封垫料等必须采用不燃材料，应按照合格率不小于 95%的抽样评定方案确定检查数量

(C) 金属风管的加固应按合格率不小于 95%的抽样评定方案确定检查数量

(D) 复合材料风管的覆面材料必须采用不燃材料，应进行全数检查

(二) 多选题 (每题 2 分，共 8 分)

1.【多选】风管加工质量应通过工艺性检测或验证，下列关于风管强度和严密性要求的说法，错误的是哪一项?

(A) 风管的强度应能满足在 1.5 倍工作压力下接缝处无开裂

(B) 中压圆形金属风管的允许漏风量，应为矩形风管规定值的 50%

(C) 混凝土风道的允许漏风量不应大于矩形低压系统风管规定值的 1.5 倍

(D) 排烟系统风管的严密性应符合高压系统风管的规定

2.【多选】下列关于风管的密封要求，说法错误的是哪几项?

(A) 工作压力为 300Pa 的通风系统，接缝及接管处应密封

笔记区

(B) 工作压力为300Pa的通风系统，接缝及接管处应密封，密封面宜设在风管的负压侧

(C) 工作压力为800Pa的通风系统，所有的拼接缝及接管连接处均应采取密封措施

(D) 工作压力为800Pa的通风系统，接缝及接管处应设密封措施

3. 【多选】下列关于风管风量测定方法的说法，正确的是哪几项？

(A) 风管的风量宜采用热风速仪测量

(B) 测量断面应选择在气流均匀的直管段上

(C) 对于直径为800mm的圆形风道，划分4个等面积同心圆环，测点布置在各圆环面积等分线上

(D) 对于2000mm×630mm的矩形风道设置30个等面积小断面，每个断面中心设置测点。

4. 【多选】某7级洁净空调系统，系统工作压力为1700Pa，对该风管系统进行强度和严密性试验，下列满足验收标准的是哪几项？

(A) 强度检测应在2000Pa工作压力下保持5min，接缝无开裂，整体结构无永久性变形及损伤

(B) 漏风量检测应以主管和干管为主，宜采用分段检测

(C) 漏风量检测，检验样本风管宜为3节及以上

(D) 漏风量检测可按中压风管进行检测

(三) 案例题 (每题2分，共4分)

1. 【案例】某N3级净化空调系统风管工作压力为1200Pa，则工作压力下风管允许漏风量为下列何项？

(A) 0.585m^3/($h \cdot m^2$)

(B) 1.17m^3/($h \cdot m^2$)

(C) 3.5m^3/($h \cdot m^2$)

(D) 10.60m^3/($h \cdot m^2$)

答案：[ ]

主要解题过程：

笔记区

2.【案例】某局部排风罩的排风系统，已知当地大气压为86.6kPa，测得排风罩上部风管处的静压为－220Pa，风量为1800m³/h，温度为80℃，风管的直径Φ=200mm，该局部排风罩的局部阻力系数为下列何项?

(A) 0.34　　(B) 0.45

(C) 1.03　　(D) 2.03

答案：[ ]

主要解题过程：

四、专题实训参考答案及题目详解

参考答案

（单选每题1分，多选每题2分，案例每题2分，合计15分）

单选题	1	2	3	
	D	C	B	
多选题	1	2	3	4
	AD	ABC	ABD	BD
案例题	1	2		
	B	C		

题目详解

（一）单选题

1. 解析：根据《通风施工规范》第5.4.5-3条可知，距离风机5m内的风管按照规定再增加500Pa风压计算内支撑数量，故$P=1200+500=1700$Pa。根据表格5.4.5查得为4个加固数量。

2. 根据《复习教材》P280可知，选项AB错误，选项C正确；由P281可知，选项D错误。

3. 本题为风管检查数量的确定，根据《通风验收规范》第3.0.10条可知，第I抽样方案为合格率不小于95%的抽样评定方案，第II抽样方案为合格率不小于85%的抽样评定方案。由第4.2.1条可知，选项A正确；根据第4.2.2条可知，选项B错误，对于防火风管，应进行全数检查；根据第4.2.3条可知，选项C正确；根据第4.2.5条可知，选项D正确。

（二）多选题

1. 根据《通风验收规范》第4.2.1条，选项A错误，试验压力

笔记区

对于不同类别风管不同，仅低压风管为1.5倍工作压力。根据第4.2.1-3条可知，选项B正确；根据第4.2.1-4可知，选项C正确；根据第4.2.1-5条可知，选项D错误，排烟系统严密性试验应符合中压风管。

2. 根据《通风验收规范》表4.1.4可知，对于工作压力为300Pa的低压风管，接缝及接管处应密封，密封面宜设在风管的负压侧，故选项AB均错误；对于工作压力为800Pa的中压风管，接缝及接管处应设密封措施，故选项C错误。

3. 根据《复习教材》P279最后一段可知，选项AB正确；根据表2.9-1可知，直径800mm圆形风道需要划分6个圆环，故选项C错误；根据P280最后一段可知，矩形风道断面需划分为接近正方形面积相等的小断面，每个断面边长不应大于220mm，面积不大于$0.05m^2$，故2000mm×630mm可按照2000mm方向划分为10段，每段长200mm，630m方向划分3段，每段210mm，可划分出10×3=30个小断面，每个断面面积为$0.2\times0.21=0.042m^2$，满足测试要求。

4. 根据《通风验收规范》第C.1.2条，选项A错误，1700Pa属于高压风管，强度试验压力不应低于1700×1.2=2040Pa；根据第C.1.3条，选项B正确，选项C错误，选项C条件不足，对总表面积有下限要求；根据第C.1.5条，选项D正确。

（三）案例题

1. 根据《通风验收规范》第4.2.1-5条，N1～N3级净化空调系统风管的严密性应符合高压风管规定。根据表4.2.1条可知：

$Q\leqslant 0.0117P^{0.65}=0.0117\times 1200^{0.65}=1.174m^3/(m^2\cdot h)$

2. 根据《复习教材》式（2.9-9），其中密度为：

$$\rho=\frac{P}{287\times T}=\frac{86600}{287\times(273+80)}=0.855kg/m^2$$

排风罩的局部阻力系数为：

$$L=\mu\times F\times\sqrt{\frac{2}{\rho}}\times\sqrt{|P_j|}=\frac{1}{\sqrt{1+\zeta}}\times F\times\sqrt{\frac{2}{\rho}}\times\sqrt{|P_j|}$$

$$\zeta=\left(\frac{F}{L}\right)^2\times\frac{2}{\rho}\times|P_j|-1$$

$$=\left(\frac{3.14\times0.2\times0.2}{4\times1800\div3600}\right)^2\times\frac{2}{0.855}\times220-1=1.03$$

笔记区

实训 2.9 建筑防排烟

一、专题提要

1.《复习教材》第 2.10 节、第 2.11 节

2. 排烟设施设置要求

3. 排烟风管施工与设计要求

4. 通风防爆

5. 人防通风设计

二、备考常见问题

问题 1： 直灌式机械加压送风系统的送风量应在计算风量 1.2 倍的基础上再考虑 1.2 倍吗？

解答：《防排烟标准》第 3.3.3 条中，直灌式的计算值是常规计算值的 1.2 倍。而第 3.4.1 条中设计风量是计算值的 1.2 倍，故而两个叠加。因此对于直灌风机时，按照计算值的 1.44 倍考虑。

问题 2：《建规》第 8.5.4 条："地下或半地下建筑（室）、地上建筑内的无窗房间，当总建筑面积大于 200 m^2 或一个房间建筑面积大于 50m^2，且经常有人停留或可燃物较多时，应设置排烟设施"。《防排烟标准》第 4.4.12-3 条："对于需要设置机械排烟系统的房间，当其建筑面积小于 50m^2时，可通过走道排烟，排烟口可设置在疏散走道"。对于房间面积小于 50m^2 的房间是否需要排烟。

解答：《防排烟标准》给出的是排烟的具体措施，《防排烟标准》第 4.4.12-3 条针对的即为《建规》第 8.5.4 条总建筑面积大于 200m^2 的情况，此时一个房间面积即使小于 50m^2 也需要排烟。具体做法可采用《防排烟标准》中提出的"排烟口可设置在疏散走道"。

问题 3：《防排烟标准》第 3.4.7 条计算楼梯间加压送风中其他门漏风量中，开启门洞风速取 1.2m/s 时，P 取 17Pa，但是第 3.4.6 条中关于楼梯间开启门洞风速的取值只有 0.7m/s 和 1.0m/s，何时会用到这个 17Pa 呢？

解答：《防排烟标准》第 3.4.6 条中规定的门洞断面风速仅为最小值，设计可以根据实际情况提高门洞风速标准，要求风速为 1.2m/s，二者并不矛盾。另外，规范给出的 0.7m/s、1.0m/s 和 1.2m/s 也为不同门洞风速下 ΔP 大小的差值给出的依据。根据速度与动压的关系，门洞风速的平方与压差程正比关系。

三、案例真题参考

《防排烟标准》为 2018 年列入考试的规范，考虑复习过程对真题的新鲜感，近 3 年的真题不列入参考样题。

笔记区

四、专题实训（推荐答题时间45分钟）

请将求解答案写于下表中，案例题在题目中书写解题过程

（单选题1分，多选题2分，案例题2分，合计20分）

单选题	1	2	3	4	5	6	得分
多选题	1	2	3	4			
案例题	1	2	3				

（一）单选题（每题1分，共6分）

1.【单选】以下关于排烟设施设置，说法错误的是哪一项？

(A) 建筑面积大于400m²的鱼加工车间的地上操作间应设排烟设施

(B) 面积不大于800m²的鱼肉冷藏库可不设排烟设施

(C) 商场二层设置的250m²可燃物较多的库房应设排烟设施

(D) 位于2层的网吧，其面积为60m²的VIP包房可不设置排烟设施

2.【单选】某五星级酒店进行防排烟系统设计，下列关于排烟系统设计的做法正确的是哪一项？

(A) 净高为3m的健身房采用自然排烟，设计储烟仓高度500mm

(B) 建筑面积150m²，净高5m的中型会议室，排烟量应按不小于60m³/(h·m²)计算

(C) 中庭应在外墙或屋顶设施固定窗

(D) 全日餐厅采用均匀开孔率为25%的镂空吊顶，吊顶内空间高度不得计入储烟仓厚度

3.【单选】下列有关水暖管道井的做法，正确的是哪一项？

(A) 排烟道、排风道、管道井等竖向管道井，应分别独立设置

(B) 水暖管道井井壁应为耐火极限不低于1h的不燃烧体

(C) 管道井应在每层楼板处采用耐火极限不低于1.5h的不燃烧材料体或防火封堵材料封堵

(D) 水暖井壁上的检查门应采用丙级防火门

4.【单选】下列场所中，可不设置防烟系统的是哪一项？

(A) 高度为30m的厂房的消防电梯前室

(B) 高度为40m的公共建筑的防烟楼梯间及前室

(C) 高度为70m的公共建筑中，前室采用敞开式阳台的楼梯间

笔记区

(D) 高度为30m的住宅建筑中，前室采用敞开式凹廊的楼梯间

5.【单选】某公共建筑高度不超过50m，对于其防烟系统的设计，下列各项做法正确的是哪一项？

(A) 防烟楼梯间合用前室，采用可开启外窗面积不小于$2m^2$的自然通风防烟

(B) 靠外墙的防烟楼梯间自然通风防烟，每5层内有可开启外窗总面积之和不应小于$2m^2$

(C) 仅地下室使用的封闭楼梯间不满足自然通风条件，设有利用直通室外的疏散门，可不设机械加压送风系统

(D) 防烟楼梯间前室或合用前室，前室内有不同朝向的可开启外窗，该楼梯间可不设防烟设施

6.【单选】下列关于供暖管道敷设的相关做法，错误的是哪一项？

(A) 当供暖管道的表面温度为110℃并采用不燃材料隔热时，与可燃物的距离没有要求

(B) 当供暖管道的表面温度为60℃时，与可燃物之间的距离为60mm

(C) 甲类厂房内供暖管道的绝热材料采用不燃材料

(D) 乙类厂房内供暖管道的绝热材料采用难燃材料

(二) 多选题（每题2分，共8分）

1.【多选】关于通风、空调系统防火防爆设计，下列说法正确的是哪几项？

(A) 甲乙类厂房用的送排风设备不应布置在同一通风机房内

(B) 通风和空调系统，横向宜按防火分区设置，竖向不宜超过5层

(C) 遇水可形成爆炸的粉尘，严禁采用湿式除尘器

(D) 处理有爆炸危险的粉尘和碎屑的除尘器、过滤器、管道，均应设置泄压装置

2.【多选】下列有关建筑防火要求的说法，错误的是哪几项？

(A) 通风、空调机房开向建筑内的门应采用甲级防火门

(B) 风管穿越防火隔墙、楼板和防火墙时，穿越处风管上的防火阀、排烟防火阀两侧各2m范围内风管应采用耐火风管或风管外壁应采取防火保护措施，且耐火极限不应低于2h。

(C) 下沉式广场设置防风雨篷时，防风雨篷不应完全封闭，应均匀设置面积不小于地面面积60%的开口。

笔记区

(D) 设置在建筑内的防排烟风机应设置在专用机房内。

3.【多选】下列各项机械加压送风系统，设计正确的是哪几项？
(A) 采用土建风道，风速设计为12m/s
(B) 设置机械加压送风系统的避难层（间），尚应在外墙设置固定窗，其有效面积不应小于该避难层（间）地面面积的1%
(C) 设置机械加压送风的场所不应设置百叶窗
(D) 前室、封闭避难层与走道之间的压差应为25～30Pa

4.【多选】通常采用挡烟垂壁、隔墙或从顶板突出不小于500mm的结构梁等划分防烟、蓄烟空间。下列材料可作为挡烟垂壁的是哪几项？
(A) 钢板
(B) 钢化玻璃
(C) 刨花板
(D) 硬聚氯乙烯塑料板

(三) 案例题（每题2分，共6分）

1.【案例】某地下单层车库，建筑面积1800m^2，层高4.6m，设置平时通风和机械排烟系统。若均分为两个防烟分区，则该地下车库平时排风量和单个防烟分区排烟量至少为下列何项？
(A) 平时排风量49680m^3/h，机械排烟量31500m^3/h
(B) 平时排风量32400m^3/h，机械排烟量32400m^3/h
(C) 平时排风量49680m^3/h，机械排烟量33000m^3/h
(D) 平时排风量32400m^3/h，机械排烟量38000m^3/h

答案：[ ]

主要解题过程：

2.【案例】某8层商场（层高5m）防烟楼梯间采用自然排烟，合用前室设置机械正压送风，前室风口采用多叶送风口，防火分区不跨越楼层，若要求开启门处风速为1.2m/s，合用前室每层设置1个对开1.8m×2.2m的防火门，每层设置1个500mm×1400mm的送风阀门，试确定合用前室的加压送风量。

笔记区

(A) 16300 m^3/h　　(B) 17500 m^3/h

(C) 18100 m^3/h　　(D) 18600 m^3/h

答案：[　]

主要解题过程：

3.【案例】某 6 层商场内有一从首层贯穿至顶层屋面的中庭，假设中庭与回廊之间设置挡烟垂壁，若每层层高 6m，回廊吊顶下净高均为 4m。设计在中庭内产生火宅，燃料面距地面 1m，热释放速率 4MW。若采用机械排烟方式，按最小清晰高度设计烟层厚度，试计算烟层平均温度与环境温度的差 ΔT 为多少？并判别方案的可行性。

(A) ΔT 为 8.9K，应重新调整排烟措施

(B) ΔT 为 11.9K，应重新调整排烟措施

(C) ΔT 为 12.9K，应重新调整排烟措施

(D) ΔT 为 23.9K，此方案可行

答案：[　]

主要解题过程：

五、专题实训参考答案及题目详解

参考答案

（单选每题 1 分，多选每题 2 分，案例每题 2 分，合计 20 分）

单选题	1	2	3	4	5	6
	C	D	C	D	C	D
多选题	1	2	3	4		
	ABCD	BCD	CD	AB		
案例题	1	2	3			
	B	D	A			

题目详解

（一）单选题

1. 根据《建规》第 3.1.1 条条文说明表 1 及第 3.1.3 条表 3 可知，鱼肉冷藏库属于丙类，由表 3 可知鱼肉冷藏库为丙类仓库。根据《建规》第 8.5.2 条，选项 A 应设排烟设施，操作间属于经常有人停

笔记区

留区域；选项B未超1000m^2，可不设排烟设施；根据第8.5.3-4条可知，选项C错误，公共建筑内建筑面积大于300m^2且可燃物较多的房间应设排烟设施；根据第8.5.3-1条可知，选项D正确，房间建筑面积大于100m^2的歌舞游艺场所应设排烟设施。

2. 根据《复习教材》P294第（4）款可知，选项A错误，自然排烟的储烟仓厚度不小于空间净高的20%，即净高3m房间储烟仓厚度不小于600mm；根据《防排烟标准》第4.6.3-1条，建筑净高不大于6m的场所排烟量还应不小于15000m^3/h，选项B错误。根据《防排烟标准》第4.1.4条可知，选项C错误，靠外墙或贯通至建筑屋顶的中庭应做固定窗，并非全部中庭。根据《防排烟标准》第4.2.2条可知，选项D正确，开孔率小于或等于25%时，吊顶内空间不得计入储烟仓厚度。

3. 根据《复习教材》P314中间有关“管道井”的内容，选项ABD均正确。而选项C应采用“不低于楼板耐火极限的……”，而非1.5h，故选项C错误。

4. 根据《建规范》第8.5.1条，选项ABC均需设置防烟系统，选项D可不设。

5. 根据《防排烟标准》第3.2.2条，选项A错误，合用前室开窗面积不小于3m^2；根据第3.2.1条，选项B错误，条件不全，还需要保证楼梯间最高部位有效面积不小于1m^2；根据第3.1.6条，选项C正确；根据第3.1.3-1-2条，选项D错误，不同朝向的可开启外窗，尚需保证面积符合规定。

6. 参考《建规》第9.2.5条及9.2.6条。

（二）多选题

1. 根据《复习教材》P311～313，选项ABCD均正确。

2. 根据《建规》第6.2.7条可知，选项A正确；根据第6.3.5条可知，选项B错误，耐火极限不应低于该防火分隔体的耐火极限；根据第6.4.12-3条可知，选项C错误，开口面积不小于地面面积的25%，而开口的有效排烟面积按开口面积的60%计算；根据第8.1.9条可知，选项D错误，应设置在“不同的专用机房内”，不同的要求不可缺少，设置在相同机房内是不允许的。

说明：本题将分散在规范建筑部分内有关暖通专业的相关要求集合为一个题，对于《建规》的内容，应注意和风机房、管道井以及通风有关的内容，即类似本题所给相关问题。

3. 根据《防排烟标准》第3.3.7条，机械加压送风不应采用土建风道，选项A错误。根据第3.3.12条可知，选项B错误，避难层（间）需要再设置可开启外窗，非固定窗；根据第3.3.10条可知，选项C正确；根据第3.4.4条可知，选项D正确。

笔记区

4. 根据《复习教材》P292关于防烟分区的内容可知，挡烟垂壁应采用具有一定耐火性能的不燃烧体制作，如钢板、夹胶玻璃、钢化玻璃等，因此选项AB均可制作挡烟垂壁；选项C为刨花板，属于木质材料，可燃，不可用于挡烟垂壁；根据P249关于通风管道“非金属材料”内容可查得硬聚氯乙烯塑料板不耐高温，根据P292挡烟垂壁“应具有一定耐火性能”的要求可推测，此种不耐高温的材料无法满足耐火性能，因此选项D不可行。实际设计中，硬聚氯乙烯塑料板（硬PVC塑料板）属于B1级。

（三）案例题

1. 由题意，无法得知具体车库内车辆数，故采用换气次数法计算平时排风量。车库层高4m，换气次数法按3m计算。

$$L_p = 6 \times (1800 \times 3) = 32400\text{m}^3/\text{h}$$

由《车库防火》表8.2.4，4m净高车库排烟量至少为31500m³/h，5m净高车库排烟量至少为33000m³/h，故4.6m净高机械排烟量为：

$$L_y = \frac{4.6-4}{5-4} \times (33000 - 31500) + 31500 = 32400\text{m}^3/\text{h}$$

因此，平时排风量至少为68400m³/h，机械排烟量至少为32400m³/h。

2. 由《复习教材》P304可知，$N_1 = 1$，$A_k = 1.8 \times 2.2 = 3.96\text{m}^2$，可计算：

$$L_1 = A_k v N_1 = 3.96 \times 1.2 \times 1 = 4.752\text{m}^3/\text{s}$$

$$N_3 = 8 - 1 = 7$$

$$L_3 = 0.083 A_f N_3 = 0.083 \times (0.5 \times 1.4) \times 7 = 0.4067\text{m}^3/\text{s}$$

正压送风量为：

$$L = L_1 + L_3 = 4.752 + 0.4067 = 5.1587\text{m}^3/\text{s} = 18571\text{m}^3/\text{h}$$

系统负担高度为6×5=30m，由表2.10-15查得合用前室加压送风量为16300～18100 m³/h，与计算值对比取较大值，则加压送风量为18571m³/h。

3. 中庭为多层空间，需要满足最顶层的清晰高度，即一层～五层均清晰，六层满足其回廊的清晰高度：$H_6 = 1.6 + 0.1 \times 4 = 2\text{m}$。

中庭的清晰高度为$H_q = 6 \times 5 + 2 = 32\text{m}$。

烟层底部高度为最小清晰高度32m，则燃料面到烟层底部的高度$Z = 32 - 1 = 31\text{m}$。

火焰极限高度$Z_1 = 0.166 Q_c^{2/5} = 0.166 \times (4000 \times 0.7)^{2/5} = 3.97\text{m} < Z$。

可按轴对称型计算烟羽流质量流量$M_\rho = 0.071 Q_c^{1/3} Z^{5/3} + 0.0018 Q_c = 0.071 \times (4000 \times 0.7)^{1/3} \times 31^{5/3} + 0.0018 \times (4000 \times 0.7)$

=311.2kg/s。

笔记区

烟气中对流放热因子为1，可计算烟层平均温度与环境温度的差：

$$\Delta T=\frac{KQ_c}{M_\rho c_p}=\frac{1\times(4000\times0.7)}{311.2\times1.01}=8.9K<15K$$

出现温度分层，应调整排烟措施。

笔记区

实训 2.10 人防工程

一、专题提要

1.《复习教材》第 2.11 节

2. 人防通风设计

二、备考常见问题

问题 1： 密闭阀门可以调节流量吗?

解答： 密闭阀门是人防通风系统的平时与战时转换通风模式的控制部件，是转换通风方式不可缺少的控制设备。人防设计中，密闭阀门是平战转换的控制部件，主要起到隔绝密闭功能，风量调节通过插板阀实现。

问题 2： 人防地下室战时隔绝防护时间经校核计算不满足规范规定值时，可以采用哪些措施?

解答： 可用三种方案：氧气再生装置；高压氧气钢瓶供氧，最好与消除 CO_2 器材结合使用；CO_2 清除（生石灰，或碱石灰）。

三、案例真题参考

【例 1】 某人防地下室战时为二等人员掩蔽所，清洁区有效体积为 320m³，掩蔽人数为 420 人，清洁式通风的新风量标准为 6m³/（p·h)，滤毒式通风的新风量标准为 2.5m³/（p·h)，最小防毒通道体积为 20m³，设计滤毒通风时的最小新风量，应是下列何项?(2013-3-09)

(A) 2510～2530 m³/h　　(B) 1040～1060 m³/h

(C) 920～940 m³/h　　(D) 790～810 m³/h

【参考答案】 B

【主要解题过程】 按掩蔽人员计算新风量 $L_R = L_2 n = 2.5 \times 420 = 1050 \text{m}^3/\text{h}$。

按室内保持超压值的新风量，查《人民防空地下室设计规范》GB 50038—2005 表 5.2.6，K_H 为 40h^{-1}，可计算：

$$L_H = V_F K_H + L_f = 20 \times 40 + 320 \times 4\% = 812.8 \text{m}^3/\text{h}$$

取两者较大值，因此选项 B 正确。

说明： 人防案例计算中，最重点并且容易出题考察的点就是滤毒通风的计算。由于人防部分知识点在通风章节考题量占比很小，故而复习时对此部分知识的学习应以实战性为准。

四、专题实训（推荐答题时间35分钟）

笔记区

请将求解答案写于下表中，案例题在题目中书写解题过程

（单选题1分，多选题2分，案例题2分，合计16分）

单选题	1	2	3	4	得分
多选题	1	2	3		
案例题	1	2	3		

（一）单选题（每题1分，共4分）

1.【单选】人防地下室可不设通风换气的部位是哪一项？

（A）染毒通道　　（B）防毒通道

（C）简易洗消间　　（D）人员掩蔽部

2.【单选】进行人防通风设计时，下列哪项是正确的？

（A）战时进风系统均应设增压管

（B）经过加固的油网滤尘器抗空气冲击波允许压力值小于0.05MPa

（C）战时电源无保障的防空地下室应采用人力通风机

（D）战时设清洁、隔绝通风方式时，排风系统应设防爆波设施和密闭设施

3.【单选】下列有关人防柴油电站的通风表述中，错误的是哪一项？

（A）柴油发电机房宜设置独立的进、排风系统

（B）柴油发电机房采用清洁通风时，排风量取进风量与燃烧空气量之和

（C）柴油发电机房内的余热量应包括柴油机、发电机和排烟管道的散热量

（D）独立设置的柴油电站，其控制室应设置独立的通风系统供给新风，且应设滤毒通风装置

4.【单选】关于防空地下室防护通风设计，下列哪一项是不正确的？

（A）穿越防护密闭墙的通风管，可不采取可靠的防护密闭措施

（B）战时为物资库的防空地下室，应设置清洁通风和隔绝防护

（C）防爆波活门的额定风量不得小于战时清洁通风量

（D）过滤吸收器的额定风量严禁小于通过该过滤吸收器的风量

笔记区

(二) 多选题(每题 2 分,共 6 分)

1.【多选】战时无人掩蔽汽车库应设置下列何种通风方式?

(A) 清洁通风　　(B) 隔绝通风

(C) 滤毒通风　　(D) 防护通风

2.【多选】人防地下室平时和战时合用一套通风系统时,符合规定的是哪几项?

(A) 按最大的计算新风量选用清洁通风管管径、粗过滤器、密闭阀门和通风机等设备

(B) 按战时最大的计算新风量选用清洁通风管管径、粗过滤器、密闭阀门和通风机等设备

(C) 按战时清洁通风的计算新风量选用门式防爆波活门,并按门扇开启时的平时通风量进行校核

(D) 按战时滤毒通风的计算新风量选用滤毒进(排)风管路上的过滤吸收器、滤毒风机、滤毒通风管及密闭阀门

3.【多选】防空地下室采用自然通风时,符合规定的是哪几项?

(A) 平面布置应保证气流畅通

(B) 应避免死角和空气短路

(C) 平战结合的防空地下室宜采用通风采光窗作为通风口

(D) 平战结合的核 6 级通风采光窗宜在防空地下室两面的外墙分别设置

(三) 案例题(每题 2 分,共 6 分)

1.【案例】某人防工程为二等掩蔽体,掩蔽人数为 1000 人,清洁区的面积为 1000m^2,高 3m,防毒通道的净空尺寸为 6m×3m×3m,试问该工程滤毒排风量应为多少?

(A) 1880 m^3/h　　(B) 2000 m^3/h

(C) 2160 m^3/h　　(D) 2280 m^3/h

答案:[ ]

主要解题过程:

2.【案例】某人防工程为二等掩蔽体,掩蔽人数为 1000 人,清洁区的面积为 1000m^2,高 3m,防毒通道的净空尺寸为 6m×3m×3m,根据系统要求,采用额定排风量为 750m^3/h,阻力为 50Pa 的排

笔记区

气活门 PS-D250，问共需设置几个？

(A) 2个　　(B) 3个

(C) 4个　　(D) 5个

答案：[ ]

主要解题过程：

3.【案例】接上题，隔绝防护前人防地下室室内的初始浓度为0.25%，清洁区内每人每小时呼出的 CO_2 量为20L，则其隔绝防护时间为多少？是否满足要求？

(A) 2.8h，不满足要求　　(B) 3.4h，满足要求

(C) 5.8h，不满足要求　　(D) 6.2h，满足要求

答案：[ ]

主要解题过程：

五、专题实训参考答案及题目详解

参考答案

（单选每题1分，多选每题2分，案例每题2分，合计16分）

单选题	1	2	3	4
	A	D	B	A
多选题	1	2	3	
	AB	ACD	ABD	
案例题	1	2	3	
	C	B	B	

题目详解

(一) 单选题

1. 根据《人民防空地下室设计规范》GB 50038—2005 第5.2.9条附图，染毒通道为污染区，不需要通风换气。

2. 选项A，根据《人民防空地下室设计规范》GB 50038—2005 第5.2.8条附图可知，只有清洁通风与滤毒通风合用风机时才设置增压管；选项B，根据第5.2.11条，应不小于0.05MPa；选项C，根

笔记区

据第 5.5.4 条，应设置电力、人力两用通风机；选项 D，根据第 5.2.9-2 条，正确。

3. 根据《人民防空地下室设计规范》GB 50038—2005 第 5.7.1 条，选项 A 正确；根据第 5.7.2-3 条，选项 B 错误，排风量取进风量减去燃烧空气量；根据第 5.7.4 条，选项 C 正确；由第 5.7.6-2 可知，选项 D 正确。

4. 根据《人民防空地下室设计规范》GB 50038—2005 第 5.2.13 条，选项 A 错误；由第 5.2.1-2 条可知，选项 B 正确；由第 5.2.10 条可知，选项 C 正确；由第 5.2.16 条可知，选项 D 正确。

(二) 多选题

1. 根据《复习教材》P324，选项 AB 正确，无人掩蔽汽车库战时只需设置清洁通风和隔绝通风。

2. 根据《人民防空地下室设计规范》GB 50038—2005 第 5.3.3 条可知，选项 ACD 正确，选项 B 错误。

3. 根据《人民防空地下室设计规范》GB 50038—2005 第 5.5.1 条，选项 AB 正确；根据第 5.5.2 条，选项 C 错误，高于核 5 级的甲类防空地下室不宜采用；选项 D 正确。

(三) 案例题

1. 根据《复习教材》式 (2.11-2) 和式 (2.11-3)，有：

$$L_R = L_2 \times n = 2 \times 1000 = 2000\text{m}^3/\text{h}$$

$$L_H = V_F \times K_H + L_F$$
$$= 6 \times 3 \times 3 \times 40 + 1000 \times 3 \times 0.04 = 2258\text{m}^3/\text{h}$$

二者取大值，则滤毒新风量为 2280m³/h，根据式 (2.11-5)，滤毒排风量为：

$$L_{DP} = L_D - L_F = 2280 - 1000 \times 3 \times 0.04 = 2160\text{m}^3/\text{h}$$

2. 根据上题计算结果，$L_R = 2000\text{m}^3/\text{h}$，$L_H = 2258\text{m}^3/\text{h}$，$L_{DP} = 2160\text{m}^3/\text{h}$，则有：

$$n = \frac{2160}{750} = 2.88$$

3. 根据表《复习教材》2.11-8 查得隔绝防护时间 $T = 3\text{h}$，CO_2 允许浓度 $C = 2.5\%$。根据式 (2.11-6) 可知：

$$\tau = \frac{1000V_0(C - C_0)}{nC_1} = \frac{1000 \times 1000 \times 3 \times (2.5\% - 0.25\%)}{1000 \times 20}$$
$$= 3.375 > 3$$

满足要求，选 B。

笔记区

实训 2.11 设备用房与民用功能用房通风

一、专题提要

1.《复习教材》第 2.12 节

2. 变配电室、水泵房、水箱间通风要求

3. 地下车库通风要求及通风量计算

二、备考常见问题

问题 1： 氨制冷机房事故通风次数在《冷库规》中提出按 183m³/（m²·h）且不小于 34000m³/h 计算，《民规》里对于事故通风要求不小于 $12h^{-1}$，两者需要如何取舍？

解答： 氨制冷机房的事故通风按 183m³/（m²·h）且不小于 34000m³/h 计算，此计算结果对于层高 6m 的房间的换气次数可达 $30h^{-1}$，远大于 $12h^{-1}$。此外，《民规》中有关 $12h^{-1}$ 的说法是针对没有参考依据的环境的做法，但氨制冷机房是有明确要求的，因此需要按规定算法计算。

问题 2：《复习教材》中关于锅炉间、直燃机房及配套用房通风量中，对于地下或半地下室的锅炉房、直燃机房的通风量提出是 $6h^{-1}$ 换气次数，又提出是 $12h^{-1}$ 换气次数，此处《复习教材》是否有问题？

解答： 此处《复习教材》表达有误，根据《锅炉规》，对于半地下或半地下室的正常换气次数为 $6h^{-1}$，对于地下或地下室的正常换气次数不应小于 $12h^{-1}$。但是锅炉房不论在半地下还是地下，其事故通风均为不小于 $12h^{-1}$。

三、案例真题参考

【例 1】 某地下车库面积为 500m²，平均净高 3m，设置全面机械通风系统。已知车库内汽车的 CO 散发量为 40g/h，室外空气中的 CO 浓度为 1.0mg/m³。为了保证车库内空气中的 CO 浓度不超过 5.0mg/m³，所需的最小机械通风量应接近下列何项？(2011-4-08)

（A）7500m³/h （B）8000 m³/h

（C）9000 m³/h （D）10000 m³/h

【参考答案】 D

【主要解题过程】

《复习教材》式（2.2-16）：

$$L=\frac{G}{Y_1-Y_0}=\frac{40000}{5-1}=10000\text{m}^3/\text{h}$$

地下汽车库换气次数为 $6h^{-1}$，则：

笔记区

$$L = 6 \times 500 \times 3 = 9000\text{m}^3/\text{h}$$

取大值，最小机械通风量为 $10000\text{m}^3/\text{h}$。

说明： 本题难度较低，需要注意的是机械通风系统要满足换气次数要求。

【例 2】 某大厦的地下变压器室安装有 2 台 500kVA 变压器。设计全面通风系统，当排风温度为 40℃，送风温度为 28℃时，变压器室的计算通风量（m^3/h）最接近下列何项？（变压器负荷率和功率因素均按上限取值）（2017-3-08）

(A) 1860　　(B) 2960

(C) 3760　　(D) 4280

【参考答案】 C

【主要解题过程】

根据《复习教材》P337 可知，变压器效率取 0.98，变压器负荷率取 0.8，变压器功率因数取 0.95。由式（2.12-5）和式（2.12-4）得：

$$Q = (1 - \eta_1)\eta_2 \Phi W = (1 - 0.98) \times 0.8 \times 0.95 \times (500 \times 2) = 15.2\text{kW}$$

$$L = \frac{Q}{0.337(t_p - t_s)} = \frac{15.2 \times 1000}{0.337 \times (40 - 28)} = 3759\text{m}^3/\text{h}$$

说明： 本题难度较低，通过带入《复习教材》中相关公式即可求解。

四、专题实训（推荐答题时间 40 分钟）

请将求解答案写于下表中，案例题在题目中书写解题过程

（单选题 1 分，多选题 2 分，案例题 2 分，合计 20 分）

题型							得分
单选题	1	2	3	4	5	6	
多选题	1	2	3	4	5		
案例题	1	2					

（一）单选题（每题 1 分，共 6 分）

1. 【单选】下列有关厨房通风设计，不合理的是哪一项？

(A) 住宅厨房应采用机械排风系统或预留机械排风系统开口，且应留有必要进风面积

(B) 住宅厨房全面通风换气次数不宜小于 3h^{-1}

(C) 公共厨房采用机械通风区域的补风应采用机械补风

(D) 公共厨房排油烟风道不应与防火排烟风道共用

笔记区

2.【单选】下列有关制冷机房通风系统的说法，错误的是哪一项?

(A) 当采用封闭或半封闭制冷机时，制冷机房通风量按事故通风量确定

(B) 制冷机房制冷剂泄漏检测及报警装置应与机房内事故通风系统连锁

(C) 氟制冷机房事故排风口上沿距室内地坪的距离不应大于1.2m

(D) 氨制冷机房应设置事故通风装置，事故通风量按 $183m^3/(m^2 \cdot h)$ 计算

3.【单选】当汽车库内的CO浓度超过下列何值时应设置机械通风系统?

(A) $10mg/m^3$　　(B) $25mg/m^3$

(C) $30mg/m^3$　　(D) $45mg/m^3$

4.【单选】某公共厨房的地板面积为 $100m^2$，拟采用自然通风，则其通风开口至少为下列何项?

(A) $0.6m^2$　　(B) $2m^2$

(C) $5m^2$　　(D) $10m^2$

5.【单选】采用气体灭火系统的防护区，应设置灭火后的通风换气设施，下列要求中，不符合国家相关规范的是哪一项?

(A) 地下防护区的机械排风风机手动开启装置应设置在防护区外

(B) 通信机房的通风换气次数应不少于 $6h^{-1}$

(C) 喷放灭火剂之前，防护区内的通风空调系统及开口应能通过控制系统自行关闭

(D) 存放灭火剂储存装置的地下储瓶间，应设置机械排风系统

6.【单选】某制冷机房最大制冷系数灌注的制冷工质量为200kg，若采用自然通风，则所需要的自由开口面积至少为下列哪一项?

(A) $1m^2$　　(B) $1.5m^2$

(C) $2m^2$　　(D) $2.5m^2$

(二) 多选题 (每题2分，共10分)

1.【多选】下列有关地下车库通风设置原则的说法，正确的是哪几项?

笔记区

(A) 地下车库宜设置独立的送、排风系统
(B) 严寒和寒冷地区，地下车库宜在坡道出入口处设电热空气幕
(C) 地下车库室外排风口应设于建筑下风向，且远离人员活动区并宜做消声处理
(D) 地下车库排风量可采用换气次数法计算

2.【多选】下列有关变配电室通风设计的说法，错误的是哪几项？
(A) 变电室通风量应按 5～8h^{-1}确定
(B) 设置机械通风的变配电室，气流宜先经过变压器区
(C) 地下变配电室应设置机械通风
(D) 采用温降装置的变配电室最小新风量按不小于 2h^{-1}换气次数计算

3.【多选】采用机械通风系统排除厨房余热，计算室内余热量应包括下列哪几项？
(A) 厨房设备发热　　(B) 操作人员散热量
(C) 照明灯具散热量　　(D) 外围护结构冷负荷

4.【多选】下列有关通风系统设置的说正确的是哪几项？
(A) 公共卫生间应设换气次数 5～10h^{-1}的机械排风
(B) 住宅厨房和卫生间全面通风换气次数不宜小于 3h^{-1}
(C) 电梯机房设置换气次数为 10h^{-1}的机械通风
(D) 污水泵房设置换气次数为 4h^{-1}的机械通风

5.【多选】下列有关地下车库通风设置原则的说法，正确的是哪几项？
(A) 地下车库宜设置独立的送、排风系统
(B) 送排风量宜采用稀释浓度法计算，对于单层停放的汽车库可直接采用换气次数法确定
(C) 地下车库室外排风口应设于建筑下风向，且远离人员活动区并宜做消声处理
(D) 车流量随时间变化较大的车库，风机宜采用多台并联方式或设置风机调速装置

(三) 案例题 (每题 2 分，共 4 分)

1.【案例】某地下双层停车库面积 1800m^2，车库层高 4.2m，设计 120 个停车位。若室外大气 CO 浓度为 2mg/m^3，车库内汽车的运

笔记区

行时间按 4min 考虑，单台汽车单位时间排气量为 0.025m^3/min，车位利用系数 1.0。则该地下停车库所需送风量为下列何项较合理？

(A) 35000 m^3/h　　(B) 45000 m^3/h

(C) 55000 m^3/h　　(D) 65000 m^3/h

答案：[ ]

主要解题过程：

2.【案例】某地下变电所，建筑面积 120m^2，层高 3.8m。若变电所设有两台 800kVA 干式变压器，该地下配电室所需通风量为下列何项较为合理？若地下配电室需采用降温装置，则最小新风量为多少？[变压器负荷率为 0.75，变压器功率因数 0.9，空气密度 1.2kg/m^3，空气比热容 1.01kJ/(kg·K)]

(A) 通风量 3200 m^3/h，最小新风量 1080 m^3/h

(B) 通风量 3200 m^3/h，最小新风量 1368 m^3/h

(C) 通风量 5400 m^3/h，最小新风量 1080 m^3/h

(D) 通风量 5400 m^3/h，最小新风量 1368 m^3/h

答案：[ ]

主要解题过程：

五、专题实训参考答案及题目详解

参考答案

（单选每题 1 分，多选每题 2 分，案例每题 2 分，合计 20 分）

单选题	1	2	3	4	5	6
	C	D	C	D	B	C
多选题	1	2	3	4	5	
	AC	ABD	ABCD	ABC	ACD	
案例题	1	2				
	C	D				

笔记区

题目详解

（一）单选题

1. 根据《民规》第 6.3.4-2 条，选项 A 正确，由第 6.3.4-3 条可知，选项 B 正确；由第 6.3.5-2 条可知，“当自然补风不满足要求时，应采用机械补风”，故选项 C 错误；由第 6.3.5-4 条可知，选项 D 正确。

2. 根据《复习教材》P339 最下面一段内容，选项 A 正确；由 P339 的“6)”可知，选项 B 正确；由《民规》第 6.3.7-2-3）条可知，选项 C 正确；由《民规》第 6.3.7-2-4）条可知，选项 D 错误，还应不小于 $34000m^3/h$。选 D。

3. 根据《民规》第 6.3.8-1 条可知，选项 C 正确。

4. 根据《民规》6.2.4 条，厨房的通风开口有效面积不应小于该房间地板面积的 10%，并不得小于 $0.6m^2$。

5. 根据《复习教材》P339，选项 ACD 正确，选项 B 错误，不应少于 $5h^{-1}$。

6. 根据《民规》第 6.3.7-2 条条文说明式（17）可知：$F = 0.138G^{0.5} = 0.138 \times 200^{0.5} = 1.95m^2$。

（二）多选题

1. 根据《民规》第 6.3.8-2 条可知，地下车库“宜”设独立送排风系统，故选项 A 正确，注意《复习教材》第 2.12.1 节下面有一句话说的是“应”，需改成“宜”，与《民规》一致；由第 6.3.8-6 条可知，需要设置热空气幕，但是否是电热风幕根据具体情况确定，选项 B 错误；由第 6.3.8-2 条可知，选项 C 正确；根据第 6.3.8-3 条可知，选项 D 错误，单层车库可采用换气次数法，并应与稀释法计算结果取大值。不是所有车库都可采用换气次数法。另外，实际中，对于双层或多层车库，稀释法的结果一般会大于换气次数法，因此规范仅对单层车库有“可采用换气次数发计算”的要求。

2. 参考《复习教材》第 2.12.2 节“电气用房通风”中“基本原则”的内容。由其中 4 条可知，变电室通风量应通过计算确定，当条件不全时才考虑换气次数法，故选项 A 错误。另外，变电室与配电室是两种电气用房，换气次数不同，对于通风量计算应予以区别；由第（2）条可知，气流宜先经过高低配电区，选项 B 错误；由第（1）条可知，选项 C 正确；由（5）条可知，应为不小于 $3h^{-1}$，选项 D 错误。

3. 根据《复习教材》P341，选项 ABCD 均正确。

4. 根据《民规》第 6.3.6 条，公共卫生间应设置机械排风系统，由条文说明可知，换气次数为 $5 \sim 10h^{-1}$，选项 A 正确；由第 6.3.4 条可知，选项 B 正确；由第 6.3.7 条表 6.3.7 可知，选项 C 正确；

笔记区

由表 6.3.7 可知，污水泵房换气次数为 8～12h^{-1}，选项 D 错误。

5. 根据《民规》第 6.3.8-2 条可知，地下车库“宜”设独立送排风系统，故选项 AC 正确，注意《复习教材》第 2.12.1 节下面有一句话说的是“应”，需改成“宜”，与《民规》一致；由第 6.3.8-3 条可知，对于单层停放的汽车库通风量应取换气次数法和稀释浓度法二者的大值，选项 B 错误；根据第 6.3.8-5 条，选项 D 正确。

（三）案例题

1. 双层停车库排风量，应按稀释法计算通风量。

$$M=\frac{T_1}{T_0}\cdot m\cdot t\cdot k\cdot n=\frac{773}{293}\times 0.025\times 4\times 1\times 120=31.7\text{m}^3/\text{h}$$

$$G=My=31.7\times 55000=1743500\text{mg/h}$$

$$L=\frac{G}{y_1-y_0}=\frac{1743500}{30-2}=62268\text{m}^3/\text{h}$$

送风量按照排风量 80%～90%计算。

$$L_s=(80\%\sim 90\%)L=(80\%\sim 90\%)\times 62268$$
$$=49814\sim 56041\text{m}^3/\text{h}$$

说明：注意 T_1和 T_0的单位是 K，不是℃。

2. 由《复习教材》式（2.12-5），计算变压器发热量：

$$Q=(1-\eta_1)\eta_2\Phi W=(1-0.98)\times 0.75\times 0.9\times(2\times 800)$$
$$=21.6\text{kW}$$

由式（2.12-4）计算变电所通风量：

$$L=\frac{Q}{0.337(t_p-t_s)}=\frac{21.6\times 1000}{0.337\times(40-28)}=5346\text{m}^3/\text{h}$$

最小新风量为：

$$L_x=(120\times 3.8)\times 3=1368\text{m}^3/\text{h}$$

笔记区

空 调 实 训

实训 3.1 焓湿图基础与空调冷热负荷专题实训

一、专题提要

1.《复习教材》第 3.1 节、第 3.2 节及《民规》、《工规》相关内容

2. 利用焓湿图确定状态点、掌握典型的空气处理过程

3. 掌握热湿比线的概念与基础计算

4. 了解热湿负荷的形成原理和计算方法

二、备考常见问题

问题 1：如何理解湿空气的焓值计算公式 $h=1.01t+d(2500+1.84t)$？

解答：湿空气是由干空气和水蒸气两部分组成的，$1.01t$ 是干空气的焓，$d(2500+1.84t)$ 是水蒸气的焓，二者之和即为湿空气的焓。1.01 是干空气的比热，1.84 是水蒸气的比热，单位均为 kJ/(kg·℃)，2500 是 t=0℃时水蒸气的汽化潜热，单位为 kJ/kg。

问题 2：如何理解蓄热能力越大，衰减和延迟越大？

解答：如下图所示，蓄热能力大，则穿透热量少，外墙内表面温度低，即衰减大。

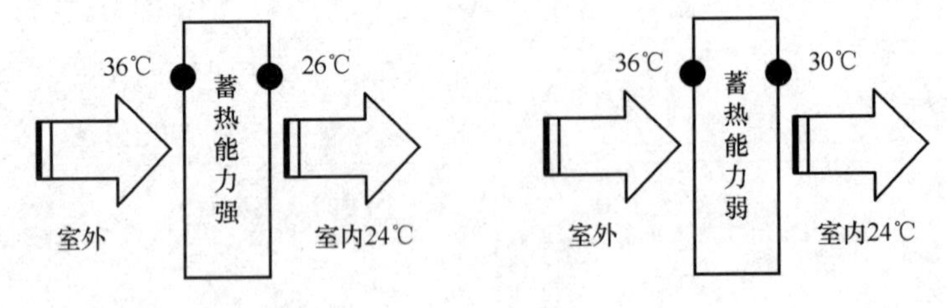

问题 2 图

问题 3：如何理解负荷综合最大值和累计值?

解答：如下表所示，两个房间逐时冷负荷综合最大值为 4328kW，两个房间冷负荷累计值为 1658＋2675＝4333kW。

房间名称	计算时刻	11：00	12：00	13：00	14：00	15：00	16：00	17：00
办公室 1	（不含新风）冷负荷（kW）	1562	1451	1463	1688	1653	1624	1613

笔记区

续表

房间名称	计算时刻	11：00	12：00	13：00	14：00	15：00	16：00	17：00
办公室2	（不含新风）冷负荷（kW）	2501	2381	2403	2641	2675	2568	2539
	合计（kW）	4063	3832	3866	4299	4328	4192	4152

三、案例真题参考

【例1】 某地大型商场为定风量空调系统，冬季采用变新风供冷、湿膜加湿方式。室内设计温度22℃、相对湿度50%；室外空调设计温度−1.2℃、相对湿度74%。要求送风参数为13℃，相对湿度为80%，系统送风量为30000m³/h。查焓湿图（$B=101325$Pa），求新风量和加湿量为下列何项？（空气密度取1.20kg/m³）（2013-3-13）

（A）20000～23000m³/h，130～150 kg/h

（B）10000～13000m³/h，45～55 kg/h

（C）7500～9000m³/h，30～40 kg/h

（D）2500～4000m³/h，20～25 kg/h

【参考答案】 C

【主要解题过程】 湿膜加湿为等焓加湿过程。查焓湿图得出N、O、W三点参数：$h_W=5.1\text{kJ/kg}$，$h_N=43.2\text{kJ/kg}$，$h_O=32\text{kJ/kg}$；$d_W=2.5\text{g/kg}$，$d_N=8.3\text{g/kg}$，$d_O=7.5\text{g/kg}$；$h_C=h_O=32\text{kJ/kg}$。

$\frac{G_W}{G}=\frac{h_N-h_C}{h_N-h_W}=\frac{43.2-32}{43.2-5.1}=0.29$，$G_W=0.29G=0.29\times30000=8700\text{m}^3/\text{h}$

$\frac{G_W}{G}=\frac{d_N-d_C}{d_N-d_W}=0.29$，$d_C=d_N-0.29(d_N-d_W)=8.3-0.29(8.3-2.5)=6.6\text{g/kg}$

加湿量 $W=G(d_O-d_C)=30000\times1.2\times(7.5-6.6)=32.4\text{kg/h}$

【例2】 某室内游泳馆面积600m²，平均净高4.8m，按换气次数6h⁻¹确定空调设计送风量，设计新风量为送风量的20%，室内计算人数为50人，室内游泳池水面面积为310m²。室外设计参数：干球温度34℃、湿球温度28℃；室内设计参数：干球温度28℃、相对湿度65%；室内人员散湿量400g/（P·h）；水面散湿量150g/（m²·h）。当地为标准大气压，问空调系统计算湿负荷（kg/h）最接近下列何项？（空气密度取1.2kg/m³）（2017-4-14）

（A）55　　（B）66　　（C）82　　（D）92

【参考答案】 D

【主要解题过程】 设计新风量为：$L_x=600\times4.8\times6\times20\%=3456\text{m}^3/\text{h}$。

笔记区

查 h-d 图，室内含湿量 d_n=15.5g/kg，室外含湿量 d_w=21.6g/kg，则新风湿负荷为：$W_{xf}=\rho L\Delta d=1.2\times3456\times\frac{21.6-15.5}{1000}=$ 25.3kg/h。

室内人员湿负荷为：$W_p=\frac{50\times400}{1000}=20$kg/h。

室内水面湿负荷为：$W_w=\frac{310\times150}{1000}=46.5$kg/h 。

空调系统计算湿负荷为：$W=W_{xf}+W_p+W_w=25.3+20+46.5=91.8$kg/h。

四、专题实训（推荐答题时间 60 分钟）

请将求解答案写于下表中，案例题在题目中书写解题过程

（单选题 1 分，多选题 2 分，案例题 2 分，合计 21 分）

单选题	1	2	3				得分
多选题	1	2	3	4	5	6	
案例题	1	2	3				

（一）单选题（每题 1 分，共 3 分）

1.【单选】下列有关空调冷负荷的说法，错误的是哪一项？

（A）空调区冷负荷是指在维持室温恒定的条件下，室内空气在单位时间内得到的总热量

（B）空调区冷负荷是指空调设备在单位时间内自室内空气中取走的热量

（C）照明得热量与其对室内形成的同时刻冷负荷总是相等

（D）房间得热量峰值总是大于房间冷负荷峰值

2.【单选】关于空调系统传热量及室外空气计算参数的说法，错误的是哪一项？

（A）夏季计算经围护结构传入室内的热量时，应按不稳定传热过程计算

（B）冬季围护结构的传热量可按稳定传热方法计算，不考虑室外气温的波动

（C）冬季空调室外计算温度应采用历年平均不保证 5 天的日平均温度

（D）按不稳定传热计算围护结构传热量时，须已知计算日的室外计算日平均温度和逐时温度

笔记区

3. 【单选】已知某房间干球温度26℃，湿球温度19.5℃，利用$h-d$图确定该房间的空气状态参数，下列状态参数错误的是哪一个？

(A) 相对湿度为55% (B) 焓值为55.5kJ/kg

(C) 含湿量为11.5g/kg (D) 露点温度为15.2℃

(二) 多选题 (每题2分，共12分)

1. 【多选】有关办公建筑空调热负荷的计算方法，正确的是下列哪几项？

(A) 空调区的冬季热负荷和供暖房间热负荷的计算方法相同

(B) 当空调区与室外空气的正压差值较大时，不必计算冷风渗透耗热量

(C) 当空调风管局部布置在室外环境下时，应计入其附加热负荷

(D) 空调系统的冬季热负荷，应按所服务各空调区热负荷的综合最大值确定

2. 【多选】针对民用建筑，下列有关空调系统夏季冷负荷的说法正确的是哪几项？

(A) 当采用风机盘管空调系统时（无室温控制装置），空调系统的夏季冷负荷按所服务各空调区冷负荷的累计值确定

(B) 当采用变风量集中式空调系统时，空调系统的夏季冷负荷按所服务各空调区逐时冷负荷的综合最大值确定

(C) 空调系统的夏季冷负荷应计入新风冷负荷、再热负荷以及各项有关的附加冷负荷

(D) 空调系统的夏季冷负荷，应考虑所服务各空调区的同时使用系数

3. 【多选】某工业厂房设计夏季空调系统，有关冷负荷计算的说法正确的是哪几项？

(A) 24h连续生产的工艺设备散热量可按稳态传热方法计算散热量

(B) 可将非连续生产车间的人员及照明散热得热量逐时值直接作为各相应时刻冷负荷的即时值

(C) 空调区与邻室温差大于3℃时，采用邻室计算平均温度与空调区室内设计温度的差值计算围护结构传热冷负荷

(D) 工艺性空调区有外墙，宜计算距外墙2m范围内地面传热冷负荷

4. 【多选】空调系统在间歇运行的条件下，下列说法正确的是哪

笔记区

几项？

(A) 建筑围护结构冷负荷将增大

(B) 建筑门窗冷负荷将增大

(C) 室内照明冷负荷将增大

(D) 空调能耗将增大

5. 【多选】关于空调区的夏季得热量，下列哪几项需按非稳态方法计算其形成的夏季冷负荷？

(A) 通过透明围护结构进入的太阳辐射热量

(B) 人员密集空调区的人体散热量

(C) 非全天使用的设备、照明灯具散热量

(D) 通过非轻型外墙传入的传热量

6. 【多选】下列有关空气调节各参数及状态变化的相关说法，正确的是哪几项？

(A) 湿空气的显热变化仅与温度相关，与含湿量无关

(B) 空气状态发生变化的过程中，其热湿比≥0 或为-∞

(C) 多层围护结构的热惰性指标为各个层材料热惰性指标之和

(D) 空气状态变化过程为等温加湿的过程时，焓值增加

(三) 案例题 (每题 2 分，共 6 分)

1. 【案例】某工艺性空调系统，夏季室内设计温度 24℃，相对湿度 55%，若室内冷负荷为 3500W，允许温度波动为±1.0℃，热湿比为 8000kJ/kg，试求该空调系统的最大设计送风量。

(A) 1070m^3/h　　(B) 1170m^3/h

(C) 1270m^3/h　　(D) 1370m^3/h

答案：[ ]

主要解题过程：

2. 【案例】天津某档案馆设计夏季空调系统，若档案室夏季室内设计温度为 24℃，相邻的阅览室设计温度为 28℃，两房间有一面尺寸为 6m×4.5m 的隔墙，若隔墙传热系数为 0.8W/(m^2·℃)，则下列说法合理的是哪一项？(阅览室热量小于 23W/m^2)

(A) 阅览室需考虑 181W 的隔墙传热冷负荷

(B) 档案室需考虑 181W 的隔墙传热冷负荷

(C) 两个房间均需考虑 181W 的隔墙传热空调冷负荷

(D) 两个房间各自计算所需空调冷负荷，不必考虑隔墙传热形成的冷负荷

答案：[ ]

主要解题过程：

笔记区

3. 【案例】对空气进行加湿处理，已知风量为 $10000m^3/h$，加湿量为 0.01kg/s，加湿前空气状态为 $h_1=32kJ/kg$，$\varphi_1=25\%$，若加湿后的空气温度 $t_2=14.2℃$，则加湿后的相对湿度接近下列哪一项?

(A) 60%　　(B) 70%　　(C) 80%　　(D) 90%

答案：[ ]

主要解题过程：

五、专题实训参考答案及题目详解

参考答案

(单选每题 1 分，多选每题 2 分，案例每题 2 分，合计 21 分)

单选题	1	2	3				得分
	C	C	D				
多选题	1	2	3	4	5	6	
	ABC	ABCD	AC	AB	AC	CD	
案例题	1	2	3				
	B	B	B				

题目详解

(一) 单选题

1. 根据《复习教材》第 3.2.1 节冷负荷形成机理相关内容，选项 ABD 正确，选项 C 错误，照明散热是以对流和辐射两种方式将热量传入室内，因为只有对流成分才能被室内空气立即吸收，而辐射成分却不能直接被空气吸收。

2. 根据《复习教材》第 3.1.2 节夏季空调室外计算日平均温度和逐时温度相关内容，“夏季计算经围护结构传入室内的热量时……”，选

笔记区

项AD正确；根据第3.1.2节冬季室外计算温度、湿度相关内容可知，选项B正确；选项C错误，应该是采用历年平均不保证1天的日平均温度。

3. 查 h-d 图，该房间相对湿度为55%，焓值为55.5kJ/kg，含湿量为11.5g/kg，露点温度为16.2℃，选项D错误。

(二) 多选题

1. 根据《民规》第7.2.13条及其条文说明可知，选项AB正确；由第7.2.14条及其条文说明可知，选项C正确，根据第7.2.11条，选项D错误，应按所服务各空调区热负荷的累计值确定。

2. 根据《民规》第7.2.11-2条、第7.2.11-3条、第7.2.11-4条可知，选项ACD正确；根据《复习教材》第3.2.2节综合最大值与累计最大值相关内容，选项B正确。

3. 根据《工规》第8.2.4-1条，选项A正确；根据第8.2.4-2条，选项B错误，不应将非稳态传热得热量的逐时值作为冷负荷的即时值；根据第8.2.9条，选项C正确；根据第8.2.10条，条件缺失，还需满足"且室温允许波动范围小于或等于±1℃时"，选项D错误。

4. 根据《复习教材》第3.2.1节冷负荷形成机理相关内容，空调系统在间歇运行的条件下，室温一定程度的波动，引起室内物体（包括围护结构）的蓄热与放热，空调设备也会自室内多取走一些热量。在这种非稳定工况下，空调设备自室内带走的热量称为"除热量"。因此，选项AB正确，选项C错误。间歇运行的空调系统的总能耗是降低的，选项D错误。

5. 根据《民规》第7.2.4条及第7.2.5条可知，选项AC均需按非稳态方法计算其形成的夏季冷负荷；选项B可以采用稳态方法计算其形成的夏季冷负荷；选项D有前提条件，单独提及非轻型外墙无法确定按照稳态还是非稳态计算。

6. 根据《复习教材》第3.1.1节湿空气的性质相关内容，湿空气是由干空气和水蒸气两部分组成，根据式（3.1-4）可知，显热变化还与含湿量有关，故选项A错误；根据内容2焓湿图及应用，选项B错，热湿比可以为任意数；根据第3.1.3节热惰性指标式（3.1-22），选项C正确；根据 h-d 图，选项D正确。

(三) 案例题

1. 由焓湿图查得，室内状态点焓值为50.1kJ/kg；室内允许温度波动为±1.0℃，由《民规》表7.4.10-2可知，室内送风温差为6～9℃，取送风温差为6℃时，有最大送风量，送风温度为24－6

笔记区

$=18℃$。

经室内状态点 N 作 $\varepsilon=8000$kJ/kg 的热湿比线，与18℃等温线交于送风O点，由焓湿图查得，送风状态点焓值为41.1kJ/kg。

因此，室内送风量为：

$$L=\frac{Q}{\rho(h_{\rm N}-h_{\rm O})}=\frac{3500/1000}{1.2\times(50.1-41.1)}=0.3241{\rm m^3/s}=1167{\rm m^3/h}$$

2. 根据《民规》第7.2.5-2条，空调区与邻室的夏季温差大于3℃时，可按稳态计算由隔墙传入的传热量，计算方法按照《民规》第7.2.8-2条规定，档案室温度低于阅览室温度，因此，档案室需考虑隔墙传热形成的冷负荷。

天津夏季空调室外计算日平均温度为29.4℃（注意，非干球温度），阅览室散热量小于$23{\rm W/m^2}$，根据《民规》第7.2.8条条文说明，小于$23{\rm W/m^2}$时，$\Delta t_{\rm ls}=3$℃。

$$CL_{\rm Wn}=KF(t_{\rm wp}+\Delta t_{\rm ls}-t_{\rm n})=0.8\times(6\times4.5)\times(29.4+3-24)=181.44{\rm W}$$

说明：对于选项AC的表述进行说明：本题可从另一方面进行理解，阅览室也从档案室获得了181W的冷量。但是对于邻室冷负荷的定义，指的是低温空调区得热量，所以181W的隔墙传热对于阅览室属于得冷量，可理解为阅览室的热负荷。并且，对于阅览室，这部分冷量也相当于有利于降温的安全量，由于系统为舒适性空调而非工艺性空调，实际可以不必计入阅览室冷负荷中。

3. 查 h-d 图得，加湿前含湿量为 $d_1=4$g/kg，则有：

$$d_2=d_1+\frac{W}{\rho L}=4+\frac{0.01\times3600\times1000}{1.2\times10000}=7{\rm g/kg}$$

查 h-d 图得，加湿后相对湿度 $\varphi_2=70\%$。

笔记区

实训 3.2 空气处理过程与焓湿图应用实训

一、专题提要

1.《复习教材》第 3.4 节

2. 理解、掌握各种空气处理过程

3. 热湿比计算

4. 空气混合状态计算

二、备考常见问题

问题 1：采用 5℃水源向 20℃空气中做循环水喷淋加湿，请问该过程近似何种空气处理过程？若采用 100℃水源做循环水喷淋，又近似何种过程？

解答：无论水温为多少，采用循环水喷淋均可视为等焓加湿过程。

问题 2：蒸汽加湿过程近似何种过程？如何理解《复习教材》式(3.1-10)和式(3.1-11)？

解答：将低温干蒸汽喷入空气，无论蒸汽温度为多少，只要控制住蒸汽量，不使空气超出饱和状态，则空气变化过程接近等温加湿，式(3.1-10)即为等温加湿过程计算公式，其中 t 为空气温度，而式(3.1-11)是表示空气实际变化过程特征的热湿比值计算，应带入实际的蒸汽温度 t_q，从而得到热湿比 ε。

三、案例真题参考

【例 1】 某空调工程位于天津市，夏季空调室外计算日 16：00 的空调室外计算温度最接近以下哪个选项？并写出判断过程。(2014-3-14)

(A) 29.4℃　　(B) 33.1℃　　(C) 33.9℃　　(D) 38.1℃

【参考答案】 B

【主要解题过程】 查《民规》附录 A，得天津市夏季空调室外计算干球温度 $t_{wg}=33.9$℃，夏季空调室外计算日平均温度 $t_{wp}=29.4$℃。

根据式(4.1.11-2)计算日较差：

$$\Delta t_r=\frac{t_{wg}-t_{wp}}{0.52}=\frac{33.9-29.4}{0.52}=8.654℃$$

查表 4.1.11 得 16：00 室外温度逐时变化系数 $\beta=0.43$。

根据式(4.1.11-1)，16：00 室外逐时温度为：

$$t_{sh}=t_{wp}+\beta\Delta t_r=29.4+0.43\times 8.654=33.1℃$$

笔记区

【例 2】某空调房间经计算在设计状态时，显热冷负荷为 10kW，房间湿负荷为 0.01kg/s。则该房间空调送风的设计热湿比接近下列何项？（2014-4-13）

（A）800　　（B）1000

（C）2500　　（D）3500

【参考答案】D

【主要解题过程】由热湿比定义可得两种解法：

解法一：

$$\varepsilon=\frac{\Delta h}{\Delta d}=\frac{1.01\Delta t+2500\Delta d}{\Delta d}=\frac{1.01\Delta t}{\Delta d}+2500$$

$$=\frac{1.01G\Delta t}{G\Delta d}+2500=\frac{Q_x}{W}+2500$$

$$=\frac{10}{0.01}+2500=3500\text{kJ/kg}$$

解法二：

$Q_全=Q_x+Q_q$，湿空气中水蒸气汽化潜热 $r=2500-2.35t$，因设计状态温度一般为 24～26℃，$r\approx2500$kJ/kg，$Q_全=Wr=0.01\times2500=25$kW；$\Rightarrow\varepsilon=\frac{Q}{W}\approx\frac{10+25}{0.01}=3500$。

【例 3】某办公建筑有若干间办公室，房间设计温度为 25℃、相对湿度≤60%，设计室内人数为 100 人，每人的散湿量为 61.0g/h。拟采用风机盘管+新风的温湿度独立控制空调系统，空调室内湿度由新风系统承担。若新风机组送入室内的空气含湿量最低可为 9.0g/kg，问：新风格机组的最小设计风量（m^3/h）最接近下列何项？（标准大气压，空气密度取 1.2kg/m^3）（2017－4－13）

（A）1750　　（B）1980

（C）2510　　（D）3000

【参考答案】D

【主要解题过程】应按《民规》第 7.3.19 条确定新风机组最小新风量。

（1）人员所需新风量：查《民规》第 3.0.6 条，办公室按每人 30m^3/h 计算，100×30=3000m^3/h；

（2）新风除湿所需新风量：室内湿负荷 $W=100\times61=6100$g/h。

查 h-d 图，室内含湿量 $d_n=11.9$g/kg，则新风机组最小设计风量为：

$$L=\frac{W}{1.2\times(d_n-d_o)}=\frac{6100}{1.2\times(11.9-9.0)}=1753\text{m}^3/\text{h}$$

新风机组最小新风量按上述二者取最大，应为 3000m^3/h。

笔记区

四、专题实训（推荐答题时间 60 分钟）

请将求解答案写于下表中，案例题在题目中书写解题过程

（单选题 1 分，多选题 2 分，案例题 2 分，合计 21 分）

单选题	1	2	3				得分
多选题	1	2	3	4	5		
案例题	1	2	3	4			

（一）单选题（每题 1 分，共 3 分）

1.【单选】某酒店宴会厅采用一次回风全空气系统，其组合式空调机组设置过滤段、混合段、表冷段和风机段。验收合格投入使用后的第 3 年发现运行时空调冷量输出不足，室内温度适中无法达到设计工况 26℃，下列哪一项不是可能的因素？

（A）风机老化，风量下降

（B）过滤器未及时清理更换

（C）表冷器表面积灰、内表面结垢

（D）新风阀常年处于最小新风量运行，调节失效

2.【单选】关于采用循环喷淋水处理室内空气时，下列 4 个湿空气参数不变的是哪一项？

（A）干球温度

（B）湿球温度

（C）含湿量

（D）相对湿度

3.【单选】下列关于空气处理设备的说法，错误的是哪一项？

（A）住宅新风设置板式热回收装置，可实现对室外新风的等湿冷却，降低新风负荷

（B）氯化锂转轮除湿系统在减湿过程中湿度可调，单位除湿量大，但设备复杂且需要加热再生

（C）洗浴中心更衣室设置填充氯化钙的转轮除湿机，除湿后的干燥空气若送入室内，将增大室内显热冷负荷

（D）高压喷雾加湿、循环水喷淋、喷干蒸汽加湿均能实现等焓加湿

（二）多选题（每题 2 分，共 10 分）

1.【多选】下列哪几种空气处理设备可以实现等焓除湿？

笔记区

（A）固体吸湿剂吸附除湿
（B）转轮除湿
（C）表面式冷却器
（D）冷冻去湿机

2.【多选】当空气达到饱和状态时，下列哪几项是正确的？
（A）空气的干球温度等于其湿球温度
（B）空气的湿球温度等于其露点温度
（C）空气的干球温度高于其露点温度
（D）空气的相对湿度达到100%

3.【多选】夏季采用空气处理机组冷却空气时，通常采用的做法是：将“机器露点”相对湿度确定为90%～95%，而不是100%，对于采用该做法的原因，下列哪几项是错误的？
（A）因空气冷却到相对湿度为90%以上时，会发生结露
（B）空调系统只需要处理到相对湿度为90%～95%
（C）相对湿度采用90%～95%比采用100%更加节能
（D）由于受到表冷器旁通系数的影响，“机器露点”无法实现100%

4.【多选】某空调机组含有混合段、表冷段、高压喷雾加湿段、风机段，供/回水温度为15℃/20℃，若该空调机组表冷器进口空气参数为24℃、50%，则该空调机组所能实现的空气处理过程包含下列哪几个选项？
（A）减湿冷却　　（B）等湿冷却
（C）等焓加湿　　（D）等温加湿

5.【多选】地处石家庄的建筑，室内设计参数为28℃、55%，工艺要求采用直流式（全新风）空调系统，下列哪种方法不能实现该空调方式？
（A）采用喷水室，喷淋水温度为7～9℃
（B）采用喷水室，喷淋水为循环冷却水
（C）采用表冷器，冷水温度为17～19℃
（D）采用表冷器，冷水温度为7～9℃

（三）案例题（每题2分，共8分）

1.【案例】某房间设计采用全空气空调系统，系统风量为3500m^3/h，房间冬季设计温度t_N=22℃，φ_N=40%，设计送风状态点t_O=26℃，φ_B=35%，若送风状态点处于该房间的热湿比线上，

笔记区

则热湿比线接近下列哪一项？

(A) 8600kJ/kg　(B) −8600kJ/kg

(C) 1150kJ/kg　(D) −1150kJ/kg

答案：［　］

主要解题过程：

2.【案例】某一次回风系统，已知新风量 G_A=6500kg/h，t_A=34℃，φ_A=65%，回风 G_B=20000kg/h，t_B=24℃，φ_B=55%，求混合状态点C的温度和相对湿度分别是多少？

(A) 25～26℃，58%～62%

(B) 25～26℃，63%～66.0%

(C) 26～27℃，58%～62%

(D) 26～27℃，63%～66%

答案：［　］

主要解题过程：

3.【案例】某房间冬季空调室内设计参数为：室温18℃，相对湿度40%，空调热负荷 Q=2.5kW，室内冬季余湿量为 W=0.005kg/s。空调系统为直流式系统，采用湿膜加湿方式，要求冬季送风温度为25℃。室外空气状态为干球温度−6℃，相对湿度40%，大气压力101325Pa，计算所要求的加湿器的饱和效率。

(A) 15%～22%　(B) 23%～30%

(C) 31%～38%　(D) 39%～46%

答案：［　］

主要解题过程：

4.【案例】某宴会厅采用一次回风空调系统，室内热湿比为

笔记区

10000kJ/kg，室内设计温度为25℃，相对湿度为55%，设计新风量为6500kg/h（室外干球温度为34℃，相对湿度为65%），一次回风量为20000kg/h。拟采用过滤段+回风段+表冷段+风机段的组合式空调机组，试计算所需7℃/12℃空调冷水设计流量。（机器露点95%）

(A) 6.0～6.4kg/s (B) 7.6～7.9kg/s
(C) 8.2～8.7kg/s (D) 9.2～9.5kg/s

答案：[ ]

主要解题过程：

五、专题实训参考答案及题目详解

参考答案

（单选每题1分，多选每题2分，案例每题2分，合计21分）

单选题	1	2	3				得分
	D	B	D				
多选题	1	2	3	4	5		
	AB	ABD	ABC	BC	BC		
案例题	1	2	3	4			
	B	C	B	C			

题目详解

（一）单选题

1. 空调冷量输出与风量及送风焓差有关，风量下降后，输出冷量明显降低，因此选项A是可能的原因；选项B，过滤器未及时清理将导致风量下降，其结论与选项A相同；根据《复习教材》第3.4.7节内容“2选择计算原理”中“热工计算中安全系统的考虑”可知，选项C是可能导致冷量下降的；选项D，新风量处于最小新风量运行时，新风负荷最小，及时阀门调节失效也不会增大新风负荷，因此不会出现冷量不足的情况，可能会在个别时刻出现冷量输出偏大。

2. 根据《复习教材》第3.4.1节内容“4空气加湿处理的等焓加湿”内容可知，用循环水喷淋空气，使之加湿，是空调工程中常用的处理方法。在等焓加湿过程中，空气的干球温度下降，但湿球温度保持不变。加湿过程中虽然有显热和潜热交换，由于显热和潜热交换量相等，空气的比焓值在处理前后是相同的。

笔记区

3. 板式热回收装置属于间接热回收（无接触），形式类似表冷器，因此其处理过程为等湿冷却，选项 A 正确；根据《复习教材》第 3.4.1 节“4 空气加湿处理”中关于干式减湿的内容可知，选项 B 正确；根据“固体吸湿剂”的内容可知，氯化钙属于此类方式，空气处理过程为等焓减湿，处理后空气温度上升，即高于室内温度，若送入室内将引入新的显热冷负荷，选项 C 正确；“喷干蒸汽”为等温加湿，选项 D 错误。

（二）多选题

1. 可以实现等焓减湿的空气处理过程主要有转轮除湿、溶液除湿。其中溶液除湿可以实现等温除湿、等焓除湿或降温除湿，具体与采用溶液的浓度和温度有关。选项 C，表面式冷却器可以实现等湿冷却或减湿冷却，但是减湿冷却过程需要先将处理空气降温到露点，再沿着 100%相对湿度线除湿，因此对于等焓除湿是无法实现的；选项 D，冷冻去湿机也属于冷却减湿，与等焓减湿完全不同。

2. 空气达到饱和即相对湿度达到 100%，此时干球温度=湿球温度=露点温度。

3. 根据《复习教材》第 3.4.1 节空气的冷却处理相关内容，将“机器露点”相对湿度确定为 90%～95%的主要原因在于空气与表冷器盘管接触的时间有限，空气不能达到 100%相对湿度状态，选项 D 正确。

4. 根据《复习教材》第 3.4.1 节空气的冷却处理相关内容，“当冷媒（冷水）的温度足够高，使得空气冷却器空气侧传热面的温度值高于空气的露点温度但低于空气温度时，空气在冷却过程中的含湿量不变，即为等湿冷却过程”，可查得入口空气的露点温度为 13℃，采用 15℃的冷水，表冷器表面温度大于空气露点，不会发生结露，因此表冷段是等湿冷却过程，选项 B 正确；根据空气的加湿处理相关内容，高压喷雾加湿属于等焓加湿，选项 C 正确。

5. 查焓湿图可知，采用循环喷淋水为等焓过程，在焓湿图上不能实现该空调方式，选项 A 错误，选项 B 正确；再根据焓湿图可知，室内露点温度为 18℃，采用选项 C，出风温度会大于室内露点温度，达不到除湿的作用，因此选项 C 也实现不了该空调方式，选项 D 可以实现该空调方式。

（三）案例题

1. 查焓湿图得，$h_N=38.9\text{kJ/kg}$，$d_N=6.6\text{g/kg}$，$h_O=44.9\text{kJ/kg}$，$d_O=7.3\text{g/kg}$，根据《复习教材》式（3.2-16），得：

$$\varepsilon=\frac{h_N-h_O}{d_N-d_O}\times1000=\frac{38.9-44.9}{6.6-7.3}\times1000=-8571\text{kJ/kg}$$

笔记区

2. 根据质量和能量守恒，两种不同状态的空气混合，其质量分别为 G_A 与 G_B，则有：

$$G_A t_A + G_B t_B = (G_A + G_B) t_C$$
$$G_A h_A + G_B h_B = (G_A + G_B) h_C$$
$$G_A d_A + G_B d_B = (G_A + G_B) d_C$$

查焓湿图得，$h_A = 90.7\text{kJ/kg}$，$d_A = 22.0\text{g/kg}$，$h_B = 50.3\text{kJ/kg}$，$d_B = 10.2\text{g/kg}$，则有：

$$t_C = \frac{G_A t_A + G_B t_B}{G_A + G_B} = \frac{6500 \times 34 + 20000 \times 24}{6500 + 20000} = 26.5℃$$

$$h_C = \frac{G_A h_A + G_B h_B}{G_A + G_B} = \frac{6500 \times 90.7 + 20000 \times 50.3}{6500 + 20000} = 60.2\text{kJ/kg}$$

$$d_C = \frac{G_A d_A + G_B d_B}{G_A + G_B} = \frac{6500 \times 22.0 + 20000 \times 10.2}{6500 + 20000} = 13.09\text{g/kg}$$

根据 t_C、h_C、d_C 任意两点，可在焓湿图上查得状态点 C 的相对湿度 Φ_C 约为 60%。

说明：应注意，在计算相对湿度时不能按照公式计算。

3. 湿膜加湿为等焓加湿

室内热湿比 $\varepsilon = \dfrac{-2.5}{0.005} = -500\text{kJ/kg}$。

如下图所示在 h-d 图上找到室内点 N，过 N 点沿热湿比线交 t=25℃等温线与 O 点，则 O 为送风状态点。在 h-d 图上找到室外点 W，过 O 点做等焓线，分别交过 W 点的等湿线和 $\varphi = 100\%$ 线于 W_1 和 t_s 点，查 h-d 图得 $t_{w1} = 29.6℃$、$t_s = 11.2℃$。

根据《复习教材》第 3.4.7 节加湿器的选择相关内容可知：

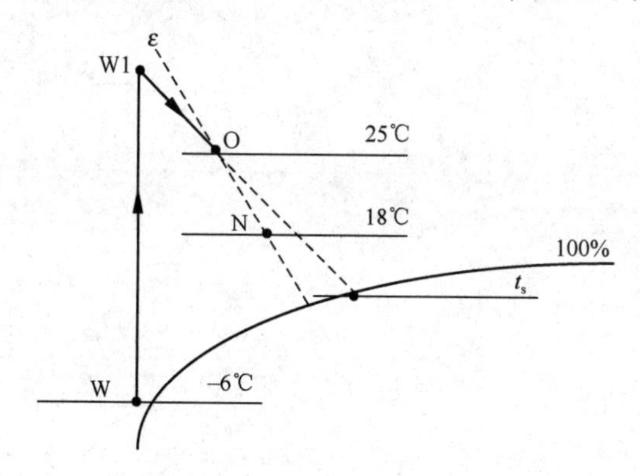

$$饱和效率 = \frac{加湿前空气干球温度 - 加湿后空气干球温度}{加湿前空气干球温度 - 饱和空气湿球温度} \times 100\%$$
$$= \frac{29.6 - 25}{29.6 - 11.2} \times 100\%$$
$$= 25\%$$

笔记区

4. 查焓湿图得，$h_A=90.7$kJ/kg，$d_A=22.0$g/kg，$h_B=53$kJ/kg，$d_B=10.2$g/kg，则有：

$$h_c=\frac{6500\times90.7+20000\times53}{6500+20000}=60.2\text{kJ/kg}$$

由焓湿图可查得露点焓值为37.9kJ/kg，可计算冷量为：

$$Q=\frac{6500+20000}{3600}\times(60.2-37.9)=164.2\text{kW}$$

冷水流量为：

$$G=\frac{0.86Q}{\Delta t}=\frac{0.86\times164.2}{12-7}=28.2\text{t/h}=7.84\text{kg/s}$$

笔记区

实训 3.3 空调风系统（1）：全空气系统

一、专题提要

1.《复习教材》第 3.4 节及《民规》、《工规》相关内容
2. 一次回风、二次回风与变风量系统的特点
3. 一次回风、二次回风与变风量系统的计算
4. 变风量空调（VAV）系统计算

二、备考常见问题

问题 1：全空气空调系统计算时，总是对应不上热湿负荷和温差、焓差或湿差的关系，如何解决？

解答：首先要理清空调系统的换热过程，以一次回风系统为例，分清是表冷器热湿处理过程，还是房间内的换热过程，从而利用相应的参数进行计算。一次回风系统示意及分析如下：

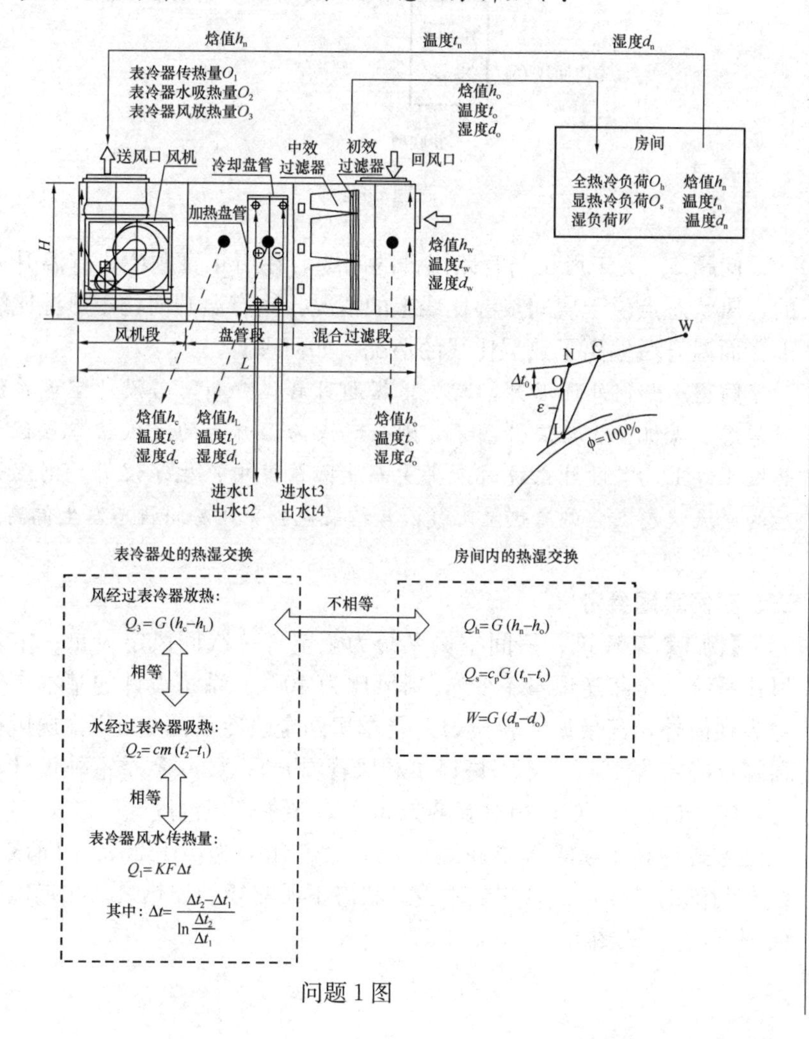

问题 1 图

笔记区

问题 2：串联和并联风机动力型末端装置的工作原理是怎么样的？

解答：如下图所示，串联风机动力型末端装置当一次风发生变化时，室内回风也发生变化，由于风机串联在回路中，末端装置送风总量恒定不变。

并联风机动力型末端装置风机位于室内回风通路上，室内回风量不变，当一次风发生变化时，末端装置总送风量发生变化。

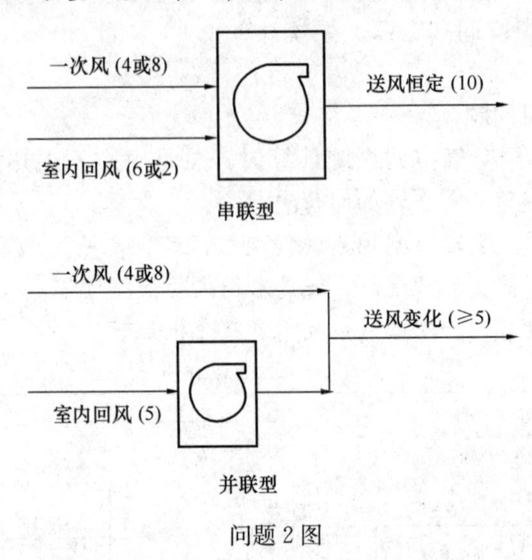

问题 2 图

问题 3：关于风机与管路温升的问题，在历年真题中，有温升后的送风状态点位于房间热湿比线上的情况，也有温升前位于热湿比线上，而温升后偏离了热湿比线的情况，如何理解？

解答：如何处理温升，需要根据题目具体分析，若设计空调系统时考虑了风机和管路温升因素，则应考虑为温升后的送风状态点位于热湿比线上，若设计系统时未考虑而实际情况中产生了温升，则温升后的送风状态点会偏离热湿比线，其结果也会导致房间状态发生偏离。

三、案例真题参考

【例 1】 某建筑一房间空调系统为全空气一次回风定风量、定新风比系统（全年送风量不变），新风比为 40%。系统设计的基本参数除表列值外，其余见下表：（1）夏季房间全热冷负荷 40kW，送风机器露点确定为 95%（不考虑风机和风管温升）；（2）冬季室外设计状态：室外温度−5℃，相对湿度为 30%，冬季送风温度为 28℃，冬季加湿方式为高压喷雾等焓加湿；（3）大气压力为 101325Pa。问该系统空调机组的加热盘管在冬季设计状态下所需要的加热量，接近以下何项？（查 h-d 图得）（2013-4-17）

笔记区

	室内设计参数		热湿比（kJ/kg）
	温度	相对湿度	
夏季	25℃	50%	20000
冬季	20℃	40%	−20000

(A) 72～78kW (B) 60～71kW

(C) 55～59kW (D) 43～54kW

【参考答案】 D

【主要解题过程】 查焓湿图，结果标注在焓湿图上。

由夏季送风求出送风量：$G=\dfrac{40}{13.4}=2.985\text{kg/s}$。

冬季加热量：$Q_3=Gc\Delta t=2.985\times1.01\times20.2=60.9\text{kWg/kg}_{干空气}$，$d_N<d_W$；新风需处理。

【例 2】 某二次回风空调系统，房间设计温度 23℃，相对湿度 45%，室内显热负荷 17kW，室内散湿量 9kg/h。系统新风量 $2000\text{m}^3/\text{h}$，表冷器出风相对湿度 95%（焓值 $23.3\text{kJ/kg}_{干空气}$）；二次回风混合后经风机及送风管道温升 1℃，送风温度 19℃；夏季室外设计计算温度 34℃，湿球温度 26℃，大气压力 101.325kPa。新风与一次回风混合点的焓值接近下列何项？并于焓湿图绘制空气处理过程线。（空气密度取 1.2kg/m^3，比热取 1.01kJ/（kg·℃），忽略回风温差。过程点参数：室内：$d_N=7.9\text{g/kg}$、$h_N=43.1\text{kJ/kg}_{干空气}$，室外：$d_W=18.1\text{g/kg}$、$h_W=80.6\text{kJ/kg}_{干空气}$）（2014-3-15）

(A) $67\text{kJ/kg}_{干空气}$ (B) $61\text{kJ/kg}_{干空气}$

(C) $55\text{kJ/kg}_{干空气}$ (D) $51\text{kJ/kg}_{干空气}$

【参考答案】 B

【主要解题过程】 空气处理过程焓湿图如右图所示。

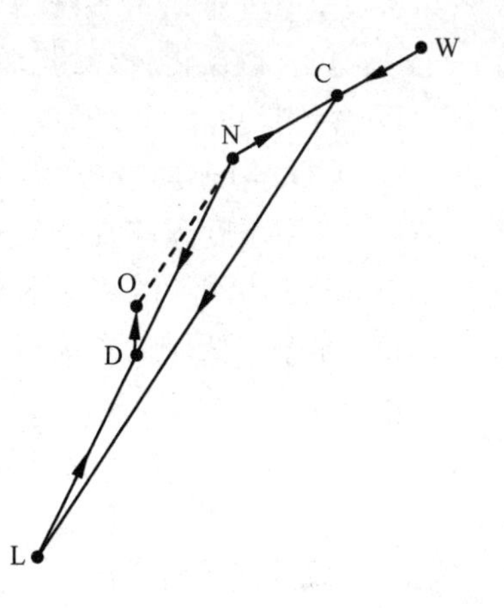

由题意，根据显热负荷及送风温差计算总送风量 $G_0=\dfrac{Q_x}{c_p\Delta t}=\dfrac{17}{1.01\times(23-19)}=4.2\text{kg/s}$。

由湿负荷计算及总送风量送风状态点 O 的含湿量 $d_0=d_n-\dfrac{W}{G_0}=7.9-\dfrac{9\times\dfrac{1000}{3600}}{4.2}=7.3\text{g/kg}$。

二次回风混合后状态点 D，考虑到混合后经过 1℃温升送入室内，

笔记区

故 D 点干球温度 $t_D=19-1=18$℃。

风机温升为等温加热过程，故 D 点含湿量 $d_D=d_0=7.3$g/kg。

由焓湿图查得，混合后的焓值，$h_D=36.7$ kJ/kg。

根据题意可知露点 L 焓值，$h_L=23.3$ kJ/kg。

二次回风比 $m_2=\dfrac{h_N-h_D}{h_N-h_L}=\dfrac{43.1-36.7}{43.1-23.3}=0.323$。

一次回风混合后的风量 $G_L=m_2G_0=0.323\times4.2=1.357$kg/s。

$G_W=\rho L_w=1.2\times2000/3600$

$=0.67$kg/s

一次回风比 $m_1=\dfrac{G_W}{G_L}=\dfrac{0.67}{1.357}=0.494$。

$h_C=h_N+m_1(h_W-h_N)=43.1+0.494\times(80.6-43.1)=61.6$kJ/kg

四、专题实训（推荐答题时间 90 分钟）

请将求解答案写于下表中，案例题在题目中书写解题过程

（单选题 1 分，多选题 2 分，案例题 2 分，合计 30 分）

单选题	1	2	3	4					得分
多选题	1	2	3	4	5				
案例题	1	2	3	4	5	6	7	8	

（一）单选题（每题 1 分，共 4 分）

1.【单选】下列关于全空气系统的说法，错误的是哪一项？

(A) 全空气定风量系统易于改变新回风比例，可实现全新风送风，以获得较好的节能效果

(B) 在剧院、体育馆等人员较多、运行时负荷和风量相对稳定的大空间建筑中采用全空气定风量系统

(C) 在温湿度允许波动范围小、噪声或洁净度标准高的播音室、净化房间、医院手术室采用全空气定风量系统

(D) 全空气变风量系统的变风量末端装置，宜选用压力相关型。

2.【单选】下列关于全空气空调系统的说法，错误的是哪一项？

(A) 一般情况下，在全空气空调系统中，不应采用分别送冷热风的双风管系统

(B) 二次空调系统控制送风温度一般采用改变二次回风比的控制系统

笔记区

(C) 洁净空调系统可以采用二次回风系统
(D) 允许采用较大送风温差时，应采用一次回风式系统

3. 【单选】某宴会厅设置一次回风全空气系统，系统设计送风量31000m³/h，若不考虑吊顶空间限制的要求，下列主干管尺寸最合理的是哪一项？

(A) 1000mm×1000mm　(B) 1600mm×800mm
(C) 2500mm×500mm　(D) 3000mm×400mm

4. 【单选】计算某全室空调的工业车间的最小新风量，已求出室内人员所需的最小新风量为500m³/h，工艺燃烧过程所需新风量为2000m³/h，补充设备局部排风所需新风量为1500m³/h，保持室内正压所需新风量为2000m³/h，则该车间空调设计的最小新风量，下列哪项是正确的？

(A) 6000m³/h　(B) 3500m³/h
(C) 2500m³/h　(D) 2000m³/h

(二) 多选题 (每题2分，共10分)

1. 【多选】下列关于一次回风和二次回风系统特征的比较，说法正确的是哪几项？

(A) 当室内散湿量较大，房间允许采用较大的送风温差时，应采用具有一次回风的全空气定风量空调系统
(B) 二次回风系统回风在热湿处理前后各混合一次，第二次回风量所承担的室内冷负荷需根据室内温度计算确定
(C) 一次回风系统中，对于送风温差无需求的空调系统一般采用最大送风温差，除了风机及管道温升外，不再加热处理
(D) 相同条件下，二次回风空调系统所需的机器露点比一次回风空调系统低

2. 【多选】下列关于变风量空调系统末端装置的说法，错误的是哪几项？

(A) 对于节流型VAV末端装置，其装置的最小风量应大于系统的最小风量，最大风量小于系统的最大风量，以便于系统正常运行
(B) 单风道型VAV装置也可作为定风量装置使用，只要把变风量装置的最大风量和最小风量设定为相同值即可
(C) 并联型FPB增压风机仅在保持最小循环风量或加热时运行，增压风机的风量为末端装置设计风量
(D) 串联FPB始终以恒定风量运行，因此可用于需要一定换气

笔记区

次数的场所

3. 【多选】变风量空调系统应考虑空调区的最大送风量和最小送风量，其中最小送风量应由下列哪些因素确定?

(A) 空调区夏季冷负荷

(B) 负荷变化情况

(C) 空调区气流组织形式

(D) 最小新风量

4. 【多选】下列关于内、外分区的变风量空调系统设计的说法正确的是哪几项?

(A) 外区供暖时，外区室内温度不宜高出内区温度2℃

(B) 采用压力无关型末端装置，其风量控制器精度不应低于5%，风量调节范围宜在20%～120%之间。

(C) 外区设置独立卧式安装风机盘管，风机盘管冬季仅承担围护结构热负荷

(D) 采用风机并联型变风量末端时，增压风机风量按房间所需最小循环空气量或末端装置设计风量确定

5. 【多选】某办公楼采用全空气地板送风空调系统，下列有关该空调系统的说法正确的是哪几项?

(A) 室内气流自下而上，达到改善个人环境和室内空气品质的目的

(B) 夏季送风温度高，冷水机组蒸发温度高，制冷效率高

(C) 过渡季节可利用自然冷源的时间比常规空调系统长

(D) 静压箱的进风口离最远出风口的距离控制在15m左右

(三) 案例题 (每题2分，共16分)

1. 【案例】某影院可容纳1000名观众，要求室内温度26℃，相对湿度60%，已知室内冷负荷 $Q=210kW$，湿负荷 $W=0.03kg/s$，人员最小新风量为 $15m^3/h$，采用空气冷却器处理空气到相对湿度为90%（机器露点）进行送风，满足舒适度要求，风机、风管温升为2℃，则该空调系统的送风量为多少?

(A) 16～16.9 kg/s (B) 17～17.9 kg/s

(C) 18～18.9 kg/s (D) 19～19.9 kg/s

答案: [ ]

主要解题过程:

笔记区

2.【案例】接上题，若夏季室外计算干球温度 t_w =30℃，湿球温度 t_w =24℃，则空气冷却器所需冷量为多少？

(A) 270～300 kW (B) 300～330kW

(C) 330～360 kW (D) 360～390kW

答案：[ ]

主要解题过程：

3.【案例】上海市某建筑拟采用变风量集中式空调系统，设计采用单风道无动力型末端装置，一台集中空气处理机组为A、B两个分区送风，已知两个分区的最大逐时显热冷负荷均为50kW，末端装置最小送风量为设计送风量的40%，A区最小新风量为0.5kg/s，B区最小新风量为0.6kg/s，则系统最小风量运行时（A、B均处于最小风量）回风量与新风量之比为多少？[室内设计温度为24℃，送风温差为8℃，c_p=1.01kJ/（kg·℃)]

(A) 2.87 (B) 3.13

(C) 3.42 (D) 3.96

答案：[ ]

主要解题过程：

4.【案例】接上题，该系统逐时冷负荷的综合最大值为65kW，A区显热负荷为15kW，B区显热负荷为50kW，则此时A、B两区的室内温度接近多少？

(A) 22℃、22℃ (B) 22℃、24℃

(C) 24℃、22℃ (D) 24℃、24℃

答案：[ ]

主要解题过程：

笔记区

5.【案例】某房间夏季室内设计温度为24℃，相对湿度为60%，室内设计冷负荷为40kW，湿负荷为18kg/h，采用二次回风全空气系统，送风温差为6℃，已知夏季空调室外计算干球温度为34℃，湿球温度为27℃，新风与一次回风之比为1∶4，绘制空气处过程并计算该系统供冷量为下列何项？(表冷器机器露点考虑为95%)

(A) 47～54kW (B) 55～62kW

(C) 63～70kW (D) 71～77kW

答案：[ ]

主要解题过程：

6.【案例】某一次回风全空气空调系统负担4个空调房间（房间A～D)，各房间设计状态下的新风量和送风量详见下表。已知各房间的室内设计参数均为：$t=25℃$，$\varphi=55\%$，$h=52.9kJ/kg$，室外新风状态点为$t=34℃$，$\varphi=65\%$，$h=90.4kJ/kg$，无再热负荷，采用露点送风，室内仅有显热负荷且忽略风机、管道温升，若系统送风量满足总送风量$5450m^3/h$的要求，该系统的空调器所需冷量应为下列何项？（机器露点95%，空气比热容1.01kJ/（kg·℃)，空气密度$\rho=1.2kg/m^3$）

	房间A	房间B	房间C	房间D	合计
新风量（m^3/h)	180	270	180	150	780
送风量（m^3/h)	1250	1500	1500	1200	5450
新风比	14.4%	18%	12%	12.5%	14.3%

(A) 25.5～26.4kW (B) 26.5～27.4kW

(C) 27.5～28.4kW (D) 28.5～29.4kW

答案：[ ]

主要解题过程：

7.【案例】某空调房间的计算参数：室温28℃，相对湿度55%。房间的计算负荷$\sum Q=210kW$，总余湿量$\sum W=30g/s$，空调机组处理到露点后直接送入房间，试计算该空调房间所需送风量。(大气条件

笔记区

为标准大气压，室外计算温度为34℃，相对湿度为75%，不考虑风机与风道引起的温升，机器露点为90%）

(A) 10500～12500m^3/h

(B) 26300～26500m^3/h

(C) 33600～33900m^3/h

(D) 46500～46600m^3/h

答案：[ ]

主要解题过程：

8.【案例】接上题，若采用带有板式热回收、一次回风的组合式空调机组，排风量为新风量的80%，显热回收效率55%，新风比为30%，送风的相对湿度为90%。试绘制空气处理过程焓湿图，并计算该机组的制冷量。

(A) 180～190 kW

(B) 220～260 kW

(C) 310～350 kW

(D) 420～430 kW

答案：[ ]

主要解题过程：

五、专题实训参考答案及题目详解

参考答案

（单选每题1分，多选每题2分，案例每题2分，合计30分）

单选题	1	2	3	4					得分
	D	B	B	B					
多选题	1	2	3	4	5				
	ACD	AC	BCD	AC	ABD				
案例题	1	2	3	4	5	6	7	8	
	D	B	C	B	B	B	C	C	

题目详解

（一）单选题

1. 根据《民规》第7.3.4条及其条文说明可知，选项ABC均正

笔记区

确；由第7.3.8.3可知，选项D错误。

2. 根据《民规》第7.3.5条及其条文说明可知，选项ACD均正确，选项B错误。

3. 本题是全空气空调风管尺寸设计，需要参考《民规》第6.6.3条（通风章节）的内容。宴会厅属于公共建筑范畴，其干管风速推荐5～6.5m/s，最大不能超过8m/s。可分别核算风速：选项A 8.6m/s，选项B 6.7m/s，选项C 6.9m/s，选项D 7.2m/s。从风速的角度仅选项A不符合最大风速的要求，但是选项BCD三个风管长宽比分别为2∶1，5∶1和7.5∶1。根据《民规》第6.6.1条，风管长短边之比不宜大于4，因此最合理的是选项B。

4. 根据《复习教材》第3.4.3节关于全空气空调系统最小新风量的要求可知，需要分别从卫生要求、补偿局部排风以及保持空调房间正压要求三个方面确定较大值为最小新风量。根据《工规》第3.8.18条，补偿排风和保持室内正压需要做和与新风量比较，为500＋2000＝2500，1500＋2000＝3500两者的较大值，因此最小新风量为3500m^3/h。

（二）多选题

1. 根据《复习教材》第3.4.2节，选择A正确；二次回风只是为了提高送风温度，或者增加空气循环，并不承担室内负荷，选项B错误；根据第3.4.3节一次回风相关内容，选项C正确；根二次回风相关内容，选项D正确。

2. 根据《复习教材》第3.4.3节变风量系统中变风量末端装置的相关内容，变风量装置的风量调节范围要大于等于系统风量的调节范围，选项A错误；选项B正确；根据“增压风机的风量…设计风量的50%～80%选择”，选项C错误；选项D正确。

3. 根据《民规》第7.3.8-4条可知，空调区的最小送风量应根据负荷变化情况、气流组织等确定。因此选项BC均为确定最小送风量的因素。但是在最小送风量需要保证最小新风量的措施，因此在确定最小送风量时，也需要保证最小新风量，即最小新风量也是确定最小送风量的因素之一。

4. 根据《复习教材》第3.4.3节变风量系统设计相关内容，选项A正确；选项B错误，风量调节范围宜在20%～100%；选项C正确；根据“风机动力型VAV末端装置”的第3段可知，选项D错误，如果按末端装置设计风量确定，需要按末端风量的50%～80%确定。

5. 根据《复习教材》第3.4.3节地板送风空调系统相关内容，选项ABD正确，选项C错误。

笔记区

（三）案例题

1. 求热湿比有：$\varepsilon=\dfrac{Q}{W}=\dfrac{210}{0.03}=7000\text{kJ/kg}$，查焓湿图得N点（见下图），$h_N=58.3\text{kJ/kg}$，由N点按照热湿比7000kJ/kg，及距机器露点2℃温升得出交点O，查得$t_o=19.3℃$，$h_o=47.4\text{kJ/kg}$，由O点垂直交相对湿度线90%于L点即机器露点，$t_L=17.3℃$，$h_L=45.3\ \text{kJ/kg}$。

空调系统的送风量$q_s=\dfrac{Q}{h_N-h_o}=\dfrac{210}{58.3-47.4}=19.3\text{kg/s}$。

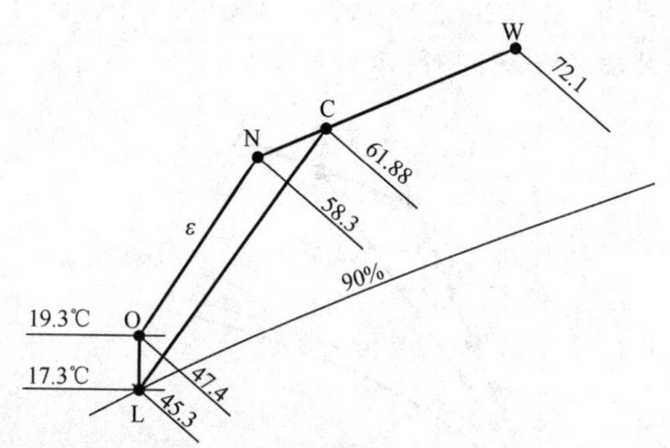

2. 在焓湿图上查得室外状态点W，$h_w=72.1\ \text{kJ/kg}$，新风量$q_x=\dfrac{1000\times15\times1.2}{3600}=5\text{kg/s}$，回风量$q_h=19.3-5=14.3\text{kg/s}$。

混合空气比焓为

$$h_c=\frac{q_x\times h_w+q_h\times h_n}{q_x+q_h}=\frac{5\times72.1+14.3\times58.3}{19.3}=61.88\text{kg/s}$$

空气冷却器所需冷量为：

$$Q_0=q_s\times(h_c-h_L)=19.3\times(61.88-45.3)=320\text{kW}$$

3. 设计状态下$G_{Amax}=G_{Bmax}=\dfrac{Q_x}{c_p\times\Delta t}=\dfrac{50}{1.01\times8}=6.19\text{kg/s}$。

最小送风量$G_{amin}=G_{Bmin}=6.19\times40\%=2.48\text{kg/s}$。

房间A的最小新风比$a_1=\dfrac{G_{x,A}}{G_{A,min}}=\dfrac{0.5}{2.48}=0.2016$。

房间B的最小新风比$a_2=\dfrac{G_{x,B}}{G_{B,min}}=\dfrac{0.6}{2.48}=0.2419$。

新风比需求最大的房间的新风比为0.2419。

未修正前的新风比$Z=\dfrac{G_{x,A}+G_{x,B}}{G_{A,min}+G_{B,min}}=\dfrac{0.5+0.6}{2.48+2.48}=0.2218$。

修正后的新风比$Y=\dfrac{X}{1+X-Z}=\dfrac{0.2218}{1+0.2218-0.2419}=0.2263$。

故回风量与新风量之比$n=\dfrac{1-Y}{Y}=\dfrac{1-0.2263}{0.2263}=3.42$。

笔记区

4. 送风温度 $t_S=16℃$，A 区负荷为 15kW 时，其风量为：

$$G_{A-15kW}=\frac{15}{50}\times G_{Amax}=\frac{15}{50}\times 6.19=1.86kg/s<G_{Amin}$$

故 A 区的风量为 $G_{Amin}=2.48kg/s$。

A 区送风温度为：

$$t_A=\left(t_S+\frac{Q}{c_p\times G_{Amin}}\right)=\left(16+\frac{15}{1.01\times 2.48}\right)=22℃$$

B 区送风温度为：

$$t_B=\left(t_S+\frac{Q}{c_p\times G_{Bmax}}\right)=\left(16+\frac{50}{1.01\times 6.19}\right)=24℃$$

5. 空气处理过程如下图所示。

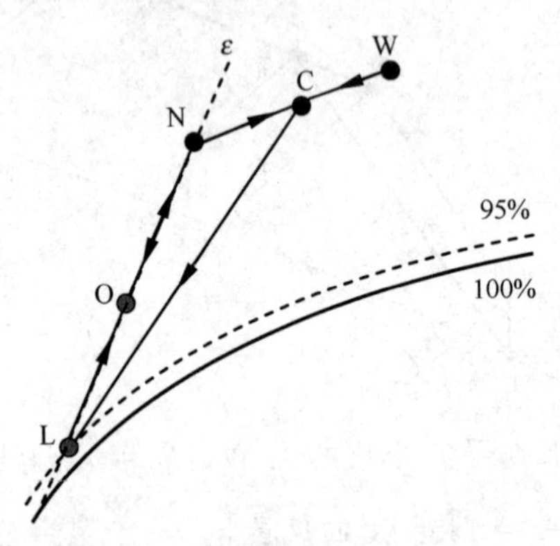

空气处理过程

查 h-d 图得，$h_W=84.9kJ/kg$，$h_N=52.5kJ/kg$，则一次混合点 C 的焓值为：

$$h_C=\frac{h_W m+h_N n}{m+n}=\frac{84.9\times 1+52.5\times 4}{1+4}=59kJ/kg$$

该房间热湿比线为：$\varepsilon=\frac{Q}{W}=\frac{40\times 3600}{18}=8000kJ/kg$。

过室内 N 点做 ε 线与 $\varphi=95\%$的交点即为机器露点 L，查得 $h_L=37kJ/kg$。

一次混合风量 $G_L=\frac{Q}{h_N-h_L}=\frac{40}{52.5-37}=2.58kg/s$。

该系统供冷量 $Q'=G_L(h_C-h_L)=2.58\times(59-37)=56.8kW$。

6. 房间 A～D 为同一个全空气系统，系统新风比为定值，但各个房间新风比不同，需要确定系统新风比，通过送风量计算系统冷量 $Y=\frac{X}{1+X-Z}=\frac{0.143}{1+0.143-0.18}=0.148$。

由新风比可计算送风与排风混合工作点焓值为：

$$h_C=(1-0.148)h_N+0.148h_W=0.852\times 52.9+0.148\times 90.4=58.45kJ/kg$$

笔记区

系统采用露点送风，由焓湿图，室内状态点等含湿量线与95%相对湿度线交点为送风状态点，查得焓值为44.2kJ/kg。可计算空调器冷量为：

$$Q_L = Lc_p(h_C - h_O) = \frac{5450}{3600}\times 1.2\times(58.45-44.2) = 25.9\text{kW}$$

7. 由题意，根据焓湿图可确定室内、室外的焓值 $h_n=61.5$kJ/kg，$h_w=99.7$kJ/kg。

由室内热负荷、余湿量可计算热湿比：

$$\varepsilon = \frac{\Delta h}{\Delta d} = \frac{G\Delta h}{G\Delta d} = \frac{\Sigma Q}{\Sigma W} = \frac{210}{\frac{30}{1000}} = 7000\text{kJ/kg}$$

由室内状态点N经热湿比线与90%相对湿度线相交于送风状态点O，可确定O点焓值为42.8kJ/kg，可计算房间总送风量：

$$L = \frac{\Sigma Q}{\rho(h_N - h_O)} = \frac{210}{1.2\times(61.5-42.8)} = 9.36\text{m}^3/\text{s} = 33700\text{m}^3/\text{h}$$

8. 板式热回收装置为显热热回收，回收热量为：

$$Q_h = \rho c_p L_p(t_W - t_N)\eta_h = 1.2\times 1.01\times\left(30\%\times\frac{33700}{3600}\times 80\%\right)\times(34-28)\times 55\% = 8.99\text{kW}$$

显热热回收为等温过程，可计算经显热热回收后新风温度为：

$$t'_W = t_W - \frac{Q_h}{\rho c_p L_w} = 34 - \frac{8.99}{1.2\times 1.01\times\left(30\%\times\frac{33700}{3600}\right)} = 31.4℃$$

由焓湿图可确定热回收后，新风的焓值为97.0kJ/kg（根据新风含湿量25.5kg/kg与处理后的新风温度确定），经一次回风混合后空气的焓值为：

$$h_C = 30\%h'_W + 70\%h_N = 30\%\times 97 + 70\%\times 61.5 = 72.15\text{kJ/kg}$$

机组制冷量为：

$$Q_l = L\rho(h_C - h_O) = \frac{33700}{3600}\times 1.2\times(72.15-42.8) = 329.7\text{kW}$$

笔记区

实训 3.4 空调风系统（2）：风机盘管加新风系统

一、专题提要

1.《复习教材》第 3.4.4 节及《民规》、《工规》相关内容

2. 风机盘管与新风承担的负荷分析

3. 风机盘管加新风系统的不同形式与特点

4. 风机盘管加新风系统的计算

二、备考常见问题

问题 1： 风机盘管加新风系统中，如何判断风盘与新风各自承担何种室内负荷？

解答： 可先根据新风送风状态判断新风承担何种负荷，根据负荷计算公式

显热：$Q_s = c_p G(t_N - t_O)$

全热：$Q = G(h_N - h_O)$

湿负荷：$W = G(d_N - d_O)$

当新风以等温线（A 点）送入时，不带入显热负荷，等焓线（C 点）送入时，不带入全热负荷，等含湿量线（E 点）送入时，不带入湿负荷，其余情况，新风负荷计算结果为正，则为带入新风负荷；计算结果为负，则为新风可处理室内负荷，进一步则可判断风盘负荷承担情况（见下图）。

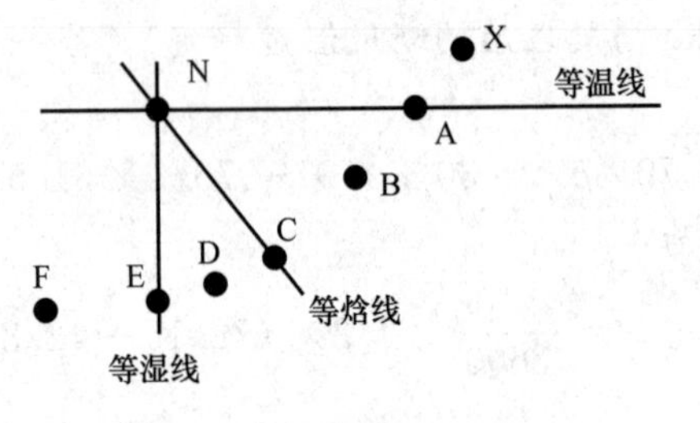

问题 1 图

问题 2： 温湿度独立控制系统中，温度控制系统负担空调区全部显热负荷，为何案例计算中经常需要计算湿度控制系统所承担的显热冷负荷，而温度控制系统只承担部分室内显热冷负荷？

解答： 从温湿度独立控制系统的原理来说，温度控制系统就是应该控制全部显热，而这有个前提，就是新风是与室内等温送进去的，比如新风采用转轮除湿或者溶液除湿，都能达到这个效果，但是如果采用冷却除湿的话，为了等温送风，必须在冷却之后送风之前进行再热，这样是耗能的，所以从节能角度出发，新风采用冷却除湿时都是采用机器露点送风，结果就势必造成新风也承担了一部分显热。

笔记区

三、案例真题参考

【例1】某地大气压力101.3kPa，夏季室外空气设计参数：干球温度34℃，湿球温度20℃，一房间的室内空气设计参数$t_n=26$℃，$\varphi_n=55\%$，室内余湿量为1.6kg/h，采用新风机组+干式风机盘管，新风机组由表冷段+循环喷雾段组成，已知，表冷段供水温度为16℃，热交换效率系数为0.75，新风机组出风的相对湿度$\varphi_x=90\%$，查h-d图计算并绘制出空气处理过程，送入房间的新风量应是下列哪项？(2013-4-16)

(A) 1280～1680kg/h　　(B) 1700～2300kg/h

(C) 2400～3000kg/h　　(D) 3100～3600kg/h

【参考答案】A

【主要解题过程】新风机组+干式风机盘管系统，新风承担室内湿负荷，空气处理过程见下图：表冷段内空气从室外状态点W等湿处理到2点，然后喷雾加湿等焓处理到露点L（$\varphi_x=90\%$），然后送到室内。

室外新风含湿量小于室内空气含湿量，表冷段内为干式过程。根据《复习教材》P404，表冷段热交换效率$\eta=\dfrac{t_1-t_2}{t_1-t_{w1}}=\dfrac{34-t_2}{34-16}=0.75\Rightarrow t_2=20.5$℃。

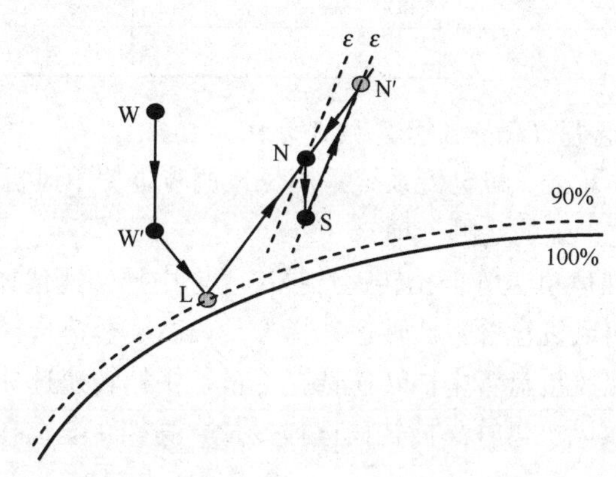

新风承担室内湿负荷，新风量$G=\dfrac{W}{d_N-d_L}=\dfrac{1.6\times1000}{11.6-10.5}=1454.5$ kg/h。

【例2】某房间设置风机盘管加新风空调系统。室内设计温度25℃，含湿量9.8g/kg$_{干空气}$；将新风处理到与室内空气等焓的状态点后送入室内，新风送风温度19℃。已知该房间设计计算空调冷负荷为2.8kW，热湿比为12000kJ/kg，新风送风量180m^3/h。风机盘管应该承担的除湿量（g/s）最接近下列何项？[按标注大气压计算，空气密度为1.2kg/m^3，且不考虑风机与管路的温升]（2016-4-17）

(A) 0.15　(B) 0.23　(C) 0.38　(D) 0.46

笔记区

【参考答案】C

【主要解题过程】查焓湿图得，新风处理到室内空气等焓状态点的含湿量 $d_{xf}=12.23\,g/kg_{干空气}$，d_{xf} 与室内含湿量 d_n 的差额，即为新风系统带入室内的湿负荷，需由风机盘管系统承担。

$$W_1=G\cdot(d_{xf}-d_n)=\frac{180\times1.2}{3600}\times(12.23-9.8)=0.1458g/s$$

室内原有湿负荷 $W_n=\frac{Q}{\varepsilon}=\frac{2.8}{12000}\times1000=0.233g/s$。

风机盘管应该承担的除湿量 $W=W_n+W_1=0.233+0.1458=0.3788g/s$。

四、专题实训（推荐答题时间 60 分钟）

请将求解答案写于下表中，案例题在题目中书写解题过程

（单选题 1 分，多选题 2 分，案例题 2 分，合计 25 分）

	1	2	3	4	5	得分
单选题						
	1	2	3	4	5	
多选题						
	1	2	3	4	5	
案例题						

（一）单选题（每题 1 分，共 5 分）

1.【单选】某风机盘管系统采用风量调节，关于风机盘管的设计选型下列说法正确的是哪一项？

（A）按照风机盘管低档转速选择冷量，中档转速选择风量

（B）按照风机盘管中档转速选择冷量，高档转速选择风量

（C）按照风机盘管中档转速选择冷量，中档转速选择风量

（D）按照风机盘管高档转速选择冷量，高档转速选择风量

2.【单选】风机盘管系统采用风量调节与水量调节相结合的方式进行控制，下列各项有关调节的说法，错误的是哪一项？

（A）风量调节是通过调节电动机输入电压以调节风机风量的

（B）设计选型时，宜按高档转速的风量与冷量选用

（C）水管上设置电动两通阀，通断式调节，形成用户侧变流量运行，有利于水泵节能

（D）水量和风量调节，均可与 BA 系统通信，形成网络化管理

3.【单选】某建筑设计一套干式盘管＋新风系统，温湿度独立控制，室外新风处理至机器露点送风，室内设置相对湿度传感器控制新

笔记区

风量变化，初始时房间均能按设计工况运行，若某房间风机盘管的进水过滤器出现堵塞而没有及时清理，试问该房间的新风量会如何变化？

(A) 增大　　(B) 降低

(C) 不变　　(D) 无法判断

4.【单选】某办公楼的空调系统为风机盘管（吊顶内安装）加新风系统（每两层设一台新风机组，各房间新风通过新风风管独立送入室内），夏季运行时室内人员普遍反映长时间办公经常发晕，则可能的原因是下列何项？

(A) 个别房间风机盘管选型偏小，无法承担房间冷负荷

(B) 个别房间风机盘管出风量偏大，使得房间新风量不足

(C) 新风系统风管过长，使得房间新风量不足

(D) 新风机组冷量设计偏小，房间风机盘管无法承担剩余新风冷负荷

5.【单选】某办公楼采用风机盘管+新风的空调设计方案，风机盘管均设置温控阀，采用全年逐时模拟软件进行空调负荷计算，得到全楼全年8760h的综合逐时负荷，若按照民用建筑常规空调设计参数的取值标准，空调系统的设计冷负荷应为下列哪一项？

(A) 全年综合逐时冷负荷的最大值

(B) 全年综合逐时冷负荷的累计值

(C) 全年综合逐时冷负荷从大到小排列，取第50个值

(D) 全年综合逐时冷负荷从大到小排列，取第51个值

(二) 多选题（每题2分，共10分）

1.【多选】沈阳市某医院采用风机盘管+新风的空调形式，由于对空气质量要求较高，风机盘管处于干工况运行，下列相关说法正确的是哪几项？

(A) 宜选择余压较高的风机盘管机组

(B) 宜选取盘管排数较多的型号

(C) 不需设置凝水盘及凝水管

(D) 空调区的全部湿负荷由新风机组承担

2.【多选】下列关于风机盘管+新风系统的说法，正确的是哪几项？

(A) 新风处理到室内空气等焓线，风机盘管承担的总负荷不变

(B) 新风处理到室内空气等温线，风机盘管承担全部室内潜热负荷+新风潜热负荷

笔记区

(C) 新风处理到室内空气等湿线，室内显热负荷由风机盘管和新风共同承担，室内湿负荷由风机盘管承担

(D) 当新风承担全部室内潜热负荷时，风机盘管承担部分显热负荷，运行工况为干工况

3.【多选】北京某一办公建筑夏季空气处理方式采用风机盘管+新风半集中空调系统，送风有以下两种形式：(1) 新风与风机盘管送风混合后送入房间；(2) 新风与风机盘管回风混合后送入房间。下列关于两种送风形式分析正确的是哪些？

(A) (1) 方案：当风机盘管的风量大于设计风量时，新风量则小于设计值

(B) (2) 方案：当风机盘管不工作时，新风从回风口送出

(C) (2) 方案：风机盘管的处理风量需计入新风量的50%

(D) (1)、(2) 两个方案均无需设置专门的新风送风口

4.【多选】与新风与风机盘管送风分别送入房间的方式相比，下列关于新风管接到风机盘管回风箱的连接方式的说法中，正确的是哪几项？

(A) 房间换气次数略有减少

(B) 当风机盘管停止运行时，新风量有所减少

(C) 风机盘管处理风量包括了新风，容易选型

(D) 当风机盘管停止运行时，新风从回风口送出造成对过滤器反吹，对卫生不利

5.【多选】下列关于风机盘管额定风量和额定供冷量的说法，正确的是哪几项？

(A) 额定风量是高速档的风量

(B) 额定风量是中速档的风量

(C) 额定供冷量是高速档的供冷量

(D) 额定供冷量是中速档的供冷量

(三) 案例题（每题2分，共10分）

1.【案例】某办公室设置风机盘管加新风系统，新风量为240m^3/h，房间的全热冷负荷为7.35kW，拟选风机盘管对应工况的制冷量为3.55kW/台，新风处理到室内等湿线送入室内。已知：室外干球温度35℃，相对湿度65%，室内干球温度26℃，相对湿度60%，查*h-d*图，室内需设置多少台风机盘管才能满足需求？（新风不考虑温升，机器露点为90%）

笔记区

(A) 2台　(B) 3台
(C) 4台　(D) 5台

答案：[　]

主要解题过程：

2.【案例】某医院一个空调房间，空调形式为风机盘管+新风，室内显热负荷为10kW，湿负荷为1.5g/s，由于卫生要求，风机盘管需处于干工况运行，室内设计温度t_n=25℃，d_n=12g/kg，新风量为1500m^3/h，则新风机组需要承担的室内负荷是多少？(新风不考虑温升，机器露点为90%)

(A) 8500～9000W　(B) 9001～9500W
(C) 9501～10000W　(D) 10001～10500W

答案：[　]

主要解题过程：

3.【案例】沈阳某建筑，冬季供热拟采用风机盘管+新风形式，房间热负荷为100kW，新风量为3000m^3/h，新风量与排风量相同，新风与室内排风进行显热交换后送入室内。已知，室内干球温度t_N=20℃，冬季室外干球温度t_w=−20℃，显热交换效率为60%。求风机盘管的总负荷为多少？［空气密度ρ=1.2kg/m^3，c_p=1.01kJ/(kg·℃)］

(A) 105～110kW　(B) 111～115kW
(C) 116～120kW　(D) 121～125kW

答案：[　]

主要解题过程：

笔记区

4.【案例】沈阳某 3 层办公建筑，空调形式拟采用多联机＋新风，室内空调全热冷负荷为 100kW。新风处理采用新风换气机组进行全热回收（全热回收效率为 60%），若新风量与排风量均为 $3000m^3/h$，室内温度 24℃，相对湿度 60%，室外温度 35℃，相对湿度 60%，试计算多联机系统需要承担的负荷为多少？

(A) 100～109kW (B) 110～120kW

(C) 121～130kW (D) 131～140kW

答案：[ ]

主要解题过程：

5.【案例】某办公楼采用风机盘管＋新风系统，其中有一普通办公室，冬季房间围护结构的热负荷为 800W，空调室内计算温度为 18℃，相对湿度要求为 30%，共有 3 个人，人员的散湿量为 33g/（人·h），室外空调计算参数为：干球温度－10℃、相对湿度 50%，新风系统送风温度为 18℃，室内采用超声波加湿器加湿，水的汽化潜热为 2.5kJ/g。求该房间风机盘管冬季总热负荷为多少？［空气密度取 $1.2kg/m^3$，定压比热容为 1.01kJ/（kg·K），人员新风量取 $30m^3$/（人·h）］

(A) 800～900W (B) 900～1000W

(C) 1000～1100W (D) 1100～1200W

答案：[ ]

主要解题过程：

笔记区

五、专题实训参考答案及题目详解

参考答案

（单选每题1分，多选每题2分，案例每题2分，合计25分）

单选题	1	2	3	4	5	得分
	C	B	B	C	D	
多选题	1	2	3	4	5	
	CD	ABCD	ABD	ABD	AC	
案例题	1	2	3	4	5	
	A	B	C	B	B	

题目详解

（一）单选题

1. 参见《复习教材》表3.4-4，风机盘管的冷量和风量均按照中档转速选择。

2. 参见《复习教材》表3.4-4，风机盘管的冷量和风量宜按照中档转速选择。

3. 初始时各房间均能按设计工况运行，房间状态稳定处于设计工况N点，若某房间风机盘管过滤器堵塞，将造成风盘换热能力降低，房间温度将升高，即相对湿度会降低，为保持相对湿度不变，湿度控制系统将降低除湿量以达到“增湿”的目的，即降低新风量。

4. “室内发闷，长时间办公发晕”，表明房间新风量不足，但是设计冷量满足要求，只有房间温度偏高时才可能与设计冷量有关，因此选项AD有关冷负荷的论断不是其可能的原因。当因新风与风机盘管出风分别送入时，两个系统的送风量不会互相影响，因此选项B的情况不会发生。选项C可能是题目所述问题的原因，特别是两层设一台新风机组，新风系统风管较长，其末端可能出现送风量不足。解决上述问题的方法，需要改良新风送风系统，增大风机、每层分设风机、减少末端输送阻力或改变/减少风量调节阀。

5. 根据《民规》第4.1.6～4.1.7条及第7.2.11条可知，选项D正确。

（二）多选题

1. 由《民规》第7.3.10条条文说明可知，常规风机盘管的换热盘管位于送风机的出风侧，余压较高的机组会导致机组漏风严重以及噪声、能耗等增加，选项A错；根据《复习教材》第3.3.4节温度控制系统相关内容，干式盘管应选取较大的盘管换热面积，以较少的盘管排数降低空气测流的阻力，选项B错；干式盘管没有凝结水产生，故不需要考虑设置相应装置，选项C正确；处于干工况运行的风机盘管只承担空调区的显热负荷，选项D正确。

笔记区

2. 选项ABC可以参照焓湿图进行分析，对于负荷承担分配这个知识点，建议以新风（或者风机盘管）单独与室内状态点进行比较，比如：新风和室内含湿量相同，那么新风就不承担室内潜热负荷，潜热负荷肯定就由风机盘管承担，类似分析均可按照此思路，较为明了易懂；选项D，风机盘管不负担潜热负荷说明不会产生凝结水，也就是处于干工况运行，此种处理方法较为卫生。选项ABCD均正确。

3. 风机盘管送风与新风混合后送入室内，因风管尺寸不变，当风机盘管的风量变大时，则风阻变大，新风量相应变小，选项A正确；新风全部经过风机盘管处理，不能只计入50%，选项C错误；选项BD表述均正确。

4. 根据《复习教材》第3.4.4节“3风机盘管加新风空调系统的空气处理过程”相关内容，选项AB正确；根据表3.4-3新风处理到等焓线一行可知，选项C错误，选项D正确。

5. 根据《风机盘管机组》GB/T 19232—2019第5.1.3条表3和表4可知，选项AC正确。

（三）案例题

1. 新风处理到室内的等含湿量线上送风，因此新风承担一部分室内冷负荷，查h-d图得：室内点焓值$h_N=58.2$kJ/kg，室内点的等含湿量线与90%相对湿度线的交点L为新风的机器露点，该点焓值$h_L=51.2$kJ/kg，因此新风承担的冷负荷为：

$$Q_{XF}=\frac{1.2\times240\times(58.2-51.2)}{3600}=0.56\text{kW}$$

则风机盘管需要承担的冷负荷$Q_{FCU}=7.35-0.56=6.79\text{kW}$。

所需风盘的数量$n=\frac{Q_{FCU}}{3.55}=\frac{6.79}{3.55}=1.91$，取整为2台。

2. 风机盘管干工况运行，则室内湿负荷全部由新风承担：

$$\Delta d=\frac{W}{G}=\frac{1.5}{\frac{1500}{3600}\times1.2}=3\text{g/kg}$$

$$d_L=12-3=9\text{g/kg}$$

$d_L=9$g/kg等湿线与$\varphi=90\%$相对湿度线的交点即为新风的送风状态点L，根据焓湿图查得$h_N=55.7$kJ/kg，$h_L=36.9$kJ/kg，新风承担的总负荷为：

$$Q=G(h_N-h_L)=\frac{1500}{3600}\times1.2\times(55.7-36.9)=9.4\text{kW}$$

3. 新风热负荷为：

$$Q_{XF}=c_p\rho\frac{q_v}{3600}\Delta t_{N-W}=1.01\times1.2\times\frac{3000}{3600}\times[20-(-20)]=40.4\text{kW}$$

则进入室内的新风负荷$Q'_{XF}=40.4\times(1-60\%)=16.16\text{kW}$。

风机盘管承担的总负荷 $Q_{FCU}=100+16.16=116.16kW$。

4. 方法1：

由焓湿图查得室内焓值 h_3=52.5kJ/kg，室外焓值 h_1=90kJ/kg。

$Q_X=\rho L_p(h_1-h_3)(1-\eta_h)/3600=1.2\times3000\times(90-52.5)\times(1-60\%)/3600=15kW$

则该多联机系统承担的负荷为：$Q_X+100=115kW$。

方法2：

由焓湿图查得室内焓值 h_3=52.5kJ/kg，室外焓值 h_1=90kJ/kg，根据《复习教材》式（3.11-7），有：

$$\eta_h=\frac{h_1-h_2}{h_1-h_3}=\frac{90-h_2}{90-52.5}=0.6$$

解得，$h_2=67.5kJ/kg$。

则有新风负荷 $Q_X=\rho L_X(h_2-h_3)/3600=1.2\times3000\times(67.5-52.5)/3600=15kW$

则该多联机系统承担的负荷为：$Q_X+100=115kW$

5.

（1）计算房间所需新风量：$L_X=30\times3=90m^3/h$，由于新风送风温度为18℃，等于室内设计温度，风机盘管不负担新风负荷。

（2）计算室内加湿量：$W=L_x\times\rho\times(d_n-d_x)-W_r=90\times1.2\times(3.8-0.9)-33\times3=214g/h$。

（3）计算室内加湿需要的汽化潜热：$Q_w=W\times q_r=214\times2.5\div3.6=149W$

（4）该房间冬季总热负荷为：$Q=Q_q+Q_w=800+149=949W$。

笔记区

实训 3.5 空调风系统（3）：焓湿图的理解与深化

一、专题提要

1. 掌握复合空气处理过程的焓湿图绘制
2. 掌握空调风系统的综合性计算

二、专题实训（推荐答题时间 60 分钟）

请将求解答案写于下表中，案例题在题目中书写解题过程

（单选题 1 分，多选题 2 分，案例题 2 分，合计 12 分）

多选题	1					得分
案例题	1	2	3	4	5	

（一）多选题（每题 2 分，共 2 分）

1.【多选】下列有关焓湿图的相关叙述，错误的是哪几项？

（A）焓湿图上的等温线是水平的

（B）不同地区的焓湿图可共用

（C）热湿比的计算取其绝对值

（D）焓湿图上任意状态点的空气进行等湿冷却，冷却后的空气相对湿度增高

（二）案例题（每题 2 分，共 10 分）

1.【案例】某地一办公建筑空调系统，室内干球温度为 20℃，相对湿度为 50%，冬季热负荷为 100kW，湿负荷为 0.02kg/s，拟采用一次回风的方式送风，空调室外计算温度 −7.2℃，相对湿度 63%，室外新风经电加热器预热至 5℃后与室内空气按 1∶2 混合，混合后先后经过表面加热器进行二次加热和干式蒸汽加湿器处理到送风状态点。已知：送风温差为 5℃，计算室内送风量并绘制空气处理过程示意图。

（A）21～24kg/s （B）25～28kg/s

（C）29～31kg/s （D）32～33kg/s

答案：[ ]

主要解题过程：

笔记区

2.【案例】某会议室采用全空气空调系统，室内干球温度为22℃，含湿量为8g/kg，送风干球温度为12℃，含湿量为8g/kg。若空调送风量为1400m^3/h，送风参数能满足设计要求，则下面有关室内负荷计算正确的是哪一项？(不采用焓湿图)

(A) 全热冷负荷4.76kW (B) 全热冷负荷4.71kW

(C) 显热冷负荷4.65kW (D) 潜热冷负荷0kW

答案：[ ]

主要解题过程：

3.【案例】某100m^2负压洁净室（维持5Pa压差），室内净高4m，采用一次回风全空气空调系统，空气处理机组前设置全热交换器，室外新风与室内排风经全热交换后进入空气处理机组，与回风混合并经处理后送入室内。已知室内设计干球温度为22±1℃，相对湿度为40%，室外空调设计干球温度为34℃，相对湿度为60%，全热回收效率为50%，室内显热冷负荷为9kW，余湿为1.6g/s。若采用最大送风温差，空气处理机组新回风比为1∶2，风管保温良好，则空气处理机组供冷量与下列何项最接近？(渗透风量考虑2h^{-1}，机器露点90%)

(A) 15kW (B) 22kW

(C) 29kW (D) 36kW

答案：[ ]

主要解题过程：

4.【案例】某五星级宾馆设有40个双人标准间客房，人均新风量为50m^3/h，采用风机盘管加新风空调系统，室内设计干球温度为24℃，相对湿度为50%，室外干球温度为34℃，相对湿度为60%。上述客房共用一台新风机组，控制新风处理到室内等焓点送风。若新风系统设板式热回收装置，显热回收效率为65%，排风量与新风量相等，则新风机组表冷器供冷量与下列何项最接近？

(A) 18kW (B) 27kW

(C) 34kW (D) 43kW

笔记区

答案：［　］

主要解题过程：

5.【案例】接上题，考虑新风系统输送风管温升2℃，单个房间内新风量为$100m^3/h$，房间余热为3.5kW，余湿为0.35g/s。若风机盘管与新风机组均为露点送风，则风机盘管实际送风量接近下列哪一项？请画出该系统的空气处理过程（机器露点90%）。

(A) 送风量$1700m^3/h$　　(B) 送风量$1500m^3/h$

(C) 送风量$1300m^3/h$　　(D) 送风量$1100m^3/h$

答案：［　］

主要解题过程：

三、专题实训参考答案及题目详解

参考答案

（单选每题1分，多选每题2分，案例每题2分，合计12分）

						得分
多选题	1					
	ABC					
案例题	1	2	3	4	5	
	C	A	B	D	A	

题目详解

（一）多选题

1. 根据《复习教材》第3.1节可知，选项A错误，只有$t=0$℃的等温线是水平的，且等温线之间不平行；每张焓湿图都是根据某大气压绘制的，因此在使用时应当选用压力相符的焓湿图，故选项B错误；热湿比的计算需要考虑状态变化前后两点的全热和湿负荷的增减，故选项C错误；根据焓湿图可知，选项D正确。

（二）案例题

1. 查焓湿图得$h_N=38.5$kJ/kg，冬季室内热湿比（冬季空调供

笔记区

暖，送风温度和焓值均高于室内）$\varepsilon=\dfrac{h_N-h_O}{d_N-d_O}=\dfrac{-100}{0.02}$ $=-5000\text{kJ/kg}$。

通过室内 N 点作 $\varepsilon=-5000\text{kJ/kg}$ 热湿比线，在 N 点等温线上侧取送风温差 $\Delta t=5$℃得出交点 O，查焓湿图得送风状态点 $t_O=25$℃，$h_O=41.8\text{kJ/kg}$，计算送风量：

$$q=\frac{Q}{h_O-h_N}=\frac{100}{(41.8-38.5)}=30.3\text{kg/s}$$

焓湿图绘制过程（考试作答时不必写出）：

由题意，过室外状态点 W 做等含湿量线，与 5℃等温线交与 A 点。（可确定室外状态点 W 与室内状态点 N，热湿比 ε 及送风点 O 点）

$$G_W c_p(t_C-t_A)=G_N c_p(t_N-t_C)$$

$$\frac{G_W}{G_N}=\frac{t_N-t_C}{t_C-t_A}=\frac{1}{2}$$

已知 N 点温度为 20℃，A 点温度为 5℃，因此可确定 C 点温度为 15℃，（连接 AN 两点，AN 与 15℃等温线交点为 C）。过 C 点作等湿度线，与送风点 O 的等温线交于点 B。焓湿图绘制如下图所示（注意热湿比线倾斜的方向不能反，另外最好标示关键性的等温线）。

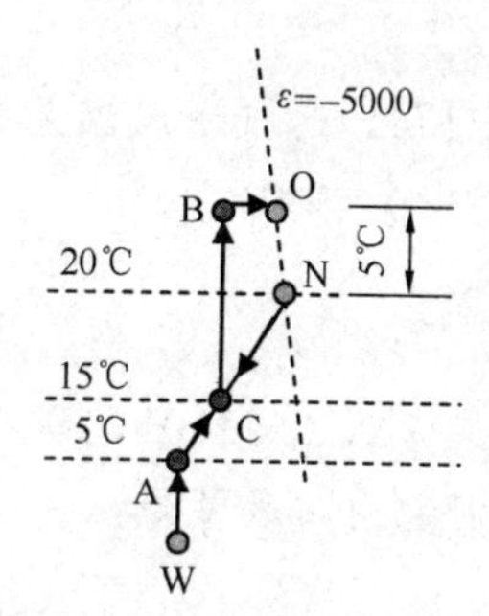

说明：本题求解时可直接计算得到送风状态点，但是作为焓湿图示意图，热湿比、混合点 C 点的干球温度需要经过计算确定，应在求解过程中有体现，并标记在图上。C 点干球温度与求解送风量无关，但是本题确定 C 点比较容易，作为绘制焓湿图的问题，应在求解过程中进行计算。

2. 计算室内及送风的焓值为：

$h_N=1.01t_N+d_N(2500+1.84t_N)=1.01\times22+\dfrac{8}{1000}(2500+1.84\times22)=42.5\text{kJ/kg}$

$h_O=1.01t_O+d_O(2500+1.84t_O)=1.01\times12+\dfrac{8}{1000}(2500+1.84\times12)=32.3\text{kJ/kg}$

全热冷负荷（即室内冷负荷）为：

$$Q_{全}=L\rho(h_N-h_O)=\frac{1400}{3600}\times1.2\times(42.5-32.3)=4.76\text{kW}$$

笔记区

3. 由题意，洁净室空气输送如下图所示：

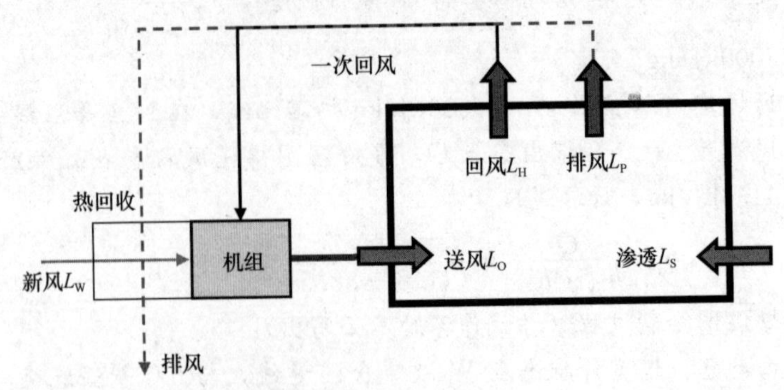

空气处理过程如下图所示：

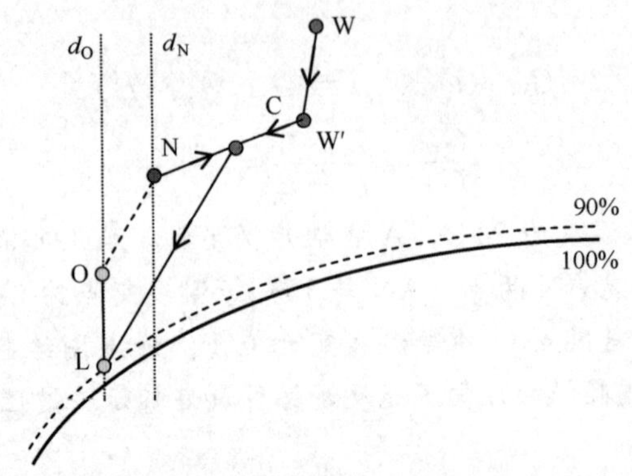

室内温度控制精度±1℃，运行送风温差为 6～9℃，取最大送风温差 9℃，送风温度为 22－9＝13℃。

送风量为：

$$L_O = \frac{3600Q_X}{\rho c_p \Delta t} = \frac{3600 \times 9}{1.2 \times 1.01 \times 9} = 2970\text{m}^3/\text{h}$$

新回风比为 1∶2，则室内回风量为：

$$L_H = \frac{2}{1+2}L_O = \frac{2}{3} \times 2970 = 1980\text{m}^3/\text{h}$$

新风量为：

$$L_W = L_O - L_H = 2970 - 1980 = 990\text{m}^3/\text{h}$$

5Pa 负压洁净室，最大渗透风量为：

$$L_S = 100 \times 4 \times 2 = 800\text{m}^3/\text{h}$$

因此负压洁净室排风量为：

$$L_P = L_O + L_S - L_H = 2970 + 800 - 1980 = 1790\text{m}^3/\text{h}$$

由焓湿图查得室内焓值 $h_N = 38.9$kJ/kg，室外空气焓值 $h_W =$ 86kJ/kg，新风热回收后，焓值为：

$$h_{W'} = h_W - \frac{L_P}{L_W} \cdot (h_W - h_N)\eta_h = 86 - \frac{1790}{990} \times (86 - 38.9) \times 0.5$$
$$= 43.4\text{kJ/kg}$$

（热回收新排风量不等）

笔记区

一次回风混合后，空气焓值为：

$$h_C=\frac{h_{W'}+2h_N}{3}=\frac{43.4+2\times38.9}{3}=40.4\text{kJ/kg}$$

又由焓湿图查得室内含湿量 $d_N=6.6\text{g/kg}$，送风含湿量为：

$$d_O=d_N-\frac{W}{\rho L_O}=6.6-\frac{1.6}{1.2\times\frac{2970}{3600}}=5.0\text{g/kg}$$

5g/kg 等含湿量线与 90%相对湿度线相较于 L 点，即为机器露点，查得 $h_L=18\text{kJ/kg}$，空调机组制冷量为：

$$Q=L_O\rho(h_C-h_L)=\frac{2970}{3600}\times1.2\times(40.4-18)=22.2\text{kW}$$

说明：本题内容极为综合，属于放到后面做的题目，如果按照题目顺序直接处理本题，实训时间是不够的，应留出时间完成后面两个题。

本题第一个难点是确定空气处理过程，是带有再热与新风预处理过程的一次回风；其次需要利用洁净室压力控制相关知识确定室内送风、排风、回风以及渗透风量（计算为正压，对应 D 错误）；再次在计算新风热回收预处理过程中，注意新风风量与排风风量不等（对应 C 错误）；最后，在计算制冷量时，要采用机器露点对应的焓值。

本题没有给出室内热湿比，但是通过余湿可以求出送风的含湿量，进一步确定机组机器露点的焓值。另外，对于一般性的空气处理过程，如果送风状态不是露点状态，而且空气处理有除湿过程，那么可以初步断定为处理到机器露点后干加热的送风状态点，只有特殊的一些如转轮除湿这种处理设备可以不经过机器露点直接减湿。

4. 新风机组新风量 $L_W=50\times2\times40=4000\text{m}^3/\text{h}$。

由焓湿图查得，室内焓值 $h_N=47.8\text{kJ/kg}$，室外空气焓值 $h_W=86\text{kJ/kg}$，含湿量 $d_W=20.3\text{g/kg}$。板式热回收装置为显热热回收，热回收出口空气干球温度 $t_{W'}=t_W-\eta_t(t_W-t_N)=34-65\%\times(34-24)=27.5℃$ 。

板式热回收装置为显热回收，即等湿降温过程，热回收后新风焓值为（也可查图）：

$$h_{W'}=1.01t_{W'}+d(2500+1.84t_{W'})=1.01\times27.5+\frac{20.3}{1000}\times(2500+1.84\times27.5)=79.6\text{kJ/kg}$$

表冷器供冷量为：

$$Q=\frac{\rho L_W(h_{W'}-h_N)}{3600}=\frac{1.2\times4000\times(79.6-47.8)}{3600}=42.4\text{kW}$$

说明：本题的难点在于处理热回收后新风的焓值，显热热回收只回收显热，潜热无变化，全热包括显热与潜热，因此新风全热与显热等值减小。

本题也可采用下述方法计算：

新风总需冷量 $Q_W=L_W\rho(h_W-h_N)=\frac{4000}{3600}\times1.2\times(86-47.8)$

笔记区

$=50.9\text{kJ/kg}$。

排风热回收热量 $Q_P=\eta_t L_W \rho c_p(t_W-t_N)=65\%\times\frac{4000}{3600}\times1.2\times 1.01\times(34-24)=8.8\text{kJ/kg}$。

新风机组所需冷量 $Q=Q_W-Q_P=50.9-8.8=42.1\text{kW}$。

5. 室内热湿比 $\varepsilon=\frac{Q}{W}=\frac{3.5\times1000}{0.35}=10000\text{kJ/kg}$。

过室内N点做热湿比线，与90%相对湿度线交于机器露点 L_F，查 h-d 图得 $h_{LF}=41.7\text{kJ/kg}$，则风机盘管送风量为：

$$L_{FCU}=\frac{Q_{FCU}\times3600}{\rho(h_N-h_{OF})}=\frac{3.5\times3600}{1.2\times(47.8-41.7)}=1721\text{m}^3/\text{h}$$

下面确定绘制焓湿图所需的具体状态点。

由上题，室外新风状态W经过板式热回收处理至W'点。新风机组出风与室内等焓，则出风焓值为47.8kJ/kg，考虑90%机器露点，则新风机组出风状态点 O_W 干球温度为18.1℃，含湿量为11.7g/kg。由于新风系统有2℃的风管温升，新风实际状态点 $O_{W'}$ 送风温度为20.1℃，焓值为49.8kJ/kg。风机盘管除承担室内全部冷负荷外，还需承担新风风管温升附加冷负荷。

风机盘管实际承担冷负荷为：

$$Q_{FCU}=Q+Q_X=3.5+\frac{100\times1.2\times(49.8-47.8)}{3600}=3.57\text{kW}$$

由于风机盘管实际承担的冷负荷变大，而风量不变，实际机器露点将降低至 $L_{F'}$，送入室内后沿 $\varepsilon=10000\text{kJ/kg}$ 热湿比线变化至 OF' 点，与 OW' 状态的新风混合至室内N点，空气处理过程如下图所示。

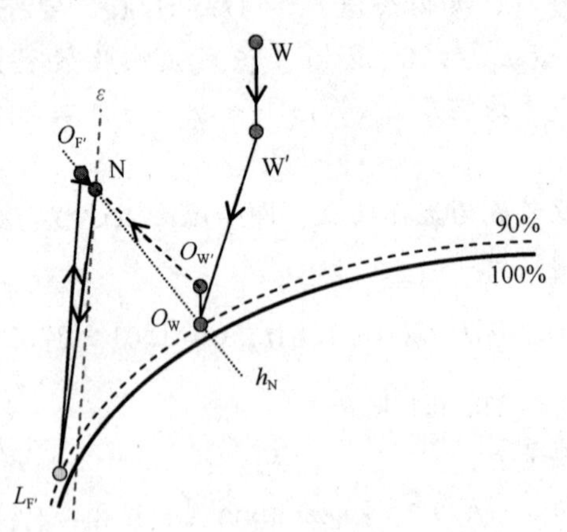

说明：本题主要考查对负荷承担问题的理解，从计算的角度认识风机盘管是如何承担室内负荷的。新风虽然处理到室内等焓状态，但是新风温升的热负荷（全热）以及新风湿负荷需要风机盘管承担。另外如果假想新风与风机盘管送风混合状态点C，则C点应处在室内热湿比线上。在处理焓湿图上各个过程线时，重点需要确定的是全热负荷以及湿负荷，才能确定过程线。只有题目明确给出了某过程只承担显热冷负荷，才用温差核算风量。

在解答本题时应注意，在解决新风温升带来的附加冷负荷时，是通过加大风盘冷量、降低出风焓值来处理的，这样风盘送风沿着热湿比线变化后的状态 $O_{F'}$ 在室内 N 点的左侧，才能与 $O_{W'}$ 状态的新风混合至室内 N 点。反过来想，若要维持风机盘管的机器露点在室内的热湿比线上不变，期待通过加大风盘风量的方法来增大供冷量以处理新风温升的附加冷负荷，最终是无法达到室内 N 点的，因为这样一来，风盘送风沿着热湿比线变化后的状态 $O_{F'}$ 与 $O_{W'}$ 状态的新风混合后，混合点一定在室内 N 点的右侧。

笔记区

笔记区

实训 3.6 气流组织设计

一、专题提要

1.《复习教材》第 3.5 节及《民规》、《工规》相关内容

2. 掌握射流的基本原理和相关计算

3. 理解常见的送回风口形式及气流组织形式

4. 掌握阿基米德数的概念及计算，能进行射流特点分析

5. 掌握不同送风口气流组织计算

二、备考常见问题

问题 1：各种气流组织计算中，当量直径究竟如何计算？

解答：

(1) 有关 Ar 原理计算的当量长度采用水力当量长度；

(2) 侧送风当量长度未明确，应根据《复习教材》图 3.5-19 与图 3.5-20 确定，或采用风量折算，$L=\frac{\pi d_0^2}{4}v_0 N\cdot 3600$；

(3) 散流器送风当量长度参考《复习教材》式 (3.5-21)，采用等面积当量直径，$Ar=1.11\frac{\Delta t_0\sqrt{F_n}}{v_0^2 T_n}$；

(4) 孔板送风的当量直径按面积当量直径，详见《复习教材》式 (3.5-28) 参数说明，$D=\sqrt{\frac{4f}{\pi}}$；

(5) 大空间集中送风（喷口送风）当量直径采用喷口直径 d_0。

三、案例真题参考

【例 1】某局部岗位冷却送风系统，采用紊流系数为 0.076 的圆管送风口，送风出口温度 $t_s=20℃$，房间温度 $t_n=35℃$，送风口至工作岗位的距离为 3m。工艺要求为：送风至岗位处的射流轴心温度 $t=29℃$、射流轴心速度为 0.5m/s。问：该圆管风口的送风量，应最接近下列何项？（送风口直径采用计算值）(2014-4-16)

(A) 160m³/h (B) 200m³/h

(C) 250m³/h (D) 300m³/h

【参考答案】C

【主要解题过程】由《复习教材》轴心温差公式得，送风口当量直径：

$$d_0=\frac{ax}{\frac{0.35}{\frac{\Delta T_x}{\Delta T_0}}-0.145}=\frac{0.076\times 3}{\frac{0.35}{\frac{29-35}{20-35}}-0.145}=0.312\text{m}$$

笔记区

由《复习教材》轴心速度公式得送风口速度：

$$v_0=\frac{v_x\cdot\left(\frac{ax}{d_0}+0.145\right)}{0.48}=\frac{0.5\times\left(\frac{0.076\times3}{0.312}+0.145\right)}{0.48}=0.912\text{m/s}$$

风口送风口风量：

$$L=3600\times\frac{\pi}{4}d_0^2\cdot v_0=3600\times\frac{3.14}{4}\times0.312^2\times0.912=250.9\text{m}^3/\text{h}$$

【例2】某酒店客房采用侧送贴附方式的气流组织形式，侧送风口（一个）尺寸为800mm（长）×200mm（高），垂直于射流方向的房间净高为3.5m，宽度为4m。人员活动区的允许风速为0.2m/s。则送风口最大允许风速（m/s）最接近下列何项？（风口当量直径按面积当量直径计算）（2016-4-16）

(A) 2.41　　(B) 2.53

(C) 2.70　　(D) 3.39

【参考答案】A

【主要解题过程】面积当量直径 $d_o=1.13\sqrt{a\times b}=1.13\sqrt{0.8\times0.2}=0.452$m。

根据《复习教材》式（3.5-12），得：

$$\frac{v_{p,h}}{v_0}=\frac{0.69}{\frac{\sqrt{F_n}}{d_0}}$$

$$\frac{0.2}{v_0}=\frac{0.69}{\frac{\sqrt{(4\times3.5)/1}}{0.452}}$$

解得，$v_0=2.41$m/s

说明：本题所采用的《复习教材》公式与《民规》第7.4.11条条文说明式（32）系数不同，计算结果若采用《民规》公式，对应选项为B（感兴趣的读者请自行带入计算）。但从题目计算结果的精度可以看出，出题人按《复习教材》的公式出题。

四、专题实训（推荐答题时间60分钟）

请将求解答案写于下表中，案例题在题目中书写解题过程

（单选题1分，多选题2分，案例题2分，合计25分）

单选题	1	2	3				得分
多选题	1	2	3	4	5		
案例题	1	2	3	4	5	6	

笔记区

（一）单选题（每题1分，共3分）

1.【单选】有关送风口的空气流动规律，下列说法错误的是哪一项？

（A）等温自由紊流射流在主体段内随着射程的继续增大，速度继续减小，直至消失

（B）非等温自由射流送风温差提高，则射流弯曲程度变大

（C）贴附射流可视为完整射流的一半，规律不变，只需将自由射流公式的 d_0 代以 $1/2d_0$ 即可

（D）双重射流相互搭接，轴心速度会逐渐增大，然后减小

2.【单选】下列有关回风口的布置，错误的是哪一项？

（A）不应设在送风射流区内和人员长期停留地点

（B）采用侧送时，宜设在送风口的同侧下方

（C）回风口的布置应尽量避免射流短路和产生“死区”等现象

（D）利用走廊回风时，装在门或墙下部的回风口风速不大于3.0m/s

3.【单选】下列关于空调室内气流组织设计的表述中，不合理的是哪一项？

（A）上送下回的送风方式易于形成均匀的温度场和速度场，能采用较大的送风温差来减少送风量

（B）某些高大空间的空调房间，可采用中部送风下回风的方式，有显著的节能效果

（C）会场的送风口设置在座椅下，经处理后的空气以约1.0m/s的风速从风口送出，以避免吹风感

（D）采用深井水作为空调冷源时，采用下送上回的送风方式

（二）多选题（每题2分，共10分）

1.【多选】下列有关空调气流组织形式，合理的是哪几项？

（A）室内照度高和产生有害物的工厂车间，采用空气分布器直接送到工作区

（B）某展厅，建筑体积11000m^3，建筑高度12m，采用分层空调

（C）某影剧院采用座椅下送风，送风风速约低于0.2m/s，以避免吹风感

（D）单位面积送风量较大，环境温度控制要求±1℃的工艺性空调区，采用孔板送风上送不稳定流型

2.【多选】下列有关回风口的布置，正确的是哪几项？

（A）不应设在送风射流区内和人员长期停留地点

笔记区

(B) 采用侧送时，宜设在送风口的同侧下方
(C) 回风口的布置应尽量避免射流短路和产生“死区”等现象
(D) 利用走廊回风时，装在门或墙下部的回风口风速不大于3.0m/s

3.【多选】下列有关上送风方式空调系统送风温差的选择中，正确的是哪几项?
(A) 在满足舒适、工艺要求的条件下，宜加大送风温差
(B) 室温控制精度为±0.5℃时，送风温差为5℃
(C) 室温控制精度为±1.0℃时，送风温差为8℃
(D) 室温控制精度为±2.0℃时，送风口高度为6m，送风温差为9℃

4.【多选】下列有关孔板送风的说法，符合规范要求的是哪几项?
(A) 孔板上不稳压层的高度应按计算确定，且净高不应小于0.2m
(B) 向稳压层内送风的速度宜采用3～5m/s
(C) 除送风射流较长的以外，稳压层内可不设送风分布支管
(D) 孔板布置应与局部热源分布相适应

5.【多选】下列关于气流组织设计的说法中，正确的是哪几项?
(A) 夏季座椅下送风口的送风温度通常不低于19℃
(B) 空调房间的高度小于5m，而又要求有较大的送风量时，宜采用孔板送风方式
(C) 对于大型的生产车间、体育馆、电影院等建筑常采用喷射式送风口
(D) 贴附射流由于避免摩擦阻力较大，因此贴附射流的衰减较快，射程较短

(三) 案例题 (每题2分，共12分)

1.【案例】某商场，吊顶后净高为4m，设计采用散流器送风，如下图所示，现已知两个散流器中心间距为6m，单个散流器送风量为1000m³/h，散流器的喉部尺寸为300mm×300mm，试问室内高度1.5m处的风速约为下列哪一项?

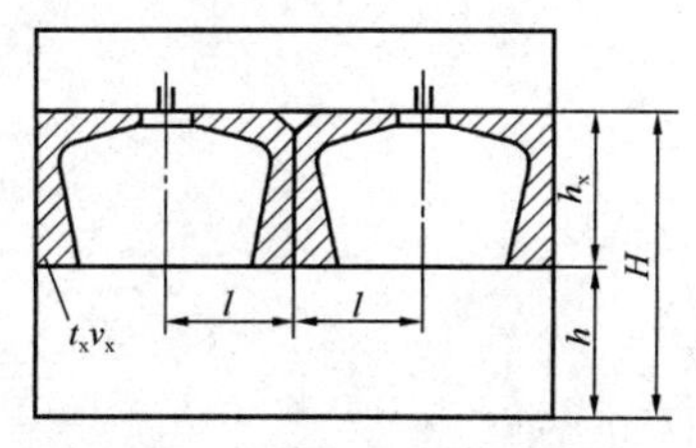

第1题图

笔记区

(A) 0.1m/s (B) 0.5m/s

(C) 1.0m/s (D) 1.4m/s

答案：[ ]

主要解题过程：

2.【案例】某服装加工车间采用局部岗位送风，采用紊流系数为0.066的喷嘴送风口，送风口直径为271mm，送风出口温度为20℃，车间温度为35℃，送风口至工作岗位的距离为3m，工艺要求送至岗位处的射流轴心温度为29℃，射流轴心速度为0.5m/s，试计算该射流过程的阿基米德数为多少?

(A) 0.1370 (B) −0.1370

(C) 0.1557 (D) −0.1557

答案：[ ]

主要解题过程：

3.【案例】某空调房间尺寸场长6m，宽3.6m，高4m，室内设计温度为20±0.5℃，空调区的气流速度不超过0.25m/s，夏季空调区最大显热冷负荷为754W，若采用直径6mm孔口的孔板送风，试计算最大允许送风量下孔板稳压层净高。(空气运动黏度$15.06\times10^{-6}m^2/s$)

(A) 0.033m (B) 0.045m

(C) 0.061m (D) 0.1m

答案：[ ]

主要解题过程：

4.【案例】某办公室夏季室内设计温度为25℃，采用1.0m×

笔记区

0.15m 的活动百叶风口（紊流系数 0.16）送风，送风温度 15℃，距离风口 1m 处送风射流轴心温度为下列何值？

(A) 17.0～17.4℃　　(B) 18.5～18.9℃

(C) 19.0～19.8℃　　(D) 20.0～20.8℃

答案：[　]

主要解题过程：

5.【案例】某空调房间的夏季空调显热负荷为 6kW，室内设计计算温度为 25℃；送风温差为 6℃，采用侧上送贴附送风方式，设置两个 400mm×320mm 的百叶送风口，风口的有效断面系数为 0.95，相对贴附长度与阿基米德数的关系见下表，试求送风口贴附射流的贴附长度为多少？[空气的密度为 1.2kg/m³，定压比热为 1.01kJ/（kg·K）]

贴附射流的相对贴附长度与阿基米德数关系表

Ar	0.004	0.005	0.006	0.007
X/d	34	29	28	27

(A) 7～9m　　(B) 9～11m

(C) 11～13m　　(D) 13～15m

答案：[　]

主要解题过程：

6.【案例】某空调房间工作区高度为 2m，设置侧送风口，风口下边距顶棚 0.4m，射流实际射程要求 6m，为使送风射流不致波及工作区，则房间最小高度为多少？

(A) 2.86m　　(B) 3.12m

(C) 3.24m　　(D) 4.00m

答案：[　]

主要解题过程：

笔记区

五、专题实训参考答案及题目详解

参考答案

（单选每题1分，多选每题2分，案例每题2分，合计25分）

单选题	1	2	3				得分
	C	D	C				
多选题	1	2	3	4	5		
	ABC	ABC	ABC	ABCD	ABC		
案例题	1	2	3	4	5	6	
	A	D	C	D	B	B	

题目详解

（一）单选题

1. 根据《复习教材》第3.5.1节等温自由紊流射流相关内容，选项A正确；根据非等温自由射流相关内容，送风温差提高则 Ar 增大，也就是射流弯曲变大，选项B正确；根据受限射流相关内容，应该为 $\sqrt{2}d_0$ ，选项C错误；根据平行射流相关内容，选项D正确。

2. 根据《民规》第7.4.12条、第7.4.13条及其条文说明可知，选项ABC正确，选项D错误，装在门或墙下部的回风口面风速宜采用1～1.5m/s。

3. 根据《复习教材》第3.5.2节气流组织形式相关内容，选项ABD正确；根据第3.5.2节座椅下送风口相关内容，选项C错误，风速应低于0.2m/s。

（二）多选题

1. 根据《复习教材》第3.5.2节气流组织形式有关“下送风”的内容可知，选项A正确；根据中间送风的内容可知，选项B满足高达空间的条件，适合采用中部送风的分层空调；根据有关“座椅下送风口”的内容可知，选项C正确；根据表3.5-5续表中孔板送风的技术要求和适用范围可知，选项D错误，此时应采用孔板下送不稳定流型，而非上送。

2. 根据《民规》第7.4.12条、第7.4.13条及其条文说明可知，选项ABC正确，选项D错误，装在门或墙下部的回风口面风速宜采用1～1.5m/s。

3. 根据《民规》第7.4.10.1条可知，选项A正确；由第7.4.10.3条表7.4.10-2及表7.4.10-1可知，选项BC正确，选项D错误。

4. 根据《民规》第7.4.4.1可知，选项A正确；由第7.4.4.2条可知，选项BC正确；由第7.4.4.3条可知，选项D正确。

笔记区

5. 根据《复习教材》第3.5.2节送风口形式“（6）座椅下送风口”相关内容可知，选项A正确；根据第3.5.3节孔板送风的计算相关内容可知，选项B正确；根据第3.5.2节送风口形式“（4）喷射式送风口”相关内容可知，选项C正确；根据第3.5.1节“（4）受限射流”相关内容可知，选项D错误。

（三）案例题

1. 散流器中心间距为6m，即单个散流器的作用半径 $l=3\text{m}$。$h_x=4-1.5=2.5\text{m}$。

散流器喉部面积：$F_0=0.3\times0.3=0.09\text{m}^2$。

散流器喉部风速：$v_0=1000/3600/0.09=3.1\text{m/s}$。

根据《复习教材》图3.5-23，有：

$$l/h_x=3/2.5=1.2\text{，}0.1\times\frac{l}{\sqrt{F_0}}=0.1\times\frac{3}{\sqrt{0.09}}=1$$

查得 $K=0.5$，根据式（3.5-18），有：

$$v_x=1.2Kv_0\frac{\sqrt{F_0}}{h_x+l}=1.2\times0.5\times3.1\times\frac{\sqrt{0.09}}{2.5+3}=0.1\text{m/s}$$

2. 根据《复习教材》式（3.5-1），有：

$$\frac{v_x}{v_0}=\frac{0.48}{\frac{\alpha x}{d_0}+0.145}\Rightarrow\frac{0.5}{v_0}=\frac{0.48}{\frac{0.066\times3}{0.271}+0.145}\Rightarrow v_0=0.912\text{m/s}$$

根据《复习教材》式（3.5-5），有：

$$Ar=\frac{gd_0(t_0-t_n)}{v_0^2T_n}=\frac{9.81\times0.271\times(20-35)}{0.912^2\times(273+35)}=-0.1557$$

3. 由环境温度控制±0.5℃查《民规》表7.4.10-2可知，送风温差为3～6℃，最大允许房间送风量 $L=\frac{754\times3600}{1.2\times1010\times3}=747\text{m}^3/\text{h}$。

按空调房间面积计算单位面积送风量 $L_d=\frac{L}{A}=\frac{747}{6\times3.6}=34.5\text{m}^3/\text{m}^2\cdot\text{h})$。

由《复习教材》式（3.5-22），得：

$$v_0=\frac{1500\gamma}{d_0}=\frac{1500\times15.06\times10^{-6}}{6\times10^{-3}}=3.76\text{m/s}$$

稳压区内最大射程为6m，即房间长宽尺寸最大者，由式（3.5-31）计算稳压层净高 $h=0.0011\frac{sL_d}{v_0}=0.0011\times\frac{6\times34.5}{3.76}=0.061\text{m}$。

说明：为了安装和检修方便，稳压层允许最小净高不应小于0.2m，若计算结果小于0.2m，题目中一个选项为计算结果，一个选项为0.2m，那么要取0.2m作为结果。本题无0.2m作为选项，因此取计算结果即可。

4. 根据《复习教材》式（3.5-3），有：

笔记区

$$d_0 = \frac{4AB}{2(A+B)} = \frac{4 \times 1 \times 0.15}{2 \times (1+0.15)} = 0.26\text{m}$$

$$\frac{\Delta T_x}{\Delta T_0} = \frac{0.35}{\frac{ax}{d_0} + 0.145} = \frac{0.35}{\frac{0.16 \times 1}{0.26} + 0.145} = 0.460$$

$\Delta T_0 = 25 - 15 = 10℃$，$\Delta T_x = 0.460 \times 10 = 4.60℃$，$T_x = 25 - 4.60 = 20.4℃$。

5.

（1）计算送风口的送风量

房间总送风量：

$$L_z = \frac{Q}{\rho c_p \Delta t} \Rightarrow \frac{6}{1.2 \times 1.01 \times 6} = 0.825\text{m}^3/\text{s} = 2970\text{m}^3/\text{h}$$

（2）计算风速和当量直径

风速：

$$v_0 = \frac{L_z}{3600 \times 0.95 f_s \times n} = \frac{2970}{3600 \times 0.95 \times 0.4 \times 0.32 \times 2} = 3.39\text{m/s}$$

当量直径：

$$d_0 = \frac{4AB}{[2(A+B)]} = \frac{4 \times 0.4 \times 0.32}{2 \times (0.4 + 0.32)} = 0.356\text{m}$$

（3）计算贴附长度

$$Ar = \frac{g d_0 \Delta t}{v_0^2 T_n} = \frac{9.8 \times 0.356 \times 6}{3.39^2 \times (273 + 25)} \approx 0.006$$

由附表查出，$\frac{X}{d_s} = 28 \Rightarrow X = 28 \times 0.356 = 9.968\text{m}$。

6. 根据《复习教材》式（3.5-17），有：

$$H = h + s + 0.07x + 0.3 = 2 + 0.4 + 0.07 \times 6 + 0.3 = 3.12\text{m}$$

笔记区

实训 3.7 空气洁净技术专题

一、专题提要

1.《复习教材》第 3.6 节及《洁净规》《通风验收规范》相关内容

2. 洁净室新风量的取值及计算

3. 过滤器组合效率、送风含尘浓度相关计算

4. 洁净度等级、风量及换气次数的计算

二、备考常见问题

问题 1：如何理解洁净度等级悬浮粒子浓度限值表中的空白区？

解答：左下方空白区表示不做要求，右上方空白区表示不允许存在，如下图所示。

洁净室及洁净区空气中悬浮粒子洁净度等级　　表 3.6-1

空气洁净度等级 N	大于或等于表中粒径的最大浓度限值（pc/m³）					
	0.1μm	0.2μm	0.3μm	0.5μm	1μm	5μm
1	10	2	不允许存在			
2	100	24	10	4		
3	1000	237	102	35	8	
4	10000	2370	1020	352	83	
5	100000	23700	10200	3520	832	29
6	1000000	237000	102000	35200	8320	293
7	不控制			352000	83200	2930
8				3520000	832000	29300
9				35200000	8320000	293000

问题 1 图

问题 2：根据《复习教材》式（3.6-1）算出来之后这个 N 的洁净度等级要怎么取，如果算出来是 5.59 的话是取 5.5 还是 5.6 呢？

解答：根据题目情况判断，如是设计条件，则按高洁净等级选择，如是现状洁净度判断，则按低洁净等级选择，举例如下：

根据题目条件，计算出房间含有尘粒×××个，折算成洁净等级为 5.59 级，要求房间内尘粒数不能超过此值，则该房间设计洁净度等级应为 5.5 级；

根据题目条件，计算出房间含有尘粒×××个，折算成洁净等级为 5.59 级，则该房间满足洁净度为 5.6 级。

问题 3：如何判断一个洁净室是正压还是负压？

解答：正压、负压是相对而言的，一个洁净室对大气而言是正压洁净室，但对另外一个房间而言可能是负压洁净室。

笔记区

三、案例真题参考

【例 1】 某空调机组内设有粗、中效两级空气过滤器，按质量浓度计，粗效过滤器的效率为 70%，中效过滤器的效率为 80%。若粗效过滤器入口空气的含尘浓度为 $150mg/m^3$，中效过滤器的出口含尘浓度为下列何项？（2014-4-20）

(A) $3mg/m^3$ (B) $5mg/m^3$

(C) $7mg/m^3$ (D) $9mg/m^3$

【参考答案】 D

【主要解题过程】 补偿室内排风量和保持室内正压值所需新鲜空气量：$L_1=14000+1500=15500m^3/h$；保证供给洁净室人员新风量：$L_2=25\times40=1000m^3/h$；所以 $L_1>L_2$。由《洁净规》第 6.1.5 条，洁净室新风量取二者最大为 $15500m^3/h$。满足空气洁净度等级要求的送风量：$L_3=12000m^3/h$；根据热湿负荷计算确定的送风量：$L_4=15000m^3/h$；洁净室所需新鲜空气量：$L_1=15500m^3/h$；$L_1>L_4>L_3$。

根据第 6.3.2 条，送风量取保证洁净度等级送风量、根据热湿负荷确定的送风量以及新风量三者最大，所以洁净室的送风量为 $15500m^3/h$。

【例 2】 如果生产工艺要求洁净环境≥0.3μm 粒子的最大浓度限值为 $352pc/m^3$。问大于等于 0.5μm 粒子的最大浓度限值（pc/m^3），最接近下列何项？（2017-4-20）

(A) 122 (B) 212 (C) 352 (D) 588

【参考答案】 A

【主要解题过程】 根据《复习教材》式（3.6-1），得：

$$\frac{C_{0.3}}{C_{0.5}}=\frac{10^N\times\left(\frac{0.1}{0.3}\right)^{2.08}}{10^N\times\left(\frac{0.1}{0.5}\right)^{2.08}}$$

故 $C_{0.5}=C_{0.3}\times\left(\frac{0.3}{0.5}\right)^{2.08}=352\times\left(\frac{0.3}{0.5}\right)^{2.08}=121.6$。

四、专题实训（推荐答题时间 90 分钟）

请将求解答案写于下表中，案例题在题目中书写解题过程

（单选题 1 分，多选题 2 分，案例题 2 分，合计 27 分）

题型									得分
单选题	1	2	3	4	5				
多选题	1	2	3						
案例题	1	2	3	4	5	6	7	8	

笔记区

(一) 单选题(每题1分，共5分)

1.【单选】下列有关洁净室压差的说法，正确的是哪一项?

(A) 正压洁净室是指对大气和相邻房间均为正压的洁净室

(B) 不同等级的洁净室之间压差不宜小于5Pa

(C) 洁净区与非洁净区之间压差不宜小于5Pa

(D) 洁净区与室外的压差不宜小于10Pa

2.【单选】下列有关洁净室检测的说法，正确的是哪一项?

(A) 洁净室进行静压差测试，最长时间间隔为6个月

(B) 采用微压差计测试静压差，仪表灵敏度应≤1.0Pa

(C) 单向流洁净室采用风管法确定送风量

(D) 单向流洁净室进行风速测试，测点数不应少于4点

3.【单选】根据我国相关验收规范，用过滤采样器测定制药厂洁净室室内浮游菌，采样率宜大于下列何值?

(A) 90L/min (B) 100L/min

(C) 110L/min (D) 120L/min

4.【单选】下列有关ISO 5级洁净室检测的说法，符合我国相关标准的是哪一项?

(A) 洁净室进行静压差测试，最长时间间隔为12个月

(B) 采用微压差计测试静压差，仪表灵敏度不应低于1.0Pa

(C) 采用风口或风管法确定送风量

(D) 采用光度计法和粒子计数器法进行密闭性测试

5.【单选】下列关于空气过滤器的说法，错误的是哪一项?

(A) 生物安全实验室的排风高效过滤器应设在室内排风口处

(B) 四级生物安全实验室应在排风口处设置两道高效过滤器

(C) 中效空气过滤器宜集中设在空调箱的负压段

(D) 超高效过滤器必须设置在净化空调系统的末端

(二) 多选题(每题2分，共6分)

1.【多选】下列有关空气洁净等级的说法，错误的是哪几项?

(A) 洁净度等级整数之间的中间数以0.01作为最小允许递增量

(B) 以粒径大于等于0.5μm的粒子个数作为洁净度等级的判断依据

(C) 空气洁净度测试是在空态下进行的

(D) 大气含尘浓度的表示方法有计数浓度、计重浓度以及沉降浓度

笔记区

2.【多选】下列有关空气过滤器的安装方式不合理的是哪几项？

(A) 某空调系统的新风经过中效过滤器处理后接入空调机组

(B) 空气过滤器的处理风量略大于额定风量

(C) 净化空调末端的高效过滤器根据洁净度等级进行选型

(D) 生物安全实验室的排风高效过滤器设置在室内排风口处

3.【多选】关于洁净室气流组织形式的说法，错误的是哪几项？

(A) 采用侧送风方式或顶回风方式，洁净室含尘浓度实测值一般高于按均匀分布方法计算值

(B) ISO 5～9 级洁净室通常采用非单向流气流流型

(C) 对于 ISO8 级全室净化的高大洁净厂房，采用顶送、双下侧回风时，净化换气次数可降低到 $8h^{-1}$

(D) 非单向流洁净室各种气流组织形式中，顶送下侧回方式最佳

(三) 案例题（每题 2 分，共 16 分）

1.【案例】某洁净室室内洁净度检测数据表明，对于大于等于 0.5μm 粒径粒子的浓度为 12000 pc/m³，则其洁净度等级为多少？

(A) 5.3 级 (B) 5.4 级

(C) 5.5 级 (D) 5.6 级

答案：[ ]

主要解题过程：

2.【案例】某正压洁净室有 10 名工作人员。根据工艺要求设置局部排风系统所需风量为 2000m³/h，保证室内正压所需风量为 1500m³/h。若室内热湿负荷所需送风量为 3000m³/h，满足空气洁净度等级要求所需送风量为 2500m³/h，则该洁净室的送风量应取下列何项？

(A) 2500m³/h (B) 3000m³/h

(C) 3500m³/h (D) 4000m³/h

答案：[ ]

主要解题过程：

笔记区

3.【案例】某实验楼设计洁净空调系统（见右图），房间A为8级正压洁净室，房间B为7级正压洁净室，房间C为非洁净室，已知房间A外窗处于迎风面，室外风速约为4m/s，考虑室外迎风面压力，则房间A与房间B的设计室内压力不应小于下列何项？

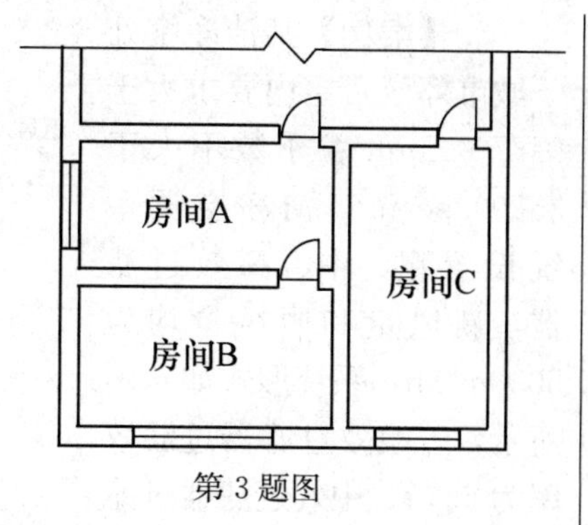

第3题图

(A) 房间A：5Pa，房间B：10Pa

(B) 房间A：8.6Pa，房间B：13.6Pa

(C) 房间A：13.6Pa，房间B：18.6Pa

(D) 房间A：15Pa，房间B：20Pa

答案：[ ]

主要解题过程：

4.【案例】某洁净室处于城市郊区，设计一次回风空调系统，设置粗、中、高效过滤器，新风量和回风量均为5000m^3/h，系统形式如下图所示。已知城市郊区0.5μm粒浓度为20×10^7 pc/m^3，回风含尘浓度为352000pc/m^3，若粗效过滤器过滤效率为65%，中效过滤器过滤效率为85%，高效过滤器过滤效率为95%，送风含尘浓度为下列何项？

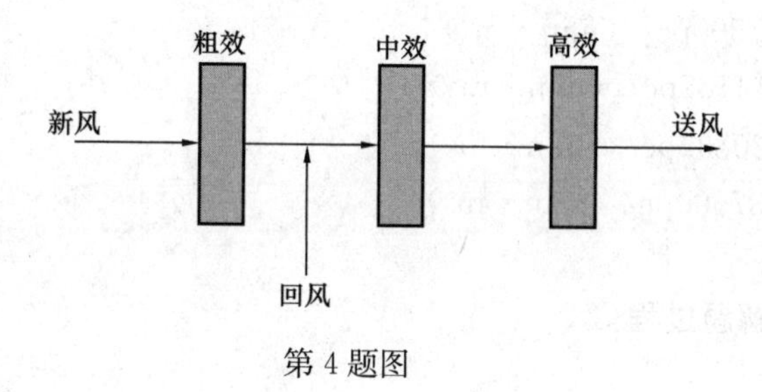

第4题图

(A) 261000～262000pc/m^3　　(B) 263000～264000pc/m^3

(C) 265000～266000pc/m^3　　(D) 267000～268000pc/m^3

答案：[ ]

主要解题过程：

笔记区

5.【案例】某洁净室处于城市郊区，室内要求大于等于 0.5μm 粒子数不大于 352000pc/m³，洁净空调系统设置粗、中、高效过滤器，新风量和回风量均为 5000m³/h，系统形式如右图所示，若粗效过滤器过滤效率为 65%，中效过滤器过滤效率为 85%，高效过滤器过滤效率为 95%，送风含尘浓度不应大于多少？

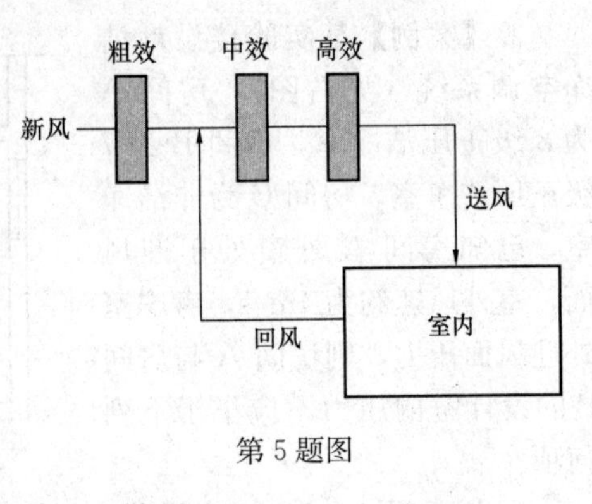

第 5 题图

(A) 263600pc/m³　　(B) 263700pc/m³

(C) 263800pc/m³　　(D) 263900pc/m³

答案：[　]

主要解题过程：

6.【案例】某洁净室面积为 20m×8m，吊顶高度为 3m，室内人员密度为 0.2 人/m²，假设室内一半的工作人员需要来回走动，另外一半工作人员为生产线固定作业（按静止考虑），则该洁净室的室内单位容积发尘量为多少？

(A) 7500pc/（min・m³）

(B) 14167pc/（min・m³）

(C) 20833pc/（min・m³）

(D) 37500pc/（min・m³）

答案：[　]

主要解题过程：

7.【案例】接上题，该洁净室要求其含尘浓度不大于 352000pc/m³，设计采用顶送下回气流组织形式，按照室内含尘浓度分布不均考虑，送风含尘浓度为 1750pc/m³，该洁净室的换气次数最合理的应为下列哪一项？

笔记区

(A) $60h^{-1}$　　(B) $68h^{-1}$

(C) $70h^{-1}$　　(D) $74h^{-1}$

答案：[　]

主要解题过程：

8.【案例】某洁净室处于城市郊区，设计一次回风空调系统，设置粗、中、高、超高效过滤器，新风量和一次回风量均为 $5000m^3/h$，系统形式如下图所示，已知城市郊区大于或等于 0.5μm 粒浓度为 $7\times10^7pc/m^3$，若粗效过滤器过滤效率为 65%，中效过滤器过滤效率为 85%，高效过滤器过滤效率为 95%，若室内排风大于或等于 0.5μm 颗粒浓度不超过 $2000pc/m^3$，试问送风口超高效过滤器过滤效率至少为下列何项可以保证送风中大于或等于 0.5μm 颗粒浓度低于 $20pc/m^3$？

(A) 99.9%　　(B) 99.99%

(C) 99.999%　　(D) 99.9999%

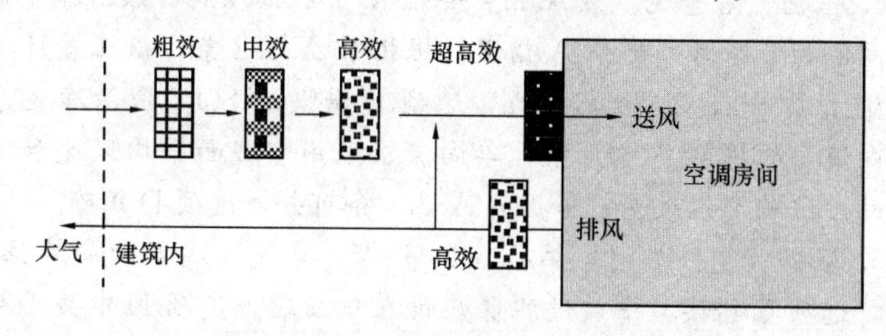

第 8 题图

答案：[　]

主要解题过程：

笔记区

五、专题实训参考答案及题目详解

参考答案

（单选每题 1 分，多选每题 2 分，案例每题 2 分，合计 27 分）

题型									得分
单选题	1	2	3	4	5				
	B	D	B	D	C				
多选题	1	2	3						
	ABC	ABC	BD						
案例题	1	2	3	4	5	6	7	8	
	D	C	C	B	C	C	C	B	

题目详解

（一）单选题

1. 根据《复习教材》第 3.6.4 节压差值相关内容，正压负压是相对而言的，选项 A 错误；根据《洁净规》第 6.2.2 条，“不宜”为“不应”，选项 CD 错误。

2. 根据《洁净规》附录 A.2.2，当洁净度等级大于 5 级时，最长时间间隔为 12 个月，选项 A 错误；根据 A.3.2 条，微压差计灵敏度应小于 1.0Pa，不是≤1.0Pa，选项 B 错误；根据第 A.3.1 条，选项 C 错误，选项 D 正确，风管法适用于非单向流洁净室。

3. 根据《通风验收规范》附录 D 第 D.5.5-6 条，选项 B 正确。

4. 根据《洁净规》第 A.2.2 条表 A.2.2-2，ISO 5 级洁净室最长时间间隔为 6 个月，选项 A 错误；根据第 A.3.2 条，微压差计灵敏度应小于 1.0Pa，不是≤1.0Pa，选项 B 错误；ISO 5 级洁净室应采用单向流，根据第 A.3.1 条，单向流应采用室截面平均风速和截面乘积的方法确定送风量；根据第 A.3.4 条可知，选项 D 正确。

5. 根据《复习教材》第 3.6.2 节“5. 空气过滤器的安装位置”可知，选项 C 错误，中效过滤器应设在正压段。选项 D 中关于超高效过滤器必须设置在末端的说法与《洁净规》矛盾，但是选项 C 比选项 D 错得更离谱，同时从选项可看出出题人以《复习教材》为原则出题，因此本题应选 C。

（二）多选题

1. 根据《复习教材》第 3.6.1 节，选项 A 参见式（3.6-1）下方相关内容；选项 B 参见表 3.6-1 或式（3.6-1），一般情况的洁净室发尘量是对≥0.5μm 的尘粒来说的，但是空气洁净度等级是要根据不同要求的粒径进行判别的；选项 C 错误；根据空气过滤相关内容可知，选项 D 正确。

2. 根据《复习教材》第 3.6.2 节空气过滤器的安装位置相关内容，中效需要安装在其正压段，故选项 A 错误，选项 D 正确；根据

笔记区

空气过滤器性能相关内容，额定风量为处理的最大风量，故选项 B 错误；根据高效过滤器相关内容可知，选项 C 错误。

3. 根据《复习教材》第 3.6.3 节非单向流计算方法有关“气流组织形式的影响”可知，选项 A 正确；根据单向流洁净室计算相关内容可知，选项 B 错误，ISO 5 级通常采用单向流；根据非单向流洁净室计算相关内容可知，选项 C 正确；选项 D 错误，顶送下回方式最佳。

(三) 案例题

1. 根据《洁净规》式（3.0.1）可知：

$$C_n \leqslant 10^N \times \left(\frac{0.1}{D}\right)^{2.08} \Rightarrow 12000 \leqslant 10^N \times \left(\frac{0.1}{0.5}\right)^{2.08}$$

解得，$N \geqslant 5.53$，满足 5.6 级标准。

2. 根据《洁净规》第 6.1.5 条可知，人员最小新风量为 $40m^3/h$，则保证人员新风量 $L_1 = 40 \times 10 = 400m^3/h$。保证室内正压值所需新风量 $L_2 = 2000 + 1500 = 3500m^3/h > L_1$。

因此，洁净室内所需新鲜空气量为 $3500m^3/h$。

根据第 6.3.2 条，比较洁净室新鲜空气量、室内热湿负荷所需风量及保证洁净度等级所需风量，最大值为 $3500m^3/h$。$3500m^3/h > 3000m^3/h > 2500m^3/h$

因此，洁净室送风量应为 $3500m^3/h$。

3. 根据《复习教材》式（3.6-11），室外风压为：

$$P = C\frac{\rho v^2}{2} = 0.9 \times \frac{1.2 \times 4^2}{2} = 8.6Pa$$

应保证压差值高于迎风面压力 5Pa，故房间 A 设计压力不应小于 $P_A = 8.6 + 5 = 13.6Pa$。

不同等级洁净室的压差值不宜小于 5Pa，故房间 B 的设计压力不应小于 $P_B = 13.6 + 5 = 18.6Pa$。

4. 新风经过粗效后的含尘浓度为：

$N_1 = N_{新风} \times (1 - \eta_{粗}) = 20 \times 10^7 \times (1 - 65\%) = 7 \times 10^7 pc/m^3$

新回风混合后的含尘浓度为：

$N_2 = \dfrac{N_1 L_{新风} + N_{回风} L_{回风}}{L_{新风} + L_{回风}} = \dfrac{7 \times 10^7 \times 5000 + 352000 \times 5000}{5000 + 5000} = 35176000pc/m^3$

送风含尘浓度为：

$N_s = N_2 \times (1 - \eta_{中})(1 - \eta_{高}) = 35176000 \times (1 - 85\%) \times (1 - 95\%) = 263820pc/m^3$

5. 根据《复习教材》表 3.6-11，城市郊区 $0.5\mu m$ 粒径浓度为 20

笔记区

$\times 10^7 pc/m^3$，则送风含尘浓度为：

$$N_S = \frac{L_{新风} \times 20 \times 10^7 \times (1-\eta_{粗效}) + 352000 \times L_{回风}}{L_{新风} + L_{回风}} \times (1-\eta_{中效})$$

$\times (1-\eta_{高效}) = 263820pc/m^3$

送风含尘浓度不能大于263820单位，故选项C正确。

说明：

(1) 过滤效率与通过率：$\eta = 1 - P$。

(2) 串联过滤器通过率：$P_T = P_1 P_2 P_3$。

(3) 串联过滤器过滤效率：$\eta_T = 1-(1-\eta_1)(1-\eta_2)(1-\eta_3)$。

6. 根据《复习教材》第3.6.3节室内发尘相关内容，室内人员综合活动强度为第三类，人员发尘量取50×10^4 pc/（p·min)，单位面积洁净室的装饰材料发尘量取1.25×10^4 pc/（min·m^2)，根据式(3.6-7)，有：

$$G = \frac{q + q'P/F}{H}$$

$$= \frac{1.25 \times 10^4 + 50 \times 10^4 \times 20 \times 8 \times 0.2/(20 \times 8)}{3}$$

$$= 37500pc/(min \cdot m^3)$$

7. 由上题结果可知，室内单位容积发尘量为37500pc/（min·m^3)，根据式（3.6-9)，有：

$$n = 60 \times \frac{G}{N - N_S} = 60 \times \frac{37500}{352000 - 175000} = 12.7h^{-1}$$

根据表3.6-14，取不均匀系数为：

$$\phi = 1.55 - \frac{1.55 - 1.22}{20 - 10} \times (12.7 - 10) = 1.46$$

根据式（3.6-10)，有：

$$n_v = \phi n = 1.46 \times 12.7 = 18.5h^{-1}$$

取整为$19h^{-1}$。

8. 新风经过粗效后的含尘浓度为：

$N_1 = N_{新风} \times (1-\eta_{粗}) \times (1-\eta_{中}) \times (1-\eta_{高}) = 7 \times 10^7 \times (1-65\%) \times (1-85\%) \times (1-95\%) = 183750pc/m^3$

一次回风经高效过滤器处理后颗粒浓度为：

$$N_2 = N_{排风} \times (1-\eta_{高}) = 2000 \times (1-95\%) = 100pc/m^3$$

送风含尘浓度为：

$$N_2 = \frac{N_1 L_{新风} + N_{回风} L_{回风}}{L_{新风} + L_{回风}} \times (1-\eta_{超高})$$

$$= \frac{183750 \times 5000 + 100 \times 5000}{5000 + 5000} \times (1-\eta_{超高}) \leqslant 20pc/m^3$$

可解得，$\eta_{超高} \geqslant 99.978\%$。

笔记区

实训 3.8 空调水系统（1）：系统形式

一、专题提要

1.《复习教材》第 3.7 节

2. 掌握不同水系统形式的特点（同程与异程、开式与闭式、分级与分区、定流量与变流量等）

3. 掌握水系统的水力计算

4. 能根据系统情况进行运行分析

二、备考常见问题

问题 1：如何区分定流量与变流量系统？

解答：定流量与变流量系统是针对用户侧而言的，即系统总水量实时变化定义为变流量系统，反之为定流量系统，如下图所示。

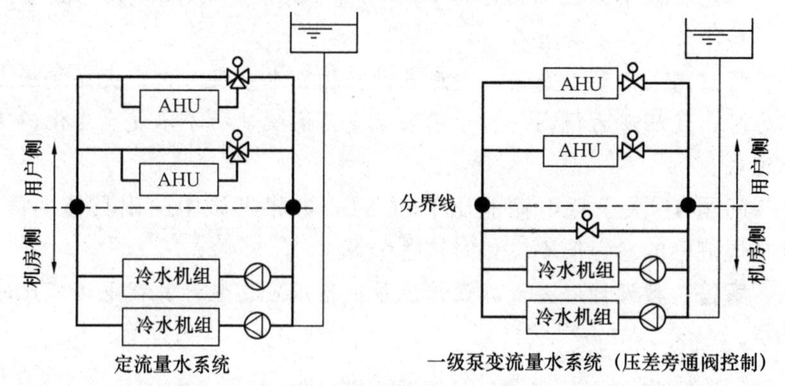

问题 1 图

另外，一级泵定流量的变流量系统是指主机侧流量不变，利用压差旁通调节用户流量的变流量系统；一级泵变频变流量系统是主机侧变流量的变流量系统。

问题 2：空调末端配置三通阀，能实现该回路变流量，这句话正确吗？

解答：正确。一般三通阀用于定流量系统，很多人就认为这句话是错的，但需要注意，这句话说的是可以实现末端回路变流量，三通阀实现了末端变流量但不影响总流量恒定，因此和定流量系统并不冲突。三通阀实现末端回路变流量原理示意如下图所示。

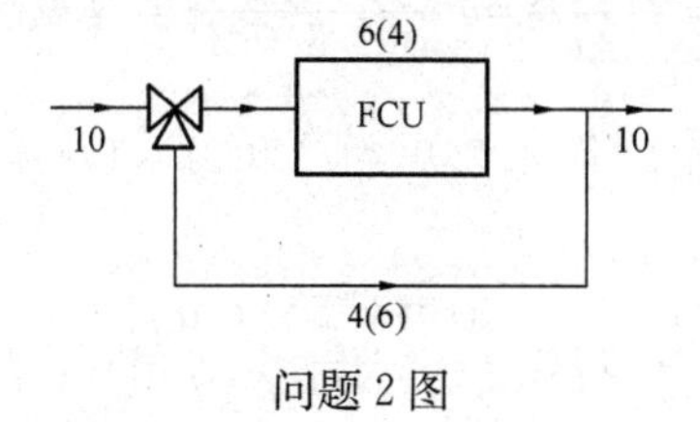

问题 2 图

笔记区

问题 3：不同工况下，水系统进行调节，水泵是否会发生过载？

解答：水泵功率与水泵流量成正比变化，对下列各种情况分析：

(1) 水泵选型参数与设计工况匹配，当关小水泵干管阀门时，水泵流量变小，功率降低，不会过载；

(2) 水泵选型流量与设计工况匹配，选型扬程大于设计工况时，选型扬程大于阻力消耗，运行流量大于设计流量，功率增大，可能过载；

(3) 水泵选型流量大于设计工况，选型扬程与设计工况匹配时，选型流量偏大，功率增大，可能过载；

(4) 管网阻力计算值偏小，水泵选型后放在管网中运行时，设计扬程大于实际阻力消耗，实际运行流量变大，功率增大，可能过载；

(5) 管网阻力计算值偏大，水泵选型后放在管网中运行时，设计扬程小于实际阻力消耗，实际运行流量变小，功率降低，不会过载；

(6) 变频水泵运行过程中，频率降低后时，水泵降频，流量降低，功率降低，不会过载；

(7) 闭式循环水系统，定压点设在循环水泵吸入口，提高定压点压力时，定压压力提高，对于水泵流量无影响，功率不发生变化，不会过载。

问题 4：关于耗电输能比中的 ΔT，如果考试中给出具体的值，且与规范中的参考值不一致时按哪个算？

解答：按设计温差计算设计流量，按规定温差计算耗电输能比的限值。

三、案例真题参考

【例 1】某空调水系统采用两管制一级泵系统，设计总冷负荷为300kW，设计供/回水温度为6℃/12℃，从制冷机房至最远用户的供回水管道总长度为95m。假定选用1台冷水循环泵，其设计工作点效率为60%，则冷水循环泵设计扬程最大限值（m）最接近下列何项？(2017-3-16)

(A) 26.7　　(B) 28.4　　(C) 33.6　　(D) 38.5

【参考答案】C

【主要解题过程】水泵流量为：

$$G=\frac{0.86Q}{\Delta t}=\frac{0.86\times 300}{6}=43\text{m}^3/\text{h}$$

根据《公建节能》第 4.3.9 条，取 $A=0.004225$，$B=28$，$\alpha=0.02$，$\Delta T=5℃$，则有：

$$H\leqslant\frac{A(B+\alpha\sum L)Q\eta_{\text{b}}}{0.003096\Delta TG}$$

笔记区

$$= \frac{0.004225 \times (28 + 0.02 \times 95) \times 300 \times 60\%}{0.003096 \times 5 \times 43}$$

$$= 34.1\text{m}$$

说明：本题考察的是对 *ECR-a* 公式的理解，需注意的是：(1) 水泵设计流量按照设计温差 6℃选取；(2)《公建节能》式 (4.3.9) 中的供回水温差按表 4.3.9-1 选取，$\Delta T=5$℃，即 *ECR-a* 计算值不高于系统冷冻水温差最小值时 (5℃) 的计算值。

四、专题实训（推荐答题时间 40 分钟）

请将求解答案写于下表中，案例题在题目中书写解题过程

（单选题 1 分，多选题 2 分，案例题 2 分，合计 21 分）

单选题	1	2	3				得分
多选题	1	2	3	4	5	6	7
案例题	1	2					

（一）单选题（每题 1 分，共 3 分）

1.【单选】下列有关空调水系统的说法，错误的是哪一项？

(A) 末端设备水阻力基本相同（或相差不大）的回路，宜采用水平同程式系统

(B) 末端设备及其支路水阻力超过用户侧水阻力的 50%可采用异程式系统

(C) 无论是同程式系统还是异程式系统都应进行详细的水力平衡计算

(D) 实际工程中，即使进行了详细的水力计算，仍需利用阀门进行调节

2.【单选】下列有关空调水系统的说法，错误的是哪一项？

(A) 开式系统中，水泵的吸入侧应有足够的静水压头，保证水泵吸入口不发生汽化现象

(B) 开式系统中，水泵的扬程需要克服供水管和末端设备的水流阻力及水位提升高度

(C) 有一定高度的系统，闭式系统水泵扬程和电力装机容量通常要小于开式系统，具有运行节能的优势

(D) 闭式系统中，通常采用闭式膨胀罐或开式膨胀水箱解决系统的补水定压的问题

笔记区

3.【单选】下列有关空调冷水系统选择的说法不合理的是哪一项?

(A) 除设置一台冷水机组的小型工程外，不应采用定流量一级泵系统

(B) 系统作用半径较大，水流阻力较高的大型工程，宜采用变流量二级泵系统

(C) 变流量一级泵系统的供回水管间电动旁通阀门设计流量取最大单台冷水机组的额定流量

(D) 变频变流量一级泵系统应按蒸发器最大许可水压降和水流对蒸发器管束侵蚀因素确定机组最大流量

(二) 多选题(每题2分，共14分)

1.【多选】下列有关空调系统形式的表述，正确的是哪几项?

(A) 定流量系统与变流量系统的区分是针对用户侧而言的

(B) 定流量系统中减少水泵运行台数，可能会导致运行水泵能耗增大，甚至自动保护停泵

(C) 一级泵压差旁通控制变流量系统可以做到实时降低能耗

(D) 一级泵变频变流量系统，压差旁通阀控制仍然是必须要设置的自控环节

2.【多选】某办公建筑采用风机盘管+新风的半集中空气调节系统，采用大温差供冷系统，且要求末端设备空调冷水平均水温度不变，下列说法正确的是哪几项?

(A) 大温差设计可减小水泵耗电量和管网管径

(B) 冷水机组的出水温度降低，性能系数有所下降

(C) 若供水温度低于5℃会导致冷水机组运行工况相对较差且稳定性不够

(D) 应校核流量减少对风盘传热系数和传热量的影响

3.【多选】下列有关空调水系统形式选择的说法，错误的是哪几项?

(A) 不应采用定流量一级泵系统

(B) 系统作用半径较大、设计水流阻力较高的大型工程，宜采用变流量二级泵系统

(C) 当二级泵的输送距离较远且各用户管路阻力相差较大，或者水温(温差)要求不同时，宜采用多级泵系统

(D) 二级泵空调水系统，宜按区域或系统分别设置二级泵

4.【多选】下列有关空调水系统阀门设置的要求不合理的是哪

几项？

（A）空调末端装置应设置水路电动两通阀

（B）变流量一级泵系统采用冷水机组变流量方式运行时，旁通调节阀的设计流量宜取容量最大的单台冷水机组的额定流量

（C）二级泵系统须在供回水总管之间冷源侧和负荷侧分界处设置不小于总供回水管管径的平衡管

（D）二级泵系统中的一级泵，其设置台数和流量应与冷水机组的台数和流量相对应

5.【多选】下列关于一级泵变频变流量系统的表述，正确的是哪一项？

（A）随着末端空调负荷的减少，冷水泵所做的"功"被冷水机组自身消耗的比例增大

（B）通过变频器改变冷水泵的转速，降低了冷水泵的运行能耗

（C）蒸发器的流量减少，冷水机组的制冷效率会有所下降，能耗可能有些增加

（D）在一定范围内，冷水泵降低的能耗比冷水机组增加的能耗更多

6.【多选】某厂房工艺性空调设计开式空调水系统，下列设计要求正确的是哪几项？

（A）应设置蓄水箱，蓄水量宜按循环水量的5%～10%确定

（B）系统停止运行时，蓄水箱应能容纳系统泄出的水，不得溢流

（C）系统采用膨胀水箱定压，定压点宜设在水泵吸入口

（D）系统采用膨胀水箱定压，定压压力宜为系统最高点压力加5kPa

7.【多选】某工业厂房设计空调水系统，下列管道设计正确的是哪几项？

（A）当空调热水管道利用自然补偿不能满足要求时，应设补偿器

（B）空调热水管坡度宜采用0.003，不得小于0.002

（C）冷凝水水平干管不宜过长，坡度不应小于0.003，且不应有积水部位

（D）冷凝水水平干管始端应设置扫除口

笔记区

（三）案例题（每题2分，共4分）

1.【案例】某公共建筑设置夏季空调系统，空调系统总供冷量为100kW，冷水设计供回水温差为5℃，如下图所示若采用$DN80$的供水干管，则供水干管的总阻力为多少？[摩擦阻力系数为0.03，阀门局部阻力系数为7，弯头局部阻力系数为1，水的比热容为4.18kJ/(kg·K)]

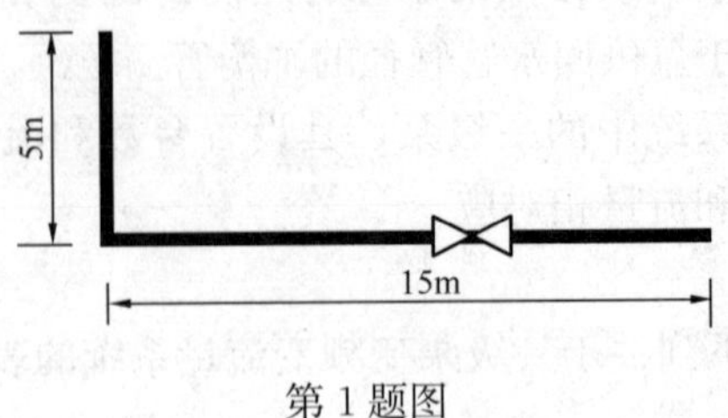

第1题图

（A）5700～6200Pa　　（B）6700～7200Pa
（C）7700～8200Pa　　（D）8700～9200Pa

答案：[　　]

主要解题过程：

2.【案例】某办公楼的顶层设置一截面积为$10m^2$的冷却塔，冷却塔填料高度为0.8m，填料总焓移动系数为3827。若进塔的空气干球温度为20℃，相对湿度为60%，出塔空气干球温度为28℃，相对湿度为100%，冷却水进口温度为37℃（对应空气的饱和焓值为144kJ/kg），冷却水出口温度为32℃（空气的饱和焓值为111kJ/kg），则冷却塔的冷却能力为下列哪一项？

（A）$(1200\sim1300)\times10^3$kJ/h　　（B）$(1400\sim1500)\times10^3$kJ/h
（C）$(1600\sim1700)\times10^3$kJ/h　　（D）$(1800\sim1900)\times10^3$kJ/h

答案：[　　]

主要解题过程：

笔记区

五、专题实训参考答案及题目详解

参考答案

（单选每题1分，多选每题2分，案例每题2分，合计21分）

单选题	1	2	3					得分
	B	B	C					
多选题	1	2	3	4	5	6	7	
	ABD	ABCD	ACD	AB	BCD	AB	ABCD	
案例题	1	2						
	B	D						

题目详解

（一）单选题

1. 根据《复习教材》第3.7.2节同程与异程相关内容，选项ACD正确，选项B错误，超过60%时可采用异程式。

2. 根据《复习教材》第3.7.2节开式系统和闭式系统相关内容，选项ACD正确，选项B错误，除了供水管和末端设备的水流阻力及水位提升高度H外，还可能需要客服部分回水管的阻力，大小为(ΔP_h-H)。

3. 根据《民规》第8.5.4条，选项AB正确；由第8.5.7条和第8.5.8条可知，机组定流量和机组变流量的变流量一级泵系统，其电动旁通调节阀设计流量不同，机组定流量按照最大单台机组额定流量选取，机组变流量应按各机组最小流量的最大值确定旁通调节阀额定流量，选项C错误；由第8.5.9-3条可知，D正确。

（二）多选题

1. 根据《复习教材》第3.7.2节定流量与变流量水系统相关内容，选项A正确；因为并联衰减的原因，水泵运行台数减少后，剩余运行水泵水量增大，电流增大导致可能发生过载停泵压力，选项B正确；一级泵压差旁通控制变流量系统依靠水泵台数变化改变能耗，不能实时降低能耗，选项C错误；选项D正确。

2. 根据《民规》第8.5.1-1条及条文说明，选项ABCD均正确。

3. 根据《民规》第8.5.4-1条，“除设置一台冷水机组的小型工程外，不应采用定流量一级泵系统”，因此选项A的说法错误；根据第8.5.4-2条，选项B正确；根据第8.5.4-3条，选项C错误，“可采用多级泵系统”；根据第8.5.4-3条，二级泵水系统的二级泵设置需分情况集中设置或按区域或系统分别设置，选项D错误。

4. 根据《民规》第8.5.6-2条，选项A错误，定流量一级泵系统除外；根据第8.5.9-2条，对于冷水机组变流量方式运行时，旁通调节阀的设计流量取各冷水机组允许的最小流量的最大值，故选项B

笔记区

错误；根据第 8.5.10-1 条，选项 C 正确；根据第 8.5.13-1 条，选项 D 正确。

5. 根据《复习教材》第 3.7.2 节定流量与变流量空调水系统“②一级泵变频变流量系统”可知，选项 A 错误，选项 BCD 正确。

6. 根据《工规》第 9.9.3 条，选项 AB 正确；根据《复习教材》图 3.7-3 (a)，开式系统水泵吸入侧应由水箱水面高度给予足够的静水压头，不需另外设置膨胀水箱定压，否则两个水箱液位高度不同，会造成低水位水箱溢水，影响系统稳定，选项 CD 错误。

7. 根据《工规》第 9.9.17 条，选项 AB 正确；根据第 9.9.20-2 及 9.9.20-3 条，选项 CD 正确。

(三) 案例题

1. 系统水流量为：$G=\dfrac{Q}{c\rho\Delta t}=\dfrac{100}{1000\times 4.18\times 5}=0.00478\text{m}^3/\text{s}$。

系统水流速为：$v=\dfrac{4G}{\pi d^2}=\dfrac{4\times 0.00478}{3.14\times 0.08^2}=0.95\text{m/s}$。

根据《复习教材》式 (3.7-5) 和式 (3.7-6) 可知：

$$\Delta P=\Delta P_{\text{m}}+\Delta P_{\text{j}}=l\frac{\lambda}{d}\frac{\rho v^2}{2}+\xi\frac{\rho v^2}{2}$$

$$=20\times\frac{0.03}{0.08}\times\frac{1000\times 0.95^2}{2}+(7+1)\times\frac{1000\times 0.95^2}{2}$$

$$=6994.4\text{Pa}$$

2. 由焓湿图查得进塔空气焓值 $h_{s1}=42.2\text{kJ/kg}$，出塔焓值 $h_{s2}=89.5\text{kJ/kg}$。

$$\Delta 1=h_{w1}-h_{s2}=144-89.5=54.5\text{kJ/kg}$$

$$\Delta 2=h_{w2}-h_{s1}=111-42.2=68.8\text{kJ/kg}$$

根据《复习教材》式 (3.7-2)，得：

$$MED=\frac{(\Delta 1-\Delta 2)}{\ln(\Delta 1/\Delta 2)}=\frac{(54.5-68.8)}{\ln(54.5/68.8)}=61.4\text{kJ/kg}$$

根据式 (3.7-1)，得：

$$Q_{\text{c}}=K_{\text{a}}\cdot A\cdot H\cdot MED=3827\times 10\times 0.8\times 61.4=1880\times 10^3\text{kJ/h}$$

笔记区

实训3.9 空调水系统（2）：空调系统附件与水泵

一、专题提要

1.《复习教材》第3.7节

2. 熟悉水系统附件设置

3. 掌握水系统的压力工况分析及计算

二、备考常见问题

问题1：如何更好地理解《复习教材》表3.7-8中的水系统压力分布计算？

解答：水系统各处的压力分布取决于四个因素，分别为：定压点压力、水泵扬程、沿程和局部阻力损失、静水高度。因此，计算水系统压力分布，可从定压点开始，沿水流方向利用下式依次计算：

某一点的压力＝定压点压力－沿程和局部阻力损失±静水高度（＋水泵扬程）

高度降低时加静水高度，高度增加时减静水高度。

三、案例真题参考

【例1】 某酒店的集中空调系统为闭式水系统，冷水机组及冷水循环水泵（处于机组的进水口前）设于地下室，回水干管最高点至水泵吸入口水阻力15kPa，系统最大高差50m（回水干管最高点至水泵吸入口）定压点设于水泵吸入口管路上，试问系统最低定压压力值，正确的是下列何项？（取$g=9.8m/s^2$）（2014-3-12）

（A）510kPa （B）495kPa （C）25kPa （D）15kPa

【参考答案】 C

【主要解题过程】 根据《复习教材》式（3.7-13），为防止水泵进气，应保证水泵吸入口压力为正，考虑5kPa余量，故$P=15+50\times1000\times9.8/1000+5=510$kPa。

【例2】 某集中空调冷水系统的设计流量为200m^3/h，计算阻力为300kPa，设计选择水泵扬程H（kPa）与流量Q（m^3/h）的关系式为$H=410+0.49Q-0.0032Q^2$。投入运行后，实测实际工作点的水泵流量为220m^3/h。问：与采用变频调速（达到系统设计工况）理论计算的水泵轴功率相比，该水泵实际运行所增加的功率（kW）最接近以下何项？（水泵效率均为70%）（2016-3-14）

（A）2.4 （B）2.9 （C）7.9 （D）23.8

【参考答案】 C

笔记区

【主要解题过程】理论计算时水泵轴功率为：

$$N_1=\frac{G_1\cdot H_1}{367.3\times\eta}=\frac{200\times\frac{300}{9.81}}{367.3\times0.7}=23.8\text{kW}$$

实际工作时水泵扬程为：

$$\begin{aligned}H_2&=410+0.49Q-0.0032Q^2\\&=410+0.49\times220-0.0032\times220^2\\&=362.92\text{kPa}\end{aligned}$$

$$H=\frac{362.92}{9.81}=37\text{mH}_2\text{O}$$

实际运行时水泵轴功率 $N_2=\frac{G_2\cdot H_2}{367.3\times\eta}=\frac{220\times37}{367.3\times0.7}=31.66\text{kW}$。

水泵实际运行所增加的功率 $\Delta N=N_2-N_1=31.66-23.8=7.86\text{kW}$。

四、专题实训（推荐答题时间 60 分钟）

请将求解答案写于下表中，案例题在题目中书写解题过程

（单选题 1 分，多选题 2 分，案例题 2 分，合计 25 分）

单选题	1	2	3	4	5			得分
多选题	1	2	3	4	5	6	7	
案例题	1	2	3					

（一）单选题（每题 1 分，共 5 分）

1.【单选】为了保护系统管路和防止系统设备受堵，确保系统正常运行，水泵、冷水机组的入口管道均应设置过滤器或除污器。下列有关过滤器和除污器说法正确的是哪一项？

（A）冷水机组出口设孔径 3～4mm 的 Y 形过滤器

（B）用于水泵的 Y 形过滤器适合采用 4mm 孔径

（C）过滤器滤网的流通面积与所接管路流通面积相一致

（D）Y 形过滤器需安装在水平管路上

2.【单选】有关空调水系统阀门设置正确的是哪一项？

（A）对于需要流量调节的场所，系统阀门选用截止阀

（B）对于小管径，且系统关闭严密程度要求较高的场所，选用蝶阀

笔记区

(C) 对于并联环路，其回水管段设置平衡阀

(D) 在最不利环路上，应尽可能减少调节用阀门的设置

3.【单选】某大型商业中心空调系统设计定压装置，下列定压要求不合理的是哪一项？

(A) 优先采用高位膨胀水箱定压

(B) 无法正常设置膨胀水箱定压时，适合采用气体定压罐定压

(C) 定压点设在循环水泵入口

(D) 定压点的确定仅与定压点的位置有关

4.【单选】已知某办公楼空调水系统容量为 $75m^3$，系统循环水量为 $300m^3/h$，该系统设计补水量约为下列哪一项？

(A) $0.75m^3/h$　　(B) $3.75m^3/h$

(C) $7m^3/h$　　(D) $30m^3/h$

5.【单选】接上题，下列各项中，补水泵设置合理的是哪一项？

(A) 设置1台补水泵，单台补水泵流量为 $3.75m^3/h$

(B) 设置2台补水泵，单台补水泵流量为 $3.75m^3/h$

(C) 设置2台补水泵，单台补水泵流量为 $7m^3/h$

(D) 设置2台补水泵，单台补水泵流量为 $15m^3/h$

(二) 多选题 (每题2分，共14分)

1.【多选】目前国内对空调系统水质尚无统一标准，一般参考相关工业处理标准或水处理公司常用的指标，下列说法正确的是哪几项？

(A) 循环冷却水悬浮物浓度小于或等于30mg/L

(B) 循环冷却水氯离子浓度小于或等于100mg/L

(C) 循环冷冻水pH值为8.1～10

(D) 循环冷栋水浊度小于或等于15mg/L

2.【多选】下列有关民用建筑空调补水泵的选择及设置，说法正确的是哪几项？

(A) 补水泵扬程，应保证补水压力比补水点工作压力高30～50kPa

(B) 严寒地区空调热水补水泵宜设备用泵

(C) 当系统不采用高位膨胀水箱定压时，应设置补水泵向系统补水

(D) 补水泵的总小时流量宜为系统水容量的5%～10%

笔记区

3.【多选】为了防止空调水产生较高溶解氧和发生结垢，需要合理设置空调水处理装置，下列有关空调水处理措施的说法，正确的是哪几项？

(A) 化学水处理法在中小工程应用广泛

(B) 水系统设计时可采用膨胀水箱内投药、设置自动加药装置等水处理方式

(C) 自动加药装置宜接在系统压力较低的管路上

(D) 闭式定压水系统采用自动加药装置时，自动加药装置出口管路上应加泄压阀

4.【多选】下列对于Y形过滤器的设置要求合理的是哪几项？

(A) 水泵前的Y形过滤器推荐孔径约为4mm

(B) 冷水机组前的Y形过滤器推荐孔径为2.5～3mm

(C) 空调机组前的Y形过滤器推荐孔径为3～4mm

(D) 风机盘管前的Y形过滤器推荐孔径为1.5～2mm

5.【多选】根据相关规定，下列对于空调系统的循环冷却水水质及循环冷水水质的表述，正确的是哪几项？

(A) 循环冷却水浊度小于或等于10NTU

(B) 循环冷却水氨氮浓度小于或等于1.0mg/L（铜合金设备）

(C) 循环冷冻水（循环水）pH（25℃）为7.5～10

(D) 循环冷冻水（循环水）溶解氧小于或等于0.5mg/L

6.【多选】某3层办公楼的空调水系统调试时，每次开机前必须先补水，否则无法正常运行。分析可能的原因，应是下列哪几项？

(A) 空调水系统有漏水点

(B) 空调水系统管路中含有较多空气（未排净）

(C) 水泵流量不足

(D) 膨胀水箱的底部与水系统最高点的高差过大

7.【多选】某空调闭式水系统，调试时发现系统中的空气不能完全排除干净，导致系统无法正常运行，不会引起该问题的原因是下列哪几项？

(A) 膨胀水箱的水位与系统管道的最高点高差过大

(B) 膨胀水箱的水位与系统管道的最高点高差过小

(C) 水泵扬程过小

(D) 水泵流量过小

笔记区

(三) 案例题（每题2分，共6分）

1.【案例】如下图，某高层建筑空调水系统，管路单位长度平均阻力损失400Pa/m（含局部阻力），冷水机组的压力降0.1MPa，水泵扬程为30m。试问系统运行时A点的压力为多少？（空调水密度1000kg/m^3，g=9.8m/s^2）

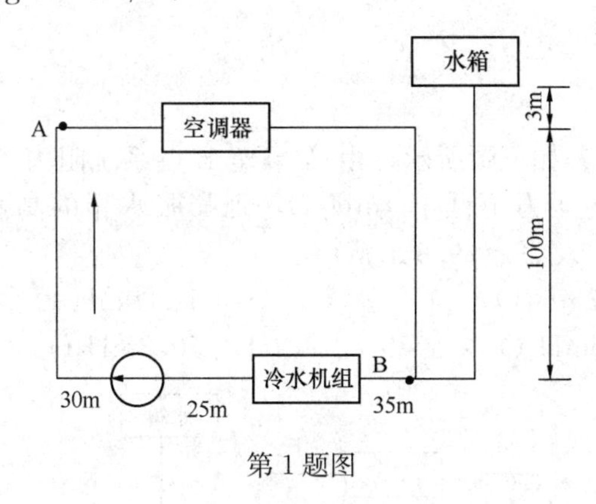

第1题图

(A) 25mH_2O　　(B) 19mH_2O

(C) 15mH_2O　　(D) 8mH_2O

答案：[　　]

主要解题过程：

2.【案例】接上题，若水箱高度位置不变，水箱接入位置由B点改为C点，如下图所示，其他条件不变，则A点工作压力如何变化？

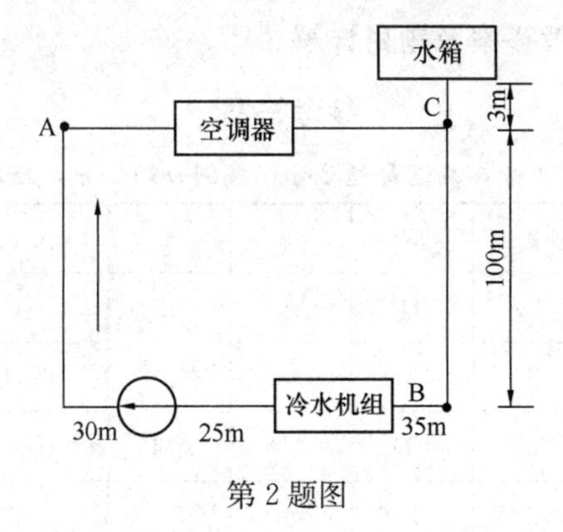

第2题图

(A) 降低约8mH_2O　　(B) 升高约8mH_2O

笔记区

(C) 降低约 $4mH_2O$　　(D) 升高约 $4mH_2O$

答案：[　　]

主要解题过程：

3.【案例】如下图所示，由A点至B点系统阻力为 $0.2mH_2O$，为保证A点的压力不低于 $1mH_2O$，则膨胀水箱的高度距地多少？（密度 $1000kg/m^3$，$g=9.8m/s^2$）

(A) $51.2mH_2O$　　(B) $51.00mH_2O$

(C) $50.8mH_2O$　　(D) $50.2mH_2O$

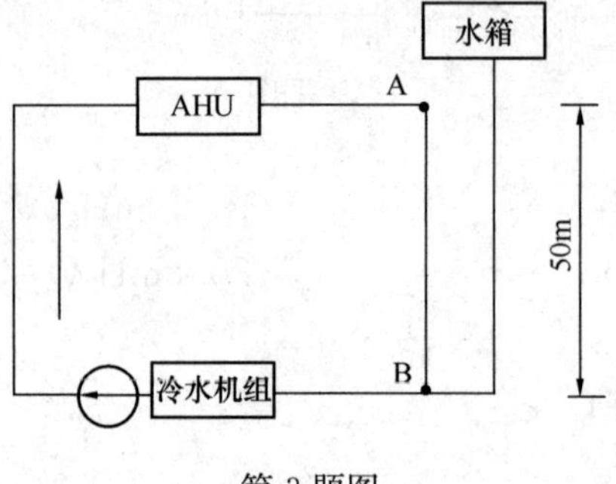

第3题图

答案：[　　]

主要解题过程：

五、专题实训参考答案及题目详解

参考答案

（单选每题1分，多选每题2分，案例每题2分，合计25分）

单选题	1	2	3	4	5			得分
	B	D	D	A	B			
多选题	1	2	3	4	5	6	7	
	AC	AD	CD	AD	ABC	AB	ACD	
案例题	1	2	3					
	C	C	B					

笔记区

题目详解

（一）单选题

1. 根据《复习教材》第3.7.8节水过滤器的内容，选项A应设置在冷水机组前而非出口，错误；选项B正确；过滤器有效流通面积应等于所接管路流通面积的3.5～4倍，选项C错误；Y形过滤器适合安装在水平与垂直管段上，故选项D错误。

2. 根据《复习教材》第3.7.8节阀件及水过滤器相关内容可知，选项D正确，其中选项C是否设置平衡阀应根据系统水力计算来确定。

3. 根据《民规》第8.5.18-2条及《复习教材》第3.7.8节定压设备有关膨胀水箱描述文字，选项AB正确；根据《民规》第8.5.18-1条及《复习教材》图3.7-27旁边文字，“为了防止出现负压，应将定压点接到水泵入口”，此位置属于循环水泵前，选项C正确；根据《复习教材》图3.7-26上方文字可知，选项D不仅仅取决于定压点的位置，还与定压点压力有关，错误。

4. 根据《民规》第8.5.15条，补水量可按系统设计水量的1%计算，则补水量$V_{补}=75\times0.01=0.75m^3/h$。

5. 根据《民规》第8.5.16-2条，补水泵宜设置2台，选项A不合理；补水泵的总小时流量宜为系统水容量的5%～10%，则补水泵总小时流量$V_{总}=75\times(0.05\sim0.1)=(3.75\sim7)m^3/h$，单台水泵流量为$V=\frac{1}{2}V_{总}=(1.875\sim3.75)m^3/h$，选项B合理；根据条文说明可知，补水泵流量过大会导致膨胀水箱调节容积过大等问题，故CD不合理。

（二）多选题

1. 根据《复习教材》表3.7-10和表3.7-11，选项A正确，选项B错误，氯离子浓度小于等于300mg/L，选项C正确，选项D错误，浊度小于15mg/L。

2. 根据《民规》第8.5.16-1条，选项A正确；根据第8.5.16-3条，对于仅设1台补水泵时，严寒地区空调热水补水泵宜设备用泵，故选项B错误；根据第8.5.16条，非高位膨胀水箱定压的系统，如果补水压力低于补水点压力，才应设置补水泵，故选项C错误；根据第8.5.16-2条，选项D正确。

3. 根据《复习教材》第3.7.8节物理水处理法相关内容，物理处理装置简单，不占机房，在中小工程中应用广泛，而化学水处理法还需增加附加水处理设施，一般对于中大型工程使用化学水处理法，本题采用“偷换概念”方式出题，选项A错误；对于膨胀水箱内投药的方式，一般用于设计时未考虑水处理的情况，并且这种水处理方

笔记区

式缺点较多，因此并不适合设计时直接采用，选项B错误；根据图3.7-24下方可知，选项C正确；根据化学水处理法和自动加药装置相关内容，选项D正确。

4. 根据《复习教材》第3.7.8节阀件及水过滤器相关内容，"根据工程经验，Y形过滤器推荐的孔径如下:"可知，选项AD正确。

5. 根据《复习教材》表3.7-11和表3.7-12可知，选项ABC错误，选项D错误，溶解氧小于0.1mg/L。

6. 空调系统有漏水点，则系统停止后，会导致系统失水，选项A正确；空调系统中有较多空气未及时排净，会降低换热效率，有损水泵，需要排出空气且及时补水，选项B正确；选项CD不会导致系统失水，故选项CD不是补水的原因。

7. 膨胀水箱的水位与系统管道的最高点高差过小，会导致部分管道负压，从而系统吸入空气，选项B是引起系统中空气不能完全排除的原因，选项ACD均不会导致系统中的空气不能排除。

（三）案例题

1. 由题意，B点为定压点，定压点压力 $P_B=3+100=103mH_2O$。A点压力为运行压力减去沿程阻力及高差。从B到A的沿程总阻力（管路阻力+冷水机组阻力）为：

$$\Delta P_{BA}=(35+25+30+100)\times 400/1000/9.8+0.1\times 1000000/1000/9.8=17.96mH_2O$$

B点与A点还有100m高差，因此A点的工作压力为：

$$P_A=P_B+30-\Delta P_{BA}-H=103+30-17.96-100=15.04mH_2O$$

2. 方法一：由上题，原A点工作压力为15.04mH_2O。当C点为定压点，$P_C=3mH_2O$。从C到A的沿程总阻力为：

$$\Delta P_{CA}=(100+35+25+30+100)\times 400/1000/9.8+0.1\times 1000000/1000/9.8=22.05mH_2O$$

C点与A点等高，A点工作压力为：

$$P'_A=P_C+30-\Delta P_{CA}=3+30-22.05=10.95mH_2O<15mH_2O$$

因此A点工作压力降为：

$$\Delta P_A=|P'_A-P_A|=|10.95-15.04|=4.09mH_2O$$

方法二：定压点从B点改为C点，对A点的工作压力而言，只是增加了ΔP_{CB}，计算$\Delta P_{CB}=100\times 400/1000/9.8=4.08mH_2O$。

3. 运行时，$M_7=1.26-M_6=1.26-1.16=0.1kg/s$；静止时，$(M_6+M_7)h_5=M_6h_6+M_7h_7$

笔记区

实训 3.10 空调系统的监测与控制

一、专题提要

1.《复习教材》第 3.8 节及《民规》《工规》相关内容
2. 掌握调节阀门特性及选择计算
3. 熟悉传感器的选择和安装
4. 熟悉常见的系统自控原理并能进行系统运行分析

二、备考常见问题

问题 1：风机盘管本来是变流量的，为什么可以设置自力式定流量控制阀？

解答：风盘变流量是通过开关电动阀控制的，当某一个环路电动阀关闭后，其他环路也会有一定的水力失调，此概念与热网中的水力失调是一样的（见下图）。因此，为了控制这种水力失调可以装定流量阀，但是初投资较高。

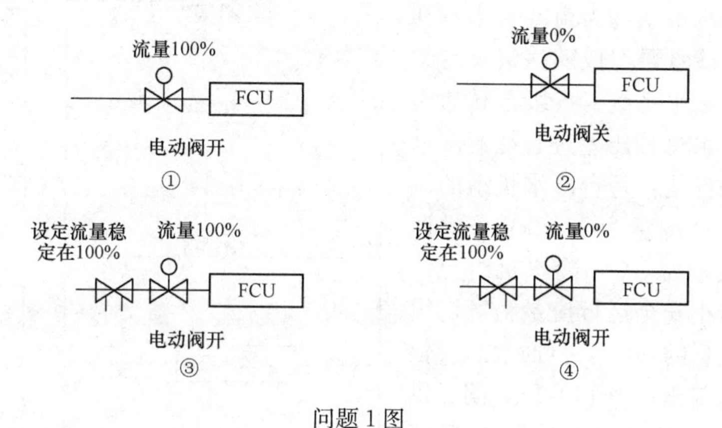

问题 1 图

问题 2：常见的空调系统 DDC 控制点位都有哪些，是何种信号？

解答：以新风机组为例，新风系统控制原理图如下：

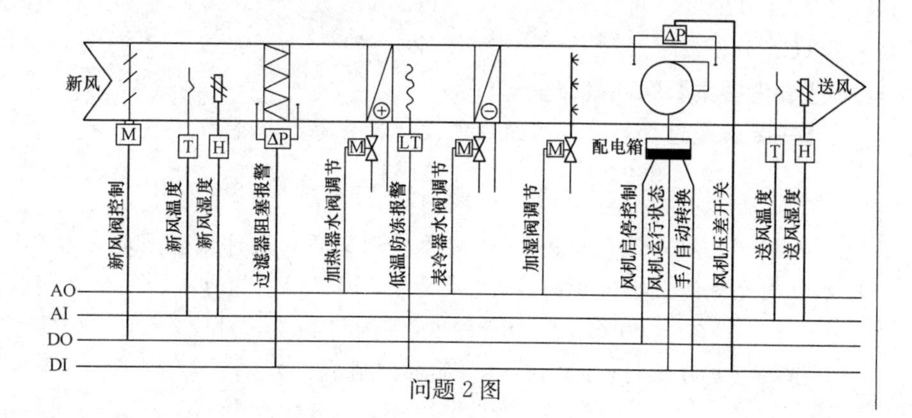

问题 2 图

笔记区

问题 3： 变风量系统控制的问题，$\Delta P = SQ^2$，单独改变末端阀门开度（改变 S），或单独改变风机转速（改变 ΔP），都可以改变风量，达到所需风量。但是，两者同时变化时，怎样确定所需的阀门开度（S）和风机压力（ΔP）？

解答： 首先，压力控制的是风管内某一点的静压，不是风管阻力损失 ΔP，也不是风机的机外静压；其次，ΔP 是系统阻力是损失，不是风机压力，改变风机转速，变的是风量，风量变了，ΔP 从而改变，即 ΔP 改变是一个结果，不是一个起因。

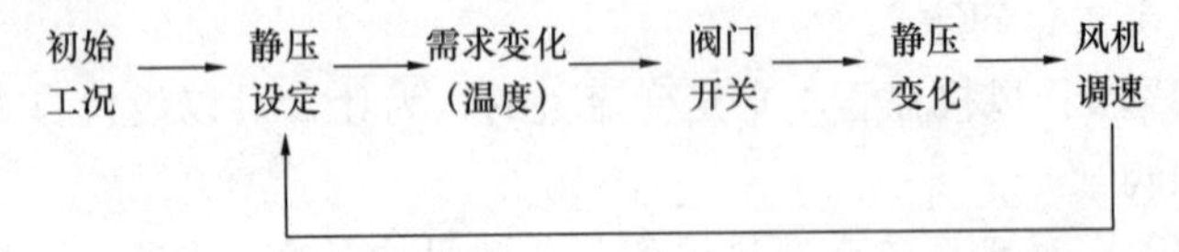

三、案例真题参考

【例 1】 如右图所示的集中空调冷水系统为由两台主机和两台冷水泵组成的一级泵变频变流量水系统，一级泵转速由供回水总管压差进行控制。已知条件是：每台冷水机组的额定设计冷量为 1163kW，供回水温差为 5℃，冷水机组允许的最小安全运行流量为额定设计流量的 60%，供回水总管恒定控制压差为 150kPa。问：供回水总管之间的旁通电动阀所需要的流通能力，最接近下列何项？（2014-4-18）

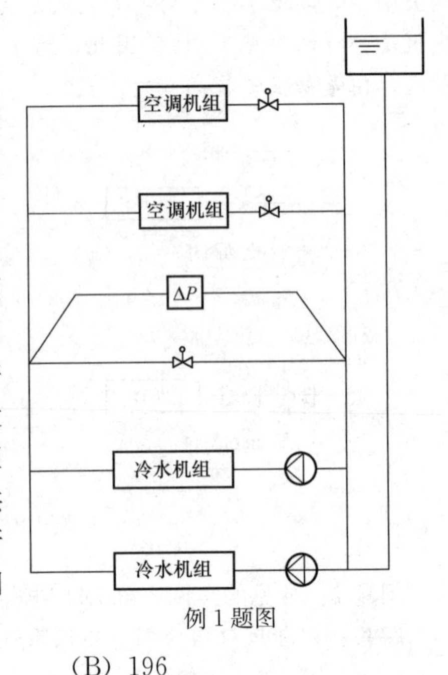

例 1 题图

（A）326　　　　（B）196

（C）163　　　　（D）98

【参考答案】 D

【主要解题过程】 单台机组额定设计流量为：

$$G_0 = \frac{3600Q}{\rho c_p \Delta t} = \frac{3600 \times 1163}{1000 \times 4.18 \times 5} = 200.3\text{m}^3/\text{h}$$

根据《民规》第 8.5.9-2 条，“旁通调节阀的设计流量应取各台冷水机组允许的最小流量的最大值”，因此调节阀流量为：

$$G = 60\% G_0 = 0.6 \times 200.3 = 120.2\text{m}^3/\text{h}$$

根据《复习教材》P521，调节阀的流通能力为：

笔记区

$$C=\frac{316G}{\sqrt{\Delta P}}=\frac{316\times120.2}{\sqrt{150000}}=98.1$$

【例 2】 某空调机组的表冷器设计工况为：制冷量 Q=60kW，冷水供回水温差 5℃，水阻力 ΔP_B=50kPa。要求为其配置电动二通阀的阀权度 P_v=0.3（不考虑冷水供回水总管的压力损失）。现有阀门公称直径 DN 与其流通能力 C 的关系如下表所示。（2016-3-19）

阀门公称直径 DN	20	25	32	40	50	65	80	100
流通能力 C	6.3	10	16	23	40	63	100	160

问：按照上表选择阀门公称直径时，以下哪一项是正确的？并给出计算依据。

（A）DN32　（B）DN40　（C）DN50　（D）DN65

【参考答案】 B

【主要解题过程】 根据《复习教材》式（3.8-7）得：

$$P_v=\frac{\Delta P_v}{\Delta P_v+\Delta P_b},0.3=\frac{\Delta P_v}{\Delta P_v+50}$$

解得，$\Delta P_v=21.43$kPa。

表冷器设计流量 $G=\frac{Q\times0.86}{\Delta T}=\frac{60\times0.86}{5}=10.32\text{m}^3/\text{h}$。

根据《复习教材》式（3.8-1）得：$C=\frac{316\times G}{\sqrt{\Delta P_v}}=\frac{316\times10.32}{\sqrt{21.43\times10^3}}$
$=22.277$

查表得阀门公称直径 $DN=40$。

四、专题实训（推荐答题时间 60 分钟）

请将求解答案写于下表中，案例题在题目中书写解题过程
（单选题 1 分，多选题 2 分，案例题 2 分，合计 22 分）

单选题	1	2	3	4	5	6	得分
多选题	1	2	3	4	5	6	
案例题	1	2					

（一）单选题（每题 1 分，共 6 分）

1.【单选】选择空调自动控制系统的电动调节阀时，以下不合理的是哪一项？

（A）换热站中，控制汽—水换热器蒸汽侧流量的调节阀，当压力损失比比较大时，宜选择直线特性的阀门

笔记区

(B) 控制空调器中的表冷器冷水侧流量的调节阀应选择直线特性的阀门

(C) 系统的输入与输出都尽可能成为一个线性系统的基本做法是：使“调节阀+换热器”的组合尽可能接近线性调节

(D) 空调水系统中，控制主干管压差的旁通调节阀宜采用直线特性的阀门

2.【单选】关于空调系统的传感器，下列说法错误的是哪一项？

(A) 以安全保护和设备状态监视为目的时，宜选择开关量形式输出的传感器

(B) 温度传感器的测量范围宜为测点温度范围的1.2～1.5倍

(C) 空调箱内测量机器露点温度的传感器安装在挡水板和加湿器之间

(D) 同一建筑同一水系统上安装的压力传感器宜处于同一标高

3.【单选】某办公楼集中空调的冷源采用3台电制冷机组并联工作冷水循环泵和冷水机组为公用集管连接方式，当楼内风机盘管的电动水阀自动关闭较多时，机组运行采用停止一台或两台进行调节，正确的控制程序应是下列哪一项？

(A) 仅关闭应停止运行的制冷机开关

(B) 关闭应停止运行的制冷机以及对应的冷水循环泵、冷却水泵和冷却塔风机的电路开关

(C) 除执行B项外，并关闭停止运行制冷机的进出水路阀门

(D) 关闭应停止运行的制冷机以及对应的冷水循环泵、冷却水泵开关

4.【单选】某空调系统末端装置设计的供/回水温度为7℃/12℃，末端装置的回水支管上均设有电动两通调节阀，冷水系统为一级泵定流量系统（在总供回水管之间设有旁通管及压差控制的旁通阀），当室内侧负荷逐渐变大时，下列变化正确的应为哪一项？

(A) 冷水机组冷水的进出水温差不变

(B) 冷水机组冷水的进出水温差变大

(C) 冷水机组冷水的进出水温差减小

(D) 冷水机组冷水的进水温度降低

5.【单选】哈尔滨某房间采用一次回风空调系统，空调机组于建筑屋顶层露天放置，设计新风量可根据室外参数进行调节，过渡季节最大可全新风运行，对自动控制设计，不合理的是哪一项？

(A) 新风进风管上设置电动风阀，采用AI控制开闭

(B) 表冷器回水管设置电动两通调节阀，采用AO控制开闭

(C) 机组设置防冻开关，采用DI控制

(D) 风机设置启停控制，采用DO控制

6.【单选】某建筑集中空调系统，末端均为采用室内温度控制表冷器回水管上的电动两通阀（正常工作），空调冷水系统采用压差旁通控制一级泵变流量系统（水泵为定流量），全部系统均能有效地进行自动控制，如右图所示。问：当末端AHU2所负担的房间冷负荷由大变小，末端AHU1所负担的房间冷负荷不变时，各控制阀的开度变化情况，哪一项是正确的？

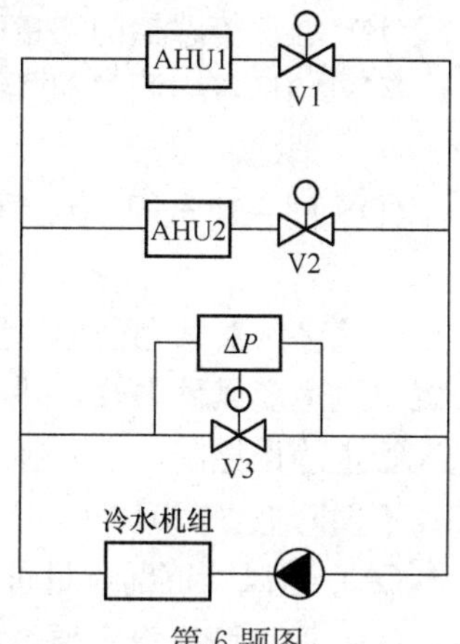

第6题图

(A) V1阀门开大，V2开大，V3开大

(B) V1阀门开大，V2开小，V3开大

(C) V1阀门开小，V2开大，V3开大

(D) V1阀门开小，V2开小，V3开大

(二) 多选题 (每题2分，共12分)

1.【多选】某空调水系统，在设计工况下供冷，发现用户侧的实际供回水温差小于设计温差，可能造成该问题的原因是下列哪几项？

(A) 水泵扬程选择过大

(B) 水泵流量选择过大

(C) 末端水管上的两通电动调节阀口径选择过大

(D) 水管阻力计算值小于实际值

2.【多选】关于暖通空调系统中的调节阀，说法正确的是哪几项？

(A) 两通阀适合于变流量系统，三通阀适合于定水量系统

(B) 分流三通阀可以装在系统回水管上

(C) 调节阀的工作特性不随系统的变化而变化

(D) 调节阀的口径应根据使用对象要求的流通能力经计算确定

3.【多选】下列有关空调系统传感器设置正确的是哪几项？

(A) 设置测点温度范围1.2～1.5倍测量范围的温度传感器

(B) 设置测点湿度范围1.2～1.3倍测量范围的湿度传感器

(C) 设置测点最大压力1.2～1.3倍测量范围的压力传感器

(D) 设置最大工作流量范围1.2～1.3倍测量范围的流量传感器

笔记区

4. 【多选】关于空调系统的传感器，下列说法正确的是哪几项？

（A）以安全保护和设备状态监视为目的时，宜选择开关量形式输出的传感器

（B）温度传感器的测量范围宜为测点温度范围的 1.3～1.5 倍

（C）空调箱内测量机器露点温度的传感器安装在挡水板和加湿器之间

（D）同一建筑同一水系统上安装的压力传感器宜处于同一标高

5. 【多选】某办公楼设置一次回风全空气变风量空调系统，内区设置单风道变风量末端，外区设置并联风机再热型变风量末端，采用送风管定静压控制，下列哪几种情况会导致空调系统空调机组送风机转速不会降低？（2016-1-56）

（A）送风管道漏风量过高

（B）送风静压设定值过高

（C）供冷工况的末端设定温度过低

（D）供热工况的末端设定温度过高

6. 【多选】哈尔滨某房间采用一次回风空调系统，空调机组于建筑屋顶层露天放置，设计新风量可根据室外参数进行调节，过渡季节最大可全新风运行，对自动控制设计，不合理的是哪几项？

（A）根据表冷器回水管流速确定回水调节阀的口径

（B）全新风工况时，机组送风温度设定值应根据室内温度进行调节

（C）表冷器回水管设置电动两通调节阀，采用 DO 控制开闭

（D）机组设置防冻开关，采用 DI 监测

（三）案例题（每题 2 分，共 4 分）

1. 【案例】某商业建筑冷源采用 2 台离心机和 1 台螺杆机搭配方式，冷水系统采用一级泵变流量系统，主机变流量运行，冷水供/回水温度为 7℃/12℃，总供回水管之间设置电动压差旁通阀，已知离心机的制冷量为 1200kW，允许的最小流量为额定流量的 40%，螺杆机的制冷量为 850kW，允许的最小流量为额定流量的 60%，若供回水管的压差恒定控制为 80kPa，试问调节阀的流量系数为下列哪一项？

（A）92　　（B）98　　（C）163　　（D）231

答案：［　　］

主要解题过程：

笔记区

2.【案例】某一级泵变流量系统，主机定流量运行。若采用3台螺杆机搭配运行，单台螺杆机制冷量为800kW，额定流量为140m³/h，允许最小流量为额定流量的60%，拟选用流通能力为160的压差旁通阀，在压差旁旁通阀两侧各设置一个截止阀。若旁通环路的管道阻力为1kPa，单个截止阀阻力设定值最多为多少时，压差旁通阀全开时的阀权度不小于0.3?

(A) 15kPa (B) 30kPa (C) 60kPa (D) 85kPa

答案：［ ］

主要解题过程：

五、专题实训参考答案及题目详解

参考答案

（单选每题1分，多选每题2分，案例每题2分，合计22分）

单选题	1	2	3	4	5	6	得分
	B	C	C	B	A	D	
多选题	1	2	3	4	5	6	
	ABC	AD	AD	AD	ABC	AC	
案例题	1	2					
	B	D					

题目详解

（一）单选题

1. 根据《复习教材》第3.8.3节“阀权度也称压力损失比”，根据调节阀特性的选择与计算原则相关内容，“1）蒸汽换热器控制阀”可知，选项A正确；由P528“2）水换热器控制阀”可知选项，B错误；选项C正确；由“3）压差旁通阀”可知，选项D正确。

2. 根据《民规》第9.2.1-1条、第9.2.2-1条、第9.2.3-2条可知，选项ABD正确；根据第9.2.2-4条可知，选项C错误，应该安装在盘管和挡水板之间。

3. 根据《复习教材》图3.7-8上方文字，“公用集管连接时，必须在每台冷水机组上增加电动蝶阀，才能够保证冷水机组与水泵的一一对应运行。”此外，根据《民规》第9.5.3条，冷水系统各相关设备及附件与冷水机组应进行电器连锁，顺序启停。进一步根据条文说明，与冷水机组连锁的包括对应的冷水水泵、冷却水泵、冷却塔风机。因此在控制上选项AD的两种方式都存在问题。对于选项C，如

笔记区

果不关闭进出水路阀门，那么部分回水会经过未开启的冷机未被有效制冷，因此需要关闭停止运行制冷机的进出水路阀门。同时，根据《公建节能》第4.5.7条，克制需要对冷水机组、水泵、阀门、冷却塔进行顺序启停和连锁控制。

4. 当室内侧负荷逐渐变大时，末端需要更多的冷水来处理室内负荷，此时末端支路的电动两通阀将逐渐开启，而通过旁通管的水量将变小，由于室内负荷侧回水为12℃，通过旁通管的水温为7℃，回水与旁通水混合后进入冷水机组，因此冷水机组进水温度将会提高，又因冷水机组供水温度不变，因此进出水温差会变大，选项B正确。

5. 根据题意，系统设计新风量可根据室外参数进行调节，从正常的冬夏季新风量最大可调节到过渡季节全新风运行，室外参数应当是模拟量输入，新风阀开度为模拟量输出，即新风阀应该是AO控制，选项A错误；表冷器回水管的电动阀一般根据回风温度情况进行开闭调节，回风温度属于模拟量输入，电动阀开闭属于模拟量输出，即电动阀为AO控制，选项B正确；防冻开关用于测量换热器表面温度，达到设定值以下时就给出信号到控制器，然后控制器给出报警信号，防冻开关属于开关量输入，为DI控制，选项C正确；风机启停属于开关量输出，为DO控制。以上控制点位可参考《红宝书》图33.6-2及表33.6-4。

说明：本题解析虽然参考了红宝书，但是并不是让大家去看红宝书。过去的《复习教材》这部分内容是有的，但是现在删掉了，建议把一些常用的知识点标注在《复习教材》上。

6. 由题意可知，AHU2的负荷变小则流量变小，V2应开小；AHU1因负荷不变，流量需要保持不变，又因AHU1与AHU2为并联环路，V2开小使V1支路两端的压差变大，为保持流量不变，需将V1也开小；因水泵为定流量，末端的总流量减小，则旁通的流量加大，则V3需要开大，选项D正确。

（二）多选题

1. 根据题意，实际供回水温差小于设计温差，说明实际运行的水流量大于设计值，水泵无论是流量选择过大还是扬程选择过大，都会导致实际运行水流量大于设计流量，电动阀口径选择过大会导致管网实际阻力小于设计值，也会导致实际运行水流量大于设计流量，因此选项ABC均正确；选项D会导致实际运行水流量小于设计流量，错误。

2. 根据《复习教材》第3.8.2节调节阀相关内容，两通阀适合于变流量系统，“三通阀适合于定水量系统”，选项A正确；一般来说三通分流阀不得用作三通混合阀，三通混合阀不宜用作三通分流阀，选项B错误；根据P527，实际工程中由于大部分情况下$P_v<1$，

笔记区

将导致调节阀的实际工作特性发生畸变，选项C错误；根据《民规》9.2.5.3条可知，选项D正确。

3. 根据《民规》第9.2.2条，选项A正确，选项B错误，湿度传感器的测量范围也应是测点湿度的1.2～1.5倍；根据第9.2.3条，选项C错误，量程应为测点压力正常变化范围的1.2～1.3倍，不是最大压力的1.2～1.3倍；根据第9.2.4条，选项D正确。

4. 根据《民规》第9.2.1-1条、第9.2.2-1条、第9.2.3-2条可知，选项AD正确；根据第9.2.2-4条可知，选项C错误，应该安装在盘管和挡水板之间。

5. 定静压运行时，当末端不断关闭，使得主风管静压不断升高，达到设定值时，系统反馈风机变频降速。因此，风管静压无法升高，或者设定值过高都会导致风机无法变频降速，因此选项AB均为可能的原因。题目采用内区单风道末端，外区并联再热型末端，对于供冷工况，外区无需再热，仅为内区风量调节，若末端设定温度过低，为了达到设定温度，变风量末端将始终处于大风量运行状态，不会出现末端阀门关闭而使送风管静压上升的情况，因此此时空调机组风机不会降低转速。供热工况会发生在冬季，此时分为内外区，一般内区供冷，外区供热，末端设定温度高，只会使再热型末端的并联风机加大出力，而内区供冷在高设定温度下会降低末端风量，使得送风管内静压上升，进而降低风机转速，因此选项D的不会出现题目所问的情况。

6. 根据《民规》第9.2.5.3条可知，选项A错误，调节阀的口径应根据适用对象要求的流通能力经计算确定，而非简单地由流速确定。根据《民规》第9.4.5条可知，新风机组送风温度设定值应根据新风承担室内负荷情况进行确定，根据条文说明可知，选项B正确。表冷器回水管的电动阀一般根据回风温度情况进行开闭调节，回风温度属于模拟量输入，电动阀开闭属于模拟量输出，即电动阀为AO控制，选项C错误；防冻开关用于测量换热器表面温度，达到设定值以下时就给出信号到控制器，然后控制器给出报警信号，防冻开关属于开关量输入，为DI控制，选项D正确。

（三）案例题

1. 离心机的允许最小流量为：

$$V_{\min1}=\frac{Q_1}{c\rho\Delta t}\times 40\%=\frac{1200\times 3600}{4.18\times 1000\times(12-7)}\times 40\%=82.7\mathrm{m^3/h}$$

螺杆机的允许最小流量为：

$$V_{\min2}=\frac{Q_2}{c\rho\Delta t}\times 60\%=\frac{850\times 3600}{4.18\times 1000\times(12-7)}\times 60\%=87.8\mathrm{m^3/h}$$

根据《民规》8.5.9-2条及其条文说明，旁通阀的设计流量应取

笔记区

各机组最小流量的最大值 $V=V_{min2}=87.8m^3/h$。

根据《复习教材》式（3.8-1），得：

$$C=\frac{316\times V}{\sqrt{\Delta P}}=\frac{316\times 87.8}{\sqrt{80}}=98$$

2. 一级泵变流量机组定流量系统，旁通调节阀的设计流量取最大单台冷水机组的额定流量。故旁通流量为 $140m^3/h$。由《复习教材》式（3.8-1）可计算压差旁通阀全开的阀门阻力。

$$\Delta P=\left(\frac{316\times V}{C}\right)^2=\left(\frac{316\times 140}{160}\right)^2=76452Pa=76.5\text{kPa}$$

设单个截止阀阻力为 P，由压差旁通阀全开的阀权度不小于 0.3，可得：

$$\frac{\Delta P_v}{\Delta P_b+\Delta P_v}=\frac{76.5}{(2P+1)+76.5}>0.3$$

$$P<88.75\text{kPa}$$

笔记区

实训 3.11 空调通风保温保冷、消声与隔振

一、专题提要

1.《复习教材》第3.9节及《民规》《工规》相关内容

2. 掌握隔震器的选型计算

3. 掌握噪声的计算、熟悉噪声的控制方法

二、备考常见问题

问题1：多个声源如何进行噪声叠加？

解答：噪声由大到小排列，依次叠加，直至两个声功率级差值大于15dB时，可不再附加。

三、案例真题参考

【例1】某地夏季空调室外计算干球温度为35℃，最热月月平均相对湿度为80%，某公共建筑敷设在架空层中的矩形钢板风管（高900mm，宽1000mm），板厚0.5mm，风管内输送的空气温度为15℃。选用离心玻璃棉保温。问：该风管的防结露计算的保温厚度(mm)最接近下列何项？（注：大气压力为101325Pa，离心玻璃棉的导热系数$\lambda=0.035\text{W}/(\text{m}\cdot\text{K})$；保温层外表面换热系数$\alpha=8.141\text{W}/(\text{m}^2\cdot\text{K})$，保冷厚度计算修正系数$K=1.2$）(2017-4-15)

(A) 19　　(B) 21　　(C) 23　　(D) 26

【参考答案】B

【主要解题过程】查h-d图，室外露点温度$t_L=31$℃，根据热流密度相等原理，得：

$$\frac{t_L-t_O}{\dfrac{\delta}{\lambda}}=h(t_W-t_L)$$

$$\delta=\frac{\lambda(t_L-t_O)}{h(t_W-t_L)}=\frac{0.035\times(31-15)}{8.141\times(35-31)}=0.0172\text{m}$$

防结露保温厚度$\delta'=k\delta=1.2\times0.0172=0.021\text{m}=21\text{mm}$。

【例2】某离心式风机，其运行参数为：风量$10000\text{m}^3/\text{h}$，全压550Pa，转速1450r/min。现将风机转速调整为960r/min，调整后风机的估算声功率级[dB(A)]最接近下列何项？(2016-3-17)

(A) 88.5　　(B) 90.8　　(C) 96.5　　(D) 99.8

【参考答案】B

【主要解题过程】根据《复习教材》表2.8-6得风量变为：$L_2=L_1\dfrac{n_2}{n_1}=1000\times\dfrac{960}{1450}=6621\text{m}^3/\text{h}$。

笔记区

风压变为：$P_2 = P_1\left(\frac{n_2}{n_1}\right)^2 = 550\left(\frac{960}{1450}\right)^2 = 241\text{Pa}$

根据式（3.9-7），得：

$$\begin{aligned} L_w &= 5 + 10(\lg L) + 20(\lg H) \\ &= 5 + 10(\lg 6621) + 20(\lg 241) \\ &= 90.8\text{dB(A)} \end{aligned}$$

四、专题实训（推荐答题时间 60 分钟）

请将求解答案写于下表中，案例题在题目中书写解题过程

（单选题 1 分，多选题 2 分，案例题 2 分，合计 24 分）

单选题	1	2	3	4		得分
多选题	1	2	3	4	5	
案例题	1	2	3	4	5	

（一）单选题（每题 1 分，共 4 分）

1.【单选】在声级设计中，下列对于 A、B、C 三个计权网络的说法不正确的是哪一项？

（A）A 计权网络是参考 40 方等响曲线，对 500Hz 以下的声音有较大的衰减

（B）C 计权网络模拟人耳对 85 方以上的听觉相应，具有较平坦的特性

（C）B 计权网络介于两者之间，模拟人耳对 70 方纯音的相应

（D）在音频范围内进行测量时，多使用 C 计权网络

2.【单选】下列对消声器的设计要求，说法不正确的为下列何项？

（A）主风管风速太大时，消声器宜设置在气流速度较低的分支管上

（B）在消声设计时，一般多选用阻性消声器

（C）微穿孔板消声器适合在高温高速风管中使用

（D）共振型消声器适用于高频或中频窄带噪声或峰值噪声

3.【单选】下列关于民用建筑通风空调系统的减振设计，说法正确的是哪一项？

（A）当振动设备靠自然衰减不能达标时，应设置隔振器或采取其他隔振措施

(B) 对于不带隔振装置的设备，当其转速小于 1500r/min 时，宜选用弹簧隔振器
(C) 弹簧隔振器应计入环境温度对隔振器压缩变形量的影响
(D) 橡胶隔振器与基础之间不必设置弹性隔振垫

笔记区

4.【单选】下列有关空调系统的降噪措施正确的是哪一项?
(A) 尽可能采用叶片径向的离心风机
(B) 应使风机工作点位于或接近于风机的最高效率点
(C) 通风机于风管的连接处应采用柔性风管，其长度为 150～200mm
(D) 主风管风速较大时，消声器宜靠近风机设置，以便最大限度在声源处将噪声降低

(二) 多选题 (每题 2 分，共 10 分)

1.【多选】关于气流再生噪声，以下哪些说法是正确的?
(A) 气流再生噪声与气流速度和管道系统的组成有关
(B) 风速小于 5m/s 的直风管可不计算气流自然衰减量
(C) 风速大于 8m/s 的直风管可不计算气流再生噪声
(D) 气流通过任何风管附件时，都存在气流噪声发生变化的状况

2.【多选】下列有关管道与设备绝热材料的说法，错误的是哪几项?
(A) 优先选用闭孔型保温材料
(B) 应采用吸湿率低、吸水率小、导热率大、耐低温性能好的保冷材料
(C) 尽可能选择性能较好的复合绝热材料
(D) 供冷水管应按照防止表面结露的保冷层厚度计算方法计算

3.【多选】下列有关民用建筑空调通风设备隔振措施的说法，正确的是哪几项?
(A) 选择弹簧隔振器时，设备运转频率与弹簧隔振器垂直方向的固有频率之比应大于或等于 2.5，宜为 4～5
(B) 当设备重心偏离中心较大且不易调整时，宜加大隔振台座质量及尺寸
(C) 受设备振动影响的管道应采用弹性支吊架
(D) 在有噪声要求严格的房间的楼层设置集中的空调机组设备时，应采用浮筑双隔振台座

笔记区

4.【多选】下列关于噪声的说法中，不正确的是哪几项？

(A) 两台相同型号的风机同时运行的叠加噪声值是单台噪声值的两倍

(B) NR 噪声评价曲线的噪声值比 A 声级计测量值低 5dB

(C) 噪声仪是通过测量声强来测量噪声的强弱的

(D) 风机在低效率工况下的噪声比在高效率工况下的噪声小

5.【多选】空调通风管道设计时，为避免管道振动及送风气流产生再生噪声，需控制风速不宜过高，对于厂房类建筑，当室内允许噪声级为 50～65dB 时，则下列关于消声装置后的主管风速哪几项能满足要求？

(A) 3～4m/s　　(B) 4～7m/s

(C) 6～9m/s　　(D) 8～12m/s

(三) 案例题 (每题 2 分，共 10 分)

1.【案例】如右图所示，某消防指挥中心的两个会议室需要的空调送风量分别为：会议室 1：20000m^3/h；会议室 2：15000m^3/h。由分支管 1 和 2 构成的三通中向会议室 1 送风的分支管 1 的噪声衰减量应是下列哪一个？（注：分支管 1、2 的风速接近相等）

(A) 1.6～2.0dB

(B) 2.1～2.5dB

(C) 2.6～3.0dB

(D) 3.1～2.5dB

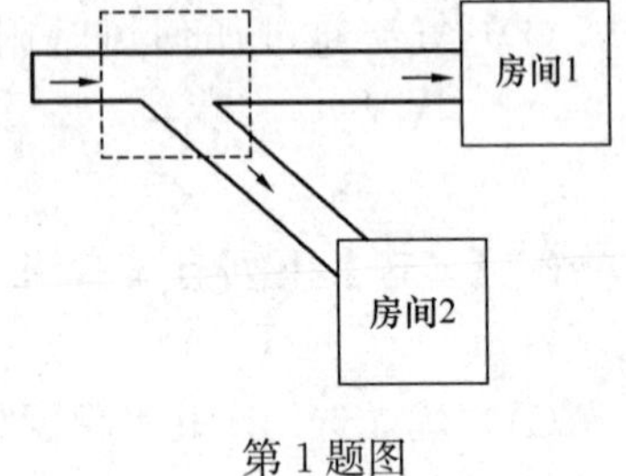

第 1 题图

答案：[　　]

主要解题过程：

2.【案例】位于地下一层的一台螺杆式冷水机组，其输入功率为 198kW，转速为 1250r/min，问：选用下列哪种隔振器更合理？并写出推断过程。

(A) 非预应力阻尼型金属弹簧隔振器

(B) 橡胶剪切隔振器

(C) 预应力阻尼型金属弹簧隔振器

(D) 橡胶隔振垫

笔记区

答案：[　　]

主要解题过程：

3.【案例】某办公楼的两个房间需要的空调送风量分别为：会议室：20000m^3/h；办公室：15000m^3/h。若干管风管内噪声为40dB(A)，分支风管速度接近相等，试计算经过三通后，各分支风管内的声压级。

(A) 与会议室连通的分支风管声压级为36.3dB(A)，与办公室连通的分支风管声压级为43.7dB(A)

(B) 与会议室连通的分支风管声压级为37.6dB(A)，与办公室连通的分支风管声压级为36.3dB(A)

(C) 与会议室连通的分支风管声压级为42.4dB(A)，与办公室连通的分支风管声压级为43.7dB(A)

(D) 与会议室、办公室连通的分支风管声压级均为37.6dB(A)

答案：[　　]

主要解题过程：

4.【案例】空调机房内设置两台相同的后倾叶片离心风机，在设计工况下每台风量为5000m^3/h，全压为500Pa，中心频率为1000Hz。在该状态下，这两台风机中心频率为1000Hz的总声功率级与下列哪一数值最接近？

(A) 72dB　　(B) 82dB

(C) 92dB　　(D) 102dB

答案：[　　]

主要解题过程：

笔记区

5.【案例】某空调房间采用全空气空调系统，冬季室内设计参数为：干球温度20℃、相对湿度30%；夏季室内设计参数为：干球温度26℃、相对湿度60%。冬季空调热负荷为5kW，送风温差为10℃；夏季空调冷负荷为6kW，湿负荷为3kg/h，送风温差为8℃，空气密度为1.2kg/m³。空气定压比热容为1.01kJ/(kg·K)，室内噪声要求为NR30，要求风管高度不能超过400mm，则该房间送风总管的尺寸为下列何项?

(A) 500mm×400mm　　(B) 630mm×400mm

(C) 800mm×400mm　　(D) 1000mm×400mm

答案：[　　]

主要解题过程：

五、专题实训参考答案及题目详解

参考答案

（单选每题1分，多选每题2分，案例每题2分，合计24分）

单选题	1	2	3	4		得分
	D	D	A	B		
多选题	1	2	3	4	5	
	AD	BCD	ABCD	ACD	ABC	
案例题	1	2	3	4	5	
	B	C	B	B	B	

题目详解

（一）单选题

1. 根据《复习教材》第3.9.1节噪声及其物理量度，噪声的主观评价相关内容可知，选项ABC正确，选项D错误，应该是多使用A计权网络。

2. 根据《复习教材》第3.9.3节“4. 消声器使用应注意的问题”可知，选项ABC正确；根据“2. 消声器”的内容，选项D错误，共振型消声器适用于低频或中频窄带噪声或峰值噪声。

3. 根据《民规》第10.3.1条可知，选项A正确；根据第10.3.2条可知，选项B错误，转速≤1500r/min时，宜选用弹簧隔振器；根据10.3.4-1条及第10.3.4-5条可知，选项CD错误。

4. 根据《复习教材》第3.9.3节降低系统噪声的措施相关内容，选项A错误，应尽可能采用叶片后向的离心式风机；选项B正确；

笔记区

选项C错误，软接的长度一般为100～150mm；根据消声器使用中应注意的问题相关内容，若主风管内风速太大，消声器靠近通风机设置，势必增加消声器的气流再生噪声，选项D错误。

（二）多选题

1. 根据《民规》第10.2.2条知，选项AD正确；由下边的小字注释部分知，选项BC错误。

2. 根据《民规》第11.1.3-6条，选项A正确；根据第11.1.3-5条，导热率应小，选项B错误；根据第11.1.3-7条，复合绝热材料的适用要注意综合经济性，并非性能较好，选项C错误；根据第11.1.5-1条，需要用两种方法计算取厚值，选项D错误。

3. 根据《民规》第10.3.3-1条，选项A正确；根据第10.3.5-2条，选项B正确；根据第10.3.7条，选项C正确；根据第10.3.8条，选项D正确。

4. 根据《复习教材》表3.9-6可知，两台相同型号的风机同时运行的叠加噪声值是单台噪声值叠加3dB，选项A错误；根据式(3.9-6)可知，选项B正确；根据第3.9.1节噪声及其物理量度“(2)声强级与声压级”相关内容，测量声强较困难，实际上均测出声压，用声压表示声音强弱的级别，选项C错误；根据第3.9.3节降低系统噪声的措施相关内容，“应使其工作点位于或接近于风机的最高效率点，此时风机产生的噪声功率最小。”选项D错误。

5. 根据《工规》第12.1.5条，选项ABC正确。

（三）案例题

1. 根据《复习教材》式（3.9-12），当两支管的速度接近相等时式（3.9-12）中的面积比也可用总风量与分支管风量之比取代。

$$\Delta L = 10\lg\frac{\alpha_1+\alpha_2}{\alpha_1} = 10\lg\frac{L_1+L_2}{L_1} = 10\lg\frac{20000+15000}{20000} = 2.43\text{dB}$$

2. 根据《复习教材》表3.9-9-C可知，$T=0.05$。

$$f = \frac{n}{60} = \frac{1250}{60} = 20.83\text{Hz}$$

$$f_0 = f\times\sqrt{\frac{T}{1-T}} = 20.83\times\sqrt{\frac{0.05}{1-0.05}} = 4.78\text{Hz}$$

根据《复习教材》第3.9.5节可知，一般来说，当要求$f_0<5\text{Hz}$时，应采用预应力阻尼型金属弹簧隔振器。

3. 根据《复习教材》式（3.9-12），当两支管的速度接近相等时式（3.9-12）中的面积比也可用总风量与分支管风量之比取代。

与会议室连接的三通分支噪声衰减量为：

$$\Delta L_1 = 10\lg\frac{\alpha_1+\alpha_2}{\alpha_1} = 10\lg\frac{L_1+L_2}{L_1}$$

笔记区

$$= 10\lg \frac{20000 + 15000}{20000} = 2.4\text{dB(A)}$$

与会议室连接三通分支处的声压级为：

$$L_{p1} = L_p - \Delta L_1 = 40 - 2.4 = 37.6\text{dB(A)}$$

与办公室连接的三通分支噪声衰减量为：

$$\Delta L_2 = 10\lg \frac{\alpha_1 + \alpha_2}{\alpha_2}$$

$$= 10\lg \frac{L_1 + L_2}{L_2} = 10\lg \frac{20000 + 15000}{15000} = 3.7\text{dB(A)}$$

与办公室连接三通分支处的声压级为：

$$L_{p2} = L_p - \Delta L_2 = 40 - 3.7 = 36.3\text{dB(A)}$$

4. 根据《复习教材》式（3.9-7），单台风机的声功率级为：

$$L_w = 5 + 10\lg L + 20\lg H = 5 + 10 \times \lg 5000 + 20 \times \lg 500 = 96\text{dB}$$

根据表 3.9-4 可知，该风机在中心频率为 1000Hz 时的声功率修正值为−17，则修正后的风机声功率级为：$L_{1000} = 96 - 17 = 79\text{dB}$。

根据表 3.9-6 可知，两台风机叠加的总声功率级为：$L_{z1000} = 79 + 3 = 82\text{dB}$。

5.

（1）计算夏季送风量

1）计算热湿比：$\varepsilon = \frac{3.6Q_X}{W} = \frac{3.6 \times 6000}{3}7200\text{kJ/kg}$。

2）根据送风温差求出送风温度为 18℃，在 h-d 图上找出室内状态点，过室内状态点做热湿比线于 18℃等温线的交点为送风状态点，求出室内比焓为 $h_n = 58.3\text{kJ/kg}$，送风比焓 $h_s = 45.6\text{kJ/kg}$。

3）夏季送风量为：

$$L_x = \frac{3.6Q_X}{\rho(h_n - h_s)} = \frac{3.6 \times 6000}{1.2 \times (58.3 - 45.6)} = 1417\text{m}^3/\text{h}$$

（2）计算冬季送风量

$$L_x = \frac{3.6Q_d}{\rho c_p \Delta t} = \frac{3.6 \times 5000}{1.2 \times 1.01 \times 10} = 1485\text{m}^3/\text{h}$$

由以上可知，冬季送风量大于夏季送风量，因此按冬季送风量计算风管尺寸。室内噪声要求为 NR30 时，A 声级噪声为 35dB，根据《民规》第 10.1.5 条，送风管道的风速取 2m/s，则风管面积为：

$$F = \frac{L_d}{3600v} = \frac{1485}{3600 \times 2} = 0.206\text{m}^2$$

风管宽度为：$a = \frac{F}{b} = \frac{0.206}{0.4} = 0.515\text{m}$，取 630mm。

笔记区

制 冷 实 训

实训 4.1　蒸汽压缩式理论循环的计算

一、专题提要

1.《复习教材》第 4.1 节

2. 蒸汽压缩式制冷的工作循环

3. 理想制冷循环

4. 热力计算

二、备考常见问题

问题 1. 有温差的逆卡诺循环里，哪一部分代表的是冷却水的温度，哪一部分是冷水的温度，它们的温度就是制冷循环中的冷凝温度和蒸发温度吗？

解答： 内侧方框内的温度是冷却水或者冷水的平均温度，外侧方框是存在温差的情况下，冷凝器和蒸发器内的实际温度。同时需要大家来思考，当介质循环量发生改变，或者换热器热阻发生改变，系统的制冷系数如何进行分析？

问题 2： 蒸汽压缩式制冷的理论循环里（见下图），减少的膨胀功面积不应该是 044′吗，为什么是 034′？

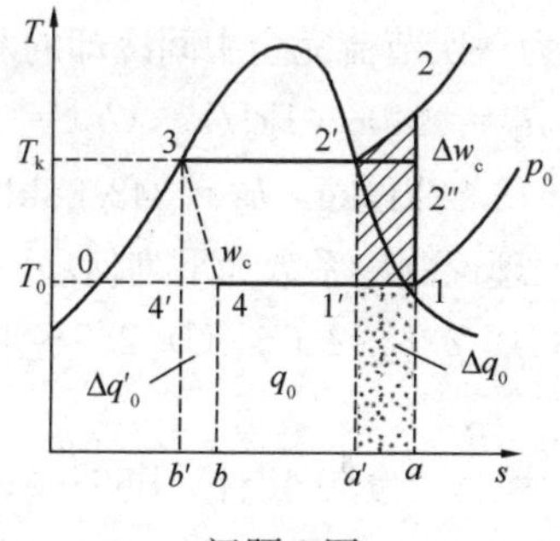

问题 2 图

解答： 减少的膨胀功为膨胀过程 3-4 的耗功，也就是 3-4 之间的焓值差，由于理论循环中节流过程损失了膨胀功，所以 3 点和 4 点的焓值差相等，理想循环的膨胀功，可表示为 3-4′点的焓值差，所以等于面积 034′，也等于面积 44′b′b。即可得出结论：减少的膨胀功用于

笔记区

加热制冷剂，同时制冷量减少，二者相等。

三、案例真题参考

【例1】 某带回热器的压缩式制冷机组，制冷剂为 CO_2，下图所示为系统组成和制冷循环，点1为蒸发器出口状态，该循环回热器的出口（点5）焓值为何项？（各点比焓见下表）（2013-4-22）

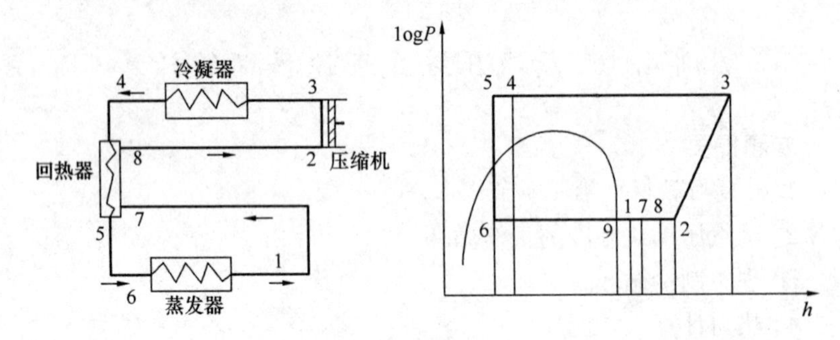

例1题图

状态点号	1	2	3	4	7	8	9
比焓（kJ/kg）	434.6	485.2	537.3	327.6	437.6	484.7	434.2

(A) 277kJ/kg　　(B) 277.5kJ/kg

(C) 280kJ/kg　　(D) 280.5kJ/kg

【参考答案】 D

【主要解题过程】 根据《复习教材》P580，回热器内换热过程为绝热过程，$h_8 - h_7 = h_4 - h_5$。

$\Rightarrow h_5 = h_4 - (h_8 - h_7) = 327.6 - (484.7 - 437.6) = 280.5\text{kJ/kg}$。

【例2】 例1题图为一次节流完全中间冷却的双级氨制冷理论循环，各状态点比焓为：$h_1 = 1408.41\text{kJ/kg}$，$h_2 = 1590.12\text{kJ/kg}$，$h_3 = 1450.42\text{kJ/kg}$，$h_4 = 1648.82\text{kJ/kg}$，$h_5 = 342.08\text{kJ/kg}$，$h_6 = 181.54\text{kJ/kg}$。试问在该工况下，理论制冷系数为下列何项？（2014-3-22）

(A) 1.9～2.2　(B) 2.3～2.6　(C) 2.7～3.0　(D) 3.1～3.4

【参考答案】 C

【主要解题过程】 根据《复习教材》P583～P584，一次节流完全中间冷却，设通过蒸发器的制冷剂质量流量为 M_{R1}，节流进入中间冷却器的制冷剂质量流量为 M_{R2}，根据进出中间冷却器的热量，列出中间冷却器的热平衡方程为：$M_{R1}(h_2 - h_3) + M_{R1}(h_5 - h_6) = M_{R2}(h_3 - h_7)$；得到：

$$\frac{M_{R2}}{M_{R1}} = \frac{(h_2 - h_3) + (h_5 - h_6)}{(h_3 - h_7)}$$

笔记区

$$=\frac{(1590.12-1450.42)+(342.08-181.54)}{(1450.42-342.08)}$$

$$=0.27$$

则制冷量 $\Phi_0=M_{R1}(h_1-h_8)$；高低压级压缩机的理论总耗功率 $P_{th}=M_{R1}(h_2-h_1)+(M_{R1}+M_{R2})(h_4-h_3)$。

由上述条件得理论制冷系数：

$$\varepsilon=\frac{\Phi_0}{P_{th}}=\frac{M_{R1}(h_1-h_8)}{M_{R1}(h_2-h_1)+(M_{R1}+M_{R2})(h_4-h_3)}$$

$$=\frac{(h_1-h_8)}{(h_2-h_1)+(1+\frac{M_{R2}}{M_{R1}})(h_4-h_3)}$$

$$=\frac{(1408.4-181.54)}{(1590.12-1408.41)+(1+0.27)(1648.82-1450.42)}$$

$$=2.83$$

四、专题实训（推荐答题时间 40 分钟）

请将求解答案写于下表中，案例题在题目中书写解题过程

（单选题 1 分，多选题 2 分，案例题 2 分，合计 14 分）

单选题	1	2	3	4	得分
多选题	1	2			
案例题	1	2	3		

（一）单选题（每题 1 分，共 4 分）

1.【单选】关于蒸汽压缩式制冷循环的改善措施，下列说法错误的是哪一项?

（A）设置再冷器可改善节流损失，增加循环制冷量，但不增加耗功

（B）设置回热器可改善节流损失，但增加了过热损失，制冷量和耗功均增加

（C）设置回热器可提高循环制冷系数

（D）带节能器的两级压缩，可改善节流损失和过热损失，减小耗功

2.【单选】关于理想制冷循环，下列说法错误的是哪一项?

（A）由两个定温和两个绝热过程组成

（B）制冷系数与制冷剂性质无关，仅取决于冷热源温度

（C）在湿蒸汽区域进行制冷循环有可能易于实现理想制冷循环

（D）存在温差传热，温差越大，则温差损失越大

笔记区

3.【单选】有关蒸汽压缩式制冷的理论循环，下列说法错误的是哪一项？

(A) 两个传热过程为定压过程并具有传热温差

(B) 用膨胀阀代替膨胀机，损失了膨胀功

(C) 用干压缩代替湿压缩，制冷系数有所降低

(D) 一般来说，节流损失大则过热损失也大

4.【单选】下面四组制冷循环中，哪一个是一次节流、不完全中间冷却的双级压缩制冷？

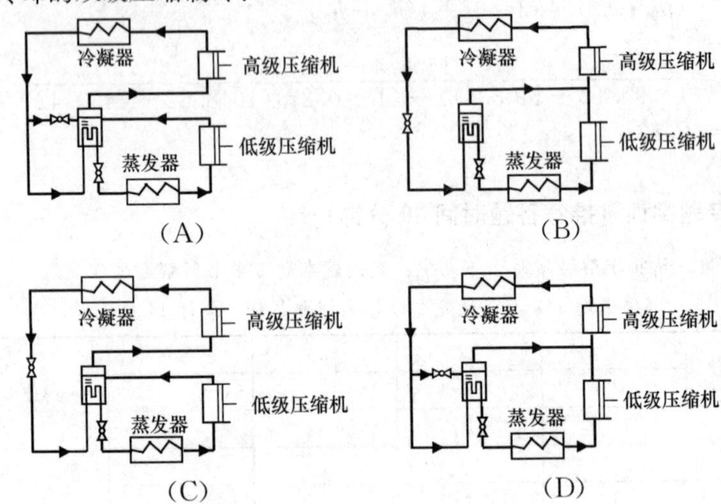

(二) 多选题（每题2分，共4分）

1.【多选】制冷剂为R502的单级压缩式制冷系统采用回热循环与不采用回热循环相比较，正确的说法是下列哪几项？

(A) 可提高制冷系数

(B) 压缩机的质量流量要下降

(C) 压缩机的排气温度要升高

(D) 单位质量工质的冷凝负荷仍维持不变

2.【多选】关于采用节能器的制冷循环，下列说法正确的是哪几项？

(A) 螺杆式压缩机常采用有再冷型节能器，且蒸发温度越低节能率越大

(B) 螺杆式压缩机设置节能器后冷量增加，功耗增加，但性能系数明显提高

(C) 离心式压缩机的节能器数量比压缩级数少一个

(D) 带节能器的三级离心式制冷机组名义工况COP比单机机组高5%～20%

笔记区

(三)案例题(每题2分,共6分)

1.【案例】某制冷机组运行工况如下:冷却水平均温度为35℃,冷水平均温度为9℃。若冷凝器存在12℃的传热温差,蒸发器存在8℃的传热温差,按照逆卡诺循环考虑,则该制冷机组的循环制冷系数为多少?

(A) 4.66　　(B) 5.44　　(C) 5.60　　(D) 8.66

答案:[　　]

主要解题过程:

2.【案例】接上题,若无温差时的理想制冷循环耗功为W,假定该循环与理想循环的制冷量相同,问该循环耗功接近下列哪一项?

(A) 1.4W　　(B) 1.8W　　(C) 2.2W　　(D) 2.6W

答案:[　　]

主要解题过程:

3.【案例】某制冷循环采用带辅助压缩机的过冷器,以提高制冷系数,下图所示为系统组成和理论循环,已知该循环的理论制冷系数为1.3,该系统制冷量为960kW,各状态点比焓如下表所示,若制冷剂总流量为1.26kg/s,则状态点8的比焓接近下列哪一项?

状态点	2	3	5	6
比焓(kJ/kg)	1441	2040	686	616

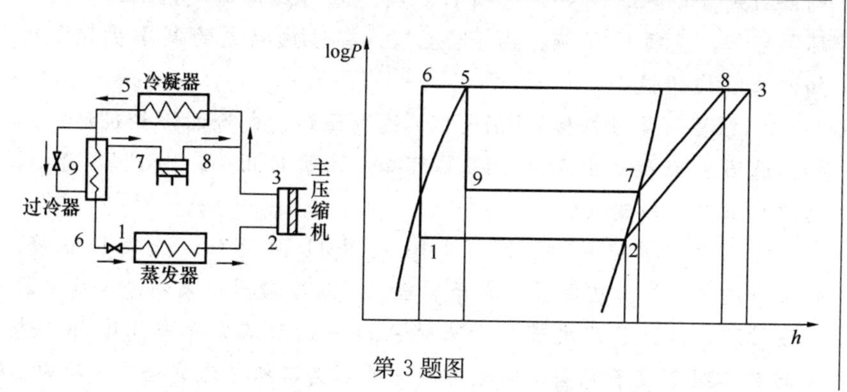

第3题图

笔记区

(A) 1751～1800kJ/kg　　(B) 1821～1870kJ/kg

(C) 1901～1950kJ/kg　　(D) 1971～2020kJ/kg

答案：[　　]

主要解题过程：

五、专题实训参考答案及题目详解

参考答案

（单选每题1分，多选每题2分，案例每题2分，合计14分）

单选题	1	2	3	4
	C	D	D	D
多选题	1	2		
	ACD	ACD		
案例题	1	2	3	
	C	B	C	

题目详解

（一）单选题

1. 由《复习教材》图4.1-10及其下一段文字说明可知，由于设置了再冷，节流过程由3-4变为3′-4′，单位制冷量增加了Δq_0（面积a44′ba），而压缩工$w_c=(h_2-h_1)$不变，选项A正确；根据图4.1-11分析可知，由于再冷增加了制冷量$\Delta q_0=(h_4-h_{4'})$，也由于再增加了耗功Δw_c（面积1′2′211′），选项B正确；由于Δq_0和Δw_c均提高，制冷系数是否提高应根据实际情况而定，选项C错误；根据图4.1-12可以看出，耗功有所减少，选项D正确。

2. 根据《复习教材》P574“1. 逆卡诺循环”可知，选项A正确；由式（4.1-5）可知，选项B正确；由“2. 湿蒸汽区的逆卡诺循环”可知，选项C正确；由P573“3. 有传热温差的制冷循环”可知，选项D错误。

3. 根据《复习教材》P576“1. 蒸汽压缩式制冷的理论循环”可知，选项A正确；由式（4.1-9）可知，选项B正确；由P578可知，选项C正确，D错误。

4. 根据《复习教材》图4.1-14及图41-14可知，选项D正确。一级节流与二级节流差异，在于制冷工质从冷凝器出来到进入蒸发器这段管路，经过了几次节流。选项A为一级节流完全中间冷却，选项B为二级节流不完全中间冷却，选项C为二级节流完全中间冷却。

笔记区

（二）多选题

1. 由《复习教材》表 4.1-1 可知，R502 采用回热循环后制冷系数提高，排气温度升高，选项 AC 正确；采用回热循环，压缩机吸气口温度升高，压缩机吸气口比容变大，导致制冷剂质量流量下降，选项 B 正确；由图 4.1-11 可知，压缩机排气温度升高（2 点→2′点），制冷循环总冷凝热增大，制冷剂质量流量又降低，则单位质量工质的冷凝负荷增加，选项 D 错误。

2. 根据《复习教材》P580“1）带节能器的螺杆式压缩机二次吸气制冷循环”可知，选项 A 正确，选项 B 错误；由 P582“2）带节能器的多级压缩制冷循环”可知，选项 CD 正确。

（三）案例题

1. 该制冷机组的制冷循环为有传热温差的制冷循环，$T_0=273+9-8=274\text{K}$，$T_K=273+35+12=320\text{K}$。

由《复习教材》式（4.1-6），有传热温差时的制冷系数为：

$$\varepsilon'=\frac{T_0}{T_K-T_0}=\frac{274}{320-274}=5.96$$

2. 在理想制冷循环的情况下，无传热温差，则冷水平均温度为蒸发温度，冷却水平均温度为冷凝温度，有：$T'_0=273+9=282\text{K}$，$T'_K=273+35=308\text{K}$。

理想循环制冷系数为：

$$\varepsilon=\frac{T'_0}{T'_K-T'_0}=\frac{282}{308-282}=10.85$$

根据《复习教材》式（4.1-1），理想逆卡诺循环与该实际循环制冷量相同，$q_0=W\varepsilon=W'\varepsilon'$，$W'=\frac{\varepsilon}{\varepsilon'}W=\frac{10.85}{5.96}W=1.82W$。

3. $h_1=h_6=616\text{kJ/kg}$，故该系统流经蒸发器的制冷剂质量流量为：

$$M_6=\frac{Q}{h_2-h_1}=\frac{960}{1441-616}=1.16\text{kg/s}$$

$$M_7=1.26-M_6=1.26-1.16=0.1\text{kg/s}$$

对过冷器列质量守恒方程，有：$(M_6+M_7)h_5=M_6h_6+M_7h_7$。解得，$h_7=1498\text{kJ/kg}$。

$$COP=\frac{Q}{W}=\frac{M_6(h_2-h_1)}{M_6(h_3-h_2)+M_7(h_8-h_7)}$$

解得：

$$h_8=\frac{\frac{Q}{COP}-M_6(h_3-h_2)}{M_7}+h_7$$

笔记区

$$=\frac{\frac{960}{1.3}-1.16\times(2040-1441)}{0.1}+1498$$

$$=1934\text{kJ/kg}$$

笔记区

实训 4.2 制冷剂与载冷剂

一、专题提要

1.《复习教材》第 4.2 节

2. 制冷剂种类编号

3. 对制冷剂的要求

4. 常用制冷剂的性能

二、备考常见问题

问题 1：如何对比不同制冷剂的热力学性质？

解答：详见《复习教材》表 4.2-2 制冷剂的热力学性质。

问题 2：某一制冷剂的 GWP 及 ODP 为 0 时，该制冷剂为环境友好型制冷剂吗？

解答：制冷剂对大气环境的影响可以通过 ODP、GWP、大气寿命等现有数据按照标准规定的计算方法进行评估，以确定其排放到大气层后对环境的综合影响。

三、专题实训（推荐答题时间 40 分钟）

请将求解答案写于下表中，案例题在题目中书写解题过程

（单选题 1 分，多选题 2 分，案例题 2 分，合计 14 分）

单选题	1	2	3	4		得分
多选题	1	2	3	4	5	

（一）单选题（每题 1 分，共 4 分）

1.【单选】有关制冷剂性能的表述，下列哪一项是正确的？

（A）由于制冷剂 R123 的毒性属于 B1 级，故不建议其作为离心式冷水机组的制冷剂

（B）制冷剂 R22 和 R134a 的检漏装置的类型相同

（C）名义工况下，制冷剂 R290 的 *COP* 值略低于 R134a

（D）氨和 CO_2属于无机化合物中常用的制冷剂

2.【单选】关于 HCFCs 制冷剂的替代措施，错误的是哪一项？

（A）工商制冷空调使用的制冷剂 HCFC-142b 采用氨进行代替

（B）工商制冷空调使用的制冷剂 HCFC-22 采用 HCFC-123 进行代替

（C）房间空调器使用的制冷剂 HCFC-22 采用 R290 进行代替

笔记区

(D) 以R290为制冷剂的房间空调器已经在国内有企业开始批量生产

3.【单选】下列关于R744制冷剂的说法，错误的是哪一项？

(A) R744因其临界压力高，制冷系统必须具备高承压能力

(B) ODP=0

(C) 采用复叠式制冷系统时，低温级用HFC134a，高温级用R744。

(D) R744属于低毒性制冷剂

4.【单选】下列制冷剂对全球气候变暖影响程度最小的是哪一项？

(A) R134a (B) R22 (C) R410A (D) R507A

(二) 多选题 (每题2分，共10分)

1.【多选】关于载冷剂氯化钠水溶液与氯化钙水溶液的比较，说法正确的是哪几项？

(A) 氯化钠与氯化钙的水溶液，其性质取决于溶液中盐的浓度

(B) 氯化钠与氯化钙的水溶液的凝固温度均随浓度的增加而降低

(C) 氯化钙水溶液的冰盐合晶点处浓度大于氯化钠水溶液浓度

(D) 氯化钙水溶液的冰盐合晶点处温度大于氯化钠水溶液温度

2.【多选】下列有关制冷剂的物理化学性质的要求，描述正确的是哪几项？

(A) 制冷剂的导热系数、放热系数高

(B) 制冷剂的密度、黏度要小

(C) 制冷剂的热化学稳定性要好

(D) 一般采用对润滑油有限溶解的制冷剂

3.【多选】关于制冷剂R717及R134a的比较，错误的是哪几项？

(A) R717制冷剂的*COP*比R134a高

(B) R717的单位容积制冷量比R134a低

(C) R717的临界温度比R134a高

(D) R717的临界压力比R134a低

4.【多选】关于制冷剂热力学性质的说法，正确的是哪几项？

(A) 制冷循环的工作区域越远离临界点，节流损失越小，制冷系数较高

笔记区

(B) 饱和冷凝压力越高越有利于减小压缩机的功耗
(C) 凝固温度低可以制取较低的蒸发温度
(D) 一般规律是标准沸点低的制冷剂，它的单位容积制冷量大。

5.【多选】某制冷系统载冷剂采用乙烯乙二醇水溶液，下列有关其说法正确的是哪几项?
(A) 对于镀锌材质管道，其水溶液中应加入添加剂
(B) 系统需要循环流量比水小
(C) 应定期用密度计测定其溶液密度
(D) 冰蓄冷系统常采用的乙烯乙二醇水溶液浓度为25%～30%

四、专题实训参考答案及题目详解

参考答案

(单选每题1分，多选每题2分，案例每题2分，合计14分)

单选题	1	2	3	4		得分
	D	B	C	A		
多选题	1	2	3	4	5	
	AC	ABC	BD	ACD	ACD	

题目详解

(一) 单选题

1. 由《复习教材》P594第四行可知，R123是取代R11作为离心式冷水机组的制冷剂，选项A正确；由P594可知，R22的检漏方法采用卤素喷灯，当要求较高时采用电子检漏仪，而R134a的检漏措施采用专用的检漏仪，选项B错误；由P595“2.碳氢化合物”可知，R290的*COP*比R134a高10%～15%，选项C错误；根据P596倒数第三段最后一句话可知，无机化合物中常用的制冷机有氨和CO_2，因此选项D正确。

2. 由《复习教材》表4.2-5可知，选B。

3. 根据《复习教材》P597可知，R744为CO_2，有关CO_2的内容可知，选项AB正确，选项C错误。复叠式循环中，CO_2用于低温级。根据表4.2-3及表4.2-4可知，选项D正确。

4. GWP为制冷剂对气候变暖影响程度大小的指标值，根据《复习教材》P594～P596可知，每个制冷剂的GWP值，对比后选A。R134a为1300；R22为1700(R32中给出)；R410A为1730；R507A为4600。

(二) 多选题

1. 由《复习教材》第4.2.5节“2.盐水溶液”可知，选项A正

笔记区

确；由图 4.2-1 可知，选项 BD 错误，选项 C 正确。

2. 由《复习教材》P589 可知，选项 ABCD 正确。

3. 由《复习教材》P596 倒数第二段可知，选项 A 正确；由表 4.2.1 可知，选项 B 错误；由表 4.2-2 可知，选项 C 正确，选项 D 错误。

4. 由《复习教材》第 4.2.2 节中“（2）临界温度要高”的内容可知，选项 A 正确；根据（3）可知，选项 B 错误；根据（4）可知，选项 C 正确；根据（6）可知，选项 D 正确。

5. 由《复习教材》P599“3. 有机化合物水溶液”可知，选项 ACD 正确。

笔记区

实训 4.3 压缩机特性及联合运行

一、专题提要

1.《复习教材》第 4.3 节

2. 制冷压缩机的种类及特点

3. 制冷机组种类及特点

二、备考常见问题

问题 1：各个功率之间的转换关系是怎样的?

解答：如下图所示：

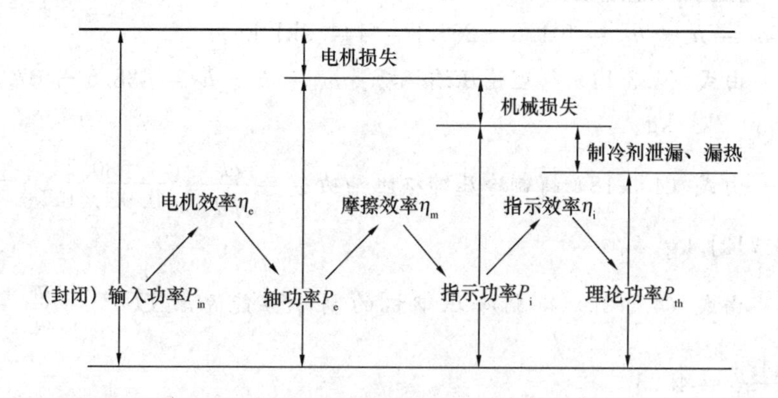

问题 2：理论输气量与实际输气量的区别是什么?

解答：实际输气量（V_R）是压缩机一定工况下的体积流量；而理论输气量（V_h）是单位时间内压缩机最大可吸入的制冷剂体积流量，与压缩机转数和部分结构有关，而二者的比值为容积效率；容积效率的影响因素有：

（1）余隙容积；

（2）吸排气流程中的压力降；

（3）压缩开始前，制冷剂在流程中受热；

（4）气阀运动规律不正常，开闭不及时；

（5）内部泄露；

（6）压比。

三、案例真题参考

【例 1】 蒸汽压缩式制冷冷水机组，制冷剂为 R134a，各点热力参数见下表，计算时考虑如下效率：压缩机指示效率为 0.92，摩擦效率为 0.99，电动机效率为 0.98，该状态下的制冷系数 *COP* 最接近下列何项?（2016-3-21）

笔记区

状态点	绝对压力（Pa）	温度（℃）	液体比焓（kJ/kg）	蒸汽比焓（kJ/kg）
压缩机入口	273000	10		407.8
压缩机出口	1017000	53		438.5
蒸发器入口	313000	0	257.3	
蒸发器出口	293000	5		401.6

(A) 4.20 (B) 4.28 (C) 4.56 (D) 4.70

【参考答案】B

【主要解题过程】根据《复习教材》式（4.3-9）得单位质量制冷量 $q_0 = h_1 - h_5 = 401.6 - 257.3 = 144.3$kJ/kg。

由式（4.3-14）得理论压缩耗功量 $\omega_{th} = h_3 - h_2 = 438.5 - 407.8 = 30.7$kJ/kg。

由式（4.3-18）得制冷压缩机比轴功 $\omega_e = \frac{\omega_{th}}{\eta_i \eta_m} = \frac{30.7}{0.92 \times 0.99} = 33.71$kJ/kg。

由式（4.3-22）得制冷压缩机的制冷性能系数 $COP = \frac{q_0}{\omega_e} = \frac{144.3}{33.71} = 4.28$。

【例 2】某活塞式制冷压缩机的轴功率为 100kW，摩擦效率为 0.85。压缩机制冷负荷卸载 50%运行时（设压缩机进出口的制冷剂焓值、指示效率与摩擦功率维持不变），压缩机所需的轴功率为下列何项？（2014-4-22）

(A) 50kW

(B) 50.5～54.0kW

(C) 54.5～60.0kW

(D) 60.5～65.0kW

【参考答案】C

【主要解题过程】根据《复习教材》，式（4.3-17）得：

指示功率 $P_i = P_e \times \eta_m = 100 \times 0.85 = 85$kW。

摩擦功率 $P_m = P_e - P_i = 100 - 85 = 15$kW。

压缩机制冷负荷卸载 50%运行时，由式（4.3-12）得，指示功率 P_i 减半。由题意知，压缩机进出口的制冷剂焓值、指示效率与摩擦功率维持不变，则减载 50%后，压缩机所需的轴功率 $P_e = P_i' + P_m = (85/2) + 15 = 57.5$kW。

四、专题实训（推荐答题时间 45 分钟）

笔记区

请将求解答案写于下表中，案例题在题目中书写解题过程
（单选题 1 分，多选题 2 分，案例题 2 分，合计 15 分）

<table>
<tr><td rowspan="2">单选题</td><td>1</td><td>2</td><td>3</td><td></td><td rowspan="3">得分</td></tr>
<tr><td></td><td></td><td></td><td></td></tr>
<tr><td rowspan="2">多选题</td><td>1</td><td>2</td><td>3</td><td>4</td></tr>
<tr><td></td><td></td><td></td><td></td><td rowspan="3"></td></tr>
<tr><td rowspan="2">案例题</td><td>1</td><td>2</td><td></td><td></td></tr>
<tr><td></td><td></td><td></td><td></td></tr>
</table>

（一）单选题（每题 1 分，共 3 分）

1.【单选】有关制冷压缩机的说法，不正确的是下列哪一项？

（A）螺杆式压缩机属于容积型压缩机，离心式压缩机则属于速度型压缩机

（B）活塞式压缩机由于其 *COP* 值低的原因，在空调和制冷领域已经很少使用

（C）当冷凝温度高于设计值时，随着冷凝温度的升高，离心式压缩机的制冷量急剧下降

（D）涡旋式压缩机具有内压缩的特点，可实现带经济器运行

2.【单选】下列有关各制冷压缩机的说法，错误的是哪一项？

（A）螺杆式压缩机属于容积型压缩机，离心式压缩机属于速度型压缩机

（B）在压比相同的情况下，滚动转子式的等熵效率高于往复式

（C）涡旋式压缩机没有余隙容积

（D）磁悬浮式离心式单机可在低负荷工况下运行。

3.【单选】单机离心式压缩机运行过程发生“喘振”现象的原因，不正确的是下列哪一项？

（A）冷却塔风机的风量变小　　（B）气态制冷剂流量过小

（C）冷冻水回水温度升高　　（D）蒸发器结霜

（二）多选题（每题 2 分，共 8 分）

1.【多选】下列哪几项蒸汽压缩制冷机组，在实际运行过程中不易发生喘振现象？

（A）单级离心式压缩机

（B）螺杆式压缩机

（C）磁悬浮离心式压缩机

笔记区

(D) 活塞式压缩机

2.【多选】关于制冷压缩机的主要技术性能参数，下列表述是正确的是哪几项?

(A) 离心式压缩机名义吸气饱和温度为7℃

(B) 高温螺杆式压缩机名义吸气饱和温度为5℃

(C) 制冷压缩机铭牌上的制冷量和有关性能参数是在名义工况下测得的数值

(D) 说明一台制冷压缩机的制冷量时，必须同时说明其使用工况

3.【多选】某螺杆式冷水机组，在制冷运行过程中制冷剂流量与蒸发温度保持不变；冷却水量及供回水温差保持不变，下列哪几项结果是错误的?

(A) 冷却水温度降低，冷水机组的制冷量减小，能效比减小

(B) 冷却水温度降低，冷水机组的制冷量增大，能效比增大

(C) 冷却水温度升高，冷水机组的制冷量减小，耗功增大

(D) 冷却水温度升高，冷水机组的制冷量增大，耗功率减小

4.【多选】某低温螺杆式制冷机，蒸发器改造温度为－38℃，开机运行后，机组显示进气压力过低，报警停机，问题发生的原因可能是下列哪几项?(2017-2-68)

(A) 机组选型时冷凝器的污垢系数过大

(B) 蒸发器供液管路上的过滤器堵塞

(C) 制冷剂充注量过多

(D) 膨胀阀堵塞

(三) 案例题(每题2分，共4分)

1.【案例】某性能良好的大型全封闭式制冷压缩机，工质为R22，摩擦效率 $\eta_m=0.9$，指示效率 $\eta_i=0.85$，电动机效率 $\eta_e=0.95$，理论耗功量 $\omega_0=43.98$kJ/kg，单位质量制冷量 $q_0=272.32$kJ/kg，制冷剂质量流量 $q_m=0.5$kg/s，求压缩机在该工况下的制热量是多少?

(A) 150～155kW　　(B) 155～160kW

(C) 160～165kW　　(D) 170～175kW

答案:[　　]

主要解题过程:

笔记区

2.【案例】某二级压缩完全中间冷却制冷循环，其工作流程和压焓图如下图所示，循环各点的比焓如下表所示，当流经中间冷却器的质量流量 MR_1：MR_2＝5.5 时，问该循环的制冷系数为下列何项？

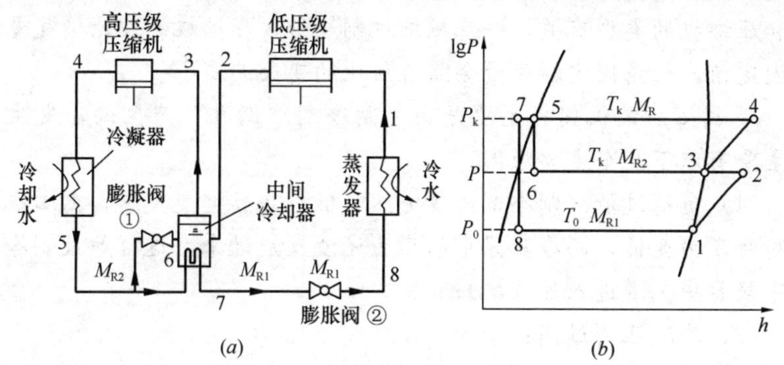

第 2 题图

状态点	1	2	3	4	5
比焓（kJ/kg）	409.09	428.02	426.1	440.33	263.27

(A) 4.71～4.80　　(B) 4.81～4.90

(C) 4.91～5.00　　(D) 5.01～5.10

答案：[　　]

主要解题过程：

五、专题实训参考答案及题目详解

参考答案

（单选每题 1 分，多选每题 2 分，案例每题 2 分，合计 15 分）

<table>
<tr><td rowspan="2">单选题</td><td>1</td><td>2</td><td>3</td><td></td><td rowspan="2">得分</td></tr>
<tr><td>B</td><td>D</td><td>C</td><td></td></tr>
<tr><td rowspan="2">多选题</td><td>1</td><td>2</td><td>3</td><td>4</td><td rowspan="4"></td></tr>
<tr><td>BCD</td><td>BCD</td><td>ACD</td><td>BD</td></tr>
<tr><td rowspan="2">案例题</td><td>1</td><td>2</td><td></td><td></td></tr>
<tr><td>C</td><td>B</td><td></td><td></td></tr>
</table>

题目详解

（一）单选题

1. 由《复习教材》P604 可知，选项 A 正确；由 P602 可知，选项 B 错误，高速多缸活塞式制冷压缩机还广泛用于制冷领域；由

笔记区

P608 中“14）离心式制冷压缩机在……”的内容可知，选项 C 正确；P606“1）涡旋式制冷压缩机的特点”中⑤可知，选项 D 正确。

2. 根据《复习教材》式（4.3-3）及式（4.3-4）可知：理论输气量和压缩机的类型有关，一旦压缩机制造好，压缩机的理论输气量就是固定值，但是固定输气量会随着压比的变大而减小。

3. 离心压缩机喘振主要是由于制冷剂“倒灌”产生的，发生喘振主要有以下几个主要原因：

(1) 负荷过低（制冷剂流量突然变低，导致突变失速，离心机出口瞬时压力变低，而冷凝器中的压力还没反应过来，这样导致制冷剂从冷凝器中倒灌进入压缩机）；

(2) 冷凝压力过高；

(3) 蒸发压力过低。

选项 A 会导致冷凝压力过高；选项 B 属于（1）的情况，负荷过低；选项 D 蒸发器结霜说明蒸发压力过低，都会发生喘振现象；选项 C 是因为负荷增大，不会发生喘振。

（二）多选题

1. 由《复习教材》P608“13）单级离心式制冷压缩机在……”可知，选项 A 错误，选项 C 正确；由图 4.3-3 可知，螺杆式压缩机与活塞式压缩机属于容积型压缩机，只有速度型压缩机涉及“喘振问题”，具体原理参见下方说明，故选项 BD 正确。

说明： 离心式压缩机是速度型压缩机，压缩机出口的速度 v 可分解为切向速度 v_t 和径向速度 v_r，若速度 v 与切向速度 v_t 夹角减小到一定值时，压缩机的气体无法被压出，在叶轮内成涡流，此时冷凝器中的高压气体会倒流进叶轮，使压缩机内的气体在瞬间增加，气体被排出，然后又倒流进叶轮，如此往复循环。此时压缩机进入了“喘振”状态。

2. 根据《复习教材》P610 第一段可知，选项 A 错误，离心式压缩机与冷水机组集成，无单独的名义工况；根据表 4.3-4 可知，选项 B 正确；根据 P610 可知，选项 CD 正确。

3. 由题意，本题为冷却水温度变化对冷水机组性能变化的判别。题设前提为蒸发温度不变，则蒸发器出口状态不变。当冷却水温度降低，水流量不变时，说明冷却水带走冷凝器的冷量将增多，在制冷剂流量不变的情况下，冷凝温度降低，根据 T-s 图可知，制冷量将增大，而压缩机耗功减小，因此能效比增大。因此选项 A 错误，选项 B 正确。反过来，当冷却水温度升高，制冷量将减小，耗功增加。耗功率依然不变，故选项 CD 均错误。

4. 本题需要先分析或总结进气压力过低的原因。进气压力过低，说明蒸发压力偏低，表明蒸发器出口温度不够。需要针对蒸发器进行分析。从制冷工质本身出发可能是系统内制冷剂的量不足，达不到所

笔记区

需压力（类似水系统定压不够）；或者进入蒸发器的制冷工质焓值过低（冷凝温度偏低），冷水带入的热量无法达到所需的蒸发温度；从换热介质来看，冷水带入的热量不足也会出现蒸发后蒸发温度不够即蒸发压力偏低，即冷水量过小，或冷水温度过高；从换热过程来看，如果换热热阻过大影响换热效果，也会出现蒸发温度偏低的情况，即蒸发器有油污或者表面结霜。

综合来看，污垢系数影响冷凝器的换热效果，会发生蒸发器冷凝温度偏高，不会出现冷凝温度偏低的情况，选项 A 不是原因；供液管过滤器堵塞，会直接导致蒸发器进口压力下降，选项 B 是可能的原因；制冷剂充注过多不会发生制冷剂含量不够导致蒸发压力偏低的情况，因此选项 C 不是原因；膨胀阀堵塞和蒸发器进口堵塞是相同的原因，都会导致蒸发器进口压力降低。

（三）案例题

1. 由《复习教材》式（4.3-19），得：

$$P_{in}=\frac{P_{th}}{\eta_i\eta_m\eta_e}=\frac{W_{th}\times M_{th}}{\eta_i\eta_m\eta_e}\frac{43.98\times0.5}{0.85\times0.9\times0.95}=30.26\text{kW}$$

制冷量 $\phi_0=q_0\times M=272.32\times0.5=136.16\text{kW}$。

由式（4.3-11）计算系统供应的热量，$\phi_h=\phi_0+fP_{in}=136.16+0.9\times30.26=163.39\text{kW}$。

2. 对中间冷却过程，由能量守恒有：

$$M_{R1}(h_2-h_3)+M_{R1}(h_5-h_7)=M_{R2}(h_3-h_6)$$

解得：$h_7=235.59\text{kJ/kg}$。

由质量守恒有：$M_R=M_{R1}+M_{R2}$

则制冷系数为：$\varepsilon=\dfrac{(h_1-h_8)M_{R1}}{(h_4-h_3)M_R+(h_2-h_1)M_{R1}}=4.85$

笔记区

实训 4.4 *SCOP* 及 *IPLV* 的理解和应用

一、专题提要

1. *SCOP* 及 *IPLV* 的概念理解
2. 相关 *SCOP* 及 *IPLV* 的计算
3.《公建节能》有关 *SCOP* 与 *IPLV* 的内容

二、备考常见问题

问题 1：*IPLV* 可以用于计算单台机组的实际能耗吗？

解答：不可以，计算方法和检测条件所限，*IPLV* 具有定适用范围：

(1) *IPLV* 只能用于评价单台冷水机组在名义工况下的综合部分负荷性能水平；

(2) *IPLV* 不能用于评价单台冷水机组实际运行工况下的性能水平，不能用于计算单台冷水机组的实际运行能耗；

(3) *IPLV* 不能用于评价多台冷水机组综合部分负荷性能水平。

问题 2：*SCOP* 如何进行加权？

解答：如某建筑采用 2 台 1600kW 水冷离心式机组，*SCOP* 限值 4.5 以及 2 台 800kW 水冷螺杆式冷水机组 *SCOP* 限值 4.1，按冷量加权计算 *SCOP* 限值：

$$SCOP_0 = \frac{2 \times 1600 \times 4.5 + 2 \times 800 \times 4.1}{2 \times 1600 + 2 \times 800} = 4.367$$

三、案例真题参考

【例 1】 一台名义制冷量为 2110kW 的离心式制冷机组，其性能参数见下表。试问其综合部分负荷系数（*IPLV*）值，接近下列何项值？（2013-3-18）

负荷（%）	制冷量（kW）	冷却水进水温度（℃）	COP（kW/kW）
25	528	19	5.22
50	1055	23	6.39
75	1582	26	6.46
100	2110	30	5.84

(A) 5.33　(B) 5.69　(C) 6.29　(D) 6.59

【参考答案】 C

【主要解题过程】 根据《公建节能》第 5.4.7 条，有：

$IPLV = 2.3\% \times A + 41.5\% \times B + 46.1\% \times C + 10.1\% \times D$

笔记区

$= 2.3\% \times 5.84 + 41.5\% \times 6.46$
$+ 46.1\% \times 6.39 + 10.1\% \times 5.22$
$= 6.29$

【例 2】夏热冬冷地区某办公楼设计集中空调系统，选用 3 台单台名义制冷量为 1055kW 的螺杆式冷水机组，名义制冷性能系数 $COP=5.7$，系统配 3 台冷水循环泵，设计工况时的轴功率为 30kW/台；3 台冷却水循环泵，设计工况时的轴功率为 45kW/台；3 台冷却塔，配置的电机额定功率为 5.5kW/台。问：该空调系统设计工况下的冷源综合制冷性能系数，最接近以下何项？（2017-4-18）

(A) 4.0　(B) 4.5　(C) 5.0　(D) 5.7

【参考答案】B

【主要解题过程】根据《公建节能》第 2.0.11 条，冷源综合制冷性能系数为：$SCOP = \dfrac{1055 \times 3}{\dfrac{1055}{5.7} \times 3 + 45 \times 3 + 5.5 \times 3} = 4.48$。

四、专题实训（推荐答题时间 40 分钟）

请将求解答案写于下表中，案例题在题目中书写解题过程

（单选题 1 分，多选题 2 分，案例题 2 分，合计 15 分）

单选题	1	2	3	得分
多选题	1	2	3	
案例题	1	2	3	

（一）单选题（每题 1 分，共 3 分）

1. 【单选】下列有关 $SCOP$ 的定义，说法正确的是哪一项？

(A) 制冷量与制冷机的净输入能量之比
(B) 制冷量与冷却水泵及冷却塔净输入能量之比
(C) 制冷量与制冷机及冷水循环泵净输入能量之比
(D) 制冷量与制冷机、冷却水泵及冷却塔净输入能量之比

2. 【单选】天津某综合楼采用蒸气压缩循环冷水机组，设计计算空调冷负荷 1500kW，下列何项机组选型不满足节能要求？

(A) 选用 3 台 500kW 水冷变频螺杆机组，性能系数 4.50，$IPLV=6.70$

笔记区

（B）选用 3 台 570kW 水冷定频螺杆机组，性能系数 5.10，*IPLV*=5.95

（C）选用 2 台 750kW 水冷变频螺杆机组，性能系数 5.08，*IPLV*=7.20

（D）选用 2 台 800kW 水冷定频螺杆机组，性能系数 5.50，*IPLV*=6.20

3.【单选】下列有关综合部分负荷性能系数（*IPLV*）的认识，正确的是哪一项？

（A）*IPLV* 计算式中 4 个计算百分比权重，是 4 个部分负荷对应的运行时间百分比

（B）冷水机组的选型应采用名义工况制冷系数（*COP*）较高的产品，并同时考虑满负荷和部分负荷因素

（C）综合部分负荷性能系数（*IPLV*）高的机组，实际运行能耗较低

（D）可采用 *IPLV* 评价多台冷水机组的综合部分负荷性能水平

（二）多选题（每题 2 分，共 6 分）

1.【多选】有关蒸汽压缩制冷冷水（热泵）机组能耗特性的说法，正确的是下列哪几项？

（A）机组的 *IPLV* 反映了制冷机组在部分负荷下的性能

（B）宜采用 *IPLV* 评价机组实际全年运行能耗

（C）冷水机组选型应采用名义工况下 *COP* 值较高的产品

（D）同一地区、同类建筑采用用一机型机组，*IPLV* 数值高的机组不一定节能

2.【多选】下列有关电冷源综合制冷性能系数的说法，正确的是哪几项？

（A）电冷源综合制冷性能系数越高，表明机组的选型及系统配置越合理

（B）电冷源综合制冷性能系数综合考虑了制冷系统的制冷量与制冷机、冷却水泵、冷却塔及冷水泵净输入能量之比

（C）计算电冷源综合制冷性能系数时，制冷机的名义制冷量和机组耗电功率应采用名义工况下的技术参数

（D）风冷机组名义工况下的 *COP* 值即为其综合制冷性能系数值

3.【多选】上海某酒店采用 2 台 680kW 的变频水冷螺杆式冷水机组，下列有关该酒店制冷系统节能要求的说法正确的是哪几项？

（A）选取的螺杆式冷水机组 *IPLV* 不应低于 7.67

笔记区

(B) 选取的螺杆式冷水机组 COP 不应低于 4.94

(C) 该酒店空调系统的电冷源综合制冷性能系数不应低于 4

(D) 测量所选冷水机组变工况制冷性能时，需保持机组进口水温在 19～33℃变化，其他条件按名义工况时的流量和温度条件。

(三) 案例题 (每题 2 分，共 6 分)

1.【案例】北京某办公楼设置夏季空调系统，空调系统冷负荷为 386kW，选用一台水冷式离心机组。空调水系统采用 5℃/10℃两管制变流量系统，冷却塔冷却水进/出水温 37℃/32℃。设计工况冷水机组满负荷运行，名义工况下制冷量为 410kW，输入功率为 85kW。忽略输送管路温升，试计算该机组设计工况性能系数，并判别设计工况下选用该冷水机组是否满足相关节能标准要求？

(A) 设计工况性能系数 4.34，不满足节能要求

(B) 设计工况性能系数 4.77，不满足节能要求

(C) 设计工况性能系数 4.82，满足节能要求

(D) 设计工况性能系数 5.07，满足节能要求

答案：[　　]

主要解题过程：

2.【案例】上海某商场内空调系统，采用两管制变流量系统，冷源采用一台名义制冷量为 2110kW 的水冷变频离心式冷水机组，其性能参数见下表，试计算其综合部分负荷性能系数，并判断是否满足相关节能规范要求？

(A) $IPLV$ 为 6.10，满足节能要求

(B) $IPLV$ 为 6.10，不满足节能要求

(C) $IPLV$ 为 6.29，满足节能要求

(D) $IPLV$ 为 6.29，不满足节能要求

负荷 (%)	制冷量 (kW)	冷却水进水温度 (℃)	COP (kW/kW)
25	528	19	5.22
50	1055	23	6.39
75	1582	26	6.46
100	2100	30	5.84

笔记区

答案：［　　］

主要解题过程：

3.【案例】成都某商业综合体空调冷源采用一台制冷量为1407kW的螺杆式冷水机组和3台制冷量为2813kW的离心式冷水机组。冷水泵、冷却水泵、冷却塔与制冷机组一一对应，具体参数如下表所示。试计算该综合体空调系统的电冷源综合制冷性能系数，并判断是否满足相关节能要求？

设备参数表

制冷主机				冷水泵				
压缩机类型	额定制冷量(kW)	性能系数*COP*	台数	设计流量(m^3/h)	设计扬程(mH_2O)	水泵效率(%)	水泵功率(kW)	台数
螺杆式	1407	5.6	1	300	35	75%	43.3	1
离心式	2813	6.0	3	600	35	75%	86.7	3

制冷主机		冷却水泵					冷却塔		
压缩机类型	台数	设计流量(m^3/h)	设计扬程(mH_2O)	水泵效率(%)	水泵功率(kW)	台数	名义工况下冷却水量(m^3/h)	样本风机配置功率(kW)	台数
螺杆式	1	300	28	74	35.1	1	400	15	1
离心式	3	600	29	75	71.8	3	800	30	3

(A) 空调系统冷源综合性能系数4.30，不满足节能要求

(B) 空调系统冷源综合性能系数4.57，满足节能要求

(C) 空调系统冷源综合性能系数4.89，满足节能要求

(D) 空调系统冷源综合性能系数5.94，满足节能要求

答案：［　　］

主要解题过程：

笔记区

五、专题实训参考答案及题目详解

参考答案

（单选每题 1 分，多选每题 2 分，案例每题 2 分，合计 15 分）

单选题	1	2	3	得分
	D	B	B	
多选题	1	2	3	
	AD	CD	BD	
案例题	1	2	3	
	A	B	C	

题目详解

（一）单选题

1. 根据《公建节能》第 2.0.11 条可知，选项 D 正确。

2. 本题属于带“坑”的题目，天津属于寒冷地区，根据《公共节能》第 4.2.10 条和第 4.2.11 条，对于水冷变频离心机组和水冷变频螺杆机组的限值需相应乘以修正倍数。另外，当题目给出计算冷负荷时，要注意第 4.2.8 条要求，校核装机容量与计算冷负荷比值是否小于 1.1。

选项 A 选用 3 台水冷变频螺杆机组，*COP* 应不低于表 4.2.10 限值的 0.95 倍，*IPLV* 不低于表 4.2.11 限值的 1.15 倍。由表查得表列 *COP* 限值为 4.70，*IPLV* 限值为 5.45，4.70×0.95＝4.465<4.50，5.45×1.15＝6.2675<6.70，因此选项 A 正确。

选项 B，*COP* 与 *IPLV* 均满足要求，但是装机容量为 570×3＝1710kW，与空调冷负荷不等，1710÷1500＝1.14>1.1，根据第 4.2.8 条可知，装机容量不得大于空调冷负荷的 1.1 倍，因此选项 B 错误。

选项 C，750kW 的水冷螺杆机组，表列 *COP* 限值为 5.10，表列 *IPLV* 限值为 5.85。5.10×0.95＝4.845<5.08，同时 5.85×1.15＝6.7275<7.2，因此 *COP* 与 *IPLV* 均满足要求，选项 C 正确。

选项 D，*COP* 与 *IPLV* 均满足要求，校验装机容量，800×2÷1500＝1.067<1.1，因此满足节能要求。

说明： 关于机组能效限值等相关问题，《公建节能》对变频机组提出了修正要求，但是注意仅对“水冷变频”的修正，对于风冷和蒸发冷却的直接对应表格值。另外，题目可能会隐含除表列限值以外的问题。对于这种问题，首先应将所有限值均校对一遍，随后注意题设中的数值的特殊性，是否单独提到了温差、计算空调冷负荷等问题，若提到要仔细对待。

3. *IPLV* 是对 4 个部分负荷工况条件下性能系数的加权平均，而权重数是综合考虑建筑类型气象条件、运行时间等因素所得的参数，因此不是单独对应的时间百分比，选项 A 错误，由《民规》第

笔记区

8.2.3 条可知，B 正确；由《民规》第 8.2.3 条条文说明可知，*IPLV* 不能评价实际工程全年能耗，也不能综合评价多机组负荷性能水平，因此选项 CD 错误。

（二）多选题

1. 根据《公建节能》第 2.0.8 条及第 4.2.13 条可知，选项 A 正确。根据《民规》第 8.2.3 条条文说明可知，选项 B 错误，选项 D 正确。根据《民规》第 8.2.3 条可知，还应考虑满负荷和部分负荷因素，故选项 C 错误，本题部分选项可结合《复习教材 2016》P500（2）系统空调负荷的特点进行理解。

2. 根据《公建节能》第 4.2.12 条条文说明第 2 段内容可知，*SCOP* 数值高低不能直接判别机组选择的合理性，选项 A 错误；根据第 3 段内容以及第 2.0.11 条可知，*SCOP* 并未包含冷水泵能耗，选项 B 错误；根据"电冷源综合制冷性能系数的计算应注意以下事项"的第 1 条和第 10 条可知，选项 CD 正确。

3. 上海属于夏热冬冷地区，根据《公建节能》第 4.2.11 条，水冷变频螺杆冷水机组的 *IPLV* 不应低于表列值的 1.15 倍，查表劣值得 *IPLV* 限值为 5.9，则该机组 *IPLV* 不低于 5.9×1.15=6.785。选项 A 中不应低于 7.67 虽然范围较 6.785 更严格，若选取 *IPLV* 值为 7.0，从节能上是合理的，但选项要求反而不合理，故错误；根据第 4.2.10 条，变频水冷螺杆式冷水机组 *COP* 不应低于表列值的 0.95 倍，表列值为 5.2，因此该机组 *COP* 不应低于 5.2×0.95=4.94，因此选项 B 正确。根据第 4.2.12 条查得该空调系统的 *SCOP* 限值为 4.1，故选项 C 错误。根据《复习教材》表 4.3-10 可知，选项 D 正确，注意根据《蒸气压缩循环冷水（热泵）机组 第 1 部分：工业或商业用及类似用途的冷水（热泵）机组》GB 18430.1 第 6.3.5.4 条有关变工况试验的要求可知，变工况性能测试时只需单个参数按表格变化，其他均维持名义工况。

（三）案例题

1. 机组制冷量与冷负荷的比值为：$n=\dfrac{410}{386}=1.06<1.1$。

满足《公建节能》第 4.2.8 条有关冷水机组制冷量选型要求。

名义工况下机组性能系数 $COP=\dfrac{410}{85}=4.824$。

《公建节能》第 4.2.10 条条文说明给出了设计工况与名义工况性能系数的折算方法。*LC* 为冷水机组满负荷时冷凝器出口温度，不考虑管路温降时为冷却塔进口水温 37℃；*LE* 为蒸发器出口温度，即空调冷水供水温度 5℃。

笔记区

$$LIFT = LC - LE = 37 - 5 = 32℃$$

$$A = 0.000000346579568 \times 32^4 - 0.00121959777 \times 32^2 + 0.0142513850 \times 32 + 1.33546833 = 0.9061$$

$$B = 0.00197 \times 5 + 0.986211 = 0.996$$

$$K_a = A \times B = 0.9061 \times 0.996 = 0.90$$

设计工况性能系数 $COP_n = COP \times K_a = 4.824 \times 0.90 = 4.342$。

北京属于寒冷地区，由《公共节能》表 4.2.10 查得机组性能系数限值为 4.70，因此该机组不满足节能要求。

说明：以上修正方法仅适用于水冷离心式机组。

2. 由《公建节能》第 4.2.13 条计算 $IPLV$：

$$IPLV = 1.2\% \times A + 32.8\% \times B + 39.7\% \times C + 26.3\% \times D = 1.2\% \times 5.84 + 32.8\% \times 6.46 + 39.7\% \times 6.39 + 26.3\% \times 5.22 = 6.10$$

上海属于夏热冬冷地区，由《公建节能》表 4.2.11 查得 $IPLV$ 限值为 5.75。由第 4.2.11-3 条，对于水冷变频离心机，按限值的 1.3 倍判别性能系数，因此实际判别值为：$IPLV_0 = 1.3 \times 5.75 = 7.475 > 6.10$。

因此，所选机组不满足节能要求。

3. 由《公建节能》第 2.0.11 条可知，设计工况下，$SCOP$ 为电驱动的制冷系统的制冷量与制冷机、冷却水泵及冷却塔输入能量之比。另外，根据其条文说明，对于风冷机组和蒸发冷却式机组，有其他考虑。但是不考虑空调冷水系统的冷水泵（或称冷冻水泵）。因为冷水泵属于输配系统，不是冷源系统。

根据《公建节能》第 4.2.12 条，系统应将实际参与运行的所有设备综合统计计算；对于空调系统机组类型不同时，其限值应按冷量进行加权方式确定。

(1) 综合统计计算系统 $SCOP$

总制冷量 $Q = 1407 \times 1 + 2813 \times 3 = 9846\text{kW}$。

总输入能量：

$$\Sigma W = \frac{1407}{5.6} + \frac{2813 \times 3}{6} + 35.1 + 71.8 \times 3 + 15 + 30 \times 3 = 2013.25\text{kW}$$

$$SCOP = \frac{Q}{\Sigma W} = \frac{9846}{2013.25} = 4.89$$

(2) 限值计算

成都属于夏热冬冷地区，由表 4.2.12 条查得 1407kW 水冷螺杆机组 $SCOP$ 为 4.4，2813kW 水冷离心机组 $SCOP$ 为 4.6。按冷量加

笔记区

权计算：

$$SCOP_0 = \Sigma\left(\frac{Q_i}{Q}SCOP_i\right) = \frac{1407}{9846} \times 4.4 + 3 \times \frac{2813}{9846} \times 4.6$$

$$= 4.57 < 4.89$$

因此该冷源满足节能要求。

实训 4.5 冷水机组工况与运行分析

一、专题提要

1. 机组性能测试
2. 机组实际运行问题的
3. 《复习教材》第 4.3 节相关内容

二、备考常见问题

问题 1：蒸发温度和冷凝温度的变化对系统的影响是什么？

解答：(1) 蒸发温度下降，单位质量制冷剂制冷量降低，压缩机耗功增加，理论循环 *COP* 降低，吸气温度降低，吸气比容增加，制冷剂循环质量降低，排气温度增加，压比增加，总制冷量降低，循环 *COP* 降低。反之亦然，但是蒸发温度过高，易出现压缩机过载，除湿能力下降。

(2) 冷凝温度下降，单位质量制冷剂制冷量增加，压缩机耗功降低，理论循环 *COP* 增加，吸气温度不变，吸气比容不变，排气温度降低，压比降低，制冷剂循环质量降低（影响较小），总制冷量增加，循环 *COP* 增加，反之亦然，同时凝温度过低，膨胀阀的供液动力不足，制冷量下降，系统回油困难。

问题 2：蒸发温度和冷凝温度的影响因素有哪些？

解答：如下表所示：

影响因素		蒸发温度变化
蒸发器	蒸发器侧环境温度↓	↓
	蒸发器结垢	↓
	蒸发器积油	↓
制冷剂	制冷剂充注量↓	↓
	膨胀阀/过滤器堵塞	↓
影响因素		**冷凝温度变化**
蒸发器	冷凝器侧环境温度↑	↑
	冷凝器结垢	↑
	冷凝器积油↑	↑
制冷剂	制冷剂充注量↑	↑
	不凝性气体	↑

三、案例真题参考

【例 1】 某建筑采用土壤源热泵冷热水机组作为空调冷、热源。在夏季向建筑供冷时，空调系统各末端设备的综合冷负荷合计为

笔记区

1000kW，热泵制冷工况下的性能系数 $COP=5$。空调冷水循环泵的轴功率为 50kW，空调冷水管道系统的冷损失为 50kW。问：上述工况条件下热泵向土壤的总释热量 Q 接近下列何项？(2011-3-22)

(A) 1100kW (B) 1200kW

(C) 1300kW (D) 1320kW

【参考答案】 D

【主要解题过程】 $Q=\phi_0\left(1+\frac{1}{COP}\right)=(1000+50+50)\left(1+\frac{1}{5}\right)=1320\text{kW}$。

【例 2】 已知额定工况下，埋管换热器吸热量为 5000kW，热泵机组制热性能系数 $COP=5.0$，地源侧循环泵总轴功率为 150kW，如不计地上管路的热损失，且全部制热量经冷凝器供出。问：热泵机组制热量（kW）的正确值最接近下列哪一项？(2016-4-6)

(A) 6437.5 (B) 6400 (C) 6250 (D) 6180

【参考答案】 A

【主要解题过程】 热泵机组制热量＝热泵机组耗功率＋埋管换热器吸热量＋地源侧循环泵总轴功率，即 $Q_r=\frac{Q_r}{COP}+Q_{dm}+Q_b$，$Q_r=\frac{Q_r}{5.0}+5000+150$，$Q_r=6437.5\text{kW}$。

四、专题实训（推荐答题时间 40 分钟）

请将求解答案写于下表中，案例题在题目中书写解题过程

（单选题 1 分，多选题 2 分，案例题 2 分，合计 20 分）

单选题	1	2	3	4	得分
多选题	1	2	3	4	
案例题	1	2	3	4	

（一）单选题（每题 1 分，共 4 分）

1. 【单选】下列有关蒸汽压缩循环冷水（热泵）机组流量与温度条件要求，正确的是哪一项？

(A) 风冷式热泵机组制热名义工况进口水温 35℃

(B) 风冷式热泵机组制热最大负荷工况测试时，室外空气干球温度为 21℃

(C) 水冷式冷水机组名义工况冷却水进口水温 33℃

笔记区

(D) 水冷式冷水机组最大负荷工况测试时，室外湿球温度15.5℃

2.【单选】下列有关蒸汽压缩循环冷水（热泵）机组变工况性能测试的说法，正确的是哪一项？

(A) 控制室外干球温度在21～43℃变化时测试风冷式热泵机组制热变工况性能

(B) 控制冷水进口水温在19～33℃变化时，测试水冷式冷水机组变工况性能

(C) 控制机组出水温度在40～50℃变化且室外干球温度在－7～21℃变化时，测量风冷式热泵机组制热变工况性能

(D) 控制冷却水进口温度19～33℃变化时，测量水冷式冷水机组变工况性能

3.【单选】下列有关蒸汽压缩式冷水（热泵）机组的说法，错误的是哪一项？

(A) 蒸汽压缩式冷水（热泵）机组可以供冷，也可以供热或同时供冷和供热

(B) 蒸汽压缩式冷水（热泵）机组中安装了两个容量相同的热力膨胀阀

(C) 冬季制热工况下室外温度在5～7℃内，室外风冷换热器表面会结露

(D) 蒸汽压缩式冷水（热泵）机组的压缩机在其管道上必须设置气液分离器

4.【单选】北京市某小型商业楼，夏季空调采用风冷模块机组，内置高效涡旋压缩机，单台模块机组名义制冷量为60kW，下列有关风冷模块机组的制冷性能系数（*COP*）不符合相关节能要求的是哪一项？

(A) 3.2　　(B) 3.0　　(C) 2.8　　(D) 2.6

(二) 多选题（每题2分，共8分）

1.【多选】下列有关机组能效等级的说法，正确的是哪几项？

(A) 某多联式空调（热泵）机组标定*IPLV*值3.5，为2级能效等级

(B) 某热泵型风冷式单元空调机，名义制冷量为14kW，经测试*APF*为3.4，符合2级能效标准

(C) 5000W分体式房间空气调节器，能源效率为3.55，为1级能效等级

笔记区

(D) 地埋管式冷热水型地源热泵机组，全年综合性能系数为5.5，为1级能效等级

2.【多选】下列有关热泵机组性能特点的说法，正确的是哪几项？

(A) 随着制冷机组运时间的增加，其饱和冷凝温度会提高，消耗功率上升，性能系数下降
(B) 风冷热泵冷（热）水机组冬季的制热量，应根据室外空调计算温度修正系数和化霜修正系数进行修正
(C) 风冷热泵冷（热）水机组夏季制冷量受室外温度的降低而降低
(D) 空气源热泵机组冬季制热量随室外温度的降低而升高

3.【多选】青岛某办公楼采用半管蒸发冷凝冷水机组制备空调冷水，运行2年后发现制冷量明显下降，下列可能的因素有哪些？

(A) 蒸发式冷凝器的风机老化，出风量不足
(B) 冷凝换热器进灰严重，需要清理
(C) 集水槽中冷却水没有及时更换
(D) 集水槽冷却水量明显少于采用冷却塔时的水量

4.【多选】下列有关多联机式空调（热泵）机组的说法，正确的是哪几项？

(A) 公共厨房可采用变频多联机空调系统
(B) 多联机空调系统是一种直接膨胀式空调系统
(C) 随着室内机与室外机高差增加，室内机制冷量将下降
(D) 多联机可以实现最大作用距离240m单管长度的制冷系统

(三) 案例题（每题2分，共8分）

1.【案例】某公共建筑裙房屋面放置名义制冷量为45kW的风冷冷水机组，该机组铭牌标示声功率级为67dB（A）。塔楼部分为办公区，外部声压级不应大于45dB（A），试问该机组与塔楼部分至少应相距多远？

(A) 3.6m (B) 5.0m (C) 8.4m (D) 13.0m

答案：[ ]

主要解题过程：

笔记区

2.【案例】某冷热水型地埋管式水源热泵机组，额定满负荷制冷量为100kW，额定满负荷制热量为80kW，若额定制冷工况下满负荷运行能效为4.3，则该热泵型机组综合性能系数为下列何项

(A) 3.70　　(B) 3.87

(C) 3.92　　(D) 4.02

答案：[　　]

主要解题过程：

3.【案例】沈阳某建筑的空调系统采用低环境温度空气源热泵（冷水）机组，试求其综合部分负荷性能系数 *IPLV* 值，接近下列何项值？

负荷（%）	热源侧（℃）		*COP*（kW/kW）
	干球温度	湿球温度	
25	7	6	5.22
50	0	−3	6.39
75	−6	−8	6.46
100	−12	−14	5.84

(A) 6.34　　(B) 6.29

(C) 6.26　　(D) 6.23

答案：[　　]

主要解题过程：

4.【案例】某变制冷剂流量系统，在标准工况及配管情况下，系统性能系数 *COP*=2.8。由于最远末端位置较远，高压液管和吸气管均需增长100m，若吸气管平均阻力相当于0.06℃/m，液管平均阻力相当于0.03℃/m。已知蒸发温度升/降1℃，*COP* 约升/降3%；冷凝温度升/降1℃，*COP* 约降/升1.5%。问该系统满负荷，系统的实际性能系数为下列何值？

(A) 2.0～2.1　　(B) 2.1～2.2

(C) 2.2～2.3　　(D) 2.3～2.4

笔记区

答案：[ ]

主要解题过程：

五、专题实训参考答案及题目详解

参考答案

（单选每题1分，多选每题2分，案例每题2分，合计20分）

<table>
<tr><td rowspan="2">单选题</td><td>1</td><td>2</td><td>3</td><td>4</td><td rowspan="6">得分</td></tr>
<tr><td>B</td><td>D</td><td>B</td><td>D</td></tr>
<tr><td rowspan="2">多选题</td><td>1</td><td>2</td><td>3</td><td>4</td></tr>
<tr><td>BCD</td><td>AB</td><td>ABC</td><td>BC</td></tr>
<tr><td rowspan="2">案例题</td><td>1</td><td>2</td><td>3</td><td>4</td></tr>
<tr><td>A</td><td>C</td><td>D</td><td>B</td></tr>
</table>

题目详解

（一）单选题

1. 根据《复习教材》表4.3-5可知，名义工况下空调热水出口水温为45℃，温差为0.86÷0.172=5℃，进口水温为45－5=40℃，选项A错误；水冷式冷水机组名义工况冷却水进口为30℃，选项C错误；由表4.3-6可知，风冷式热泵机组在最大负荷工况下，风冷式干球温度为21℃，湿球温度为15.5℃，选项B正确；对于水冷式最大负荷工况，没有室外湿球温度的要求，因此选项D的要求错误。

2.《复习教材》表4.3-10为机组变工况性能条件，根据《蒸气压缩循环冷水（热泵）机组 第1部分：工业或商业用及类似用途的冷水（热泵）机组》GB/T 18430—2007第6.3.5.4条有关变工况试验的要求可知，变工况性能测试为按《复习教材》表4.3-10某一条件改变时，其他条件按名义工况时的流量和温度条件进行的测试。因此，选项C给出机组出水温度和室外干球温度同时变化的测试方式不满足测试条件。选项A，风冷式热泵机组变工况测试时室外干球温度在－7～21℃范围变化，错误；水冷式冷水机组变工况测试时，冷水出水温度在5～15℃范围变化，故选项B错误，注意对于进水温度没有规定限制；选项D正确。

3. 根据《复习教材》P600可知，选项A正确；由P601第二段可知，“热泵机组中安装了两个不同容量的热力膨胀阀，以满足制冷和制热工况下不同制冷剂流量的需求。由于热泵机组在不同的工况下运行，且具有冬季除霜工况，所以在压缩机的吸气管道上必须设置气液分离器”，选项B错误，选项D正确；由P600最后一段可知，“冬季制热工况下室外温度在5～7℃范围内，室外风冷换热器表面会结露；而室外温度在0～5范围内，机组运行一段时间后，风冷换热器的表面会结霜，影响换热器传热效果和系统制热效果；”选项C正确。

4. 根据《公建节能》第4.2.10条表4.2.10可知，北京属于寒冷地区，当采用涡旋式风冷模块机组，名义制冷量大于50kW时，其制冷性能系数不能低于2.8，选项D不符合节能要求。

（二）多选题

1. 根据《复习教材》表4.3-22可知，对于多联机等效等级分级，需要给出多联机名义制冷量，因此选项A错误；由表4.3-25可知，选项B正确，由表4.3-27可知，选项C正确；由表4.3-21可知，对于冷热水型地埋管式地源热泵机组，能效等级虽然与名义制冷量有关，但是对于*ACOP*为5.5的机组，两种名义制冷量条件均为1及能效等级，因此选项D的说法正确。选BCD。

2. 随着制冷机组运行时间增加，蒸发器与冷凝器污垢热阻降增大，由《复习教材》图4.3-16可知，选项A正确；由P627最下方有关风冷热泵机组的内容或《民规》第8.3.2条可知，进行瞬时制热量修正值，一方面要根据空调室外计算温度，另一方面还要根据化霜的具体情况，因此选项B正确，其中厂家所提供的数据也是根据其具体的融霜情况给出的修正数据；风冷热泵机组，夏季室外温度降低时将降低冷凝器的冷凝温度，当蒸发温度不变时制冷量增大，因此，选项C错误；冬季室外温度降低时，空气源热泵机组的吸热冷水的回水温度将降低，进而制冷循环蒸发温度降低，即压缩机吸气压力下降，热泵制热量下降，因此选项D错误。选项CD可借助下图理解。

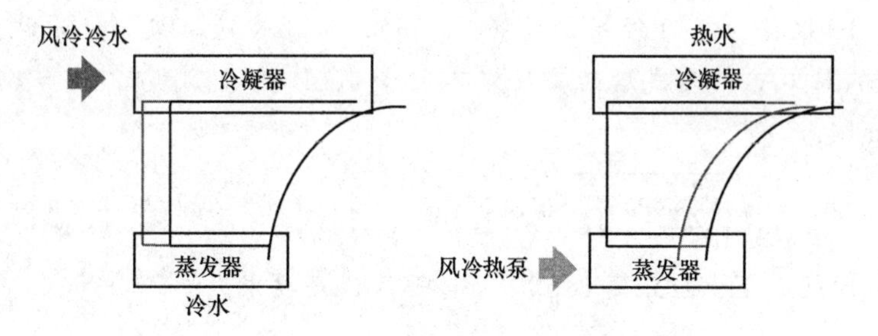

3. 蒸发冷凝冷水机组实质是冷凝器采用蒸发冷却的方式处理工质，因此蒸发冷却换热量不足时，将导致冷凝温度升高，进而导致制冷量下降。可参考《复习教材》图4.3-15认识蒸发式蒸发器（见下图）。选项A，风机出风量不足时，冷凝器表面液膜的强制对流换热系数将下降，因此可能导致制冷量下降；换热器进灰是蒸发冷凝式机组常见问题，灰尘难以清理，并且灰尘产生的热阻将降低冷凝器换热

笔记区

系数，选项B是制冷量下降的因素；集水槽中冷却水不及时更换，将使得循环喷淋的冷却水水质下降，可能堵塞布水系统，从而影响蒸发冷却过程，选项C是可能的原因；选项D，蒸发式冷凝器本身冷却用水量较少，散失的水量还将由冷却水系统补充，布水器喷淋的冷水很大一部分已经被蒸发，蒸发式冷却也与水冷冷却塔完全靠水流冷却不同，它不需要庞大的冷却水系统，因此对于蒸发冷凝器回收的冷却水量不是影响机组性能的因素。

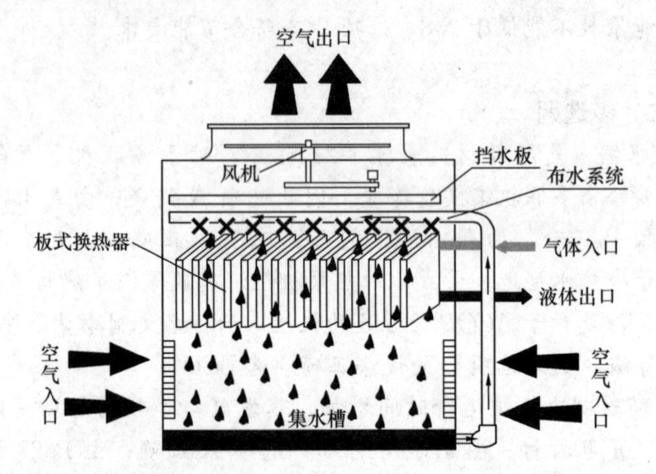

4. 根据《复习教材》P620第3段可知，选项A正确，由P620第3行可知，选项B正确。多联机空调室内机与室外机有最大高差的限制，在匹配室内机与室外机时，需要对室内机与室外机的相对高差进行修正，因此选项C正确；根据P620第2）条第2段表述，有的多联机机型可实现最大配管“等效单管长度240”，这种“等效单管长度”是折算后的长度，不是实际的作用距离，因此D错误。选ABC。

（三）案例题

1. 根据《复习教材》式（4.3-26），声源声功率级为冷水机组，即67dB（A），衰减后的声压级不大于45dB（A），因此 $45=67+10\lg(4\pi r^2)^{-1}$。

即 $r=\sqrt{\frac{1}{10^{\frac{45-67}{10}}}\times\frac{1}{4\pi}}=3.55\text{m}$。

因此，至少应距离3.55m，选项A满足要求。

2. 根据额定制冷量定义可求得压缩机耗功率 $P=\frac{Q_0}{EER}=\frac{100}{4.3}=23.26\text{kW}$。

同一机组压缩机输出功率相同，因此可计算额定制热工况下满负荷运行能效：

$$COP=\frac{Q_h}{P}=\frac{80}{23.26}=3.44$$

笔记区

由《复习教材》表 4.3-14 注 1，得：

$ACOP = 0.56EER + 0.44COP = 0.56 \times 4.3 + 0.44 \times 3.44 = 3.92$

3. 根据《复习教材》式（4.3-25），得：

$$\begin{aligned} IPLV(H) &= 8.3\% \times A + 40.3 \times B + 38.6\% \times C + 12.9\% \times D \\ &= 8.3\% \times 5.84 + 40.3 \times 6.46 \\ &\quad + 38.6\% \times 6.39 + 12.9\% \times 5.22 \\ &= 6.23 \end{aligned}$$

4. 吸气管阻力增加造成蒸发温度降低，$\Delta t_e = 100 \times 0.06 = 6℃$。液管阻力增加造成冷凝温度上升，$\Delta t_K = 100 \times 0.03 = 3℃$。液管阻力增加造成冷凝温度上升，$COP = 2.8 \times (1 - 6 \times 3\%) \times (1 - 3 \times 1.5\%) = 2.19$。

笔记区

实训 4.6　制冷剂管道设计

一、专题提要

1.《复习教材》第 4.4 节

2. 制冷剂管道的布置

3. 制冷剂管道的安装

二、备考常见问题

问题 1：蒸发器与压缩机的连接管为何有两个？

解答：考虑润滑油能从蒸发器不断流回压缩机，最低负荷时，集油弯形成油封，只有一个主管可以输气，流速增加，润滑油能够被气流带走，满负荷时，油封被冲破，不但制冷剂蒸气通过双排管时能将润滑油带走，而且排气管道压力降亦应在允许范围内。

问题 2：氨压缩吸气坡度为何与其他制冷剂相反？

解答：氨制冷系统有自己的油系统，更多考虑干压缩的有利进行。

三、专题实训（推荐答题时间 60 分钟）

请将求解答案写于下表中，案例题在题目中书写解题过程

（单选题 1 分，多选题 2 分，案例题 2 分，合计 16 分）

单选题	1	2	3	4		得分
多选题	1	2	3	4	5	
案例题	1					

（一）单选题（每题 2 分，共 4 分）

1.【单选】有关冷库制冷剂管道的布置，下列说法符合规定的是哪一项？

(A) 低压侧管道直线段超过 50m 应设置一处管道补偿装置，并在适当位置设置导向和滑动支架

(B) 热气容霜用的热气管，应从制冷压缩机排气管除油装置以后引出，并在起端装设截止阀和压力表

(C) 在设计制冷剂管时，应考虑能从一个设备中将制冷剂抽走

(D) 对于跨越厂区道路的管道，在跨越段上必须装设阀门

2.【单选】关于制冷系统，下列说法错误的是哪一项？

(A) 气密性试验应采用干燥空气或氮气进行

笔记区

(B) 若制冷剂采用 R407C，则管道试验压力应大于或等于 1.5MPa

(C) 制冷管道易形成冷桥的部位应进行保冷

(D) 融霜用热气管应做保温

3.【单选】设计制冷剂管道系统时，对于管道坡度设置，正确的是下列哪一项？

(A) 压缩机吸气水平管（氟），坡向蒸发器

(B) 压缩机吸气水平管（氨），坡向压缩机

(C) 制冷压缩机排气管（氟），坡向压缩机

(D) 制冷压缩机排气管（氨），坡向油分离器

4.【单选】下列各项制冷剂管道设计原则，说法错误的是下列哪一项？

(A) 配管应尽可能短而直

(B) 管径选择合理，不允许有过大的压力降产生

(C) 输送液体的管段，不允许设计成 U 形

(D) 必须防止润滑油积聚在制冷系统的其他无关部分

(二) 多选题 (每题 2 分，共 10 分)

1.【多选】关于氟利昂制冷剂管道，下列说法正确的是哪几项？

(A) 公称直径为 16mm 时可选用黄铜管或紫铜管

(B) 对于多组蒸发器系统，应设计双吸气竖管

(C) 两台压缩机合用一台冷凝器且冷凝器在压缩机下方时，管道汇合处做成 45°Y 形三通

(D) 壳管式冷凝器到储液器的排液管上不应设置阀门

2.【多选】进行制冷剂管道安装，正确的要求应是下列哪几项？

(A) 供液管不应出现上凸的弯曲

(B) 吸气管不应出现下凹的弯曲

(C) 弯管不应使用焊接弯管及褶皱弯管

(D) 制作三通时，支管应按介质流向弯成 90°弧形与主管相连

3.【多选】某物流冷库设计制冷系统，采用 R507 制冷剂，下列有关制冷管道设计正确的是哪几项？

(A) 双级压缩中间冷却器的中压部分管道，管道设计压力采用 2.5MPa

(B) 双级压缩中间冷却器的中压部分管道，管道设计温度采用 150℃

笔记区

(C) 冻结物冷藏间，低压管道最低工作温度取−35℃
(D) 冷却加工间，低压管道的最低工作温度取−15℃

4.【多选】某氨气制冷系统，采用两台立式冷凝器，共用一台储液器，冷凝器与储液器之间设有进液阀，若该系统制冷量为900kW，则以下制冷剂管道设计错误的是哪几项?
(A) 管道内流速为0.5m/s
(B) 进液阀与冷凝器出液管间的高差为200mm
(C) 均压管道直径设计为20mm
(D) 储液器至蒸发器的管道可以经调节阀直接进入蒸发器

5.【多选】下列有关制冷剂系统的安全阀管道设计，正确的是哪几项?
(A) 安全阀的管道直径不应小于安全阀的公称通径
(B) 几个安全阀共用一根安全总管时，安全总管的面积不应小于各安全阀支管截面积之和
(C) 安全阀排放管应高于周围50m内最高建筑物（含冷库建筑）的屋脊5m，并有防雨罩和防止雷击、防止杂物落入泄压管内的措施
(D) 弹簧式安全阀给定的开启压力与制冷系统的工作条件、采用制冷剂的种类有关

(三) 案例题（每题2分，共2分）

1.【案例】某冷库的制冷系统采用氨作为制冷剂，采用立式冷凝器，安装在室外，冷凝器高度为1.8m，直径为1.2m，试计算设置于冷凝器上的安全阀口径 d 为下列何项?

(A) 8mm (B) 12mm (C) 16mm (D) 20mm

答案：[ ]

主要解题过程：

笔记区

四、专题实训参考答案及题目详解

参考答案

请将求解答案写于下表中，案例题在题目中书写解题过程
（单选题1分，多选题2分，案例题2分，合计16分）

单选题	1	2	3	4		得分
	B	B	D	C		
多选题	1	2	3	4	5	
	AB	ACD	ACD	ABC	BC	
案例题	1					
	B					

题目详解

（一）单选题

1. 根据《冷库规》第6.5.7.1条、第6.5.7.3条、第6.5.7.4条和第6.5.7.8条，选项ACD均错误，选项B正确。

2. 由《复习教材》P750中“（5）制冷系统的严密性试验”的内容可知，选项A正确；由表4.9-29可知，选项B错误；根据“（6）管道和设备的保冷、保温与防腐”的内容可知，选项CD均正确。

3. 根据《复习教材》P636～637，选项A错误，压缩机吸气管应坡向压缩机；选项C错误，压缩机排气管应坡向油分离器或冷凝器；选项B错误，压缩机吸气管应坡向蒸发器或液体分离器或储液器；选项D正确。

4. 根据《复习教材》P635，选项ABD正确，选项C错误，液管不允许设计成倒U形。

（二）多选题

1. 由《复习教材》P635，选项A正确；根据P636，选项B正确；选项C正确；选项D错误，可设置阀门，此时需保证阀门装在冷凝器下部出口处不少于200mm处。

2. 由《复习教材》P638“（2）制冷剂管道的安装要求”第3）条最后一句可知，选项A正确，选项B错误，回油管可以做成下凹的弯曲；根据第6）条第一款和第二款可知，选项CD正确。

3. 根据《冷库规》第6.5.2条，该管道属于低压侧，设计压力应采用1.8MPa，选项A错误；根据第6.5.3条，选项B错误，应为46℃；根据第6.5.4条，选项CD正确。

4. 根据《复习教材》P637，管内流速需要小于0.5m/s，才能实现两台冷凝器之间的压力平衡，选项A错误；最小高差为300mm，选项B错误；根据表4.4-2，选项C错误，900kW的系统均压管直径应采用25mm；根据（6）可知，选项D正确。

笔记区

5. 根据《复习教材》P638，选项AB正确；选项C错误，不含冷库建筑；根据P751，选项D正确。

(三) 案例题

1. 根据《复习教材》式(4.9-9)，得：

$$d = C_2(D \cdot L)^{0.5} = 8 \times (1.2 \times 1.8)^{0.5} = 11.75 \approx 12\text{mm}$$

笔记区

实训4.7 溴化锂吸收式制冷机组

一、专题提要

1.《复习教材》第4.5节

2. 溴化锂吸收式制冷的工作原理

3. 溴化锂吸收式制冷机的分类、特点及主要性能参数

4. 溴化锂吸收式冷水机组的结构特点及附加措施

5. 溴化锂吸收冷水机组设计选型及机房布置

二、备考常见问题

问题1：双效型溴化锂机组和直燃型溴化锂机组的区别是什么？

解答：直燃型溴化锂机组是双效型溴化锂机组的一种，高压发生器中，直接通过燃料的燃烧进行热量交换，其高压发生器实质上是一台溴化锂溶液锅炉。

问题2：第一类溴化锂吸收式热泵和第二类溴化锂吸收式热泵的能量转换关系是怎样的？

解答：第一类溴化锂吸收式热泵用于增加大量中温有用的热能，故称其为增热型；

第二类溴化锂吸收式热泵用于制取高温水，故称其为升温型。具体的能量转换关系见下图：

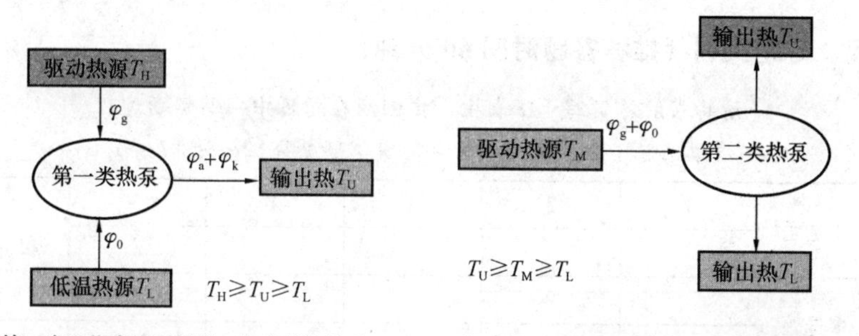

第一类吸收式热泵能量、温度转换关系　　第二类吸收式热泵能量、温度转换关系

三、案例真题参考

【例1】 某吸收式溴化锂制冷机组的热力系数为1.1，冷却水进出水温差为6℃，若制冷量为1200kW，则计算的冷却水量为多少？(2010-4-23)

(A) 165～195m³/h　　(B) 310～345m³/h

(C) 350～385m³/h　　(D) 390～425m³/h

【参考答案】 B

【主要解答过程】 根据《复习教材》式4.5-6可知：$\phi_g = \dfrac{\phi_0}{\xi} =$

笔记区

$\frac{1200}{1.1}=1091\text{kW}$。

根据热量平衡可知：$\phi_g+\phi_0=\phi_k+\phi_c$

冷却量 $Q=\phi_g+\phi_0=\phi_k+\phi_c=1200+1091=2291\text{kW}$。

$$G=\frac{Q}{c_p\cdot\Delta t}=\frac{2291}{4.18\times6}=91.3\text{kg/s}=329\text{m}^3/\text{h}$$

【例 2】 某商业综合体内办公建筑面积 13500m²、商业建筑面积 75000m²、宾馆面积 50000m²，其夏季空调冷负荷建筑面积指标分别为：90W/m²、140W/m²、110W/m²（已考虑各种因素的影响），冷源为蒸汽溴化锂吸收式制冷机组，市政热网供应 0.4MPa 蒸汽，市政热网的供热负荷是下列哪一项？（2012-4-06）

（A）46920～40220kW （B）31280～37530kW

（C）20110～21650kW （D）28150～23460kW

【参考答案】 C

【主要解答过程】 建筑总冷负荷为：$Q=(135000\text{m}^2\times90\text{W/m}^2+75000\text{m}^2\times140\text{W/m}^2+50000\text{m}^2\times110\text{W/m}^2)/1000=28150\text{kW}$。

0.4MPa 蒸汽双效型溴化锂吸收式制冷机组性能系数根据《蒸汽和热水型溴化锂吸收式冷水机组》GB/T 18431—2014 第 4.3.1 条表 1 可知，单位制冷量加热源耗量最大为 1.4kg/(h·W)；则市政热网供热负荷为：$Q'=28150\text{kW}\times1.4\times0.7=27587\text{kW}$。

四、专题实训（推荐答题时间 60 分钟）

请将求解答案写于下表中，案例题在题目中书写解题过程

（单选题 1 分，多选题 2 分，案例题 2 分，合计 17 分）

单选题	1	2	3	4	5	得分
多选题	1	2	3	4		
案例题	1	2				

（一）单选题（每题 1 分，共 5 分）

1.【单选】下列有关吸收式制冷与蒸汽压缩式制冷的比较，错误的是哪一项？

（A）蒸汽压缩式制冷是靠消耗电能转变为机械功来作为能量补偿

（B）吸收式制冷是消耗热能来完成这种非自发过程

（C）蒸汽压缩式制冷所使用的工质中，均属单一物质

(D) 吸收式制冷的工质是由两种沸点不同的物质组成的二元混合物

笔记区

2.【单选】下列不属于溴化锂吸收式制冷四大性能指标的是哪一个?

(A) 热力系数　　(B) 热力完善度

(C) 性能系数　　(D) 溶液循环倍率

3.【单选】有关溴化锂吸收式制冷原理，下列说法正确的是哪一项?

(A) 溴化锂为制冷剂

(B) 二元溶液的质量浓度是指水的质量与溶液总质量的比

(C) 若已知二元溶液的温度，即可确定其饱和蒸汽压力

(D) 在吸收器中，吸收剂吸收来自蒸发器的低压制冷剂蒸汽，变为稀溶液

4.【单选】直燃型溴化锂吸收式冷水机组进行试验需满足一定的试验条件，下列各项中不满足国家相关规范的是哪一项?

(A) 电源额定频率±1Hz，额定电压±10%

(B) 冷水出口温度7±0.5℃，流量为名义值±5%

(C) 冷却水入口温度30±0.3℃，流量为名义值±5%

(D) 燃料的发热量、压力等实际供应条件，误差范围±1%

5.【单选】下列有关溴化锂吸收式冷水机组的运行管理，说法错误的是哪一项?

(A) 通过放出或添加冷剂水调整溶液总量与浓度

(B) pH过高，添加HBr，pH过低，添加LiOH

(C) 按规定观察与记录相关压力与压差数值

(D) 停机期机内充入0.5MPa的氮气

(二) 多选题 (每题2分，共8分)

1.【多选】下列有关溴化锂吸收式制冷机的说法，错误的是哪几项?

(A) 单效型溴化锂吸收式制冷机可采用低位热能

(B) 单效型溴化锂吸收式制冷机的热力系数较低，不节能

(C) 当有较高温度的热源时，通常采用双效型溴化锂吸收式制冷机

(D) 在双效型机的高压发生器中，溶液的最高温度仅与热源温度有关

笔记区

2.【多选】对第一类和第二类溴化锂吸收式热泵机组的特点，正确的是哪几项?

（A）两者均是由驱动热源和发生器构成驱动热源回路；由低温热源和蒸发器构成低温热源回路

（B）第一类吸收式热泵产生中温有用热能的同时可以实现制冷

（C）第一类吸收式热泵供热性能系数大于第二类吸收式热泵

（D）第二类吸收式热泵的节能效果显著

3.【多选】关于溴化锂吸收式冷水机组的主要附加措施，下列做法正确的是哪几项?

（A）为了防止溶液对金属的腐蚀，可在机组长期不运行时充入氮气

（B）在机组中加入表面活性剂，有利于提高制冷能力，降低能耗

（C）系统必须设置抽气设备

（D）为了防止结晶，可采用低浓度溴化锂水溶液

4.【多选】溴化锂吸收式冷水机组由于安全措施错误或定位不当可能会产生危险，下列各项要求中，不属于为了避免此类危险而做的要求是哪一项?

（A）应有可靠的接地措施

（B）应有在供电情况异常时，确保安全的控制程序

（C）紧急情况时，应能迅速切断燃料的供给

（D）所有安全保护元器件应通过安全保护元器件动作试验确认正常

（三）案例题（每题2分，共4分）

1.【案例】制冷量为1700kW的溴化锂吸收式冷水机组，系统采用冷却水先进入吸收器再进入冷凝器的串联形式，吸收器进/出水温度为32℃/36℃，冷凝器进/出水温度为36℃/40℃，已知发生器热负荷为2500kW，其冷却水流量为下列何项? [水的密度1000kg/m^3，比热容4.18kJ/(kg·K)]

（A）183m^3/h （B）268m^3/h （C）452m^3/h （D）636m^3/h

答案：[ ]

主要解题过程：

笔记区

2.【案例】某吸收式溴化锂制冷机组，已知机组的放气范围约为3%，发生器出口的浓溶液与高压水蒸气的质量流量之比为11∶1，试求发生器出口溶液浓度为下列何项？

(A) 30%　　(B) 33%　　(C) 36%　　(D) 39%

答案：[　　]

主要解题过程：

五、专题实训参考答案及题目详解

参考答案

（单选每题1分，多选每题2分，案例每题2分，合计17分）

单选题	1	2	3	4	5	得分
	C	C	D	B	D	
多选题	1	2	3	4		
	BD	ABCD	ABC	ABC		
案例题	1	2				
	C	C				

题目详解

(一) 单选题

1. 由《复习教材》P643“(1)吸收式制冷与蒸汽压缩式制冷的比较”第1)条可知，选项AB正确；根据第2)条可知，选项C错误，选项D正确，除混合工质外均属于单一工质。

2. 由《复习教材》P648最后一句：溴化锂吸收式制冷的四大性能指标指的就是热力系数、热力完善度、放气范围和溶液循环倍率。四大指标为常考点。

3. 由《复习教材》P644，溴化锂-水工质对，水为制冷剂，选项A错误；根据式(4.5-5)，选项B错误；根据P642最后一句及P642第一句，除了温度还需要知道浓度才能确定饱和蒸汽压力，选项C错误；根据图4.5-1及右侧的原理说明，溴化锂-水工质对，水为制冷剂，在吸收器中，溴化锂吸收了水后变为稀溶液，选项D正确，要注意的是，吸收水以后，成为制冷剂浓度较高的二元溶液，不是浓溶液。

4. 根据《直燃型溴化锂吸收式冷(温)水机组》GB/T 18362—2008第6.1.1条、第6.1.3条及第6.1.5条，选项ACD正确，根据第6.1.2条，选项B错误。

笔记区

5. 根据《复习教材》表4.5-11可知，选项D错误，应为0.1～0.2MPa的氮气。

(二) 多选题

1. 根据《复习教材》第4.5.2节（1）内容，由第1）款可知，选项A正确；在有余热，废热等，特别三联供中配套使用，有明显的节能效果，选项B错误；由第2）款的第一段内容可知，选项C正确；根据第2）宽倒数第二段内容可知“……与溶液的压力也有关”，故选项D错误。

2. 由《复习教材》P651可知，选项A正确；由P651内容可知，选项B正确；由表4.5-1可知，选项C正确；由表4.5-1下方段落内容可知，选项D正确。

3. 由《复习教材》P65可知，选项A正确；由“（2）提高制冷效率”第一段内容可知，选项B正确；由“（3）抽气设备”第一段内容可知，选项C正确；由“（4）防止结晶问题”第一段内容可知，选项D错误，溴化锂水溶液的温度过低或浓度过高均容易发生结晶。

4. 由《溴化锂吸收式冷（温）水机组安全要求》GB 18361—2001表1可知，选项AB为避免电气危险的要求，选项C为避免使用燃料导致火灾、爆炸、吸入有害气体的危险的要求，选项D属于避免安全措施错误或定位不当产生危险的要求。

(三) 案例题

1. 根据热量平衡原理，吸热量=散热量，即蒸发器吸热+发生器吸热=吸收器散热+冷凝器散热。

冷却水冷却热负荷 $Q=\varphi=\varphi_0=1700+2500=4200\text{kW}$

冷却水流量 $G=\dfrac{Q}{\rho c_p(t_{w1}-t_{w2})}=\dfrac{4200\times3600}{1000\times4.18\times(40-32)}=452\text{m}^3/\text{h}$

2. 根据《复习教材》式（4.5-12），发生器进出溶液质量守恒，有 $m_3=m_7+m_4$。

根据式（4.5-15）及式（4.5-16），得：

$$f=\frac{m_3}{m_7}=\frac{m_7+m_4}{m_7}=\frac{\xi_s}{\xi_s-\xi_w}=\frac{\xi_s}{\Delta\xi}$$

根据题目条件，$m_4=11m_7$，故 $\xi_s=\Delta\xi\times\dfrac{m_7+m_4}{m_7}=3\%\times\dfrac{m_7+11m_7}{m_7}=36\%$。

笔记区

实训 4.8 蓄冷技术及应用

一、专题提要

1.《复习教材》第 4.7 节

2. 蓄冷技术的基本原理

3. 蓄冷系统的组成及设置原则

二、备考常见问题

问题 1：双工况制冷机是可以同时可以进行制冰工况和空调工况的机组吗？

解答：不是，双工况制冷机是在空调工况和制冰工况下均能稳定运行的制冷机

问题 2：全负荷蓄冰和部分负荷蓄冰的区别？

解答：全负荷蓄冰工况如下图所示：

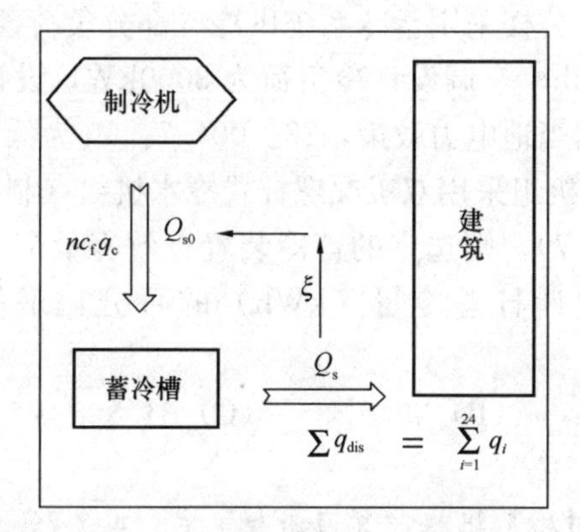

蓄冰装置有效容量：$Q_s = \sum_{i=1}^{i=n} q_{dis} = \dfrac{n_1 q_c c_f}{\xi}$

蓄冰装置名义容量：$Q_{s0} = \xi \cdot Q_s = n_1 q_c c_f$

部分负荷蓄冰工况如下图所示：

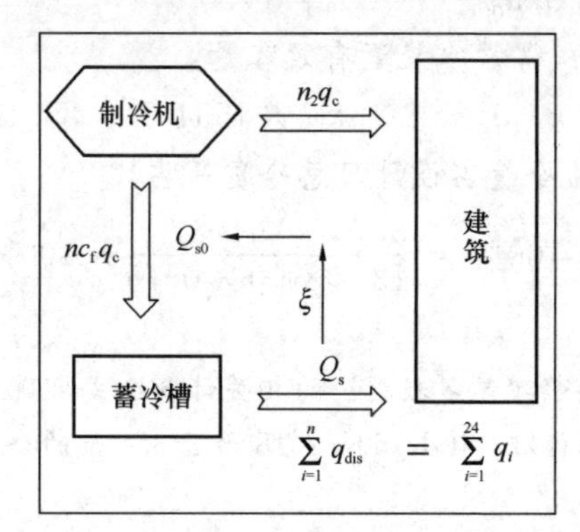

蓄冰装置有效容量：$\sum_{i=1}^{24} q_i = \sum_{i=1}^{n} q_{dis} + n_2 q_c = q_c\left(n_2 + \dfrac{n_1 \cdot c_f}{\xi}\right) =$

笔记区

$$\frac{n_1 \cdot c_f \cdot q_c}{\xi} + n_2 q_c = \left(\frac{n_1 \cdot c_f}{\xi} + n_2\right) q_c$$

三、案例真题参考

【例 1】 某办公楼空调制冷系统拟采用水蓄冷方式，空调日总负荷为 54000kWh，峰值冷负荷为 8000kW，分层型蓄冷槽进出水温差为 8℃，容积率为 1.08。若采用全负荷蓄冷，计算蓄冷槽容积值为下列何项?

(A) 1050～1200m³　　(B) 1300～1400m³

(C) 7300～8000m³　　(D) 8500～9500m³

【参考答案】 C

【主要解题过程】 根据《复习教材》式 (4.6-10)，有:

$$V = \frac{Q_s P}{1.163\eta\Delta t} = \frac{54000 \times 1.08}{1.163 \times (0.8 \sim 0.85) \times 8} = 7835 \sim 7374\text{m}^3$$

【例 2】 某办公楼采用蓄冷系统供冷（部分负荷蓄冰方式），空调系统全天运行 12h，空调设计冷负荷为 3000kW，设计日平均负荷系数为 0.75。根据当地电力政策，23：00～7：00 为低谷电价，当进行夜间制冰，冷水机组采用双工况螺杆式冷水机组（制冰工况下制冷能力的变化率为 0.7），则选定的蓄冷装置有效容量全天所提供的总冷量（kWh）占设计日总冷量（kWh）的百分比最接近下列何项? (2016-4-23)

(A) 25.5%　(B) 29.6%　(C) 31.8%　(D) 35.5%

【参考答案】 C

【主要解题过程】 根据《复习教材》式 (4.7-7) 得制冷机标定制冷量:

$$q_c = \frac{\sum_{i=1}^{24} q_i}{n_2 + n_i c_f} = \frac{12 \times 3000 \times 0.75}{12 + 8 \times 0.7} = 1534.1\text{kW}$$

由式 (4.7-6) 得蓄冰装置有效容量:

$$Q_s = n_i c_f q_c = 8 \times 0.7 \times 1534.1 = 8591\text{kWh}$$

蓄冷装置供给冷量占设计日总冷负荷占比

$$x = \frac{Q_s}{\sum_{i=1}^{24} q_i} \times 100\% = \frac{8591}{12 \times 3000 \times 0.75} \times 100\% = 31.8\%$$

说明: 此题按照《复习教材》的相关计算公式可得出正确答案；按照《蓄能空调工程技术标准》JGJ 158—2018 第 3.3.1 条的公式计算无解，故不再做考虑。

四、专题实训（推荐答题时间60分钟）

笔记区

请将求解答案写于下表中，案例题在题目中书写解题过程
（单选题1分，多选题2分，案例题2分，合计21分）

单选题	1	2	3	4	5	得分
多选题	1	2	3	4	5	
案例题	1	2	3			

（一）单选题（每题1分，共5分）

1.【单选】下列有关蓄冷技术优缺点的说法，错误的是哪一项？

（A）用户安装蓄冷装置后，用于空调供冷的制冷机装机容量可以得到减小

（B）空调蓄冷系统以谷补峰，可以实现燃煤发电环节的节能减排

（C）采用大型冰蓄冷装置可以促进实现区域供冷的能源项目得到发展

（D）蓄冷技术可以降低用电负荷，应积极采用

2.【单选】下列有关蓄冷技术的分类特点，说法错误的是哪一项？

（A）常用空调蓄冷技术以介质区分可分为水蓄冷和冰蓄冷

（B）水蓄冷的水槽结构分层时采用圆柱形最佳

（C）冰蓄冷从制冷系统结构上可分为直接蒸发和间接载冷剂式

（D）冰蓄冷根据制冰方式的不同，可分为静态型制冰和动态型制冰

3.【单选】冰蓄冷系统，蓄冷周期内仍有连续空调负荷，下列哪种情况需要设置基载制冷机？

（A）基载负荷小于制冷主机单台空调工况制冷量的30%

（B）基载负荷超过制冷主机单台空调工况制冷量的20%

（C）基载负荷下的空调总冷量不足设计蓄冰冷量的10%

（D）基载负荷下的空调总冷量不超过350kW

4.【单选】关于蓄冷系统的说法，错误的是下列选项中的哪一项？

（A）冰蓄冷系统通常能够节约运行费用但不能节约能耗

笔记区

(B) 停机时段附加冷负荷采用动态、负荷模拟计算软件对间歇期和空调运行期进行模拟计算
(C) 停机时段附加冷负荷按照《民用建筑供暖通风与空气调节设计规范》GB 50736—2012 第 8.7.2 条条文说明提供的表格计算
(D) 冰蓄冷系统采用冷机优先策略可最大幅度节约运行费用

5.【单选】下列关于蓄冷空调系统的负荷计算，错误的应是下列选项中的哪一项?
(A) 按照《民用建筑供暖通风与空气调节设计规范》GB 50736—2012 的相关规定计算，并计算蓄冷-释冷周期内的逐时负荷
(B) 蓄冷-释冷周期的逐时负荷平衡计算时，应计入蓄冷装置、冷水管路和其他设备的得热量，及转化为空调系统得热的水泵发热量
(C) 蓄冷系统的水泵附加得热包括：水泵向环境的散热、振动损失；直接产生水系统的温升；转化成了水系统的动能和势能
(D) 间歇运行的蓄冷空调系统负荷计算时，应计入空调停机时段累计得热量所形成的附加冷负荷

(二) 多选题 (每题 2 分，共 10 分)

1.【多选】下列有关水蓄冷及冰蓄冷的特点，说法错误的是哪几项?
(A) 水蓄冷需使用专用的空调冷水机组
(B) 当水蓄冷系统的蓄冷水池为蓄冷、蓄热共用水池时，可与消防水池共用。
(C) 冰蓄冷的蓄冷贮槽比水蓄冷大
(D) 冰蓄冷对制冷机有专门要求

2.【多选】上海市某一工厂车间采用冰蓄冷空调系统，下列有关其系统形式选择，说法正确的是哪几项?
(A) 若该空调系统采用“制冷机上游”的串联系统，有利于制冷剂的高效率与节电运行
(B) 若车间内的温度波动范围小，可考虑“制冷机下游”的方式
(C) 并联系统常用于大温差冷水系统
(D) 若采用低温送风技术，则宜采用“制冷机上游”的串联系统

笔记区

3.【多选】下列有关冰蓄冷系统的设置原则的说法正确的是哪几项?

(A) 仅局部有低温送风要求时，可将部分载冷剂直接送至空调表冷器

(B) 冷媒蒸发温度要高

(C) 结冰体积占储冰槽体积的比率要高，以减少冷损失

(D) 系统 *COP* 不应低于 2.2

4.【多选】如右图所示某冰蓄冷系统采用并联单板式换热器系统，载冷剂采用25%的乙烯乙二醇溶液，该系统辅助设备选择要求不合理的是哪几项?（V1～V3 电磁阀，P1 冷机泵，P2 融冰泵）

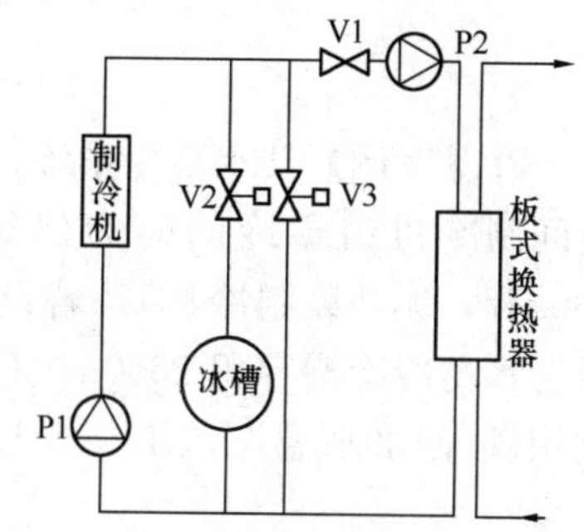

第 4 题图

(A) 冷机泵 P1 的扬程按（制冷机＋冰贮槽回路）阻力确定

(B) 融冰泵 P2 的扬程按冰贮槽＋板式换热器的回路阻力确定

(C) 当空调系统较小时，可取消板式换热器，采用乙烯乙二醇溶液直接供冷

(D) 冰槽蓄冷时，阀门 V1、融冰泵 P2 关闭，阀门 V2、V3 及冷机泵 P1 开启。

5.【多选】下列有关蓄冷空调系统冷负荷的表述正确的是哪几项?

(A) 应对蓄冷空调系统一个蓄冷—释冷周期的冷负荷进行逐时计算

(B) 冷媒蒸发温度要高，蓄冷空调系统冷负荷计算方法应符合现行国家标准的有关规定

(C) 蓄冷—释冷周期内逐时负荷中，应计算入水泵的发热量以及蓄冷槽和冷水管路的得热量

(D) 间歇运行的蓄冷空调系统符合计算时，应计算初始降温冷负荷

(三) 案例题（每题 2 分，共 6 分)

1.【案例】某办公楼空调制冷系统拟采用冰蓄冷方式，制冷系统的白天运行 10h，当地谷价电时间为 23：00～7：00，计算日总冷负荷 Q=53000kWh，采用部分符合蓄冷方式（制冷剂制冰时制冷能力

笔记区

变化率 C_f＝0.7)，则蓄冷装置有效容量为下列何项？

(A) 5300～5400kWh

(B) 7500～7600kWh

(C) 19000～19100kWh

(D) 23700～23800kWh

答案：[　　]

主要解题过程：

2.【案例】某水蓄冷系统，白天制冷机组与蓄冷水池联合供冷，夜间制冷机组蓄冷同时为建筑供冷（夜间工况 6h，空调冷负荷 300kW，无基载制冷机)。若设计初步选型采用 3 台 1700kW 冷机，设置水蓄冷冷槽容积 2600m³（容积率 1.08，蓄冷槽效率 0.85)，可利用供/回水水温 7℃/17℃，试计算该蓄冷水槽有效设计蓄冷量为多少？

(A) 23000kWh　　(B) 23800kWh

(C) 24800kWh　　(D) 28800kWh

答案：[　　]

主要解题过程：

3.【案例】上海市某工厂生产工艺需要－2℃/6℃的冷水，采用低温主机总供冷量为 3400kW，载冷剂采用 25％的乙烯乙二醇溶液，试问水泵的容量应为下列何项？(不考虑余量系数)

(A) 364m³/h　(B) 382m³/h　(C) 399m³/h　(D) 418m³/h

答案：[　　]

主要解题过程：

五、专题实训参考答案及题目详解

笔记区

参考答案

（单选每题1分，多选每题2分，案例每题2分，合计21分）

单选题	1	2	3	4	5	得分
	D	A	B	D	C	
多选题	1	2	3	4	5	
	ABC	ABD	ABC	AD	ABCD	
案例题	1	2	3			
	C	B	C			

题目详解

（一）单选题

1. 根据《复习教材》第4.7.1节中第1，2，3条可知，选项ABC正确；选项D表述不准确，应根据项目及电力条件合理选用。

2. 根据《复习教材》P683可知，蓄冷技术以介质区分有三大类：水蓄冷、冰蓄冷和共晶盐蓄冷，选项A错误；根据表4.7-1，选项B正确；根据P683倒数第二段可知，选项C正确；根据表4.7-3下方文字部分可知，选项D正确。

3. 根据《复习教材》P688，“（2）冰蓄冷系统的设置原则”中2）可知，选项B正确。

4. 根据《复习教材》P684可知，蓄冷机组由于蒸发温度低，机组效率低于常规制冷机组，再加上蓄冷损耗，因此不能节约电耗，但是由于峰谷电价的影响，能够节约运行费用；根据表4.7-6表注部分可知，选项BC正确；根据P700“6. 冰蓄冷系统运行控制策略的优化措施”（1）可知，选项D错误。

5. 根据《蓄冷空调工程技术标准》JGJ 158—2018第3.2.2条可知，选项A正确；由第3.2.4条可知，选项B正确，选项C错误；由第3.2.5条可知，选项D正确。

（二）多选题

1. 根据《复习教材》P684倒数第三段内容可知，选项AB错误，水蓄冷可采用常规空调的冷水机组，水蓄冷不用于蓄热时可与消防水池共用；根据P684倒数第一段可知，选项C错误，选项D正确，选项C中冰蓄冷由于蓄冷密度大，故冰蓄冷贮槽小。

2. 根据《复习教材》P687可知，选项ABD正确；根据倒数第三段可知，并联系统通常用于乙二醇溶液温差为5℃的场合，一般大于常规5℃的温差或7℃以上温差为大温差。

3. 根据《复习教材》P688“（2）冰蓄冷系统的设置原则”第3）条第③款，选项A正确；由第4）条第5）条可知，选项BC正确；

笔记区

根据第 10）条可知，选项 D 错误，系统 *COP* 值不应低于 2.5。

4. 由题意可定位至《复习教材》P697～P700 有关冰蓄冷系统选择和冰蓄冷系统辅助设备的选择相关内容。由表 4.7-14 可知，选项 A 为冷机泵 P1 扬程的常规方法，根据 P697 第 1 行内容可知，这种方法当制冷机单独运行时，流量偏大，因此需要改进，故选项 A 的方法不合理。冷机泵扬程的选择即为表 4.7-14 两种改进方法。由表 4.7-14 可知，融冰泵 P2 的扬程选择即为选项 B 内容。由 P699 下方“2）热交换器的选型”内容可知，选项 C 正确。蓄冰工况时，保证制冷机与冰槽环路开启，其他环路关闭，因此 P1 和 V2 开启，其他并联分支 V3、V1 和 P2 均关闭。选项 D 错误，V3 应关闭，否则 V3 对冰槽形成短路。

5. 根据《蓄能空调工程技术标准》JGJ 158—2018 第 3.3.1 条可知，选项 AC 正确，选项 B 错误；由第 3.3.2 可知，选项 D 错误。

（三）案例题

1. 根据《复习教材》P691，得：

$$q_{\mathrm{c}}=\frac{\sum_{i=1}^{24}q_i}{n_2+n_i\cdot c_{\mathrm{f}}}=\frac{53000}{10+8\times 0.7}=3397.4\mathrm{kW}$$

$$Q_{\mathrm{s}}=n_i c_{\mathrm{f}} q_{\mathrm{c}}=8\times 0.7\times 3397.4=19025.6\mathrm{kWh}$$

2. 由题意，按《复习教材》式（4.7-11）计算蓄冷水槽有效设计蓄冷量为：

$$Q_{取}=\frac{1.163V\eta\Delta t}{P}=\frac{1.163\times 2600\times 0.85\times(17-7)}{1.08}=23798.4\mathrm{kWh}$$

3. 根据《复习教材》式（4.7-14），得：

$$L\approx\frac{Q}{3.83\Delta t}=\frac{3400}{3.83\times(6+2)}\times\frac{3600}{1000}=399\mathrm{m^3/h}$$

笔记区

实训4.9 冷库专题实训

一、专题提要

1.《复习教材》第4.8节

2. 冷库的设计的基础知识

3. 冷库制冷系统设计及设备的选择计算

二、备考常见问题

问题1：冷库围护结构热流量的计算中，如何选取室外设计温度？

解答：详见下表：

分类	室外计算温/湿度
计算围护结构热流量	夏季空气调节室外计算日平均温度
计算围护结构最小热阻	最热月的平均相对湿度
计算开门热流量和冷间通风热流量	夏季通风室外计算温度/夏季通风室外计算相对湿度

问题2：冷库的吨位计算中需要注意哪些要求？

解答：需要考虑冷库体积、容积利用系数、食品密度等因素，特别需注意对于进货量是在计算吨位的基础上进行确定的。

三、案例真题参考

【例1】 某水果冷藏库的总贮藏量为1300t，带包装的容积利用系数为0.75，该冷藏库的公称容积正确的是下列哪一项？（2012-3-24）

(A) 4160～4570m³　　(B) 4950～4960m³

(C) 46190～6200m³　　(D) 7530～7540m³

【参考答案】 B

【主要解答过程】 依据《冷库规》第3.0.6条及《复习教材》式(4.8-11)冷库吨位计算：

$$G=\frac{V\rho h}{1000}=\frac{500\times 230\times 0.4\times 0.8}{1000}=36.8\text{t}$$

其中，η为冷库体积利用系数，取0.75；ρ为食品计算密度，根据《复习教材》表4.8-17查得350kg/m³，则有：

$$V=\frac{1000G}{\rho\eta}=\frac{1000\times 1300}{350\times 0.75}=4952.4\text{m}^3$$

【例2】 1t含水率为60%的猪肉从15℃冷却至0℃，需用时1h，货物耗冷量应为下列何项？（2014-4-24）

笔记区

(A) 11.0～11.2kW (B) 13.4～13.6kW

(C) 14.0～14.2kW (D) 15.4～15.6kW

【参考答案】 B

【主要解题过程】 根据《复习教材》式（4.8-1）、式（4.8-4）、式（4.9-1）：猪肉在冻结点以上，则猪肉的冻结点比热容为：

$$C_r = 4.19 - 2.30X_s - 0.628X_s^3$$
$$= 4.19 - 2.30 \times 0.4 - 0.628 \times 0.4^3$$
$$= 3.23\text{kJ/(kg·K)}$$

货物耗冷量：$Q = \dfrac{1}{3.6}\left[\dfrac{M\Delta t C_r}{t}\right] = \dfrac{1}{3.6}\left[\dfrac{1 \times (15-0) \times 3.23}{1}\right] =$ 13.5kW。

四、专题实训（推荐答题时间70分钟）

请将求解答案写于下表中，案例题在题目中书写解题过程

（单选题1分，多选题2分，案例题2分，合计23分）

	1	2	3	4	5	6	7	得分
单选题								
	1	2	3	4				
多选题								
	1	2	3	4				
案例题								

（一）单选题（每题1分，共7分）

1.【单选】以下说法中，属于差压式冷却特点的是哪一项？

(A) 冷却速度快，冷却均匀，保鲜时间长

(B) 能耗低、食品干耗大，库房利用率偏低

(C) 损耗小，操作方便，适用于叶类蔬菜

(D) 冷却速度较快，无干耗

2.【单选】在设计冷库制冷系统的自动控制系统时，关于温度传感器的布置，说法错误的是哪一项？

(A) 冷藏间温度传感器的位置宜设置在靠近外墙处和冷藏间的中部

(B) 冻结间内温度传感器宜设置在空气冷却器回风口一侧，安装高度不宜低于1.8m

(C) 冷却间内温度传感器宜设置在空气冷却器回风口一侧，安装高度不宜低于1.8m

(D) 建筑面积大于50m^{2}的冷间，温度传感器数量不宜少于2个

笔记区

3.【单选】下列关于冷间冷却设备的选型，错误的是哪一项？

(A) 冷却间的冷却设备应采用空气冷却器

(B) 冷却物冷藏间的冷却设备应采用空气冷却器

(C) 包装间的冷却设备宜采用空气冷却器

(D) 冻结物冷藏间的冷却设备宜采用顶排管、墙排管

4.【单选】热氨除霜是将冷凝器排出的热氨转向需除霜的空气冷却器的管路，其他空气冷却器照常制冷运行的一种除霜方法，下列有关热氨除霜系统设计不合理的是哪一项？

(A) 每个需要热氨冲霜的库房，必须设置单独的热氨阀和排液阀

(B) 热氨总管及热氨分配站应设有压力表

(C) 融霜用热氨管应连接在除油装置之前，以防止制冷压缩机润滑油进入系统

(D) 热氨融霜时，系统压力一般控制在0.6～0.8MPa

5.【单选】下列有关冷库设计室外气象参数选取，错误的是哪一项？

(A) 计算冷间通风换气流量时，室外计算温度采用夏季通风室外计算温度

(B) 计算冷间围护结构热流时，室外计算温度采用夏季空调室外计算日平均温度

(C) 计算冷间开门热流量时，室外计算相对湿度采用夏季空调室外计算相对湿度

(D) 计算冷间最小总热阻时，室外计算相对湿度采用最热月的平均相对湿度

6.【单选】下列有关冷库的隔热材料的要求，哪一项是不正确的？

(A) 导热系数宜小

(B) 正铺贴于地面、露面的隔热材料，其抗压强度不应小于0.35MPa

(C) 易于现场施工

(D) 宜为难燃或不燃材料，且不易变质

7.【单选】下列有关保证气调库气密性的措施不合理的是哪一项？

(A) 穿越围护结构的管线采用气密性做法且采用柔性连接

(B) 围护结构防潮层外采用聚氨酯现场发泡

笔记区

(C) 采用密闭性良好的门窗

(D) 与地坪相接时，设置防潮隔汽层，另连续铺设 0.1mm 厚 PVC 薄膜

(二) 多选题 (每题 2 分，共 8 分)

1. 【多选】下列有关冷库热工计算参数选取不合理的有哪几项?

(A) 计算冷间围护结构热流量时，室外计算温度应采用夏季空调室外计算日平均温度

(B) 邻室为冷却间或冻结间时，计算内墙外侧的计算温度应按 10℃计算

(C) 冷间地面隔热层下设有加热装置时，其外侧温度按高出邻室 1～2℃计算

(D) 计算冷间围护结构最小总热阻时，室外计算相对湿度应采用最热月的平均相对湿度

2. 【多选】某冷库冷间空气冷却器采用水除霜系统，以下说法错误的是哪几项?

(A) 适用于各冷间的空气冷却器

(B) 空气冷却器冲霜配水装置前的自由水头应满足冷风机要求，但进水压力应大于 49kPa

(C) 冲霜给水管应有坡度，坡向空气冷却器

(D) 速冻装置的冲霜水宜回收利用

3. 【多选】对某食品加工厂的冻结间设计空调系统，下列关于气流组织的设计正确的是哪几项?

(A) 悬挂白条肉的冷却间，气流应均匀下吹，肉片间平均风速应为 0.5～1.0m/s

(B) 悬挂白条肉的冷却间，采用两段冷却工艺，第一段风速宜为 2.0m/s，第二段风速宜为 1.5m/s

(C) 悬挂白条肉的冷却间，气流应均匀下吹，肉片间平均风速宜为 1.5～2.0m/s

(D) 盘装食品的气流应均匀横吹，盘间平均风速宜为 1.0～3.0m/s

4. 【多选】关于不同冷间制冷系统低压侧管道的最低工作温度，下列符合规定的是哪几项?

(A) 产品冷加工最低工作温度为－15℃

(B) 冷却物冷藏间最低工作温度为－15℃

(C) 冻结物冷藏间最低工作温度为－35℃

笔记区

(D) 快速制冰及冰库最低工作温度为−48℃

(三) 案例题 (每题2分，共8分)

1.【案例】某冷库的冻结间设有4台搁架式冻结设备，每台设备能够放置12件托盘，现有一批猪肉需要进行冷加工，已知每个托盘能装猪肉20kg，货物的加工时间为2h，则该冻结间每日的冷加工能力应是下列哪一项?

(A) 2.1~3.0t　　(B) 4.1~5.0t

(C) 11.1~12.0t　　(D) 14.1~15.0t

答案: [　　]

主要解题过程:

2.【案例】上海某食品工厂，每年9月份为生产旺季，该工厂内有A和B两个冻结间，库温设计均为−18℃，两个冷间共用一套直接冷却系统，蒸发温度设计相同，已知同期换气次数为$0.8h^{-1}$，A冷间围护结构热流量为3kW，货物热流量为2.2kW，通风热流量为2.9kW，货物冷却时的呼吸热流量为1kW，电动机热流量为1.5kW，操作热流量为2kW，B冷间围护结构热流量为2kW，货物热流量为1.7kW，通风热流量为2.3kW，冷却时的呼吸热流量为0.6kW，电动机热流量为1.2kW，冷间操作热流量为1.5kW，则该系统机械负荷为下列哪一项?

(A) 15.1~16.0kW　　(B) 16.1~17.0kW

(C) 18.1~19.0kW　　(D) 19.1~20.0kW

答案: [　　]

主要解题过程:

3.【案例】天津(北纬39°)某食品生产工厂，每年5月份为生产旺季，该工厂内有A和B两个冻结间(无人员长期停留)，库温设计均为−10℃，两个冷间共用一套直接冷却系统，蒸发温度设计相同，A冷间围护结构热流量为2.4kW，货物热流量为1.7kW，电动机热流量为1.5kW，B冷间围护结构热流量为2.2kW，货物热流量

笔记区

为1.9kW，电动机热流量为1.5kW，则该系统机械负荷为下列哪一项?

(A) 10～12kW (B) 13～15kW

(C) 17～19kW (D) 20～22kW

答案：[ ]

主要解题过程：

4.【案例】已知某氨泵供液的氨制冷系统的压缩机理论输气量为540m^3/h，压缩机输气系数为0.73，采用一台单进口卧式低压循环储液器，则低压循环储液器的直径选择合适的应为下列哪一项?

(A) 500mm (B) 600mm (C) 700mm (D) 800mm

答案：[ ]

主要解题过程：

五、专题实训参考答案及题目详解

参考答案

（单选每题1分，多选每题2分，案例每题2分，合计23分）

单选题	1	2	3	4	5	6	7	得分
	B	D	D	C	C	B	C	
多选题	1	2	3	4				
	BC	ABD	CD	ABC				
案例题	1	2	3	4				
	C	B	A	D				

题目详解

(一) 单选题

1. 根据《复习教材》表4.8-5，选项AC是真空冷却的特点，选项B为差压式冷却的特点，选项D是冷水冷却的特点。

2. 根据《复习教材》P751第5段“监测系统能……”，选项ABC正确，选项D错误，面积大于100m^2的冷间温度传感器不宜少于2个。

笔记区

3. 根据《冷库规》第 6.2.6 条可知，选项 ABC 均正确，选项 D 错误。

4. 根据《复习教材》表 4.9-24 下方文字可知，选项 C 错误，融霜用热氨管应连接在除油装置之后。

5. 根据《冷库规》第 3.0.7 条，选项 C 应采用夏季通风室外计算相对湿度。

6. 根据《冷库规》第 4.3.1 条可知，选项 B 错误。

7. 根据《复习教材》表 4.8-23，选项 C 应采用专用于气调库的门窗。

(二) 多选题

1. 根据《复习教材》P722 可知，选项 B 错误，对于邻室为冷却间或冻结间时，内墙外侧计算温度取该类冷间空库保温温度；选项 C 错误，设有加热装置时，外侧温度按 1～2℃计算。

2. 根据《复习教材》表 4.9-24，水除霜仅适用于大于－4℃的冷风冻结室的空气冷却器，选项 A 错误；根据 P748 第二行可知，选项 B 错误，不应小于 49kPa；根据 P748 第 5 行，选项 C 正确；根据 P748 第 10 行可知，选项 D 错误，速冻装置冲霜水宜采用一次性用水。

3. 题目问的是冻结间，根据《冷库规》第 6.2.15.2 条和 6.2.15.3 条，选项 AB 错误，CD 正确。

4. 根据《冷库规》第 6.5.4 条表 6.5.4 可知，选项 BC 均正确，选项 D 错误，选项 A 错在冷加工包括冷却加工、冷冻加工、速冻等。

(三) 案例题

1. 根据《复习教材》式 (4.8-13)，每台设备的冷加工能力为：

$$G_d = \left(\frac{NG'_g}{1000}\right)\times\left(\frac{24}{\tau}\right) = \left(\frac{12\times20}{1000}\right)\times\left(\frac{24}{2}\right) = 2.88\text{t}$$

冻结间共有 4 台冻结设备，故每日的冷加工能力：$G_{总} = 4G_d = 4\times2.88 = 11.52\text{t}$。

2. 根据《民规》附录 A，上海处于北纬 31°，由《冷库规》表 6.1.2 或《复习教材》表 4.9-4 查得，$n_1=0.88$，冻结间属于冷加工间，根据《冷库规》6.1.3 条或《复习教材》表 4.9-5 查得 $n_2=1$，根据《冷库规》6.1.4 条，$n_4=1$，冻结间不考虑操作热流量，根据《冷库规》式 (6.1.2) 或《复习教材》式 (4.9-6) 可知：

$$\begin{aligned}Q &= (n_1\sum Q_{1,i} + n_2\sum Q_{2,i} + n_3\sum Q_{3,i} + n_4\sum Q_{4,i})R\\ &= [0.88\times(3+2)+1\times(2.2+1.7)+0.8\times(2.9+2.3)\\ &\quad +1\times(1.5+1.2)]\times1.07\\ &= 16.2\text{kW}\end{aligned}$$

笔记区

3. 由《冷库规》表 6.1.2 查得，$n_1=0.79$。冻结间属于冷加工间，根据6.1.3条，$n_2=1$。根据《复习教材》式（4.9-2）的注，无呼吸的食品和无人员长期停留的冷间不考虑冷间的通风换气热流量。根据《冷库规》第 6.1.4 条，$n_4=1$。根据《冷库规》第 6.1.1 条冻结间不考虑操作热流量。

根据《冷库规》式（6.1.2），有：

$$\begin{aligned}Q&=(n_1\sum Q_1+n_2\sum Q_2+n_4\sum Q_4)R\\&=[0.79\times(2.4+2.2)+1\times(1.7+1.9)\\&\quad+1\times(1.5+1.5)]\times1.07\\&=11\text{kW}\end{aligned}$$

4. 根据《复习教材》式（4.9-12），由于采用单进口卧室低压循环储液器，故有：

$$W_d=0.8,\ \xi_d=0.3,n_d=1$$

$$d_d=\sqrt{\frac{4\lambda V}{3600\pi W_d\xi_d n_d}}\geqslant\sqrt{\frac{4\times0.73\times540}{3600\times3.14\times0.8\times0.3\times1}}=0.762\text{m}$$

低压循环储液器的直径选择应大于762mm，选项D正确。

笔记区

实训4.10 绿 色 建 筑

一、专题提要

1.《复习教材》第5章

2. 绿色建筑基本知识

3. 绿色建筑相关规范

二、备考常见问题

问题1：绿色民用建筑和绿色工业建筑的相关要求是否存在共性？

解答：二者的使用性不同，故不需要综合考虑。绿色民用建筑的核心是实现"绿色性能"，以"四节一环保"为基本约束，"以人为本"为核心要求，对建筑的安全耐久、健康舒适、生活便利、资源节约（节能、节地、节水、节材）和环境宜居等方面的综合性能评价；绿色工业建筑的定义为"在建筑的全寿命周期内，能够最大限度地节约资源（节能、节地、节水、节材）、减少环境污染、保护环境，提供适用、健康、安全、高效使用空间的工业建筑"

问题2：绿色建筑的总分是否为固定分数？

解答：绿色建筑的总得分由控制项基础分值和评价指标体系的5类指标以及提高与创新加分得分共同组成。

三、专题实训（推荐答题时间30分钟）

请将求解答案写于下表中，案例题在题目中书写解题过程

（单选题1分，多选题2分，案例题2分，合计15分）

单选题	1	2	3	4	5	得分
多选题	1	2	3	4	5	

（一）单选题（每题1分，共5分）

1.【单选】下列选项符合绿色建筑设计要求的是哪一项？

（A）矩形空调通风干管的宽高比不宜大于4，且不应大于10

（B）当吊顶空间的净空高度大于1m时，房间不宜采用吊顶回风系统

（C）室内游泳池空调应采用全空气空调系统，并应具备全新风运行功能

（D）集中空调系统的多功能厅宜设置二氧化碳检测装置，该装

笔记区

置宜采用独立控制方式

2.【单选】下列有关绿建工业建筑评价的说法，错误的是哪一项?

(A) 我国绿色工业建筑分为三个等级：一星、二星、三星级

(B) 我国绿色工业建筑的特征可概括为“四节二保一加强”

(C)《绿色工业建筑评价标准》GB/T 50878—2013 适用于工业建筑群中的主要厂房和生活服务建筑

(D) 绿色工业建筑评价未纳入施工阶段评价内容

3.【单选】下列关于我国绿色建筑规定，错误的是哪一个?

(A) 绿色民用建筑的核心是实现“绿色性能”，以“四节一环保”为基本约束，“以人文本”为核心要求

(B) 绿色工业建筑的核心是“四节二保一加强”

(C) 城镇新建建筑中绿色建筑面积比重超过 60%，绿色建材应用比重超过 30%

(D) 现行绿色工业建筑评价指标体系由七类指标组成，划分成三个等级

4.【单选】现对某商场进行绿色建筑评价，若供暖调系统负荷降低幅度为 12%，则该项的评价分值为多少?

(A) 3 分　　(B) 5 分　　(C) 7 分　　(D) 10 分

5.【单选】某建成公共建筑在参评绿色建筑星级评价时，仅“资源节约”章节，暖通专业相关情况如下，问最高可参评几星级绿色建筑?

项目	建筑供暖热负荷	多联机空调机组综合性能系数{IPLV (C)}	集中供暖系统热水循环水泵耗电输热比	建筑能耗
改变比例	降低 6%	提高 10%	低 30%	降低 11%

(A) 基本级　　(B) 一星级　　(C) 二星级　　(D) 三星级

(二) 多选题 (每题 2 分，共 10 分)

1.【多选】《绿色建筑评价标准》GB 50378—2019 版考虑了下列哪些新技术?

(A) 建筑工业化　　(B) 健康建筑

(C) 海绵城市　　(D) 建筑信息模型

2.【多选】以下关于绿色建筑评价的基本规定，描述正确的是哪

笔记区

一项？

(A) 建筑工程竣工后即申请绿色建筑评价的项目，所提交的一切资料可以是预评价时的设计文件

(B) 绿色建筑评价指标体系由健康舒适、生活便利、资源节约、环境宜居组成

(C)《绿色建筑评价标准》GB/T 50378—2019 修订内容，以“四节一环保”为基本约束，遵循以人民为中心的发展理念

(D)《绿色建筑评价标准》GB/T 50378—2019 将绿色建筑分为基本级、一星级、二星级、三星级共 4 个等级

3. 【多选】对于民用建筑的绿色设计描述正确的是下列哪些项？

(A) 除温湿度独立调节系统外，其他制冷空调冷水系统的供水温度不宜高于 7℃，供回水温差不应小于 5℃

(B) 当公共建筑内区较大，且冬季内区有稳定和足够的余热量时，宜采用水环热泵空调系统

(C) 设置机械通风的汽车库，宜设一氧化碳检测和控制装置控制通风系统运行

(D) 以蒸汽作为暖通空调系统及生活热水热源的汽水换热系统，蒸汽凝结水应回收利用

4. 【多选】下列哪些项属于工业建筑评价标准中的必达分项条款？

(A) 建设项目的环境影响报告书（表）应获得批准

(B) 大气污染物的排放浓度、排放速率和无组织排放浓度值应符合国家现行有关污染物排放标准的规定

(C) 室内最小新风量应符合国家现行有关卫生标准的规定

(D) 使用和产生的温室气体和破坏臭氧层的物质排放符合国家有关规定

5. 【多选】以下关于绿色建筑评价体系描述正确的有哪些项？

(A) 绿色建筑评价体系包括安全耐久、健康舒适、生活便利、资源节约、环境宜居

(B) 绿色工业建筑评价体系包括节地与可持续发展场地、节能与能源利用

(C) 现行绿色建筑评价指标体系分为三个等级

(D) 现行绿色工业建筑评价体系分为三个等级

笔记区

四、专题实训参考答案及题目详解

参考答案

（单选每题1分，多选每题2分，案例每题2分，合计15分）

单选题	1	2	3	4	5
	C	C	C	D	B
多选题	1	2	3	4	5
	ABCD	CD	ACD	ABC	ABD

题目详解

（一）单选题

1. 参见《民用绿色设计规范》第9.4.5条，9.4.2条，9.4.7条，9.5.3条。选项D宜联动控制室内新风量和空调系统的运行。

2. 主要参考《复习教材》第5.4.1节中有关《绿色工业建筑评价标准》GB 50878—2013的内容。根据P797中间“评价等级”中第2段，选项A正确；由P797第1段可知，选项B正确，注意区分其特征与绿色民用建筑评价不同；由P797第2段可知，工业建筑群中的主要厂房可采用《绿色工业建筑评价标准》GB 50878—2013，但是由第3段“工业企业建筑群中生活服务建筑”不在本标准评价范围内，执行其他相关标注，选项C错误；由P798第2段可知，选项D正确。

3. 根据《复习教材》第5.1.1节第2条，选项A正确；根据第5.1.1节，选项B正确；根据第5.1.2节，应为“城镇新建建筑中绿色建筑面积比重超过50%，绿色建材应用比重超过40%”，选项C错误；根据第5.1.4节，选项D正确。

4. 根据《绿色建筑评价标准》GB/T 50378第7.2.4-2条可知，选项D正确。

5. 根据《绿色建筑评价标准》GB/T 50378—2019第3.2.8-3条，因“建筑供暖热负荷”部分仅满足表3.2.8中的一星级标准，而二星级不满足，故最高仅可参评一星级。

（二）多选题

1. 根据《绿色建筑评价标准》GB/T 50378—2019第1.0.1条文说明：“建筑科技发展寻思，建筑工业化、海绵城市、建筑信息模型、健康建筑等高新建筑技术和理念不断涌现并投入使用”。

2. 建筑工程竣工后申请绿色建筑评价所提交的资料，均为工程竣工验收资料，选项A错误；根据《绿色建筑评价标准》GB/T 50378—2019第3.2.1条，由安全耐久、健康舒适、生活便利、资源节约、环境宜居组成，选项B错误；根据第3.2.1条条文说明，选项C正确；根据第3.2.6条，选项D正确。

笔记区

3. 根据《民用建筑绿色设计规范》JGJ/T 229—2010 第 9.3.1-1 条，选项 A 正确；根据第 9.2.6 条，应通过技术经济比较合理后，选项 B 错误；根据第 9.5.5 条，选项 C 错误；根据第 9.3.3 条，选项 D 正确。

4. 根据《绿色工业建筑评价标准》GB/T 50878—2013 第 8.1.1 条，选项 A 正确；根据第 8.2.5 条，选项 B 正确；根据第 9.1.4 条，选项 C 正确；根据第 8.3.4 条，选项 D 错误。

5. 根据《复习教材》第 5.4.1 节第 1 条，选项 A 正确；根据 5.4.1 节第 2 条，正选项 B 确；根据第 5.4.1 节第 1 条，应为 4 个，分别为基本级、一星级、二星级和三星级，选项 C 错误；根据第 5.4.1 节第 2 条，选项 D 正确。

笔记区

实训4.11 室内给水排水与室内燃气

一、专题提要

1.《复习教材》第6章

2. 室内给水系统

3. 室内排水系统

4. 热水供应

5. 室内燃气

二、备考常见问题?

问题1：给水流量的计算需要注意哪些问题?

解答：首先需要区分建筑功能，不能同性质的建筑给水管道的设计秒流量不同，对于宿舍、宾馆、办公楼建筑需注意，如计算值小于该管段上一个最大卫生器具给水额定流量时，应采用一个最大的卫生器具给水额定流量作为设计秒流量；如计算值大于该管段上按卫生器具给水额定流量累加所得流量值时，应按卫生器具给水额定流量累加所得流量值采用；有大便器延时自闭冲洗阀的给水管段，大便器延时自闭冲洗阀的给水当量均以0.5计，计算得到的q附加1.20L/s的流量后，为该管段的给水设计秒流量。

问题2：排水通气管汇合管的管径时所有通气管断面积和的0.25倍吗?

解答：以最大一根通气管的断面积为基础，剩余的通气管的面积之和乘以0.25倍，如20根立管，应为（1根最大断面积+19根立管断面）×0.25

三、案例真题参考

【例1】 某28层的塔式住宅，每层8户，每户一厨房，气源为天然气，厨房内设一双眼灶（燃气额定流量为$0.3m^3/h$）和一燃气快速热水器（燃气额定流量为$1.4m^3/h$）。该住宅天然气入管道的燃气计算流量应为何项?

(A) $50.1\sim54.0m^3/h$　　(B) $54.1\sim57.0m^3/h$

(C) $57.1\sim61.0m^3/h$　　(D) $61.1\sim65.0m^3/h$

【参考答案】 C

【主要解答过程】 根据《复习教材》式（6.3-2），居民生活用气$k_t=1$；燃气具额定流量$Q_n=0.3+1.4=1.7m^3/h$；燃气具同时工作系数（查表5.4-5）$\Sigma k=0.16$。

$$Q_h=k_t(\Sigma k\cdot N\cdot Q_n)=1\times(0.16\times8\times28\times1.7)=60.9m^3/h$$

笔记区

【例 2】 已知某图书馆一计算管段的卫生器具给水当量总数 N_g 为 5。问：该计算管段的给水设计秒流量（L/s）最接近下列何项？（2016-3-24）

（A）0.54　　（B）0.72　　（C）0.81　　（D）1.12

【参考答案】 C

【主要解答过程】 根据《建筑给水排水设计标准》GB 50015－2019 第 3.7.6 条，图书馆计算给水秒流量系数为 1.6，则由式（3.6.5），该管段给水设计秒流量为：$q_g = 0.2\alpha\sqrt{N_g} = 0.2\times 16\times\sqrt{5} = 0.716L/s$。

四、专题实训（推荐答题时间 30 分钟）

请将求解答案写于下表中，案例题在题目中书写解题过程

（单选题 1 分，多选题 2 分，案例题 2 分，合计 15 分）

单选题	1	2	3	4	5	得分
多选题	1	2				
案例题	1	2	3			

（一）单选题（每题 1 分，共 5 分）

1.【单选】下列有关卫生器具排水设计不符合相关国家标准的是哪一项？

（A）设计存水弯的水封深 50mm

（B）采用活动机械密封替代水封

（C）卫生器具排水管道上只设一道水封

（D）在构造内无存水弯的卫生器具排水口以下设存水弯

2.【单选】下列有关燃气调压装置的说法，错误的是哪一项？

（A）悬挂式燃气调压箱，对于居民和商业用户来说，燃气进口压力不应大于 0.4MPa

（B）调压装置应具有防止压力过高的安全措施

（C）对于进口压力不小于 0.01MPa 的调压站的燃气进口管道应设置切断阀门

（D）调压器的计算流量应按调压器所承担管网小时最大输送量确定

3.【单选】设置集中热水供应系统的住宅，配水点的水温不应低于下列哪一项？

笔记区

(A) 40℃ (B) 45℃ (C) 50℃ (D) 55℃

4.【单选】长春某小区住宅单体，其给水引入干管敷设于行车道下，则管顶最小覆土深度为下列哪一项？

(A) 0.7m (B) 1.54m (C) 1.69m (D) 1.84m

5.【单选】某商业用气设备设置在地下室，下列哪项做法是错误的？

(A) 燃气引入管设置手动快速切割阀和紧急自动切断阀
(B) 设置烟气二氧化碳浓度检测报警器
(C) 管道的管材提高一个压力等级进行设计
(D) 除阀门、仪表等部位和采用加厚管的低压管道外，均应焊接和法兰连接。

(二) 多选题 (每题2分，共4分)

1.【多选】某室内燃气管道，需要设置阀门的部位为下列哪几项？

(A) 燃气引入管 (B) 燃气用具前
(C) 测压计前 (D) 放散管末端

2.【多选】下列有关燃气输配系统调压装置的设置，正确的是哪几项？

(A) 调压装置可以设置在露天
(B) 设置在地上单独的调压箱内时，对居民和商业用户燃气进口压力不应大于0.4MPa
(C) 地上调压站的建筑物的耐火等级为一级
(D) 相对密度大于0.75的燃气调压装置不得设于地下室、半地下室内和地下单独的箱体内

(三) 案例题 (每题2分，共6分)

1.【案例】某小区有4栋33层高层住宅和8栋6层洋房，高层每层8户（设燃气双眼灶和快速热水器），洋房每两层6户（设燃气双眼灶和热水直供）。若每栋楼均只设一个燃气入口，试计算各楼燃气入口干管流量。（燃气双眼灶额定流量2.4m^3/h，快速热水器额定流量1.75m^3/h）

(A) 高层燃气干管流量191～193m^3/h，洋房燃气干管流量33～35m^3/h
(B) 高层燃气干管流量182～184m^3/h，洋房燃气干管流量26～28m^3/h

笔记区

(C) 高层燃气干管流量 168～170m³/h，洋房燃气干管流量 19～21m³/h

(D) 高层燃气干管流量 96～98m³/h，洋房燃气干管流量 10～12m³/h

答案：[　　]

主要解题过程：

2.【案例】沈阳市某商场，一层卫生间排水系统采用单排并且无通气管，已知该卫生间设有 4 个大便器（自闭式冲洗阀），1 个大便器（冲洗水箱），4 个小便器（自闭式），2 个洗手盆，1 个洗涤盆。求排水横支管的设计秒流量和管径的选取。（系数 $\alpha=2$）

(A) 2.22L/s，*DN*50　　(B) 2.62 L/s，*DN*100

(C) 2.62L/s，*DN*125　　(D) 3.20L/s，*DN*150

答案：[　　]

主要解题过程：

3.【案例】某 10 层住宅，燃气管道高差为 30m，燃气密度为 0.75kg/m³，空气密度为 1.2kg/m³，则该燃气管道的附加压力为多少？

(A) 132Pa　(B) 175Pa　(C) 220Pa　(D) 352Pa

答案：[　　]

主要解题过程：

笔记区

五、专题实训参考答案及题目详解

参考答案

（单选每题1分，多选每题2分，案例每题2分，合计15分）

单选题	1	2	3	4	5
	B	D	B	D	B
多选题	1	2			
	ABC	ABD			
案例题	1	2	3		
	C	B	A		

题目详解

（一）单选题

1. 根据《建筑给水排水设计标准》GB 50015—2019 第 4.3.11 条，选项 A 正确；根据第 4.3.11 条，应为“严禁采用活动机械活瓣替代水封”，选项 B 错误；根据第 4.3.13 条，选项 C 正确；根据第 4.3.10-1 条，选项 D 正确。

2. 根据《复习教材》P815 有关“调压装置的设置要求”，选项 ABC 正确；由 P815 可知，选项 D 错误，应按照 1.2 倍确定。

3. 参见《建筑给水排水设计标准》GB 50015—2019 第 6.2.6-3 条。

4. 根据《民规》附录 A 查得长春市最大冻土深度为 1.69m，根据《建筑给水排水设计标准》GB 50015—2019 第 3.13.19 条，管顶最小覆土深度不得小于冰冻线以下 0.15m，故为 1.84m，大于行车覆土深度要求，故选 D。

5. 参见《城镇燃气设计规范》GB 50028—2006（2020 版）第 10.5.3 条及第 10.2.24 条，选项 B 应为一氧化碳浓度监测报警器。

（二）多选题

1. 根据《城镇燃气设计规范》GB 50028—2006 第 10.2.40 条，选项 ABC 需要设阀门，而选项 D 对于放散管，起点需要设置阀门。

2. 根据《城镇燃气设计规范》GB 50028—2006 第 6.6.2 条，选项 ABD 正确，根据第 6.6.12 条，选项 C 错误。

（三）案例题

1. 单栋高层住户数，$N_1 = 33 \times 8 = 264$ 户。

由《复习教材》表 6.3-4 查得对于设燃气双眼灶和快速热水器 200 户同时使用系数为 0.160，300 户同时使用系数为 0.150。线性插值后得 264 户同时使用系数为 0.1536。

笔记区

由式（6.3-2），单栋高层燃气干管流量为：

$$Q_{h1} = \Sigma kNQ_n = 0.1536 \times 264 \times (2.4 + 1.75) = 168.3\text{m}^3/\text{h}$$

单栋洋房住户数 $N_2 = \frac{6}{2} \times 6 = 18$ 户。

表 6.3-4 查得，对于设燃气双眼灶，15 户同时使用系数为 0.480，20 户同时使用系数为 0.450。线性插值后得 18 户同时使用系数为 0.462。

由式（6.3-2），单栋洋房燃气干管流量为：

$$Q_{h2} = \Sigma kNQ_n = 0.462 \times 18 \times 2.4 = 20.0\text{m}^3/\text{h}$$

2. 确定排水当量 N_p，见下表：

器具	排水当量	数量
大便器（自闭式冲洗阀）	3.6	4
大便器（冲洗水箱）	4.5	1
小便器	0.3	4
洗手盆	0.3	2
洗涤盆	1	1
总计	21.7	

确定排水设计秒流量 q_p：

$$q_p = 0.12 \times \alpha \times \sqrt{N_p} + q_{max} = 0.12 \times 2 \times \sqrt{21.7} + 1.5 \approx 2.62\text{L/s}$$

根据《建筑给水排水设计标准》GB 50015—2019 表 4.5.2 下方文字："当计算所得流量值大于该管段上按卫生器具排水流量累加值时，应按卫生器具排水流量累加值计"：

$$q = 1.2 \times 4 + 1.5 + 0.1 \times 4 + 0.1 \times 2 + 0.33 = 7.23\text{L/s} > 2.62\text{L/s}$$

两者比较取最小值，则排水设计秒流量为 2.62L/s。

根据《建筑给水排水设计标准》GB 50015—2019 第 4.7.1 条，本题中大便器一共 5 个，故初选管径为 $DN100$。

3. 根据《复习教材》式（6.3-1）可知：

$$\Delta H = 9.8 \times (\rho_k - \rho_m) \times h = 9.8 \times (1.2 - 0.75) \times 30 = 132\text{Pa}$$

笔记区

规 范 实 训

实训5.1 《民规》与《工规》专项实训（1）：供暖

一、专题提要

1.《民用建筑供暖通风与空气调节设计规范规》GB 50736—2012

2.《工业建筑供暖通风与空气调节设计规范规》GB 50019—2015

二、规范导读

1.《民用建筑供暖通风与空气调节设计规范规》GB 50736—2012

章节	复习时间	核心内容	复习深度
第1、第2章	0.5h	认识《民规》整体的基本要求及其覆盖的设计范围； 通过术语的学习对一些概念及其特点有了解	了解内容
第3章	0.5h	注意室内空气设计参数的要求，特别是有关最小新风量、室内温度设定值的确定等	第3.0.6需会计算；其他熟悉内容
第4章	0.5h	结合附录A了解室外空气计算参数的定义	第4.1.11需会计算；其他熟悉内容
第5章	3h	结合条文说明，学习各条文的要求： （1）辐射的内容，《民规》与《辐射规》有交集，以《辐射规》为准。但《民规》部分条文是《辐射规》的补充，在学习《辐射规》时注意对照，不应忽视； （2）第5.7节为《民规》新列章节，应予以重视； （3）应注意供暖附件的设置要求，部分《民规》条文说明内容极为详细，应提炼其中的设计要点	第5.1.8条，第5.1.9条，第5.2节需要掌握相关计算；仔细阅读第5.3节，第5.4节，第5.7节，第5.9节及第5.10节

笔记区

2.《工业建筑供暖通风与空气调节设计规范规》GB 50019—2015

章节	复习时间	核心内容	复习深度
第1~3章	0.5h	认识《工规》整体的基本要求及其覆盖的设计范围； 通过术语的学习对一些概念及其特点有了解	了解内容
第4章	1h	注意室内外空气设计参数的要求，特别是有关工业建筑与民用建筑相区别的环境参数； 结合附录A了解室外空气计算参数的定义	第4.2.10条需会计算；其他内容需熟悉
第5章	3h	结合条文说明，学习各条文的要求： (1) 最小传热阻的内容，《工规》对公式进行了微小调整； (2) 热负荷计算中附加耗热量计算方法，《工规》与《民规》有所差别； (3) 第5.4节注意热水吊顶辐射有关要求； (4) 第5.5节与第5.6节是工业建筑常用的相关内容，与民用建筑相区分	第5.1.6条，第5.2.4条，第5.4.15条需要掌握相关计算

三、专题实训（推荐答题时间25分钟）

请将求解答案写于下表中，案例题在题目中书写解题过程

（单选题1分，多选题2分，案例题2分，合计18分）

单选题	1	2	3	4			得分
多选题	1	2	3	4	5	6	
案例题	1						

（一）单选题（每题1分，共4分）

1.【单选】某教学楼采用散热器供暖系统，下列说法不正确的是哪一项？

(A) 宜按75℃/50℃连续供暖进行设计，且供水温度不宜大于85℃，供回水温差不宜小于20℃

(B) 宜采用双管系统，也可采用单管跨越式系统

(C) 为减少冷风侵入，宜在两道外门之间的门斗内设置散热器

(D) 相对湿度较大的房间应采用耐腐蚀的散热器

2.【单选】燃气红外线辐射供暖系统的尾气宜通过排气管直接排至室外，下列关于排气口的设置，不符合相关规定的是哪一项？

(A) 应设置在人员不经常通行的地方，距地面高度不应小于2m

笔记区

(B) 水平安装的排气管，其排气口伸出墙面不宜小于 0.3m，且排气口距可开启门、窗的距离不应小于 3m

(C) 垂直安装的排气管，其排气口高出本建筑屋面不宜小于 0.3m，且排气口距可开启门、窗的距离不应小于 3m

(D) 排气管穿越外墙或屋面处应加装金属套管

3.【单选】关于居住建筑热负荷的计算，下列说法错误的是哪一项?

(A) 间歇附加耗热量应附加在围护结构耗热量上

(B) 房间热负荷考虑户间传热时，最大附加量不应超过 50%

(C) 地面辐射供暖高度附加总附加率不应大于 15%

(D) 局部辐射供暖的热负荷按全面辐射供暖热负荷乘以一个计算系数确定

4.【单选】下列建筑宜采用集中供暖方式的是哪一项?

(A) 累年日平均温度稳定低于 5℃的日数为 60 天的办公建筑

(B) 累年日平均温度稳定低于 5℃的日数为 80 天的中小学校

(C) 累年日平均温度稳定低于 8℃的日数不足 60 天的养老院

(D) 累年日平均温度稳定低于 5℃的日数不足 60 天的幼儿园

(二) 多选题 (每题 2 分，共 12 分)

1.【多选】下列关于公共建筑热水供暖系统散热器设计选型、安装的表述，哪些是正确的?

(A) 确定散热器所需散热量时，应扣除室内明装管道的散热量

(B) 除特殊要求须暗装外，散热器应明装

(C) 散热器的外表面应刷非金属性涂料

(D) 铸铁散热器的片数不宜超过 20 片

2.【多选】下列关于供热管道热补偿与固定的相关说法正确的哪几项?

(A) 水平干管或总立管固定支架的布置，要保证分支干管接点处的最大位移量不大于 40mm

(B) 连接散热器的立管，要保证管道分支接点由管道伸缩引起的最大位移量不大于 20mm

(C) 采用补偿器时，要优先采用方形补偿器

(D) 采用套筒补偿器或波纹管补偿器时，需设置导向支架

3.【多选】关于疏水器的设计和选用，下列说法正确的是哪几项?

笔记区

(A) 高压蒸汽供暖系统，疏水器前的凝结水管可向上抬升，抬升高度应经计算确定

(B) 疏水器至回水箱或二次蒸发箱之间的蒸汽凝结水管应按汽水乳状体进行计算

(C) 当供热系统内压力小于50kPa，且换热器或其他用户设备内的压力较稳定时，可采用水封取代疏水阀排除凝结水

(D) 疏水阀前的压力 P_1，阀后压力 P_2 与正常动作所需压力 ΔP_{min} 应满足 $P_{2max} \leqslant P_1 - \Delta P_{min}$

4.【多选】下列关于集中供热系统与室温调控，说法正确的是哪几项?

(A) 集中供暖的新建建筑和既有建筑节能改造必须设置热计量装置，并具备室温调控功能

(B) 用于热量结算的热量计量装置必须采用热量表

(C) 热量表的流量传感器宜安装在回水管上

(D) 当散热器有罩时，应采用温包外置式恒温控制阀

5.【多选】工业建筑设计辐射供暖系统，下列说法正确的是哪几项?

(A) 低温热水地面辐射供暖系统敷设加热管的覆盖层厚度不宜小于50mm

(B) 地面辐射供暖系统加热管穿过伸缩缝时，宜设置长度不小于100mm的柔性套管

(C) 热水吊顶辐射板的供水温度，宜采用40～95℃的热水

(D) 热水吊顶辐射板的最高平均水温应根据辐射板的安装高度和其面积占顶棚的面积比例确定

6.【多选】某厂区采用蒸汽供暖系统，其蒸汽压力为50kPa，下列相关说法正确的是哪几项?

(A) 该系统最不利环路的比摩阻宜保持在50～100Pa/m

(B) 压力损失不应大于起始压力的25%

(C) 最不利环路蒸汽凝结水余压回水比摩阻宜为150Pa/m

(D) 最大允许流速为20m/s

(三) 案例题 (每题2分，共2分)

1.【案例】某设置了全面供暖系统的厂房车间，外墙为砖石墙体，层高为6m，冬季工作地点室内温度为18℃，屋顶下温度为23℃，已知冬季围护结构室外计算温度为－7.6℃，外墙内表面传热系数为8.7W/(m^2·℃)，系统运行时室内相对湿度约为40%，试计

笔记区

算外墙的最小传热阻接近下列何值?

(A) 0.1m^2 · ℃/W (B) 0.2m^2 · ℃/W

(C) 0.3m^2 · ℃/W (D) 0.4m^2 · ℃/W

答案:[ ]

主要解题过程:

四、专题实训参考答案及题目详解

参考答案

(单选每题1分,多选每题2分,案例每题2分,合计18分)

单选题	1	2	3	4		
	C	C	C	B		
多选题	1	2	3	4	5	6
	ABC	ABCD	BCD	ABCD	ABD	AC
案例题	1					
	C					

题目详解

(一)单选题

1. 根据《民规》第5.3.1条可知,选项A正确;由第5.3.2条可知,选项B正确;由第5.3.7.2条可知,选项C错误;由第5.3.6.2条可知,选项D正确。

2. 根据《工规》第5.5.9.1条可知,选项A正确;由第5.5.9.2条可知,选项B正确;由第5.5.9.3条可知,选项C错误;由第5.5.9.4条可知,选项D正确。

3. 根据《民规》第5.2.8条、第5.2.10条和第5.2.11条,选项ABD正确,根据第5.2.7条,选项C错误,总附加率不宜大于8%。

4. 根据《民规》第5.1.2条及第5.1.3条可知,选项B正确,选项ACD错误。注意区分建筑的功能性。

(二)多选题

1. 根据《民规》第5.3.9条及第5.3.12条,选项ABC正确;根据第5.3.8条,选项D错误,散热器片数和散热器类型有关。

2. 根据《民规》第5.9.5条可知,选项ABCD均正确。

3. 根据《民规》第5.9.20条,选项A错误,疏水阀前的凝结水

笔记区

管不应向上抬升；根据 5.9.21 条，选项 B 正确；根据《复习教材》P94，选项 CD 正确。

4. 根据《民规》第 5.10.1 条，选项 AB 正确；根据 5.10.3.2 条和第 5.10.4.3 条，选项 CD 正确。

5. 根据《工规》第 5.4.5 条，选项 AB 正确；根据第 5.4.14 条，选项 C 错误；根据第 5.4.16 条，选项 D 正确。

6. 根据《工规》第 5.8.5 条与第 5.8.8 条可知，选项 AC 正确，选项 B 是对于高压蒸汽，选项 D 需要判断是否为汽水逆向流动。

(三) 案例题

1. 根据《工规》第 5.1.6 条，冬季室内计算温度为：

$$t_n = t_{np} = \frac{t_g + t_d}{2} = \frac{18 + 23}{2} = 20.5℃$$

取 $k=0.95$，$a=1.0$，相对湿度为 40%较为干燥，取 $\Delta t_y=10$，则最小传热阻为：

$$R_{O,min} = k\frac{a(t_n - t_e)}{\Delta t_y a_n} = 0.95 \times \frac{1.0 \times (20.5 + 7.6)}{10 \times 8.7} = 0.307 m^2 \cdot ℃/W$$

笔记区

实训5.2 《民规》与《工规》专项实训（2）：通风

一、专题提要

1.《民用建筑供暖通风与空气调节设计规范规》GB 50736—2012

2.《工业建筑供暖通风与空气调节设计规范规》GB 50019—2015

二、规范导读

1.《民用建筑供暖通风与空气调节设计规范规》GB 50736—2012

章节	复习时间	核心内容	复习深度
第6章	3h	（1）重点学习民用建筑自然通风设置的要求，以及第6.3节有关设备机房、汽车库、卫生间等民用建筑场所机械通风的要求； （2）其他内容，根据做题经验，对应条文说明阅读学习即可	第6.3.7条与第6.3.8条条文说明中的计算内容需要掌握

2.《工业建筑供暖通风与空气调节设计规范规》GB 50019—2015

章节	复习时间	核心内容	复习深度
第6章	3h	工业通风是一个重要的设计内容： （1）注意第6.2节自然通风《工规》与《民规》的区别 （2）第6.4节事故通风量计算，《工规》提出新的要求 （3）第6.6节局部排风罩新增章节 （4）第6.9节防火与防爆独立成节，强条较多	第6.1.14条与第6.2.8条条文说明中的计算内容需要掌握
第7章	1h	除尘与有害气体净化独立成章。 （1）第7.2节相关参数《复习教材》与规范不一致时，以规范为准 （2）第7.5节排气筒要求纳入《工规》，注意相关要求	
附录J	0.5h	局部送风计算再次回归暖通规范，注意相关计算	

笔记区

三、专题实训（推荐答题时间 40 分钟）

请将求解答案写于下表中，案例题在题目中书写解题过程
（单选题 1 分，多选题 2 分，案例题 2 分，合计 20 分）

单选题	1	2	3	4	5	6	得分
多选题	1	2	3	4			
案例题	1	2	3				

（一）单选题（每题 1 分，共 6 分）

1.【单选】下列袋式除尘器的说法，错误的是哪一项？

（A）含尘粒径在 0.1μm 以上，温度在 250℃以下，且含尘浓度低于 $50g/m^3$ 的废气的净化宜选用袋式除尘器

（B）袋式除尘器的运行效率宜为 1200～2000Pa

（C）采用脉冲清灰方式时，袋式除尘器的过滤风速不宜大于 1.2m/min

（D）采用非脉冲清灰等其他清灰方式时，袋式除尘器的过滤风速不宜大于 0.8m/min

2.【单选】某放散粉尘的生产厂房，地面清扫采用真空吸尘装置。下列有关真空吸尘装置的设置不符合要求的是哪一项？

（A）最高真空度宜大于 30kPa

（B）吸气量宜满足 2～3 个嘴同时工作

（C）应采用移动式真空清扫设备

（D）真空清扫设备应有自动保护功能

3.【单选】下列关于某地板面积为 $50m^2$ 的公共厨房的通风措施不合理的是哪一项？

（A）若厨房采用自然通风，通风开口有效面积不小于 $0.5m^2$

（B）发热量大且散热大量油烟和蒸汽的厨房设备应设排气罩等局部机械排风设施

（C）油烟排放浓度不得超过 $2mg/m^3$

（D）厨房相对于其他区域应保持负压

4.【单选】下列关于民用建筑通风管道设计措施，正确的是哪一项？

（A）消防排烟、厨房排油烟等高温烟气管道应采取热补偿措施

笔记区

(B) 输送空气温度超过50℃的通风管道应采取保温隔热措施，使外表面温度不超过50℃

(C) 各并联通风管路压力损失的相对差额，不宜超过10%，若超过10%则应设置调节装置

(D) 与通风机相连的风管应设柔性接头，长度宜为150～300mm

5.【单选】对于大空间建筑及住宅、办公室等易于在外墙开创的房间，宜采用自然通风和机械通风结合的复合通风，下列关于复合通风系统的做法不合理的是哪一项?

(A) 复合通风中，机械通风量不宜高于联合运行风量的70%

(B) 应优先使用机械通风

(C) 对于设置有空调系统的房间，当复合通风系统不能满足要求时，关闭复合通风系统，启动空调系统

(D) 对于高度大于15m的大空间采用复合通风系统时，可采用CFD分析分层问题，重点核算人员过渡区域及有固定座位的区域

6.【单选】高温、强热辐射作业场所应采取隔热、降温措施，对于此类场所相关设计措施错误的是哪一项?

(A) 人员经常停留或靠近的高温地面或高温壁板，其表面平均温度不应当大于40℃，瞬间最高温度不宜大于60℃

(B) 局部送风系统的送风气流宜从上方倾斜吹到头、颈和胸部，也可从上向下垂直送风

(C) 热辐射强度为$1000W/m^2$的重劳动场所设置局部送风，工作地点设计温度26℃，风速4m/s

(D) 当局部送风系统的空气需要冷却处理时，其室外计算参数应采用夏季通风室外计算温度及相对湿度

(二) 多选题（每题2分，共8分）

1.【多选】工业建筑中，下列哪些场所应单独设置排风?

(A) 不同的物质混合后能形成毒害更大或腐蚀性的混合物、化合物时

(B) 混合后易使蒸汽凝结并聚积粉尘时

(C) 散发剧毒物质的房间和设备

(D) 放散粉尘、有害气体的房间

2.【多选】下列有关厂房设置避风天窗或风帽的说法正确的是哪几项?

(A) 多跨厂房天窗与建筑物贴邻且处于负压区时，无挡风板的天窗可作为避风天窗

笔记区

(B) 不允许气流倒灌的厂房应采用避风天窗或屋顶通风器

(C) 夏季室外平均风速不大于 1.5m/s 时，可采用普通天窗排风

(D) 当建筑物一侧与较高建筑物相邻时，应防止避风天窗或风帽倒灌

3.【多选】下列有关工业厂房通风系统防爆要求错误的是哪几项?

(A) 空气中含有爆炸危险粉尘、纤维，且含尘浓度大于或等于其爆炸下限 25%的丙类厂房不得采用循环空气

(B) 用于甲、乙类厂房、仓库的爆炸危险区域的送风机房应采取通风措施，排风机房的换气次数不应小于 $1h^{-1}$

(C) 排除、输送或处理甲、乙类物质，其浓度为爆炸下限 10%及以下时，应采用防爆型通风设备

(D) 排除或输送有燃烧危险物质风管穿越防火墙时，应在穿越处设置防火阀

4.【多选】下列有关综合办公楼进排风口设置要求不合理的是哪几项?

(A) 机械送风系统进风口下缘距室外绿化地坪不宜小于 2m

(B) 排除氢气与空气混合物时，房间上部吸风口上缘至顶棚平面或屋顶的距离不大于 0.1m

(C) 普通进、排风口在同一高度时，水平距离一般不宜小于 10m

(D) 为防止排风对进风污染，进风口宜高于排风口 3m 以上

(三) 案例题 (每题 2 分，共 6 分)

1.【案例】某热辐射强度较高轻劳动作业场所采用夏季局部送风系统，环境热辐射强度为 $1500W/m^2$，送风口设于工作台旁，距工作地点 1.2m，工作地点宽 900mm，需要保证工作地点 1500mm 宽的送风气流。试计算采用圆形送风口的风口直径和送风口出口风速。

(A) 送风口直径 890mm，送风口风速 2.66m/s

(B) 送风口直径 890mm，送风口风速 3.35m/s

(C) 送风口直径 360mm，送风口风速 4.21m/s

(D) 送风口直径 360mm，送风口风速 5.31m/s

答案: [　　]

主要解题过程:

笔记区

2.【案例】某层高 4.2m，建筑面积 $900m^2$ 的双层地下停车库，设计双层车位 150 个，1h 内出入车辆数约 200 辆，考虑车库内汽车运行时间 6min，单台汽车单位时间排气量 $0.025m^3/min$，试计算车库平时排风量（室外大气中 CO 浓度 $2mg/m^3$）

（A）平时排风量 $105000 \sim 109000m^3/h$

（B）平时排风量 $120000 \sim 124000m^3/h$

（C）平时排风量 $155000 \sim 159000m^3/h$

（D）平时排风量 $160000 \sim 164000m^3/h$

答案：[　　]

主要解题过程：

3.【案例】某工业除尘系统由 4 个局部排风罩组成，各排风罩的排风量分别为 $2000m^3/h$，$2500m^3/h$，$3000m^3/h$，$3500m^3/h$，其中前三个局部排风罩同时工作，第四个局部排风罩间歇工作，该系统的最小风量是多少？

（A）$7500m^3/h$　　（B）$8025m^3/h$

（C）$9250m^3/h$　　（D）$11000m^3/h$

答案：[　　]

主要解题过程：

四、专题实训参考答案及题目详解

参考答案

（单选每题 1 分，多选每题 2 分，案例每题 2 分，合计 20 分）

单选题	1	2	3	4	5	6
	D	C	A	D	B	B
多选题	1	2	3	4		
	ABC	BD	CD	BD		
案例题	1	2	3			
	B	C	B			

题目详解

笔记区

(一) 单选题

1. 根据《工规》第7.2.3条可知，选项A正确；由第7.2.3.2条可知，选项B正确；由第7.2.3.3条可知，选项C正确，选项D错误，其他清灰方式风速不宜大于0.6m/min。

2. 根据《工规》第7.6.2.1条可知，选项A正确；由第7.6.2.2条可知，选项B正确；由第7.6.2.3条可知，选项C错误，真空清扫设备采用移动式和固定式应根据清扫面积大小和卸灰条件确定；由第7.6.2.4条可知，选项D正确。

3. 根据《民规》第6.2.4条，厨房通风口开口有效面积不应小于地板面积的10%，且不小于0.6m^2，因此选项A错误；根据第6.3.5条，选项BD均正确，根据第6.3.5-3条条文说明，选项C正确。

4. 根据《民规》第6.6.13条条文说明可知，对于应设热补偿措施的高温烟气不包括消防排烟和厨房排油烟，选项A错误；根据第6.6.14条可知，输送空气温度超过80℃，才考虑保温隔热措施，选项B错误；根据第6.6.6条，压力损失相对差额不应超过15%，而非10%，选项C错误；根据第6.6.7条，选项D正确。

5. 根据《民规》第6.4.2条可知，自然通风量不宜低于30%，相当于与其互补的机械通风不宜高于70%，选项A正确；根据第6.4.3条可知，选项B错误，应优先采用自然通风，选项C正确；根据第6.4.4条及其条文说明，需要重点核算人员过渡区域和有固定座位的区域，选项D正确。

6. 根据《工规》第4.1.6-1条，选项A正确；根据第6.5.8-1条，选项B错误，需要从前侧送风；由第4.1.7条可知，选项C正确；根据第6.5.7条可知，选项D正确。

(二) 多选题

1. 独立设置排风的要求见《工规》第6.1.13条（强条），选项ABC均正确，选项D不在此条之列，而放散粉尘和有害气体的房间需要设置排风，是否单独设置需要进一步看是否满足选项ABC的条件，故选项D不是应设置排风的条件。

2. 厂房避风天窗或风帽属于自然通风部分，故查取《工规》第6.2节。由第6.2.8条可知，多跨厂房“天窗两侧”与建筑相邻且处于负压区时，选项A的内容成立，但选项A缺少“两侧”的表述，若一侧贴临可能处于正压区，天窗无法有效排风，故选项A错误；由第6.2.8条可知，选项B正确；由第6.2.9条可知，速度不大于1m/s时，可采用普通天窗，故选项C错误；由第6.2.10条可知，选项D正确。

笔记区

3. 由《工规》第 6.9.2-2 条可知，选项 A 正确；由第 6.9.18 条可知，选项 B 正确；由第 6.9.15-2 条可知，选项 C 错误，浓度在爆炸下限 10%及以上时，应采用防爆型，而非以下；由第 6.9.19 条可知，选项 D 错误，有燃烧危险物质不应穿越防火墙。

4. 综合办公楼属于民用建筑，根据《民规》第 6.3.1-2 条，对于设在绿化地带时，进风口下缘距离室外地坪不小于 1m，故选项 A 错误；由第 6.3.2-2 条可知，选项 B 正确；由第 6.3.1 条条文说明可知，选项 C 正确，选项 D 错误，进风口需要在排风口下方。

(三) 案例题

1. 由《工规》附录 J 式（J.0.1-2）可知，圆形送风口紊流系数为 0.076，故可计算送风口直径：

$$d_0=\frac{\frac{d_s}{6.8}-as}{0.145}=\frac{\frac{1.5}{6.8}-0.076\times1.2}{0.145}=0.89\text{m}=890\text{mm}$$

由 $\frac{d_g}{d_s}=\frac{0.9}{1.5}=0.6$，查图 J.0.2 可得系数 b 为 0.23。

由《工规》第 4.1.7 条可知，辐射强度为 1500W/m^2 的作业场所环境风速为 3～5m/s，对于轻劳动场所宜采用较低值，因此工作地点平均风速为 3m/s。

由式（J.0.2）可得：

$$v_0=\frac{v_g}{b}\left(\frac{as}{d_0}+0.154\right)=\frac{3}{0.23}\times\left(\frac{0.076\times1.2}{0.89}+0.154\right)=3.35\text{m/s}$$

说明：本题送风口直径需要计算确定，虽然式（J.0.1-1）的说明中提到“直径可采用送风口到工作地点距离的 20%～30%”，此时为气流宽度未知时的送风口直径估算。

2. 由《民规》第 6.3.8 条条文说明，车位利用系数 $k=\frac{200}{2\times150}=0.667$。

由式（21）计算库内汽车排除气体总量：

$$M=\frac{T_1}{T_2}\cdot m\cdot t\cdot k\cdot n=\frac{773}{293}\times0.025\times6\times0.667\times(2\times150)=79.19\text{m}^3/\text{h}$$

车库所需排风量：

$$L=\frac{G}{y_1-y_0}=\frac{My}{y_1-y_0}=\frac{79.19\times55000}{30-2}=155551.8\text{m}^3/\text{h}$$

3. 根据《工规》第 7.1.5 及其条文说明可知：

$$Q=2000+2500+3000+3500\times15\%=8025\text{m}^3/\text{h}$$

笔记区

实训 5.3 《民规》与《工规》专项实训（3）：空调

一、专题提要

1. 《民用建筑供暖通风与空气调节设计规范规》GB 50736—2012
2. 《工业建筑供暖通风与空气调节设计规范规》GB 50019—2015

二、规范导读

1. 《民用建筑供暖通风与空气调节设计规范规》GB 50736—2012

章节	复习时间	核心内容	复习深度
第 7 章	4h	空调章节内容主要涉及空调风系统和空气处理： 第 7.1 节阅读后要对舒适性空调和工艺性空调的设计参数有清晰的认识。 第 7.2 节学习后，明确空调负荷计算方法。 第 7.3 节注意各种空调系统设置的要求，一次回风、二次回风、风机盘管加新风、温湿度独立控制、多联式变制冷剂空调、低温送风空调、温湿度独立控制等系统的特点、设置要求。另外，空调系统新风量的要求也在本节。 第 7.4 节气流组织内容注意各种气流组织方式的特点，以及送风口的特点。此外，空调送风温差也在本节具体给出了要求。 第 7.5 节有各个空气处理设备的设置要求，注意其中的强条	第 7.2 节、第 7.3 节需要重点理解
第 8 章	6h	本章集成了制冷、空调水系统以及部分热源的内容，经常考到，需要在学习前面章节的基础上，做重点学习。 第 8.5 节是重点也是难点内容，建议通读一遍后，对应《复习教材》内容再次学习一遍。注意空调水系统的分类，区分好各类水系统的设置要求。此外 $EC(H)R$ 计算也在本节，认真阅读条文说明。 第 8.6 节在第 8.5 节学习的基础上区分对待即可，注意冷却水系统与冷热水系统是两个不同的循环	第 8.5 节是复习重点
第 9 章	1.5h	本章一直被忽视，但是这章即为大家所不熟悉的暖通空调系统控制的核心内容，务必仔细阅读	相关的阀门设置、系统控制要求是重点内容
第 10、第 11 章	0.5h	消声、隔震、绝热、防腐，近几年一直有考题，通读规范即可	注意绝热防腐中有关附录 K 的学习

笔记区

2.《工业建筑供暖通风与空气调节设计规范规》GB 50019—2015

章节	复习时间	核心内容	复习深度
第 8 章	3h	空调章节内容主要涉及空调风系统和空气处理。 本节内容与《民规》相比没有太大差异，需要注意工艺空调的设计要求参照工规	第 8.2 节、第 8.3 节需要重点理解
第 9 张	4h	本章集成了制冷、空调水系统以及部分热源的内容，经常考到，需要在学习前面章节的基础上，做重点学习。 第 9.9 节对应民规相关内容再次熟悉一遍； 第 9.10 节在第 9.9 节学习的基础上区分对待即可，注意冷却水系统与冷热水系统是两个不同的循环	第 9.9 节是复习重点
第 10 章	0.5h	矿井空气调节是《工规》新增内容； 矿井环境关于其他室内环境的基本条件不同，本章浏览了解即可，注意第 10.2.12 条“井下爆炸危险区域使用的空调制冷设备应采用防爆型”	
第 11 章	1h	本章结合《民规》了解学习，注意第 11.2.11 条与第 11.6.7 条两条强条	
第 12、第 13 章	0.5h	消声、隔震、绝热、防腐，近几年一直有考题，通读规范即可	注意绝热防腐中有关附录 K 的学习

三、专题实训（推荐答题时间 60 分钟）

请将求解答案写于下表中，案例题在题目中书写解题过程

（单选题 1 分，多选题 2 分，案例题 2 分，合计 20 分）

单选题	1	2	3	4	5	6	得分
多选题	1	2	3	4	5		
案例题	1	2					

（一）单选题（每题 1 分，共 6 分）

1.【单选】以下关于工业建筑空调系统的说法，错误的是哪一项？

（A）工业建筑的高大空间，仅要求生产区域保持一定的温、湿度时，必须采用分层式空气调节方式

笔记区

(B) 某风机厂大面积车间中，不同区域有不同的温、湿度要求，这时宜采用分区空气调节方式

(C) 当采用局部空气调节或局部区域空气调节能满足要求时，不应采用全室性空气调节

(D) 某大型变配电室，若采用通风降温时，风机和风管选型特别大，应采用空调降温

2.【单选】某太阳能电子元件生产车间，车间内采用工艺性空调，室内温度控制参数24±1.0℃。下列关于该车间围护结构的热工性能说法不正确的是那一项？

(A) 外墙的传热系数为1.0W/(m^2·K)

(B) 内墙的传热系数为1.3W/(m^2·K)

(C) 屋顶的传热系数为0.8W/(m^2·K)

(D) 顶棚的传热系数为1.0W/(m^2·K)

3.【单选】某地埋管地源热泵空调系统全年供暖空调动态负荷计算结果表明，前年总释热量与总吸热量之比为1.2，是否需要设置冷却塔？

(A) 需要

(B) 不需要

(C) 地下水径流流速较大时可不设置

(D) 无法确定

4.【单选】关于民用空调循环水系统的补水、定压的说法，正确的是下列哪一项？

(A) 空调冷水系统设计补水量可按系统循环水量的1%计算小时流量

(B) 补水泵扬程应保证补水压力比系统静止时补水点压力高30～50kPa

(C) 补水泵小时流量不得小于系统水容量的10%

(D) 当水系统设置独立的定压设施时，膨胀管上不应设置阀门

5.【单选】下列有关低温送风空调系统的设计要求，不符合规定的哪一项？

(A) 直接膨胀式蒸发器出风温度不应低于7℃

(B) 空气冷却器的出风温度与冷媒的进口温度之间的温差不宜小于3℃

(C) 空气冷却器的迎面风速宜采用1.5～2.5 m/s

(D) 冷媒通过空气冷却器的温升宜采用9～13℃

笔记区

6.【单选】人体冷热感与所处的热环境以及人体活动等因素有关，下列有关长期逗留区域人体热舒适性的说法，正确的是哪一项？

(A) 空调供冷设计温度23℃，相对湿度50%，风速0.2m/s，满足Ⅰ级热舒适度

(B) 空调供热设计温度23℃，风速0.2m/s，满足Ⅰ级热舒适度

(C) Ⅰ级热舒适度等级的预计不满意度不大于10%

(D) Ⅱ级热舒适度等级的平均热感觉指标为$-1\leqslant PMV\leqslant 1$

(二) 多选题 (每题2分，共10分)

1.【多选】民用建筑设计全空气蒸发冷却空调系统，下列说法正确是哪几项？

(A) 夏季室外设计湿球温度低于16℃的地区，其空气处理可采用直接蒸发冷却空调

(B) 夏季室外设计湿球温度较高的地区，可采用组合式蒸发冷却空调

(C) 二级蒸发冷却是指在一个直接蒸发冷却器后再串联一个间接蒸发冷却器

(D) 三级蒸发冷却是指在两个间接蒸发冷却器串联后，再串联一个直接蒸发冷却器

2.【多选】设计民用建筑空调系统，下列有关新风取风口的设计，说法正确的是哪几项？

(A) 新风进风口的面积应适应最大新风量的需求

(B) 新风进风口处应装设能严密关闭的阀门

(C) 寒冷和严寒地区的新风进风口处宜设置保温阀门

(D) 新风进风口设置在建筑物外墙时，其下缘距室外地坪不宜小于2m，当设在绿化带时，不宜小于1m

3.【多选】某工业电子厂房采用工艺性空调，下列关于空调冷源冷负荷的说法，正确的是哪几项？

(A) 宜按各空调系统冷负荷的综合最大值确定，并宜计入同时使用系数

(B) 宜采用夏季新风逐时焓值计算新风冷负荷

(C) 新风负荷与空气调节系统总冷负荷叠加时应采用累计最大值

(D) 应计入供冷系统输送冷损失

4.【多选】某医药制备车间设置工艺性空调，该生产工艺对空气中化学物质有严格要求，下列可采用的加湿方式是哪几项？

笔记区

(A) 采用高压微雾加湿器
(B) 采用湿膜加湿器
(C) 采用洁净蒸汽加湿器
(D) 采用初级纯水的淋水加湿器

5.【多选】对于空调系统的电加热器，下列说法正确的哪几项？
(A) 与送风机连锁　　(B) 设置在回风管段上
(C) 设置在接地的金属风管中　　(D) 设无风断电保护

(三) 案例题 (每题2分，共4分)

1.【案例】石家庄市某制药厂制药车间，采用工艺性空调。已知其南外墙的太阳辐射热吸收系数为0.3，13：00的太阳总辐射照度为465W/m^2，外表面换热系数为23.0W/(m^2·℃)。试计算室外综合温度。
(A) 34.7℃　　(B) 35.1℃
(C) 37.5℃　　(D) 40.8℃
答案：[　　]
主要解题过程：

2.【案例】沈阳某工业厂房所需正压风量为3000m^3/h，室内排风量为5000m^3/h，共有200名工作人员，该厂房的空调系统的最小新风量为多少合理？
(A) 3000m^3/h　　(B) 5000m^3/h
(C) 8000m^3/h　　(D) 10000m^3/h
答案：[　　]
主要解题过程：

笔记区

四、专题实训参考答案及题目详解

参考答案

（单选每题1分，多选每题2分，案例每题2分，合计20分）

单选题	1	2	3	4	5	6	得分
	A	D	B	D	C	C	
多选题	1	2	3	4	5		
	ABD	ABCD	ABD	CD	ACD		
案例题	1	2					
	D	C					

题目详解

（一）单选题

1. 根据《工规》第8.1.4条及其条文说明可知，选项A错误，考虑到有些场所无侧送风，只能顶送，因此规定“宜”采用分区空调；根据第8.1.4条后半句可知，选项B正确；根据第8.1.3条，选项C正确；根据第8.1.2-5条，选项D正确，风机和风管特别大，很明显采用空调降温要比采用通风降温更经济合理。

2. 根据《工规》第8.1.7条表8.1.7可知，选项ABC均正确，选项D错误。

3. 根据《民规》第8.3.4.4条条文说明可知，对于地下水径流流速较小的地埋管区域，在计算周期内地源热泵系统总释热量和总吸热量应平衡，两者相差不大是指两者的比值在0.8～1.25之间。

4. 根据《民规》第8.5.15条，选项A错误，应为系统水容量的1%，不是循环水量；根据第8.5.16-1可知，选项B错误，应比补水点的工作压力高30～50kPa；根据第8.5.16-2，选项C错误，补水泵总小时流量宜为系统水容量的5%～10%；根据第8.5.18-3条，选项D正确。

5. 根据《民规》第7.3.13可知，选项ABD均正确；选项C错误，风速范围宜为1.5～2.3m/s。

6. 根据《民规》第3.0.2条，供冷Ⅰ级热舒适度为24～26℃，相对湿度为40%～60%，风速不大于0.25m/s，因此选项A错误；由第3.0.2条可知，供热工况Ⅰ级舒适度还有相对湿度要求，选项B错误；由第3.0.4条可知，选项C正确，而对于Ⅱ级舒适度，PMV范围要抛除－0.5～0.5，选项D错误。

（二）多选题

1. 根据《民规》第7.3.17条及其条文说明可知，选项ABD均正确，选项C错误。

2. 根据《民规》第7.3.21条及其条文说明，选项ABC均正确；根据第6.3.1条，选项D正确。

3. 根据《工规》第8.2.16.3条可知，选项ABD正确。

4. 根据《工规》第8.5.14.5条可知，选项AB错误，选项CD正确。

5. 根据《民规》第9.4.9条及其条文说明可知，选项ACD均正确；选项B错误。

(三) 案例题

1. 根据《工规》第4.2.10条可知：

$$\Delta t_r = \frac{t_{wg} - t_{wp}}{0.52} = \frac{35.1 - 30.0}{0.52} = 9.8$$

$$t_{sh} = t_{wp} + \beta \Delta t_r = 30.0 + 0.48 \times 9.8 = 34.7℃$$

根据《工规》第8.2.5.2条可知：

$$t_{zs} = t_{sh} + \frac{\rho J}{\alpha_w} = 34.7 + \frac{0.3 \times 465}{23} = 40.8℃$$

2. 根据《民规》第4.1.9条可知：每人不小于$30m^3/h$的新风量，则总新风量为$Q = 30 \times 200 = 6000m^3/h$。

维持室内正压所需风量$Q = 5000 + 3000 = 8000m^3/h$，则该厂房最小新风量为$8000m^3/h$。

笔记区

实训 5.4 《民规》与《工规》专项实训（4）：制冷

一、专题提要

1.《民用建筑供暖通风与空气调节设计规范规》GB 50736—2012

2.《工业建筑供暖通风与空气调节设计规范规》GB 50019—2015

二、规范导读

1.《民用建筑供暖通风与空气调节设计规范规》GB 50736—2012

章节	复习时间	核心内容	复习深度
第 8 章	6h	本章集成了制冷、空调水系统以及部分热源的内容，经常考到，需要在学习前面章节的基础上，做重点学习。 第 8.1 节，注意冷热源设置的基本规定； 第 8.2～8.4 节是各种冷源机组的要求，认真阅读后会查取即可； 第 8.7～8.9 节内容比较概括，并且也有专门规范，通读即可； 第 8.10 节与第 8.11 节是制冷机房于热源设置要求，需要认真阅读学习	第 8.2 节，第 8.3 节，第 8.4 节、第 8.11 节是复习重点

2.《工业建筑供暖通风与空气调节设计规范规》GB 50019—2015

章节	复习时间	核心内容	复习深度
第 9 章	4h	本章集成了制冷、空调水系统以及部分热源的内容，经常考到，需要在学习前面章节的基础上，做重点学习。 第 9.1 节，注意冷热源设置的基本规定； 第 9.2～9.5 节是各种冷源机组的要求，认真阅读后会查取即可； 第 9.6～9.8 节内容比较概括，并且也有专门规范，通读即可； 第 9.11 节是制冷机房于热源设置要求，需要认真阅读学习	第 9.2 节，第 9.3 节，第 9.4 节，第 9.5 节、第 9.9 节是复习重点

三、专题实训（推荐答题时间 40 分钟）

请将求解答案写于下表中，案例题在题目中书写解题过程

（单选题 1 分，多选题 2 分，案例题 2 分，合计 20 分）

单选题	1	2	3	4	得分
多选题	1	2	3	4	
	5	6	7	8	

笔记区

（一）单选题（每题1分，共4分）

1.【单选】下列有关空调冷、热源的选用，不符合相关规范规定的是哪一项？

（A）夏热冬冷地区全年采用空气源热泵

（B）干旱、缺水地区的中、小型建筑采用土壤源地源热泵

（C）夏热冬暖地区无集中供热时，冬季供热采用空气源热泵

（D）夏季室外空气设计湿球温度较低的地区，采用间接蒸发冷却冷水机组

2.【单选】下列有关空调冷热水系统的选用原则，不符合相关规范规定的是哪一项？

（A）采用冷水机组直接供冷时，空调冷水供水温度不宜低于5℃

（B）采用温湿度独立控制空调系统时，负担显热的冷水机组的空调供水温度不宜低于16℃

（C）采用辐射供冷末端设备时，供回水温差不应小于5℃

（D）除采用蒸发冷却器的空调系统外，空调水系统应采用闭式循环系统

3.【单选】关于冷水机组的控制及联动要求，下列说法错误的是哪一项？

（A）满足用户侧低负荷运行的要求

（B）让设备尽可能的处于高效区运行

（C）温度控制比冷量控制更有利于冷水机组节能运行

（D）制冷水系统中的其他设备应先于制冷机开机运行

4.【单选】某地埋管地源热泵空调系统全年供暖空调动态负荷计算结果表明，去年总释热量与总吸热量之比为1.2，是否需要设置冷却塔？

（A）需要

（B）不需要

（C）地下水径流流速较大时可不设置

（D）无法确定

（二）多选题（每题2分，共16分）

1.【多选】下列有关热泵系统的说法，正确的是哪几项？

（A）对于同时供冷、供暖的建筑，宜选用热回收式热泵机组

（B）地埋管换热系统设计应进行全年供暖空调动态负荷计算，最小计算周期宜为一年

（C）地下水系统宜采用变流量设计，并根据空调负荷动态变化调节地下水用量

笔记区

(D) 江河湖水源热泵系统，在冬季可能冻结的地区，闭式地表水换热系统应有防冻措施

2.【多选】开式冷却塔补水量应包含下列哪几项?

(A) 蒸发损失
(B) 飘逸损失
(C) 排污损失
(D) 泄漏损失

3.【多选】下列关于水蓄冷（热）系统设计，符合规范要求的是哪几项?

(A) 蓄冷水温不宜低于4℃，蓄冷水池的蓄水深度不宜低于2m
(B) 开式蓄热的水池，蓄热温度应低于100℃，以免汽化
(C) 空调系统最高点与蓄冷水池设计水面高差大于10m时，宜采用板式换热器间接供冷
(D) 蓄热水池不应与消防水池合用

4.【多选】某大型区域供冷机房采用集中监控系统，下列说法正确的是哪几项?

(A) 可减少运行维护工作量，提高管理水平
(B) 比常规控制系统更容易实现工况转换和调节
(C) 更有利于合理利用能量实现系统的节能运行
(D) 有利于防止事故，保证设备和系统运行安全可靠

5.【多选】某工业建筑冷负荷为1200kW，对其制冷机组进行初选时，下列哪几项较为合理?

(A) 活塞式冷水机组
(B) 涡旋式冷水机组
(C) 螺杆式冷水机组
(D) 离心式冷水机组

6.【多选】某工厂设计采用蒸发冷却冷水机组，有关其水系统流程，下列设计正确的是哪几项?

(A) 独立式系统中新风机组不利用末端的回水
(B) 串联式系统相对于独立式系统降低了冷水机组的装机容量
(C) 并联式冷水机组系统相对于串联式系统冷水流量较大
(D) 串联机组中，冷水宜先流经新风机组

7.【多选】有关某工业建筑的二级泵系统设计的说法，正确的是哪几项?

(A) 二级泵供回水总管之间设平衡管管径不宜大于供回水总管管径
(B) 当一级泵和二级泵流量在设计工况完全匹配时，平衡管内无水流通过，两端无压差

(C) 二级泵可设置在服务的区域内

(D) 二级泵采用变频调速泵比仅采用台数调节更节能

8. 【多选】某工业建筑设计冰蓄冷空调系统，采用25%的乙二醇溶液作为载冷剂，下列有关蓄冷系统设计，说法错误的是哪几项？

(A) 能利用峰谷电价差，错峰用电，从而节约能耗

(B) 设计时应进行全年动态负荷计算以及能耗分析

(C) 可按冷水管道进行水力计算，再按一定的系数进行压力损失修正，流量不再修正

(D) 水系统设计采用镀锌钢管

四、专题实训参考答案及题目详解

参考答案

(单选每题1分，多选每题2分，案例每题2分，合计20分)

单选题	1	2	3	4	得分
	D	C	C	B	
多选题	1	2	3	4	
	ABCD	ABCD	AD	ABCD	
	5	6	7	8	
	CD	ABC	BCD	ABCD	

题目详解

(一) 单选题

1. 根据《民规》第8.1.1条可知，选项AB正确，选项D错误；根据第8.1.2.1条条文说明可知，选项C正确。

2. 根据《民规》第8.5.1-1条可知，选项A正确；根据第8.5.1-3条，选项B正确；根据第8.5.1-5条，选项C错误，不应低于2℃；根据第8.5.2条，选项D正确。

3. 根据《民规》第9.5.3条及其条文说明可知，选项ABD均正确，选项C错误。

4. 根据《民规》第8.3.5条，最大吸热量和最大释热量相差不大时，可以不增设辅助冷源；根据第8.3.4-4条条文说明可知，两者相差不大是指两者的比值在0.8～1.25之间。

(二) 多选题

1. 根据《民规》第8.3.1-4条，选项A正确；根据第8.3.4-4条，选项B正确；根据第8.3.5-2条，选项C正确；根据第8.3.6-6条，选项D正确。

笔记区

2. 根据《民规》第8.6.11条可知，选项ABCD均正确。

3. 根据《民规》第8.7.7条及其条文说明可知，选项AD正确。

4. 根据《民规》第9.1.1.2条及其条文说明可知，选项ABCD均正确。

5. 根据《工规》第9.2.2条表格可知，选项CD正确。

6. 根据《工规》第9.5.3条及其条文说明可知，选项ABC正确。

7. 根据《工规》第9.9.6条文及其条文说明可知，选项BCD正确。

8. 根据《工规》第9.7.1-1条，错峰用电可以节约费用，蓄冷技术并不能节能，选项A错误；根据第9.7.3-1条，宜进行全年动态负荷计算，选项B错误；根据第9.7.5-2条，选项C错误，流量也需要修正；根据第9.7.5-3条，选项D错误，不应采用镀锌钢管。

笔记区

实训 5.5 《公建节能》专项实训

一、专题提要

《公共建筑节能设计标准》GB 50189—2015

二、规范导读

《公共建筑节能设计标准》GB 50189—2015

章节	复习时间	核心内容	复习深度
第1、第2章	0.5h	了解公共建筑的概念及规范相关术语，如*SHGC*，*SCOP*等	
第3章	1h	(1) 注意第3.3节建筑热工限值要求； (2) 注意第3.4.1条有关权衡判断准入条件； (3) 第3.2.1条、第3.2.7条两个强条，注意体形系数必须满足要求，屋顶透光面积不满足要求时要权衡判断	
第4章	5h	本章是该标准的主体内容，需全文仔细阅读，注意有关案例计算。 (1) *IPLV*计算公式采用第4.2.13条公式； (2) 第4.2.12条有关*SCOP*计算的要求； (3) *IPLV*、*COP*限值对于变频系统需要考虑折算； (4) 集中供暖系统*EHR-h*采用第4.3.3条； (5) 空调冷热水系统*EC*(*H*)*R-a*采用第4.3.9条； (6) 空调新风量采用第4.3.12条； (7) 通风系统单位风量耗功率W_s计算方法修改，见第4.3.22条。 其他相关规范要求，应熟悉其分布，能够在考试时联想定位，不必记忆	
第5章	0.2h	注意第5.1.4条条文说明有关比转数计算	
第6章	0.2h	注意第6.4节	
第7章	0.5h	本章为新增内容，注意相关可再生能源应用的设置要求	

笔记区

三、专题实训（推荐答题时间35分钟）

请将求解答案写于下表中，案例题在题目中书写解题过程
（单选题1分，多选题2分，案例题2分，合计17分）

	1	2	3	4	5	得分
单选题						
多选题	1	2	3	4		
案例题	1	2				

（一）单选题（每题1分，共5分）

1.【单选】上海某酒店建筑面积20000m^2，南北方向立面的窗墙面积比均为0.45，东西方向立面窗墙面积比0.25。若建筑体形系数为0.3，则下列何项条件下需进行围护结构热工性能权衡判断？

（A）屋面传热系数0.45W/(m^2·K)，D=4

（B）屋顶透明部分传热系数2.0W/(m^2·K)，$SHGC$=0.3

（C）北向外窗传热系数2.5W/(m^2·K)，$SHGC$=0.45

（D）东向外窗传热系数3.0W/(m^2·K)，$SHGC$=0.45

2.【单选】北京某综合楼采用蒸气压缩循环冷水机组，设计计算空调冷负荷为700kW，下列机组选型何项满足节能要求？

（A）选用2台350kW水冷变频螺杆机组，性能系数4.30，$IPLV$=6.30

（B）选用2台400kW水冷变频螺杆机组，性能系数4.90，$IPLV$=6.54

（C）选用1台700kW水冷变频螺杆机组，性能系数4.30，$IPLV$=6.50

（D）选用1台750kW水冷变频螺杆机组，性能系数4.90，$IPLV$=6.80

3.【单选】下列有关公共建筑地源热泵系统的说法，错误的是哪一项？

（A）地源热泵系统设计时，应进行全年动态负荷与系统取热量、释热量计算分析

（B）应选用高效水源热泵机组，并宜采取节能措施提高地源热泵系统的能效

（C）有稳定热水需求的公共建筑，宜根据负荷特点，采用部分或全部热回收型水源热泵机组

(D) 有全年供热水需求的公共建筑，应选用部分热回收型水源热泵机组

4.【单选】下列有关公共建筑锅炉房和换热机房控制设计要求的说法，错误的是哪一项？

(A) 水泵与阀门等设备应能进行连锁控制

(B) 供水温度应能根据末端需求进行调节

(C) 宜根据末端需求进行水泵台数和转速的控制

(D) 应能根据需求供热量调节锅炉的投运台数和投入燃料量

5.【单选】新版《公共建筑节能设计标准》对风道系统单位风量耗功率的计算方法进行了修改，下列有关单位风量耗功率的说法错误的是哪一项？

(A) 6000m^3/h新风系统单位风量耗功率限值是0.24W/($m^3 \cdot h$)

(B) 空调风系统设计时，需标注机组的余压和风机效率的最低限制

(C) 单位风量耗功率是实际消耗的功率而非风机所配电机的额定功率

(D) 单位风量耗功率计算不再采用风机的全压值，而改用风机风压或空调风系统余压值

(二) 多选题 (每题2分，共8分)

1.【多选】《公共建筑节能设计标准》GB 50189—2015采用太阳得热系数（*SHGC*）限制窗户的传热性能，下面有关太阳得热系数说法正确的是哪几项？

(A) 太阳得热系数是通过透光围护结构的太阳辐射室内得热量与投射到透光围护结构外表面上的太阳辐射量的比值

(B) 太阳得热系数可按遮阳系数乘以0.87进行换算

(C) 太阳照射时间的不同，建筑实际的太阳得热系数不同

(D) 太阳得热系数的大小仅与窗户中透光部分太阳辐射投射比有关

2.【多选】下列有关热回收装置的说法，正确的是哪几项？

(A) 严寒地区采用空气-空气能量回收装置时，应校核能量回收装置排风侧是否出现结露

(B) 能量回收装置排风侧应设预热等保温防冻措施

(C) 有人员长期停留且无集中新风、排风系统的空调房间，宜设带热回收功能的双向换气装置

(D) 风机停止使用时，双向换气装置的新风进口、排风出口设置的密闭风阀应同时关闭

笔记区

3.【多选】某住宅小区采用地面辐射供暖系统，地面面层为水泥砂浆［导热系数为0.93W/(m·K)］，下列有关地面面层厚度设置不合理的是哪几项？

(A) 30mm　(B) 40mm

(C) 50mm　(D) 60mm

4.【多选】工业建筑设计空调通风系统，下列符合节能设计标准的是哪几项？

(A) 新风管及排风系统应满足在过渡季节时全新风或加大新风比的需求

(B) 设有排除余热的局部排风系统时，空调系统回风口宜直接设在较大发热量的区域上方

(C) 定风量空调系统宜采用新风和回风的温度控制方法

(D) 全空气空调系统的空气处理机组的风机宜采用变频装置

(三) 案例题 (每题2分，共4分)

1.【案例】长春某医院园区供暖采用散热器，设计供/回水温度为85℃/60℃，供暖系统热水由医院换热站统一输送。经测算园区冬季总热负荷为1260kW，换热站至最远端散热器供回水管道总长650m，若设两台流量为$45m^3/h$、扬程为$28mH_2O$的水泵（一用一备），试问水泵设计工况点效率为下列哪一项时能满足节能要求？

(A) 76%　(B) 78%　(C) 80%　(D) 82%

答案：［　］

主要解题过程：

2.【案例】广东某大型公共建筑设置冷源站用于空调系统供冷，设计选用2台1600kW水冷离心式机组（性能系数6.22）以及2台800kW水冷螺杆式冷水机组（性能系数5.95）。采用二级泵冷水系统，设置3台一级泵（两用一备，单台设计流量$350m^3/h$，扬程$35mH_2O$，水泵效率78%），设置4台二级泵（两台单台设计流量$250m^3/h$，扬程$35mH_2O$，水泵效率76%；两台单台设计流量$150m^3/h$，扬程$32mH_2O$，水泵效率75%）。冷却水系统采用4台冷却水泵(单台水泵功率45kW)和4座冷却塔（风机配置功率20kW/台）。试计算该建筑空调系统的电冷源综合制冷性能系数，并判别是否满足节能要求？（电机和传动效率88%）

笔记区

(A) 冷源系统 *SCOP* 为 3.84，不满足节能要求

(B) 冷源系统 *SCOP* 为 4.30，不满足节能要求

(C) 冷源系统 *SCOP* 为 4.37，满足节能要求

(D) 冷源系统 *SCOP* 为 4.60，满足节能要求

答案：[ ]

主要解题过程：

四、专题实训参考答案及题目详解

参考答案

（单选每题 1 分，多选每题 2 分，案例每题 2 分，合计 17 分）

单选题	1	2	3	4	5	得分
	D	D	D	B	A	
多选题	1	2	3	4		
	ABC	ACD	CD	AD		
案例题	1	2				
	D	D				

题目详解

（一）单选题

1. 上海属于夏热冬冷地区，根据《公建节能》表 3.3.1-4，选项 AB 均满足节能要求。选项 C 中传热系数和 *SHGC* 均不满足节能限值，由第 3.4.1-3 可知，对于窗墙比为 0.45 的夏热冬冷地区，*SHGC* 准入条件为 0.44，因此选项 C 不满足准入条件，无需进行权衡判断，需要修改热工。选项 D 中传热系数满足限值，但 *SHGC* 不满足节能限值，由第 3.4.1-3 条可知，对于窗墙面积比小于 0.4 的没有准入条件，因此选项 D 选项需要进行权衡判断。

说明：围护结构热工性能权衡判断基本条件是《公建节能》新引入的权衡判断步骤，应仔细阅读第 3.4.1 条，清楚区分“满足节能限值”“不满足节能限值，进行权衡判断”及“不满足节能限值，重新热工设计”三者的区别。

围护结构热工性能权衡判断基本条件总结：

(1) 基本条件仅针对屋面、外墙、非透光幕墙、窗墙比不小于 0.4 的窗，四种情况。其他热工限值一旦超标则进行权衡判断。

(2) 对于窗，若窗墙比小于 0.4，则一旦热工性能超过限值，就要权衡判断。

笔记区

(3) 依据第3.4.1条。不满足基本条件的应先采取措施提高热工参数满足基本条件。

2. 本题属于带“坑”的题目，北京属于寒冷地区，根据《公建节能》第4.2.10条和第4.2.11条，对于水冷变频离心机组和水冷变频螺杆机组的限值需响应乘以修正倍数。另外，当题目给出计算冷负荷时，要注意第4.2.8条要求，校核装机容量与计算冷负荷比值是否小于1.1。

本题均选用水冷变频螺杆机组，其 *COP* 不低于表列限值的0.95倍，*IPLV* 不低于1.15倍。

选用两台机组的情况，由表4.2.10查得，寒冷地区528kW以下 *COP* 限值4.7，因此所选机型 *COP* 不得低于4.7×0.95=4.465；由表4.2.11查得 *IPLV* 限值5.45，因此所选机型 *IPLV* 不得低于5.45×1.15=6.2675。因此，选项A不满足节能限值要求，选项B满足节能限值要求。

同理可查得，单台机组时，*COP* 不得低于5.1×0.95=4.845，*IPLV* 不得低于5.85×1.15=6.7275。因此选项C*IPLV* 不满足节能限值，选项D满足节能限值。

对比BD两个选项，其中选项B的装机容量为800kW，设计空调负荷仅700kW，装机容量大于负荷的1.1倍，因此不满足第4.2.8条对装机容量的要求，故选项B装机容量不满足要求。

说明：关于机组能效限值，《公建节能》对变频机组提出了修正要求，但是注意仅对“水冷变频”有修正，对于风冷和蒸发冷却的直接对应表格值。另外，题目可能会隐含除表列限值以外的问题，对于这种问题，首先应将所有限值均校对一遍，随后注意题设中的数值的特殊性，是否单独提到了温差、计算空调冷负荷等问题，若提到要小心对待。

3. 根据《公建节能》第7.3.1条，选项A正确；根据第7.3.2条，选项B正确；根据第7.3.4条，选项C正确；但是选项D，应选用全部热回收型水源热泵机组或水源热水机组，故错误。

4. 根据《公建节能》第4.5.5条，选项B错误，供水温度应能根据“室外温度”进行调节，对于末端需求调节对应的是供水流量。

5. 根据《公建节能》第4.3.22条及条文说明，选项BCD正确，选项A错误，只对风量大于10000m^3/h的风系统规定了W_s限值。

(二) 多选题

1. 根据《公建节能》第2.0.4条，选项A正确，应为两者比值；根据第2.0.4条条文说明第2段最后一句，选项B正确，*SHGC* 与 *SC* 存在线性关系；根据第2.0.4条条文说明第3段第1句，选项C正确；根据第2.0.4条条文说明所给式(1)及其参数可知，太阳得热系数与窗户中透光部分及不透光部分均有关系，故选项D的说法

笔记区

错误。

2. 根据《公建节能》第 4.3.25 条选项 A 正确，根据第 4.3.26 条选项 C 正确，根据第 4.3.26 条条文说明，选项 D 正确。第 4.3.25 条指出当容易结露时，能量回收装置排风侧应设预热等保温防冻措施，并非只要设能量回收装置就要设保温防冻措施，选项 B 错误。另外注意第 4.3.24 条只是对密闭电动风阀的设置要求，没有要求防冻措施，与第 4.3.25 条不矛盾。虽然经验上经常认为严寒地区能量回收排风侧可能会出现结露，但是这种经验推论不是规范给出的，不能作为作答依据。

3. 根据《公建节能》第 4.4.1 条，面层热阻不宜大于 $0.05m^2 \cdot K/W$，可计算面层允许厚度为，$\delta = \lambda \cdot R = 0.93 \times 0.05 = 0.0465m = 46.5mm$，因此选项 CD 厚度过大，不满足要求。

4. 根据《工业建筑节能设计统一标准》GB 51245—2017 第 5.4.2-2 条，选项 A 正确；根据第 5.4.2-4 条，选项 B 错误，不应把回风口设在较热区域的上方，应把局部排风设在较热区域的上方，以利用局部排风更高效的排除余热，降低空调能耗；根据第 5.4.5 条，选项 C 错误，应采用焓值控制；根据第 5.4.4 条，选项 D 正确。

（三）案例题

1. 根据《公建节能》第 4.3.3 条，$\alpha = 0.003833 + \frac{3.067}{650} = 0.008551$。

由表 4.3.9-2 查得，水泵流量为 $45m^3/h$ 时，$A = 0.004225$；换热站只设置了一级泵，因此 $B = 17$。

由式 (4.3.3) 得：

$$ECHR_{-h} \leqslant \frac{A(B + \alpha \Sigma L)}{\Delta T} = \frac{0.004225 \times (17 + 0.008551 \times 650)}{85 - 60} = 0.003812$$

$$ECHR_{-h} = \frac{0.003096 \Sigma \frac{GH}{\eta_b}}{Q} = \frac{0.003096 \times \frac{45 \times 28}{\eta_b}}{1260} = \frac{0.003096}{\eta_b} \leqslant 0.003812$$

因此，有：

$$\eta_b \geqslant \frac{0.003096}{0.003812} = 0.812$$

2. 由题意，该冷源包含 2 台 1600kW 水冷离心式机组以及 2 台 800kW 水冷螺杆式冷水机组。广东属于夏热冬暖地区，由《公建节能》表 4.2.12 查得水冷离心式机组 $SCOP$ 限值 4.5，水冷螺杆式冷水机组 $SCOP$ 限值 4.1。按冷量加权计算 $SCOP$ 限值：

$$SCOP_0 = \frac{2 \times 1600 \times 4.5 + 2 \times 800 \times 4.1}{2 \times 1600 + 2 \times 800} = 4.367$$

笔记区

该制冷系统耗电功率为（*SCOP* 不考虑冷水系统）：

$$N = N_{机组} + N_{冷却水泵} + N_{冷却塔}$$

$$= \left(2 \times \frac{1600}{6.22} + 2 \times \frac{800}{5.95}\right) + 4 \times 45 + 4 \times 20$$

$$= 1043.4\text{kW}$$

该冷源系统的 *SCOP* 为：

$$SCOP = \frac{2 \times 1600 + 2 \times 800}{1043.4} = 4.60$$

笔记区

实训5.6 节能类规范实训（1）：居住建筑节能、节能改造

一、专题提要

1.《严寒和寒冷地区居住建筑节能设计标准》JGJ 26—2018

2.《夏热冬冷地区居住建筑节能设计标准》JGJ 134—2010

3.《夏热冬暖地区居住建筑节能设计标准》JGJ 75—2012

4.《公共建筑节能改造技术规范》JGJ 176—2009

5.《既有居住建筑节能改造技术规程》JGJ 129—2012

二、规范导读

1.《严寒和寒冷地区居住建筑节能设计标准》JGJ 26—2018

章节	复习时间	核心内容	复习深度
第1～3章	0.5h	了解规范适用范围，学习术语定义	了解内容，会查找
第4章	1h	会查取围护结构节能参数，重点关注第4.2.1条、第4.2.2条，其他内容了解即可。另外，第4.3.2条关于权衡判断准入条件的内容需要了解	
第5章	2h	本章需要全面重点学习，重点关注如下内容： （1）锅炉选型及数量确定； （2）热计量计量节点的确定； （3）水力平衡要求； （4）供暖系统设计要求	熟悉掌握
附录A	0.5h	耗热量指标按累计热负荷和供热能耗给出	了解
附录B		注意平均传热系数的概念	了解

2.《夏热冬冷地区居住建筑节能设计标准》JGJ 134—2010

章节	复习时间	核心内容	复习深度
第1～3章	0.5h	注意规范适用范围，学习术语定义	了解内容，会查找
第4、第5章	0.5h	会查取围护结构节能参数，重点关注第4.0.4条和第4.0.5条，其他内容了解即可。 第5章关注热工性能判断以“采暖和空调耗电量之和为判据”	
第6章	1h	了解居住建筑节能暖通节能设计要求，注意节能等级要求	了解

笔记区

3.《夏热冬暖地区居住建筑节能设计标准》JGJ 75—2012

章节	复习时间	核心内容	复习深度
第1～3章	0.5h	注意规范适用范围，学习术语定义	了解内容，会查找
第4～5章	0.5h	会查取围护结构节能参数，重点关注第4.0.7条和第4.0.8条，其他内容了解即可。 第5章关注“综合评价的指标可采用空调采暖年耗电指数，也可直接采用空调采暖年耗电量”	了解
第6章	0.5h	了解居住建筑节能暖通节能设计要求，注意节能等级要求	了解

4.《公共建筑节能改造技术规范》JGJ 176—2009

章节	复习时间	核心内容	复习深度
第1～2章	0.5h	注意规范适用范围，学习术语定义	了解内容，会查找
第3章	0.5h	关注第3.1节与第3.3节内容，其他浏览即可	了解
第4章	0.5h	主要学习第4.3节内容，注意改造的判定依据	了解
第6章	0.5h	重点学习本章暖通系统改造，注意本章为改造后需达到的性能要求	熟悉
第9章	0.5h	了解可再生能源利用	了解
附录A	0.5h	了解冷热源设备性能参数选择	了解

5.《既有居住建筑节能改造技术规程》JGJ 129—2012

章节	复习时间	核心内容	复习深度
第1～2章	0.5h	注意规范适用范围，学习术语定义	了解内容，会查找
第3章	0.5h	关注第3.1节与第3.5节内容，其他浏览即可	了解
第4章	0.5h	主要学习第4.2节内容，注意改造的判定依据	了解
第6章	0.5h	重点学习本章暖通系统改造	熟悉

三、专题实训（推荐答题时间 45 分钟）

笔记区

请将求解答案写于下表中，案例题在题目中书写解题过程

（单选题 1 分，多选题 2 分，案例题 2 分，合计 18 分）

单选题	1	2	3	4	5	6	得分
多选题	1	2	3	4	5		
案例题	1						

（一）单选题（每题 1 分，共 6 分）

1.【单选】严寒地区的某一小区，有关其水力设置方法正确的是哪一项？

（A）静态水力平衡阀的直径，应根据阀门的流通能力来选取

（B）自力式流量控制阀应根据压差进行选型

（C）自力式压差控制阀应根据流量选取管路阀门尺寸

（D）当选择动态平衡两通阀时，应保证阀权度为 0.3～0.5

2.【单选】长春市一居住建筑供暖系统采用低温地面辐射供暖系统，下列相关设计做法错误的是哪一项？

（A）集中供暖系统应以热水为热媒

（B）当采用共用立管系统时，每层连接的户数不宜超过 3 户

（C）供水温度不宜高于 60℃

（D）在同样的热舒适条件下，相同房间热负荷以比采用散热器的房间小

3.【单选】计算某办公楼冷源系统的能效系数时，下列哪一项单位时间能耗不需计入？

（A）冷水机组　　（B）冷冻水泵

（C）补水泵　　（D）冷却塔风机

4.【单选】下列关于公共建筑节能改造的说法，不正确的是哪一项？

（A）北京市一座办公楼，其南向透明幕墙的综合遮阳系数为 0.8，宜进行节能改造

（B）某 5 星级多功能厅，实测人均新风量为 25m^3/h，宜对原有新风系统进行改造

（C）某商业综合体的内区冬季供冷采用风冷热泵作为冷源，宜进行节能改造

笔记区

(D) 某酒店厨房设置机械排风系统，风机的单位风量耗功率为0.35，宜对风机进行调节或改造

5.【单选】下列关于严寒地区居住建筑封闭式阳台的保温做法错误的是哪一项？

(A) 当阳台和直接连通的房间之间设置隔墙和门、窗，且其传热系数及窗墙比满足要求时，可不对阳台外表面作特殊热工要求

(B) 如果省去了阳台和房间之间的隔墙，则阳台的外表面就必须当作房间的外围护结构来对待

(C) 严寒地区阳台窗的传热系数不应大于3.1W/(m^2·K)

(D) 当阳台的面宽小于直接联通房间的开间宽度时，可按房间的开间计算隔墙的窗墙面积比

6.【单选】长春某2009年建成运行的商场设有两管制风机盘管加新风空调系统，采用两台风冷螺杆式冷水机组制备冷水，制冷机组额定制冷量为70kW，新风系统为定风量系统，设置粗效过滤器及预热盘管，下列哪种情况无需考虑进行相应改造或更换？

(A) 实测两台机组输出额定制冷量时，总耗功率为55kW

(B) 新风系统单位风量耗功率为0.52W/(m^3·/h)

(C) 商场实际最大人数为430人，平均人数为350人，实测新风机组总送风量6000m^3/h

(D) 实测冷水系统各主支管路回水温度最大差值为3.6℃

(二) 多选题 (每题2分，共10分)

1.【多选】张家口市阳原县的既有区域锅炉房需进行节能改造，改造的原因可能是下列哪几项？

(A) 缺少气候补偿装置　　(B) 缺少烟气余热回收装置

(C) 缺少集中控制系统　　(D) 循环水泵无变频调速装置

2.【多选】沈阳市一5层办公楼建筑，下列哪几种情况需考虑对其进行权衡判断？

(A) 体形系数为0.35

(B) 窗墙比为0.6

(C) 窗墙比为0.35，外窗传热系数为1.8

(D) 外墙传热系数为0.52

3.【多选】下列有关严寒地区居住建筑相关标准要求的说法，错误的是哪几项？

笔记区

(A) 屋面天窗与该房间屋面面积的比值不应大于 0.15
(B) 需对每一个供暖房间进行逐时热负荷计算
(C) 静态平衡阀应在每个入口均设置
(D) 锅炉选型过程中，应考虑 90%的热效率

4.【多选】下列关于居住建筑室内供暖系统节能改造的做法，正确的是哪几项？
(A) 原供暖系统为垂直单管顺流式系统，改造为垂直单管跨越式系统
(B) 原供暖系统为垂直单管顺流式系统，改造为分户水平循环系统
(C) 原供暖系统为垂直单管顺流式系统，改造为垂直双管系统
(D) 原供暖系统为垂直单管顺流式系统，改造为垂直单双管系统

5.【多选】位于武汉市的住宅小区，下列节能设计符合规范的为哪几项？
(A) 热源采用户式燃气炉时，其热效率达到国家标准《家用燃气快速热水器和燃气采暖热水炉能效限定值及能效等级》GB 20665—2015 规定的第 2 级
(B) 采用分散空调时，宜选择符合国家标准和《房间空气调节器能效限定值及能效等级》GB 21455—2019 规定的第 3 级
(C) 采用多联机空调系统时，所选用机组的 *IPLV* 不应低于《多联式空调（热泵）机组能效限定值及能源效率等级》GB 21454—2008 规定的第 2 级
(D) 采用供暖、空调设备的居住建筑，宜采用带热回收的机械换气装置

(三) 案例题（每题 2 分，共 2 分）

1.【案例】沈阳市某一 5 层洋房南侧凸窗所占外窗总面积比为 20%，外墙主断面的传热系数为 0.4，则外墙外保温墙体的平均传热系数为多少？
(A) 0.4　　(B) 0.46　　(C) 0.48　　(D) 0.52

答案：[　　]

主要解题过程：

笔记区

四、专题实训参考答案及题目详解

参考答案

(单选每题 1 分，多选每题 2 分，案例每题 2 分，合计 18 分)

单选题	1	2	3	4	5	6	得分
	D	C	C	D	C	B	
多选题	1	2	3	4	5		
	ABCD	AC	ABD	AC	AD		
案例题	1						
	B						

题目详解

(一) 单选题

1. 根据《严寒和寒冷地区居住建筑节能设计标准》JGJ 26—2018 第 5.2.10-2 可知，选项 A 错误，应根据阀门流通能力及两端压差，选择确定平衡阀的直径和开度；由第 5.2.10-3 条可知，选项 B 错误，自力式流量控制阀应根据流量进行选型；由第 5.2.10.4 可知，选项 C 错误，这里是压差控制阀，应根据所需控制压差选择与管路同尺寸的阀门；根据第 5.2.10-5 可知，选项 D 正确。

2. 根据《严寒和寒冷地区居住建筑节能设计标准》JGJ 26—2018 第 5.3.1 条可知，选项 A 正确；根据第 5.3.2 条可知，选项 B 正确；根据第 5.3.3 条可知，选项 C 错误，供水温度不应高于 45℃，根据 5.3.3 条可知，选项 D 正确，房间设计温度低，故负荷小。

3. 根据《公建节能改造》第 2.0.4 条可知，选项 C 补水泵不需计入单位时间能耗。

4. 根据《公建节能改造》第 4.2.3-3 条可知，选项 A 正确；由第 4.3.15 条可知，选项 B 正确；由第 4.3.13 条可知，选项 C 正确；由第 4.3.12 条可知，选项 D 错误。

5. 参考《严寒和寒冷地区居住建筑节能设计标准》JGJ 26—2018 第 4.2.7 条。

6. 由《公建节能改造》第 4.3.3 条、4.3.12 条、4.3.15 条以及第 4.3.16 条可知，选项 ACD 不满足要求，需考虑进行改造或更换。选项 A，$COP=70/27.5=2.55<2.6$，需要考虑改造或更换；选项 B，$W_r=0.51+0.035=0.545>0.52$，不需要考虑改造或更换；选项 C，商场人均新风量 $20m^3/h$（第 4.3.15 条根据的是 2015 版《公共建筑节能设计标准》，新的公建节能已没有新风标准等参数），按照平均人数计算所需新风量为 $350\times20=7000m^3/h>6000m^3/h$，新风量不足，需考虑进行改造或更换；选项 D，最大差值大于 2℃则需考虑改造。

笔记区

（二）多选题

1. 根据《居住节能改造》第 6.1.2 条，选项 ABC 正确；由第 6.1.7 条可知，选项 D 正确。

2. 沈阳市属于严寒 C2 区，根据《严寒和寒冷地区居住建筑节能设计标准》JGJ 26—2018 第 4.1.3 条可知，超过 0.30 需权衡，故选项 A 正确；根据表 4.1.4 及表 4.3.2-1 可知，超过权衡限值，故不必再做权衡判断，根据表 4.3.2-2 可知，未超权衡限值可进行权衡判断；选项 D 超限值不需权衡。

3. 根据《严寒和寒冷地区居住建筑节能设计标准》JGJ 26—2018 第 4.1.5 条可知，选项 A 错误，限值为 0.1；根据第 5.1.1 条可知，需进行热负荷计算；根据 5.2.8 条可知，选项 C 正确；根据第 5.2.1 条可知，选项 D 错误；燃油锅炉效率为 90%。

4. 根据《居住节能改造》第 6.4.1 条，选项 AC 正确。

5. 根据《夏热冬冷地区居住建筑节能设计标准》JGJ 1 34—2010 第 6.0.5 条可知，选项 A 正确；由第 6.0.8 条可知，选项 B 错误；由第 6.0.6 条可知，选项 C 错误；由第 6.0.10 条可知，选项 D 正确。

（三）案例题

1. 沈阳属于严寒（C）区，查得其外墙传热系数限值为 0.4。根据 JGJ 26—2018 第 B.0.11 条条文说明凸窗所占外窗面积比为 20% <30%，故按照普通窗选择修正系数。则有：$\phi=1.3$。

$$K_{\mathrm{m}}=\phi \cdot K=1.3\times 0.35=0.46$$

笔记区

实训 5.7 节能类规范实训（2）：节能验收、热工、热计量

一、专题提要

1.《建筑节能工程施工质量验收标准》GB 50411—2019

2.《民用建筑热工设计规范》GB 50176—2016

3.《供热计量技术规程》JGJ 173—2009

二、规范导读

1.《建筑节能工程施工质量验收标准》GB 50411—2019

章节	复习时间	核心内容	复习深度
第 1～2 章	0.5h	注意规范适用范围，学习术语定义	了解内容，会查找
第 9 章	0.5h	注意供暖节能工程的施工要求，设备检验方法与数量。第 9.2.2 条、第 9.2.3 条为强条	了解
第 10 章	0.5h	注意通风空调节能工程的施工要求，设备检验方法与数量。第 10.2.2 条为强条	了解
第 11 章	0.5h	注意冷热源节能工程的施工要求，设备检验方法与数量。第 11.2.2 条为强条	了解

2.《民用建筑热工设计规范》GB 50176—2016

章节	复习时间	核心内容	复习深度
第 1～3 章	0.5h	注意规范适用范围，学习术语定义	了解内容，会查找
第 4～7 章	2h	熟悉关于保温、放热、防潮的热工要求，重点是保温，放热与防潮以了解为主	了解
第 8～9 章	0.5h	了解学习为主，不必研究	了解
附录	1h	附录 A、附录 B 第 B.2～B.4 条，第 B.6 条，第 B.8 条应会查表； 附录 D 会查表； 其他不必研究	熟悉

3.《供热计量技术规程》JGJ 173—2009

章节	复习时间	核心内容	复习深度
第 1～2 章	0.5h	注意规范适用范围，学习术语定义	了解内容，会查找
第 3 章	0.5h	本章对热量表设置给出了基本规定，注意热量结算点必须安装热量表	熟悉

笔记区

续表

章节	复习时间	核心内容	复习深度
第4章	0.5h	了解热源和热力站的热量结算与热量表安装	了解
第5章	0.5h	本章主要是热力入口热量结算点的设计	熟悉
第6章	1h	本章具体给出分户计量的计量要求，注意各种计量方式的设计	熟悉
第7章	1h	本章对不同的用户的供暖系统进行了规定	熟悉

三、专题实训（推荐答题时间25分钟）

请将求解答案写于下表中，案例题在题目中书写解题过程

（单选题1分，多选题2分，案例题2分，合计16分）

单选题	1	2	3	4	5	6	得分
多选题	1	2	3	4	5		

（一）单选题（每题1分，共6分）

1.【单选】在进行北京某酒店公共建筑节能改造时，下列何项改造措施是错误的？

（A）空调水系统的分集水器和主管段处增设平衡阀

（B）过渡季或供暖季节局部房间需要供暖时，优先采用直接利用室外空气进行降温的方式

（C）空调风系统节能改造后，送风量为8000m^3/h的宴会厅全空气空调风机单位风量耗功率不应低于0.30W/(m^3·h)

（D）经核算，冷热负荷随季节变化较大，在确保系统运行安全可靠的前提下，可增设变速控制，将定水量系统改造为变水量系统

2.【单选】下列关于围护结构的隔热设计措施不合理的是哪一项？

（A）外表面做浅色饰面

（B）设置通风墙、干挂通风幕墙

（C）设置单面铝箔的封闭空气间层，铝箔设在温度较低的一侧

（D）采用墙面垂直绿化及淋水被动蒸发墙面

3.【单选】某新建住宅小区设计供暖系统，下列选项中说法正确的是哪一项？

（A）应以楼栋为对象设置热量表

笔记区

(B) 热量表宜就近安装在建筑物内

(C) 各楼栋热力入口应安装动态水力平衡阀

(D) 当室内供暖为变流量系统时，应设置自力式流量控制阀

4.【单选】下列关于空调风管及水管绝热层的做法，不满足相关施工要求的是哪一项?

(A) 空调风管采用卷材时，绝热层表面应平整，厚度允许偏差为5mm

(B) 风管法兰部位绝热层的厚度，不应低于风管绝热层厚度的80%

(C) 空调冷热水管穿楼板和穿墙处的绝热层应连续不间断，且绝热层与穿楼板和穿墙处的套管之间应用不燃材料填实，不得有空隙

(D) 空调冷热水管道与支吊架之间应设置绝热衬垫，其厚度不应小于绝热层厚度的80%，宽度应大于支吊架承面的宽度

5.【单选】有关热力站的调节与控制，下列说法错误的是哪一项?

(A) 热力站必须安装供热量自动控制装置

(B) 供热量自动控制装置的室外温度传感器应放置在背风、不受热源干扰的位置

(C) 对于热规律不同的热用户，在供热系统中宜实行分时分区调节控制

(D) 热力站宜采用分级水泵调控技术

6.【单选】根据《民用建筑热工设计规范》GB 50176—2016，与有外窗不供暖楼梯间相邻的隔墙的内表面允许温差为3℃，室内外温差为25℃，则外墙热阻（$m^2 \cdot K/W$）最小值为多少?（墙体密度$1400kg/m^3$）

(A) 0.39　　(B) 0.62

(C) 0.77　　(D) 1.01

(二) 多选题（每题2分，共10分）

1.【多选】供暖期间，围护结构中保温材料可能因内部冷凝受潮，下列围护结构防潮设计的说法错误的是哪几项?

(A) 密度为500～$700kg/m^3$的多孔混凝土，重量湿度允许增量为4%

(B) 玻璃棉制品，重量湿度允许增量为4%

笔记区

(C) 冬季室外平均计算温度低于0.9℃时，应对围护结构进行内表面结露验算

(D) 当围护结构内表面温度低于空气露点温度时，应采取保温措施并应重新复核围护结构内表面温度

2.【多选】为提高围护结构的热阻值，下列措施正确的是哪几项？

(A) 采用轻质高效保温材料与砖、混凝土或钢筋混凝土等材料组成的复合保温墙体构造

(B) 低热阻的新型墙体材料

(C) 采用封闭空气间层

(D) 采用带有铝箔的通风空气间层

3.【多选】通风空调节能工程使用的绝热材料进场时，应对相关性能进行复验，其中对绝热材料需要复验以下哪些参数？

(A) 导热系数　(B) 密度

(C) 吸水率　(D) 厚度

4.【多选】在进行设备系统节能性能检测时，下列测量结果不满足相关规范要求的是哪几项？

(A) 某大空间采用喷口送风，单个喷口设计风量为1500m^3/h，实测风量为1200m^3/h

(B) 一级泵变流量系统，末端空调机组设计冷水流量为50t/h，实测运行流量为45t/h

(C) 某住宅小区设置独立换热站，按近端、远端、中间区域各抽检2个热力入口，各热力入口水力平衡度为1.2，1.2，1，1，0.92，0.85

(D) 实测某住宅小区供热管线室外供热管网热损失率7%

5.【多选】下列有关分户热计量的说法，正确的是哪几项？

(A) 在楼栋安装热量表作为热量结算点时，分户热计量应采取用户热分摊的方法确定

(B) 散热器热分配计法宜选用双传感器电子式热分配计

(C) 户用热量表法可用于共用立管的分户独立室内供暖系统和地面辐射供暖系统

(D) 安装户用热量表时，在没有特别说明的情况下，户用热量表前的直管段长度不应小于2倍管径，表后直管段长度不应小于5倍管径

笔记区

四、专题实训参考答案及题目详解

参考答案

（单选每题 1 分，多选每题 2 分，案例每题 2 分，合计 16 分）

单选题	1	2	3	4	5	6	得分
	C	C	A	D	B	B	
多选题	1	2	3	4	5		
	BC	AC	ABC	AC	ABC		

题目详解

（一）单选题

1. 根据《公建节能改造》第 6.3.11 条、第 6.4.2 条、第 6.3.7 条可知，选项 ABD 均正确；根据第 6.3.3 条，选项 C 需要满足当前《公建节能》的要求，按照《公建节能》第 4.3.22 条可知，送风量大于 $10000m^3/h$ 时，对 W_s 有限值要求，但选项 C 中全空气空调风量未达到 $10000m^3/h$，因此限定 W_s 的措施是错误的。

2. 根据《民用建筑热工设计规范》GB 50176—2016 第 6.1.3 条，选项 C 错误，应设置在温度较高一侧。

3. 根据《热计量规》第 5.1.1 条，选项 A 正确；根据 5.1.3 条，选项 B 错误，新建建筑应设置在专用表计小室中；根据 5.2.2 条，选项 C 错误，应安装静态水力平衡阀；根据 5.2.3 条，选项 D 错误，变流量系统不应设置自力式流量控制阀。选 A。

4. 根据《建筑节能工程施工质量验收标准》GB 50411—2019 第 10.2.10 条，选项 D 错误，不应小于绝热层厚度。

5. 根据《热计量规》第 4.2.1 条，选项 A 正确；根据第 4.2.2 条，选项 B 错误，应放在通风处；根据第 4.2.4 条，选项 C 正确；根据第 4.2.7 条，选项 D 正确。

6. 由《民用建筑热工设计规范》GB 50176—2016 附录表 D.1 可查得，外墙热阻最小值为 $0.77m^2 \cdot K/W$，根据第 5.1.4 条需要考虑 1.0 的修正系数和 0.8 的修正系数，修正后的最小传热阻为：

$$R_w = \varepsilon_1 \varepsilon_1 R_{w,min} = 1 \times 0.8 \times 0.77 = 0.616m^2 \cdot K/W$$

（二）多选题

1. 根据《民用建筑热工设计规范》GB 50176—2016 第 7.1.2 条，选项 A 正确，选项 B 错误，玻璃棉制品的重量湿度允许增量为 5%；根据第 7.2.1 条可知，选项 C 错误，应为冬季室外计算温度；根据第 7.2.3 条可知，选项 D 正确。

2. 根据《民用建筑热工设计规范》GB 50176—2016 第 5.1.5 条，选项 B 应采用热阻高的材料；选项 D 采用通风间层反而会减小热阻。

3. 根据《建筑节能工程施工质量验收标准》GB 50411—2019 第10.2.2条，绝热材料需要复验导热系数、密度、吸水率。

4. 根据《建筑节能工程施工质量验收标准》GB 50411—2019 第17.2.2条，分别对应四个选项内容。选项A根据第3款，风量偏差不大于15%，1500×15%=225m³/h，1500－1200=300m³/h，不满足检测要求；选项B根据第5款，此变流量系统运行流量低于设计值10%，满足允许偏差；选项C根据第7款，其中水力平衡度实测为0.85的不满足允许偏差；选项D根据第8款可知合理。

5. 根据《热计量规》第6.1.1条，选项A正确；根据第6.2.4条，选项B正确；根据第6.3.1条，选项C正确；根据第6.3.4条，选项D错误。

笔记区

实训5.8 节能类规范实训（3）：管道绝热、空调系统经济运行、绿色建筑

一、专题提要

1.《工业设备及管道绝热工程设计规范》GB 50264—2013

2.《空气调节系统经济运行》GB/T 17981—2007

3.《绿色建筑评价标准》GB/T 50378—2019

4.《绿色工业建筑评价标准》GB/T 50878—2013

5.《民用建筑绿色设计规范》JGJ/T 229—2010

二、规范导读

1.《工业设备及管道绝热工程设计规范》GB 50264—2013

章节	复习时间	核心内容	复习深度
第1、第2章	0.5h	注意规范适用范围，学习术语定义	了解内容，会查找
第3、第4章	0.5h	了解绝热工程的基本规定和绝热材料的选择要求	了解
第5章	0.5h	了解绝热计算方法，所有公式不要研究，会查取带入参数即可，所需参数题目都会给出	了解
第6章	0.5h	了解绝热结构的构成，保温层和保温层的组成	了解
附录A	0.1h	注意不同保温保冷材料使用温度的范围	了解

2.《空气调节系统经济运行》GB/T 17981—2007

章节	复习时间	核心内容	复习深度
第1、第3章	0.5h	注意规范适用范围，学习术语定义	了解内容，会查找
第4章	1h	空气调节系统经济运行的基本规定，应阅读了解	熟悉
第5章 附录A	0.5h	结合附录A中图A.1的逻辑结构认识各个经济运行参数的计算	了解

3.《绿色建筑评价标准》GBT 50378—2019

章节	复习时间	核心内容	复习深度
第1、第2章	0.5h	了解绿色建筑的设计原则和基本概念	了解
第3章	1h	重点学习评价等级划分和评价得分计算。 其中第3.2.8条含有部分对绿色建筑的技术要求	熟悉

笔记区

续表

章节	复习时间	核心内容	复习深度
第7章	1h	重点了解第7.2节中Ⅱ节能与能源利用的内容。对照阅读条文说明，了解评价方法和需要提供的材料	熟悉

4.《绿色工业建筑评价标准》GB/T 50878—2013

章节	复习时间	核心内容	复习深度
第1～2章	0.5h	了解绿色建筑的设计原则和基本概念	了解
第3章	0.5h	重点学习评价等级划分和评价得分计算	熟悉
第5章	1h	了解节能与能源利用的基本规定	熟悉

5.《民用建筑绿色设计规范》JGJ/T 229—2010

章节	复习时间	核心内容	复习深度
第1～3章	0.5h	注意规范适用范围，学习术语定义	了解内容，会查找
第9章	1h	学习绿色建筑中暖通空调的设计要求	熟悉

三、专题实训（推荐答题时间40分钟）

请将求解答案写于下表中，案例题在题目中书写解题过程

（单选题1分，多选题2分，案例题2分，合计16分）

单选题	1	2	3	4	得分
多选题	1	2	3		
案例题	1	2	3		

（一）单选题（每题1分，共4分）

1.【单选】在进行关于设备管道的绝热设计时，下列有关保温保冷厚度计算的说法，正确的是哪一项？

（A）当无特殊工艺要求时，保温的厚度应采用“经济厚度”法计算

（B）防止人身遭受烫伤的部位，其保温层的计算厚度，应保证保温层外表面温度不得大于50℃

（C）保冷计算应根据工艺要求确定保冷计算参数

（D）当无特殊工艺要求时，保冷厚度应采用“经济厚度”法计算并用防结露厚度校核

笔记区

2.【单选】下列有关民用建筑绿色建筑评价的说法，错误的是哪一项？

(A) 绿色建筑分为一星级、二星级、三星级 3 个级别

(B) 二星级绿色建筑住宅建筑外窗传热系数应比国家现行相关建筑节能设计标准低 10%

(C) 绿色建筑评价指标体系由安全耐久、健康舒适、生活便利、资源节约、环境宜居 5 类指标组成

(D) 绿色建筑评价的总得分为控制箱基础分值、评价体系 5 类指标评分项分值、提高与创新加分项得分之和

3.【单选】在进行绿色工业建筑评价时，下列何项可以获得二星级？

(A) 必达分 9 分，总得分 45 分

(B) 必达分 10 分，总得分 62 分

(C) 必达分 11 分，总得分 67 分

(D) 必达分 12 分，总得分 70 分

4.【单选】关于空气调节系统中冷却塔优化运行的措施，不正确的是哪一项？

(A) 应综合考虑冷却塔的性能对冷水机组耗能的影响，使冷却塔出水温度接近室外空气露点温度

(B) 多台冷却塔并联运行时，应充分利用冷却塔换热面积，开启全部冷却塔，同时冷却塔风机宜采用变风量调节。应保持各冷却塔之间水量均匀分配

(C) 多塔冷却塔并联运行并采用风机台数启停控制时，应关闭不工作冷却塔的冷却水管路的水阀，防止冷却水通过不开风机的冷却塔旁通

(D) 应保持冷却塔周围通风良好

(二) 多选题（每题 2 分，共 6 分）

1.【多选】下列对于设备及管道保温厚度计算参数的取值正确的是哪几项？

(A) 金属设备及管道的外表面温度，当无衬里时，应取介质的长期正常运行温度

(B) 供暖期运行的室外管道的环境温度应取历年平均温度的平均值

(C) 地沟内的供暖管道保温的环境温度取值与管道外表面温度的大小有关

(D) 在防止人身烫伤的厚度计算中，环境温度应取历年最热月平均温度值

笔记区

2.【多选】根据现行标准，下列属于空调系统冷热源设备经济运行的是哪几项？

(A) 间歇运行的冷热源设备，宜在供冷和供热前 0.5～2h 开启，供冷或供热结束后 0.5～2h 关闭

(B) 应关闭处于停止状态的冷水机组的冷水与冷却水管路上的阀门，防止短路旁通

(C) 应调整各冷源设备间的输配介质流量，使其流量与负载相匹配

(D) 在有条件的情况下，在过渡季宜采用冷却塔直接供冷措施

3.【多选】某酒店进行绿色建筑评价，为证明建筑供暖空调负荷降低 10%，预评价阶段需要提供以下哪些文件内容？

(A) 相关设计文件

(B) 节能计算书

(C) 相关竣工图

(D) 建筑围护结构节能率分析报告

(三) 案例题 (每题 2 分，共 6 分)

1.【案例】上海某酒店进行绿色建筑评价，满足全部控制项要求，安全耐久评分项得分 58 分，健康舒适评价得分 54 分，生活便利评价得分 52 分，环境宜居评价得分 50 分，提高与创新加分项得分 50 分，试问资源节至少需要获评多少评分项，该建筑可达到二星级？

(A) 36 分　　(B) 60 分

(C) 90 分　　(D) 无法参评二星级

答案：[　　]

主要解题过程：

2.【案例】某酒店宴会厅采用定风量全空气空调系统，设计风量 $38000m^3/h$，空调机组余压 600Pa，在参评三星级绿色建筑时，要求采取有效措施降低供暖空调系统的末端系统及输配系统的能耗获得评价分值 5 分，试问所选空调机组的风机效率至少为下列何项？

(A) 65%　　(B) 72.2%

(C) 81.2%　　(D) 90.2%

笔记区

答案：［ ］

主要解题过程：

3.【案例】上海某酒店建筑面积30000m²，采用一级泵变流量制冷系统，总制冷量3300为kW，空调设备总耗功率为1250kW，空调形式为风机盘管加新风。实测该系统2017年空调系统制备的总冷量为1927200kWh，空调系统设备年电耗803125kWh。若空调末端能效比限值$EERt_{LV}$为9，冷却水输送系数限值为$WTFcw_{LV}$为25，冷冻水输送系数限值为$WTFchw_{LV}$为30，冷水机组运行效率限COP_{LV}为4.8，试问该空调系统能效比$EERs$为多少，是否满足相关规范要求？

(A) 该空调系统能效比为2.40，满足经济运行要求

(B) 该空调系统能效比为2.40，不满足经济运行要求

(C) 该空调系统能效比为2.46，满足经济运行要求

(D) 该空调系统能效比为2.46，不满足经济运行要求

答案：［ ］

主要解题过程：

四、专题实训参考答案及题目详解

参考答案

（单选每题1分，多选每题2分，案例每题2分，合计16分）

单选题	1	2	3	4	得分
	C	C	B	A	
多选题	1	2	3		
	ACD	BCD	ABD		
案例题	1	2	3		
	B	C	B		

题目详解

(一) 单选题

1. 根据《工业设备及管道绝热工程设计规范》GB 50264—2013

笔记区

第5.1.1条可知，选项A错误，经济厚度偏小的还需要其他做法；由第5.1.2条可知，选项B错误，不得大于60℃，而非50；由第5.2.1条可知，选项C正确，选项D错误，无工艺要求保冷层按公式计算。

2. 由《绿色建筑评价标准》GB/T 50378—2019第3.2.8条可知，选项A错误，还有基本级，共4级；根据表3.2.8可知，选项B错误，只有严寒和寒冷地区住宅有此要求；根据第3.2.1条可知，选项C正确；根据第3.2.5条可知，选项D错误，还要除以10。

3. 由《绿色工业建筑评价标准》GB/T 50878—2013第3.2.7条可知，必达分需要获得11分，总得分在55～70分可获得二星级，因此选项B可获得二星级。

4. 由《空气调节系统经济运行》GB/T 17981—2007第4.3.5条可知，选项BCD正确，选项A错误，"使冷却塔出水温度接近室外空气湿球温度"。

(二) 多选题

1. 根据《工业设备及管道绝热工程设计规范》GB 50264—2013第5.8.1条可知，选项A正确；由第5.8.2条可知，B错误，应取"历年运行期日平均温度"，而非"历年平均温度"；选项CD正确。

2. 根据《空调系统经济运行》GB/T 17981—2007第4.3.1条可知，选项A错误，在"供冷或供热结束前0.5～2h关闭"；由第4.3.2条可知，选项B正确；由第4.3.3条可知，选项CD正确。

3. 暖通系统能耗降低幅度需要满足《绿色建筑评价标准》GB/T 50378—2019第7.2.4条评分规则，由条文说明可知，评价阶段需要查阅相关设计文件、节能计算书、建筑围护结构节能率分析报告。

(三) 案例题

1. 酒店属于公共建筑，需要采用公共建筑的计算参数。

由《绿色建筑评价标准》GB/T 50378—2019第3.2.8条可知，二星级评分需要达到70分，按式(3.2.5)计算评价总得分：

$$Q=\frac{400+58+54+52+Q_4+50+50}{10}\geqslant 70$$

可确定$Q_4\geqslant 36$。

根据第3.2.8条，每类指标的评分项得分不应小于其评分项满分的30%，资源节约评分项满分200分，因此得分不得小于60分。

2. 由《绿色建筑评价标准》GB/T 50378—2019第7.2.6条可知，为获得总分值5分，风机的单位风量耗功率比现行国家标准规定低20%。由《公建节能》第4.3.22条查得，酒店全空气系统风机的单位风量耗功率为0.3W/($m^3\cdot h$)。为了获评绿色建筑三星级，需要

笔记区

降低 20%，即限值为：$W_s=0.3\times(1-20\%)=0.24\text{W}/(\text{m}^3\cdot\text{h})$。

由《公建节能》式（4.3.22）可计算空调机组风机效率：

$$\eta_F=\frac{P}{3600W_s\eta_{CD}}=\frac{600}{3600\times0.24\times0.855}=0.812=81.2\%$$

3. 由《空气调节系统经济运行》GB/T 17981—2007 第 5.4.2 条可计算制冷系统能效比限值：

$$EERr_{LV}=\frac{1}{\frac{1}{COP_{LV}}+\frac{1}{WTF\,cw_{LV}}+0.02}=\frac{1}{\frac{1}{4.8}+\frac{1}{25}+0.02}=3.73$$

由第 5.3.2 条计算空调系统能效比限值：

$$EERs_{LV}=\frac{1}{\frac{1}{EERr_{LV}}+\frac{1}{WTF\,chw_{LV}}+\frac{1}{EERt_{LV}}}=\frac{1}{\frac{1}{3.73}+\frac{1}{30}+\frac{1}{9}}=2.42$$

由第 5.3.1 条计算该空调系统能效比：

$$EERs=\frac{Q}{\Sigma N_i}=\frac{1927200}{803125}=2.400<2.42$$

因此，*EERs* 高于限值表明单位耗能制冷量偏低，即该空调系统不满足经济运行要求。

笔记区

实训 5.9 技术规程类规范实训（1）：

一、专题提要

1.《辐射供暖供冷技术规程》JGJ 142—2012

2.《地源热泵系统工程技术规程》GB 50366—2005（2009 版）

二、规范导读

《辐射供暖供冷技术规程》JGJ 142—2012

章节	复习时间	核心内容	复习深度
第 1～2 章	0.5h	注意规范适用范围，学习术语定义	了解内容，会查找
第 3～4 章	0.5h	了解绝热工程的基本规定和绝热材料的选择要求	了解
第 5 章	0.5h	了解绝热计算方法，所有公式不要研究，会查取带入参数即可，所需参数题目都会给出	了解
第 6 章	0.5h	了解绝热结构的构成，保温层和保温层的组成	了解
附录 A	0.1h	注意不同保温保冷材料使用温度的范围	了解

三、专题实训（推荐答题时间 60 分钟）

请将求解答案写于下表中，案例题在题目中书写解题过程

（单选题 1 分，多选题 2 分，案例题 2 分，合计 20 分）

单选题	1	2	3	4	5	6	得分
多选题	1	2	3	4	5		
案例题	1	2					

（一）单选题（每题 1 分，共 6 分）

1.【单选】某新建住宅小区采用热水辐射供暖系统冬季供暖，系统设置了气候补偿装置，下列有关气候补偿装置的表述不正确的是哪一项？

（A）气候补偿装置是供热量自动控制装置的一种形式

（B）气候补偿装置监测的对象可以为用户侧供水温度、回水温度和代表房间室内温度

（C）气候补偿装置可以根据需要设置为分时控制模式

笔记区

(D) 气候补偿装置控制对象可以是户内电动温控阀，也可以是热源侧的水泵变频器

2.【单选】关于加热电缆辐射供暖系统，下列说法错误的是哪一项？

(A) 加热电缆间距不宜小于100mm

(B) 加热电缆与外墙内表面距离不得小于100mm

(C) 加热电缆产品必须有接地屏蔽层

(D) 加热电缆不应有接头

3.【单选】对于采用辐射供暖的集中供暖小区，下列哪一种供热运行模式不利于节能？

(A) 小区供热外网采用大温差小流量的运行模式

(B) 对于较大的集中供暖小区，按辐射供暖的要求，直接采用低温热水循环

(C) 当外网的热媒高于60℃时，宜在楼栋的供暖热力入口处设置混水或换热装置

(D) 各楼栋内辐射供暖系统实现大流量小温差的运行模式

4.【单选】下列有关地面辐射供暖加热管的安装，做法正确的是哪一项？

(A) 外径20mm铝塑管作为加热管，某段弯管的弯曲半径为100mm

(B) 敷设时管路出现损坏或折弯，应及时平顺折弯处或修补损坏部位

(C) 铜制连接件直接与PP-R塑料管接触的表面必须镀镍

(D) 加热管直管段设固定点，固定点间距宜为200～300mm

5.【单选】低温热水地面辐射供暖系统水压试验时，做法正确的是下列哪一项？

(A) 水压试验在分集水器冲洗后进行

(B) 系统水压试验只在浇注混凝土填充层之前进行一次

(C) 冬季水压试验，在有冻结可能的情况下，可采用气压试验代替水压试验

(D) 试验压力为工作压力的1.5倍，且不应小于0.6MPa

6.【单选】下列有关地源热泵系统地埋管换热器换热量的表述，正确的是哪一项？

(A) 换热量应满足用户系统用冷量或用热量设计负荷的要求

笔记区

(B) 换热量应满足用户系统用冷量或用热量在计算周期内总设计负荷的要求
(C) 换热量应满足热泵系统最大释热量或最大吸热量的要求
(D) 换热量应满足热泵系统在计算周期内总释热量或总吸热量的要求

(二) 多选题 (每题 2 分, 共 10 分)

1. 【多选】下列有关低温辐射供暖系统设计要求，不合理的是哪几项?
(A) 地面辐射供暖系统应设置脱气除污器
(B) 分水器总进水管与集水器总出水管间宜设置供清洗用的旁通管，旁通管上应设置阀门
(C) 与不供暖房间相邻的地板作为辐射供暖地面时，应设置绝热层
(D) 楼层之间地板上的混凝土填充式供暖，地面泡沫塑料绝热层厚度不应小于 30mm

2. 【多选】某办公楼外侧的一间办公室，长 10m、进深 8m，对此房间设计热水地面辐射供暖系统，下列做法合理的是哪几项?
(A) 以距离外墙 6m 处为界，分别设置环路
(B) 铺设盘管时，管路与内外墙的间距为 150mm
(C) 按照管内水流速 0.3m/s 选用管径
(D) 每个环路进、出水口，应分别与集水器、分水器相连接

3. 【多选】下列有关地埋管换热系统设计要求，合理的是哪几项?
(A) 水平地埋管换热器可不设坡度
(B) 地面管供、回水环路集管的间距不应小于 0.4m
(C) 地埋管换热系统回填料的导热系数不宜低于钻孔外或沟槽外岩土体的导热系数
(D) 地埋管环路两段应分别与供回水环路集管相连接，且宜同程布置

4. 【多选】供暖系统采用塑料类管材时，管壁的厚度与下列因素的表述的关系，哪些是正确的?
(A) 与管道的工作压力成正比
(B) 与管道的直径成正比
(C) 与管道受热的累积作用大小成正比
(D) 与管道的许用应力成正比

笔记区

5.【多选】低温热水地板辐射供暖系统中限制热水供回水温差的主要作用是下列哪几项?

(A) 有利于保证地面温度均匀

(B) 满足舒适性要求

(C) 有利于延长塑料加热管的使用寿命

(D) 有利于保持较大的热媒流速，方便排除管内空气

(三) 案例题 (每题 2 分，共 4 分)

1.【案例】寒冷地区某住宅楼采用热水地面辐射供暖系统，各户热源为燃气壁挂炉，分室控温。某户的起居室面积为 $28m^2$，冷风侵入耗热量为 0.4kW，外围护结构耗热量为 1.28kW，考虑间歇供暖修正系数 1.2。试问该起居室的供暖热负荷接近下列哪一项?

(A) 2.02kW　　(B) 2.21kW

(C) 2.32kW　　(D) 2.51kW

答案: [　　]

主要解题过程:

2.【案例】某低温热水地面辐射供暖系统供/回水温度为 60℃/50℃，工作压力为 0.5MPa，采用 PE-X 管作为加热管，PE-X 管设计许用环应力为 4.0MPa，加热管管径为 *De*25，试计算加热管壁厚最小应为下列何值?

(A) 1.5mm　　(B) 1.6mm

(C) 1.8mm　　(D) 2.0mm

答案: [　　]

主要解题过程:

笔记区

四、专题实训参考答案及题目详解

参考答案

（单选每题1分，多选每题2分，案例每题2分，合计20分）

单选题	1	2	3	4	5	6
	D	D	B	C	D	C
多选题	1	2	3	4	5	
	ACD	AC	ACD	ABC	AD	
案例题	1	2				
	B	D				

题目详解

（一）单选题

1. 根据《辐射规》第3.8.2条及其条文说明可知，选项ABC均正确，选项D错误。

2. 根据《辐射规》第3.7.1条，选项AB正确；根据4.5.1条，选项C正确；根据4.5.2条，选项D错误。

3. 根据《辐射规》第3.1.7条及其条文说明可知，选项ACD均正确，选项B错误。

4. 由《辐射规》第5.4.3条可知，铝塑管弯曲半径不小于管外径6倍，20mm管的弯曲半径不小于120mm，因此选项A错误；由第5.4.5条可知，对于损坏的管材，应整根更换，选项B错误；由第5.4.11条可知，选项C正确；由第5.4.7条可知，直管段固定点间距宜500～700mm，选项D错误。

5. 由《辐射规》第5.6.1.1条可知，选项A错误；由第5.6.1.4条可知，选项B错误；由第5.6.1.5条可知，选项C错误；由第5.6.2条可知，选项D正确。

6. 根据《地源热泵技术规范》GB 50366—2005（2009版）第4.3.3条及其条文说明可知，选项ABD错误，选项C正确。

（二）多选题

1. 根据《辐射规》第3.5.1条，对于“供暖板”地面辐射供暖系统，应设置脱气除污器，而非所有地面辐射供暖系统均应设置，“供暖板”地面辐射系统采用的是一块整板式的加热板是否有依据，与加热管式的不同，选项A错误；根据第3.5.14条，选项B正确；根据第3.2.2条，与不供暖房间相邻的房间作为辐射供暖地面时，“必须”设置绝热层，为强条，“应”的用词错误，选项C错误；由第3.2.5-1条可知，对于泡沫塑料绝热层，应控制绝热层热阻，故选项D的说法错误。

笔记区

2. 根据《辐射规》第 3.3.4 条及第 3.5.5.3 条，选项 A 正确；根据 3.5.8 条，选项 B 错误，与内墙间距宜为 200～300mm；根据 3.5.11 条，选项 C 正确；根据 3.5.13 条，选项 D 错误。

3. 根据《地源热泵技术规范》GB 50366—2005（2009 版）第 4.3.7 条，选项 A 正确；根据第 4.3.10 条，集管间距不应小于 0.6m，选项 B 错误；根据第 4.3.13 条，选项 C 正确；根据第 4.3.10 条，选项 D 正确。另外，根据第 4.3.6 条，环路集管不应包含在地埋管换热器长度内，因此水平地埋管换热器与水平环路集管是两段不同的管路，它们对坡度要求不同，分别在第 4.3.7 条和第 4.3.9 条。

4. 根据《辐射规》附录第 C.1.2 条及其条文说明、表 C.1.3 可知，选项 ABC 均正确，选项 D 错误。

5. 根据《辐射规》第 3.3.1 及其条文说明可知，选项 AD 正确，选项 BC 错误。

（三）案例题

1. 根据《辐射规》第 3.3.5 条，该起居室的基本耗热量为：$Q_j=0.4+1.28=1.68\text{kW}$。

根据 3.3.7 条及条文说明，该起居室的供暖热负荷为：

$$Q=\alpha Q_j+q_h M=1.2\times1.68+7\times28/1000=2.21\text{kW}$$

2. 根据《辐射规》附录 C.1.2 及其条文说明，有：

$$S_{max}=\frac{\sigma_D}{P_D}=\frac{D-e_{min}}{2e_{min}}\Rightarrow e_{min}=\frac{D}{1+2\dfrac{\sigma_D}{P_D}}=\frac{25}{1+\dfrac{2\times4.0}{0.5}}=1.47\text{mm}$$

再根据附录 C.1.3，管径大于或等于 15mm 的管道壁厚不应小于 2.0mm。因此，$De25$ 管道壁厚不应小于 2.0mm。

笔记区

实训5.10 技术规程类规范实训（2）

一、专题提要

1.《蓄能空调工程技术标准》JGJ 158—2018

2.《燃气冷热电联供工程技术规范》GB 51131—2016

3.《多联机空调系统工程技术规程》JGJ 174—2010

二、规范导读

1.《蓄能空调工程技术标准》JGJ 158—2018

章节	复习时间	核心内容	复习深度
第1～3章	2.5h	了解规范的应用范围，对于各蓄能系统需要有初步的认识，掌握蓄冷设计系统相关的设计要求，重点内容：第3.3.4-1条及第3.3.4-2条相关要求及条文说明	认真学习
第4～6章	1.5h	了解系统的安装规定及调试要求，浏览附录部分的知识点	浏览，会查找

2.《燃气冷热电联供工程技术规范》GB 51131—2016

章节	复习时间	核心内容	复习深度
第1～4章	1.5h	认识有关燃气冷热电联供系统的基本概念和术语	了解内容，会查找
第5～6章	1.5h	燃气供应系统的设置要求，燃气管路要求，了解供配电系统及设备的相关规定，注意继电保护对于机组的保护措施	认真学习，会查找
第7～8章	1h	了解余热利用系统的原则及要求，了解余热利用设备及辅助设备的基本规定，阅读监控系统部分条文	了解内容，会查找
第9～13章	1h	了解站房部分的基本要求，阅读消防及环境保护部分内容，了解关于施工验收及运行管理相关的规定	了解内容，会查找

3.《多联机空调系统工程技术规程》JGJ 174—2010

章节	复习时间	核心内容	复习深度
第1～2章	0.5h	了解规范的应用范围和术语定义	认真学习
第3章	1h	学习多联机系统的设计要求，重点学习第3.1节和第3.4节	浏览，会查找
第5章	0.5h	关注室内机与室外机的安装要求，了解第5.4节有关制冷剂管道施工，做到有印象、能查阅即可	

笔记区

三、专题实训（推荐答题时间30分钟）

请将求解答案写于下表中，案例题在题目中书写解题过程

（单选题1分，多选题2分，案例题2分，合计20分）

单选题	1	2	3	4	5	6	得分
多选题	1	2	3	4	5	6	
案例题	1						

（一）单选题（每题1分，共6分）

1.【单选】下列有关蓄能空调系统的表述，错误的是哪一项？

（A）蓄能率为一个蓄能－释能周期内蓄能装置提供的能量与此周期内系统累积负荷之比

（B）进行蓄能空调系统设计时，宜进行全年逐时负荷计算和能耗分析

（C）蓄冷空调系统应利用较低的供冷温度，不应低温蓄冷高温利用

（D）具有蓄能功能的水池，严禁与消防水池合用

2.【单选】下列有关蓄能空调系统的负荷计算，不合理的是哪一项？

（A）蓄冷系统冷负荷计算方法应符合《民用建筑供暖通风与空气调节设计规范》GB 50736—2012的规定，并应计算蓄冷—释冷周期内的逐时负荷

（B）蓄热系统设计热负荷计算方法应符合《民用建筑供暖通风与空气调节设计规范》GB 50736—2012的相关规定

（C）当蓄冷—释冷周期的逐时负荷平衡计算时，应计入蓄冷装置、冷水管路和其他设备的得热量

（D）当进行间歇运行的蓄冷空调系统负荷计算时，应计入空调停机时段累计得热量所形成的附加冷负荷

3.【单选】下列有关多联式空调系统安装要求错误的是哪一项？

（A）室内机采用吊装，吊环下侧应采用双螺母进行固定

（B）室外机安装时，应保证室外机四周有足够的进排风和维护空间

（C）室外机应安装风帽及气流导向格栅

（D）室外机基础周围应做排水沟

笔记区

4.【单选】关于多联机系统室外机容量的确定，下列步骤中有疏漏的是哪一项？

(A) 根据室内负荷初选内机形式和制冷量

(B) 根据内机制冷量总和选择相应的室外机

(C) 室外机进行以下修正：室外温度修正、室内外机负荷比修正、冷媒管长和高差修正

(D) 利用室外机的修正结果，对室内机的实际制冷能力进行校核

5.【单选】关于燃气冷热电联供系统的年平均能源综合利用率下列是哪一项是符合要求的？

(A) 50％ (B) 60％ (C) 70％ (D) 80％

6.【单选】下列关于能源站的说法，错误的是哪一项？

(A) 能源站主机间应为丁类厂房，燃气增压间、调压间应为甲类厂房

(B) 采用相对密度大于或等于 0.75 的燃气作燃料时，不得布置在地下或半地下建筑（室）内

(C) 设置在能源站内的燃气调压间应采用防火墙与主机间隔开，必须开洞时应采用甲级防火门窗

(D) 燃烧设备间的泄压面积不应小于主机间占地面积的 10％

(二) 多选题 (每题 2 分，共 12 分)

1.【多选】下列有关多联机空调系统室内机设置要求，正确的是哪几项？

(A) 空调房间换气次数不宜少于 $5h^{-1}$

(B) 采用风管式室内机时，空调房间送风方式宜采用侧送下回或上送上回，送风宜贴附

(C) 室内机的冷凝水应有组织地排放

(D) 室内允许噪声级为 45dB（A）时，风管式室内机的风管风速宜 3～5m/s

2.【多选】关于多联机空调系统制冷剂管道的气压实验，下列表述中哪几项是正确的？

(A) 气密性试验应采用干燥压缩空气或氮气进行

(B) 气密性试验系统在规定的试验压力下不得泄漏

(C) 抽真空试验前气、液管截止阀应处于关闭状态

(D) 抽真空应达到真空度 5.3kPa 以上，并保持 24h，系统绝对压力应无回升

笔记区

3.【多选】下列有关蓄冷系统管路设置要求合理的是哪几项？

(A) 载冷剂管路系统水力计算应根据选用的载冷剂物理性质进行计算

(B) 乙烯乙二醇的载冷剂管路系统严禁选用内壁镀锌或含锌的管材及配件

(C) 载冷剂管路系统的循环泵宜采用机械密封型或屏蔽泵

(D) 多台蓄冰装置并联采用异程式配管时，每个蓄冰槽进出液管宜采取平衡措施

4.【多选】蓄能空调系统应配置自动控制系统，下列哪几项内容宜实现自动控制？

(A) 冷热源设备和蓄能装置的控制

(B) 各运行模式的实现和转换控制

(C) 蓄能系统自动保护控制与报警

(D) 蓄能装置的进出口温度和流量

5.【多选】下列有关燃气冷热电联供的余热利用技术措施，错误的是哪几项？

(A) 低温余热利用宜采用热泵机组

(B) 当热（冷）负荷波动需求时间与发电时间一致时，宜设置蓄能装置

(C) 余热利用系统应充分利用发电机组排热，不宜设置排热装置

(D) 当冷、热负荷不稳定时，应在原动机排烟及冷却水系统上设自动调节阀

6.【多选】当内燃机冷却水余热利用时，下列余热利用设备的设计出口温度符合要求的是哪几项？

(A) 70℃　　(B) 75℃

(C) 80℃　　(D) 85℃

(三) 案例题（每题 2 分，共 2 分）

1.【案例】成都某燃气热电厂，设内燃发电机组 1.5MW×2 台，设 2 台余热溴化锂吸收式冷水机组回收余热，额定制冷量为 1.5MW。若热电厂年运行小时数为 7000h，该燃气冷热电联供系统年燃气总耗量至多为下列何项？（燃气低位发热量为 $36MJ/Nm^3$）

(A) $290\times10^4Nm^3$　　(B) $480\times10^4Nm^3$

(C) $590\times10^4Nm^3$　　(D) $890\times10^4Nm^3$

笔记区

答案：[ ]

主要解题过程：

四、专题实训参考答案及题目详解

参考答案

（单选每题1分，多选每题2分，案例每题2分，合计20分）

单选题	1	2	3	4	5	6
	D	C	C	C	D	C
多选题	1	2	3	4	5	6
	ABC	ABCD	ABCD	ABC	BC	AB
案例题	1					
	C					

题目详解

（一）单选题

1. 根据《蓄能空调工程技术标准》JGJ 158—2018第2.0.13条可知，选项A正确；由第3.1.9条可知，选项B正确；由第3.1.10条可知，选项C正确；由第3.1.12条可知选项D错误。

2. 根据《蓄能空调工程技术标准》JGJ 158—2018第3.2.2条、第3.2.3条可知，选项AB正确；由第3.2.4条可知，选项C错误；由第3.2.5可知，选项D正确。

3. 根据《多联机空调系统工程技术规程》JGJ 174—2010第5.2.2条，选项A正确；根据第5.3.1条，选项B正确，选项C错误，在没有风帽或气流导向格栅会导致气流短路时才会安装，只是为了保证排风通畅的手段之一；由第5.3.3条可知，选项D正确。

4. 根据《多联机空调系统工程技术规程》JGJ 174—2010第3.4.4条，选项C错误，还应有融霜修正。

5. 根据《燃气冷热电联供工程技术规范》GB 51131—2016第1.0.4条可知，年平均能源综合利用率应大于70%，故选D。

6. 根据《燃气冷热电联供工程技术规范》GB 51131—2016第3.0.2条可知，选项A正确；由第3.0.5条可知，选项B正确；根据第9.1.4条可知，选项C错误；由第9.1.7.1条可知，选项D正确。

（二）多选题

1. 根据《多联机空调系统工程技术规程》JGJ 174—2010第

笔记区

3.4.7 条，选项 AB 正确；根据第 3.4.11 条，选项 C 正确；根据第 3.6.6 条，对于 45dB(A) 噪声级，风速宜 2～3m/s，选项 D 错误。

2. 根据《多联机空调系统工程技术规程》JGJ 174—2010 第 5.4.10 条可知，选项 AB 正确；根据第 5.4.11 条可知，选项 CD 正确。

3. 根据《蓄能空调工程技术标准》JGJ 158—2018 第 3.3.25 条，选项 A 正确；根据第 3.3.28 条，选项 B 正确；根据第 3.3.30 条，选项 C 正确；根据第 3.3.32 条，选项 D 正确。

4. 根据《蓄能空调工程技术标准》JGJ 158—2018 第 3.6.1 条可知，选项 ABC 正确，选项 D 错误。

5. 根据《燃气冷热电联供工程技术规范》GB 51131—2016 第 7.1.2.4 条可知，选项 A 正确，根据第 7.1.1.3 条可知，选项 B 错误，与发电时间不一致时，宜设置蓄能装置；根据第 7.1.3 条可知，选项 C 错误，应设置排热装置；根据第 7.1.4 条可知，选项 D 正确。

6. 根据《燃气冷热电联供工程技术规范》GB 51131—2016 第 7.2.7 条可知，选项 AB 正确。

(三) 案例题

1. 根据《燃气冷热电联供工程技术规范》GB 51131—2016 第 4.3.8 条，燃气总耗量与年平均能源综合利用率有关，根据第 1.0.4 条，年平均综合利用率应大于 70%，则：

$$v=\frac{3.6W+Q_1+Q_2}{B\times Q_L}>70\%$$

由题意，该热电厂可用余热量为：

$$A=\frac{W}{\eta}\times(1-\eta)\times\eta_h=\frac{1.5\times2}{40\%}\times(1-40\%)\times60\%=2.7\text{MW}$$

溴化锂吸收式机组供冷量为：

$$Q_2=1.1A=1.1\times2.7=2.97\text{MW}$$

年运行小时数为 7000h，因此燃气总耗量至多为：

$$\begin{aligned}B&=\frac{3.6W+Q_1+Q_2}{70\%\times Q_L}\\&=\frac{3.6\times(2\times1.5)\times1000\times7000+2.97\times7000\times3600}{70\%\times36}\\&=5970000\text{Nm}^3\end{aligned}$$

笔记区

实训5.11 专业专项类规范实训(1):冷库、洁净、给水排水

一、专题提要

1. 《冷库设计规范》GB 50072—2010
2. 《洁净厂房设计规范》GB 50073—2013
3. 《建筑给水排水设计标准》GB 50015—2019

二、规范导读

1. 《冷库设计规范》GB 50072—2010

章节	复习时间	核心内容	复习深度
第1、第2章	0.5h	了解冷库有关术语	了解内容,会查找
第3章	1h	认识有关冷库基本参数的规定,对应《复习教材》第4.8.1~4.8.3节	掌握
第4章	2h	了解第4.1节与第4.2节冷库防火等级内容,其他可以忽略; 第4.3节及第4.4节认真学习,需掌握冷库的隔气、隔热与防潮要求与计算; 第4.5节内容了解; 第4.6节内容阅读了解	了解+掌握
第6章	2h	本章重点学习。 对照《复习教材》第4.9节,注意规范与教材矛盾时,以规范为准	认真学习,掌握
第9章	0.5h	注意暖通要求及地面防冻	熟悉
附录A	0.5h	会使用本附录公式进行计算,不必理解	了解

2. 《洁净厂房设计规范》GB 50073—2013

章节	复习时间	核心内容	复习深度
第1~2章	0.5h	了解洁净厂房有关术语	了解内容,会查找
第3章	1h	认识空气洁净度等级的概念,注意新增的U描述与M描述	掌握
第4~5章	1h	了解有关洁净厂房防火相关内容,其他有关室内装饰装修不必了解	了解

笔记区

续表

章节	复习时间	核心内容	复习深度
第6章	2h	重点学习本章。 注意空气净化的压差控制、气流流型选择、空气净化处理过程的要求； 注意供暖通风防排烟中的强条； 本章条文说明需要与正文对照学习	认真学习，掌握
附录A	1h	认识洁净室或洁净区性能测试的要求，会查表和利用所给公式计算	熟悉
附录B	0.5h	注意洁净厂房工作间火灾危险等级	了解
附录C	0.5h	注意净化系统维护要求，如高效过滤器更换条件及净化空气监测频数	了解

3.《建筑给水排水设计标准》GB 50015—2019

章节	复习时间	核心内容	复习深度
第1～2章	1h	认真学习给水排水相关术语，形成术语名称与后续章节内容的对应	了解内容，会查找
第3章	0.5h	了解给水内容章节名称，考试遇到时现场查取	了解
第4章	0.5h	了解排水内容章节名称，考试遇到时现场查取	了解
第5章	0.5h	了解热水供应章节名称，考试遇到时现场查取	了解

三、专题实训（推荐答题时间45分钟）

请将求解答案写于下表中，案例题在题目中书写解题过程

（单选题1分，多选题2分，案例题2分，合计19分）

单选题	1	2	3	4	5	得分
多选题	1	2	3	4	5	
案例题	1	2				

（一）单选题（每题1分，共5分）

1.【单选】下列有关空气洁净度等级，说法错误的是哪一项？

（A）当工艺要求粒径不止1个时，相邻两粒径中的大者与小者之比不得小于1.5倍

（B）每立方米空气中包括超微粒子的实测或规定浓度采用U描述符

笔记区

(C) 每立方米空气中包括微粒子的实测或规定的微粒子采用 M 描述符

(D) 空气洁净度等级所处的状态包括静态和动态

2. 【单选】某工艺洁净室，已知人员需求新风量为 $400m^3/h$，维持室内正压所需新风量为 $240m^3/h$，室内排风量为 $300m^3/h$，则该洁净室的新风量应为下列哪一项？

(A) $240m^3/h$ (B) $300m^3/h$

(C) $400m^3/h$ (D) $540m^3/h$

3. 【单选】某冷库设计供冷系统，由于房间较多且同时使用概率不高，因此负荷波动较大，蒸发器组数较多，采用下进上出供液方式，以下设计正确的是哪一项？

(A) 制冷剂泵循环倍数采用 3～4 倍

(B) 制冷剂泵循环倍数采用 5～6 倍

(C) 制冷剂泵循环倍数采用 7～8 倍

(D) 制冷剂泵进液口处压力应有不小于 $0.5mH_2O$ 的裕度

4. 【单选】某洗衣房，最高日热水用水定额为 $15L/kg_{干衣}$，热水使用时间 8h，则该洗衣房最高日用水定额不应小于下列哪项？

(A) 15L/kg (B) 25L/kg

(C) 40L/kg (D) 80L/kg

5. 【单选】一个冷库冷却间设计墙面排管冷却，安装时，排管与墙面的净距离不应小于下列何值？

(A) 150mm (B) 200mm

(C) 250mm (D) 300mm

(二) 多选题 (每题 2 分，共 10 分)

1. 【多选】对于负压洁净室，有关通风设备启停顺序说法正确的是下列哪几项？

(A) 先启动送风机，再启动回风机和排风机

(B) 先启动回风机和排风机，再启动送风机

(C) 先关闭送风机，再关闭回风机和排风机

(D) 先关闭回风机和排风机，再启动送风机

2. 【多选】有关洁净室设计，下列说法符合规定的是哪几项？

(A) 1～7 级的洁净室不得采用散热器供暖

(B) 含易燃易爆气体的局部排风系统应单独设置

笔记区

(C) 换鞋、盥洗、淋浴等区域应采取通风措施，其室内静压值应低于洁净区

(D) 事故排风系统的手动控制开关应设在洁净室外便于操作处

3. 【多选】某3层住宅的排水立管仅设置伸顶通气管，排水立管的最低排水横支管与立管连接处距离立管管底的垂直距离，下列数据中哪几项符合要求?

(A) 0.35m　　(B) 0.45m

(C) 0.75m　　(D) 1.20m

4. 【多选】下列有关冷库及其设备采取的安全措施说法正确的是哪些?

(A) 活塞式制冷压缩机排出口应设止逆阀

(B) 螺杆式制冷压缩机吸气管处应设置止逆阀

(C) 冷凝器应设冷凝压力超压报警装置

(D) 冷库冻结间、冷却间、冷藏间内不宜设置制冷阀门

5. 【多选】下列各项中，有关制冷系统设计说法正确的是哪几项?

(A) 人员较多房间的空调系统严禁采用氨直接蒸发制冷系统

(B) 冷间内空气冷却器的计算温度差，可按算数温差确定

(C) 新鲜空气的进风口应设置便于操作的保温启闭装置

(D) 冷间通风换气的管道应坡向冷间外

(三) 案例题 (每题2分，共4分)

1. 【案例】某影院卫生间设有8个大便器（自闭式冲洗阀），5个小便器（自闭式冲洗阀），3个洗脸盆（单阀水嘴），则给水设计秒流量接近下列何项?

(A) 1.20L/s　　(B) 1.44L/s

(C) 1.68L/s　　(D) 1.92L/s

答案: [　　]

主要解题过程:

笔记区

2.【案例】某健身中心的卫生间，其排水立管连接有洗涤盆及低水箱冲落式大便器各2个、洗手盆4个，求该立管的设计秒流量。

(A) 0.66L/s　　(B) 0.90L/s

(C) 1.50L/s　　(D) 2.34L/s

答案：[　　]

主要解题过程：

四、专题实训参考答案及题目详解

参考答案

（单选每题1分，多选每题2分，案例每题2分，合计19分）

单选题	1	2	3	4	5	得分
	D	D	B	C	A	
多选题	1	2	3	4	5	
	BC	BC	BCD	ABCD	AC	
案例题	1	2				
	C	C				

题目详解

（一）单选题

1. 由《洁净规》第3.0.1.3条可知，选项A正确；由第2.0.42和第2.0.43条可知，选项BC正确，由第3.0.2条可知，选项D错误，还有空态。

2. 根据《洁净规》第6.1.5条，$Q = 240 + 300 = 540\text{m}^3/\text{h} > 400\text{m}^3/\text{h}$。

3. 根据《冷库规》第6.3.7条，选项AC错误，选项B正确，选项D错误，应有不小于0.5m制冷剂液柱的裕度，不是水柱。

4. 根据《建筑给水排水设计标准》GB 50015—2019表3.1.10可知，洗衣房最高日生活用水定额为40～80L/$\text{kg}_{\text{干衣}}$；再根据表5.1.1-1"注2"可知，最高日热水用水定额包含在最高日生活用水定额当中的，故选项C正确。

5. 由《冷库规》第6.2.8条可知，选项A正确。

（二）多选题

1. 根据《洁净规》第6.2.4条，本题题设为负压洁净室，故

笔记区

选 BC。

2. 根据《洁净规》第 6.5.1 条及条文说明，严于 8 级包含 8 级，选项 A 错误；根据第 6.5.3-3 条和第 6.5.5 条，选项 BC 正确；根据第 6.5.6 条，选项 D 错误，手动控制开关应分别设在洁净室内外便于操作处。

3. 根据《建筑给水排水设计标准》GB 50015—2019 表 4.3.12 可知，该垂直距离应≥0.45m，选项 A 不符合要求，选项 BCD 均符合要求。

4. 根据《冷库规》第 6.4.1-1 条，选项 AB 正确；根据第 6.4.2 条，选项 C 正确；根据第 6.4.11 条，选项 D 正确。

5. 根据《冷库规》第 6.2.7 条，选项 A 正确；根据第 6.2.2010-2 条，选项 B 错误，应按对数平均温差确定；根据第 6.2.16-4 条，选项 C 正确；根据第 6.2.18 条，选项 D 错误，进气管道和排气管道坡向不同。

（三）案例题

1. 根据《建筑给水排水设计标准》GB 50015—2019 表 3.1.14，查得卫生器具的额定流量为：大便器：1.2L/s；小便器：0.1L/s；洗脸盆：0.15L/s。根据第 3.6.6 条表 3.6.6-1，查得卫生器具同时给水百分数为：大便器：10%；小便器：50%；洗脸盆：50%。

各卫生器具的给水秒流量分别为：

大便器：$q_{g1} = q_1 n_1 b_1 = 1.2 \times 8 \times 10\% = 0.96$L/s。

根据式（3.6.6）注 2，大便器设计秒流量取 1.2L/s。

小便器：$q_{g2} = q_2 n_2 b_2 = 0.1 \times 5 \times 50\% = 0.25$L/s。

洗脸盆：$q_{g3} = q_3 n_3 b_3 = 0.15 \times 3 \times 50\% = 0.225$L/s。

给水管道设计秒流量为：

$$q_g = \sum qnb = q_{g1} + q_{g2} + q_{g3} = 1.675\text{L/s}$$

2. 根据《建筑给水排水设计标准》GB 50015—2019 表 4.4.4，查得卫生器具的排水流量为：大便器：1.5L/s；洗涤盆：0.33L/s；洗手盆：0.10L/s。根据第 3.6.6 条表 3.6.6-1，查得卫生器具同时排水百分数为：洗涤盆：15%；洗手盆：50%；根据第 4.4.6 条，大便器的同时排水百分数为 12%。各卫生器具的给水秒流量分别为：

大便器：$q_{g1} = q_1 n_1 b_1 = 1.5 \times 2 \times 12\% = 0.36$L/s

洗涤盆：$q_{g2} = q_2 n_2 b_2 = 0.33 \times 2 \times 15\% = 0.099$L/s

洗手盆：$q_{g3} = q_3 n_3 b_3 = 0.10 \times 4 \times 50\% = 0.20$L/s

排水管道设计秒流量为：

$$q_g = \sum qnb = q_{g1} + q_{g2} + q_{g3} = 0.659\text{L/s} < 1.5\text{L/s}$$

取 1.5L/s。

笔记区

实训5.12 专业专项类规范实训（2）：锅炉房、热网、城镇燃气

一、专题提要

1.《锅炉房设计标准》GB 50041—2020

2.《城镇供热管网设计规范》CJJ 34—2010

3.《城镇燃气设计规范》GB 50028—2006（2020版）

4.《城镇燃气技术规范》GB 50494—2009

二、规范导读

1.《锅炉房设计标准》GB 50041—2020

章节	复习时间	核心内容	复习深度
第1～4章	0.5h	认识有关锅炉房的基本规定，了解锅炉房位置、工质参数、锅炉台数有关要求	了解内容，会查找
第5～7章	1h	了解各类燃烧工质锅炉房的要求（燃煤锅炉、燃油锅炉、燃气锅炉），重点了解燃油与燃气锅炉房中的强条，有哪些相关装置	
第8、第9章	0.5h	认知有关锅炉烟风系统，了解都有哪些部件； 了解有关锅炉给水装置的有关要求	浏览
第10章	0.5h	区分本章与《热网规》的重复内容，有关热水热力网循环水泵、补给水泵等内容需同时对照本章，确认题目表述是哪个规范	认真学习
第11～12章	0.5h	第11章，了解有关锅炉房控制相关要求，需要监视哪些参数； 第12章，了解锅炉检修要求	了解内容，会查找； 浏览
第13～14章	0.5h	锅炉房管道要求，分清蒸水管道、燃油管道、燃气管道，分别对应之前对不同燃烧工质锅炉房； 有关锅炉房设备的保温与防腐，注意有关保温温度与防腐漆	了解内容，会查找； 浏览
第15章	0.5h	认真学习土建中有关防火内容，注意锅炉房供暖通风的要求，特别是锅炉房的通风量	认真学习

笔记区

续表

章节	复习时间	核心内容	复习深度
第16～18章	1h	锅炉房排放要求有专门的规范，本章浏览即可； 锅炉房消防有关要求，配合土建防火共同学习； 锅炉房有部分与热网规范有交集的内容，考试时需要判别出题人采用的规范，需要对比学习本标准与《热网规》第7章，注意文字描述的差异； 本章主要针对热网中锅炉房的内容可能有考点，如补给水泵、供水泵等	浏览； 认真学习

2.《城镇供热管网设计规范》CJJ 34—2010

章节	复习时间	核心内容	复习深度
第1～2章	0.5h	认识有关热网的基本概念和术语	了解内容，会查找
第3～4章	0.5h	注意有关热网热负荷概算及耗热量计算，了解有关热网热质的要求	会计算，会查找
第5～6章	0.5h	了解热网管网形式，认识热网调节方式	了解内容，会查找
第7章	0.5h	热网水力计算的基本要求要了解，相关设备的选取。注意本章所针对的热网的尺度，非小区热网；此外，有关水泵的选择，本章主要针对城际热网或换热站，需对应对照锅炉房有关内容	了解内容，会查找
第8～10章	1h	学习有关供热管道的基本要求，认识热网附件； 了解管道应力计算； 认识换热站，特别是热水换热站的有关要求	了解内容，会查找
第11～13章	1h	了解有关锅炉房保温与防腐，注意保温有关温度选取、防腐刷漆； 了解有关热网检测的要求	认真学习； 了解内容，会查找
第14章	1h	认真阅读本章，区分本章与其他章节	认真学习

3.《城镇燃气设计规范》GB 50028—2006（2020版）

章节	复习时间	核心内容	复习深度
第1～2章	1h	认真学习相关术语，形成术语名称与后续章节内容的对应	了解内容，会查找

笔记区

续表

章节	复习时间	核心内容	复习深度
第6章	1h	了解燃气输配系统的基本要求，管道压力分级、水力计算基本要求、区分压力大于1.6MPa与不大于1.6MPa室外燃气管道，考试遇到时至直接查取； 注意本章有关调压站的要求	了解
第10章	1h	学习建筑内燃气系统的设计，注意其中第10.2.1条、第10.2.7-3条，第10.2.14-1条、第10.2.21条、第10.2.23条、第10.2.26条、第10.3.2-2条、第10.4.2条、第10.4.4-4条、第10.5.3条、第10.5.7条、第10.6.2条，第10.6.6条、第10.6.7条、第10.7.1条、第10.7.3条、第10.7.6-1条等强制性条文	了解

4.《城镇燃气技术规范》GB 50494—2009

章节	复习时间	核心内容	复习深度
第1～2章	1h	认真学习相关术语，形成术语名称与后续章节内容的对应	了解内容，会查找
第6章	1h	学习有关燃气管道和调压设施的基本要求与规定。除用户管道外，其他主要为室外燃气管路要求	了解
第8章	1h	了解燃具和用气设备要求，注意压力要求、设置位置要求及计量要求	了解

三、专题实训（推荐答题时间60分钟）

请将求解答案写于下表中，案例题在题目中书写解题过程

（单选题1分，多选题2分，案例题2分，合计20分）

<table>
<tr><td rowspan="2">单选题</td><td>1</td><td>2</td><td>3</td><td>4</td><td></td><td></td><td></td><td rowspan="4">得分</td></tr>
<tr><td></td><td></td><td></td><td></td><td></td><td></td><td></td></tr>
<tr><td rowspan="2">多选题</td><td>1</td><td>2</td><td>3</td><td>4</td><td>5</td><td>6</td><td>7</td></tr>
<tr><td></td><td></td><td></td><td></td><td></td><td></td><td></td></tr>
<tr><td rowspan="2">案例题</td><td>1</td><td></td><td></td><td></td><td></td><td></td><td></td><td rowspan="2"></td></tr>
<tr><td></td><td></td><td></td><td></td><td></td><td></td><td></td></tr>
</table>

（一）单选题（每题1分，共4分）

1.【单选】对街区热力网进行阻力计算，不符合规定的是哪一项？

笔记区

(A) 用于供暖、通风、空调系统的管网，确定主干管管径时，宜采用经济比摩阻
(B) 用于供暖、通风、空调系统的管网，支线管径应按允许压力降确定
(C) 供暖管网支线管道的允许比摩阻不宜大于400Pa/m
(D) 供暖管网支线管道为*DN*200、比摩阻取400Pa/m时，对应的管内流速为3.4m/s

2.【单选】热力管网的管道材料及设备附件的相关说法错误的是哪一项?
(A) 城镇供热管网管道应采用无缝钢管、电弧焊或高频焊焊接钢管
(B) 室外供暖计算温度低于－10℃地区的热水管道设备采用灰铸铁制品
(C) 热力网的关断阀和分段阀均应采用双向密封阀门
(D) 热力管道热补偿应充分利用管道的转角管段进行自然补偿

3.【单选】利用锅炉制备供热热水过程中，有关蒸汽换热系统的说法错误的是哪一项?
(A) 宜采用排出的凝结水温度不超过50℃的过冷式汽—水换热器
(B) 当一级汽—水换热器排出的凝结水温度高于80℃时，换热系统宜为汽—水换热器和水—水换热器两级串联，且宜使水—水换热器排出的凝水温度不超过80℃
(C) 当一级汽—水换热器排出的凝结水温度高于80℃时，换热系统宜为汽—水换热器和水—水换热器两级串联，水—水换热器接至凝结水箱的管道应装设防止倒空的上反管段
(D) 以蒸汽为加热介质的汽水换热系统中，使用过冷式汽水换热器，可不串联水—水换热器

4.【单选】下列有关室内燃气管道设置的做法错误的是哪一项?
(A) 燃气立管不得敷设在卧室或卫生间内
(B) 燃气立管穿过通风不良的吊顶时应设在套管内
(C) 燃气水平干管不宜穿过建筑物的沉降缝
(D) 燃气水平管道穿越配电间时应有良好的通风设施并有独立的事故机械通风设施

(二) 多选题 (每题2分，共14分)

1.【多选】关于锅炉风机的配置和选择，下列说法符合规定的是

笔记区

哪几项？

(A) 风机的计算风量和风压，应根据锅炉的额定蒸发量或额定热功率、燃料品种、燃烧方式和通风系统的阻力等因素计算确定，并按环境参数和烟气参数对风机特性进行修正

(B) 炉排锅炉风机风量富裕度宜为5%～10%，风压富裕度宜为10%～20%

(C) 单台额定热功率大于21MW的锅炉的鼓风机和引风机宜具有调速功能

(D) 循环流化床锅炉的返料风机宜按一台锅炉配置两台返料风机，其中一台宜为备用

2.【多选】有关锅炉烟囱和烟道的设计，下列说法符合规定的是哪几项？

(A) 燃气锅炉的烟道和烟囱的最低点，应设置水封式冷凝水排水管道

(B) 燃油、燃气锅炉不得与使用固体燃料的设备共用烟道和烟囱

(C) 水平烟道宜有1%的坡度坡向锅炉或排水点

(D) 燃油、燃气锅炉共用1座烟囱时，每台锅炉宜采用单独烟道接入烟囱，烟囱设可靠烟道门

3.【多选】热水热力网采用集中质调节时，循环水泵的扬程由下列哪几项组成？

(A) 热水锅炉房或热交换站中设备及其管道的压力降

(B) 热网供、回水干管的压力降

(C) 最不利的用户内部系统的压力降

(D) 上述三项的基础上增加30～50kPa的压力降

4.【多选】下列关于室外供热管网设计流量的说法符合规定的是哪几项？

(A) 热水管网的设计流量应按用户的供暖通风小时最大耗热量计算，不宜考虑同时使用系数和管网热损失

(B) 当热水管网兼供生活热水时，干管的设计流量应计入按生活热水小时平均耗热量计算的设计流量

(C) 蒸汽管网的设计流量，应按生产、生活和供暖通风小时最大耗热量，并计入同时使用系数和管网热损失计算

(D) 凝结水管网的设计流量，应按蒸汽管网的设计流量减去不回收的凝结水量计算

笔记区

5.【多选】下列关于城镇管网水力计算的说法正确的是哪些?

(A) 环网水力计算应保证所有环线压力降的代数和为零

(B) 对于常年运行的热水供热管网应进行非供暖期水力工况分析

(C) 蒸汽管网水力计算时，应按设计流量进行设计计算，再按最大流量进行校核分析

(D) 蒸汽热力网凝结水管道设计比摩阻可取100Pa/m

6.【多选】某工业园区供热以工艺用蒸汽为主，生产厂房、仓库和公用辅助建筑采用蒸汽作热媒，下列室外蒸汽供热管道的流速设计合理的是哪几项?

(A) 管径为 *DN*150 的过热蒸汽管道，设计流速采用 40m/s

(B) 管径为 *DN*150 的饱和蒸汽管道，设计流速采用 40m/s

(C) 管径为 *DN*300 的过热蒸汽管道，设计流速采用 70m/s

(D) 管径为 *DN*300 的饱和蒸汽管道，设计流速采用 70m/s

7.【多选】燃气水平干管和高层建筑燃气立管应考虑工作环境温度下的极限变形，下列有关燃气管道补偿量计算温差的选择，正确的是哪几项?

(A) 有空气调节的建筑物内取 20℃

(B) 无空气调节的建筑物内取 40℃

(C) 沿外墙敷设时可取夏季室外空调计算干球温度

(D) 沿屋面敷设时可取夏季室外通风计算温度

(三) 案例题 (每题 2 分，共 2 分)

1.【案例】长春市有一住宅小区需进行能源消耗总量登记，已知该小区总建筑面积约为 10 万 m^2，热指标约为 60W/m^2，供暖期天数为 169 天，供暖期室外平均温度为－7.6℃，供暖室外计算温度为－21.1℃，按室内设计温度为 20℃计算，则其供暖期需要多少煤?(已知：煤的热量为 29400kJ/kg)

(A) 1000t (B) 2000t (C) 3000t (D) 4000t

答案：[ ]

主要解题过程：

笔记区

四、专题实训参考答案及题目详解

参考答案

（单选每题1分，多选每题2分，案例每题2分，合计20分）

单选题	1	2	3	4			
	D	B	A	D			
多选题	1	2	3	4	5	6	7
	AB	ABC	ABC	ABCD	ABD	AC	AB
案例题	1						
	B						

题目详解

（一）单选题

1. 根据《热网规》第14.2.4条、第14.2.5条，选项ABC正确，选项D错误；根据14.2.6条条文说明，对应的管内流速是2.6m/s。

2. 根据《热网规》第8.3.1条，选项A正确；根据第8.3.4条，选项B错误，不得采用灰铸铁制品；根据第8.5.3条，选项C正确；根据第8.4.1条，选项D正确。

3. 供热热水制备属于锅炉房相关内容，根据《锅炉规》第10.2.3-1条，选项A错误，不超80℃；根据第10.2.3-2条，选项BC正确；根据第10.2.3条条文说明，选项D正确。

4. 题目考察“室内燃气管道设置”的做法，需要查取《城镇燃气技术规范》或《城镇燃气设计规范》，由《城镇燃气设计规范》GB 50028—2006（2020版）第10.2节“室内燃气管道”，可查取相关条文。由第10.2.26条可知，选项AB正确；由第10.2.25条可知，选项C正确；由第10.2.24条可知，选项D错误，燃气水平干管不得穿过配电间，更无进一步设置通风设施的要求。

（二）多选题

1. 根据《锅炉规》第8.0.2-2条，选项A正确；根据第8.0.2-3条，选项B错误，炉排锅炉风机风量富裕不宜小于10%，风压富裕不宜小于20%；根据第8.0.2-4条，选项C错误，应为“大于等于29MW”；根据第8.0.3条，选项D正确。

2. 锅炉烟囱管道设计内容需要查取《锅炉规》第8章有关“锅炉烟风系统”内容，根据《锅炉规》第8.0.5-3条、第8.0.5-4条、第8.0.5-6条和第8.0.5-7条，选项ABC正确；由第8.0.5-1条可知，每条烟道设烟道门，而非烟囱设烟道门，故选项D错误。

3. 根据《锅炉规》第10章有关“热水锅炉及其附属设施”的内

笔记区

容，由第10.1.4-2条可知，选项ABC正确。

4. 根据《锅炉规》第18.1.2-1条，选项A正确；根据第18.1.2-3条，选项B正确；根据第18.1.3条，选项C正确；根据第18.1.4条，选项D正确。

5. 根据《热网规》第7.2.2条，选项A正确；根据第7.2.5条，选项B正确；根据第7.2.6条，选项C错误，“再按最小流量进行校核计算”；根据第7.3.7条，选项D正确。

6. 根据《热网规》表7.3.4，选项AC合理。

7. 本题涉及室内燃气管道热补偿计算，需要查取《城镇燃气技术规范》GB 50028—2006（2020版），对于燃气管道查取第10.2节“室内燃气管道”，由第10.2.29条可知，选项AB正确，选项CD错误，沿外墙和屋面敷设时可取70℃。

(三) 案例题

1. 供暖设计热负荷：$Q_h = q_h \times F = \frac{60 \times 100000}{1000} = 6000\text{kW}$。

根据《热网规》第3.2.1-1可知：

$$Q_h^a = 0.0864 N Q_h \frac{t_i - t_a}{t_i - t_{oh}} = 0.0864 \times 169 \times 6000 \times \frac{20-(-7.6)}{20-(-21.1)}$$

$$= 58832.7\text{GJ}$$

故其需要标准煤的重量为：

$$G = \frac{58832.7 \times 10^6 \text{kJ}}{29400 \times 1000} = 2001.1\text{t}$$

笔记区

实训 5.13 施工验收类规范实训

一、专题提要

1.《建筑给水排水及采暖工程施工质量验收规范》GB 50242—2002

2.《通风与空调工程施工质量验收规范》GB 50243—2016

3.《建筑节能工程施工质量验收标准》GB 50411—2019

4.《制冷设备、空气分离设备安装工程施工及验收规范》GB 50274—2010

二、规范导读

1.《建筑给水排水及采暖工程施工质量验收规范》GB 50242—2002

章节	复习时间	核心内容	复习深度
第 1～2 章	0.5h	了解相关术语	
第 3 章	1h	基本规定对规范所有系统均适用，注意有关阀门验收、穿楼板及外墙、管道过伸缩缝、支吊架间距、套管等要求； 第 3.3.3 条、第 3.3.16 条为强条	熟悉
第 4.1.3 条	0.5h	镀锌钢管的施工要求，给水部分仅看此条	了解
第 8 章	2h	仔细学习供暖系统相关施工要求。注意辐射盘管的施工要求还要参考《辐射规》。水压试验内容注意区分管材及试验压力计算	熟悉
第 13 章	1h	了解学习锅炉相关部分的施工要求	了解

2.《通风与空调工程施工质量验收规范》GB 50243—2016

章节	复习时间	核心内容	复习深度
第 1～3 章	0.5h	了解基本通用要求	关注第 3.0.10 条，了解第Ⅰ抽样方案和第Ⅱ抽样方案
第 4 章	2h	风管及配件制作是重点内容，注意板材厚度选择要求、了解风管板材拼接方法、风管法兰与风管的连接、风管加固要求、导流叶片的设置要求； 注意第 4.2.1 条有关风管强度与严密性试验要求	熟悉
第 5 章	1h	了解风管部件制作要求，注意柔性短管相关内容	了解

笔记区

续表

章节	复习时间	核心内容	复习深度
第6章	1h	注意风管系统安装要求，注意其中有关距离及厚度的要求	熟悉
第7章	1h	注意通风与空调设备安装的检查要求	熟悉
第8章	0.5h	冷热源管线要求注意燃气与燃油管线要求	了解
第9章	0.5h	注意空调水系统水压试验及阀门的安装要求	熟悉
第10章	0.5h	了解保温材料的要求	了解
第11章	1h	了解系统调试要求，区分单机调试和系统非设计满负荷条件下联合试运转	了解
附录A、B	0h	不必看	
附录C	1h	认真学习风管强度和严密性测试	熟悉
附录D	1h	熟悉洁净区工程测试	熟悉
附录E	1h	熟悉各种参数的测试要求	熟悉

3.《建筑节能工程施工质量验收标准》GB 50411—2019

详见实训5.7的相关内容。

4.《制冷设备、空气分离设备安装工程施工及验收规范》GB 50274—2010

章节	复习时间	核心内容	复习深度
第2.1节	0.2h	注意基本规定中有关气密性试验压力、管路坡度、管路安装的要求	了解
第2.2节	0.2h	了解活塞式压缩机的检测运转流程	了解
第2.3节	0.2h	了解螺杆式压缩机的检测运转流程	了解
第2.4节	0.2h	了解离心式压缩机的检测运转流程	了解
第2.5节	0.2h	了解溴化锂吸收式制冷机组的检测运转流程	了解
第2.6节	0.5h	了解组合冷库的检测	了解

三、专题实训（推荐答题时间40分钟）

请将求解答案写于下表中，案例题在题目中书写解题过程

（单选题1分，多选题2分，案例题2分，合计16分）

	1	2	3	4	5	6	得分
单选题							
	1	2	3	4	5		
多选题							

（一）单选题（每题1分，共6分）

1.【单选】对风管系统安装验收，下列不符合规定的是哪一项？

（A）风管穿越需要封闭的防火墙时设置厚度不小于1.6mm的钢制防护套管，进行全数检查

(B) 风管内严禁其他管线穿越，进行全数检查

(C) 室外风管系统的拉索等金属固定件严禁与避雷针或避雷网连接，进行全数检查

(D) 外表温度高于 60℃，且位于人员易接触部位的风管，应采取防烫伤措施，进行全数检查

2. 【单选】低温地板辐射供暖系统安装不符合规定的是下列何项?

(A) 地面下敷设的盘管埋地部分不应有接头

(B) 盘管隐蔽前必须进行水压试验，试验压力为工作压力的 1.5 倍，但不小于 0.6MPa

(C) 复合地热盘管弯曲部分的曲率半径不应小于管道外径的 8 倍

(D) 盘管间距偏差不大于±10mm

3. 【单选】某项目采用螺杆式冷水机组提供空调冷水，对机组进行负荷试运转，下列说法不符合规定的是哪一项?

(A) 机器启动时油温不应低于 25℃

(B) 调节油压宜大于排气压力 0.15～0.3MPa

(C) 冷却水温度不应低于 32℃

(D) 吸气压力不宜低于 0.05MPa

4. 【单选】有一台活塞式制冷压缩机组能够实现双级压缩制冷循环，该压缩机组具有 4 个低压缸和 2 个高压缸，缸径为 100mm，试问该压缩机清洁度限值为下列何项?

(A) 1.04g　　(B) 1.17g

(C) 1.30g　　(D) 1.44g

5. 【单选】某节能工程改造项目，空调系统冷热源和辅助设备及其管道和管网系统安装完毕，准备进行联合试运转，但若当时不在制冷期或供暖期内，则需要在具备条件后的第一个制冷期供暖期内补充检测内容的是哪一项?

(A) 空调机组的水流量

(B) 空调系统冷水、热水、冷却水的循环流量

(C) 室外供暖管网水力平衡度

(D) 室外供暖管网热损失率

6. 【单选】某项目采用金属辐射板供暖系统，有关辐射板的安装坡度下列说法正确的是哪一项?

笔记区

(A) 安装坡度不小于 0.003，坡向供水管
(B) 安装坡度不小于 0.003，坡向回水管
(C) 安装坡度不小于 0.005，坡向供水管
(D) 安装坡度不小于 0.005，坡向回水管

(二) 多选题 (每题 2 分，共 10 分)

1.【多选】某空调水系统采用 7℃/12℃ 冷水，镀锌钢管制作，现对一段 *DN*100 的水平管道制作支吊架，下列支吊架的间距满足国家标准要求的是哪一项？

(A) 4.0m (B) 4.5m
(C) 5.0m (D) 5.5m

2.【多选】某建筑的一个排烟系统压力为 800Pa，主风管的尺寸为 1600mm×500mm，下列设计符合规定的是哪几项？

(A) 选用镀锌钢板，板材厚度为 1.0mm
(B) 选用镀锌钢板，板材厚度为 1.2mm
(C) 选用不锈钢板，板材厚度为 1.0mm
(D) 选用不锈钢板，板材厚度为 1.2mm

3.【多选】下列风管中，应采取加固措施的是哪几项？

(A) 矩形风管 630mm×320mm，管段长度为 1200mm
(B) 保温风管 800mm×400mm，管段长度为 1200mm
(C) 低压风管单边面积大于 $1.2m^2$
(D) 中、高压风管单边面积大于 $1.0m^2$

4.【多选】某商业建筑供暖节能工程，其散热器和保温材料进场时，应对下列何种性能进行复验？

(A) 散热器的单位散热量
(B) 散热器的金属热强度
(C) 保温材料的导热系数或热阻
(D) 保温材料的抗老化性能与机械强度

5.【多选】以下各项散热器安装质量验收符合规定的是哪几项？

(A) 散热器组对并安装之后，应做水压试验
(B) 组对后的散热器平直度允许偏差为 6mm
(C) 组对散热器垫片外露不应大于 1mm
(D) 散热器背面与墙内表面的安装距离误差不应大于 3mm

笔记区

四、专题实训参考答案及题目详解

参考答案

（单选每题1分，多选每题2分，案例每题2分，合计16分）

单选题	1	2	3	4	5	6	得分
	D	C	C	B	D	D	
多选题	1	2	3	4	5		
	ABC	CD	CD	ABC	CD		

题目详解

（一）单选题

1. 根据《通风验收规范》第6.2.2条、第6.2.3-1条、第6.2.3-4条，选项ABC正确；根据第6.2.4条，选项D错误，应按Ⅰ方案进行抽查。

2. 根据《建筑给水排水及采暖工程施工质量验收规范》GB 50242—2002第8.5.1条、第8.5.2条、第8.5.3条、第8.5.5条，选项ABD正确，选项C错误，复合管的曲率半径不应小于外径的5倍，另外，根据《辐射规》，铝塑复合管的曲率半径不应小于管道外径的6倍。

3. 根据《制冷设备、空气分离设备安装工程施工及验收规范》GB 50274—2010第2.3.3条，选项ABD正确，选项C错误，冷却水温度不应高于32℃。

4. 根据《制冷设备、空气分离设备安装工程施工及验收规范》GB 50274—2010第A.0.2条，选项B正确。

5. 根据《建筑节能工程施工质量验收标准》GB 50411—2019第11.2.10条条文说明及表17.2.2，选项D正确。

6. 根据《建筑给水排水及采暖工程施工质量验收规范》GB 50242—2002第8.4.2条，选项D正确，选项ABC错误。

（二）多选题

1. 空调水管为保温水管，根据《通风验收规范》表9.3.8，*DN*100最大支吊架间距为5.0m，选项D错误。

2. 系统压力800Pa属于中压系统，根据《通风验收规范》第4.2.3条，采用镀锌钢板时厚度应符合表4.3.2-1，选用不锈钢板时厚度应符合表4.3.2-2。根据表4.2.3-1注2，排烟系统钢板厚度可按高压系统，板材厚度最小厚度为1.5mm，若选用不锈钢板，最小板材厚度为1.0mm，故选项CD正确。

3. 根据《通风验收规范》第4.2.3-3-2条，选项CD正确。

4. 根据《建筑节能工程施工质量验收标准》GB 50411—2019第

笔记区

9.2.2条，选项ABC正确，选项D错误，抗老化性能和机械强度不需复验。

5. 根据《建筑给水排水及采暖工程施工质量验收规范》GB 50242—2002第8.3.1条，选项A错误，水压试验应在安装之前；根据第8.3.3条，选项B错误，不同种类和片数的散热器允许偏差不同；根据第8.3.4条和第8.3.7条，选项CD正确。

笔记区

实训 5.14　设备机组类与机组能效类规范专题实训

一、专题提要

1. 冷（热）源机组选型

(1)《直燃型溴化锂吸收式冷（温）水机组》GB/T 18362—2008

(2)《溴化锂吸收式冷（温）水机组安全要求》GB 18361—2001

(3)《蒸汽和热水型溴化锂吸收式冷水机组》GB/T 18431—2014

(4)《水（地）源热泵机组》GB/T 19409—2013

(5)《商业或工业用及类似用途的热泵热水机》GB/T 21362—2008

(6)《蒸汽压缩循环冷水（热泵）机组　第 1 部分：工业或商业用及类似用途的冷水（热泵）机组》GB/T 18430.1—2007

(7)《蒸汽压缩循环冷水（热泵）机组　第 2 部分：户用及类似用途的冷水（热泵）机组》GB/T 18430.2—2016

(8)《高出水温度冷水机组》JB/T 12325—2015

2. 末端设备机组选型

(1)《组合式空调机组》GB/T 14294—2008

(2)《柜式风机盘管机组》JB/T 9066—1919

(3)《风机盘管机组》GB/T 19232—2019

(4)《干式风机盘管》JB/T 11524—2013

3. 除尘器设备选型

(1)《离心式除尘器》JB/T 9054—2015

(2)《回转反吹类袋式除尘器》JB/T 8533—2010

(3)《脉冲喷吹类袋式除尘器》JB/T 8532—2008

(4)《内滤分室反吹类袋式除尘器》JB/T 8534—2010

4. 设备能效等级类规范

(1)《通风机能效限定值及能效等级》GB 19761—2009

(2)《清水离心泵能效限定值及节能评价值》GB 19762—2007

(3)《冷水机组能效限定值及能效等级》GB 19577—2015

(4)《单元式空气调节机能效限定值及能效等级》GB 19576—2019

(5)《多联式空调（热泵）机组能效限定值及能源效率等级》GB 21454—2008

二、规范导读

1. 应仔细阅读学习 GB/T 18430.1—2007，认识名义工况和试验工况的定义，了解试验方法和流程，学习 1h。其他冷（热）源机组和末端设备机组选型类规范主要学习术语和定义、名义工况、机组性能要求、试验方法，以了解为主，每个 0.5h。

2. 除尘器设备选型类规范重点学习基本名词定义，了解试验和

笔记区

性能测试方法，每个学习 0.5h。

3. 设备能效等级类规范，主要学习术语和定义、节能分级、能效限定值规定内容，以了解为主，每个学习 0.5h。

三、专题实训（推荐答题时间 60 分钟）

请将求解答案写于下表中，案例题在题目中书写解题过程
（单选题 1 分，多选题 2 分，案例题 2 分，合计 24 分）

单选题	1	2	3	4	5	6			得分
多选题	1	2	3	4	5	6	7	8	
案例题	1								

（一）单选题（每题 1 分，共 6 分）

1. 【单选】北京某办公建筑空调系统采用水源热泵机组，制冷量为 80kW，制冷系数为 3.75，制热量为 30kW，制热系数为 4.0，则全年综合系数为多少？

（A）3.84　（B）3.86　（C）3.88　（D）3.90

2. 【单选】下列有关直燃型溴化锂吸收式冷（温）水机组的性能要求，错误的是哪一项？

（A）机组实测制冷量不应低于名义制冷量的 95%
（B）机组实测热源消耗量不应高于名义热源消耗量的 105%
（C）机组电力消耗量不应低于名义电力消耗量的 105%
（D）机组实测性能系数不应低于名义性能系数的 95%

3. 【单选】按照国家相关标准规定，对风机盘管进行试验所使用的秒表，其仪表准确度应为下列哪一项？

（A）0.1s　（B）0.2s　（C）0.3s　（D）0.4s

4. 【单选】下列有关热泵热水机的说法，错误的是哪一项？

（A）名义工况下测定热水机的制热量时应打开辅助电加热
（B）辅助电加热器的电功率应在终止水温达到制造厂规定的温度后测定
（C）在最初融霜结束后的连续运转中，融霜所需的时间总和不应超过运行周期时间的 20%
（D）两个以上独立制冷循环的机组，各独立循环融霜时间的总和不应超过各子独立循环总运转时间的 20%

笔记区

5.【单选】下列有关组合式空调机组的说法，不正确的是哪一项？

(A) 机组的额定风量是在标准空气状态下，单位时间通过机组的空气体积流量

(B) 机外静压指的是机组在额定风量时克服自身阻力后，机组进出口静压差

(C) 额定供冷量是指机组在规定试验工况下的总除热量，即显热和潜热除热量之和

(D) 机组标准空气状态指的是温度 20℃、相对湿度 60%，大气压为 101.3kPa，密度为 1.2kg/m^3 的空气状态

6.【单选】下列有关制冷机组能源效率等级，说法正确的是哪一项？

(A) *COP* 为 3.1，制冷量为 76kW，*IPLV* 为 3.10 的蒸发冷却式冷水机组能源效率等级是 2 级

(B) 额定功率为 21kW，制冷量为 70kW，*IPLV* 为 4.10 的风冷式冷水机组，能源效率等级为 1 级

(C) *COP* 为 4.8，制冷量为 500kW，*IPLV* 为 7.10 的水冷式冷水机组，能源效率等级为 2 级

(D) 额定功率为 120kW，制冷量为 600kW，*IPLV* 为 6.10 的水冷式冷水机组，能源效率等级为 3 级

(二) 多选题 (每题 2 分，共 16 分)

1.【多选】下列有关蒸汽和热水型溴化锂吸收式冷水机组的说法，正确的是哪几项？

(A) 蒸汽单效型溴化锂吸收式冷水机组高压发生器出口处压力名义工况为 0.1MPa

(B) 机组冷水和冷却水的压力损失应不大于铭示值的 110%

(C) 部分负荷性能测定时，冷却水进口温度：100%负荷时为 32℃，零负荷时为 22℃

(D) 部分负荷性能测定时，冷水侧污垢系数为 0.018m^2 · ℃/kW，冷却水侧污垢系数为 0.044m^2 · ℃/kW

2.【多选】水源热泵机组的冷（热）源包括下列哪几项？

(A) 循环流动于地埋管中的水

(B) 井水、湖水、河水、海水

(C) 生活污水及工业废水

(D) 共用管路中的水

笔记区

3【多选】下列有组合式空调机组的性能要求合理的是哪几项?

(A) 壁板绝热的热阻不小于 $0.74m^2 \cdot K/W$，箱体应有防冷桥措施

(B) 气压试验压力应为设计压力的 1.2 倍，保压至少 1min

(C) 水压试验压力应为设计压力的 1.5 倍，保压至少 3min

(D) 机组内静压保持正压段 700Pa，负压段－400Pa 时，机组漏风率不大于 2%

4.【多选】对水源热泵热水机进行非名义工况试验，关于使用侧试验系统的试验水量，下列选项正确的是哪几项?

(A) 热水机 1h 的名义产水量

(B) 热水机 1.5h 的名义产水量

(C) 热水机 2h 的名义产水量

(D) 热水机 2.5h 的名义产水量

5.【多选】有关溴化锂吸收式冷（温）水机组的安全要求，下列说法正确的是哪几项?

(A) 机组电气设备的各种元器件，在额定电压的 90%～110%范围内应能正常工作

(B) 燃烧设备系统的炉膛内不应存在泄漏燃料

(C) 采用高压发生器附加热水换热器制取热水，名义出水温度比当地水的沸点低 10℃时，则高压发生器上至少设置 2 种独立的安全保护器件，其中至少 1 种非电气控制的

(D) 机组中高于 60℃，且不宜隔热的部位，应有防止烫伤和不宜隔热的明显标识

6.【多选】下列有关节能产品的说法错误的是哪几项?

(A) 制冷量为 45kW 的多联式空调机组，*IPLV*(*C*) 为 3.3，是节能产品

(B) 制冷量为 7.5kW 的风冷式不接风管的单元式空气调节机，*EER* 为 2.8，是节能产品

(C) 制冷量为 110kW 的 2 级风冷式冷水机组，*COP* 为 3.3，是节能产品

(D) 制冷量为 8kW 的整体式房间空调器，*EER* 为 3.15，是节能产品

7.【多选】离心式除尘器不需要进行出厂检验项目有下列哪几项?

(A) 外观质量检验

笔记区

（B）除尘效率

（C）漏风率

（D）加工及装配质量检验

8.【多选】下列性能参数不满足高效离心除尘器性能指标的是哪一项？

（A）除尘效率80%

（B）阻力1100Pa

（C）钢板拼接最小宽度不小于300mm

（D）漏风率3%

（三）案例题（每题2分，共2分）

1.【案例】某冶金车间的除尘系统采用对喷脉冲袋式除尘器。在系统平稳运行后，经实测除尘器的入口风量为48000m^3/h，出口风量为50000m^3/h，净气箱内负压为2500Pa。试计算该系统的漏风率接近下列何项？是否满足相关规范要求？

（A）3.0%　满足规范要求

（B）3.5%　不满足规范要求

（C）3.8%　不满足规范要求

（D）4.2%　不满足规范要求

答案：[　　]

主要解题过程：

四、专题实训参考答案及题目详解

参考答案

（单选每题1分，多选每题2分，案例每题2分，合计24分）

单选题	1	2	3	4	5	6		
	B	C	B	A	D	A		
多选题	1	2	3	4	5	6	7	8
	BCD	ABCD	ABCD	CD	ABCD	AB	BC	AD
案例题	1							
	C							

笔记区

题目详解

（一）单选题

1. 根据《水源热泵机组》GB/T 19409—2013 第 3.2 条可知：

$$ACOP = 0.56EER + 0.44COP = 3.86$$

2. 根据《直燃型溴化锂吸收式冷（温）水机组》GB/T 18362—2008 第 5.3.1 条，第 5.3.3 条以及第 5.3.5 条可知，选项 ABD 正确；由第 5.3.4 条可知，选项 C 错误，实测消耗不应高于名义消耗量的 105%。

3. 根据《风机盘管机组》GB/T 19232—2019 第 6.1.3 条表 7，选项 B 正确。

4. 根据《商业和工业及类似用途的热泵热水机》GB/T 21362—2008 第 6.4.4-1 条可知，选项 A 错误，辅助电加热不应打开；根据第 6.4.4-3 条可知，选项 B 正确；由第 5.3.6 条可知，选项 CD 正确。

5. 根据《组合式空调机组》GB/T 14294—2008 第 3.3 条可知，选项 A 正确；根据第 3.4 条可知，选项 B 正确；根据第 3.6 条可知，选项 C 正确；根据第 3.11 条可知，选项 D 错误。

6. 根据《冷水机组能效限定值及能源效率等级》GB 19577—2015 第 4.2 条表 1 及表 2，可知：

选项 A：76kW，*COP* 与 *IPLV* 均为 3.1，*COP* 满足 3 级，*IPLV* 满足 3 级，故为 3 级，错误；

选项 B：制冷量为 70kW，*COP*=70/21=3.33，*COP* 满足 2 级，*IPLV* 为 4.1 满足 1 级，故为 1 级，正确；

选项 C：500kW，*COP* 为 4.8 满足 3 级，*IPLV* 为 7.1 满足 2 级，故为 2 级，正确；

选项 D：制冷量为 600kW，*COP*=600/120=5.00，*COP* 满足 3 级，*IPLV* 满足 3 级，故为 3 级，正确。

（二）多选题

1. 根据《蒸汽和热水型溴化锂吸收式冷水机组》GB/T 18431—2014 第 4.3.1 条表 1，选项 A 错误，0.1MPa 为“进口处压力”，见表中注 a；根据第 5.3.5 可知，选项 B 正确；根据第 5.5.2 条可知，选项 CD 正确。

2. 根据《水地源热泵机组》GB/T 19409 —2013 第 3.1 条可知，选项 ABCD 均正确。

3. 根据《组合式空调机组》GB/T 14294—2008 第 6.1.2 条 a) 可知，选项 A 正确；由第 6.3.2 条可知，选项 BC 正确；由第 6.3.4 条可知，选项 D 正确。

4. 根据《商业或工业用及类似用途的热泵热水机》GB 21362—

笔记区

2008 第 4.3.2 条表 2 注释 a 可知，选项 CD 正确，其他工况，试验水量应为热水机 2h 或以上的名义产水量。

5. 根据《溴化锂吸收式冷（温）水机组安全要求》GB 18361—2001 第 4.1.2 条 e）可知，选项 A 正确；根据第 4.1.4 条 c）可知，选项 B 正确；根据第 4.1.5 条 a)-2）可知，选项 C 正确；根据第 4.1.6 条 c）可知，选项 D 正确。

6. 根据《多联式空调（热泵）机组能效限定值及能源效率等级》GB 21454—2008 第 6 条，45kW 的多联机，节能评价值应为 3.35，选项 A 错误；根据《单元式空气调节机能效限定值及能源效率等级》GB 19576—2004 第 5.2 条，节能评价值应为 3.0，选项 B 错误；根据《冷水机组能效限定值及能效等级》GB 19577—2015 第 5.2 条，节能评价值为 3.2，选项 C 正确；根据《房间空气调节器能效限定值及能效等级》GB 12021.3—2010 第 6 条，节能评价值为 3.1，选项 D 正确。

7. 根据《离心除尘器》JB/T 9054—2015 第 7.1 条检验项目可知，出厂检验需要检查其中 1～4 项，选项 BC 是不需要进行检查的。

8. 根据《离心除尘器》GB/T 9054—2015 第 5.2.1 条表 1 可知，漏风率不应大于 2%，故选项 D 不满足要求。对于高效离心除尘器除尘效率不小于 95%，故选项 A 错误；选项 C 参见第 5.3.2 条。

（三）案例题

1. 实测漏风率为：$\varepsilon_1=\frac{50000-48000}{48000}\times100\%=4.2\%$。

负压偏离测试条件时的漏风率为：$\varepsilon=44.72\times4.2\%/\sqrt{p}=44.72\times4.2\%/\sqrt{2500}=3.8\%$。

根据《脉冲喷吹类袋式除尘器》JB/T 8532—2008 表 1 可知，不满足规范要求。

笔记区

实训5.15 建筑及防火类规范实训

一、专题提要

1.《建筑设计防火规范》GB 50016—2014（2018年版）
2.《汽车库、修车库、停车场设计防火规范》GB 50067—2014
3.《人民防空地下室设计规范》GB 50038—2005
4.《人民防空工程设计防火规范》GB 50098—2009
5.《住宅建筑规范》GB 50368—2005
6.《住宅设计规范》GB 50096—2011
7.《建筑通风和排烟系统用防火阀门》GB 15930—2007

二、规范导读

1.《建筑设计防火规范》GB 50016—2014（2018年版）

章节	复习时间	核心内容	复习深度
第1～2章	0.5h	重点了解规范的适用范围； 主要了解消防相关的术语，这是看懂后面条文的基础	了解内容
第3章	0.5h	第3.1节主要了解各种厂房和仓库的火灾危险性分类，注意条文说明中有举例，结合条文说明看； 第3.3节适当了解一下最大防火分区的允许建筑面积	能够区分各种厂房和仓库的火灾危险性，给一个实例，能够鉴别即可； 与土建相关的不需要学习
第5章、第6章	1h	注意民用建筑章节中与供暖有关的部分； 第5.1.1条民用建筑防火分类、第5.3.2-3条、第5.3.6条与暖通有关的内容、第5.4.12条、第5.4.15条、第5.4.7条、第5.5.23条与暖通有关要求、第6.1.5条、第6.2.7条、第6.2.9条、第6.3.4条、第6.3.5条、第6.4.12条有关暖通相关要求	了解学习本章
第8章	1h	注意第8.1.9条防排烟风机机房的要求； 重点学习第8.5节防排烟设施设置的要求	本章要求逐条阅读，强条和核心内容中提及的部分，需要结合条文说明重点理解，辨别防排烟设置区域。注意排烟设施包括自然排烟和机械排烟

笔记区

续表

章节	复习时间	核心内容	复习深度
第9章	2h	空调及供暖系统的设置技术要求； 防火阀的设置和选用； 材料的选用	本章要求逐条阅读，强条和核心内容中提及的部分，需要结合条文说明重点理解

2.《汽车库、修车库、停车场设计防火规范》GB 50067—2014

章节	复习时间	核心内容	复习深度
第1～3章	0.5h	重点要了解规范的适用范围； 了解术语； 了解车库的防火分类	了解内容
第8章	1h	空调及防排烟的相关内容	阅读条文，做到有印象，考试能翻到即可

3.《人民防空地下室设计规范》GB 50038—2005

章节	复习时间	核心内容	复习深度
第2章	0.5h	了解术语	了解内容
第5章	3h	考试重点章节： 重点学习第5.2节防护通风的内容，了解三种防护通风各自一些要求和防护设备的选择； 关于第5.3节，需要注意平时和战时的区别，选择设备和新风量等数据； 供暖通风部分，阅读条文，注意设计原则	第5章是考试出题的集中区，第5.2.7条要求能够掌握计算，其他条文不需要全部理解，大多都是硬性规定，有印象能查找即可

4.《人民防空工程设计防火规范》GB 50098—2009

章节	复习时间	核心内容	复习深度
第1～2章	0.5h	了解适用范围； 了解术语	了解内容
第6章	1h	本章内容与《建规》《高规》类似，只不过专门针对人防部分：注意需要设置防排烟的区域，排烟计算，防火阀设置等	基本要求与《建规》相同，排烟计算需要掌握，其余能查到即可

笔记区

5.《住宅建筑规范》GB 50368—2005

章节	复习时间	核心内容	复习深度
第7章	0.5h	了解室内环境，自然通风开口面积和污染物限值	了解内容
第8章	0.5h	主要学习第8.1节、第8.3节、第8.4节； 了解住宅的设计温度和一些规定； 第8.4节有关燃气的规定，在燃气考题中注意定位	了解内容

6.《住宅设计规范》GB 50096—2011

章节	复习时间	核心内容	复习深度
第7章	0.5h	了解室内环境，自然通风开口面积和污染物限值	了解内容
第8章	1h	主要学习第8.1节、第8.3～8.6节； 了解住宅的设计温度和一些规定； 第8.4节有关燃气的规定，在燃气考题中注意定位	了解内容

7.《建筑通风和排烟系统用防火阀门》GB 15930—2007

章节	复习时间	核心内容	复习深度
第3章	1h	了解术语，区分防火阀、排烟防火阀等的区别	了解内容
其余章节		阀门的动作温度、控制、功能等，了解性阅读即可	了解内容

三、专题实训（推荐答题时间60分钟）

请将求解答案写于下表中，案例题在题目中书写解题过程

（单选题1分，多选题2分，案例题2分，合计26分）

单选题	1	2	3	4	5	6	得分
多选题	1	2	3	4	5	6	
案例题	1	2	3	4			

（一）单选题（每题1分，共6分）

1.【单选】下列关于住宅建筑的共用排气道的说法，不正确的是哪一项？

（A）厨房宜设共用排气道，无外窗的卫生间应设共用排气道

（B）厨房与卫生间的排气道接口直径应大于150mm

（C）厨房的共用排气道与卫生间的共用排气道应分别设置

笔记区

(D) 竖向排气道屋顶风帽的安装高度不应低于相邻建筑砌筑体

2.【单选】关于排烟设施的设置，说法正确的是下列何项？

(A) 丙类厂房内的建筑面积大于 $300m^2$ 的房间应设置排烟设施

(B) 面积为 $800m^2$ 的电视机存放库应设置排烟设施

(C) $6000m^2$ 的加气混凝土制作车间应设排烟设施

(D) 面积为 $12000m^2$ 石灰焙烧厂房应设置排烟设施

3.【单选】下列关于燃油燃气锅炉房的说法，符合要求的是哪一项？

(A) 宜设置在建筑外的专用房间内，且耐火等级不应低于二级

(B) 不应设置在民用建筑的地下二层或屋顶上

(C) 储油间通向锅炉间的门应采用甲级防火门

(D) 应设置爆炸泄压设施

4.【单选】下列关于建筑通风和排烟系统用防火阀门的说法，错误的是哪一项？

(A) 防火阀或排烟防火阀应具备温感器控制方式，使其自动关闭

(B) 防火阀或排烟防火阀宜具备手动关闭方式

(C) 防火阀或排烟防火阀宜具备电动关闭方式

(D) 防火阀或排烟防火阀的耐火时间不应小于 2.0h

5.【单选】关于人民防空地下室的通风系统设计，下列错误的是哪一项？

(A) 专供上部建筑使用的设备房间宜设置在防护密闭区之外

(B) 穿过防护密闭墙的通风管，应采取可靠的防护密闭措施，并应在土建施工时一次预埋到位

(C) 防空地下室的通风系统必要时可与上部建筑的通风系统合用

(D) 清洁通风与滤毒通风可以合用同一台进风风机

6.【单选】下列关于燃气系统的要求，错误的是哪一项？

(A) 住宅内管道燃气的供气压力不应高于 0.2MPa

(B) 住宅内的燃气设备应设置在厨房或与厨房相连的阳台内

(C) 10 层及 10 层以上住宅内不得使用瓶装液化石油气

(D) 住宅的地下室、半地下室严禁使用人工煤气

(二) 多选题 (每题 8 分，共 12 分)

1.【多选】下列有关地下车库排烟系统设置的说法，错误的是哪几项？

笔记区

(A) 除建筑面积小于1000m²的地下一层汽车库外，其他汽车库应设置排烟系统

(B) 采用自然排烟方式时，自然排烟口应设置在外墙上方或屋顶上，并设方便开启的装置

(C) 自然排烟口的上沿不应低于室内净高的1/2，并应沿气流方向开启

(D) 采用机械排烟的汽车库应同时设置补风系统

2.【多选】某城市公路隧道封闭段长度为1500m，准许各种机动车辆通行，满足设计防火规范规定，下列有关隧道通风、排烟的说法错误的是几项?

(A) 应设置机械排烟系统

(B) 宜采用纵向排烟方式

(C) 排烟风机必须能在280℃环境条件下连续正常运行不小于1.0h

(D) 隧道内的避难设施内应设置独立的机械加压送风系统

3.【多选】下列有关通风系统防火阀设置的说法，错误的是哪几项?

(A) 穿越变形缝处应设置防火阀

(B) 穿越空气调节机房的楼板处应设防火阀

(C) 每个防火分区通风空调系统独立设置时，水平风管与竖向总管交接处可不设置防火阀

(D) 公共建筑内厨房的通风管道设置的防火阀公称动作温度为150℃

4.【多选】下列关于供暖管道敷设的相关做法，正确的是哪几项?

(A) 甲类厂房内供暖管道的绝热材料采用不燃材料

(B) 乙类厂房内供暖管道的绝热材料采用难燃材料

(C) 当供暖管道的表面温度为110℃并采用不燃材料隔热时，与可燃物的距离没有要求

(D) 当供暖管道的表面温度为60℃与可燃物之间的距离为60mm

5.【多选】下列关于某住宅楼的相关规定，正确的是哪几项?

(A) 厨房的直接自然通风开口面积不应小于该房间地板面积的10%

(B) 夜间卧室内的等效连续A声级不应大于45dB

笔记区

(C) 室内空气中 TVOC 的含量≤0.5mg/m^3

(D) 供暖(空调)供回水总立管应设置在共用空间内

6.【多选】下列有关防空地下室防护通风的相关表述，正确的是哪几项?

(A) 防爆波活门的额定风量不得小于战时清洁通风量

(B) 设计选用的过滤吸收器，其额定风量严禁小于通过该过滤吸收器的风量

(C) 设有清洁通风的防空地下室，应在防化通信值班室设置测压装置

(D) 平战结合通风系统，按平时通风量选用清洁通风管管径

(三) 案例题(每题 2 分，共 8 分)

1.【案例】已知某机车联合厂房的打蜡喷漆车间，长 10m，宽 5m，高 5m，则该车间的防爆泄压面积最小是下列何值?

(A) 34m^2　　(B) 44m^2　　(C) 54m^2　　(D) 64m^2

答案:[　　]

主要解题过程:

2.【案例】某平时车库战时二等人员掩蔽所的防空地下室，掩蔽 1200 人，清洁区面积为 1000m^2，高 4.5m，防毒通道的净空尺寸为 6m×3m×3m，隔绝防护前的新风量为 15m^3/(P·h)，试计算隔绝防护时间，并判断是否应采取 O_2、吸收 CO_2 或减少战时掩蔽人数等措施。

(A) 隔绝防护时间 2.9h，需采取措施

(B) 隔绝防护时间 2.9h，不需采取措施

(C) 隔绝防护时间 4.35h，需采取措施

(D) 隔绝防护时间 4.35h，不需采取措施

答案:[　　]

主要解题过程:

笔记区

3.【案例】某地下二层汽车库，车库净高 4.5m，建筑面积 $1500m^2$，试问排烟系统的补风系统补风量至少为多少？

(A) $16125m^3/h$　　(B) $30000m^3/h$

(C) $32250m^3/h$　　(D) $33000m^3/h$

答案：[　　]

主要解题过程：

4.【案例】某公共建筑内一条长 40m 无窗疏散通道，净高 4m。设计火灾时，按照中速火设计，自动灭火系统启动时间为 2min。若燃料面高度与最小清晰高度相等，试计算疏散走道内设计火灾最小烟羽流质量流量。

(A) 1.33kg/s　　(B) 1.69kg/s

(C) 2.22kg/s　　(D) 2.86kg/s

答案：[　　]

主要解题过程：

四、专题实训参考答案及题目详解

参考答案

（单选每题 1 分，多选每题 2 分，案例每题 2 分，合计 26 分）

单选题	1	2	3	4	5	6
	B	D	C	D	C	D
多选题	1	2	3	4	5	6
	ACD	ABC	AD	ACD	CD	AB
案例题	1	2	3	4		
	B	D	A	A		

题目详解

（一）单选题

1. 根据《住宅设计规范》GB 50096—2011 第 6.8.1 条可知，选

笔记区

项A正确；根据第6.8.2条卫生间排气道接口直径应大于80mm，选项B错误；由第6.8.4条知，选项C正确；由第6.8.5条知，选项D正确。选B。

2. 根据《建规》第3.1.3条条文说明表3，电视机仓库为丙类仓库，由第3.1.1条条文说明表1可知，加气混凝土生产车间为戊类厂房，石灰焙烧厂房为丁类厂房。选项A需要经常有人停留或可燃物较多，才需要排烟，错误；选项B，由第8.5.2条可知，“占地大于1000m^{2}的丙类仓库设置排烟”，故不必设施排烟设施，错误；由第8.5.2条可知，未要求戊类厂房设置排烟，故选项C错误；由第8.5.2条可知，“建筑面积大于5000m^{2}丁类厂房设置排烟设施”，故选项D应设排烟，正确。

3. 根据《建规》第5.4.12条可知，选项ABD错误，选项C正确。

4. 根据《建筑通风和排烟系统用防火阀门》第6.5.1条可知，选项A正确；由第6.6.1条可知，选项B正确；由第6.7.1条可知，选项C正确；由第6.12.5条可知，选项D错误。

5. 根据《人民防空地下室设计规范》GB 50038—2005第3.1.6条可知，选项A正确；由第5.2.13条可知，选项B正确，由第5.1.6条可知，选项C错误；由第5.2.8条可知，选项D正确。

6. 根据《住宅建筑规范》第8.4.2条可知，选项A正确；由第8.4.4条可知，选项B正确；由第8.4.5条可知，选项C正确；由第8.4.6条可知，选项D错误。

（二）多选题

1. 由《车库防火》第8.2.1条可知，选项A错误，还有敞开汽车库；由第8.2.4-2条可知，选项B正确；由第8.2.4-3条可知，应为“下沿”不低于净高1/2，而非上沿，故选项C错误；由第8.2.10条可知，对于有直通室外的汽车疏散出口的防火分区的汽车库，可不设置补风，并非所有设置机械排烟的汽车库均应设置补风，选项D错误。

2. 根据《建规》第12.1.2条，此隧道为二类隧道。由第12.3.1条，第12.3.2条及其条文说明可知，选项A错误；由第12.3.2-2条可知，选项B错误；由第12.3.4-3条可知，选项C错误；由第12.3.5条可知，选项D正确。

3. 根据《建规》第9.3.11条，“穿越防火分隔处的变形缝两侧”应设防火阀，而缺少“防火分隔处”的说法，此条便不完全成立，因此选项A错误；由第9.3.11条可知，选项B正确；由第9.3.11条小字部分可知，选项C正确；对于排油烟管道的公称动作温度

笔记区

150℃，而普通通风依然为 70℃，选项 D 错误。

4. 参考《建规》第 9.2.5 条及第 9.2.6 条。

5. 根据《住宅设计规范》第 7.2.4.2 条可知，选项 A 错误；由第 7.3.1.2 条可知，选项 B 错误；由第 7.5.3 条可知，选项 C 正确；由第 8.1.7-1 条可知，选项 D 正确。

6. 根据《人防规》第 5.2.10 可知，选项 A 正确；由第 5.2.16 可知，选项 B 正确；由第 5.2.17 可知，选项 C 错误；由第 5.3.3 可知，选项 D 错误。

（三）案例题

1. 根据《建规》第 3.6.4 条可知，该车间的长径比为：$a=\dfrac{10-20}{4\times5\times5}=2$。

则其泄爆面积为：

$$A=10CV^{\frac{2}{3}}=10\times0.110\times(10\times5\times5)^{\frac{2}{3}}=43.65\text{m}^2$$

2. 根据《人民防空地下室设计规范》GB 50038—2005 第 5.2.5 条，每人每小时呼出 CO_2 量为 20～25L/(P・h)，由表 5.2.5 查得，隔绝防护前新风量为 15m^3/(P・h) 时，地下室 CO_2 初始浓度为 0.18%；由表 5.2.4 查得 CO_2 容许体积浓度为 2.5%。清洁区体积，隔绝防护时间不小于 3h。$V_0=1000\times4.5=4500\text{m}^3/\text{h}$。

由式（5.2.5），得：

$$\tau=\frac{1000V_0(C-C_0)}{nC_1}=\frac{1000\times4500\times(2.5\%-0.18\%)}{1200\times20}$$

$$=4.35\text{h}>3\text{h}$$

隔绝防护时间满足要求，不需采取相关措施。

3. 根据《车库防火》第 8.2.5 条可知，净高 4.5m 的汽车库排烟量为：$L_{\text{p}}=(31500+33000)/2=32250\text{m}^3/\text{h}$。

根据第 8.2.10 条，补风量不小于排烟量的 50%，故补风量为：$L_{\text{b}}=32250/2=16125\text{m}^3/\text{h}$。

4. 由《复习教材》表 2.10-20 查得中速火灾增长系数为 0.012kW/s^2，由式（2.10-4）可计算火灾热释放量：

$$Q=\alpha\cdot t^2=0.012\times(2\times60)^2=172.8\text{kW}$$

由式（2.10-6）说明可计算热释放量的对流部分：

$$Q_{\text{c}}=0.7Q=0.7\times172.8=121\text{kW}$$

由式（2.10-6c）计算火焰极限高度：

$$Z_1=0.166Q_{\text{c}}^{2/5}=0.166\times1209.6^{2/5}=1.13\text{m}$$

走道最小清晰高度：

$$H_q = 1.6 + 0.1 \times 4 = 2 > Z_1$$

按式（2.10-6a）计算轴对称型烟羽流质量流量：

$M_\rho = 0.071 Q_c^{1/3} Z^{5/3} + 0.0018 Q_c = 0.071 \times 121^{1/3} \times 2^{5/3} + 0.0018 \times 121 = 1.33\text{kg/s}$

笔记区

笔记区

实训 5.16 环保卫生标准类规范实训

一、专题提要

1.《声环境质量标准》GB 3096—2008

2.《工业企业厂界环境噪声排放标准》GB 12348—2008

3.《工业企业噪声控制设计规范》GB/T 50087—2013

4.《工业企业设计卫生标准》GBZ 1—2010

5.《环境空气质量标准》GB 3095—2012

6.《工作场所有害因素职业接触限值 第 1 部分：化学有害因素》GBZ 2.1—2019

7.《工业场所有害因素职业接触限值 第 2 部分：物理因素》GBZ 2.2—2007

8.《大气污染物综合排放标准》GB 16297—1996

9.《锅炉大气污染物排放标准》GB 13271—2014

二、规范导读

1.《声环境质量标准》GB 3096—2008

章节	复习时间	核心内容	复习深度
全章	1h	了解一些术语和概念，如 A 声级，突发噪声等； 了解声环境功能区分类及其限值； 其余内容了解性阅读	了解即可，注意测点选择的一些数据，如出考题要能查到

2.《工业企业厂界环境噪声排放标准》GB 12348—2008

章节	复习时间	核心内容	复习深度
全章	1h	了解第 3 章的术语； 了解第 4 章的噪声限值； 第 5 章监测方法，注意一些数字，如距离和时间	了解内容，防止出知识题，能查到即可

3.《工业企业噪声控制设计规范》GB/T 50087—2013

章节	复习时间	核心内容	复习深度
第 1～2 章	0.5h	阅读总则，了解适用范围； 第 2 章了解噪声限值	了解性内容，但是式（5.2.2-1）和式（5.2.2-2）需要掌握，要能够计算，曾出过案例题
第 5 章	0.5h	式（5.2.2-1）和式（5.2.2-2），对应《复习教材》式（3.9-13）	

笔记区

续表

章节	复习时间	核心内容	复习深度
第6章	0.5h	第6.1节一般规定； 第6.3节消声器的选择与设计部分注意“选择”的内容	
第8章	0.5h	了解性阅读即可	

4.《工业企业设计卫生标准》GBZ 1—2010

章节	复习时间	核心内容	复习深度
第3章	0.5h	了解术语	重点是理解通风系统的设置，哪些不能采用循环空气，还有通风量的计算等
第6章	1h	熟悉通风系统的一些技术要求和设置原则	

5.《环境空气质量标准》GB 3095—2012

章节	复习时间	核心内容	复习深度
第1～6章	0.5h	第1章了解适用范围； 第3章了解术语； 第4章了解功能区分类； 第5章了解各种污染物的分析方法； 第6章注意数据有效性规定	了解内容，能够查找即可

6.《工作场所有害因素职业接触限值　第1部分：化学有害因素》GBZ 2.1—2019

章节	复习时间	核心内容	复习深度
第1～4章	1h	第1章了解适用范围，第3章了解术语； 第4章主要是表格，做题时会查找相应的数据即可	式（A.1）和式（A.2）需要掌握并能进行计算，属于历年常规考点
附录A	1h	附录A是需要重点阅读部分，公式A.1和A.2需要掌握	

7.《工业场所有害因素职业接触限值　第2部分：物理因素》GBZ 2.2—2007

笔记区

章节	复习时间	核心内容	复习深度
全章	1h	了解术语和一些限值的规定	深度要求同GBZ 2.1—2019，式（A.1）和式（A.2）需要掌握并能进行计算，相比化学因素，物理因素历年考察较少，需多加注意，很可能会考到
附录	1h	附录A注意式（A.1）和式（A.2）； 附录B了解体力劳动强度等级的划分	

8.《大气污染物综合排放标准》GB 16297—1996

章节	复习时间	核心内容	复习深度
第1～3章	0.5h	了解术语和定义，特别注意标准状态，区别空调的标准状态	本规范较为重要，污染物的排放属于常考考点，注意掌握计算能力，也不要遗漏50%的类似规定
第4～8章	0.5h	了解第5章的标准分级； 第7章需要重点阅读，50%的规定经常被忽略，考试常考； 第8章了解性阅读，了解检测方法和要求	
第9章		学会查表即可，根据考题能查到相关数据	
附录	0.5h	附录A和附录B需要重点阅读，掌握各个计算； 附录C了解性阅读	

9.《锅炉大气污染物排放标准》GB 13271—2014

章节	复习时间	核心内容	复习深度
第1～3章	0.5h	了解术语和定义，特别注意标准状态，区别空调的标准状态	本规范为2016年新更替规范，需要学会查表

笔记区

续表

章节	复习时间	核心内容	复习深度
第4章	1h	本节需要重点看，属于历年常规考点； 新建锅炉：表2； 既有锅炉：表1； 重点地区锅炉：表3（重点地区定义见第3.8条）； 烟囱：燃煤锅炉满足表4，其余见第4.5条	
其余章	0.5h	了解性阅读； 注意第5.1.2条及第5.1.4条； 基准氧含量折算，第5.2条	

三、专题实训（推荐答题时间45分钟）

请将求解答案写于下表中，案例题在题目中书写解题过程
（单选题1分，多选题2分，案例题2分，合计14分）

单选题	1	2	3	4	得分
多选题	1	2	3		
案例题	1	2			

（一）单选题（每题1分，共4分）

1.【单选】下列有关大气污染排放的要求，正确的是哪一项？

(A) 新建20m高的氯气排气筒，排放速率0.35kg/h，满足二级排放要求

(B) 新建污染源排气筒高度必须低于20m时，应按外推计算的结果再严格50%

(C) 无组织排放是指不经排气筒的不规则排放，如低矮排气筒、污染物直排等

(D) 新污染源一般情况不应有无组织排放

2.【单选】高温作业时间较长的车间，当工作地点的热环境参数无法满足卫生要求时，应采取降温措施，下列措施不合理的是哪一项？

(A) 采用局部送风降温措施，送入风速3～5m/s的带水雾气流，雾滴直径小于100μm

(B) 采用局部送风降温措施的锻造车间，送入风速2～3m/s的无水雾气流

笔记区

（C）热辐射强度 1000W/m^{2}的锻造车间，夏季工作地点设计温度 28℃，风速 3m/s

（D）工作人员经常停留的高温壁面，表面平均温度应小于或等于 40℃

3.【单选】广州某锤锻车间，工人每日工作时间 6h，则 WBGT 值为下列哪一项？

（A）26℃　　（B）27℃　　（C）28℃　　（D）29℃

4.【单选】下列地区环境噪声不符合标准的是哪一项？

（A）某科研楼昼间测得环境噪声值为 50dB（A）

（B）某商业街夜间突发噪声值为 62dB（A）

（C）某工厂昼间噪声值为 70dB（A）

（D）高速公路夜间噪声值为 50dB（A）

（二）多选题（每题 2 分，共 6 分）

1.【多选】长春某既有小区锅炉房，其中设置两台 10t/h 的燃煤锅炉房，下列所测锅炉排放污染物浓度不满足规范要求的是哪几项？

（A）颗粒物排放量 60mg/m^3

（B）氮氧化物含量 450mg/m^3

（C）汞及其化合物含量 0.04mg/m^3

（D）SO_2 含量 500mg/m^3

2.【多选】锻造车间环境温度较高，需要采取一定的通风、隔热、降温措施保证厂房内的环境卫生与安全，下列有关高温作业车间环境保证要求正确的是哪几项？

（A）高温作业车间应设工作休息室

（B）设有空气调节的休息室室内温度不得大于 30℃

（C）工作人员经常停留或靠近的高温地面或高温隔板，其表面平均温度不应大于 40℃，瞬间最高温度不宜大于 60℃

（D）当作业地点 WBGT 指数大于或等于 35℃时，应采取局部降温和综合防暑措施，并应减少高温作业时间

3.【多选】某工业厂房处于环境 1 类区域，紧邻居民住宅楼，下列有关环境噪声要求说法错误的是哪些？

（A）昼间厂区环境噪声的排放限值为 55dB

（B）昼间厂区环境噪声的排放限值为 45dB

（C）夜间厂区频发噪声的最大声级为 55dB

（D）夜间厂区偶发噪声的最大声级为 50dB

笔记区

（三）案例题（每题2分，共4分）

1.【案例】某新建一般工业园区设有2个间距15m排放苯的排气筒，若高18m的排气筒排放苯的排放速率为0.4kg/h，高15m的另一根排气筒排放苯的速率为0.6kg/h，则该工业园区苯的排放速率为多少，苯排放是否达标？

（A）排放速率0.628kg/h，达标

（B）排放速率0.628kg/h，不达标

（C）排放速率1.0kg/h，达标

（D）排放速率1.0kg/h，不达标

答案：[　　]

主要解题过程：

2.【案例】某生产车间，劳动者对于戊烷的接触状况为：接触浓度为800mg/m³，时间2h；接触浓度为400mg/m³，时间3h；接触浓度为300mg/m³，时间3h。则该场所的劳动者基础水平是否满足限值要求？

（A）800，不满足要求　　（B）490，不满足要求

（C）490，满足要求　　（D）300，满足要求

答案：[　　]

主要解题过程：

四、专题实训参考答案及题目详解

参考答案

（单选每题1分，多选每题2分，案例每题2分，合计14分）

单选题	1	2	3	4
	D	B	D	C
多选题	1	2	3	
	BD	AC	AC	
案例题	1	2		
	D	C		

笔记区

题目详解

(一) 单选题

1. 由《大气污染物综合排放标准》GB 16297—1996 表 2 中氯气的 * 标记，“排放氯气的排气筒不得低于 25m”，选项 A 错误；由第 7.4 条可知，不应低于 15m，低于 15m 时进行推算，因此，选项 B 错误；根据第 3.4 条，低矮排气筒属于有组织排放，选项 C 错误；由第 7.5 条可知，选项 D 正确。

2. 由《工业企业设计卫生标准》GBZ 1—2010 第 6.2.1.11 条可知，选项 A 正确；选项 B 的锻造车间属于Ⅱ级劳动强度（见 GBZ 2.2—2007 表 B.1），控制风速为 3～5m/s，错误；由表 1 可查得，选项 C 正确；由第 6.2.1.10 条可知，选项 D 正确。

3. 锤锻车间为Ⅲ级劳动强度（见 GBZ 2.2—2007 表 B.1），广州夏季室外通风设计温度 31.8℃，工人接触时间率为：$\eta=\frac{6}{8}\times100\%=75\%$。由表 8 查得，WBGT 值为 28℃，增加 1℃，29℃。

说明：本题若按夏季通风温度 31.8℃，应比表列温度高 1℃，即 29℃，应注意审题

4. 根据《声环境质量标准》GB 3096—2008 第 4 章，科研楼为 1 类，商业街为 2 类，工厂为 3 类，高速公路为 4a 类。由表 1 可知，1 类昼间限值 55dB(A)，选项 A 满足要求；2 类夜间限值 50dB(A)，但由第 5.4 条，突发噪声幅度不大于 15dB（A），62－50＝12＜15，故选项 B 满足要求；3 类昼间限值 65dB(A)，选项 C 不满足要求；4a 类夜间限值 55dB(A)，选项 D 满足要求。

(二) 多选题

1. 本题相关锅炉房为既有锅炉房，根据《锅炉大气污染物排放标准》GB 13271—2014 第 4.5 条表 1 可得出正确答案。

2. 与高温环境相关的规范包括《工规》、GBZ 1 以及 GBZ 2.2。由题意，主要考察环境保证要求，首先查取《工业企业设计卫生标准》GBZ 1—2010。由第 6.2.1.13 条可知，选项 A 正确，选项 B 错误，对于空调的休息室，室内温度应保持在 24～28℃；由第 6.2.1.10 条可知，选项 C 正确；由第 6.2.1.15 条可知，选项 D 错误，对于“日最高气温”≥35℃时需要采用选项 D 的措施，而非 WBGT 值。

3. 根据《工业企业厂界环境噪声排放标准》GB 12348—2008，表 1 对于不同厂界外环境功能做出要求，题设为紧邻住宅楼，故按照第 4.1.5 条，对于敏感建筑，需将表格限制减 10dB，故昼间环境噪声为 55－10＝45dB，选项 A 错误，选项 B 正确；由第 4.1.2 条可知，对于频发噪声不得超限 10dB，夜间限值为 45－10＝35dB，故夜

笔记区

间频发噪声最大声级为 35＋10＝45dB，选项 C 错误；同理由第 4.1.3 条可知，对于偶发限值幅度不得超过 15dB，故夜间偶发噪声最大声级为 35＋15＝50dB，选项 D 正确。

(三) 案例题

1. 一般工业园区属于二类环境地区。两排气筒间距 15m，小于两排气筒高度之和，因此应采用一个等效排气筒代表两个排气筒。排放速率：$Q=0.4+0.6=1.0\text{kg/h}$。

等效排气筒高度：$h=\sqrt{\frac{1}{2}(h_1^2+h_2^2)}=\sqrt{\frac{1}{2}(15^2+18^2)}=16.6\text{m}$。

由 GB 16297—1996 表 2 查得，苯 2 级排放 15m 高度限值 0.5kg/h，20m 高度限值 0.9kg/h。换算 16.6m 高排气筒限：

$$Q=0.5+(0.9-0.5)\times\frac{16.6-15}{20-15}=0.628\text{kg/h}<1.0\text{kg/h}$$

因此排放不达标，选 D。

2. 由 GBZ 2.1—2019 表 1 查得戊烷 PC-TWA 的限值为 500mg/m^3，则有：

$$C_{\text{WTA}}=\frac{(800\times2+400\times3+280\times4)}{8}=490<500$$

笔记区

实训5.17 《建筑防烟排烟系统技术标准》专题实训

一、专题提要

1.《建筑防烟排烟系统技术标准》GB 51251—2017

2. 本标准内容重要，需要全本熟悉。但是考试时建议以标准目录为主分析题目内容，强化定位，不进行条文之间的矛盾性探讨。

二、规范导读

《建筑防烟排烟系统技术标准》GB 51251—2017

章节	复习时间	核心内容	复习深度
第1～2章	0.5h	了解适用范围； 了解术语	了解内容
第3章	2h	3.1 一般规定 重点关注何时可采用自然通风防烟； 3.2 自然通风设施 楼梯间窗户设置要求、开窗面积； 3.3 机械加压送风设施 专用机房、不应土建风道、避难层； 3.4 机械加压送风系统风量计算 查表值适合负担高度大于24m的情况，设计风量与计算风量，洞口风速	能利用第3.1节内容判别防烟系统设置是否合理； 熟练掌握自然条件； 掌握机械加压送风计算； 掌握风机房的设置、系统管道及风口的设置要求； 掌握固定窗的设置
第4章	2h	4.1 一般规定 固定窗的设置； 4.2 防烟分区 表4.2.4； 4.3 自然排烟设施 自然排烟窗的手动开启装置要求； 4.4 机械排烟设施 排烟管道的耐火极限、排烟系统联动通风空调控制、排烟防火阀的设置、排烟口的设置； 4.5 补风系统 设置条件、不风量大小、补风口风速、位置； 4.6 排烟系统设计计算 挡烟垂壁高度与清晰高度，排烟量的计算，单个排烟口最大排烟量，自然排烟窗面积	不用深入研究自然排烟窗有效面积算法； 熟练掌握防烟分区的划分与设置； 掌握排烟系统设计计算； 掌握补风系统设置条件、补风口要求； 掌握排烟系统管道、风口设置要求

笔记区

续表

章节	复习时间	核心内容	复习深度
第5章	0.5h	5.1 防烟系统　风机的开启、联动要求； 5.2　排烟系统　风机控制方式、联动要求	关注防排烟系统联动内容与联动时间
第6章	1h	排烟风管隔热层采用厚度不小于40mm不燃绝热材料，风机与风管的连接，挡烟垂壁的搭接，风机外壳距离墙或设备不小于600mm	能够利用规范目录定位相关施工要求
第7～9章	0.5h	了解	
附录	0.5h	会查阅附录B，考试时一般不会考查表，需要自己计算	

三、专题实训（推荐答题时间60分钟）

请将求解答案写于下表中，案例题在题目中书写解题过程

（单选题1分，多选题2分，案例题2分，合计22分）

	1	2	3	4	5	6	得分
单选题							
	1	2	3	4			
多选题							
	1	2	3	4			
案例题							

（一）单选题（每题1分，共6分）

1.【单选】下列关于防烟系统设计的说法，正确的是哪一项？

（A）仅供建筑地下部分的防烟楼梯间前室及消防电梯前室应采用机械加压送风系统

（B）当采用独立前室且其仅有一个门与走道或房间相邻时，可仅在楼梯间设置机械加压送风系统

（C）建筑高度不大于50m的公共建筑，其防烟楼梯间、独立前室、共用前室、合用前室及消防电梯前室，应采用自然通风系统；当不能设置自然通风系统时，应采用机械加压送风系统

（D）剪刀楼梯间的两个楼梯间及其前室的机械加压送风系统应分别独立设置

2.【单选】某商场自中庭直通室外设有1个安全出口的避难走道，长40m、宽2.5m，下列有关其防烟系统设计的说法正确的是哪一项？

（A）在避难走道及其前室设置机械加压送风系统

笔记区

(B) 避难走道正压送风系统设计风量 3000m³/h
(C) 避难走道前室送风量按直接开向前室的一个最大疏散门断面积乘以 1m/s 门洞断面风速计算
(D) 仅在避难走道前室设正压送风系统，送风口不宜设置在被门挡住的部位

3.【单选】关于防排烟系统的控制要求正确的是哪一项?
(A) 排烟防火阀在 280℃时应自行关闭，并应连锁关闭排烟风机
(B) 当防火分区内火灾确认后，应在 15s 内联动开启全部楼梯间的加压送风机
(C) 当火灾确认后，火宅自动报警系统应在 15s 内自动关闭与排烟无关的通风、空调系统
(D) 消防控制设备应显示排烟系统的排烟风机、补风机、阀门等设施启闭状态

4.【单选】两块挡烟垂壁搭接宽度最小为下列哪一个?
(A) 60mm　(B) 80mm　(C) 100mm　(D) 120mm

5.【单选】下列有关排烟系统的安装要求正确的是哪一项?
(A) 排烟防火阀应设置独立支吊架，全数检查
(B) 排烟风管的隔热层应采用厚度不小于 40mm 的难燃材料，各系统按不小于 30%检查
(C) 排烟系统柔性短管的制作材料必须为不燃材料，按批抽查 10%，且不得少于 1 件
(D) 风机外壳至墙壁的距离不应小于 600mm，全数检查

6.【单选】某设有喷淋的开敞办公室净高 3.5m，若火灾热释放速率 1.5MW，排烟量为 23000m³/h，挡眼垂壁到顶棚的高度为 700mm，顶棚设置 350mm×350mm 的排烟口至少需要设置几个?
(A) 4　(B) 5　(C) 6　(D) 7

(二) 多选题 (每题 2 分，共 8 分)

1.【多选】下列防烟部位不满足自然通风条件，应采用机械加压送风的是哪几项?
(A) 高度 9m 负担 3 层的楼梯间，在最高部位设置 1m² 的可开启外窗
(B) 建筑高度 54m 的办公楼，其防烟楼梯间独立前室设有 2m² 可开启外窗

笔记区

(C) 建筑高度 98m 的住宅防烟楼梯间外墙，每层设有 $0.5m^2$ 的可开启外窗

(D) 建筑面积 $300m^2$ 的避难层，每个朝向设有 $2m^2$ 的可开启外窗

2.【多选】如右图所示某防烟楼梯间及其合用前室设置防烟系统，楼梯间采用自然通风防烟，合用前室设置机械加压送风，送风口设在进入前室门的上方，疏散门均采用 2m×1.6m 双扇门，在进行前室正压送风量计算时，门洞风速满足要求是下列哪几项？

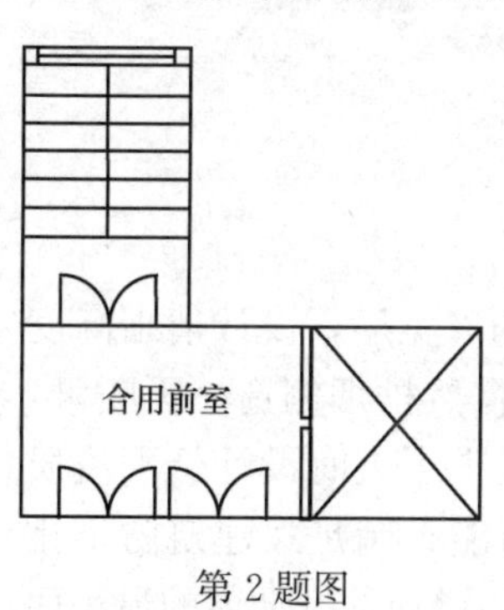

第 2 题图

(A) 0.7

(B) 0.8

(C) 0.9

(D) 1.0

3.【多选】下列有关补风系统的设计，错误的是哪几项？

(A) 地下室建筑面积小于 $500m^2$ 设置排烟的房间可不设置补风系统

(B) 补风口与排烟窗在同一防烟分区时，补风口应设在储烟仓下沿以下

(C) 补风口与排烟口水平距离不宜少于 10m

(D) 营业厅机械补风口的风速不宜大于 10m/s

4.【多选】下列关于排烟系统设计的说法，正确的是哪几项？

(A) 仅需在公共建筑走道设置排烟时，其机械排烟量可按 $60m^3/(h \cdot m^2)$ 计算且不小于 $13000m^3/h$

(B) 建筑空间净高 8m 的展览厅，设有喷淋，每个防烟分区的计算排烟量为 $106000m^3/h$

(C) 净高 5m 的商场采用机械排烟，用高度 500mm 的挡烟垂壁分割两个相邻防烟分区

(D) 当储烟仓的烟层与周围空气温差小于 15℃时，应通过降低排烟口位置等措施重新调整排烟设计

(三) 案例题 (每题 2 分，共 8 分)

1.【案例】某 23 层住宅，层高 3m，防烟楼梯间及其合用前室分别设置机械加压送风系统，住宅户门及通往楼梯间的门均为 2m×1.6m 双扇门，楼梯间正压送风量 $35000m^3/h$。试计算当着火层及其上一层疏散门开启并形成 0.8m/s 的门洞风速时，其他楼层疏散门的

笔记区

平均压力差（Pa）。（门缝宽度 3mm）

(A) 13　　(B) 21

(C) 30　　(D) 59

答案：［　］

主要解题过程：

2.【案例】某占地 2000m^2、层高 12m 的展览厅，设计清晰高度 8m。若该展览厅在距地 8m 以上设有 80m^2 自然排烟侧窗，无喷淋，火灾热释放速率按 12MW 考虑，书画展览发生火灾时设计烟羽流质量流量 70kg/s。试计算判断该展览厅排烟窗能否满足《建筑防烟排烟系统设计标准》的要求，若不满足请计算需增加的排烟窗的最小面积（m^2）。

(A) 能满足要求

(B) 不能满足要求，需至少增加 7m^2 排烟窗

(C) 不能满足要求，需至少增加 25m^2 排烟窗

(D) 不能满足要求，需至少增加 42m^2 排烟窗

答案：［　］

主要解题过程：

3.【案例】某酒店连通 8 层的中庭净高 40m，层高 5m，中庭周围场所设有排烟，周围场所防烟分区中最大排烟量为 91000m^3/h。试计算中庭不发生烟气层化现象的最大允许烟羽流质量流量。

(A) 57.7kg/s　　(B) 33.9kg/s

(C) 28.8kg/s　　(D) 12.6kg/s

答案：［　］

主要解题过程：

笔记区

4.【案例】某展览厅净高23m，无喷淋设施，若考虑着火点位于地面，拟设置天窗自然排烟。试计算采用最小储烟仓厚度时，烟层温度与周围空气的温度差。

(A) 137K (B) 116K (C) 29K (D) 15K

答案：[ ]

主要解题过程：

四、专题实训参考答案及题目详解

参考答案

（单选每题1分，多选每题2分，案例每题2分，合计22分）

单选题	1	2	3	4	5	6
答案	D	A	D	C	D	C
多选题	1	2	3	4		
答案	BCD	CD	ACD	CD		
案例题	1	2	3	4		
答案	D	A	A	B		

题目详解

（一）单选题

1. 根据《防排烟标准》第3.1.4条，采用机械加压送风系统具有前提条件，即“无自然通风条件或自然通风不符合要求”，因此选项A错误；根据第3.1.5条，对于仅在楼梯间设加压送风系统对于建筑高度有前提条件，因此选项B的说法不完备；根据第3.1.3条，对于合用前室采用自然通风系统不包含“共用前室与消防电梯前室合用”的情况，因此选项C错误；根据3.1.5-3条，选项D正确。

2. 根据《防排烟标准》第3.1.9条，对于长度小于30m，一端设置安全出口的避难走道可仅在前室设置机械加压送风系统。本题避难走道长40m，应在避难走道及其前室分别设机械加压送风系统，因此选项A正确，选项D错误。根据第3.4.1条及第3.4.3条可知，避难走道加压送风量为$40\times2.5\times30\times1.2=3600m^3/h$，因此选项B错误；根据第3.4.3条可知，前室送风量需要按开向前室疏散门的总断面面积核算，而非一个最大疏散门，选项C错误。

3. 根据《防排烟标准》第5.2.2-5条可知，选项A错误，还要连锁关闭补风机；根据第5.1.3-1条可知，仅开启该防火分区楼梯间

笔记区

的正压送风设备，非全部楼梯间，选项B错误；根据第5.2.3条可知，通风空调设备在30s内关闭即可，选项C错误；根据第5.2.7条可知，选项D正确。

4. 根据《防排烟标准》第6.4.4条可知，选项C正确。

5. 根据《防排烟标准》第6.4.1条可知，选项A错误，检查数量按不小于30%检查；根据第6.3.1-5条可知，选项B错误；由6.2.2-3条可知，选项C错误，应全数检查；根据第6.5.2条可知，选项D正确。

6. 根据《防排烟标准》附录表B可查得，热释放速率为1.5MW，烟层厚度（挡烟垂壁高度）0.7m，房间净高3.5m时，排烟口最大允许排烟量为4800m^3/h；按照单个排烟口排烟速度不大于10m/s，所设置的排烟口的最大排烟量为4410m^3/h。因此应按4410m^3/h核算排烟口数量，23000/4410＝5.2个，所需排烟口至少6个。

（二）多选题

1. 根据《防排烟标准》第3.2.1条可知，选项A正确；选项B中办公楼属于公共建筑，超过50m以上不可采用自然通风，应采用机械加压送风；选项C中虽然每5层开窗有2m^2，但是最顶层没有不小于1m^2的窗户，不满足自然通风条件；选项D中避难层每个方向应设不小于地面面积2%的外窗，300×2%＝6m^2，因此不满足自然通风条件。

2. 根据《防排烟标准》第3.4.6条可知，当楼梯间自然通风，合用前室正压送风时，门洞风速最小值需要计算确定：

$$v = 0.6\left(\frac{A_l}{A_g}+1\right) = 0.6\times\left(\frac{1}{2}+1\right) = 0.9\text{m/s}$$

3. 根据《防排烟标准》第4.5.1条，地下室设置排烟的房间均应设置补风，仅地上的走道和地上建筑面积小于500m^2的房间可不设置补风；根据第4.5.4条，选项B正确；选项C错误，“不应”少于5m。商场属于人员密集场所，根据第4.5.6条，其机械补风口风速不宜大于5m/s，选项D错误。

4. 根据《防排烟标准》第4.6.3-3条可知，选项A错误，不必按60m^3/(h·m^2)计算排烟量；根据第4.6.3条可知，选项B错误，应按标准相关内容计算值确定，且不小于表列值，但按照选项B的做法则不必进行计算，直接确定；根据第4.6.2条可知，选项C正确，机械排烟储烟仓厚度按不小于空间净高10%且不小于500mm确定；根据第4.6.8条可知，选项D正确。

（三）案例题

1. 由题意，火灾时门开启时达到规定风速的送风量为：

笔记区

$$L_1 = A_k v N_1 = (2\times1.6)\times0.8\times2 = 5.12\text{m}^3/\text{s}$$

送风量为 $35000\text{m}^3/\text{h}$ 时，其他门漏风总量为：

$$L_2 = L - L_1 = \frac{35000}{3600} - 5.12 = 4.6\text{m}^3/\text{s}$$

$$N_2 = 23 - N_1 = 23 - 2 = 21$$

可计算漏风量的平均压力差为：

$$\Delta P = \left(\frac{L_2}{0.827\times A\times1.25\times N_2}\right)^n$$

$$= \left(\frac{4.6}{0.827\times(0.003\times(2\times1.6+3\times2))\times1.25\times21}\right)^2$$

$$= 58.9\text{Pa}$$

2. $Q_c = 0.7\times12\times1000 = 8400\text{kW}$

火灾时烟层平均温度与环境温度的差为：

$$\Delta T = \frac{KQ_c}{M_\rho C_\rho} = \frac{0.5\times8400}{70\times1.01} = 59.4\text{K}$$

排烟量大小为：

$$V = \frac{M_\rho T}{\rho_0 T_0} = \frac{70\times(293.15+59.4)}{1.2\times293.15} = 70.2\text{m}^3/\text{s}$$

根据《防排烟标准》表 4.6.3，对于层高 12m 的展览厅（无喷淋），设计排烟量至少为 $242000\text{m}^3/\text{h}$，相当于 $67.2\text{m}^3/\text{s}$，低于计算值。按题设排烟量计算所需排烟窗面积为：

$$A = \frac{V}{1.06} = \frac{70.2}{1.06} = 66.2\text{m}^2 < 80\text{m}^2$$

因此展厅排烟窗能够满足要求。

3. 根据《防排烟标准》第 4.6.5 条可知中庭排烟量为：

$$V_p = 91000\times2 = 182000\text{m}^3/\text{h} > 107000\text{m}^3/\text{h}$$

中庭计算排烟量为 $182000\text{m}^3/\text{h}$。由第 4.6.8 条，烟层平均温度与环境温度的差不得低于 15℃，可由式（4.6.13）计算最大烟羽流质量流量：

$$M_\rho \leqslant \frac{V\rho_0 T_0}{T_0+15} = \frac{\frac{182000}{3600}\times1.2\times293.15}{293.15+15} = 57.7\text{kg/s}$$

4. 根据《防排烟标准》表 4.6.7 查得热释放速率为 10MW，$Q_c = 10000\times0.7 = 7000\text{kW}$。

火焰极限高度：

$$Z_1 = 0.166Q_c^{2/5} = 0.166\times7000^{2/5} = 5.7\text{m}$$

自然排烟储烟仓不小于空间净高的 20%，可计算此时燃料面到烟层底部的高度：

$$Z = 23 - 20\%\times23 = 18.4\text{m}$$

可计算烟羽流质量流量：

笔记区

$$M_\rho = 0.071Q_c^{1/3}Z^{5/3} + 0.0018Q_c$$
$$= 0.071 \times 7000^{1/3} \times 18.4^{5/3} + 0.0018 \times 7000 = 30\text{kg/s}$$

根据式（4.6.12）可计算烟层温度与周围空气温度的差：

$$\Delta T = \frac{KQ_c}{M_\rho C_\rho} = \frac{0.5 \times 7000}{30 \times 1.01} = 115.5\text{K}$$